HANDBUCH DER WISSENSCHAFTLICHEN UND ANGEWANDTEN PHOTOGRAPHIE

HERAUSGEGEBEN VON

ALFRED HAY †

WEITERGEFÜHRT VON

M. v. ROHR

BAND I

DAS PHOTOGRAPHISCHE OBJEKTIV

WIEN
VERLAG VON JULIUS SPRINGER
1932

DAS PHOTOGRAPHISCHE OBJEKTIV

BEARBEITET VON

W. MERTÉ · R. RICHTER
M. v. ROHR

MIT 393 ABBILDUNGEN

WIEN
VERLAG VON JULIUS SPRINGER
1932

ISBN 978-3-7091-3043-8 ISBN 978-3-7091-3059-9 (eBook)
DOI 10.1007/978-3-7091-3059-9

SOFTCOVER REPRINT OF THE HARDCOVER 1ST EDITION 1932

Vorwort.

Das vorliegende Handbuch soll über den heutigen Stand der wissenschaftlichen und angewandten Photographie unterrichten. Durch zweckmäßige Unterteilung des Stoffes, durch Heranziehung erster Fachleute auf den in Betracht kommenden Einzelgebieten, durch Beschaffung einwandfreien Bild- und Tabellenmaterials wurde eine zeitgemäße umfassende Darstellung der wissenschaftlichen und angewandten Photographie unter besonderer Hervorhebung alles Wesentlichen angestrebt.

Das Handbuch ist nicht nur für den Forscher auf dem Gebiete der Photographie (als besondere Wissenschaft), sondern auch für alle jene bestimmt, die sich der Photographie als Hilfsmittel oder Hilfswissenschaft bedienen; auch dem in der photographischen Industrie Tätigen soll das Handbuch von Nutzen sein.

Der Herausgeber.

Inhaltsverzeichnis.

Seite

Die Geschichte des photographischen Objektivs.

Von

M. v. Rohr, Jena.

Im folgenden wird ein ziemlich breiter Raum der allmählichen Verbesserung der Aufnahmelinse gewidmet werden müssen, ja sogar die Unterabschnitte werden danach zu wählen sein. Aber der Kampf gegen die Abweichungen von vollkommener Strahlenvereinigung soll den Inhalt dieser Darstellung nicht erschöpfen, vielmehr ist es nicht weniger notwendig, auf die allmähliche Erkenntnis der Abbildungsgrundlagen, auf Perspektive und Tiefe, auf Lichtstärke und Lichtverteilung, sowie schließlich auf die allmähliche Ausdehnung der Verwendungszwecke der Aufnahmelinse einzugehen. Wer des Verfassers frühe Versuche auf dem Gebiete der Lehre von der Aufnahmelinse und ihrer Geschichte zum Vergleich heranzieht, wird hier hoffentlich den Erkenntniszuwachs anerkennen und billigen, den ihm die Jahre gebracht haben.

1. Die Vorgeschichte. Die photographische Kammer ist aus einem älteren Gerät, der mit einem bildaufrichtenden Spiegel ausgerüsteten dunklen Kammer als tragbarer Zeichenhilfe, mit dem Bestreben entwickelt worden, das auf der Zeichenfläche entstehende, höchst reizvolle Bild durch chemische Mittel festzuhalten. Man wünschte damit also, freilich wohl ohne die Tragweite deutlich zu erkennen, an die Stelle des durch die Linse unterstützten und willkürlich das Wichtige betonenden Zeichners einen physikalisch-chemischen Vorgang zu setzen. Eine solche Vorkehrung hätte anfänglich noch Unvollkommenheiten aufweisen müssen, etwa Bildfehler in der Linse, den Fortfall der Farbe in der Wiedergabe, die Abweichung des Helligkeitswertes der Farben auf der Platte von dem für das Menschenauge u. a. m. In England schon früh unternommene Versuche scheiterten an der Unmöglichkeit, die Darstellung lichtbeständig zu machen, und so war man weiterhin auf den Zeichner angewiesen, wenn man das von der Linse und dem Spiegel auf die Zeichenfläche geworfene Bild hauptsächlich von Landschaften festhalten wollte. Verbesserungen gehen namentlich auf W. H. Wollaston und das Jahr 1812 zurück. Daß die bessere Verteilung der Abbildungsfehler am Meniskus damals schon nahezu 100 Jahre bekannt war, ist zwar richtig, aber Wollaston war doch der erste, der mit dieser Linse eine zweckmäßig gestellte Vorderblende verband und die Neuheit in weiten Kreisen verbreitete. Seine Anregung wurde namentlich von der Chevalierschen Werkstätte in Paris aufgenommen, und der Wollastonsche Meniskus wurde mit dem spiegelnden Teile zu einem Spiegelprisma mit Kugelflächen verschmolzen, gelegentlich auch (optisch) achromatisiert.

Solcher Art sind die optischen Hilfsmittel gewesen, die den französischen Erfindern N. Niépce und J. Daguerre sowie auch H. F. Talbot zur Verfügung standen, als sie gegen den Ausgang der 30er Jahre des vorigen Jahrhunderts die erste Kunde von ihren Erfolgen an die Außenwelt gelangen ließen.

Bei dieser Gelegenheit muß aber noch auf die Umkehrung der Zeichenhilfe, den Guckkasten, mit einigen Worten hingewiesen werden. Jedenfalls seit der ersten Hälfte des 18. Jahrhunderts hat sich in den verschiedensten Ländern der zur Betrachtung von Kupferstichen bestimmte Guckkasten eingeführt. Sein Erfinder ist völlig unbekannt, wenn schon sprachliche Gründe einen einheitlichen Ursprung anzunehmen gestatten. Er erleichterte namentlich Alterssichtigen, verhältnismäßig klein ausgeführte Kupferstiche mit einigermaßen richtiger Perspektive und in aufrechter Stellung — wenn auch spiegelverkehrt — wahrzunehmen; er ist um die Wende des 18. zum 19. Jahrhundert ungemein verbreitet gewesen und hat sich, in der Wertschätzung leider immer weiter herabsinkend, in den Kinderstuben und auf Jahrmärkten noch bis in das letzte Drittel des 19. Jahrhunderts gehalten. Später wird darauf hinzuweisen sein, welch ein brauchbares Hilfsmittel den Betrachtern photographischer Aufnahmen hiermit aus den Augen gekommen war.

2. Die Zeit der Petzvalschen Bildnislinse. Als nun das von den Erfindern so sorgfältig gehütete Geheimnis im Laufe des Jahres 1839 bekanntgegeben war und die Liebhaber begannen, sich mit den neuen Lichtbildern zu beschäftigen, da mußten sie selbstverständlich mit den Hilfsmitteln vorliebnehmen, die der Stand der Technik ihnen bot. Da von den ersten Tagen an der Wunsch bestand, das Bildnis den weiten Kreisen zugänglich zu machen, die sich bei den hohen Preisen des Bildnismalers mit dem Schattenriß hatten begnügen müssen, da fehlte in erster Linie den Aufnahmelinsen eine genügende Lichtstärke, und der erste Wettlauf um eine brauchbare Bildnislinse begann. Tüchtige Optiker aus Paris, London, Edinburg und Philadelphia setzten sich an die Arbeit, ohne daß damals ihrer einem ein dauernder Erfolg beschieden gewesen wäre. Mit unaufhaltsamer Schnelligkeit verbreitete sich aber seit 1841 die in Wien von W. Fr. Voigtländer hergestellte Bildnislinse, deren Berechnung den Wiener Mathematiker J. Petzval für alle Zeiten berühmt gemacht hat. Der österreichische Staat erntete hier eine schöne Frucht seiner seit langer Zeit namentlich von J. J. Prechtl in dem Polytechnischen Institut bewußt gepflegten Bemühungen, die heimische Optikerschaft durch sachliche Beratung zu fördern. J. J. Prechtl und S. Stampfer, beide von dieser Anstalt, hatten sich an dem glänzenden Vorbilde J. Fraunhofers weitergebildet und in den tüchtigsten der heimischen Optiker, den beiden in Londoner Herstellweisen geschulten Optikern J. Fr. Voigtländer und G. S. Plössl, Schutzbefohlene gefunden, die der aufgewandten, aber vielleicht allzu bereitwillig gespendeten Hilfe wert waren. Als nun J. Petzval nicht vor dem Herbst 1839 von der Aufgabe hörte, eine lichtstarke Linsenfolge von merklichem Felde zu berechnen, da hat er sich dieser Aufgabe allem Anscheine nach willig und in der für Wiener Physiker herkömmlichen Gebestimmung unterzogen. Die so rein theoretisch und nach den für optische Verwendung angegebenen Zerstreuungswerten berechnete Linsenfolge wurde im Sommer 1840 hergestellt und im Spätherbst des gleichen Jahres schon auf den Wiener Markt gebracht.

Sie verdrängte, wie bereits gesagt, sofort die älteren Versuche und wurde, da keinerlei Maßnahmen für den gewerblichen Schutz getroffen worden waren, im In- und Ausland in weitestgehendem Umfang nachgeahmt, sie war eben die Bildnislinse für die neu aufkommenden berufstätigen Photographen. Im allgemeinen ergänzte sich dieser Beruf aus unternehmenden Leuten ganz verschiedener Vorbildung, die auf gut Glück das neue, häufig sehr lohnende Gewerbe ergriffen hatten und nach bestem Vermögen ausübten. In Hinsicht auf das Verständnis der von einer Bildnislinse zu erwartenden perspektivischen Leistungen war das Ergebnis, allgemein gesprochen, ungewöhnlich dürftig, da die so ihren Platz erobernden Gewerbsmänner in den perspektivischen Gesetzen keine Schulung hatten und — nach den älteren Preislisten zu schließen — auch von den ausführenden Optikern nicht beraten wurden. Es handelt sich in dieser Hinsicht um eine jeder Überlieferung bare Arbeit von Emporkömmlingen.

Denn leider war inzwischen um 1842/43 die Verbindung zwischen PETZVAL und VOIGTLÄNDER nach unerfreulichem Streit auseinandergegangen, weil der durch die Arbeit des Mathematikers überreich beschenkte Gewerbsmann nicht geneigt war, nach Billigkeit für die ihm geleisteten Dienste regelmäßig zu zahlen. PETZVAL aber war in unserem Sprachgebiet damals sicherlich der einzige Fachmann, der hier erzieherisch hätte eingreifen und vielleicht ein Verständnis des neu geschaffenen Hilfsmittels anbahnen können.

Am besten war es in dieser Hinsicht unseres Wissens in England bestellt, da dort die alte Fachüberlieferung von der dunklen Kammer als Zeichenhilfe am lebendigsten war und noch vor Ablauf der ersten Hälfte der 40er Jahre in gelehrten Zeitschriften gelegentlich die Forderung erhoben wurde, Brennweiten von 30 cm und darüber zur Aufnahme zu verwenden, so daß der durchschnittliche Beschauer die Aufnahme einigermaßen aus dem richtigen Abstande betrachten könne. Sehr weit verbreitet haben sich diese Forderungen damals wohl nicht, da man noch nicht an die Gründung von Fachblättern dachte, obwohl an einzelnen Stellen, ich erwähne hier besonders London und Wien, Berufs- und Liebhaberphotographen von bemerkenswerter Geschicklichkeit und Hingebung vorhanden waren. Schon in dieser Zeit hat man sich wegen des doch nur geringen Feldes der PETZVALschen Bildnislinse und der Verzeichnung der französischen Landschaftslinse gelegentlich um neue, verzeichnungsfreie und weitere Winkel umfassende Linsenverbindungen bemüht, doch schnitt der Tod die Tätigkeit der meistversprechenden neuen Kraft, des Amerikaners A. S. WOLCOTT, schon 1843 ab, so daß es noch für etwa 14 Jahre bei den alten Formen blieb.

Aber man bemühte sich doch wenigstens insofern um die Verbesserung der alten Formen, als man nach und nach versuchte, den früh bemerkten Fehler der Einstellverschiedenheit, nach dem damaligen Fachwelsch des chemischen Fokus, aus der Welt zu schaffen. Wie es scheint, hat an der Aufklärung der zunächst ganz unverstandenen Farbenkurve bei optischer Korrektion der Aufnahmelinse 1849 der in England eingebürgerte Franzose A. CLAUDET das größte Verdienst. Aber es ist möglich, daß der Londoner Optiker A. ROSS, der ihm bei seinen Forschungen zur Hand ging, verhältnismäßig bald danach PETZVALsche Bildnislinsen mit photographischer Farbenzusammenlegung auf den Markt gebracht hat. In unserem Sprachgebiete ist, was lange verkannt worden ist, J. PETZVAL der erste gewesen, der die Einstellverschiedenheit vor Mitte Juli 1854 durch eine sehr geistvolle Verwendung der beiden damals käuflichen Arten leichten Kronglases auf eine wissenschaftlich einwandfreie Art an der bewährten Form seiner Bildnislinse hob. Leider versuchte er, diese schöne Leistung zum Nutzen des ihm verbundenen Optikers C. DIETZLER geheimzuhalten; das ließ sich aber in jener Zeit, wo die gespannteste Aufmerksamkeit aller Fachleute auf den ersten Theoretiker der Aufnahmelinse gerichtet war, nicht durchführen; auch der alte Verbündete und nunmehr erbitterte Feind PETZVALS, der Fabrikherr W. FR. VOIGTLÄNDER, kam hinter den schönen Kunstgriff, nahm ihn nach längerem Sträuben an und ließ ihn, ohne dabei PETZVALS Namen zu erwähnen, in Paris als das von ihm benutzte Mittel zur Hebung der Einstellverschiedenheit veröffentlichen.

Gleich an dieser Stelle sei bemerkt, daß sich die 1849 nach Braunschweig verlegte VOIGTLÄNDERsche Werkstätte durch sorgfältige Ausführung der PETZVALschen Bildnislinse auszeichnete, dagegen an eigener Erfindung ziemlich arm war; man wird annehmen müssen, daß Petzvals Persönlichkeit aller späteren Feindschaft ungeachtet auf den als Erfinder kaum hervortretenden Fabrikherrn stark gewirkt hatte. Noch viele Jahre danach hat er seinem, die Rechenarbeiten ausführenden Stiefsohn H. Zincke gen. Sommer, öfter die größeren Leistungen Petzvals kränkend vorgehalten.

Auch in mechanischer Hinsicht blieb man damals am alten haften. Zahn und Trieb am Objektiv, zur Zeit der ersten einfachen Kammern zum Einstellen geplant und vor Hebung der Einstellverschiedenheit zu bequemem Ausgleich der Einstellverschiedenheit verwandt, behielt man auch nach 1859 ruhig bei, obwohl beides nunmehr völlig zwecklos geworden war. Auch die aus dieser Zeit erhaltenen, gänzlich ungenügenden Gebrauchsanweisungen der ältesten Werkstätte für Aufnahmelinsen zeigen deutlich, daß der großen Geschäftsbegabung W. Fr. Voigtländers keine entfernt vergleichbare Beherrschung des optisch-technischen Stoffes gegenüberstand.

J. Petzval hatte aber, was hier zurückgreifend bemerkt werden muß, vor seiner Verbindung mit Dietzler seine Aufmerksamkeit auf die Verbesserung des Bildwerfers gerichtet. Nach den eingehenden, ergebnisreichen Forschungen F. Paul Liesegangs weiß man jetzt genau, daß der Däne Thomas Walgenstein im Jahre 1665 dieses neue Gerät seinen Zeitgenossen vorgeführt hat. Es erregte große Anteilnahme, und man hat sich im 17. und 18. Jahrhundert dieser Vorkehrung zu den allerverschiedensten Zwecken für Zauberkunststücke bis zur Belebung wissenschaftlicher Vorträge bedient, wurde aber immer durch die mangelhafte Leistung der Bildwerferlinse behindert. Petzval sah verständlicherweise ein, daß seine Bildnislinse, mit umgekehrtem Strahlengang verwendet, diesem Mangel abhelfen müsse, und hat seit 1844 — wir kennen leider davon nur wenige Einzelheiten — erfolgreiche Anstrengungen gemacht, mittels gründlicher Durcharbeitung der Beleuchtungsvorrichtung den Bildwerfer so umzugestalten, daß seine Leistung vervielfacht wurde.

Wie schon gesagt, sind Einzelheiten aus diesem Gebiet seiner Tätigkeit leider kaum vorhanden, man wird aber annehmen können, daß die in Wien angebotenen Bildwerfer auf besonders großer Höhe standen. Damit stimmt es überein, daß W. Fr. Voigtländers Schwäger, die nach Amerika ausgewanderten Brüder F. und W. Langenheim, einen Wiener Bildwerfer für ihre Versuche bezogen, Daguerreotypien vergrößert auf dem Schirm vorzuführen. Diese Absicht ließ sich nicht verwirklichen, aber es ging ihnen ähnlich wie Saul, der ausging, eine Eselin zu suchen, und ein Königreich fand: sie entwickelten, wieder nach den Liesegangschen Forschungen, den Bildwurf mit Glasbildern (damals noch Hyalotypien genannt), die dann in den Langenheimschen Maßen von $3^1/_4$ inches im Quadrat ($8^1/_4$ cm $\times$ $8^1/_4$ cm) auf der Londoner Weltausstellung auftraten und geradezu mit Leidenschaft aufgenommen wurden. Das Format wurde in den Ländern englischer Zunge mit großer Treue bis in die heutige Zeit beibehalten und erlaubte, Glasbilder beliebiger Herkunft vorzuführen.

Abgesehen von seiner Bedeutung für Schirmbildvorführungen hat das allgemein verbreitete Bildformat ganz zufälligerweise auf einem völlig anderen Gebiete geherrscht und hat dort auch heute noch — leider — eine sehr große Verbreitung; das ist das Gebiet des Stereoskops.

Das Stereoskop ist noch ein Jahr älter als die Veröffentlichung des Daguerreschen Verfahrens, und sein Erfinder Ch. Wheatstone hat schon früh, im Jahre 1841, über Versuche berichten lassen, mit Hilfe der photographischen Verfahren stereoskopische Bildnisse herzustellen. Leider eignete sich sein großes, mit bewundernswürdig strenger Anlage geplantes Stereoskop nicht zur Einführung in die breite Öffentlichkeit, und der Erfinder zögerte zu sehr, seine Abänderungsvorschläge zu veröffentlichen, die auf die Bildrichtigkeit genügend Rücksicht nahmen. So kam ihm der schottische Gelehrte D. BREWSTER zuvor, der — ähnlich wie 1817 mit seiner Erfindung des Kaleidoskops — in seinem Prismenstereoskop von 1849/50 ein Gerät schuf, das an leichter Gewinnung des gewünschten Eindrucks, niedrigem Preise und bequemer Handhabung nicht übertroffen werden konnte. Dieses Gerät verlangte als Betrachtungsgegenstand ein Stereogramm, d. h. einen festen Träger von zwei nebeneinander geklebten Halbbildern. Als bequemes Halbbildformat ergab sich das der Glasbilder von $8^1/_4$ cm $\times$ $8^1/_4$ cm, und in dieser Ausrüstung hat sich das BREWSTERsche Stereoskop auf der Londoner Weltausstellung von 1851 einen ungemein großen Käuferkreis erworben. Leider wurde bei diesem Gerät der Hauptwert auf die Erzielung einer übertriebenen Tiefenwahrnehmung gelegt, wobei man die Treue der Wiedergabe willig darangab. Der so betriebene Raubbau lieferte in den ersten Jahren glänzende wirtschaftliche Erfolge, dann wurde die einsichtslose, mit technischen Erfindungen überfütterte Käuferschaft dieser Raumverzerrungen überdrüssig, und die Stereoskopmode verschwand in den 60er und 70er Jahren des 19. Jahrhunderts. Noch heute hat es sich als unmöglich erwiesen, richtig oder auch nur besser geplante Stereoskope in nennenswertem Maße abzusetzen, weil die alte BREWSTERsche Form mit ihren zahlreichen äußeren Vorzügen nicht zu verdrängen ist. Später wird darauf noch gelegentlich einzugehen sein.

Trotz der in stereoskopischer Hinsicht durchaus zu beanstandenden Einwirkung des BREWSTERschen Geräts war vom photographischen Standpunkt aus die Verbreitung ein Vorteil, da man ganz von selbst kurze Aufnahmebrennweiten an den Zwillingskammern verwandte, um den Gesichtswinkel zu erhöhen. Damit wurden die Photographen, die sich für die Bildnisaufnahmen allmählich an recht lange Aufnahmebrennweiten gewöhnt hatten — Linsendurchmesser von 15 und 21, ja gelegentlich von 32 cm, kamen vor —, gezwungen, auch dem Arbeiten mit verhältnismäßig kurzen Brennweiten Aufmerksamkeit zu schenken.

Von besonderer Bedeutung für das Verständnis des photographischen Objektivs aber wird es, daß es im Anfang der 50er Jahre in England zur Begründung leistungsfähiger Fachblätter kommt, die es sich zur Pflicht machten, die Verhandlungen in den wichtigsten Arbeitsgesellschaften wiederzugeben. Darin liegt die hauptsächlichste Bedeutung der englischen Blätter, denn etwa in der gleichen Zeit hat man auch an anderen Orten, so in Paris und in Prag, Fachzeitschriften gehabt, aber die Leitung der englischen Arbeitsgesellschaften war allen anderen so unermeßlich überlegen, daß der Berichterstatter keinen Augenblick mit der Erklärung zögert, in dieser Zeit die erfreulichste und wirkungsvollste Pflege der photographischen Belange in England gefunden zu haben. Man kann hier wohl ein Wort aus den Lebenserinnerungen von W. v. SIEMENS anführen, demzufolge man in England „durch unausgesetzte Tätigkeit in dem hochentwickelten Vereinsleben den Mangel einer guten technischen Vorbildung“ (die der Photograph damals an keiner öffentlichen Bildungsstätte erwerben konnte) „mit bestem Erfolge ersetzt hat“. Die in jenen Fachvereinen selbstverständliche Anerkennung persönlicher Tüchtigkeit und Lehrbefähigung brachte einen Mann von ziemlich bescheidener Stellung, wie G. SHADBOLT (geb. 1818, gest. 1901), an die Spitze eines wichtigen Fachvereines, und wir können heute von seinen Leistungen gar nicht lobend genug sprechen. Seine Behandlung der Strahlenoptik läßt sich gelegentlich schon bis in die erste Zeit seiner öffentlichen Wirksamkeit zurückverfolgen, doch wird sie, wie bald zu zeigen sein wird, erst im nächsten Zeitabschnitt (S. 7) von ganz entscheidender Bedeutung.

Eingeleitet wird der neue Zeitabschnitt durch einen Versuch des immer noch mit C. Dietzler verbundenen Altmeisters J. Petzval. Er brachte 1857 die aus dem Jahre 1840 stammende, damals aber mißachtete Anlage einer Linse mittlerer Öffnung, nunmehr von der Einstellverschiedenheit befreit, auf den Markt. Man kann sich hier über diese Anlage ganz kurz fassen, da sie nur durch einen ungemein peinlich wirkenden Streit Petzvals und Voigtländers um das Eigentumsrecht in den Mittelpunkt der Anteilnahme gerückt wurde. Die Leistungen waren überraschend mäßig, und diese Linse ist bald der verdienten Vergessenheit anheimgefallen. Die große, überall erregte Teilnahme an neuen Anlagen, die den Fachleuten nunmehr, anders als zu Wolcotts Tagen, unumgänglich nötig waren, hat viel dazu beigetragen, die neue Entwicklung heraufzuführen.

3. Die Bestrebungen zur Schaffung einer verzeichnungsfreien Anlage. Die hiermit abgegrenzte Zeitspanne erstreckt sich bis an das Ende der 80er Jahre: Das Hauptgewicht wird auf die Hebung der Kugelabweichung und die Freiheit von Verzeichnung gelegt, während die marktgängigen Objektive dieser Zeit noch keine Ebenung des punktmäßig wiedergegebenen Bildes erkennen lassen.

a) Der Zeitabschnitt der hauptsächlich englischen Arbeiten (1857—65). Um diese Zeit waren zweifellos in den Fachkreisen namentlich Englands, aber auch anderer Länder, die Mängel der überkommenen optischen Ausrüstung erkannt: besonders wurde eine verzeichnungsfreie Aufnahmelinse vermißt; solche Aufgaben konnten eben weder mit der französischen Landschaftslinse noch mit der Petzvalschen Bildnislinse erledigt werden.

Wie es scheint, hat der sehr begabte italienische Fachmann I. Porro mindestens seit 1856 in seiner Pariser Werkstätte, dem Institut technomatique, eine Reihe von Neuerungen mit der Symmetrie der Anlage, ja sogar mit Verwendung von Wasserlinsen, durchgeführt und abgesetzt. Es ist nicht unmöglich, daß er damit auf den später zu erwähnenden englischen Fachmann Th. Sutton eingewirkt hat, doch können wir es in unserer Übersicht bei diesem Hinweis bewenden lassen, da Porros geschäftliche Bedeutung auf photographischem Gebiete nicht besonders groß und seine Einwirkung auf die Fachgesellschaften wahrscheinlich viel geringer war als die der entsprechenden Fachleute in England. Dagegen ist auf seinen noch älteren Vorschlag, das Teleobjektiv zur Aufnahme ferner Bauwerke, aus dem Anfang der 50er Jahre hinzuweisen.

Die Aufnahme von Petzvals Bemühungen um die verbesserte Landschaftslinse in den englischen Kreisen war ungemein lebhaft, obwohl sein Vertrauensmann, ein Techniker P. Pretsch, in keiner Weise geeignet war, vor einem Londoner Fachverein diese Sache würdig und mit Nutzen zu vertreten. Es blieb bei einem unbestimmten Staunen, aber man kann auf eine rege Teilnahme an dem Inhalt schließen, da bald danach Shadbolt einen zweckmäßigen Vorschlag machte, Petzvals Anlage zur Schiefstellung der Platte durch billigere und doch recht leistungsfähige Vorkehrungen zu ersetzen. In späteren Jahren sind dazu sogar noch weitere Möglichkeiten vorgeschlagen worden.

Doch, wie schon gesagt, beteiligten sich um diese Zeit die englischen Fachvereine sehr rege auf optischem Gebiete, und zwar erscheint zuerst der wichtige Vorschlag des irischen Fachmanns Th. Grubb, die Landschaftslinse zu verbessern. Er trat dafür ein, die alte Form der verkitteten Einzellinse durch eine stärker durchgebogene zu ersetzen, die aus einem vorderen (Kron-) und einem hinteren (Flint-)Meniskus bestand. Da bei dieser Anlage die Kugelabweichung gehoben war, so nannte er die neue Linse dementsprechend eine aplanatische und hat sich besonders mit der Ausgestaltung der Einzellinse beschäftigt, obwohl er in seinem Patent auch ein Doppelobjektiv aus zwei symmetrisch gegeneinander gestellten Einzellinsen vorgesehen hatte. Das Hauptziel dieser Zeit aber lag in der Erfindung eines leistungsfähigen Mittel- und Weitwinkels, woran sich in einer geradezu erstaunlichen Weise Liebhaber, Gelehrte und Gewerbsleute beteiligten. Einmal schlug man die mehr oder minder symmetrische Drillingslinse vor — sie galt noch um 1865 als der leistungsfähigste Mittelwinkel — hauptsächlich aber zur Blende ganz symmetrische Anlagen. Bei der damaligen Schwierigkeit geschichtlicher Studien — man fing gerade erst an, die gewaltige Menge der alten englischen Patentschriften durch den Druck der Allgemeinheit zugänglich zu machen — war es offenbar unbekannt geblieben, daß schon W. H. Wollaston 1812 und A. S. Wolcott 1843 solche Formen veröffentlicht hatten, ganz abgesehen von gelegentlichen Erwähnungen bei späteren Erfindern. Zwei Vorschläge haben damals besonders weit gereicht, die zum Mittelpunkt allseitig symmetrische Glas-Wasser-Linse Th. Suttons (siehe S. 6) und der von J. Rothwell zur Blendenlage von (symmetrischen) Objektiven ausgesprochene Satz. Es war wirklich wie ein Wettlauf um ein brauchbares Objektiv mit einigermaßen großem Felde, woran jedermann teilnahm, der sich dazu berufen fühlte. Namentlich der Forderung, daß die Außenflächen der Folge zu einer und derselben Kugelfläche gehören sollten, wurde ein uns heute auffälliger Wert beigelegt. Auch amerikanische Erfinder beteiligten sich in überraschend großer Zahl an dem Wettbewerb und bevorzugten besonders die Weitwinkellinse. Eine Anlage, die Kugellinse von C. C. Harrison und J. Schnitzer, wurde besonders gepriesen und auch in Frankreich in angeblich verbesserter Form hergestellt. Wir werden noch weiter unten (S. 8) auf ihre erfolgreiche Weiterbildung hinzuweisen haben.

Aber mit solchen Arbeiten am Entwurf neuer Linsenanlagen war die optische Leistung der englischen Arbeitsgesellschaften nicht etwa abgeschlossen. In der heutigen Fachsprache ausgedrückt, führte jene gemeinsame Arbeit gleichsam von selbst zu grundlegenden Erörterungen allgemeiner Natur, der Unterscheidung von Brenn- und Schnittweite, von Öffnungsblende und Eintrittspupille, zur richtigen Bestimmung der Verzeichnung, des ding- und bildseitigen Gesichtsfeldes, zu Überlegungen über die Lichtverteilung auf der Platte. Die Hebung der Verzeichnung in erster Annäherung wurde durch die strengen Regeln dafür ergänzt und auch dem Astigmatismus schiefer Bündel viel Arbeit gewidmet: Durch gründliche Darstellungen von hohem Lehrwert wurde die Aufmerksamkeit im allgemeinen darauf gelenkt, und einzelne Fachleute bemühten sich, diesem Fehler rechnerisch — nicht immer unter Verwendung der strengen Regeln — oder im Versuch nachzugehen und zweckmäßige Verfahren anzugeben, um einen Achsenschnitt durch beide astigmatische Bildschalen im Bilde darzustellen. Die Lichtverteilung auf der Platte suchte man auf verschiedene Weisen mehr und mehr auszugleichen und tat die ersten erfolgreichen Schritte, die Vorteile kleiner Aufnahmebrennweiten theoretisch zu entwickeln.

Von besonderem Wert treten uns als Theoretiker die Namen R. H. Bow, Th. Grubb, G. Shadbolt, Th. Sutton entgegen, und als Leiter der wichtigsten Zeitschrift muß man Shadbolts noch besonders Erwähnung tun. Von Optikern verdient der aus Deutschland eingewanderte und nach seiner Taufe dem alten Rossischen Hause verschwägerte J. H. Dallmeyer als besonders regsam Erwähnung, doch war er zunächst als Theoretiker Th. Grubb nicht gewachsen. In der Behandlung perspektivischer Fragen stand R. H. Bow ohne Frage an der Spitze, und er bemühte sich auch, die bereits erlahmende Anteilnahme am Stereoskop durch gründliche Darlegungen zu stärken. Zu richtiger Betrachtung kleiner Glasbilder schlug er 1863 ein geeignetes Gerät vor, dessen noch nicht vollkommene Anlage man heute bei besserer Kenntnis der Grundlagen nur bewundern kann.

In dieser großen Zeit ist auch der schönen Stereogramme von Himmelskörpern zu gedenken, mit denen WARREN DE LA RUE die Zeitgenossen erfreute; zuerst brachte er, die Libration geschickt ausnutzend, stereoskopische Mondaufnahmen, die sich in jener Zeit lebhaftester Teilnahme an stereoskopischen Wiedergaben weit verbreiteten, und ließ später auch noch Planetenbilder und Aufnahmen eines Sonnenflecks folgen.

Wie lebhaft die Teilnahme der geschulten Liebhaber auf unserem Gebiet war, mag man aus den Schirmdarbietungen J. TAYLORS um 1862 ersehen, der sich bemühte, Tag- und Nachtbilder (dissolving views = Wandlungsbilder) einem Kreise verständnisvoller Kenner vorzuführen.

Um diese Zeit machte sich namentlich auch in England der venezianische Optiker C. PONTI bekannt, der eine Art Guckkasten, das Alethoskop, auf den Markt brachte und ihm spätere Verbesserungen folgen ließ, übrigens ohne auf die besondere Natur des blickenden Auges Rücksicht zu nehmen, was doch Bow bereits versucht hatte. Auf PONTI folgt der Engländer CH. ROWSELL mit seinem für Papierbilder eingerichteten Graphoskop, das sich in seiner letzten Form ziemlich lange auf dem Markt gehalten hat. Aber auch hier handelte es sich um ziemlich behelfsmäßige Einrichtungen ohne Berücksichtigung der Augendrehung.

Man bekommt von der durch die Arbeitsgesellschaften gesicherten Wertung photographischer Betätigung in dem damaligen England einen hohen Begriff, wenn man beachtet, daß eine anerkannte Größe unter seinen Physikern, D. BREWSTER, öfter zu den Fragen der Photographie Stellung nahm. In der letzten Zeit seiner Tätigkeit beschäftigte diesen Gelehrten namentlich die Erreichung der Naturtreue, die ihm mit Recht bei den damaligen Riesenlinsen nicht gesichert erschien, und er war damals geneigt, das Kind mit dem Bade ausschüttend, auf die wichtigsten Geräte des ausübenden Photographen zugunsten seiner theoretischen Forderungen zu verzichten. Daß ihm die Bildnisphotographen in der Mehrzahl nicht folgten, nimmt uns nicht wunder, aber es setzt uns in Erstaunen, daß sich einer ihrer Besten, der in England eingebürgerte Franzose A. CLAUDET, solchen Eindrücken doch nicht ganz versagte.

Von Frankreich hören wir auf diesem optischen Gebiete in dieser Zeit nur, daß der Satzgedanke, der ja von CH. CHEVALIER schon 1839 vertreten worden war, von verschiedenen Pariser Optikern wieder aufgenommen wurde. Doch erlaubt uns unsere Kenntnis der damaligen Zeit nicht, im einzelnen den von dieser Anlage genommenen Weg zu verfolgen.

Wie auf S. 3 gesagt, wirkte in Deutschland J. PETZVALS Anstoß besonders stark; auch W. FR. VOIGTLÄNDER mußte von 1859 ab zur Bildnislinse ohne Einstellverschiedenheit übergehen. Einige Zeit zuvor hatte das sein wichtigster deutscher Wettbewerber E. BUSCH in Rathenow getan, der durch Unterbietung und geschickte Werbetätigkeit dem alten Braunschweiger Hause damals schon merklich Abbruch tat. An reiner Erfindertätigkeit war BUSCH VOIGTLÄNDERN wohl überlegen, und wir müssen es ihm hoch anrechnen, daß er ohne theoretische Vorkenntnisse, von der amerikanischen Kugellinse (S. 7) ausgehend, in seinem Pantoskop 1866 einen so brauchbaren und vermutlich viel gekauften Weitwinkel schaffen konnte.

b) Der STEINHEILsche Abschnitt der Entwicklung des Mittelwinkels (1865—90). Im Jahre 1855 begründete der schon früher als berufstätiger Optiker aufgetretene Gelehrte C. A. STEINHEIL eine neue optische Werkstätte, wofür er sich den von FRAUNHOFER geleiteten Betrieb als Muster nahm. Zunächst beschränkte er sich auf die Herstellung von Fernrohren, aber er blieb in den alten guten Beziehungen zu dem vielseitigen Münchner Astronomen

L. Ph. Seidel, in dessen umfassender theoretischer Arbeit vom Jahre 1856 auch andere Vorkehrungen ins Auge gefaßt wurden. So geriet er über photographische Linsen mit J. Petzval in Meinungsverschiedenheit. Denn während Petzval beklagt hatte, daß bei verhältnismäßig dünnen farbenfreien Linsenverbindungen die optischen Eigenschaften von Kron und Flint auf eine negative Bildkrümmung führen müßten, wies Seidel darauf hin, daß man bei Einführung von großen Dicken und Luftabständen doch daran denken könne, das Bild zu ebnen. Weitere Folgen für das photographische Gebiet hatte diese Erkenntnis 1856 nicht. Allmählich dehnte C. A. Steinheil indessen sein Arbeitsgebiet aus und kam 1865 mit einer weitwinkligen Aufnahmelinse, dem Periskop, auf den Markt. Ihm gebührte daran wohl nur die Anregung, denn die Rechenarbeiten hat sein Sohn, Hugo Adolph, geleistet. Die Anlage fand Beifall, und selbst die Voigtländersche Werkstätte sicherte sich dafür die Ausführungserlaubnis. Wahrscheinlich um diese Zeit stellte L. Seidel für die Münchener Werkstätte ein besonderes Rechenverfahren auf, das beliebige, zur Achse windschiefe Strahlen durch eine ausgerichtete Flächenfolge zu verfolgen gestattete und lange Zeit in der Steinheilschen Werkstätte verwandt wurde. Mit dieser mühseligen aber erfolgreichen Rechenanlage hat H. A. Steinheil in den nunmehr folgenden langen Jahren gearbeitet und seine unbestrittenen Erfolge erzielt. Zur Schilderung seines Erfolges muß etwas weiter ausgeholt werden.

Um das Ende von 1865 trat C. A. Steinheil seine Fabrik an seine beiden Söhne ab, die den Betrieb unter dem Namen C. A. Steinheil Söhne fortführten. Daß man das photographische Gebiet besonders bestellen wollte, mag von vornherein geplant gewesen sein. Immerhin wurde die Entscheidung durch H. A. Steinheils Bekanntschaft mit dem belgischen Fachmann D. E. van Monckhoven befördert. Diese Persönlichkeit mit ihrer Erfahrung auf photographisch-optischem Gebiet — aus ihrer Feder stammte 1866 das erste Lehrbuch der Aufnahmelinsen mit bemerkenswerten geschichtlichen Angaben — verweilte früh im Jahre 1866 einige Zeit in München und zwar auf dem Wege nach Wien, wo eine hier nicht wichtige Niederlassung geplant war. In dieser Zeit wurde der junge Münchener Rechenmeister mit den Hauptergebnissen des englischen Wettlaufs um den verzeichnungsfreien Mittelwinkel vertraut gemacht, und sein Mentor stellte ihm im einzelnen die Aufgabe, die Leistungen der Dallmeyerschen Drillingslinse (S. 7) womöglich mit einer einfacheren Anlage zu erreichen.

Schon im Sommer 1866 hat H. A. Steinheil die erste Form seiner symmetrischen Doppellinse, des Aplanats, vollendet, dessen Hälften aus zwei Flintlinsen von verschiedenen optischen Eigenschaften bestanden. Der Vertrauensmann war von dem Ergebnis — im Gegensatz zu Th. Grubb war auf eine möglichst vollkommene Leistung der Doppellinse Gewicht gelegt worden — sehr eingenommen und übernahm, wie die neuere Geschichtsforschung gezeigt hat, die Verhandlung mit dem derzeitigen Inhaber des Rossischen Betriebes, Th. Ross, wegen Erwerbs der Herstellungserlaubnis. Leider hatten diese Verhandlungen nicht allein kein wünschenswertes Ergebnis, sondern schon im Januar 1867 merkte Th. Ross die neuartige Zusammensetzung der Aplanathälfte, und im März des gleichen Jahres war auch J. H. Dallmeyer hinter das Geheimnis gekommen. Beide englische Wettbewerber sicherten sich entsprechende Zusammensetzungen durch je ein englisches Patent, und namentlich das Dallmeyersche hat im Lauf der Zeit dem Münchener Hause große Unbequemlichkeiten verursacht. Nach einem ergebnislosen Briefwechsel mit Th. Ross verzichteten die Gebrüder Steinheil ganz auf ein englisches Schutzrecht und überließen die Ausbeutung des reichen englischen Feldes ihrem tatkräftigeren Wettbewerber. DALLMEYER hat in der Tat, von seinem lichtschwachen Weitwinkel von 1867 ausgehend, bis zum Anfang der 70er Jahre auch sehr lichtstarke symmetrische Formen auf den Markt gebracht. Ganz unangefochten blieb übrigens der glückliche Besitzer nicht, denn 1872 griff F. H. WENHAM, der technische Berater des von TH. ROSS seinen Erben hinterlassenen alten Betriebes, die DALLMEYERschen Schutzrechte mindestens mit praktischem Erfolge an, denn DALLMEYER wagte nicht, die außerordentlich schwer zu begründende Patentverletzungsklage zu erheben. Später hat der englische Linsenkenner J. TRAILL TAYLOR die damalige Neuheit der DALLMEYERschen Patentrechte auch mit dem Hinweis auf STEINHEILS Verdienste bestritten. Um die Mitte der 70er Jahre war der Streit gegenstandslos geworden, da um diese Zeit wohl alle namhaften photographischen Werkstätten die neue Anlage unter den verschiedensten Namen herstellten und auch schon der Satzgedanke gerade auf die Aplanathälften angewandt wurde.

Jedenfalls muß hervorgehoben werden, daß das STEINHEILsche Haus diese mit trigonometrischer Durchrechnung gefundene Anlage in der umfassendsten Weise durchgearbeitet hat und sowohl lichtschwache Weitwinkel wie lichtstarke Engwinkel mit mehr oder minder großen Abweichungen von der Symmetrie herstellte. Immer aber war die vollkommenste Korrektion auf das Doppelobjektiv gelegt worden, in deutlichem Gegensatz zu TH. GRUBBS Vorgange vor 9 und mehr Jahren. Es sei gleich hier bemerkt, daß H. A. STEINHEIL seinen lichtstarken unsymmetrischen Aplanaten unsymmetrische Antiplanete folgen ließ, die ebenfalls großes Aufsehen erregten. Ein Zeitgenosse STEINHEILS war der erfindungsreiche Stiefsohn W. FR. VOIGTLÄNDERS H. ZINCKE gen. SOMMER, der bis zum Ende der 70er Jahre sehr bemerkenswerte theoretische Arbeiten veröffentlichte und daneben eine ganze Reihe wohldurchgearbeiteter Anlagen an seinen Stiefvater (S. 4) lieferte, ohne daß es ihm gelang, dessen Zögerhaftigkeit zu überwinden. Als sein Nachfolger, FR. v. VOIGTLÄNDER, die Leitung antrat, hatte sich der fähige Rechenmeister wohl schon ganz der Musik als seinem Lieblingsfache zugewandt, und diese leistungsfähige Kraft ging der deutschen Optik verloren.

Wenn man sich auf die Absatzziffern des VOIGTLÄNDERschen Hauses verlassen darf, die der aufmerksame Leser gelegentlichen Äußerungen des alten Hauses entnehmen kann, so haben die neuen Wettbewerber — mag es nun mehr auf E. BUSCH, auf J. H. DALLMEYER oder auf H. A. STEINHEIL zu schieben sein — es doch dahin gebracht, daß die bis 1868 in stetem steilem Anstiege verlaufende Absatzkurve des Braunschweigischen Hauses eine merkliche Verflachung erkennen ließ.

Die englische Teilnahme an dem photographischen Objektiv trieb auch nach der Mitte der 60er Jahre sehr schöne Blüten, hierher gehören die Aufnahmen von C. PIAZZI SMYTH mit ganz kleiner Kammer $f = 4{,}6$ cm auf $2^1/_2$ cm $\times$ $2^1/_2$ cm Platten. Als Aufnahmelinse diente richtigerweise die damals lichtstärkste Linse, die PETZVALsche Bildnislinse. Um seine schönen ägyptischen Aufnahmen vollständig auszunutzen, suchte C. P. SMYTH mit einem schwachen Doppelmikroskop, das die Drehung einer Bildplatte um den festbleibenden Einstellpunkt gestattete, die zu stereoskopischen Bilderpaaren geeigneten Aufnahmen heraus, ein Verfahren, das erst viel später wieder aufgefunden werden sollte. Auch ein geeignetes Linsenstereoskop etwa WHEATSTONEscher Anlage hat der erfindungsreiche Astronom herausgebracht. Die Krone setzte er aber seiner photographischen Betätigung mit der das Feld der PETZVALschen Bildnislinse in aller Strenge ebnenden Zusatzlinse zerstreuender Wirkung auf, die 1874 herausgebracht wurde. Leider hat sich damals niemand gründlich um diese Möglichkeit gekümmert, wo nach SEIDELS Auffassung durch eine verständige Verfügung über Abstände mit den alten Glasarten eine Linsenfolge verwirklicht wurde, die bei photographischer Farbenvereinigung alle SEIDELschen Bildfehler hob. Daß die Zerstreuungslinse allzunah an der Bildschicht stand, mochte für den gewöhnlichen Gebrauch stören, doch hat man mit SMYTHens bewunderungswürdiger Anlage für photographische Landschaftsaufnahmen wohl überhaupt keinen ernsten Versuch gemacht und, als mehr denn 30 Jahre danach die Jenaer Schule auf seine Anlage zurückgriff und nähere Einzelheiten seines Werkes zu sammeln versuchte, war die unmittelbare Kunde leider längst verschollen.

Die Versuche mit bildebnenden Zerstreuungszusätzen für Bildwerferlinsen, die auf dieser Grundlage zu verschiedenen Malen im englischen Sprachgebiet gemacht wurden, waren ohne Sachkunde unternommen und haben wohl nie wirklich gelebt.

Als einer weiteren Nachwirkung der glänzenden Zeit der 50er Jahre ist auch der Bemühung J. HARMERS zu gedenken, einen stereoskopischen Entfernungsmesser für die Wolkenforschung, freilich nur mit völlig behelfsmäßigen Mitteln, zu bauen. Er hat dann als ein an ganz einwandfreie Behandlung von Stereogrammen gewöhnter Mann auch schöne Vorschläge gemacht, zwei in zeitlichem Abstande angefertigte Aufnahmen von Sterngruppen und auch von Sternspektren unter starker Vergrößerung zu vergleichen, um aus dem Tiefeneindruck des Sammelbildes auf Unterschiede in den Halbbildern zu schließen.

Kurz vor der bemerkenswerten Betätigung des schottischen Gelehrten SMYTH hat ein anderer Astronom, ERNST ABBE, in Jena 1871 die sehr allgemein und ganz analytisch angelegte Grundlage geliefert, wonach man Tiefen- und Helligkeitsfragen der Aufnahmelinse gründlich hätte behandeln können. Er umfaßte, seiner ganzen Anlage nach in viel weiterem Griff, das Gebiet, das, ihm unbewußt, in der glänzenden Zeit der späten 50er oder anfänglichen 60er Jahre von BOW, GRUBB und SHADBOLT in Einzelfällen behandelt worden war. Dabei machte ABBE eigentlich nur die einzige, heute wohl stets erfüllte, Voraussetzung, daß die Aufnahmelinse bei der Aufnahme in Ruhe bleibe. Aber keiner der photographischen Sachverständigen jener Zeit ahnte den hier verborgenen Schatz oder schritt gar zu seiner Hebung.

Es kam nun die Zeit, wo auch im deutschen Sprachgebiet einige Teilnahme an den geometrischen Grundlagen gezeigt wurde. H. W. VOGEL hatte auf seinen weiten Reisen auch England besucht und offenbar noch manche Reste der glänzenden Entwicklung jener soeben verklungenen Zeit auf sich wirken lassen, auch einige der im englischen Sprachgebiet üblichen Vorstellungen in den Berliner Verein eingeführt. In der auf den Frankfurter Frieden folgenden Zeit zeigte sich dort auch eine gewisse Teilnahme an ähnlichen Fragen, und namentlich der Berliner Gelehrte W. ZENKER hat sich vornehmlich auf dem Gebiete der durch Rahmenwahl zu steigernden Tiefenwirkung photographischer Aufnahmen verdient gemacht, auch Instrumente angegeben, mit denen man beidäugig Einzelbilder ohne allzu schlimme perspektivische Fehler betrachten konnte.

Von größerem Einfluß aber waren die ersten einigermaßen gelungenen Versuche mit Reihenaufnahmen, die in diese Zeit fallen und nach den Geschichtsdarstellungen F. PAUL LIESEGANGS auf die Bestrebungen 1877 von E. MUYBRIDGE (mit einer Reihe von stillstehenden Kammern) und von MAREY 1882 (mit einer stillstehenden Kammer und rascher Plattenwechselung) zurückzuführen sind. In der Tat hat sich aus diesen Anfängen die Reihenbildphotographie entwickelt, wozu allerdings noch Objektiv, Kammer und Bildwerfer zu verbessern waren.

In Deutschland wurde die Aufmerksamkeit darauf namentlich durch die erfolgreichen Arbeiten von O. ANSCHÜTZ in den 80er Jahren gelenkt.

4. Die Erfindung des enggebauten Mittelwinkels mit geebnetem anastigmatischem Felde. Die Jenaer Glasarbeiten E. ABBES und O. SCHOTTS, die in den 80er Jahren namentlich infolge der Leistungen der ABBEschen Apochromate auch in weiteren Optikerkreisen Anteil erregten, wirkten zunächst auf die Hersteller photographischer Linsen nicht besonders ein. Wohl hört man, daß H. A. STEINHEIL einen Aplanat mit neuen, besonders durchlässigen Glasarten herstellte, sowie daß sich H. SCHRÖDER in London mit seiner konzentrischen Linse und A. MIETHE in Rathenow mit seinem Anastigmat bemühten, ein aus hochbrechendem Kron und niedrigbrechendem Flint bestehendes symmetrisches Objektiv mit geebnetem Felde auf den Markt zu bringen, doch ließ sich auf diese letzte Weise keine Strahlenvereinigung längs der Achse erreichen. Soweit man aus den gleichzeitigen Nachrichten etwas entnehmen kann, ist der Absatz dieser Formen auch immer gering geblieben.

Die neuen Glasarten wurden vielmehr erst im Frühjahr 1890 durch den Jenaer Rechenmeister P. RUDOLPH zu einem unsymmetrischen Mittelwinkel, dem Anastigmat, später Protar, mit geringeren astigmatischen Fehlern verwandt, und im Jahre darauf gelang ihm die Berechnung einer Aufnahmelinse von 1 : 9 Öffnung, in der zum erstenmal seit CH. PIAZZI SMYTH (S. 10/11) alle 5 SEIDELschen Bildfehler gehoben worden waren. Gegenüber der SMYTHischen Lösung war der enge Bau des neuen unsymmetrischen Vierflächners ein großer Vorteil, doch waren die Zwischenfehler des geraden Bündels sehr beträchtlich und verhinderten es, mit diesen Mitteln wirklich lichtstarke Linsen vorteilhaft zu bauen. Für verhältnismäßig geringe Öffnungen aber wurden sehr schöne Leistungen möglich, zumal mit den kurzen Brennweiten, wie sie in dieser Zeit mehr und mehr verlangt wurden.

Verständlicherweise suchte der Erfinder seine Aufnahmelinsen in der Fachpresse den Photographen nahe zu bringen und schlug zu einfacher Vorführung der im Kampf gegen den Astigmatismus erreichten Fortschritte Schaubilder bestimmter Art vor, die sich schließlich durchgesetzt und das ältere englische, namentlich von R. H. BOW in den 60er Jahren gepflegte Verfahren verdrängt haben. Man kann wohl sagen, daß man daraufhin regelmäßiger die Leser der Fachschriften von den Erfolgen zu unterrichten begann, die in dieser oder jener optischen Werkstätte durch neue Linsenformen erreicht worden waren. Hinter der großen Zeit der englischen Fachvereine in den 50er und 60er Jahren blieb man bei all diesen Lehrbestrebungen insofern zurück, als die mitschaffende Teilnahme der Vereinsgenossen fehlte und heftige Fehden der verschiedenen Anstalten vor einer urteilslosen Leserschaft nicht vermieden wurden.

Denn in der Tat erwuchs der Jenaer Werkstätte in dem damals ganz jungen Unternehmen von C. P. GOERZ mit seinem fähigen Rechenmeister E. v. HÖEGH ein sehr beachtenswerter Wettbewerb. Wohl hatte P. RUDOLPH ziemlich früh versucht, in seiner Anastigmatlinse aus drei verkitteten Linsen ein für schiefe Bündel wesentlich verbessertes Landschaftsobjektiv zu schaffen, doch hatte er es als Grundbestandteil für Satzlinsen geplant und also das Hauptgewicht auf die Einzellinse gelegt. Er wurde gegen Ausgang von 1892 durch eine Patentanmeldung des GOERZischen Hauses auf das aus zwei solchen Linsen gebaute symmetrische Objektiv, den Doppelanastigmat, überrascht, das gerade in dieser Doppelform und nicht in den Einzellinsen besonders vollkommen durchgearbeitet war. Merkwürdigerweise versuchte C. ZEISS gar keinen Kampf gegen dies Patent, und so kam es denn in den 90er Jahren zu Schutzanmeldungen verschiedener Werkstätten auf symmetrische Doppellinsen, die in jeder ihrer beiden Hälften die Mittel zur Hebung der Kugelabweichung und der astigmatischen Fehler enthielten. Immer handelte es sich dabei um ziemlich eng gebaute Vierflächner mit verhältnismäßig großen Zonen im geraden Bündel.

In England, wo allein gleich im Anfang tatkräftig der Kampf mit der deutschen Erfindung aufgenommen wurde, schuf der fähige Rechenmeister H. Dennis Taylor auf der Grundlage der (s. S. 7) in England entwickelten Drillingslinse seine erfolgreichen Neuerungen, die er gleich von vornherein von dem jungen Hause Taylor, Taylor, & Hobson ausführen ließ. Da die beengende Bedingung der deutschen Fachmänner auf Vierflächner weggefallen war, so konnte er schon früh eine wesentlich größere Freiheit von Zwischenfehlern erreichen.

Einen sehr wichtigen Schritt zunächst mit einer zur Mittelblende symmetrischen Anlage tat in der gleichen Richtung P. Rudolph Ende 1896, wo er sein Planar, einen Achtflächner von großer Öffnung, guter Ebenung des anastigmatischen Bildes und erfreulich geringen Zonen zum Schutz anmeldete. Der Berichterstatter möchte in dieser Anlage den Anstoß zu den späteren Formen der vornehmlich in Deutschland ausgebildeten Acht- und Sechsflächner mit guter Bildebenung und trotz großer Öffnung von 1 : 3,0 bis zu 1 : 1,8 nur geringen Zonen sehen. Erst mit solchen Formen vermochte man die Anforderungen der seit der zweiten Hälfte der 90er Jahre weiter und weiter umsichgreifenden Lichtspiele zu erfüllen. Namen möge man bei Czapski-Eppenstein[1] nachlesen; sie würden hier bloß stören und ließen sich bei der Knappheit des Raumes doch nur unvollständig angeben.

Nicht lange nach den ersten Anastigmaten, um den Oktober 1891, machte die Neuerung des Teleobjektivs ziemlich viel von sich reden, die fast gleichzeitig in Frankreich, England und Deutschland erschien und namentlich in England von Th. R. Dallmeyer gepflegt wurde. Von seiner Erfindung kann man nicht reden, da, ganz abgesehen von Ch. Scheiners Verwertung einer solchen sammelnden Verbindung von schwächerem Sammel- und stärkerem Zerstreuungsgliede um 1617, die Vorgängerschaft von I. Porro (S. 6) um das Jahr 1851 nicht zu bestreiten war. Aber aufgenommen wurde jetzt diese Neuerung mit ganz großem Eifer, und namentlich in Ländern mit klarer und ruhiger Luft gelangen damit Aufnahmen auf ganz weite Entfernungen, während man sie in Deutschland auch für Wiedergabe von Einzelheiten an Bauwerken mit Vorteil verwertete. Für Bildnisaufnahmen, wofür begeisterte Freunde verschiedentlich eintraten, ist diese Verbindung wohl seltener benutzt worden.

Hatte sich Abbes ältester Schüler und späterer Mitarbeiter, S. Czapski, in seiner Theorie der optischen Instrumente nach Abbe auch mit den Rechnungsgrundlagen für das photographische Objektiv beschäftigt, so lieferte er allem Anschein damit für alle in Deutschland wirkenden Rechenmeister und auf Jahrzehnte hinaus die Grundlage für die Behandlung der schiefen Bündel.

Die astigmatische Rechnung mit den Young-Coddingtonschen, von Abbe für die Jenaer photographischen Rechnungen neu entwickelten Rechenformeln — sie sind, wenn sie in Deutschland je bekannt waren, dort nie von weiteren Kreisen benutzt worden — gestaltete eben von 1892 ab die Gewohnheiten der deutschen Rechenmeister vollständig neu, während die Lehre von der Strahlen begrenzung für unser Gebiet zunächst noch nicht nach ihrer vollen Bedeutung gewertet wurde.

Es sei an dieser Stelle auf die sehr bemerkenswerte Persönlichkeit A. Kerbers hingewiesen, der, durch schwere Taubheit aus seinem Lehrberuf vertrieben, sich nicht allein durch die Berechnung optischer Anlagen für kleinere Werkstätten

[1] Czapski-Eppenstein, Grundzüge der Theorie der opt. Instr., 3. Aufl. auf S. 455/8.

forthalf, sondern mit seiner großen analytischen Begabung das Formelwerk der geometrischen Optik namentlich für die photographischen Bedürfnisse ausbaute und in eingehenden Aufsätzen bekanntgab.

Hier ist auch des Schulmannes A. GLEICHEN zu gedenken, der als Beamter des Patentamts später an der Technischen Hochschule zu Charlottenburg Vorlesungen auch über das photographische Objektiv gehalten hat. Er machte darin u. a. auf „die natürliche Blende“ aufmerksam und hat, in der gleichen Richtung wie D. BREWSTER arbeitend, auf die Grundlagen zu völlig naturgetreuer Wirkung photographischer Aufnahmen (S. 8) hingewiesen.

Doch um auf die Jenaer Werkstätte und die Anregungen von ihr zurückzukommen, so gelang es M. VON ROHR 1896/97 bei der Behandlung von Helligkeitsfragen für das Teleobjektiv fast zufällig, in der ABBEschen Darstellung gleichsam schlummernde Gedanken wachzurufen. Die für das photographische Objektiv neue Einführung der Einstellebene und des Abbildes auf ihr erlaubte eine wirklich strenge Behandlung namentlich der Perspektive (der Abbildungstiefe, nur soweit die Strahlenoptik reicht) und hat zunächst für das Verständnis der Aufnahmelinse, später aber auch des Fernrohrs, gute Dienste geleistet. Längere Vorarbeiten setzten denselben Fachmann 1899 in die Lage, eine brauchbare Geschichte des photographischen Objektivs zu schreiben, in der er, was einem Anfänger verziehen werden kann, ein allzu großes Gewicht auf vollständige Vorführung auch wertloser Formen legte. Immerhin bedeutete es etwas für die Lehre vom photographischen Objektiv, daß zum ersten Male seit D. VAN MONCKHOVEN (s. S. 9) ein rechnender Fachmann über die vorhandenen Formen der Aufnahmelinse sprach und durch Mitteilung der Rechenergebnisse in einem und demselben Maßstab die Vergleichung ihrer Leistungen (in bezug auf Kugelabweichung, Fehler gegen die Sinusbedingung, Verlauf der beiden Bildschalen) ermöglichte.

Die erste tiefergehende Wirkung dieser Schrift zeigte sich in einem sonst gleichgültigen Angriff E. VON HÖEGHS, wobei aber die Veröffentlichung des Hypergon-Doppel-Anastigmats mit seinem riesenhaften Bildfeld eine unbestreitbare Förderung der photographischen Erkenntnis bedeutete.

Allen weiteren Arbeiten zum Verständnis der Aufnahmelinse wurde durch A. GULLSTRAND 1902 ein neuer Antrieb zuteil, als die Aufmerksamkeit der Jenaer Schule auf die Bedeutung der Augendrehung bei der Betrachtung der Aufnahmen gelenkt und damit eine der Grenzen erkannt wurde, die ABBES großer Arbeit von 1871 durch ihre Anlage gezogen waren. Die Entwicklung der Verantlinse, wobei zuerst bewußt eine Linsenverbindung zur Unterstützung des blickenden Auges auf den Markt gebracht wurde, bedeutete geschäftlich wenig. Der so geschaffene, recht vollkommene Guckkasten (s. S. 2) fand auf dem Markt keine freundliche Aufnahme; doch hat die Beschäftigung mit diesen Fragen der Jenaer Schule ein besseres Verständnis für die hier vorliegenden Aufgaben verschafft, das bald für die Entwicklung brauchbarer Brillenformen verwertet werden sollte.

Die Verwendung der Verantlinse für den Bau eines richtigen Stereoskops traf in vielen Punkten mit der meisterhaften Darstellung zusammen, die der holländische Hauptmann L. E. W. VAN ALBADA wenig früher unter dem Titel Orthostereoskopie hatte erscheinen lassen. Abgeschlossen wurden für Jena diese Arbeiten 1906, wo in einer schon 1881 von ABBE gewiesenen Richtung mit den Mitteln der Strahlenoptik der Grund der Pseudoskopie aufgedeckt und durch Aufzeigung des schnittflüchtigen (hyperzentrischen) Strahlenganges die Kenntnis der uns überhaupt möglichen Formen der Raumanschauung vervollständigt werden konnte.

Ungefähr zu gleicher Zeit ergänzte E. WANDERSLEB in sehr erfreulicher Weise die Angaben der Theorie und Geschichte des photographischen Objektivs durch Mitteilung der Verzeichnungswerte für eine ganz große Zahl alter und neuer Anlagen. Er konnte so besonders wirksam darauf hinweisen, wieviel die bereits 1897 unternommene, noch von ABBE selbst sehr lebhaft geförderte Untersuchung des Hauptstrahlenganges im Hinblick auf das Verständnis der Verzeichnung bedeute.

Andere deutsche Fachleute haben sich mehr in der KERBERschen Weise mit dem Ausbau der Formeln der geometrischen Optik beschäftigt. So hat sich damals namentlich F. STÄBLE 1907 mit den Abänderungen beschäftigt, die man an der gewöhnlichen Rechenanlage anbringen müsse, um die Komafreiheit der Nachbarschaft des Bildachsenpunktes zu sichern. Auch der tiefgreifenden Arbeiten R. SCHWARZSCHILDS ist an dieser Stelle zu gedenken.

Die schon von J. HARMER (s. S. 11) mit ganz einfachen Mitteln angegriffene Aufgabe der stereoskopischen Entfernungsmessung wurde von C. PULFRICH, der diese Vorarbeiten nicht kannte, in aller Strenge aufgenommen und führte zunächst zum Stereokomparator, später unter Mitwirkung des Wiener Militärgeographischen Instituts zu den dauernd weiter verbesserten Planigraphen. Wenn im Kriege die stereoskopisch vereinigten Bilderpaare aus Flugzeugen vielfach verwandt wurden, so handelt es sich dabei um den Ausbau von Gedanken, die mit den Namen von CH. PIAZZI SMYTH (S. 10) und C. PULFRICH verbunden sind.

Das Teleobjektiv wurde von verschiedenen Seiten verbessert, und zwar hat man sowohl die Öffnung des geraden Bündels gesteigert als auch die Fehler der schiefen Bündel verringert. Man sah bald ein, daß man dazu einen festen Abstand der beiden Bestandteile einführen mußte, und hat an verschiedenen Stellen (genaue Einzelheiten darüber möge man bei CZAPSKI-EPPENSTEIN[1] nachsehen) bemerkenswerte Erfolge erzielt, die später auch im Kriege verwertet wurden. Doch hat man daneben vielfach Aufnahmen mit ganz langen Brennweiten — auch sie sind in der vorhergehenden Friedenszeit lebhaft empfohlen worden — bevorzugt, für die bestimmte zwischenfehlerfreie Anlagen (auch hierüber CZAPSKI-EPPENSTEIN[2]), wie sie in den verschiedenen kriegführenden Ländern zu diesem Zwecke hergestellt wurden.

Um auch einen Blick auf die Verhältnisse in England zu werfen, sei bemerkt, daß der bedeutende englische Rechenmeister H. D. TAYLOR im Jahre 1906 in einer umfangreichen Einzelschrift seine Rechenverfahren auseinandersetzte, wobei er auf das Werk H. CODDINGTONS von 1829 als eine seiner Grundlagen hinwies. Im Gegensatz zu den späteren deutschen, auf trigonometrischer Durchrechnung und planmäßigem Probieren begründeten Anlagen wurde hier nachdrücklich die Möglichkeit vertreten, mehr auf den Wegen der älteren Optiker (man kann für Deutschland etwa auf J. PETZVAL, L. SEIDEL, H. ZINCKE gen. SOMMER und auf A. KERBER verweisen) zu dem gewünschten Ergebnis zu gelangen. An der Güte der TAYLORschen Ergebnisse besteht kein Zweifel (S. 13).

Bei seiner Durchsicht der englischen Fachpresse jener Zeit — dem mustergültigen Sachweiser des hauptsächlichsten Blattes The British Journal of Photography soll hier ein wohlverdienter Dank ausgesprochen werden — hat es dem Berichterstatter den Eindruck gemacht, als hätten weiten Kreisen englischer Fachleute die schönen Ergebnisse TAYLORS noch nicht genügt, man habe vielmehr versucht, auch die in Deutschland verfolgten Wege den heimischen Fachleuten gangbar zu machen. Diese bestehen, um einen treffenden Ausdruck

[1] CZAPSKI-EPPENSTEIN, Grundzüge der Theorie der opt. Instr., 3. Aufl., S. 454/5.
[2] CZAPSKI-EPPENSTEIN, ebenda, S. 458.

GULLSTRANDS zu verwenden, in einer durch trigonometrische Rechnung erreichten Häufung mathematischer Singularitäten.

Die seit 1907 auch den Ladenoptikern geöffnete Londoner Lehranstalt „The Northampton Institute" begünstigte sogleich entsprechende Studien und in der angesehenen Fachgemeinschaft Londons (Royal Photographic Society) wurden ebenfalls gelegentlich in das Gebiet der Linsenberechnung einführende Vorträge gehalten. Auch Prüfverfahren, so namentlich das von J. HARTMANN in den ersten Jahren des Jahrhunderts veröffentlichte, haben dort großen Anteil erregt. Wenn man diese Einstellung beachtet, so nimmt es nicht weiter wunder, daß man um den Kriegsausgang in England versuchte, durch die Übersetzung verschiedener deutscher optisch-theoretischer Werke — es kommen Arbeiten von H. A. STEINHEIL, von A. GLEICHEN und von den Mitarbeitern der ZEISSischen Werkstätte in Betracht — die deutschen Rechenverfahren den heimischen Fachleuten leichter zugänglich zu machen. Man wird daraus den Schluß ziehen können, daß in ausgedehnten Fachkreisen selbst bei so scharfem Wettbewerb mit Deutschlands ausübenden Optikern die tatsächliche Anerkennung der deutschen Verfahren nicht fehlte.

Mit dem Ausgang des Krieges sei diese kurze Darstellung abgeschlossen; denn ein Abstand von etwa einem Jahrzehnt mindestens ist für eine derartige Rückschau notwendig, die sich auf die Erwähnung des wesentlichen beschränken muß.

Einer späteren Betrachtung muß es vorbehalten bleiben, aus den fremdländischen Bestrebungen der Nachkriegszeit die Summe zu ziehen, mögen sie nun auf den Glasersatz — dafür ist offenbar von verschiedenen Regierungen sehr viel Geld und Mühe aufgewandt worden — gerichtet sein oder auf die in den Landeshauptstädten der westlichen Reiche eifrig gepflegten Bemühungen, einen Stamm heimischer Rechenmeister heranzubilden. Heute stehen die Ergebnisse noch nicht fest, und man kann noch kein abschließendes Urteil darüber abgeben, mit welchem Erfolge sich — wenn einmal der Wettbewerb von den heutigen Hegeschranken wieder einigermaßen frei werden sollte — die ältere aus dem Bedürfnisse der Industrie erwachsene deutsche Schule mit den verschiedenen von oben her ins Leben gerufenen messen kann.

Grundlagen und Grundgesetze der geometrischen Optik.

Von W. MERTÉ, Jena.

Mit 14 Abbildungen.

1. Die Lochkammer. Die heutigen Einrichtungen, mit denen die photographischen Bilder aufgenommen werden, sind im Grunde alles Abkömmlinge der schon recht alten camera obscura[1]; die einfache Handkammer des Schülers so gut wie die komplizierte Bildmeßkammer des Geodäten oder der Kinoaufnahmeapparat des Filmoperateurs, um nur einige wenige Beispiele aufzuzählen.

Das Zustandekommen des Lichtbildes, das in der Photographie auf einer lichtempfindlichen Schicht festgehalten wird, läßt sich daher schon an der einfachsten camera obscura, der Lochkammer, bis zu einem gewissen Grade[2] beschreiben. Die Schilderung optischer Abbildungen geschieht heute einmal mit den Vorstellungen der geometrischen Optik und dann auch mit dem Rüstzeug der physikalischen Optik.

Die geometrische Optik kann sicher bloß Annäherungen geben, und das wirkliche Wesen einer optischen Abbildung ist natürlich nur durch die volle Berücksichtigung der physikalischen Eigenschaften des Lichtes erschöpfend klarzulegen; der mathematische Apparat zur genügenden Bestimmung einer optischen Abbildung auf Grund der Wellentheorie ist so kompliziert, daß er für die eigentliche Berechnung optischer Instrumente schwer zu benutzen ist und sich außerdem — von einfachen Sonderfällen abgesehen — nur unter vereinfachten Annahmen, die meist nicht ganz der Wirklichkeit entsprechen, befriedigend mathematisch lösen läßt.

Deswegen beherrscht die geometrische Theorie in der Lehre der Abbildung durch optische Instrumente zur Zeit noch fast ausschließlich das Feld, besonders bei der Darstellung der Abbildung durch photographische Objektive, die im allgemeinen vermittels weit geöffneter Bündel ausgedehnte Felder abzubilden, also die weitestgehende optische Leistung zu erfüllen haben.

Die geometrische Optik arbeitet im wesentlichen mit den Begriffen und Voraussetzungen der gewöhnlichen Geometrie, nur mit dem Unterschied, daß der mathematische Punkt hier als Lichtpunkt und die mathematische Gerade hier als Lichtstrahl aufgefaßt und auch so genannt werden.

Der Abbildungsvorgang in unserer oben erwähnten Lochkammer läßt sich geometrisch einfach dadurch erklären, daß von den einzelnen Gegenstandspunkten Licht ausgesandt wird und durch die z. B. kreisrunde Öffnung der Lochkammer enge Lichtkegel in den Raum der dunklen Kammer hineingelassen

---

[1] M. v. ROHR: Zur Geschichte der camera obscura. EDERS Jb. Phot. u. Reprod. **1901**, 75—77. S. auch Anm. 2 auf S. 90.

[2] Da in den einzelnen „Bildpunkten" die Lichtstrahlen nicht zusammengedrängt sind, liegt allerdings eine eigentliche optische Abbildung überhaupt nicht vor.

werden und dort auf einem Bildschirm auftreffen. So entspricht auf diesem jedem Dingpunkt ein kleiner kreisförmiger Lichtfleck als „Bild", dessen Helligkeit und Farbe von der Helligkeit und Farbe des Dingpunktes abhängen. Nach rein geometrischen Überlegungen müßten nun mit kleiner werdenden Öffnungen jene Lichtflecke immer kleiner werden, und damit die Außenwelt immer schärfer, allerdings auch immer dunkler auf dem Bildschirm der Lochkammer, der z. B. eine photographische Platte sein kann, abgebildet werden. Jeder weiß, daß hier eine Grenze für die rein geometrische Betrachtung liegt, da infolge der mit der Abblendung der Kammeröffnung merkbarer werdenden Beugung im Gegenteil mit fortschreitender Abblendung die Bilder wieder unschärfer werden. Nach unseren Darlegungen kann die Lochkammer daher niemals wirklich scharfe und nur bei ungewöhnlich günstigen Lichtverhältnissen einigermaßen helle Bilder geben.

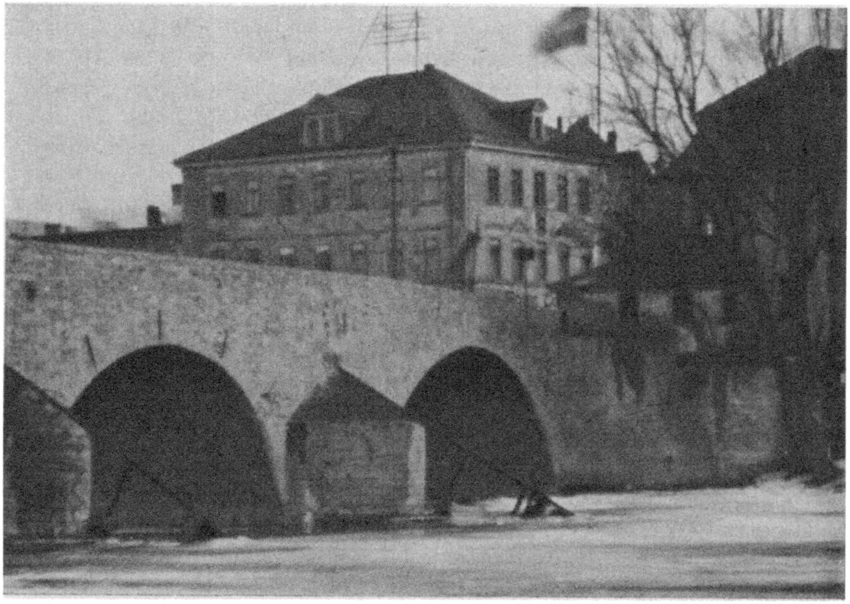

Abb. 1. Unvergrößerte Lochkammeraufnahme. Lochdurchmesser 0,6 mm. Abstand Loch bis Bild ca. 30 cm.

Wenn man deswegen auch die Öffnung der Lochkammer durch photographische Objektive, die h e l l e und s c h a r f e Bilder geben, ersetzt, so wird immerhin auch heute noch mitunter von der Eigenart der Lochkammer Gebrauch gemacht. Man kann ja mit ihr sehr weitwinklige Aufnahmen machen, die außerdem frei von Verzeichnung sind, da sie im wesentlichen nach den Gesetzen der Zentralprojektion zustande kommen. Die nie ganz scharfen Bilder können gerade wegen dieser Unschärfe von besonderer künstlerischer Wirkung sein.

Weiter ist es möglich, mit der Lochkammer bei gleichem Aufnahmestandpunkt die Gegenstände in verschiedener Größe abzubilden, weil sich der Abstand zwischen Öffnung und lichtempfindlicher Schicht ziemlich erheblich variieren läßt. Allerdings soll der Öffnungsdurchmesser in einer bestimmten Abhängigkeit vom Ding- und Bildabstand stehen, um die günstigsten Bedingungen für die Schärfe zu erzielen. Nach A. MIETHE[1] gehören (wohl für weit entfernte Gegenstände)

---

[1] EDERS Jb. Phot. u. Reprod. **1889**, **334—336**.

Zu einem Abstand zwischen Lochblende und lichtempfindlicher Schicht von cm	Ein günstiger Lochdurchmesser von etwa mm
1	0,09
2	0,1
3	0,2
5	0,3
10	0,4
20	0,5
30	0,6
40	0,6

Auch die geometrische Gestalt der Objekte und die spektrale Lage des beim Zustandekommen des Bildes besonders wirksamen Lichtes spielen bei der Herbeiführung jener optimalen Schärfenverhältnisse eine Rolle. Zur wirklichen

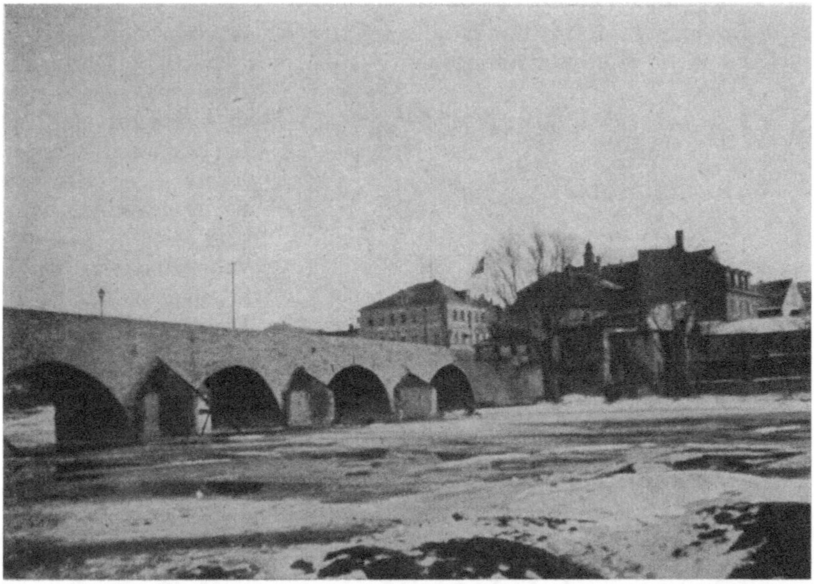

Abb. 2. Unvergrößerte Lochkammeraufnahme. Standpunkt und Richtung der Aufnahme etwa die gleichen wie bei Abb. 1. Lochdurchmesser 0,2 mm. Abstand Loch bis Bild ca. 9 cm.

Klärung dieser Fragen dienen die Untersuchungen der beim Durchgang des Lichtes durch die Öffnung auftretenden Beugungserscheinungen, wie sie z. B. von RAYLEIGH[1] geführt werden.

Von dem Öffnungsdurchmesser und der Bildweite hängt auch die Helligkeit des Bildes und damit die Belichtungszeit ab. Diese liegt unter günstigen Verhältnissen etwa bei 1 Minute, steigt aber oft auf 1 Stunde und mehr. So hat z. B. A. WAGNER[2] bei einem Lochdurchmesser von 0,3 mm und einem Plattenabstand von ca. 10 cm gute Aufnahmen einer hell erleuchteten Landschaft mit einer Belichtungszeit von ungefähr 1 Minute erhalten. In Abb. 1 und 2 sind 2 Lochkammeraufnahmen gezeigt, die vom selben Standpunkt aus, aber mit verschiedenen Auszügen und Lochöffnungen gemacht sind; die Aufnahme der Abb. 2 ist schon recht weitwinklig.

[1] RAYLEIGH, On Pin-hole Photography. Phil. Mag. **31**, 87—99 (1891).
[2] EDERS Jb. Phot. u. Reprod. **1889**, 334.

Ferner sei hier erwähnt, daß vorgeschlagen worden ist, mit einer Abwandlung[1] der Lochkammer eine Art anamorphotischer Bilder zu erzielen. Dazu

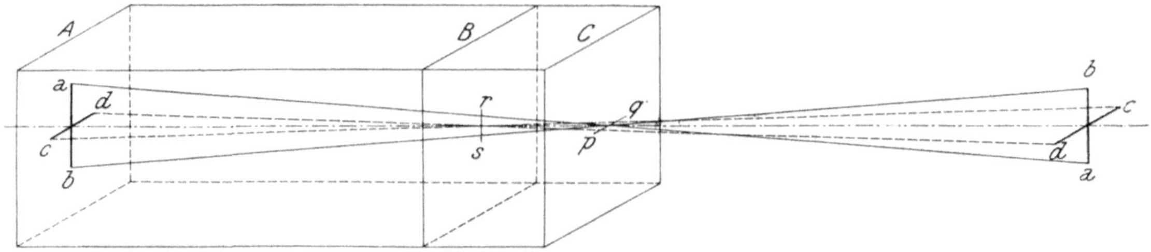

Abb. 3. Das rechts befindliche Rechtwinkelkreuz *a, b, c, d* wird durch die einander senkrecht kreuzenden Spalte *pq* in der Kammerwand *C* und *rs* in der Kammerwand *B* in ein Rechtwinkelkreuz *a, b, c, d* auf der Kammerrückwand *A* abgebildet. (Eine wirkliche Abbildung kann natürlich nur dann stattfinden, wenn die Spalten *pq* und *rs* durch geeignete Zylinderlinsen ersetzt werden.)

erhält die Kammer vorn 2 z. B. einander senkrecht sich kreuzende Spalte, durch die das Licht in die dunkle Kammer eintritt und auf deren Bildschirm gelangt. Berühren sich die Spalte, so hat man eine einfache Lochkammer, aber mit rechteckiger oder quadratischer Öffnung; haben sie aber endlichen Abstand voneinander, so ist der Abbildungsmaßstab in der Richtung der beiden Spalte verschieden; das Maß der anamorphotischen Verzerrung hängt von dem Abstand der Spalte und der Lage der Bildebene ab.

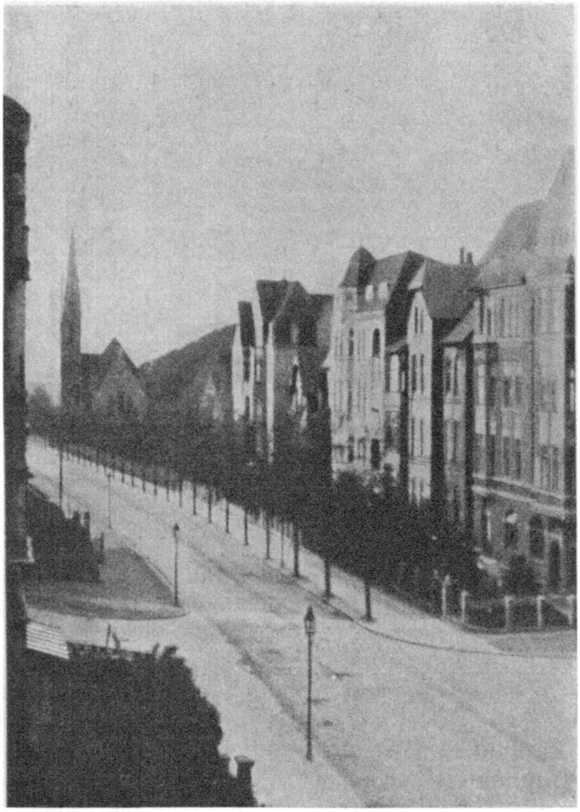

Abb. 4. Aufnahme mit der Spaltkammer nach W. OTTO, bei der die lichtempfindliche Schicht der Platte 21 cm vom horizontalen und 14 cm vom vertikalen Spalt entfernt war.

In Abb. 3 ist das Schema des Strahlengangs in einer solchen Spaltkammer skizziert, die Abb. 4 und 5 zeigen 2 Aufnahmen mit der Spaltkammer vom selben Standpunkt aus, aber bei Drehung der Kammer um 90° gegenüber ihrer Stellung bei der einen Aufnahme, so daß der bei der ersten Aufnahme horizontal liegende Spalt bei der zweiten Aufnahme senkrecht verläuft und umgekehrt.

Schon frühzeitig hat man, um die Helligkeit und Schärfe der Bilder zu erhöhen, die Öffnung der Lochkammer durch eine wirklich abbildende Anordnung ersetzt, zunächst durch Linsenanlagen mit be-

[1] OTTO, W.: Physik. Z. **13**, 977—979 (1912). DRP. 231529/1909.

scheidener Ausdehnung des scharfen Bildfeldes[1]; bald nach Bekanntwerden der Daguerreotypie[2], d. h. mit Erfindung der Photographie, setzten die bis in die Gegenwart währenden Bemühungen verstärkt ein, Linsenfolgen zu finden, die hinsichtlich Lichtstärke, Größe des brauchbaren Bildfeldes, Verfeinerung der Schärfe usw. immer höhere Ansprüche befriedigen.

2. Die Ausbreitung des Lichtes. Um die Wirkungsart der photographischen Objektive und die Eigenschaften der von ihnen entworfenen Bilder schildern zu können, sollen hier kurz die für eine solche Darstellung notwendigen Erkenntnisse der geometrischen Optik zusammengestellt werden. Es wurde schon darauf hingewiesen, daß sich die geometrische Optik auf den gleichen Grundlagen aufbaut wie die gewöhnliche Geometrie, nur mit dem Unterschied, daß sie Punkte und Gerade als Lichtpunkt und Lichtstrahl auffaßt. Diese Vorstellung stützt

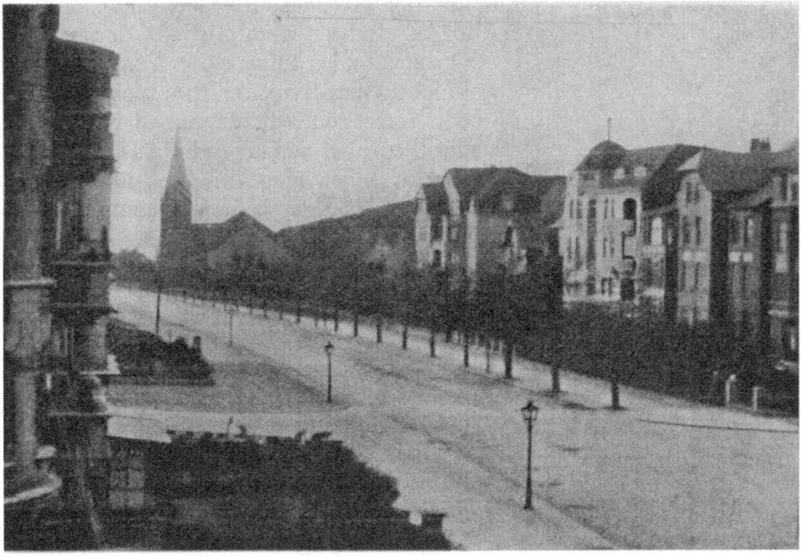

Abb. 5. Aufnahme mit der gleichen Spaltkammer, mit der die Aufnahme der Abb. 4 gemacht ist; auch Standpunkt und Richtung der Aufnahme sind etwa die gleichen, aber die beiden Spalte sind um 90° gedreht gegenüber ihrer Stellung bei der Aufnahme der Abb. 4.

sich auf die Annahme, daß das Licht sich geradlinig fortpflanzt, daß also von jedem einzelnen Lichtpunkt einer Lichtquelle eine zweifache Mannigfaltigkeit von geraden Lichtstrahlen in den die Lichtquelle umgebenden homogenen und isotropen Raum ausgeht.

Diese Grundregel findet ihre Bestätigung z. B. beim Schattenwurf undurchsichtiger Körper, auch die oben beschriebenen Erscheinungen in der Lochkammer haben die geradlinige Fortpflanzung des Lichtes zur Voraussetzung, wenigstens soweit die Beugungserscheinungen außer acht bleiben.

Eine weitere Annahme der geometrischen Optik, nämlich die der Unabhängigkeit der Teile eines Lichtbündels voneinander, ist ebenfalls der Beobachtung der Schattenbilder zu entnehmen. Der in einen Lichtstrom gebrachte undurchsichtige, nicht zu kleine Körper wirft einen seiner Gestalt entsprechenden

[1] Der 1812 von Wollaston angegebene Meniskus brachte allerdings eine wesentliche Besserung der seitlichen Teile des Bildes.

[2] Am 19. August 1839 hat die französische Akademie der Wissenschaften Daguerres Verfahren bekanntgegeben.

Schatten, ohne daß die übrigen Teile des Lichtstromes merklich beeinflußt werden.

Die geradlinige Fortpflanzung des Lichtes führt ohne weiteres auf die Grundannahme der Photometrie, daß nämlich die von einem Lichtpunkt ausgehende Strahlungsintensität im nicht absorbierenden homogenen und isotropen Mittel im umgekehrten Verhältnis zum Quadrat der Entfernung von dem lichtaussendenden Punkt steht. Alle Betrachtungen z. B. über die Beleuchtungsstärke des photographischen Bildes, die auf dem Boden der geometrischen Optik angestellt werden, hängen letzten Endes mit diesem photometrischen Grundgesetz zusammen.

3. Die Brechung des Lichtes. Die Wirkung der photographischen Objektive, mögen sie nun aus Linsen zusammengesetzt oder in seltenen Fällen auch aus einem oder mehreren Spiegeln oder schließlich sogar aus Linsen und Spiegeln gebildet werden, beruht immer auf der geeigneten Ablenkung der abbildenden Lichtstrahlen von ihrer geradlinigen Bahn. Zum Aufbau der geometrischen Optik ist also neben der Voraussetzung geradliniger Fortpflanzung des Lichtes im homogenen isotropen Mittel und der Unabhängigkeit der Strahlen voneinander aus der Welt der Erfahrung noch eine Annahme über das Verhalten des Lichtstrahles beim Übergang von einem Mittel in ein anderes zu nehmen. Sie findet ihre mathematische Formulierung in dem bekannten Brechungsgesetz

$$n \sin i = n' \sin i' \qquad (1)$$

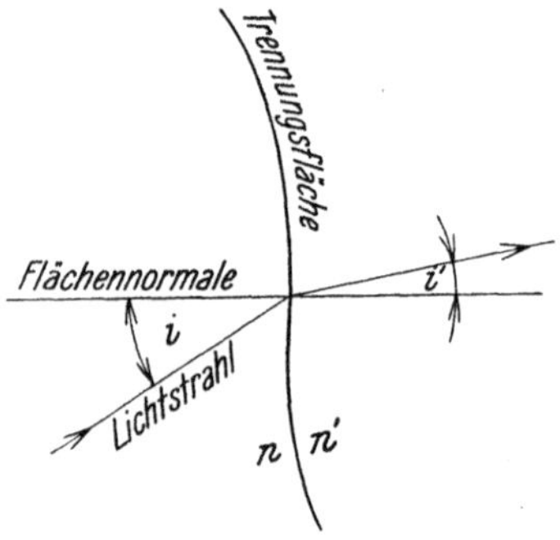

Abb. 6. Ein Lichtstrahl trifft eine die 2 Medien mit den Brechungszahlen n und n' trennende Fläche. Mit der Flächennormalen im Einfallspunkt bildet er vor der Brechung den Einfallswinkel i, nach der Brechung den Brechungswinkel i'. Einfallender und gebrochener Lichtstrahl und Flächennormale liegen in einer Ebene.

und ist in Abb. 6 anschaulich dargestellt. Dabei ist i der sog. Eintritts- oder Einfallswinkel, den der Lichtstrahl mit der Normalen der die beiden Medien trennenden Fläche im Einfallspunkt, in dem der Lichtstrahl auf jene Grenzfläche trifft, bildet. n ist eine Konstante, die von der Art des Mediums abhängt, in dem der geradlinige Lichtstrahl vor dem Auftreffen auf die brechende Fläche verläuft; n' ist die entsprechende physikalische Konstante des Mittels hinter der Brechungsfläche. i' ist der Winkel, den der Lichtstrahl nach Eintritt in das zweite Medium mit der genannten Flächennormalen einschließt. Eindeutig wird der gebrochene Lichtstrahl dadurch festgelegt, daß er in der durch den Lichtstrahl vor der Brechung und die Flächennormale bestimmten Ebene, der Einfallsebene, verläuft.

In Worten könnte infolgedessen die Beziehung zwischen Einfallswinkel i und Brechungswinkel i' so ausgedrückt werden: Der Sinus des Einfallswinkels ist dem Sinus des Brechungswinkels proportional; dabei ist der konstante Proportionalitätsfaktor $\frac{n'}{n} = n_{12}$, den man als Brechungsverhältnis, Brechungsquotienten, Brechungsexponenten, Brechungszahl usw. der beiden Medien oder auch deren relatives Brechungsverhältnis zu nennen pflegt. n_{12} hängt von der Natur der beiden Medien ab. Um einen absoluten Wert der Brechungszahlen zu erhalten, bildet man n_{12} für die einzelnen Mittel oder Stoffe immer gegen das gleiche Medium, nämlich gegen den luftleeren Raum. Dann wird n_{12} die absolute Brechungszahl oder die Brechungszahl schlechthin genannt. Die in der Literatur angegebenen Brechungszahlen für irgendwelche Stoffe (wie Glasarten usw.) sind in der Regel absolute Brechungszahlen, ohne daß ausdrücklich darauf hingewiesen wird.

Da diese Brechungszahlen sich kaum ändern, wenn an Stelle des Vakuums, dem die Brechungszahl 1 zugeordnet ist, der lufterfüllte Raum als Bezugsmedium genommen wird, so wird die Brechungszahl der einzelnen Medien aus Bequemlichkeitsgründen in der Regel gegen Luft bestimmt.

Die Brechungszahlen der Linsen, aus denen die photographischen Objektive aufgebaut werden, müssen bei einer zuverlässigen Herstellung, die dafür bürgt, daß die Objektive der Rechnung gut entsprechen, meist recht genau gemessen werden, da die zulässigen Abweichungen vom rechnerischen Sollwert der Brechungszahlen schon bei Universalobjektiven gewöhnlich nur wenige Einheiten der vierten Dezimale betragen. Andererseits können derartige genaue Messungen, ausgeführt für verschiedene Einfallswinkel, als eine Bestätigung der Gültigkeit des Brechungsgesetzes gelten.

Bei 3 Medien, 1, 2 und 3, deren relative Brechungszahlen wohl, ohne daß ein Mißverständnis hervorgerufen wird, durch n_{12}, n_{13} und n_{23} bezeichnet werden dürfen, läßt sich zeigen, daß $n_{12} \cdot n_{23} = n_{13}$ oder auch $n_{12} = \frac{n_{13}}{n_{23}}$ gilt. Ist beispielsweise Medium 3 das Vakuum oder auch der lufterfüllte Raum, so besagt unsere Beziehung, daß das relative Brechungsverhältnis zweier Medien gleich dem Verhältnis seiner absoluten Brechungszahlen ist.

Das Brechungsgesetz soll noch am Beispiel des Verlaufs eines Strahles im Hauptschnitt des Prismas, d. h. eines von zwei gegeneinander geneigten Ebenen begrenzten Körpers, erörtert werden. In Abb. 7 ist der von den Ebenen eingeschlossene Winkel, der Prismenwinkel, ε genannt; eine zur Schnittkante der beiden Prismenflächen senkrechte Ebene ist ein Hauptschnitt des Prismas; in unserer Abb. 7 ist die Ebene der Zeichnung ein solcher.

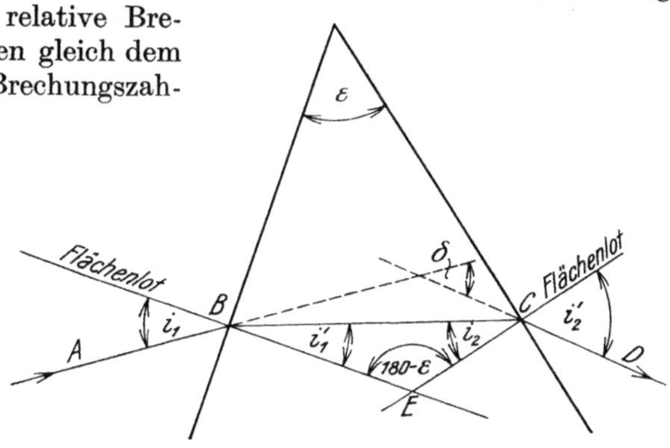

Abb. 7. Der von links kommende Lichtstrahl AB verläuft im Hauptschnitt des Prismas mit dem Winkel ε und tritt in dieses im Punkte B ein, dabei mit dem Flächenlot vor der Brechung den Winkel i_1 und nach dieser den Winkel i_1' einschließend. In C trifft der gebrochene Strahl auf die zweite Prismenfläche mit dem Flächenlot den Winkel i_2 bildend und nach Austritt aus dem Prisma schließt er als Strahl CD mit diesem Flächenlot den Winkel i_2' ein. Der Winkel zwischen AB und CD ist die Prismenablenkung δ. Der Winkel der beiden Flächenlote mit dem Scheitel E beträgt $180° - \varepsilon$.

Die Ablenkung eines Prismas kann man durch den Winkel δ, den der in das Prisma eintretende Strahl AB mit dem austretenden Strahl CD bildet, messen. Die Ein- und Austrittswinkel an den beiden Prismenflächen genügen dann dem Brechungsgesetz und es ist demnach $n_1 \cdot \sin i_1 = n_1' \cdot \sin i_1'$ und $n_2 \sin i_2 = n_2' \cdot \sin i_2'$, wobei $n_1' = n_2$ ist. Die Ablenkung δ kann man aus Abb. 7 ablesen als

$$\delta = i_1 + i_2' - \varepsilon . \qquad (2)$$

Trifft der Einfallsstrahl senkrecht auf die Prismenfläche, so ist

$$\varepsilon = i_2 \quad \text{und} \quad \delta = i_2' - \varepsilon . \qquad (3)$$

Wird hingegen

$$i_2 = i_2' = 0 , \quad \text{so ist } i_1' = \varepsilon \quad \text{und} \quad \delta = i_1 - \varepsilon . \qquad (4)$$

Bei $n_1 = n_2' = 1$, das Prisma befindet sich also in Luft, wird für $i_1' = i_2 = \frac{\varepsilon}{2}$, d. h. der Strahl läuft symmetrisch durch das Prisma, die Ablenkung

$\delta = 2\,i_1 - \varepsilon$ zu einem Minimum. Aus der in diesem Falle bestehenden Gleichung

$$\sin\frac{\delta+\varepsilon}{2} = n_1' \cdot \sin\frac{\varepsilon}{2} \tag{5}$$

kann man, wenn der Prismenwinkel ε und der Ablenkungswinkel δ bestimmt sind, n_1', die Brechungszahl des Prismenstoffes, berechnen.

Hat man eine Reihe von k Prismen mit parallelen Kanten, so ist die Ablenkung des an der ersten Fläche eintretenden und des die letzte Fläche verlassenden Strahles gleich $i_1 + i_k'$ vermindert um den Winkel zwischen erster und letzter Prismenfläche.

Der Vollständigkeit halber werden hier noch für den beliebig im Raum gelegenen Strahl, der eine Brechung erleidet, die Gleichungen angegeben. Durch

$$\xi = x + \alpha t, \quad \eta = y + \beta t, \quad \zeta = z + \gamma t \tag{6}$$

werden bekanntlich die laufenden Koordinaten ξ, η, ζ eines Strahles im rechtwinkligen Koordinatenkreuz ξ, η, ζ bestimmt, der die Richtungskosinus α, β, γ hat und durch den Punkt x, y, z geht. Ist letzterer der Einfallspunkt, in dem der Strahl ξ_1, η_1, ζ_1 mit den Richtungskosinus α_1, β_1, γ_1 auf die Grenzfläche zweier Medien trifft und sind a, b, c die Richtungskosinus der Flächennormale im Punkte x, y, z, so lassen sich mit Hilfe des Brechungsgesetzes die Richtungskosinus α_2, β_2, γ_2 des gebrochenen Strahles und, da er auch durch den Punkt x, y, z geht, dieser Strahl selbst bestimmen.

Es gehört also zu dem einfallenden Strahle

$$\xi_1 = x + \alpha_1 t_1, \quad \eta_1 = y + \beta_1 t_1, \quad \zeta_1 = z + \gamma_1 t_1 \tag{7}$$

der gebrochene

$$\xi_2 = x + \alpha_2 t_2, \quad \eta_2 = y + \beta_2 t_2, \quad \zeta_2 = z + \gamma_2 t_2, \tag{8}$$

worin

$$\left.\begin{aligned} \alpha_2 &= \frac{a n' \cos(i - i') - a n + \alpha_1 n \cos i}{n' \cos i}, \quad \beta_2 = \frac{b n' \cos(i - i') - b n + \beta_1 n \cos i}{n' \cos i}, \\ \gamma_2 &= \frac{c n' \cos(i - i') - c n + \gamma_1 n \cos i}{n' \cos i}, \end{aligned}\right\} \tag{9}$$

$$\cos i = \alpha_1 a + \beta_1 b + \gamma_1 c \quad \text{und} \quad n \sin i = n' \sin i'$$

ist.

Es lassen sich aus dieser räumlichen Darstellung des Brechungsgesetzes eine Reihe von Folgerungen ziehen, die unter dem Namen HEATHsche Sätze[1] bekannt sind und deren Benutzung gelegentlich bei Betrachtung des Verlaufs eines Strahles durch ein optisches System vorteilhaft sein kann.

4. Die Dispersion des Lichtes. Die Brechungszahl, die also von der Natur der Stoffe abhängt, und zwar auch von deren jeweiligem Zustand, wie er etwa durch Druck oder Temperatur bestimmt ist, ändert sich auch mit der Art des Lichtes. Es ist ja bekannt, daß z. B. das scheinbar weiße Sonnenlicht in Wirklichkeit aus Licht verschiedenster Färbung zusammengesetzt ist. Das Zusammenwirken aller dieser farbigen Lichter gibt das Mischlicht der Sonne.

Systematische Untersuchungen hierüber gehen schon auf NEWTON zurück. Für unsere Betrachtungen über photographische Objektive brauchen wir von diesen Erscheinungen etwa folgendes zu wissen: Das Sonnenlicht, wie auch fast alles andere vorkommende Licht ist kein einfarbiges Licht, sondern besteht aus den verschiedensten Lichtarten. Bei einer Brechung derartigen Mischlichtes findet in der Regel eine mehr oder weniger starke Zerlegung in seine farbigen

[1] CZAPSKI-EPPENSTEIN: Grundzüge der Theorie der optischen Instrumente, 3. Aufl., S. 5—7. Leipzig: J. A. Barth 1924.

Bestandteile statt. Diese Dispersion genannte Erscheinung kann man z. B. beim Durchgang des Lichtes durch ein Glasprisma beobachten. Läßt man durch einen Spalt oder ein Loch in einen sonst dunklen Raum weißes Sonnenlicht fallen, so projiziert sich der Lichtdurchlaß etwa auf die gegenüberliegende Wand oder den Fußboden. Wird ein Glasprisma in geeigneter Weise in den Lichtstrom gebracht, so wird der weiße Bildfleck in ein in verschiedenen Farben leuchtendes Band, ein Spektrum, auseinander gezogen, indem man eine erste Annäherung der Farbeinteilung durch die Unterscheidung von Rot, Orange, Gelb, Grün, Blau, Indigo, Violett erhält. Außer diesen mit dem Auge sichtbaren Lichtarten befinden sich im Sonnenlicht noch die langwelligen ultraroten, die über das sichtbare Gebiet des Spektrums hinausgehen, und die über das andere Ende des Spektrums hinausgehenden Lichtarten, das ultraviolette Licht, auf das die meisten photographischen Emulsionen mehr oder weniger stark reagieren.

Bei v. ROHR-KESSLER[1] steht nach dem Stand vor 1925 folgende Einteilung des Gesamtwellengebietes strahlender Energie, von dem aber für den Aufbau des photographischen Bildes nur die allgemeine U.V.-Strahlung und die sichtbaren Strahlen eine Rolle spielen.

Tabelle 1. Einteilung des Gesamtwellengebiets.

Gebiet	Kennzeichen und sonstige Bemerkungen	λ
Röntgenstrahlen	Eigentliche Röntgenstrahlen kleiner als 1,2 $\mu\mu$ u. weiche langwellige Röntgenstrahlen bis	16,0 $\mu\mu$
Ultraviolette Strahlen	SCHUMANN-Strahlen (werden sehr stark von der Luft absorbiert), Untersuchung nur im Vakuum möglich bis	180 $\mu\mu$
	Allgemeine Ultraviolett-Strahlung, die von Luft und gewissen anderen Stoffen (z. B. Quarz, Glyzerin, Flußspat u. ä.) noch gut durchgelassen werden. Chemisch wirksame Strahlen bis	390 $\mu\mu$
Sichtbare Strahlen	Violett bis	436 $\mu\mu$
	Blau bis	456 $\mu\mu$
	Grün bis	546 $\mu\mu$
	Gelb bis	586 $\mu\mu$
	Orange bis	644 $\mu\mu$
	Rot bis	810 $\mu\mu$
Ultrarote Strahlen	Ausgesprochene Wärmestrahlen bis	313000 $\mu\mu$ = 0,313 mm
Unerforschte Strahlen	bis	1,5 mm
Elektrische Wellen	HERTZische Wellen und Wellen der drahtlosen Telegraphie bis	10000 m = 10 km

[1] Tabulae Biologicae 1, 163, hrsg. v. C. OPPENHEIMER u. L. PINCUSSEN. Berlin: W. Junk 1925.

Um in die unendliche Mannigfaltigkeit von Lichtarten Ordnung zu bringen, kennzeichnet man sie durch ihre Wellenlängen.

Ein und derselbe Stoff hat dann im allgemeinen für jede bestimmte Wellenlänge des Lichtes eine andere Brechungszahl, und zwar pflegt diese mit kleiner werdender Wellenlänge zuzunehmen. Man benutzt bei der Bestimmung der Brechungszahlen gern das Licht geeigneter Absorptionslinien des Sonnenspektrums, von denen nachstehend eine Reihe zusammengestellt ist unter Beifügung der chemischen Abkürzung der Stoffe, die die betreffende Linie erzeugen. Die Buchstabenbezeichnung der Linien ist von Fraunhofer ein- und von seinen Nachfolgern weitergeführt worden.

Tabelle 2. Absorptionslinien (Fraunhoferche Linien) des Sonnenspektrums.

Bezeichnung der Linie	Farbe	Stoff	Wellenlänge $\mu\mu$	Bezeichnung der Linie	Farbe	Stoff	Wellenlänge $\mu\mu$
A	Rot	O	759,4	L	Ultraviolett	Fe	382,1
B	,,	O	686,7	M	,,	Fe	372,0
D_1	Gelb	Na	589,6		,,	Cd	361,0
D_2	,,	Na	589,0		,,	Cd	326,0
E	Grün	Fe	526,9				(3 fach)
G	Violett	Fe	430,8		,,	Cd	257,4
	,,	H	410,2		,,	Cd	226,5
H	,,	Ca	396,9		,,	Al	186,0
K	,,	Ca	393,3				

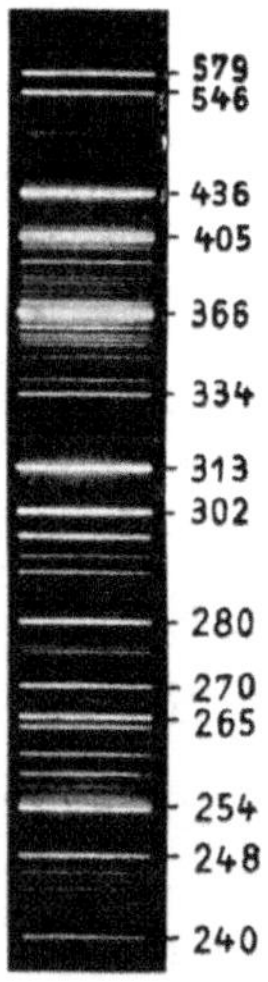

Abb. 8. Spektrogramm eines mit Quecksilberlicht beleuchteten Spaltes. Die Zahlen geben die Wellenlängen des zugehörigen Lichtes in Millimikron.

In Abb. 8 ist für einen Teil des sichtbaren und ultravioletten Gebietes ein Linienspektrum dargestellt, das mit einer Quarz-Quecksilberlampe hergestellt wurde.

Licht, das nicht aus sämtlichen Farben des Spektrums besteht, erscheint in der Regel gefärbt und kann z. B. einer einzelnen Spektralfarbe dem Augenschein nach gleich sein. Mit Spektralapparaten[1] kann man aber die Zusammensetzung des Lichtes genau analysieren. Die Dispersion der Glasarten gibt Anlaß zu den Farbfehlern der optischen Bilder, über die später gesprochen wird.

5. Die Spiegelung des Lichtes. Teilweise Spiegelung und Brechung. Totalreflexion. Beim Auftreffen von Licht auf eine Fläche, die optisch verschiedene Medien trennt, wird das Licht beim Übergang von dem einen durchsichtigen Stoff in den anderen nicht nur gebrochen, sondern es tritt stets auch eine Spiegelung, ein Zurückwerfen des Lichtes ein. Dieses erfolgt ebenfalls ganz gesetzmäßig. Die mathematische Einkleidung des Spiegelungsvorganges läßt sich als Sonderfall des Brechungsgesetzes geben; man braucht nämlich nur $n = -n'$ zu setzen. In Worten heißt das mit den Bezeichnungen der Abb. 9:

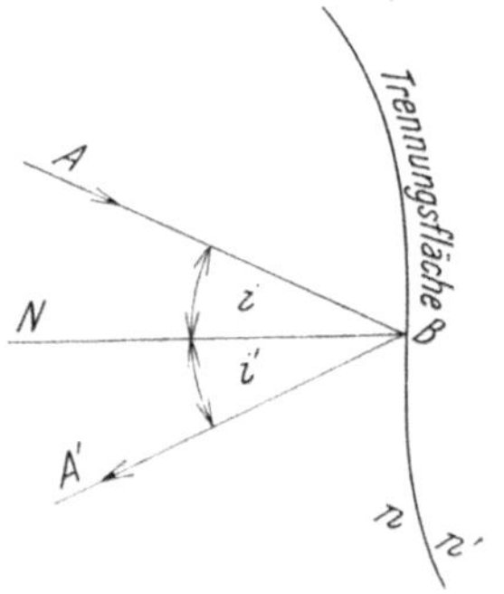

Abb. 9. Der in B auf eine 2 Medien der Brechungszahlen n und n' trennende Fläche fallende Lichtstrahl AB bildet mit dem Flächenlot BN den Einfallswinkel i, und nach der Spiegelung als Strahl BA' den Zurückwerfungswinkel i'. i und i' sind der absoluten Größe nach gleich. AB, NB und BA' liegen in einer Ebene.

[1] Vgl. z. B. F. Löwe in Handbuch der Physik 18, 325—345, herausgegeb. v. H. Geiger u. K. Scheel, Berlin: Julius Springer 1927.

Trifft ein Lichtstrahl AB in dem Punkte B auf eine zwei verschiedene optische Mittel trennende Fläche und bildet mit der zugehörigen Flächennormalen BN (Einfallslot) den Winkel i (Einfallswinkel), so verläuft der zurückgeworfene Strahl BA' in der durch AB und BN bestimmten Ebene (Einfallsebene) auf der entgegengesetzten Seite des Einfallslotes, mit diesem den Winkel i' (Zurückwerfungswinkel) bildend, der der absoluten Größe nach gleich dem Einfallswinkel ist.

Wenn Licht auf irgendeinen Körper fällt, wird also ein Teil des Lichtes gespiegelt, ein weiterer Teil tritt in den Körper ein und wird im allgemeinen gebrochen. In welchen Verhältnissen das gespiegelte und gebrochene Licht aufgeteilt ist, richtet sich ganz nach der Art des Körpers, ob er z. B. durchsichtig oder undurchsichtig ist, welche Brechungszahl er hat, und wie der Zustand seiner Oberfläche ist, ferner unter welchem Winkel das Licht auf den Körper auftrifft, und schließlich natürlich auch nach der Art des auftreffenden Lichtes. So wird z. B. an der Oberfläche einer Glaslinse im Durchschnitt etwa 5% des auffallenden Lichtes gespiegelt, während der Rest in die Linse eintritt, wo natürlich durch Absorption weitere Verluste vorkommen können.

Die Grenzflächen der Linsen scharfzeichnender photographischer Objektive sind glatt poliert, so daß von ihnen die Strahlen regelmäßig zurückgeworfen werden, während rauhe Flächen, wie z. B. die dem Objektiv zugekehrte Fläche der Einstellmattscheibe, die Lichtstrahlen in allen möglichen Richtungen spiegeln und auch brechen. Durch eine derartige diffuse Reflexion des Lichtes an der rauhen Oberfläche eines nicht selbst leuchtenden Körpers wird dieser überhaupt erst dem Auge sichtbar, während eine ideal spiegelnde Oberfläche gar nicht wahrgenommen werden kann, sondern nur das von ihr regelmäßig reflektierte Licht eines Licht aussendenden Körpers und damit dieser selbst.

Trifft ein Lichtstrahl senkrecht auf die Fläche einer Linse, so wird er zum Teil senkrecht in sich zurückgeworfen, zum Teil tritt er ungebrochen durch die Fläche hindurch. Ebenso wird auch ein schief auf die Linsenfläche auffallender Lichtstrahl teils reflektiert, teils tritt er in das Glas der Linse mit einer dem Brechungsgesetz entsprechenden Richtungsänderung ein. Die Lichtstrahlen, die von einem Aufnahmegegenstand ausgehen und von dem photographischen Objektiv zum Aufbau des Bildes benutzt werden, werden an jeder Linsenfläche in der angegebenen Weise gespiegelt und gebrochen. Das an den Linsenflächen eine ungerade Anzahl mal gespiegelte Licht wird bis auf das auf Linsenränder oder die Rohrwand fallende Licht in den Dingraum zurückgeworfen, das eine gerade Anzahl mal gespiegelte gelangt hingegen in den Bildraum und kann in ungünstigen Fällen das eigentliche Bild durch Darüberlagerung ausgeprägter Spiegelbilder oder durch Herabminderung der Brillanz[1] beeinträchtigen. Wenn man von diesen Reflexen, die mitunter recht störend sein können, absieht, baut das aus Linsen bestehende photographische Objektiv das Bild also nur mit Licht auf, das nach bloßen Brechungen an den einzelnen Linsenflächen vom Dingraum in den Bildraum gelangt. Die Flächenkrümmungen und die Brechungszahlen der Linsen, aus denen das Objektiv besteht, die Anordnung und die Abstände der einzelnen Linsenflächen von einander sind dann so zu wählen, daß das von einem Dingpunkt ausgehende Licht wieder an einer bestimmten Stelle im Bildraum, dem „Bildpunkt", möglichst eng zusammengedrängt wird.

Läuft ein Lichtstrahl im Dingraume durch einen Punkt P und im Bildraume durch einen Punkt P', so würde dieser Strahl im umgekehrten Verlauf auch wieder im ursprünglichen Dingraum durch einen Punkt P gehen. Man spricht daher von der Umkehrbarkeit der Lichtwege.

[1] Goldberg, E.: Aufbau des photographischen Bildes, 2. Aufl., S. 27—48. Halle: W. Knapp 1925.

Nebenbei sei hier bemerkt, daß sich diese Umkehrbarkeit streng nur auf die einzelnen Strahlen bezieht, daß aber z. B. ein Objektiv, welches ferne Gegenstände scharf (das soll aber nicht völlig exakt heißen) in der Nähe seiner Brennebene abbildet, nicht umgekehrt ein an diese Stelle gebrachtes Objekt in dem ursprünglichen Dingraum mit entsprechender Schärfe abzubilden braucht[1].

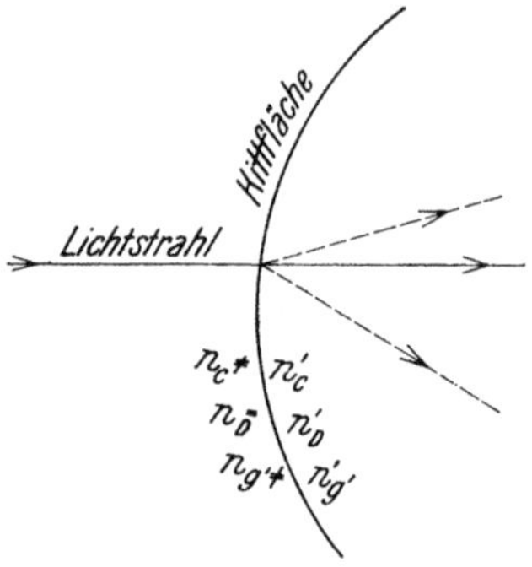

Abb. 10. Schematische Darstellung der Brechung eines Strahles gewöhnlichen Lichtes an einer Fläche, die zwei Medien trennt, die für die D-Linie gleiche, sonst ungleiche Brechungszahlen haben. Das Licht der D-Linie geht ungebrochen weiter, während das z. B. der C-Linie und der g'-Linie gebrochen wird und zu beiden Seiten des D-Strahles zu liegen kommt.

Sind zwei Linsen aus Glasarten hergestellt, die z. B. für die D-Linie die gleiche Brechungszahl, sonst aber verschiedene Dispersionen haben, und sind diese Linsen durch eine Kittfläche miteinander verbunden, so wird an einer solchen Kittfläche ein schief auffallender Lichtstrahl durch die Brechung gewissermaßen aufgespalten, wie das Abb. 10 schematisch zeigt. Das der D-Linie entsprechende Licht geht ungebrochen durch die Fläche hindurch, während das Licht anderer Wellenlängen mehr oder weniger aus seiner Richtung entsprechend dem Brechungsgesetz abgelenkt wird. Solche Kittflächen werden deswegen vorzugsweise für die Farbenberichtigung der photographischen Objektive benutzt.

Das Brechungsgesetz (1) führt auf keinen reellen Brechungswinkel i', wenn $\sin i > \frac{n'}{n}$ ist. Diese Ungleichung ist für wirkliche Winkel i nur erfüllbar, wenn $n > n'$ ist, der einfallende Strahl in dem sog. optisch dichteren Mittel verläuft. Bei dem Bestehen der genannten Ungleichungen wird also ein Lichtstrahl nicht in einen gebrochenen und einen gespiegelten aufgeteilt, sondern es gibt nur einen gespiegelten, im ursprünglichen Medium weiterverlaufenden Strahl, der somit der Träger fast der ganzen Intensität des einfallenden Lichtstrahles ist. Man spricht daher in einem solchen Falle von Totalreflexion. Die Wirkung der Umkehrprismen, wie man sie z. B. in der Reproduktionstechnik benutzt, beruht auf Totalreflexion. Abb. 11 zeigt einen in einem solchen Prisma total reflektierten Lichtstrahl.

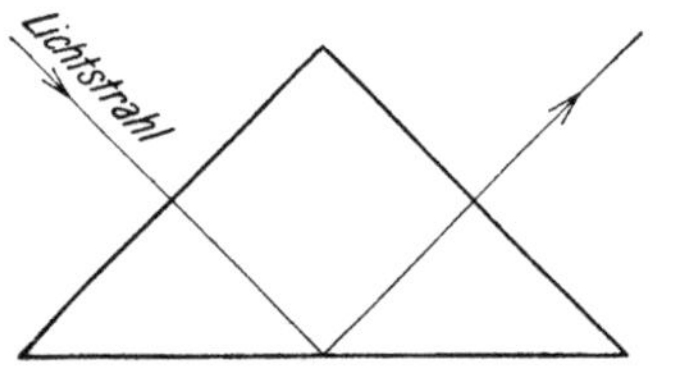

Abb. 11. Der in einem Hauptschnitt des rechtwinkligen Glasprismas verlaufende Lichtstrahl durchtritt senkrecht und daher ungebrochen die eine Kathetenfläche, wird an der Hypotenuse total reflektiert und verläßt das Prisma, die zweite Kathetenfläche senkrecht durchsetzend.

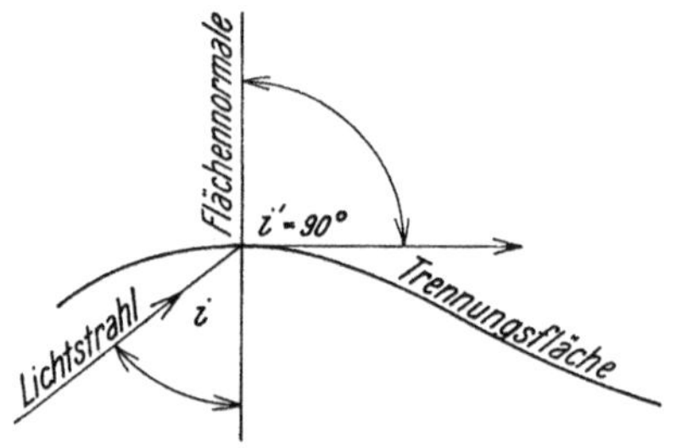

Abb. 12. Der von links unten kommende Lichtstrahl fällt auf eine zwei Medien trennende Fläche mit der Flächennormale im Einfallspunkt den Grenzwinkel i der Totalreflexion bildend. Er tritt in das zweite Medium streifend ein, d. h. die Trennungsfläche tangierend.

Der Einfallswinkel i, bei dem $\sin i = \frac{n'}{n}$ wird, heißt der Grenzwinkel der Totalreflexion, der unter ihm auf die Grenzfläche treffende Lichtstrahl fällt in seinem weiteren Verlauf in die Tangentialebene des Einfallspunktes. Man spricht deswegen von streifendem Austritt. Dieser ist schematisch in Abb. 12 dargestellt.

[1] MERTÉ, W.: Z. techn. Phys. **1929**, 624—627.

Wenn Licht auf Metall trifft, findet sich bekanntlich im reflektierten Strahl in der Regel die weit überwiegende Intensität. Nebenbei sei hier erwähnt, daß bei so wenig durchsichtigen Körpern, wie es die Metalle sind, ein weniger einfaches Brechungsgesetz gilt.

Bei durchsichtigen Medien berechnet sich die reflektierte Lichtintensität $J_1 = r \cdot J_0$, wobei J_0 die Intensität der einfallenden Strahlung ist und $r < 1$ das Reflexionsvermögen heißt (zu berechnen nach den Fresnelschen Formeln in den meisten Lehrbüchern der physikalischen Optik). Für senkrechten Einfall z. B. ist $r = \left(\frac{n-1}{n+1}\right)^2$, wenn n die Brechungszahl des an Luft grenzenden Mediums ist. In der folgenden Zusammenstellung[1] ist für Brechungszahlen 1,4 bis 1,99 — in diesen Wertebereich fallen auch die Brechungszahlen der zu Linsen benutzten optischen Glasarten — der Reflexionskoeffizient $R = 100\left(\frac{n-1}{n+1}\right)^2$ angegeben, d. h. der Prozentsatz des senkrecht gespiegelten Lichtes von der einfallenden Gesamtstrahlung.

Tabelle 3.

$R = 100\left(\frac{n-1}{n+1}\right)^2$ für Substanzen mit den Brechungsindizes 1,40—1,99.

n	R %	n	R %	n	R %	n	R %	n	R %	n	R %
1,40	2,78	1,50	4,00	1,60	5,33	1,70	6,72	1,80	8,16	1,90	9,63
1	2,89	1	4,13	1	5,47	1	6,86	1	8,31	1	9,78
2	3,01	2	4,26	2	5,60	2	7,01	2	8,46	2	9,93
3	3,13	3	4,39	3	5,74	3	7,15	3	8,60	3	10,07
4	3,25	4	4,52	4	5,88	4	7,29	4	8,75	4	10,22
5	3,37	5	4,65	5	6,02	5	7,44	5	8,90	5	10,37
6	3,50	6	4,79	6	6,16	6	7,58	6	9,04	6	10,52
7	3,62	7	4,92	7	6,30	7	7,73	7	9,19	7	10,67
8	3,74	8	5,05	8	6,44	8	7,87	8	9,34	8	10,81
9	3,87	9	5,19	9	6,58	9	8,02	9	9,48	9	10,96

Weiter folgt noch eine Zusammenstellung[1], die das Reflexionsvermögen R einiger Metallspiegel für verschiedene Lichtarten des ultravioletten und sichtbaren Gebietes bis zur Grenze des Ultrarots angibt.

Tabelle 4. Reflexionsvermögen in % einiger Metallspiegel für verschiedene Lichtarten.

λ in $\mu\mu$	Gold (elektrolyt. niedergeschlagen)	Kupfer (massiv)	Nickel (elektrolyt. niedergeschlagen)	Platin (elektrolyt. niedergeschlagen)	Silber (massiv)	Stahl (massiv)	Rossesches Spiegel-Metall 68,2 Cu + 31,8 Sn	Brandes u. Schönemannsche Legierung 98 32 Cu + 34 Sn + 29 Ni + 5 Fe	Machsches Spiegel-Magnalium 69 Al + 31 Mg
231,3	—	29,0	—	—	19,9	35,7	—	—	—
251,0	—	—	—	—	—	—	29,9	35,8	67,0
257,3	27,6	27,9	30,7	37,1	24,1	39,6	—	—	—
274,9	27,5	27,2	37,6	43,1	24,0	—	—	—	—
288,0	—	—	—	—	—	—	37,7	37,1	70,6
298,1	30,4	26,4	39,4	47,6	15,4	42,6	—	—	—
305,0	—	—	—	—	—	—	41,7	37,2	72,2
316,0	—	—	—	—	4,2	—	—	—	—
325,5	35,1	24,9	40,4	48,9	—	44,8	—	—	—
326,0	—	—	—	—	9,1	—	—	39,3	75,5
357,0	—	—	—	—	—	—	51,0	43,3	81.2

[1] Entnommen den Tabulae Biologicae 1, 166—167 (v. Rohr-Kessler), hrsg. v. C. Oppenheimer und L. Pincussen. Berlin: W. Junk 1925.

Tabelle 4 (Fortsetzung).

λ in μμ	Gold (elektrolyt. niedergeschlagen)	Kupfer (massiv)	Nickel (elektrolyt. niedergeschlagen)	Platin (elektrolyt. niedergeschlagen)	Silber (massiv)	Stahl (massiv)	ROSSEsches Spiegel-Metall 68,2 Cu + 31,8 Sn	BRANDES u. SCHÜNEMANNsche Legierung 98 32 Cu + 34 Sn + 29 Ni + 5 Fe	MACHsches Spiegel-Magnesium 69 Al + 31 Mg
361,1	37,7	—	41,2	52,4	77,4	51,2	—	—	—
385,0	27,1	28,6	49,6	45,4	—	—	53,1	44,3	83,9
420	29,3	32,7	56,6	51,8	—	51,9	56,4	47,2	83,3
450	33,1	37,0	59,4	54,7	91,7	54,4	60,0	49,2	83,4
500	47,0	43,7	60,8	58,4	93,2	54,8	63,2	49,3	83,3
550	74,0	58,4	62,6	61,1	94,2	54,9	64,0	48,3	82,7
600	84,4	71,8	64,9	64,2	—	55.4	64,3	47,5	83,0
650	88,9	80,0	66,6	66,5	95,6	56,4	65,4	51,5	82,7
700	92,3	83,1	68,8	69,0	96,1	57,6	66,8	54,9	83,3
800	94,9	88,6	69,6	70,3	—	58,0	—	63,1	84,3

6. Einige Eigenschaften der Normalensysteme. Satz von MALUS. Satz von FERMAT. Für die Berechnung eines photographischen Objektivs und für die theoretische Beurteilung seiner Abbildungsgüte nimmt man geeignet gewählte Punkte des Gegenstands an und betrachtet den Lauf von Strahlen, die von einem solchen Dingpunkt durch das Objektiv hindurch in den Bildraum gehen. Die sämtlichen Strahlen durch einen derartigen Dingpunkt bilden ein Strahlenbündel mit dem Lichtpunkt als Mittelpunkt. Die zu diesem konzentrischen Kugelflächen werden von den Lichtstrahlen senkrecht durchsetzt und die Kugelflächen selbst sind nach der Ausdrucksweise der Wellenlehre Wellenflächen.

Eine genaue Abbildung in geometrisch-optischem Sinne liegt dann vor, wenn auch die Lichtstrahlen im Bildraume eine Schar konzentrischer Kugelflächen senkrecht durchstoßen, deren gemeinsamer Mittelpunkt dann der Bildpunkt wäre. Eine solche genaue Abbildung gibt es im allgemeinen bei photographischen Objektiven nicht und, wenn sie doch vorkommt, so nur bei einzelnen ausgewählten Punkten, nicht aber bei sämtlichen Punkten eines endlich ausgedehnten Objekts, möge diese Ausdehnung flächenhaft oder räumlich sein.

Es läßt sich schwer vermeiden, hier wenigstens an einige Begriffe und Vorstellungen der allgemeinen Flächentheorie[1] anzuknüpfen. In dieser bezeichnet man eine zweifach unendliche Mannigfaltigkeit von Strahlen im Raum (eine solche ist z. B. das oben erwähnte Lichtstrahlenbündel eines Dingpunktes), die so angeordnet sind, daß, abgesehen von etwaigen besonderen Punkten (unser Dingpunkt z. B. ist solch singulärer Punkt), durch jeden Raumpunkt ein Strahl oder eine endliche Zahl von Strahlen bestimmter, aber sich von Strahl zu Strahl im allgemeinen ändernder Richtung, hindurchgeht, als Strahlensystem oder Strahlenkongruenz.

Die Untersuchung solcher Strahlensysteme, die Spiegelungen und Brechungen erleiden, umfaßt also auch die oben gestellte Aufgabe, nämlich festzustellen, was aus dem Ding-Lichtstrahlenbündel beim Durchschreiten eines photographischen Objektivs wird.

Das von einem Lichtpunkt ausgehende Strahlenbündel ist ein Normalensystem, da es eine Fläche oder vielmehr eine Schar von Kugelflächen gibt, die von den Strahlen des Bündels senkrecht durchstoßen werden.

Für Normalensysteme gilt der folgende nach E. MALUS[2] genannte Satz: „Wird ein von Lichtstrahlen gebildetes Normalensystem an beliebig vielen

[1] Näheres siehe z. B. L. BIANCHI: Vorlesungen über Differentialgeometrie, Kap. X. Leipzig und Berlin: B. G. Teubner 1910.

[2] Ein analytischer Beweis dieses Satzes steht z. B. im Handbuch der Physik **18**, 10—12, hrsg. v. H. GEIGER u. K. SCHEEL. Berlin: Julius Springer 1927.

Flächen gebrochen oder gespiegelt, so bleibt es stets ein Normalensystem.“ In dieser Form gilt der Satz nur für homogene isotrope Medien, also z. B. nicht für die meisten Kristalle, von denen wir aber hier absehen wollen.

Die von einem Dingpunkt ausgehenden Lichtstrahlen sind also auch im Bildraum des photographischen Objektivs ein Normalensystem. Die aus der Flächentheorie bekannten Eigenschaften solcher Systeme gelten daher auch ohne weiteres für die Bildlichtstrahlen. Man kann aus der Art der Wellenflächen, die zu einem Strahlensystem gehören, auf die Güte der Strahlenvereinigung schließen. A. GULLSTRANDS wichtige Arbeiten[1] über die Eigenschaften der geometrischen Abbildungen z. B. gehen wesentlich von der Untersuchung der Wellenflächen aus.

Die Normalen einer Wellenfläche, also auch die von einem Dingpunkt ausgegangenen Lichtstrahlen im Bildraum, lassen sich längs der zwei Krümmungslinienscharen irgendeiner Wellenfläche anordnen, so daß sich zwei benachbarte Strahlen schneiden. Die Schnittpunkte der Normalen längs einer Krümmungslinie bilden eine Kurve, die man in der geometrischen Optik Brennlinie zu nennen pflegt, da ja eine Verdichtung des Lichtes auf ihr eintritt. Es gibt entsprechend den zwei Scharen der Krümmungslinien zwei Scharen von Brennlinien. Jede Schar der Brennlinien liegt im allgemeinen auf einer Fläche, nämlich auf einem der beiden Mäntel der Zentrafläche der Wellenfläche oder Wellenflächenschar.

Die Zentrafläche heißt, weil sie der geometrische Ort der Brennlinien oder der Lichtverdichtungen ist, auch Brennfläche oder Kaustik.

Nur wenn die Brennfläche in einen Punkt entartet, findet im geometrisch-optischen Sinne eine genaue Abbildung statt. Dieser Punkt ist dann der exakte Bildpunkt. Die zu ihm konzentrischen Kugelflächen sind die Wellenflächen. Solche Abbildungen kommen bei photographischen Objektiven, wie schon gesagt, kaum vor. Bei räumlich ausgedehnten endlichen Objekten ist die genaue Abbildung nur für den trivialen Fall des ebenen Spiegels möglich, sonst können nur besonders gelegene Dingpunkte genau abgebildet werden, und zwar schon vermittelst einer einzigen Fläche. Solche Flächen nennt man aberrationsfrei. Ihre Gleichungen bestimmt man am einfachsten mit dem FERMATschen Satz, der von der gleichen grundlegenden Bedeutung für die geometrische Optik ist wie der MALUSsche Satz oder das Brechungsgesetz.

Zur Formulierung des FERMATschen Satzes benutzt man den Begriff der optischen Weglänge, des Lichtweges oder auch des reduzierten Weges. Durchläuft ein Strahl in einem Medium mit der Brechungszahl n die Wegstrecke l, so heißt das Produkt $n \cdot l$ optische Weglänge. Der Satz von FERMAT[2] sagt dann folgendes: „Die optische Weglänge eines Strahles, der von einem Punkt P zu einem Punkt P' läuft und dabei eine beliebige Anzahl von Spiegelungen und Brechungen erleidet, ist ein Grenzwert.“ Es ist also der Ausdruck $\Sigma\, n\, l$ ein Grenzwert, d. h. die Summe der für alle durchlaufenen Medien gebildeten optischen Weglängen ist bis auf unendlich kleine Größen höherer als erster Ordnung gleich allen möglichen Summen von Weglängen, die für irgendeinen dem

---

[1] GULLSTRAND, A.: Allgemeine Theorie der monochromatischen Aberrationen und ihre nächsten Ergebnisse für die Ophthalmologie. Nova Acta Reg. Soc. Sc. Ups. **3** (1900). — Die reelle optische Abbildung. Svensk. Vet. Handl. **41**, Nr. 3 (1906). — Das allgemeine optische Abbildungssystem. Svensk. Vet. Handl. **55**, Nr. 1 (1915). — Optische Systemgesetze zweiter und dritter Ordnung. Svensk. Vet. Handl. **63**, Nr. 13 (1924).

[2] Ein Beweis dieses Satzes steht z. B. im Handbuch der Physik **18**, 16—17, hrsg. v. H. GEIGER u. K. SCHEEL. Berlin: Julius Springer 1927.

tatsächlichen Weg unendlich benachbarten Weg gebildet werden. Der Fermatsche Satz kann also analytisch durch die Gleichung

$$\delta \Sigma n l = 0 \tag{10}$$

ausgedrückt werden. Nebenbei sei hier bemerkt, daß der Fermatsche Satz auch bei stetiger Änderung der vom Strahl durchlaufenen Medien gilt, es wird dann also der Ausdruck $\int n dl$ ein Grenzwert oder

$$\delta \int n\,dl = 0\,. \tag{11}$$

Die Gleichung (10) oder (11) ist notwendige Bedingung dafür, daß der Lichtweg ein Extremum ist. Er braucht es aber nicht zu sein und braucht auch im besonderen kein Minimum zu sein entgegen der häufigen, ungenauen Formulierung des Fermatschen Satzes, daß die Summe der optischen Weglängen ein Minimum sei.

Mit Hilfe des Begriffes der optischen Weglänge läßt sich der Malussche Satz noch ergänzen. Aus der Flächentheorie ist bekannt, daß die gegenseitigen Abstände zweier Orthogonalflächen, das sind also hier Wellenflächen, gemessen auf jedem Flächenlot, also hier Lichtstrahl, gleich sind, da sie Parallelflächen sind. Demnach ist der optische Weg sämtlicher Normalstrahlen zwischen zwei Wellenflächen des gleichen Mediums gleich, und daher auch der Lichtweg zwischen irgend zwei Wellenflächen des Normalensystems, das beliebig viele Spiegelungen und Brechungen erleidet für alle Strahlen des Systems. Damit kann man dem Malusschen Satz die für die geometrische Optik besonders geeignete Form geben: Ein Normalensystem wird durch Spiegelungen und Brechungen stets wieder in ein Normalensystem übergeführt; der Lichtweg zwischen zwei beliebigen Wellenflächen in zwei beliebigen Medien, die von dem Strahlensystem durchlaufen werden, ist für jeden Strahl gleich.

Es läßt sich zeigen, daß die Gültigkeit eines der 3 Sätze: Brechungsgesetz einschließlich Spiegelungsgesetz, Malusscher Satz und Fermatscher Satz das Bestehen auch der beiden anderen notwendig zur Folge hat, wenigstens solange man sich auf homogene, isotrope Medien beschränkt. Die geometrische Optik bedarf dann also neben den Voraussetzungen der gewöhnlichen Geometrie und der Annahme geradliniger Fortpflanzung des Lichtes und der Unabhängigkeit der Teile eines Lichtstrahlenbündels voneinander zu ihrem Aufbau einen dieser 3 eben genannten Sätze. Welchen man dazu wählt, ist an sich gleichgültig und im Einzelfalle eine Frage der Zweckmäßigkeit.

7. Einige Beispiele geometrisch-optischer Abbildung. Mit Hilfe unserer bisher gewonnenen Einblicke läßt sich schon manche wertvolle Aussage über die zu einem Dingstrahlenbündel gehörigen Bildstrahlen machen. Der Einfachheit halber nehmen wir das abbildende photographische System als drehungssymmetrisch — es besteht ja im Regelfall aus ausgerichteten Linsen — an; die Drehungsachse heißt dann auch die optische Achse.

Besonders einfach sind die Verhältnisse zu überschauen, wenn der Dingpunkt auf der Achse liegt. Die von ihm ausgehenden Strahlen sind dann, wieviele Brechungen oder auch Spiegelungen sie erleiden mögen, im Bildraum ein Normalensystem, und zwar ist dieses wegen der Drehungssymmetrie selbst drehungssymmetrisch. Die Wellenflächen sind natürlich ebenfalls Rotationsflächen und auch die Brenn- oder Zentrafläche ist eine solche. Einer ihrer Mäntel ist bekanntlich die Drehungsachse und der andere entsteht aus der Drehung der Evolute der Meridiankurve irgendeiner Wellenfläche im Bildraume um die optische Achse. In Abb. 13[1] sind einige Bildstrahlen, zu diesen gehörige Wellenflächenmeridiankurven und deren Evolute angegeben; die Achse selbst

[1] Nach G. Schulz bei F. Jentzsch, in: Handbuch der Physik 18, 296, hrsg. v. H. Geiger u. K. Scheel. Berlin: Julius Springer 1927.

ist gleichzeitig Ding- und Bildstrahl. So oder ähnlich verlaufen Bildstrahlen, wenn sie z. B. eine einfache dünne Sammellinse, die von Kugelflächen begrenzt ist, durchlaufen haben. Man spricht bei diesem bildseitigen Strahlenverlauf, wie wir später sehen werden, von Unterkorrektion der sphärischen Längsabweichungen.

Also schon ein auf der Achse liegender Punkt wird in der Regel nicht genau abgebildet. Nur wenn man das Objektiv unendlich eng abgeblendet annimmt, findet stets eine völlige Strahlenvereinigung statt, nämlich in der Spitze der Kaustik; diesen Punkt nennt man den GAUSSischen Bildpunkt.

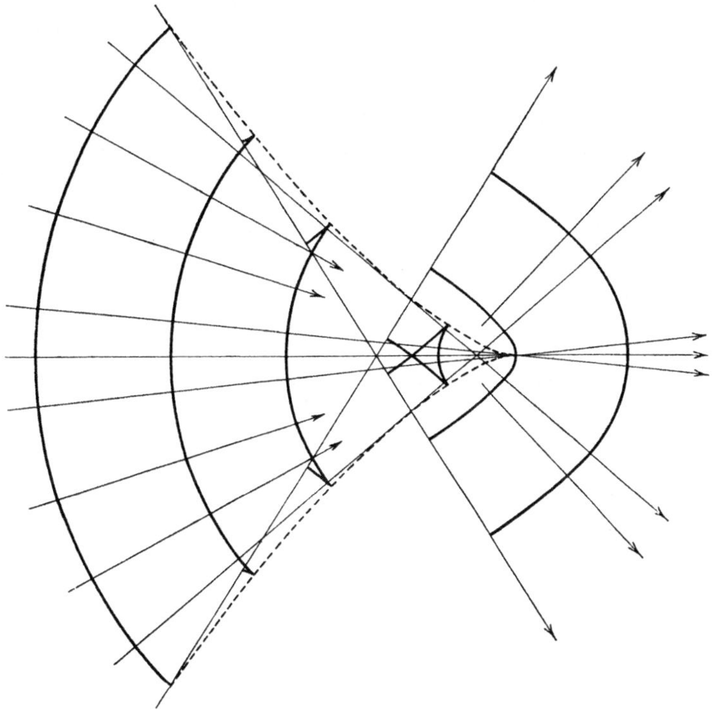

Abb. 13. Die mit Pfeilspitzen versehenen Geraden sind Bildstrahlen, die von einem Achsendingpunkt ausgegangen sind. Die ausgezogenen Kurven sind Meridiankurven der zugehörigen Wellenflächen. Die gestrichelte Kurve ist die Meridiankurve der Kaustik. Es liegt Unterkorrektion der sphärischen Längsabweichungen vor.

Wohin aber bei weitgeöffneten Bündeln im allgemeinen Falle in das Bildstrahlensystem der Bildpunkt oder besser das dem Achsendingpunkt als Bild entsprechende Lichtscheibchen zu verlegen ist, erfordert weitergehende Untersuchungen, auf die hier nur verwiesen werden kann. Es ist da natürlich die Helligkeitsverteilung in den Bildscheibchen von besonderem Gewicht, zu deren Untersuchungen die Beugungstheorie heranzuziehen ist.

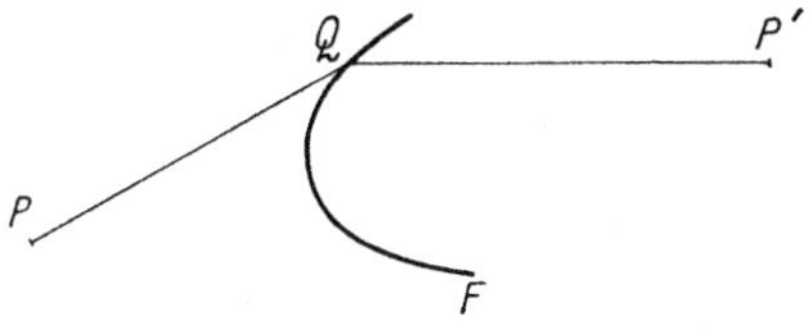

Abb. 14. Die vom Brennpunkt P eines brechenden KARTESischen Ovals F ausgehenden Strahlen PQ gehen sämtlich durch den Brennpunkt P' des Ovals F.

Wie schon oben erwähnt, gibt es Flächen, die ein Strahlenbündel durch Brechung oder Spiegelung wieder in ein solches überführen, so daß der Mittelpunkt des gespiegelten oder gebrochenen Strahlenbündels im geometrisch-optischen Sinne das genaue Bild des Mittelpunktes des Ausgangstrahlenbündels ist. In Abb. 14 ist F eine solche Fläche, die zwei Medien mit den Brechungszahlen n und n' voneinander trennt. P liegt im Dingraume, P' ist der dazugehörige Bildpunkt. PQ ist irgendein Strahl des von P ausgehenden Strahlenbündels. Dann ist nach dem Satze von FERMAT: $n \cdot PQ + n' \cdot QP' =$ const. Diese Gleichung wird für sämtliche in der Ebene P, Q, P' verlaufende Strahlen durch eine Kurve vierten Grades erfüllt, die KARTESisches Oval[1] heißt und deren Brennpunkte P und P' sind.

[1] LORIA, G.: Spezielle algebraische und transzendente ebene Kurven, S. 161ff. Leipzig: B. G. Teubner 1902.

Die Rotationsfläche dieser Kurve mit PP' als Drehungsachse bricht alle von P kommenden Strahlen nach P'. Fällt P ins Unendliche, so geht die genannte Kurve in einen Kegelschnitt über; ebenso wenn n gleich $-n'$ ist, die Fläche also spiegelt. Liegt P im Endlichen, so ist dieser Kegelschnitt für ein photographisch auffangbares oder reelles Spiegelbild eine Ellipse; für einen unendlich fernen Dingpunkt P gibt das spiegelnde Rotationsparaboloid einen reellen Bildpunkt. Solche oberflächlich spiegelnde Paraboloide werden gelegentlich in der Astro-Photographie[1] benutzt, da sie große Lichtstärke und keine Farbenabweichungen haben. Die Bilder unmittelbar neben der Achse gelegener Sterne sind allerdings bereits unsymmetrische Bildflecken (Koma), so daß die Genauigkeit der Ausmessungen leidet, aber für Aufnahmen von Nebelflecken und Sternhaufen ist der Parabolspiegel gut zu verwenden.

Verwickelter liegen die Verhältnisse bei der Abbildung eines nicht auf der Achse liegenden Bildpunktes vermittels einer ausgerichteten Flächenfolge. Die Lichtstrahlen, ihre Kaustik oder Zentrafläche und Wellenflächen, sind dann im allgemeinen nicht mehr symmetrisch zu einer Geraden (etwa zu dem sog. Hauptstrahl) angeordnet, wohl aber liegen sie symmetrisch zu der durch Dingpunkt und optische Achse gelegten Ebene, der Meridian- oder Tangentialebene.

Die von dem Dingpunkt ausgehenden, in der Meridianebene verlaufenden Strahlen verbleiben auf Grund des Brechungsgesetzes beim Gang vom Dingraume durch das Objektiv in den Bildraum sämtlich in dieser Ebene und so schneiden sich natürlich alle diese Strahlen auch im Bildraum, während das von den außerhalb der Meridianebene verlaufenden Strahlen nicht gesagt werden kann.

Die Beurteilung der Strahlenzusammendrängung und der Lichtverteilung im Bildstrahlenbündel, das von einem außerhalb der Achse gelegenen Dingpunkt ausgeht, ist recht schwierig. Bei der Untersuchung der photographischen Objektive pflegt man sich daher meist mit der Betrachtung unendlich enger Bündel zu begnügen, selbst wenn das Objektiv ein nicht unerhebliches Öffnungsverhältnis hat. Der vom Dingpunkt ausgehende Strahl, der durch die Blendenmitte des Objektivs geht, wird als Träger des engen Bündels, als Hauptstrahl, betrachtet, und es wird angenommen, daß die Öffnung des Bündels unendlich klein von erster Ordnung ist. Da die Blendenmitte in der Regel auf der Achse liegt, verläuft der Hauptstrahl in der Meridianebene. Seine Nachbarstrahlen in der Meridianebene müssen ihn in einem Punkte schneiden; sie sind Normalen der Wellenflächen längs einer Krümmungslinie auf irgendeiner Wellenfläche des jeweiligen Mediums; z. B. sind auch die in der Meridianebene verlaufenden B i l d strahlen solche Normalen der Wellenflächen im Bildraum. Der Schnittpunkt des bildseitigen Hauptstrahls, der natürlich selbst eine Normale der Wellenflächen ist, mit den eben genannten Bildstrahlen wird meridionaler oder tangentialer Bildpunkt genannt.

Dieser gleiche Hauptstrahl wird, wie übrigens auch natürlich in jedem Linsenmedium, im Bildraume von seinen zur zweiten Krümmungslinie gehörigen Nachbarnormalen geschnitten. Dieser zweite Schnittpunkt von Hauptstrahl und Nachbarstrahl wird sagittaler Bildpunkt genannt. Dem Dingpunkte entspricht also bereits bei unendlich eng abgeblendetem Objektiv geometrisch-optisch kein Bildpunkt. Es gehen nicht sämtliche Strahlen des engen Bündels durch ein und denselben Punkt, eben den Bildpunkt; nur wenn der meridionale und sagittale Bildpunkt zusammenfallen, kann man von einer genauen geo-

---

[1] KÖNIG, A.: Geometrische Optik, S. 260 u. S. 63—64. Handbuch der Experimentalphysik, herausgegeben von W. WIEN u. F. HARMS **20**, 2. T. Leipzig: Akad. Verlagsgesellschaft 1929.

metrisch-optischen Abbildung im engen Strahlenbündel sprechen. Die zugehörigen Punkte der Wellenflächen im Bildraume sind dann Kreispunkte.

Von solchen Sonderfällen abgesehen, ist die Abbildung astigmatisch und die Entfernung des sagittalen und tangentialen Bildpunktes voneinander ist ein Maß für den Astigmatismus. Ein trivialer Fall genauer Abbildung durch enge Bündel liegt vor, wenn der Dingpunkt auf der Achse liegt, sein Bild ist wie oben bemerkt, der GAUSSische Bildpunkt. Die zugehörigen Wellenflächenpunkte sind ja dann Drehungspole und daher Kreispunkte unendlich hoher Ordnung.

Zur Untersuchung der als Bild eines Dingpunktes in Betracht kommenden Stelle im bildseitigen Strahlenverlauf und der dort befindlichen Helligkeitsverteilung sei noch auf einige Arbeiten verwiesen. S. FINSTERWALDER gibt auf rein geometrisch-optischer Grundlage in der Abhandlung[1] „Die von optischen Systemen größerer Öffnung und größeren Gesichtsfeldes erzeugten Bilder" für das SEIDELsche Gebiet (s. S. 162 ff.) Brennflächen, Bildlichtflecken und die Lichtverteilung in diesen an. In dem Aufsatz „Einiges über optische Bilder[2]" beschäftigt sich A. GULLSTRAND, ebenfalls auf geometrischem Boden stehend, mit dem Strahlenverlauf im Bildraume und gibt als Stütze seiner geometrischen Untersuchungen photographische Querschnitte durch die zu einem Dingpunkt gehörenden Bildstrahlen.

Zahlreiche beugungstheoretische Arbeiten über das Bildscheibchen sind K. STREHL[3] zu danken. Der von ihm eingeführte Begriff der Definitionshelligkeit, das ist das Verhältnis der Helligkeit der Mitte des Beugungsscheibchens für ein optisches System zu dem entsprechenden Wert eines genau abbildenden Systems gleicher Öffnung und Brennweite ist praktisch als Merkmal[4] der Güte eines Objektivs für die Abbildung auf der Achse verwandt worden.

Von hierher gehörigen beugungstheoretischen Arbeiten seien noch weiter genannt: „Theorie der Beugungserscheinungen kreisförmig begrenzter, symmetrischer, nichtsphärischer Wellen[5]" und „Das Heliometerbild[6]" von R. STRAUBEL, ferner „Über den Schwingungsvorgang, der einem beliebigen (astigmatischen) Strahlenbündel entspricht[7]" von J. PICHT und „Über die Beugungserscheinungen bei sphärischer Aberration[8]" von J. FISCHER. Eine zusammenfassendere Darstellung dieser Fragen hat kürzlich J. PICHT[9] gegeben.

---

[1] Abh. königl. Bayr. Akad. Wiss., II. Kl. **17**, III. Abt., 15—53. München 1891.

[2] Naturwiss. **1926**, 653—664.

[3] STREHL, K.: Theorie des Fernrohres. Leipzig: J. A. Barth 1894. — Eine Zusammenstellung weiterer Arbeiten STREHLS auf diesem Gebiet s. F. JENTZSCH im: Handbuch der Physik **18**, S. 287 Fußnote, hrsg. v. H. GEIGER u. K. SCHEEL. Berlin: Julius Springer 1927.

[4] VÄISÄLÄ, J.: Neue Methoden zur Untersuchung der Objektive. Helsinki 1922.

[5] Abh. königl. Bayr. Akad. Wiss., II. Kl. **18**, I. Abt.

[6] Astr. Nachr. **139**, Sp. 226—239.

[7] Ann. Phys. **77**, 685—782 (1925).

[8] Ann. Phys. **72**, 353—399 (1923).

[9] PICHT, J.: Optische Abbildung. Die Wissenschaft. **84**, Braunschweig, F. Vieweg, 1931.

Die sogenannte ideale Abbildung.

Von W. MERTÉ, Jena.

Mit 9 Abbildungen.

1. Die Anwendung der eigentlich nur für die Achsennähe gültigen Abbildungsgesetze auf den ganzen Raum. Nachdem im vorhergehenden Abschnitt die Grundlagen der geometrischen Optik aufgezeigt wurden, wenigstens so weit das für den Zweck unseres Buches erwünscht sein mag, wird in den folgenden Kapiteln, gestützt auf diese Grundlagen, der Ausbau der geometrischen Optik gegeben. Dabei soll die Darlegung des derzeitigen Gesamtstoffes auch wieder den Spezialwerken[1] der geometrischen Optik überlassen bleiben und hier nur das mitgeteilt werden, was für unsere geometrisch-optische Darstellung des Zustandekommens und der Eigenschaften photographischer Bilder notwendig ist.

An die Methoden und Ergebnisse, die lediglich die allgemeinen Grundlagen voraussetzen, ohne darauf Rücksicht zu nehmen, ob sie physikalisch zu verwirklichen sind, soll hier deswegen nur kurz erinnert werden. Ihr Hauptwert liegt in der Klärung allgemeiner Zusammenhänge und der Möglichkeiten geometrisch-optischer Abbildung, d. h. einer strahlenweisen Abbildung eines Dingraumes in einen Bildraum, bei der das Brechungsgesetz oder der MALUSsche oder der FERMATsche Satz gültig ist.

Zu dieser Art der Untersuchung benutzt man heute vorzugsweise die von H. BRUNS[2] eingeführten Eikonale, die mit der HAMILTONschen charakteristischen Funktion im wesentlichen übereinstimmen. Eine zusammenfassende Darstellung dieses Gebietes der geometrischen Optik hat neuerdings H. BOEGEHOLD[3] mit eingehender Mitteilung der einschlägigen Literatur gegeben.

Die Anwendung solcher allgemeinen Ergebnisse zur Berechnung optischer Systeme, die durch die Krümmung ihrer brechenden oder spiegelnden Flächen, die zu ihren Linsen benutzten Stoffe, Linsendicken und Luftabstände festgelegt sind, führt dann, von einfachsten Fällen abgesehen, auf Reihenentwicklungen, die bei achsensymmetrischen Systemen heute bis zu den Gliedern fünfter Ordnung bekannt sind. Häufiger praktisch verwandt werden aber bisher wohl nur die Entwicklungen bis zur dritten Ordnung, d. h. die Ausdrücke des zuerst von SEIDEL erschlossenen Gebietes, der bei seinen Ableitungen unmittelbar von den Bestimmungsstücken sphärischer, zentrierter Flächenfolgen ausgegangen ist.

Eine größere Rolle bei der Untersuchung geometrisch-optischer Abbildung spielt natürlich auch die Annäherung, die nur unendlich kleine Größen erster

---

[1] CZAPSKI-EPPENSTEIN: Grundzüge der Theorie der optischen Instrumente, 3. Aufl. Leipzig: J. A. Barth 1924, sowie A. KÖNIG: Geometrische Optik. Handbuch der Experimental-Physik herausgegeben von W. WIEN und F. HARMS **20**, 2. Teil. Akad. Verlagsgesellschaft. Leipzig 1929; ferner M. HERZBERGER: Strahlenoptik, Grundlehre der math. Wissenschaften, **35**. Berlin: Julius Springer 1931.

[2] BRUNS, H.: Das Eikonal. Abh. Königl. Sächs. Gesellsch. Wiss., Math.-physik. Kl. **21**, 325—435 (1895). Leipzig: S. Hirzel.

[3] BOEGEHOLD, H.: Über die Entwicklung der Theorie der optischen Instrumente seit ABBE in: Erg. exakt. Naturwiss. **8**, 69—146. Berlin: Julius Springer 1929.

Ordnung berücksichtigt, bei der also der entweder auf der Achse liegende oder nur unendlich wenig von ihr entfernte Dingpunkt durch Bündel abgebildet wird, deren Öffnung unendlich klein von erster Ordnung ist. Diese Abbildung hat zuerst GAUSS vollständig behandelt; man nennt deswegen die Abbildung des achsennahen Raumes auch GAUSSische Abbildung. Bei ihr ist einem Dingpunkt eineindeutig ein Bildpunkt zugeordnet; sie ist kollinear.

Ausgehend von den Gesetzen der ersten Annäherung der Abbildung vermittels eines achsensymmetrischen Systems hat E. ABBE diese Gesetze auf den ganzen Raum ausgedehnt. Es steht bei dieser ABBEschen Annahme also Ding- und Bildraum in der Zuordnung der Kollineation. Einem wie auch immer gelegenen Dingpunkte entspricht stets ein Bildpunkt, einer Dinggeraden eine Bildgerade, einer Dingebene eine Bildebene, und zwar eineindeutig.

Alle von einem Dingpunkte ausgehende Strahlen gehen sämtlich durch einen Bildpunkt; es liegt demnach für den ganzen Raum eine ideale Abbildung vor. Wenn auch längst bekannt ist, daß diese allgemeine ideale geometrisch-optische Abbildung nicht möglich ist — sie widerspricht, von trivialen Fällen abgesehen, dem MALUSschen Satz, also einem Grundgesetz der geometrischen Optik —, so wird die ABBEsche oder verallgemeinerte GAUSSische Abbildung in der Theorie der optischen Instrumente, also auch des photographischen Objektivs, zur ungefähren Feststellung von Lage und Größe des zu einem Gegenstande gehörigen Bildes viel verwandt.

Ja, man geht so weit, die Abweichungen des wirklichen Bildes von dem nach der geometrisch-optisch unmöglichen Kollineation sich ergebenden Bilde als Bildfehler zu bezeichnen. Übrigens kann man sagen, daß ein photographisches Objektiv, dessen Bilder sich sehr erheblich von den nach der erweiterten GAUSSischen oder ABBEschen Abbildungstheorie bestimmten Bildern unterscheiden, nicht oder wenigstens nicht gut brauchbar zu sein pflegt.

2. Die Abbildungsgleichungen. Die sog. ideale Abbildung ist sowohl wiederholt analytisch[1] als auch synthetisch[2] allgemein dargestellt worden. Es soll daher hier genügen, die Gesetze dieser Abbildung in einer solchen spezialisierten Form zu geben, wie sie für die (fast durchweg) achsensymmetrischen photographischen Systeme ohne weiteres bequem zu benutzen sind, und zwar unter der Annahme, daß die Medien vor und hinter dem photographischen Objektiv gleich (im Regelfalle Luft) sind.

Wegen der Drehungssymmetrie läßt sich die Abbildung des ganzen Raumes letzten Endes immer auf Abbildungsvorgänge in Meridianschnitten zurückführen, so z. B. auch die Abbildung eines die Achse windschief kreuzenden Strahles; denn zwei beliebige Punkte auf ihm bestimmen ihn vollständig, ebenso die Bilder dieser beiden Dingpunkte, die mit ihrem zugehörigen Bildpunkt in je einer Meridianebene liegen, die zugeordnete Bildgerade.

In einem Meridianschnitt kann man die optische Achse als die Abszissenachse x_1 nehmen und eine dazu senkrechte Richtung als die Ordinatenachse x_2. Für den Koordinatenanfang, der ja an sich beliebig sein darf, werden zwei Lagen, für die die Abbildungsgleichungen bequem werden, besonders gern benutzt, nämlich entweder der Brennpunkt oder der Hauptpunkt.

Das Bild der unendlich fernen Ebene des Dingraumes heißt die Brennebene des Bildraumes, ihr Schnitt mit der Achse der bildseitige Brennpunkt. Wir

---

[1] Vgl. z. B. W. MERTÉ: Handbuch der Physik 18, Kap. 1B, hrsg. v. H. GEIGER u. K. SCHEEL. Berlin: Julius Springer 1927.

[2] BÖGER, R.: Die optische Verwandtschaft in projektiver Darstellung. Hamburg: M. Baumann 1907, sowie Z. math. u. naturwiss. Unterr. 51, 110—118, 148—164 (1920).

folgen hier dem oft geübten Brauch, die Größen im Bildraume durch Striche von den entsprechenden Größen im Dingraume zu unterscheiden. Aber es werde auch z. B. der unendlich ferne Achsendingpunkt in den bildseitigen Brennpunkt F' abgebildet, umgekehrt der unendlich ferne Achsenpunkt im Bildraume in den Brennpunkt F des Dingraumes[1]. An sich ist natürlich die Wahl der Ausdrücke Ding- und Bildraum nur eine Zweckmäßigkeit, um die beiden Räume voneinander zu unterscheiden; denn sämtliche Größen der Gaussischen Abbildung sind hinsichtlich des Begriffes Ding und Bild umkehrbar.

Die einander im Objekt- und Bildraum entsprechenden Geraden oder Punkte pflegt man konjugiert zu nennen. Die optische Achse ist z. B. sich selbst konjugiert.

Zu einem Achsendingpunkt, der von dem Brennpunkt F um x_1 entfernt ist, gehört im Bildraume ein Achsenpunkt, der von dem Brennpunkt F' um

$$x_1' = \frac{f \cdot f'}{x_1} \tag{1}$$

entfernt ist. Darin sind f und f' Konstante, die man ding- und bildseitige Brennweite nennt. Man hat sich gewöhnt, in der rechnenden Optik die Lichtrichtung von links nach rechts als positiv zu bezeichnen und dementsprechend im Ding- und Bildraume den Brennweiten verschiedene Vorzeichen zu geben, ihre absoluten Werte sind aber gleich, da wir ja für beide Räume das gleiche Medium voraussetzen.

Um einen Punkt völlig festzulegen, braucht man noch zu Gleichung (1) die die Ordinaten gebende Gleichung:

$$x_2' = -f \frac{x_2}{x_1}. \tag{2}$$

Die optische Abbildung hat neben Lagenänderungen meist Vergrößerung oder Verkleinerung zum Ziel. Besonders wichtig ist die Vergrößerung von Strecken senkrecht zur optischen Achse, die sog. Lateralvergrößerung oder Vergrößerung schlechthin. Bezeichnet man sie mit β, so ist also

$$\beta = \frac{x_2'}{x_2} = -\frac{f}{x_1} \tag{3}$$

oder auch unter Benutzung von (1)

$$\beta = -\frac{x_1'}{f'}. \tag{3a}$$

Die Vergrößerung β gilt für konjugierte achsensenkrechte Ebenen in ihrer ganzen Ausdehnung und für beliebige Strecken in ihnen; denn die Abbildung solcher Ebenen ineinander ist geometrisch ähnlich.

Das Verhältnis des Bildes einer auf der Achse liegenden Strecke zu dieser selbst wird Longitudinal-, Achsial- oder Tiefenvergrößerung genannt. Sind x_1 und $\bar{x}_1$ bzw. x_1' und $\bar{x}_1'$ die Abszissen der Endpunkte der Ding- bzw. Bildstrecke, so ist die Achsialvergrößerung

$$\bar{\alpha} = \frac{\bar{x}_1' - x_1'}{\bar{x}_1 - x_1}. \tag{4}$$

Ist die abzubildende Strecke infinitesimal und wird die Tiefenvergrößerung in diesem Falle mit α bezeichnet, so läßt sich zeigen, daß

$$\alpha = \frac{d\,x_1'}{d\,x_1} = -\frac{f \cdot f'}{x_1^2} \tag{4a}$$

wird.

---

[1] Die Unterscheidung entsprechender Größen oder Elemente im Ding- und Bildraum durch Striche bedeutet also nicht immer, daß diese Größen oder Elemente sich als Ding und Bild entsprechen. F' ist ja keineswegs das Bild von F.

Die in unseren Abbildungsgleichungen benutzten Brennweiten sind definiert durch die Beziehungen:

$$f = \frac{h'}{\operatorname{tg} u} \quad \text{und} \quad f' = \frac{h}{\operatorname{tg} u'}\,. \tag{5}$$

Darin ist u der Neigungswinkel, den ein Dingstrahl mit der Achse bildet und h' die Entfernung seines Durchstoßungspunktes in der bildseitigen Brennebene von der optischen Achse, die sogenannte Bildhöhe in der Brennebene; analog ist u' der Neigungswinkel, den ein Bildstrahl mit der x_1'-Achse einschließt und h die Entfernung seines Durchstoßungspunktes in der dingseitigen Brennebene von der x_1-Achse. Die Neigungswinkel u und u' werden stets kleiner als 90^0 angenommen und meist abweichend von den Festsetzungen der analytischen Geometrie positiv oder negativ gezählt wie die Neigungswinkel der Durchrechnungsformeln auf S. 151.

Wir haben uns hier der Einfachheit halber auf Meridianschnitte beschränkt, natürlich geht aber z. B. auch ein Dingstrahl, der die optische Achse unter dem Winkel u kreuzt, im Bildraume durch den gleichen Bildpunkt in der Brennebene, der von der x_1'-Achse oder der optischen Achse um $h' = f \cdot \operatorname{tg} u$ entfernt ist, wie der zu ihm parallele, aber die Achse schneidende Dingstrahl.

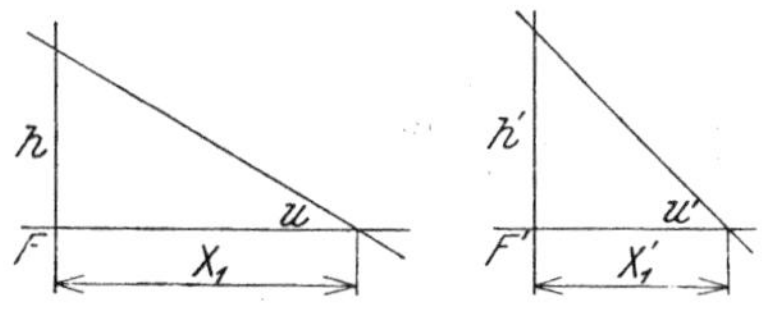

Abb. 15. Der Dingstrahl durchstößt die dingseitige Brennebene im Abstand h vom Brennpunkt F, schneidet die dingseitige Achse im Punkt x_1, $x_2 = 0$ und schließt mit ihr den Winkel u ein. Für den zugehörigen Bildstrahl sind die entsprechenden Werte im Bildraume bezüglich h', x_1' und u'.

Ein die optische Achse schneidender Strahl wird in einen Strahl abgebildet, der im Bildraume ebenfalls die optische Achse schneidet. Ist x_1 die Abszisse des Schnittpunktes des Dingstrahles mit der optischen Achse, u der von ihm mit dieser eingeschlossene Winkel und h seine Durchstoßungshöhe in der dingseitigen Brennebene, sind weiter x_1' bzw. u' bzw. h' die entsprechenden Werte seines Bildstrahles, so liest man aus Abb. 15 ab: $h = x_1 \cdot \operatorname{tg} u$ und $h' = x_1' \cdot \operatorname{tg} u'$ oder unter Benutzung der Definitionsgleichungen der Brennweiten

$$\frac{\operatorname{tg} u'}{\operatorname{tg} u} = \frac{f}{x_1'} = \frac{x_1}{f'} = \gamma; \tag{6}$$

γ wird das Konvergenzverhältnis oder die Winkelvergrößerung genannt und hängt nach Gleichung (6) nicht von den Neigungswinkeln ab, ist vielmehr konstant für zwei konjugierte, durch x_1 und x_1' bestimmte Achsenpunkte.

Zwischen den drei Vergrößerungen α, β und γ findet man durch Rechnung leicht die folgenden Beziehungen:

$$\left.\begin{aligned} &\alpha = \frac{\beta}{\gamma} = -\frac{f}{f'} \cdot \frac{1}{\gamma^2}, \quad \frac{\alpha}{\beta} = -\frac{f'}{f} \cdot \beta = \frac{1}{\gamma}, \quad \frac{\alpha}{\beta^2} = -\frac{f'}{f} \\ &\beta \cdot \gamma = -\frac{f}{f'}, \quad \frac{\alpha \cdot \gamma}{\beta} = 1\,. \end{aligned}\right\} \tag{7}$$

Betrachtet man nicht die beiden Brennpunkte als die Koordinatenanfangspunkte, sondern die von ihnen um $-f$ bzw. $-f'$ entfernten Hauptpunkte, so bestehen zwischen den x_1 und x_1', die von den Brennpunkten aus gezählt werden, und den von den Hauptpunkten aus gerechneten Abszissen ξ_1 und ξ_1' die Beziehungen: $\xi_1 = x_1 + f$, $\xi_1' = x_1' + f'$.

Aus der Abbildungsgleichung (1) folgt dann:

$$(\xi_1 - f) \cdot (\xi_1' - f') = f \cdot f' \quad \text{oder} \quad \frac{f}{\xi_1} + \frac{f'}{\xi_1'} = 1\,. \tag{8}$$

3. Einige Beispiele Gaussischer Abbildung. Sind von einer zentrierten Flächenfolge die Brenn- und die Hauptpunkte bekannt, so ist für jedes Ding das Bild völlig eindeutig bestimmbar. Die genannten 4 Punkte werden deswegen auch die Grundpunkte der Abbildung genannt. In Abb. 16 sind sie und die in ihnen achsensenkrechten Ebenen, die Brenn- bzw. Hauptebenen, in einer Aufeinanderfolge dargestellt, wie sie bei photographischen Objektiven häufig ist.

Zunächst möge für einige besondere Werte der Vergrößerung der Abbildungsvorgang besprochen werden. Ist $\beta = 1$, so wird nach (3) und (1) $x_1 = -f$, $x_1' = -f'$, d. h. Ding und Bild sind die beiden Hauptebenen, die aufrecht und gleich ineinander abgebildet werden.

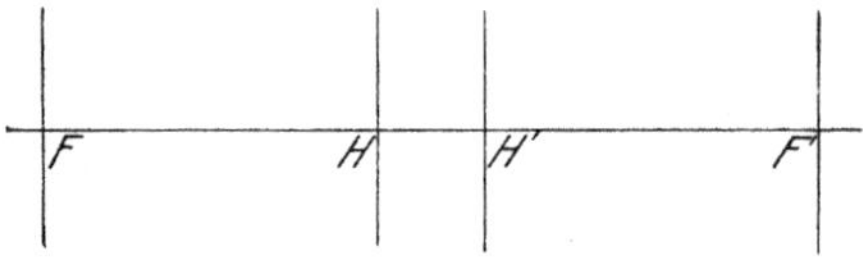

Abb. 16. Die vier Grundpunkte und die vier Grundebenen der Gaussischen Abbildung in einer Reihenfolge, wie sie bei photographischen Objektiven häufig ist.

Da nach unserer Annahme die Brennweiten des Ding- und Bildraumes einander entgegengesetzt gleich sind, wird $\alpha = -\frac{f'}{f} = 1$ und $\gamma = -\frac{f}{f'} = 1$; für die Hauptpunkte wird demnach $\operatorname{tg} u = \operatorname{tg} u'$; der durch einen Hauptpunkt gehende Dingstrahl schließt also mit der optischen Achse den gleichen Winkel ein wie sein Bildstrahl, der durch den bildseitigen Hauptpunkt geht. Die Punkte mit $\gamma = +1$ heißen nach J. B. Listing Knotenpunkte. In unserem Falle sind also die Hauptpunkte auch gleichzeitig Knotenpunkte.

Zu $\beta = -1$ gehören $x_1 = f$ und $x_1' = f'$. Das ist die in der Reproduktionsphotographie häufig vorkommende Abbildung in natürlicher Größe. Die achsensenkrechte Ding- und Bildebene werden in gleicher Größe, aber umgekehrt, ineinander abgebildet. A. Töpler nennt diese Ebenen die negativen Hauptebenen und ihre Achsenschnittpunkte die negativen Hauptpunkte.

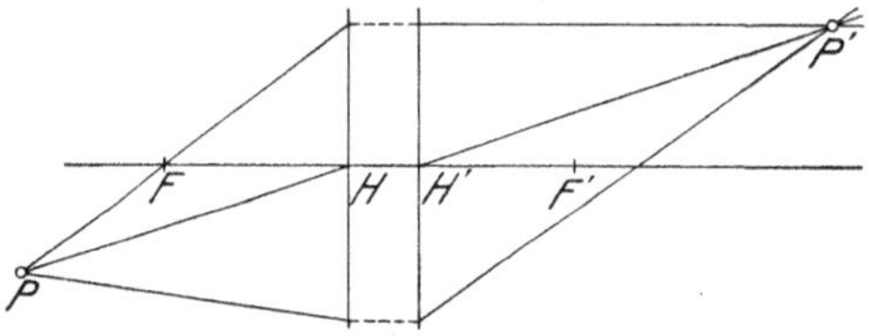

Abb. 17. Vom Dingpunkt P aus werden zwei Strahlen, nämlich PF und PH gezogen. PF läuft vom Schnittpunkt mit der dingseitigen Hauptebene ab achsenparallel in den Bildraum und das Bild von PH ist $H'P' \parallel PH$. Der Schnitt von $H'P'$ mit der genannten Achsenparallelen ist das Bild P' zu P. Irgendein anderer von P ausgehender Strahl geht natürlich im Bildraum auch durch P'.

Es wird hier weiter $\alpha = -\frac{f'}{f} = 1$ und $\gamma = \frac{f'}{f} = -1$; der Dingstrahl durch den negativen Hauptpunkt im Dingraume schließt daher mit der optischen Achse den entgegengesetzt gleichen Bildwinkel ein wie sein Bildstrahl, der durch den bildseitigen negativen Hauptpunkt geht. A. Töpler nennt konjugierte Punkte mit $\gamma = -1$ negative Knotenpunkte.

Mit Hilfe unserer Abbildungsgleichungen kann man zu jedem Bildpunkt den Dingpunkt durch Rechnung finden oder aber auch graphisch[1]. So ist in Abb. 17 P als Dingpunkt angenommen, der Strahl PF trifft die dingseitige Hauptebene und läuft achsenparallel in den Bildraum; der Bildstrahl zu PH ist die Parallele zu PH durch H'. Der Schnitt beider Bildstrahlen ist der zu P konjugierte Bildpunkt P'.

In der Abb. 17 ist noch ein weiterer, ebenfalls im Meridianschnitt liegender Strahl durch P gezeichnet, sein Bild geht natürlich auch durch P' und trifft die bildseitige Hauptebene in der gleichen Entfernung von der Achse wie sein

[1] Rohr, M. v.: Zeichen- und Rechenverfahren für die Bildfindung im achsennahen Raum. Zentr.-Ztg, **1920**, 1—4, 17—21, 29—33, 41—45, 53—56.

Dingstrahl die dingseitige Hauptebene. Für einfache physikalische Beispiele, nämlich für eine Sammellinse und für eine Zerstreuungslinse ist diese graphische Bildfindung in Abb. 78 und 83 auf S. 132 bzw. 137 angewandt.

Dabei kann jene einfache Sammellinse z. B. als Repräsentant eines photographischen Objektivs oder einer sammelnden Vorsatzlinse[1] gelten und die zerstreuende Linse als das schematische Beispiel einer Vorschaltlinse[2], wie sie zur Verlängerung der Objektivbrennweite benutzt wird.

Eine weitere optische Anordnung, die in der Photographie verwandt wird, ist das Vorschaltfernrohr[3]. Für die Abbildung durch dieses Instrument, mit dem z. B. die unendlich ferne Ebene des Dingraumes in die unendlich ferne Ebene des Bildraumes abgebildet wird, versagen die oben mitgeteilten Abbildungsgleichungen, weil die Brennweiten unendlich groß sind. Man kann bei den Vorschaltfernrohren zwei Glieder endlicher Brennweite unterscheiden, das Objektiv mit f_1, f_1' und das Okular mit f_2, f_2' als Brennweite, und zwar sind sie so angeordnet, daß die hintere Brennebene der ersten Flächenfolge (Objektiv) mit der vorderen der zweiten Flächenfolge (Okular) zusammenfällt.

Ein endlicher Achsenpunkt wird natürlich wieder im Endlichen abgebildet. Ein Paar solcher konjugierter Achsenpunkte der Gesamtfolge sind z. B. der vordere Brennpunkt F_1 des Objektivs und der hintere Brennpunkt F_2' des Okulars, die in Abb. 18 angegeben sind. Der dingseitige Hauptpunkt H_1 wird durch die erste Folge in den bildseitigen H_1' aufrecht mit der Vergrößerung 1 abgebildet; H_1' wird dann weiter durch die zweite Flächenfolge abgebildet. Es ist hierfür also $x_1 \cdot x_1' = f_2 \cdot f_2'$, und da $x_1 = -f_1'$ ist, befindet sich demnach das Bild des vorderen Hauptpunktes H_1 des Objektivs, entworfen von dem Gesamtfernrohr, um $x_1' = -\frac{f_2 f_2'}{f_1'}$ von dem hinteren Brennpunkt F_2' des Okulars entfernt, und die Vergrößerung für diese Abbildung wird

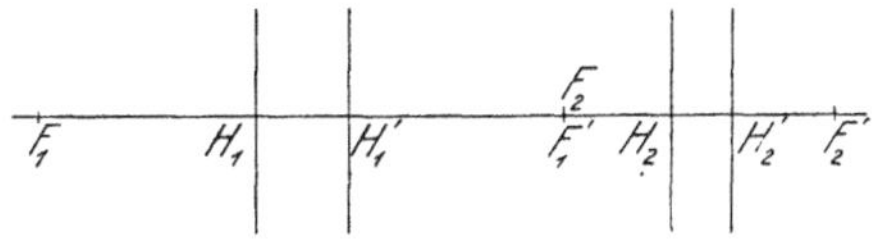

Abb. 18. Die Grundpunkte der beiden Glieder eines teleskopischen Systems, das z. B. als Vorschaltfernrohr vor einem photographischen Objektiv benutzt werden könnte. Die durch Index 1 kenntlich gemachten Punkte sind Grundpunkte des Fernrohrobjektivs, die mit Index 2 solche des Okulars.

$$\beta = -\frac{x_1'}{f_2'} = \frac{f_2 \cdot f_2'}{f_1' \cdot f_2'} = \frac{f_2}{f_1'}. \tag{9}$$

In teleskopischen Systemen ist die Vergrößerung β für jeden endlichen Achsenpunkt die gleiche. Für den unendlich fernen Achsenpunkt kann man natürlich nur noch von einer Winkelvergrößerung sprechen. Sie ist für die Abbildung durch unser Fernrohr:

$$\gamma = -\frac{f_1'}{f_2} = \frac{f_1}{f_2'}. \tag{10}$$

Ganz allgemein läßt sich die Zuordnung irgendwelcher Achsenpunkte als Ding und Bild für das Fernrohr aus

$$\frac{\xi_1'}{\xi_1} = \frac{f_2 \cdot f_2'}{f_1 \cdot f_1'} \tag{11}$$

finden, wobei ξ_1 und ξ_1' von konjugierten Punkten der Gesamtfolge aus zu rechnen sind, also z. B. vom dingseitigen Brennpunkt F_1 des Objektivs und vom bildseitigen Brennpunkt F_2' des Okulars.

Wird eine gegen die Achse geneigte Ebene abgebildet, so ist die Abbildung im allgemeinen natürlich nicht mehr geometrisch ähnlich, auch die Bildebene

[1] Vgl. S. 358ff. dieses Bandes. [2] Vgl. S. 347ff. dieses Bandes.
[3] Vgl. S. 351 dieses Bandes.

ist schief zur Achse; man spricht dann von Verzerrung (vom Stürzen der Linien). Als Beispiel diene die Abbildung eines Quadrates in ein Rechteck vermittels eines achsensymmetrischen photographischen Objektivs, was sich durch zweimaliges Photographieren erreichen läßt.

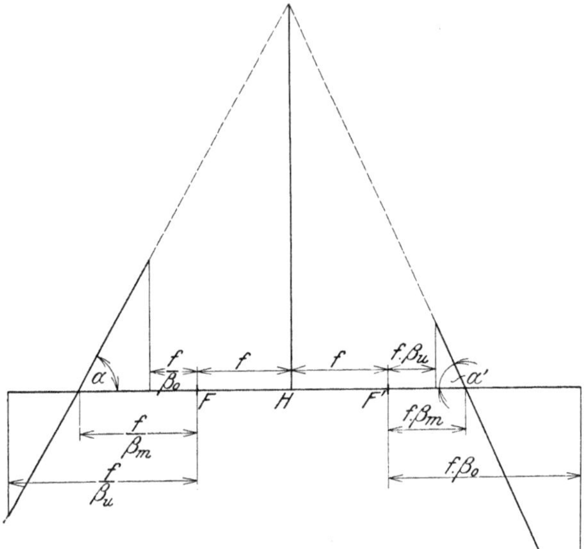

Abb. 19. F und F' sind die Brennpunkte, H die zusammenfallenden Hauptpunkte eines sammelnden Systems mit der Brennweite f. Das Bild einer unter Winkel α gegen die Achse geneigten Geraden schließt mit der Achse den Winkel α' ein. Während im Schnittpunkte der Geraden mit der Achse die Lateralvergrößerung β_m ist, beträgt diese für einen vom Achsenschnittpunkt um s nach oben bzw. nach unten entfernten Geradenpunkt β_0 bzw. β_u.

In Abb. 19 sind der Einfachheit halber die beiden Hauptebenen des Objektivs in eine zusammenfallend angenommen; F und F' sind die Brennpunkte; die zusammenfallenden Hauptpunkte liegen in H. Abweichend von den bisherigen Festsetzungen wollen wir hier nicht mehr zwischen vorderer und hinterer Brennweite unterscheiden, sondern sprechen dem photographischen Objektiv die e i n e positive Brennweite f zu. Der Mittelpunkt des Dingquadrates (s. Abb. 20) falle in die optische Achse und seine obere und untere Seite, ihre Länge sei $2s$, kreuzen die Achse senkrecht; die Ebene des Dingquadrates schließe mit der Achse den Winkel α, die zugehörige Bildebene den Winkel α' ein. β_o, β_u und β_m seien dann der Reihe nach die absoluten Werte der Vergrößerungen für die obere und untere Seite und die zu ihnen parallele Mittellinie. Dann bestehen nach Abb. 19 die Beziehungen:

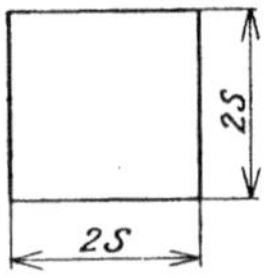

Abb. 20. Das Quadrat mit der Seitenlänge $2s$ wird, wie im Text ausgeführt, durch den in Abb. 19 schematisch dargestellten Abbildungsvorgang in ein gleichschenkliges Trapez, und dieses dann durch einen analogen Abbildungsvorgang in ein Rechteck verwandelt.

$$\beta_0 = \frac{\beta_m \cdot f}{f - \beta_m \cdot s \cdot \cos\alpha}, \quad \beta_u = \frac{\beta_m \cdot f}{f + \beta_m \cdot s \cdot \cos\alpha}. \quad \operatorname{tg}\alpha = \beta_m \cdot \operatorname{tg}\alpha'.$$

Mit den Vergrößerungen β_o und β_u lassen sich die Längen der oberen und unteren Seite des gleichschenkligen Trapezes, in das das Quadrat abgebildet wird, ausrechnen. Das Mittellot des Trapezes wird durch die Diagonalen in zwei Strecken a und b aufgeteilt, die aus den Gleichungen $a = \frac{s \cdot \sin\alpha}{\sin\alpha'}\beta_u$, $b = \frac{s \cdot \sin\alpha}{\sin\alpha'}\beta_o$ zu bestimmen sind. Durch einen analogen Abbildungsvorgang läßt sich das Trapez in ein Rechteck verwandeln. Bei dem folgenden Zahlenbeispiel wird das Quadrat in ein Rechteck verwandelt, dessen Seiten in dem Verhältnis 4 : 5,8 stehen. Das Quadrat der Abb. 20 wird in das gleichschenklige Trapez der Abb. 21 abgebildet, wenn man nimmt: $\alpha = 60^0$, $\beta_m = \frac{4}{5}$, $f = \frac{2}{3}s$. Dabei wird:

$$\beta_o = 2, \quad \beta_u = \tfrac{1}{2}, \quad \alpha' = 65{,}2085^0, \quad a = 0{,}477\,s, \quad b = 1{,}908\,s.$$

Wird die Ebene dieses Trapezes, dessen parallele Seiten s und $4s$ sind, zu der optischen Achse eines Objektivs der Brennweite $f_T = 1{,}59\,s$ unter dem Winkel

$\alpha_T = 60^0$ geneigt, so daß die parallelen Trapezseiten die optische Achse senkrecht kreuzen, und fällt der Schnittpunkt der Trapezdiagonalen auf die Achse in der Entfernung $\frac{2}{5} f_T$ vom dingseitigen Brennpunkt des Objektivs, so liegt das Bild des Trapezes in der unter dem Winkel $\alpha'_T = 34{,}7150^0$ geneigten Ebene, deren Achsenschnittpunkt vom bildseitigen Brennpunkt um $\frac{5}{2} f_T$ entfernt ist. Die große Trapezseite wird dabei im Maßstab 1 : 1 abgebildet, die kleine 4fach vergrößert und man erhält als Bild des Trapezes das Rechteck mit den Seiten 4 *s* und 5,803 *s* (s. Abb. 22).

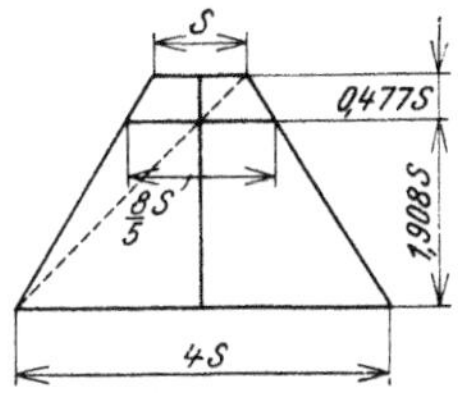

Abb. 21. Das gleichschenklige Trapez mit den Parallelseiten *s* und 4*s* und der Höhe 0,477 *s* + 1,908 *s* = 2,385 *s* wird, wie im Text ausgeführt, nach einem der Abb. 19 entsprechenden Abbildungsvorgang als Bild des Quadrates (s. Abb. 20) mit der Seitenlänge 2 *s* erhalten.

In der Photographie werden gelegentlich Zusammensetzungen von optischen Teilgliedern benutzt, deren Achsen nicht in einer Geraden liegen, sondern z. B. durch Spiegelung geknickt sind. Eine solche Anordnung ist in Abb. 23 schematisch dargestellt, die das Ausführungsbeispiel der deutschen Patentschrift Nr. 343850[1]/1920 ist. Wenn, wie in diesem Fall, im Vorder- und Hinterglied Drehungssymmetrie besteht, kann man unsere Abbildungsgesetze erst für das Vorderglied anwenden, dann die Bestimmungsstücke des durch das Vorderglied entworfenen Bildes auf die Achse des Hintergliedes transformieren und nunmehr wieder unsere für Achsensymmetrie geltenden Beziehungen anwenden.

In den in der Photographie seltenen Fällen, wo man überhaupt nicht die Abbildungen auf ausgerichtete Flächenfolgen zurückführen kann, sind die allgemeinen Gleichungen oder Gesetze der kollinearen Abbildung heranzuziehen, die nicht auf ausgerichtete Flächenfolgen spezialisiert sind, während die Abbildung durch zentrierte Systeme stets durch die oben gegebenen Beziehungen vollständig zu

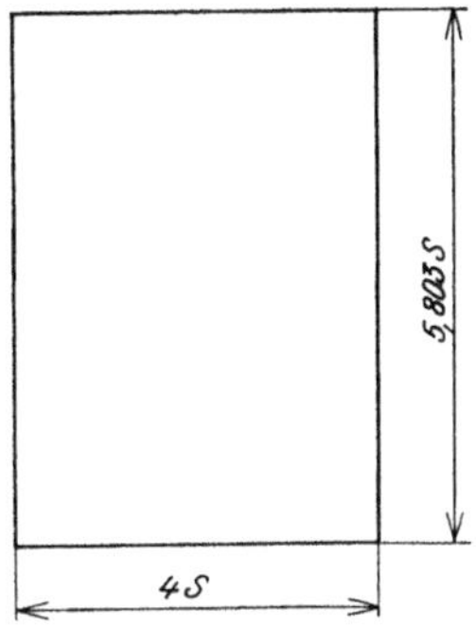

Abb. 22. Dieses Rechteck ist das Ergebnis der beiden im Text beschriebenen Abbildungen; es ist das anamorphotische Bild des Quadrats von Abb. 20 mit der Seitenlänge 2 *s*.

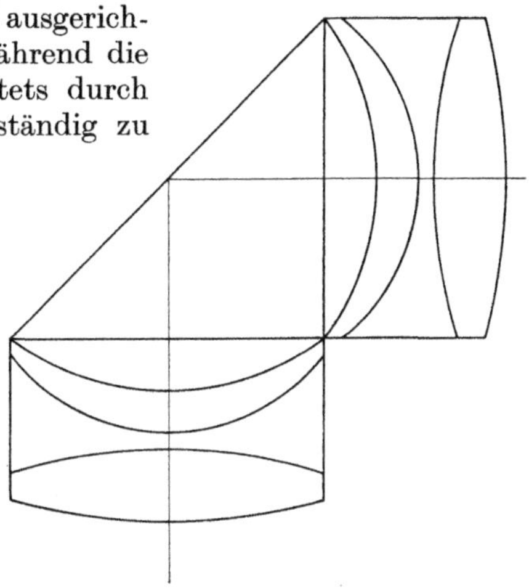

Abb. 23. Symmetrisches Objektiv aus 8 Linsen im ganzen; seine optische Achse ist durch ein rechtwinkliges Spiegelprisma um 90° abgelenkt. Eine solche Spiegelanlage soll (etwa für das DAGUERREsche Verfahren oder für Druckstöcke) eine Spiegelverkehrung in die Abbildung einführen.

bestimmen ist. Dabei kann man bei vielflächigen Folgen die Abbildung der Reihe nach Fläche für Fläche durchführen, sodaß das durch die eine Fläche entworfene Bild als Ding für die nächste Fläche dient und so fort, bis die Abbildung durch das Gesamtsystem festgestellt ist. Es ist natürlich in der Regel einfacher, durch sukzessive Anwendung unserer Abbildungsgleichungen die

[1] Inhaber: OPT. WERKE RÜDERSDORF und H. HAHN.

4 Grundpunkte des Gesamtsystems zu berechnen, weil ja dann jede beliebige Abbildung ohne weiteres zu bestimmen ist, ohne daß man sich im einzelnen um die Art und Zahl der Flächen zu kümmern hat, aus denen die Folge gebildet wird.

Schließlich sei noch darauf verwiesen, daß die Abbildung durch eine Anordnung, wie sie Abb. 23 darstellt, rückwendig ist. Es läßt sich nämlich zeigen, daß bei einer beliebigen kollinearen Zuordnung in jedem Dingpunkt drei aufeinander senkrecht stehende Strahlen vorhanden sind, deren Bilder wieder senkrecht zueinander sind und natürlich durch einen gemeinsamen Punkt gehen, das Bild des Dingpunktes. Eine rechtwinklige Ecke kann also vermittels Kollineation wieder in eine solche abgebildet werden. Wenn man zwei Kanten dieser Ecken zusammenfallen läßt, können entweder auch die beiden dritten Kanten zusammenfallen oder die eine Eckkante bildet die Verlängerung der anderen. Im ersten Falle nennt man die Abbildung rechtwendig, im zweiten rückwendig. Eine Abbildung der ersten Art tritt ein, wenn das Ding eine gerade Anzahl mal an ebenen Spiegeln gespiegelt wird, Ding- und Bildecke sind dann kongruent, hingegen tritt bei einer ungeraden Anzahl von Spiegelungen an ebenen Flächen eine rückwendige Abbildung ein, Ding- und Bildecke sind dann nur symmetrisch. Überhaupt kann ganz allgemein gesagt werden: durch beliebig viele Brechungen oder eine gerade Anzahl von Spiegelungen oder durch diese beiden Vorgänge kommt stets eine rechtwendige Abbildung zustande; eine rückwendige dagegen durch eine ungerade Anzahl von Spiegelungen, ob nun dabei auch noch Brechungen vorkommen oder nicht.

Die Strahlenbegrenzung in ihrer Bedeutung für die Lichtbilder[1].

In deutlicher, z. T. wörtlicher Anlehnung an die Schriften von E. ABBE, W. MERTÉ, M. v. ROHR u. E. WANDERSLEB zusammengestellt

von **M. v. ROHR**, Jena.

Mit 46 Abbildungen.

I. Die Strahlenbegrenzung bei der Aufnahmelinse nach den ABBEschen Grundlagen.

Bei der Aufnahmelinse hat man an allseitig strahlende Gegenstände zu denken, soweit es sich um die gewöhnliche Aufnahme der Außendinge handelt. In der Regel handelt es sich dabei um allseitig das auffallende Licht zurückstrahlende Körper; bei der Strahlungsvermittlung wird auf die Farbigkeit einzugehen sein, die dem zurückgeworfenen Licht eigen ist und auf Platten verschiedener Art in verschiedener Weise wirkt. Hier in diesem Abschnitt kommt es in erster Linie darauf an, daß der Zurückwurf nach allen Richtungen erfolgt, so daß alle im Gesichtsfeld der Aufnahmelinse liegenden Gegenstände auch wirklich Strahlen auf sie zusenden, ganz ebenso, wie auch das Auge von den im Augenraum liegenden greifbaren Sehdingen Strahlen erhält, ohne daß man dabei irgendwelche Voraussetzungen über den Augenort zu machen hätte. Solche würden beispielsweise notwendig sein, wenn es sich nicht um allseitig, sondern nur in einen gewissen Winkelraum strahlende Sehdinge handelte. Als ein einfaches Beispiel dafür sei auf die von einem Fernrohr entworfenen Bilder hingewiesen; diese sind gewiß deutlich und können von fast gleicher Helligkeit erscheinen wie die ihnen zugrunde liegenden Sehdinge, aber sie strahlen nur in einen bestimmten Winkelraum hinein oder — allgemeiner verständlich ausgedrückt — sind nur einem Auge zugänglich, das an eine nahe am Okulardeckel liegende Stelle herangebracht wird.

Überlegungen ähnlicher Art sind auch zu völligem Verständnis der Leistung einer jeden Aufnahmelinse notwendig und sollen auf den nachfolgenden Seiten auseinandergesetzt werden. Man hat sie zunächst in einer anerkennenswerten Weise — hauptsächlich in den englischen Arbeitsgesellschaften des 6. und 7. Jahrzehnts — im vorigen Jahrhundert zu entwickeln versucht, ohne daß es jedoch damals zur Aufstellung einer ganz ausreichenden Theorie gekommen wäre. Eine solche wurde auf einer ungemein breiten, für einen großen Teil aller optischen Vorkehrungen zutreffenden Grundlage 1871 von E. ABBE[2]

---

[1] Bis zu S. 126 wird bei Verweisen der Seitenzahl meist der Absatz ($\alpha, \beta \ldots$) angefügt.

[2] Über die Bestimmung der Lichtstärke optischer Instrumente. Mit bes. Berücks. des Mikroskops und der Apparate zur Lichtconcentration. GesAbh. 1, 14/44.

aufgeführt. Seit 1897 hat dann die ABBEsche Schule, auf Arbeiten M. v. ROHRS[1] fußend, den alten Bau erweitert und dabei in erster Linie der Aufnahmelinse gedacht. Schließlich ist seit 1903 unter dem entscheidenden Einfluß A. GULLSTRANDS die Bedeutung des namentlich von CHR. SCHEINER 1619 in seiner Wichtigkeit erkannten Augendrehpunkts (s. S. 80 ε) wiedererkannt und betont worden. Auch dieses Gebiet der Strahlenbegrenzung ist dann planmäßig bearbeitet und durch einen Erweiterungsbau der ABBEschen Anlage angegliedert worden, so daß man nunmehr durchaus imstande ist, richtige Auffassungen der Bedingungen kurz niederzulegen, die bei einer vorschriftsmäßigen Betrachtung vorliegender Lichtbilder zu beachten sind. Wir werden zunächst, der Überschrift entsprechend, die Strahlenbegrenzung in der Aufnahmelinse selbst behandeln.

A. Die Folgen der beschränkten Größe der Linsendurchmesser.

Greift man auf jenen Abschnitt, der die Lagen- und Größenbeziehungen behandelt, zurück, so ließ sich mit Hilfe der GAUSSischen Lehre von der Abbildung zeigen, daß man leicht mit wenigen Bestimmungsstücken — im wesentlichen mit zwei Paaren von Grundpunkten und der Kenntnis des für sie geltenden Vergrößerungsverhältnisses — zu einer gegebenen achsensenkrechten Dingebene die zugehörige achsensenkrechte Bildebene finden könne und daß man zu irgendeiner Zeichnung auf dieser Dingebene den Maßstab der Wiedergabe zu ermitteln imstande sei. Mehr gab die von GAUSS 1841 entwickelte Lehre nicht, und auch die allgemeine Annahme, man könne mit gewisser Annäherung die GAUSSische Lehre auf ein endlich ausgedehntes Gesichtsfeld und endliche Abstände der Strahlen von der Linsenachse erweitern, blieb nichts weiter als ein Hinweis; er wird in jenem Abschnitt, der die Lehre von den Abweichungen zum Gegenstand hat, im einzelnen behandelt werden. Wir werden in diesem Abschnitt es bei der allgemeinen Annahme einer solchen Möglichkeit, die GAUSSische Lehre zu erweitern, bewenden lassen müssen und nur ganz gelegentlich auf die Folgen bestimmter Abbildungsfehler, etwa der Verzeichnung, hinweisen. Davon abgesehen aber, werden wir für die Strahlenbegrenzung am Bestehen der GAUSSischen Grundlagen festhalten.

Nimmt man also die Verwirklichung der allgemeinen kollinearen Beziehung an, so hat man die Tatsache zugestanden, daß Dingebenen (und infolge davon auch Dinggeraden und Dingpunkten) eindeutig und eindeutig umkehrbar Bildebenen (und infolge davon auch Bildgerade und Bildpunkte) entsprechen. Es ist zwar mit dieser Erweiterung des GAUSSischen fadenförmigen Raumes in das Endliche Großes als zugegeben angenommen, aber man bleibt immer noch bei den Anfangswerten, den Punkten einer meist achsensenkrechten Dingebene, und den Endwerten, den jenen zugeordneten Punkten einer in solchen Fällen achsensenkrechten Bildebene. Irgendeine Auseinandersetzung über die Beteiligung der Einzelteile der Aufnahmelinse, der Krümmungshalbmesser, Dicken, Abstände und Brechzahlen, erfolgt dort nicht; sie wirken auf das Ergebnis nur insoweit, als sie die Lage der beiden Paare von Grundpunkten beeinflussen. Die Zeichnungsregeln, mit deren Hilfe man auf eine ungemein gefällige Weise aus eben jenen Grundpunktepaaren und den Anfangswerten die Endwerte eindeutig und eindeutig umkehrbar gewinnt, nehmen auf die wirklichen Ausmaße der vorliegenden Aufnahmelinse überhaupt keine Rücksicht, und sie brauchen

[1] Zur Geschichte und Theorie des photographischen Teleobjectivs mit besonderer Berücksichtigung der durch die Art seiner Strahlenbegrenzung bedingten Perspective. Weimar: K. Schwier 1897.

es auch nicht, weil ja eben jene allgemeine Erweiterung des Gaussischen Raumes in das Endliche als vorläufig zugegeben zugrunde gelegt wurde.

Man darf sich mithin auch nicht wundern, wenn man auf dieser Stufe der optischen Kenntnis nichts von der Beziehung der Gegenstände und ihrer Bilder zu der Aufnahmelinse erfährt. Handelt es sich, wie in der überwiegenden Mehrzahl der Fälle, um einen körperlichen, also aus einer einzelnen achsensenkrechten Ebene herausfallenden Aufnahmegegenstand, so kann man durch ihn eine Mannigfaltigkeit achsensenkrechter Ebenen legen und dann in aller Strenge die zugehörigen Bildebenen mit den stets in verschiedenem Maßstab wiedergegebenen Schnittspuren auffinden. Man erhält so zu einem Raumding das zugehörige Raumbild, aber sehr befriedigend ist dieses Ergebnis auch nicht, da die Aufnahmekammer eben kein Raumbild, sondern eine flächenhafte Darstellung, das Lichtbild, liefert, wie es die Gaussische Lehre eben nicht zu erklären vermag.

1. Die Ableitung der Grundblenden. Berücksichtigen wir nun in Übereinstimmung mit dem Vorstehenden zunächst einmal die unter allen Umständen beschränkte Größe der Linsendurchmesser, so kommt man den wahren Verhältnissen beim Gebrauch der Aufnahmelinse schon näher. Beachtet man, daß die Linsendurchmesser bei den heute so vielfach verwandten Linsen kurzer Brennweite immer kleinere Strecken betragen — bei den Aufnahmelinsen für Reihenbilder und Lichtspiele sind sie von der Größenordnung des Hornhautdurchmessers beim Menschenauge —, so erkennt man ohne weiteres, daß die in Wahrheit die Linse durchsetzenden Bündel ganz im Gegensatz zu den Bildfindungslinien der bekannten Zeichenverfahren mindestens im Dingraum ungemein schmächtige Gebilde sind, mag man Gegenstandsteile von kleinem oder großem Achsenabstand abbilden. Man findet auch, daß man durch diese endliche (ja sogar geringe) Größe der Linsendurchmesser ganz von selbst und gleichsam absichtslos eine neue Bestimmung in den Abbildungsvorgang einführt, nämlich die Richtung von irgendeinem Gegenstandspunkte auf die Linse zu. Zunächst ist diese in einer einigermaßen undeutlichen Weise durch ein freilich schmächtiges Bündel gegeben, aber es wird sich bald zeigen, daß wir durch eine von allem Zwange und aller Künstlichkeit freie Weiterführung der Überlegung zu dem Begriff einer perspektivischen Darstellung kommen werden. Dabei muß man sich zunächst noch vor der vorausgreifenden Vorstellung etwa einer perspektivischen Zeichnung hüten; vorläufig kommt es uns nur darauf an, einen bestimmten Punkt festzulegen, durch den sämtliche Strahlen von besonderer Wichtigkeit beim Gebrauch der Aufnahmelinse treten müssen und der somit jenem einigermaßen undeutlichen Begriffe auf die Linse zu, die Schärfe der Begriffsbestimmung verleiht, die man in der Strahlenoptik fordern muß.

a) Die Pupillen der Linsenfolge. Immer im Hinblick auf dieses Ziel vergegenwärtigen wir uns, daß es sich bei einer vorschriftsmäßig ausgeführten Aufnahmelinse um eine Flächenfolge handelt, die zu einer bestimmten Achse ausgerichtet ist, und daß das für alle metallenen Linsenfassungen und die Öffnungen der in ihr vorgesehenen Blenden ebenfalls gilt. Wir können uns mithin, soweit es sich um Achsenpunkte handelt, ohne an Allgemeinheit etwas einzubüßen, auf die Betrachtung eines beliebigen Achsenschnittes beschränken und wissen, daß wir das räumliche Gebiet beherrschen, wenn wir diese Achsenebene einen Umlauf um die Linsenachse ausführen lassen.

Unter dieser Voraussetzung stellen wir uns nun die Aufgabe, möglichst allgemein festzustellen, welche Strahlen von einem Achsenpunkte aus durch die Flächenfolge der Aufnahmelinse mit ihren Blenden hindurchtreten können. Für diesen Zweck bedienen wir uns eines bei vielen optischen Untersuchungen vorteilhaft verwandten Grundsatzes, nämlich der allgemein zulässigen Umkehrung des Strahlenweges. Danach kann ein Dingpunkt nur dann zu einem Punkt in dem Bildraum Strahlen senden, wenn er bei einer Umkehr der Lichtrichtung von Strahlen aus jenem Bildpunkt getroffen wird.

Wir richten mithin zur Verwirklichung dieser Anlage die Rückseite der Linsenfolge nach dem hellen Himmel, bringen auf der dem Himmel abgewandten Seite unser Auge an einen Achsenpunkt O, der einem Dingpunkte entsprechen kann, und schauen nach der Aufnahmelinse. Dann ist die Frage zu beantworten: was können wir in diesem Falle sehen? Da bei diesem Versuch in umgekehrter Lichtrichtung kein besonderer Gegenstand vorausgesetzt wurde, sondern nur der blaue Himmel oder eine weiße Wolkendecke, so wird man nur einen hellen Kreis zu sehen erwarten können, der das in das Auge bei O eintretende schmächtige Bündel als lichte Grundfläche begrenzt, also eben diese Begrenzung bildet, die wir finden wollten. Wir möchten verständlicherweise aber genauer wissen, welche der verschiedenen Linsenfassungen oder Blendenöffnungen diese Be-

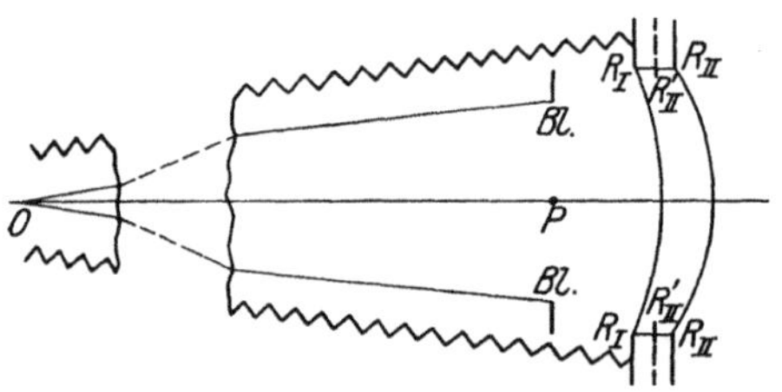

Abb. 24. Zur Aufsuchung der Eintrittspupille bei einer Linse mit Vorderblende. In das Auge tritt wegen des abschließenden Balgens nur Licht, das die Linse durchsetzt hat.

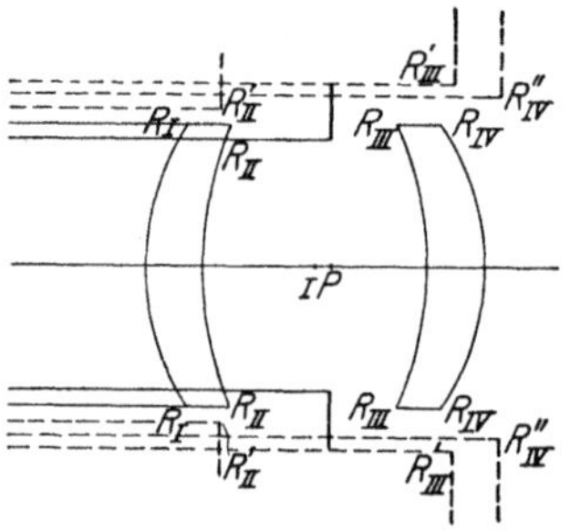

Abb. 25. Die Lage der greifbaren Fassungsränder und des Blendenrandes sowie der scheinbaren Fassungsränder und des scheinbaren Blendenrandes, alles an einer Doppellinse mit Mittelblende.

grenzung liefert oder den lichten Winkel bestimmt. Zu diesem Zwecke müssen wir uns darüber klar werden, daß das Auge im Dingraum bei O nur scheinbare Begrenzungen zu sehen vermag, die im Dingraum selbst liegen, etwa wie wir bei der Benutzung einer Lupe nicht die Buchstaben einer kleinen Druckprobe selber sehen, sondern ihre im Augenraum entworfenen vergrößerten Bilder. Nur zu solchen führen im Augenraum geradlinige Richtungen von der Augenpupille.

Sind uns also in Abb. 24 verschiedene Fassungsränder $R_I\,R_I$, $R_{II}\,R_{II}$ und eine Vorderblende $Bl\;Bl$ um P an der vorliegenden Aufnahmelinse bekannt, so können wir unmittelbar nur den augennächsten Fassungsrand oder eine Vorderblende der Aufnahmelinse sehen, alle anderen Fassungsränder und eine Mittelblende können allein dann vom Augenorte O aus im Dingraum gesehen werden, wenn sie — wie etwa $R_{II}\,R_{II}$ in $R_{II}'\,R_{II}'$ — durch alle zwischen ihnen und dem Auge liegenden Linsen in den Dingraum abgebildet werden. Geschieht das aber, so führen geradlinige Richtungen vom Augenort zu den scheinbaren Fassungs- oder Blendenrändern und können zur Feststellung des lichten Winkels verwandt werden.

Haben wir bei einer gewöhnlichen Doppellinse in Abb. 25 also 4 Fassungsränder (je einen vorderen ($R_I\,R_I$) und einen hinteren ($R_{II}\,R_{II}$) Fassungsrand bei dem Vorder- und entsprechend $R_{III}\,R_{III}$ und $R_{IV}\,R_{IV}$ bei dem Hinterglied) und einen inneren Blendenrand um I, so liegt nur der vordere Rand $R_I\,R_I$ der vorderen Fassung von selber im Dingraum, die 3 weiteren Fassungsränder und der innere Blendenrand sind durch die zwischen ihnen und dem Auge liegenden

Linsenglieder als $R'_{II} R'_{II}$, $R'_{III} R'_{III}$, $R''_{IV} R''_{IV}$ und als scheinbarer Rand um P erst in dem Augenraum zu entwerfen, und zwar handelt es sich in der Regel um nicht-auffangbare (virtuelle) Bilder. Genauer hat in dem hier vorausgesetzten Falle das Vorderglied abzubilden den hinteren Fassungsrand des Vordergliedes als $R'_{II} R'_{II}$, den inneren Blendenrand als Rand um P, den vorderen Fassungsrand des Hintergliedes als $R'_{III} R'_{III}$ und schließlich die ganze Linsenfolge den hinteren Fassungsrand des Hintergliedes als $R''_{IV} R''_{IV}$.

Mit den auf S. 40 dargestellten Zeichenverfahren findet man also im Dingraum außer dem vorderen Fassungsrande des Vordergliedes noch die Bilder von den 3 übrigen Fassungsrändern und von dem Blendenrand, und ihrer jedes könnte — wenn die Umstände günstig wären — den lichten Winkel begrenzen. Wir heben nunmehr, wo die Bedingungen klarer erkennbar sein werden, aber hervor, daß wir ausschließen wollen, der vorderste Fassungsrand strahle etwa in zerstreutem Lichte auf das Auge in O hin und werde auf diese Weise sichtbar. Nein, die Beleuchtung soll durchaus nur von dem blauen Himmel oder seiner weißen Wolkendecke auf der Rückseite der Aufnahmelinse kommen. Zu diesem Zwecke denken wir uns die Aufnahmelinse — der Einfachheit wegen soll es sich hier in Abb. 24 um eine Landschaftslinse mit Vorderblende handeln — für den Augenblick in ein kegelförmiges Rohr gefaßt, das, den vorderen Fassungsrand freilassend, bis zu dem Augenort bei O reiche und sich dort lichtdicht an die Augenhöhle anlege. Dadurch wird solch zerstreutes, auf das Auge hinlaufendes Licht abgeschnitten, und man hat nunmehr eine Reihe von den 3 zu der Achse ausgerichteten verschieden großen Rändern $Bl\ Bl$, $R_I\ R_I$ und Randbildern $R'_{II} R'_{II}$ in verschiedener Entfernung vom Auge, deren jedes das lichte Feld begrenzen könnte, wenn es allein vorhanden wäre.

Sind alle zusammen vorhanden, wie es ja in der Tat der Fall ist, so tritt das entsprechende davon ein, wie wenn man in ein zylindrisches Rohr von beliebiger Weite aus einem dunklen Raum hinausschaut. Die fernere Öffnung allein erscheint hell, weil sie (obwohl gleichen Durchmessers mit der näheren, doch) unter einem kleineren Winkel erscheint.

Der lichte Grundkreis also, den wir auf S. 48 β erkannt haben als das lichte Feld ausmachend, ergibt sich also als das Fassungsbild, die Fassung oder das Bild des Blendenrandes, das dem Auge in O unter dem kleinsten Winkel erscheint. Wir nennen dieses (in der Regel nicht-auffangbare) Bild nach E. Abbe die Eintrittspupille der Aufnahmelinse und heben noch einmal — wiederholend — hervor, daß diese Eintrittspupille die Richtung der die Aufnahmelinse durchsetzenden Lichtbündel auf die Aufnahmelinse zu in aller Strenge bestimmt, soweit der Achsenpunkt O in Betracht kommt.

Wir wollen hier gleich einige Bemerkungen machen, die die Bedeutung der Eintrittspupille noch klarer hervortreten lassen werden.

An und für sich wäre es möglich, daß für andere Dingachsenpunkte O_1, O_2 in abweichendem Abstande ein anderes der Fassungsbilder unter kleinerem Winkel erschiene als von O aus. Und in der Tat hat E. Wandersleb[1] in seinen Abbildungen 3 und 4 eine solche Möglichkeit wenigstens angedeutet. Zwischen den beiden Dingpunkten würde sich ein dritter finden, dem der erste Fassungsrand und das Bild des dritten von gleicher Größe erscheinen würden, wo also gleichzeitig 2 Eintrittspupillen vorlägen. Die geometrische Behandlung dieses Falles wäre durchaus möglich, würde freilich einige Schwierigkeiten machen; sie wird aber durch die für Aufnahmelinsen einigermaßen beträchtlicher Güte geltende Bemerkung überflüssig, daß man bei solchen einen Blendenrand mit

[1] Photographic J. **49** = (**33**), 4 (1909).

sprunghaft oder stetig veränderlichem Durchmesser voraussetzen muß, dessen Bild für alle bei der Verwendung in Betracht kommenden Dingabstände die Öffnung der eintretenden Bündel beschränkt. Die zu diesem Blendenbild gehörige greifbare Blende — sie liegt in unserer Sprechweise im Blendenraum — nennt man mit E. ABBE die Öffnungs-(Apertur-) Blende, und man möge beachten, daß sie in der Regel kleiner (manchmal aber auch etwas größer) ist als die Eintrittspupille. Im Abschnitt über die Strahlungsvermittlung wird man auf diese Größenverschiedenheit noch einmal (s. S. 125 δ, ε) hinzuweisen haben.

Diese Leistung der Strahlenbegrenzung verbleibt der Eintrittspupille aber nicht allein für die bisher ausschließlich behandelten Achsenpunkte, sondern auch für ein ganzes der Achse genügend nahes räumliches Gebiet. Dabei wolle man aber nicht an einen fadenförmig die Achse umgebenden Raum wie bei der GAUSSischen Abbildung denken, sondern von vornherein an einen von kleiner endlicher Ausdehnung, deren Betrag sogleich näher bestimmt werden soll.

Nimmt man schließlich die Blende mit veränderlichem Durchmesser punktförmig an, behandelt also eine Eintrittspupille von verschwindendem Durchmesser, so beschränkt man sich eben auf den Mittelpunkt P der tatsächlich immer endlich geöffneten Eintrittspupille. Das Strahlenbündel, das unter dieser Annahme (s. Abb. 26 und 27) allein in die Aufnahmelinse eintreten kann, nennt man das Hauptstrahlenbündel, und man erkennt nun, daß in diesem Falle die Richtung der auf das Objektiv zueilenden und es durchsetzenden Strahlen bestimmt ist durch die Richtung auf die Mitte P der Eintrittspupille. Sie ist unter dieser Voraussetzung das perspektivische Zentrum der eng abgeblendeten Aufnahmelinse. Wir werden weiter unten auf diese Vorstellung noch näher einzugehen haben.

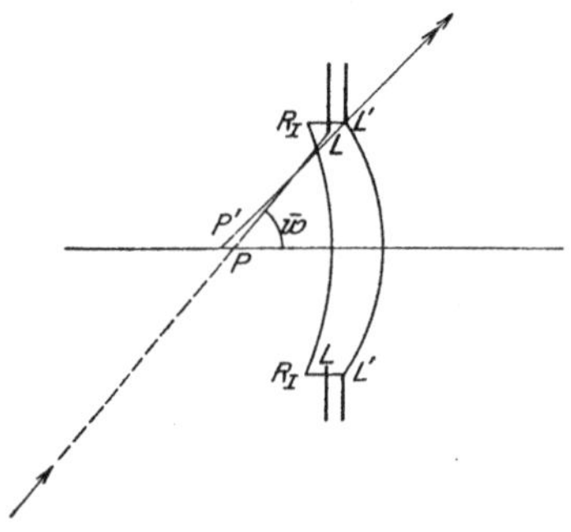

Abb. 26. Zur Ableitung der Eintrittsluke und des Gesichtsfeldwinkels ϖ bei einer Landschaftslinse mit Vorderblende.

Bisher hatten wir uns nur auf den Dingraum beschränkt. Beachten wir aber die auf S. 46 γ festgehaltene ein-eindeutige Beziehung zwischen Bild- und Dingraum mindestens in vollkommenen Aufnahmelinsen, so findet man, daß einem jeden dingseitigen Bilde eines Fassungsrandes oder des Öffnungsrandes der Innenblende ein und nur ein bildseitiges Bild desselben greifbaren Teiles entspricht: man muß es nur durch den beim Entwurf der dingseitigen Randbilder unbenutzt gebliebenen Teil der Aufnahmelinse in den Bildraum, und zwar mit der bei der Aufnahme gültigen Lichtrichtung abbilden. Man sieht dann ohne Schwierigkeit, daß ein beliebiges dingseitiges Randbild durch die ganze Linsenfolge in das bildseitige Bild desselben greifbaren Randes abgebildet wird. Denn der erste Teil der Linsenfolge bildet das dingseitige Randbild in den zugehörigen greifbaren Rand und der zweite Teil diesen greifbaren Rand in dessen bildseitiges Bild ab.

Beachtet man ferner, daß infolge des allgemeinen Ausdrucks für das Konvergenz-(Neigungs-)Verhältnis des durch die zugeordneten Punkte O und O' tretenden zugeordneten Strahlenbündels je auf der Ding- und der Bildseite gilt:

$$\frac{\operatorname{tg} u'}{\operatorname{tg} u} = -\frac{1}{N}\frac{f}{f'} \quad \text{also} \quad = \frac{1}{N} \quad \text{bei Linsen in Luft,} \qquad (1)$$

so erkennt man den folgenden Zusammenhang: die bildseitigen Neigungswinkel u' entsprechen den dingseitigen u genau — im einzelnen werden sie durch

Division ihrer Tangente mit der für O und O' gegebenen Vergrößerungszahl N[1] erhalten — $\operatorname{tg} u' = \frac{\operatorname{tg} u}{N}$, und man sieht ein, daß, wenn u der kleinste unter den 3 oder 5 dingseitigen Öffnungswinkeln war, also zur Eintrittspupille führte, auch u' der kleinste unter den 3 oder 5 bildseitigen Öffnungswinkeln der Randbilder sein wird und in einer leicht verständlichen Bezeichnung zur Austrittspupille führt. Diese übernimmt für den Bildraum die Begrenzung der hindurchtretenden Bündel genau so wie die ihr als Ding entsprechende Eintrittspupille für den Dingraum.

b) Die Luken oder die Lukenpaare der Linsenfolge. Uns bleibt nun in erster Linie übrig, die vorläufig (auf S. 50 β) etwas vorgreifen dund unstreng eingeführte Gültigkeit der strahlenbegrenzenden Leistung der Eintrittspupille auch für ein Raumgebiet seitlich zur Achse endgültig und genau zu erledigen.

Es wird die Vorstellung erleichtern, wenn wir zunächst den einfacheren Fall einer Landschaftslinse mit Vorderblende wählen. Hier ist diese Blende mit veränderlichem Durchmesser jedenfalls gleichzeitig die Eintrittspupille und liegt greifbar oder zugänglich im Dingraum. Als weitere Blenden kommen nun nach Abb. 26 — sie entspricht etwa der WANDERSLEBschen Abb. 19 auf S. 21 der in der Anmerkung auf S. 49 erwähnten Arbeit — nur noch die beiden Ränder der Linsenfassung in Frage, von denen der vordere $R_I\,R_I$ ebenfalls zugänglich im Dingraum liegt, während der hintere $L'L'$ erst durch die ihm vorausgehende Landschaftslinse in LL abgebildet als scheinbarer Hinterrand der Fassung im Dingraum wirkt.

Nehmen wir nun in der Erinnerung an das Vorhergegangene an, daß die Strahlenbegrenzung für einen endlichen Raumteil gewiß durch die Eintrittspupille P besorgt wird, so fragt es sich in diesem Sonderfalle, welcher von den beiden Fassungsrändern im Dingraume $R_I\,R_I$ und LL, die ja eine ganz weite Ausdehnung der durchgelassenen Strahlenbündel verhindern werden, dafür in Betracht kommt, und wie es dabei zugeht.

Da es sich hier um Blenden handelt, die in der Lichtrichtung hinter der Eintrittspupille P liegen, so wird man zweckmäßig für diese Festlegung wieder den Strahlengang umkehren und die Rückseite der Landschaftslinse auf den hellen Himmel richten. Wir denken uns in Abb. 26 einen Liliputer (nach SWIFT einen Menschen in $^1/_{12}$ natürlicher Größe, der von selbst ein ganz ungemein ausgedehntes Akkommodationsbereich hat) so hinter die mit ihrer Rückseite nach dem hellen Himmel gerichtete Landschaftslinse gebracht, daß sein Auge nach P kommt; die Fassung der Landschaftslinse sei so gestaltet, daß von der Dingseite her zerstreutes Licht nicht eintreten kann. Blickt der Liliputer nun nach der scheinbaren, weit ausgedehnten Lichtfläche, so könnte sie ihm sowohl durch den zugänglichen $R_I\,R_I$- als auch durch den scheinbaren LL-Fassungsrand begrenzt werden, wenn jeder allein vorhanden wäre. Da sie zusammen auftreten, so ist verständlicherweise der dem Liliputer unter kleinerem Winkel erscheinende maßgebend, und von dem zugänglichen Fassungsrande $R_I\,R_I$ kann in dem dargestellten Falle überhaupt kein Strahl nach dem in P vorausgesetzten Liliputerauge gelangen. Es sei gleich jetzt bemerkt, daß wir auf S. 58 sehen werden, wie wir das hier der größeren Anschaulichkeit wegen vorausgesetzte Liliputerauge gelegentlich mit aller Strenge durch vorhandene Aufnahmelinsen ersetzen können.

Man erkennt also, daß es bei der nach WANDERSLEB gezeichneten Landschaftslinse eine zweite Grundblende gibt (im Dingraum den scheinbaren Fas-

[1] N hat eben bei den gewöhnlichen Aufnahmen in verkleinertem Maßstabe einen negativen Ziffernwert, da u und u' verschiedenes Zeichen haben.

sungsrand LL, dem hinter der Linse im Bildraume der hintere Fassungsrand $L'L'$ entspricht), die das von der Pupillenmitte P ausgehend gedachte Strahlenbündel mit der Neigung w gegen die Achse begrenzt. Ist $\bar{w}$ die scheinbare Höhe des Fassungsrandes über oder unter der Achse, so können die Mitte P der Eintrittspupille nur Strahlenbündel von einem Öffnungswinkel $2w$ ohne spätere Abblendung durchsetzen, wenn gilt $2w \leqq 2\bar{w}$.

Diese wichtigen, in der Eintrittspupillenmitte P die Achse schneidenden Strahlen nennt man mit E. ABBE die Hauptstrahlen — übrigens hatte schon 1776 G. S. KLÜGEL[1] beim Fernrohr von den nach dem Scheitel des dünnen Objektivs zielenden Strahlen als den Hauptstrahlen gesprochen —, nicht weil sie im allgemeinen einen Zusammenhang mit den Strahlen durch die GAUSSischen Hauptpunkte hätten, sondern weil sie die Ausdehnung des Gesichtsfeldes bestimmten.

Gelegentlich führt man, wohl unter A. GULLSTRANDS Einfluß, die Mitte P der Eintrittspupille auch als Hauptstrahlenkreuzungspunkt ein; wir werden auf S. 83γ nach der Behandlung des Menschenauges beim Blicken auf den wahren Grund dieser neuen Bezeichnung eingehen.

Als Gesichtsfeldwinkel bestimmt man nämlich den Winkel $2\bar{w}$, unter dem die engste der übrigen Blenden von P aus erscheint. In unserem Falle ist das LL, und wir nennen mit M. v. ROHR[2] (1903) diesen Blendenrand (hier den scheinbaren Hinterrand der Fassung) die Eintrittsluke, der in ihrem eigenen Blendenraum nach E. ABBE der Rand der greifbaren oder zugänglichen Gesichtsfeldblende entspricht. Diese Eintrittsluke bestimmt mit P das dingseitige oder wahre Gesichtsfeld.

Durch eine Beziehung wie (1) auf S. 50 läßt sich ohne irgendwelche Schwierigkeiten zeigen, daß im Bildraum die Austrittsluke — hier $L'L'$ — von P' aus ebenfalls unter dem kleinsten Winkel erscheint, so daß ihr im Bildraum die gleiche gesichtsfeldbegrenzende Eigenschaft für die von P' ausgehenden bildseitigen Hauptstrahlenrichtungen zukommt, wie der Eintrittsluke im Dingraum für die dingseitigen. Das bildseitige Gesichtsfeld wird auch als scheinbares Gesichtsfeld eingeführt.

Haben wir auf diese Weise über das Gesichtsfeld bei einer Landschaftslinse mit Vorderblende gehandelt, so müssen wir sofort hervorheben, daß eine wichtige Ergänzung insofern noch mangelt, als die meisten Aufnahmelinsen ja Doppellinsen mit Mittelblende sind. Es läge nun zwar nichts im Wege, auch hier in der Weise vorzugehen, daß man alle Fassungsränder, wie das schon in Abb. 25 auf S. 48γ geschah, auf den Dingraum bezöge, mit anderen Worten, im Dingraum die scheinbaren Fassungsränder entwürfe, und dann von P aus die unter ihnen ermittelte, die unter dem kleinsten Winkel erschiene. Richtig würde das schon sein, aber insofern nicht anschaulich, als man natürlich einen greifbaren Liliputer nicht an den scheinbaren Ort P der in diesem Falle sicherlich unzugänglichen Eintrittspupille bringen könnte.

Nun ist aber eine große Zahl der Doppellinsen von ganz- oder halbsymmetrischem Bau; wir erinnern dafür (S. 6 und 10) an die Satzlinsen zu Doppelobjektiven, die schon in der Aplanatzeit auftraten und zunächst auch in der Anastigmatzeit, wie noch zu schildern sein wird, ungemein eifrig ausgebildet

---

[1] Diese Kenntnis geht auf H. BOEGEHOLD zurück. Die Bemerkung steht bei G. S. KLÜGEL in seiner Analytischen Dioptrik auf S. 17.

[2] Enthalten in: Die Theorie der optischen Instrumente, 1. Bd. Die Bilderzeugung in optischen Instrumenten vom Standpunkt der geometrischen Optik. Berlin: Julius Springer 1904.

wurden. Diese bieten einen sehr bequemen und anschaulichen Übergang von der Einzellinse zur Doppellinse und sollen hier zunächst ihre Behandlung finden.

Denken wir uns einmal bei der nach WANDERSLEB gezeichneten Einzellinse die gleiche Linsenfolge auch links vor P gezeichnet, so haben wir eine ganzsymmetrische Doppellinse mit Innenblende. Wir wollen nun, und das gibt die Bequemlichkeit, die Gesichtsfeldverhältnisse im Raume der Öffnungsblende ableiten, denn wir wissen ja aus den vorstehenden Überlegungen, daß durch eine optische Abbildung an den in einem anderen Raume festgelegten Tatsachen der Strahlenbegrenzung, mit anderen Worten an dem Ergebnis bei der Ermittelung der Grundblenden, nichts geändert wird. In die im Blendenraum greifbare Blende I können wir uns das Auge des Liliputers gebracht denken, dann ist selbstverständlich, wenn er, die gleiche Einzellinse vor sich, in Abb. 27 nach dem (erhellten) Dingraum hinschaut, der scheinbare Fassungsrand LL an der Vorderfläche mit der scheinbaren Größe $2\overline{w}$ im Blendenraume die Eintrittsluke für den Blendenraum. Schaut der Liliputer, seine Richtung wechselnd, mit seinem Auge in I,

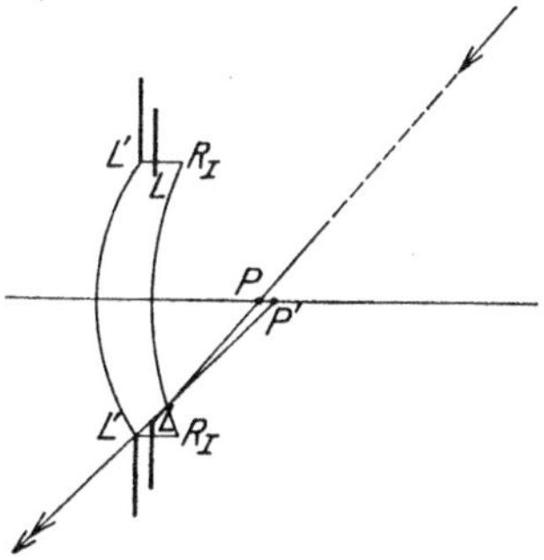

Abb. 27. Zur Ableitung der Austrittsluke und des Gesichtsfeldwinkels bei einer Einzellinse mit Hinterblende.

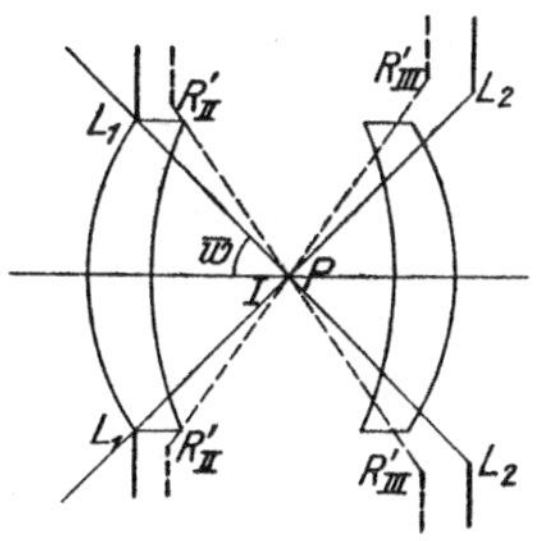

Abb. 28. Das Paar symmetrischer Eintrittsluken in einer ganzsymmetrischen Doppellinse.

also wie in Abb. 26, nach der Seite des (erhellt gedachten) Bildraumes, so ergibt sich selbstverständlich im Blendenraum für den scheinbaren Fassungsrand an der Vorderfläche der gleiche Betrag $2\overline{w}$ für die scheinbare Größe der Eintrittsluke in der Richtung auf den Bildraum.

Durch die ganzsymmetrische Verbindung zweier gleicher Satzlinsen mit einer mittleren oder Innenblende I erhalten wir also — zunächst im Raume dieser Innenblende — die zunächst überraschende Lage zweier symmetrischer Eintrittsluken, deren eine (s. Abb. 27) von der Mittelblende aus in der Richtung auf die Seite der greifbaren Dinge, deren andere (s. Abb. 26) von der Mittelblende aus in der Richtung nach den auffangbaren Bildern hin liegt. Während also nach S. 49/50 das Auftreten zweier Eintrittspupillen zu gleicher Zeit durch die ganze Anlage einer Aufnahmelinse mit veränderlichem Durchmesser der Öffnungsblende ausgeschlossen ist, muß man bei ganz- oder halbsymmetrischen Doppellinsen mit richtig gestellter Innenblende, mit dem Auftreten zweier Eintrittsluken zu gleicher Zeit, also eines Eintrittslukenpaares im Blendenraum, rechnen, die von I aus (s. Abb. 26 und 27) in der Lichtrichtung und gegen sie je unter gleichem Winkel erscheinen.

Um nun diese Richtungen im Blendenraum durch I auf den Dingraum zu beziehen, bedarf es nur ihrer Abbildung durch die Vorderlinse der Doppelanlage, und zwar in umgekehrter Lichtrichtung in den Dingraum (s. Abb. 28). Dadurch wird I und $2\overline{w}'$ zu P und $2\overline{w}$, aber an der Tatsache, daß die beiden Eintrittsluken L_1L_1, L_2L_2 zur Mitte P der Eintrittspupille perspektivisch liegen, wird selbstverständlich nichts geändert. Auch die beiden scheinbaren inneren Fassungsränder $R'_{II}R'_{II}$ und $R'_{III}R'_{III}$ bleiben zu P perspektivisch gelagert. Sie stellen sich aber von P aus unter einem zu großen Winkel dar, um an der Strahlenbegrenzung bei enger Abblendung teilzunehmen.

Bei den halbsymmetrischen Doppellinsen liegen die Verhältnisse den soeben besprochenen durchaus ähnlich. Auch hier handelt es sich um zwei Eintrittsluken, eine vor und die andere hinter der Eintrittspupille befindlich und so angeordnet, daß sie perspektivisch zu ihr liegen.

Aber auch wenn man von der Symmetrie der Anlage bei einer Doppellinse mit Mittelblende absieht, wird man heute in der Regel erwarten können, daß im Blendenraum die beiden wirksamen Fassungsränder zu der Mitte der Öffnungsblende wenigstens angenähert symmetrisch liegen, so daß die hier angestellte Überlegung immerhin mit einiger Annäherung gilt. Früher ist das nicht immer so gewesen, und E. WANDERSLEB[1] hat in Abb. 18 auf seiner S. 20 von der heute gesicherten Form der PETZVALschen Bildnislinse einen Achsenschnitt gegeben, aus dem hervorgeht, daß es sich bei dieser Anlage nur um eine einzelne Eintrittsluke, den Vorderrand der Vorderlinsenfassung, gehandelt hat. Wir werden noch auf S. 61/2 auf die Besonderheiten dieser Anlage etwas eingehen müssen.

Ist auf diese Weise das Gesichtsfeld der Aufnahmelinse festgestellt, so muß hier darauf verwiesen werden, daß bei den Aufnahmekammern daraus stets nur ein bestimmter Teil durch die Plattenumrandung ausgeschnitten wird. Wir werden ihn als das Gesichtsfeld der Kammer bezeichnen. Gestattet die Kammer keine Verschiebung der Aufnahmelinse, so liegt die Plattenfläche von einer in der Regel rechteckigen Form so, daß ihr Mittelpunkt von der Achse der Aufnahmelinse durchstoßen wird. Dabei kann man Hochaufnahmen von Queraufnahmen unterscheiden, je nachdem die schmale oder die breite Seite des Rechtecks waagrecht liegt. Die Plattengrößen (-formate) haben sich zunächst aus der ganz zufällig von L. DAGUERRE gewählten Größe entwickelt, und diese Maße haben sich besonders in England noch bis auf unsere Tage erhalten. Auf dem europäischen Festland sind gewisse Abrundungen üblich geworden. Beide Größengruppen seien nebeneinander aufgeführt.

Plattengrößen in Zentimetern	
auf dem Festland	in den Ländern englischer Zunge
13 : 18	10,8 : 16,5 (Halbe Platte)
9 : 12 (9 : 13)	8,2 : 10,8 (Viertelplatte)
6 : 9 (6,5 : 9)	6 : 8,2

Nebenbei kommt gelegentlich auch (S. 4) eine quadratische Form vor:

$$(3^1/_4 \text{ in.} \times 3^1/_4 \text{ in.}) = 82^1/_2 \text{ mm} \times 82^1/_2 \text{ mm}.$$

Derartige Platten sind namentlich in England und Amerika mindestens seit 1851, dem Jahre der ersten Londoner Weltausstellung, für Glasbilder zu Schirmvorführungen und für stereoskopische Halbbilder üblich. Solche Bilder sind natürlich auch auf dem Festland durch Einfuhr bekannt geworden, indessen hat sich diese Plattengröße hier niemals einer so ungemein großen Bedeutung erfreut wie in den Ländern mit englischer Sprache.

Bei den Kammern mit einer gewissen feineren Durchbildung kann man der Aufnahmelinse eine derartige Verschiebung erteilen, daß die Achse dabei sich selber parallel bleibt. Es sind Verschiebungen nach oben und nach der Seite möglich; sie erlauben sowohl bei Hoch- wie bei Queraufnahmen, den Durchstoßpunkt der Achse über den Mittelpunkt des Rahmens zu erheben, um auch

[1] Siehe die in Anm. [1] auf S. 49 angeführte Arbeit.

hohe Aufnahmegegenstände noch auf die Platte zu bekommen. Natürlich muß das Gesichtsfeld der Aufnahmelinse eine ausreichende Größe haben, wenn man in diesem Kreise das Gesichtsfeld der Kammer in beträchtlichem Maße verschieben will. Namentlich bei Weitwinkelaufnahmen (s. dazu auch S. 104 β) wird eine derartige Verschiebungsmöglichkeit sehr erwünscht sein, da gelegentlich — etwa bei Aufnahmen von Bau- und Bildwerken aus ziemlicher Nähe — die Ausdehnung des Gesichtsfeldes oberhalb des Horizonts merklich größer ist als die unterhalb. Aus Gründen, die später (S. 66 am Ende) zu erläutern sein werden, sollte man bei derartigen Aufnahmen die Verschiebung des Durchstoßpunkts der Achse kenntlich machen.

2. Die Wirkung beider Arten von Grundblenden auf die Seitenteile des Gesichtsfeldes. (Die Abschattung durch die Luken.) Bei der Behandlung der Art und Weise, wie diese Grundblenden das Licht durch die Aufnahmelinse treten lassen, oder wie die Eintrittspupille nach der Seite hin abgeschattet wird, wird man zweckmäßig vom Leichteren zum Schwereren fortschreiten.

a) Die Abschattung durch eine einzelne Eintrittsluke. Im Anschluß an A. GULLSTRAND werde zunächst einmal der Begriff des Strahlenraumes auf der Dingseite eingeführt; er grenzt das Raumgebiet dessen Punkte überhaupt keine Strahlen durch diese beiden Grundblenden schicken, von dem ab, in dem die Punkte durch beide Blenden Strahlen in bestimmten Mengenabstufungen senden können und also im Abbilderaum der betrachteten (Landschafts-) Linse liegen[1]. Die hier in Abb. 29 zu ziehenden Linien haben eine gewisse Ähnlichkeit mit den bei einer geometrischen Schattenzeichnung auftretenden.

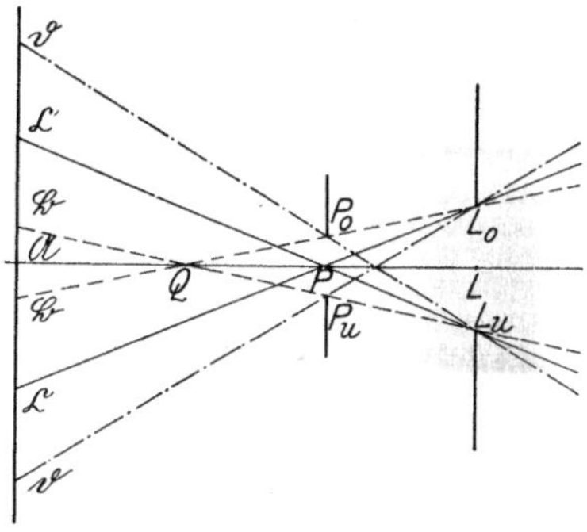

Abb. 29. Der Strahlenraum und seine Unterteilung bei einer Einzellinse mit Vorderblende.

Gegeben sei also, wie bei der oben behandelten Landschaftslinse mit Vorderblende, die Eintrittspupille P_oP_u mit ihrer Mitte P, die als Hauptstrahlenkreuzungspunkt dient, und der dahinterliegenden Eintrittsluke L_oL_u mit der Mitte L. Die Strahlen L_oP, L_uP grenzen das Gesichtsfeld der Einzellinse ab, wie wir es S. 52 β eingeführt haben; dieser Fall wird mehr und mehr verwirklicht, je kleiner wir den Durchmesser P_oP_u der als veränderlich vorausgesetzten Eintrittspupille um P wählen. Wir werden später sehen, welche Bedeutung diese Grenzstrahlen des Hauptstrahlenbündels auch bei weiter geöffneter Eintrittspupille haben. Verbindet man nunmehr L_o mit P_o und L_u mit P_u, also die Endpunkte der Blendendurchmesser auf derselben Seite der Achse, und verlängert sie in den Dingraum hinein, so schneiden sie die Achse in Q. Für ein Auge in diesem Achsenpunkt erscheinen beide Grundblenden in gleicher scheinbarer Größe; man würde also eine doppelte Eintrittspupille haben, was nach S. 49/50 ausgeschlossen sein soll. Mithin würde Punkt Q die vom Unendlichen ausgehende Achsenstrecke der greifbaren Dingpunkte beschränken, für die P_oP_u wirklich die Eintrittspupille wäre, denn offensichtlich erscheint für einen jeden links von Q liegenden Achsenpunkt P_oP_u eben, wie es sein muß, unter kleinerem Winkel als L_oL_u. Man erkennt auch leicht, daß bei stärkerer Abblendung der Eintrittspupille der Punkt Q entsprechend näher an P heranrückt, worauf an

[1] Die ersten Versuche einer mathematischen Behandlung der Abschattung bei Einzellinsen und Doppelobjektiven finden sich bei M. v. ROHR: Z. f. Instrumentenkde. **18**, 171 u. 197 (1898).

jener Stelle (S. 49) bloß hingedeutet worden war, da eine scharfe Bestimmung dieser Einzelheiten auf jener Stufe noch nicht vorgenommen werden konnte. Es sei nur eben darauf hingewiesen, daß Q rechts von dem dingseitigen Brennpunkt F der Aufnahmelinse liegen muß, wenn für alle Achsenorte greifbarer Aufnahmegegenstände mit auffangbaren Bildern P_oP_u als Eintrittspupille wirken soll, und das wird sich also stets durch die gehörige Abblendung erreichen lassen.

Diesen kegelförmigen, links bis in das Unendliche reichenden Raumteil bezeichnen wir mit $\mathfrak{A}$. Er hat, wie ein Blick auf die Abbildung lehrt, die Eigenschaft, daß ein jeder seiner Punkte ein Strahlenbündel auf die kreisförmige Eintrittspupille sendet und daß dieses ohne Einschränkung von der Eintrittsluke durchgelassen wird. Richtet man, wie etwa auf S. 48β, die Achse des Bildraums gegen den hellen Himmel oder eine weiße Wolke und schaut von irgendeinem Punkte des $\mathfrak{A}$-Gebiets nach der Aufnahmelinse, so erscheint die ganze Eintrittspupille voll ausgeleuchtet. Man nennt dementsprechend den Kegel $\mathfrak{A}$ das Gebiet der Punkte mit unverminderter Öffnung.

Überschreitet man die Grenzlinien nach oben oder nach unten zu, so erkennt man, daß je nachdem der untere oder der obere Rand der Eintrittsluke einen Teil der Eintrittspupille abschattet; einem Auge in den Räumen $\mathfrak{B}$ und $\mathfrak{B}$, die im Dingraum als ein hohler Mantelkegel den Vollkegel $\mathfrak{A}$ umschließen, erscheint also die Eintrittspupille als ein helles Kreiszweieck, wobei nach einer nicht ganz strengen Beschreibung der größere Teil der Eintrittspupille freibleibt, der kleinere von dem größeren Kreise der Eintrittsluke abgeschattet wird. Natürlich verlegt man bei dieser Beschauung den Lukenrand in die Pupillenebene und führt dabei eine Maßstabsänderung (wenn L dem Dingpunkt O näher liegt als P, eine Vergrößerung; wenn L dem Dingpunkt O, wie auf dieser Zeichnung, ferner liegt als P, eine Verkleinerung) ein; die sehr einfache Proportion enthält aber noch die längs der Achse zu messende Entfernung der Dingebene von der Einstellebene $\frac{OP}{OL}$, ist also für die verschiedenen Dingabstände OP verschieden. Wir werden sogleich ein sehr zierliches Verfahren beschreiben, diese lichten Blendengebiete mit ausreichender Genauigkeit zu ermitteln.

Man hat früher diese Abschattung der Eintrittspupille durch die Eintrittsluke auch in unserer Fachsprache nach ausländischem Muster eine Vignettierung genannt und sich, wie M. von Rohr[1] nachgewiesen hat, von der Grundbedeutung des Wortes vinea recht weit entfernt. Man wird ohne Bedenken zugeben können, daß die Wiedergabe durch Abschattung nicht nur sprachlich mehr befriedigt, sondern auch sinngemäßer ist.

In dem soeben behandelten Gebiete wird der Schattenteil des Kreiszweiecks immer größer, je näher man den das Gesichtsfeld bei enger Blende begrenzenden Hauptstrahlen mit der Neigung $\overline{w}$ kommt. Für diese Grenzrichtungen geht die Scheidelinie des Schattenteils in dem lichten Kreiszweieck durch den Mittelpunkt der Eintrittspupille. Man hat daher der Kürze wegen von einer Verminderung des lichten Gebiets der Eintrittspupille auf die Hälfte gesprochen, obwohl jetzt schon etwas mehr als die Hälfte abgeschattet wird.

Überschreitet man die Grenzlinien der Zeichnung nach den Gebieten $\mathfrak{C}$ hin, so nimmt die Abschattung noch weiter zu. Nunmehr wird sicher der größere Teil der Eintrittspupille durch den immer weiter übergreifenden Rand der Luke abgeschattet, bis an den Grenzlinien zwischen $\mathfrak{C}$ und $\mathfrak{D}$ — man erhält diese durch die überkreuzten Verbindungslinien P_oL_u, P_oL_u — auch der letzte Lichtspalt

[1] Die Strahlenbegrenzung, S. 21. Sammlung optischer Aufsätze, hrsg. v. H. Harting. Berlin 1920.

der Eintrittspupille abgeschnitten wird. Für den Raum 𝔇 wirkt das Paar ausgerichteter Grundblenden so wie ein lichtdichter Verschluß: der Strahlenraum kann sich eben unter diesen Umständen nicht nach 𝔇 hinein ausdehnen.

Blendet man die Eintrittspupille ab, so dehnt sich, was für den Gebrauch sehr wichtig ist, das Gebiet 𝔄 auf Kosten von 𝔅 aus, bis es bei ganz enger Blende (als unerreichbarer Grenzfall) das ganze Gebiet des Gesichtsfeldes umfaßt. Zu gleicher Zeit wächst natürlich 𝔇 auf Kosten von ℭ. Es sei an dieser Stelle nebenbei (als nicht hierher gehörig) bemerkt, daß man eine brauchbare Abbildung nur in den Gebieten 𝔄 und 𝔅 voraussetzen wird, wo doch jedenfalls die die Pupillenmitte P durchsetzenden Hauptstrahlen der endlich geöffneten Bündel hindurchgelassen werden.

Geht man, was sich hier noch als eine Sache von besonderer Bedeutung herausstellen wird, auf den Bildraum ein, so werden alle die Grenzstrahlen zwischen den verschiedenen Gebieten durch die eindeutig zugeordneten wiedergegeben, was selbstverständlich im Hinblick auf die Abschattung zu den gleichen Ergebnissen führt. Es sei gleich an dieser Stelle darauf hingewiesen, daß man im Bildraum die Austrittsluke für den vorliegenden Fall zwischen Austrittspupille und Bildebene liegen hat. Durch eine einfache Umkehrung der Lichtrichtung erhält man also aus diesem Ergebnis gleichzeitig die Erledigung des Falles mit einer Eintrittsluke zwischen Eintrittspupille und Dingebene von selbst, ohne daß es nötig wäre, ihn wie bei M. v. ROHR[1] noch besonders zu behandeln.

Da auf der Bildseite unter Voraussetzung von Landschaftsaufnahmen, die zugeordneten Bildebenen nur geringe Abstände von der Brennebene haben, so kann man hier, einer ersten Anregung von W. MERTÉ[2] folgend, ein photographisches Verfahren schildern, auf sehr zierliche Weise die lichten Gebiete der Austrittspupille bei dem Abschattungsvorgange mit einer meist genügenden Genauigkeit zu erhalten (Abb. 30).

Verschiebt man im Bildraum die Eintrittspupille eines Weitwinkels f_1' von genügend großem und ebenem Felde und ziemlicher Abblendung in der Brennebene der zu prüfenden Landschaftslinse so, daß ihre Mitte P_1 in einem Achsenschnitt andere und andere Achsenabstände einnimmt, so bildet f_1' jedesmal den lichten Teil der Austrittspupille in seinem Bildraum auf einer festen Ebene verzeichnungsfrei ab. Man erhält also auf einem Plattenstreifen den Übergang von dem Vollkreis zu dem Kreiszweieck von anfänglich geringer, aber nach dem Streifenende immer zunehmender Abschattung, bis schließlich überhaupt kein Licht mehr auf die Plattenstreifen gelangt. Zur Ausführung des Versuchs würde sich der Hypergon-Doppelanastigmat E. VON HÖEGHS sehr wohl eignen, und man könnte mit einem geeigneten Meßgerät (einem Planimeter) den Flächeninhalt des lichten Teils der Austrittspupille (und damit bei den für diese Überlegung geltenden einfachen GAUSSischen Maßbeziehungen auch der Eintrittspupille) mit einer ausreichenden Genauigkeit ermitteln. Man muß sich aber immer vor Augen halten, daß diese lichten Gebiete in aller Strenge nur für Dingpunkte der unendlich fernen Ebene gelten. Nähere Dingpunkte würden der Maßstabsänderung für den Lukenrand auf S. 56γ entsprechend etwas andere Grenzen

[1] Auf S. 18 der oben in Anm. 1 auf S. 56 angeführten Arbeit.

[2] Man sehe: Dtsch. Opt. Wschr. **9**, 28 (1923) und auch den Artikel „Vignettierung" in BERLINER-SCHEEL: Physikalisches Handwörterbuch. Berlin: Julius Springer 1924. An beiden Stellen ist das Ergebnis des Aufnahmeverfahrens, nicht dieses selbst, dem Leser durch die Wiedergabe verschiedener lichter Gebiete nahegebracht. Besonders anschaulich wirkt die Darstellung in der ersten Arbeit, wo die wirksame Fläche der Austrittspupille für den Achsenpunkt, für die Mitte einer Lang-, einer Schmalseite und eine der Ecken der Platten dargestellt worden ist.

an dem Rande des abschattenden Kreises zeigen. Ist man sich dieser Genauigkeitsgrenze bewußt, so liegt nichts im Wege, von dieser ungemein erfreulichen

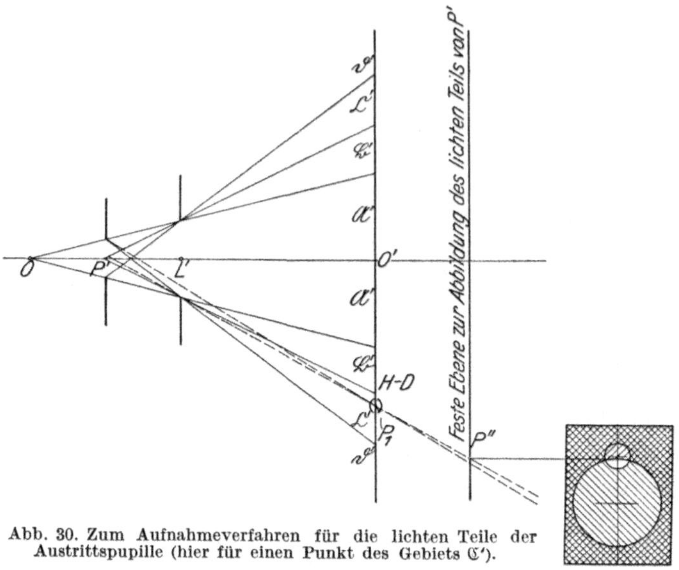

Abb. 30. Zum Aufnahmeverfahren für die lichten Teile der Austrittspupille (hier für einen Punkt des Gebiets 𝔈').

Vorgängerschaft Mertés Nutzen zu ziehen. Man kann ganz eigentlich sagen, daß der Hypergon-Doppelanastigmat hier die Rolle des Liliputerauges über-

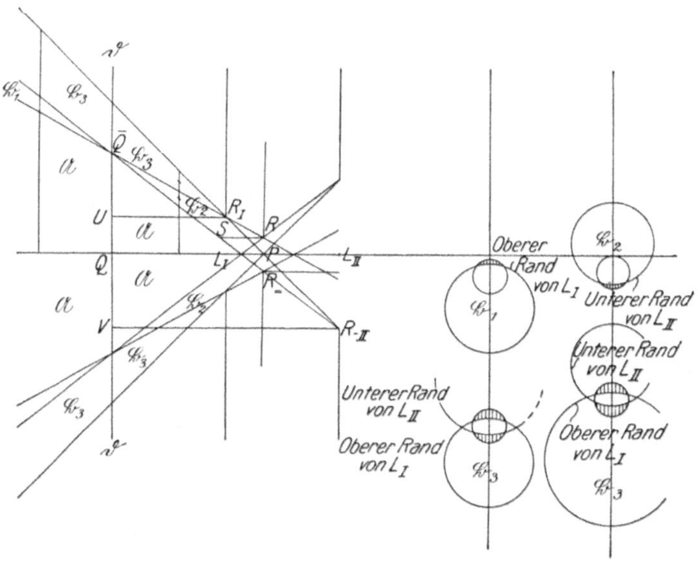

Abb. 31. Der Strahlenraum und seine Unterteilung bei einer Doppellinse mit einem Paar perspektivisch liegender Eintrittsluken. (T ist der nächste Punkt senkrecht unter L_{II}.)

nimmt, aber insofern noch weiter geht, als er die ihm zugänglichen lichten Gebiete der Austrittspupille der Aufnahmelinse auch noch auf der lichtempfindlichen Schicht festlegt. Selbstverständlich könnte man eine solche Hilfslinse überhaupt benutzen, um das auf S. 51ε eingeführte Liliputerauge zu ersetzen, da auch für einen solchen aushilfsweise verwandten Weitwinkel genügend kurzer Brennweite keine Einstellschwierigkeiten bestehen, wie man sie bei dem unbewaffneten Auge eines erwachsenen Menschen doch irgendwo antreffen würde.

b) Die Abschattung durch ein Lukenpaar. Wendet man sich nun zu dem wichtigeren, weil an Doppellinsen verwirklichten, Fall der Abblendung durch ein Paar von Eintrittsluken, so nehmen wir in Abb. 31 an, es handle sich um eine ganz- oder halbsymmetrische Anlage. Das geschieht nicht allein wegen der großen Bedeutung solcher Anlagen für das Arbeiten des Lichtbildners, sondern auch deshalb, weil bereits bei M. VON ROHR[1] der Fall ganzsymmetrischer Anlagen mit ziemlicher Ausführlichkeit behandelt worden ist. Wir werden aber noch auf S. 61/2 in einem kleinen Anhang den Weg weisen, wie man der entsprechenden Aufgabe gerecht wird, wenn die Fassungsränder der beiden einschließenden Glieder nicht perspektivisch zur Mittelblende liegen.

Was die Behandlung des Falles ganzsymmetrischer Anlagen angeht, so schließen wir uns der oben angeführten Darstellung genau an und schreiben:

Man erkennt sehr leicht, daß die Gebiete 𝔈 beiderseits der Achse fortfallen, weil entweder L_I oder L_{II} ihre Strahlen am Durchtritt verhindert. Dagegen erkennt man, daß das Gebiet 𝔅 ober- und unterhalb der Achse noch eine Unterteilung erhält, und zwar schneiden sich für die größte, überhaupt mögliche Neigung die beiden Linien in einem Punkte, den wir mit $\bar{Q}$ bezeichnen wollen. Errichtet man eine achsensenkrechte Gerade zwischen der durch $\bar{Q}$ gelegten Ebene und L_I und verschiebt auf ihr einen Gegenstandspunkt von der Achse aus nach oben, so erkennt man, daß zunächst der untere Rand von L_{II} abblendend wirkt, also ein lichtes Kreiszweieck erscheint. Erst nach der Überschreitung der zweiten Grenzlinie wirkt auch der obere Rand von L_I und der lichte Teil der Eintrittspupille zeigt nunmehr die Form eines Kreisvierecks. Zieht man eine entsprechende Gerade in dem Sinne der Lichtrichtung vor der durch $\bar{Q}$ gehenden Ebene, so kehrt sich die Reihenfolge der Abblendungswirkungen um, und es blendet zunächst der obere Rand von L_I ein Kreiszweieck aus, und nachher auch der untere Rand von L_{II} ein Kreisviereck. Verschiebt man den Gegenstandspunkt in der Ebene durch $\bar{Q}$ selbst, so tritt beim Überschreiten dieses Grenzpunktes sofort das Kreisviereck auf, ohne daß es zur Bildung eines Kreiszweiecks gekommen wäre. Es wird die Aufgabe des nächsten Abschnittes sein, zu zeigen, daß in diesem wichtigen Falle einer symmetrischen Anlage die Entfernung der $\bar{Q}$-Ebene gar nicht von dem Durchmesser der Eintrittspupille abhängt.

Zieht man in Abb. 31 die achsenparallelen Hilfslinien RU und RS, so kann man zunächst die abgekürzten Bezeichnungen einführen.

$$Q\bar{Q} = y; \quad QL_I = x; \quad L_I R_I = l_1; \quad PR = p; \quad L_I P = b_1, \tag{2}$$

und man erhält aus den beiden ähnlichen Dreiecken $U\bar{Q}R_I$ und SR_IR die Gleichung

$$\begin{aligned} U\bar{Q} : UR_I &= SR_I : SR \\ UQ + Q\bar{Q} : QL_I &= SL_I + L_I R_I : L_I P \\ Q\bar{Q} - QU : QL_I &= L_I R_I - L_I S : L_I P \\ Q\bar{Q} - L_I R_I : QL_I &= L_I R_I - PR : L_I P \\ y - l_1 : x &= l_1 - p : b_1 \\ y - l_1 &= \frac{x}{b_1}(l_1 - p) \\ y &= l_1 + x\frac{l_1 - p}{b_1}. \end{aligned} \tag{3}$$

[1] Siehe S. 23 der auf S. 56 angeführten Arbeit.

Zieht man nun die weiteren achsenparallelen Hilfslinien $\underline{R}T$ und $\underline{R}_{II}V$ und benutzt auch die nachstehenden Bezeichnungen:

$$L_{II}\underline{R}_{II} = -l_2; \qquad P\underline{R} = -p; \qquad PL_{II} = b_2, \tag{4}$$

so erhält man aus den beiden ähnlichen Dreiecken $V\bar{Q}\underline{R}_{II}$ und $T\underline{R}_{II}\underline{R}$ die Gleichung

$$\begin{aligned}
V\bar{Q} : V\underline{R}_{II} &= T\underline{R}_{II} : T\underline{R}\\
VQ + Q\bar{Q} : QL_{II} &= TL_{II} + L_{II}\underline{R}_{II} : L_{II}P\\
Q\bar{Q} - QV : QL_I + L_I P + PL_{II} &= L_{II}\underline{R}_{II} - L_{II}T : L_{II}P\\
Q\bar{Q} - L_{II}\underline{R}_{II} : QL_I + L_I P + PL_{II} &= L_{II}\underline{R}_{II} - P\underline{R} : - PL_{II}\\
y + l_2 : x + b_1 + b_2 &= -l_2 + p : -b_2\\
y + l_2 &= (x + b_1 + b_2)\frac{l_2 - p}{b_2}\\
y &= -l_2 + \frac{xl_2 - xp}{b_2} + (b_1 + b_2)\frac{l_2 - p}{b_2}.
\end{aligned} \tag{5}$$

Die beiden Gleichungen (3) und (5) sind linear in den beiden Unbekannten x und y. Ferner steht in den beiden y schon links, so daß man die beiden rechten Seiten einander gleichsetzen kann:

$$\frac{xl_1 - xp}{b_1} + l_1 = -l_2 + \frac{xl_2 - xp}{b_2} + (b_1 + b_2)\frac{l_2 - p}{b_2}.$$

Trennt man dann die Glieder mit der Unbekannten von den anderen, so ergibt sich:

$$x\left(\frac{l_1 - p}{b_1} - \frac{l_2 - p}{b_2}\right) = (b_1 + b_2)\frac{l_2 - p}{b_2} - (l_1 + l_2).$$

Jetzt schafft man durch Multiplikation mit $b_1 b_2$ die Nenner fort und erhält:

$$x(b_2 l_1 - b_2 p - b_1 l_2 + b_1 p) = b_1(b_1 + b_2)(l_2 - p) - b_1 b_2(l_1 + l_2)$$

$$x(\underline{b_2 l_1} - b_2 p - \underline{b_1 l_2} + b_1 p) = b_1(\underline{b_1 l_2} - b_1 p + b_2 l_2 - b_2 p - \underline{b_2 l_1} - b_2 l_2) \tag{6}$$

In der Klammer der rechten Seite fällt also das viertletzte und das letzte Glied weg.

Bis jetzt hatte man noch nicht in der Rechnung ausgedrückt, daß die Ränder der beiden Eintrittsluken von P aus unter dem gleichen Winkel erschienen. Man kann also unter Benutzung von Abb. 31 und der früheren Abkürzungen (2) und (4) schreiben:

$$\begin{aligned}
L_I R_I : L_I P &= L_{II}\underline{R}_{II} : L_{II}P\\
l_1 : b_1 &= -l_2 : -b_2\\
l_1 b_2 &= b_1 l_2.
\end{aligned} \tag{7}$$

Man erkennt sofort, daß unter Berücksichtigung dieser Beziehung auch noch die unterstrichenen Glieder der obigen Gleichung fortfallen, und daß man erhält:

$$x(-b_2 p + b_1 p) = b_1(-b_1 p - b_2 p)$$

$$xp(b_2 - b_1) = b_1 p(b_1 + b_2).$$

Daraus aber ergibt sich ohne weiteres

$$x = b_1\frac{b_2 + b_1}{b_2 - b_1}. \tag{8}$$

Man erkennt also, daß die Entfernung $x = QL_I$ nur abhängig ist von den Abständen b_1 und b_2, aber gar nicht von der Größe p des Halbmessers der Eintrittspupille. Dieser Ausdruck hat aber noch eine andere Bedeutung, und zwar zeigt er, daß Q mit L_I, P, L_{II} zusammen den vierten harmonischen Punkt der Strecke QL_{II} bildet.

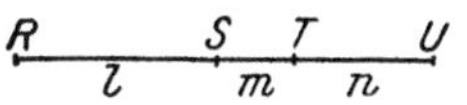

Abb. 32. Die Strecke RU ist durch S und T harmonisch geteilt.

Zum Beweise setzt man eine Gerade RU voraus, deren drei Stücke l, m, n nach Abb. 32 in dem harmonischen Verhältnis stehen, daß nämlich gilt:

$$l : m = l + m + n : n .$$

Löst man diese Proportion nach l auf, so erhält man zunächst

$$l\,n = l\,m + m\,(m + n)$$

und

$$l\,(n - m) = m\,(m + n)$$

$$l = m\,\frac{n+m}{n-m}. \tag{9}$$

Vergleicht man diesen Ausdruck (9) mit dem obigen (8) für x, so erkennt man leicht, daß m für b_1 und n für b_2 steht. Mithin wird x zu l, also gleich dem ersten Abschnitt der harmonisch geteilten Geraden.

Setzt man den Ausdruck (8) für x in die frühere Gleichung (3) ein, so erhält man unmittelbar

$$y = l_1 + \frac{b_2 + b_1}{b_2 - b_1}(l_1 - p) = \frac{l_1 b_2 - l_1 b_1 + l_1 b_2 + l_1 b_1 - p\,(b_2 + b_1)}{b_2 - b_1},$$

wo das zweite und vierte Glied des Zählers wegfallen, und nach Berücksichtigung von (7) erhält man

$$y = \frac{l_1 b_2 + l_2 b_1 - p\,(b_2 + b_1)}{b_2 - b_1}. \tag{10}$$

Und daraus geht hervor, daß die Höhe $Q\bar{Q}$ in der Tat von dem Halbmesser p der Eintrittspupille in der Art abhängig ist, daß y abnimmt mit zunehmendem p, und daß y seinen größten Wert erhält, wenn das photographische Objektiv vollständig abgeblendet ist, d. h. also, wenn p verschwindet.

Es versteht sich von selbst, daß man die lichten Teile der Austrittspupille mit Hilfe eines kurzbrennweitigen Weitwinkels genau so auf die photographische Platte bringen kann wie vorher auf S. 57 ε bei der Landschaftslinse mit Vorderblende. Die Ausmessung des Flächeninhalts ist — die entsprechenden Hilfsmittel vorausgesetzt — leichter als die einigermaßen umständliche Berechnung, die außerdem noch über die Güte der Abbildung des Pupillen- und eines jeden Lukenrandes Voraussetzungen machen muß, wie sie nicht notwendig in aller Strenge zu gelten brauchen.

Was nun die auf S. 59 β aufgeworfene zweite Frage angeht, was geschieht, wenn die beiden Fassungsränder der die Öffnungsblende einschließenden Glieder nicht perspektivisch zur Mittelblende liegen, so zeigt uns schon die Anlage der Zeichnung von Abb. 31, wie wir dabei vorzugehen haben. Es sei übrigens darauf hingewiesen, daß E. WANDERSLEB[1] ganz im allgemeinen auf die Notwendigkeit hingewiesen hat, sich mit einer solchen Aufgabe zu beschäftigen.

Wir nehmen für Abb. 33 im Dingraum eine Eintrittspupille P und eine Eintrittsluke L vor P an, während wir hinter P eine Blende Λ voraussetzen,

[1] Siehe S. 24/5 seiner in Anm. 1 auf S. 49 angeführten Arbeit.

die sicherlich von P aus unter einem größeren Winkel erscheint, also als wahre Eintrittsluke außer Spiel bleibt. Wir werden aber sofort erkennen, daß sich auch ein solcher Blendenrand an der Abschattung beteiligen kann.

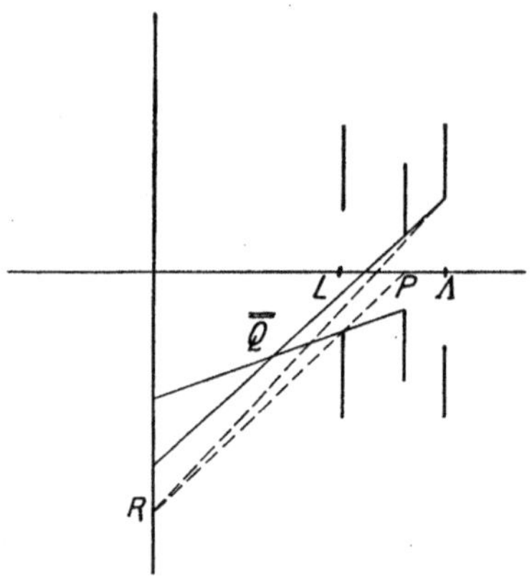

Abb. 33. Die Abschattung durch eine weitere Blende in den Seitenteilen des Gesichtsfeldes.

Wir verbinden ganz wie auf S. 55 δ die oberen Ränder von P und Λ und die unteren von P und L und suchen den Schnittpunkt $\bar{Q}$ auf. Dann spielt dieser Punkt $\bar{Q}$ genau die gleiche Rolle hier wie auf der Abb. 31 für die symmetrische Lage der Eintrittsluken. Man stellt so fest, daß die dort auf S. 60 allgemein abgeleitete Gleichung (6) für x auch noch gilt. Dagegen ist hier die Vereinfachung (7) nicht möglich, die sich eben aus der perspektivischen Lage des Lukenpaares ergab und zu der Feststellung von Q als des vierten harmonischen Punktes führte. Jedenfalls aber erkennt man, daß eine geometrische Behandlung auch dieser Aufgabe genau so wohl möglich ist, wie die photographische Aufnahme der lichten Teile der Austrittspupille mit einem Hilfsweitwinkel.

Zusammenfassend können wir also sagen, daß das Vorhandensein einer oder mehrerer Eintrittsluken (und gelegentlich anderer Blendenränder) notwendig eine Abschattung des in dem Gebiet $\mathfrak{A}$ allein wirksamen Vollkreises der Eintrittspupille für die Punkte der Randgebiete $\mathfrak{B}_1$, $\mathfrak{B}_2$ oder $\mathfrak{B}$, $\mathfrak{C}$ nach sich ziehen muß. Es lassen sich aber entweder rein geometrische Regeln oder bequeme Aufnahmeverfahren ermitteln, um die Größe der lichten Teile der Austrittspupille für jede vorgeschriebene Hauptstrahlneigung mit ausreichender Genauigkeit zu bestimmen.

B. Die Folgen der Einführung eines Auffangschirmes in den Bildraum.

Wenn wir im Vorhergehenden die Wirkung der Linsenfassungen und der Blendenränder auf eine möglichst einfache und anschauliche Form zurückgeführt haben, so war zwar gelegentlich, wie auf S. 47 γ, schon von dem Begriff der Strahlenrichtung die Rede gewesen, aber wir haben uns noch nicht grundsätzlich mit dieser Erweiterung beschäftigt, die bei allen optischen Vorkehrungen durchaus berücksichtigt werden muß, da sie in der bloßen Annahme eines in das Endliche ausgedehnten Raumes der GAUSSischen Abbildung nicht enthalten ist. Es handelt sich um die Auswirkung eines Auffangschirmes im Bildraum.

Natürlich ist diese, namentlich bei der photographischen Kammer ungemein auffällige Beschränkung des Bildraumes auf eine einzige Fläche, die fast ausnahmslos ebene Fläche der lichtempfindlichen Schicht, den alten Theoretikern des photographischen Objektivs nicht entgangen; aber es scheint nicht, als seien jemals, selbst nicht in der besten Zeit der Lehrtätigkeit in den englischen Fachvereinen, die Folgerungen aus dieser Beschränkung vollständig gezogen worden. Auch E. ABBE, der seine allgemeine Lehre von der Strahlenbegrenzung 1871 aufgestellt hat, blieb damals der Behandlung der Mattscheibenebene fern. Erst einem Angehörigen seiner Schule, M. VON ROHR[1], gelang 1897 die einfache

[1] Siehe die in Anm. [1] auf S. 46 angeführte Arbeit.

Ableitung der aus jener Bevorzugung einer einzelnen Bildebene fließenden Folgerungen.

3. Die Perspektive der eng abgeblendeten Aufnahmelinse. Man setze also in Abb. 34 eine ganz eng abgeblendete Aufnahmelinse voraus, so daß nur das dingseitige Hauptstrahlenbündel mit P als Spitze durchgelassen werde und im Bildraum mit P' als Spitze wieder ausfahre. Die drei achsensenkrechten Gegenstände $O_1\bar{O}_1$, $O\bar{O}$, $O_2\bar{O}_2$ in verschiedenem Abstande von P bestimmen mit ihren Spitzen $\bar{O}_1$, $\bar{O}$, $\bar{O}_2$ die drei Hauptstrahlen $\bar{O}_1P$, $\bar{O}P$, $\bar{O}_2P$ mit den Neigungen w_1, w, w_2. Unter Benutzung des schon auf S. 50ε vorgekommenen Tangentenverhältnisses, das wir hier schreiben

$$\frac{\operatorname{tg} w'}{\operatorname{tg} w} = \frac{1}{Q} \tag{11}$$

(Q ist das Vergrößerungsverhältnis in den Pupillen)

lassen sich natürlich die zugehörigen bildseitigen Neigungen w'_1, w', w'_2 eindeutig ableiten, und man kennt also das bildseitige Hauptstrahlenbündel mit P' als Spitze, wenn das für das dingseitige gilt. Nach den Regeln über die Größen- und Lagenbeziehungen aus dem dritten Teil lassen sich natürlich auch die Bilder $O_1'\bar{O}_1'$, $O'\bar{O}'$, $O_2'\bar{O}_2'$ ableiten, wie sie auf der Abb. 34 dargestellt worden sind, und zwar selbstverständlich in rechtläufiger Anordnung.

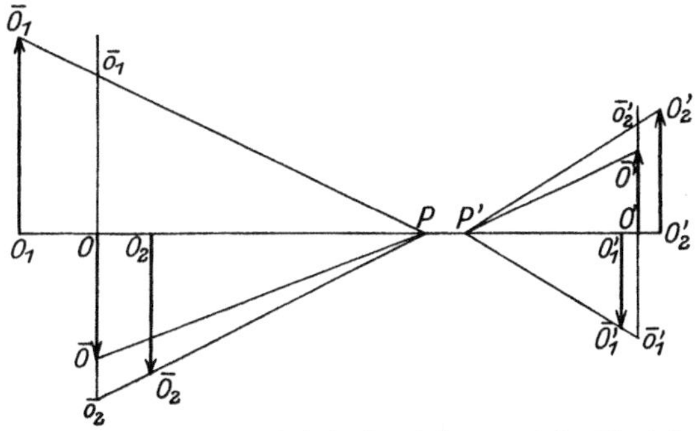

Abb. 34. Die perspektivische Darstellung auf der Einstellebene als zugeordneter Gegenstand der bei enger Abblendung auf der Mattscheibe entworfenen ebenen Perspektive. (Neben der letzten Pfeilspitze im Bildraum ist nicht O_2', sondern $\bar{O}_2'$ zu denken.)

Da aber im Bildraum nur eine achsensenkrechte Ebene für die Aufnahme zur Verfügung steht, so ist es unmöglich, daß das Raumbild $O_1'\bar{O}_1'$, $O'\bar{O}'$, $O_2'\bar{O}_2'$ auf einer solchen wirklich abgebildet werde. Bringt man nun die Mattscheibe an den Ort $O'\bar{O}'$ des mittleren und am wichtigsten erscheinenden Bildteils, so wird dieser und dieser allein auf der Mattscheibe im GAUSSischen Sinne abgebildet. Die anderen seitlichen Punkte $\bar{O}_1$ und $\bar{O}_2$ werden von den zugehörigen Hauptstrahlen auf der Mattscheibe ausgestoßen, sei es, daß sie wie $\bar{O}_1'$ durch $\bar{o}_1'$ auf der weiter hinten liegenden Mattscheibe (gleichwie ein Schattenpunkt auf einer weißen Wand entworfen) vertreten werden, oder daß sie wie $\bar{O}_2'$ durch einen Mattscheibenpunkt $\bar{o}_2'$ dargestellt werden, in dem der nach $\bar{O}_2'$ zielende Hauptstrahl von der Mattscheibe vorher aufgehalten wurde.

Man sieht also, daß das Raumbild $O_1'\bar{O}_1'$, $O'\bar{O}'$, $O_2'\bar{O}_2'$ vertreten wird durch einen Entwurf auf der Mattscheibe, der nach seiner Entstehung zu jedem irgendwie gekennzeichneten Bildpunkt im Hinblick auf P' perspektivisch liegt. Es handelt sich eben wirklich um die auf der Mattscheibe von P' aus entworfene ebene Perspektive des Raumbildes. Da nun aber die Gestaltung des Bildraumes von der uns bekannten des Dingraumes stark abweicht und uns völlig ungewohnt erscheinen würde, so beschäftigen wir uns mit der Perspektive des Bildraums nicht weiter. Vielmehr suchen wir im Dingraum das Gebilde auf, das dem Entwurf auf der Mattscheibenebene durch $O'\bar{O}'$ als Gegenstand entspricht. Ganz selbstverständlich muß also das gesuchte Gebilde auf der zugeordneten achsensenkrechten Ebene durch $O\bar{O}$ liegen, und sie sei unter

Benutzung des Sprachgebrauchs der Photographen als **Einstellebene** bezeichnet, der im Bildraum eben die **Mattscheibenebene** entspricht. Die $\bar{o}_1'$, $\bar{o}_2'$ entsprechenden Durchstoßpunkte $\bar{o}_1$, $\bar{o}_2$ müssen natürlich auf der Einstellebene durch die zugehörigen Hauptstrahlen $P\bar{O}_1$, $P\bar{O}_2$ ausgestoßen werden, die sich ja durch die irgendwie auffälligen Dingpunkte bestimmen. Man erhält also ganz allgemein — was schon auf S. 47γ angedeutet wurde — den Entwurf auf der Einstellebene oder die **dingseitige ebene Perspektive** des Raumdinges, indem man auf der sonst beliebig, aber für die Dauer der Aufnahme fest gewählten achsensenkrechten Einstellebene von P aus durch geradlinige Strahlen alle irgendwie gekennzeichneten Dingpunkte entwirft. Dieser Entwurf, hier bestehend aus den Punkten O, $\bar{O}$, $\bar{o}_1$, $\bar{o}_2$, wird nun durch die Aufnahmelinse in einem bestimmten, durch die Strecken OP, $P'O'$ auswertbaren Maßstabe, meistens einer starken Verkleinerung, in dem Entwurfsbilde auf der Mattscheibe völlig ähnlich wiedergegeben, da wir hier die Forderung der Verzeichnungsfreiheit nachdrücklich erheben müssen.

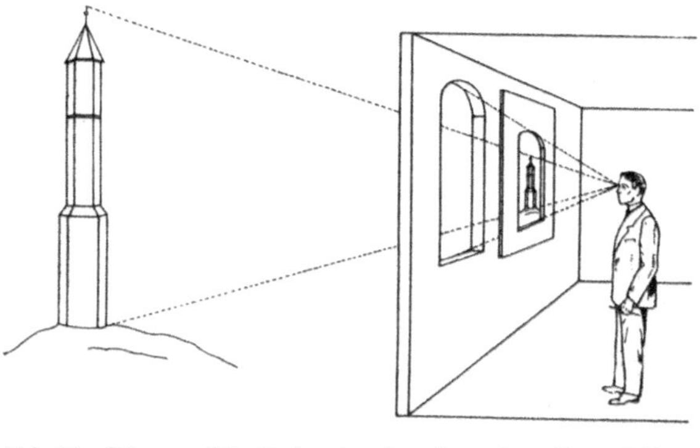

Abb. 35. Die von Künstlerhand entworfene ebene Perspektive eines Raumdinges, nämlich des Turmes und des ihn scheinbar umschließenden Fensterrahmens.

Einige Bemerkungen mögen dabei von Nutzen sein. Zunächst ist die von P aus entworfene ebene Perspektive genau von der Art, wie sie etwa durch L. DA VINCI mit Hilfe seiner ungemein anschaulichen Darstellung an der Glastafel verständlich gemacht worden ist. Was eben dort der Zeichner tat, den jener große Künstler jedenfalls in die Gesetze der Perspektive eingeweiht voraussetzte, tut hier die leblose Aufnahmelinse von selber und unbewußt, und weil die gleichen Gesetze in beiden Fällen gelten, vermochten seit 1839 die längst an ebene Perspektiven gewöhnten Beschauer die photographischen Aufnahmen hinreichend richtig aufzufassen, obwohl, wie oben gesagt, damals — und noch viel später — die perspektivischen Gesetze der Wiedergabe in der Aufnahmekammer noch nicht deutlich herausgearbeitet waren.

Liegen zwei Punkte auf demselben Hauptstrahl hintereinander, etwa wie $\bar{O}$ und der Durchstoßpunkt des Hauptstrahls $P\bar{O}$ in dem Gegenstande $O_2\bar{O}_2$ auf Abb. 34, so wird nur der näher an P befindliche Punkt, hier der Durchstoßpunkt in $O_2\bar{O}_2$, auf der Mattscheibe wiedergegeben: er verdeckt den dahinterliegenden, hier den Punkt $\bar{O}$. Und nur auf diese Weise ist es möglich, daß ein dreifach oder räumlich ausgedehntes Ding — hier durch $O_1\bar{O}_1$, $O\bar{O}$, $O_2\bar{O}_2$ vertreten — auf einer zweifach oder nur eben ausgedehnten Tafel — etwa dem Mattscheibenentwurf O', $\bar{O}'$, $\bar{o}_1'$, $\bar{o}_2'$ — wiedergegeben werden kann. Man kann das auch so ausdrücken, daß man sagt, das ganze Bündel der Hauptstrahlen w_1, w, w_2 bilde nur eine zweifache Mannigfaltigkeit, die eben nur nach Höhe oder Breite oder Höhe **und** Breite verschieden sei, so daß also jeder irgendwie gekennzeichnete Dingpunkt innerhalb der vierseitigen Pyramide des Hauptstrahlenbündels der Aufnahmekammer auch wirklich auf der Mattscheibe Platz finde: die etwa in größerem Tiefenabstande liegenden Dingpunkte eines jeden Hauptstrahls werden eben durch den an P jeweils nächsten verdeckt.

Hervorgehoben muß aber auch noch werden, daß die Perspektive eines gegebenen Raumdinges in allem wesentlichen festgelegt ist, wenn man P bestimmt oder die Linse der Kammer an einen bestimmten Ort im Raume gebracht hat. Die Einstellebene wird man in der Regel lotrecht wählen, d. h. die Achse der Aufnahmelinse waagrecht halten, weil nur so lotrechte Geraden des Dingraumes, etwa Gebäudekanten, Pfeiler, Tür- und Fensterfassungen u. a., auch auf der Platte zueinander parallel verlaufend erscheinen. Steht die Einstellebene nicht senkrecht, so laufen solche senkrechte Geraden in einem (nicht schwierig zu ermittelnden) Fluchtpunkte zusammen oder, wie sich der ungeschulte Photograph ausdrückte, die senkrechten Linien stürzen. Wir werden weiter unten auf S. 104 β Gelegenheit haben, zu der Wirkung solcher Aufnahmen einige Bemerkungen zu machen.

4. Die Ableitung der Augpunktentfernung von der Aufnahme. Hat man auf diese Weise die perspektivische Leistung einer gegebenen Aufnahmelinse in großen Zügen behandelt, so sollen hier wenigstens die wichtigsten Ableitungen

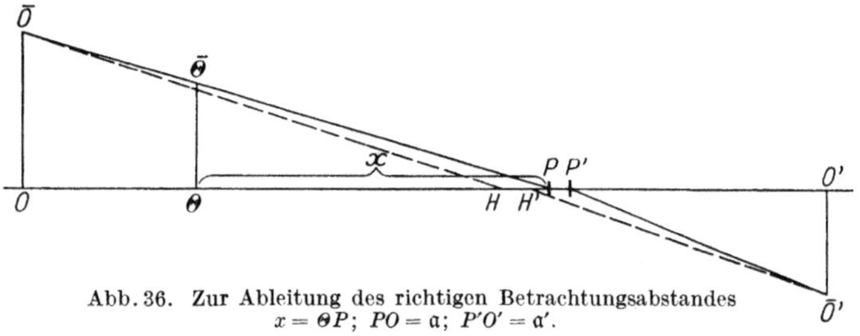

Abb. 36. Zur Ableitung des richtigen Betrachtungsabstandes $x = \Theta P$; $PO = \mathfrak{a}$; $P'O' = \mathfrak{a}'$.

der Bedingungen stehen, unter denen eine photographische Aufnahme naturgetreu wirken kann.

Genau so wie die Darstellung von Abb. 35 auf der VINCIschen Glastafel nur richtig wirken kann, wenn der Betrachter sein Auge an eben die Stelle bringt, die das Auge des Malers bei der Aufnahme des Bildes einnahm, so werden ähnliche Bestimmungen auch für das Mattscheibenbild $O'\bar{O}'$ in der Aufnahmekammer gelten. Denkt man es sich in $\Theta\bar{\Theta}$ gedruckt, sowie fest aufgezogen, so ersieht man aus Abb. 36, daß es nur dann den Aufnahmegegenstand vertreten kann, wenn es von P aus zu dem Entwurf $O\bar{O}$ auf der Einstellebene perspektivisch liegt. Da wir hier nach der Bemerkung auf S. 64 α eine verzeichnungsfreie Wiedergabe in der Kammer annehmen, so ist eine solche perspektivische Lagerung grundsätzlich immer und eindeutig möglich, und es handelt sich hier nur um die Ableitung des Abstandes $x = \Theta P$ zwischen dem Achsenpunkt Θ der Aufnahme und dem Augpunkt P, der grundsätzlich mit der Mitte P der Eintrittspupille des Geräts zusammenfällt.

Wir werden uns für diesen Zweck wieder an die Darstellung bei M. v. ROHR[1] anschließen.

Man kann aus der Abbildung entnehmen, daß zunächst für endliche Dingabstände gilt

$$\frac{O'\bar{O}'}{O\bar{O}} = \frac{y'}{y} = N$$

$$\frac{\operatorname{tg} w'}{\operatorname{tg} w} = \frac{\operatorname{tg} \bar{O}' P' O'}{\operatorname{tg} \bar{O} P O} = \frac{1}{Q},$$

wo Q bereits auf S. 63 in Gleichung (11) erklärt worden ist.

[1] Vgl. S. 30—33 der in Anm. [1] auf S. 56 angeführten Arbeit.

Aus diesen Feststellungen (die aus der Lage von O, O', P, P' und den beiden unbenannten Zahlen N und Q folgen) läßt sich leicht die Lage der Hauptpunkte H, H' und die Brennweite f' der Aufnahmelinse ermitteln. Und zwar ist unter Benutzung der Ableitungen im dritten Teil

$$\left.\begin{aligned} HO = a = \frac{1-N}{N} f' \;; \qquad & H'O' = a' = (1-N) f' \\ HP = b = \frac{1-Q}{Q} f' \;; \qquad & H'P' = b' = (1-Q) f' \end{aligned}\right\} \tag{12}$$

$$\mathfrak{a} = -b + a = -HP + HO = PH + HO = PO$$
$$\mathfrak{a}' = -b' + a' = -H'P' + H'O' = P'H' + H'O' = P'O'$$

$$PO = \mathfrak{a} = -b + a = f'\left(\frac{1}{N} - \frac{1}{Q}\right); \quad P'O' = \mathfrak{a}' = -b' + a' = f'(Q-N). \tag{13}$$

Man kann also $\mathfrak{a}'$ aus der Zeichnung entnehmen und erhält die Brennweite durch

$$f' = \frac{\mathfrak{a}'}{Q-N}, \tag{14}$$

ferner nach (12) damit die Hauptpunktsabstände gemessen von den Pupillenmitten

$$H'P' = b' = (1-Q) f' \;; \qquad HP = b = \frac{1-Q}{Q} f'.$$

Man muß sich zur richtigen Auffassung nur des Umstandes erinnern, daß bei den Aufnahmelinsen N[1] nach den Vorzeichenbestimmungen der allgemeinen Theorie negativ ist — es handelt sich so gut wie immer um umgekehrte Bilder greifbarer Gegenstände — und gewöhnlich einen kleinen Betrag hat — es werden meistens Verkleinerungen angefertigt.

Bezieht man sich also auf den oben vorausgesetzten Abdruck von der Aufnahmeplatte $\Theta\bar{\Theta}$ an seiner richtigen Stelle und aufgerichtet, so gilt eben

$$-y' = \Theta\bar{\Theta}$$

und weiterhin

$$\frac{\Theta\bar{\Theta}}{O\bar{O}} = -\frac{y'}{y} = -N = \frac{\Theta P}{OP} = \frac{x}{-\mathfrak{a}}.$$

Man erhält mithin für x die einfache Beziehung

$$x = \mathfrak{a} N. \tag{15}$$

Da nun für Aufnahmelinsen bei ihrer Anwendung auf greifbare Gegenstände sowohl $\mathfrak{a}$ als auch N negatives Zeichen haben, so ist x positiv.

Setzt man nun für $\mathfrak{a}$ den oben in (13) abgeleiteten Ausdruck ein, so erhält man

$$x = N f'\left(\frac{1}{N} - \frac{1}{Q}\right) = f'\left(1 - \frac{N}{Q}\right) \tag{16}$$

als den senkrechten Abstand des Augpunktes von dem Achsenpunkt einer photographischen Aufnahme, wenn bei der Betrachtung die Winkel w der Aufnahme erhalten werden sollen.

a) Die Augpunktsentfernung in wichtigen Sonderfällen. Aus diesem allgemeinen Ausdruck kann man durch geeignete, wichtige Fälle umfassende Vereinfachungen gewisse brauchbare Regeln ableiten.

---

[1] Siehe die Anm. auf S. 51.

Setzt man in (11) und (16) zunächst $Q = +1$, und beachtet, daß sich unsere Aufnahmelinsen in Luft befinden, so fallen (wie etwa bei allen ganz- und halbsymmetrischen Anlagen) die Pupillenmitten P und P' mit den Knotenpunkten, d. h. den Hauptpunkten H und H', zusammen, und man kommt auf

$$x_{Q=+1} = f'(1 - N), \tag{17}$$

also nach (12) auf S. 66 $\qquad = a'$;

mit anderen Worten lautet das, der Betrachtungsabstand einer Aufnahme mit einer symmetrischen Linse ist strenge gleich dem Kammerauszug a', gemessen vom hinteren Haupt- oder Knotenpunkte H'.

Beachtet man, daß die meisten Aufnahmelinsen einen von $+1$ nur wenig abweichenden Q-Wert haben, so kann man die obige Regel allgemein als eine erste Annäherung verwenden. Ist eine größere Genauigkeit geboten, so muß man natürlich bei einer nichtsymmetrischen Anlage auf die strenge Formel zurückgehen.

Handelt es sich jetzt bei (16) um Landschaftsaufnahmen, also um $N = 0$, so wird wegen

$$x_{N=0} = f' \tag{18}$$

der Augpunkt gerade um die Brennweite f' von dem Lichtbild abstehen müssen. Das ist eine allgemeine Regel, die von ungemein großer Bedeutung ist.

Zum Schluß werde noch eine Beziehung abgeleitet, die sofort von Nutzen sein wird.

Berücksichtigt man die zu Anfang dieses Abschnittes eingeführten Bezeichnungen, so ergibt sich aus

$$y' = \mathfrak{a}' \operatorname{tg} w'; \qquad y = \mathfrak{a} \operatorname{tg} w$$

und

$$N = \frac{y'}{y} = \frac{\mathfrak{a}' \operatorname{tg} w'}{\mathfrak{a} \operatorname{tg} w} = \frac{\mathfrak{a}'}{\mathfrak{a} Q}$$

bei Berücksichtigung von (15) auf S. 66 die nicht unwichtige Beziehung

$$x = \mathfrak{a} N = \frac{\mathfrak{a}'}{Q}. \tag{19}$$

b) Die Wirkung von Zusatzlinsen (Distaren und Proxaren). Die soeben abgeleiteten Formeln gestatten nun in einem neuerdings häufiger vorkommenden Falle eine bequeme Überschlagsrechnung, und zwar ist der Fall der Vorsatzlinsen, der Distare und Proxare gemeint, wie sie seit Jahren durch die Werkstätte von C. ZEISS in das Rüstzeug des Liebhaberphotographen eingeführt worden sind. Das geschah zu dem Zweck, einem lichtstarken Doppelobjektiv — hier einem Tessar — durch eine Reihe einfacher, dünner (billiger) Zusatzlinsen die Verwendbarkeit eines ganzen Linsensatzes zu geben.

Da wir uns an dieser Stelle mit Landschaftsaufnahmen beschäftigen, so brauchen wir hier nur darauf hinzuweisen, daß man auf diese Weise mit einer gewissen Anzahl solcher Zusatzlinsen die gleiche Anzahl zusätzlicher Brennweiten zu dem lichtstarken Doppelobjektiv erhält.

Wir wollen im folgenden an einem Distar (so werden die Zusatzlinsen mit negativer Brennweite f_0' genannt) die Behandlung etwas eingehender schildern und zu einer Überschlagsrechnung kommen.

Denken wir uns in der umstehenden Abbildung 37 nur die Hauptlinse f_1' wirkend, so entwürfe sie von einem fernen Aufnahmeding auf dem Plattenrande $\bar{F}_1'$ im Achsenabstande y_1' ein Bild, das auf der Bildseite unter dem Winkel $w'_1 = \bar{F}_1' P_1' F_1'$ erscheint und bei Kenntnis der Größe Q nach (11) — man sehe S. 63 — auf den dingseitigen Winkel

$$\operatorname{tg} w_1 = Q \operatorname{tg} w_1'$$

führt.

Der richtige Betrachtungsabstand ist bei einer Landschaftsaufnahme, wie oben gezeigt, gegeben durch f_1', kann aber auch nach (19) durch

$$x = \frac{\mathfrak{a}'}{Q}$$

gefunden werden.

Nimmt man nun an, vor die Doppellinse werde die Zerstreuungslinse f_0' geschoben, so bildet diese die unendlich ferne Einstellebene des Dingraums in ihrer bildseitigen Brennebene durch F'_0 ab, die infolge des negativen Zeichens von f_0' in der Richtung gegen das Licht liegt, wie in Abb. 37 gezeichnet. Da diese Brennebene die Dingebene für die Doppellinse f_1' ist, so muß die Matt-

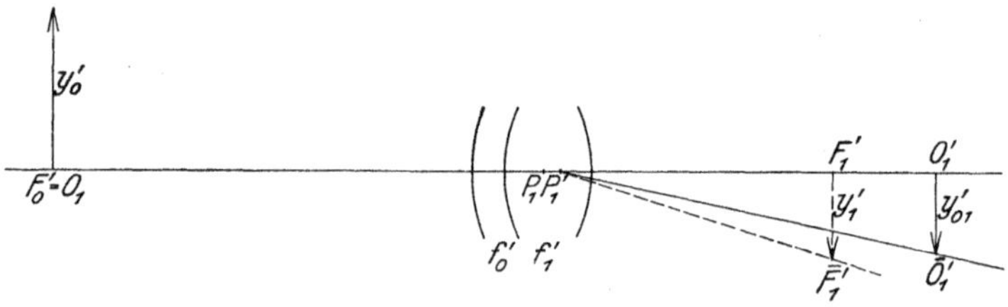

Abb. 37. Zur Ableitung der Wirkung einer (durch einen Strich dargestellten) Distarlinse f_0' und der Doppellinse f_1'.

scheibe, an den $F_0' = O_1$ im Bildraum von f_1' zugeordneten Punkt O_1' gebracht d. h. um

$$d = F_1' O_1' \tag{20}$$

verschoben werden.

Der Maßstab der Wiedergabe der Brennebene in $F_0' = O_1$ mittels der Doppellinse f_1 ist gegeben durch

$$-N_1 = \frac{d}{f_1'},$$

und man erhält als Abstand $\mathfrak{a}' = P'O'$ nach der oben abgeleiteten Formel (13)

$$\mathfrak{a}' = f_1' \left(Q + \frac{d}{f_1'} \right),$$

und nach (19)

$$x = \frac{\mathfrak{a}'}{Q} = f_1' + \frac{d}{Q}, \tag{21}$$

wenn man beabsichtigt, die Perspektive in der Ebene durch $F_0' = O_1$ richtig zu betrachten.

Beachtet man aber, daß schließlich doch gewünscht wird, die in O_1' entstehende Perspektive so zu betrachten, daß man dadurch dieselben Winkel erhält, wie sie die entfernten Aufnahmedinge der Eintrittspupille der Verbindung aus f_0' und f_1' darboten, so muß man strenge schreiben

$$x = \frac{\mathfrak{a}'}{Q_{01}}, \tag{22}$$

wo zwar die Größe $\mathfrak{a}'$ als Entfernung zwischen P' der Doppellinse und der Mattscheibe in O_1' jederzeit bequem festgestellt werden kann, während Q_{01} im allgemeinen nicht bekannt sein wird.

Ist $\frac{1}{Q_0}$ die Maßstabsänderung der Eintrittspupille der Doppellinse durch die vorgeschaltete Zerstreuungslinse f_0', so gilt von selbst

$$Q_{01} = Q_0 Q \,, \tag{23}$$

und man kann nunmehr abschätzen, welchen Fehler man begeht, wenn man der Kürze wegen Q_0 unberücksichtigt läßt.

Könnte man — wie etwa bei einer Landschaftslinse mit Vorderblende — die dünne Vorsatzlinse f_0' an den Ort der (Vorder-) Blende selbst bringen, so würde $Q_0 = 1$ sein und $Q_{01} = Q$ gelten.

Solange die Brechkraft $\frac{1}{f_0'}$ klein ist gegen $\frac{1}{f_1'}$ und der Abstand zwischen den zugewandten Hauptpunkten H_0' und H_1 unbeträchtlich, wird man diese Annahme $Q_0 = 1$ machen, mithin nach (21) angenähert schreiben können

$$x = f_1' + \frac{d}{Q}$$

und erhält aus der einfach zu übersehenden Formel einen brauchbaren ersten Überblick.

Wie man aus dem rechten Teil der Abb. 37 ersieht, wird nach dem Vorschlagen der Zerstreuungslinse f_0' die halbe Plattenbreite $y_{01}' = y_1'$ von dem Bilde eines Gegenstandes eingenommen, das in der Wirklichkeit unter einem kleineren Winkel erschien als w_1' bei der Aufnahme ohne f_0', wo die Mattscheibe in F_1' stand. Man muß also sagen, daß die gleiche Platte bei Verwendung des Distars ein geringeres Feld wiedergibt

$$w_{01}' < w_1' ,$$

daß aber die dargestellten Gegenstände weniger stark verkleinert werden, weil die Gesamtbrennweite zugenommen hat.

Natürlich erscheinen sie bei richtiger Betrachtung aus dem Abstande

$$x = f_{01}'$$

in der gehörigen Größe, und es bleibt nur die Beschränkung des Kammerbildfeldes übrig. Auf Einzelheiten dazu soll aber erst an einer späteren Stelle (S. 99) eingegangen werden.

Bei einem der Wirklichkeit entnommenen Fall ist

$$f_0' = -334{,}3\,\text{mm} \,, \quad f_1' = 149{,}6\,\text{mm} \,,$$

und die Gesamtbrennweite $f_{01}' = 254\,\text{mm}$.

Da die Eintrittspupille P_1 der Doppellinse von H_0' um 21,25mm absteht, so ergibt sich

$$Q_0 = 0{,}94 \,,$$

und man erkennt die geringe Größe des oben begangenen Fehlers.

Wählt man als Vorschlaglinse f_0' eine schwache, möglichst dünne Sammellinse, ein Proxar, so würde diese von den fernen Gegenständen ein auffangbares Bild entwerfen, wenn sie allein vorhanden wäre; sie liefert also, was hier zum ersten Male vorkommt, der Doppellinse f_1' kein greifbares, sondern ein unwirkliches (virtuelles) Aufnahmeding, was, im Gegensatz zu dem Distarfalle, eine Annäherung der Mattscheibe an die Austrittspupille P_1' bedeutet.

Man erkennt leicht, daß hierbei die Gesamtbrennweite verkürzt wird, während der Randwinkel w_{01}' zunimmt und die dargestellten Gegenstände entsprechend stärker verkleinert werden; alles im Gegensatz zu den durch ein Distar hervorgerufenen Änderungen.

5. Die drei verschiedenen Möglichkeiten der Perspektive. Versucht man sich Rechenschaft von den verschiedenen Erscheinungsformen zu geben, in denen die Dinge der Außenwelt auf den Lichtbildern dargestellt werden können, so muß man auf die Bemerkung auf S. 65α zurückgehen, daß es im wesentlichen auf die Wahl der Lage von P zu den darzustellenden Gegenständen ankommt.

Da ist es nun allen photographischen Linsen gemeinsam, daß man mit P ziemlich weit von den Gegenständen entfernt bleibt, denn man erhält verkleinerte Gegenstandsbilder, auf die es doch meistens abgesehen wird, eben nur, wenn zwischen der Einstellebene und H mindestens die Strecke von $2f'$ liegt; P wird im allgemeinen ziemlich nahe an H liegen. Ein solcher Abstand bedeutete aber früher, wo man ziemlich lange Aufnahmebrennweiten verwandte, schon eine ganz merkliche Entfernung. Bei den sehr kleinen Brennweiten der heutigen Zeit kann man in der Tat schon sehr viel näher an die Aufnahmedinge herangehen und dabei eine Aufnahme erzielen, die als sehr eigenartig empfunden wird und von Photographen früher als eine Weitwinkelperspektive tadelnd beschrieben worden ist. An einer späteren Stelle (s. S. 98α) wird darauf noch näher einzugehen sein. Handelt es sich aber um Perspektiven in sehr kleinem Raum, wie es etwa die Harnblase des Menschen ist, so können sogar sehr eigentümliche Darstellungsformen des Inhalts entstehen, wie das vor kurzem von O. RINGLEB[1] vor Blasenärzten vorgeführt worden ist. Indem er vor die eng abgeblendete Aufnahmelinse einen umgekehrten Prismenfeldstecher von großem Gesichtsfeld setzte, konnte er mit der (auf der Okularseite vor der ersten Linse freischwebenden) Eintrittspupille besonders nahe an räumliche Gegenstände herangehen. Den so entstehenden, jenen Ärzten als störend bekannten Erscheinungsformen vermochte er nach Ausschaltung des Feldstechers Aufnahmen von einem weiter zurückliegendem Punkte P aus gegenüberzustellen und so den Einfluß der durch die Enge des Blasenraumes bedingten Annäherung des perspektivischen Zentrums an die Aufnahmedinge sehr anschaulich durch Lichtbilder darzutun. Eines davon sei in Abb. 38 wiedergegeben.

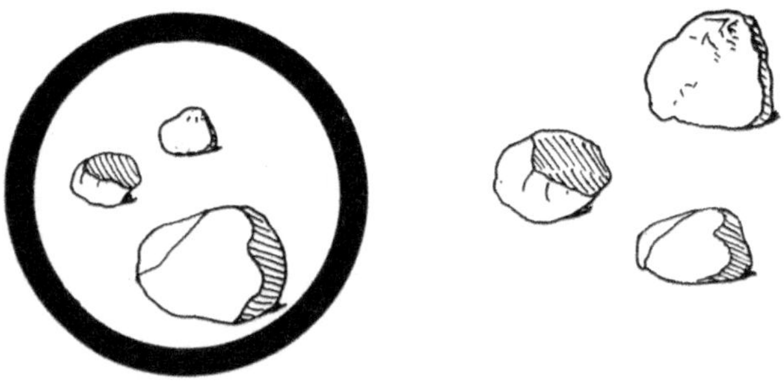

Abb. 38. Das Steingelege.
Bild links aus sehr großer Nähe am vordersten Stein aufgenommen. Bild rechts aus gewöhnlichem, weiterem Abstande zwischen P und dem Gelege aufgenommen.

Das Wesentliche bei dieser Art der Perspektive, wo das perspektivische Zentrum im Sinne der Lichtrichtung hinter den greifbaren Gegenständen liegt, ist die Verringerung der scheinbaren Größe der Aufnahmedinge mit ihrer Entfernung.

Benutzen wir hier ein Übersichtsbild 39 — wie auch im folgenden mit einer vorgeschalteten Linse —, so erkennen wir, wie von der Eintrittspupille P aus — sie mag bei der Linse L als unwirklicher Gegenstand der Hinterblende P' entsprechen — von den gleich großen Seiten eines liegenden Rechtecks die entferntere, AB, kleiner erscheint als die nähere DC. Man nennt diesen Strahlengang den entozentrischen oder schnittstrebigen, weil ja die Hauptstrahlen im Dingraum auf P zu verlaufen.

[1] Arch. f. klin. Chir. 1927. **145.** 364/73.

Nimmt man an, P' liege, wie in Abb. 40, im hinteren Brennpunkt der vorgeschalteten Linse, so entspricht ihm im Dingraume der unendlich ferne Achsenpunkt und AB erscheint ebenso groß wie CD. Diesen Strahlengang nennt man mit E. ABBE den telezentrischen oder schnittfernen. Er wurde von ABBE 1878 eingehend behandelt, doch soll hier bemerkt werden, daß I. PORRO die Bedeutung des telezentrischen Strahlenganges auf der Bildseite für Meßzwecke schon 1848 betont hatte, was aber bis in die Gegenwart hinein unbekannt blieb.

Hier sei gleich darauf hingewiesen, daß es sich bei dem ABBEschen Ausdruck des telezentrischen Strahlenganges nicht um den parallelen Verlauf der Hauptstrahlen allein handelt (den könnte man ja auch durch weite Abrückung

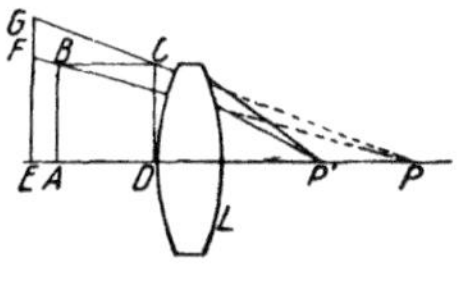

Abb. 39. Der schnittstrebige (entozentrische) Strahlengang vor der vorgeschalteten Linse L.

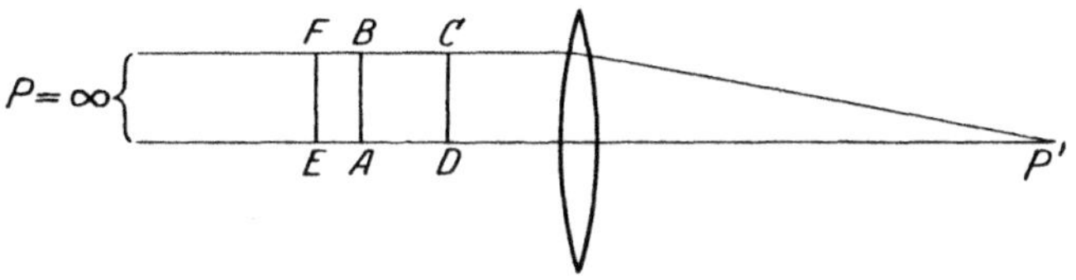

Abb. 40. Der schnittferne (telezentrische) Strahlengang notwendigerweise vor einer vorgeschalteten Linse.

der Aufnahmelinse erhalten), sondern um eine Abbildung der Eintrittspupille P' im fernen Achsenpunkt, wobei die Aufnahmekammer in solcher Nähe vor dem Aufnahmegegenstand angeordnet bleibt, daß sie ihn auf der lichtempfindlichen Schicht in ausreichendem Maßstabe darstellen kann. Bei der obigen Möglichkeit beträchtlicher Abrückung der Kammer würden die kleineren Gegenstände,

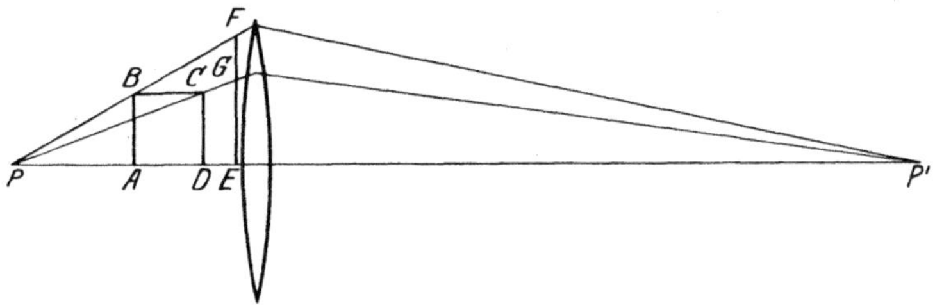

Abb. 41. Der schnittflüchtige (hyperzentrische) Strahlengang notwendigerweise vor einer vorgeschalteten Linse.

mit denen man seine Versuche anstellen möchte, viel zu winzig wiedergegeben werden, als daß sie anschaulich wirken könnten.

Man verwendet den nach der Dingseite telezentrischen Strahlengang zu gewissen Meßgeräten, wie etwa dem Keratometer, und könnte von ihm sehr wohl zur Lösung mancher Aufgaben aus der darstellenden Geometrie Gebrauch machen.

Rückt man schließlich in Abb. 41 P' noch weiter von der vorgeschalteten Linse fort, so erhält man, weil P nunmehr im Sinne der Lichtrichtung vor den Aufnahmedingen liegt, eine Perspektive, in der die der Aufnahmelinse fernere Rechteckseite AB sogar größer erscheint als die nähere CD. Es ist das eine ganz widernatürliche Erscheinungsform, wie man das ohne weiteres aus den Abb. 42 und 43 ersieht, wo dasselbe Hausmodell mit rechteckiger Grundplatte auf einer tragenden Säule einmal in natürlicher und dann in unnatürlicher Perspektive aufgenommen worden ist. Den Strahlengang nennt man den hyperzentrischen oder schnittflüchtigen, weil das Licht die Hauptstrahlen im Dingraum bei der Abbildung von P weg durchläuft. Diese Form der Perspektive ist 1906 von M. v. ROHR[1] angegeben worden. Sie hat im wesentlichen allein Bedeutung für die Theorie, vermag aber auf bestimmte Aufgaben, die etwa bei der Ausführung pseudoskopischer Aufnahmen vorkommen können, besser vorzubereiten.

6. Das Abbild und die Abbildungstiefe. Wir müssen nunmehr die von S. 63 β her festgehaltene Annahme enger Abblendung der Aufnahmelinse und Beschränkung auf das Hauptstrahlenbündel aufgeben und endliche Pupillenöffnungen

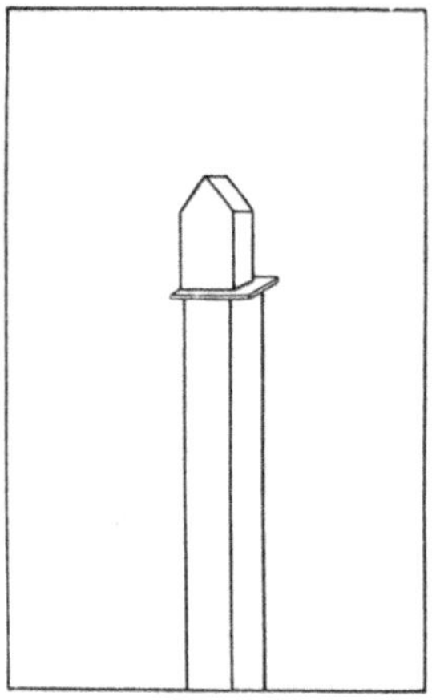

Abb. 42. Ein Hausmodell in natürlicher Perspektive.

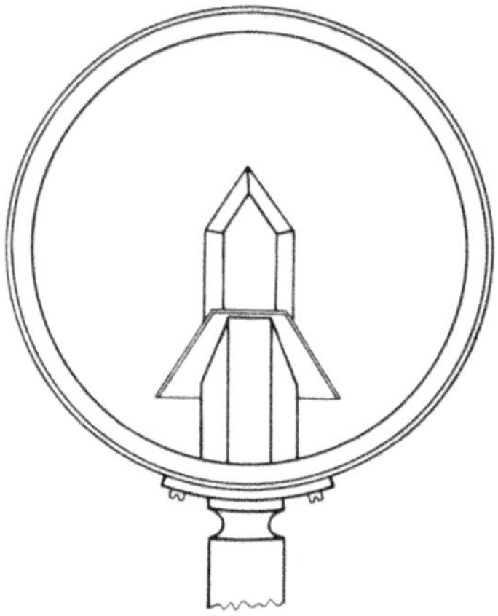

Abb. 43. Ein Hausmodell in unnatürlicher Perspektive.

zulassen. Wir kommen damit, wie sich bald zeigen wird, auf den Begriff des Zerstreuungskreises, den wir, dieser ganzen Darstellung entsprechend, auf dem Boden der geometrischen oder Strahlenoptik behandeln müssen, wobei wir, wie auch vorher immer, eine vollkommene Strahlenvereinigung an dem Bildpunkt voraussetzen. Selbst unter diesen Voraussetzungen müßte die Lehre von der Beugung des Lichts berücksichtigt werden, wenn die Ergebnisse strenge zutreffen sollten. Davon abgesehen aber ist bei den vorhandenen Aufnahmelinsen die Strahlenvereinigung selbst in Achsenbildpunkten nicht von uneingeschränkter Vollkommenheit. Es handelt sich im folgenden bei der Größe des Zerstreuungskreises also nur um angenähert gültige Ergebnisse.

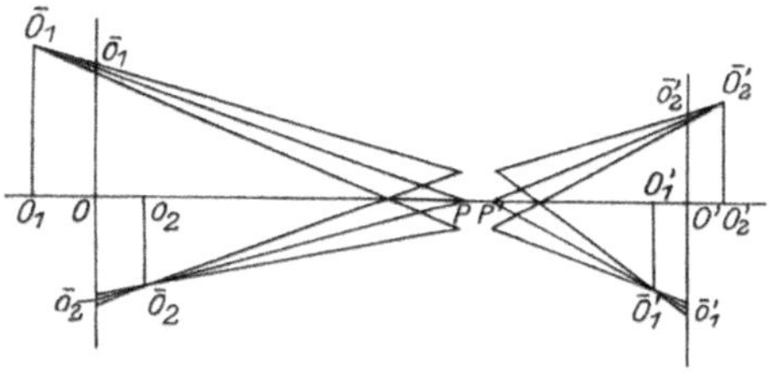

Abb. 44. Zur Ableitung der im dingseitigen Abbild vorkommenden Zerstreuungskreise.

a) Die Ableitung des Abbildes für ein gegebenes Raumding. Nehmen wir an, nach Abb. 44 werde die Eintrittspupille um P auf eine endliche Weite geöffnet, so zieht das eine entsprechende Erweiterung ihres Bildes um P', der Austrittspupille, nach sich. Wie die Abbildung erkennen läßt, ist die durch O achsensenkrecht gelegte Ebene die Einstellebene; mithin würde von unserer vollkommen vorausgesetzten Aufnahmelinse jeder der beiden im endlichen Achsenabstande vorausgesetzten Dingpunkte $\bar{O}_1$ und $\bar{O}_2$ ohne Abweichungen in $\bar{O}_1'$ und $\bar{O}_2'$ abgebildet werden, wenn die Mattscheibe nicht vorhanden wäre.

[1] Die beim beidäugigen Sehen durch optische Instrumente möglichen Formen der Raumanschauung. Münch. Ber. **36**, 487ff. (1906).

Bringt man sie an den ihr zukommenden Ort um O', so erscheint O' mit vollkommener Schärfe, doch gilt das nicht für $\bar{O}_1'$ und $\bar{O}_2'$. Es sei — in der Abb. 44 ist keine Eintrittsluke angegeben worden — angenommen, daß sich $\bar{O}_1$ und $\bar{O}_2$ in dem Raum $\mathfrak{A}$ (s. S. 56β) befänden, so daß die Eintrittspupille keinerlei Abschattung erfahre. Da nun der Gegenstand $O_1\bar{O}_1$ infolge der Rechtläufigkeit der Abbildung vor der Mattscheibe, nämlich in $O_1'\bar{O}_1'$, abgebildet wird, so fahren die Öffnungsstrahlen hinter $\bar{O}_1'$ wieder auseinander und bilden um $\bar{o}_1'$ als Mittelpunkt einen kleinen Zerstreuungskreis, da ja die Ebene der Austrittspupille um P' und die Mattscheibenebene beide achsensenkrecht, also zueinander parallel sind. Nach unserer Voraussetzung würde die Helligkeit in dem Zerstreuungskreise um $\bar{o}_1'$ überall die gleiche sein. Suchen wir nun den Gegenstand zu $\bar{o}_1'$, so finden wir ihn in dem (gedachten) Zerstreuungskreise in der Einstellebene um $\bar{o}_1$ als Mittelpunkt, der von dem gesamten Öffnungsbündel aus $\bar{O}_1$ und nach der endlichen Eintrittspupille um P auf der Einstellebene ausgeschnitten wird. Genau das Entsprechende gilt für den Gegenstand $O_2\bar{O}_2$. Bei ihm entsteht der Zerstreuungskreis um $\bar{o}_2'$ als Mittelpunkt deshalb, weil die Mattscheibe in ihm den nach $\bar{O}_2'$ gerichteten schiefen Kreiskegel von Öffnungsstrahlen über der Öffnung um P' als Grundkreis auffängt. Diesem Zerstreuungskreise um $\bar{o}_2'$ entspricht der um $\bar{o}_2$ in der zugeordneten Einstellebene von dem Kegelmantel des zugeordneten Öffnungsbündels in rückwärtiger Verlängerung ausgeschnittene dingseitige Zerstreuungskreis. Wir sagten, in rückwärtiger Verlängerung, können uns aber in Anlehnung an eine auf S. 64γ verwandte Vorstellung vor Augen führen, daß der Dingpunkt $\bar{O}_2$ für jeden Punkt der endlich geöffneten Eintrittspupille einen anderen Punkt der zurückliegenden Einstellebene verdeckt. Die Gesamtheit aller dieser so verdeckten Punkte ist aber der zu $\bar{o}_2$ als Mittelpunkt gehörige, von dem Mantel des Kegels über dem Grundkreis um P ausgeschnittene Zerstreuungskreis.

Stellt man sich nun die ganze Mannigfaltigkeit von Punkten $\bar{O}_1, \bar{O}_2$ vor, die überhaupt aus P in dem Gebiet $\mathfrak{A}$ sichtbar sind, so entsteht, wenn man nur die endliche Pupillenöffnung um P gesetzt hat, auf der gedachten Einstellebene ein aus Punkten O und Zerstreuungskreisen $\bar{o}_1, \bar{o}_2$ gebildeter Entwurf, indem man sich — nötigenfalls durch rückwärtige Erweiterung der entwerfenden Öffnungskegel — die endlich geöffnete Eintrittspupille durch jeden in Betracht kommenden Dingpunkt als Zentrum auf die Einstellebene geworfen denkt. Dabei ordnen sich die Zerstreuungskreise zentrisch um die Punkte der von P aus entworfenen Perspektive; sie verundeutlichen sie wohl, ändern sie aber nicht in ihrer Lage, da man als den Ort eines kleinen Undeutlichkeitskreises seinen Mittelpunkt aufzufassen pflegt.

Diesen Entwurf aus Punkten und Zerstreuungskreisen nennt man mit M. v. ROHR[1] seit 1903/4 das Abbild des Raumdinges, und die ganze Aufgabe der Aufnahmelinse besteht allein darin, dieses Abbild in N-facher Verkleinerung auf der lichtempfindlichen Schicht in der Mattscheibenebene wiederzugeben. An der auf S. 65γ begonnenen Auseinandersetzung der Möglichkeit, die ebene Perspektive zum Entwurf auf der Einstellebene für P perspektivisch zu legen, wird also nichts geändert, wenn wir an Stelle jener ebenen Perspektive bei Beschränkung auf das Hauptstrahlenbündel nunmehr die Wiedergabe des Abbildes oder das Abbildsbild treten lassen. Alle Einzelheiten über den Eindruck solcher Perspektiven müssen für eine spätere Behandlung aufbewahrt bleiben.

---

[1] Auch diese Vorstellung wurde schon auf S. 25 in der Arbeit vertreten, die in Anm. [1] auf S. 46 angeführt wurde.

b) Die Abbildungstiefe. Daß durch Zerstreuungskreise der abgeleiteten Art in die Aufnahme eine an sich unerwünschte Unschärfe eintritt, wird von selbst klar sein, doch muß auch hier die eingehendere Behandlung aufgeschoben werden, bis wir uns über Bau und Leistung des Menschenauges etwas genauer unterrichtet haben. Wir wollen jetzt nur einfach annehmen, ein bestimmter Durchmesser $\mathfrak{d}$ des dingseitigen Zerstreuungskreises sei zulässig, so daß auf der Bildseite der entsprechende Durchmesser

$$\mathfrak{d}' = N\,\mathfrak{d} \tag{24}$$

nicht mehr störend auffalle.

Nehmen wir den Durchmesser der Eintrittspupille mit $\mathfrak{p}$ an, so können wir die Frage stellen, wie weit kann ein Gegenstand O_1 gegen die Lichtrichtung (und O_2 mit der Lichtrichtung) von O abstehen, ohne daß der zulässige Durchmesser $\mathfrak{d}$ überschritten wird.

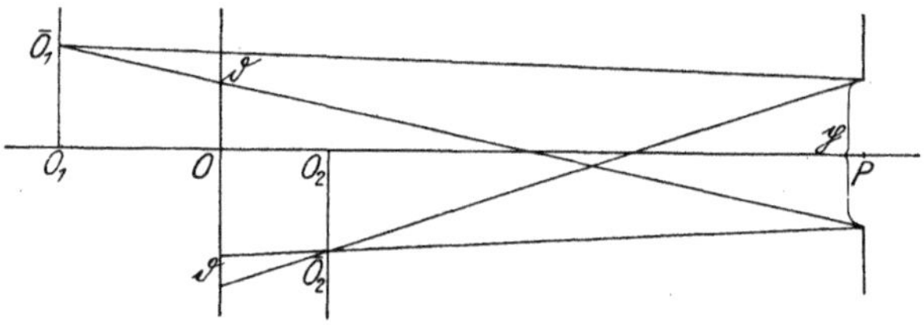

Abb. 45. Zur Ableitung der Abbildungstiefe.

Der erste Teil $t_1 = O_1O$ für Punkte vor[1] der Einstellebene (Vortiefe) kann nach Abb. 45 leicht so gefunden werden, wenn die Einstellebene um $\alpha = OP$ von der Eintrittspupille entfernt ist:

$$\begin{aligned} \mathfrak{d} : \mathfrak{p} &= O_1 O : O_1 P \\ &= O_1 O : O_1 O + O P \\ &= t_1 : t_1 + \alpha \end{aligned}$$

$$\mathfrak{d}\,\alpha + \mathfrak{d}\,t_1 = \mathfrak{p}\,t_1$$

$$t_1(\mathfrak{p} - \mathfrak{d}) = \mathfrak{d}\,\alpha$$

$$t_1 = \frac{\mathfrak{d}\,\alpha}{\mathfrak{p} - \mathfrak{d}}. \tag{25}$$

Die Vortiefe ist also in ihrer Abhängigkeit von α, $\mathfrak{p}$, $\mathfrak{d}$ ermittelt.

Der zweite Teil $t_2 = OO_2$ für Punkte hinter der Einstellebene (Nachtiefe) wird (unter Berücksichtigung der umgekehrten Lage des Zerstreuungskreises) gefunden durch

$$\begin{aligned} -\mathfrak{d} : \mathfrak{p} &= O_2 O : O_2 P \\ &= O_2 O : O_2 O + O P \\ &= -t_2 : -t_2 + \alpha \end{aligned}$$

$$\mathfrak{d} : \mathfrak{p} = t_2 : \alpha - t_2$$

$$\mathfrak{d}\,\alpha - \mathfrak{d}\,t_2 = \mathfrak{p}\,t_2$$

$$t_2(\mathfrak{p} + \mathfrak{d}) = \mathfrak{d}\,\alpha$$

$$t_2 = \frac{\mathfrak{d}\,\alpha}{\mathfrak{p} + \mathfrak{d}}. \tag{26}$$

Da bei t_1 in (25) der Nenner kleiner ist, so wird der Wert des Bruches für die Vortiefe immer größer ausfallen als (26) für die Nachtiefe.

[1] Ich habe die ungewohnten Ausdrücke Vor- und Nachtiefe hier eingeführt, weil Vorder- und Hintertiefe gelegentlich auf den Lichtbildner hinter der Kammer bezogen werden und dann gerade die umgekehrte Bedeutung erhalten.

Die ganze Abbildungstiefe $t = t_1 + t_2 = O_1 O_2$ ergibt sich sehr einfach zu

$$t = t_1 + t_2 = \mathfrak{d}\,\alpha \left\{ \frac{1}{\mathfrak{p} - \mathfrak{d}} + \frac{1}{\mathfrak{p} + \mathfrak{d}} \right\} = \frac{2\,\mathfrak{d}\,\mathfrak{p}\,\alpha}{\mathfrak{p}^2 - \mathfrak{d}^2}\,. \tag{27}$$

Aus der oben gemachten Annahme eines bestimmten (also für Vor- und Nachtiefe gültigen) Durchmessers $\mathfrak{d}$ folgt eine einfache Beziehung zu dem Durchmesser $\mathfrak{p}$ der Eintrittspupille. Man braucht sich nur vorzustellen, daß ein sehr ferner Dingpunkt O_1 einen Zerstreuungskreis auf der Einstellebene in der endlichen Entfernung $\alpha = OP$ entwürfe, so erkennt man, daß sich nunmehr in Betracht kommende Öffnungskegel mit wachsendem Abstande von O_1 mehr und mehr einem Öffnungszylinder nähert und bei unendlichem Abstand des Dingpunktes in einen solchen wirklich übergeht. Wir erhalten also dann eine Beziehung für diesen größten Wert von $\mathfrak{d}$ und können allgemein schreiben:

$$\mathfrak{d} \leqq \mathfrak{p}\,; \qquad \frac{\mathfrak{d}}{\mathfrak{p}} \leqq 1\,. \tag{28}$$

Mit Hilfe einer ganz ähnlichen Überlegung stellt sich heraus, daß — bei einer endlichen oder gar einer beschränkten Vortiefe — $\mathfrak{d}$ viel kleiner ausfällt als $\mathfrak{p}$; das kann, wie sich sogleich zeigen läßt, zu einer wichtigen Eigenschaft kleiner Pupillen führen:

Aus Formel (27) ergibt sich durch Division von Zähler und Nenner mit $\mathfrak{p}^2$

$$t = \frac{1}{\mathfrak{p}} \frac{2\,\mathfrak{d}\,\alpha}{1 - \left(\frac{\mathfrak{d}}{\mathfrak{p}}\right)^2}\,; \tag{29}$$

für schon kleine $\mathfrak{d}$-Werte erkennt man daraus, daß bei Festhaltung der Werte von $\mathfrak{d}$ und α die Tiefe t mit abnehmendem $\mathfrak{p}$-Wert zunimmt. Da bei diesen für den Dingraum geltenden Überlegungen über die Brennweite f' der Aufnahmelinse gar nicht verfügt wurde, so erklärt sich hiermit die Überlegenheit kurzbrennweitiger Linsen für die Verbindung von Abbildungstiefe und großem Öffnungsverhältnis.

Auch diese Beziehungen sind in der großen Zeit der englischen Arbeitsgesellschaften ermittelt worden, doch hat es sehr lange gedauert, ehe man daraus die Folgerungen für weitere Benutzerkreise gezogen hat.

Der Zusammenhang zwischen den vier Größen t, $\mathfrak{d}$, $\mathfrak{p}$, α wird für die Rechnung sehr bequem durch einen Hilfswinkel ε vermittelt. Aus den bekannten goniometrischen Formeln

$$\sin\varepsilon = 2 \sin\frac{\varepsilon}{2} \cos\frac{\varepsilon}{2}$$

und

$$\cos\varepsilon = \cos^2\frac{\varepsilon}{2} - \sin^2\frac{\varepsilon}{2}$$

folgt, wenn man Zähler und Nenner durch $\cos^2\frac{\varepsilon}{2}$ dividiert:

$$\operatorname{tg}\varepsilon = \frac{\sin\varepsilon}{\cos\varepsilon} = \frac{2 \operatorname{tg}\frac{\varepsilon}{2}}{1 - \operatorname{tg}^2\frac{\varepsilon}{2}} \tag{30}$$

Schreibt man die oben erwähnte Tiefenformel (29) wieder hin, so erkennt man die Ähnlichkeit mit (30).

Man kann also die beiden, durch den Hilfswinkel ε vermittelten Beziehungen ableiten

$$\frac{t}{\alpha} = \operatorname{tg}\varepsilon \tag{41}$$

und

$$\frac{\mathfrak{d}}{\mathfrak{p}} = \operatorname{tg}\frac{\varepsilon}{2}, \tag{32}$$

was bei ziffermäßiger Berechnung die Ermittlung der Endwerte sehr erleichtert.

Weitere Verwendungen dieser Ausdrücke zur Lösung von Aufgaben aus diesem Bereiche finden sich bei M. v. ROHR[1].

Bei allen diesen Überlegungen empfiehlt es sich, in dem Gebiete $\mathfrak{A}$ zu bleiben, auch deswegen, weil nach den Bemerkungen auf S. 56γ die Abschattung durch die Lukenränder auch von der Entfernung zwischen Dingpunkt und Pupillenebene abhängig ist. Die Berücksichtigung dieser Abhängigkeit würde aber die Ausdrücke sehr stark verwickeln, ohne daß dem nach den einschränkenden Angaben im Anfange dieses Abschnittes auf S. 72β ein entsprechender Nutzen die Waage hielte.

c) Die Mißzeichnung bei besonders weiter Eintrittspupille. Zum Schluß seien noch einige Worte einer Erscheinung gewidmet, die bei Bildnisaufnahmen oder allgemein bei Aufnahmen aus ziemlicher Nähe auftreten kann, wenn die Eintrittspupille einen großen Durchmesser hat. In früheren Zeiten (jedenfalls vom Ende der 50er Jahre des vorigen Jahrhunderts bis in die 60er und 70er Jahre hinein) waren für Bildnisaufnahmen in einigermaßen großem Maßstab Aufnahmelinsen von ganz langer Brennweite und sehr beträchtlichen Durchmessern üblich. Uns wird von PETZVALschen Bildnislinsen mit Durchmessern von 15, 21, ja 32 cm berichtet, jedenfalls also von Ausmaßen, die heute für diesen Zweck nicht mehr vorkommen. Wenn man nun auch annehmen kann, daß beim tatsächlichen Gebrauch diese übergroßen Öffnungen zu einem guten Teile abgeblendet wurden, so wird dennoch die Eintrittspupille eine sehr bemerkenswerte und heute unerhörte Größe gehabt haben. Die sogleich zu besprechende Folgeerscheinung fiel damals dem bedeutenden englischen Physiker D. BREWSTER auf, der sich, beweglichen Geistes, mit Aufnahmen mindestens theoretisch beschäftigte und in der Tat ein richtiges Hilfsmittel gegen die sogleich zu besprechende Folgeerscheinung angab. Freilich wurde es von den Lichtbildnern damals nicht willig aufgenommen. Die BREWSTERsche Auffassung wirkte durch die glänzend geleitete englische Fachpresse auch auf die deutschen Fachleute, und H. W. VOGEL hat, von der BREWSTERschen Darstellung angeregt, von dem „Hintenherumsehen" (wohl für all round vision) großer Aufnahmelinsen gesprochen.

Stellt man sich einmal vor, daß für ein nahezu lebensgroßes Lichtbild der Kopf des Aufzunehmenden in keiner besonders großen Entfernung von der gewaltigen Eintrittspupille seinen Ort hatte, so wird man leicht gewisse unerwünschte Folgen verstehen. Da zu dem Entwurf des Abbilds die ganze lichte Kreisfläche der einmal eingestellten Eintrittspupille heranzuziehen ist, so werden der äußersten (rechten oder linken) Seite dieser scheinbaren Öffnung unter Umständen Gesichtsteile des Aufzunehmenden (auf der rechten Seite der Aufnahmelinse mehr von der ihr gegenüberstehenden Wangenhälfte und auf der linken Seite der Aufnahmelinse entsprechend) ausgesetzt sein, die für die Linsenmitte durch andere Gesichtsteile verdeckt sind. Wir wollen eine Darstellung solcher für P verdeckter Teile durch Randgebiete der Eintrittspupille eine Mißzeichnung großer Aufnahmelinsen nennen.

Sie beruht, wie schon E. WANDERSLEB[2] hervorgehoben hat, auf einer Abschattung der Eintrittspupille durch Teile des Aufnahmedinges selbst, und das

---

[1] Vgl. EDER: Jb. Phot. u. Reprod. **20**, 62 (1906).

[2] Vgl. S. 25/26 der in Anm. [1] auf S. 49 angeführten Arbeit.

tritt unter sonst gleichen Umständen um so seltener ein, je kleiner der Winkel ist, unter dem die ganze Eintrittspupille von den Punkten des Aufnahmedinges aus erscheint. Bei den heute sehr verbreiteten Aufnahmelinsen großen Öffnungsverhältnisses aber sehr kurzer Brennweite weist der Durchmesser der Eintrittspupille, in Millimetern gemessen, keine große Zahl auf, und man wird ihn daher nur verhältnismäßig selten vom Aufnahmedinge aus unter einem einigermaßen großen Winkel erscheinen sehen.

Weiter unten auf S. 95 β werden wir von dieser Mißzeichnung noch gleichsam im Vorübergehen zu sprechen haben.

II. Das Auge und sein Gebrauch beim Sehen.

Da das Auge in der Tat auf der Netzhaut, wie zuerst J. KEPLER im Jahre 1604 erkannte, ein Bild von großer Winkelausdehnung wie auf einem Schirm entwirft, so hat man sehr lange Zeit geglaubt[1], das Auge als eine besonders kleine Aufnahmekammer auffassen zu müssen. Wir wollen hier zunächst die ihm als solcher zukommenden Eigenschaften erörtern.

A. Das Auge im indirekten Sehen (Das ruhende Auge).

In dieser Hinsicht ist das Auge aufzufassen als eine angenähert ausgerichtete Flächenfolge mit nur einer einzigen Fläche gegen Luft. Auch für alle übrigen Flächen, die ja in Abb. 46 in einem Achsenschnitt dargestellt worden sind, ist der Unterschied der Brechzahlen besonders klein, so daß bei der Abbildung im Auge bemerkenswert wenig Licht durch Spiegelung (s. auch S. 113 δ) verloren geht. Hervorzuheben ist die geringe Länge der Brennweite im Auge; auf Luft bezogen beträgt sie etwa 17 mm beim Blick auf entfernte Gegenstände. Bei rechtsichtigen (emmetropischen) Augen werden solche fernen Dinge deutlich auf der Netzhaut entworfen; bei kurzsichtigen (myopischen) Augen erscheinen nur nähere Gegenstände dort deutlich, für ferne braucht man ein zerstreuendes Brillenglas (gleichsam ein Distar von S. 67 ζ); bei übersichtigen (hypermetropischen) Augen erscheinen dort nur unwirkliche Gegenstände deutlich, für ferne brauchen solche Augen ein sammelndes Brillenglas (gleichsam ein Proxar von S. 69 ϑ). Der Auffangschirm, die Netzhaut, läßt ein sehr großes Gesichtsfeld (freilich mit Lücken, wie beispielsweise dem blinden Fleck) zustande kommen, das J. KEPLER schon 1604 auf etwa 180° Ausdehnung ansetzte, aber die Sehschärfe auf dem Schirm nimmt von der bevorzugten Stelle, der Netzhautgrube im gelben Fleck, sehr rasch nach den Randteilen ab. Die Abbildung an den Randteilen dient weniger oder gar nicht der Erkennung von

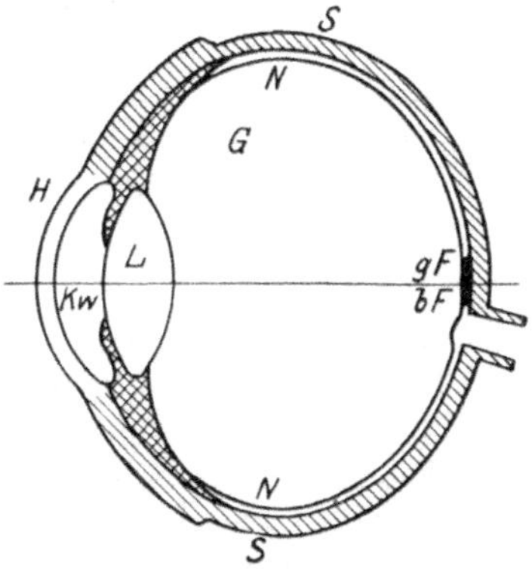

Abb. 46. Das rechte Auge im waagrechten Schnitt. *H* Hornhaut, *SS* Sehnenhaut, *Kw* Kammerwasser, *L* Linse, *G* Glaskörper, *NN* Netzhaut, *gF* gelber Fleck (schwarz zu beiden Seiten der Achse), *bF* blinder Fleck (am Eintritt des Sehnerven).

[1] Hier sei besonders auf den schönen Versuch aufmerksam gemacht, den CHR. SCHEINER gemeinsam mit dem Erzherzog MAXIMILIAN vor dem Jahre 1618 mit einem großen, äußerlich wie ein Auge gebauten Dunkelkasten vorgenommen hat. Z. ophthalm. Opt. 7, 129 β (1919).

Einzelheiten, sondern zur Leitung der sogleich zu besprechenden Augendrehung und zur Wahrnehmung von Bewegungen zum Schutz vor Angriffen.

Wenden wir uns zur Besprechung von Besonderheiten, so hat das Auge auch bei ruhiger Achsenlage die Möglichkeit einer inneren Veränderung, nach dem dafür üblichen Fachausdrucke die Fähigkeit, zu akkommodieren.

7. Die Akkommodationsbreite des Auges. Das noch nicht greisenhafte Auge vermag sich auf nähere Gegenstände einzustellen oder ihnen zu akkommodieren. Dabei verengert sich, was CHR. SCHEINER schon 1619 beschrieben hat, der Durchmesser der Augenpupille und namentlich krümmen sich die Linsenflächen, vornehmlich die vordere, stärker, dadurch eine Abnahme der Brennweite der ganzen Flächenfolge des Auges herbeiführend. Wegen des Akkommodationsvorganges, mit dem sich schon TH. YOUNG (1800), später besonders erfolgreich H. HELMHOLTZ[1] (1856) beschäftigt haben, wolle man entweder die große Physiologische Optik von H. HELMHOLTZ[1] oder, wenn größere Kürze erwünscht ist, M. v. ROHR[2] einsehen.

Beim Akkommodieren verschiebt sich der deutlich wiedergegebene Punkt (s. weiter unten auf S. 82 die Abb. 47, 48 und 49) von der Fernpunktslage (die einer erschlafften Akkommodation entspricht) im Sinne der Lichtrichtung nach der Nahpunktslage (die der stärkst angespannten Akkommodation entspricht). Daher kommt es, daß Recht- und Kurzsichtige einen in endlicher Entfernung vor dem Auge liegenden Nahpunkt haben, während die Übersichtigen je nach der Größe ihres Akkommodationsvermögens entweder einen ebenfalls unwirklichen oder einen unendlich entfernten, oder einen wirklichen (in endlicher Entfernung vor dem Auge liegenden) Nahpunkt haben können. Man sehe auch hierzu die soeben erwähnten Abb. 48 und 49.

Rechnet man die Dingabstände beim Auge vom Hauptpunkt H aus und bezeichnet mit $HR = r$ den Fernpunkts-, mit $HP = p$ den Nahpunktsabstand, so ergibt der Ausdruck

$$A_{kk} = \frac{1}{p} - \frac{1}{r} \tag{33}$$

die Akkommodationsbreite des vorliegenden Auges. Es ist das Verdienst des holländischen Augenforschers F. C. DONDERS, die Abhängigkeit der Akkommodationsbreite vom Lebensalter erkannt und ausgesprochen zu haben.

Im folgenden (s. Tab. 1) geben wir die letzte, aus dem Jahre 1876 stammende DONDERSsche Tafel für die Akkommodationsbreite in ihrer Abhängigkeit vom Lebensalter.

Mindestens für nicht allzusehr von der Rechtsichtigkeit abweichende Augen wird man diese Tafel ebenfalls als gültig ansehen müssen.

Den Zustand, wo der Nahpunkt weiter vom Auge abrückt als etwa 8 Pariser Zoll (= 21,7 cm) und also die Erkennung kleiner Einzelheiten erschwert wird, nannte DONDERS Presbyopie oder Alterssichtigkeit. Bei ursprünglich rechtsichtigen Beobachtern tritt dies meistens zwischen dem 40. und 45. Lebensjahre ein. Hier sei auch noch auf den weitverbreiteten Irrtum einer „mittleren deutlichen Sehweite" von 25 cm aufmerksam gemacht; die Nahpunktsentfernung hängt ja, wie wir sahen, vom Lebensalter ab und überschreitet bei ursprünglich rechtsichtigen Beobachtern jenen Abstand schon verhältnismäßig früh.

---

[1] HELMHOLTZ, H.: 3. Aufl. 1909/11. S. 120ff., 327ff.

[2] ROHR, M. v.: Zur Dioptrik des Auges. Erg. Physiol. **1909**, S. 541ff. Bd. 8 von L. ASHER u. K. SPIRO.

Tabelle 1. Die Änderung der Akkommodationsbreite (— *Akk*) mit dem Alter für ein rechtsichtiges Auge.

Lebensalter in Jahren	*p* in cm	1/*p* in dptr	*r* in cm	1/*r* in dptr	1/*r* — 1/*p* in dptr
10	— 7,1	—14	∞	0	14
15	— 8,3	—12	∞	0	12
20	— 10,0	—10	∞	0	10
25	— 11,8	— 8,5	∞	0	8,5
30	— 14,3	— 7,0	∞	0	7,0
35	— 18,2	— 5,5	∞	0	5,5
40	— 22,2	— 4,5	∞	0	4,5
45	— 28,6	— 3,5	∞	0	3,5
50	— 40,0	— 2,5	∞	0	2,5
55	— 66,6	— 1,5	400	0,25	1,75
60	—200	— 0,5	200	0,5	1,0
65	400	0,25	133	0,75	0,5
70	100	1,00	80	1,25	0,25
75	57,1	1,75	57,1	1,75	0,0
80	40	2,5	40	2,5	0,0

Diese Tafel ist aus einer Darstellung entwickelt, die F. C. DONDERS im Jahre 1876 durch E. LANDOLT veröffentlichen ließ.

Von dem Akkommodationsvermögen abgesehen, ist die Flächenfolge des ruhenden Auges mit einer künstlichen Linsenfolge von ganz kleiner Brennweite wohl zu vergleichen, und wir behandeln kurz:

8. Die Abbildungstiefe des Auges. Die Augenpupille (d. h. die Eintrittspupille des Auges) ist das bei der Abbildung durch Kammerwasser und Hornhaut etwas vergrößerte scheinbare Bild des Irisrandes, und sie liefert die Strahlenbegrenzung für das ruhende Auge. Ihr Mittelpunkt werde mit P bezeichnet. Da der Durchmesser der Augenpupille jedenfalls unter 10 mm liegt, bei Tagesbeleuchtung aber in der Regel nur etwa 3 mm oder noch weniger beträgt, so ist (s. auch S. 75 δ) die Tiefenausdehnung für das Auge bei einigermaßen entfernten Sehdingen ganz ungemein groß. Dabei ist aber stets darauf hinzuweisen, daß die Anwendung der auf S. 74/5 abgeleiteten Tiefenformeln auch bei kleinen Pupillendurchmessern immer nur einen rohen Annäherungswert liefert, da (s. S. 72 β) die Lehre von der Beugung des Lichtes unberücksichtigt geblieben ist.

9. Die Perspektive des ruhenden Auges (Die Füllperspektive). Für die Perspektive des ruhenden Auges ist selbstverständlich der Punkt P entscheidend. Man muß sich aber gegenwärtig halten, daß in Übereinstimmung mit den allgemeinen Bemerkungen auf S. 77 δ die Erkennung von Einzelheiten auf ein verhältnismäßig kleines Gebiet beschränkt ist. Schon in ganz geringem Abstande von der Mitte der Netzhautgrube sinkt, wie gesagt, die Feinheit des Trennungsvermögens, die Sehschärfe, sehr merklich. Auf den Dingraum bezogen, beträgt die Sehschärfe in der Netzhautgrube für Durchschnittsaugen eine Winkelminute, so daß also Dingpunkte von einem scheinbaren Abstande unterhalb dieses Betrages nicht mehr getrennt wahrgenommen werden können. Wir werden unten (S. 94 γ) sehen, wie man aus dieser Eigenschaft des Auges eine zutreffende Bestimmung für $\mathfrak{d}$ von S. 74 α abzuleiten versuchen kann.

Die Perspektive des ruhenden Auges in einem kleinen Winkelbereich, wo man noch von einer einigermaßen deutlichen Wahrnehmung sprechen kann, nennt man aus Gründen, die erst später einleuchten werden, die Füllperspektive. Dabei ist es unmöglich, ihre Seitenausdehnung nach Winkelgraden oder -minuten anzugeben; sie wird auch von der Feinheit der Außendinge abhängen und bei verhältnismäßig groben Einzelheiten einen größeren Betrag haben als bei einigermaßen feinen.

Daß man diese Art des Sehens mit ruhendem Auge seit langer Zeit das indirekte Sehen nennt — diese Bezeichnung findet sich schon 1604 bei J. KEPLER — läßt sich ebenfalls erst aus dem folgenden begründen, wo von dem in der Augenhöhle gedrehten Auge die Rede ist.

Nach der Anlage des Auges als kleiner Aufnahmekammer tritt beim freien Sehen mit ruhendem Auge stets eine Perspektive mit entozentrischem oder schnittstrebigem Strahlengange (s. S. 70 δ) auf, und wir nennen sie in Übereinstimmung mit jener Ableitung eine natürliche Perspektive. Eine derartige perspektivische Darstellung ist uns, worauf wir weiter unten (s. S. 92 β) noch hinweisen wollen, der langen Übung im Sehen entsprechend ohne weiteres verständlich, indem uns eben beim Sehen alle räumlich ausgedehnten Außendinge nur in ihrer perspektivischen Erscheinungsform zugänglich werden.

B. Das Auge im direkten Sehen (Das blickende Auge).

Während in dem vorhergehenden Abschnitt das Auge, von seiner Fähigkeit zu akkommodieren abgesehen, behandelt werden konnte wie ein optisches Gerät künstlicher Herstellung (und man könnte, wenn dazu hier die Gelegenheit wäre, auch über die Abbildungsfehler im Auge für einen Vergleich mit denen an künstlichen Geräten manches beibringen, was in den auf S. 78 angeführten physiologischen Schriften nachzulesen ist), so kommen wir in dem vorliegenden Abschnitt zu dem Hauptunterschied des Auges von den künstlichen Geräten, zu der Augendrehung. Während bei der für die künstlichen optischen Vorkehrungen sehr allgemeinen ABBEschen Behandlung solch ein künstliches Gerät während des Gebrauchs stets mit ruhender Achse und in sich unverändert vorausgesetzt wird, treffen wir im Auge nicht nur die Akkommodationsfähigkeit als eine Ausnahme davon, sondern müssen hervorheben, daß seine Achse während des Gebrauchs in häufiger Bewegung ist. Die daraus abzuleitenden Folgerungen müssen wir um so schärfer für unser Gebiet ins Auge fassen, als ja einerseits in dem ersten der Strahlenbegrenzung bei der Aufnahmelinse gewidmeten Abschnitt (S. 45ff.), ihrer Zugehörigkeit zu den künstlichen Geräten entsprechend, nichts Ähnliches vorgekommen ist. Anderseits werden wir aus der Vertrautheit mit dem Sehvorgange wichtige Forderungen ableiten können, denen durchaus entsprochen werden muß, wenn die fertigen Lichtbilder unter zutreffenden Bedingungen betrachtet werden sollen.

10. Der Augendrehpunkt und die Schärfenflächen des blickenden Auges. Wenn nun auch die Beweglichkeit des Auges beim gewöhnlichen Gebrauch ohne Zweifel bereits den Griechen aufgefallen war und wenn unsere Muttersprache ebenfalls in Ausdrücken wie „das Augenmerk richten auf", „der Augenblick", „die Aufmerksamkeit" und ähnlichen darauf hinweist, daß auch unseren Vorvätern die Beweglichkeit des Augapfels nicht entgangen war, so verdanken wir erst zwei großen schwäbischen Gelehrten im beginnenden 17. Jahrhundert eine derartige Fassung dieser Beobachtung, daß man eine mathematische Behandlung darauf bauen konnte. Während J. KEPLER 1604 gleichsam entgegen seiner ursprünglichen Absicht bei der Behandlung eines von TYCHO DE BRAHE stammenden Winkelmeßgeräts auf die Ableitung der Augendrehung kam und sie 1611 folgerichtig zur Erklärung des Zusammenwirkens von Auge und Brillenglas verwandte, stellte CHR. SCHEINER 1619 die Unterschiede der Gesichtswahrnehmung mit ruhendem und mit bewegtem Auge in einer geradezu klassischen Weise zusammen und einander gegenüber. Jedem, der ene Freude an der Entwicklung der Erkenntnis hat, ist anzuraten, die schöne Darstellung nachzulesen, die an verschiedenen Stellen[1] in deutscher Übersetzung zu finden ist.

Leider hatten die späteren Jahre des 17. Jahrhunderts und das ganze 18. Jahrhundert, soweit jetzt bekannt, kein rechtes Herz für die Augendrehung, und die schönen Lehren KEPLERS und SCHEINERS blieben gleichsam einbalsamiert in Druckerschwärze ohne Wirkung, bis 1826 J. MÜLLER und, ihm folgend, A. W. VOLKMANN 1835 die Lehre von der Augendrehung aufnahmen und sie zum Eigentum der Physiologen machten. Obwohl um 1842 der bedeutende Theoretiker der Instrumentenoptik, L. J. SCHLEIERMACHER, den Augendrehpunkt in sein Lehrgebäude aufnahm, zogen die gleichzeitigen und für längere Zeit auch die späteren optischen Rechenmeister aus dieser bedeutenden Darstellung überhaupt keinen Nutzen, noch entnahmen sie ihr im besonderen die zutreffende Wertung der Augendrehung. Selbst zwei Theoretiker von allerhöchstem Range, wie H. HELMHOLTZ und E. ABBE, zogen die Augendrehung nicht zu der Aufgabe heran, die Anlage einfacher optischer Geräte (es seien Brillengläser, schwache Lupen und holländische Fernrohre schwacher Vergrößerung erwähnt) in der richtigen Weise zu begründen. Die Anbahnung eines wirklichen Fortschrittes blieb den von Augenärzten ausgehenden Bemühungen um Verbesserung der Brillengläser vorbehalten. Hier sind der zeitlichen Reihenfolge nach die Namen von FR. OSTWALT, M. TSCHERNING und A. GULLSTRAND zu nennen. Der letztgenannte gab 1902 eine wichtige Anregung für eine zusammengesetzte Lupe an die Jenaer Werkstätte, und als 1908 dort noch von anderer Seite her ein entscheidender Anstoß für die Verbesserung der Brille gewirkt hatte, konnte einer der Vertreter der ABBEschen Schule, M. v. ROHR, 1909 die Folgerungen aus dem Vorhandensein der Augendrehung ziehen, die uns nunmehr beschäftigen werden.

Gehen wir nach dieser kurzen, der Wichtigkeit des Gegenstandes entsprechenden und den Verdiensten der Bahnbrecher nach Kräften gerecht werdenden Einleitung zu den Verhältnissen beim Sehen mit bewegtem Auge über, so ist auch auf die Fachausdrücke zu achten.

Im einzelnen nennt man das Anblicken irgendeines auffälligen oder gekennzeichneten Dingpunkts Fixieren, dabei dreht sich der Augapfel um einen in seinem Innern liegenden festen Punkt, dem A. W. VOLKMANN den Namen Augendrehpunkt Z beigelegt hat. Wir nehmen hier für diese Darstellung an, daß er auch bei ziemlich ausgiebigen Augendrehungen erhalten bleibt, und setzen ihn etwa 13 mm von dem Hornhautscheitel auf der Augenachse im Augeninnern liegend an. Diese Lagenbestimmung gilt sowohl für recht- wie für fehlsichtige Augen geringeren Grades, und das wird hier für uns genügen, wo wir allgemeingültige Betrachtungen aufzustellen wünschen.

Unter diesen Bedingungen fällt — wir nehmen hier der Einfachheit halber an, daß die Augenachse durch die Netzhautgrube gehe — das Bild des angeblickten oder fixierten Dingpunkts auf die Netzhautgrube, man spricht unter diesen Umständen davon, daß dieser Dingpunkt direkt gesehen werde, während man seine Umgebung, solange die Achse auf ihm ruhen bleibt, im indirekten Sehen (s. S. 79/80) mit einer nach der Seite rasch abnehmenden Deutlichkeit wahrnimmt. Den gerade fixierten oder angeblickten Punkt nennt man nach H. HELMHOLTZ den Blickpunkt und seine Verbindung mit dem Augendrehpunkt Z die Blicklinie; wir heben nochmals hervor, daß bei unserer vereinfachten Annahme die Augenachse mit der Blicklinie zusammenfällt, während

[1] Z. f. Instrumentenkde. **35**, 202 (1915). — Z. ophthalm. Opt. **7**, 125/26 (1919). — MÜLLER-POUILLET: Lehrbuch der Physik, 11. Aufl. **2**, 1. Hälfte (Optik), 424.

diese beiden Richtungen in Wirklichkeit einen kleinen, hier vernachlässigten Unterschied haben. Das Feld, das der Blickpunkt in seitlicher Richtung durchlaufen kann, nennt man das Blickfeld und verwendet diese Bezeichnung auch für die Ausschläge der Blicklinie, immer bei Festhaltung des Kopfes. Das Blickfeld beträgt 30—50° nach jeder Seite (es ist klar, daß bei hervorstehendem Nasenrücken das Blickfeld nach der Innenseite durch den scheinbaren Umriß der Nase beschränkt wird) und etwas weniger nach oben und nach unten. Es ist also merklich kleiner als das (nach S. 77 δ) etwa 180° betragende Gesichtsfeld des ruhenden Auges, zeichnet sich aber durch die höchste Deutlichkeit der Wahrnehmung aus, deren das vorliegende Auge überhaupt fähig ist.

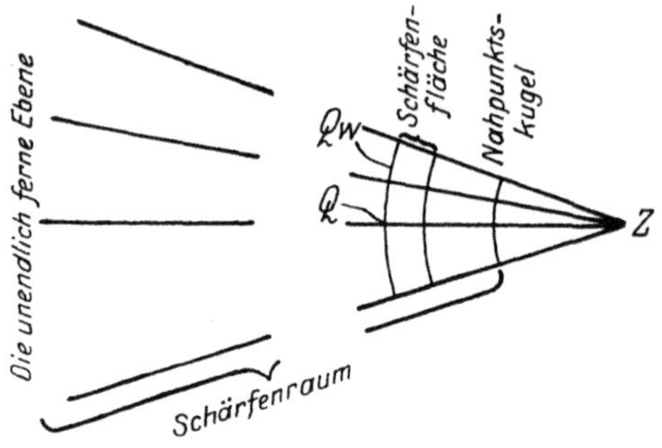

Abb. 47. Der Schärfenraum mit seinen Grenzkugeln und zwei inneren Schärfenflächen bei einem rechtsichtigen Auge.

Diese Bewegung des Auges um seinen Drehpunkt hat aber noch einen sehr wichtigen Einfluß auf die Form der Flächen, die ohne Änderung der Akkommodation deutlich wahrgenommen werden können. Stellt man sich ein Auge nach Abb. 47 auf einen Punkt Q eingestellt vor, der vom Augendrehpunkt Z um die Strecke $Z\,Q$ absteht, so wird das Auge bei seiner ganzen Drehung, also etwa in einem Kegelwinkel von $2 \times 40°$, bei festgehaltener Akkommodation auf die Kugelkappe eingestellt sein, die man um Z innerhalb dieses Kegelwinkels mit ZQ oder ZQ_w als Halbmesser beschreiben kann. Man nennt seit

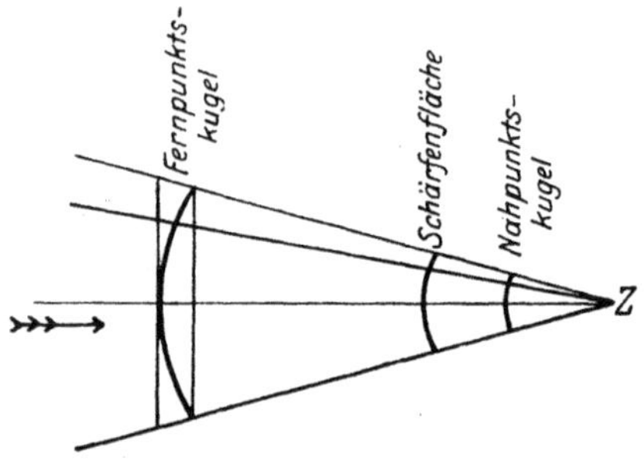

Abb. 48. Der Schärfenraum, die Grenzkugeln und eine innere Schärfenfläche bei einem kurzsichtigen Auge.

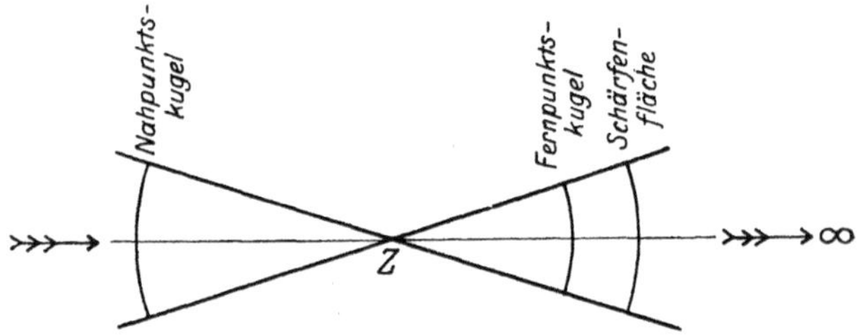

Abb. 49. Der Schärfenraum, die Grenzkugeln und eine innere Schärfenfläche bei einem übersichtigen Auge.

Bei Akkommodationsanstrengung verschiebt sich der eingestellte Punkt stets im Sinne der Lichtrichtung. Beim übersichtigen Auge, Abb. 49, wurde angenommen, daß die Akkommodationsbreite größer sei als der Brechungsfehler, so daß also die Nahpunktskugel links von Z zu liegen kommt.

1909 mit M. v. Rohr diese Fläche eine Schärfenfläche. Selbstverständlich nehmen auch die Grenzpunkte der Akkommodation von S. 78 δ an dieser Bewegung Teil und beschreiben die Nahpunkts- und die Fernpunktskugeln, die in Abb. 48 und 49 für die beiden verschiedenen Zustände der Fehlsichtigkeit dargestellt sind. Im Falle des rechtsichtigen Auges wird die Fernpunktskugel zu einem Stück der unendlich fernen Ebene. Diese ist aus dem Akkommodationsgebiet eines kurzsichtigen Auges unter allen Umständen ausgeschlossen, kann aber in dem eines übersichtigen eingeschlossen sein, wenn die Breite seiner Akkommodation einen die Dioptrienzahl seiner Übersichtigkeit übersteigenden Betrag hat.

Man erkennt also ohne weiteres, daß man beim blickenden Menschenauge von Rechts wegen nicht von der Einstellebene, sondern von einer Einstellkugel sprechen müßte, doch sieht man leicht ein, daß bei der, wie auf S. 79δ bemerkt, ungemein großen Abbildungstiefe der Unterschied unwesentlich wird, wenn wir ein rechtsichtiges Auge mit ziemlich ferner Einstellkugel voraussetzen können.

11. Die Hauptperspektive des blickenden Auges. Was die Perspektive im direkten Sehen angeht, so ist aus der Begriffsbestimmung der Blicklinien klar, daß sie alle durch den Augendrehpunkt Z des blickenden Auges hindurchgehen müssen. Ein beliebiger, die Aufmerksamkeit fesselnder Punkt Q bestimmt also nach Abb. 50 eine Blicklinie ZQ, und jedem irgendwie gekennzeichnetem Punkte der Oberfläche eines Raumdinges — sobald er nur von Z aus sichtbar ist — kann eine Blicklinie entsprechen, so daß bei geeigneten Sehdingen eine zweifache Mannigfaltigkeit von Strahlen in dem ganzen Blickfeldwinkel von etwa 2×40^0 enthalten sein wird. Man erkennt also hier dieselbe Möglichkeit für die Beherrschung einer im Raum verlaufenden Oberfläche durch eine nur zweifache Mannigfaltigkeit von Strahlen, wie wir sie bei der Perspektive der eng abgeblendeten Aufnahmelinse auf S. 64γ geschildert hatten. Liegen also mehrere Dingpunkte in der Richtung einer bestimmten Blicklinie, so verdeckt eben der dem Auge nächste alle ihm voraufgehenden.

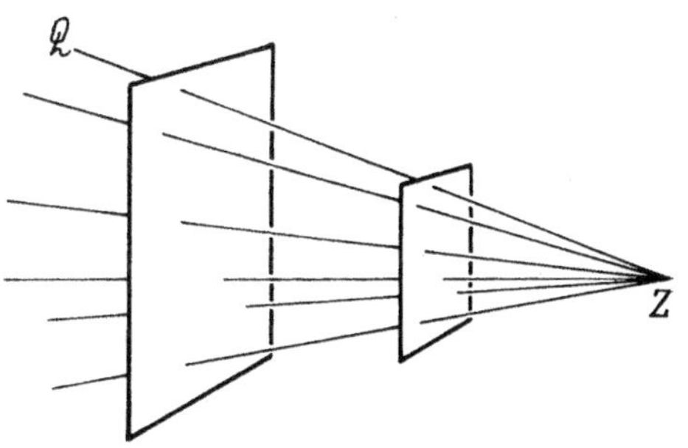

Abb. 50. Das Blicklinienbündel und zwei zugehörige ebene Perspektiven; ihre Ebenen stehen auf der mittleren Blickrichtung senkrecht.

Dieses Blicklinienbündel, das durch die verschiedenen Lagen gebildet wird, in die nacheinander die Achse des von den sechs Augenmuskeln bewegten Augapfels gebracht wird, können wir schon jetzt die Perspektive des direkten Sehens von dem Zentrum Z aus nennen. Da also hier die Hauptstrahlen durch einen Punkt Z treten, der verschieden ist von der Mitte P der (beweglichen) Augenpupille, die ihrerseits die Öffnung der in das Auge tretenden Strahlenbündel bestimmt, so ist es zweckmäßig, mit Gullstrand von einem Hauptstrahlenkreuzungspunkt Z zu sprechen, der schon bei dieser ersten während des Gebrauchs bewegten optischen Vorkehrung von der Mitte P der Eintrittspupille losgelöst wird, in der er bei allen während der Verwendung ruhenden Vorkehrungen nach der Abbeschen Darstellung seinen Sitz hatte. Gegen das Ende dieses das Auge und seinen Gebrauch beim Sehen behandelnden Abschnittes wird gelegentlich auf S. 89α noch ein anderer von der Augenpupille verschiedener Hauptstrahlenkreuzungspunkt I nachgewiesen werden können.

Natürlich können wir uns auch Einstellkugeln zentrisch um Z oder, was den meisten Lesern verständlicher erscheinen wird, im Raume lotrechte Ebenen vorstellen, worauf das Blicklinienbündel eine kuglige oder eine ebene Perspektive ausschneidet, die je den anderen Perspektiven der gleichen Gruppe strenge ähnlich ist.

Das alles gilt streng für die von Z aus entworfene Perspektive des direkten Sehens, doch wird es sich empfehlen, hier noch einmal auf das Durcheinanderspielen zweier Perspektiven (genauer zweier perspektivischer Strahlenbündel) einzugehen, wie es das natürliche Sehen kennzeichnet. Was die Perspektive des direkten Sehens angeht, so durchläuft die Blicklinie ihr Gebiet, den Blickfeldwinkel, nicht stetig, sondern ruckweise. In den Ruhepausen tritt nun die

Perspektive des indirekten Sehens mit der Pupillenmitte P als perspektivischem Zentrum solange in Wirksamkeit, bis das Auge eine neue Ruckbewegung erfährt. Wirklich mustergültig hat O. Eppenstein[1] 1904 unsere Kenntnis auf diesem Gebiet zusammengefaßt und seine Worte sollen hier folgen: „Da der Blick übrigens keinen Teil des Blickfeldes vollständig und stetig durchläuft, so kann kein Teil der Umgebung vollkommen, Punkt für Punkt, direkt gesehen werden. Das Bild setzt sich vielmehr aus den nacheinander gesehenen Stücken mosaikartig zusammen, während in den einzelnen Stücken das indirekte Sehen zur Geltung kommt. Es gleicht also einer aus einzelnen Blättern zusammengesetzten Zeichnung; und diese Blätter sind von verschiedenen, aber einander sehr nahe gelegenen Punkten aufgenommen (den verschiedenen Orten, die die Pupille bei der Drehung nacheinander einnahm) und nachher so nebeneinander gelegt worden (wobei sie sich vielfach überdecken), daß die wichtigsten Punkte des ganzen (die eben Blickpunkte gewesen sind) von einem anderen nahegelegenen

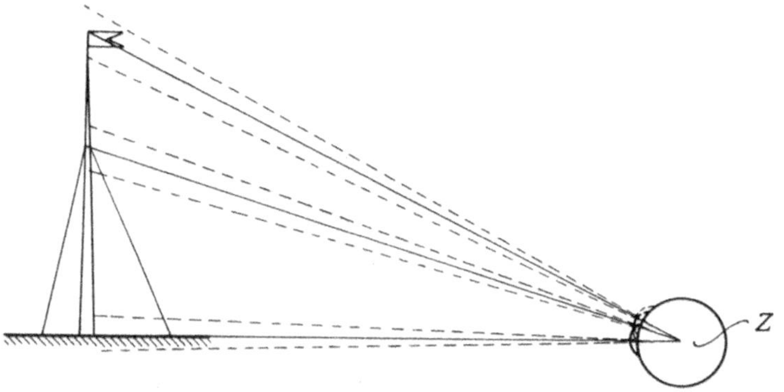

Abb. 51. Der Augapfel (in ganz unrichtigen Größenverhältnissen) ist in drei Lagen dargestellt worden, wenn nacheinander Fuß, Mitte und Spitze des Flaggenstocks fixiert wurden. Die scheinbare Größe dieser drei Abschnitte wird offenbar nach den Augendrehungen um den Mittelpunkt Z beim Blicken beurteilt. Für die Zwischenteile, die nach Voraussetzung dem Beschauer weniger wichtig erscheinen, treten die roh angedeuteten Füllperspektiven ein, die von der jeweiligen Lage der Mitte der Augenpupille entworfen sind. Wie weit sie sich erstrecken, ist schwer zu entscheiden; es wurde auf der Zeichnung unbestimmt gelassen.

Punkte (dem Augendrehpunkte) als Zentrum der Perspektive aufgenommen erscheinen."

Wir sehen danach ein, daß wir beim natürlichen Sehen von zwei verschiedenen Perspektiven sprechen müssen, wenn ein Raumding betrachtet werden soll. Eine jede hat ihr besonderes Zentrum: die Hauptperspektive ein ruhendes für die Blickpunkte, die unsere Aufmerksamkeit gefesselt haben — den Augendrehpunkt Z — und die Füllperspektiven je ein unwichtigeres, wanderndes — die ruckweise bewegte Mitte P der Augenpupille — für die nähere Umgebung der Blickpunkte. Auch Abb. 51 wird dazu beitragen, diese Verhältnisse zu veranschaulichen, und jedenfalls wird die Bezeichnung Füllperspektive klarer geworden sein.

Der Sucher. Da nun für einen bestimmten Ort im Sinne der Lichtrichtung hinter den aufzunehmenden Gegenständen dasselbe perspektivische Strahlenbündel wirksam wird, mag man Z an diesen Ort bringen — dann wirkt es als Blicklinienbündel — oder P, die Mitte der Eintrittspupille der Aufnahmelinse — dann wirkt es als Hauptstrahlenbündel —, so hat man schon lange danach gestrebt, vor der Belichtung der Platte die bildmäßige Wirkung der

[1] Grundzüge der Theorie der optischen Instrumente nach Abbe, 2. Aufl., S. 268. Leipzig: J. A. Barth 1904.

fertigen Aufnahme abzuschätzen. Ganz im allgemeinen wird dazu vornehmlich verlangt, den Drehpunkt des für die Beurteilung verwandten Einzelauges an den Ort P zu bringen, den nachher die Eintrittspupille der Aufnahmelinse einnehmen soll. Je näher die Einstellebene bei einer solchen Aufnahme an P herangelegt wurde, desto besser muß das Zusammenfallen für diese beiden Punkte erreicht werden, wenn man nicht später bei der Betrachtung der fertigen Aufnahme enttäuscht werden will. Da im allgemeinen die Höhe des Auges über dem Boden bei einem Erwachsenen in aufrechter Haltung größer ist als die entsprechende Höhe der Eintrittspupille an der Kammer, so wird man meistens bei der Abschätzung nicht aufrecht stehen dürfen.

Zu ausreichender Beurteilung des bildmäßigen Eindrucks fehlt nun noch die Hervorhebung der durch die Aufnahmekammer gesetzten Bildbegrenzung. Einrichtungen von einfachem oder verwickeltem Bau, die eine solche Begrenzung im Aufnahmeraum erscheinen lassen, nennt man Sucher. Natürlich kann es sich hier nicht um eine Vorführung der einzelnen Sucherformen handeln, die in einem anderen Teile dieses Handbuches (Bd. II, 342ff.) beschrieben werden, aber es können wenigstens gewisse Haupteigenschaften dieser Einrichtungen angedeutet werden.

Die einfachste Art, durch einen Bildfeldrahmen (ein Ikonometer) unmittelbar dem betrachtenden Auge sein Gebiet abzugrenzen, hat sich trotz ihren unleugbaren Vorzügen nicht eingeführt. Natürlich müßte bei Landschaftsaufnahmen, falls der Bildfeldrahmen gerade die Plattengröße von S. 54 δ umschließt, der Augendrehpunkt nach (17) S. 67 gerade um f' von der Rahmenebene abstehen. Das führt aber bei neueren Aufnahmekammern mit ihren kurzen Aufnahmebrennweiten auf sehr geringe Abstände zwischen Auge und Rahmen und daher auf eine sehr unscharfe Begrenzung, wenn das Auge auf den Aufnahmegegenstand in merklich größerer Entfernung eingestellt ist.

Für die vollkommener ausgestatteten Sucher hat man die verschiedensten Mittel optischer Abbildung herangezogen, Spiegelung und Brechung sowohl einzeln als auch in Verbindung. Man hat nach K. MARTIN Aufsichts- und Durchsichtssucher zu unterscheiden und hat anscheinend sehr häufig besonderen Wert darauf gelegt, der Aufnahmekammer einen bequem zu benutzenden, leichten und kleinen Sucher beizugeben. Dabei ist dann häufig die nach dieser Darlegung an erster Stelle stehende Forderung unbeachtet geblieben, daß — mindestens mit merklicher Annäherung — auch die Neigungswinkel des Blicklinienbündels mit denen des Hauptstrahlenbündels übereinstimmen sollten. Auf die Abweichung von dieser Grundforderung sollte bei der Einzelvorführung der verschiedenen Sucheranlagen eingegangen werden.

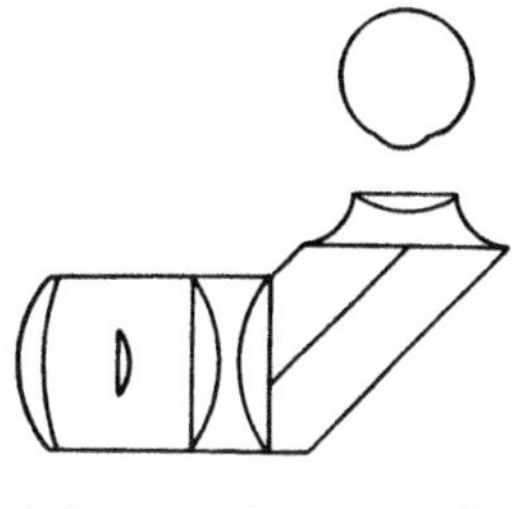

Abb. 52. Ein ALBADAscher Sucher für ein Feld von etwa 2 × 30°.

In neuester Zeit hat der besonders verdienstvolle Förderer photographischer Erkenntnis, L. E. W. VAN ALBADA[1], der Herstellung von Suchern einen neuen wohldurchdachten Weg gewiesen. Er ist nach Abb. 52 von einem bildaufrichtenden Prismenfernrohr schwacher Verkleinerung ausgegangen. Dadurch erhielt er wirklich, wie oben gefordert, mit merklicher Annäherung die richtigen Winkel bei der Betrachtung und war auch imstande, die Bildgrenzen in dem scheinbaren Gesichtsfelde des Suchers deutlich wahrnehmbar anzubringen.

[1] Trans. of the Opt. Soc. London **25**, 249ff. (1923/24).

Man wird auch aus dieser nur ganz im Groben geschilderten Entwicklung des Suchers entnehmen können, wieviel eine klare Erkenntnis der Bedingungen bedeutet, deren Erfüllung bei dem Bau auch einer so einfachen Hilfsvorrichtung nachzustreben ist.

C. Das natürliche Sehen mit beiden Augen.

Zu den soeben auseinandergesetzten Bedingungen des Sehens mit blickendem Auge müssen noch einige Zusätze gemacht werden, um dem Photographen das Verständnis bestimmter Vorkehrungen zu erleichtern.

Die so gut wie ausschließlich geübte Art und Weise, sich in seiner Umgebung umzuschauen, benutzt beide Augen, die beim Menschen je nach Alter, Geschlecht und Stammeszugehörigkeit in einem in der Regel waagrechten Drehpunktabstande $\boldsymbol{I}$ von etwa

$$5\,\text{cm} < \boldsymbol{I} < 7\,{}^1\!/_2\,\text{cm}$$

angeordnet sind.

Obwohl die Beidäugigkeit des Menschen den Griechen aufgefallen war (sie hatten auch schon versucht, in gewissen einfachen Fällen geometrische Folgerungen daraus abzuleiten) und obwohl J. KEPLER schon 1604 nicht ohne Erfolg versucht hatte, die Möglichkeit der Tiefenwahrnehmung zahlenmäßig auszuwerten, blieb doch das Verständnis für das beidäugige Sehen und die Tiefenwahrnehmung bis zum 4. Jahrzehnt des 19. Jahrhunderts unerschlossen. Erst CH. WHEATSTONE, ein Physiker an der Londoner Universität, wies schon 1833 in einer vorläufigen, ganz unbeachtet gebliebenen Mitteilung, eingehend aber 1838 darauf hin, daß der Mensch beim beidäugigen Sehen gleichzeitig von dem betrachteten Raumding zwei verschiedene Perspektiven erhielte, die — im Gehirn vereinigt — ihm die Tiefenwahrnehmung mäßig entfernter Raumdinge gestatteten. Wir werden sogleich auf diese Möglichkeit noch etwas genauer einzugehen haben. Die WHEATSTONEsche Lehre wurde dann 1866 in den Schlußlieferungen des HELMHOLTZischen Handbuchs der Physiologischen Optik auch mathematisch behandelt, doch entging dem großen Forscher der Nachweis von einer in dem Bau unserer Augen liegenden, besonders hohen Feinheit der Tiefenwahrnehmung, die erst 1899 von E. HERING begründet wurde. Wir wollen hier auf diesen Teil der Lehre vom beidäugigen Sehen nicht ausführlich zu sprechen kommen, weil er nicht so sehr für die Stereophotographie, sondern mehr für die — optische und photographische — Entfernungsmessung von Bedeutung ist.

Wenden wir uns aber zu der allgemeinen Darstellung, wie man sie immer auf dem Grunde der WHEATSTONEschen Erkenntnis hat geben können, so bemerken wir, daß sich bei einem Augenpaare mit ungestörter Muskeltätigkeit beide Blicklinien auf denselben fixierten Punkt richten. Da nun jede Blicklinie nach S. 83γ durch den zugehörigen Drehpunkt (Z_l oder Z_r) geht, so bestimmt in Abb. 53 ein Blickpunkt Ω allgemeiner Lage mit den beiden Drehpunkten Z_l und Z_r eine im Raum durch diese drei Punkte eindeutig festgelegte Ebene, innerhalb deren die beiden Blicklinien auf Ω hinlaufen. Da, wie oben bemerkt, Z_l und Z_r in der Regel einen waagrechten Abstand voneinander haben, so kann man durch Z_lZ_r eine waagrechte Ebene legen, die als Ausgangs- oder Grundebene dienen soll. Die durch den Blickpunkt Ω gelegte Ebene der Blicklinien hat gegen die Ausgangsebene eine bestimmte Neigung, der man nach der Anregung HELMHOLTZens die Bezeichnung des Hub- oder Senkwinkels beilegt. Man erkennt, wie beiläufig bemerkt sei, aus der Abb. 53 ohne weiteres, daß in einer lotrechten, zu Z_lZ_r parallelen Auffangebene, die beiden zu $\mathfrak{Q}$ gehörigen Durchstoßpunkte $\mathfrak{Q}_l$ und $\mathfrak{Q}_r$ der beiden Blicklinien immer die gleiche Höhe

$$Q_l \mathfrak{Q}_l = Q_r \mathfrak{Q}_r \tag{34}$$

über dem scheinbaren Horizont $Q_l Q_r$ haben müssen.

Innerhalb der im allgemeinen entweder gehobenen oder gesenkten Blickebene tritt nun, je nach der Entfernung des Blickpunktes $\mathfrak{Q}$ und seiner mehr oder weniger seitlichen Lage, noch ein anderes Winkelpaar auf. Man rechnet

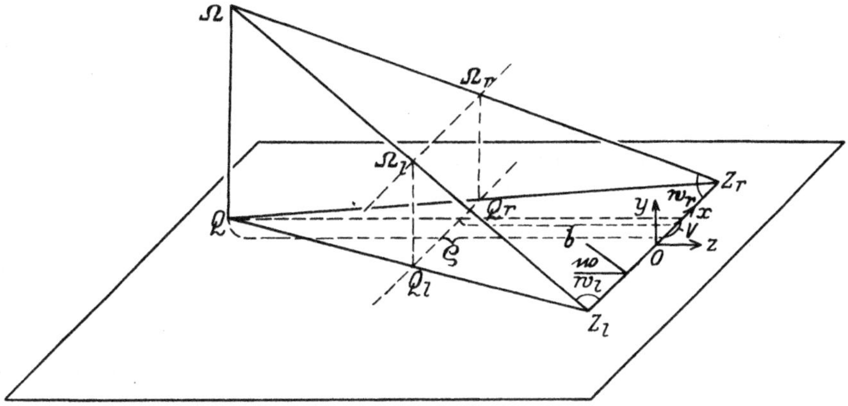

Abb. 53. Die Ebene der beiden Blicklinien nach $\mathfrak{Q}$; der Hubwinkel $\mathfrak{w}$; die Neigungswinkel w_l und w_r in der Hubebene gegen die Augenstandlinie.

sie gegen die in der Blickebene aus den beiden Drehpunkten Z_l und Z_r senkrecht zur Augenstandlinie $Z_l Z_r$ gezogenen Richtungen. Sie sind unter Benutzung der Bezeichnung in Abb. 53

$$90^0 - w_l; \qquad 90^0 - w_r,$$

wenn w_l und w_r die Neigungen gegen die Augenstandlinie bezeichnen. Jene Komplementwinkel nennt man wieder nach einer HELMHOLTZischen Anregung die Seitenwendwinkel. Man erkennt, daß durch den Hub- oder Senkwinkel und das Paar der beiden Seitenwendwinkel bei einer bestimmten (durch den Beobachter gegebenen) Augenstandlinie jeder beidäugig wahrnehmbare Raumpunkt $\mathfrak{Q}$ eindeutig festgelegt ist, und umgekehrt liefert auch irgendein derartiger durch seine Raumkoordinaten x, y, z festgelegter Raumpunkt auf eindeutige Weise eine entsprechende Winkeldreiheit.

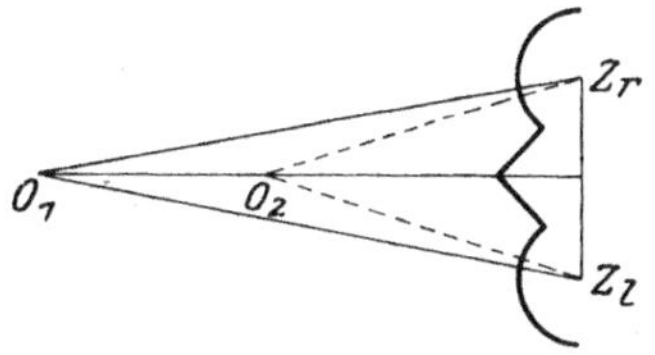

Abb. 54. Die Blicklinienpaare in der Grundebene beim natürlichen Sehen. $Z_l\,O_1$ und $Z_r\,O_1$ verlaufen mehr schläfen-, $Z_l\,O_2$ und $Z_r\,O_2$ mehr nasenseitig.

Im Anschluß an diese soeben eingeführten Bestimmungsstücke kann man eine Reihe von Beziehungen geometrisch festlegen, wie die Bedeutung der stereoskopischen Differenz und die Abhängigkeit der Sicherheit der Entfernungsbestimmung von dem Betrage der Breitenwahrnehmung in den Augen des Beobachters. Hier aber soll diese Ableitung nicht gegeben werden, da sie in Bd. VI/1, S. 11, 14 in der Behandlung der stereoskopischen Aufnahmen zu finden sein wird, hier genügt es, im allgemeinen den Weg zu weisen, auf dem man den Aufgaben nachgehen kann, die das beidäugige Sehen dem Geometer stellt.

Für das Spätere mag noch ausdrücklich darauf hingewiesen werden, daß, wie man aus Abb. 54 für die Grundebene sofort entnehmen kann, die zu den beiden Blickpunkten O_1 und O_2 gehörigen Blicklinien mehr schläfenseitig verlaufen, wenn der Blickpunkt ferner liegt und mehr nasenseitig, wenn näher. Die Umrandung von Z_l und Z_r auf Abb. 54 stellt als ein leichtverständliches Kurzzeichen für die beiden Hauptstrahlenbündel einen waagrechten Schnitt durch die beiden Augendrehpunkte mit der Spur der Lederhaut und des Nasenrückens dar. Man kann darauf die inneren (nasenwärts gekehrten) Seiten der beiden Hauptstrahlenbündel von den äußeren (schläfenwärts gekehrten) leicht unterscheiden. Man kann diese gegenseitige Beziehung damit ausdrücken, daß man sagt, die beiden Blicklinienbündel mit ihren Spitzen in den Augendrehpunkten seien nicht unabhängig voneinander, sondern hätten zueinander innere und äußere Seiten.

D. Das Blicken mit behindertem Auge (Die Schlüssellochbeobachtung).

Eine andere Abweichung von den Verhältnissen des unbehindert blickenden Einzelauges, als sie die freie beidäugige Gesichtswahrnehmung bedeutete, findet sich beim Blicken mit behindertem Auge. Auch diese muß hier kurz behandelt werden, da entsprechende Vorkehrungen unter Umständen nötig werden können, wenn Lichtbilder besonderer Art mit naturgetreuer Wirkung betrachtet werden sollen.

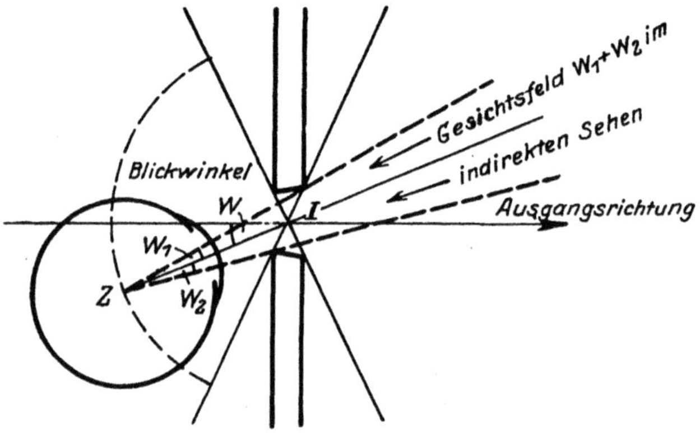

Abb. 55. Das behinderte Blicken durch die Lochöffnung um I.

Während schon in den Überlegungen von S. 83 β der Drehpunkt Z des Auges die Perspektive bestimmte, so kann man hier noch besonders darauf hinweisen, daß wir, häufig ganz unwillkürlich, den geeigneten Standpunkt nach den Anforderungen der Perspektive wählen. Beispielsweise lehnt man sich aus dem offenen Fenster hinaus, um einen möglichst weiten Überblick zu haben, und man verschiebt im Innenraum bei geschlossenem Fenster den Kopf ganz unbewußt von der linken Rahmenseite rechts hin, wenn man nach links, und von der rechten Rahmenseite links hin, wenn man nach rechts eine weitere Aussicht zu erfassen sucht.

Durch die mit den Kopfbewegungen verbundenen perspektivischen Verschiebungen der Außendinge vermag sich selbst der Einäugige einige Auskunft über die Tiefengliederung des Raumdinges vor ihm zu verschaffen, und in der ersten Zeit der Eisenbahnen fielen aufmerksamen Beobachtern bei schneller Fahrt merkliche Größenunterschätzungen von Gegenständen und ihrer Entfernung auf, die, an der Seite des Bahndammes liegend, den Augen der Vorbeifahrenden in starker Verschiebung erschienen waren.

Während aber auch hier die Tiefengliederung des betrachteten Gegenstandes für die Drehbewegungen bestimmend ist, kann man in dem Hauptinhalt dieses Unterabschnittes einen Fall anführen, wo die Drehbewegungen durch einen äußeren Anlaß bestimmt werden.

Soll ein nach den drei Richtungen ausgedehnter Raum durch eine verhältnismäßig enge Öffnung — etwa ein Schlüsselloch — wahrgenommen werden, wie es Abb. 55 darstellt, so bewegt man von selbst den Kopf hinter der Öffnung herum, richtet das Auge aber immer so, daß die Blicklinie etwa durch die Mitte der engen Öffnung tritt. Die Drehbewegungen des Auges sind hier also nicht frei, sondern mit den Verschiebungen des Kopfes gekuppelt, und zwar in einer leicht zu beschreibenden Weise. Stellt man innerhalb der engen Öffnung den Punkt fest, von dem aus nach Abb. 56 der vordere und der hintere Lochrand einigermaßen unter gleichem Winkel erscheinen, so kann man diesen Punkt *I* etwa als den Hauptstrahlenkreuzungspunkt auffassen. Er bestimmt die Perspektive des Raumes vor ihm, während, ganz wie auf S. 84 β, die Öffnung der in das herumbewegte Auge tretenden Bündel von der Augenpupille *P* bestimmt wird. Im Unterschiede mit dem dort behandelten einfacheren Falle des blickenden Einzelauges ist der vorliegende Hauptstrahlenkreuzungspunkt *I* durch die Wand und ihre Öffnung gesetzt, also ein für allemal fest gegeben. Im einzelnen führen Kopfbewegungen im augenseitigen Teile des Hauptstrahlenbündels auf bestimmte Hauptstrahlneigungen *w*, die man nach Abb. 55 von einer waagrechten Ausgangsrichtung zählen mag, in der man als Beobachter seinen Kopf senkrecht oder die Ausgangsrichtung des Blickes waagrecht hält. Alsdann dreht sich bei einem derart behinderten Blickvorgange das Auge um seinen Drehpunkt um den Winkel *w*, wenn man durch die entsprechende Kopfverschiebung dafür gesorgt hat, daß alsdann die Blickrichtung in die Hauptstrahlneigung *w* fällt.

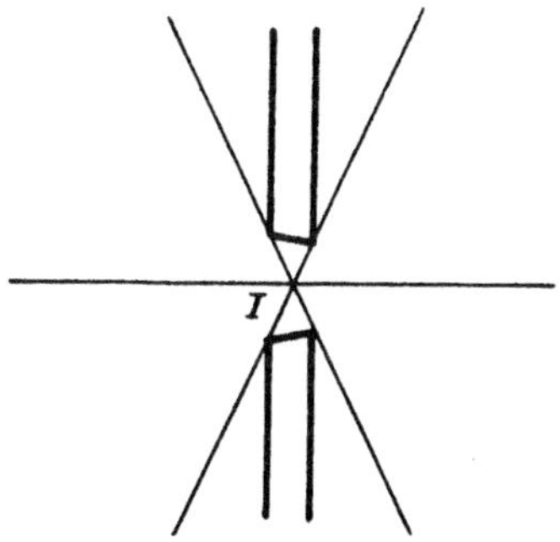

Abb. 56. Die die Hauptperspektive des behinderten Blickens bestimmende Lochmitte *I*.

Diese neue Art der Gesichtswahrnehmung mit behindertem Blick weicht übrigens nicht in allen Punkten grundsätzlich vom natürlichen freien Sehen des Einzelauges ab: auch hier wird, wie schon bemerkt, die Öffnung der eingelassenen Strahlenbündel durch die Augenpupille bestimmt; das Hauptbild kommt nacheinander durch die Zusammensetzung aus Bildstücken, gleichsam Füllperspektiven, zustande, und die Ausdehnung der Bildstücke wird durch den Winkelraum bestimmt, unter dem die gerade wirksame lichte Weite der Lochöffnung um *I* von der Mitte der Augendrehung aus erscheint. Daher wird es also kommen, daß diese Schlüssellochbeobachtung auch solchen Beschauern unmittelbar verständlich ist, die keine deutliche Vorstellung von ihrer geometrischen Grundlage haben.

III. Die richtige Betrachtung photographischer Aufnahmen.

Als man in der Renaissance die Gesetze der Perspektive ermittelt hatte (es ist nicht bekannt, in welchem Umfange sie auch von den griechischen Malern entwickelt worden waren), da erfreuten sich nicht allein die Künstler an der mühsam errungenen Fertigkeit, sondern auch der Kenner von Gemälden nahm die Gesetze der Perspektive in sich auf und fühlte sich beglückt, ihrer Anwendung bei der Darstellung namentlich von Innenräumen und Bauwerken auf Zeichnungen und Gemälden verständnisvoll nachzugehen. So geschickte Darstellungen, wie die L. da Vincis — man sehe unseren Hinweis auf seine Glastafel auf S. 64 β — waren in weiten Kreisen bekannt, und auch unser Landsmann Albrecht Dürer hat sich 1528 darum bemüht, das Wesen perspektivischer Darstellungen mit Hilfe von verschiedenen Zeichengeräten den Wißbegierigen klarzumachen. Eine derartige Wertschätzung eines alten, mühsam errungenen Besitzes blieb noch lange Zeit bestehen. Wenn man etwa den Sturm schen Lehrgang[1] für die mathematischen und verwandten Wissenschaften von 1705 durchsieht, so staunt man, welche Vorbildung auch in perspektivischer Hinsicht von einem jungen Manne von Stande erwartet wurde, und noch die Voraussetzungen, unter denen J. H. Lambert um die Mitte des 18. Jahrhunderts zwei Auflagen seiner Freyen Perspective herausgeben konnte, lassen klar erkennen, daß auch damals ein hoher Wert auf Kenntnisse dieser Art gelegt wurde.

Damit stimmt es überein, daß — vielleicht von den 30er Jahren des 18. Jahrhunderts ab — als Guckkasten eine optische Vorkehrung in weiten Kreisen verbreitet war, die für unsere Aufgabe von der größten Bedeutung ist. Man weiß nicht genau, wo dieses Hilfsmittel erfunden wurde, doch ist es sehr wohl möglich, daß es unter der Bezeichnung Optique zuerst von Pariser Gewerbsmännern angeboten wurde; jedenfalls hat es sich später schnell in allen Ländern mit einigermaßen beträchtlichem Gewerbsleben auf optischem Gebiete verbreitet. Es entwickelte sich ein bedeutender Umtrieb in ziemlich großen Kupferstichen, die, wenn auch nicht ausschließlich, aber doch vornehmlich in dem Guckkasten betrachtet wurden. Sehr häufig brauchte man einen auf seine einfachste Form (Abb. 57), die Linse und den ebenen Spiegel, gebrachten, von dem Kasten befreiten „Guckkasten", der bequem über den Kupferstich gesetzt werden konnte. Die Notwendigkeit für solche und auch vervollkommnete Vorkehrungen bestand schon deshalb, weil alterssichtigen Beschauern (s. S. 789) die Betrachtung solcher Blätter aus dem richtigen Abstande unmöglich war und weil man ferner die etwas empfindlichen Kupferstiche nicht gern anders als auf einer waagrechten Unterlage ruhend der Beschauung darbot. Die optische Aufrichtung des scheinbaren Bildes in eine lotrechte Lage lieferte der der Betrachtungslinse beigegebene und einen Teil des Guckkastens bildende, unter 45° gegen die Waagrechte geneigte, ebene Spiegel. Genaueres dazu siehe bei M. v. Rohr[2], wo auch noch einige geschichtliche Hinweise gegeben sind.

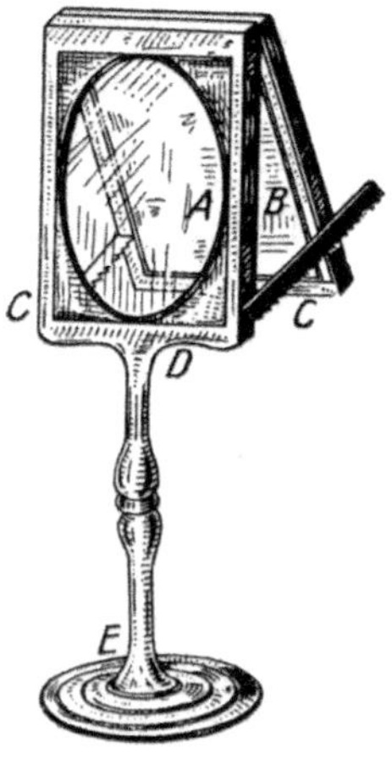

Abb. 57. Ein ganz einfacher Guckkasten (Optique) nach der französischen Enzyklopädie. *A* schwache Sammellinse; *B* neigbarer ebener Spiegel.

Wenn nun auch die Gegenstände der Kupferstiche zum Teil einen nur sachlichen Reiz boten — ich erinnere an die Schlachtenstücke, von denen mir die Darstellung der Schlacht bei Lowositz besonders vor Augen steht —, so waren auf besonders vielen Kupfern doch auch Bauwerke, Straßen und Plätze dargestellt, so daß die Beobachtung der perspektivischen Regeln, ganz abgesehen von dem Reiz des fremdländischen Bildes, dem Beschauer ein feines verstandesmäßiges Vergnügen machen konnte und lange Jahre hindurch auch gemacht hat.

Wenn nun auch die Betonung dieser lehrbaren Regeln in dem seiner Wissenschaft frohen 18. Jahrhundert natürlich war, so hatten es die Kenner von Gemälden und Kupferstichen in jener Zeit insofern leichter, als der Künstler beim Arbeiten nach der Natur zwischen seinem Augpunkte und dem Gemälde einen Abstand wählen mußte, bei dem er noch deutlich sehen konnte. Infolge davon konnten diese Werke der Kunst auch von allen Beschauern, wenn man

[1] Sturm, Johann Christoph: Mathesis Juvenilis, das ist: Anleitung vor die Jugend zur Mathesin. Zweiter Theil. Nürnberg 1705.

[2] Zur Entwicklung der dunklen Kammer (camera obscura). Sammlung optischer Aufsätze, H. 6, hrsg. v. H. Harting. Berlin 1925.

solche mit greisenhaften Augen ausschließt, aus einem nicht besonders unrichtigen Abstande betrachtet werden. Wurden aber von Kupferstechern vorhandene Gemälde allzustark verkleinert, oder hielt sich der Zeichner nach der Natur allzu streng an die damals beliebte Zeichenhilfe des Verkleinerungsglases, so fiel das auf und wurde gelegentlich — freilich nicht mit einwandfreier Begründung — gerügt. Immer aber muß man hervorheben, daß die stete Berührung der Kenner mit den Künstlern die Kenntnis der perspektivischen Darstellungsregeln immer von neuem einschärfen mußte, denn wenn auch die dunkle Kammer als Zeichenhilfe bekannt war, so hat man doch wohl stets die so erhaltenen Blätter, wenn man überhaupt an ihre Veröffentlichung dachte, hinsichtlich der auf ihnen dargestellten Bauwerke noch einmal überarbeitet.

Schon sehr früh versuchten die Künstler auch auf anderen Flächen als Ebenen Gemälde zu entwerfen, und wir wissen aus der Darstellung TH. YOUNGS, daß um den Ausgang des 18. Jahrhunderts das Panorama in London eine Menge Besucher anzog. Ferner hat L. DAGUERRE seit 1822 darauf Wert gelegt, als Inhaber eines Dioramas bekannt zu werden, wo Gemälde durch wechselnde Beleuchtung in einer besonders weitgehenden Naturtreue vorgeführt wurden.

Als nun 1839 die photographischen Verfahren von N. NIÉPCE und L. DAGUERRE sowie von F. TALBOT bekanntgegeben wurden, da änderte sich die Lage in entscheidender Weise. Wie wir schon auf S. 64 β andeuteten, trat hier an die Stelle des denkenden Künstlers, der seine ebene Perspektive unter bewußter Beobachtung der Darstellungsregeln schuf, die Aufnahmelinse, die das zwar richtig besorgte, aber so, daß ihr damaliger Besitzer und Verwender von dem Bestehen der ohne sein Zutun befolgten Gesetze keine Ahnung hatte.

Denn man darf nicht aus den Augen verlieren, daß die Ausübung der Photographie in dem 5. Jahrzehnt des 19. Jahrhunderts nur darum so erstaunlich wuchs, weil in der Herstellung von Bildnissen mittels der anfänglich allein geübten Daguerreotypie trotz lohnenden Preisen der vorher allein in Betracht kommende Bildnismaler unterboten und somit ein einträgliches Geschäft gemacht werden konnte. Gewiß werden sich hier und da einige der ausübenden Photographen auch um ihr Handwerkszeug gekümmert haben, von der großen Menge aber galt das bestimmt nicht. Dafür dient als stichhaltiger Beweis das Ausbleiben neuer Aufnahmelinsen, indem man sich nach dem Ausscheiden J. PETZVALS aus der Arbeitsgemeinschaft mit W. FR. VOIGTLÄNDER, also von Anfang des Jahres 1843 ab, bis zum Jahre 1857 ohne neue Linsenanlagen behalf. Und doch hatte schon im Herbst 1843 der leider allzufrüh verstorbene A. S. WOLCOTT seinen sehr wertvollen, aber unbeachtet bleibenden Vorschlag der ganzsymmetrischen Doppellinse mit Mittelblende gemacht.

Bei den Käufern der Bildnisse konnte man aber sicher nicht irgendein Verständnis für das Wesen einer solchen Darstellung voraussetzen, denn soweit die einschlägigen Schriftwerke bekannt geworden sind, fand sich in jener ersten Zeit durchaus keine Anweisung für den Laien, woraus er die Wirkungsweise der Linse in der Aufnahmekammer hätte erfahren können. Und auch die Anweisungen der Optiker für die Käufer der Aufnahmelinsen enthielten in dieser Hinsicht nicht mehr, als die Warnung, dem Aufzunehmenden mit der Kammer nicht gar zu nahe auf den Leib zu rücken. Der einzige Mann, dem wir im deutschen Sprachgebiet zu jener Zeit genügende Sachkenntnis für eine solche Aufklärungsarbeit zutrauen könnten, JOSEPH PETZVAL, ist leider zu so früher Zeit an diese Aufgabe nicht herangetreten.

Wenn wir also auf diese Weise zu begründen versuchten, was alles in der ersten Zeit der photographischen Entwicklung in unwiederbringlicher Weise versäumt wurde, so daß man auch heute schwerlich hoffen kann, in weiteren

Kreisen ein wirkliches Verständnis für die Perspektive des Lichtbildes zu erzielen, so wollen wir doch darangehen, mit unserer Kenntnis der Strahlenbegrenzung und der Art des Sehvorganges für die geringere Anzahl der Lerneifrigen die Weise zu begründen, wie man Lichtbilder betrachten muß, wenn man sich ihres Wesens als Perspektiven bewußt bleibt.

A. Allgemeine Bemerkungen über die Betrachtung von Perspektiven.

Wir hatten schon auf S. 84/5 darauf hingewiesen, daß der perspektivische Eindruck eines gegebenen Raumdinges im wesentlichen durch das gleiche Geradenbündel aus einem gegebenen Zentrum bestimmt wird, mag man beides P und das Bündel der Hauptstrahlen nennen, oder Z und das Bündel der Blicklinien. Hierin liegt eben der Grund, weshalb auch Ungelehrte einen brauchbaren Eindruck von den ältesten Lichtbildern empfingen, so daß es unnötig erschien, sich noch weitere Rechenschaft von der Beziehung zu geben, in der das Lichtbild — wir wissen, daß es von jeher ein Abbildsbild war — zu dem aufgenommenen Raumding stand.

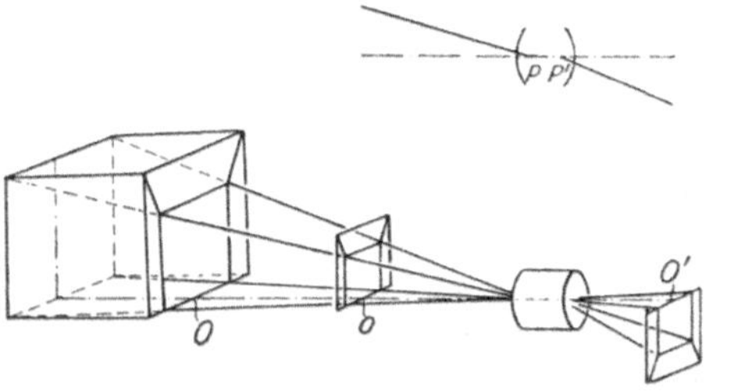

Abb. 58. Das Abbild O bei der Aufnahme, die Entstehung des Abbildsbildes O' und seine Einschaltung bei o in den Hauptstrahlenkegel. Im oberen Teile der Zeichnung sind die Pupillenmitten und der Verlauf eines Hauptstrahls im Achsenschnitt angedeutet.

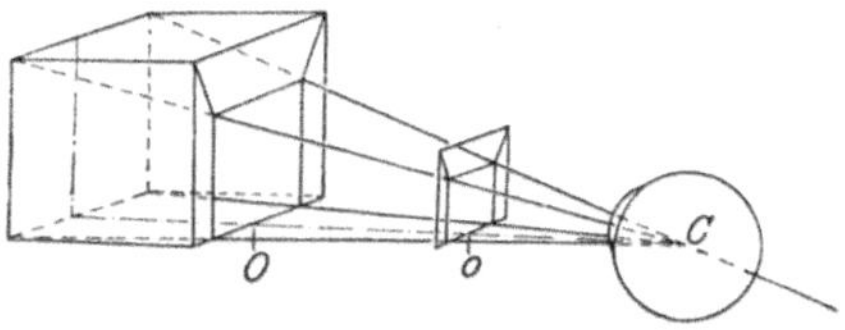

Abb. 59. Das vollständige Abbild des direkten Sehens und das richtig vor dem Auge eingeschaltete verkleinerte Abbildsbild der Aufnahme.

Im Vorbeigehen gleichsam sei bemerkt, daß man sich (s. S. 91 ε) hüten muß, P bei der Aufnahme eines wohlbekannten Gegenstandes an einen — meist zu nahen — Ort zu bringen, den wir bei freiem Sehen im allgemeinen von dem Einzelauge nicht einnehmen lassen. Als ein Beispiel wird gern die Aufnahme eines langausgestreckten, liegenden Mannes vorgeführt, wo die Eintrittspupille nicht weit hinter seinen senkrecht aufgerichteten Fußsohlen ihren Platz hatte. Die Perspektive ist durchaus richtig — eine verzeichnungsfreie Aufnahmelinse kann überhaupt nach S. 65 γ keine unrichtige Perspektive liefern —, aber ganz und gar ungewohnt, und Ununterrichtete schieben auf die Linse, was dem Ungeschick oder der Absicht des Aufnehmenden zuzuschreiben ist. Doch wollen wir wieder zu den allgemeinen perspektivischen Überlegungen zurückgehen.

Auf S. 65/6 konnte mit allen Einzelheiten gezeigt werden, daß sich für ein jedes Abbildsbild ein Abstand x für den Ort angeben ließ, an dem es in den Hauptstrahlenkegel einzuschalten war, wenn es zu P perspektivisch liegen sollte. In einem solchen Falle wurden also durch die Bildpunkte (oder durch die Mitten der sie vertretenden kleinen Zerstreuungskreise) die gleichen dingseitigen Hauptstrahlneigungen hervorgerufen wie durch das Raumding selbst. Abb. 58 wird das in einer perspektivischen Darstellungsweise deutlicher erkennen lassen als die früheren nur einen Achsenschnitt wiedergebenden Zeichnungen von Abb. 34 u. 44. Zu einer möglichst großen Allgemeinheit der Darstellung ist in Abb. 58 für Q ein von der Einheit abweichender Wert vorausgesetzt worden. Abb. 59 zeigt alsdann, daß ein Auge, dessen Augendrehpunkt C gerade den Punkt P der Eintrittspupille der Aufnahmelinse einnimmt, das verkleinerte Abbildsbild o

in perspektivischer Lage zu dem Abbild O und dem ganzen Aufnahmeding erblickt.

Berücksichtigt man die Auseinandersetzung auf S. 84 β, so erkennt man leicht, daß das Abbildsbild o nicht allein der natürlichen Farben ermangelt, sondern selbst einem mit unbegrenztem Akkommodationsvermögen begabten Auge insofern weniger gibt denn die Betrachtung des Raumdinges selbst, als auf o die Hauptperspektive allein berücksichtigt ist. Bei nahen Gegenständen, wie bei dem in den beiden vorausgehenden Abbildungen der Einfachheit wegen vorausgesetzten Würfel, würden ganz aufmerksame Beobachter bei sorgfältigem Vergleich möglicherweise einen Unterschied herausfinden können. Da nun die meisten Lichtbilder verhältnismäßig ferne Raumdinge wiedergeben, und auch ein so sorgfältiger Vergleich mit der Wirklichkeit selten angestellt werden kann, so fällt die Unterdrückung der Füllperspektiven kaum auf; in der wissenschaftlichen Behandlung dieser Dinge scheint der Fortfall der Füllperspektiven in früher Zeit auch nur einmal einem nachdenklichen Schilderer des Sehvorganges zum Bewußtsein gekommen zu sein. Jedenfalls ist, wie ein weiter unten auf S. 108 γ geschilderter Versuch lehrte, das Raumgedächtnis des Beobachters so groß, daß man auch an einer einigermaßen empfindlichen Probe (beim Blick in einen Hofraum) keinen Unterschied erkannte, wenn man dem Auge einmal das Sehding selbst und das andere Mal dessen richtig entworfenes Abbildsbild darbot.

Nachdem also die Beschränkung des Lichtbildes auf die Hauptperspektive derart als unschädlich erkannt worden ist, soll an dieser Stelle von der Unterdrückung der Füllperspektiven nicht weiter die Rede sein, und wir wollen unsere Aufmerksamkeit auf die Hauptperspektive beschränken.

Es sei zunächst auf die Abbildungstiefe eingegangen. Beachtet man, was auf S. 79 δ über die große Abbildungstiefe des gemeiniglich mit sehr enger Pupille begabten Menschenauges gesprochen wurde, so wird man von dem Abbildsbilde eine ziemlich scharfe Wiedergabe verlangen. Das hat manchen Schriftsteller zu der Forderung gebracht, einen Durchmesser auf dem Abbildsbilde von $^1/_{10}$ mm zu fordern, also nach unserer Schreibweise von (24) auf S. 74 zu setzen

$$\mathfrak{d}' = N\mathfrak{d} = 0{,}1 \text{ mm}.$$

Beachtet man, daß nach S. 67 (17) und 74 (24) dieser Zerstreuungskreis im Abbild mindestens für Landschaftsaufnahmen aus dem Abstande der Brennweite f' betrachtet werden sollte, so ist der Winkel ξ der Unschärfe gegeben durch

$$\xi = \operatorname{tg} \xi = \frac{0{,}1 \text{ mm}}{f'}. \tag{35}$$

Da es nun keinen Zweck hätte, eine größere Schärfe der Abbildung zu verlangen, als sie dem Winkelwert der Sehschärfe des Auges entspricht, so wird man auf diese Zahl zurückgehen. Nach S. 79 ε ist sie mit

$$\operatorname{tg} 1' = \frac{1}{3438}$$

anzusetzen, und führt man sie in die obige Gleichung (35) ein, so erhält man die Brennweite von

$$f' = 34^1/_3 \text{ cm},$$

bei deren Verwendung eine so geringe Unschärfe auftritt, daß man sie auch bei einer perspektivisch richtigen Betrachtung des Lichtbildes nicht bemerkt.

Man erkennt übrigens aus dieser Zahl leicht, warum wohl gerade diese Bestimmung getroffen wurde; man wollte eben, das Lichtbild aus der deutlichen Sehweite von etwa $^1/_3$ m betrachtend, durch keine Unschärfe infolge der Zerstreuungskreise gestört werden. Das paßt gut zu der weiter unten, auf S. 98γ geschilderten Betrachtungsweise. Bleibt man hier bei den Forderungen einer strengen Perspektive, so ist das von jenen Fachleuten festgesetzte Maß für die neuzeitigen kurzen Aufnahmebrennweiten viel zu grob, und man müßte auf den 3. bis auf den 6. Teil heruntergehen, wenn man Aufnahmelinsen mit etwa 10—5 cm Brennweite voraussetzt. Erst bei solchen Anforderungen würde man die (vergrößerten) Lichtbilder unter den richtigen Bildwinkeln betrachten können und doch nicht durch die Unschärfe gestört werden.

Freilich wird man häufig von der Minutengrenze absehen und ein Mehrfaches davon als erträgliche Undeutlichkeit gestatten können.

Läßt man also einmal den Wert von ξ noch einigermaßen unbestimmt, so wird man andererseits vermuten, die Größe des Zerstreuungskreises zweckmäßig an der Einstellebene festsetzen und einfach vorschreiben zu können

$$\mathfrak{d} = \alpha \xi, \tag{36}$$

wo man dann je nach der Beschaffenheit des Aufnahmedinges dem Werte ξ den Betrag von einer Bogenminute oder ein bestimmtes Vielfaches davon erteilen kann.

Doch muß jetzt untersucht werden, was die Folge ist, wenn bei einer solchen Festsetzung die auf S. 75 (28) für die Gesamttiefe angesetzte Ungleichung

$$\mathfrak{d} \leqq \mathfrak{p}$$

nicht mehr angenommen wird.

Da diese Ungleichung für die Vortiefe selbstverständlich gültig bleibt, so bedeutet es, daß deren ganze Erstreckung bis zur unendlich fernen Ebene unter Umständen noch nicht genügt, die erlaubte Unschärfe $\mathfrak{d} = \alpha\xi$ zu erreichen; dieser Wert bleibt mithin der Nachtiefe vorbehalten, und sie steht jetzt also unter anderen Bedingungen als die Vortiefe, was an sich gewiß möglich ist.

Für den Abstand $x = O_2 P$ der Grenze O_2 der Nachtiefe (s. Abb. 45), gerechnet von der Ebene der Eintrittspupille P, ergibt sich allgemein der Ausdruck, wenn man daran denkt, daß der Unschärfenkreis mit dem Durchmesser $\alpha\xi$ und die Eintrittspupille mit dem Durchmesser $\mathfrak{p}$ perspektivisch zueinander liegen müssen, wie folgt

$$x = \frac{\alpha \mathfrak{p}}{\mathfrak{p} + \alpha \xi}.$$

Dieser Ausdruck wird für $\mathfrak{d} = \mathfrak{p} = \alpha\xi$ zu $x_{\mathfrak{p}} = \frac{\alpha}{2}$ und fällt für

$$\mathfrak{d} = \alpha\xi > \mathfrak{p}; \quad x_{\alpha\xi} < x_{\mathfrak{p}}$$

kleiner aus, so daß in einem solchen Falle von genügend großem α der Grenzpunkt der Nachtiefe tatsächlich näher an die Eintrittspupille heranrückt.

Es läßt sich aber leicht zeigen, daß dieser Vorteil häufig gar nicht erstrebt zu werden braucht.

Nimmt man ein solches α an, daß gilt

$$\mathfrak{d} = \mathfrak{p} = \alpha\xi,$$

so wird für $\xi = \frac{1}{3438}$ und $\mathfrak{p} = 5$ mm

$$\alpha = 5\,\text{mm} \times 3448 > 17\ \text{m}.$$

Auf eine derartige Entfernung wird man bei ganz kurzbrennweitigen Aufnahmelinsen nicht mehr mit genügender Genauigkeit einstellen können. Denn für

$f' = 4$ cm würde sich ergeben $1 : N = \frac{1718 - 4 = 1714}{4} = 428$, also würde eine Plattenverschiebung aus der Brennebene von $f'N = 4$ cm/428 ang $= 0{,}1$ mm verlangt werden, die man nur mit besonderen Hilfseinrichtungen erreichen könnte.

Man wird also in der Regel ohne jene, nur anscheinend zweckmäßigere, Festsetzung von $\mathfrak{d} = \alpha \xi > \mathfrak{p}$ auskommen.

An dieser Stelle mag auch noch auf die naturgetreuen Aufnahmen hingewiesen werden, für die der schon genannte englische Physiker D. Brewster im 7. Jahrzehnt des 19. Jahrhunderts Eintrittspupillen von der Größe der Augenpupille vorschlug. Er ging damals in der Zeit der riesenhaft großen Aufnahmelinsen (s. S. 76 δ) davon aus, daß die oben geschilderte Mißzeichnung unter allen Umständen zu vermeiden sei; er wird aber in jener Zeit kaum viel Anklang unter ausübenden Photographen gefunden haben, da er ihnen damals einen zu großen Verzicht auf die Errungenschaften der rechnenden Optik zumutete. Später hat A. Gleichen die entsprechende Forderung erhoben. Doch sieht es so aus, als könne man sich bei den neuen Aufnahmelinsen mit kleiner Eintrittspupille, wo für einigermaßen große Entfernungen die Mißzeichnung schwerlich bemerkt werden wird, auf eine solche Abblendung beschränken, daß das darzustellende Aufnahmeding mit keiner größeren Unschärfe erscheint, als sie die Minuten- (oder Mehrminuten-) Grenze gestattet.

Natürlich wird die für jedes Auge bestimmt gegebene Entfernung der Nahpunktskugel darüber entscheiden, ob überhaupt eine richtige Betrachtung der vorliegenden (Landschafts-) Aufnahme aus dem Abstand der Aufnahmebrennweite f' möglich ist. In der Tat hat man in England früh in den 40er Jahren, als offenbar die Erinnerung an die alte Dunkelkammer als Zeichenhilfe (s. S. 91 α) noch nicht ganz geschwunden war, eine derartige Forderung erhoben und kam dabei auf Linsen von etwa 30 cm Brennweite. Es mag ja sein, daß sich in jener Zeit, wo lange Brennweiten überhaupt mehr üblich waren, einzelne Liebhaber an diese theoretisch vorzügliche Vorschrift gehalten haben, weit verbreitet ist sie aber wohl auch damals nicht gewesen, und heute, wo die Vorliebe für kleine und kleinste Plattengrößen und dementsprechend ganz kurze Aufnahmebrennweiten so ausgesprochen und häufig ist, kann niemand daran denken, sie im Ernst aufzustellen.

Man muß also daran festhalten, daß heute, in der Zeit kleinster Kammern, niemand unter den Benutzern imstande ist, mit unbewaffnetem Auge das Abbildsbild aus dem richtigen, durch die Länge der Aufnahmebrennweite angegebenen Abstande zu betrachten; er wird stets einen merklich größeren wählen.

Daher ist es hier am Platze, einen Abschnitt über die Tiefendeutung bei der einäugigen Betrachtung richtiger Perspektiven einzuschieben, der im wesentlichen 1905 von M. v. Rohr für eine gemeinverständliche Darstellung geschrieben wurde, inzwischen aber auch in verschiedene andere Schriften aufgenommen worden ist.

Gegeben sei in Abb. 60_1 die Wiedergabe von einer Würfelfläche $ABCD$ in einem Achsenschnitt, wobei das perspektivische Zentrum in der Verlängerung von AB angenommen sei. Die Einstellebene gehe durch AD, so daß E den Punkt C vertreten möge. Die Gesichtswinkel bei P sind dann durch APE, APD und EPD gegeben. Wird nun in Abb. 60_2 ein verkleinertes (beispielsweise im halben Maßstabe angefertigtes) Abbildsbild dea so betrachtet, daß der Augendrehpunkt p einen zu da senkrechten Abstand $ap = \frac{1}{2} AP$ hat, so sind selbstverständlich die Winkel ape, apd und epd den entsprechenden obigen gleich. Wenn man nun weiß (hier tritt das Formengedächtnis ein), daß dea die perspektivische Darstellung eines Rechtecks sein soll, so führt die gleichsam unbewußt vorgenommene Ziehung der Parallelen dc und ab sowie die Verlängerung von pe bis c nach Fällung der Höhe cb zu einem Quadrat, weil die ganze Zeichnung der ersten Linie für Linie ähnlich ist. Man ist also zu einer ähnlichen Wiederherstellung der Form gekommen. Zu demselben Ergebnis würde es führen, wenn man — wieder aus seinem Formengedächtnis heraus — wüßte, daß die Tiefe ab der von zwei Loten begrenzten Fläche ihrer Höhe da gleich wäre; man hätte dann, ebenfalls aus Ähnlichkeitsgründen, schließen können, daß der senkrecht über b gefundene Punkt c auf einer durch d gehenden Parallelen zur Grundlinie läge.

Wie man sieht, ist immer die Voraussetzung einer solchen richtigen Wiederherstellung, daß p im richtigen Abstande $\frac{1}{2}\,AP$ von der Ebene des Abbilds-

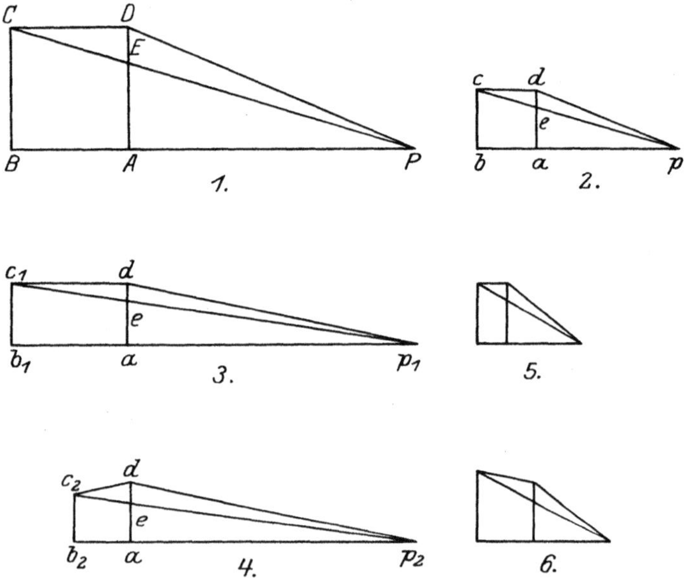

Abb. 60. Zum Einfluß der Gesichtswinkel auf die Deutung perspektivischer Darstellungen.
1. Der Entwurfsvorgang bei der Entstehung des Abbildes. 2. Die Betrachtung des Abbildsbildes aus dem richtigen Abstande. 3. (5) Die Vertiefung (Abflachung) des als rechtwinklig erkannten Gebildes infolge eines zu weiten (zu nahen) Augenortes. 4. (6). Die Verkleinerung (Vergrößerung) des Hindergrundes infolge eines zu weiten (zu nahen) Augenortes bei Kenntnis der Tiefenerstreckung.

bildes angenommen wurde. Das kann aber nur geschehen, wenn die Brennweite f' der Aufnahmelinse bekannt ist (bei Landschaftsaufnahmen mit starker Verkleinerung des Abbildes würde nach S. 67 (17) $ap = f'$ werden), was man für das durchschnittliche Lichtbild nicht annehmen kann. Man wird mithin damit rechnen müssen, daß bei der Betrachtung von Lichtbildern der richtige Abstand häufig nicht eingehalten wird, sondern entweder zu groß oder zu klein gewählt wird.

Es sei aber nun (Abb. 60_3) angenommen, der Augendrehpunkt p_1 gelange in einen zu weiten Abstand von dem Abbildsbilde aed, so daß die mit diesen Punkten bestimmten Gesichtswinkel dp_1a und ep_1a zu klein ausfallen. Dann sind wieder ebendieselben beiden Möglichkeiten vorhanden, auf Grund der Erfahrung zu einer Raumanschauung zu kommen. Kennt man die überall gleiche Höhe der Fläche $ABCD$ (etwa als die einer Wand oder Grenzmauer), dann kommt man mit der Parallelen durch d und der Verlängerung von p_1e auf das Gebilde ab_1c_1d, das ist ein Rechteck mit einer Tiefenerstreckung ab_1, die in dem gleichen Verhältnis zu groß ist, in dem der tatsächliche Abstand ap_1 zu dem richtigen ap steht. Bei einem zu kleinen Abstande (Abb. 60_5) ergibt sich eine entsprechend verkleinerte Tiefe. Die andere Möglichkeit ist die, daß man (Abb. 60_4) aus der Erfahrung über die richtige Tiefenerstreckung $ad = ab_2$ besser unterrichtet ist, alsdann kommt man auf ein Gebilde ab_2c_2d (oder ein solches der Abb. 60_6), worin die ferneren Gegenstände c_2b_2 zu klein (zu groß) erscheinen[1].

War diese Ableitung auch nur an der streng faßbaren geometrischen Perspektive durchgeführt worden, so sei noch ausdrücklich darauf hingewiesen, daß bei guten Schirmbildern ganz unregelmäßig gestaltete Raumdinge — ich denke gerade an die Aufnahme einer Waldlichtung mit prachtvoller Wiedergabe der Bodenschwellen und -vertiefungen — infolge der Lichtverteilung und der Schattenwirkung Anhaltspunkte genug zu überraschend eingehender Tiefendeutung bieten. Man sollte aber ein Auge schließen, die Bildfläche senkrecht sowie in zutreffender Höhe vor dem betrachtenden Auge halten und sich schließlich einige Zeit in die Aufnahme hineindenken.

Für die ganze Überlegung macht es offenbar keinen Unterschied, ob das betrachtete Bild für sich besteht, also auf einer Zeichen- oder Malfläche greifbar vorliegt oder gleichsam in der Luft schwebt, wie es eben bei dem virtuellen Bilde der Fall ist, das die als Augenhilfen dienenden Instrumente in der Regel liefern. Die Herleitung des obigen Ergebnisses beruht ja allein auf der Veränderung der Gesichtswinkel, unter denen das Abbildsbild dem Auge dargeboten wird.

Es leuchtet ein, daß unter sonst gleichen Umständen die Nichteinhaltung der Gesichtswinkel einen um so fühlbareren Einfluß auf den Beschauer ausüben wird, je größer der Winkel $2w$ ist, für den das Abbild entworfen wurde.

Faßt man alles zusammen, so kommt man hinsichtlich des Einflusses der Veränderung der Gesichtswinkel (oder unrichtiger Betrachtungsabstände bei greifbaren Abbildsbildern) zu folgendem Ergebnis: Werden bei der Betrachtung eines geometrisch ähnlichen Abbildsbildes eines Raumdinges die Gesichtswinkel verkleinert (wählt man den Betrachtungsabstand zu groß), so liegen alle Bedingungen vor, die Perspektive falsch zu deuten, und zwar kann nach der Erfahrung des Beschauers als Grenzfall sowohl eine entsprechende Vertiefung des ganzen Raumbildes als eine Erniedrigung des Hintergrundes eintreten. Bei einer Vergrößerung der Gesichtswinkel (Verkleinerung des Betrachtungsabstandes) können die entgegengesetzten Grenzfälle eintreten.

Wenn nun auch ein auf mathematische Überlegungen gestütztes Verständnis für die Notwendigkeit der Folgen eines falschen Betrachtungsabstandes in früherer photographischer Zeit nicht vorhanden war, so hatte man die Folgen an sich wohl bemerkt. Am liebsten möchte man auf die glänzende Zeit der englischen Fachgesellschaften im 6. und 7. Jahrzehnt des vorigen Jahrhunderts verweisen, auf die wir noch öfter zurückzublicken haben werden. Dort begegnen wir gelegentlich Worten des bekannten Kunstverständigen J. Ruskin, wo er mit bewundernswert feinem Empfinden davor warnt, beliebte Meistergemälde und Zeichnungen zu verkleinern. Eine solche Höhe des Urteils werden wir in den Fachkreisen der Photographen nicht suchen, aber ähnliche Beobachtungen haben diese doch zu dem Ausdruck „Weitwinkelperspektive“ geführt. Man schrieb ihr die unerwünschte Eigentümlichkeit zu, die Tiefenausdehnung zu erhöhen und Gegenstände des Hintergrundes zu klein erscheinen zu lassen.

---

[1] Selbstverständlich handelt es sich in dem eingeklammerten Falle nur um eine Urteilstäuschung, und der Hintergrund erscheint nur höher als der Vordergrund, im Gegensatz zu der Perspektive mit hyperzentrischem Strahlengang von S. 71/2, wo der Hintergrund tatsächlich in einem größeren Maßstabe auf der Einstellebene wiedergegeben wird.

Zieht man die Abb. $60_{3\text{ u. }4}$ zur Erklärung heran, so erkennt man die beiden soeben gerügten Abweichungen als einfache Folgen eines zu groß gewählten Betrachtungsabstandes; zu groß gewählt, um den Akkommodationsschwierigkeiten zu entgehen. Die Ausdehnung des Gesichtsfeldes $2\,w$ an sich hat nichts mit dieser falschen Rückübersetzung in den Raum zu schaffen, wenngleich die Weitwinkligkeit bei geeigneten Gegenständen, wie gesagt, die falsche Tiefendeutung auffallender machen kann. Aber bei der auf S. 92γ erwähnten Scherzaufnahme kann der ungewohnte Anblick, der sich auch bei richtiger Betrachtung einstellen muß, durch eine Beschauung aus zu großem, also falschem Abstande noch gleichsam unterstrichen werden; und doch handelt es sich bei diesem Aufnahmegegenstande schwerlich um einen besonders großen Winkel. Man wird sich die Bildung dieses ziemlich alten Ausdrucks der Weitwinkelperspektive wohl so vorzustellen haben, daß in der frühen Zeit photographischer Betätigung die Brennweiten der Linsen für Bildnis- und Landschaftsaufnahmen ziemlich lang waren, und daß man nur Weitwinkel als Aufnahmelinsen mit verhältnismäßig kurzen Brennweiten verwandte. Zu der knappen Beschreibung des unerwünschten Eindrucks hat man dann die kurze Bezeichnung der dabei verwandten Aufnahmelinse herangezogen, während nicht das weite Feld, sondern die falsche Betrachtungsentfernung an der Urteilstäuschung schuld war.

In der neuen Zeit, wo die Kürze der Aufnahmebrennweite die Regel ist, hat man sich wohl viel mehr an diese Art der Darstellung gewöhnt; man ist immer mehr zu einer Art der Betrachtung gekommen, die das Abbildsbild überhaupt kaum mehr in die theoretisch zu fordernde perspektivische Beziehung zum Abbilde bringt. Man faßt das fertige Lichtbild vielmehr als ein von dem dargestellten Raumding ziemlich unabhängiges Kunsterzeugnis auf und wendet zu seiner Beurteilung Regeln an, die, der Kunstlehre entnommen, an dieser Stelle nicht behandelt werden können, wo wir grundsätzlich auf die Lehre vom Licht zurückgehen.

Daß es sich wirklich so verhält, dafür kann man zwei häufig zu beobachtende Nebenumstände anführen. So gut wie ohne Ausnahme werden die gewöhnlichen Lichtbilder beidäugig betrachtet, obwohl sie doch nur zu einem einzigen, ganz bestimmten Punkt P in perspektivische Lage gebracht werden können, und ferner legt man sie, häufig in Hefte eingeklebt, flach auf den Tisch, so daß der meist waagrechten Lage der Aufnahmeachse im Dingraum nunmehr eine hinabgeneigte rechte und eine solche linke Betrachtungsrichtung entsprechen. Das Formengedächtnis des Beschauers ist aber, vermutlich durch diese lang fortgesetzte schlechte Übung erzogen, so kräftig, daß er sich immer noch unter diesen übel und barbarisch gewählten Betrachtungsbedingungen eine ihm genügende Raumvorstellung macht.

Kann man gelegentlich im Zwiegespräch einen mäßig kurzsichtigen Beschauer (der also einen erträglich nahen Betrachtungsabstand im freien Sehen aufzubringen vermag) darauf hinweisen, daß er einer guten Ansichtspostkarte einen feinen Reiz mit der Zurückübersetzung der ebenen Perspektive in die Tiefengliederung des Raumes abgewinnen könnte, wenn er das Blatt senkrecht, möglichst nahe und so halte, daß bei einäugiger Betrachtung die bildseitige Achsenrichtung waagrecht verliefe, so wird man häufig Freude daran haben, daß dem Belehrten plötzlich ein Verständnis für die so zugänglich werdende Schönheit aufgeht. Weiter reicht das kaum je: wenn das 18. Jahrhundert mit seiner verstandesmäßigen Behandlung und Wertung des übernommenen Wissensstoffs gelegentlich zu weit ging, so legt der Angehörige unseres mit technischen Erfindungen überfütterten Zeitalters auf ein Verständnis des ihn umgebenden wunderbaren Getriebes technischer Erfolge selten Gewicht.

Daß die Betrachtung des Lichtbildes als eines vom Aufnahmegegenstande losgelösten Kunsterzeugnisses nicht durchweg auf tadelnswerte Ergebnisse führt, kann auch von dem optischen Kenner zugegeben werden, der mit dieser Richtung im ganzen nicht einverstanden ist. Ja, die optischen Rechenmeister sind ihr mit einer bereits auf S. 67ff. besprochenen Einrichtung entgegengekommen, mit Hilfe von Satz- oder von Zusatzlinsen (Distaren und Proxaren) von einem und demselben Aufnahmeorte und bei gleicher Achsenrichtung Aufnahmen verschiedenen Maßstabes zu machen, die also auf der gleichen Plattengröße einen kleineren oder einen größeren Gesichtswinkel umfassen. Man ist auf diese Weise bequem imstande, das Gesichtsfeld auf die Platte zu bringen, das nach den Regeln der Kunstlehre den erfreulichsten Eindruck als ebenes Bild macht. War dazu ein Distar notwendig, so hatte man auch noch die Freude, aus irgendeinem Grunde gefällig wirkende Einzelheiten wahrzunehmen, die bei Verwendung einer kürzeren Brennweite undeutlich erschienen oder übersehen wurden.

Wenn man sich an der oben geschilderten unstrengen Art der üblichen Bildbetrachtung nicht stößt, so kann man sagen, man betrachtete die Distaraufnahme mit einer gewissen Vergrößerung, wie wenn man an den Ort P gleichsam ein schwach vergrößerndes Fernrohr zur Umschau im Dingraum gebracht hätte.

Betrachtet man die Aufnahmen mit den Zusatzlinsen und ohne sie in der strengen Weise, so erscheinen die mittleren (auf allen Aufnahmen enthaltenen) Aufnahmedinge von genau der gleichen Größe, und der einzige Unterschied zwischen der Verwertung des Tessars mit mehr oder minder starken Distaren, des Tessars allein und des Tessars mit schwächeren oder stärkeren Proxaren in perspektivischer Hinsicht ist der, daß die zunächst am weitesten vom Auge entfernt gehaltene und ein ziemlich kleines Bildfeld darbietende Platte in endlichen Rucken näher kommt und ein immer größeres Bildfeld zugänglich macht. Man erkennt deutlich, daß diese Zusatzlinsen von dem Rechenmeister nicht zur Betrachtung aus dem perspektivisch richtigen Abstand geschaffen worden sind und daß man durch nachträgliche Vergrößerung der mittleren Teile einer gutgelungenen Aufnahme von weitem Winkel in theoretisch-perspektivischer Hinsicht das Gleiche zu erreichen vermag wie mit dem Satz von Proxaren und Distaren.

Die soeben angedeutete Fernrohrwirkung kann man selbstverständlich durch eine Herbeiführung eines geringeren, als des von der Theorie geforderten Betrachtungsabstandes immer erreichen, und zwar ist dann die Fernrohrvergrößerung gegeben durch

$$\Gamma = \frac{f'}{\bar{\mathfrak{a}}}, \tag{37}$$

wenn $\bar{\mathfrak{a}} < x$ der tatsächlich eingehaltene Betrachtungsabstand ist. Man versteht ohne weiteres, daß man dafür ziemlich langbrennweitige Aufnahmelinsen verwenden wird, da nach S. 98 β bei den heutigen Kammern nicht einmal f' ohne Schwierigkeit eingehalten werden konnte. Unter diesen Umständen gewinnt die unglückliche, wohl aus dem Jahre 1840 stammende Bezeichnung der Aufnahmelinse als Objektiv[1] noch eine gewisse Berechtigung. Faßt man die Aufnahme und die Betrachtung trotz dem immer dazwischen liegenden Zeitraum als die

[1] Es handelt sich nach Z. f. Instrumentenkde. **45**, 449 Anm. (1925) um einen zum inneren Werkstattgebrauch in Wien geschaffenen kurzen Ausdruck, der heute aus dem Gebrauch photographischer Liebhaber und Gewerbsleute schwerlich mehr herauszubringen ist. Tüchtige und nachdenkliche Fachleute haben einigermaßen richtigere Vorschläge gemacht — Ch. Chevalier 1840 z. B. Photographe, I. Porro 1851 z. B. Daguerreotype —, aber selbst sie haben natürlich diesen Kampf vergeblich gekämpft.

getrennten Glieder eines einheitlichen Vorganges auf, so kann man wirklich von der Aufnahmelinse wie von einem Objektiv sprechen und ihrem Gebrauch den Betrachtungsvorgang gegenüberstellen als die Okularwirkung verkörpernd. Man wird leider nur wenige Gefolgsleute bei diesem vernünftigen Gebrauch des schlechten alten Fachausdrucks finden.

An und für sich kann man natürlich ebensowohl an vergrößernde wie an verkleinernde Fernrohre denken, doch wird der unbefangene Benutzer meistens die Vergrößerungswirkung von selber verlangen, also

$$f' > \bar{\mathfrak{a}}$$

fordern, wobei $\bar{\mathfrak{a}}$ durch seine Nahpunktsentfernung gegeben sein mag. Will man eine merkliche Vergrößerung erreichen, so muß man der Aufnahmebrennweite f' eine ziemlich beträchtliche Länge verleihen. Das ist zunächst durch Doppellinsen nach Art der Fernrohrobjektive geschehen, die zwar gute Bilder geben, aber wegen der großen Linsendurchmesser teuer und wegen des bei dieser Anlage großen Kammerauszuges unbequem sind. Wo starke Vergrößerungen von wesentlicher Bedeutung sind, wie beispielsweise bei gewissen Fliegeraufnahmen, findet man sich freilich mit jenen Nachteilen ab. Wo man nur mittelstarke Vergrößerungen braucht, bedient man sich einer Anlage ungemein hohen Alters, des Teleobjektivs, das aus einem sammelnden und einem zerstreuenden Bestandteil in endlichem Abstande gebildet wird. I. Porro, damals ein ausführender Optiker zu Paris, hat eine solche Anlage im Sommer 1851 zum erstenmal auf die photographische Wiedergabe eines entfernten Bauwerks angewandt.

Dieser Hinweis wird hier genügen, da in dem Teile des Handbuchs, wo von den verschiedenen neuen Anlagen die Rede ist, eine ganze Reihe verschieden geplanter Linsen dieser Art vorzuführen sein wird.

Man verwendet sie auch heute gern für die Wiedergabe weit entfernter Gegenstände und ziemlich entfernter baulicher Einzelheiten und hat dabei den Vorteil, daß bei Linsenverbindungen dieser Art der Kammerauszug wesentlich kürzer ist als die Brennweite der Verbindung, da die Hauptpunkte ziemlich weit über die Sammellinse hinaus in den zugänglichen Dingraum hinein verschoben worden sind. Bei der Betrachtung aus dem Abstande $\bar{\mathfrak{a}}$ sind verständlicherweise die perspektivischen Bedingungen nach Abb. 60_5 und $_6$ verwirklicht, und die wahre Tiefenausdehnung etwa zwischen zwei abgebildeten Gegenständen erscheint in entsprechendem Maße vermindert. Es verhält sich mit der scheinbaren Tiefenausdehnung genau so wie bei einem Fernrohr entsprechender Vergrößerung: die Tiefenverminderung in dem scheinbaren Gesichtsfeld auf $1 : \Gamma$ ist eben der Preis, den man für die Vorteile einer Γ-fachen Vergrößerung der Gesichtswinkel zu zahlen hat. Solange man sich der unvermeidlichen perspektivischen Fälschung bewußt ist, ist natürlich gegen den Wunsch nichts einzuwenden, sonst verschwindende Einzelheiten sichtbar zu machen. Betrachtet man die Aufnahme nach S. 67 (18) aus dem Abstand $x = f'$, so wird natürlich die Perspektive richtig, aber die Einzelheiten verschwinden oder werden undeutlich.

Zum Schluß sei noch darauf hingewiesen, daß die Einführung der Nahpunktsentfernung zu möglichster Verminderung des Betrachtungsabstandes natürlich insofern einige Bedenken hat, als dadurch dem Beschauer eine Akkommodationsanstrengung bewußt werden kann, die bei der einäugigen Betrachtung des Aufnahmedinges nicht vorhanden ist und also die Naturtreue der Wiedergabe stören kann.

Wir wollen uns jetzt mit den Möglichkeiten befassen, eine möglichst strenge Einhaltung der richtigen Gesichtswinkel w herbeizuführen, wenn eine ebene Aufnahme des Sehdinges vorliegt.

B. Die Schirmvorführung für eine Mehrzahl von Beschauern.

Die Steigerung des Betrachtungsabstandes $x = f'$ — er ist, wie mehrfach gesagt, bei neuzeitigen Aufnahmelinsen eine viel zu kurze Strecke — auf einen größeren, am besten die Akkommodationsanstrengung vermeidenden Abstand kann in erster Linie durch eine vergrößerte Abbildung mit einem Bildwerfer auf einem (meist undurchlässigen und zerstreut zurückwerfenden) Schirm geschehen. Handelt es sich um eine n-fache Vergrößerung der Aufnahme, so wird das Lichtbild einer Landschaft in allem Wesentlichen für die Perspektive zu einer Aufnahme mit der viel größeren Brennweite nf'. Schon die ersten Bildervorführungen dieser Art, die nach F. P. LIESEGANGS Forschungen der Jesuitenpater A. TACQUET 1653/4 veranstaltete, haben bei aller Einfachheit der Anlage den Zuschauern eine bequemere Wahrnehmung der handgemalten Bilder vermittelt. Soweit unsere Kenntnis reicht, wurde die Ausbreitung dieses schönen Verfahrens der Schirmbildvorführung gehemmt durch die Schwierigkeit, die zu vergrößernden Bilder zu erhalten, die vor der Erfindung der photographischen Verfahren nur der ausführende Künstler — etwa als Miniaturenmaler — liefern konnte. Als aber die Daguerreotypie eifrig geübt wurde, hat sich der schon auf S. 91 δ erwähnte amerikanische Fachmann A. S. WOLCOTT in einer sehr anerkennenswerten Weise darum bemüht, Daguerreotypien auf dem Schirm vergrößert zu entwerfen. Leider hat sein früher Tod auch diese emsig geknüpften Fäden abgeschnitten. Eine viel weniger durchdachte Verfolgung des gleichen Zieles brachte die beiden Schwäger W. FR. VOIGTLÄNDERS, die Gebrüder F. und W. LANGENHEIM, nach F. P. LIESEGANGS Forschungen 1848 zur Herstellung der Glasbilder mittels photographischer Verfahren. Und da diesen amerikanischen Fachleuten in der PETZVALschen — im umgekehrten Strahlengange, also Stirnfläche nach dem Schirm, verwandten — Bildnislinse eine ausgezeichnete Bildwerferlinse zur Verfügung stand, so hat sich diese Erfindung ungemein rasch entwickelt. In der glänzenden Zeit der englischen Fachgesellschaften hat man Hilfsmittel geeigneter, gelegentlich farbiger Beleuchtung auch für die Schirmbildvorführung von Glasbildern gewählt. Man ist damit auf die auf S. 91 β geschilderten Mittel des Dioramas zurückgegangen. Eine Kenntnisnahme dieser Arbeiten[1] gewährt dem heutigen Leser einen wirklichen Genuß.

Gehen wir nach dieser kurzen Einschaltung zu der Verwirklichung der Schirmvorführung zurück, so ist eine einigermaßen große Schirmentfernung notwendig, derart daß man die Punkte des Schirmbildes als fern gelten lassen kann.

Eine wohl verwertbare Grenze nach unten mag die Übung der Augenärzte liefern, bei der Augenuntersuchung die Prüftafeln in 5 oder 6 m Entfernung aufzustellen, um die Betätigung der Akkommodation brillenbewaffneter Augen in einer ausreichenden Weise auszuschalten. Handelte es sich um Landschaftsaufnahmen und hatte die Aufnahmelinse die Brennweite f', so ist auch nach S. 101 α nunmehr der richtige Betrachtungsabstand gerade vor der Mitte des lotrecht stehenden Schirmbildes $= nf'$. Bringt man an diese Stelle den Drehpunkt eines rechtsichtigen Einzelauges, so wird es das Schirmbild unter den richtigen Augendrehwinkeln erblicken. Übertrifft das Gesichtsfeld der Aufnahme das Blickfeld des Einzelauges, so müßte man jenen richtigen Ort des Kopfes durch eine Stirnstütze oder eine andere Vorkehrung kenntlich machen, so daß man für die Seitenteile des Bildes die nötige Kopfdrehung in der richtigen Weise vornehmen könnte. Kleine Ungenauigkeiten der Haltung des Auges schaden verständlicherweise um so weniger, je weiter der Bildschirm vom Beschauer absteht.

[1] Man sehe ROHR, M. v.: Z. f. Instrumentenkde. **25**, 293—305, 329—39, 361—71 (1905).

Gleichsam als eine Einschaltung sei darauf hingewiesen, daß das die einzige Möglichkeit ist, um eine ausgesprochene Weitwinkelaufnahme auch in ihren Randteilen einem urteilsfähigen Beobachter als völlig naturgetreu wirkend vorzuführen. Da das Gesichtsfeld des vollkommensten Weitwinkels, des HÖEGHschen Hypergon-Doppelanastigmats (s. auch S. 57 ε), bei äußerster Ausnutzung die riesenhafte Hauptstrahlenneigung von $w = 70^0$ einschließt, so kann man unter Benutzung der Schlüssellochbeobachtung von S. 89 α dem Auge von dem Randteil des Schirmbildes einen genügend geneigten, nach I gerichteten Hauptstrahl zuführen, und der Eindruck wird ebenso natürlich, als hätte man den Aufnahmegegenstand selber ganz schief durch das Schlüsselloch blickend betrachtet. Damit kommt man auch zu der Lösung der gelegentlich in den Fachzeitungen gestellten Rätselfrage, warum eine breite Reihe von Kugeln, etwa auf einer horizontalen Unterlage senkrecht zur Aufnahmeachse angeordnet, auf der Einstellebene nach dem Rande zu immer deutlicher mit elliptischem Umriß wiedergegeben werden. Denn nach Abb. 61 bestimmen alle diese Kugeln, da ihr scheinbarer — aber natürlich je weiter seitlich, desto mehr gegen die Einstellebene geneigter — Umriß immer ein Kreis ist, mit P lauter gerade Kreiskegel; aber nur den mittelsten schneidet die Einstellebene dem scheinbaren Umriß parallel, während jeder Schnitt nach dem Rand hin gegen den Grundkreis um so schiefer wird, je größer das Gesichtsfeld der Aufnahmelinse ist. Die hier vorgeschlagene Schlüssellochbeobachtung des vergrößerten Schirmbildes liefert dann die nötige Verkürzung der bei unrichtiger Betrachtung langgezogenen Ellipse zu dem richtig kreisförmigen scheinbaren Umriß. Es würde auch nichts im Wege stehen, von einer so vergrößerten Weitwinkelaufnahme Seitenteile mit einer Aufnahmekammer von kleinem Winkel derart aufzunehmen, daß die Achse der neuen Aufnahme merklich schief zu der alten stünde, denn über das Hauptstrahlenbündel von P aus ist man im Besitze des Lichtbildes vollkommen Herr und kann danach neue Aufnahmen oder auch Handzeichnungen anfertigen. Das führt uns aber von unserem hier zu behandelnden Gegenstande weg auf die Umzeichnungsmöglichkeiten hin. Wir gehen also zu den mehr oder minder zulässigen Ungenauigkeiten bei der Schirmbetrachtung zurück.

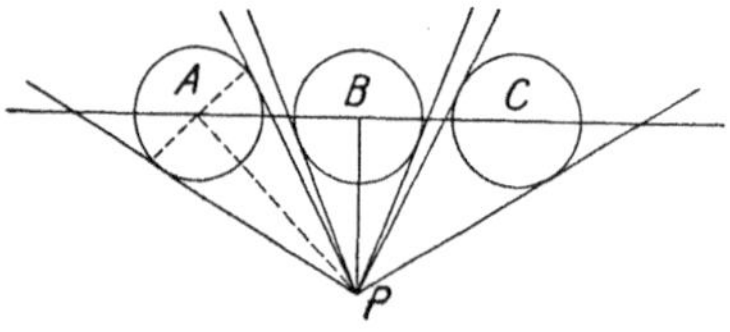

Abb. 61. Die Verbreiterung des Abbilds einer seitlich gestellten Kugel gegen den Rand der Aufnahme.

Von der Breite der zulässigen Fehler hat man von jeher einen doppelten, aber mit irgendwelcher Strenge nicht zu rechtfertigenden Gebrauch gemacht: man hat eine ganze Anzahl neben- und hintereinander angeordneter Beobachter zugelassen und hat diesen ferner gestattet, beidäugig zu beobachten. Zu der ersten Freiheit sei bemerkt, daß damit Seiten- oder Tiefen-, oder Seiten- und Tiefenfehler des Augenorts eingeführt werden. Damit ergibt sich eine bestimmte Abweichung der Betrachtungswinkel von den richtigen Winkeln, die sehr wohl auch zum Bewußtsein kommen kann. Ein wissenschaftliches Lehrbuch der Perspektive, wie beispielsweise das alte, von J. H. LAMBERT 1772 verfaßte, kann darüber nähere Auskunft geben. Was die beidäugige Beobachtung angeht, so muß sie bei den doch immerhin nur mäßigen Schirmentfernungen die Wahrnehmung der Tatsache befördern, daß die Punkte des Schirmbildes alle in einer und derselben Ebene liegen. Sie wird also der für das Einzelauge sehr wirksamen Tiefenvorstellung entgegenwirken und die gewünschte Täuschung zu mindern geeignet sein.

C. Die Guckkastenvorführung für den einzelnen Beschauer.

Dem soeben beschriebenen Vorgehen stellt sich die Betrachtung des von einer Sammellinse in weiter Ferne entworfenen, unzugänglichen (virtuellen) Bildes an die Seite. Sie ist an sich auf einen einzelnen Beschauer beschränkt und führt seit langer Zeit im Deutschen die Bezeichnung der Vorführung im Guckkasten. Besitzt die Schaulinse einen ziemlich großen Durchmesser, so wird jenes ferne Bild von dem blickenden Auge aufgenommen, oder mit anderen Worten, die Guckkastenlinse wird von selbst mit den Hauptstrahlen, d. h. den Blicklinien des von ihr unterstützten Auges, benutzt, deren Kreuzungspunkt bei richtiger Kopfhaltung $2^1/_2$ cm oder weiter hinter der augennahen Linsenfläche liegt. Das war auch bei den alten Guckkastenlinsen früherer Jahrhunderte so, obwohl weder Verfertiger noch Benutzer sich in so weit zurückliegenden Zeiten diesen Strahlengang vergegenwärtigt haben. Da stärkere Linsen der alten beidseitig erhabenen Form einen solchen schiefen Strahlengang durch eine schlechte Beschaffenheit des fernen Bildes rächten, so hat man in früher Zeit für den Guckkasten sehr schwache Sammellinsen verwandt, und man führte sie bald mit so großen Durchmessern aus, daß eine beidäugige Benutzung möglich wurde. Das ist hier noch weniger zu billigen als im obigen Falle, denn einmal sollte grundsätzlich die von einem Einzelobjektiv entworfene Perspektive auch von einem Einzelauge betrachtet werden, ferner aber können die bei einem solchen Gebrauch unvermeidlichen Abweichungen von der Verzeichnungsfreiheit auf Höhenfehler und Tiefenfälschungen führen, die den Eindruck der einfachen Perspektive und damit die erwünschte Täuschung zu stören vermögen.

Es ist bei der rückblickenden Betrachtung schwer zu begründen, warum man nicht im Anfang der 40er Jahre, wo die Erinnerung an den alten Guckkasten noch frisch war, eine ähnliche Vorkehrung für die Betrachtung der Lichtbilder schuf. Vielleicht hat dem die Schwierigkeit der Beleuchtung bei den Daguerreotypien ebenso entgegengewirkt wie die Tatsache, daß es sich damals fast ausschließlich um Bildnisse handelte, die man auch früher nicht im Guckkasten beschaut hatte. Schließlich mag noch die Schwierigkeit, eine brauchbare Guckkastenlinse genügend kurzer Brennweite herzustellen, ihrerseits gegen die Verwirklichung dieser Möglichkeit gesprochen haben. Die Einrichtungen, die von 1862 ab durch C. Ponti, einen venezianischen Optiker, als Alethoskope und in den 70er Jahren von C. Rowsell als Graphoskope in den Handel gebracht wurden, waren, vom theoretischen Standpunkte beurteilt, nicht eben erfolgreich geplant, hatten sogar von den alten Guckkästen die schwache, beidäugig zu benutzende Betrachtungslinse übernommen. Die einzige, und zwar recht zweckmäßige Vorrichtung dieser Art hat um 1863 der schottische Ingenieur R.-H. Bow veröffentlicht. Sie war für die Betrachtung von Glasbildern der in England (S. 54 δ) üblichen Ausmaße von $82^1/_2 : 82^1/_2$ mm geplant und führte eine eben-erhabene einfache Sammellinse von etwa 10 dptr Brechkraft. Es ließ sich später durch strenge Rechnung zeigen, daß die Strahlenvereinigung in engen Bündeln längs der Blickschiefen bei der Benutzung recht befriedigend war. Eingeführt hat sich die schöne Vorrichtung damals nicht, doch hätten innere Gründe dem nicht entgegengestanden.

Stellt man nach dem Vorhergegangenen nunmehr die Bedingungen zusammen, so wird man für eine Linse zur Betrachtung von Aufnahmen heutigen Tages mindestens das folgende verlangen müssen, wenn sie den Anforderungen des blickenden Auges entsprechen soll. Sie soll für ein endlich ausgedehntes Blickfeld keine störenden Farbenfehler erkennen lassen und für einen mindestens 25 mm hinter der augennahen Fläche gelegenen Hauptstrahlenkreuzungspunkt in bezug auf den Astigmatismus schiefer Bündel und auf die Verzeichnung verbessert sein. Auf die Hebung der Kugelabweichung im geraden Bündel kommt es weniger an, weil bei den kleinen Pupillenöffnungen um 3 mm die Guckkastenlinse nur mit einem verhältnismäßig kleinen Öffnungsverhältnis benutzt wird. Es sei ausdrücklich darauf hingewiesen, daß nicht allein die Aufstellung der Forderungen, sondern auch der Nachweis ihrer Erfüllbarkeit mit einer zweilinsigen Anlage von A. GULLSTRAND um 1902 stammen und daß die Verantlinse, die man 1904 und später mit dem neuzeitigen Guckkasten, dem Veranten (Abb. 62), in den Gebrauch weiterer Kreise (vergeblich) einzuführen suchte, aus dieser Anregung entwickelt worden ist.

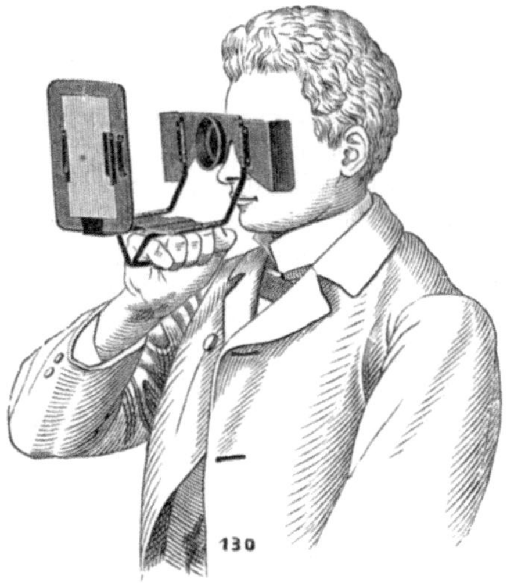

Abb. 62. Die Verwendung eines neuzeitlichen Guckkastens, des Veranten, zu richtiger Betrachtung von Lichtbildern mit bewegtem Auge.

Führt man in neuerer Zeit (Abb. 63) Guckkasten- (Verant-) Linsen mit den oben geforderten Verbesserungen aus und gibt ihnen so kurze Brennweiten, daß sie denen der für die Aufnahmen verwandten neuzeitigen Handkammerlinsen völlig oder doch nahezu gleichkommen und daß man (S. 67) also wirklich in der Betrachtung eben die für die Aufnahme geltenden Winkel w wiederherstellt, so wird sich der Guckkasten leicht und bequem bewegen lassen. Auf diese Weise kann man auch Aufnahmen von nicht waagrechter Achsenrichtung (Neigungsbilder) mit ganz naturgetreuer Wirkung betrachten, man muß nur die Hauptblickrichtung wenigstens einigermaßen genau mit der Achsenrichtung bei der Aufnahme zusammenfallen lassen. Mit anderen Worten muß man für die Betrachtung von Aufnahmen mit hinaufgerichteter Achse den Kopf in den Nacken werfen, alsdann deutet man das ferne Guckkastenbild genau so richtig, wie man hohe Gebäude bei der Beschauung mit zurückgebogenem Kopfe senkrecht begrenzt auffaßt: das „Stürzen der Linien“ auf den Lichtbildern (s. S. 65α), das bei senkrechter oder gar gesenkter Kopfhaltung sehr störend wirkt, verschwindet bei der soeben empfohlenen Betrachtungsart vollständig, und man ist von der Naturtreue solcher, auf den Ungeschulten abstoßend oder zerrbildartig wirkender Aufnahmen überrascht. Das Entsprechende kann bei talab gerichteten Aufnahmen gelegentlich beobachtet werden, nur daß solche Fälle seltener vorkommen. Diese richtige Betrachtung von Neigungsbildern läßt sich mit dem Bildwerfer weniger leicht erreichen.

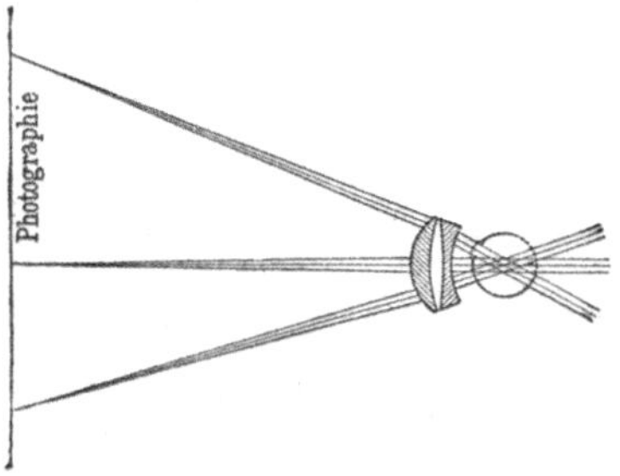

Abb. 63. Ein Übersichtsbild für den Strahlengang vom Lichtbild durch die Verantlinse zum Auge. Das Auge ist ein wenig gehoben dargestellt.

Man sieht also ganz deutlich, daß unter Umständen die Erzielung völlig naturgetreuer Aufnahmen — die Höhe eines Turmes kommt dem Beschauer durch das in solchen Fällen ihm gewohnte Zurückwerfen des Kopfes und die Anstrengung der Nackenmuskeln während der Betrachtung mit ungemeiner

Lebhaftigkeit zum Bewußtsein — eine Wiedergabe fordert, die mit den oben auf S. 98 β berührten Kunstregeln in einem unvereinbaren Widerspruche steht, denn man darf solche Neigungsaufnahmen eben nicht in ein waagrecht zu legendes Heft einkleben.

Wie oben schon angedeutet, wird man aber schwerlich auf einen großen Erfolg in weiteren Benutzerkreisen rechnen können, wenn man Geräte auf den Markt bringt, die so angelegt sind, daß sie das Lichtbild als treue Perspektive des aufgenommenen Raumdings betrachten lassen: die Allgemeinheit der Benutzer wendet der Treue der Wiedergabe halber schwerlich einer gewohnten und bequemlichen, wenn auch unrichtigen Betrachtungsart den Rücken.

D. Das Stereoskop und seine neuzeitlichen Formen.

Wie auf S. 86 δ hervorgehoben, erschien die erste ausführliche Arbeit CH. WHEATSTONES schon 1838, also vor dem Bekanntwerden der photographischen Verfahren. Das Betrachtungsgerät, das WHEATSTONEsche Spiegelstereoskop, war in Hinsicht auf die Strenge der Grundlagen bewunderungswürdig geplant, eignete sich aber wenig für die Hände der durchschnittlichen Benutzer. So kam es auch, daß die Mühe, die sich WHEATSTONE schon 1841 unter Beihilfe von A. CLAUDET gab, die Stereoskopie namentlich bei der Bildnisphotographie zu verwenden, keine Erweiterung des Absatzes von Stereoskopen nach sich zog. Zu einem ungemein weit verbreiteten, leider auch nach wenigen Jahren wieder in die Rumpelkammer verbannten Gerät wurde das Stereoskop erst unter den Händen D. BREWSTERS. Nach dessen Musterstück baute nämlich der französische Optiker J. DUBOSCQ zur großen Londoner Weltausstellung von 1851 ein Prismenstereoskop, das, billig und bequem zu behandeln, so recht für den Durchschnittsbenutzer geeignet war und auch anfänglich einen gewaltigen Absatz hatte, später aber seinerseits der Hauptgrund für das frühzeitige Erlöschen der Freude an der Stereoskopie wurde.

Da man bei der durch die Anlage geforderten exzentrischen Benutzung der Betrachtungslinse Schwierigkeiten hatte, ein größeres Feld ohne allzu störende Abweichungen abzubilden, so gab man den Betrachtungslinsen, genauer den Halblinsen, des Geräts eine recht beträchtliche Brennweite, verzichtete also auf die Wiederherstellung der Aufnahmewinkel und führte also nach S. 100 β einigermaßen die Wirkung eines verkleinernden Fernrohres ein. Die Masse der Käufer ließ sich durch diesen Mangel an Naturtreue nicht weiter stören, sie legte allein Wert auf eine besonders starke Tiefenwahrnehmung in dem Gerät, ohne irgendwie zu fragen, ob denn beim natürlichen beidäugigen Sehen je irgend etwas Ähnliches zu bemerken sei. Die Unnatur dieser Raumbilder brachte es, als erst einmal der Reiz der Neuheit geschwunden war (etwa in der zweiten Hälfte der 60er Jahre), dahin, daß sich die Geschmacksrichtung der Sachverständigen gegen stereoskopische Aufnahmen überhaupt erklärte, und es tritt nun eine über etwa 20 Jahre oder mehr erstreckte Abkehr von der Ausübung der Stereoskopie auf. Als Rest, woran später angeknüpft wurde, blieb im wesentlichen nur die zwar unrichtige, aber weitverbreitete Ansicht übrig, daß man zur stereoskopischen Betrachtung eines Stereogrammes eines Geräts mit zwei gesonderten Aufnahmelinsen bedürfe. Man sieht also, daß eine Hauptschwierigkeit bei den Einzelaufnahmen, die Abneigung, sie durchweg in einem Guckkasten zu betrachten, bei den Stereogrammen nicht vorlag.

Bevor wir auf die Weiterentwicklung eingehen, sei auf eine grundsätzliche Lagenbeziehung der Halbbilder hingewiesen, wie sie auf einem Stereogramm aus einer der üblichen Zwillingskammern mit parallelen Achsen stets zu beobachten ist. Stellen wir uns die Kopie in der Lage vor, wie sie nach dem Kopieren von dem Negativ entsteht, so ist Abb. 64 jedes Einzelbild umgekehrt und beide sind zueinander so angeordnet (s. auch S. 88α), daß sie die Außenseiten A der Bildfelder einander zu- und die Innenseiten I voneinander abkehren. Kehrt man nach Abb. 65 nun das ganze so kopierte Stereogramm um und bringt es an den Ort Θ von Abb. 36 (S. 65) für ein jedes Auge, so sind zwar die Abbildsbilder aufrecht, doch betrachtet man (wenn man nicht die Augenachsen kreuzt, was die gewöhnlichen Stereoskope nicht gestatten) das von der linken Aufnahmelinse gelieferte Abbildsbild mit dem rechten Auge und das von der rechten

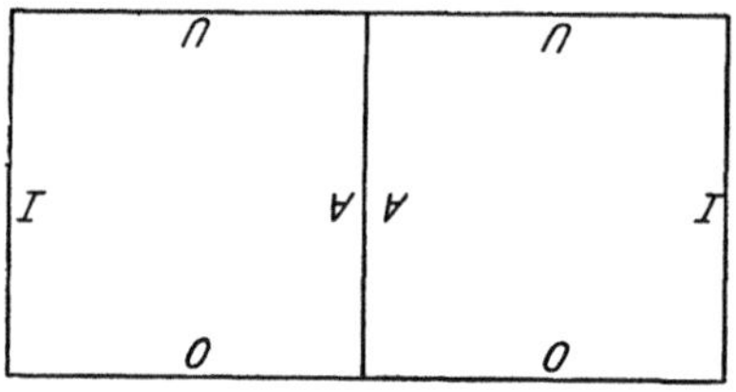

Abb. 64. Die Lage der beiden Halbbilder nach dem Kopieren des Negativs. Die Seiten sind nicht vertauscht.

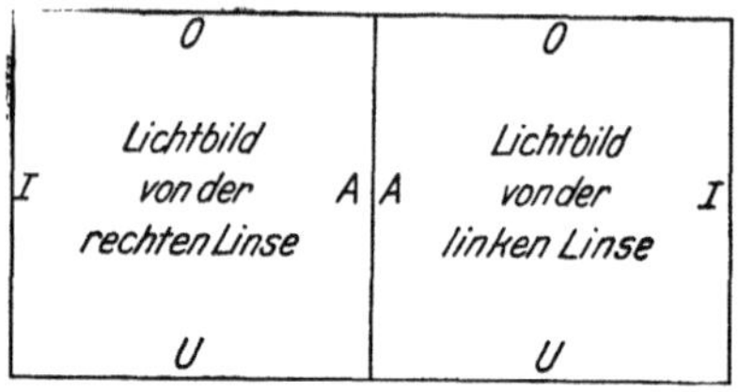

Abb. 65. Die Lage der beiden Halbbilder nach dem Umkehren. Die Seiten sind nunmehr vertauscht.

gelieferte mit dem linken. Da sich alsdann eine Tiefenverkehrung (ein pseudoskopischer Eindruck nach Ch. Wheatstone 1851) ergibt, so hat man das früher häufig damit begründet, daß man sagte, es verhalte sich so, weil jedes Halbbild von dem ungleichnamigen Auge betrachtet würde. Wir kommen zu einer richtigeren Begründung, wenn wir beachten, daß die Außenseiten der beiden Bildfelder (und dementsprechend die Außenstrahlen der beiden Hauptstrahlenrichtungen) bei der Anordnung der Bilder in der Zwillingskammer einander zugekehrt sind. Zieht man, wie es auf Abb. 66 geschieht, in einem waagrechten Schnitt durch beide Aufnahmeachsen die Verbindungslinien zweier verschieden weit entfernter Punkte wie O_1' und O_2', so müssen die nach dem näheren O_1' zielenden Hauptstrahlen bei der Aufnahme mehr auswärts (schläfenwärts) verlaufen sein als die nach den ferneren O_2' gerichteten. Legt man um Z_l und Z_r das oben auf S. 88α eingeführte Kurzzeichen, so erkennt man durch einen Vergleich mit Abb. 54, daß jetzt eine Wahrnehmung mit einem gleichsam aus der gewohnten Verbindung gebrachten Augenpaar stattfindet und daß daraus die Tiefenumkehrung folgt. Zum Beweis braucht man nur einen Aufnahmegegenstand zu wählen — man denke etwa an ein an der entferntesten Ecke befestigtes Würfelgerippe —, bei dem die Umkehrung von oben und unten nichts ausmacht, so liefert die Betrachtung des nicht umgekehrten Kammerstereogramms, wo nunmehr das rechte Auge das rechte Halbbild beschaut und das linke Auge das linke, ebenfalls wieder ein tiefenverkehrtes Raumbild. Denn nicht auf die Bildervertauschung kommt es an, sondern darauf, daß man zwei zusammengehörige Halbbilder in einer derartigen Anordnung betrachtet, daß sie ihre Außenseiten einander zukehren.

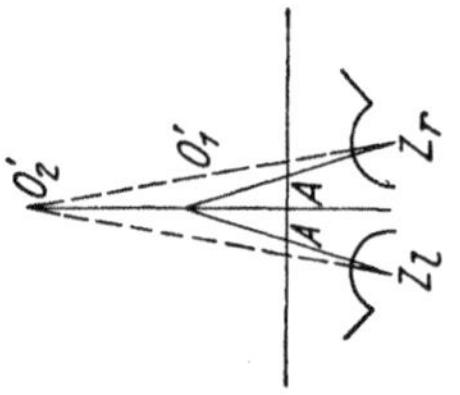

Abb. 66. Die Blicklinienpaare der Grundebene bei der Betrachtung eines unzerschnittenen Abzugs und die dabei entstehende Tiefenumkehrung.

Zur Vermeidung des tiefenverkehrten Eindruckes ist es eben nötig, diese falsche Anordnung aufzuheben, und das geschieht meistens damit, daß man bei der endgültigen Anfertigung des Stereogramms die beiden Hälften von

Abb. 65 voneinander trennt und miteinander vertauscht. Natürlich kann man sich auch so ausdrücken, daß man sagt, man richte ein jedes einzelne Halbbild für das gleichnamige Auge einzeln auf. Daß man sich beim Aufkleben der beiden Halbbilder vor der Einführung eines gegen die Beziehung (34) von S. 87

$$Q_l \mathfrak{Q}_l = Q_r \mathfrak{Q}_r$$

verstoßenden Höhenfehlers hüten muß, folgt schon aus der Betrachtung von Abb. 53 auf Seite 87.

Neben dieser üblichsten Erreichung eines tiefenrichtigen Eindrucks hat man auch optische Vorkehrungen ersonnen, die es gestatten, auf optischem Wege die einzelnen Abbilder, sei es umzukehren, sei es zu spiegeln, und auf diese Weise von einem unzerschnittenen Kammerstereogramm ein tiefenrichtiges Raumbild zu erhalten.

Wendet man sich nun zu der Entwicklung des Stereoskops zurück, das man nach S. 105 δ als einen Zwillingsguckkasten ansehen kann, so fehlte es zunächst an einer brauchbaren, für das blickende Auge geeigneten Betrachtungslinse. Ehe solche neuere Formen auf dem Markt waren, hat man wohl versucht, Bilder kleiner Plattengröße durch jede der beiden Aufnahmelinsen nach Abb. 67 wie durch eine Lupe zu betrachten. Die Bedingungen, unter denen die Beobachtung alsdann vor sich geht, sind schon für das Einzelbild einigermaßen verwickelt. Ganz gewiß würde unter diesen Umständen einer vollständigen Umkehrung des Strahlenganges eine Aufnahmelinse mit anastigmatisch geebnetem Felde — meistens wird es sich um eine Doppellinse mit Innenblende handeln — ein deutliches und verzeichnungsfreies Bild unter den richtigen Winkeln w auf einer unendlich entfernten Schirmebene entstehen lassen; aber da die Pupillen einer solchen Doppellinse dem Auge unzugänglich sind, so gibt es kein einfaches Mittel, den Augendrehpunkt des Beschauers in die Austrittspupille des als Schaulinse benutzten Doppelobjektivs zu bringen. Führt der Beobachter seinen Drehpunkt Z' so nahe als möglich an die ihm gegenüberstehende Austrittspupille, so kann er wohl einen gewissen Teil des fernen Bildes (gleichsam nach S. 89 β) wie eine Füllperspektive aufnehmen, aber für die anderen Teile des fernen Bildes tritt wieder die Schlüssellochbetrachtung durch die Austrittspupille der Schaulinse ein. Dabei sind die Kopfbewegungen nicht unbeträchtlich, weil ja der Abstand zwischen dem Drehpunkt Z' und dem Austrittspunkt B'_w auf der augennahen Fläche der Schaulinse längs der schiefen Blickrichtung gemessen die Bedingung erfüllen sollte

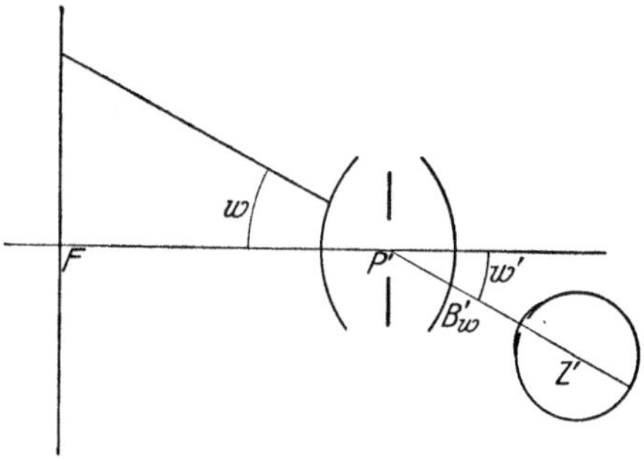

Abb. 67. Die Betrachtung des Lichtbildes durch die Aufnahmelinse als Lupe.

$$B'_w Z' \geqq 25\,\text{mm}\,.$$

Eine große Verbreitung haben Stereoskope dieser Anlage nicht gefunden.

Die Herstellung solcher Guckkästen erfuhr durch die von A. Gullstrand 1902 nach S. 104 α ausgegangene Anregung eine ganz wesentliche Hilfe. Mit Hilfe der im Frühjahr von 1903 zu Jena vorgenommenen Versuchsausführung konnte erkannt werden, daß Verantlinsen von etwa 7 cm Brennweite mit einem scheinbaren Blickfelde von 60° in der Diagonale noch vorteilhaft hergestellt werden konnten. Eine auf M. v. ROHR zurückgehende Form des Doppelveranten gestattete durch symmetrische Verschiebung der je mit ihrem Einzelbild genügend fest verbundenen Verantlinsen die Tiefenänderung völlig zu vermeiden, die von HELMHOLTZ als Reliefperspektive beschrieben worden war. Freilich mußte man von der festen Anbringung der Halbbilder auf einem Träger absehen, was möglicherweise den geschäftlichen Mißerfolg dieses Versuchs mit erklärt (Abb. 68).

Immerhin konnte man aber verschiedene Beobachtungen und Feststellungen machen, die auch hier ihren Platz finden mögen.

Bei der Aufnahme eines Hofraums waren die Orte der beiden Eintrittspupillen P_l und P_r genau festgestellt worden. Schob man die Halbbilder in den Doppelveranten und beobachtete von diesen Orten aus zunächst den Hofraum selbst und dann durch Emporheben des mit den Halbbildern beschickten Doppelveranten das beidäugige Raumbild, so war die Übereinstimmung bemerkenswert groß. Entfernte man nun die eine Hälfte des Doppelveranten und ließ auf der einen Seite das Abbild des Hofraums selbst, auf der anderen Seite aber das zweite Halbbild auf den Beobachter wirken, so erhielt er eine Tiefenwahrnehmung, die in nichts von dem Eindruck bei der beidäugigen Beschauung des Hofraums abwich. Man zog daraus die Folgerung, wie schon auf S. 93 β angedeutet, daß der Fortfall der Füllperspektiven bei einigermaßen fernen Raumdingen überhaupt nicht bemerkt werde.

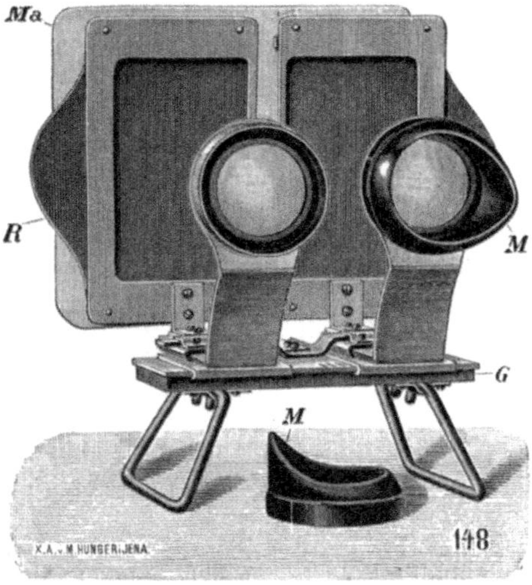

Abb. 68. Der Doppelverant zur Vermeidung der Reliefperspektive.

Sehr günstig wirkte eine Landschaftsaufnahme nur mit fernen Sehdingen, von der zwei identische Abzüge in beide Hälften des Doppelveranten geschoben wurden. Einzelne Beobachter empfanden den fernen Vordergrund als einigermaßen vergrößert, andere merkten überhaupt keinen Unterschied. Man erklärte damals die befriedigende Wirkung aus dem guten Formengedächtnis, das dadurch unterstützt wurde, daß einem jeden der beiden blickenden Augen eine nicht unrichtige Perspektive dargeboten wurde. Bei beidäugigem Blick auf ein entferntes Raumding wird man sich im allgemeinen mehr von den perspektivischen Formänderungen, der Verteilung von Licht und Schatten, den Überschneidungen naher Gegenstände, der Luftperspektive, d. h. von den jedem Einzelauge zugänglichen Anzeichen für die Tiefenauffassung leiten lassen, als von den sehr geringen Verschiedenheiten der beiden Perspektiven. Man kann zur Unterstützung dieser Ansicht die Schwierigkeit anführen, die die meisten Beobachter empfinden, bei falsch aufgeklebten Stereogrammen wohlbekannter Gegenstände das tiefenverkehrte Raumbild überhaupt wahrzunehmen.

Die Jenaer Bestrebungen wurden neuerdings von L. E. W. VAN ALBADA[1] nicht nur wieder aufgenommen, sondern sogar wesentlich weitergeführt, der schon 1902/03 eine ganz ausgezeichnete Behandlung der Stereoskopie mit besonderer Betonung der Ähnlichkeit des Raumbildes mit dem aufgenommenen Raumbilde veröffentlicht hat.

[1] Photogr. Korresp. **39**, 551, 685 (1902); **40**, 21, 150 (1903).

Jetzt betonte er[1] die Notwendigkeit, den Gesichtswinkel der Halbbilder über die bisher gerade noch erreichbaren 60^0 wesentlich hinaus zu steigern. Er hatte ferner das anerkennenswerte Geschick, eine Weitwinkellupe mit ebenem Bildfelde und ohne Verzeichnung zu bauen, die auch bei einer sehr kurzen Brennweite einen so großen Abstand des Hauptstrahlenkreuzungspunktes von der letzten Linsenfläche hat, daß man mit ganz kleinen, kaum störenden Kopfbewegungen auskommt, wenn man das ganze große Feld mit recht befriedigender Schärfe ausnutzen will (Abb. 69).

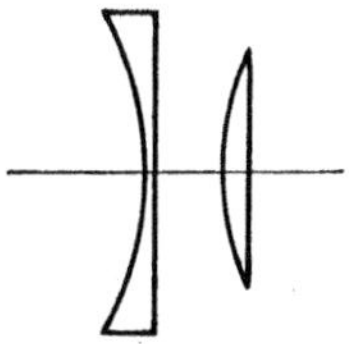

Abb. 69. L. E. W. van Albadas Weitwinkellupe.

Man kann die Hoffnung aussprechen, daß mit dieser ausgezeichneten Durcharbeitung der Weitwinkelstereoskopie ein starker Anstoß gegeben ist, diesem schönen Verfahren, sich Gegenstände unabhängig von Ort und Zeit mit immer gleichbleibender Treue und räumlich richtig vorzuführen, Freunde in einigermaßen großer Zahl zu verschaffen.

[1] Photogr. Korresp. **62**, 67 (1926). — Man sehe auch die in Anm. [1] auf S. 85 aufgeführte Arbeit.

Die Strahlungsvermittlung auf der lichtempfindlichen Schicht.

In deutlicher, z. T. wörtlicher Anlehnung an die Schriften von E. ABBE, H. ERFLE †, A. KÖHLER u. M. v. ROHR zusammengestellt

von

M. v. ROHR, Jena.

Mit 5 Abbildungen.

Die Strahlung von einem Flächenstückchen zu einem anderen ist schon um die Mitte des 18. Jahrhunderts namentlich von J. H. LAMBERT mathematisch behandelt worden, und er hat in dem nach ihm benannten Gesetz einen kurzen Ausdruck dafür gegeben, daß die Strahlung eines nach allen Richtungen gleichmäßig strahlenden Flächenstückchens dp_1 auf ein beliebiges anderes dp_2 in der Entfernung r befindliches gegeben ist durch

$$dL = I\frac{dp_1 \cos\Theta_1\, dp_2 \cos\Theta_2}{r^2}, \tag{1}$$

wo $\Theta_1(\Theta_2)$ der Winkel zwischen der Richtung r und der auf $dp_1\,(dp_2)$ errichteten Flächennormalen ist, während I (früher Intensität oder Leuchtkraft, heute Flächenhelle) die besondere Wirksamkeit des leuchtenden Flächenstückchens bezeichnet.

Man kann das auch so ausdrücken, daß man statt dp_1 (dp_2) selbst ihre für die Strahlung gleichwertigen (äquivalenten) Projektionen auf je eine zur Verbindungsrichtung r senkrechte Ebene einführt.

Handelt es sich um endliche Flächenstücke, so muß die endliche Lichtmenge durch Integrationsverfahren ermittelt werden, worüber in den allgemeinen Darstellungen der Strahlungsvermittlung manches zu finden ist.

J. H. LAMBERT hatte auf diese Weise gewisse Grundlagen zur Photometrie geschaffen; für die optischen Vorkehrungen aber hat in allgemeiner Weise erst E. ABBE[1] im Jahre 1871 die Grundgedanken ausgesprochen, wonach die Strahlung im Bildraum, die vermittelte Strahlung I' zu behandeln sei. Dabei ging er etwa von der Vorstellung aus, daß die Strahlung von irgendeinem Oberflächenstückchen im Dingraum nur insofern die optische Linsenfolge durchsetzen und zu dem zugeordneten Flächenstückchen im Bildraum gelangen könne, als sie von Anfang an auf die lichte Fläche der Eintrittspupille hin gerichtet sei. Die Linsenfolge übertrüge dann gleichsam von selbst die nach der Eintrittspupille gelangte Strahlung in die Austrittspupille, wobei es aber ohne bestimmte, die Flächenhelle vermindernde Verluste bei der Abbildung nicht abgehe, und der lichte Teil der Austrittspupille strahle alsdann wieder nach den allgemeinen

[1] Siehe Anm. [1] auf S. 45.

Gesetzen auf das abgebildete oder zugeordnete Oberflächenstückchen im Bildraum.

Man erkennt ohne weitere Schwierigkeit, daß bei dieser Abbeschen Behandlung zwei verschiedene Teile vorkommen: der eine von allgemein physikalischer Natur, worin die Verluste der Flächenhelle I behandelt werden, die, sozusagen, jeden einzelnen Strahl oder jedes enge Strahlenbündel aus dem Dingflächenstückchen eben infolge der Abbildung betreffen; und der andere von geometrischer Natur, der — wegen des Auftretens des lichten Gebietes in der strahlenden Austrittspupille — in engster Anlehnung an die Strahlenbegrenzung zu behandeln ist und in dem ferner auch das Lambertsche Gesetz auf die besonderen Verhältnisse in der Aufnahmekammer angewendet wird.

Bei der an dieser Stelle vornehmlich wichtigen Auseinandersetzung der Strahlung auf die photographische Platte treten nun gewisse besondere Schwierigkeiten auf, die hier kurz ganz im allgemeinen angedeutet werden mögen, ohne daß ihrer besonderen, eingehenden Darlegung in späteren Teilen des Handbuchs vorgegriffen werden soll. Sie beziehen sich in dem Lambertschen Ausdruck auf die Flächenhelle I.

Da die in zerstreuter Strahlung wirkenden Flächenstückchen des Dingraums in der Regel nicht alle Teile des Spektrums gleichmäßig zurückwerfen, sondern vielmehr sehr häufig schon unserem Auge farbig erscheinen, aber auch ohne das zu tun, doch auf photographische Schichten unterschiedlich wirken können, ja da ein solcher Wirkungsunterschied durch die Wahl besonderer Lichtquellen im Dingraum noch verstärkt werden kann, so wird es sich empfehlen, die Flächenhelle I immer nur für ein enges Farbengebiet, etwa für die Wellenlängen zwischen $\lambda + d\lambda$ anzugeben, wo $d\lambda$ eine λ gegenüber kleine Größe ist. Es muß auch beachtet werden, daß für eben dies Farbengebiet die Empfindlichkeit der gerade vorliegenden Plattenart genau zu bestimmen ist und gegen eine andere sehr starke Schwankungen zeigen kann. Und schließlich ist es auch möglich, daß die die Linsenfolge bildenden Glasmassen gerade in diesem Farbenbezirk eine ausgesprochene Dämpfung ausüben können, ja daß man eine solche gelegentlich durch eingeschobene Filterscheiben sogar absichtlich hervorruft. Die Gesamtwirkung bei der Wiedergabe des Dingflächenstückchens wird sich dann nur durch Summation über das ganze Farbenbereich zwischen λ_0 und λ_1 feststellen lassen können, das überhaupt auf die entsprechende Plattenart wirkt.

Man erkennt also, daß die Schwierigkeit, die allgemeinen, auf eine besondere Aufnahmefähigkeit von dp_2 gar keine Rücksicht nehmenden Lambertschen Überlegungen den optischen Verhältnissen anzupassen, nicht unterschätzt werden sollte: Wenn man schon bei den üblichen Geräten zur unmittelbaren Unterstützung des Auges die eigenartig verlaufende Empfindlichkeitskurve des Auges für Tageslicht mit ihrem ausgesprochenen Empfindlichkeitshöchstwert im Gelbgrün berücksichtigen mußte, so steigen, wie wir soeben gesehen haben, diese Schwierigkeiten hier im photographischen Gebiet auf einen noch ungemein viel höheren Betrag.

Beabsichtigt man, wie es für manche Aufgaben der Außenphotographie erwünscht ist, die Farbenempfindlichkeit der Bromsilberplatte auf Bezirke längerwelliger Strahlung auszudehnen, so hat man mit den orthochromatischen und panchromatischen Platten große Fortschritte gemacht, freilich die Empfindlichkeitskurve des Auges immer noch nicht annähernd wiederholen können.

Die Lambertschen Überlegungen hat man in der neueren Entwicklung der Photometrie noch durch den Begriff des Lichtstroms ergänzt, indem man die Lichtmenge, die in der Zeiteinheit eine begrenzte beleuchtete Fläche trifft, den Lichtstrom Φ nennt. Bei den Vorgängen in der Aufnahmekammer, wo die Belichtungszeit eine so wichtige Rolle spielt, ist diese Auffassung von einer besonderen Bedeutung.

Ist das strahlende Flächenteilchen ebenso wie das bestrahlte klein im Verhältnis zu der Entfernung r, so erhält man verständlicherweise für

$$d\Phi = dL$$

eben den LAMBERTschen Ausdruck (1) von S. 110.

Gehen wir nunmehr zu der Feststellung der oben erwähnten Verluste an Flächenhelle durch den Abbildungsvorgang über, so behandeln wir zunächst:

A. Die Minderung der vermittelten Flächenhelle durch die Abbildungsvorgänge.

Man kann da gleich von vornherein eine auf unserem Gebiet zulässige Einschränkung machen und für das Gebiet der Aufnahmelinsen die regelmäßige Hauptspiegelung ausschalten. Sie kommt allein vor bei einem Hilfsgerät, dem Umkehrspiegel oder dem Umkehrprisma, das bei der Wiedergabe ebener Vorlagen verwandt wird. Für solche Vorkehrungen müßte man wegen der dabei auftretenden Verluste auf allgemeinere Darstellungen[1] zurückgreifen.

Wir werden uns also hier beschränken auf Vorkehrungen, die das auf die lichtempfindliche Schicht wirkende Bild durch Brechung des Lichtes erzeugen oder, wie wir noch etwas bestimmter sagen können, auf Linsenfolgen. Wir werden sogleich erkennen, daß infolge von Spiegelung hier ein bestimmter Verlust des eintretenden Wertes von I mit einer jeden Brechung verbunden ist, und daß ferner durch die Linsenmittel von nicht vollkommener Durchlässigkeit ein bestimmter kleiner Teil von I beim Durchtritt zurückgehalten (verschluckt, absorbiert) wird, so daß der Rest mit einer gewissen Dämpfung die Linse verläßt.

1. Die Verluste durch die Spiegelung (Reflexion). Trifft ein Strahl auf irgendeine Fläche, die ein Mittel mit der Brechzahl n_0 von einem anderen mit der Brechzahl n_1 scheidet, so wird die von ihm getragene Flächenhelle I in zwei Bestandteile

$$I = I_I + I_1 \tag{2}$$

zerlegt, von denen nur I_1 auf dem gebrochenen Strahl in das Mittel n_1 weitergeführt, wogegen I_I auf einem gespiegelten Strahl in das Mittel n_0 zurückgeworfen wird und für das Hauptbild im besten Falle nur verloren ist.

Um einen Begriff von der Größe dieser Beträge zu erhalten, nimmt man einmal an, der Strahl treffe senkrecht auf die Fläche, so daß er gebrochen in der gleichen (Achsen-) Richtung weitergehe, während der gespiegelte Anteil in der ganz entgegengesetzten Richtung zurückgeworfen wird, so ist

$$I_I = \left(\frac{n_1 - n_0}{n_1 + n_0}\right)^2 I, \tag{3}$$

und man erhält leicht durch Einsetzen in (2) die Beziehung

$$I_1 = \frac{4\, n_1\, n_0}{(n_1 + n_0)^2}\, I. \tag{4}$$

Wenn nun auch die in dem Mittel n_0 einfallende Flächenhelle nach (2) in die beiden Teile, den gespiegelten I_I und den in das Mittel n_1 eintretenden I_1, zerlegt wird, so ist die Flächenhelle in dem Mittel n_1 doch nicht einfach I_1,

[1] Man sehe etwa S. 522ff. der in Anm. [2] auf S. 52 angeführten Arbeit.

sondern sie ist nach dem KIRCHHOFFschen Gesetze mit dem Quadrat des Verhältnisses der Brechzahlen zu multiplizieren

$$i_1 = \frac{n_1^2}{n_0^2} I_1 .$$

Ist $n_1 > n_0$, so bedeutet das einen Zuwachs an Flächenhelle, der für bestimmte optische Vorkehrungen, z. B. die Immersionsobjektive beim Mikroskop, von großer Bedeutung ist.

Selbstverständlich wird aber bei einem späteren Austritt wieder in das erste Mittel n_0 dieser Zuwachs durch die Multiplikation mit $\frac{n_0^2}{n_1^2}$ auch wieder aufgehoben. In unserem Falle der Aufnahmelinse, wo wir stets die Beleuchtungsstärke in Luft messen, können wir die Rechnung vereinfachen, indem wir diese von dem KIRCHHOFFschen Gesetz geforderten Multiplikationen gar nicht erst ausführen.

Wenn nun auch diese Formeln (3) und (4) bereits einigermaßen übersichtlich sind, so erhält man doch eine noch merklich deutlichere Anschauung, indem man auf Ziffernwerte eingeht.

Als einen besonders wichtigen Fall wollen wir die schwache Spiegelung beim Eintritt des Lichtes in die Hornhaut unseres Auges betrachten. Daselbst setzen wir $n_0 = 1$ und — mit großer Annäherung — $n_1 = \frac{11}{8}$ und erhalten

$$I_0 = \left(\frac{3/8}{19/8}\right)^2 I = 0{,}025\, I$$

sowie

$$I_1 = \frac{4 \cdot 11/8}{(19/8)^2} = 0{,}975\, I .$$

Wir erkennen also, daß beim Eintritt des Lichtes in die Hornhaut $2^1/_2$% der auffallenden Flächenhelle zurückgeworfen werden, während der Spiegelungsrest von 97,5% in das Mittel der Hornhaut eintritt.

Für die Bildung richtiger Vorstellungen ist es von einer gewissen Bedeutung, die entsprechende Überlegung an der Vorderfläche einer Glaslinse anzustellen.

Setzt man zu diesem Zweck $n_1 = \frac{3}{2}$ für ganz leichtes Kronglas — $n_0 = 1$ gilt wiederum, da wir die Linse in Luft voraussetzen —, so erhalten wir jetzt

$$I_I = \left(\frac{1/2}{5/2}\right)^2 I = \frac{I}{25} = 0{,}040\, I ; \qquad I_1 = \frac{4 \cdot 3/2}{(5/2)^2} = 24 \frac{I}{25} = 0{,}960\, I .$$

Man erkennt also, daß bei senkrecht auffallendem Licht die Vorderfläche einer Linse aus leichtem Kronglas merklich mehr (genauer des $\frac{40}{25} = 1{,}6$fache) in schwacher Spiegelung zurückwirft, während dementsprechend nur ein geringerer Spiegelungsrest in das Kronglas eintreten kann.

Folgt nun in dem zweiten Mittel n_1 auf die erste eine zweite Fläche, die etwa die Mittel n_1 und n_2 trennt, so ist dafür als auffallende Flächenhelle nunmehr I_1 anzusetzen, und man muß schreiben

$$I_1 = I_{II} + I_2 \tag{5}$$

wo

$$I_{II} = \left(\frac{n_2 - n_1}{n_2 + n_1}\right)^2 I_1 ; \qquad I_2 = \frac{4\, n_2\, n_1}{(n_2 + n_1)^2} I_1 \tag{6}$$

zu setzen ist.

Natürlich kann man für I_1 den in (4) angegebenen Wert einführen und erhält alsdann den Spiegelungsrest beim Durchtritt durch die Linse und in das Mittel n_2 hinein.

Hier ist ein besonderer Fall von besonderer Bedeutung, wenn man nämlich eine Einzellinse in Luft voraussetzt, wo man natürlich zu setzen hat

$$n_0 = n_2 = 1 \; ; \qquad n_1 = n \, .$$

Führt man diese Vereinfachungen zunächst in die Ausdrücke (3) und (4) ein, so erhält man

$$I_I = \left(\frac{n-1}{n+1}\right)^2 I \; ; \qquad I_1 = \frac{4\,n}{(n+1)^2}\, I \tag{7}$$

und aus (6)

$$I_{II} = \left(\frac{n-1}{n+1}\right)^2 I_1 \; ; \qquad I_2 = \frac{4\,n}{(n+1)^2}\, I_1 \, ,$$

was schließlich führt auf

$$I_{II} = \frac{4\,n\,(n-1)^2}{(n+1)^4}\, I \; ; \qquad I_2 = \frac{16\,n^2}{(n+1)^4}\, I \, . \tag{8}$$

Die ziffernmäßige Auswertung ist besonders für den letzten Wert von Bedeutung, und man erhält unter Benutzung des schon oben bestimmten Ziffernwertes

$$I_1 = 0{,}960\, I$$

nunmehr

$$I_2 = (0{,}96)^2\, I = 0{,}92\, I \, .$$

In Worte gefaßt lautet das: fällt längs der Achse einer dünnen Linse (bei der also die Dämpfung unberücksichtigt bleiben kann) ein Strahlenbündel mit der Flächenhelle I, so verläßt diese Linse ein auf das Bildflächenstückchen senkrecht zur Achse gerichtetes Strahlenbündel mit einer vermittelten Flächenhelle oder einem Spiegelungsrest $I_2 = 0{,}92\, I$. Der Spiegelungsverlust beträgt also in diesem Falle etwa 8%.

Man kann leicht verstehen, daß für eine zweite, hinter die erste geschaltete dünne Kronglaslinse der Spiegelungsrest $I' = I_4$ aus dem I_2-Wert der vorhergehenden dadurch gewonnen wird, daß man

$$I' = I_4 = 0{,}92\, I_2 = (0{,}92)^2\, I = 0{,}85\, I$$

setzt.

Auch die weitere Fortsetzung für immer weiter hintereinander geschaltete dünne Linsen aus dem gleichen Werkstoff ist sofort zu übersehen, und man erkennt leicht, daß, sobald

2 3 4 solcher dünnen hintereinander geschalteten Kronlinsen vorliegen, nur 85 78 72% als Spiegelungsrest I' oder als vermittelte Flächenhelle an dem durch die gebrochenen Strahlen entworfenen Hauptbilde teilnimmt. Die Ausnutzung der ursprünglichen Flächenhelle wird also immer geringer.

Der Grund, daß man überhaupt an die Herstellung solcher mit derartig starkem Lichtverlust verbundenen Linsenfolgen herangeht, ist der, daß man mit einer größeren Linsenzahl bestimmte Abbildungsfehler besser heben kann; also beispielsweise imstande ist, ein achsensenkrechtes Dingflächenstückchen mit einem sehr viel größeren Öffnungsverhältnis abzubilden, so daß die Beleuchtungsstärke an dem Bildflächenstückchen auf der lichtempfindlichen Schicht einen wesentlich höheren Wert erhält als bei einfacher geplanten Anlagen. Auf solche Weise wird trotz höherem Verlust an Flächenhelle schließlich doch ein höherer Wirkungsgrad erzielt.

Berücksichtigt man nun auch andere Brechzahlen für Glas als $n = 1{,}5$, so erkennt man einen großen Helligkeitsverlust bei einer Vermehrung dieser Größe. Das hatte man ja auch dem Sinne nach schon an dem geringeren Verlust erkennen können, wie er bei dem Eintritt in die Hornhaut verglichen mit dem in eine Glasschicht vorlag.

Setzt man die Rechnung für ein mittelschweres Flintglas mit $n = 1{,}6$ an, so findet man für eine dünne, senkrecht durchsetzte Flintlinse einen Spiegelungsrest

$$I' = I_2 = 0{,}896\, I$$

und käme bei mehreren hintereinander geschalteten Linsen dieser Art auf die Zusammenstellung, daß bei

2	3	4	dünnen Flintlinsen nur
80,1	72	64,5 %	der auffallenden Flächenhelle an dem Entwurf des durch

Brechung entstandenen Hauptbildes beteiligt wären, also merklich weniger als bei der Linsenfolge aus leichtem Kronglas.

Da nun, wie in einem späteren Abschnitt dieses Handbuchs mit vielen Einzelheiten gezeigt werden wird, auch bei Aufnahmelinsen häufig Doppellinsen vorkommen, wo zwei einzelne Linsen von verschiedener Brechung durch Kittung miteinander verbunden sind, so soll hier der Spiegelungsrest nach (4) festgestellt werden, wenn zwei Mittel $n_1 = 1{,}5$ und $n_2 = 1{,}65 = n_1 \cdot 1{,}1$ aneinander gekittet werden.

Setzt man für den Augenblick $N = \frac{n_2}{n_1}$, so ergibt sich nach (4)

$$I_1 = \frac{4\, n_2\, n_1}{(n_2 + n_1)^2} \qquad I_1 = \frac{4\, N}{(N+1)^2}\, I\,.$$

Unter Umständen kann es übrigens die Rechnung erleichtern, wenn man die Identität verwendet

$$\frac{4\, N}{(N+1)^2} = 1 - \left(\frac{N-1}{N+1}\right)^2.$$

Benutzt man nun, wie oben angenommen,

$$N = 1{,}1\,,$$

so ergibt sich

$$I_1 = \frac{4{,}4}{(2{,}1)^2}\, I = \frac{440}{441}\, I = 0{,}998\, I$$

oder mit anderen Worten: Der Spiegelungsverlust an einer Kittfläche ist selbst dann im Vergleich zu dem an Luftflächen zu vernachlässigen, wenn zwei Mittel mit dem für die gebräuchlichen Glasarten recht großen Brechzahlunterschied von 0,15 aneinanderstoßen.

Wünscht man den Spiegelungsverlust einer solchen Linse zu berechnen, bei der einer Kronlinse von 1,5 eine Flintlinse von 1,65 angekittet ist, so wird man nach der soeben gemachten Feststellung den Spiegelungsverlust durch die Kittfläche unberücksichtigt lassen und für die Flintfläche gegen Luft, also für $n_1 = 1{,}65$, $n_2 = 1$ nach (6) schreiben

$$I_2 = \frac{4 \cdot 1{,}65}{(2{,}65)^2}\, I_1 = 0{,}94\, I_1\,.$$

Setzt man nun für die erste Fläche der verkitteten Verbindung, wo das leichte Kron $n_1 = 1{,}5$ gegen Luft grenzt, den schon berechneten Wert

$$I_1 = 0{,}96\, I\,,$$

so erhält man unter Berücksichtigung der vorletzten Gleichung

$$I' = I_2 = 0{,}94 \cdot 0{,}96\, I = 0{,}9024\, I\,.$$

Der Spiegelungsverlust an einer solchen zweifachen Verbindung dünner Linsen bei senkrechtem Auffall der Strahlenbündel beträgt also etwa $9^3/_4$ % der ursprünglichen Flächenhelle.

Man kann darauf hinweisen, daß man eine brauchbare Annäherung erhält, wenn man in einem solchen Falle das arithmetische Mittel aus den beiden Spiegelungsresten nimmt, wie sie entstehen würden, wenn die Doppellinse nur aus Kron (von $n_1 = 1{,}5$) oder nur aus Flint (von $n_2 = 1{,}65$) bestanden haben würde.

Um die letzte Zahl zu erhalten, müssen wir noch den Spiegelungsrest der einfachen Fläche Flint gegen Luft quadrieren, also bilden

$$0{,}94^2 = 0{,}8836\,.$$

Schreibt man dazu wie oben $0{,}96^2 = 0{,}9216$

$$1.8052 = 2 \cdot 0{,}9026\,,$$

so findet man in diesem Falle den Satz bestätigt. H. ERFLE[1] empfiehlt, gleich den Mittelwert zwischen 1,50 und 1,65 mit 1,575 zu bilden und danach unter Benutzung seiner Tafel 1 zu schreiben 0,9028. Wir halten uns im Nachstehenden an diesen nur allzu früh abgerufenen Forscher:

Handelt es sich um eine Reihe von Flächen hintereinander, so kann man auf folgende Weise verfahren. Man zählt die freien Flächen gegen Luft ab, nimmt das arithmetische Mittel aller zu diesen Flächen gehörenden Brechzahlen und entnimmt aus der folgenden Zusammenstellung 1 den der Flächenzahl z entsprechenden Spiegelungsrest I_z'; den genauen dieser Flächenzahl zukommenden Wert kann man nötigenfalls aus dem Mittel der Brechzahlen und den in der Tabelle 1 angegebenen Einschaltungsstufen (i_1 und i_2 in Einheiten der vierten Dezimalstelle) berechnen.

Tabelle 1. Spiegelungsreste I_z'.

Zahl der freien Flächen gegen Luft z		Mittleres Brechungsverhältnis				
		$n = 1{,}55$	i_1	1,56	i_2	1,57
2	$D'' =$	0,9091	25	0,9066	25	0,9041
4		0,8265	46	0,8219	46	0,8173
6		0,7514	63	0,7451	62	0,7389
8		0,6831	76	0,6755	75	0,6680
10		0,6210	87	0,6123	84	0,6039
12		0,5646	95	0,5551	91	0,5460
14		0,5133	100	0,5033	97	0,4936
16		0,4666	104	0,4562	99	0,4463
18		0,4242	106	0,4136	101	0,4035
20		0,3857	107	0,3750	102	0,3648
30		0,2395	99	0,2296	93	0,2203

Ein Beispiel möge noch veranschaulichen, daß es zulässig ist, I_z' aus dem arithmetischen Mittel des Brechungsverhältnisses n mittels der Formel

$$I_z' = \left(\frac{4\,n}{(n+1)^2}\right)^z \tag{9}$$

zu berechnen. Es sei eine Linsenfolge gegeben, die 10 freie Flächen mit $n = 1{,}51$ und 10 freie Flächen mit $n = 1{,}61$ enthält. Streng genommen müßte man den Spiegelungsrest I_z' für diese 20 Flächen berechnen aus dem Produkt $0{,}6560 \times 0{,}5703 = 0{,}3741$. Berechnet man I_z' genähert so, wie vorhin vorgeschlagen wurde, dann erhält man aus (9) unter Benutzung des Mittelwertes $n = 1{,}56$ $I_z' = 0{,}3750$ (die Berechnung nach (9) wird durch die Zusammenstellung 1 überflüssig gemacht); der Wert weicht nur um 0,24% von dem genauen Wert ab. Kommen in einer Linsenfolge vielerlei Brechungsverhältnisse vor, dann ist das vorgeschlagene Näherungsverfahren genauer als die genaue

[1] Dtsch. opt. Wschr. **1919**, 351, 367; **1920**, 3, 29.

Berechnung der einzelnen Spiegelungsreste, die dann noch miteinander multipliziert werden müßten. Soweit H. ERFLE.

Man erkennt, wie hier im Vorübergehen bemerkt sei, den großen Vorteil, den das Auge im Hinblick auf die Spiegelungsverluste vor allen künstlichen Geräten hat. Denn dort, wo nur eine einzige Fläche gegen Luft vorliegt, während im Augeninnern an den Grenzflächen nur Mittel mit ungemein geringen Unterschieden in den Brechzahlen zusammenstoßen, beträgt der Spiegelungsverlust, wie auf S. 113ε gezeigt, bei senkrechtem Auffall nur $2^1/_2$ %. Bei einer so einfachen Einrichtung, wie der aus Kron und Flint zusammengekitteten Landschaftslinse, ist der Spiegelungsverlust nach S. 115/6 aber bereits $9^3/_4$ %, also fast viermal so groß. Auf den Lichtverlust im Auge werden wir übrigens noch weiter unten (s. S. 121γ) zurückkommen.

Wenn man auf diese Weise zu einem Verständnis der Spiegelungsverluste bei senkrechtem Auffall (also im achsennahen Raum bei Folgen ausgerichteter Linsen) gelangt ist, so soll zunächst für das Hauptstrahlenbündel endlicher Neigung gezeigt werden, wie sich die Spiegelungsreste unter diesen Umständen für drei verschiedene Linsenanlagen verhalten.

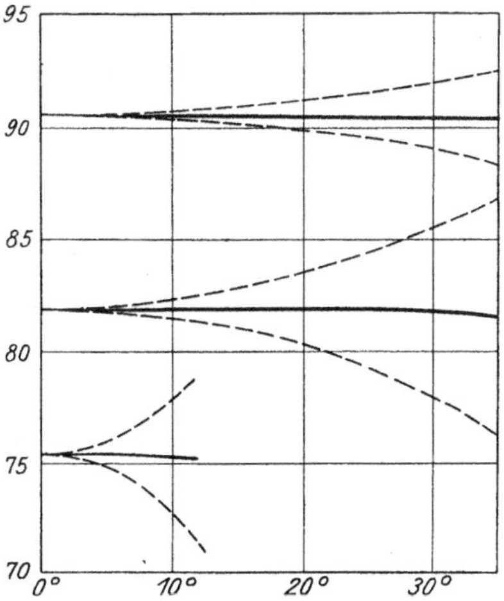

Abb. 70. Darstellung der auf verschieden geneigten Hauptstrahlen geltenden vermittelten Flächenhelle des auffallenden natürlichen Lichts ($0 \leqq w \leqq 34°$ und $0 \leqq w \leqq 12°$). Von oben hinabgehend sind Anlagen mit 2, 4 und 6 Flächen gegen Luft untersucht worden.

Sind Einfalls- und Brechungswinkel von nicht mehr verschwindender Größe vorhanden, so treten für die einfachen oben verwandten Formeln die verwickelten von A. FRESNEL auf:

An Stelle des echten Bruches nach (3) auf S. 112

$$\left(\frac{n_1 - n_0}{n_1 + n_0}\right)^2$$

ergibt sich nun ein Bruch η, der von dem Einfalls- und dem Brechungswinkel i und i' des Strahles und den Anteilen I_p und I_s des polarisierten Lichts vor der Brechung in folgender Weise abhängt:

$$\eta = I_p \frac{\sin^2(i - i')}{\sin^2(i + i')} + I_s \frac{\operatorname{tg}^2(i - i')}{\operatorname{tg}^2(i + i')} . \quad (10)$$

Daraus wird für natürliches Licht wegen

$$I_p = I_s = \frac{I}{2}$$

$$\eta = \frac{I}{2}(m_p + m_s) ,$$

wo m_p und m_s leicht verständliche Abkürzungen für die in (10) angegebenen Brüche sind.

Für $i = i' = 0$ nimmt η natürlich den in (3) auf S. 112 angegebenen Wert an.

Zerlegt man also das natürliche Licht wie üblich in die zwei Bestandteile I_p und I_s, die in zwei zueinander rechtwinkligen Ebenen schwingen, so erkennt man aus Abb. 1, daß für das Gesichtsfeld, das man den genauer untersuchten Linsenanlagen zumutet — die Einfalls- und die Brechungswinkel der Hauptstrahlen dürfen dabei nicht zu groß werden —, die Spiegelungsreste I' längs den Hauptstrahlen dann als einigermaßen unabhängig von der Hauptstrahlneigung betrachtet werden können. Mithin gilt der im GAUSSischen Bildraum entwickelte Wert auch für das endlich geöffnete Hauptstrahlenbündel. Man wird also diese zunächst für senkrechten Lichteinfall geltenden Zahlen verwenden können, ohne befürchten zu müssen, daß man sich bei mäßigen Schiefen weit von der Wirklichkeit entferne. Ein entsprechendes Ergebnis lieferte die Rechnung mit den FRESNELschen Formeln, als ein achsenparalleles Strahlenbündel durch ein Tessar von 1 : 6 Öffnung verfolgt wurde: auch hier war der Spiegelungsverlust η am Bündelrande nur um eine unmerkliche Größe von der Null-Richtung verschieden. Freilich handelt es sich hier wie im vorigen Falle im Bildraum um nicht rein natürliches Licht: da für mäßig große Einfallswinkel bei jeder Brechung der Spiegelungsrest I_s' etwas größer ausfällt als I_p', so ist mit wachsender Entfernung von der Achse im Bildraum ein zunehmender (kleiner) Teil linear polarisierten Lichtes einem Hauptteil natürlichen beigemischt.

Man muß sich nach dem Vorhergehenden gegenwärtig halten, daß man es selbst bei Berücksichtigung der strengen FRESNELschen Formeln nur mit Winkelgrößen zu tun hat, die allein abhängig sind von dem besonderen Bau einer jeden eben vorliegenden Linsenanlage, aber mit ihrem Ausführungsmaßstabe nichts zu tun haben. Untersucht man also eine bestimmte Aufnahmelinse in dieser Hinsicht, so sind Spiegelungsverlust und Spiegelungsrest unabhängig vom Ausführungsmaßstab, können also für alle Ausführungen derselben Anlage durch die gleichen Zahlen angegeben werden.

2. Die Nebenbilder und der Blendenfleck. Bei der obigen Überlegung deutete nur die Bemerkung auf S. 112ζ, „daß I ... für das Hauptbild im besten Falle nur verloren ist", auf eine Schwierigkeit hin, die auf den folgenden Seiten genauer zu behandeln ist. Diese Schwierigkeit kann man kurz beschreiben als die Schädlichkeit zweimal zurückgeworfenen Lichts.

Geht man auf S. 114 zurück, so hatte man nach (8) gefunden, daß bei einer einfachen Kronlinse im achsennahen Raum von der zweiten Fläche bei der Brechung der Anteil

$$I_{II} = \left(\frac{n-1}{n+1}\right)^2 I_1 = \frac{4\,n\,(n-1)^2}{(n+1)^4}\, I = 0{,}0384\, I$$

in das Linsenmittel zurückgeworfen wurde, und das ist sicherlich ein kleiner Betrag, noch geringer als der Spiegelungsverlust an der ersten Fläche mit $0{,}04\, I$.

Aber während sich der Spiegelungsverlust I_I an der ersten Fläche im Dingraum verliert und nicht weiter schädlich ist, tritt der Spiegelungsverlust I_{II} an der zweiten Fläche nur zum größeren Teil in den Dingraum durch die erste Fläche aus; ein kleiner Teil, und zwar genauer

$$I'_{I,II} = \left(\frac{n-1}{n+1}\right)^2 \cdot \frac{(n-1)^2}{(n+1)^4} \cdot 4\,n\,I = 0{,}04 \times 0{,}0384\, I = 0{,}001536\, I$$

wird wieder auf die zweite Fläche zurück, also in der Richtung auf die Platte, geworfen, die er nach einer weiteren geringen Verminderung auf $\frac{24}{25}$ mit

$$I'_{I,II} = 0{,}001475\, I$$

erreicht.

Nun ist das ja, der Flächenhelle von $0{,}92\, I$ des Hauptbildes nach S. 114 entgegengehalten, nur ein sehr geringer Betrag (etwa $\frac{1}{625}$ davon), den wir mit unserer wenig hohen Empfindlichkeit für Helligkeitsunterschiede unter gewöhnlichen Umständen sicher nicht bemerken würden. Es kann aber wohl vorkommen, daß sich in dem Gesichtsfelde Gegenstände von sehr verschiedener Flächenhelle befinden, und daß auf einem Schattengebiet des Hauptbildes ein solches Spiegelbild eines Flächenstückchens von besonders starker Flächenhelle entworfen wird. Dann könnte dieser hohe Wert von I selbst nach der Vervielfältigung mit 0,0015 doch noch so groß bleiben, daß er sich deutlich von dem Schattenteil des Hauptbildes abhöbe.

Diese Möglichkeit macht es notwendig, sich mit den Ursachen dieser Erscheinungen näher abzugeben und das zusammenzustellen, was sich darüber allgemein sagen läßt.

Da in dem einfachen, soeben behandelten Beispiel das Nebenbild dadurch verursacht wurde, daß die zwei Grenzflächen abgesehen von ihrer Brechungswirkung als ein Paar von Spiegelflächen — die spätere von dem Bildraum fort, die frühere nach dem Bildraum hin spiegelnd — auftraten, so wird man nach der Anzahl solcher Spiegelflächenpaare fragen müssen, die bei einer Aufnahmelinse mit ν einzeln stehenden Teilen auftreten können. Nach der Bemerkung auf S. 115γ wird man bei dieser Überlegung Kittflächen nicht zu berücksichtigen brauchen.

ν einzeln stehende Teile haben 2ν Luftflächen, und nach den Sätzen der Kombinationslehre kommen von solchen paarigen Flächenverbindungen

$$v = \frac{2\nu(2\nu - 1)}{1 \cdot 2} \tag{11}$$

vor, also ebensoviele Spiegelbilder.

Nimmt man also an	1	2	3	4	einzeln stehende Teile,
so haben diese	2	4	6	8	Luftflächen und
entsprechend	1	6	15	28	Spiegelbilder, die durch ebensoviele

spiegelnd-brechende Flächenverbindungen im Bildraume des Hauptbildes entworfen werden.

Man muß sich diese spiegelnd-brechenden Flächenverbindungen, die bei guter Ausführung der Linsenfolge auch zur gemeinsamen Achse ausgerichtet sein werden, jede einzeln vorstellen und annehmen, daß man für jede einzelne die Pupillen und die Luken oder die Lukenpaare festgestellt sowie ihre Brennweite und ihre Hauptpunkte berechnet hätte. Alsdann macht es keine grundsätzlichen Schwierigkeiten, für ein nach Lage und Helligkeit gegebenes Dingflächenstück die Lage der v Spiegelbilder im Bildraum zu bestimmen und ebenso die Flächenhelle der sie entwerfenden Strahlenbündel. Denkt man sich das Spiegelbild mit der lichten Fläche seiner Austrittspupille verbunden, so erhält man auf eindeutige Weise den zugehörigen Strahlenkegel, der, bis zur Mattscheibenebene verfolgt, dort ein Gebiet abgrenzt, in dem er jedenfalls die Helligkeitsverteilung im Hauptbild dadurch schädigt, daß er eine unerwünschte Helligkeit hinzugibt. Liegt das Spiegelbild unglücklicherweise nahe an der Mattscheibe, so kann, wie schon oben gesagt, sein heller Lichtfleck in hohem Maße störend werden. Man spricht dann von einem N e b e n b i l d, da die Umrisse des Gegenstandes von großer Flächenhelle, wenn auch verwaschen, doch erkennbar wiedergegeben werden können.

Eine anschauliche Darstellung der 6 Blendenflecke zeigt die beigegebene Abb. 71, die von dem 1926 verstorbenen wissenschaftlichen Mitarbeiter an der Jenaer Werkstätte, R. SCHÜTTAUF, vor langen Jahren zu Lehrzwecken mit einem symmetrischen Objektiv aufgenommen wurde. Aus diesem Grunde war alles darauf angelegt, die Nebenbilder besonders deutlich — viel stärker als bei gewöhnlichem Gebrauch — hervortreten zu lassen.

An dem Zustandekommen der v Nebenbilder läßt sich nichts ändern, da die schwache Spiegelung mit der Brechung unlösbar verbunden ist. Dem Rechner kann nur die Aufgabe gestellt werden, sie sämtlich möglichst weit von der Ebene des Hauptbildes zustande kommen zu lassen, so daß es bei der abstichmindernden Wirkung durch die allgemeine Aufhellung bleibt. Bei geringer Abstichminderung spricht man auch wohl von der B r i l l a n z des Hauptbildes.

Man erkennt aber, wie die Rechenmeister der 60er Jahre des vorigen Jahrhunderts bis in die 90er hinein zu der Regel kommen konnten, im allgemeinen nicht mehr als zwei einzelstehende Teile zuzulassen. In diesem Falle ($\nu = 2$; $v = 6$) hoffte man, eher Herr über die Spiegelbilder bleiben zu können. Und in der Tat waren es erst, wie die Geschichte der Aufnahmelinse zeigt (vgl. S. 13), sehr gewichtige Gründe — die Herstellung ganz lichtstarker Aufnahmelinsen mit anastigmatisch geebnetem Felde —, unter deren Gewicht man sich entschloß, von diesem Brauch abzugehen.

Aber nicht allein die Nebenbilder können Störungen durch die schwache Spiegelung herbeiführen: es ist auch möglich, daß eine der spiegelnd-brechenden Verbindungen ihre Austrittspupille in die Nähe der Mattscheibe fallen läßt.

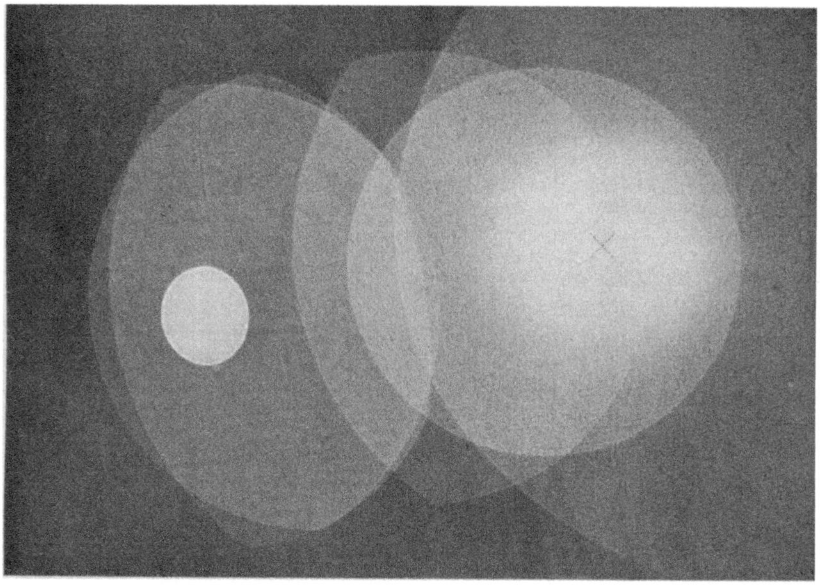

Abb. 71. R. SCHÜTTAUFS Darstellung der 6 Nebenbilder an einer symmetrischen Doppellinse älterer Anlage. Das Hauptbild liegt bei ×. Die hellen Flecke sind die Zerstreuungsscheiben der Nebenbilder auf der Mattscheibe. Für 3 Nebenbilder wirkt die Linsenfassung abschattend, so daß die Zerstreuungsscheiben nicht vollständig auf die Platte fallen, sondern als Kreiszweiecke (oder ein Kreisviereck) erscheinen.

Ist das der Fall, so entsteht, wenn nur überhaupt Gegenstände merklicher Helligkeit im Bildfelde der Aufnahmekammer vorhanden sind, um den Durchstoßpunkt der Achse auf der Mattscheibe ein hellerer, mehr oder minder verwaschener Fleck, den man folgerichtig als Blendenfleck bezeichnet.

Die erste Erklärung eines derartigen Fehlers der Aufnahmelinse geht, wie so manche Erkenntnis und wissenschaftliche Erklärung von Besonderheiten an unserem Gerät, auf die große Zeit der englischen Fachgesellschaften, etwa zwischen 1855 und 1868, zurück. Es handelte sich damals um eine einfache Landschaftslinse mit Vorderblende, und die damals gegebene Zurückführung dieses Fehlers auf die ihm zugrunde liegenden Gesetze ist auch dem heutigen Leser zu empfehlen. Auch hier wird man die Richtigkeit der von W. v. SIEMENS stammenden Bemerkung bestätigt finden, daß die englischen Fachvereine in früher Zeit mit großem Erfolg Aufgaben behandelt haben, die man heute allgemein Fachabteilungen an den technischen Hochschulen oder gar den Fachschulen überläßt.

3. Die Verluste durch Dämpfung oder Absorption. Schon auf S. 111 δ war auf die Bedeutung der Dämpfung einiger Farbenbereiche durch die für die Aufnahmelinse verwandten Glasmassen hingewiesen worden. Man kann von einer strengen, auf genügend genaue Versuche gegründeten Behandlung mit ziffermäßigen Ergebnissen noch nicht so sehr lange sprechen. Eine der ersten Arbeiten mit umfangreicheren Messungen der auf das Zentimeter bezogenen Absorptionskonstante oder Dämpfungszahl geht auf H. A. KRÜSS[1] zurück. Jetzt verfügt man in dieser Hinsicht über einen wesentlich umfangreicheren Zahlenschatz.

Ist die Dämpfungszahl $a_{1\,\mathrm{cm}}$ bekannt, so erhält man die Dämpfungswirkung für einen Glasweg von geringerer oder größerer Länge mit Hilfe der Exponentialfunktion. Im Gegensatz zu den Verhältnissen bei dem Spiegelungsverlust und -rest erkennt man, daß es hier nicht allein auf die Anlage einer Aufnahmelinse ankommt, sondern auch auf ihren Ausführungsmaßstab. Der Dämpfungsrest (ein echter Bruch) wird bei einer Ausführung im halben Maßstabe auf den neuen größeren Wert durch Quadratwurzelziehung, bei einer Ausführung im doppelten Maßstabe durch Quadrierung auf den neuen kleineren Wert gebracht, wenn man annimmt, daß die angenommenen Dämpfungszahlen für alle Teile der untersuchten Schmelzen strenge gelten.

Es sei gleichsam im Vorübergehen und unter Beziehung auf S. 117 β bemerkt, daß im Menschenauge der Dämpfungsrest nicht in ähnlicher Weise bevorzugt ist wie der Spiegelungsrest. Im Gegenteil sind die Augenmittel von keiner vollkommenen Durchlässigkeit, sondern die im Glaskörper und in der Kristallinse häufig vorhandenen Trübungen sowie das Zellgefüge des Glaskörpers werden gewisse Verluste durch Dämpfung und durch zerstreuten Zurückwurf des einfallenden Lichtes bedingen.

Berücksichtigt man, zu den künstlich hergestellten optischen Vorrichtungen zurückkehrend, die Gestalt der eine Linsenfolge zusammensetzenden Einzellinsen und beachtet, daß die Sammellinsen (meist aus Kronglas) nach dem Rande hin dünner, die Zerstreuungslinsen (meist aus Flintglas) im Gegensatz dazu nach dem Rande hin dicker werden, so wird man etwa beim Hauptstrahlenbündel annehmen können, daß die weniger geneigten Strahlen größere Strecken in den Kronglas- als in den Flintglaslinsen zurücklegen, während sich nach dem Rande des Gesichtsfeldes hin dieses Verhältnis in dem Sinne ändert, daß nunmehr eher die größeren Strecken im Flintglas zurückgelegt werden.

Setzt man nun voraus, was für die älteren Glasarten etwa in den 60er Jahren anzunehmen war, daß die Strahlen größter Wirksamkeit auf die Bromsilberverbindungen, also etwa um die FRAUNHOFERsche Linie G herum, in Kronschmelzen weniger stark gedämpft werden als in Flintschmelzen, so liegt hier ein Einfluß vor, daß die Dämpfung gegen den Rand des Bildfeldes vermehrt wird, und verständlicherweise stärker für Aufnahmelinsen von längerer Brennweite.

H. ERFLE[2] hat auch für den Dämpfungsverlust sehr brauchbare Tafeln angegeben, die einen leichten Überblick gewähren. Und wir lassen ihn auch an dieser Stelle — wieder unserer Ausdrucksweise angepaßt — zu Wort kommen.

Zunächst seien die im allgemeinen kleinen Verluste behandelt, die durch die Dämpfung verursacht werden. Nimmt man an, daß in einem Glasweg von 100 mm 5% des einfallenden Lichtes (oder der einfallenden Flächenhelle) verschluckt werden, dann ist der Dämpfungsrest I'' — so möchte ich kurz die in Bruchteilen der einfallenden Leuchtkraft ausgedrückte Leuchtkraft des durch-

[1] Z. f. Instrumentenkde. **23**, 197, 229 (1903).
[2] Auf S. 368 der in Anm. [1] von S. 116 angeführten Arbeit.

gelassenen Lichtes bezeichnen — $I'' = 1 - 0{,}05 = 0{,}95$. Für einen Glasweg von 200 mm ist $D' = 0{,}95 \cdot 0{,}95 = 0{,}9025$. In der folgenden Zusammenstellung B sind für 100 mm zwei verschiedene Annahmen gemacht worden. Für die wirklich vorkommenden Fälle wird die richtige Annahme zwischen $I'' = 0{,}95$ (Spalte a) und $I'' = 0{,}90$ (Spalte b) liegen, im allgemeinen näher bei $I'' = 0{,}95$. Der Einfachheit halber wird man sich meistens mit der Berechnung der Flächenhelle von Lichtstrahlen, die nahe der optischen Achse verlaufen, begnügen, also für den Glasweg l die Summe der achsialen Linsendicken einsetzen.

Tabelle 2. Dämpfungsreste der Leuchtkraft.

Weglänge l im Glas in mm	a	Einschaltestufe	b	Einschaltestufe
20	0,9898	102	0,9792	208
40	0,9797	101	0,9587	205
60	0,9697	100	0,9387	200
80	0,9598	99	0,9192	195
100	0,9500	98	0,9000	192
120	0,9403	97	0,8812	188
140	0,9307	96	0,8629	183
160	0,9212	95	0,8449	180
180	0,9118	94	0,8272	177
200	0,9025	93	0,8100	172

Zwischenwerte können in bekannter Weise eingeschaltet werden (und zwar genügt dafür eine lineare Beziehung, wie die Spalten der Einschaltestufen in der Zusammenstellung 2 zeigen). Soweit H. Erfle.

Freilich muß man hier hervorheben, daß für neuzeitliche Handkammerlinsen mit ihren kurzen Brennweiten, die von den Hauptstrahlen durchsetzten schiefen Dicken vielfach nur sehr kleine, merklich unter 2 cm bleibende Beträge annehmen werden. In demselben Maße wird natürlich der Dämpfungsrest größer und größer und spielt, gegen den Spiegelungsrest gehalten, mit Abnahme der Brennweite, also des Ausführungsmaßstabes der Aufnahmelinse, eine immer geringere Rolle. Für größere Linsen, wie sie etwa für die Wiedergabe ebener Zeichnungen und Gemälde benutzt werden, und für die auf S. 112 δ erwähnten, gelegentlich recht dicken Umkehrprismen bleibt aber die Erflesche, ursprünglich für Prismenfernrohre ermittelte Tabelle 2 von großem Wert.

Hiermit ist man imstande, durch Multiplikation des Dämpfungs- mit dem Spiegelungsrest die endgültige vermittelte Flächenhelle I^* einer vorliegenden Aufnahmelinse nach allgemeinen Gesetzen zu bestimmen, wenn die Flächenhelle I der auffallenden Bündel für ein bestimmtes enges Gebiet von Wellenlängen oder für mehrere solcher bekannt ist.

Freilich muß man sich gegenwärtig halten, daß die hier stillschweigend gemachte Annahme einer ganz vollkommenen Glättung (Politur) der Grenzflächen nicht bei allen Aufnahmelinsen zutreffen wird. Es wäre also wohl möglich, daß sich aus diesem Grunde bei photometrischer Messung der Flächenhelle am Bildorte ein geringerer Dämpfungsrest ergäbe, als man ihn rechnerisch veranschlagen zu dürfen glaubte.

Immerhin aber wird man bei den Dämpfungsverlusten einen Vorteil im Vergleich zu den Spiegelungsverlusten feststellen können, daß das einmal verschluckte Licht auch wirklich verloren ist und nicht etwa wie das in schwacher Spiegelung zurückgeworfene zu so störenden Erscheinungen wie den Nebenbildern oder dem Blendenfleck Anlaß geben kann.

Auf A. KLUGHARDTS Arbeiten[1] in Hinblick auf die vermittelte Flächenhelle sei ausdrücklich hingewiesen.

B. Die geometrischen Wirkungsbedingungen bei der Strahlungsvermittlung.

Ist in dem voraufgehenden Abschnitt über die Gesetze gehandelt worden, die es erlauben, aus der eintretenden Flächenhelle I die austretende I^* zu ermitteln, ist also nach der ABBEschen Ausdrucksweise der physikalische Teil unserer Aufgabe erledigt, so können wir uns nunmehr zu dem geometrischen wenden, zu der Feststellung gleichsam der Anzahl der auf die Platte gesandten Strahlen; und diese Ableitungen sind in engstem Anschluß an die Strahlenbegrenzung zu geben, worauf schon in S. 111β hingewiesen worden ist.

4. Die Messung der Strahlenmenge im Bildachsenpunkte durch das Öffnungsverhältnis. Bei der Einstellung der Mattscheibe auf ein achsensenkrechtes Achsenflächenstückchen auf der Bildseite wird — etwa bei verschiedener Abblendung derselben Aufnahmelinse — die Wirkung auf die lichtempfindliche Schicht um so größer sein, je größer der halbe Öffnungswinkel u' ist, unter dem der Halbmesser p' der Austrittspupille aus dem Bildpunkt O' auf der Achse erscheint.

Die Abhängigkeit der von einem Flächenstückchen auf die Eintrittspupille gestrahlten Lichtmenge von diesem Winkel wurde früher durch ein einfaches Integrationsverfahren abgeleitet, das aber nicht recht zu den optischen Rechnungen paßte, die im allgemeinen nur die Anforderungen der niederen Mathematik stellen. A. KÖHLER[2] hat in einer 1924 veröffentlichten Abhandlung gezeigt, wie man auch hier mit den einfachsten Mitteln auskommt, und seinem Vorgange wollen wir hier (mit ganz geringen Angleichungen an das Vorhergegangene) folgen.

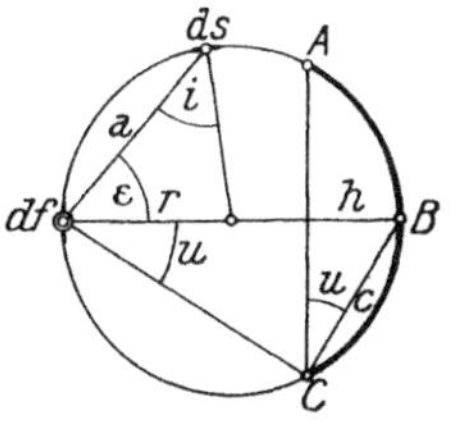

Abb. 72. Zur Ableitung der Strahlung aus einem Flächenstückchen df in die Eintrittspupille AC.

„Auf Grund der Gleichung

$$d\Phi = \frac{I\,df\,\cos\varepsilon\,ds\,\cos i}{a^2} \tag{12}$$

kann man auch den Lichtstrom ermitteln, den ein Flächenelement — das ja nicht gleichmäßig nach allen Richtungen strahlt, sondern dem Kosinusgesetz gehorcht — einer größeren Fläche zustrahlt oder den es durch eine größere Öffnung, wie z. B. durch die Öffnung einer Linse, hindurchstrahlt. Ohne Hilfsmittel der höheren Mathematik anzuwenden, kann man diese Aufgabe auf folgende Weise lösen.

Wir stellen uns vor, das strahlende Flächenelement df befinde sich nicht, wie der leuchtende Punkt vorhin, im Mittelpunkt einer Hohlkugel, sondern es sei ein Stück der Innenfläche der Kugel selbst. Der Radius der Kugel sei r (Abb. 72). Dann ist zunächst sicher, daß wie vorhin, so auch hier wieder der ganze Lichtstrom Φ, der von df ausgeht, von der Wandung der Hohlkugel aufgefangen wird. Der Teil des ganzen Lichtstromes, den irgendein beliebig gelegenes Flächenelement ds der Kugelwand empfängt — wir nennen ihn $d\Phi$ —, läßt sich nach Gleichung (12) berechnen. Es ist jedoch zu berücksichtigen, daß in unserem Falle, wo df und ds nicht beliebig gelegene Flächenelemente sind,

[1] Ztr.-Ztg. Opt. u. Mech. **47**, 79, 94 (1926).

[2] Das Mikroskop und seine Anwendung in ABDERHALDENS Handbuch der biologischen Arbeitsmethoden. Abt. II, T. 1, 206. Urban & Schwarzenberg.

sondern Teile einer Kugelfläche bilden, noch die folgenden Gleichungen gelten:

$$i = \varepsilon \tag{13}$$

$$a = 2\,r \cos \varepsilon \,. \tag{14}$$

Daraus folgt dann nach Gleichung (12)

$$d\,\Phi = I\,\frac{d\,f\,d\,s}{(2\,r)^2}\,. \tag{15}$$

Der Abstand der beiden Flächenelemente innerhalb der Kugel und die Winkel ε und i sind also ohne Einfluß auf die Größe des Lichtstromes, den ein beliebig gelegenes Element df der Kugelfläche einem anderen zusendet; wo auch das beleuchtete liegen mag, überall empfängt es den gleichen, seinem Flächeninhalt entsprechenden Lichtstrom. Es folgt daraus, daß der Lichtstrom, der einen größeren, endlichen Teil der Kugelfläche trifft, einfach dessen Flächeninhalt proportional ist. Daher erhalten wir den Lichtstrom Φ, der z. B. die Kugelhaube ABC trifft, deren Mittelpunkt B dem leuchtenden Flächenelement df genau gegenüberliegt, nach Gleichung (15), wenn wir statt ds den Flächeninhalt der Kugelhaube ABC einsetzen, den wir mit s bezeichnen wollen:

$$\Phi = \frac{I\,d\,f\,s}{(2\,r)^2}\,. \tag{16}$$

Nun ist der Flächeninhalt einer Kugelhaube

$$s = 2\,r\,\pi\,h \tag{17}$$

ferner ist (vgl. Abb. 3)

$$h = c \sin u \tag{18}$$

$$c = 2\,r \sin u\,. \tag{19}$$

Aus Gleichung (16) bis (19) folgt dann

$$\Phi = \pi\,I\,d\,f \sin^2 u\,. \qquad (20)\text{“}$$

Soweit A. KÖHLER.

Selbstverständlich braucht man die Lichtrichtung nur umzukehren, um auf diese Weise auch den Gang der Ableitung für die von der Fläche der Austrittspupille mit dem Halbmesser p' auf das Bildflächenstückchen df' gestrahlte Lichtmenge zu erhalten.

Da man bei Kenntnis der Brennweite f' der Linsenfolge und des Halbmessers p der Eintrittspupille bei den photographischen Linsen von guter Strahlenvereinigung leicht den Winkel u' berechnen kann, so schreibt man dem Öffnungsverhältnis der Aufnahmelinse (oder ihrer relativen Öffnung) mit Recht eine große Bedeutung zu und setzt

$$\frac{2\,p}{f'} = \frac{1}{k}\,; \qquad k = \frac{f'}{2\,p}\,; \tag{21}$$

dabei ist k eine Zahl, deren Wert bei den neuesten lichtstarken Aufnahmelinsen immer weiter herabgedrückt werden konnte.

Während z. B. bei dem auf lange Zeit hinaus lichtstärksten Gebrauchsobjektiv, der PETZVALschen Bildnislinse, der Wert $k = 3{,}4$ galt, ist man in neuester Zeit auf etwa halb so große Werte gekommen.

Unter Berücksichtigung der Auseinandersetzungen auf S. 75δ über die Abbildungstiefe erkennt man leicht, daß eine zweckmäßige Ausnutzung so ungemein lichtstarker Aufnahmelinsen eine Verwendung ganz kurzer Brennweiten fordert.

Die nach unseren Auseinandersetzungen notwendige Berücksichtigung der vermittelten Flächenhelle I^* im Gegensatz zu einer bloßen Beachtung des Öffnungsverhältnisses ist in neuerer Zeit namentlich von A. KLUGHARDT[1] mit besonderem Nachdruck gefordert worden.

Im Hinblick auf die Öffnungsblende (s. S. 50α) sei bemerkt, daß sie bei dieser ganzen Überlegung ganz im Hintergrunde blieb, es sei denn, daß sie — wie etwa bei Landschaftslinsen mit Vorderblende wie auf S. 48γ — selber die Eintrittspupille war. Im allgemeinen aber handelt es sich ja um Doppellinsen mit einer Innenblende wie auf S. 48/9, und der Durchmesser p der Innenblende erscheint im Dingraum mit

$$\mathfrak{p} = \frac{p}{Q_v}$$

als Durchmesser der Eintrittspupille, wenn Q_v das Vergrößerungsverhältnis ist, mit dem durch das Vorderglied der Doppellinse der Durchmesser $\mathfrak{p}$ der Eintrittspupille in den Durchmesser p der Innenblende abgebildet wird.

Sehr häufig ist das Vorderglied sammelnder Wirkung (wie auf S. 48, Abb. 25), also $Q_v < 1$, mithin

$$\mathfrak{p} > p\,.$$

Doch kommen auch, wenngleich selten, zerstreuend wirkende Vorderglieder vor, für die verständlicherweise gilt

$$\mathfrak{p} < p\,.$$

Auf diese Möglichkeit wurde bereits oben (S. 50α) hingewiesen. Wäre also beispielsweise, was gelegentlich für die Einfachheit der Herstellung geschieht, die Irisverstellung nach den Millimetern des freien Durchmessers beziffert, so müssen Angaben über Q_v gemacht werden.

Nach dieser Bemerkung gehen wir nunmehr zur Ableitung der üblichen Blendenabstufung über.

Berücksichtigt man für diese Herleitung, daß wenigstens angenähert der bekannte Zusammenhang besteht, daß das Quadrat des Öffnungsverhältnisses mal Beleuchtungszeit ein Maß für die Schwärzung der Platte ergibt, so versteht man die seit langer Zeit befolgte Regel für die Blendenbezifferung, daß eine kleinere Blende mit dem Halbmesser $\bar{p}$ die doppelte Belichtungszeit (für die gleiche Schwärzung) erfordert wie die vorausgehende größere mit dem Halbmesser p, wenn die Beziehung gilt

$$\bar{p} = \frac{p}{\sqrt{2}}\,. \qquad (22)$$

Als man in den 80er Jahren zu einer allgemein gültigen Regelung der Blendenbezifferung Schritte tat, hat man versucht, eine bestimmte Zahl für das größte Öffnungsverhältnis festzusetzen. Man ist dabei von zwei verschiedenen Werten ausgegangen und hat also zwei verschiedene Abstufungsreihen erhalten, die sich in älteren photographischen Preislisten noch heute auffinden lassen.

Nach dem ersten Vorschlage setzte man als Ausgangswert fest

$$\frac{2p}{f'} = \frac{1}{\sqrt{10}} = 1:3{,}16$$

offenbar in Anlehnung an das damals lichtstärkste Objektiv, die PETZVALsche Bildnislinse. Daraus leitet sich dann die Abstufung ab derart, daß, wie oben gefordert, immer das folgende Öffnungsverhältnis die Belichtungszeit etwa verdoppelt:

$$1:3{,}16;\quad 1:4{,}5;\quad 1:6{,}3;\quad 1:9;\quad 1:12{,}5;\quad 1:18 \text{ usw.}$$

---

[1] S. Anm. [1] auf Seite 123.

Der spätere Vorschlag gelangte, ohne daß man an eine Verwirklichungsmöglichkeit des größten Öffnungsverhältnisses gedacht hätte, auf die nachstehende Reihe:

1 : 1; 1 : 1,41; 1 : 2; 1 : 2,82; 1 : 4; 1 : 5,6; 1 : 8; 1 : 11,2; 1 : 16 usw.

5. Die Auffallschiefe nach dem Plattenrande. War bisher das bestrahlte Flächenstückchen allein am Durchstoßpunkt der Achse auf der Mattscheibe angenommen worden, so müssen wir mindestens für das Hauptstrahlenbündel auf der Bildseite einige ergänzende Überlegungen anstellen.

Nehmen wir an, daß die verschwindend klein angenommene Austrittspupille dQ' dem achsennahen Bildflächenstückchen dq' um den Durchstoßpunkt der Achse die Lichtmenge $d L'_0 = \frac{I^* d q' d Q'}{r'^2_0}$ zustrahle, so können wir nach Abb. 4 durch eine einfache Anwendung des Lambertschen Gesetzes (1) auf S. 110 finden:

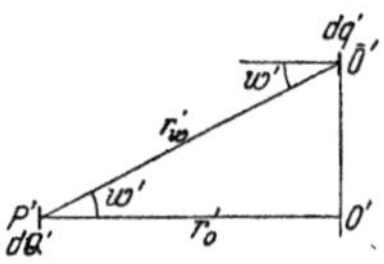

Abb. 73. Die Beleuchtung auf den Seitenteilen der Platte.

$$d L'_w = I^*_w \frac{d q' \cos \vartheta \cdot d Q' \cos \Theta}{r'^2_w}\,.$$

Nun ist für das Hauptstrahlenbündel bei achsensenkrechter Stellung der Mattscheibenebene $\vartheta = \Theta = w'$, oder, wie wir sagen können, für einen durch w' bestimmten Randteil der Mattscheibe, erscheint die kleine Austrittspupille durch die Projektion verkürzt; ferner wirkt die Strahlung auf das zum Hauptstrahl unter w' geneigte Mattscheibenstückchen ebenfalls im Verhältnis von $1 : \cos w'$ geringer, und wir erhalten als eine Zwischenform

$$d L'_w = I^*_w \frac{d q' d Q'}{r'^2_w} \cos^2 w'\,.$$

Beachtet man ferner, daß für r'_w offenbar gilt

$$r'_w = \frac{r'_0}{\cos w'}\,,$$

und daß wir nach S. 117/8 $I^*_w = I^*$ setzen können, so ergibt sich leicht die Form

$$d \mathfrak{L}'_w = I' \frac{d q' d Q'}{r'^2_0} \cos^4 w' = d L'_0 \cos^4 w'\,, \tag{23}$$

aus der wir die ungemein starke Abnahme der Beleuchtung nach dem Plattenrande erkennen.

Da es im allgemeinen nicht genügen wird, unendlich kleine Linsenöffnungen vorauszusetzen, so kann man natürlich, auf die Überlegungen zur Strahlenbegrenzung (S. 51β oder 57ff.) gestützt, auch bei endlicher Öffnung den Durchmesser der Austrittspupille oder außerhalb des Gebietes $\mathfrak{A}$ die lichte Fläche der Austrittspupille bestimmen. Zwar erlaubt auch hier die Rechnung hauptsächlich auf dem von A. Beer gelegten Grunde eine strenge Berechnung — die Formeln s. bei M. v. Rohr[1], doch ist die Berechnung im ganzen so ungemein umständlich, daß eine vollständige Durchführung eines solchen Falles bis jetzt nicht veröffentlicht worden ist.

Man hilft sich in der Regel mit einer Annäherung, indem man in (23) für dQ' den endlichen Wert der lichten Fläche einsetzt, die man nach einem auf S. 57/8 angedeuteten photographischen Verfahren wiedergegeben und ausgemessen hat.

---

[1] Auf S. 541/3 der in Anm. 2 auf S. 52 angeführten Arbeit.

Man stützt sich dabei auf den letzten ABBEschen Strahlungssatz[1], der für unseren Zweck sinngemäß abgeändert, im folgenden wiedergegeben sei:

Die Lichtwirkung auf der empfindlichen Schicht entspricht stets einer Lichtstrahlung aus der wirksamen Fläche der Austrittspupille, wenn man dieser die vermittelte Flächenhelle des zugehörigen Dingflächenstücks beilegt.

Unter allen Umständen erkennt man, daß schon in dem Gebiet $\mathfrak{A}$, aber jedenfalls in den Gebieten zwischen $\mathfrak{A}$ und $\mathfrak{D}$, ein ungemein starker Lichtabfall nach dem Rande auftritt, wenn w' nur einigermaßen beträchtliche Werte annimmt. Daß überhaupt befriedigende Aufnahmen zustandekommen, läßt sich nur damit erklären, daß — ganz abgesehen von der großen Unempfindlichkeit unseres Auges für Helligkeitsunterschiede — auch die photographische Platte hart arbeitet, so daß bei mäßigen Beträgen von w' die eigenartige Lichtverteilung auf der entwickelten Platte nicht unangenehm als ungleichmäßig auffällt.

6. Die Möglichkeiten für eine Ausgleichung des Helligkeitsabfalles. Schließlich, bei wachsendem Wert von w', ergibt sich aber doch eine Grenze, wo sich die Dürftigkeit der Beleuchtungsstärke am Rande der Platte dem Auge aufdrängt, und man hat schon ziemlich früh, namentlich in den bereits öfter gerühmten Arbeitsgesellschaften Englands, nach Ausgleichverfahren gesucht. Leider gibt es kein Mittel, die Beleuchtungsstärke am Rande zu erhöhen, sondern der Ausgleich kann nur durch Verminderung des für die mittleren Plattenteile geltenden Betrages geschehen. Man hat dafür verschiedene Verfahren und sowohl Abschattung, als Dämpfung, als verschiedene Länge der Belichtungszeit herangezogen, die alle hier kurz besprochen werden sollen.

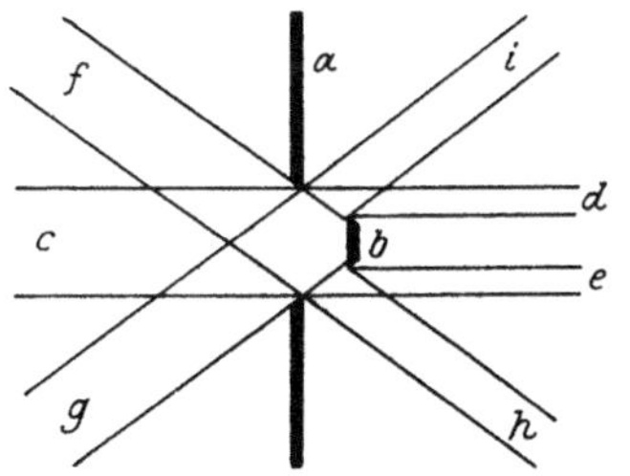

Abb. 74. Ein Achsenschnitt durch die SLIGHT-BOWsche Anordnung. *a* Blende, *b* Blendscheibe. Während das gerade Bündel stark vermindert wird, gilt das für die geneigten Bündel *f* und *g* in viel geringerem Grade.

Der Ausgleich durch Abschattung. Er ergab sich gegen das Ende der 50er Jahre des vorigen Jahrhunderts als unumgänglich für eine befriedigende Wirkung, als der englische Erfinder TH. SUTTON seine Glas-Wasser-Linse (*panoramic lens*) für den regelmäßigen Gebrauch zu Weitwinkelaufnahmen vorgeschlagen hatte.

Obwohl diese (damals auf zylindrischen Glasstreifen wirkende) Vorkehrung im Hinblick auf die Beleuchtung am Rande günstiger gestellt war als die für unsere Behandlung vorausgesetzten Aufnahmelinsen mit ebenen Platten, so merkte man bei den großen Gesichtswinkeln ($w = w' \leq 60^0$) doch einen deutlichen Lichtabfall. Der Erfinder schlug nun eine geistvoll erdachte, *außerhalb der Ebene* der Öffnungsblende angebrachte Blendvorrichtung, seine *Schmetterlingsblende*, vor, die auch in der Tat die gewünschte Hilfe brachte.

In dem geistig ungemein regen Leben jener Fachgesellschaften wurde der oben hervorgehobene Erfindungsgedanke von anderen englischen Fachmännern, besonders glücklich von den Ingenieuren G. H. SLIGHT und R. H. BOW aufgenommen. Die Abb. 74 läßt erkennen, daß eine parallel zur Ebene der Öffnungsblende und zentrisch angebrachte Blendscheibe die weniger geneigten Bündel stärker beknappt als die stärker geneigten, und daß sie von einer bestimmten Schiefe ab überhaupt keine Wirkung mehr ausübt. Die Erfinder haben damals gezeigt, daß ihnen eine recht vollkommene Ausgleichung durch eine andere und andere Formung des Umrisses der Blendscheibe möglich war, und das auf S. 57/8 geschilderte photographische Verfahren würde heute eine

[1] Auf S. 538 der in Anm. 2 auf S. 52 angeführten Arbeit.

Untersuchung der tatsächlich erreichten Ausgleichung verhältnismäßig bequem erlauben.

Fraglich bleibt nur, ob nicht eine derartige Zerklüftung der Öffnungsbündel einen gewissen Betrag von Verzeichnung einführte, eine Frage, die sich wohl nur durch Vergleichsaufnahmen gerader Linien in den Seitenteilen des Gesichtsfeldes entscheiden lassen könnte.

Der Ausgleich durch Dämpfung. Schon auf S. 121ε war darauf hingewiesen worden, daß bei den alten Linsenverbindungen aus stärker dämpfendem Flintglas und schwächer dämpfendem Kronglas die nach dem Rande zu wachsenden schiefen Dicken der zerstreuenden Linsen aus Flint zusammen mit den nach dem Rande zu abnehmenden schiefen Dicken der sammelnden Linsen aus Kron mindestens für das Hauptstrahlenbündel eine stärkere Abnahme der vermittelten Flächenhelle nach dem Rande zu nach sich ziehen müßten.

Könnte man nun, so wurde wieder in den englischen Fachgesellschaften verhandelt, den Kronlinsen oder einigen oder einer von ihnen eine vorgeschriebene dämpfende Farbe verleihen, so würde zwar die vermittelte Flächenhelle für wenig geneigte Hauptstrahlneigungen merklich geringer ausfallen, aber für stärker geneigte wieder zunehmen, so daß man hierin ein Mittel zur Bekämpfung der Ungleichmäßigkeit der Lichtverteilung hätte. Damals ist man zur tatsächlichen Einführung derartiger Linsen nicht gekommen. Nach den heutigen Erfahrungen auf anderen optischen Gebieten ist es nicht leicht, gleichförmig in der Masse gefärbte Glasblöcke mit bestimmt eingehaltener Dämpfungszahl $a_{1\,\mathrm{cm}}$ (s. S. 121β) zu erhalten.

Später, in den 80er Jahren, hat man ohne irgendwelchen Erfolg versucht, als Kompensator eine einigermaßen dicke parallelflächige Scheibe oder Fliese in den Strahlengang einzuschalten. Sie bestand aus einer eben-erhabenen gefärbten Sammel- und einer eben-hohlen ungefärbten Zerstreuungslinse von gleicher Brechzahl. Man erkennt die Verwandtschaft mit dem alten englischen Gedanken, doch ist auch in der späteren Zeit, mindestens für die tatsächliche Anwendung, kein Fortschritt erzielt worden.

Der Ausgleich durch Belichtungsdauer. Hier bringt man mindestens für einen Teil der Belichtungszeit eine zur Achse ausgerichtete Sternblendung im Dingraum an, so daß die undurchsichtigen Spreizen oder Sternstrahlen nach dem Rande zu immer schmaler werden. Läßt man nun, um eine deutliche Abgrenzung der verschieden belichteten Lichtgebiete zu vermeiden, die ganze Vorkehrung von sehr geringem Gewicht rasch um die Achse laufen, so erreicht man, daß die randnäheren Teile des Feldes in der erwünschten Weise länger unter der — unterbrochenen — Belichtung stehen als die der Mitte näheren.

In der Tat hat man es auf diese Weise erreicht, die Lichtverteilung auf dem Felde bei dem ausgesprochensten Weitwinkel unserer Zeit, dem von E. v. HÖEGH berechneten Hypergon-Doppelanastigmat des Hauses C. P. GOERZ, in einer befriedigenden Weise auszugleichen.

Die Verwirklichung der geometrischen Abbildung durch Linsen und Spiegel.

Von W. MERTÉ, Jena.

Mit 81 Abbildungen.

A. Die Gaussische Abbildung mit einfarbigem Lichte.

Das auf der Mattscheibe oder der lichtempfindlichen Schicht entworfene Bild verdankt seine Entstehung der Wirkung einer oder mehrerer Linsen; in seltenen Fällen wird es allerdings auch durch einen Spiegel oder selbst durch eine Mehrzahl von Spiegeln erzeugt. Um sich über die optischen Eigenschaften dieses photographischen Bildes Klarheit zu verschaffen, sind also in erster Linie die Linsen zu untersuchen. Wir nehmen diese hier als von Kugelflächen begrenzte Raumteile an, die von einem durchsichtigen Stoff, in der Regel von homogenem, isotropem Glas, erfüllt sind.

Die sogenannte ideale Abbildung der geometrischen Optik verlangt, daß sämtliche Strahlen, die von einem Dingpunkt ausgehen, wieder in ein und demselben Punkte, dem Bildpunkte, vereinigt werden. Aus den Betrachtungen auf S. 30ff. wissen wir, daß für brechende Kugelflächen diese Forderung allgemein nicht zu erfüllen ist, wohl aber, wenn man sich auf den fadenförmigen Raum um die Achse herum bei zentrierten brechenden Kugelflächen beschränkt, d. h. daß ein Dingpunkt, der auf der Achse liegt oder auch unendlich wenig von ihr entfernt ist, durch ein unendlich dünnes und unendlich wenig gegen die Achse geneigtes Strahlenbündel streng in einem Punkt abgebildet wird; weiter erfuhren wir, daß dann ein achsensenkrechtes Ebenenstückchen in ein ebensolches und zwar geometrisch ähnlich abgebildet wird.

So wenig in Wirklichkeit die Abbildung durch photographische Objektive jener auf den fadenförmigen Achsenraum eingeschränkten zu entsprechen pflegt, oder entsprechen kann, so wichtig sind doch die Gesetze dieses Abbildungsbereiches für die tatsächliche Abbildung, da sie gewissermaßen als erste, und zwar für manche Fälle völlig ausreichende und besonders einfache Annäherung an die wirkliche Abbildung gelten können.

1. Bestimmung der Brennpunkte, der Hauptpunkte und der Brennweiten der Linse. Es sollen hier zunächst die allgemeinen GAUSSischen Abbildungsgesetze für die Linse, die gewissermaßen das Grundelement des photographischen Objektivs ist, spezialisiert werden. Nach S. 40 muß die paraxiale Abbildung durch eine Linse völlig bekannt sein, wenn man die Lage ihrer Brennpunkte und ihrer Hauptpunkte kennt. Daraus folgt übrigens weiter, daß bei der hier angenommenen Beschränkung auch jede Folge zentrierter Linsen, also jedes photographische Objektiv der üblichen Bauart, durch eine einzige Linse, die Äquivalentlinse, ersetzt werden kann, die die gleichen Brenn- und Hauptpunkte wie die Folge hat.

Die verschiedenen Formen der Linsen, die von ihrer Dicke und den Krümmungen ihrer beiden brechenden Flächen abhängen, lassen sich als bikonkave, plankonkave, konvexkonkave, konkavkonvexe, plankonvexe und bikonvexe Linsen zusammenfassen; Abb. 75 zeigt schematische Achsenschnitte dieser sechs Grundformen.

Zur Berechnung der vier Grundpunkte einer Linse benutzen wir die auf S. 153 abgeleitete sog. Nullstrahlinvariante:

$$n\left(\frac{1}{r}-\frac{1}{s_0}\right)=n'\left(\frac{1}{r}-\frac{1}{s_0'}\right) \tag{1}$$

in der s_0 die Entfernung des Achsendingpunktes vom Scheitel der brechenden Kugelfläche bedeutet, d. h. die dingseitige Schnittweite, und s_0' die bildseitige Schnittweite, nämlich die Entfernung des zu jenem Achsendingpunkte gehörigen Bildpunktes vom Kugelscheitel; n und n' sind die Brechungszahlen des Mediums vor und nach der Brechung, r ist der Kugelradius; über die Vorzeichenfestsetzung für r, s_0 und s_0' gilt das auf S. 151 Gesagte. Mit (1) läßt sich also zu einem Achsendingpunkt der Bildpunkt ohne weiteres finden. Die Gleichung (1) gilt übrigens nicht nur für Kugelflächen, sondern allgemeiner für achsensymmetrische Flächen; bei solchen nichtsphärischen Flächen bedeutet r den Krümmungsradius der Schmiegungskugel im Flächenscheitel.

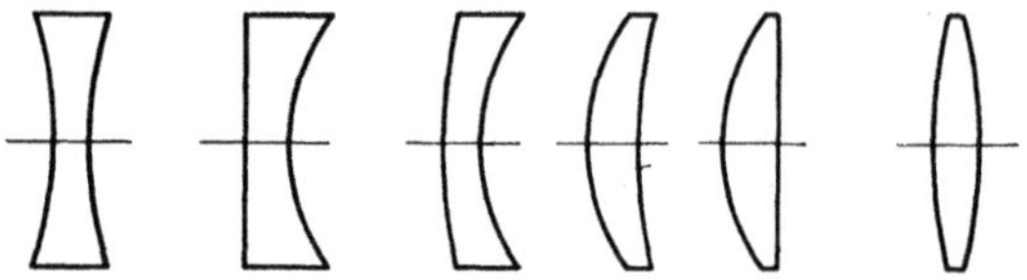

Abb. 75. Achsenschnitte verschiedener Linsenformen.

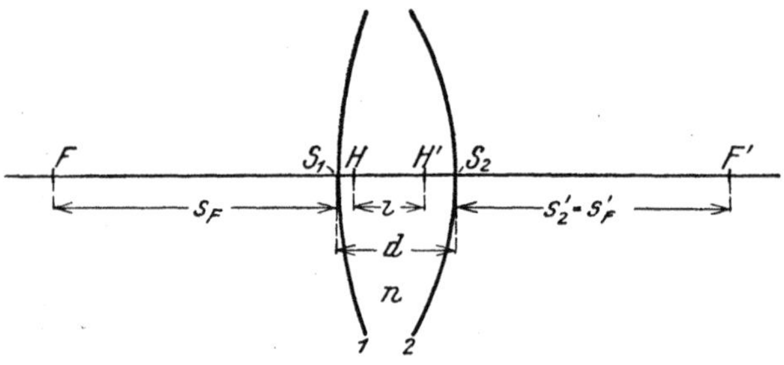

Abb. 76. Skizze zur rechnerischen Bestimmung der Brennpunkte F und F' und der Hauptpunkte H und H' einer einfachen Linse.

Der Einfachheit halber lassen wir, wo kein Mißverständnis zu befürchten ist, den Index 0, der angibt, daß die Schnittweiten dem paraxialen Abbildungsbereich angehören, fortfallen.

Die dem einfallenden Lichte zugekehrte Fläche einer Linse, die in Abb. 76 dargestellt ist, möge mit 1 und die andere durch Index 2 bezeichnet sein. Befindet sich die Linse in Luft, deren Brechungszahl gleich eins gesetzt werden darf, so wird also $n_1 = n_2' = 1$; setzt man $n_1' = n_2 = n$ und nennt die Entfernung der Flächenscheitel die Linsendicke d, so findet man für den unendlich fernen Punkt der Achse, der ein von links nach rechts fortschreitendes paraxiales Elementarstrahlenbündel der Linse zusendet, mit Hilfe von (1) als Bild nach Brechung an der ersten Fläche den durch

$$s_1' = \frac{n\,r_1}{n-1} \tag{2}$$

festgelegten Achsenpunkt. Es wird, wenn man diesen Punkt als Dingpunkt für Fläche 2 betrachtet, $s_2 = s_1' - d$, und es läßt sich, wieder unter Benutzung von (1), berechnen

$$s_2' = \frac{n\,r_2\,r_1 - r_2\,d\,(n-1)}{(n-1)\,[n\,(r_2-r_1)+(n-1)\,d]} \tag{3}$$

die Schnittweite des Brennpunktes F' der Linse; als Schnittweite des bildseitigen Brennpunktes sei s_2' auch s_F' genannt.

Die Schnittweite des im Dingraume gelegenen Brennpunktes F erhält man, indem man ein unendlich schmales achsenparalleles paraxiales Strahlenbündel abweichend vom üblichen Brauch von rechts nach links auf die Linse fallen läßt. Nach Durchschreitung der Linse konvergieren die Strahlen des Bündels in F, dessen Entfernung vom zugekehrten Linsenflächenscheitel die dingseitige Brennpunktschnittweite s_F ist. Analog der Berechnung von s'_F ergibt sich mit Benutzung von (1)

$$s_F = -\frac{n r_2 r_1 + r_1 d (n-1)}{(n-1)[n(r_2 - r_1) + (n-1)\cdot d)]} \tag{4}$$

Zur Bestimmung der Brennweite gehen wir auf deren allgemeine Definition auf S. 39 zurück. Es war $f = \frac{h'}{\operatorname{tg} u}$ die dingseitige und $f' = \frac{h}{\operatorname{tg} u'}$ die bildseitige Brennweite. Denkt man sich nun z. B. vom bildseitigen Brennpunkt einer zentrierten k-flächigen Folge einen Strahl, der mit der Achse den Winkel u'_k einschließt, ausgehen und die Flächenfolge in der Richtung auf den Dingraum durchlaufen, so wird dieser im Dingraume parallel zur Achse im Abstande h verlaufen. Die Einfallshöhen an den einzelnen Flächen, das sind die Achsenlote durch die Punkte, in denen der genannte Strahl die Flächen durchsetzt, mögen durch h_ι bezeichnet werden, so daß also hier $h_1 = h$ ist.

Für den Paraxialbereich bestehen dann, wie aus Abb. 77 unmittelbar zu ersehen ist, zwischen den Einfallshöhen und den Schnittweiten die Beziehungen:

$$\frac{h_{\nu-1}}{h_\nu} = \frac{s'_{\nu-1}}{s_\nu} \tag{5}$$

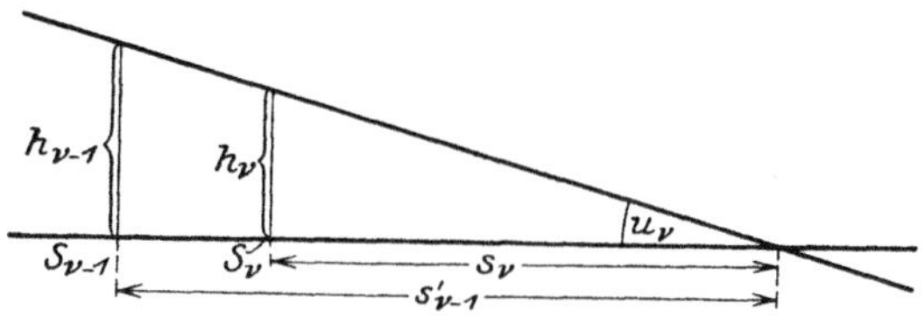

Abb. 77. Skizze zur Bestimmung der Beziehung zwischen Einfallshöhen und Schnittweiten.

wobei die beiden aufeinanderfolgenden Flächen $(\nu - 1)$ und ν beliebig aus der Folge herausgegriffen sind. Für die letzte, die k-te Fläche der Folge ist

$$h_k = s'_k \cdot \operatorname{tg} u'_k \tag{6}$$

Schreibt man

$$f' = \frac{h_1}{h_2} \cdot \frac{h_2}{h_3} \cdots \frac{h_k}{\operatorname{tg} u'_k},$$

so wird mit Benutzung von (5) und (6)

$$f' = \frac{s'_1}{s_2} \cdot \frac{s'_2}{s_3} \cdots \frac{s'_k \cdot \operatorname{tg} u'_k}{\operatorname{tg} u'_k} = s'_1 \cdot \frac{s'_2}{s_2} \cdot \frac{s'_3}{s_3} \cdots \frac{s'_k}{s_k} \tag{7}$$

Wendet man (7) auf unsere Linse an, so ergibt sich unter Berücksichtigung von (2) und (3) als bildseitige Linsenbrennweite:

$$f' = s'_1 \cdot \frac{s'_2}{s_2} = \frac{n r_1 r_2}{(n-1)[n(r_2 - r_1) + (n-1)\cdot d]} \tag{8}$$

In ganz entsprechender Weise läßt sich die dingseitige Brennweite f finden; sie wird zu

$$f = -f' = -\frac{n r_1 r_2}{(n-1)[n(r_2 - r_1) + (n-1)\cdot d]} \tag{9}$$

Die Differenz zwischen der Brennpunktschnittweite und der Brennweite ergibt die Hauptpunktschnittweite, d. h. die Entfernung des Hauptpunktes vom zugehörigen Scheitel. So wird die Entfernung des hinteren Hauptpunktes H' vom hinteren Linsenscheitel S_2:

$$S_2 H' = -\frac{r_2 \cdot d}{n(r_2 - r_1) + (n-1)\cdot d} \tag{10}$$

und ebenso der Abstand zwischen vorderem Hauptpunkt H und vorderem Scheitel S_1:

$$S_1H = -\frac{r_1 \cdot d}{n(r_2 - r_1) + (n-1)\cdot d} \tag{11}$$

Der Abstand der Hauptpunkte voneinander ist: $i = HH' = HS_1 + S_1S_2 + S_2H'$ oder

$$i = d\,\frac{(n-1)(d + r_2 - r_1)}{n(r_2 - r_1) + (n-1)\cdot d} \tag{12}$$

2. Die Abbildung durch die einfache Linse und durch die Äquivalentlinse. Die Formeln (3) und (4) legen die Brennpunkte, die Formeln (10) und (11) die Hauptpunkte auf der Linsenachse fest. Damit ist für jede beliebige Lage des Dinges seine paraxiale Abbildung durch die betrachtete Linse ohne weiteres bekannt, d. h. also insbesondere Lage und Größe des Bildes.

Die graphische Aufsuchung des von einer bikonvexen Linse entworfenen Bildes eines achsensenkrechten Dinges PL in Abb. 78 macht davon Gebrauch, daß ein im Dingraum achsenparalleler Strahl durch den bildseitigen Brennpunkt geht, und daß die Hauptebenen in einander aufrecht und gleich groß abgebildet werden. Es sind wieder F und F' die beiden Brennpunkte, H und H' die Hauptpunkte, durch die die achsensenkrechten Hauptebenen gehen. Von dem Dingpunkte P läßt man zwei Strahlen ausgehen, nämlich den achsenparallelen Strahl PR, der die hintere Hauptebene in R' trifft und im Bildraum in der Richtung $R'F'$ weiterläuft, und den durch den Brennpunkt F gehenden Strahl PQ, dessen Bild der zur Achse im Abstande $H'Q' = HQ$ parallele Strahl $Q'P'$ ist. $R'F'$ und QQ' schneiden sich in P', dem Bilde von P. Da achsensenkrechte Ebenen oder Gerade in ebensolche abgebildet werden, ist das Lot $P'L'$ das Bild von PL. Dieses ist in dem von uns gezeichneten Fall umgekehrt und reell, d. h. auf einem Schirm auffangbar.

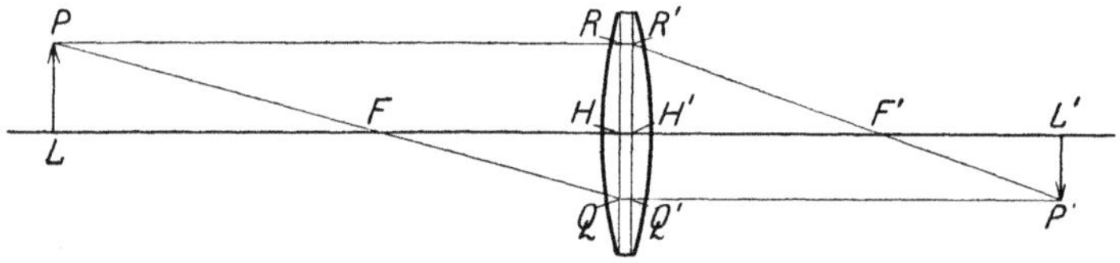

Abb. 78 Zur zeichnerischen Aufsuchung des zu dem Ding PL gehörigen, von einer bikonvexen Linse entworfenen Bildes $P'L'$. F und F' sind die Brennpunkte, H und H' die Hauptpunkte. R und Q liegen in der dingseitigen Hauptebene, ihre Bilder R' und Q' in der bildseitigen.

In Abb. 78 ist also die gewöhnlich in der Photographie vorliegende Abbildung dargestellt, nämlich um es noch einmal zu betonen, die reelle Abbildung einer achsensenkrechten Ebene in eine ebensolche; dabei ändern sich die Verhältnisse nicht, wenn statt durch eine einfache Sammellinse die Abbildung durch ein aus mehreren Linsen gebildetes photographisches Objektiv bewirkt wird. Es sind für dieses nur die beiden Haupt- und Brennpunkte zu bestimmen; die graphische Aufsuchung des Bildes zum vorgegebenen Ding erfolgt dann genau so wie bei einer Einzellinse.

Für die rechnerische Ermittlung der Größe und Lage des Bildes sind ohne weiteres die Abbildungsgleichungen von S. 38 zu übernehmen. Nach der dort stehenden Gleichung (1) wird, wenn wir berücksichtigen, daß hier $f = -f'$ ist:

$$x_1 \cdot x_1' = -f^2. \tag{13}$$

Verzichtet man aber dem Brauche der photographischen Literatur folgend auf die Unterscheidung von f und f' und bezeichnet die ding- und bildseitige Brennweite mit f, wobei f stets als positiv betrachtet wird, so läßt sich mit Hilfe der Gleichung (3) auf S. 38 die laterale Vergrößerung

$$\beta = \frac{x_2'}{x_2} = -\frac{f}{x_1} = \frac{x_1'}{f} \tag{14}$$

schreiben, und man erhält weiter:

$$\left.\begin{aligned} x_1 &= -\frac{f}{\beta} = -N\cdot f \\ x_1' &= \beta\cdot f = \frac{f}{N} \end{aligned}\right\} \tag{15}$$

wenn man für den Kehrwert von β den Reduktionsfaktor N einführt.

Die viel benutzten Gleichungen (14) und (15) erlauben also wie (13) und (14) ohne weiteres zu einem vorgegebenen Dinge das Bild der Lage und Größe nach zu bestimmen; auch andere wichtige Beziehungen über Lage und Größe von Ding und Bild sind aus ihnen leicht abzuleiten. Zunächst sei hier noch eine ergänzende Bemerkung über die Vorzeichen gemacht. Wir setzten $N = \frac{1}{\beta}$, und da β negativ ist — es handelt sich hier um eine reelle Abbildung, bei der Ding und Bild auf entgegengesetzter Seite der Achse liegen — ist N auch negativ. In Übereinstimmung mit der Übung photographischer Schriften soll aber hier N ebenso wie f, und zwar letzteres ohne Unterscheidung von ding- und bildseitigem Brennweitenwerte, als positiv betrachtet werden; dann wird also in (15) der Abstand des Objektes vom zugekehrten Brennpunkt immer negativ; es liegt links von diesem und der Abstand des Bildes vom Brennpunkt im Bildraum wird immer positiv; es liegt rechts vom bildseitigen Brennpunkt.

Nennt man die Entfernung des Dinges vom Bild E, so wird:

$$E = N\cdot f + f + i + f + \frac{f}{N} = \frac{(N+1)^2}{N}\cdot f + i. \tag{16}$$

Da das sog. Interstitium i meist klein und deswegen zu vernachlässigen ist, so kann oft auch gesetzt werden:

$$E = \frac{(N+1)^2}{N}\cdot f. \tag{16a}$$

(16a) lehrt also, daß E der Objektivbrennweite proportional ist. Hat man z. B. ein Objektiv bestimmter Brennweite f und ist auch die Entfernung E festgelegt, so ist der Reduktionsfaktor N nicht mehr frei wählbar; denn aus (16a) folgt:

$$N = \frac{E - 2f \pm \sqrt{E^2 - 4Ef}}{2f} \tag{17}$$

oder wählt man als Maßeinheit für die vorkommenden Strecken f und setzt

$$E = e\cdot f, \tag{18}$$

so wird (17) zu

$$N = \frac{e - 2 \pm \sqrt{e^2 - 4e}}{2}. \tag{19}$$

In Abb. 79 ist die Abhängigkeit von N und e graphisch gezeigt; sie wird durch den positiven Werten von N entsprechenden Ast der durch (19) dargestellten Hyperbel gegeben. In Tab. 1 stehen für einige N-Werte die zugehörigen e-Werte. Dabei fallen die Werte für N mit den Zahlenwerten für x_1 zusammen und die Zahlenwerte für x_1' sind die Kehrwerte von N.

Tabelle 1. **Abhängigkeit des Abstandes zwischen Ding und Bild vom Reduktionsfaktor N.**

$N =$	0	0,1	0,2	0,3	0,4	0,5	1	2	3	4	5	10	20
$e =$	∞	12,1	7,2	5.6	4,9	4,5	4	4,5	5,3	6,25	7,2	12,1	22,05

Ist schließlich die Entfernung E und die Vergrößerung vorgeschrieben, so st f festgelegt, und bestimmt sich aus

$$f = \frac{N \cdot E}{(N+1)^2}\,. \tag{20}$$

Sind also von den drei Größen E, f, N zwei von vornherein gegeben, so findet man die jeweilige dritte aus (16a) oder aus (17) oder aus (20). Für $N = 0$ fällt der Achsendingpunkt in den dingseitigen Brennpunkt und sein Bild in den bildseitigen unendlich fernen Achsenpunkt ($x_1 = 0$, $x_1' = \infty$, $N = 0$).

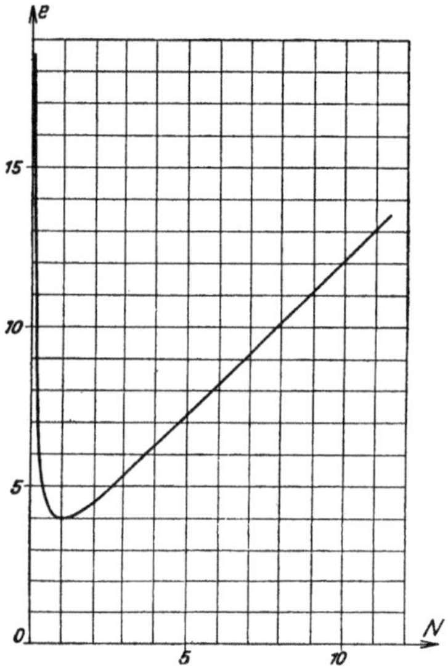

Abb. 79. Schaulinie des Zusammenhanges zwischen dem Reduktionsfaktor N und dem Ding-Bildabstande e, wobei als Streckeneinheit die Brennweite f gewählt ist.

Für $N = \infty$ wird der unendlich ferne Achsendingpunkt in den bildseitigen Brennpunkt abgebildet ($x_1 = \infty$, $x_1' = 0$, $N = \infty$). Der letzte Fall kommt in der Photographie häufig näherungsweise vor, z. B. bei Landschaftsaufnahmen. Liegt ein Bild endlicher Größe in der Brennebene, so ist das Ding unendlich groß, da ja in diesem Falle $N = \infty$ oder $\beta = 0$ ist. Die Dinggrößen sind nicht mehr etwa durch ihren Abstand von der Achse zu messen, sondern durch die Winkel, unter denen sie vom dingseitigen Hauptpunkte aus erscheinen. Ist ein solcher z. B. w — es möge also der in Richtung der Achse liegende und der von dieser am weitesten entfernte Punkt des unendlich fernen Dinges je einen Strahl zum Hauptpunkt schicken, so daß diese beiden Strahlen jenen Winkel w einschließen —, so folgt als Bildhöhe x_2' aus der Definitionsgleichung der Brennweite $f = \frac{h'}{\operatorname{tg} u}$ unter Berücksichtigung, daß wir hier f und f' nicht mehr unterscheiden

$$x_2' = f \operatorname{tg} w, \tag{21}$$

worin f die in jedem Falle positive Brennweite der photographischen Linse ist. Die Bildgröße ist demnach der Brennweite proportional. Man kann diese Eigenschaft benutzen, um die Brennweite eines Objektivs zu bestimmen. Läßt man von zwei unendlich entfernten Dingpunkten, z. B. zwei Sternen, deren Winkelabstand w ist, den einen in die Plattenmitte fallen, so ist die lineare, auf der Platte gemessene Entfernung l der Bilder der beiden Sterne voneinander $l = f \cdot \operatorname{tg} w$, wobei f die zu suchende Brennweite sei. Wiederholt man dieselbe Aufnahme unter Benutzung eines Objektivs der bekannten Brennweite f_1, so erhält man für die genannte Entfernung $l_1 = f_1 \cdot \operatorname{tg} w$; l und l_1 lassen sich ohne weiteres messen; es ergibt sich also:

$$f = \frac{l}{l_1} \cdot f_1\,. \tag{22}$$

Anstatt für die Abbildungsgleichungen die Entfernungen des Dinges bzw. Bildes von den bezüglichen zugehörigen Brennpunkten zu benutzen, gebraucht man oft auch die entsprechenden Entfernungen von den Hauptpunkten und nennt die

Dingweite a und die Bildweite b; es würde also $a = -(N+1)f$ und $b = (1 + \frac{1}{N})f$. Man pflegt abweichend von der von uns für Gleichungen (14) und (15) getroffenen Vorzeichenwahl, auch a als positiv zu betrachten und würde als Abbildungsgleichung, bezogen auf die Hauptpunkte, erhalten:

$$\frac{1}{a} + \frac{1}{b} = \frac{1}{f}. \tag{23}$$

Ist l die Dinggröße (s. Abb. 80) und l' die zugehörige Bildgröße, so folgt aus der Abb. 80 unmittelbar

$$l = a \cdot \operatorname{tg} w \quad \text{und} \quad l' = b \cdot \operatorname{tg} w \quad \text{oder} \quad \frac{l}{l'} = \frac{a}{b}, \tag{24}$$

d. h., die Dinggröße verhält sich zur Bildgröße wie die Dingweite zur Bildweite.

Die Größe des brauchbaren Bildfeldes eines photographischen Objektivs richtet sich, wie aus B und C zu ersehen, nach seiner Bildfehlerberichtigung und ist daher für die verschiedenen Typen der photographischen Objektive recht erheblich verschieden. Die Formeln (24) sind deswegen z. B. wichtig für die Entscheidung, welche Brennweite eines bestimmten Objektivtypus für ein verlangtes Bildformat in Betracht kommt.

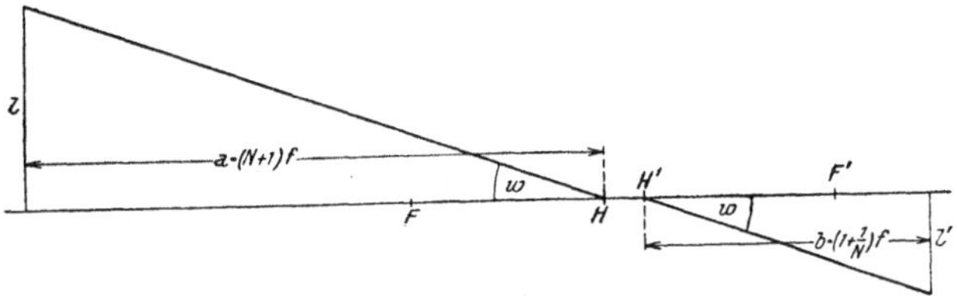

Abb. 80. Skizze zur Bestimmung von Lage und Größe des Dinges l und seines zugehörigen Bildes l'. F und F' sind die Brennpunkte, H und H' die Hauptpunkte des abbildenden Systemes. a ist Dingweite und b Bildweite.

Soll z. B. ein photographisches Objektiv in der Brennebene, d. h. $N = \infty$, einen Bildkreis scharf auszeichnen, dessen Durchmesser gleich der Brennweite f ist, so heißt dies, daß das Bildfeld ausreichender Schärfe einen Winkel von etwa 53° umfassen muß; denn es ist nach (24):

$$\operatorname{tg} w = \frac{l'}{f} = \frac{\frac{f}{2}}{f} = \frac{1}{2}$$

oder $w = 26{,}6^0$

oder $2w = 53{,}2^0$.

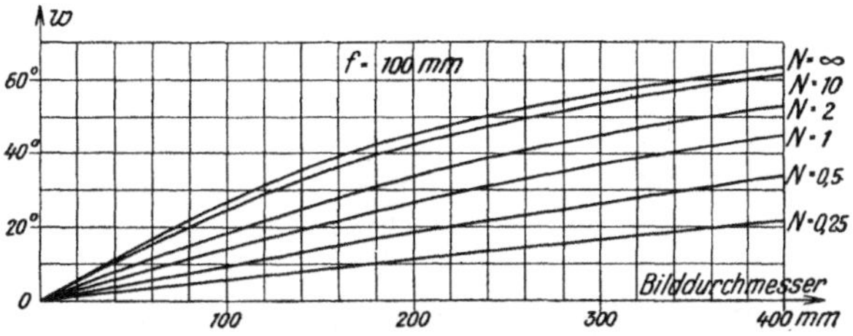

Abb. 81. Schaulinien, die für bestimmte Reduktionsfaktoren N den Durchmesser des Bildkreises in Millimetern abzulesen gestatten. Dabei ist die Objektivbrennweite mit 100 mm angenommen und w ist der halbe Bildfeldwinkel.

Bei einem endlichen Reduktionsfaktor N würde dann im allgemeinen der Durchmesser des scharf ausgezeichneten Bildkreises entsprechend größer sein, nämlich nicht mehr f, sondern $\left(1 + \frac{1}{N}\right) \cdot f$.

In Tab. 2 sind zu einer größeren Anzahl in der Photographie benutzter Bildformate die Größen der Bilddiagonalen angegeben.

Die Kurven der Abb. 81 zeigen für eine Reihe von Reduktionsfaktoren N die Abhängigkeit des halben Bildfeldwinkels w vom Bildkreisdurchmesser, und zwar unter Zugrundelegung einer Objektivbrennweite $f = 100$ mm. Der für die Praxis wichtigste Teil dieser Kurven, der bei $N = \infty$ bis zu einem äußersten halben Bildfeldwinkel von etwa $26^1/_2{}^0$ reicht, ist des bequemeren Gebrauches

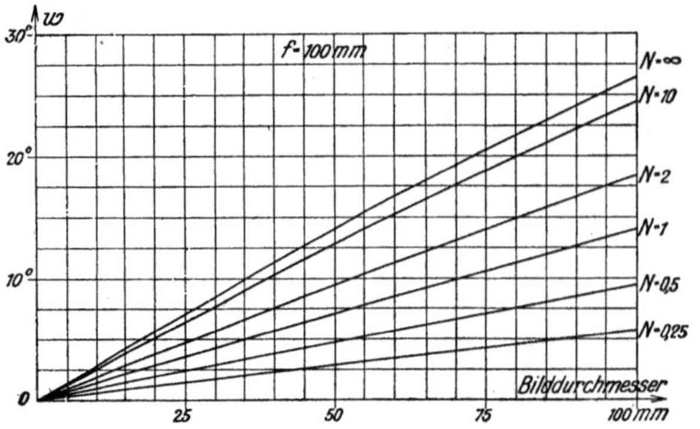

Abb. 81a. Der in der Praxis wichtigste Teil der Schaulinien der Abb. 81 in vierfacher Vergrößerung.

wegen in Abb. 81a in vierfacher Vergrößerung noch einmal wiederholt.

Kennt man aber den brauchbaren Bildwinkel eines Objektivtypus, so kann man aus den Kurven der Abb. 81 bzw. 81a den zugehörigen Bildkreisdurchmesser für die Brennweite $f = 100$ mm ablesen und in Tab. 2 die etwaigen benutzbaren Bildformate aufsuchen.

Tabelle 2. Die Diagonalen einiger Bildformate.

Format cm²	Diagonale cm	Format cm²	Diagonale cm	Format cm²	Diagonale cm
0,7 × 1,0	1,22	10 × 13	16,40	30 × 40	50,00
1,2 × 1,8	2,16	10 × 15	18,03	34 × 45	56,40
1,8 × 2,4	3,00	12 × 15	19,21	35 × 45	57,01
3 × 3	4,24	12 × 16	20,00	40 × 50	64,03
4,5 × 4,5	6,36	13 × 18	22,20	45 × 55	71,06
4,5 × 5,0	6,73	13 × 21	24,70	45 × 60	75,00
4,5 × 6	7,50	16 × 21	26,40	50 × 60	78,10
6 × 6	8,49	18 × 24	30,00	65 × 70	95,53
6 × 8	10,00	20 × 25	32,02	65 × 75	99,25
6 × 9	10,82	20 × 26	32,80	70 × 80	106,30
6,5 × 9	11,10	21 × 26	33,42	75 × 85	113,36
8,5 × 10	13,12	21 × 27	34,21	80 × 90	120,42
8 × 10,5	13,20	24 × 30	38,42	90 × 100	134,54
9 × 12	15,00	26 × 35	43,60	90 × 120	150,00
		28 × 34	44,05	120 × 150	192,10

Zum Abschluß der Betrachtungen über die paraxiale Abbildung durch die Linse sammelnder Wirkung wird hier noch ein Zahlenbeispiel gegeben. Soll die Brennweite einer gleichschenkeligen Bikonvexlinse von der Dicke 10 mm und der Brechungszahl 1,5 100 mm sein, so ergibt sich nach Gleichung (8) zur Bestimmung von $r_1 = -r_2$ die Beziehung:

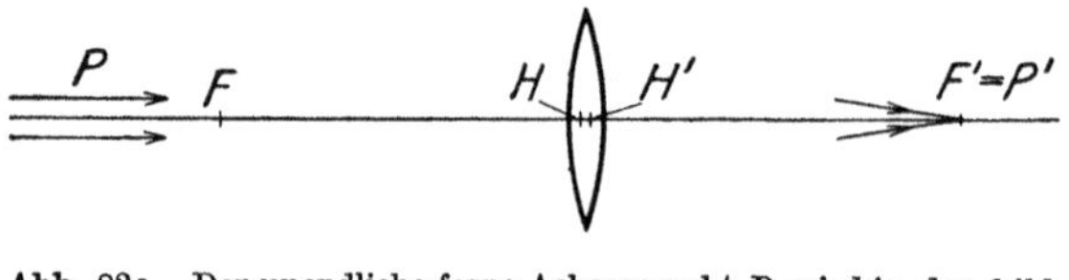

Abb. 82a. Der unendliche ferne Achsenpunkt P wird in den bildseitigen Brennpunkt F' abgebildet.

$r_1^2 - 100\, r_1 + \frac{500}{3} = 0$ oder $r_1 = 98{,}3$. Aus Gleichung (3) folgt weiter: $s'_F = 96{,}61$ und damit $S_2H' = 96{,}61 - 100 = -3{,}39$ und aus Symmetriegründen:

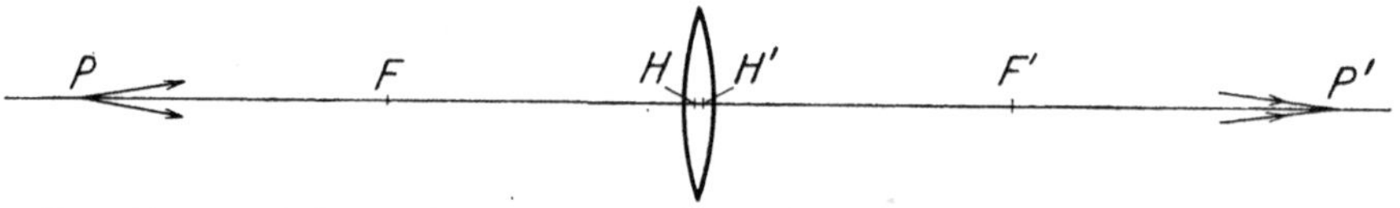

Abb. 82b. P liegt um die Brennweite vom Brennpunkt F entfernt, ebenso P' um die Brennweite vom Brennpunkt F'. Die Vergrößerung ist 1.

$S_1H = 3{,}39$. Mit diesen Werten ist die Lage der Haupt- und Brennpunkte festgelegt.

Für verschiedene Lagen des Dinges, eines Achsenpunktes P, sind in der Abb. 82[1] die zugehörigen Bildpunkte P' angegeben. Die Lagen des Dinges, die in Abb. 82a—82f gezeigt sind, entsprechen üblichen Aufgaben der Photographie, nämlich a) z. B. der Landschaftsphotographie, b) z. B. der Reproduktion in natürlicher Größe, c) angenähert z. B. Aufnahmen mit starken Vergrößerungen; überhaupt gilt eigentlich nur der links von der dingseitigen Brennebene liegende Teil des Raumes als für die Abbildung durch das photographische Objektiv in Betracht kommend. Für eine Lage des Dinges in diesem Gebiete sollen deswegen die oben gemachten Sonderfestsetzungen über die Vorzeichen ausschließlich gültig sein. Für die Lage des Dingpunktes P in den Abb. 82d—f z. B. würden sie nicht zutreffen, sondern da gelten unsere ursprünglichen Festlegungen. Der Bildpunkt P' in Abb. 82d ist virtuell. In e) und f) liegt der Dingpunkt P rechts der Linse: man kann ihn sich in diesem Falle als ein von irgendeiner Linsenanordnung entworfenes reelles Bild denken: ehe aber die Bildstrahlen in diesem zusammentreffen, fallen sie auf die von uns betrachtete Linse und werden statt in P in P' zur Vereinigung gebracht.

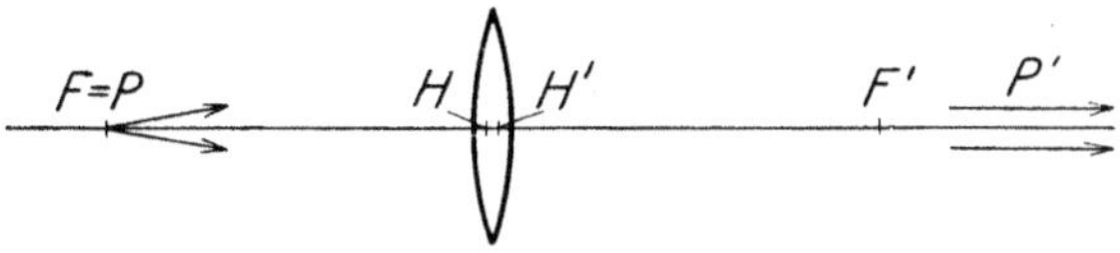

Abb. 82c. Der dingseitige Brennpunkt F wird in den bildseitigen unendlich fernen Achsenpunkt abgebildet.

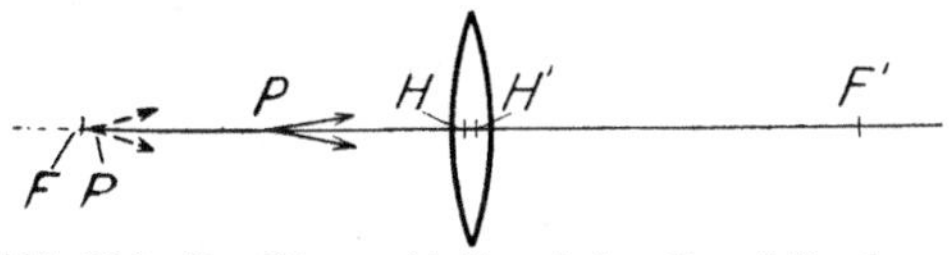

Abb. 82d. Der Dingpunkt P, zwischen F und H gelegen, wird ebenfalls zwischen F und H virtuell in P' (in der Abbildung ist versehentlich P gesetzt) abgebildet.

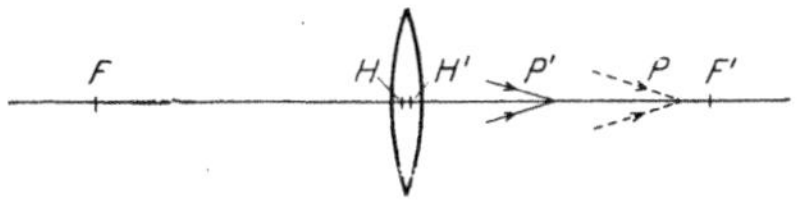

Abb. 82e. Die nach Punkt P, der zwischen H' und F' liegt, konvergierenden Strahlen werden durch die Linse schon in P' zur Vereinigung gebracht. P' ist das auffangbare Bild von P.

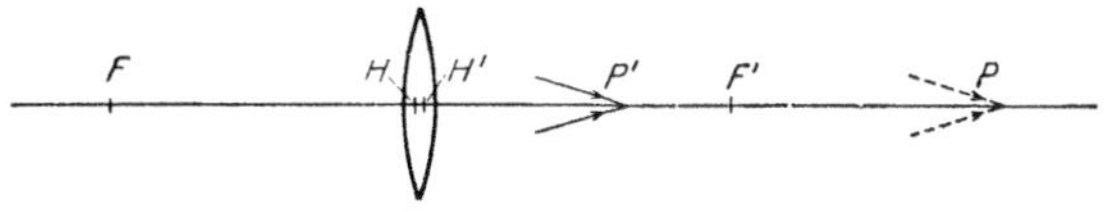

Abb. 82f. Die nach Punkt P, der rechts von F' liegt, konvergierenden Strahlen werden durch die Linse schon in P' zur Vereinigung gebracht. P' ist das auffangbare Bild von P.

In Wirklichkeit bestehen die abbildenden Linsenfolgen auch für photographische Zwecke nicht nur aus positiven Linsen, sondern fast immer aus einer Mehrzahl von Linsen, unter denen sich auch zerstreuende befinden. Die Heranziehung von negativen Linsen zum Aufbau eines photographischen Objektivs ist zu dessen Bildfehlerkorrektion nötig, aber auch als Zusatzglieder zum Objektiv werden Zerstreuungslinsen benutzt, es sei hier nur an die Distare und die Negativglieder der zusammengesetzten Teleobjektive erinnert.

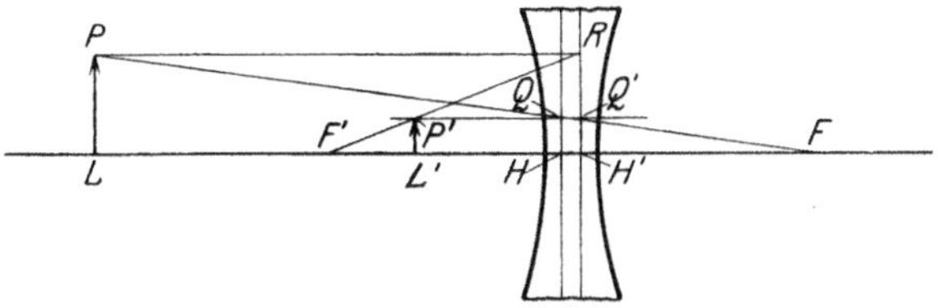

Abb. 83. Zur zeichnerischen Aufsuchung des zu dem Ding LP gehörigen, von einer bikonkaven Linse entworfenen Bildes $L'P'$. F und F' sind die Brennpunkte, H und H' die Hauptpunkte. Das Bild $L'P'$ ist nicht auffangbar.

Für die Untersuchung der Abbildung durch eine Zerstreuungslinse, deren Brennweite und Brennpunkte man kennt, kann man z. B. Gleichung (13) benutzen; für die Vorzeichen pflegt man hier keine besonderen Festsetzungen zu machen; es gelten also durchgängig die der allgemeinen Theorie.

[1] In den Abb. 82 u. 84 gehen die ausgezogenen Strahlen wirklich durch ihren zugehörigen Punkt P oder P'; die gestrichelten laufen nur auf ihren zugehörigen Punkt zu oder scheinen von ihm herzukommen, ohne durch ihn hindurchzugehen.

Die graphische Aufsuchung des durch eine Zerstreuungslinse entworfenen Bildes eines achsensenkrechten Dinges LP entspricht ganz dem Verfahren wie bei der Sammellinse. In Abb. 83 gehen von P zwei Strahlen aus, nämlich der achsenparallele PR, der die hintere durch H' gehende Hauptebene einer bikonkaven Linse in R trifft, und der Strahl PF, der die vordere Hauptebene in Q trifft. RF' und der achsenparallele Strahl QQ' schneiden sich in P', dem Bildpunkte von P; das Achsenlot $L'P'$ ist dann das Bild von LP und der Quotient $\frac{L'P'}{LP}$ ist die Vergrößerung β; β ist hier positiv.

In Abb. 84a—g[1] sind für verschiedene Lagen des Achsendingpunktes P die zugehörigen Bildpunkte P' angegeben; dabei ist als bildentwerfende Linse eine plankonkave mit den Brennpunkten F, F' und den Hauptpunkten H, H' gewählt.

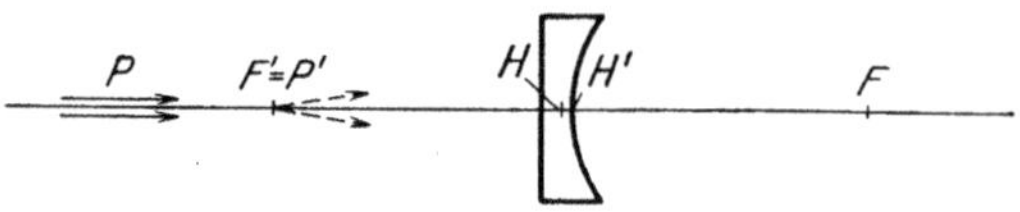

Abb. 84a. Der unendlich ferne Achsenpunkt P wird in den Brennpunkt F' abgebildet.

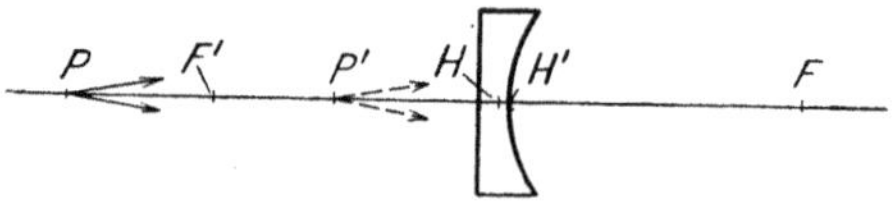

Abb. 84b. Der links von F' liegende Achsenpunkt P wird rechts von F' und links von H' abgebildet in P'.

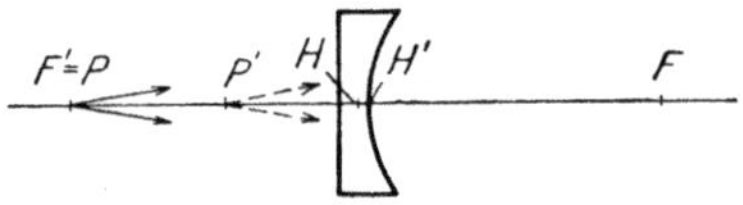

Abb. 84c. Der in F' liegende Achsenpunkt P wird rechts von F' und links von H' abgebildet in P'.

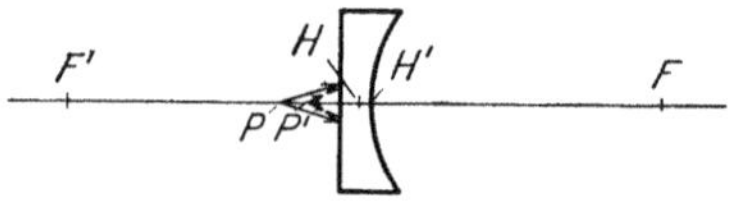

Abb. 84d. Der zwischen F' und H' liegende Achsenpunkt P wird in P' links von H abgebildet.

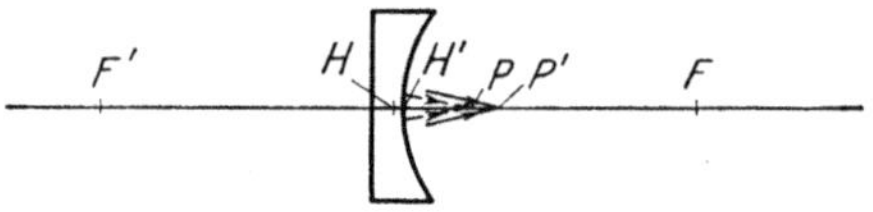

Abb. 84e. Die nach dem Achsenpunkt P konvergierenden Strahlen, der zwischen H und F liegt, werden durch die Linse in ihrer Konvergenz so geschwächt, daß sie erst in P' sich vereinigen. P' ist auffangbar.

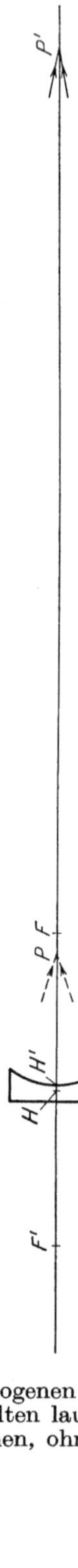

Abb. 84f. Die nach dem Achsenpunkt P konvergierenden Strahlen, der zwischen H und F in der Nähe von F liegt, werden durch die Linse in ihrer Konvergenz so geschwächt, daß sie erst in P' sich vereinigen. P' ist auffangbar.

3. Verschiedene Formen der Linsen. Die Beziehungen (3), (4), (8), (9), (10) und (11) gestatten infolge ihrer Allgemeingültigkeit für jede beliebige Linsenform die für die Abbildung maßgebende Lage der Haupt- und Brennpunkte und damit die Größe der Brennweiten, Schnittwei-

[1] In den Abb. 82 u. 84 gehen die ausgezogenen Strahlen wirklich durch ihren zugehörigen Punkt P oder P'; die gestrichelten laufen nur auf ihren zugehörigen Punkt zu oder scheinen von ihm herzukommen, ohne durch ihn hindurchzugehen.

ten usw. zu bestimmen. Zur planmäßigen Untersuchung der verchiedenen Möglichkeiten teilt man zweckmäßig sämtliche Linsenformen nach den Vorzeichen der Krümmungsradien in drei Gruppen ein, nämlich:

1. r_1 und r_2 sind gleich bezeichnet; die Linse ist ein Meniskus.
2. r_1 und r_2 sind ungleich bezeichnet, $r_1 > 0$; die Linse ist bikonvex.
3. r_1 und r_2 sind ungleich bezeichnet, $r_1 < 0$; die Linse ist bikonkav.

Von diesen drei Fällen wollen wir hier den zweiten näher besprechen; die Diskussion der beiden anderen Fälle ist ganz analog durchzuführen.

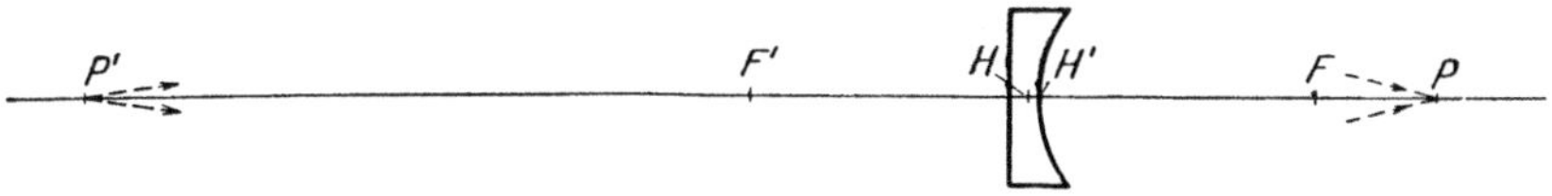

Abb. 84g. Die nach dem Achsenpunkt P konvergierenden Strahlen, der rechts von F liegt, werden in ihrer Konvergenz durch die Linse so geschwächt, daß sie divergent werden und von P' herzukommen scheinen. P' ist nicht auffangbar.

Für kleine Werte von d wird nach (3) $s'_F > 0$, nach (8) $f' > 0$ und nach (10) $S_2H' < 0$; die Linse sammelt, die Hauptpunkte liegen in der Linse und zwar der vordere H vor dem hinteren H'; der Brennpunkt F liegt vor der Linse, der Brennpunkt F' dahinter (s. Abb. 85a). Mit wachsendem d rücken die Hauptpunkte einander näher und für $d = -(r_2 - r_1)$ verschwindet nach (12) i, die Hauptpunkte fallen zusammen, und zwar in den zusammenliegenden Krümmungsmittelpunkten der beiden Flächen; ist die Linse hierbei gleichschenklig, so ist sie eine Vollkugel bzw. ein Ausschnitt aus dieser (s. Abb. 85b). Mit noch weiter zunehmendem d rücken die Hauptpunkte wieder auseinander, allerdings nunmehr in umgekehrter Reihenfolge ($i < 0$) liegend, also H' vor H.

Für $d = -\frac{n}{n-1} \cdot r_2$ verschwindet nach (4) s_F, F fällt also mit S_1 zusammen; bei gleichschenkligen Linsen verschwindet nach (3) auch s'_F, also auch F' fällt in den Linsenscheitel S_2 (s. Abb. 85c). Für $d = -\frac{n(r_2 - r_1)}{n-1}$ werden s_F, s'_F, f, f', S_2H', S_1H und i unendlich groß. Die Linse ist daher teleskopisch; Haupt- und Brennpunkte liegen im Unendlichen (s. Abb. 85d). Wird schließlich $d > -\frac{n(r_2-r_1)}{n-1}$, so wird $f' < 0$. Die Linse zerstreut; weiter ist $s_F < 0$ und $s'_F > 0$; F liegt also auch hier vor der Linse, F' dahinter, ebenso ist es mit H bzw. H', dabei liegen die Hauptpunkte aber noch weiter von der Linse ab, als die Brennpunkte (s. Abb. 85e).

In den Fällen, wo die Dicke d gegen die Krümmungsradien r_1 und r_2 klein ist und mit hinreichender Genauigkeit die höheren Potenzen von d vernachlässigt werden können, lassen sich die Gleichungen (3), (4), (8), (9), (10), (11) und (12) mit Hilfe der Beziehung

$$\frac{1}{n(r_2 - r_1) + (n-1)d} = \frac{1}{n(r_2 - r_1)}\left[1 - \frac{n-1}{n(r_2 - r_1)} d\right]$$

umformen; so wird dann z. B.

$$s'_F = \frac{r_2}{r_2 - r_1}\left[\frac{r_1}{n-1} - \frac{r_2}{n(r_2 - r_1)} \cdot d\right] \tag{3a}$$

$$f' = \frac{r_1 \cdot r_2}{(n-1)(r_2 - r_1)}\left[1 - \frac{n-1}{n(r_2 - r_1)} \cdot d\right] \tag{8a}$$

$$S_2H' = -\frac{r_2 \cdot d}{n(r_2 - r_1)} \tag{10a}$$

$$i = \frac{n-1}{n} \cdot d. \tag{12a}$$

Besonders einfach werden die Beziehungen zur Aufsuchung der Hauptpunkte, der Brennpunkte usw., wenn die Linsendicke als verschwindend dünn überhaupt vernachlässigt werden darf; für viele Überschlagsrechnungen genügen die sich dann ergebenden Gleichungen vollkommen und leisten wegen ihres wesentlich bequemeren Baues gute Dienste. Unter Annahme von $d = 0$ folgt aus (3), (4) und (8):

$$s'_F = -s_F = f' = \frac{r_1 \cdot r_2}{(n-1)\cdot(r_2 - r_1)} \qquad (25)$$

Flächenscheitel und Hauptpunkte fallen dann zusammen. Der Abbildungsvorgang ist also hier schon durch drei Punkte festgelegt, nämlich durch die beiden Brennpunkte und die zusammenfallenden Linsenscheitel, in denen die beiden Hauptpunkte vereinigt liegen.

Die verschiedenen dünnen Linsen können sich nur durch die Aufeinanderfolge der drei Punkte F, F' und $H = H'$ unterscheiden, und zwar gibt es nur zwei Möglichkeiten, nämlich entweder die Reihenfolge F, S, F' oder die Folge F', S, F. Im ersten Falle sammelt die Linse, im zweiten zerstreut sie; daher sammeln die Linsen bikonvexer oder plankonvexer Form und verschwindender Dicke, während verschwindend dünne bikonkave oder plankonkave Linsen stets zerstreuen. Für Linsen mit gleichbezeichneten Krümmungsradien, sog. Menisken, gilt, wenn sie dünn sind, streng: Nach dem Rande zu dicker werdende Linsen zerstreuen, dünner werdende hingegen sammeln.

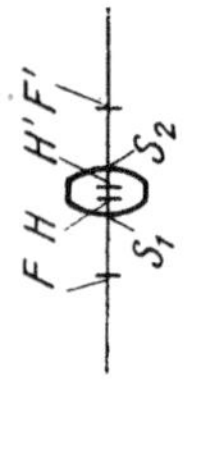

Abb. 85a. Die Lage der Brennpunkte F und F', der Linsenscheitel S_1 und S_2 und der Hauptpunkte H und H' bei einer bikonvexen gleichschenkeligen Linse, deren Mittendicke klein ist.

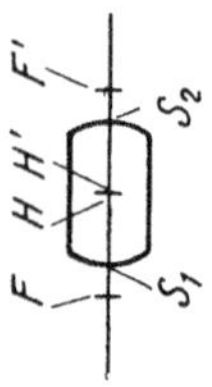

Abb. 85b. Die Lage der Brennpunkte F und F', der Linsenscheitel S_1 und S_2 und der Hauptpunkte H und H' bei einer bikonvexen gleichschenkeligen Linse, deren Mittendicke $d = -(r_2 - r_1)$ ist. Die Hauptpunkte fallen zusammen.

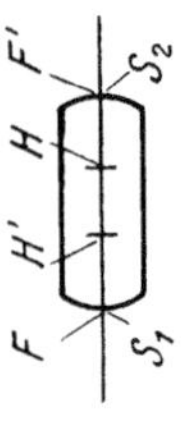

Abb. 85c. Die Lage der Brennpunkte F und F', der Linsenscheitel S_1 und S_2 und der Hauptpunkte H und H' bei einer bikonvexen gleichschenkeligen Linse, deren Mittendicke $d = -\frac{n}{n-1}\cdot r_2$ ist. F und F' fallen mit S_1 bzw. S_2 zusammen.

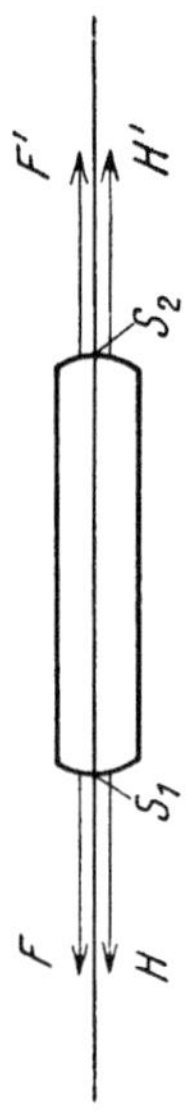

Abb. 85d. Die Lage der Brennpunkte F und F', der Linsenscheitel S_1 und S_2 und der Hauptpunkte H und H' bei einer bikonvexen, gleichschenkeligen Linse, deren Mittendicke $d = -\frac{n(r_2 - r_1)}{n-1}$ ist. Die Linse ist teleskopisch. Die Haupt- und Brennpunkte liegen im Unendlichen.

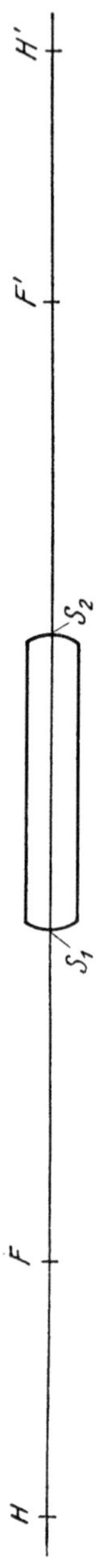

Abb. 85e. Die Lage der Brennpunkte F und F', der Linsenscheitel S_1 und S_2 und der Hauptpunkte H und H' bei einer bikonvexen gleichschenkeligen Linse, deren Mittendicke $d > \frac{n(r_2 - r_1)}{n-1}$ ist. Die Linse zerstreut.

4. Ausgerichtete Linsenfolgen. Es wurde schon darauf hingewiesen, daß die photographischen Objektive meist aus einer Mehrzahl von Linsen bestehen; außerdem kommt es häufig vor, daß zum Objektiv Zusatzlinsen benutzt werden; es sei z. B. an die Vorschaltlinsen zur Veränderung der Objektivbrennweite erinnert.

Um den Abbildungsvorgang für eine zentrierte Folge von Linsen zu untersuchen, d. h. hier im wesentlichen die Brenn- und Schnittweiten der Gesamtlinsenkombination zu bestimmen, ist es nur notwendig, durch wiederholte Anwendung von (1) unter Annahme des unendlich fernen Achsenpunktes als Ding vor der ersten Fläche von Fläche zu Fläche die jeweilige Schnittweite zu bestimmen, um schließlich die Schnittweite des bildseitigen Brennpunktes des Gesamtsystems zu erhalten. Mit (7) ergibt sich dann auch die Brennweite f'. Durch eine ganz entsprechende Durchrechnung der Linsenfolge in umgekehrter Richtung findet man die Schnittweite des dingseitigen Brennpunktes und die Brennweite f.

Für die Zusammensetzung von zwei Linsen verschwindender Dicke, deren Abstand voneinander δ sei, möge die geschilderte Durchrechnung ausgeführt sein. Bezeichnet man die erste Linse mit L_1 und ihre Brennweiten mit f_1 und f_1', die zweite Linse mit L_2 und ihre Brennweiten mit f_2 und f_2', und sind f_{12} und f_{12}' die Gesamtbrennweiten, so sind, wenn man die Linsen in Luft annimmt, die jeweiligen ding- und bildseitigen Brennweiten bis auf das Vorzeichen einander gleich und es berechnet sich die Gesamtbrennweite zu

$$f_{12}' = \frac{f_1' \cdot f_2'}{f_1' + f_2' - \delta} \tag{26}$$

Die Entfernung σ' des bildseitigen Brennpunktes F_{12}' der Kombination von L_2 findet man als:

$$\sigma' = \frac{f_2'(f_1' - \delta)}{f_1' + f_2' - \delta} \tag{27}$$

und aus $\sigma' - f_{12}'$ folgt als Abstand des hinteren Hauptpunktes H_{12}' der Kombination von L_2:

$$L_2 H_{12}' = - \frac{\delta f_2'}{f_1' + f_2' - \delta} \tag{28}$$

Rechnet man die Linsenkombination in umgekehrter Richtung durch, so ergibt sich ganz entsprechend:

$$\sigma = \frac{f_1 (f_2 + \delta)}{f_1 + f_2 + \delta} = - \frac{f_1' (f_2' - \delta)}{f_1' + f_2' - \delta} \tag{29}$$

als Schnittweite des dingseitigen Brennpunktes F_{12} der Kombination, und zwar von L_1 aus gerechnet, und weiter als Abstand des vorderen Hauptpunktes H_{12} der Kombination von L_1:

$$L_1 H_{12} = \frac{\delta f_1}{f_1 + f_2 + \delta} = \frac{\delta f_1'}{f_1' + f_2' - \delta} \tag{30}$$

Durch die Gleichungen (27) bis (30) sind also die für die Abbildung maßgebenden Punkte F_{12}, F_{12}', H_{12} und H_{12}' bestimmt. Die beiden dünnen Linsen L_1 und L_2 sind natürlich nur, soweit es sich um paraxiale Abbildungen handelt, durch eine Äquivalentlinse ersetzbar, deren Haupt- und Brennpunkte die gleiche Lage haben, wie die entsprechenden Punkte der Folge aus L_1 und L_2. Da selbstverständlich H_{12} und H_{12}' in der Regel nicht zusammenfallen, muß die Äquivalentlinse im allgemeinen endlicher Dicke sein.

Die Formeln (26) bis (30), die zunächst unter der Voraussetzung, daß die beiden Linsen L_1 und L_2 verschwindend dünn sind, abgeleitet sind, können auch benutzt werden, wenn L_1 und L_2 endliche Dicke haben; nur müssen folgende Modifikationen berücksichtigt werden.

Bilden zwei Linsen endlicher Dicke, wobei die Hauptpunkte der ersten Linse H_1 und H_1' und die der zweiten H_2 und H_2' seien, ein abbildendes System, und ist δ der Abstand der zugekehrten Hauptpunkte je einer der Linsen, also etwa $\delta = H_1' H_2$, so findet man für die Brennweite f_{12}' der Kombination und für die Lage der Hauptpunkte H_{12} und H_{12}' der Kombination, die den obigen Formeln ganz entsprechenden Beziehungen:

$$f_{12}' = \frac{f_1' \cdot f_2'}{f_1' + f_2' - \delta} \tag{26a}$$

$$H_2' H_{12}' = \frac{-\delta f_2'}{f_1' + f_2' - \delta} \tag{28a}$$

$$H_1 H_{12} = \frac{\delta f_1'}{f_1' + f_2' - \delta} \tag{30a}$$

Die Bedeutung dieser Gleichungen ist in Abb. 86 schematisch veranschaulicht. Man kann also dann z. B. überhaupt ein Linsensystem beliebig vieler zentrierter Linsen gewissermaßen aus zwei Gruppen von Linsen sich zusammengesetzt denken; jede Gruppe wäre zu ersetzen durch ihre Äquivalentlinse und dann die Aufsuchung der Brennweite und der Hauptpunkte des Gesamtsystems mit den Formeln (26a), (28a) und (30a) ohne weiteres möglich. Besonders gern wird man die Formeln (26a) bis (30a) benutzen, wenn zu dem photographischen Objektiv noch ein Zusatzsystem hinzukommt, während man für die Linsenfolge des Objektivs allein im allgemeinen die Durchrechnung Fläche für Fläche mit Hilfe von (1) zur Bestimmung der Haupt- und Brennpunkte bevorzugen wird.

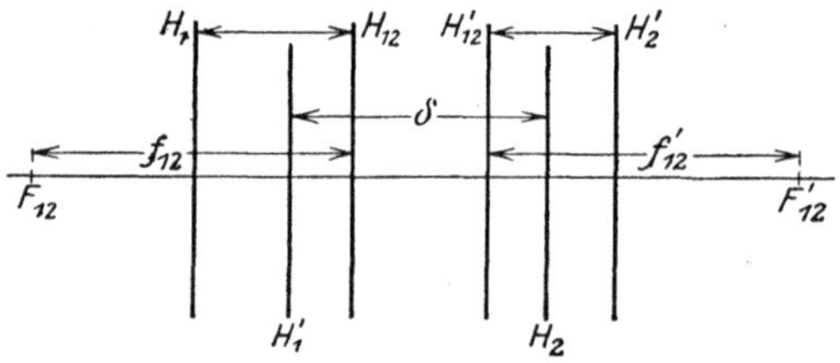

Abb. 86. Skizze zur Bestimmung der Brennpunkte F_{12} und F_{12}' und der Hauptpunkte H_{12} und H_{12}' einer Kombination aus 2 Linsen oder Linsengruppen endlicher Dicke, deren Hauptpunkte H_1 und H_1' bzw. H_2 und H_2', deren Brennpunkte F_1 und F_1' bzw. F_2 und F_2' sind und deren einander zugekehrte Hauptpunkte den Abstand δ haben.

Aus (26a) ist auch leicht zu erkennen, welche Werte f_{12}' für verschiedene f_1', f_2' und δ annimmt. Sind $f_1' < 0$ und $f_2' < 0$, so ist auch stets $f_{12}' < 0$; eine solche Linsenanordnung kommt natürlich für die Entwerfung eines photographischen Bildes nicht in Frage. Sind $f_1' > 0$ und $f_2' > 0$, so ist die Kombinationsbrennweite positiv, solange $f_1' + f_2' > \delta$ ist. Bei der Verbindung eines Proxars mit einem photographischen Objektiv ist dieser Fall erfüllt. Sind schließlich f_1' und f_2' verschieden bezeichnet, so ist f_{12}' stets positiv, wenn $f_1' + f_2' < 0$ ist, und erreicht seinen größten Wert für $\delta = 0$. Ist hingegen $f_1' + f_2' > 0$, so sind die beiden Fälle zu unterscheiden: 1. $\delta < f_1' + f_2'$ und 2. $\delta > f_1' + f_2'$. Im ersten Fall wird $f_{12}' < 0$, also ist die Linsenkombination für die Photographie ungeeignet, im zweiten Falle aber wird f_{12}' positiv. Er ist beispielsweise verwirklicht in dem in Abb. 87 schematisch gegebenen Teleobjektiv. Aus Raumgründen sind in Abb. 87 die Größenverhältnisse der einzelnen Strecken nicht untereinander vergleichbar, sondern aus den beigeschriebenen Zahlenwerten zu entnehmen. Als Positivglied ist ein photographisches Universalobjektiv (Tessartypus) gezeichnet, dessen Haupt- und Brennpunkte H_1, H_1' bzw. F_1, F_1' genannt sind. Die Brennweite dieses Objektivs ist $f_1' = 51{,}09$ mm. Als Negativglied dient eine achromatisierte Linse mit der Brennweite $f_2' = -19{,}97$ mm, den Hauptpunkten H_2, H_2' und den Brennpunkten F_2, F_2'. Der Abstand $H_1'\,H_2$ ist $\delta = 37{,}80$ mm. Aus den Gleichungen (26a), (28a) und (30a) erhält man also:

$$f'_{12} = \frac{51{,}09 \cdot (-19{,}97)}{51{,}09 - 19{,}97 - 37{,}80} = 152{,}74\,\text{mm}$$

$$H'_2 H'_{12} = -\frac{37{,}80 \cdot (-19{,}97)}{51{,}09 - 19{,}97 - 37{,}80} = -113{,}00\,\text{mm}$$

$$H_1 H_{12} = \frac{37{,}80 \cdot 51{,}09}{51{,}09 - 19{,}97 - 37{,}80} = -289{,}10\,\text{mm}\,.$$

Die Hauptpunkte H_{12}, H'_{12} unserer Kombination (photographisches Universalobjektiv und Telenegativ) haben die bei Teleobjektiven übliche eigentümliche Lage, daß sie erheblich vor dem Positivglied liegen, sodaß also der vordere Brennpunkt F_{12} der Kombination weit vor den Linsen, der hintere F'_{12} dagegen nahe bei diesen liegt. Wird der Abstand zwischen Positiv- und Negativglied so gewählt, daß $\delta = f_1' + f_2' = 31{,}12$ mm, so wird f'_{12} unendlich groß; die Kombination bildet dann eine Art holländisches Fernrohr.

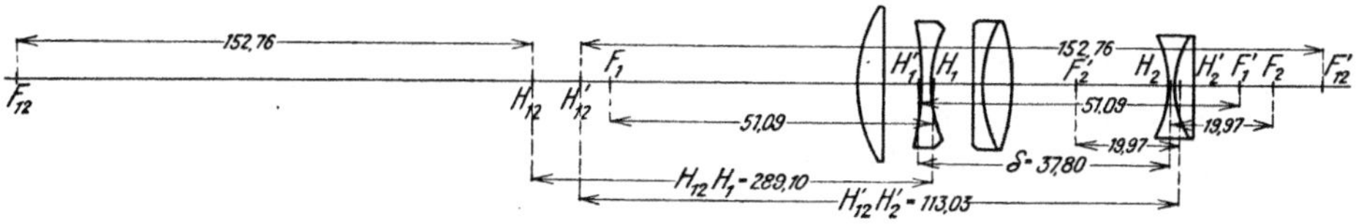

Abb. 87. Die Lage der Haupt- und Brennpunkte bei einem zusammengesetzten Teleobjektiv. Schematische Skizze zu dem Zahlenbeispiel des Textes.

5. Abbildung durch Spiegel. Sehr selten werden für die Erzeugung des photographischen Bildes Hohlspiegel benutzt, häufiger eigentlich nur in dem Sondergebiet der Himmelsphotographie. Die Gleichungen für die paraxiale Abbildung durch einen achsensymmetrischen Hohlspiegel sind besonders einfach. Bezeichnet man auch hier mit r den Krümmungsradius der spiegelnden Kugelfläche oder der Scheitelschmiegungskugel, sofern der Spiegel asphärisch ist, so wird, nachdem $n = -n'$ gesetzt ist, nach (1)

$$s' = \frac{r \cdot s}{2s - r}\,, \tag{31}$$

was sich auch schreiben läßt

$$\frac{1}{s} + \frac{1}{s'} = \frac{2}{r}\,. \tag{32}$$

Für $s = \infty$ bzw. $s' = \infty$ folgt als Brennweite:

$$f = f' = \frac{r}{2}\,. \tag{33}$$

Bezieht man durch $x_1 = s - \frac{r}{2}$, $x_1' = s' - \frac{r}{2}$ die Entfernungen des Ding- bzw. Bildpunktes nicht mehr auf den Spiegelscheitel, sondern auf den Brennpunkt, so wird aus (31):

$$x_1 \cdot x_1' = \frac{r^2}{4} \tag{34}$$

x_1 und x_1' haben demnach immer das gleiche Vorzeichen, d. h. sie liegen auf derselben Seite des Brennpunktes. Außerdem sieht man aus (34), daß die Zuordnung von x_1 und x_1' völlig gleichartig ist, mag der Spiegel hohl ($r < 0$) oder erhaben ($r > 0$) sein.

Erhabene Spiegel kommen allein für die Erzeugung photographischer Bilder nicht in Betracht, da sie virtuelle Bilder entwerfen; im übrigen sind die von ihnen bewirkten Abbildungen mit den gegebenen Formeln ebenfalls ohne weiteres zu untersuchen.

Hier mögen nur noch einige Bemerkungen über die Abbildung durch Hohlspiegel gegeben werden. In Abb. 88 ist die graphische Aufsuchung des Bildes $p'P'$ zu dem achsensenkrechten Ding pP gezeigt. Es wird dabei für die Aufsuchung des Bildes p' von Punkt p davon Gebrauch gemacht, daß achsenparallel einfallende Strahlen sich im Brennpunkte F vereinigen, der in der Mitte zwischen Scheitel S und Mittelpunkt M liegt, und daß ferner durch den Kugelmittelpunkt M gehende Strahlen in sich selbst zurückgeworfen werden. Das Achsenlot $p'P'$ ist dann das Bild von pP.

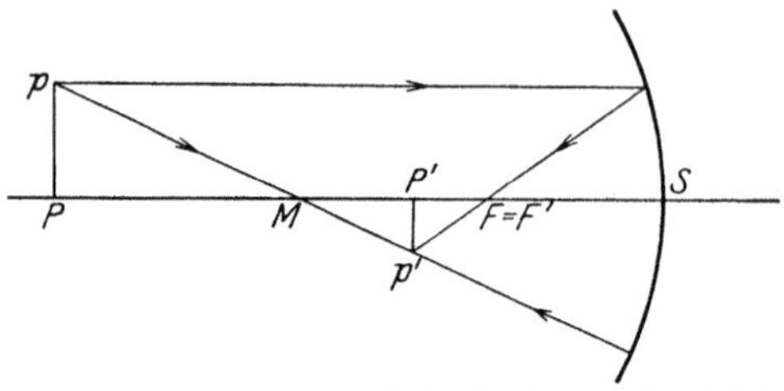

Abb. 88. Der hohle Kugelspiegel mit dem Scheitel S, dem Mittelpunkt M und dem Brennpunkt $F = F'$ entwirft von dem Achsenlot pP das achsensenkrechte reelle Bild $p'P'$.

Zur rechnerischen Feststellung der Lage, Vergrößerung und Richtung des Bildes, wenn das Ding von links aus dem Unendlichen kommend nach rechts bis zum Linsenscheitel vorschreitet, benutzt man z. B. die Abbildungsgleichung (34) und die aus $x_1 = -\frac{f}{\beta}$ und (34) folgende Beziehung für die Vergrößerung:

$$\beta = -\frac{r}{2\,x_1}\,. \tag{35}$$

Eine Übersicht über die den verschiedenen x_1 zugeordneten x_1' und über die zugehörigen Vergrößerungen β findet man in Tab. 3. Darin ist als Vergleichsstrecke für die Größen von x_1 und x_1' der absolute Wert ϱ des Krümmungsradius des Hohlspiegels genommen.

Tabelle 3. Übersicht über die Werte zueinander gehöriger Ding-, Bildentfernungen x_1, x_1' und Vergrößerungen β beim Hohlspiegel.

x_1	x_1'	β
negativ und dem absoluten Betrage nach $> \frac{\varrho}{2}$	negativ und dem absoluten Betrage nach $< \frac{\varrho}{2}$	negativ und dem absoluten Betrage nach < 1
negativ und dem absoluten Betrage nach $= \frac{\varrho}{2}$	negativ und dem absoluten Betrage nach $= \frac{\varrho}{2}$	negativ und dem absoluten Betrage nach $= 1$
negativ und dem absoluten Betrage nach $< \frac{\varrho}{2}$	negativ und dem absoluten Betrage nach $> \frac{\varrho}{2}$	negativ und dem absoluten Betrage nach > 1
0	∞	∞
positiv und dem absoluten Betrage nach $< \frac{\varrho}{2}$	positiv und dem absoluten Betrage nach $> \frac{\varrho}{2}$	positiv und dem absoluten Betrage nach > 1
positiv und dem absoluten Betrage nach $= \frac{\varrho}{2}$	positiv und dem absoluten Betrage nach $= \frac{\varrho}{2}$	positiv und dem absoluten Betrage nach $= 1$

Trotz der seltenen Benutzung der Hohlspiegel zur Erzeugung photographischer Bilder spielen Spiegelbilder in der Photographie eine nicht unwichtige Rolle. An jeder Linsenfläche werden ja die Lichtstrahlen nicht nur gebrochen, sondern auch gespiegelt. Das gespiegelte Licht gelangt in umgekehrter Bewegungsrichtung wieder zur vorhergehenden Linsenfläche und wird dort wieder zum Teile gespiegelt, und es gelangt schließlich so auch ein gewisser Betrag gespiegelten Lichtes durch das Objektiv hindurch zur Bildebene.

Es werden eigentlich beliebig viele und beliebig oft gespiegelte Bilder von jeder Linsenfolge entworfen, aber wegen ihrer geringen Lichtstärke stören sie im allgemeinen das eigentliche rein dioptrische Bild nicht, höchstens nur dann, wenn eins oder mehrere der Reflex- oder Nebenbilder in der Nähe der eigentlichen Bildebene liegen, und wenn insbesondere das Objekt starke Helligkeitsunterschiede hat. So gibt es immerhin photographische Objektive, deren Brauchbarkeit durch ungünstig gelegene Reflexbilder stark eingeschränkt wird.

Die an Kittflächen oder überhaupt mehr als zweimal gespiegelten und schließlich in den Bildraum des Objektivs entworfenen Nebenbilder pflegen wegen ihrer geringen Helligkeit, auch wenn sie ungünstig liegen, nicht zu schaden. Die Zahl der gespiegelten Nebenbilder, die für eine Störung des eigentlichen Bildes in Frage kommen könnten, wird demnach durch $\frac{m \cdot (m-1)}{2}$ gegeben, wenn m die Gesamtzahl der an Glas und Luft grenzenden Flächen des Objektivs ist. Die Lage der Nebenbilder läßt sich natürlich für den Paraxialbereich mit den Formeln (1) und (31) finden.

Wird der Radius der spiegelnden Fläche unendlich groß, so folgt aus (31) $s' = -s$, d. h. das von einem ebenen Spiegel entworfene Bild eines leuchtenden Punktes liegt ebensoweit hinter dem Spiegel wie der Dingpunkt vor diesem; immer ist entweder das Bild oder das Ding virtuell. Allgemein wird nach (36) $\beta = 1$. Der ebene Spiegel bildet also stets jedes Ding in beliebiger Lage zum Spiegel ohne Vergrößerung oder Verkleinerung ab; seine optische Wirkung besteht lediglich in einer Verlagerung des Dinges im Raume.

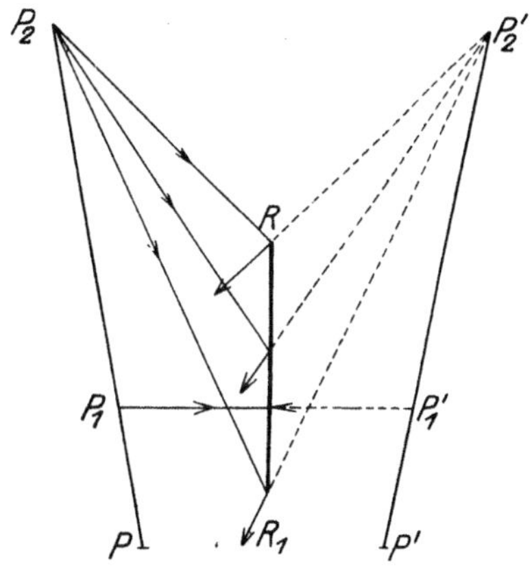

Abb. 89. Die Punktfolge $P P_1 P_2$ wird durch den Planspiegel $R R_1$ in die Punktfolge $P' P_1' P_2'$ virtuell abgebildet. Um zu einem Dingpunkt den Bildpunkt zu finden, ist, wie z. B. für den Punkt P_1 ausgeführt, das Lot von P_1 auf $R R_1$ zu fällen und dieses hinter den Spiegel um seine eigene Länge bis P_1' zu verlängern.

Man kann sich übrigens leicht davon überzeugen, daß hier die Beschränkung auf den paraxialen Bereich, das wäre der fadenförmige Raum um die durch den Dingpunkt gehende Spiegelnormale, ohne weiteres fallen gelassen werden kann. Ein ebener Spiegel bildet das Ding bei beliebiger Öffnung der Strahlenbündel stets völlig genau ab.

Die zeichnerische Aufsuchung des zu einem Dingpunkte gehörigen Bildpunktes ist einfach. Man hat vom Dingpunkte nur das Lot auf den Spiegel zu fällen und dieses durch den Spiegel hindurch um sich selbst zu verlängern; dann ist der Endpunkt der so erhaltenen Strecke der Bildpunkt. In Abb. 89 ist die Abbildung der Strecke $P P_1 P_2$ in ihr virtuelles Bild $P' P_1' P_2'$ gezeigt.

Ebene Spiegel werden in der Photographie nicht allzu selten benutzt. Einige Beispiele seien hier genannt. In der Reproduktionstechnik verwendet man für gewisse Verfahren sog. Umkehrspiegel oder auch Umkehrprismen, um seitenverkehrte Negative zu erhalten. Bei den Spiegel(reflex)kammern dient der Spiegel dazu, um bis unmittelbar vor der Belichtung den Aufnahmegegenstand auf der an der Oberseite der Kammer angebrachten Mattscheibe beobachten zu können. In Abb. 90 ist der Strahlengang in einer Spiegelkammer schematisch gezeigt. Bei manchen Farbenaufnahmeverfahren[1] wird der ebene Spiegel benutzt, um vom Gegenstand mehrere Teilbilder zu erhalten. Beim Aufnahmeapparat der

[1] Vgl. z. B. Abb. 349, S. 362.

LEHMANNschen Zeitlupe[1] sind bewegte Planspiegel zum optischen Ausgleich des stetig wandernden Filmes angewandt.

6. Einige Sonderfälle der paraxialen Abbildung. Um die laterale Vergrößerung β durch eine ausgerichtete Folge von k brechenden Kugelflächen zu bestimmen, geht man zunächst von der Vergrößerung durch eine einzelne solche Fläche aus. Diese heiße in Abb. 91 F, trenne die Medien der Brechungszahlen n und n', ihr Mittelpunkt sei M und ihr Scheitel S.

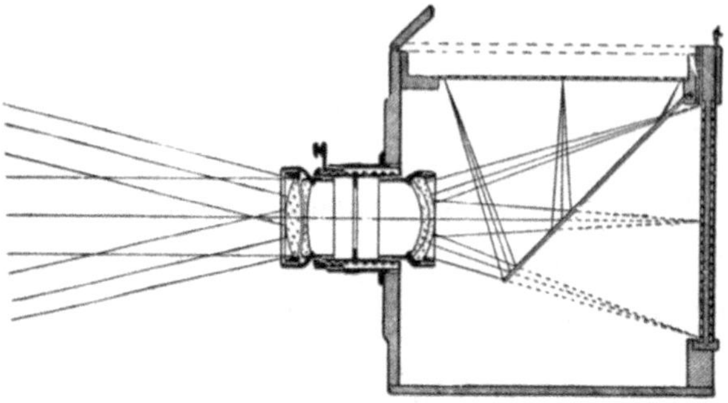

Abb. 90. Strahlengang in einer Spiegel(reflex)kammer bei eingeschaltetem Spiegel. Im Moment der Aufnahme ist dieser nach oben geschlagen, so daß die Mattscheibe abgedeckt wird und das durch das Objektiv eintretende Licht zur lichtempfindlichen Schicht gelangen kann.

Das achsensenkrechte Linienelement pP werde von F durch enge Bündel in $p'P'$ abgebildet. Im paraxialen Gebiete können diese beiden Linienelemente als kleine Kreisbögen betrachtet werden, deren Mittelpunkte in M fallen. Nun ist $\beta = \frac{p'P'}{pP} = \frac{Mp'}{Mp} = \frac{s'-r}{s-r}$ oder mit Benutzung von (1)

$$\beta = \frac{s'}{s}\,\frac{\frac{1}{r}-\frac{1}{s'}}{\frac{1}{r}-\frac{1}{s}} = \frac{n}{n'}\cdot\frac{s'}{s}. \qquad (36)$$

Hat man eine ausgerichtete Folge von k brechenden Kugelflächen, so wird nach (36) für die Abbildung durch die erste Fläche: $\beta_1 = \frac{n_1}{n_1'}\cdot\frac{s_1'}{s_1}$. Betrachtet man das Bild nach der ersten Fläche als Ding für die zweite Fläche, so führt diese zu der Vergrößerung: $\beta_2 = \frac{n_2}{n_2'}\cdot\frac{s_2'}{s_2}$, beide zusammen zu $\beta_{1,2} = \frac{n_1}{n_1'}\cdot\frac{s_1'}{s_1}\cdot\frac{n_2}{n_2'}\cdot\frac{s_2'}{s_2}$ und ebenso alle k Flächen insgesamt zu

$$\beta_{1,2\cdots k} = \frac{n_1}{n_1'}\cdot\frac{n_2}{n_2'}\cdots\frac{n_k}{n_k'}\cdot\frac{s_1'}{s_1}\cdot\frac{s_2'}{s_2}\cdots\frac{s_k'}{s_k};$$

unter Berücksichtigung, daß $n_q' = n_{q+1}$ ist, wird

$$\beta_{1,2\cdots k} = \frac{n_1}{n_k'}\cdot\frac{s_1'}{s_1}\cdot\frac{s_2'}{s_2}\cdots\frac{s_k'}{s_k}. \qquad (37)$$

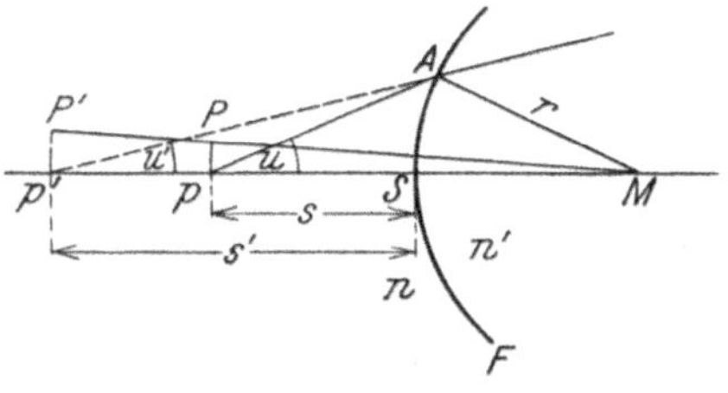

Abb. 91. Schematische Skizze der paraxialen Abbildung von Pp in $P'p'$. Die Kugelfläche F mit dem Mittelpunkt M, dem Scheitel S und dem Krümmungsradius r trennt 2 Medien mit den Brechungszahlen n und n'. s ist die Ding- und s' die Bildschnittweite. Der von p ausgehende, mit der Achse den Winkel u bildende Strahl trifft F in A. Die Größen Pp, $P'p'$, SA, u und u' sind natürlich aus Deutlichkeitsgründen endlich groß gezeichnet.

Ist in Abb. 91 pA ein von p ausgehender paraxialer Dingstrahl, der mit der Achse SM den Winkel u einschließt, so geht der in A gebrochene Strahl mit seiner rückwärtigen Verlängerung durch den Bildpunkt p'. Die Winkelvergrößerung γ ist dann:

$$\gamma = \frac{\operatorname{tg} u'}{\operatorname{tg} u} = \frac{SA}{s'} : \frac{SA}{s} = \frac{s}{s'}. \qquad (38)$$

[1] LEHMANN, H.: Über neue kinematographische Theorien und Apparate. Phot. Korresp. **1916**, 217ff.

Für ein System aus k Flächen erhält man, genau wie bei der Bildung von $\beta_{1,2\cdots k}$ mit Hilfe von (36), die Winkelvergrößerung durch die k-flächige Folge unter Benutzung von (38):

$$\gamma_{1,2\cdots k} = \frac{s_1}{s_1'} \cdot \frac{s_2}{s_2'} \cdots \frac{s_k}{s_k'}. \tag{39}$$

Aus (37) und (39) folgt:

$$\beta_{1,2\cdots k} \cdot \gamma_{1,2\cdots k} = \frac{n_1}{n_k'}. \tag{40}$$

Nennt man l_1 die Ding- und l_k' die Bildgröße und bedenkt, daß unsere Ableitungen hier nur für das Paraxialgebiet gelten sollen, also z. B. die Tangenten der Achsenneigungswinkel durch diese selbst ersetzbar sind, so kann man (40) auch schreiben:

$$n_1 l_1 u_1 = n_k' \cdot l_k' \cdot u_k'. \tag{41}$$

Die häufig benutzte Gleichung (41) findet man vorwiegend als HUYGENS-HELMHOLTZsche Gleichung bezeichnet.

Zu den einfachsten in der Photographie gebrauchten Flächenfolgen gehört die Planparallelplatte. Stehen ihre Grenzebenen senkrecht zur Achse eines photographischen Objektivs, dem die Planplatte z. B. als Filter zugeordnet sei, so macht sich die Wirkung der Planplatte für das Paraxialgebiet lediglich durch eine Verschiebung entweder des Achsending- oder des Bildpunktes bemerkbar, je nachdem die Platte zwischen Dingpunkt und Objektiv oder zwischen Objektiv und Bildpunkt liegt. Liegt z. B. die Platte — ihre Dicke sei d, ihre Brechungszahl n — zwischen Objektiv und Bild, so kann man unter Verwendung von (1) leicht feststellen, daß der Abstand des Bildes vom Objektiv um:

$$v = \frac{n-1}{n} \cdot d \tag{42}$$

größer ist als der entsprechende Abstand ohne Zwischenschaltung der Platte.

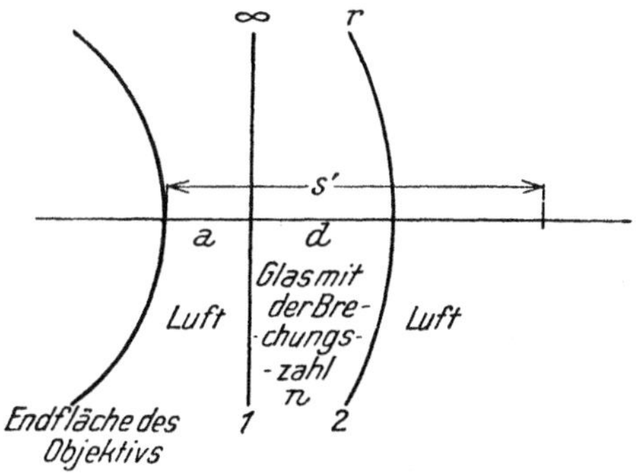

Abb. 92. Skizze zur Berechnung einer Filterfläche mit solcher Brechung, daß das Bild durch Einschaltung des Filters nicht verschoben wird. n ist die Brechungszahl, d die Mittendicke und a der Abstand des Filters von der anliegenden Objektivfläche. Der Krümmungsradius der einen Filterfläche ist ∞, der Radius r der andern so zu bestimmen, daß die Bildschnittweite $s_2' = s' - a - d$ wird.

Arbeitet man z. B. mit einer Kammer ohne Einstellvorrichtung, und zwar wechselweise mit und ohne Filter, so kann es notwendig sein, dem Filter eine plankonvexe Form zu geben, um die Bildverlagerung durch Einführung des Filters wieder aufzuheben. Die Berechnung des notwendigen Flächenradius wird verdeutlicht durch Abb. 92. Der auf der optischen Achse gemessene Abstand des Filters vom Objektiv ist dort mit a bezeichnet, die Schnittweite des vom Objektiv allein entworfenen Bildes mit s'; n ist die Brechungszahl des Filters und d seine Mittendicke. Die Vorderfläche 1 des Filters ist plan, der Krümmungsradius r der hinteren Filterfläche 2 ist so zu bestimmen, daß das Bild durch Einschaltung des Filters nicht verschoben wird, d. h. daß $s_2' = s' - a - d$ wird. Es ist:

$$s_1 = s' - a$$

und daher nach (1):

$$s_1' = n \cdot (s' - a),$$

weiter ist:

$$s_2 = s_1' - d = n(s' - a) - d$$

	Fläche 1	2	3	4	5	6	7
s	∞	+ 49,005	+ 28,710	+ 60,797	— 192,971	— 132,516	— 216,820
$\lg s$		69024+1	45803+1	78388+1	28549+2	12227+2	33610+2
$\lg n$	0	20718+0	00000+0	20536+0	00000+0	18282+0	20718+0
$\lg \frac{n}{s}$		51694−2	54197−2	42148−2	71451−3	06055−2	87108−3
$\lg (n' - n)$	78627−1		78145−1	78145−1	71886−1	94394−2	78627−1
$\lg \frac{1}{r}$	70432−2		16672−2	71956−2	08754−2	65484−2	47830−2
$\lg \frac{(n' - n)}{r}$	49059−2		94817−3	50101−2	80640−3	59878−3	26457−2
$\frac{n}{s}$	0		+ 0,0348315	+ 0,0263925	— 0,0051821	— 0,0114961	— 0,0074315
$\frac{(n' - n)}{r}$		0	— 0,0088750	— 0,0316964	— 0,0064033	+ 0,0039699	+ 0,0183896
$\frac{n}{s} + \frac{n' - n}{r}$			+ 0,0259565	— 0,0053039	— 0,0115854	— 0,0075262	+ 0,0109581
$\lg \left(\frac{n}{s} + \frac{n' - n}{r}\right)$	49059−2	51694−2	41424−2	72459−3	06391−2	87657−3	03973−2
$\lg n'$	20718+0	00000+0	20536+0	00000+0	18282+0	20718+0	00000+0
$\lg s'$	71659+1	48306+1	79112+1	27541+2	11891+2	33061+2	96027+1
s'	+ 52,070	+ 30,413	+ 61,819	— 188,543	— 131,494	— 214,095	+ 91,258
$-d$	— 3,065	— 1,703	— 1,022	— 4,428	— 1,022	— 2,725	

Die Brennweite des Objektivs ist nach (7):

$$f = \frac{52,070}{49,005} \cdot \frac{30,413}{28,710} \cdot \frac{61,819}{60,797} \cdot \frac{188,543}{192,971} \cdot \frac{131,494}{132,516} \cdot \frac{214,095}{216,820} \cdot 91,258 = 99,99 \text{ mm}.$$

und schließlich:
$$s_2' = \frac{1}{\frac{n}{n(s'-a)-d} + \frac{1-n}{r}} = s' - a - d,$$
woraus folgt:
$$r = -\frac{s'-a-d}{d}\left[n(s'-a)-d\right]. \qquad (43)$$

Schließlich sei noch ein Zahlenbeispiel für die Verwendung der Formel (1) durchgeführt. Das in Abb. 93 in schematischem Achsenschnitt dargestellte photographische Objektiv (Tessarform) hat die Krümmungsradien: $r_1 = +19{,}755$, $r_2 = \infty$, $r_3 = -68{,}121$, $r_4 = +19{,}074$, $r_5 = -81{,}745$, $r_6 = +22{,}139$; $r_7 = -33{,}243$; die Mitteldicken: $d_1 = 3{,}0654$, $d_2 = 1{,}7030$, $d_3 = 1{,}0218$, $d_4 = 4{,}4278$, $d_5 = 1{,}0218$, $d_6 = 2{,}7248$; die Brechungszahlen: $n_1 = 1$, $n_1' = n_2 = 1{,}61132$, $n_2' = n_3 = 1$, $n_3' = n_4 = 1{,}60457$, $n_4' = n_5 = 1$, $n_5' = n_6 = 1{,}52343$, $n_6' = n_7 = 1{,}61132$, $n_7' = 1$.

Beistehend ist das Schema der „Nullstrahlrechnung“ für dieses Objektiv gegeben. Ganz links stehen die zu berechnenden Ausdrücke in allgemeiner Form und in den 7 rechts daneben stehenden Spalten die entsprechenden Zahlenwerte für jede einzelne Fläche, und zwar beginnend mit der ersten Fläche und schließend mit der letzten, der siebenten Fläche. Für die Rechnung sind fünfstellige Logarithmen benutzt; die Mantisse ist vor die etwas kleiner gedruckte Kennziffer gesetzt.

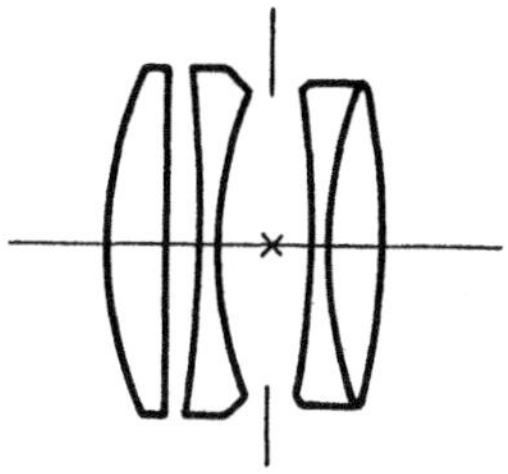

Abb. 93. Schematischer Achsenschnitt eines Tessars.

B. Abbildung durch endlich oder auch mäßig geöffnete und durch endlich oder auch mäßig geneigte Strahlenbündel einfarbigen Lichtes.

Die Gültigkeit der Gaussischen Abbildung, deren Verwirklichung durch Linsen und Spiegel im vorhergehenden Abschnitt behandelt ist, beschränkt sich auf den sog. fadenförmigen Raum um die Achse drehungssymmetrischer optischer Flächenfolgen herum. Nur solche Abbildungsvorgänge sind demnach den Gaussischen Gesetzmäßigkeiten unterworfen, bei denen Achsenpunkte oder in unmittelbarer Nähe der Achse gelegene Teile durch unendlich enge Strahlenbündel, die gegen die Achse unendlich wenig geneigt sind, abgebildet werden. Die so zustandekommenden Bilder sind daher unendlich lichtschwach und unendlich wenig seitlich ausgedehnt.

In der Praxis wäre mit solchen Bildern nicht viel anzufangen. Dabei sei hier nur daran erinnert, daß in Wirklichkeit bei einer derartigen Abbildung die geometrisch optisch begründeten Gesetze infolge der voll ins Gewicht fallenden Beugungswirkung sowieso ungültig werden. Wenn man also nur einigermaßen helle und ausgedehnte Bilder haben will, so muß die Abbildung durch Strahlenbündel endlicher Öffnung und Neigung vermittelt werden. Dann ist allerdings schon nach den Lehren der geometrischen Optik eine eineindeutige Zuordnung der Punkte des Ding- und Bildraumes im allgemeinen nicht mehr möglich, vielmehr ist mit der Überschreitung der Grenzen der Gaussischen Abbildung zwangsläufig eine unvollkommenere Strahlenvereinigung verbunden.

Es gibt praktisch nur einen Ausnahmefall, in dem ein beliebig großer Raum durch beliebig weit geöffnete Bündel streng abgebildet wird, nämlich dann, wenn das abbildende System aus einem oder auch beliebig vielen ebenen Spiegeln besteht; diese virtuellen Bilder, die sich von ihrem Raumding nur durch eine andere Anordnung im Raum unterscheiden können, sind nicht ohne weiteres auf einer lichtempfindlichen Schicht auffangbar. Ebene Spiegel kommen also bei der Erzeugung eigentlicher photographischer Bilder höchstens ergänzend in Frage.

Ganz überwiegend werden für die Entwerfung des photographischen Bildes lichtsammelnde Folgen zentrierter brechender Kugelflächen verwandt, die man photographische Objektive zu nennen pflegt; Hohlspiegel oder Linsen mit nichtsphärischen Flächen werden verhältnismäßig selten benutzt.

Wir wenden uns hier zunächst der Abbildung durch zentrierte brechende Kugelflächen zu. Der Stoff, aus dem die brechenden Flächen herausgearbeitet werden, ist in den meisten Fällen Glas, und zwar vorwiegend optisches Glas, dessen optische Eigenschaften durch seine Brechungszahl für die D-Linie und die sog. ABBEsche Zahl ν festgelegt zu werden pflegen. Mitunter werden auch Linsen aus anderen Stoffen verwandt, z. B. aus Quarz, Flußspat usw., wenn etwa durch die Linsen möglichst viel kurzwelliges Licht hindurchgelassen werden soll.

Damit nicht der Strahlengang beim Durchsetzen der einzelnen Linsen störend beeinflußt wird, muß das Linsenmaterial homogen und meist auch isotrop sein, d. h. frei von Schlieren und Spannungen, während Bläschen, Steinchen usw. in den Linsen gewöhnlich nicht viel schaden, da durch sie in der Regel nur geringe Lichtverluste hervorgerufen werden.

7. Durchrechnungsformeln für Strahlen im Achsenschnitt. Um nun die Strahlenvereinigung im Bilde, wie sie von einem photographischen Objektiv bewirkt wird, näher zu untersuchen, seien hier zunächst die Rechenregeln abgeleitet, mit deren Hilfe man den Durchgang eines Lichtstrahls durch eine optische Flächenfolge bestimmen kann. Dabei mag man ausgehen von den beiden Grundvoraussetzungen der geometrischen Optik, nämlich der Annahme geradliniger Ausbreitung des Lichtes, aus der der Begriff des Lichtstrahls zu abstrahieren ist, und weiter dem Bestehen des Brechungsgesetzes.

Vorläufig werden hier, um es noch einmal zu betonen, nur Folgen von ausgerichteten Kugelflächen berücksichtigt. Besonders einfach werden die ,,Durchrechnungsformeln'', wenn der Lichtstrahl in einer Meridianebene verläuft, also die Achse der Flächenfolge schneidet.

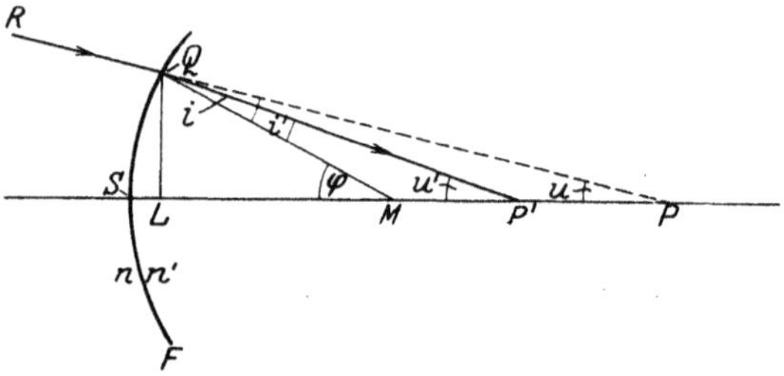

Abb. 94. Zur trigonometrischen Durchrechnung des auf eine brechende Kugelfläche F treffenden Strahles RQ, der in Q in die Lage QP' gebrochen wird. Es sind SP und SP' ding- bzw. bildseitige Schnittweite, u und u' ding- bzw. bildseitiger Neigungswinkel gegen die Achse SM, $MQ = r$ Kugelradius, QL Einfallshöhe, SL Pfeilhöhe, i und i' Einfalls bzw. Brechungswinkel, $\varphi = S\hat{M}Q$, n und n' Brechungszahl des Mediums vor bzw. hinter F.

In Abb. 94 fällt der Lichtstrahl RQ auf die Kugelfläche F einer zentrierten Folge, die zwei Medien mit den Brechungszahlen n und n' trennt. Durch den Scheitel S und den Kugelmittelpunkt M sei die Achse der Flächenfolge festgelegt. RQ würde die Achse in P schneiden, infolge der Brechung in Q wird aber RQ in die Lage QP' abgelenkt. SP, die Schnittweite des Lichtstrahles RQ, werde mit s, seine Mittelpunktsentfernung MP mit c und Winkel $Q\hat{P}S$, der Achsenneigungswinkel, mit u bezeichnet; der Winkel $M\hat{Q}P$ ist der Einfallswinkel i.

Die entsprechenden Werte des gebrochenen Strahles werden durch Striche kenntlich gemacht. Es sind also $SP' = s'$ die Schnittweite, $MP' = c'$ die Mittelpunktsentfernung, Winkel $Q\hat{P}'S = u'$ der Achsenneigungswinkel und Winkel $M\hat{Q}P' = i'$ der Brechungswinkel des gebrochenen Strahles QP'. Das Achsenlot QL, die Einfallshöhe, heiße h und die Pfeilhöhe SL e. s und c werden als positiv betrachtet, wenn P im Sinne der Lichtrichtung, die von links nach rechts fortschreitend angenommen wird, rechts von den entsprechenden Bezugspunkten, nämlich S bzw. M, liegt; die gleiche Vorzeichenfestsetzung gilt für s' und c' hinsichtlich der Lage des Punktes P' und der Bezugspunkte S bzw. M; ebenso wird e als positiv gerechnet, wenn der Fußpunkt L der Einfallshöhe rechts von S liegt; sie selbst gelte, wenn sie oberhalb der Achse verläuft, als positiv. Der Krümmungsradius $QM = r$ ist als positiv zu nehmen, wenn die Kugelfläche dem einfallenden Lichte ihre gewölbte Seite zukehrt.

Verlaufen die Strecken dem hier als positiv definierten Sinne entgegengesetzt, so sind sie negativ; in Abb. 94 sind sie sämtlich positiv.

u ist nun, auch dem Vorzeichen nach, bestimmt, und aus der Gleichung

$$\operatorname{tg} u = \frac{h}{s - e}$$

zu berechnen. Aus dem Dreieck QMP liest man ab:

$$MP : QM = \sin i : \sin u \tag{1}$$

oder

$$\sin i = \frac{c \cdot \sin u}{r} \tag{2}$$

wobei

$$c = s - r \tag{3}$$

ist. Das Brechungsgesetz:

$$n \sin i = n' \cdot \sin i' \tag{4}$$

läßt zum Einfallswinkel i den Brechungswinkel i' finden. Aus der Abb. 94 folgt für den Kugelwinkel $S\hat{M}Q = \varphi$ die Gleichung

$$\left.\begin{aligned} \varphi &= u + i = u' + i' \\ \text{oder} \quad u' &= u + i - i' \end{aligned}\right\} \tag{5}$$

Weiter folgt aus Dreieck QMP' die Beziehung $MP' : QM = \sin i' : \sin u'$ oder

$$c' = \frac{r \cdot \sin i'}{\sin u'} \tag{6}$$

Nun ist

$$s' = c' + r, \tag{7}$$

so daß man also zu einem gegebenen Wertepaare s, u mit Hilfe der Beziehungen (2) bis (7) das zugehörige Wertepaar $s'u'$ finden kann, d. h. zu einem an einer brechenden Kugelfläche einfallenden Lichtstrahle den zugehörigen Strahl nach seiner Brechung.

Durch wiederholte Anwendung der Beziehungen (2) bis (7) läßt sich durch eine vielflächige ausgerichtete sphärische Folge hindurch der Gang eines die Achse schneidenden Lichtstrahles verfolgen. Sind z. B. S_1, S_2, $S_3 \ldots S_k$ die Scheitel der brechenden Flächen einer k-flächigen Folge, so nennt man die Entfernung zweier aufeinanderfolgender Scheitel die axiale Linsendicke oder die Linsendicke schlechthin und setzt etwa $S_1S_2 = d_1$, $S_2S_3 = d_2 \ldots S_{k-1}S_k = d_{k-1}$. Diese Dicken sind für die Rechnung immer positiv zu nehmen. Will man also die Formeln (2) bis (7) für die „trigonometrische Durchrechnung" einer Linsenfolge benutzen, so sind sie nacheinander für jede Fläche anzuwenden. Ist z. B. nach Brechung an der $(q-1)$-ten Fläche für einen Strahl das Wertepaar s'_{q-1}, u'_{q-1} gefunden, so liefern die Beziehungen

$$\left.\begin{aligned} s_q &= s'_{q-1} - d_{q-1} \\ u_q &= u'_{q-1} \end{aligned}\right\} \tag{8}$$

den Übergang von der $(q-1)$-ten Fläche zur q-ten, indem nämlich zu dem durch (8) gegebenen s_q, u_q mit Hilfe von (2) bis (7) s'_q, u'_q berechnet wird, und so geht es fort von Fläche zu Fläche.

In den Sonderfällen 1. $r = \infty$ und 2. $u = o$ sind die gegebenen Beziehungen zu modifizieren.

Ad. 1. Aus Abb. 95 folgt

$$QS = s \cdot \operatorname{tg} u = s' \operatorname{tg} u' \quad \text{oder} \quad s' = s \frac{\operatorname{tg} u}{\operatorname{tg} u'} \tag{9}$$

und

$$u + i = u' + i' = 0 . \tag{10}$$

Aus (9) und (10) läßt sich unter Benutzung von (4) s', u' zu dem gegebenen s, u berechnen.

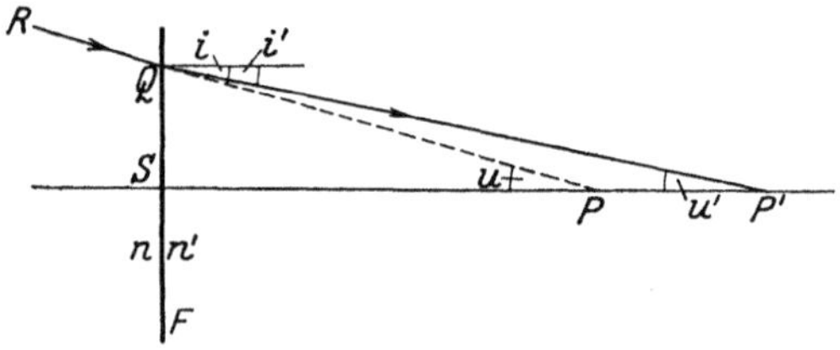

Abb. 95. Der Strahl RQ wird an der ebenen Fläche F, die Medien der Brechungszahlen n und n' trennt, von der Richtung QP in die Lage QP' abgelenkt. SP und SP' sind die ding- und bildseitige Schnittweite, u und u' der ding- und bildseitige Neigungswinkel gegen die Achse, d. h. die Normale der Fläche F in S, und i und i' Einfalls- bzw. Brechungswinkel.

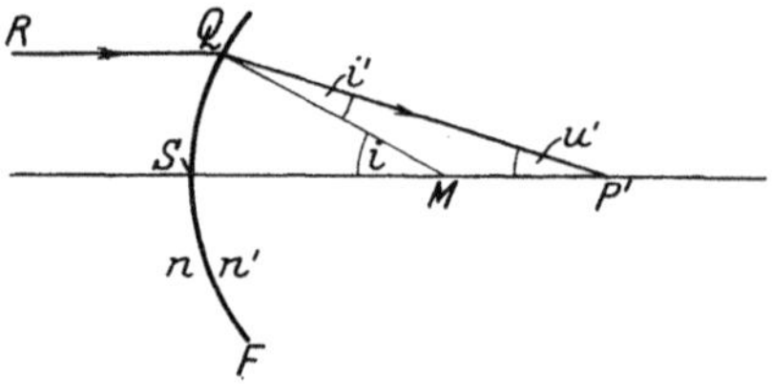

Abb. 96. Zur trigonometrischen Durchrechnung des auf eine brechende Kugelfläche F treffenden, achsenparallelen Strahles RQ, der in Q in die Lage QP' gebrochen wird. Es sind i und i' Einfalls- bzw. Brechungswinkel, SP' bildseitige Schnittweite, SM die Achse, MQ der Kugelradius, n und n' Brechungszahl des Mediums vor bzw. hinter F.

Ad. 2. Der einfallende Strahl ist dann durch $s = \infty$, $u = 0$ nicht eindeutig festgelegt; vielmehr hat dies hier zu geschehen durch die Einfallshöhe h. Nach Abb. 96 ist

$$\sin i = \frac{h}{r} \tag{11}$$

mit Hilfe von (4), (5), (6) und (7) läßt sich dann s', u' für den gebrochenen Strahl finden.

Die Pfeilhöhe e berechnet sich nach Abb. 94 ohne weiteres als

$$e = r - r \cdot \cos\varphi = 2 r \sin^2 \frac{\varphi}{2} \tag{12}$$

Ist r verhältnismäßig lang, so kann die Berechnung von s' nach (7) ungenau werden. Man verwendet dann zweckmäßig zur Bestimmung von s' die Beziehung

$$s' = \frac{h}{\operatorname{tg} u'} + e \tag{7a}$$

die sich aus Abb. 94 unschwer ablesen läßt.

Beschränkt man die Rechnungen auf den GAUSSischen Abbildungsbereich, betrachtet also u, u', i und i' als unendlich kleine Größen erster Ordnung, so folgt aus (2) und (3), wenn man in diesem Falle $s = s_0$ setzt:

$$r \cdot i = (s_0 - r) \cdot u \tag{2a}$$

aus (6) und (7):

$$r \cdot i' = (s'_0 - r) \cdot u' \tag{6a}$$

und aus (4):

$$n \cdot i = n' \cdot i' \tag{4a}$$

(5) wird dann zu:

$$u' = u\left(\frac{s_0}{r} - \frac{n}{n'} \cdot \frac{s_0 - r}{r}\right). \tag{5a}$$

Aus (6a) und (2a) kommt:

$$\frac{i'}{i} = \frac{s_0' - r}{s_0 - r} \cdot \frac{u'}{u} = \frac{s_0' - r}{s_0 - r} \cdot \left(\frac{s_0}{r} - \frac{n}{n'} \cdot \frac{s_0 - r}{r}\right) = \frac{n}{n'},$$

was sich umformen läßt in:

$$s_0' = \frac{n'}{\frac{n}{s_0} + \frac{n' - n}{r}} \tag{7 b}$$

oder auch in:

$$n\left(\frac{1}{r} - \frac{1}{s_0}\right) = n'\left(\frac{1}{r} - \frac{1}{s_0'}\right) \tag{7 c}$$

(7c) ist die Nullstrahlinvariante (vgl. S. 165); man pflegt eine der beiden Seiten der Gleichung (7c) symbolisch gleich Q_{s_0} oder auch Q_s zu setzen.

8. Durchrechnungsformeln die Achse kreuzender Strahlen. Verhältnismäßig selten wird der Verlauf von Strahlen untersucht, die gegen die optische Achse windschief sind; nicht weil ihrer „Durchrechnung" besondere Schwierigkeiten entgegenständen, sondern der notwendige rechnerische Aufwand ist sehr umfangreich; auch genügt meist — an eine erschöpfende Kenntnis der Abbildungseigenschaften einer Flächenfolge durch bloße geometrische Untersuchung des Strahlenverlaufes ist sowieso nicht zu denken — die Betrachtung in der Meridianebene liegender Strahlen und gewisser unendlich enger Strahlenbündel, von denen nachher noch die Rede sein wird, um einen Anhalt für die Qualität des von der Flächenfolge zu erzeugenden photographischen Bildes zu erhalten.

Der Vollständigkeit halber mögen die folgenden Beziehungen in Anlehnung an M. Lange[1] abgeleitet werden, deren Benutzung die Durchrechnung windschiefer Strahlen erlaubt. Wählt man aus einer ausgerichteten Folge brechender Kugelflächen etwa die q-te Fläche mit dem Radius r_q aus, so sei diese, bezogen auf ein rechtwinkliges Koordinatenkreuz x, y, z, dessen x-Achse mit der optischen Achse zusammenfalle, dargestellt durch:

$$(x - m_q)^2 + y^2 + z^2 - r_q^2 = 0 \tag{13}$$

worin m_q die Entfernung des Krümmungsmittelpunktes der betrachteten Fläche vom Koordinatenanfang ist. Trifft ein Lichtstrahl auf diese Fläche in dem Punkte x_q, y_q, z_q und sind seine Richtungskosinus gegen die Achse α_q, β_q, γ_q, so lassen sich die laufenden Koordinaten ξ, η, ζ angeben durch

$$\xi = x_{q-1} + \alpha_q \cdot t, \qquad \eta = y_{q-1} + \beta_q \cdot t, \qquad \zeta = z_{q-1} + \gamma_q \cdot t \tag{14}$$

wenn x_{q-1}, y_{q-1}, z_{q-1} ein Punkt des Strahles ist, der von dem Flächenpunkt x_q, y_q, z_q um t_q, gemessen auf dem Strahle, entfernt ist, und t_q der Gleichung:

$$\begin{aligned} t_q^2 &+ 2\,t_q\,[(x_{q-1} - m_q)\,\alpha_q + y_{q-1}\,\beta_q + z_{q-1}\,\gamma_q] \\ &+ (x_{q-1} - m_q)^2 + y_{q-1}^2 + z_{q-1}^2 - r_q^2 = 0 \end{aligned} \tag{15}$$

genügt. Es wird also:

$$\begin{aligned} t_q = &- [(x_{q-1} - m_q)\,\alpha_q + y_{q-1}\,\beta_q + z_{q-1}\,\gamma_q] \\ &\pm \sqrt{[(x_{q-1} - m_q)\alpha_q + y_{q-1}\beta_q + z_{q-1}\gamma_q]^2 - (x_{q-1} - m_q)^2 - y_{q-1}^2 - z_{q-1}^2 + r_q^2}\,. \end{aligned} \tag{16}$$

Setzt man diesen Wert t_q in (14) ein, so geben die rechten Seiten von (14) die Koordinaten x_q, y_q, z_q.

---

[1] Lange, M.: Vereinfachte Formeln für die trigonometrische Durchrechnung optischer Systeme, S. 10—13. Dissert. Rostock. Leipzig: B. G. Teubner 1909.

Sind für diesen Einfallspunkt a_q, b_q, c_q die Richtungskosinus der Flächennormalen, so ist

$$a_q = \frac{x_q - m_q}{r_q}, \qquad b_q = \frac{y_q}{r_q}, \qquad c_q = \frac{z_q}{r_q}. \tag{17}$$

Aus (14) und (16) folgt weiter:

$$x_q \cdot \alpha_q = x_{q-1}\alpha_q + t_q \alpha_q^2, \quad y_q \cdot \beta_q = y_{q-1}\beta_q + t_q \beta_q^2, \quad z_q \gamma_q = z_{q-1}\gamma_q + t_q \gamma_q^2 \tag{18}$$

oder

$$(x_q - m_q) \cdot \alpha_q + y_q \cdot \beta_q + z_q \cdot \gamma_q = (x_{q-1} - m_q)\alpha_q + y_{q-1}\beta_q + z_{q-1}\gamma_q + t_q \tag{19}$$

und unter Berücksichtigung von (16) und (17):

$$r_q \cdot \cos i_q = \pm \sqrt{[(x_{q-1} - m_q)\alpha_q + y_{q-1}\beta_q + z_{q-1}\gamma_q]^2 - (x_{q-1} - m_q)^2 - y_{q-1}^2 - z_{q-1}^2 + r_q^2}. \tag{20}$$

Bezeichnet man die Richtungskosinus des gebrochenen Strahles mit α'_q, β'_q, γ'_q, so läßt sich dieser darstellen, wenn seine laufenden Koordinaten ξ', η', ζ' sind, durch

$$\left.\begin{aligned} \xi' &= x_q + \alpha'_q t = x_{q-1} + \alpha_q t_q + \alpha'_q t \\ \eta' &= y_q + \beta'_q t = y_{q-1} + \beta_q t_q + \beta'_q t \\ \zeta' &= z_q + \gamma'_q t = z_{q-1} + \gamma_q t_q + \gamma'_q t \end{aligned}\right\}. \tag{21}$$

Darin sind als Bestimmungsstücke des einfallenden Strahles x_{q-1}, y_{q-1}, z_{q-1}, α_q, β_q, γ_q bekannt, x_q, y_q, z_q und t_q sind aus (14) und (16) zu bestimmen; mit (17) und (4), das ja ganz allgemein gilt, findet man:

$$\left.\begin{aligned} \alpha'_q &= a_q \frac{n'_q \cdot \cos i'_q - n_q \cdot \cos i_q}{n'_q} + \alpha_q \frac{n_q}{n'_q} \\ \beta'_q &= b_q \frac{n'_q \cdot \cos i'_q - n_q \cdot \cos i_q}{n'_q} + \beta_q \frac{n_q}{n'_q} \\ \gamma'_q &= c_q \frac{n'_q \cdot \cos i'_q - n_q \cdot \cos i_q}{n'_q} + \gamma_q \frac{n_q}{n'_q} \end{aligned}\right\}. \tag{22}$$

Das in (22) vorkommende $\cos i_q$ ist aus (20) auszurechnen und das zugehörige $\cos i'_q$ unter Benutzung des Brechungsgesetzes. Damit sind also aus den Bestimmungsstücken des einfallenden Strahles und der brechenden Kugelfläche die Bestimmungsstücke des gebrochenen Strahles sämtlich zu berechnen. Dieser gebrochene Strahl (21) wird für die $(q+1)$-te Fläche zum einfallenden Strahl, zu dem ganz analog der an der $(q+1)$-ten Fläche durch Brechung abgelenkte Strahl gefunden werden kann, und so geht es fort von Fläche zu Fläche, bis der Strahl die Linsenfolge verläßt und in deren Bildraum eintritt.

Über das Vorzeichen von r_q sei bemerkt, daß es in Übereinstimmung mit dem Brauche der analytischen Geometrie in jedem Falle als positiv zu gelten hat; die Zweideutigkeit im Vorzeichen von t_q wird dadurch beseitigt, daß für den einfallenden Strahl natürlich nur ein Durchstoßungspunkt mit der brechenden Kugelfläche in Betracht kommen kann; es ist daher stets mit Hilfe der Anschauung leicht zu entscheiden, ob der größere oder kleinere Wert von t_q zu nehmen ist. Der sich aus (20) ebenfalls zweideutig ergebende Wert für $\cos i_q$ ist nach der Feststellung des eindeutigen Wertes von t_q mit Hilfe von (19) ebenfalls eindeutig zu bestimmen.

9. Durchrechnungsformeln für Elementarbündel, deren Hauptstrahlen die Achse schneiden. Wie bemerkt, werden Durchrechnungen windschiefer Strahlen zur Untersuchung der Bildfehler photographischer Linsenfolgen selten benutzt. Eine sehr wichtige Rolle spielen dagegen die sog. astigmatischen Durchrechnungsformeln, die zur Bestimmung der später zu besprechenden Bildfehler der Bildkrümmung und des Astigmatismus dienen. Diese Formeln ergeben sich bei der Betrachtung des Verlaufs von Strahlen durch die Linsenfolge, die von einem auf einem Hauptstrahle gelegenen Dingpunkte ausgehen und mit diesem Hauptstrahl unendlich kleine Winkel einschließen, d. h. ein Elementarbündel bilden, als dessen Träger man den Hauptstrahl bezeichnen mag. Dabei sei darauf hingewiesen, daß bei der Untersuchung photographischer Objektive in der Regel als Hauptstrahl der durch die Mitte der Eintrittspupille und den in Betracht kommenden Dingpunkt gehende Strahl genommen wird. Dieser Hauptstrahl verläuft also in der durch den Dingpunkt und die optische Achse bestimmten Meridianebene; seine „Durchrechnung" hat daher nach den Formeln (2) bis (11) zu erfolgen.

Aus früheren Überlegungen[1] wissen wir, daß das Elementarbündel zwei Stellen besonderer Strahlenzusammendrängung hat, deren Orte auf dem Hauptstrahle man als eine Art Bilder des Dingpunktes zu betrachten pflegt. Man findet diese

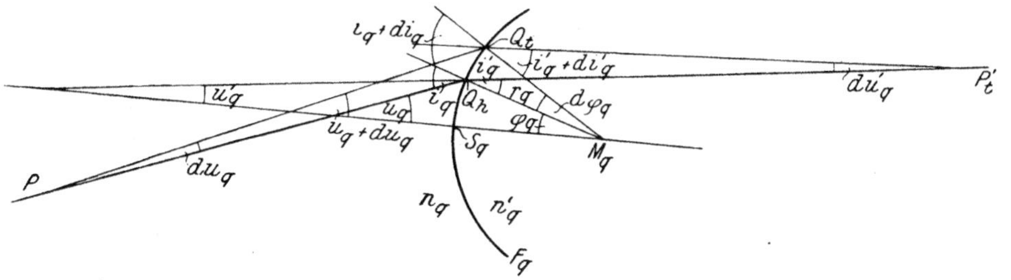

Abb. 97. Der in einem Meridianschnitt verlaufende, mit der Achse den Winkel u_q einschließende Hauptstrahl PQ_h wird in Q_h, seinem Einfallspunkt auf der Kugelfläche F_q, die den Scheitel S_q, den Krümmungsmittelpunkt M_q, den Krümmungsradius r_q und zwei anliegende Medien mit den Brechungszahlen n_q bzw. n_q' hat, in die Lage Q_hP_t' gebrochen, mit der Achse nunmehr den Winkel u_q' bildend. PQ_t ist ein auch von P ausgehender, ebenfalls im Achsenschnitt verlaufender und mit PQ_h den unendlich kleinen Winkel du_q bildender Strahl, der F_q in Q_t trifft und hier in die Richtung Q_tP_t' abgelenkt wird. Der Schnitt P_t' von Q_hP_t' und Q_tP_t', die miteinander den Winkel du_q' einschließen, ist der tangentiale Bildpunkt von P_t. Die Einfallswinkel von PQ_h bzw. PQ_t sind i_q bzw. $i_q + di_q$ und die zugehörigen Brechungswinkel i_q' und $i_q' + di_q'$. φ_q ist der zum Hauptstrahl PQ_h gehörige Kugelwinkel und $\varphi_q + d\varphi_q$ der zum Nachbarstrahl PQ_t gehörige Kugelwinkel.

beiden Stellen, indem man aus dem Elementarbündel zwei ebene Strahlenbüschel, nämlich das in der Meridianebene des Hauptstrahles gelegene und das in der senkrecht zu dieser durch den Hauptstrahl gehenden Ebene verlaufende Strahlenbüschel, auswählt und für jedes der beiden Büschel den Vereinigungsort bestimmt; dieser wird für das erste Strahlenbüschel tangentialer oder meridionaler, für das zweite sagittaler oder äquatorialer Bildpunkt genannt.

Für die Auffindung des tangentialen Bildpunktes kommen die gleichen Formeln in Betracht wie für den Hauptstrahl, da ja die sämtlichen Strahlen des engen Büschels in ein und derselben Meridianebene liegen. In Abb. 97 ist F_q die q-te Fläche einer zentrierten brechenden Kugelflächenfolge, n_q und n_q' sind die Brechungszahlen vor und nach der Brechung, r_q ist der Krümmungsradius, M_q der Krümmungsmittelpunkt und S_q der Scheitel von F_q. PQ_h ist der an F_q einfallende, Q_hP_t' der zugehörige gebrochene Hauptstrahlteil; PQ_t und Q_tP_t' sind die entsprechenden Teile des unendlich benachbarten, in der Meridianebene des Hauptstrahles verlaufenden Strahles. Hat man dann für den Hauptstrahl die oben definierten Werte u_q, u_q', i_q, i_q', so werden diese für den Nachbarstrahl $u_q + du_q$, $u_q' + du_q'$, $i_q + di_q$, $i_q' + di_q'$. Dann ist nach Abb. 97:

$$\sin Q_h \hat{P} Q_t : \sin[90 - (i_q + di_q)] = Q_hQ_t : PQ_h \tag{23}$$

oder:

$$Q_h \hat{P} Q_t = du_q = \frac{Q_hQ_t \cdot \cos(i_q + di_q)}{PQ_h} = \frac{Q_hQ_t \cdot \cos i_q}{PQ_h} \tag{24}$$

[1] s. S. 31.

wenn man unendlich kleine Größen höherer als erster Ordnung fortläßt. Nun ist nach (5): $\varphi_q + d\varphi_q = u_q + du_q + i_q + di_q$ oder

$$d\varphi_q - du_q = di_q. \tag{25}$$

Da $d\varphi_q = \frac{Q_h Q_t}{r_q}$ ist, so wird

$$d\varphi_q - du_q = \frac{Q_h Q_t}{r_q} - \frac{Q_h Q_t \cdot \cos i_q}{P Q_h} = di_q. \tag{26}$$

Ebenso wird:

$$\frac{Q_h Q_t}{r_q} - \frac{Q_h Q_t \cdot \cos i'_q}{P'_t Q_h} = di'_q. \tag{26a}$$

Es gilt: $n_q \sin(i_q + di_q) = n'_q \cdot \sin(i'_q + di'_q)$, was unter Vernachlässigung von unendlich kleinen Größen höherer Ordnung und mit Benutzung von (4) auf

$$n_q \cdot \cos i_q \, di_q = n'_q \cdot \cos i'_q \, di'_q \tag{27}$$

führt. Aus (26), (26a) und (27) läßt sich die Gleichung:

$$n_q \cdot \cos i_q \left[\frac{Q_h Q_t}{r_q} - \frac{Q_h Q_t \cdot \cos i_q}{P Q_h}\right] = n'_q \cdot \cos i'_q \left[\frac{Q_h Q_t}{r_q} - \frac{Q_h Q_t \cdot \cos i'_q}{P'_t Q_h}\right] \tag{28}$$

bilden oder auch:

$$\frac{n'_q \cdot \cos i'_q - n_q \cos i_q}{r_q} + \frac{n_q \cos^2 i_q}{t_q} = \frac{n'_q \cdot \cos^2 i'_q}{t'_q} \tag{29}$$

nachdem man noch $PQ_h = t_q$ und $P'_t Q_h = t'_q$ setzte. Man kann daher mit Gleichung (29), wenn die Entfernung t_q des Punktes P von der Kugelfläche F_q gemessen auf Strahl PQ_h, d. h. die tangentiale Schnittweite des Dingpunktes P, gegeben ist, t'_q, die tangentiale Schnittweite des zu P gehörigen tangentialen Bildpunktes P'_t berechnen; t'_q ist also die Entfernung des Punktes P'_t von F_q gemessen auf Strahl $Q_h P'_t$. Dabei ist natürlich vorausgesetzt, daß die Bestimmungsstücke des Hauptstrahles bekannt sind.

Für die Berechnung der bildseitigen sagittalen Schnittweite zu gegebener dingseitiger kann man die Abb. 98 benutzen. Darin ist RQ einfallender und QR' an der Kugelfläche F_q mit dem Mittelpunkt M_q und dem Krümmungsradius r_q gebrochener Hauptstrahl. Zu dem Dingpunkt P findet man den sagittalen Bildpunkt P'_s als Schnitt von PM_q mit QR', wie sich leicht aus der Definition des sagittalen Bildpunktes und den bestehenden Symmetrieverhältnissen ergibt. PL und $P'_s L'$ sind Lote auf das Einfallslot des Hauptstrahls, n_q bzw. n'_q sind wieder die Brechungszahlen vor bzw. nach der Brechung.

Aus der Abb. 98 liest man ab: $PL : P'_s L' = LM_q : M_q L'$ oder auch

$$PQ \cdot \sin i_q : QP'_s \cdot \sin i'_q = (PQ \cos i_q + r_q) : (QP'_s \cdot \cos i'_q - r_q)$$

was unter Benutzung von (4), nachdem noch $PQ = -\mathfrak{s}_q$, $QP'_s = \mathfrak{s}'_q$ gesetzt ist, auf

$$\frac{n'_q \cos i'_q - n_q \cdot \cos i_q}{r_q} + \frac{n_q}{\mathfrak{s}_q} = \frac{n'_q}{\mathfrak{s}'_q} \tag{30}$$

führt. $\mathfrak{s}_q$ wird die dingseitige, $\mathfrak{s}'_q$ die bildseitige sagittale Schnittweite genannt. Man kann also zu irgendeinem Punkte mit der Schnittweite $\mathfrak{s}_q$ auf einem gegebenen Hauptstrahl den auf diesem gelegenen zugehörigen Bildpunkt P'_s, der festgelegt ist durch die Schnittweite $\mathfrak{s}'_q$, mit Hilfe von (30) bestimmen.

Handelt es sich nun darum für einen Dingpunkt den zugehörigen tangentialen bzw. sagittalen Bildpunkt zu finden, wenn nicht nur eine brechende Fläche vor-

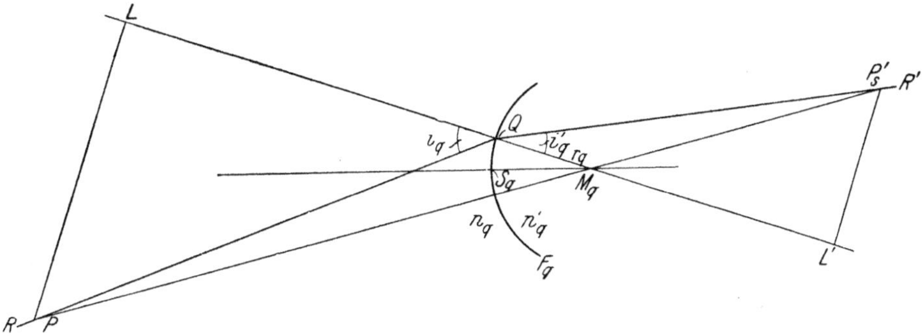

Abb. 98. Der in einem Meridianschnitt verlaufende Hauptstrahl RQ wird in Q, seinem Einfallspunkt auf der Kugelfläche F_q, die den Scheitel S_q, den Krümmungsmittelpunkt M_q, den Krümmungsradius r_q und zwei anliegende Medien mit den Brechungszahlen n_q und n_q' hat, in die Lage QR' gebrochen. Zum Dingpunkt P auf RQ gehört als sagittaler Bildpunkt P_s', der Schnitt von PM_q mit QR'. i_q und i_q' sind Einfalls- bzw. Brechungswinkel des Hauptstrahles RQR' und PL wie $P_s'L'$ Lote auf die Flächennormale in Q.

liegt, sondern eine ganze Folge solcher Flächen, so sind die Formeln (29) bzw. (30) Fläche für Fläche zu benutzen. Der Übergang von der q-ten zur $(q+1)$-ten Fläche wird dabei vermittelt durch die Beziehungen:

$$\left.\begin{aligned} s_q' - \delta_{q,\,q+1} &= s_{q+1} \\ t_q' - \delta_{q,\,q+1} &= t_{q+1} \end{aligned}\right\}. \qquad (31)$$

Die Größe $\delta_{q,\,q+1}$ heißt schiefe Dicke, deren Bestimmung aus Abb. 99 ersichtlich ist. Der durch ein mehrflächiges System gehende Hauptstrahl verläßt die q-te Fläche als $Q_q R_q'$ mit der Achse den Winkel u_q' einschließend, trifft die $(q+1)$-te Fläche in Q_{q+1} und wird dort in die Lage $Q_{q+1} R_{q+1}'$ abgelenkt. $Q_q Q_{q+1}$ ist die schiefe Dicke $\delta_{q,q+1}$. Es ergibt sich dann aus der Abb. 99 unmittelbar:

$$\delta_{q,\,q+1} = \frac{h_{q+1} - h_q}{\sin u_q'}\,, \qquad (32)$$

worin h_q bzw. h_{q+1} die Einfallshöhen des Hauptstrahles an der q-ten bzw. $(q+1)$-ten Fläche sind.

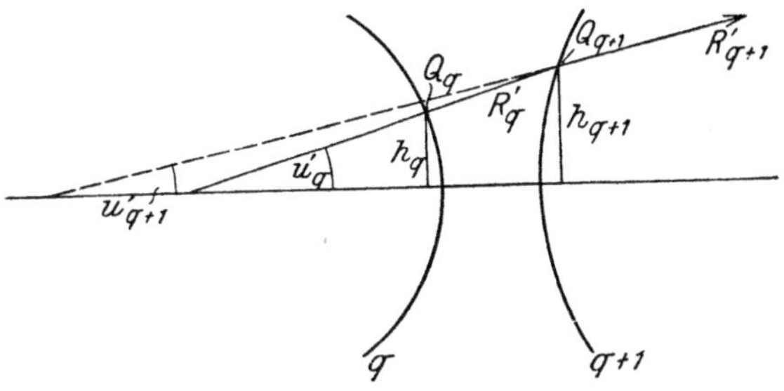

Abb. 99. Der an der $q$ten Fläche gebrochene Strahl $Q_q R_q'$ schließt mit der Achse den Winkel u_q' ein und trifft die $(q+1)$-te Fläche in Q_{q+1}, wo er in die Richtung $Q_{q+1} R_{q+1}'$ abgelenkt wird, mit der Achse den Winkel u_{q+1}' einschließend. h_q bzw. h_{q+1} sind die Einfallshöhen für Q_q bzw. Q_{q+1}. $Q_q Q_{q+1}$ ist die schiefe Dicke $\delta_{q,q+1}$.

10. Über die Durchrechnung von Strahlen, die an asphärischen Flächen gebrochen oder gespiegelt werden. Mit den Formeln (2) bis (32) sind sämtliche Strahlen, die eine ausgerichtete Folge brechender Kugelflächen durchsetzen, bestimmbar; auch für die selten vorkommenden Fälle, in denen spiegelnde Kugelflächen zur Erzeugung des photographischen Bildes benutzt werden, bleiben jene Beziehungen anwendbar; für eine spiegelnde Fläche ist nur $n = -n'$ zu setzen.

Für gewisse Sonderzwecke werden übrigens auch asphärische Flächen zur Gewinnung photographischer Bilder verwandt. Einige wichtigere Formeln zur

Berechnung des Strahlenganges durch Folgen, bei denen nicht sämtliche Flächen sphärisch sind, sollen daher hier noch angegeben werden.

Nimmt man zunächst an, daß wieder für sämtliche Flächen Drehungssymmetrie um eine optische Achse bestehe, so bleiben, auch wenn nicht sämtliche Flächen Kugelflächen sind, die Beziehungen des GAUSSischen Abbildungsbereiches anwendbar, d. h. z. B. die Nullstrahlinvariante; an Stelle des Krümmungsradius der Kugelfläche tritt bei der nichtsphärischen Fläche der Radius der Schmiegungskugel im Scheitel.

Im allgemeinen Falle, wo eine Beschränkung der Öffnung und Achsenneigung des abbildenden Strahlenbündels nicht vorliegt, wird man sich zweckmäßig, je nach der Art der brechenden nichtsphärischen Drehungsfläche besonders geeignete Durchrechnungsformeln ableiten. Man kann auch die Gleichungen (7)—(9) S. 24 benutzen, die das Brechungsgesetz für räumliche Koordinaten darstellen und von Fläche zu Fläche erneut anzuwenden wären.

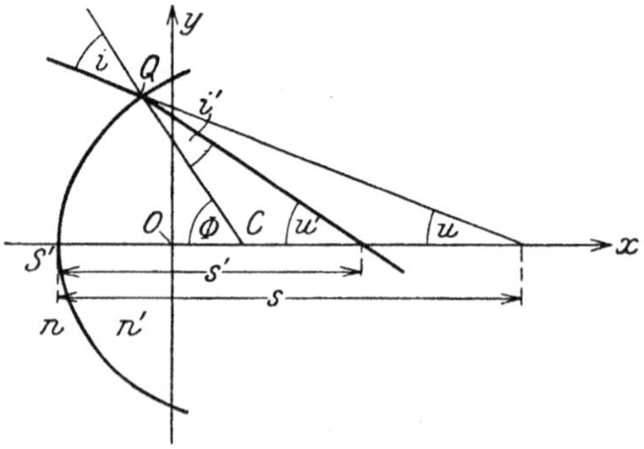

Abb. 100. Die asphärische Fläche mit dem Scheitel S', der vom Anfangspunkt O eines rechtwinkligen Koordinatenkreuzes x, y um a (a ist in der Abbildung negativ) entferntliegt, trennt zwei Medien mit den Brechungszahlen n und n'. Der in Q die Fläche treffende Strahl bildet mit der optischen Achse, der x-Achse, den Winkel u und nach der Brechung den Winkel u'. Die Flächennormale QC schließt mit dem Strahl den Einfallswinkel i bzw. den Brechungswinkel i' und mit der Achse den Winkel Φ ein. s ist die Schnittweite des Strahles vor der Brechung und s' die Schnittweite nach der Brechung.

Beschränkt man sich nur auf in der Meridianebene verlaufende Strahlen und wählt als x-Achse eines rechtwinkligen Koordinatenkreuzes die optische Achse, so möge z. B. die Meridiankurve einer brechenden Fläche dargestellt sein durch die Gleichung:

$$y = \varphi(x). \tag{33}$$

Ist u der Achsenneigungswinkel und s die Schnittweite des einfallenden Strahles entsprechend den analogen Werten eines solchen Strahles (s. S. 150)[1], der auf eine Kugelfläche fällt, so wird der in Q an der nichtsphärischen Fläche, die die Medien der Brechungszahlen n und n' trennt, gebrochene Strahl festgelegt durch den Neigungswinkel u' und die Schnittweite s', und es gelten für die Bestimmungen des s' und u' aus s und u die Beziehungen (s. Abb. 100):

$$y = -x \operatorname{tg} u + (a + s) \cdot \operatorname{tg} u, \tag{34}$$

wobei a die Abszisse des Flächenscheitels ist. Aus (33) und (34) sind dann die Koordinaten x, y des Einfallspunktes Q zu berechnen. Der Winkel Φ, den die Flächennormale in Q mit der optischen Achse einschließt, wird gegeben durch:

$$\operatorname{tg} \Phi = -\frac{dx}{dy}. \tag{35}$$

Ferner ist:

$$i = \Phi - u \tag{36}$$

$$n \sin i = n' \sin i' \tag{37}$$

$$u' = \Phi - i' \tag{38}$$

Damit ist u' gefunden; s' folgt dann unmittelbar entsprechend (34) als:

$$s' = y \cdot \operatorname{ctg} u' + x - a. \tag{39}$$

[1] Die Vorzeichen dieser Werte sind also abweichend von dem Brauche der analytischen Geometrie festgelegt.

Hiermit ist der gebrochene Strahl bestimmt; sind mehrere nichtsphärische Flächen vorhanden, so sind die Gleichungen (33) bis (39) erneut anzuwenden, wenigstens solange es sich um die Achse schneidende Strahlen handelt; der Übergang von einer Fläche zur anderen entspricht ganz dem bei Kugelflächen[1].

Will man die oben definierten astigmatischen Durchrechnungsformeln auch für nichtsphärische achsensymmetrische Flächen benutzen, so läßt sich der Hauptstrahl — er sollte ja die optische Achse schneiden — zunächst mit den Gleichungen (33) bis (39) bestimmen; die eigentlichen „astigmatischen Gleichungen" (29) und (30) bleiben unverändert, nur ist wie leicht einzusehen in (29) der Kugelradius r_q zu ersetzen durch den Krümmungsradius r_{qt} der Meridiankurve im Einfallspunkte des Hauptstrahls, d. h. also durch

$$r_{qt} = \frac{\sqrt{(1 + y'^2)^3}}{y''} \tag{40}$$

und in (30) hat an die Stelle von r_q zu treten der Krümmungsradius r_{qs}, der gleich dem Stück Flächennormale zwischen Einfallslot und optischer Achse ist; es ist demnach

$$r_{qs} = \frac{y}{\sin \Phi}, \tag{41}$$

und man erhält so, statt (29):

$$\frac{n'_q \cos i'_q - n_q \cos i_q}{r_{qt}} + \frac{n_q \cos^2 i_q}{t_q} = \frac{n'_q \cos^2 i'_q}{t'_q} \tag{29 a}$$

und statt (30):

$$\frac{n'_q \cos i'_q - n_q \cos i_q}{r_{qs}} + \frac{n_q}{\mathfrak{f}_q} = \frac{n'_q}{\mathfrak{f}'_q}. \tag{30 a}$$

Oft ist es zweckmäßig, die Meridiankurve der brechenden nichtsphärischen Fläche durch die Abhängigkeit ihres Radiusvektor von der Bogenlänge darzustellen, besonders dann, wenn die Fläche verhältnismäßig wenig von einer Kugelfläche abweicht; in diesem Falle nennt man sie wohl auch „deformiert". Ist r der Radius ihrer Schmiegungskugel im Flächenscheitel, l die Bogenlänge gemessen auf der Meridiankurve vom Scheitel an, so läßt sich der Radiusvektor ϱ dieser Kurve, der vom Mittelpunkt der genannten Schmiegungskugel ausgeht, häufig darstellen durch die Reihe:

$$\varrho = r + \sigma = r + k l^4 + \lambda l^6 + \cdots. \tag{42}$$

k, λ ... nennt man die Deformationskonstanten; von ihnen ist der Wert der Auf- oder Abtragung σ abhängig; für die Durchrechnung eines im Achsenschnitte laufenden Strahles lassen sich dann Beziehungen ableiten, die den Formeln (2) bis (11) ähnlich sind; die Gleichungen (29) und (30) bleiben natürlich erhalten bis auf die Ersetzung des r_q durch r_{qt} bzw. r_{qs}.

Neben den achsensymmetrischen[2] brechenden nichtsphärischen Flächen kommen auch zweifach symmetrische Flächen in seltenen Fällen für die Erzeugung photographischer Bilder vor; ein Beispiel hierfür findet sich in der deutschen Patentschrift Nr. 99722/1897; dort sind zwei Planzylinderlinsen angegeben, deren Zylinderachsen sich senkrecht kreuzen, und zwar soll z. B. die eine Achse senkrecht, die andere waagerecht sein. Diese Anordnung bringt verzerrte (anamorphotische) Bilder zustande. Aus der umstehenden schematischen Abb. 101,

[1] Vgl. M. Lange: Durchrechnungsformeln für die Lichtbrechung an Kegelschnitten. Z. f. Instr.-Kde. **1914**, 273—281. — M. Linnemann: Über nichtsphärische Objektive. Dissert. Göttingen, 1905.

[2] Herschel, J. F. W.: Vom Licht, Nr. 109. Stuttgart und Tübingen: J. G. Cotta 1831.

die jenes Beispiel veranschaulichen soll, sieht man, daß gleich große senkrechte und waagerechte Linienstücke A in Linienstücke verschiedener Größe nämlich B bzw. B' abgebildet werden. Durchrechnungsformeln für Zylinderflächen finden sich z. B. bei M. LANGE[1].

11. Begriff der Bildfehler. An einer früheren Stelle wurde bereits darauf hingewiesen, daß vom geometrischen Standpunkt aus im allgemeinen nur für den paraxialen Abbildungsbereich eine genaue Abbildung möglich ist, sofern man wenigstens unter dieser versteht, daß sie die Punkte des Ding- und Bildraumes eineindeutig einander zuordnet, so zwar, daß sämtliche durch einen Dingpunkt gehende Strahlen auch sämtlich im Bildraume durch den Bildpunkt jenes Dingpunktes gehen oder anders ausgedrückt: eine genaue Abbildung liegt nur dann vor, wenn homozentrische Strahlenbündel in ebensolche abgebildet werden.

Da eine solche Abbildung für weitgeöffnete Bündel durch die üblichen photographischen Objektive nicht oder höchstens bei einzelnen Punkten besonderer Lage — auch für enge Bündel nur in ganz besonderen Fällen — verwirklichbar ist, muß man die sogenannte genaue Abbildung durch photographische Objektive, die ja vorzugsweise bei erheblicher Lichtstärke ausgedehnte Bilder scharf auszuzeichnen haben, offenbar weiter fassen.

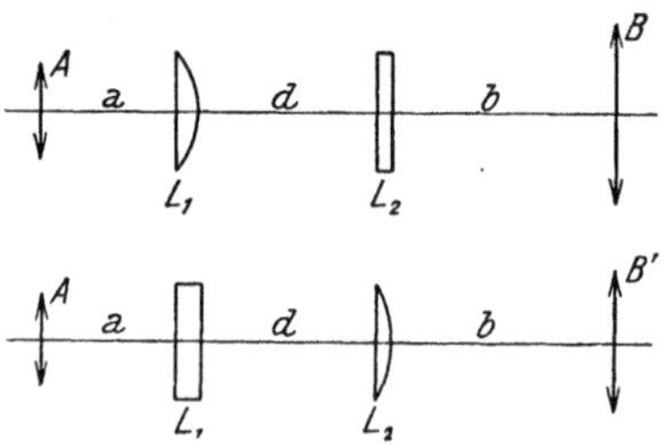

Abb. 101. Die Folge der beiden Zylinderlinsen L_1 und L_2, deren Achsen sich senkrecht kreuzen und die den Abstand d voneinander haben, bildet ein Linienstück A, das parallel der Zylinderachse von L_2 bzw. L_1 und von L_1 um a entfernt ist, in ihren beiden zueinander senkrechten Hauptschnitten in zwei verschieden großen Linienstücken B bzw. B' ab, die von L_2 um b entfernt liegen.

Wie jedes von einem optischen Werkzeug entworfene Bild ist auch das photographische Bild für die Betrachtung durch das menschliche Auge bestimmt. Dieses, selbst nicht frei von Abbildungsfehlern, besitzt auch nur eine begrenzte Sehschärfe, d. h. es werden ihm z. B. zwei Punkte, die ihm unter einem zu kleinen Sehwinkel erscheinen (im Durchschnitt liegt dessen untere Grenze ungefähr bei einer Winkelminute), ununterscheidbar; sie werden beide wie ein einziger Punkt wahrgenommen. An sich genügt es daher zunächst vollkommen, einen Dingpunkt in einen kleinen Fleck abzubilden, dessen Ausdehnung unter der Grenze der Sehschärfe liegt. Diese Grenze wird sich natürlich auch danach richten, ob das Bild mit bloßem oder mit bewaffnetem Auge betrachtet werden soll oder nach sonst irgendwelchen Schärfenforderungen des jeweiligen Falles.

Es kommt ferner hinzu, daß auch die Struktur der lichtempfindlichen Schicht ähnlich wie das Gefüge der Augennetzhaut der optischen Auflösung eine Grenze setzen kann. Es gibt photographische Objektive, deren Auflösungsvermögen wenigstens in den mittleren Teilen des Bildfeldes z. B. über die Wiedergabefähigkeit der für allgemeinen Gebrauch bestimmten Trockenplatten hinausgeht: Die Überstrahlung in der Schicht und das Plattenkorn vernichten die „Feinheit" der durch das Objektiv vermittelten Abbildung.

Das Verlangen nach einem photographischen Objektiv also, das ein weitgeöffnetes Strahlenbündel mit einem b e l i e b i g i m R a u m e g e l e g e n e n M i t t e l p u n k t wieder in ein homozentrisches Strahlenbündel abbildet, ist schon aus mathematischen Gesetzmäßigkeiten vom Standpunkt der geometrischen Optik aus unerfüllbar, aber es ist auch keine Folge von sphärischen Flächen bekannt, die selbst nur die Punkte e i n e r a c h s e n s e n k r e c h t e n E b e n e völlig streng in die

[1] LANGE, M.: Vereinfachte Formeln für die trigonometrische Durchrechnung optischer Systeme, S. 13—15. Dissert. Rostock. Leipzig: B. G. Teubner 1909.

Punkte einer achsensenkrechten Ebene abbildet. Wenn man all dies bedenkt, wird es klar, was man unter scharfer Abbildung durch photographische Objektive zu verstehen hat. Je nach dem Benutzungszweck werden die Anforderungen an die Bildschärfe verschieden sein, wie ja von diesem auch die Lichtstärke und die Ausdehnung des brauchbaren Bildfeldes abhängig sind. Dabei sei hier nur nebenbei bemerkt, daß in der Regel die beiden Forderungen nach großer Lichtstärke und großem Bildfeld in einer gewissen Gegensätzlichkeit stehen. Mit diesem Sachverhalt hängt es auch zusammen, daß es bisher der photographischen Technik nicht gelungen ist, ein gewissermaßen ideales Objektiv zu schaffen, das für alle Aufgaben der Photographie gut brauchbar ist, vielmehr sind für ihre Teilgebiete Sonderformen ausgearbeitet worden; so unterscheidet man, um einige Beispiele zu nennen, Weitwinkel, Reproduktionsobjektive, Bildnislinsen usw.

Die Aufsuchung von Linsenfolgen bestimmter Abbildungseigenschaften erfolgt heute ganz überwiegend durch Rechnung, und zwar durch geometrisch-optische Rechnung. Die zu ihrer Durchführung wichtigsten Formeln sind auf S. 151ff. gegeben[1]. Mit ihrer Hilfe läßt sich der Verlauf einer Anzahl geeignet gewählter Strahlen, die aus dem Dingraum kommend in das Objektiv eintreten, dieses durchlaufen und schließlich in den Bildraum gelangen, verfolgen und so ein Anhalt über den Charakter der durch das Objektiv bewirkten Abbildung gewinnen.

Es ist ohne weiteres zuzugeben, daß dieses Verfahren von vornherein an einer gewissen Unvollkommenheit leidet, da es sich nur auf rein geometrische Angaben stützt und die physikalische Natur des Lichtes völlig außer acht läßt. Aber es ist nach dem Stande unserer heutigen Kenntnis die geometrische Betrachtungsweise wohl die einzige, die zur Berechnung photographischer Linsen benutzt wird. Nachträgliche Prüfungen oder Berechnungen, etwa der Lichtverteilung in den Bildpunkte repräsentierenden Zerstreuungsfiguren unter Berücksichtigung der physikalischen Eigenschaften des Lichtes sind gelegentlich angestellt worden.

Selbstverständlich muß überhaupt der von der Rechnung erwartete Erfolg am fertigen Versuchsobjektiv geprüft werden. Denn ganz abgesehen von der Einseitigkeit des rein geometrischen Verfahrens kann dieses in der Regel schon deswegen nur notwendige, nicht hinreichende Bedingungen für einen bestimmten Abbildungscharakter finden lassen, weil ja nicht alle beim Aufbau des Bildes beteiligten Strahlen „durchgerechnet" werden können.

Der beste Beweis für die Brauchbarkeit der geometrischen Berechnung sind die vielen leistungsfähigen optischen Anordnungen, die heute bekannt sind und fast ausschließlich den Methoden der geometrischen Optik ihr Dasein verdanken.

Die Besprechung der Abbildungsfehler photographischer Linsen wird daher in Übereinstimmung mit dem allgemein geübten Brauch auch hier sich im wesentlichen nur auf die Lehren der geometrischen Optik stützen, deren Wert und Grenzen dabei unerörtert bleiben. Die übliche Abbildung, die durch ein photographisches Objektiv bewirkt werden soll, ist die geometrisch ähnliche Abbildung eines achsensenkrechten, endlichen Ebenenstückes in ein ebensolches. Die Forderung nach Abbildungen gekrümmter Flächen oder auf gekrümmte Flächen ist selten, ebenso die nach verzerrten ebenen Bildern und bleibe bei den folgenden Erörterungen nur gelegentlicher Berücksichtigung überlassen.

Man will also der für den paraxialen Raum gültigen Abbildungsart auch bei endlicher Strahlenbündelöffnung und endlich ausgedehnten Gegenständen mög-

[1] Zur Ergänzung unserer Angaben für die Berechnung optischer Systeme verweisen wir noch auf M. v. Rohr: Die Theorie der optischen Instrumente. Berlin: J. Springer 1904. — M. Berek: Grundlagen der praktischen Optik. Berlin u. Leipzig: W. de Gruyter & Co. 1930.

lichst nahekommen und hat sich daher daran gewöhnt, die Abweichungen der wirklichen Abbildung von jener gewissermaßen idealen Abbildung, deren Gesetze auf S. 37ff. mitgeteilt sind, als Bildfehler zu bezeichnen.

12. Das SEIDELsche Abbildungsgebiet. Die Gültigkeit der paraxialen Abbildung hat zur Voraussetzung, daß für sämtliche Strahlen die dritten und höheren Potenzen der Achsenneigungswinkel u, u' und der Einfalls- und Brechungswinkel i, i' vernachlässigt werden dürfen. Die nächste Erweiterung des genannten Abbildungsgebietes ergibt sich demnach, wenn man auch die dritten Potenzen jener Größen in Rechnung stellt. Da sich zeigen läßt, daß bei zentrierten Flächenfolgen Glieder vierten Grades nicht auftreten können, würde man dann die die Abbildung kennzeichnenden Werte bis auf Glieder fünfter Ordnung genau erhalten. Die Erweiterung des paraxialen Abbildungsbereiches ist zuerst

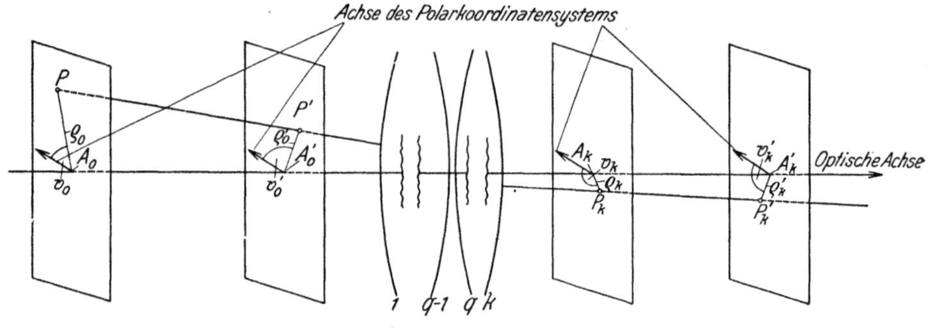

Abb. 102. Die SEIDELschen Polarkoordinaten in einer ausgerichteten Folge von k Kugelflächen. Die durch den Dingpunkt P gehende achsensenkrechte Ebene schneidet die Achse im Achsenpunkt A_0. P wird durch Polarkoordinaten ϱ_0 (radius vector), v_0 (Azimut), deren Pol A_0 ist und deren Polarachse beliebig gewählt werden kann, in dieser Ebene festgelegt. Ein von P ausgehender Strahl trifft die Eintrittspupillenebene in P', die ihrerseits die Achse in A_0' schneidet. P' wird in der Ebene der Eintrittspupille durch Polarkoordinaten ϱ_0', v_0' bestimmt, deren Pol A_0' und deren Polarachse parallel zu der Polarachse durch A_0 läuft. Diese für den Dingraum gewählte Festlegung eines Strahles durch zwei Punkte in den beiden genannten achsensenkrechten Ebenen wird für die Abbildung durch jede einzelne Fläche der Reihe nach bis zur Bildentwerfung im Bildraum der gesamten Flächenfolge beibehalten, wobei die jeweiligen GAUSSischen Bilder der achsensenkrechten Ebenen durch A_0 und durch A_0' die Träger der beiden den Strahl bestimmenden Punkte sind, die ihrerseits durch Polarkoordinaten ϱ_q, v_q bzw. ϱ_q', v_q' festgelegt werden. Sämtliche Polarachsen, d. h. $v_q = 0$ und $v_q' = 0$ für irgendein q der Zahlenreihe 0 bis k, sind einander parallel gewählt. Die Zählung der Flächen erfolgt durch den Index q, die der Medien hinter der q-ten Fläche ebenfalls durch q, so daß also für die Gesamtfolge der Dingraum den Index 0 und der Bildraum den Index k zugeordnet erhält. — In den SEIDELschen Entwicklungen werden die Polarkoordinaten ϱ_q, v_q bzw. ϱ_q', v_q' in zweigliedrigen Ausdrücken benutzt, in denen das eine Glied der GAUSSische Näherungswert und das andere die Zusatzgröße zu diesem ist, die sich durch Berücksichtigung der 3. Potenzen ergibt. Die Polarkoordinaten werden dann $\varrho_q + \Delta\varrho_q$, $v_q + \Delta v_q$ bzw. $\varrho_q' + \Delta\varrho_q'$, $v_q' + \Delta v_q'$ genannt, worin also ϱ_q, v_q, ϱ_q' und v_q' die Näherungswerte der paraxialen Abbildung sind.

von SEIDEL einwandfrei überliefert worden; vor ihm beschäftigte sich auch der Altmeister der Errechner photographischer Objektive, J. PETZVAL, mit dem gleichen Probleme.

Es möge hier genügen, die Ergebnisse der SEIDELschen Rechnungen mitzuteilen. Die ausführlichen Ableitungen finden sich in SEIDELS grundlegender Arbeit[1]: „Über die Entwicklung der Glieder dritter Ordnung, welche den Weg eines außerhalb der Ebene der Achse gelegenen Lichtstrahles durch ein System brechender Medien bestimmen.“

SEIDEL geht davon aus, daß ein die Achse nicht schneidender Strahl durch vier Bestimmungsstücke sich festlegen läßt. Geht wie in Abb. 102 der Strahl von einem Dingpunkt P aus, so möge dieser Punkt durch die Polarkoordinaten ϱ_0, v_0 gegeben sein; diese Koordinaten werden in der durch P gelegten achsensenkrechten Ebene gemessen; als Pol wird der Schnitt dieser Ebene mit der Achse, den wir auch Achsendingpunkt A_0 nennen wollen, genommen. Der betrachtete

[1] SEIDEL, L.: Astron. Nachr. **43**, Nr. 1027—29 (1856).

Dingstrahl wird durch einen weiteren auf ihm gelegenen Punkt P' eindeutig bestimmt. Als P' wird zweckmäßig der Schnittpunkt des Dingstrahles mit der achsensenkrechten Ebene der Eintrittspupille des Paraxialraumes gewählt. P' wird durch die Polarkoordinaten ϱ_0', v_0' festgelegt, die in jener Ebene der Eintrittspupille gemessen werden. Dabei gilt als Pol der Schnitt der letztgenannten Ebene mit der Achse, also die Mitte A_0' der Eintrittspupille. Die beiden durch $v = 0$ bzw. $v' = 0$ gegebenen Polarachsen sollen einander parallel sein. ϱ_0, v_0 und ϱ_0', v_0' nennen wir hier die Polarkoordinaten des Dingstrahles.

Der zum Dingstrahl gehörige Bildstrahl wird bestimmt durch seine Schnittpunkte mit den Ebenen, die die GAUSSischen Bilder der beiden erwähnten achsensenkrechten Ebenen im Dingraum sind, und zwar seien diese Bilder durch die ganze k-flächige Folge entworfen. Diese Schnittpunkte werden durch den obigen völlig entsprechende Polarkoordinaten $\varrho_k + \varDelta\varrho_k$, $v_k + \varDelta v_k$ bzw. $\varrho_k' + \varDelta\varrho_k'$, $v_k' + \varDelta v_k'$ gegeben. Dabei sollen die Pole A_k bzw. A_k' die GAUSSischen Bilder des Achsendingpunktes A_0 bzw. der Mitte A_0' der Eintrittspupille sein und sämtliche Polarachsen einander parallel laufen.

Die Polarkoordinaten des betrachteten Strahles in einem Zwischenmedium, etwa dem vor der q-ten Fläche, werden in ganz gleicher Weise wie für das erste und letzte Medium festgesetzt, d. h. in den jeweiligen GAUSSischen Bildebenen gemessen und mit $\varrho_{q-1} + \varDelta\varrho_{q-1}$, $v_{q-1} + \varDelta v_{q-1}$ bzw. $\varrho_{q-1}' + \varDelta\varrho_{q-1}'$, $v_{q-1}' + \varDelta v_{q-1}'$ bezeichnet, und ebenso werden die Polarkoordinaten unseres Strahles nach der Brechung an der q-ten Fläche $\varrho_q + \varDelta\varrho_q$, $v_q + \varDelta v_q$ bzw. $\varrho_q' + \varDelta\varrho_q'$, $v_q' + \varDelta v_q'$ genannt.

Die ersten Glieder dieser zweiteiligen Koordinatenwerte sind die Näherungswerte unter Vernachlässigung der dritten Potenzen der Neigungs-, Einfalls- und Brechungswinkel; sie sind also mit den Gleichungen der GAUSSischen Abbildung zu berechnen. Die zweiten Glieder sind demnach Zusatzgrößen, durch die auch die dritten Potenzen jener Winkel berücksichtigt werden.

An Stelle der eigentlichen Konstanten der Flächenfolge nämlich der Krümmungsradien r, der Dicken d und der Brechungszahlen n führt SEIDEL die von diesen abhängigen Größen h_0, σ, n und h_0', σ', n ein. h_{0q} ist die Einfallshöhe eines Paraxialstrahles an der q-ten Fläche, der seinen Ausgang vom Achsendingpunkt A_0 nimmt; σ_q ist der Neigungswinkel dieses Paraxialstrahles nach Durchgang durch die q-te Fläche. h_{0q}', σ_q' sind die entsprechenden Werte für einen Paraxialstrahl, der von der Mitte A_0' der Eintrittspupille ausgeht. Es ist also der Übergang von den r_q, d_q zu den SEIDELschen Bestimmungsstücken der Flächenfolge gegeben durch

$$d_q = \frac{h_{0q} - h_{0q+1}}{\sigma_q} = \frac{h_{0q}' - h_{0q+1}'}{\sigma_q'} \tag{1}$$

und, wenn man hier noch mit n_{q-1} bzw. n_q die Brechungszahlen des Mediums vor bzw. hinter der q-ten Fläche bezeichnet und zur Abkürzung setzt:

$$\varDelta\left(\frac{1}{n_q}\right) = \frac{1}{n_q} - \frac{1}{n_{q-1}}. \tag{2}$$

$$r_q = \frac{\varDelta\left(\frac{1}{n_q}\right) \cdot h_{0q}}{\frac{\sigma_{q-1}}{n_q} - \frac{\sigma_q}{n_{q-1}}}. \tag{3}$$

Nun ist nach Gleichung (41) auf S. 147

$$n_0 \cdot \sigma_0 \cdot \varrho_0 = n_1 \cdot \sigma_1 \cdot \varrho_1 = \cdots = n_{q-1}\,\sigma_{q-1}\,\varrho_{q-1} = n_q\,\sigma_q\,\varrho_q = \cdots = n_k\,\sigma_k\,\varrho_k = R$$
$$n_0 \cdot \sigma_0' \cdot \varrho_0' = n_1 \cdot \sigma_1' \cdot \varrho_1' = \cdots = n_{q-1}\,\sigma_{q-1}'\,\varrho_{q-1}' = n_q\,\sigma_q'\,\varrho_q' = \cdots = n_k\,\sigma_k'\,\varrho_k' = R'.$$

Bei der Wahl passender Maßeinheiten lassen sich also die Fahrstrahlen ϱ in sämtlichen Koordinatenebenen, die der Achsendingebene als GAUSSische Bilder entsprechen, durch R und die Fahrstrahlen ϱ' in dem zweiten System von Koordinatenebenen, die die Gaussischen Bilder der Ebene der Eintrittspupille sind, durch R' ausdrücken. Zwischen dem sog. „reduzierten" Fahrstrahl $R + \varDelta R_q$ und dem Fahrstrahl $\varrho_q + \varDelta\varrho_q$ besteht dann also die Beziehung:

$$\left.\begin{aligned} \frac{1}{n_q\cdot\sigma_q}\cdot(R+\varDelta R_q) &= \varrho_q + \varDelta\varrho_q \\ \text{und ebenso ist:}\quad \frac{1}{n_q\cdot\sigma_q'}\cdot(R'+\varDelta R_q') &= \varrho_q' + \varDelta\varrho_q' \end{aligned}\right\}. \tag{4}$$

Der Strahl im Bildraum ist gefunden, wenn $\varDelta\varrho_k$, $\varDelta v_k$ und $\varDelta\varrho_k'$, $\varDelta v_k'$ bestimmt sind, da ja ϱ_k, v_k und ϱ_k', v_k' mit den Gleichungen der Gaussischen Abbildung zu ermitteln sind. Seidel findet:

$$\left.\begin{aligned} \varDelta R_k = {} & R'^3\cos(v'-v)\cdot\frac{S(1)}{2T^3} - R'^2R\cdot[1+2\cos^2(v'-v)]\,\frac{\chi\cdot S(1)+T\cdot S(2)}{2T^3} \\ & + R'R^2\cos(v'-v)\,\frac{3\chi^2S(1)+6\chi TS(2)+T^2[2S(3)+S(4)]}{2T^3} \\ & - R^3\,\frac{\chi^3S(1)+3\chi^2TS(2)+\chi T^2[2S(3)+S(4)]+T^3S(5)}{2T^3} \end{aligned}\right\} \tag{5}$$

und:

$$\left.\begin{aligned} R\varDelta v_k = {} & R'\sin(v'-v)\cdot\left\{\left[R'^2\frac{S(1)}{2T^3} - 2R'R\cos(v'-v)\right]\frac{\chi S(1)+TS(2)}{2T^3}\right. \\ & \left. + R^2\,\frac{\chi^2S(1)+2\chi TS(2)+T^2S(4)}{2T^3}\right\} \end{aligned}\right\}. \tag{6}$$

Darin sind:

$$\left.\begin{aligned} S(1) &= \sum_{q=1}^{k} h_{0q}\left(\frac{\sigma_{q-1}-\sigma_q}{\varDelta\left(\frac{1}{n_q}\right)}\right)^2\left(\frac{\sigma_{q-1}}{n_{q-1}}-\frac{\sigma_q}{n_q}\right) \\ S(2) &= \sum_{q=1}^{k} h_{0q}\left(\frac{\sigma_{q-1}-\sigma_q}{\varDelta\left(\frac{1}{n_q}\right)}\right)^2\left(\frac{\sigma_{q-1}}{n_{q-1}}-\frac{\sigma_q}{n_q}\right)\cdot\left[\frac{\varDelta\left(\frac{1}{n_q}\right)}{h_{0q}(\sigma_q-\sigma_{q-1})}-\sum_{p=1}^{q-1}\frac{d_p}{n_p h_{0p} h_{0p+1}}\right] \\ S(3) &= \sum_{q=1}^{k} h_{0q}\left(\frac{\sigma_{q-1}-\sigma_q}{\varDelta\left(\frac{1}{n_q}\right)}\right)^2\left(\frac{\sigma_{q-1}}{n_{q-1}}-\frac{\sigma_q}{n_q}\right)\cdot\left[\frac{\varDelta\left(\frac{1}{n_q}\right)}{h_{0q}(\sigma_q-\sigma_{q-1})}-\sum_{p=1}^{q-1}\frac{d_p}{n_p h_{0p} h_{0p+1}}\right]^2 \\ S(4) &= \sum_{q=1}^{k} h_{0q}\left(\frac{\sigma_{q-1}-\sigma_q}{\varDelta\left(\frac{1}{n_q}\right)}\right)^2\left(\frac{\sigma_{q-1}}{n_{q-1}}-\frac{\sigma_q}{n_q}\right)\cdot\left[\frac{\varDelta\left(\frac{1}{n_q}\right)}{h_{0q}(\sigma_q-\sigma_{q-1})}-\sum_{p=1}^{q-1}\frac{d_p}{n_p h_{0p} h_{0p+1}}\right]^2+\frac{\varDelta\left(\frac{1}{n_q}\right)}{r_q} \\ S(5) &= \sum_{q=1}^{k}\left\{h_{0q}\left(\frac{\sigma_{q-1}-\sigma_q}{\varDelta\left(\frac{1}{n_q}\right)}\right)^2\left(\frac{\sigma_{q-1}}{n_{q-1}}-\frac{\sigma_q}{n_q}\right)\cdot\left[\frac{\varDelta\left(\frac{1}{n_q}\right)}{h_{0q}(\sigma_q-\sigma_{q-1})}-\sum_{p=1}^{q-1}\frac{d_p}{n_p h_{0p} h_{0p+1}}\right]^2+\frac{\varDelta\left(\frac{1}{n_q}\right)}{r_q}\right\} \\ &\qquad\cdot\left[\frac{\varDelta\left(\frac{1}{n_q}\right)}{h_{0q}(\sigma_q-\sigma_{q-1})}-\sum_{p=1}^{q-1}\frac{d_p}{n_p h_{0p} h_{0p+1}}\right] \\ \chi &= \frac{h_{01}'}{h_{01}},\quad T = \text{konst} = (h_{01}\sigma_0' - h_{01}'\sigma_0)\cdot n_0 = (h_{01}\sigma_1' - h_{01}'\sigma_1)\,n_1 = \cdots \\ &\qquad = (h_{0q}\sigma_{q-1}' - h_{0q}'\sigma_{q-1})\cdot n_{q-1} = (h_{0q}\sigma_q' - h_{0q}'\sigma_q)\cdot n_q = \cdots \\ &\qquad = (h_{0k}\sigma_k' - h_{0k}\sigma_k)\cdot n_k) \end{aligned}\right\}. \tag{7}$$

Durch (5) bzw. (6) analoge Ausdrücke lassen sich auch $\varDelta R_k'$ und $\varDelta v_k'$ finden. Die Größen r und d sind in (7) der bequemeren Schreibweise wegen neben den

h und σ, durch die sie ja nach (1) bis (3) dargestellt werden können, mit verwandt worden.

Diese SEIDELschen Ausdrücke sind übrigens für die numerische Rechnung gut zu gebrauchen; auch für allgemeine analytische Untersuchungen[1] sind sie mit Erfolg benutzt worden.

In den Ausdrücken (5), (6) und (7) sind die Größen h', σ' eliminiert. Für die Berechnung erst noch zu findender optischer Flächenfolgen bestimmter Abbildungseigenschaften kann es nämlich bequemer sein, wenn die eigentlichen optischen Konstanten nur durch ein Wertesystem h, σ ausgedrückt sind. Hier sollen aber auch noch die SEIDELschen Summenausdrücke in die häufig benutzten Formen, in denen die Nullstrahlinvarianten des Achsendingpunktes A_0 und der Mitte A_0' der Eintrittspupille beide zur Bildung der einzelnen Summanden verwandt sind, übergeführt werden.

Bezeichnet man die paraxialen Schnittweiten vor bzw. nach der Brechung an der q-ten Fläche für den Achsendingpunkt A_0 durch s_{0q} bzw. s'_{0q}, für die Mitte A_0' der Eintrittspupille durch x_q bzw. x'_q, weiter von jetzt ab wieder mit n_q bzw. n'_q die Brechzahl des Mittels vor bzw. hinter der q-ten Fläche, so daß jetzt

$$\Delta\left(\frac{1}{n_q}\right) = \frac{1}{n'_q} - \frac{1}{n_q} = \frac{1}{n_{q+1}} - \frac{1}{n'_{q-1}} \tag{2a}$$

wird und kürzt wie üblich die ABBEsche Nullstrahlinvariante durch:

$$Q_{qs} = n_q\left(\frac{1}{r_q} - \frac{1}{s_{0q}}\right) = n'_q\left(\frac{1}{r_q} - \frac{1}{s'_{0q}}\right), \quad Q_{qx} = n_q\left(\frac{1}{r_q} - \frac{1}{x_q}\right) = n'_q\left(\frac{1}{r_q} - \frac{1}{x'_q}\right) \tag{8}$$

ab, so wird bei Beibehaltung der übrigen Größenbezeichnungen in den SEIDELschen Summen (7) aus diesen selbst:

$$S(1) = \sum_{q=1} h_{0q}\left(\frac{\frac{h_{0q}}{s_{0q}} - \frac{h_{0q}}{s'_{0q}}}{\Delta\left(\frac{1}{n_q}\right)}\right)^2 \left(\frac{h_{0q}}{n_q s_{0q}} - \frac{h_{0q}}{n'_q s'_{0q}}\right) = -\sum_{q=1}^{k} h_{0q}^4 Q_{qs}^2 \cdot \Delta\left(\frac{1}{n_q s_{0q}}\right) \tag{9}$$

unter Berücksichtigung der Beziehung:

$$\frac{1}{s'_{0q}} - \frac{1}{s_{0q}} = -\Delta\left(\frac{1}{n_q}\right) \cdot Q_{qs} \tag{10}$$

und Verwendung der Abkürzung:

$$\Delta\left(\frac{1}{n_q s_{0q}}\right) = \frac{1}{n'_q s'_{0q}} - \frac{1}{n_q s_{0q}}; \tag{11}$$

weiter ebenso:

$$S(2) = \sum_{q=1}^{k} h_{0q}^4 Q_{qs}^2 \Delta\left(\frac{1}{n_q s_{0q}}\right)\left[\frac{1}{h_{0q}^2 Q_{qs}} + \sum_{p=1}^{q-1} \frac{d_p}{n_{p+1} h_{0p} h_{0p+1}}\right] \tag{12}$$

$$S(3) = -\sum_{q=1}^{k} h_{0q}^4 Q_{qs}^2 \Delta\left(\frac{1}{n_q s_{0q}}\right)\left[\frac{1}{h_{0q}^2 Q_{qs}} + \sum_{p=1}^{q-1} \frac{d_p}{n_{p+1} h_{0p} h_{0p+1}}\right]^2 \tag{13}$$

$$S(4) = \sum_{q=1}^{k} \frac{1}{r_q} \Delta\left(\frac{1}{n_q}\right) - h_{0q}^4 Q_{qs}^2 \Delta\left(\frac{1}{n_q s_{0q}}\right)\left[\frac{1}{h_{0q}^2 Q_{qs}} + \sum_{p=1}^{q-1} \frac{d_p}{n_{p+1} h_{0p} h_{0p+1}}\right]^2 \tag{14}$$

$$S(5) = -\sum_{q=1}^{k} \left\{\frac{1}{r_q} \Delta\left(\frac{1}{n_q}\right) - h_{0q}^4 Q_{qs}^2 \Delta\left(\frac{1}{n_q s_{0q}}\right)\left[\frac{1}{h_{0q}^2 Q_{qs}} + \sum_{p=1}^{q-1} \frac{d_p}{n_{p+1} h_{0p} h_{0p+1}}\right]^2\right\} \cdot \left\{\frac{1}{h_{0q}^2 Q_{qs}} + \sum_{p=1}^{q-1} \frac{d_p}{n_{p+1} h_{0p} h_{0p+1}}\right\}. \tag{15}$$

---

[1] FINSTERWALDER, S.: Die von optischen Systemen größerer Öffnung und größeren Gesichtsfeldes erzeugten Bilder. München: Verl. d. k. Akademie 1891.

Setzt man diese Werte in die Zähler der Koeffizienten der Entwicklungen (5) und (6) ein und benutzt die Beziehungen:

$$\frac{h'_{0q}}{h_{0q}} = \chi - T \cdot \sum_{p=1}^{q-1} \frac{d_p}{n_p h_{0p} h_{0p+1}} \tag{16}$$

$$T = \text{konst.} = \left(h_{0q} \cdot \frac{h'_{0q}}{x'_q} - h'_{0q} \frac{h_{0q}}{s'_{0q}}\right) \cdot n'_q = h_{0q} h'_{0q} \cdot n'_q \left(\frac{1}{x'_q} - \frac{1}{s'_{0q}}\right) = -h_{0q} h'_{0q} (Q_{qx} - Q_{qs}), \tag{17}$$

so bleibt $S(1)$ unverändert wie in (9); weiter wird aber nach (9) und (12):

$$\chi S(1) + T S(2) = \sum_{q=1}^{k} h_{0q}^4 Q_{qs}^2 \varDelta\left(\frac{1}{n_q s_{0q}}\right)\left(\frac{T}{h_{0q}^2 Q_{qs}} + T \cdot \sum_{p=1}^{q-1} \frac{d_p}{n_{p+1} h_{0p} h_{0p+1}} - \chi\right)$$

$$= \sum_{q=1}^{k} h_{0q}^4 Q_{qs}^2 \varDelta\left(\frac{1}{n_q s_{0q}}\right)\left(\frac{Q_{qs} - Q_{qx}}{Q_{qs}} \cdot \frac{h'_{0q}}{h_{0q}} - \frac{h'_{0q}}{h_{0q}}\right)$$

oder

$$\chi \cdot S(1) + T \cdot S(2) = -\sum_{q=1}^{k} h_{0q}^3 h'_{0q} Q_{qs} Q_{qx} \varDelta\left(\frac{1}{n_q \cdot s_{0q}}\right). \tag{18}$$

Ebenso bildet man mit (9), (12), (13), (14), (16) und (17): $3\chi^2 S(1) + 6\chi T S(2)$

$$+ T^2[2S(3) + S(4)] = -\sum_{q=1}^{k} 3 h_{0q}^4 Q_{qs}^2 \varDelta\left(\frac{1}{n_q s_{0q}}\right)\left[T\left(\frac{1}{h_{0q}^2 Q_{qs}} + \sum_{p=1}^{q-1} \frac{d_p}{n_{p+1} h_{0p} h_{0p+1}}\right)\right.$$

$$\left. - \chi\right]^2 - \frac{T^2}{r_q} \varDelta\left(\frac{1}{n_q}\right) = -\sum_{q=1}^{k} 3 h_{0q}^4 Q_{qs}^2 \varDelta\left(\frac{1}{n_q s_{0q}}\right)\left(\frac{T}{h_{0q}^2 Q_{qs}} - \frac{h'_{0q}}{h_{0q}}\right)^2 - \frac{T^2}{r_q} \varDelta\left(\frac{1}{n_q}\right)$$

$$= -\sum_{q=1}^{k} 3 h_{0q}^4 Q_{qs}^2 \varDelta\left(\frac{1}{n_q s_{0q}}\right)\left(\frac{h_{0q} h'_{0q}(Q_{qx} - Q_{qs})}{h_{0q}^2 Q_{qs}} + \frac{h'_{0q}}{h_{0q}}\right)^2 - \frac{h_{0q}^2 h'^2_{0q}}{r_q} (Q_{qx} - Q_{qs})^2 \varDelta\left(\frac{1}{n_q}\right)$$

$$= -\sum_{q=1}^{k} 3 h_{0q}^2 h'^2_{0q} Q_{qx}^2 \varDelta\left(\frac{1}{n_q s_{0q}}\right) - \frac{h_{0q}^2 h'^2_{0q}}{r_q} (Q_{qx} - Q_{qs})^2 \varDelta\left(\frac{1}{n_q}\right)$$

oder:

$$3\chi^2 S(1) + 6\chi T S(2) + T^2[2S(3) + S(4)]$$

$$= -T^2 \sum_{q=1}^{k} 3\left(\frac{Q_{qx}}{Q_{qx} - Q_{qs}}\right)^2 \varDelta\left(\frac{1}{n_q s_{0q}}\right) - \frac{1}{r_q} \varDelta\left(\frac{1}{n_q}\right). \tag{19}$$

Ferner ergibt sich mit (9), (12), (13), (14), (15), (16) und (17):

$$\chi^3 S(1) + 3\chi^2 T S(2) + \chi T^2 [2S(3) + S(4)] + T^3 S(5)$$

$$= -\sum_{q=1}^{k} h_{0q}^4 Q_{qs}^2 \varDelta\left(\frac{1}{n_q s_{0q}}\right)\left[\chi^3 - 3\chi^2 T\left(\frac{1}{h_{0q}^2 Q_{qs}} + \sum_{p=1}^{q-1} \frac{d_p}{n_{p+1} h_{0p} h_{0p+1}}\right)\right.$$

$$+ 3\chi T^2 \left(\frac{1}{h_{0q}^2 Q_{qs}} + \sum_{p=1}^{q-1} \frac{d_p}{n_{p+1} h_{0p} h_{0p+1}}\right)^2$$

$$\left. - T^3 \left(\frac{1}{h_{0q}^2 Q_{qs}} + \sum_{p=1}^{q-1} \frac{d_p}{n_{p+1} h_{0p} h_{0p+1}}\right)^3\right]$$

$$+ \frac{T^3}{r_q} \varDelta\left(\frac{1}{n_q}\right)\left(\frac{1}{h_{0q}^2 Q_{qs}} + \sum_{p=1}^{q-1} \frac{d_p}{n_{p+1} h_{0p} h_{0p+1}}\right) - \chi \frac{T^2}{r_q} \varDelta\left(\frac{1}{n_q}\right)$$

$$= -\sum_{q=1}^{k} h_{0q}^4 Q_{qs}^2 \varDelta\left(\frac{1}{n_q s_{0q}}\right)\left[\chi - T\left(\frac{1}{h_{0q}^2 Q_{qs}} + \sum_{p=1}^{q-1} \frac{d_p}{n_{p+1} h_{0p} h_{0p+1}}\right)\right]^3$$

$$- \frac{T^2}{r_q} \varDelta\left(\frac{1}{n_q}\right)\left[\chi - T\left(\frac{1}{h_{0q}^2 Q_{qs}} + \sum_{p=1}^{q-1} \frac{d_p}{n_{p+1} h_{0p} h_{0p+1}}\right)\right]$$

$$= -\sum_{q=1}^{k} h_{0q}^4 Q_{qs}^2 \varDelta\left(\frac{1}{n_q s_{0q}}\right)\left(\frac{h'_{0q}}{h_{0q}} - \frac{T}{h_{0q}^2 Q_{qs}}\right)^3 - \frac{T^2}{r_q} \varDelta\left(\frac{1}{n_q}\right)\left(\frac{h'_{0q}}{h_{0q}} - \frac{T}{h_{0q}^2 Q_{qs}}\right)$$

oder

$$\left.\begin{aligned}&\chi^3 S(1) + 3\chi^2 T S(2) + \chi T^2 [2S(3) + S(4)] + T^3 S(5)\\&= -\sum_{q=1}^{k} h_{0q} h_{0q}'^3 \left[\frac{Q_{qx}^3}{Q_{qs}} \varDelta\left(\frac{1}{n_q s_{0q}}\right) - \frac{1}{r_q} \varDelta\left(\frac{1}{n_q}\right) \frac{Q_{qx}}{Q_{qs}} (Q_{qx} - Q_{qs})^2\right]\end{aligned}\right\}. \quad (20)$$

Damit sind die Umformungen der Zähler der Koeffizienten der Entwicklung für $\varDelta R_k$ durchgeführt. In der Darstellung des $\varDelta v_k$ in (6) tritt nur ein neuer Koeffizient auf. Es bleibt also bloß noch übrig, dessen Zähler umzuformen. Es wird so mit (9), (12), (14), (16) und (17):

$$\begin{aligned}\chi^2 S(1) + 2\chi T S(2) + T^2 S(4) &= -\sum_{q=1}^{k} h_{0q}^4 Q_{qs}^2 \varDelta\left(\frac{1}{n_q s_{0q}}\right)\\&\left[\chi^2 - 2\chi T\left(\frac{1}{h_{0q}^2 Q_{qs}} + \sum_{p=1}^{q-1} \frac{d_p}{n_{p+1} h_{0p} h_{0\,p+1}}\right) + T^2\left(\frac{1}{h_{0q}^2 Q_{qs}} + \sum_{p=1}^{q-1} \frac{d_p}{n_{p+1} h_{0p} h_{0\,p+1}}\right)^2\right]\\&- \frac{T^2}{r_q} \varDelta\left(\frac{1}{n_q}\right) = -\sum_{q=1}^{k} h_{0q}^4 Q_{qs}^2 \varDelta\left(\frac{1}{n_q s_{0q}}\right)\left(\frac{h_{0q}'}{h_{0q}} - \frac{T}{h_{0q}^2 Q_{qs}}\right)^2 - \frac{T^2}{r_q} \varDelta\left(\frac{1}{n_q}\right)\\&= -\sum_{q=1}^{k} h_{0q}^2 h_{0q}'^2 \left[Q_{qx}^2 \varDelta\left(\frac{1}{n_q s_{0q}}\right) - \frac{(Q_{qx} - Q_{qs})^2}{r_q} \varDelta\left(\frac{1}{n_q}\right)\right],\end{aligned}$$

oder

$$\chi^2 S(1) + 2\chi T S(2) + T^2 S(4) = -T^2 \cdot \sum_{q=1}^{k} \left(\frac{Q_{qx}}{Q_{qx} - Q_{qs}}\right)^2 \varDelta\left(\frac{1}{n_q s_{0q}}\right) - \frac{1}{r_q} \varDelta\left(\frac{1}{n_q}\right). \quad (21)$$

Die Koeffizienten der Entwicklungen für $\varDelta R_k$ und $\varDelta v_k$ sind also durch die Beziehungen (8), (9), (18), (19), (20) und (21) als Funktionen der Nullstrahlelemente des Achsendingpunktes A_0 und der Mitte A_0' der Eintrittspupille darstellbar.

Schließlich lassen sich die SEIDELschen Ausdrücke auch noch als Funktionen nur der Nullstrahlelemente der Mitte A_0' der Eintrittspupille bestimmen entsprechend den Ausdrücken (5) bis (7), die nur von den Nullstrahlelementen des Achsendingpunktes A_0 abhängen.

Die hier entwickelten SEIDELschen Formeln für die Fehler dritter Ordnung gelten für sphärische zentrierte Linsenfolgen; ihre Erweiterung auf beliebige ausgerichtete achsensymmetrische Folgen, bei denen also eine oder mehrere oder alle Flächen asphärisch sind, bietet keine besonderen Schwierigkeiten. Solche verallgemeinerten SEIDELschen Ausdrücke findet man z. B. bei M. v. ROHR[1] und bei SCHWARZSCHILD[2]. Bei weiterer Steigerung der Öffnung und Neigung der abbildenden Strahlenbündel müßte man in den Entwicklungen für die Bildfehler zu den Potenzen dritten Grades noch die fünften Grades hinzuziehen; zu den fünf SEIDELschen Fehlern würden dann noch neun weitere hinzutreten, d. h. also, es müssen um ein Bild bis auf Glieder siebenter Ordnung genau zu erhalten, im ganzen vierzehn Bildfehlerausdrücke beseitigt werden. Für die Berechnung optischer Folgen durch Reihenentwicklung hat man sich im wesentlichen bisher auf den SEIDELschen Abbildungsbereich beschränkt. Bei dieser Beschränkung erhält man natürlich nur Ergebnisse, die im allgemeinen lediglich für Linsenanordnungen mäßiger Öffnung und mäßigen Bildfeldes gültig sind. Für die meist gebrauchten photographischen Objektive, die lichtstarken Universalanastigmate, reicht die Untersuchung durch die SEIDELschen Formeln in der Regel nicht aus; dort aber, wo die Anforderungen an Öffnung und Bildfeld

---

[1] ROHR, M. v.: Die Theorie der optischen Instrumente **1**, **323** ff. Berlin: Julius Springer 1904.

[2] SCHWARZSCHILD, K.: Untersuchungen zur geometrischen Optik **1**, 29. Astronomische Mitteilungen der königlichen Sternwarte Göttingen 1905.

geringer sind, kann ihre Verwendung von gutem Nutzen sein; auch bei der Vorrechnung zur Aufsuchung photographischer Linsen bestimmter vorgeschriebener Abbildungsfehler mögen die SEIDELschen Formeln oft mit Vorteil gebraucht werden.

Noch einmal sei hervorgehoben, daß also die Abbildung für die SEIDELsche Näherung völlig fehlerfrei ist, wenn sämtliche Summen $S(1)$, $S(2)$, $S(3)$, $S(4)$ und $S(5)$ verschwinden; über die Bedeutung der einzelnen Koeffizienten in den Entwicklungen (5) und (6) wird noch einiges bei der Besprechung der verschiedenen Bildfehler der photographischen Objektive zu sagen sein.

Als Zahlenbeispiel für die SEIDELsche Durchrechnung nehmen wir die Ausführungsform 1 der englischen Patentschrift Nr. 180949/1921. Bei dieser

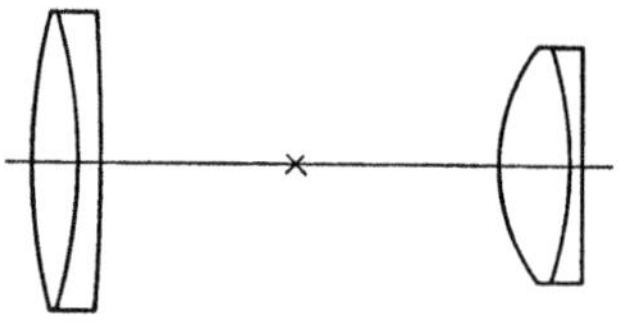

Abb. 103. Schematischer Linsenachsenschnitt zum Zahlenbeispiel für die SEIDELsche Durchrechnung im Text.

Linsenfolge, die im Achsenschnitte Abb. 103 zeigt, sind die Krümmungsradien:

$$r_1 = 107{,}0, \quad r_2 = -89{,}4, \quad r_3 = -396{,}0,$$
$$r_4 = 29{,}38, \quad r_5 = -50{,}3, \quad r_6 = \infty,$$

die Mitteldicken:

$$d_1 = 6{,}98, \quad d_2 = 3{,}48, \quad d_3 = 131{,}0,$$
$$d_4 = 11{,}28, \quad d_5 = 2{,}06,$$

und die Brechungszahlen:

$$n_0 = 1, \quad n_1 = 1{,}509, \quad n_2 = 1{,}651, \quad n_3 = 1,$$
$$n_4 = 1{,}509, \quad n_5 = 1{,}651, \quad n_6 = 1.$$

Als Einfallshöhe an der ersten Fläche, die willkürlich gewählt werden darf, nehmen wir $h_{01} = 100{,}077$ mm, d. h. die Paraxialbrennweite; dann muß bei sechsstelliger Logarithmenrechnung σ_6 der Einheit gleich sein. Es wird nun: $\sigma_0 = 0$, $\sigma_1 = 0{,}315486$, $\sigma_2 = 0{,}194188$, $\sigma_3 = 0{,}480391$, $\sigma_4 = 0{,}711790$, $\sigma_5 = 0{,}605710$, $\sigma_6 = 1{,}00000$. Die Einfallshöhen an den Flächen 2—6 berechnen sich dann (siehe linksstehende Tabelle).

h_{01}	100,077
$h_{02} = h_{01} - \sigma_1 d_1$	
$\lg \sigma_1$	498 981−1
$\lg d_1$	843 855+0
$\lg (\sigma_1 d_1)$	342 836+0
$\sigma_1 d_1$	2,202095
h_{01}	100,077
h_{02}	97,8749
$\lg h_{02}$	990 671+1
$h_{03} = h_{02} - \sigma_2 d_2$	
$\lg \sigma_2$	288 223−1
$\lg d_2$	541 579+0
$\lg (\sigma_2 d_2)$	829 802−1
$\sigma_2 d_2$	0,67578
h_{02}	97,8749
h_{03}	97,1991
$\lg h_{03}$	987 662+1
$h_{04} = h_{03} - \sigma_3 d_3$	
$\lg \sigma_3$	681 595−1
$\lg d_3$	117 271+2
$\lg (\sigma_3 d_3)$	798 866+1
$\sigma_3 d_3$	62,9311
h_{03}	97,1991
h_{04}	34,2680
$\lg h_{04}$	534 889+1
$h_{05} = h_{04} - \sigma_4 d_4$	
$\lg \sigma_4$	852 352−1
$\lg d_4$	052 309+1
$\lg (\sigma_4 d_4)$	904 661+0
$\sigma_4 d_4$	8,0290
h_{04}	34,2680
h_{05}	26,2390
$\lg h_{05}$	418 947+1
$h_{06} = h_{05} - \sigma_5 d_5$	
$\lg \sigma_5$	782 265−1
$\lg d_5$	313 867+0
$\lg (\sigma_5 d_5)$	096 132+0
$\sigma_5 d_5$	1,24776
h_{05}	26,2390
h_{06}	24,99124
$\lg h_{06}$	397 788+1

Die SEIDELsche Summe $S(1)$ in der Darstellungsform (7) wird nachfolgend berechnet (siehe rechtsstehende Tabelle).

Für die übrigen Summen $S(2)$, $S(3)$, $S(4)$ und $S(5)$ ist die Rechnung ganz entsprechend durchzuführen. Hier werden nur die einzelnen Summanden und ihre Summation gegeben.

	Fläche 1	Fläche 2	Fläche 3	Fläche 4	Fläche 5	Fläche 6
σ_{q-1}	0	0,3154864	0,194188	0,480391	0,71179	0,60571
σ_q	0,3154864	0,194188	0,480391	0,71179	0,60571	1
$\sigma_{q-1} - \sigma_q$	— 0,3154864	+ 0,121298	— 0,286203	— 0,23140	+ 0,10608	— 0,39429
$1/n_{q-1}$	1	0,662691	0,605694	1	0,662691	0,605694
$1/n_q$	0,662691	0,605694	1	0,662691	0,605694	1
$1/n_q - 1/n_{q-1}$	— 0,337309	— 0,056997	+ 0,394306	— 0,337309	— 0,056997	+ 0,394306
$\lg(\sigma_{q-1} - \sigma_q)$	498981−1	083854−1	456675−1	364363−1	025634−1	595816−1
$\lg(1/n_q - 1/n_{q-1})$	528028−1	755852−2	595834−1	528028−1	755852−2	595834−1
$\lg\left(\frac{\sigma_{q-1} - \sigma_q}{1/n_q - 1/n_{q-1}}\right)$	970953−1	328002+0	860841−1	836335−1	269782+0	999982−1
$\lg\left(\frac{\sigma_{q-1} - \sigma_q}{1/n_q - 1/n_{q-1}}\right)^2$	941906−1	656004+0	721682−1	672670−1	539564+0	999964−1
$\lg \sigma_{q-1}$		498981−1	288223−1	681595−1	852352−1	782265−1
$\lg 1/n_{q-1}$		821311−1	782253−1	000000+0	821311−1	782253−1
$\lg\left(\frac{\sigma_{q-1}}{n_{q-1}}\right)$		320292−1	070476−1	681595−1	673663−1	564518−1
$\frac{\sigma_{q-1}}{n_{q-1}}$	0	+ 0,209070	+ 0,1176186	+ 0,480391	+ 0,471697	0,366875
$\lg \sigma_q$	498981−1	288223−1	681595−1	852352−1	782265−1	000000+0
$\lg 1/n_q$	821311−1	782253−1	000000+0	821311−1	782253−1	000000+0
$\lg\left(\frac{\sigma_q}{n_q}\right)$	320292−1	070476−1	681595−1	673663−1	564518−1	000000+0
$\frac{\sigma_q}{n_q}$		+ 0,1176186	+ 0,480391	+ 0,471697	+ 0,366875	1
$\frac{\sigma_{q-1}}{n_{q-1}} - \frac{\sigma_q}{n_q}$		+ 0,091451	— 0,362772	+ 0,008694	+ 0,104822	— 0,633125
$\lg\left(\frac{\sigma_{q-1}}{n_{q-1}} - \frac{\sigma_q}{n_q}\right)$	320292−1	961188−2	559633−1	939220−3	020452−1	801490−1
$\lg h_{0q}$	000334+2	990671+1	987662+1	534889+1	418947+1	397788+1
$\lg\left(\frac{\sigma_{q-1} - \sigma_q}{1/n_q - 1/n_{q-1}}\right)^2$	941906−1	656004+0	721682−1	672670−1	539564+0	999964−1
$\lg h_{0q}\left(\frac{\sigma_{q-1} - \sigma_q}{1/n_q - 1/n_{q-1}}\right)^2\left(\frac{\sigma_{q-1}}{n_{q-1}} - \frac{\sigma_q}{n_q}\right)$	262532+1	607863+1	268977+1	146779−1	978963+0	199242+1
$h_{0q}\left(\frac{\sigma_{q-1} - \sigma_q}{1/n_q - 1/n_{q-1}}\right)^2 \cdot \left(\frac{\sigma_{q-1}}{n_{q-1}} - \frac{\sigma_q}{n_q}\right)$	— 18,3034	+ 40,5381	— 18,5770	+ 0,14021	+ 9,5271	— 15,8213

$$S(1) = 40{,}5381 + 0{,}14021 + 9{,}5271 - (18{,}3034 + 18{,}5770 + 15{,}8213) = -\,2{,}4963$$

Die positiven Summanden von $S(2)$ sind: 0,19554, 0,17548, 0,16177.

Die negativen Summanden von $S(2)$ sind: 0,25043, 0,01158, 0,26543.

Es ist demnach $S(2) = 0{,}53279 - 0{,}52744 = 0{,}00535$.

Die positiven Summanden von $S(3)$ sind: 0,0007596, 0,0009557, 0,0073953.

Die negativen Summanden von $S(3)$ sind: 0,002089, 0,003376, 0,001654.

Es ist demnach $S(3) = 0{,}009111 - 0{,}007119 = 0{,}001992$.

Die positiven Summanden von $S(4)$ sind: 0,0031524, 0,0009957, 0,0114809.

Die negativen Summanden von $S(4)$ sind: 0,00063755, 0,00113314. (Der Summand der sechsten Fläche ist Null.) Die sich ergebende Summe ist von $S(3)$ zu subtrahieren.

Es ist demnach $S(4) = 0{,}0019915 - 0{,}0138583 = -0{,}0118668$.

Die positiven Summanden von $S(5)$ sind: 0,000055998, 0,000006048, 0,00086898, 0,00001691.

Die negativen Summanden von $S(5)$ sind: 0,00005893, 0,00023761.

Es ist demnach $S(5) = 0{,}000947936 - 0{,}00029654 = 0{,}00065140$.

Schließlich seien noch aus der großen Fülle von Untersuchungen oder Darstellungen der Abbildungen im SEIDELschen Gebiet einige neuere erwähnt, nämlich von A. KERBER[1], „Entwicklung der Formeln für die Abweichungen dritter Ordnung nach LUDWIG SEIDEL", von M. BEREK die einschlägigen Abschnitte in „Grundlagen der praktischen Optik"[2] und von M. HERZBERGER, Teil 5, in „Strahlenoptik"[3].

13. Die sphärischen Abweichungen bei der Abbildung eines Achsenpunktes. a) Fehlerfreie Abbildung des Achsenpunktes. Der genauen trigonometrischen Durchrechnung wird man für die Berechnung und Untersuchung photographischer Linsen in den seltensten Fällen entraten können. Bei der Betrachtung der verschiedenen Bildfehler stützen wir uns daher auch hier vorwiegend auf die genaue Durchrechnung, die nach den oben (S. 151 ff.) angegebenen Formeln zu erfolgen hat. Dabei wird sich dann Gelegenheit finden, auf die Bedeutung der einzelnen SEIDELschen Fehlerausdrücke für die Eigenschaften der Abbildung näher einzugehen.

Aus den Durchrechnungsformeln (2) bis (11) auf S. 151—152 ersieht man, daß im allgemeinen Strahlen, die von einem Achsendingpunkt ausgehend auf eine Folge brechender Flächen treffen, nach Durchschreitung dieser Folge sich durchaus nicht wieder in einem Punkte vereinigen. Analytisch ausgedrückt heißt dies, daß die Achse schneidende Dingstrahlen, die alle dieselbe Schnittweite s_1 haben, im Bildraum, nachdem sie eine etwa k-flächige Folge durchlaufen haben, verschiedene Bildschnittweiten s'_k besitzen; denn s'_k ist nicht nur abhängig von s_1, sondern in der Regel auch von dem Neigungswinkel u_1 oder bei einem achsenparallelen Dingstrahlenbündel von der Einfallshöhe h_1.

Für besondere Lagen des Achsendingpunktes kann allerdings eine strenge Abbildung durch endlich geöffnete Strahlenbündel vorkommen; z. B. findet eine solche genaue Abbildung auch bei einer einzigen brechenden Kugelfläche für die sog. aplanatischen Punkte statt. Diese sind gegeben durch ihre Achsenschnittweiten:

$$s = r + \frac{n'}{n} r, \quad s' = r + \frac{n}{n'} r. \qquad (1)$$

Ebenso werden der Krümmungsmittelpunkt und der Flächenscheitel durch weitgeöffnete Strahlenbündel streng abgebildet, und zwar liegen in diesen beiden Fällen Ding und Bild zusammen, es ist also dann $s = s' = r$ bzw. $s = s' = 0$.

---

[1] Z. f. Instr.-Kde. **41**, 289—299, 324—332, 337—348 (1921).

[2] s. Fußnote S. 161. [3] s. Fußnote S. 36.

Es gibt auch andere Rotationsflächen spiegelnder oder brechender Wirkung, die einen Achsendingpunkt durch Bündel endlicher Öffnung genau abbilden. Bezeichnet man wie in Abb. 104 die brechende Fläche, die zwei Medien der Brechzahlen n und n' trennen möge, mit F, ist P der Dingpunkt und P' der zugehörige Bildpunkt und ist Q der Flächenpunkt, in welchem ein Strahl die Fläche F trifft, so ist nach dem FERMATschen Satz:

$$n \cdot PQ + n' QP' = \text{konst.} \tag{2}$$

(2) wird für sämtliche in der Ebene PQP' liegende und durch P und damit auch durch P' gehende Strahlen durch eine Kurve vierter Ordnung erfüllt. Diese Kurve heißt KARTESisches Oval und P und P' sind ihre Brennpunkte. Denkt man sich F als Rotationsfläche des KARTESischen Ovals mit PP' als Drehungsachse, so gehen alle von P ausgehenden Strahlen nach der Brechung an F durch P'. Liegt P im Unendlichen, so geht die brechende Fläche in die Drehungsfläche eines Kegelschnittes über.

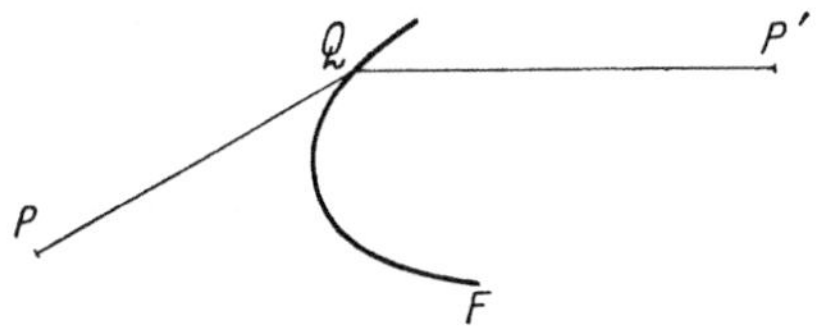

Abb. 104. Die vom Brennpunkt P eines brechenden KARTESischen Ovals F ausgehenden Strahlen PQ gehen nach der Brechung durch den Brennpunkt P' des Ovals.

Spiegelt die Fläche F, so ist sie ein Rotationsellipsoid und P und P' sind seine Brennpunkte; liegt P im Unendlichen, so wird die Spiegelfläche ein Rotationsparaboloid mit P' als Brennpunkt.

Von solchen Ausnahmefällen abgesehen, die übrigens für die Erzeugung photographischer Bilder wenig in Betracht kommen, werden Achsendingpunkte im allgemeinen durch Bündel erheblicher Öffnung nicht genau abgebildet. Wohl ist die Abbildung im paraxialen Abbildungsbereich streng, gehört doch zu einem Achsendingpunkte, der durch s_{01} festgelegt sei, eine und nur eine Bildschnittweite s'_{0k}; aber schon im SEIDELschen Gebiet zeigen sich Abweichungen. In den Ausdrücken (5) und (6) auf S. 164 ist für einen Achsendingpunkt $R = 0$ zu setzen: es verschwindet demnach ΔR_k nur für $S(1) = 0$. Die Summe $S(1)$ ist also entscheidend dafür, ob innerhalb der SEIDELschen Annäherung ein Achsendingpunkt streng abgebildet wird. Nur wenn $S(1) = 0$ ist, wird ein Achsenpunkt bis auf Größen fünfter Ordnung genau abgebildet.

b) Sphärische Längsaberrationen. Sind, wie jetzt hier angenommen sei, die zentrierten brechenden oder spiegelnden Flächen sphärische, so pflegt man ganz allgemein die Abweichungen von der punktmäßigen Vereinigung in dem zu einem homozentrischen Dingstrahlenbündel gehörigen Bildstrahlenkomplex sphärische Abweichungen zu nennen. Liegt der Dingpunkt insbesondere auf der Achse, so spricht man speziell von sphärischer Längsaberration oder auch von sphärischer Aberration in engerem Sinne, oder von sphärischer Aberration schlechthin.

Diese sphärische Aberration definiert man durch die Differenz der Bildschnittweiten des Nullstrahles und eines Strahles endlicher Achsenneigung oder endlichen Achsenabstandes, wobei angenommen wird, daß beide Strahlen von demselben Achsendingpunkt ausgehen; analytisch ist also die sphärische Längsaberration gegeben durch $s'_k - s'_{0k}$.

In Tab. 1 sind für die plankonvexe Linse mit der Dicke 30 mm, der Brechzahl 1,5 und der Brennweite 100 mm für verschiedene Einfallshöhen bei Annahme des unendlich fernen Achsendingpunktes als Ding, dem die Planseite der Linse zugekehrt sei, die Werte des Ausdruckes $s'_k - s'_{0k}$ angegeben. Man sieht, daß alle $s'_k < s'_{0k}$ sind, und zwar wird mit wachsender Einfallshöhe der absolute Wert des Unterschiedes immer größer. In diesem Falle spricht man von sphärischer

Tabelle 1. Die sphärischen Längsaberrationen einer Einzellinse für verschiedene Einfallshöhen.

	Einfallshöhen						
	0 mm	2,5 mm	5 mm	10 mm	20 mm	33,33 mm	40 mm
s_2'	100	99,72	98,87	95,42	80,48	17,08	− 8,33
$s_2' - s_{02}'$	0,00	− 0,28	− 1,13	− 4,58	− 19,52	− 82,92	− 108,33

Unterkorrektion. Die der Tab. 1 entsprechenden Verhältnisse sind in Abb. 105 anschaulich dargestellt. Man sieht, daß die Strahlen, die zu dem Öffnungsverhältnis 1 : 1,5 gehören, aus der Linse streifend austreten. Der für das Öffnungsverhältnis 1 : 1,25 gezeichnete Strahl wird total reflektiert.

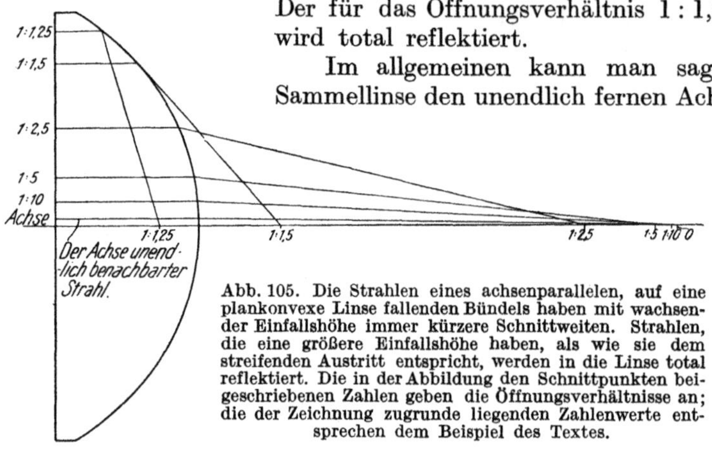

Abb. 105. Die Strahlen eines achsenparallelen, auf eine plankonvexe Linse fallenden Bündels haben mit wachsender Einfallshöhe immer kürzere Schnittweiten. Strahlen, die eine größere Einfallshöhe haben, als wie sie dem streifenden Austritt entspricht, werden in die Linse total reflektiert. Die in der Abbildung den Schnittpunkten beigeschriebenen Zahlen geben die Öffnungsverhältnisse an; die der Zeichnung zugrunde liegenden Zahlenwerte entsprechen dem Beispiel des Textes.

Im allgemeinen kann man sagen, daß jede dünne Sammellinse den unendlich fernen Achsenpunkt mit sphärischer Unterkorrektion abbildet, d. h. daß die Dingstrahlen endlicher Einfallshöhen sich im Bildraum auf der Achse näher nach der Linse zu vereinigen als die zugehörigen Strahlen des Paraxialraumes.

Für eine dünne Zerstreuungslinse liegen die Verhältnisse umgekehrt. Die virtuellen Bildschnittweiten nehmen mit den Einfallshöhen zu: ihre absoluten Beträge werden allerdings ebenfalls kleiner: man spricht dann von sphärischer Überkorrektion. Abb. 106 zeigt anschaulich ein Beispiel sphärischer Überkorrektion.

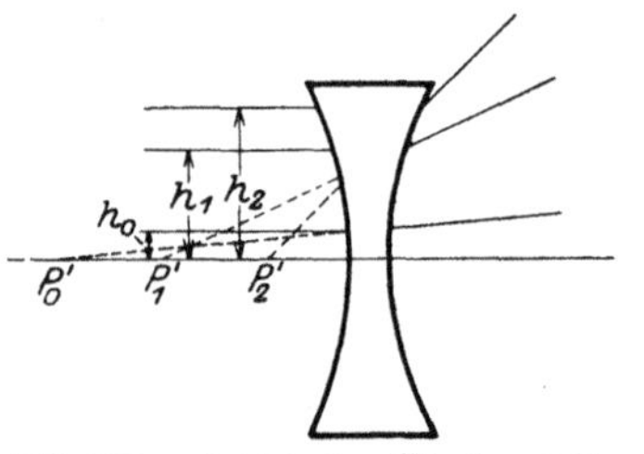

Abb. 106. Sphärische Überkorrektion bei einer einfachen Zerstreuungslinse. P_0' Gaussischer Brennpunkt. P_1' und P_2' Achsenschnittpunkte der rückwärtigen Verlängerungen von bildseitigen Strahlen, die zu den achsenparallel einfallenden Strahlen der endlichen Einfallshöhen h_1 bzw. h_2 gehören.

Bei Anordnungen, die aus mehreren Linsen mit sphärischen Flächen bestehen, oder auch bei dünnen Einzellinsen, von deren beiden brechenden Flächen mindestens eine deformiert ist, läßt sich die sphärische Unter- oder Überkorrektion klein halten oder für eine oder auch mehrere endliche Einfallshöhen ganz beseitigen. Man nennt dann die Flächenfolge für diejenige endliche Einfallshöhe, für die $s_k' - s_{0k}'$ verschwindet, sphärisch korrigiert.

Photographische Objektive werden häufig für den bei völlig geöffneter Blende gerade noch am Rande der Eintrittspupille vorbei ins Objektiv gelangenden Strahl sphärisch korrigiert. Dieser Strahl hätte dann also die gleiche Bildschnittweite wie der Nullstrahl.

Die ebenfalls vom Achsendingpunkt ausgehenden, aber zwischen Null- und Randstrahl verlaufenden Strahlen haben in der Regel andere Schnittweiten als die Null- und Randstrahlen des für den Randstrahl sphärisch-korrigierten Objektivs. Die Unterschiede der Schnittweiten jener Strahlen und der Schnittweite der Null- und Randstrahlen werden Reste der sphärischen Aberrationen oder auch sphärische Zonen genannt; mitunter bezeichnet man auch den Extremwert der Schnittweitendifferenzen als sphärische Zone schlechthin. In Abb. 107 ist eine Anordnung gezeigt, die für die Einfallshöhe h_2 sphärisch korrigiert ist; als Ding ist wieder der unendlich ferne Achsenpunkt gewählt. Die in Abb. 107 dargestellte Flächenfolge besteht aus einer Sammellinse und einer mit ihr verkitteten Zerstreuungslinse; Krümmungsradien, Brechungszahlen und Dicken beider Linsen sind so gewählt, daß die sphärische Unterkorrektion der einen Linse durch die sphärische Überkorrektion der anderen Linse für die Strahlen der dingseitigen Einfallshöhe h_2 gerade ausgeglichen wird, ohne daß die benötigte Brechkraft des Gesamtsystems verloren geht.

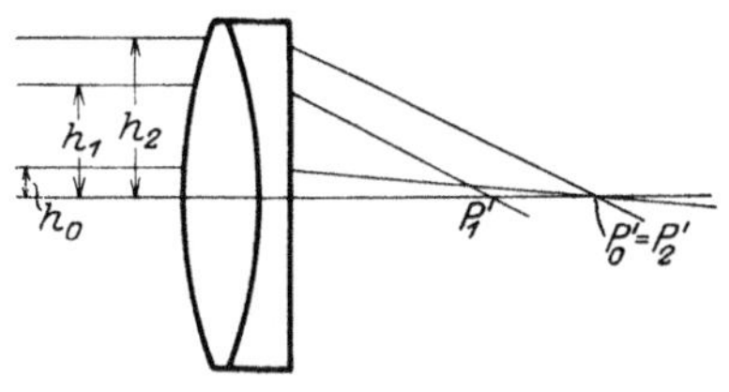

Abb. 107. Sphärische Korrektion für die Öffnung $2h_2$. GAUSSischer Brennpunkt P_0' und Achsenschnittpunkt P_2' des zu dem achsenparallel einfallenden Strahles mit der endlichen Einfallshöhe h_2 gehörigen Bildstrahles fallen zusammen. Der zu dem achsenparallel einfallenden Strahle mit der Einfallshöhe h_1 gehörige Bildstrahl schneidet die Achse in P_1'.

c) **Graphische und analytische Darstellung der sphärischen Längsaberration. Kaustik des Achsendingpunktes.** Seit dem Erscheinen der ROHRschen Theorie und Geschichte des photographischen Objektivs 1899 hat man sich allgemein daran gewöhnt, zur Urteilsbildung über gewisse Bildfehler der Lichtbildlinsen das graphische Verfahren heranzuziehen, und zwar pflegt man vorzugsweise die sphärischen Aberrationen und die später zu besprechenden Fehler der Abweichungen von der Erfüllung der Sinusbedingung, der Bildfeldwölbung und des Astigmatismus durch Kurven darzustellen; gelegentlich werden auch andere Bildfehler durch Schaulinien verdeutlicht, wir kommen noch später darauf zurück.

In Abb. 108 ist gezeigt, wie eine Kurve der sphärischen Aberrationen zustande kommt, und zwar ist als Ding wieder der unendlich ferne Achsenpunkt gewählt.

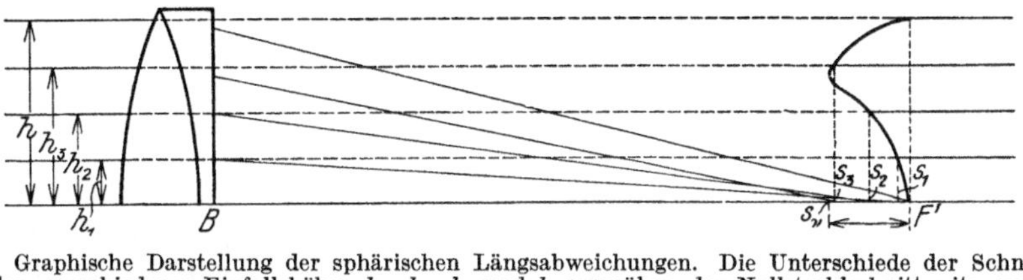

Abb. 108. Graphische Darstellung der sphärischen Längsabweichungen. Die Unterschiede der Schnittweiten der Strahlen verschiedener Einfallshöhen h_1, h_2, h_3 und h gegenüber der Nullstrahlschnittweite werden als Abszissen abgetragen und als Ordinaten die Einfallshöhen. In der Abbildung sind die sphärischen Längsabweichungen für die Einfallshöhe h gehoben.

Die Unterschiede der Schnittweiten von Strahlen verschiedener Einfallshöhen und der Nullstrahlschnittweite werden in ein Koordinatenkreuz eingetragen; in unserem Beispiel ist die Linse für den Randstrahl sphärisch korrigiert, es vereinigen sich also die Strahlen des Randstrahlenzylinders in dem bildseitigen GAUSSischen Brennpunkte. Um solche Kurven der sphärischen Aberrationen für die verschiedensten Objektive miteinander vergleichen zu können, pflegt man sie, ebenfalls nach v. ROHRS Anleitung, sämtlich für die paraxiale Objektivbrennweite $f_0 = 100$ mm in einem verabredeten Maßstabe zu geben (s. S. 248).

Abb. 109 zeigt die Kurve eines sphärisch unterkorrigierten Objektivs, Abb. 110 die eines sphärisch überkorrigierten Objektivs, Abb. 111 und 112 die Kurve je eines sphärisch korrigierten Objektivs, und zwar ist die Zone im Falle der Abb. 111 unterkorrigiert, im Falle der Abb. 112 überkorrigiert.

Es gibt Fälle, in denen nicht eine graphische, sondern eine analytische Darstellung der Schnittweitendifferenzen benötigt wird. Läßt sich die Bildschnittweitendifferenz durch eine Reihe darstellen, so wird diese bei ausgerichteten Linsensystemen stets so gewählt werden können, daß sie nach geraden Potenzen des Bildstrahlneigungswinkels u_k' fortschreitet, also kann man setzen:

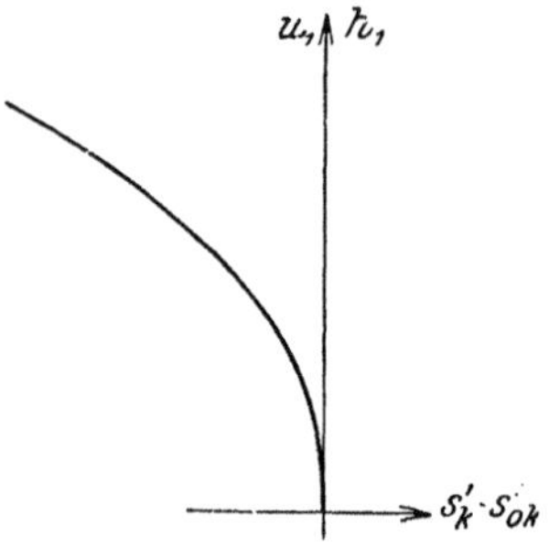

Abb. 109. Verlauf der sphärischen Längsabweichungen bei völliger Unterkorrektion. Als Abszissen sind die Schnittweitendifferenzen eingetragen, als Ordinaten die Einfallshöhen h_1 bzw. die Öffnungswinkel u_1.

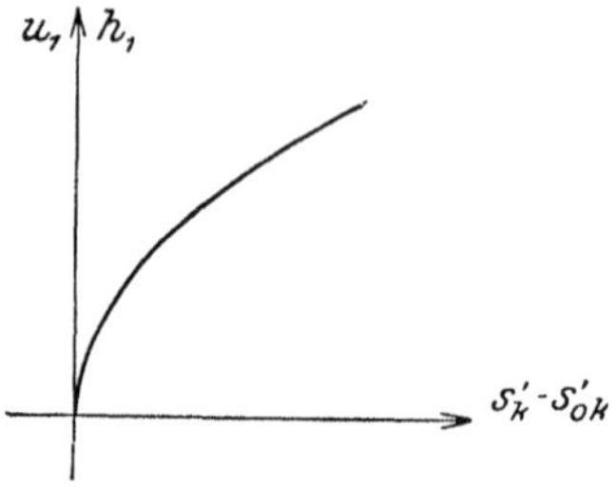

Abb. 110. Verlauf der sphärischen Längsabweichungen bei völliger Überkorrektion. Als Abszissen sind die Schnittweitendifferenzen eingetragen, als Ordinaten die Einfallshöhen h_1 bzw. die Öffnungswinkel u_1.

$$s_k' - s_{0k}' = \sum_{l=1}^{\lambda} a_{2l}\, u_k'^{2l}, \quad (3)$$

worin die Koeffizienten a_{2l} Funktionen der Radien, Dicken und Brechungszahlen der zentrierten Flächenfolge sind. Für $\lambda = 1$ kann der Koeffizient z. B. mit Hilfe der Entwicklung für ΔR_k nach S. 164 und 165 als Funktion der Nullstrahlelemente des Achsendingpunktes berechnet werden; man findet:

$$a_2 = -\frac{s_{0k}'^4}{2n_k'} \sum_{q=1}^{k} \left(\frac{h_{0q}}{h_{0k}}\right)^4 Q_{qs}^2\, \Delta\left(\frac{1}{n_q s_{0q}}\right). \quad (4)$$

In den Fällen, wo die SEIDELsche Annäherung nicht genügt, wären Glieder höherer Ordnung heranzuziehen, ein bei nicht ganz einfachen optischen Anlagen langwieriges Unterfangen, da schon der Koeffizient der vierten Potenz sich sehr mühsam berechnen läßt.

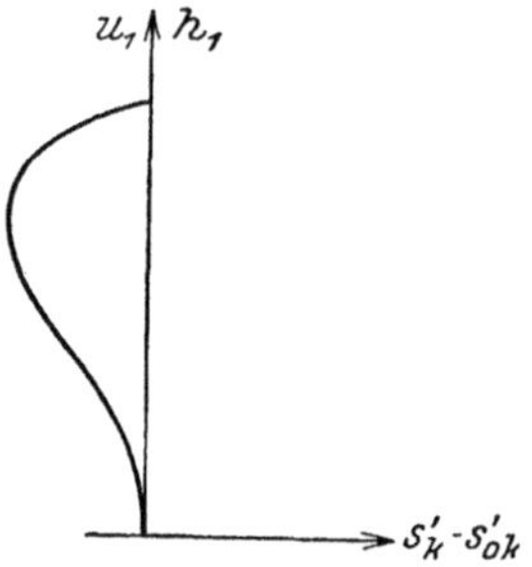

Abb. 111. Verlauf der sphärischen Längsabweichungen bei gewöhnlicher Korrektion mit sphärisch unterkorrigierter Zone. Als Abszissen sind die Schnittweitendifferenzen eingetragen, als Ordinaten die Einfallshöhen h_1 bzw. die Öffnungswinkel u_1.

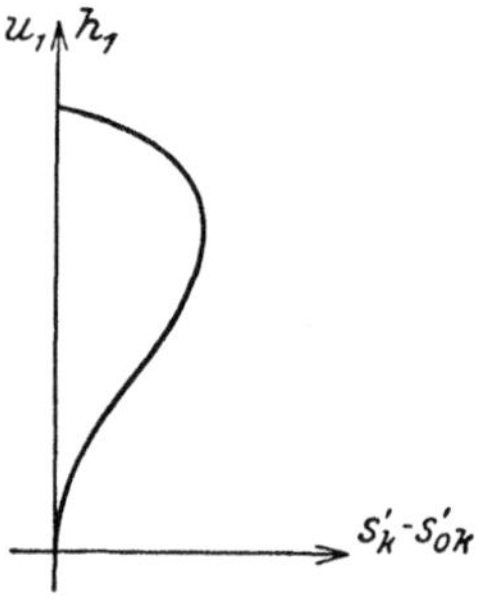

Abb. 112. Verlauf der sphärischen Längsabweichungen bei gewöhnlicher Korrektion mit sphärisch überkorrigierter Zone. Als Abszissen sind die Schnittweitendifferenzen eingetragen, als Ordinaten die Einfallshöhen h_1 bzw. die Öffnungswinkel u_1.

Bei fertig vorliegenden Flächenfolgen kann man oft zweckmäßig auf die Reihenentwicklung überhaupt verzichten und die analytische Darstellung durch Interpolation gewinnen. Rechnet[1] man nämlich außer dem Nullstrahl eine gewisse Anzahl — sie sei m — vom Dingpunkt ausgehender Strahlen trigonometrisch durch, so kann man m verschiedene Werte für $s_k' - s_{0k}'$ bilden; die übrigen sind dann durch Interpolation zu finden. Benutzt man zur Interpolation die ganze rationale Funktion, so können aus den m-Gleichungen:

[1] MERTÉ, W.: Über die Kaustik axialer Dingpunkte. Z. f. Phys. **33**, 533 ff. (1925).

$$\left.\begin{aligned} s'_{1k} - s'_{0k} &= \sum_{l=1}^{m} a_{2l}\, u'^{2l}_{1k} \\ s'_{2k} - s'_{0k} &= \sum_{l=1}^{m} a_{2l}\, u'^{2l}_{2k} \\ &\cdots\cdots\cdots \\ s'_{mk} - s'_{0k} &= \sum_{l=1}^{m} a_{2l}\, u'^{2l}_{mk} \end{aligned}\right\} \tag{5}$$

die Koeffizienten $a_2, a_4 \ldots a_{2m}$ berechnet werden, da ja die den m Dingstrahlen entsprechenden Schnittweiten $s'_{0k}, s'_{1k}, s'_{2k} \ldots s'_{mk}$ ebenso wie die zugehörigen Winkel $u'_{1k}, u'_{2k} \ldots u'_{mk}$ aus der trigonometrischen Durchrechnung zu entnehmen sind.

Derartige analytische Darstellungen sind geeignet, die Kaustik eines Achsendingpunktes zu untersuchen. Wählt man den GAUSSischen Bildpunkt als Anfang eines rechtwinkligen Koordinatenkreuzes ξ, η, dessen Ebene die optische Achse der Flächenfolge enthält und dessen ξ-Achse mit dieser optischen Achse zusammenfällt, so läßt sich ein Bildstrahl, wie aus Abb. 113 zu ersehen ist, durch die Gleichung

$$\xi\,\bar{u} - \eta - \bar{u}\,\varphi(\bar{u}) = 0 \tag{6}$$

darstellen, wenn die sphärischen Längsaberrationen $s'_k - s'_{0k}$ durch $\varphi(\bar{u})$ und $\operatorname{tg} u'_k$ durch $(-\bar{u})$ ausgedrückt werden; dabei ist zu beachten, daß das Vorzeichen von $\operatorname{tg} u'_k$ anders gewählt ist als sonst in der Analysis üblich. Betrachtet man $\bar{u}$ als Parameter der Geradenschar (6), so kann man, nachdem (6) nach $\bar{u}$ differenziert die Form:

$$\xi - \varphi(\bar{u}) - \bar{u}\,\varphi'(\bar{u}) = 0 \tag{7}$$

angenommen hat, aus (6) und (7) die Hüllkurve der Bildstrahlen in der ξ, η-Ebene darstellen durch:

$$\left.\begin{aligned} \xi &= \varphi(\bar{u}) + \bar{u}\,\varphi'(\bar{u}) \\ \eta &= \bar{u}^2\,\varphi'(\bar{u}) \end{aligned}\right\}. \tag{8}$$

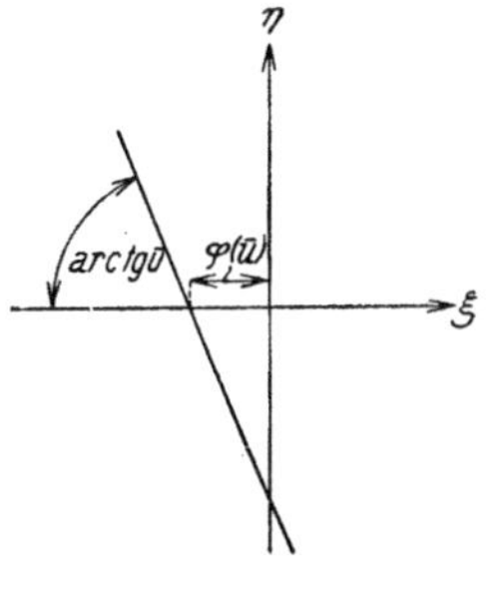

Abb. 113. Zur Bestimmung der Kaustik eines Achsendingpunktes. In dem rechtwinkligen Koordinatenkreuz ξ, η fällt die ξ-Achse mit der optischen Achse zusammen, und der Anfangspunkt ist das GAUSSische Bild eines Achsendingpunktes, dessen Kaustik bestimmt werden soll. Eine Tangente dieser, d. h. ein bildseitiger, vom Achsendingpunkt herkommender Strahl, schneidet die Abszissenachse in dem Punkte $\varphi(\bar{u}) = s_k' - s_{0k}'$, 0 und bildet mit der optischen Achse den Winkel arctg $\bar{u}$. Es ist $\bar{u} = -\operatorname{tg} u_k'$.

Diese Kurve (8) ist die Meridiankurve der Kaustik des Achsendingpunktes. Man kann sie auch bei größten Bündelöffnungen zur Untersuchung der sphärischen Abweichungen benutzen, da sich ja stets eine ausreichende Genauigkeit erreichen läßt, wenn man nur durch trigonometrische Durchrechnung eine genügende Anzahl geeigneter sphärischer Längsaberrationen und mit deren Hilfe die Koeffizienten a_{2l} ermittelt. Da ja hier

$$\varphi(\bar{u}) = \sum_{l=1}^{m} \alpha_{2l}\,\bar{u}^{2l} \tag{3a}$$

angenommen werden kann, läßt sich (8) auch schreiben:

$$\left.\begin{aligned} \xi &= \sum_{l=1}^{m} (2l+1)\,\alpha_{2l}\,\bar{u}^{2l} \\ \eta &= \sum_{l=1}^{m} 2l\,\alpha_{2l}\,\bar{u}^{2l+1} \end{aligned}\right\}. \tag{9}$$

Die Meridiankurve der Kaustik ist also bei Annahme der ganzen rationalen Funktion als Interpolationsfunktion eine Unikursalkurve vom Grade $(2m + 1)$ und die Anzahl ihrer Doppelpunkte und Spitzen ist $m(2m - 1)$.

Die Beziehungen (9) sind sehr bequem und lassen auch in verwickelteren Fällen den Charakter der sphärischen Abweichungen leicht erkennen. Einen höheren Wert als etwa $m = 3$ braucht man in der Praxis äußerst selten; für $m = 3$ wird:

$$\varphi(\bar{u}) = \alpha_2 \bar{u}^2 + \alpha_4 \bar{u}^4 + \alpha_6 \bar{u}^6. \tag{10}$$

Setzt man dann:

$$\varphi(\bar{u}) = 0, \quad \varphi'(\bar{u}) = 0, \quad \varphi''(\bar{u}) = 0 \tag{11}$$

und schließt das Verschwinden auch nur eines der Koeffizienten α_2, α_4 und α_6 aus, das zu einfachen Modifikationen führen würde, so liefern diese drei Gleichungen in entsprechender Reihenfolge die Wurzeln:

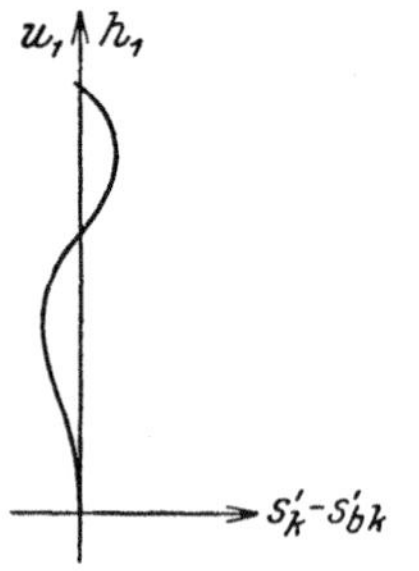

Abb. 114. Verlauf der sphärischen Längsabweichungen bei doppelter Korrektion. Als Abszissen sind die Schnittweitendifferenzen eingetragen, als Ordinaten die Einfallshöhen h_1 bzw. die Öffnungswinkel u_1.

$$\bar{u}^2 = 0, \quad \bar{u} = \sqrt{\frac{-\alpha_4 \pm \sqrt{\alpha_4^2 - 4\alpha_2\alpha_6}}{2\alpha_6}}$$

$$\bar{u} = 0, \quad \bar{u} = \sqrt{\frac{-\alpha_4 \pm \sqrt{\alpha_4^2 - 3\alpha_2\alpha_6}}{3\alpha_6}}$$

$$\bar{u} = \sqrt{\frac{-3\alpha_4 \pm \sqrt{9\alpha_4^2 - 15\alpha_2\alpha_6}}{15\alpha_6}}.$$

Die Wurzeln $\bar{u} = 0$ sind trivial; sie besagen, daß bei einer Darstellung der Kurve der sphärischen Längsaberrationen $\varphi(\bar{u}) = \alpha_2 u^2 + \alpha_4 u^4 + \alpha_6 u^6$ in einem rechtwinkligen Koordinatenkreuz mit den Achsen $\varphi(\bar{u})$ und $\bar{u}$ diese Kurve durch den Anfangspunkt geht und dort die $\bar{u}$-Achse berührt. Die Diskussion der übrigen Wurzeln ergibt folgendes: Sind die Koeffizienten α_2, α_4, α_6, sämtlich gleich bezeichnet, so sind alle Wurzeln imaginär. Man kann damit die völlige Unkorrektion der sphärischen Abweichungen definieren; anschaulich dargestellt findet sich dieser Fall in Abb. 109 und 110; haben nur zwei Koeffizienten aufeinanderfolgender Potenzen gleiches Vorzeichen, also α_2 und α_4 oder α_4 und α_6, so gibt es je eine reelle Lösung (zwei entgegengesetzt gleiche Wurzeln sind hier als eine gezählt); das ist bei der üblichen Korrektion der sphärischen Längsaberrationen der Fall, dem die Abb. 111 und 112 entsprechen. Die Kurve hat außer im Anfang einen weiteren Punkt mit der Achse gemeinsam und ein Extremum. Sind schließlich die Vorzeichen zweier nicht aufeinanderfolgender Koeffizienten, also von α_2 und α_6, einander gleich, so ergeben sich, wenn wieder zwei entgegengesetzt gleiche Wurzeln als eine gezählt werden, je zwei reelle Lösungen, solange die bezüglichen Ausdrücke

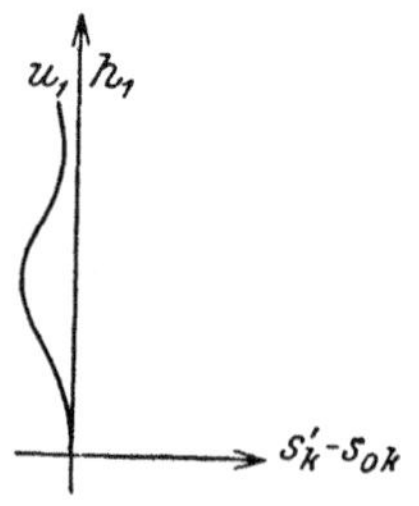

Abb. 115. Die Kurve der sphärischen Längsabweichungen hat zwei Extrema und zwei Wendepunkte. Als Abszissen sind die Schnittweitendifferenzen eingetragen, als Ordinaten die Einfallshöhen h_1 bzw. die Öffnungswinkel u_1.

$$\alpha_4^2 - 4\alpha_2\alpha_6 > 0 \text{ (s. Abb. 114)},$$

$$\alpha_4^2 - 3\alpha_2\alpha_6 > 0 \text{ (s. Abb. 115)},$$

$$\alpha_4^2 - \frac{5}{3}\alpha_2\alpha_6 > 0 \text{ (s. Abb. 116)}$$

sind, und zwar hat die Kurve der sphärischen Längsaberrationen außerhalb des Koordinatenanfanges bei Erfüllung der ersten Ungleichung zwei Schnittpunkte mit der $\bar{u}$-Achse, zwei Extrema und zwei Wendepunkte, bei Bestehen der zweiten Ungleichung zwei Extrema und zwei Wendepunkte, bei Befriedigung der dritten Ungleichung zwei Wendepunkte.

Bei völliger Unkorrektion läßt sich der Verlauf der sphärischen Längsaberration oft schon durch ein Glied, also $m = 1$, hinreichend genau darstellen; bei der gewöhnlichen sphärischen Korrektion kann man mit zwei Gliedern, also $m = 2$, auskommen; nur bei Kurven vom Typus der Abb. 114, 115 und 116 müssen mindestens drei Koeffizienten α_{2l} bestimmt werden.

Natürlich bleiben unsere Überlegungen die gleichen, wenn die Darstellung (3a) nicht durch Interpolation gefunden ist, sondern eine genäherte Potenzentwicklung ist, die bei der $2\,m$-ten Potenz abbricht; für $m = 1$ z. B. wäre dann in Übereinstimmung mit (4)

$$a_2 = -\frac{s'^4_{0k}}{2\,n'_k}\sum_{q=1}^{k}\left(\frac{h_{0q}}{h_{0k}}\right)^4 Q^2_{qs}\,\Delta\left(\frac{1}{n_q s_{0q}}\right).$$

In Abb. 117 ist die Meridiankurve einer Kaustik schematisch dargestellt, deren sphärische Längsaberrationen dem Verlaufe der Kurve in Abb. 111 entsprechen.

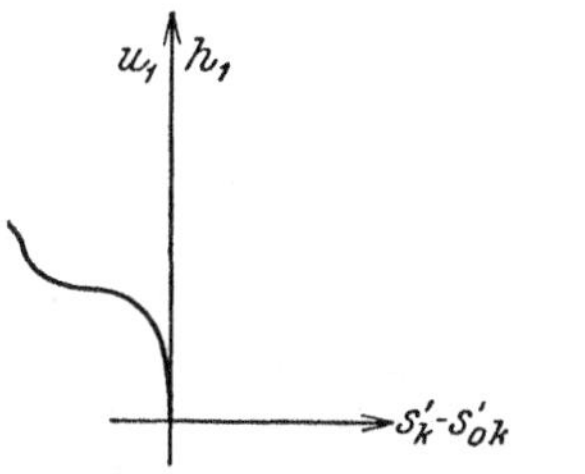

Abb. 116. Die Kurve der sphärischen Längsabweichungen hat zwei Wendepunkte. Als Abszissen sind die Schnittweitendifferenzen eingetragen, als Ordinaten die Einfallshöhen h_1 bzw. die Öffnungswinkel u_1.

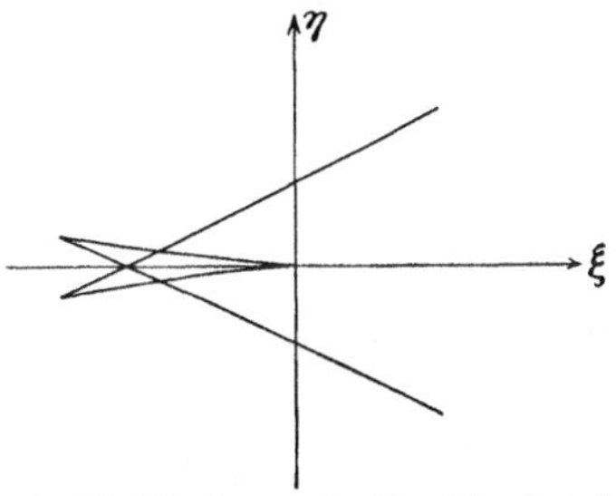

Abb. 117. Meridiankurve der Kaustik eines Systemes gewöhnlicher sphärischer Korrektion mit unterkorrigierter Zone (vgl. Abb. 111). Die ξ-Achse ist optische Achse und der Koordinatenanfang fällt mit dem Gaussischen Bildpunkte zusammen.

Für diese Kaustik, die typisch für die ganz überwiegende Mehrzahl der sphärisch korrigierten Lichtbildlinsen ist, sind im nachfolgenden die Koordinaten der ausgezeichneten Punkte der Meridiankurve gegeben:

1. $\xi = \eta = 0$: Spitze im Gaussischen Bildpunkte,
2. $\xi = -\frac{\alpha_2^2}{5\,\alpha_4}$, $\eta = \pm\frac{2\,\alpha_2^2}{25\sqrt{5}\,\alpha_4}\sqrt{-\frac{\alpha_2}{\alpha_4}}$: zwei außeraxiale Doppelpunkte,
3. $\xi = -\frac{\alpha_2^2}{4\,\alpha_4}$, $\eta = 0$: ein axialer Doppelpunkt,
4. $\xi = -\frac{9\,\alpha_2^2}{20\,\alpha_4}$, $\eta = \pm\frac{6\,\alpha_2^2}{25\,\alpha_4}\sqrt{\frac{-3\,\alpha_2}{10\,\alpha_4}}$: zwei außeraxiale Spitzen.

d) Einfluß der sphärischen Längsaberrationen auf das Bild. Die Kenntnis der Kaustik gibt einen guten Einblick in den bildseitigen Strahlenverlauf und dieser ist natürlich nicht ohne Einfluß auf den Charakter des photographischen Bildes. Die von einem Achsendingpunkt ausgehenden Strahlen — sie erfüllen den Körper eines Kegels, dessen Spitze im Dingpunkt und dessen Grundfläche in der Eintrittspupille liegt — werden, wie wir sahen, nach Durchschreitung des photographischen Objektivs nicht sämtlich wieder in einem Punkte vereinigt, vielmehr haben die auf zur Achse symmetrischen Kegelmänteln angeordneten Strahlen verschiedener Einfallhsöhen im allgemeinen verschiedene

Bildschnittweiten; bei photographischen Linsen liegen in den weitaus meisten Fällen die Schnittpunkte jener Strahlen links vom GAUSSischen Bildpunkt. Von einem Bildpunkte kann also bei endlicher Bündelöffnung gar nicht die Rede sein; es wird bei Unkorrektion sowohl wie bei Korrektion der sphärischen Längsabweichungen, sofern wenigstens im letzteren Falle noch Reste der sphärischen Abweichungen vorhanden sind, ein Zerstreuungskreis als Repräsentant des Bildpunktes anzusprechen sein. Er wird von der achsensenkrechten Auffangebene aus der Bildstrahlenkongruenz ausgeschnitten; sein Radius mag als Maß für die sphärische Seitenaberration gelten. Natürlich hängt die Größe dieses Radius von der Lage der Auffangebene ab. Nimmt man an, daß die Ebene der Einstellung durch den GAUSSischen Bildpunkt geht, und nennt jenen Radius l_k', so würde

$$l_k' = (s_{0k}' - s_k') \cdot \operatorname{tg} u_k' \tag{12}$$

sein. Nur in den seltensten Fällen ist aber die Ebene durch den paraxialen Bildpunkt die der besten Einstellung. Bei manchen sphärisch unkorrigierten Linsen, die Objekte in Strichmanier abzubilden haben, kann allerdings die genannte Ebene für die Bildschärfe am günstigsten sein.

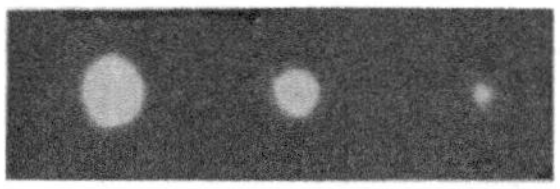

Abb. 118. Stark vergrößerte achsensenkrechte Schnitte durch die Kaustik eines Achsenpunktes, die in der Nähe, aber in drei verschiedenen Entfernungen vom GAUSSischen Bildpunkt liegen.

In den Abb. 118, 119 und 120 sind stark vergrößerte Photographien achsensenkrechter Schnitte durch die Kaustik eines Achsenpunktes wiedergegeben, und zwar lagen die Schnitte der erstgenannten Abbildung in der Nähe des GAUSSischen Bildpunktes, die der zweiten ziemlich weit links von diesem (d. h. nach dem Objektiv zu) und die Schnitte der Abb. 120 ziemlich weit rechts vom GAUSSischen Bildpunkte. Die Kaustik war dabei ähnlich der in Abb. 117 dargestellten. Die Lichtverteilung in den einzelnen Schnittfiguren ist charakteristisch für alle Objektive gewöhnlicher sphärischer Korrektion.

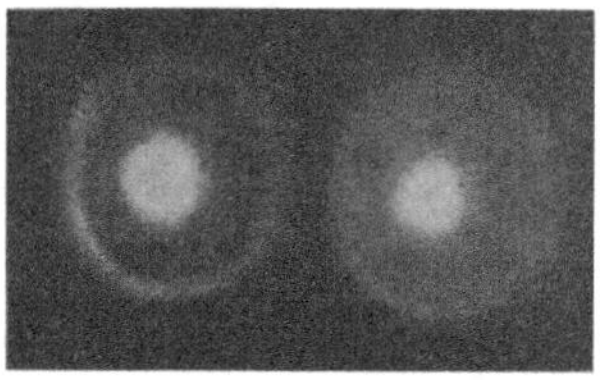

Abb. 119. Stark vergrößerte achsensenkrechte Schnitte durch die Kaustik eines Achsenpunktes, die in der Nähe des axialen Doppelpunktes der Kaustik liegen.

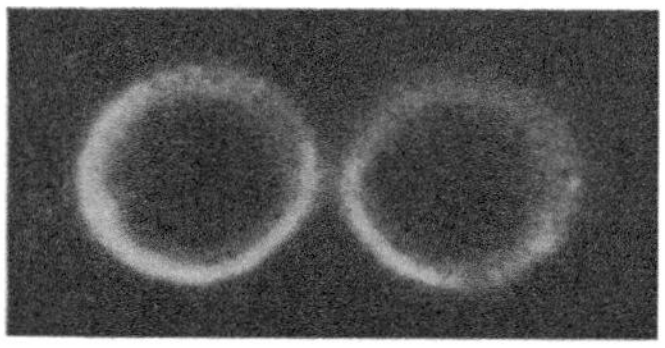

Abb. 120. Stark vergrößerte achsensenkrechte Schnitte durch die Kaustik eines Achsenpunktes, die in dem auseinanderstrebenden Teil der Kaustik liegen.

Abb. 121 gibt ein Beispiel[1], wie sich die Lichtverteilung nach beugungstheoretischer Berechnung in und in der Nähe der Kaustik ergibt. Es sind in der Abb. 121 eingetragen die Kaustik und ferner der Achsenstrahl und Strahlen, die unter 5°, 10°, 15° und 17,5° gegen die Achse im Bildraum geneigt sind. Um die Abbildung anschaulicher zu gestalten, sind die Ordinaten gegenüber den Abszissen fünffach überhöht. Das angenommene optische System ist in Wirklichkeit für 90° Bildwinkel gegen die Achse sphärisch korrigiert, aber die Betrachtung ist nur auf Strahlen bis 17,5° Neigung gegen die Achse ausgedehnt, so daß für diesen Öffnungsbereich etwa die Verhältnisse der Unkorrektion gelten, denn bis zu dieser Neigung nehmen die absoluten Beträge der sphärischen Längsabweichungen unseres Systems noch monoton zu. Die eingezeichneten Kurven sind Linien gleicher Helligkeit, die durch die beigeschriebenen Zahlen gemessen werden, geben also bei Drehung der ganzen Konfiguration um die optische Achse die Flächen gleicher Helligkeit.

[1] PICHT, J.: Ann. Physik **77**, S. 685—782 (1925).

Das Problem, ein allgemeines Gesetz für die Auffangebene bester Abbildung anzugeben, ist ziemlich verwickelt und noch nicht gelöst. Die naheliegende Verlegung des Bildes an die Stelle der engsten Einschnürung der Bildstrahlen gibt nur manchmal befriedigende Resultate. Es gibt eben eine ganze Reihe von Faktoren, die für die Lage der Ebene bester Schärfe in der Bildmitte maßgebend sind. Neben dem geometrisch-physikalischen Aufbau des Bildes durch die Strahlen, der durch geometrische und beugungstheoretische Betrachtungen zu bestimmen wäre, kommt es auch auf die Art des Objektes an, ob dieses z. B. aus Halb-

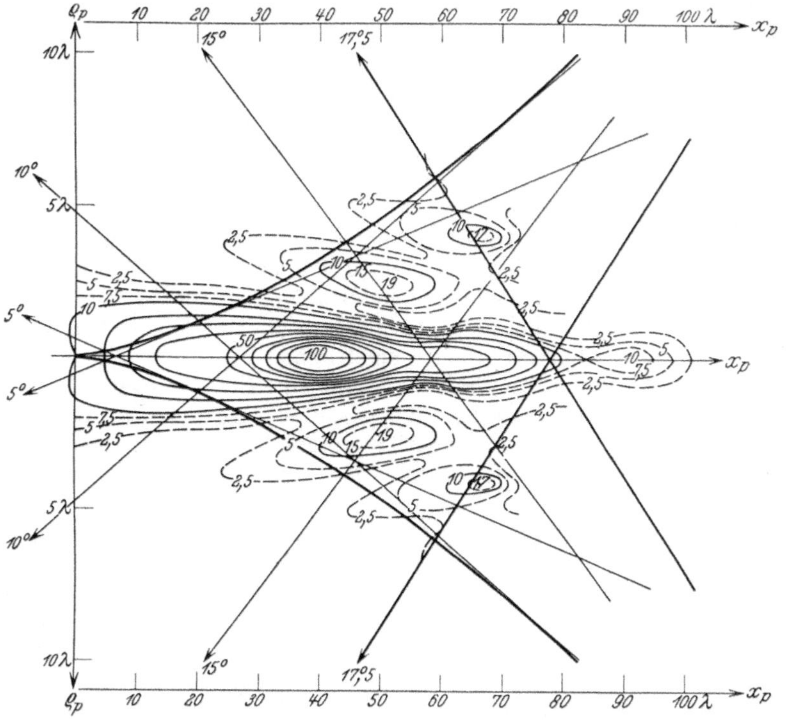

Abb. 121. Kurven gleicher Helligkeit für einen ebenen Schnitt durch die optische Achse x_p nach einem Beispiel von J. PICHT. Die mit Pfeilspitzen versehenen Geraden sind Bildstrahlen, die in Wirklichkeit mit der Achse Winkel von 5°, 10°, 15° und 17,5° einschließen, während die Winkel in der Abbildung selbst größer sind, da aus Deutlichkeitsgründen der Maßstab der Ordinaten das Fünffache des Abszissenmaßstabes ist, der oberhalb und unterhalb parallel zur Abzissenachse x_p aufgetragen ist. Als Einheit ist die Wellenlänge λ ($= 6 \cdot 10^{-5}$ cm in der Rechnung) genommen. Außerdem ist noch die Kaustik (dickgedruckt) gegeben. Die Entfernungen der Schnittpunkte der Bildstrahlen und der Achse vom Koordinaten-Anfangspunkt sind die jeweiligen sphärischen Längsaberrationen. Die den Kurven beigeschriebenen Zahlen messen die auf diesen herrschenden Helligkeiten. Das Licht ist (ausnahmsweise) von rechts kommend angenommen.

tönen oder aus hellen und dunklen Strichen besteht; ferner spielen die Eigenschaften der lichtempfindlichen Schicht eine Rolle. Immerhin sind an verschiedenen Stellen des einschlägigen Schrifttums[1] gewisse Regeln für die Lage der Ebene bester Einstellung angegeben worden; ein Hinweis darauf möge hier genügen.

Was nun die Wirkung der sphärischen Aberrationen auf die Bildqualität selbst anbetrifft, so wäre allgemein zu sagen, daß durch sie die Bildschärfe in der Achse herabgesetzt wird. Solange der Radius des Zerstreuungsscheibchens

[1] KOHLRAUSCH, K. W. F.: Über die sphärische Korrektion photographischer Objektive. Wiener Ber. (2a), **129**, H. 6, 609—631 (1920). — LIHOTZKY, E.: Zentr.-Ztg. f. Opt. u. Mech. **1924**, 207—208, 210. — FLÜGGE, J.: Z. f. Instrumentenkde, **1926**, 333—354 und 389—415. — RICHTER, R.: Z. f. Instrumentenkde, **1925**, 1—15.

unter einer gewissen Größe bleibt, wird diese Unschärfe von dem Betrachter vielleicht auch bei Benutzung einer Lupe nicht wahrgenommen werden. Bei photographischen Objektiven ein und derselben Bauart, aber verschiedener Brennweiten nimmt daher die Schärfe der von den Objektiven entworfenen Bilder mit zunehmender Brennweite ab, da ja die Radien der Zerstreuungskreise unter sonst gleichen Umständen im gleichen Maße wie die Brennweiten wachsen. Damit hängt es zusammen, daß manche Objektivtypen in den längeren Brennweiten mit geringerem Öffnungsverhältnis ausgeführt werden.

Neben der Beeinträchtigung der Schärfe der Bildmitte kann durch sphärische Abweichungen eine Einstelldifferenz verursacht werden. Stellt man z. B. ein mit nicht unerheblicher sphärischer Abweichung behaftetes photographisches Objektiv bei einer bestimmten Blendenöffnung auf beste Schärfe ein und verändert dann die Blendenöffnung, so wird sich in der Regel die Ebene bester Einstellung verlagern. Diese Erscheinung zwingt oft dazu, bei derselben Abblendung einzustellen, bei der die Aufnahme erfolgt.

Im allgemeinen sind natürlich die Objektive mit geringen sphärischen Zonen vorzuziehen, einmal wegen ihrer besseren Mittenschärfe und dann, weil sie die Möglichkeit bieten, z. B. mit völlig geöffneter Blende, d. h. also unter günstigsten Lichtverhältnissen, einzustellen und hierauf bei der Aufnahme, etwa um größere Schärfentiefe zu erreichen, nachträglich abzublenden.

Allerdings sind auch photographische Linsenfolgen angegeben worden, die absichtlich mit nicht unbeträchtlichen sphärischen Abweichungen versehen sind, um bestimmte Wirkungen im Bilde zu erreichen. Es mag hier z. B. nur an die brennpunktlose, erheblich gebogene Vorsatzlinse[1] erinnert sein, die, einem gut korrigierten photographischen Objektive vorgeschaltet, bedeutende sphärische Aberrationen in die Abbildung einführt und dem Bilde eine künstlerische Unschärfe verleihen soll.

e) Abhängigkeit der sphärischen Abweichung von der Dingentfernung. Die sphärische Abweichung ist nicht nur abhängig vom Bau des abbildenden Systems, sondern hängt auch von der Dingentfernung ab. Die weitaus meisten photographischen Objektive werden für einen unendlich fernen Gegenstand korrigiert; liegen doch sowohl bei Landschaftsaufnahmen als auch bei den häufigsten mit Universalobjektiven getätigten Aufnahmen, ferner in der Astrophotographie usw. die Objekte in einer Entfernung, die ein großes Vielfaches der Brennweitenlänge ist. Nur bei Sonderaufgaben, z. B. in der Reproduktionstechnik, kommen kurze Dingabstände regelmäßig vor. Die Reproduktionsobjektive werden deswegen auch für Nahaufnahmen korrigiert, im allgemeinen für Ding- und Bildgleichheit. Natürlich verschiebt sich der Korrektionszustand dann für ähnliche Verhältnisse (etwa zwei- bis fünffache Vergrößerung bzw. Verkleinerung) nicht so schnell, daß bei diesen Aufnahmebedingungen das für Bild- und Dinggleichheit korrigierte Objektiv nun etwa nicht mehr gut brauchbar bliebe.

Ebenso sind in der Regel die für unendlich entfernte Gegenstände korrigierten Linsen bei endlichen Abständen, die etwa das Zehnfache der Brennweite oder auch noch weniger betragen, ohne erhebliche Einbuße an Bildschärfe zu verwenden.

Die Veränderlichkeit des sphärischen Korrektionszustandes mit der Dingentfernung ist selbstverständlich auch für die einzelnen Objektivtypen verschieden. Die Forderung, daß bei aberrationsfreier Abbildung eines Achsenpunktes auch dessen benachbarte Achsenpunkte streng abgebildet werden, ist 1821 von J. F. W. HERSCHEL erhoben worden.

---

[1] Vgl. Fußnote 3, S. 350.

Ist die Brechungszahl des Dingraumes n, die des Bildraumes n', sind u bzw. u' die Achsenneigungswinkel entsprechender Strahlen im Ding- bzw. Bildpunkt und gilt für die Lage dieser genau ineinander abgebildeten Achsenpunkte die paraxiale Lateralvergrößerung β, so ist nach CHR. HOCKIN die Bedingung

$$\frac{\sin\frac{u}{2}}{\sin\frac{u'}{2}} = \frac{n'}{n}\cdot\beta \tag{13}$$

notwendig und hinreichend dafür, daß auch die dem fehlerfrei abgebildeten Bildpunkte benachbarten Achsenpunkte streng abgebildet werden.

In Tab. 2 sind für die plankonvexe Linse, deren optische Konstanten auf S. 171 zu finden sind, die Bildschnittweiten für verschiedene Einfallshöhen an der dem einfallenden Lichte zu liegenden Planfläche und für verschiedene Dingentfernungen angegeben, außerdem die den Dingentfernungen entsprechenden paraxialen Vergrößerungen β.

Tabelle 2. Bildschnittweiten einer Plankonvexlinse für verschiedene Dingentfernungen und Einfallshöhen.

Dingschnittweite (von der Planfläche aus gemessen) mm	Bildschnittweite (vom Scheitel der erhabenen Fläche aus gemessen) für Einfallshöhe			Paraxiale Vergrößerung
	0 mm	5 mm	10 mm	
∞	100,00	98,87	95,42	0
1080	110,00	108,74	104,88	0,1
280	150,00	148,13	142,44	0,5
180	200,00	197,19	188,77	1

Die Differenz der Bildschnittweiten für endliche und unendlich kleine Einfallshöhe, d. h. die sphärische Längsabweichung, nimmt nach Tab. 2 mit wachsender paraxialer Vergrößerung zu.

f) Die sphärische Abweichung in Sonderfällen. Es sollen nun für einige Sonderfälle, die in der Photographie vorkommen, die allgemeinen Betrachtungen erläutert werden; außerdem sei hier noch auf S. 249 ff. verwiesen, wo sich für eine große Zahl photographischer Linsen die Kurven der sphärischen Längsabweichungen finden.

Zu den einfachsten Flächenfolgen, die in der Photographie benutzt werden, gehört die Planparallelplatte. Die mit Planflächen an Luft grenzenden Filter oder auch die in der Reproduktionstechnik verwandten Umkehrprismen entsprechen in ihrem geometrisch-optischen Verhalten wesentlich der Planparallelplatte. Trifft auf eine solche ein Parallelstrahlenbündel schräg auf, so werden dessen Strahlen durch die Platte nur parallel verschoben, und zwar hängt die Verschiebung $\bar{v}$ von der Neigung des Bündel gegen die Platte, der Plattendicke d und der Brechungszahl n des Stoffes ab, aus dem die Platte besteht. Sphärische Abweichungen werden hierbei durch die Wirkung der Platte nicht in den Strahlengang eingeführt.

Wird dagegen die Platte in ein konvergentes oder divergentes homozentrisches Strahlenbündel gebracht, so verliert dieses seine Homozentrizität; das Strahlenbündel wird sphärisch überkorrigiert, gleichgültig ob es konvergent oder divergent war.

Neben dieser Störung der Strahlenvereinigung durch sphärische Aberrationen werden die Stellen der engsten Strahlenzusammendrängung verschoben. So beträgt bei Abbildung durch ein unendlich enges, senkrecht die Platte treffendes Bündel, in das also durch die Platte keine Aberrationen eingeführt werden, nach

Gleichung (42) auf S. 147 die Verschiebung v des Strahlenvereinigungspunktes $v = \frac{n-1}{n} \cdot d$. Die eben besprochenen Verhältnisse sind in den Abb. 122 und 123 anschaulich gezeigt, und zwar in Abb. 122 der Durchgang eines Parallelstrahlenbündels durch die Platte und in Abb. 123 die Wirkung der Platte im konvergenten Strahlengang, wie diese z. B. bei Anordnung eines Filters zwischen Objektiv und Bild sich zeigt.

Als einfachstes photographisches Objektiv ist die sammelnde Linse, die Monokellinse, anzusprechen. Die von ihr bewirkte Abbildung ist mehr oder weniger mit sämtlichen Abbildungsfehlern behaftet, so auch mit sphärischen Aberrationen. Einen Anhalt für deren Größenordnung erhält man aus Tab. 1, die für die plankonvexe Sammellinse, deren optische Konstanten auf S. 171 angegeben sind, bei Annahme des unendlich fernen Achsenpunktes als Ding gilt; dabei sollte die Planseite dem einfallenden Lichte zugekehrt sein. In Tab. 3 sind für die gleiche, dem einfallenden Lichte aber ihre erhabene Fläche zukehrende Linse für die gleichen Einfallshöhen und den gleichen Dingpunkt die sphärischen

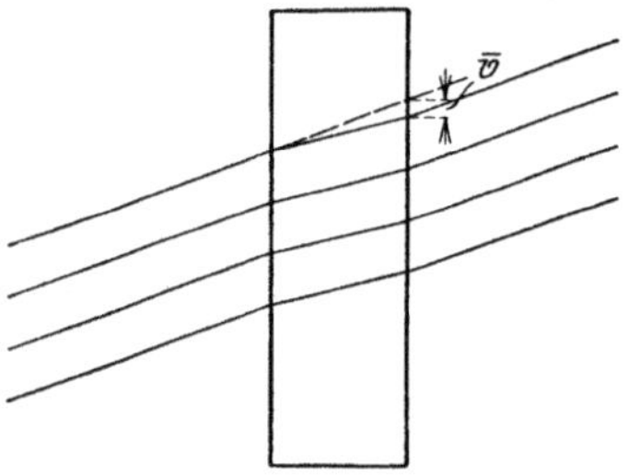

Abb. 122. Ein schräg auf eine Planparallelplatte fallendes Parallelstrahlenbündel wird beim Durchgang durch die Platte um $\bar{v}$ versetzt.

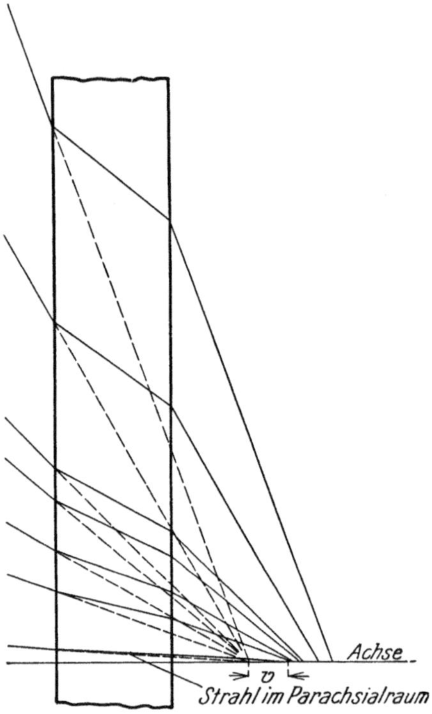

Abb. 123. Ein homozentrisches, konvergentes Strahlenbündel (die gestrichelten Linien zielen nach dem gemeinsamen Bündelmittelpunkt) wird beim Durchschreiten einer Planparallelplatte mit Überkorrektion behaftet. Der GAUSSische Bildpunkt des Bildstrahlenbündels liegt um v rechts vom Mittelpunkt des einfallenden Bündels.

Längsabweichungen gegeben. Sie sind ganz wesentlich geringer. Überhaupt hängen die Bildfehler erheblich von der „Durchbiegung" der Linse ab, d. h. von dem

Tabelle 3. Die sphärischen Längsaberrationen einer Einzellinse für verschiedene Einfallshöhen (vgl. Tabelle 1).

	Einfallshöhen						
	0 mm	2,5 mm	5,0 mm	10 mm	20 mm	33,33 mm	40 mm
s_2'	80,00	79,93	79,72	78,87	75,35	65,68	57,12
$s_2' - s_{02}'$	0,00	− 0,07	− 0,28	− 1,13	− 4,65	− 14,32	− 22,88

Verhältnis ihres vorderen und hinteren Krümmungsradius bei gleicher Brennweite, Dicke und Brechungszahl. Letztere beide Größen wirken selbstverständlich auch auf die Abweichungen ein, aber die Durchbiegungen der Linsen sind in der Regel das mächtigere Hilfsmittel, um den Abweichungen erwünschte Beträge zu geben, um etwa eine Linsenfolge zu korrigieren.

Vorteilhaft kann bei der Errechnung neuer Objektive vorgeschriebener Eigenschaften die Benutzung der SEIDELschen Ausdrücke sein. Gelten diese auch nur für mäßige Öffnungen, so geben sie doch oft eine gute Annäherung an die endgültige Form. Wir fanden den für die sphärische Abweichung maßgebenden SEIDELschen Ausdruck in (4) und damit wird der Radius l'_k des Zerstreuungskreises in der GAUSSischen achsensenkrechten Bildebene nach (12):

$$l'_k = -a_2 \cdot u'^3_k = \frac{s'^4_{0k}}{2\,n'_k} \cdot u'^3_k \cdot \sum_{q=1}^{k} \left(\frac{h_{0q}}{h_{0k}}\right)^4 Q^2_{qs}\, \Delta\left(\frac{1}{n_q\, s_{0q}}\right). \qquad (14)$$

Nach (41) S. 147 findet man als Radius l_1 des Zerstreuungskreises in der Dingebene, der bei abweichungsfreier Abbildung durch die k-flächige Folge mit dem Bildzerstreuungskreis der Lage und Größe nach zusammenfällt:

$$\left.\begin{aligned} l_1 &= \frac{n'_k}{n_1} \cdot \frac{u'_k}{u_1} \cdot l'_k = \frac{s'^4_{0k}}{2\,n_1} \frac{u'^4_k}{u_1} \cdot \sum_{q=1}^{k} \left(\frac{h_{0q}}{h_{0k}}\right)^4 Q^2_{qs}\, \Delta\left(\frac{1}{n_q\, s_{0q}}\right) \\ &= \frac{s^4_{01}}{2\,n^4_1} (n_1\, u_1)^3 \cdot \sum_{q=1}^{k} \left(\frac{h_{0q}}{h_{01}}\right)^4 Q^2_{qs}\, \Delta\left(\frac{1}{n_q\, s_{0q}}\right) \end{aligned}\right\}. \qquad (15)$$

Der Radius l_1 ist ein Maß für die Erkennbarkeit von Einzelheiten in der Dingebene.

Für den häufigsten Fall der Photographie ist $s_{01} = \infty$ und $n_1 = n'_k = 1$, und der Radius des in der unendlich fernen Ebene des Dingraumes liegenden Zerstreuungskreises ist durch das Winkelmaß $\lambda_1 = \frac{l_1}{s_{01}}$ zu messen. Unter Berücksichtigung von $u_1 s_{01} = h_{01}$ wird

$$\lambda_1 = \frac{h^3_{01}}{2} \sum_{q=1}^{k} \left(\frac{h_{0q}}{h_{01}}\right)^4 Q^2_{qs}\, \Delta\left(\frac{1}{n_q\, s_{0q}}\right), \qquad (15a)$$

λ_1 wächst also mit der dritten Potenz der Einfallshöhe und ist nur abhängig vom Bau des photographischen Objektivs, nicht von seiner Brennweite.

Für eine unendlich dünne, in Luft befindliche Linse ist $n'_1 = n_2 = n$, $h_{01} = h_{02}$, $s'_{01} = s_{02}$ und es wird

$$\lambda_1 = \frac{h^3_{01}}{2} \left[\frac{n+2}{n} \varphi \cdot \varrho^2_1 - \frac{2n+1}{n-1} \varphi^2 \varrho_1 + \left(\frac{n}{n-1}\right)^2 \varphi^3\right], \qquad (16)$$

wobei $\frac{1}{r_1} = \varrho_1$, $\frac{1}{r_2} = \varrho_2$ und $\varphi = (n-1)(\varrho_1 - \varrho_2)$ der Kehrwert der Brennweite oder die Brechkraft der dünnen Linse ist. Hält man die Brechkraft der dünnen Linse und ihre Brechungszahl fest und variiert die Radien, etwa r_1 als unabhängige Variable betrachtend, d. h. biegt die Linse durch, wobei also $\varrho_1 - \varrho_2 =$ konstant bleibt, so läßt sich aus der Gleichung $\frac{\partial \lambda_1}{\partial \varrho_1} = 0$.

$$\varrho_1 = \frac{n}{2} \cdot \frac{2n+1}{n^2+n-2} \cdot \varphi$$

finden und der Minimalwert $\bar{\lambda}_1$ von λ_1 wird zu: $\bar{\lambda}_1 = \left(\frac{h_{01}\,\varphi}{2}\right)^3 \frac{n(4n-1)}{(n-1)^2(n+2)}$.

In Tab. 4 sind für einige Linsenformen, kenntlich gemacht durch $\frac{\varrho_1}{\varphi}$ und $\frac{\varrho_2}{\varphi}$ und die Brechungszahlen $n = 1{,}5$, $n = 2{,}0$, $n = 2{,}424$ (Diamant), die Werte $\frac{2\,\lambda_1}{(h_{01}\,\varphi)^3}$ mitgeteilt. In Übereinstimmung mit den Werten genauer trigonometrischer

Durchrechnung in den Tab. 1 und 3 findet man aus Tab. 4, daß die sphärischen Abweichungen einer Plankonvexlinse bei ebener Vorderfläche größer sind als bei ebener Hinterfläche; weiter sieht man, daß unter sonst gleichen Umständen die Beträge der sphärischen Abweichungen mit wachsender Brechungszahl abnehmen.

Tabelle 4. $\frac{2\lambda_1}{(h_{01}\varphi)^3}$ für einige Linsenformen und Brechungszahlen.

	$n = 1{,}5$			$n = 2{,}0$			$n = 2{,}424$		
Gestalt der Linse .	$\frac{\varrho_1}{\varphi}$	$\frac{\varrho_2}{\varphi}$	$\frac{2\lambda_1}{(h_{01}\varphi)^3}$	$\frac{\varrho_1}{\varphi}$	$\frac{\varrho_2}{\varphi}$	$\frac{2\lambda_1}{(h_{01}\varphi)^3}$	$\frac{\varrho_1}{\varphi}$	$\frac{\varrho_2}{\varphi}$	$\frac{2\lambda_1}{(h_{01}\varphi)^3}$
Ebene Vorderfläche	± 0	-2	$+9$	± 0	-1	$+4$	± 0	$-0{,}702$	$+2{,}898$
Gleichseitige Linse .	$+1$	-1	$+\frac{10}{3}$	$+\frac{1}{2}$	$-\frac{1}{2}$	$+2$	$+0{,}351$	$-0{,}351$	$+1{,}680$
Ebene Hinterfläche	$+2$	± 0	$+\frac{7}{3}$	$+1$	± 0	$+1$	$+0{,}702$	± 0	$+0{,}914$
Günstigste Form . . (Aberration = Minimum)	$+\frac{12}{7}$	$-\frac{2}{7}$	$+\frac{15}{7}$	$+\frac{5}{4}$	$+\frac{1}{4}$	$+\frac{7}{8}$	$+1{,}125$	$+0{,}423$	$+0{,}587$

Als Zahlenbeispiel für die Berechnung der sphärischen Längsaberrationen nehmen wir das Tessar, dessen Bestimmungsstücke auf S. 149 angegeben sind. Zu verwenden sind dabei die Gleichungen (2) bis (11) auf S. 151—152. Die Durchrechnung ist ausgeführt für die drei Einfallshöhen an Fläche 1: $h_1^{\mathrm{I}} = 4{,}7194$, $h_1^{\mathrm{II}} = 6{,}6743$, $h_1^{\mathrm{III}} = 8{,}1745$ mm; sie steht auf S. 185—187.

Nach S. 148 ist $s'_{07} = 91{,}258$. Die sphärischen Längsaberrationen für die drei verschiedenen Einfallshöhen sind demnach der Reihe nach:

$$90{,}911 - 91{,}258 = -0{,}347 \text{ mm}, \quad 90{,}860 - 91{,}258 = -0{,}398 \text{ mm},$$

$$91{,}283 - 91{,}258 = +0{,}025 \text{ mm}.$$

Das Tessar ist also in üblicher Weise sphärisch korrigiert, und zwar sind die Schnittweiten für Null- und Randstrahlen praktisch gleich.

Für die zahlenmäßige Berechnung der Kaustik nehmen wir eine Tessarform mit ungewöhnlichem Verlaufe der sphärischen Längsabweichungen. Die Krümmungsradien dieses Objektivs sind: $r_1 = 35{,}33$ mm, $r_2 = \infty$, $r_3 = -94{,}5$ mm, $r_4 = 33{,}24$ mm, $r_5 = -2000{,}0$ mm, $r_6 = 23{,}42$ mm, $r_7 = -59{,}3$ mm, ferner seine Mitteldicken $d_1 = 5{,}7$ mm, $d_2 = 5{,}2$ mm, $d_3 = 1{,}45$ mm, $d_4 = 6{,}0$ mm, $d_5 = 1{,}45$ mm, $d_6 = 9{,}95$ mm; seine Brechungszahlen: $n_1 = 1$, $n'_1 = n_2 = 1{,}53227$, $n'_2 = n_3 = 1$, $n'_3 = n_4 = 1{,}56600$, $n'_4 = n_5 = 1$, $n'_5 = n_6 = 1{,}53212$, $n'_6 = n_7 = 1{,}57830$, $n'_7 = 1$. Die Brennweite und Schnittweite des Paraxialgebietes sind $f'_0 = 175{,}93$ mm bzw. $s'_{07} = 160{,}007$ mm. Zu den achsenparallelen Dingstrahlen mit den Einfallshöhen an Fläche 1 $h_1^{\mathrm{I}} = 9{,}295$ mm, $h_1^{\mathrm{II}} = 13{,}145$ mm, $h_1^{\mathrm{III}} = 16{,}100$ mm, gehören nach der analog der Rechnung auf S. 185—187 durchzuführenden trigonometrischen Durchrechnung die Schnittweiten im Bildraume des Objektivs $s'_{17} = 159{,}810$ mm, $s'_{27} = 159{,}895$ mm, $s'_{37} = 159{,}790$ mm und die negativen trigonometrischen Tangenten der bildseitigen Achsenneigungswinkel $\bar{u}_1 = -0{,}05293$, $\bar{u}_2 = -0{,}07490$, $\bar{u}_3 = -0{,}09204$. Dann erhält man zur Bestimmung der Koeffizienten α_2, α_4, α_6 das dem Gleichungensystem (5) auf S. 175 entsprechende Gleichungentripel:

$$\alpha_2 \cdot 2{,}801 \cdot 10^{-3} + \alpha_4 \cdot 7{,}846 \cdot 10^{-6} + \alpha_6 \cdot 2{,}1977 \cdot 10^{-8} = s'_{17} - s'_{07} = -0{,}197$$

$$\alpha_2 \cdot 5{,}6105 \cdot 10^{-3} + \alpha_4 \cdot 3{,}148 \cdot 10^{-5} + \alpha_6 \cdot 1{,}766 \cdot 10^{-7} = s'_{27} - s'_{07} = -0{,}112$$

$$\alpha_2 \cdot 8{,}471 \cdot 10^{-3} + \alpha_4 \cdot 7{,}175 \cdot 10^{-5} + \alpha_6 \cdot 6{,}078 \cdot 10^{-7} = s'_{37} - s'_{07} = -0{,}217\,.$$

Fläche 1.			
$\lg h$	67389+0	82441+0	91246+0
$\lg 1/r$	70432−2	70432−2	70432−2
$\lg \sin i$	37821−1	52873−1	61678−1
$\lg n/n'$	79282−1	79282−1	79282−1
$\lg \sin i'$	17103−1	32155−1	40960−1
i	+ 13° 8213	+ 19° 7462	+ 24° 4431
i'	+ 8° 5262	+ 12° 1034	+ 14° 8804
$i - i' = u'$	+ 5° 2951	+ 7° 6428	+ 9° 5627
$\lg r$	29568+1	29568+1	29568+1
$\lg (r \sin i')$	46671+0	61723+0	70528+0
$\lg \sin u'$	96513−2	12384−1	22044−1
$\lg (s' - r)$	50158+1	49339+1	48484+1
$s' - r$	+ 31,738	+ 31,145	+ 30,538
r	+ 19,755	+ 19,755	+ 19,755
s'	+ 51,493	+ 50,900	+ 50,293
$-d$	— 3,065	— 3,065	— 3,065
Fläche 2.			
s	+ 48,428	+ 47,835	+ 47,228
$u = i$	+ 5° 2951	+ 7° 6428	+ 9° 5627
$\lg \sin i$	96513−2	12384−1	22044−1
$\lg n/n'$	20718+0	20718+0	20718+0
$\lg \sin i'$	17231−1	33102−1	42762−1
$i' = u'$	+ 8° 5516	+ 12° 3744	+ 15° 5263
$\lg s$	68509+1	67974+1	67420+1
$\lg \operatorname{tg} u$	96699−2	12772−1	22651−1
$\lg (s \operatorname{tg} u)$	65208+0	80746+0	90071+0
$\lg \operatorname{tg} u'$	17716−1	34123−1	44376−1
$\lg s'$	47492+1	46623+1	45695+1
s'	+ 29,849	+ 29,257	+ 28,639
$-d-r$	+ 66,418	+ 66,418	+ 66,418
Fläche 3.			
c	+ 96,267	+ 95,675	+ 95,057
$\lg c$	98348+1	98080+1	97799+1
$\lg \sin u$	17231−1	33102−1	42762−1
$\lg 1/r$	16672−2	16672−2	16672−2
$\lg \sin i$	32251−1	47854−1	57233−1
$\lg n/n'$	79464−1	79464−1	79464−1
$\lg \sin i'$	11715−1	27318−1	36697−1
i	— 12° 1306	— 17° 5167	— 21° 9337
i'	— 7° 5253	— 10° 8115	— 13° 4616
$i - i'$	— 4° 6053	— 6° 7052	— 8° 4721
u	+ 8° 5516	+ 12° 3744	+ 15° 5263
$i - i' + u = u'$	+ 3° 9463	+ 5° 6692	+ 7° 0542
$\lg r$	83328+1	83328+1	83328+1
$\lg (r \sin i')$	95043+0	10646+1	20025+1
$\lg \sin u'$	83772−2	99469−2	08923−1
$\lg (s' - r)$	11271+2	11177+2	11102+2
$s' - r$	+ 129,630	+ 129,352	+ 129,127
r	— 68,121	— 68,121	— 68,121
s'	+ 61,509	+ 61,231	+ 61,006

(Fortsetzung.)

$-d-r$	+ 61,509 — 20,096	+ 61,231 — 20,096	+ 61,006 — 20,096
Fläche 4.			
c	+ 41,413	+ 41,135	+ 40,910
$\lg c$ $\lg \sin u$ $\lg 1/r$	61714+1 83772−2 71956−2	61421+1 99469−2 71956−2	61183+1 08923−1 71956−2
$\lg \sin i$ $\lg n/n'$	17442−1 20536+0	32846−1 20536+0	42062−1 20536+0
$\lg \sin i'$	37978−1	53382−1	62598−1
i i'	+ 8° 5936 + 13° 8726	+ 12° 3006 + 19° 9890	+ 15° 2721 + 25° 0019
$i-i'$ u	— 5° 2790 + 3° 9463	— 7° 6884 + 5° 6692	— 9° 7298 + 7° 0542
$i-i'+u=u'$	— 1° 3327	— 2° 0192	— 2° 6756
$\lg r$	28044+1	28044+1	28044+1
$\lg (r \sin i')$ $\lg \sin u'$	66022+0 36657−2	81426+0 54696−2	90642+0 66914−2
$\lg (s'-r)$	29365+2	26730+2	23728+2
$s'-r$ r	— 196,632 + 19,074	— 185,054 + 19,074	— 172,696 + 19,074
s' $-d-r$	— 177,558 + 77,317	— 165,980 + 77,317	— 153,622 + 77,317
Fläche 5.			
c	— 100,241	— 88,663	— 76,305
$\lg c$ $\lg \sin u$ $\lg 1/r$	00105+2 36657−2 08754−2	94775+1 54696−2 08754−2	88255+1 66914−2 08754−2
$\lg \sin i$ $\lg n/n'$	45516−2 81718−1	58225−2 81718−1	63923−2 81718−1
$\lg \sin i'$	27234−2	39943−2	45641−2
i i'	— 1° 6343 — 1° 0727	— 2° 1902 — 1° 4375	— 2° 4974 — 1° 6390
$i-i'$ u	— 0° 5616 — 1° 3327	— 0° 7527 — 2° 0192	— 0° 8584 — 2° 6756
$i-i'+u=u'$	— 1° 8943	— 2° 7719	— 3° 5340
$\lg r$	91246+1	91246+1	91246+1
$\lg (r \sin i')$ $\lg \sin u'$	18480+0 51925−2	31189+0 68448−2	36887+0 78987−2
$\lg (s'-r)$	66555+1	62741+1	57900+1
$s'-r$ r	— 46,297 — 81,745	— 42,404 — 81,745	— 37,932 — 81,745
s'	— 128,042	— 124,149	— 119,677

(Fortsetzung.)

	— 128,042	— 124,149	— 119,677
— d — r	— 23,161	— 23,161	— 23,161
Fläche 6.			
c	— 151,203	— 147,310	— 142,838
lg c	17956+2	16823+2	15484+2
lg sin u	51925−2	68448−2	78987−2
lg 1/r	65484−2	65484−2	65484−2
lg sin i	35365−1	50755−1	59955−1
lg n/n′	97564−1	97564−1	97564−1
lg sin i′	32929−1	48319−1	57519−1
i	+ 13° 0476	+ 18° 7700	+ 23° 4341
i′	+ 12° 3244	+ 17° 7113	+ 22° 0863
i — i′	+ 0° 7232	+ 1° 0587	+ 1° 3478
u	— 1° 8943	— 2° 7719	— 3° 5340
i — i′ + u = u′	— 1° 1711	— 1° 7132	— 2° 1862
lg r	34516+1	34516+1	34516+1
lg (r sin i′)	67445+0	82835+0	92035+0
lg sin u′	31044−2	47562−2	58146−2
lg (s′ — r)	36401+2	35273+2	33889+2
s′ — r	— 231,211	— 225,284	— 218,220
r	+ 22,139	+ 22,139	+ 22,139
s′	— 209,072	— 203,145	— 196,081
— d — r	+ 30,518	+ 30,518	+ 30,518
Fläche 7.			
c	— 178,554	— 172,627	— 165,563
lg c	25177+2	23711+2	21896+2
lg sin u	31044−2	47562−2	58146−2
lg 1/r	47830−2	47830−2	47830−2
lg sin i	04051−1	19103−1	27872−1
lg n/n′	20718+0	20718+0	20718+0
lg sin i′	24769−1	39821−1	48590−1
i	— 6° 3025	— 8° 9313	— 10° 9520
i′	— 10° 1883	— 14° 4867	— 17° 8258
i — i′	+ 3° 8858	+ 5° 5554	+ 6° 8738
u	— 1° 1711	— 1° 7132	— 2° 1862
i — i′ + u = u′	+ 2° 7147	+ 3° 8422	+ 4° 6876
lg r	52170+1	52170+1	52170+1
lg (r sin i′)	76939+0	91991+0	00760+1
lg sin u′	67543−2	82613−2	91234−2
lg (s′ — r)	09396+2	09378+2	09526+2
s′ — r	+ 124,154	+ 124,103	+ 124,526
r	— 33,243	— 33,243	— 33,243
s′	+ 90,911	+ 90,860	+ 91,283

Daraus folgt:

$$\alpha_2 = -1{,}75712 \cdot 10^2, \quad \alpha_4 = 4{,}7459 \cdot 10^4, \quad \alpha_6 = -3{,}5110 \cdot 10^6.$$

Die Parametergleichungen der Meridiankurve der Kaustik lauten demnach nach (9) auf S. 175:

$$\xi = 3 \cdot (-1{,}75712) \cdot 10^2\, \bar{u}^2 + 5 \cdot 4{,}7459 \cdot 10^4\, \bar{u}^4 + 7 \cdot (-3{,}5110) \cdot 10^6\, \bar{u}^6$$

$$\eta = -2 \cdot (-1{,}75712) \cdot 10^2\, \bar{u}^3 - 4 \cdot 4{,}7459 \cdot 10^4\, \bar{u}^5 - 6 \cdot (-3{,}5110) \cdot 10^6\, \bar{u}^7,$$

Diese Kurve hat zehn Doppelpunkte für die Koordinaten:

ξ	−0,1166	−0,1166	−0,0909	−0,0909	−0,1600	−0,1600	−0,1393	−0,1393	−0,1977	−0,1011
η	+0,0012	−0,0012	+0,00082	−0,00082	+0,00194	−0,00194	−0,0031	+0,0031	0	0

und fünf Spitzen für die Koordinaten:

ξ	0	−0,3406	−0,3406	+0,2236	+0,2236
η	0	−0,006646	+0,006646	+0,0250	−0,0250

Die Kurve selbst ist dargestellt in Abb. 124, und zwar sind der Deutlichkeit wegen die Ordinaten zehnmal so groß genommen wie die Abszissen. Die zugehörige Kurve der sphärischen Längsaberrationen ist vom Typus der Kurve in Abb. 115; denn es ist $\alpha_4^2 - 4\alpha_2\alpha_6 = -2{,}153 \cdot 10^8 < 0$, dagegen $\alpha_4^2 - 3\alpha_2\alpha_6 = 4{,}0162 \cdot 10^8 > 0$.

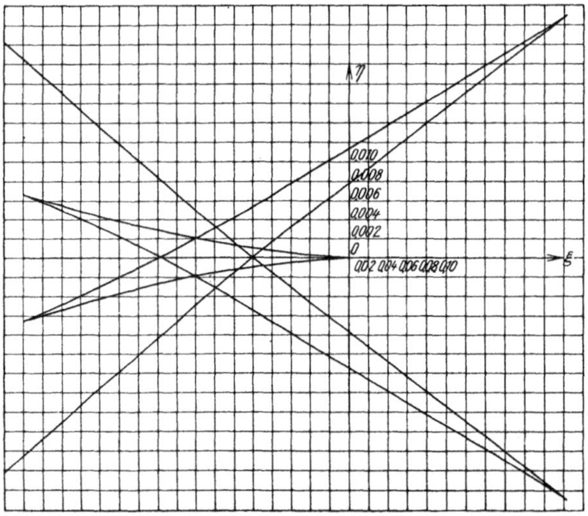

Abb. 124. Meridiankurve der Kaustik des beistehend gegebenen Tessars. Die sphärischen Längsabweichungen dieses Tessars verlaufen nach dem Kurventypus der Abb. 115. Der Maßstab der Ordinaten ist aus Deutlichkeitsgründen der zehnfache der Abszissen.

14. Die Abweichungen bei der Abbildung eines durch einen Achsenpunkt gehenden achsensenkrechten Flächenelementes.

a) Die Sinusbedingung. Mit der bloßen Beseitigung der sphärischen Abweichungen oder vielmehr ihrer Herabdrückung auf unschädliche Beträge ist noch nicht viel gewonnen. Das photographische Objektiv hat ja in der Regel ein Bildfeld erheblicher Ausdehnung auszuzeichnen. Es ist aber eine bekannte Tatsache, daß z. B. schon die unmittelbare seitliche Umgebung der Brennpunkte einer KARTESischen Fläche durch diese recht mangelhaft abgebildet wird.

Damit also auch nur ein kleines Ebenenstückchen, das durch einen Punkt der Achse geht und senkrecht zu ihr ist, genau oder selbst nur einigermaßen scharf durch endlich geöffnete Strahlenbündel abgebildet wird, genügt es nicht, daß das Bild jenes Achsenpunktes völlig fehlerfrei ist; vielmehr können bei großen Bündelöffnungen im allgemeinen die Bildfehler für Punkte des beschriebenen Ebenenelementes, selbst wenn der zugehörige Achsenpunkt durchaus streng abgebildet wird, von der Größenordnung des Achsenabstandes dieser Punkte sein, d. h. von einer eigentlichen Abbildung kann überhaupt nicht gesprochen werden. Es muß daher für den Strahlenverlauf noch eine weitere Bedingung hinzukommen, durch die auch die Abbildung des genannten ebenen Stückchens gewährleistet wird.

Sind n bzw. n' die Brechungszahlen des Ding- bzw. Bildraumes, u bzw. u' die Neigungswinkel gegen die Achse einander entsprechender Strahlen durch den Achsendingpunkt bzw. durch dessen fehlerfreies Bild, so werden die achsensenkrechten Ebenenelemente in diesem Punkte durch endlich geöffnete Bündel streng ineinander abgebildet, wenn für beliebige u, u' die Gleichung

$$\frac{\sin u'}{\sin u} = \frac{n}{n'} \cdot \frac{1}{\beta} \qquad (1)$$

erfüllt wird; darin ist β die paraxiale Lateralvergrößerung, die der Lage unserer Ebenenelemente entspricht.

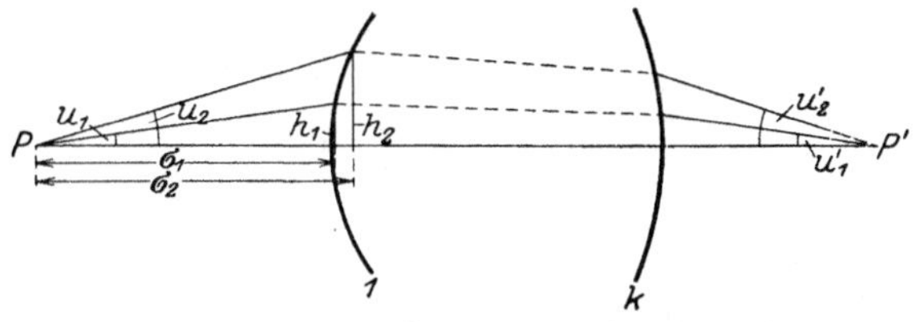

Abb. 125. Von dem Achsenpunkt P, der durch eine k-flächige Folge in den Achsenpunkt P' genau abgebildet wird, gehen verschiedene Strahlen aus, die z. B. mit der Achse den Winkel u_1 oder u_2 einschließen. Der Abstand der Achsenfußpunkte der zugehörigen Einfallshöhen an Fläche 1 von P ist σ_1 oder σ_2. Die Neigungswinkel der entsprechenden Bildstrahlen durch P' sind u_1' oder u_2'.

Liegt, wie bei photographischen Objektiven häufig, das dingseitige Element im Unendlichen, so läßt sich (1) noch vereinfachen. Bezeichnet man allgemein die Entfernung des Achsendingpunktes vom Fußpunkte seiner zu dem Winkel u_1 gehörigen Einfallshöhe h_1 mit σ_1, ebenso mit σ_2 die entsprechende Entfernung für den Winkel u_2 und die zu diesem zugehörige Einfallshöhe h_2, so liest man aus Abb. 125 ab: $\sin u_1 = \frac{h_1}{\sqrt{h_1^2 + \sigma_1^2}}$ und $\sin u_2 = \frac{h_2}{\sqrt{h_2^2 + \sigma_2^2}}$.

Bei Erfüllung der Sinusbedingung ist: $\frac{\sin u_1}{\sin u_2} = \frac{\sin u_1'}{\sin u_2'} = \text{konst}$. Für den Sonderfall, daß der Achsendingpunkt im Unendlichen liegt, wird $\sigma_1 = \sigma_2 = \cdots \infty$ und $\frac{\sin u_1}{\sin u_2} = \frac{h_1}{h_2}$; die Sinusbedingung nimmt also die Form an

$$\frac{h_1}{\sin u_1'} = \frac{h_2}{\sin u_2'} = \cdots \text{konst.} = \frac{h}{\sin u'}.$$

Bezeichnet man mit f_0 die Brennweite der paraxialen Abbildung und bedenkt, daß für diese $\frac{h}{\operatorname{tg} u'} = \frac{h}{\sin u'} = f_0$ ist, so läßt sich die Sinusbedingung nunmehr auch schreiben:

$$\frac{h}{\sin u'} = f_0. \qquad (2)$$

Wird also der unendlich ferne Achsenpunkt durch endlich geöffnete Strahlenbündel streng abgebildet, so ist die Erfüllung von Gleichung (2) notwendig und hinreichend dafür, daß auch seine unmittelbare Umgebung völlig fehlerfrei abgebildet wird.

Die Sinusbedingung trägt ABBEs Namen, der sie 1873 für die Abbildung durch optische Instrumente als erster klar aussprach. Es läßt sich nachweisen, daß in optischen Anordnungen großer Öffnung, die schon vor diesem Zeitpunkte hergestellt wurden, die Sinusbedingung recht gut eingehalten ist. Achsenpunkte, die fehlerfrei durch endlich geöffnete Bündel abgebildet werden, und für die außerdem die Sinusbedingung erfüllt ist, werden heute allgemein in Übereinstimmung mit ABBE aplanatische genannt.

b) Die Bedeutung der Sinusbedingung für photographische Linsen. Sieht man von Ausnahmefällen ab, so wird durch ein photographisches Objektiv kein Punkt der Achse ohne jede sphärische Längsabweichung abgebildet;

vielmehr bleiben auch bei sphärischer Korrektion, wie wir bereits sahen, in der Regel Restfehler übrig. Es könnte daher der Wert der Sinusbedingung zunächst fraglich erscheinen. Tatsächlich ist sie doch von wichtiger Bedeutung; denn bei den Linsenfolgen üblicher sphärischer Korrektion gibt die Einhaltung der ABBEschen Sinusbedingung einen recht zuverlässigen Anhalt dafür, daß auch die seitliche Nachbarschaft des Achsenpunktes mit guter Schärfe durch endlich geöffnete Bündel abgebildet wird.

Man betrachtet deswegen mit Recht auch die Erfüllung der Sinusbedingung als ein wichtiges Merkmal für die optische Leistung eines photographischen Objektivs. Ganz entsprechend den Kurven der sphärischen Längsabweichungen pflegt man daher in ein rechtwinkliges Koordinatenkreuz durch Abtragung des Wertes $\frac{h}{\sin u'} - f_0$ als Abszissen und der Einfallshöhen als Ordinaten die Kurve der Abweichungen von der Sinusbedingung einzutragen, und ebenfalls legt man, um die verschiedensten Objektive miteinander vergleichen zu können, auch für die Kurven der Abweichungen von der Sinusbedingung ein für allemal denselben Maßstab sowohl für die Abszissen als auch für die Ordinaten fest, wobei stets die der paraxialen Brennweite $f_0 = 100$ mm entsprechenden Werte in das Koordinatenkreuz eingetragen werden. Solche Kurven finden sich zahlreich auf S. 249 ff.

Man hat sich neuerdings verschiedentlich um die Untersuchung der Bedingungen bemüht, unter denen auch bei vorhandenen sphärischen Abweichungen eines Achsenpunktes für die Abbildung des durch ihn gehenden achsensenkrechten Ebenenelementes keine weitere Verschlechterung der Schärfe gegenüber der des Achsenpunktes eintritt, und die Bedingungen analytisch formuliert. Hier soll nur auf die einschlägigen Schriften von LIHOTZKY[1] und von STAEBLE[2] verwiesen werden.

Aus den Ausdrücken (5) und (6) auf S. 164 sieht man übrigens, daß auch schon innerhalb des SEIDELschen Abbildungsbereiches bei Korrektion der sphärischen Längsabweichungen, d. h. $S(1) = 0$, die unmittelbare seitliche Umgebung nicht ohne weiteres scharf abgebildet wird. Der Abstand der Punkte dieser Umgebung von der Achse werde durch R gegeben. Wählt man R so klein, daß nur seine erste Potenz in den Entwicklungen für ΔR_k und Δv_k zu berücksichtigen ist, so folgt als Bedingung für das Verschwinden der Abweichungen ΔR_k und Δv_k neben $S(1) = 0$ auch noch $S(2) = 0$. Wenn also $S(1) = S(2) = 0$ ist, so wird innerhalb der SEIDELschen Näherung ein achsensenkrechtes Ebenenelement genau abgebildet. Die Bedingung $S(2) = 0$ ist gleichsam die Spezialisierung der ABBEschen Sinusbedingung auf den SEIDELschen Abbildungsbereich. SEIDEL nannte die Gleichung $S(2) = 0$ die FRAUNHOFERsche Bedingung, da sie bei verschiedenen von FRAUNHOFER geschaffenen astronomischen Fernrohrobjektiven, z. B. bei dem berühmten Königsberger Heliometerobjektiv, gut eingehalten ist.

Vergleicht man die Gleichung (13) auf S. 181 mit dem ABBEschen Sinussatz, so zeigt sich, daß ihr gleichzeitiges Bestehen nur in wenigen Sonderfällen möglich ist; das gleiche Verhalten zeigen im SEIDELschen Abbildungsgebiete die HERSCHELsche und die FRAUNHOFERsche Bedingung. Der einzige für die Photographie in Betracht kommende Fall, bei dem diese beiden gleichzeitig erfüllbar sind, ist die Abbildung in natürlicher Größe.

---

[1] LIHOTZKY, E.: Verallgemeinerung der ABBEschen Sinnesbedingung für Systeme mit nicht gehobener Längenaberration. Wiener Sitz.-Ber. **128**, 85—90 (1919).

[2] STAEBLE, F.: Isoplanatische Korrektion und Proportionalitätsbedingung. Münchn. Sitz.-Ber. **1919**, 163—196. — Vgl. a. M. BEREK: Grundlagen der praktischen Optik, S. 71 ff. Berlin-Leipzig: W. de Gruyter & Co. 1930.

Die zahlenmäßige Bestimmung der Sinusbedingung führen wir für das auf S. 149 gegebene Tessar durch. Seiner „sphärischen Durchrechnung“ auf S. 185—187 können sämtliche dazu benötigten Werte entnommen werden und es ergeben sich dann (für jede der drei Einfallshöhen in einer besonderen, durch römische Ziffern kenntlich gemachten Spalte berechnet) die Werte der Abweichung von der Sinusbedingung als — 0,344, — 0,385 und + 0,038, d. h. sie sind, wie häufig bei photographischen Objektiven, fast von der gleichen Größe wie die zu entsprechenden Einfallshöhen gehörigen sphärischen Abweichungen. Die einfache Rechnung selbst folgt hier:

	I	II	III
$\lg h_1$	67389+0	82441+0	91246+0
$\lg \sin u_7'$	67543−2	82613−2	91234−2
$\lg (h_1/\sin u_7')$	99846+1	99828+1	00012+2
$h_1/\sin u_7'$	99,646	99,605	100,028
f_0	99,990	99,990	99,990
$h_1/\sin u_7' - f_0$	— 0,344	— 0,385	+ 0,038

Die einfachsten gebräuchlichen Folgen aus sphärischen brechenden Flächen, die bei Hebung der sphärischen Abweichungen auch eine Erfüllung der Sinusbedingung zulassen, bestehen aus einer sammelnden und zerstreuenden Linse, die entweder verkittet oder besser noch durch einen kleinen Luftraum voneinander getrennt sind. Diese „aplanatischen“ Formen werden viel als Fernrohrobjektive benutzt, als photographische Objektive nur dann, wenn es gilt, ein kleines Bildfeld scharf auszuzeichnen; das Öffnungsverhältnis derartiger einfacher Objektive kann dabei recht erheblich sein.

Bei Benutzung nichtsphärischer Flächen kann man auch mit einer Einzellinse ein im Abbeschen Sinne aplanatisches Bild auf die Mattscheibe oder lichtempfindliche Schicht entwerfen. Solche aplanatischen Einzellinsen[1] finden in der Photographie natürlich schon deswegen kaum Anwendung, weil ihre Bilder nicht von Farbfehlern frei sind.

15. Die Verzeichnung. a) Erklärung und analytische Formulierung der Verzeichnung[2]. Nachdem die Bildfehler für Punkte der Achse und ihre unmittelbare Umgebung untersucht sind, bleibt noch übrig, die Abbildung der seitlichen Teile des Bildfeldes, die von der Achse endlich entfernt sind, zu betrachten. Sieht man zunächst einmal von der Schärfe des endlich ausgedehnten Bildes ganz ab, so kann dieses auch durchaus noch in anderer Hinsicht von unserem Ideal der Gaussischen Abbildung abweichen. Schon an früherer Stelle wurde als die übliche Aufgabe, die ein photographisches Objektiv zu erfüllen hat, die geometrisch ähnliche Abbildung eines achsensenkrechten, endlichen Ebenenstückes (der Einstellebene) in ein ebensolches (die Mattscheibenebene) bezeichnet. Die Abweichungen von dieser Ähnlichkeit betrachtet man also als einen Bildfehler, und zwar pflegt man ihn Verzeichnung oder auch Distorsion zu nennen.

In Abb. 126 ist $OQ_w = y$ eine achsensenkrechte Strecke in der Einstellebene. Von dem von der Achse endlich entfernten Punkt Q_w geht ein Strahl aus, der unter dem Winkel $\bar{w}$ gegen die Achse geneigt durch die Mitte der Blende des photographischen Objektivs läuft. Diesen Strahl nennt man Hauptstrahl, und wir betrachten ihn hier ganz ohne Rücksicht auf die Art der bildseitigen Zusammen-

[1] Linnemann, M.: Über nicht-sphärische Objektive. Dissert. Göttingen 1905, §§ 2, 4 und 7.

[2] Rohr, M. v.: Über die Bedingungen für die Verzeichnungsfreiheit optischer Systeme mit besonderer Bezugnahme auf die bestehenden Typen photographischer Objektive. Z. f. Instrumentenkde. **1897**, 271—277.

drängung der ursprünglich von Q_w ausgegangenen Strahlen als Träger der von Q_w zum Bilde gestrahlten Lichtenergie, so daß der Durchstoßungspunkt Q_w' des bildseitigen Hauptstrahles mit der zur achsensenkrechten Ebene durch O gehörigen Gaussischen Bildebene als Bild von Q_w gilt. Mit dieser eindeutigen Definition des Bildpunktes — sie stimmt übrigens mit den bei Abbildungen durch photographische Objektive tatsächlich vorkommenden Verhältnissen in der Regel gut überein — läßt sich der Verzeichnungswert auch analytisch leicht fassen.

Bezeichnet man den Abstand des Punktes O von P mit $x_0 + \delta$, worin $x_0 = P_0O$ und $PP_0 = \delta$ sei, und den Abstand des Punktes O' von P' mit $x_0' + \delta'$, worin $x_0' = P_0'O'$ und $P'P_0' = \delta'$ sein soll, so liest man aus der Zeichnung ab:

$$\frac{y'}{y} = \frac{x_0' + \delta'}{x_0 + \delta} \cdot \frac{\operatorname{tg} w'}{\operatorname{tg} w}. \tag{1}$$

P_0 ist das paraxiale Bild der Blendenmitte im Dingraum, P_0' das entsprechende Bild im Bildraum; ihre Lagen und damit x_0 und x_0' sind also von dem Winkel $\bar{w}$

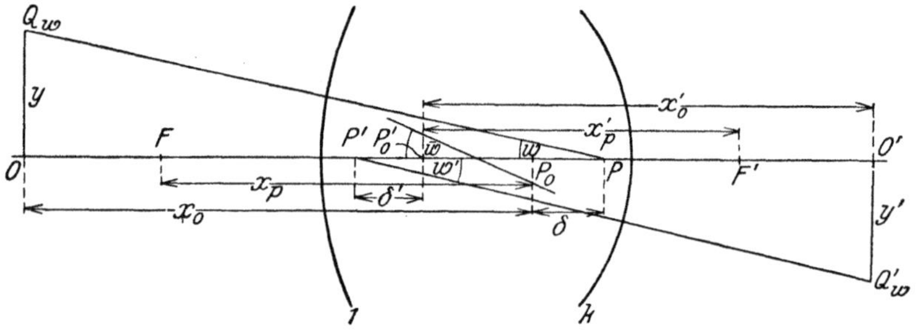

Abb. 126. Das k-flächige photographische Objektiv hat die Gaussischen Brennpunkte F und F' und für sehr kleine Hauptstrahlneigungen die Eintrittspupille P_0 und die Austrittspupille P_0'; hingegen für den endlichen Winkel $\bar{w}$, den ein Hauptstrahl in der Blende mit der Achse bildet, die Eintrittspupille P und die Austrittspupille P'. Der zu dem Winkel $\bar{w}$ gehörige Hauptstrahl bildet mit der Achse dingseitig, also in P, den Winkel w und bildseitig, also in P', den Winkel w'. Das achsensenkrechte Ding $OQ_w = y$ wird durch die optische Achse und den Hauptstrahl mit dem Blendenwinkel $\bar{w}$ in der zur achsenrechten Ebene durch O gehörigen Gaussischen Bildebene als Bild $O'Q_w' = y'$ entworfen.

unabhängig; die Pupillenaberrationen δ und δ' hingegen ändern sich im allgemeinen mit dem Blendenwinkel $\bar{w}$, natürlich auch w und w' die ding- bzw. bildseitigen Hauptstrahlneigungsachsenwinkel.

Die Forderung der Verzeichnungsfreiheit würde darauf hinauslaufen, daß

$$\frac{y'}{y} = \text{konst.} = \beta \tag{2}$$

sei, worin β die laterale Vergrößerung im Paraxialgebiet ist. Für holo- oder hemisymmetrische Objektive ist $\frac{\operatorname{tg} w'}{\operatorname{tg} w} = 1$. Bezeichnet man mit m den Ähnlichkeitsfaktor für Vorder- und Hinterglied, so besteht für die Pupillenaberration eines bestimmten Winkels $\bar{w}$ die Beziehung $m \cdot \delta' = \delta$. Es kann also nach (1) $\frac{y'}{y}$ nur dann konstant werden, wenn auch $m x_0' = x_0$ ist, d. h. nur für eine ganz bestimmte Lage von Ding und Bild. Das hat zuerst R. H. Bow 1861 erkannt.

Im Falle voller Symmetrie der beiden Objektivteile, wo also $m = 1$ ist, kann demnach im allgemeinen nur die Abbildung in natürlicher Größe ($N = 1$) verzeichnungsfrei sein. Sonst können symmetrische Objektive lediglich bei völligem

Fehlen der Pupillenaberrationen, wenn also $\delta = \delta' = 0$ ist, für $N \neq 1$ ohne Verzeichnung abbilden.

Als Maß für die Verzeichnung führt man zweckmäßig den Ausdruck $\frac{y'}{y} \cdot \frac{1}{\beta} - 1$ ein; diese Größe hat den Wert Null, solange bei wachsendem y der Quotient $\frac{y'}{y} = \text{konst.} = \lim_{y=0} \frac{y'}{y} = \beta = \frac{1}{N}$ bleibt, d. h. aber die Abbildung ist verzeichnungsfrei. Bezeichnet man das Maß der Verzeichnung mit V, so folgt aus (1) und unserer Definition:

$$V = N \cdot \frac{x_0' + \delta'}{x_0 + \delta} \cdot \frac{\operatorname{tg} w'}{\operatorname{tg} w} - 1. \tag{3}$$

Aus dieser Gleichung läßt sich die Verzeichnung für beliebige N berechnen; nur für $N = \infty$, d. h. die unendlich ferne Ebene des Dingraumes wird in die Brennebene im Bildraume abgebildet, versagt sie zunächst. Bedenkt man aber, daß in diesem Falle $x_0 + \delta = N \cdot f$ gesetzt werden darf, so wird:

$$V_{N\,\infty} = \frac{x_0' + \delta'}{f} \cdot \frac{\operatorname{tg} w'}{\operatorname{tg} w} - 1\,. \tag{4}$$

b) Graphische Darstellung der Verzeichnung. Abhängigkeit der Verzeichnung von der Dingentfernung. Um eine Vorstellung über den Verlauf der Verzeichnung bei einem bestimmten Abbildungsmaßstab N zu erhalten, genügt es, mit WANDERSLEB[1] für einige Hauptstrahlneigungswinkel (in der Regel zweckmäßig für drei) die Verzeichnungswerte V mit Hilfe von (3) bzw. (4) zu berechnen und sie sich durch eine Kurve in einem Koordinatenkreuze mit den Winkelwerten w als Abszissen und den V-Werten als Ordinaten anschaulich zu machen. Für verschiedene Dingentfernungen, d. h. für variierte N, erhält man eine Schar solcher Kurven. Um Vergleiche mit den Verzeichnungswerten verschiedener Objektive anstellen zu können, sind die Kurven in einem ein für allemal verabredeten Maßstab abzutragen. Auf den S. 249ff. finden sich Beispiele solcher Verzeichnungskurven, allerdings aus Platzgründen nicht durchgängig in einem einzigen Maßstabe.

Nimmt man wie meist als Bildebene die GAUSSische an und bezeichnet den Abstand der paraxialen Eintrittspupille vom dingseitigen Brennpunkte mit x_p und den Abstand der paraxialen Austrittspupille vom bildseitigen Brennpunkte mit x_p', so wird bei hier aus Zweckmäßigkeitsgründen besonders getroffener Vorzeichenwahl, die aus Abb. 126 ersichtlich ist, $x_0 = x_p + N \cdot f$, $x_0' = x_p' + \frac{f}{N}$ und die Definitionsgleichung (3) der Verzeichnung V kann übergeführt werden in:

$$V = \frac{N\,(x_p' + \delta') + f}{x_p + \delta + N \cdot f} \cdot \frac{\operatorname{tg} w'}{\operatorname{tg} w} - 1\,. \tag{3a}$$

[1] WANDERSLEB, E.: Über die Verzeichnungsfehler photographischer Objektive. Z. f. Instrumentenkde. **1907**, 33—37, 75—85. Entgegen den hier gegebenen Ableitungen ist es z. B. für praktische Vermessungsarbeiten meist nicht zweckmäßig, die Verzeichnungsbeträge unter Zugrundelegung der für $\lim w = 0$ sich ergebenden Brennweite zu definieren, sondern es ist unter den für das ganze Bildfeld vorkommenden Brennweiten eine solche auszuwählen, daß die Verzeichnungsbeträge möglichst klein bleiben. Siehe W. MERTÉ: Über einige Zeißobjektive für Photogrammetrie, Ferienkurs in Photogrammetrie, herausgegeben von O. v. GRUBER bei K. Wittwer, Stuttgart 1930, S. 65—80. — W. BLOCK: Die Prüfung von Objektiven auf Verzeichnungsfehler. Jb. d. dtsch. Versuchsanst. f. Luftfahrt **1931**, 567—579.

Für eine bestimmte Winkelneigung w wird die Abhängigkeit der Verzeichnung V vom Maßstab N also durch eine gleichseitige Hyperbel dargestellt, deren Asymptoten parallel zu den Koordinatenachsen N und V laufen. Seiner Definition[1] nach soll N hier nicht negativ sein. Ebenso ist $V = \infty$ auszuschließen. Dann kann man aus der Diskussion jener Hyperbel mit STAEBLE[2] nachstehende Folgerungen ziehen: Für $N = 0$ erhält man einen endlichen Wert von V, der sich mit wachsendem N stets im gleichen Sinne ändert und sich für $N = \infty$ einem bestimmten Grenzwert asymptotisch nähert. Sind für zwei verschiedene N die Verzeichnungskurven bestimmt, so werden also von diesen beiden Kurven die Verzeichnungskurven für alle zwischenliegenden N eingeschlossen. Durchsetzen sich für ein gewisses w zwei Verzeichnungskurven, so gehen auch alle anderen durch denselben Punkt, d. h. die Größe der Verzeichnung wird für diesen Winkel vom Maßstab unabhängig.

Ein triviales Beispiel für die Unabhängigkeit der Verzeichnung vom Dingabstand ist der Fall $w = 0$. Auf Grund der Definition des Verzeichnungswertes V gehen natürlich alle Verzeichnungskurven für $w = 0$ durch den Koordinatenanfang.

Für manche Fragen ist es zweckmäßig, den Verzeichnungsausdruck (3a) umzuformen in:

$$V = \frac{x'_p + \delta'}{f} \cdot \frac{\operatorname{tg} w'}{\operatorname{tg} w} - 1 - \frac{\left(\frac{x_p + \delta}{f} \cdot \frac{x'_p + \delta'}{f} - 1\right) \frac{\operatorname{tg} w'}{\operatorname{tg} w}}{\frac{x_p + \delta}{f} + N}. \tag{3b}$$

Hierin geben die beiden ersten Glieder der rechten Seite die Verzeichnung für $N = \infty$; das letzte gibt dann die Änderung der Verzeichnung für ein beliebiges N gegenüber der für $N = \infty$.

Verschwindet dieses letzte Glied, d. h. wird

$$(x_p + \delta) \cdot (x'_p + \delta') = f^2, \tag{5}$$

so ist die Verzeichnung vom Abbildungsmaßstab unabhängig. Man spricht dann, wenn auch $V_{N=\infty} = 0$ ist, von stationärer Orthoskopie. Die Verzeichnungsfreiheit besteht also für alle Objektabstände, wenn neben (5) noch:

$$\frac{x'_p + \delta'}{f} = \frac{\operatorname{tg} w}{\operatorname{tg} w'} \tag{6}$$

erfüllt ist. (5) ist befriedigt, wenn die Pupillen aberrationsfrei sind, d. h. für:

$$\delta = \delta' = 0.$$

Wir bemerkten bereits, daß bei symmetrischen Objektiven dies überhaupt die einzige Möglichkeit ist, stationäre Orthoskopie zu erhalten. Bei unsymmetrischen Objektiven dagegen kann (5) auch bei Vorhandensein von Pupillenaberrationen befriedigt werden; diese müssen dann einen gewissen für die Eintrittspupille und die Austrittspupille verschiedenen Verlauf haben.

c) Einfluß der Verzeichnung auf das Bild. Die Verzeichnung im SEIDELschen Gebiete. Die Verzeichnung macht sich im Bilde z. B. dadurch

[1] Siehe S. 133.

[2] STAEBLE, F.: Zur Darstellung der Verzeichnungsfehler photographischer Objektive. Z. f. Instrumentenkde. **1907**, 173—178.

bemerkbar, daß gerade Linien im Objekt, die entweder selbst oder deren Verlängerungen die optische Achse nicht treffen, im Bilde als mehr oder weniger gekrümmte Linien erscheinen.

Wird z. B. das Quadrat der Abb. 127, dessen Ebene achsensenkrecht ist und durch dessen Mitte die Achse geht, abgebildet, so ist das Bild bei Verzeichnungsfreiheit wieder ein Quadrat. Hingegen nimmt bei Kleinerwerden des Quotienten $\frac{y'}{y}$ mit wachsendem Winkel w das Bild das Aussehen etwa der Figur in Abb. 128 an. Bei Größerwerden von $\frac{y'}{y}$ mit zunehmendem w wird das Objekt in der Art der Figur in Abb. 129 wiedergegeben; man spricht im ersten Falle von „tonnenförmiger", im zweiten von „kissenförmiger" Verzeichnung.

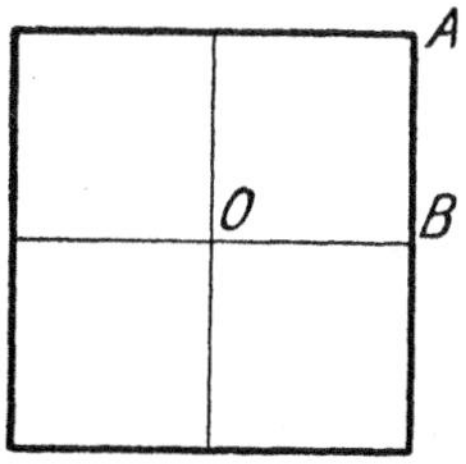

Abb. 127. Quadrat, dessen Ebene achsensenkrecht ist und durch dessen Mittelpunkt O die optische Achse geht.

Verläuft die Verzeichnungskurve nicht monoton, sondern hat sie innerhalb des benutzten Bildfeldes ein Extremum, so können bei geeigneter Größe des Objektquadrates die Mittelteile der abgebildeten Quadratseiten die entgegengesetzte Krümmung haben wie die der nach den Ecken zu gelegenen Bildteile, so daß also die Bilder der Quadratseiten Wendepunkte zeigen.

Es ist im allgemeinen nicht schwierig, die verschiedenen in der Photographie benutzten Objektivtypen so zu korrigieren, daß für allgemeine Zwecke sich die Verzeichnung nicht störend bemerkbar macht. Beträchtlichere Verzeichnungswerte muß man allerdings bei Objektiven mit Vorder- oder Hinterblende in der Regel in Kauf nehmen, ebenso bei Teleobjektiven, so daß man beim Arbeiten mit solchen Objektiven darauf zu achten hat, daß an den Rand des Bildfeldes möglichst nicht die Bilder von geraden Linien (etwa von geraden Kanten von Gebäuden) fallen.

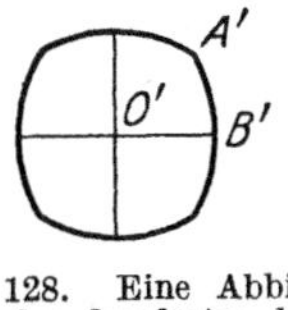

Abb. 128. Eine Abbildung des Quadrates der Abb. 127 mittels tonnenförmig verzeichnenden Objektives.

Will man die Verzeichnung im SEIDELschen Abbildungsbereich bestimmen, so braucht man nur zu bedenken, daß nach unserer obigen Festsetzung als Bildpunkte die Durchstoßungspunkte des Hauptstrahles in der GAUSSischen Bildebene zu gelten haben. Da im Dingraum der Hauptstrahl durch die Mitte der Eintrittspupille, d. h. durch den Pol[1] A_0', geht, sind die Hauptstrahlen bestimmt durch die Gleichung $R' = 0$, und aus dem Ausdruck (5) auf S. 164 sieht man, daß eine verzeichnungsfreie Abbildung vorliegt, wenn

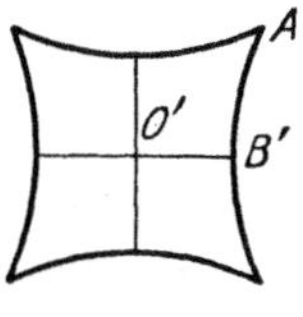

$$\chi^3 S(1) + 3\chi^2 T S(2) + \chi T^2 [2S(3) + S(4)] + T^3 S(5) = 0\,^2. \quad (7)$$

Abb. 129. Eine Abbildung des Quadrates der Abb. 127 mittels kissenförmig verzeichnenden Objektives.

wird. Ist Gleichung (7) nicht erfüllt, so kann man unter Benutzung des Wertes ihrer linken Seite den Verzeichnungsbetrag für den SEIDELschen Bereich berechnen.

d) Die Verzeichnung in einigen Sonderfällen. Zunächst betrachten wir die durch die Planparallelplatte verursachte Verzeichnung. Eine solche Platte ruft, zwischen Objektiv und Bild oder bei endlichem Objektabstand vor das Objektiv gebracht, eine von ihrer Dicke d und ihrer Brechungszahl n

---

[1] S. Abb. 102. [2] S. (20) auf S. 167.

abhängige Verzeichnung hervor, die mit der Neigung des Hauptstrahles gegen die Achse wächst. Bildet dieser nämlich, ehe er auf die Platte trifft, mit der optischen Achse den Winkel i, so wird er, wie man aus Abb. 130 sieht, durch die Platte um den Betrag x verschoben und damit wird auch die ursprüngliche Bildgröße, wie man sie bei Benutzung des bloßen Objektivs erhält, verändert. Führt man noch den Winkel i' durch die Gleichung $\sin i' = \frac{\sin i}{n}$ ein, so läßt sich aus Abb. 130 die Verschiebung x ohne weiteres ablesen als:

$$x = d\,(\operatorname{tg} i - \operatorname{tg} i')\,. \tag{8}$$

x ist also der Plattendicke oder dem Glasweg d direkt proportional. Beispielsweise kann bei manchen Aufnahmen mit Reproduktionsobjektiven und Umkehrprismen, die ja in der Regel einen beträchtlichen Glasweg haben, die durch das Prisma eingeführte Verzeichnung stören. Befindet sich in einem solchen Falle das Prisma zwischen Objekt und Objektiv, so verzeichnet es kissenförmig, bei Unterbringung zwischen Objektiv und Bild dagegen tonnenförmig.

Die zahlenmäßige Berechnung der Verzeichnung führen wir für einen Strahl durch, der das auf S. 149 angegebene Tessar durchläuft und im Dingraume mit dessen optischer Achse den Winkel $w = 29{,}4530^0$ einschließt. Die für unsere Rechnung notwendigen Werte sind der Nullstrahlrechnung auf S. 148 zu entnehmen und der vierten Spalte der Hauptstrahlrechnung auf S. 209—210; außerdem wird zur Bestimmung von $x_p + \delta$ noch die paraxiale Schnittweite s_F des dingseitigen Brennpunktes des Tessars gebraucht, die, wie man sich durch Rückwärtsdurchrechnen des Objektivs überzeugen kann, $s_F = -96{,}135$ mm ist. Der Gang der Berechnung der Verzeichnung für Ding- und Bildgleichheit, d. h. also $N = 1$, ist dann aus rechtsstehendem Schema zu ersehen.

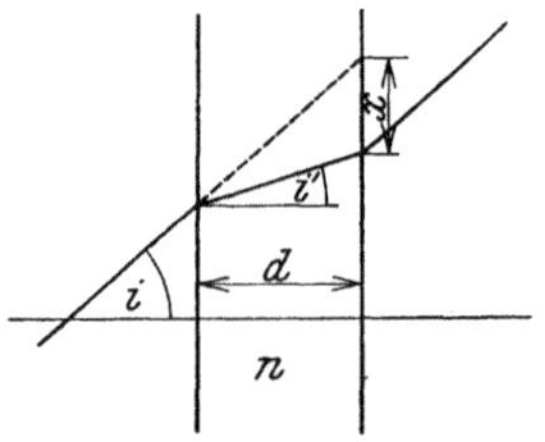

Abb. 130. Versetzung x eines Hauptstrahles, der mit der optischen Achse den Winkel i einschließt, durch Einschaltung einer achsensenkrechten Planparallelplatte der Dicke d und der Brechungszahl n.

Unser Objektiv hat also für den dingseitigen Hauptstrahlneigungswinkel $w = 29{,}4530^0$ und den Reduktionsmaßstab $N = 1$ eine tonnenförmige Verzeichnung von $1{,}8793\,^0/_{00}$, d. h. die zugehörige Bildhöhe ist nicht entsprechend der idealen Abbildung $f \operatorname{tg} w$, sondern in Wirklichkeit nur das 0,9981207fache dieses Ausdruckes. Die Abhängigkeit der Verzeichnung vom Reduktionsmaßstab drückt sich nach (3b) durch eine gleichseitige Hyperbel aus; für unser Zahlenbeispiel ist deren Gleichung: $V = 0{,}00061 - \frac{0{,}0050933}{1{,}04605 + N}$, die in Abb. 131 für positive N anschaulich dargestellt ist; man ersieht aus ihr, daß V für $N = \infty$ seinen größten positiven Wert annimmt, für $N = 0$ dagegen seinen kleinsten Wert (dem absoluten Betrage nach ist es allerdings der größte) und für $N = 7{,}3$ verschwindet. Nachfolgend sind in Tab. 5 noch die numerischen mit 1000 multiplizierten Werte der Verzeichnung für die Hauptstrahlneigungswinkel $w = 17{,}2850^0$ und $w = 24{,}0945^0$ zusammengestellt:

Tabelle 5. 1000 V für verschiedene N und w beim Zahlenbeispiel des Textes.

w	$N = 0$	$N = 1$	$N = 2$	$N = 3$	$N = 5$	$N = 10$	$N = 15$	$N = \infty$
$17{,}2850^0$	$-0{,}33$	$+0{,}23$	$+0{,}42$	$+0{,}52$	$+0{,}61$	$+0{,}70$	$+0{,}74$	$+0{,}81$
$24{,}0945^0$	$-1{,}60$	$-0{,}33$	$+0{,}11$	$+0{,}33$	$+0{,}55$	$+0{,}75$	$+0{,}83$	$+1{,}00$

$x'_p + \delta'$	96,062	$\lg\left(\frac{x_p+\delta}{f} \cdot \frac{x'_p+\delta'}{f}\right)$	00212_{+0}
$\lg(x'_p + \delta')$	98255_{+1}	$\frac{x_p+\delta}{f} \cdot \frac{x'_p+\delta'}{f}$	1,00489
$\lg f$	99998_{+1}	$\frac{x_p+\delta}{f} \cdot \frac{x'_p+\delta'}{f} - 1$	0,00489
$\lg\left(\frac{x'_p+\delta'}{f}\right)$	98257_{-1}	$\lg\left(\frac{x_p+\delta}{f} \cdot \frac{x'_p+\delta'}{f} - 1\right)$	68931_{-3}
$\lg \operatorname{tg} w'$	76950_{-1}	$\lg \frac{\operatorname{tg} w'}{\operatorname{tg} w}$	01769_{+0}
$\lg \operatorname{tg} w$	75181_{-1}	$\lg\left[\left(\frac{x_p+\delta}{f} \cdot \frac{x'_p+\delta'}{f} - 1\right)\frac{\operatorname{tg} w'}{\operatorname{tg} w}\right]$	70700_{-3}
$\lg\left(\frac{\operatorname{tg} w'}{\operatorname{tg} w}\right)$	01769_{+0}	$\frac{x_p+\delta}{f}$	1,04605
$\lg\left(\frac{x'_p+\delta'}{f}\right) \cdot \frac{\operatorname{tg} w'}{\operatorname{tg} w}$	00026_{+0}	N	1
$\frac{x'_p+\delta'}{f} \cdot \frac{\operatorname{tg} w'}{\operatorname{tg} w}$	1,00061	$\frac{x_p+\delta}{f} + N$	2,04605
$\frac{x'_p+\delta'}{f} \cdot \frac{\operatorname{tg} w'}{\operatorname{tg} w} - 1$	0,00061	$\lg\left(\frac{x_p+\delta}{f} + N\right)$	31092_{+0}
$x_p + \delta$	104,599		
$\lg(x_p + \delta)$	01953_{+2}	$\lg\left(\frac{\left(\frac{x_p+\delta}{f} \cdot \frac{x'_p+\delta'}{f} - 1\right)\frac{\operatorname{tg} w'}{\operatorname{tg} w}}{\frac{x_p+\delta}{f} + N}\right)$	39608_{-3}
$\lg f$	99998_{+1}		
$\lg\left(\frac{x_p+\delta}{f}\right)$	01955_{+0}	$\frac{\left(\frac{x_p+\delta}{f} \cdot \frac{x'_p+\delta'}{f} - 1\right)\frac{\operatorname{tg} w'}{\operatorname{tg} w}}{\frac{x_p+\delta}{f} + N}$	0,00248933
$\lg\left(\frac{x'_p+\delta'}{f}\right)$	98257_{-1}		
$\frac{x'_p+\delta'}{f} \cdot \frac{\operatorname{tg} w'}{\operatorname{tg} w} - 1 - \frac{\left(\frac{x_p+\delta}{f} \cdot \frac{x'_p+\delta'}{f} - 1\right)\frac{\operatorname{tg} w'}{\operatorname{tg} w}}{\frac{x_p+\delta}{f} + N}$			$-0{,}0018793$

Es gibt Fälle, bei denen eine besonders weitgehende Beseitigung der Verzeichnung verlangt wird, z. B. bei photographischen Linsen, die für photogrammetrische Aufnahmen benutzt werden. Um einen Anhalt für die dabei vorkommenden Größenordnungen der Verzeichnungsbeträge zu geben, seien in Tab. 6 die 1000fachen Verzeichnungswerte eines ZEISSischen Orthoprotars für drei dingseitige Hauptstrahlneigungswinkel w und den Reduktionsmaßstab $N = \infty$ mitgeteilt.

Tabelle 6.
Die 1000fachen Verzeichnungswerte V eines ZEISSischen Orthoprotars für verschiedene w und $N = \infty$.

$w =$	18,6°	26,7°	33,2°
1000 V	+ 0,19	+ 0,26	+ 0,05

16. Abbildung beliebiger Dingpunkte durch Elementarbündel. a) Bildfeldwölbung und Astigmatismus. Konnte man bei der Untersuchung der Verzeichnung photographischer Objektive die Hauptstrahlen gewissermaßen zu den ausschließlichen Trägern der Abbildung machen, diese Abbildung also gleichsam durch Bündel mit der Öffnung Null verwirklicht denken, so gehen wir jetzt in der Betrachtung der Abbildung der von der Achse endlich entfernten Teile des Bildfeldes einen Schritt weiter und nehmen an, daß die Öffnung der abbildenden Bündel nicht mehr Null, sondern unendlich klein von erster Ordnung ist.

Aus früheren Betrachtungen[1] ist bekannt, daß im allgemeinen ein solches elementares Strahlenbündel, das von einem Dingpunkt ausgeht, schon nach Brechung an einer Fläche nicht mehr homozentrisch ist, daß vielmehr auf dem gebrochenen Hauptstrahl zwei Stellen besonderer Strahlenzusammendrängung liegen, die wir den sagittalen bzw. tangentialen Bildpunkt nannten. Bei einer mehrflächigen Folge ist dieser sagittale bzw. tangentiale Bildpunkt für die nächste Fläche als Ding zu betrachten, und so geht es weiter von Fläche zu Fläche bis in den Bildraum, in welchem dann der sagittale bzw. tangentiale Bildpunkt des ursprünglichen Dingpunktes gefunden wird.

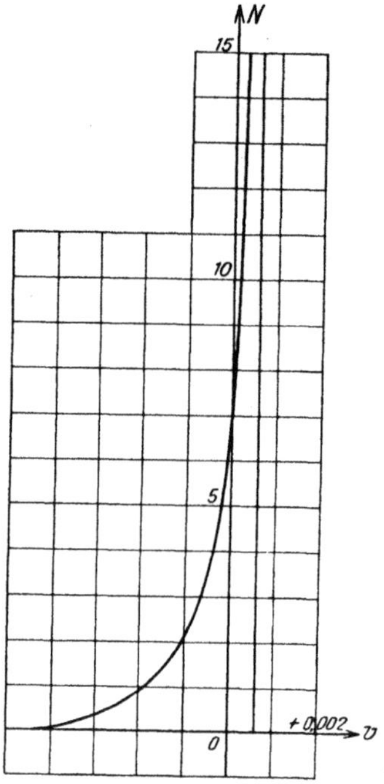

Abb. 131. Abhängigkeit der Verzeichnung V unseres Beispieles vom Reduktionsmaßstab N, und zwar für den Wertebereich $N = 0$ bis $N = 15$. Für $N = \infty$ wird V durch die zur N-Achse parallele Asymptote bestimmt.

Dabei verläuft der Hauptstrahl immer in der durch Dingpunkt und optische Achse bestimmten Meridianebene, ebenso verlassen die Strahlen des meridionalen Elementarbüschels diese Meridianebene nicht, dagegen verlaufen die Strahlen des sagittalen Fächers in den Sagittalschnitten des Hauptstrahles. Diese Sagittalschnitte ändern mit jeder Brechung ihre Lage, sind aber immer festgelegt als zum Meridianschnitte senkrechte Ebenen durch den jeweiligen Hauptstrahlteil.

Wie auf S. 156 entwickelt, erfolgt die rechnerische Ermittlung des sagittalen und tangentialen Bildpunktes durch die dortigen Gleichungen (30) und (29), wobei die Bestimmungsstücke des Hauptstrahles als bekannt vorausgesetzt sind. Schreibt man die genannten Gleichungen

$$\mathfrak{s}_q' = \frac{\mathfrak{s}_q r_q n_q'}{(n_q' \cos i_q' - n_q \cos i_q)\, \mathfrak{s}_q + n_q r_q}, \tag{1}$$

$$t_q' = \frac{t_q r_q n_q' \cos^2 i_q'}{(n_q' \cos i_q' - n_q \cos i_q)\, t_q + n_q r_q \cos^2 i_q}, \tag{2}$$

so erkennt man, daß $\mathfrak{s}_q'$ und $\mathfrak{s}_q$ bzw. t_q' und t_q durch eine gebrochene lineare Substitution einander zugeordnet werden. Da $\mathfrak{s}_q'$ mit $\mathfrak{s}_q$ und t_q' mit t_q verschwinden, so bilden die sagittalen bzw. tangentialen Bildpunkte zu den Punkten des Hauptstrahles im Dingraume perspektive Punktreihen; denn im Schnittpunkt der beiden Punktreihenträger (des an der brechenden q-ten Fläche ein- und austretenden Hauptstrahles) fallen einander entsprechende Punkte je einer Reihe zusammen. Das Perspektivitätszentrum für die sagittalen Bildpunkte ist bekanntlich der Mittelpunkt der brechenden Kugelfläche; das der tangentialen Bildpunkte ist etwas verwickelter zu finden: eine Anweisung dafür steht z. B. im Handbuch der Physik[2] 18, S. 70/71. Mit den Gleichungen (1) und (2) lassen sich also im allgemeinen zu einem in endlicher Entfernung von der Achse liegenden Punkt je ein sagittaler und tangentialer Bildpunkt finden. Dieser Sachverhalt bedeutet für die in der Photographie übliche Abbildung, d. h. für die Abbildung

[1] Vgl. S. 155.
[2] Herausgegeben von H. GEIGER und K. SCHEEL. Berlin: Julius Springer 1927.

einer achsensenkrechten Dingebene, daß eine zentrierte Flächenfolge die Dingebene vermittelst Elementarbündeln auf zwei Bildschalen abbildet, wie das schematisch in Abb. 132a zu sehen ist. Die achsennahen Dingebenenteile unterliegen natürlich einer paraxialen Abbildung. Sie werden also streng in die Gaussische Bildebene abgebildet; analytisch drückt sich das dadurch aus, daß bei der Annahme $\mathfrak{f}_q = t_q$ für unendlich kleine Winkel i_q bzw. i'_q, $\mathfrak{f}'_q$ und t'_q sich nur um unendlich kleine Größen höherer Ordnung voneinander unterscheiden können.

Aus Symmetriegründen kann man weiter folgern, daß die sagittale und tangentiale Bildschale Drehungsflächen sind mit der optischen Achse als Drehungsachse; ihre Rotationspole fallen in den Gaussischen Bildpunkt des Achsenpunktes der Dingebene, deren Gaussische Bildebene dort die beiden Schalen berührt.

Dient als photographisches Objektiv eine einfache Linse oder auch eine einem Fernrohrobjektiv ähnliche Anordnung aus einer sammelnden und einer zerstreuenden Linse, so können die Bildschalen ein ähnliches Aussehen wie in Abb. 132a haben. In den weitaus meisten Fällen sind derartige Leistungen des photographischen Objektivs nicht ausreichend, vielmehr ist von ihm zu fordern, daß die Dingebene auf eine einzige Fläche abgebildet wird, daß, wie man sagt, die Abbildung frei von Astigmatismus oder anastigmatisch ist, und weiter auch noch, daß die zusammenfallenden Bildschalen möglichst wenig gekrümmt sind, sich vielmehr der Gaussischen Bildebene eng anschmiegen; man spricht dann von anastigmatischer Ebnung des Bildfeldes. Die photographischen Objektive, deren Abbildungen die Forderung nach anastigmatischer Ebnung eines beträchtlichen Bildfeldes erfüllen, nennt man Anastigmate. Nur in seltenen Sonderfällen wird von einer photographischen Flächenfolge scharfe Abbildung auf einer gekrümmten Fläche verlangt.

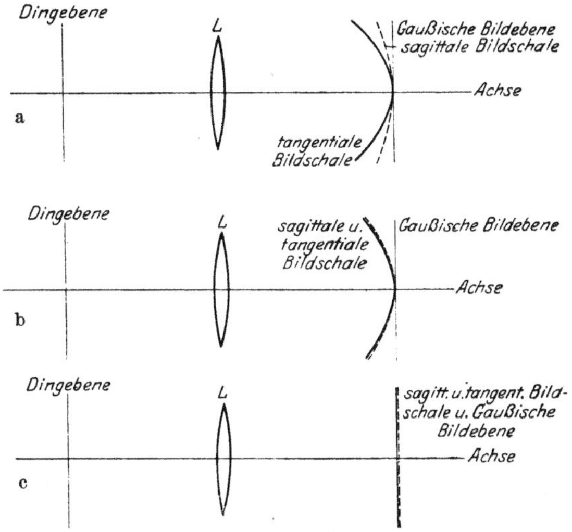

Abb. 132a—c. Schematische Abbildung einer endlich ausgedehnten, achsensenkrechten Dingebene durch das Objektiv L. a) Die Dingebene wird in zwei Bildschalen abgebildet, nämlich in eine sagittale und eine tangentiale. b) Die Abbildung der Ebene ist frei von Astigmatismus, das Bildfeld aber gekrümmt. c) Das Bild der Ebene ist anastigmatisch geebnet. In diesem Falle kann man das Objektiv L Anastigmat nennen.

In Abb. 132c ist schematisch die anastigmatische Abbildung der Dingebene in eine Ebene gezeigt; als photographisches Objektiv ist dort der Einfachheit halber eine bikonvexe Sammellinse gezeichnet; in Wirklichkeit läßt sich eine solche Abbildung durch eine Einzellinse mit nur sphärischen Flächen nicht erreichen. In Abb. 132b ist schematisch die Abbildung der Dingebene auf eine gekrümmte Fläche dargestellt; es liegt Anastigmasie vor, nicht aber Ebnung des Bildfeldes.

Die rechnerische Ermittlung des Astigmatismus und der Bildkrümmung kann man sich an Abb. 133 klarmachen. Darin bedeutet AQ den bildseitigen Hauptstrahl, der vom abzubildenden Dingpunkt ausgegangen ist und eine k-flächige Folge durchlaufen hat, u'_k ist sein Neigungswinkel gegen die Achse; P'_{ks} bzw. P'_{kt} sind der sagittale bzw. tangentiale Bildpunkt jenes Dingpunktes. Der

Fußpunkt des von diesem ausgehenden Achsenlotes hat als GAUSSisches Bild den Punkt P'. Als Maß für Astigmatismus wählt man die Differenz:

$$\varDelta = t'_k - \mathfrak{f}'_k. \tag{3}$$

Als sagittale Bildkrümmung K_s bezeichnet man den Abstand des Punktes P'_{ks} von der durch P' gehenden achsensenkrechten Ebene, also

$$K_s = C\,P'_{ks} = \mathfrak{f}'_k \cos u'_k - S_k\,P' + S_k\,B = \mathfrak{f}'_k \cos u'_k - B\,P', \tag{4}$$

worin $S_k\,B$ die zu der Austrittshöhe $Q\,B$ des Hauptstrahles gehörige Pfeilhöhe ist. Ebenso wird die tangentiale Bildkrümmung K_t bestimmt durch

$$K_t = D\,P'_{kt} = t'_k \cdot \cos u'_k - S_k\,P' + S_k\,B = t'_k \cdot \cos u'_k - B\,P'. \tag{5}$$

Oft mißt man übrigens den Astigmatismus photographischer Objektive auch durch die Differenz:

$$K_t - K_s = \varDelta \cdot \cos u'_k. \tag{3a}$$

Wie die bisher besprochenen Bildfehler werden auch die sagittale wie tangentiale Bildfeldwölbung durch Kurven in einem rechtwinkligen Koordinatenkreuz anschaulich gemacht. Als Ordinaten trägt man die Winkel ab, unter denen die von den Dingpunkten kommenden Hauptstrahlen in das Objektiv eintreten, als Abszissen die zugehörigen Werte von K_s bzw. K_t. Bestimmt man diese stets für die paraxiale Brennweite $f_0 = 100$ mm und hält ein für allemal an dem gewählten Maßstab fest, so kann man die sagittalen und tangentialen Bildfeldwölbungen der einzelnen Objektivtypen untereinander vergleichen. Die Abszissendifferenz je eines Punktes gleicher Ordinate der beiden Bildkrümmungskurven ergibt dann den Ausdruck $\varDelta \cdot \cos u'_k$, ist also ein Maß für den Astigmatismus. Auf S. 249ff. finden sich zahlreiche derartige Kurven. Als besonders erwähnenswertes Beispiel seien die Bildkrümmungskurven des Hypergons in Abb. 245b hervorgehoben, das bis zu einem überaus großen Winkel ungewöhnlich kleine Bildkrümmungen hat.

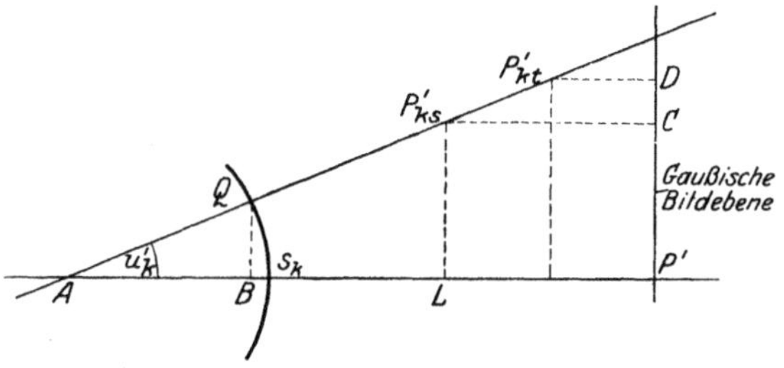

Abb. 133. AQ ist ein im Bildraum eines k-flächigen photographischen Objektivs gelegener Hauptstrahl, der mit der optischen Achse den Winkel u_k' einschließt. P'_{ks} und P'_{kt} sind sagittaler bzw. tangentialer Bildpunkt eines Punktes, der auf dem zu $A\,Q$ gehörigen dingseitigen Hauptstrahl und auf jener achsensenkrechten Dingebene liegt, die bei sog. idealer Abbildung in die GAUSSische Bildebene $P'C\,D$ abgebildet würde.

b) Abhängigkeit der Bildkrümmung und des Astigmatismus von der Dingentfernung. Auch der Astigmatismus und die Bildfeldwölbungen sind selbstverständlich von der Lage der Dingebene abhängig. Diese Abhängigkeit ist klargestellt in einem Aufsatze des Verfassers[1]; hier mögen einige Mitteilungen daraus genügen. Die durch (1) vermittelte Zuordnung sagittaler Schnittweiten ist in physikalisch zu verwirklichenden Fällen stets eineindeutig, so daß also zu einem beliebigen Dingpunkt ein sagittaler Bildpunkt und umgekehrt gehört; das gleiche gilt für die Zuordnung tangentialer Schnittweiten durch (2), sofern der Fall streifenden Ein- oder Austrittes des Hauptstrahles an einer brechenden Fläche ausgeschlossen wird.

[1] MERTÉ, W.: Z. Physik **1920**, H. 2, 174ff.

Die Zuordnung der Ding- und sagittalen bzw. tangentialen Bildpunkte gilt nun nicht nur für eine brechende Fläche, sondern für jede beliebige sphärische zentrierte Flächenfolge, also derart, daß zu jedem Punkte des dingseitigen Hauptstrahles auf dem Hauptstrahl im Bildraume je ein sagittaler bzw. tangentialer Bildpunkt liegt. Die Schnittweiten dieser beiden Bildpunkte kann man auch folgendermaßen berechnen: bezeichnet man den sagittalen bzw. tangentialen Bildpunkt des unendlich fernen Punktes des dingseitigen Hauptstrahles mit F_s' bzw. F_t' und deren Schnittweiten mit $\mathfrak{f}_f'$ bzw. t_f' und denkt man sich in umgekehrter Lichtrichtung den unendlich fernen Punkt des bildseitigen Hauptstrahles durch enge Bündel in den sagittalen Bildpunkt F_s und in den tangentialen Bildpunkt F_t abgebildet und nennt die zugehörigen Schnittweiten $\mathfrak{f}_f$ bzw. t_f, so lassen sich die Gleichungen

$$(\mathfrak{f}_1 - \mathfrak{f}_f) \cdot (\mathfrak{f}_k' - \mathfrak{f}_f') = \text{konst.} = a \tag{6}$$

$$(t_1 - t_f) \cdot (t_k' - t_f') = \text{konst.} = b \tag{7}$$

aufstellen. Darin sind $\mathfrak{f}_1$ die sagittale Schnittweite des Dingpunktes, $\mathfrak{f}_k'$ die des zugehörigen Bildpunktes, t_1 die tangentiale Schnittweite des Dingpunktes, also in der Regel $\mathfrak{f}_1 = t_1$, und t_k' die Schnittweite des zugehörigen tangentialen Bildpunktes. Die genannten Schnittweiten werden natürlich sämtlich auf den Hauptstrahlen gemessen, und zwar von den anliegenden Flächen ab, also $\mathfrak{f}_1$ und t_1 von Fläche 1 ab, $\mathfrak{f}_k'$ und t_k' von Fläche k ab. Weiter ist

$$a = -\left(\frac{\mathfrak{f}_1' \cdot \mathfrak{f}_2' \cdots \mathfrak{f}_k'}{\mathfrak{f}_2 \cdot \mathfrak{f}_3 \cdots \mathfrak{f}_k}\right)^2_{\mathfrak{f}_1 = \infty} = -f_s^2, \tag{8}$$

$$b = -\left[\frac{\cos i_1 \cdot \cos i_2 \cdots \cos i_k}{\cos i_1' \cdot \cos i_2' \cdots \cos i_k'} \left(\frac{t_1' \cdot t_2' \cdots t_k'}{t_2 \cdot t_3 \cdots t_k}\right)_{t_1 = \infty}\right]^2 = -f_t^2. \tag{9}$$

f_s und f_t pflegt man die sagittale bzw. tangentiale Bildbrennweite ihres Hauptstrahles zu nennen. Bestimmt man den durch $\mathfrak{f}_1 = t_1$ gegebenen Dingpunkt P

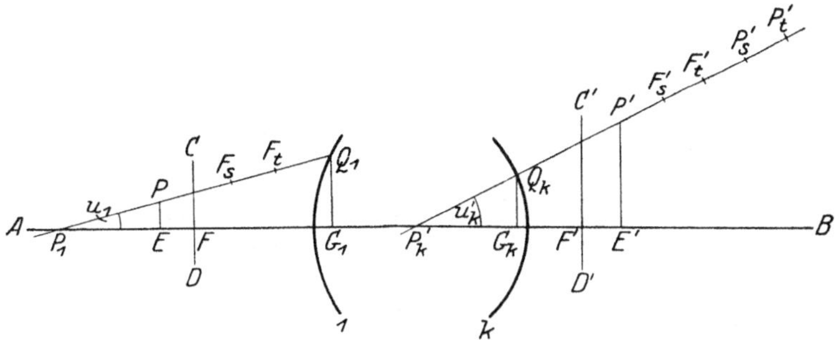

Abb. 134. Der auf dem Hauptstrahl P_1Q_1 und der achsensenkrechten Ebene PE gelegene Punkt P wird durch enge Bündel in den sagittalen Bildpunkt P_s' und in den tangentialen Bildpunkt P_t' abgebildet. $P'E'$ ist das sog. ideale Bild von PE. F_s, F_s' sind die sagittalen, F_t, F_t' die tangentialen Brennpunkte des Hauptstrahles $P_1Q_1P_k'Q_k$. CD und $C'D'$ sind die Brennebenen des abbildenden k-flächigen photographischen Objektivs, AB ist seine optische Achse, mit der der dingseitige Hauptstrahl P_1Q_1 den Winkel u_1 und der bildseitige Hauptstrahl den Winkel u_k' einschließt. G_1 bzw. G_k sind die Fußpunkte der Achsenlote durch Q_1 bzw. Q_k.

(vgl. Abb. 134) durch die Entfernung des Fußpunktes E seines Achsenlotes vom dingseitigen paraxialen Brennpunkt F, also durch

$$FE = -Nf, \tag{10}$$

worin f die positiv zu rechnende ding- oder bildseitige GAUSSische Brennweite der k-flächigen photographischen Folge sei, und wird ferner der Abstand des Fußpunktes G_1 der Einfallshöhe $Q_1 G_1$ des Hauptstrahles an Fläche 1 vom dingseitigen GAUSSischen Brennpunkte F mit δ bezeichnet, so findet man

$$\left.\begin{aligned} s'_k &= \frac{s'_f \cdot N + A_s}{N + B_s}, & t'_k &= \frac{t'_f \cdot N + A_t}{N + B_t}, \\ &\text{worin zur Abkürzung gesetzt ist:} \\ B_s &= \frac{s_f \cdot \cos u - \delta}{f}, & B_t &= \frac{t_f \cdot \cos u - \delta}{f}, \\ A_s &= \frac{f_s^2 \cos u + s'_f s_f \cdot \cos u - s'_f \cdot \delta}{f}, & A_t &= \frac{f_t^2 \cdot \cos u + t'_f \cdot t_f \cdot \cos u - t'_f \cdot \delta}{f}. \end{aligned}\right\} \quad (11)$$

Durch die beiden ersten Gleichungen in (11) wird also die Abhängigkeit des s'_k bzw. t'_k oder des zugehörigen sagittalen bzw. tangentialen Bildpunktes vom Abbildungsmaßstab N und damit von der Lage des Punktes P ausgedrückt.

Die zwischen s'_k und N bzw. t'_k und N bestehenden Beziehungen sind in einem rechtwinkligen Koordinatenkreuz durch gleichseitige Hyperbeln darstellbar, deren Asymptoten parallel zu den Koordinatenachsen N und s'_k bzw. N und t'_k laufen. Durch die Schnittweiten s'_k bzw. t'_k ist zu jedem Punkte des Hauptstrahles ein sagittaler bzw. tangentialer Bildpunkt zugeordnet. Diese sagittalen Bildpunkte sind zu den Dingpunkten projektiv, das gleiche läßt sich von den tangentialen Bildpunkten sagen, also sind auch die sagittalen Bildpunkte zu den tangentialen Bildpunkten projektiv. Auf dem im Bildraume verlaufenden Hauptstrahle liegen demnach zwei projektive Punktreihen. Von solchen ist bekannt, daß es zwei und nur zwei sich selbst entsprechende Punkte gibt oder es fallen überhaupt alle sich entsprechende Punkte zusammen; sich selbst entsprechende Punkte bedeuten aber hier nichts anderes als eine anastigmatische Abbildung der zugehörigen Dingpunkte. Es gibt also auf einem Hauptstrahle höchstens zwei Dingpunkte, deren Bilder anastigmatisch sind; gibt es deren mehr, so sind die Bilder aller Dingpunkte anastigmatisch. Ein solcher Fall liegt vor, wenn der Hauptstrahl mit der optischen Achse zusammenfällt[1].

Die Differenz

$$\varDelta = t'_k - s'_k = \frac{t'_f \cdot N + A_t}{N + B_t} - \frac{s'_f \cdot N + A_s}{N + B_s} \quad (12)$$

gibt die Abhängigkeit des Astigmatismus vom Abbildungsmaßstab bzw. der Dingentfernung an. Der Astigmatismus $\varDelta$ verschwindet demnach für solche N, die der Gleichung

$$\frac{t'_f N + A_t}{N + B_t} - \frac{s'_f N + A_s}{N + B_s} = 0 \quad (13)$$

genügen.

In ähnlicher Weise läßt sich auch die Abhängigkeit der beiden Bildfeldwölbungen K_s und K_t von N ermitteln. Man erhält dabei folgenden Satz: Es gibt auf jedem Hauptstrahle zwei und nur zwei Dingpunkte, deren sagittale bzw. tangentiale Bildpunkte in den zugehörigen GAUSSischen Bildebenen liegen;

---

[1] Es gibt aber auch gegen die Achse geneigte Hauptstrahlen, die in ihrer ganzen Ausdehnung anastigmatisch abgebildet werden. Vgl. W. MERTÉ: Beiträge zur Abbildung des Raumes durch enge Bündel. Z. Physik **1929**, S. 747ff.

gibt es mehr als zwei solche Dingpunkte, so fallen sie sämtlich in ihre GAUSSischen Bildebenen.

c) Bildkrümmung und Astigmatismus im SEIDELschen Gebiet. Zur Untersuchung der Abbildung durch elementare Strahlenbündel im SEIDELschen Bereich[1] hat man R' als so klein anzunehmen, daß nur seine erste Potenz berücksichtigt werden darf. Ist dann R von gleicher Größenordnung, so hat man die paraxiale Abbildung. Sieht man von dieser hier ab — d. h. von R ist auch noch die dritte Potenz in Rechnung zu stellen —, so läßt sich natürlich auch bei der SEIDELschen Näherung die Strahlenvereinigung im meridionalen und sagittalen Strahlenbüschel betrachten und somit der sagittale bzw. tangentiale Bildpunkt finden.

Ohne an Allgemeinheit einzubüßen, kann der Dingpunkt als durch R, $v = 0$ gegeben, angenommen werden; d. h. nichts anderes, als daß die Richtung des Fahrstrahles zum Dingpunkt als Polarachse gewählt ist. Die Durchstoßungspunkte der vom Dingpunkte ausgehenden Strahlen des meridionalen Elementarbüschels in der Ebene der Eintrittspupille sind dann durch R', $v' = 0$ bestimmt. Aus (5) auf S. 164 folgt dann:

$$\left.\begin{aligned} \varDelta R_k &= R' R^2 \frac{3\chi^2 S(1) + 6\chi T S(2) + T^2[2S(3) + S(4)]}{2T^3} \\ &\quad - R^3 \frac{\chi^3 S(1) + 3\chi^2 T S(2) + \chi T^2[2S(3) + S(4)] + T^3 S(5)}{2T^3}, \\ &\text{und selbstverständlich ist } \varDelta v_k = 0. \end{aligned}\right\} \quad (14)$$

Soll der tangentiale Bildpunkt in die GAUSSische Bildebene fallen, also die tangentiale Bildkrümmung $K_t = 0$ werden, so muß nach (14) $\varDelta R_k$ für jedes beliebige R' den gleichen Wert haben, d. h.

$$3\chi^2 S(1) + 6\chi T S(2) + T^2[2S(3) + S(4)] = 0 \quad (15)$$

sein. Diese Gleichung, die nach (19) auf S. 166 auch

$$\sum_{q=1}^{k} 3\left(\frac{Q_{qx}}{Q_{qx} - Q_{qs}}\right)^2 \varDelta\left(\frac{1}{n_q s_{0q}}\right) - \frac{1}{r_q}\varDelta\left(\frac{1}{n_q}\right) = 0 \quad (15\,\text{a})$$

geschrieben werden darf, ist also im SEIDELschen Bereiche notwendige und hinreichende Bedingung für die Ebenung der tangentialen Bildschale.

Andererseits sind die Durchstoßungspunkte der vom Dingpunkte ausgehenden Strahlen des sagittalen Elementarbüschels in der Ebene der Eintrittspupille festgelegt durch R', $v' = \frac{\pi}{2}$. Aus (5) und (6) auf S. 164 wird also:

$$\left.\begin{aligned} \varDelta R_k &= -R^3 \frac{\chi^3 S(1) + 3\chi^2 T S(2) + \chi T^2[2S(3) + S(4)] + T^3 S(5)}{2T^3} \\ \text{und}\quad R \cdot \varDelta v_k &= R' R^2 \frac{\chi^2 S(1) + 2\chi T S(2) + T^2 S(4)}{2T^3} \end{aligned}\right\}. \quad (16)$$

$\varDelta R_k$ wird also ohne weiteres unabhängig von R', dagegen $\varDelta v_k$ nur, wenn

$$\chi^2 S(1) + 2\chi T S(2) + T^2 S(4) = 0 \quad (17)$$

wird. Letztere Gleichung, die nach (21) auf S. 167 durch

$$\sum_{q=1}^{k} \left(\frac{Q_{qx}}{Q_{qx} - Q_{qs}}\right)^2 \varDelta\left(\frac{1}{n_q s_{0q}}\right) - \frac{1}{r_q}\varDelta\left(\frac{1}{n_q}\right) = 0 \quad (17\,\text{a})$$

[1] Vgl. S. 162ff.

ersetzt werden kann, ist demnach für den SEIDELschen Bereich notwendige und hinreichende Bedingung für die Ebenung der sagittalen Bildschale, d. h. $K_s = 0$.

Das gleichzeitige Bestehen von (15) und (17) ist notwendige und hinreichende Bedingung für anastigmatische Bildfeldebnung. Ist von den beiden Gleichungen (15) und (17) nicht eine erfüllt, so wird auch im SEIDELschen Bereiche die achsensenkrechte Dingebene durch Elementarbündel auf je eine gekrümmte Fläche der sagittalen bzw. tangentialen Bildpunkte abgebildet.

Bei den hier in Frage kommenden Größenordnungen können diese beiden Bildflächen durch ihre Schmiegungskugel im Rotationspole, der das GAUSSsische Bild des zugehörigen Achsendingpunktes ist, ersetzt werden. Bezeichnet man den Radius der Schmiegungskugel der sagittalen Bildschale mit r_s und den der tangentialen Bildschale mit r_t, so läßt sich zeigen, daß die linken Seiten der Gleichungen (15a) und (17a) den negativen Kehrwerten dieser Radien bezüglich gleich sind, sofern — wie fast immer bei photographischen Abbildungen — die Brechungszahl des Bildraumes $n_k' = 1$ gesetzt werden darf. Es ist nämlich:

$$\frac{1}{n_k' \cdot r_t} = -\left[\sum_{q=1}^{k} 3\left(\frac{Q_{qx}}{Q_{qx}-Q_{qs}}\right)^2 \Delta\left(\frac{1}{n_q s_{0q}}\right) - \frac{1}{r_q} \Delta\left(\frac{1}{n_q}\right)\right] \tag{18}$$

und

$$\frac{1}{n_k' \cdot r_s} = -\left[\sum_{q=1}^{k} \left(\frac{Q_{qx}}{Q_{qx}-Q_{qs}}\right)^2 \Delta\left(\frac{1}{n_q s_{0q}}\right) - \frac{1}{r_q} \Delta\left(\frac{1}{n_q}\right)\right]. \tag{19}$$

Als Bedingung für die Beseitigung des Astigmatismus einer Linsenfolge hat man nunmehr:

$$\frac{1}{n_k' \cdot r_t} - \frac{1}{n_k' \cdot r_s} = 0 \quad \text{oder} \quad \sum_{q=1}^{k} \left(\frac{Q_{qx}}{Q_{qx}-Q_{qs}}\right)^2 \Delta\left(\frac{1}{n_q s_{0q}}\right) = 0. \tag{20}$$

Die beiden oben aufgestellten Bedingungen (15) und (17) können also bei gleichzeitiger Erfüllung, d. h. bei anastigmatischer Bildfeldebenung, durch (20) und durch

$$\sum_{q=1}^{k} \frac{1}{r_q} \Delta\left(\frac{1}{n_q}\right) = 0 \tag{21}$$

ersetzt werden. Letztere Gleichung ist die PETZVALsche Bedingung, die J. PETZVAL im Jahre 1843 veröffentlichte, und zwar in der Form

$$\sum \frac{\varphi}{n} = 0, \tag{21a}$$

worin φ die Kehrwerte der Brennweiten der einzelnen Linsen, gebildet unter Vernachlässigung der Linsendicken, und n die Brechungszahlen dieser Linsen sind. Dabei sei nochmals ausdrücklich darauf hingewiesen, daß die Erfüllung der beiden Gleichungen (20) und (21) die anastigmatische Bildfeldebenung nur für ein mäßig großes Bildfeld garantiert, wie es eben durch die Größenordnung des R festgelegt ist. Es gibt z. B. photographische Objektive mit ausgedehntem, gut anastigmatisch geebnetem Bildfelde, bei denen der Ausdruck $\sum \frac{\varphi}{n}$ von Null erheblich verschieden ist.

d) Einfluß der Bildkrümmung und des Astigmatismus auf das Bild. Bildfeldwölbung und Astigmatismus machen sich durch Unschärfe der seitlichen Teile des Bildfeldes bemerkbar, und zwar oft in ganz charakteristischer Weise. Wird z. B. die in Abb. 135 dargestellte Zeichnung durch ein mit Bildkrümmung und Astigmatismus behaftetes photographisches Objektiv abgebildet (die Ebene der Zeichnung möge dabei achsensenkrecht sein und der Mittelpunkt der Kreisschar in die Achse fallen), so gibt es, sofern die Erscheinungen nicht durch andere Bildfehler verdeckt werden, zunächst eine Einstellung, bei der die Bildmitte scharf wird, und zwar sowohl die Durchmesser als auch die Bögen der Kreise (vgl. Abb. 136). Mit fortschreitender Entfernung von der Bildmitte werden dabei Durchmesser und Bögen der Kreise immer unschärfer. Es läßt sich aber weiter eine Stellung der Bildebene finden, bei der nur die äußeren Teile der Durchmesser scharf werden (vgl. Abb. 137) und eine andere Stellung der Bildebene, bei der nur die Bögen der größten Kreise gut abgebildet werden (vgl. Abb. 138). Im ersten Falle ist auf die sagittalen Bildpunkte eingestellt, im letzteren Falle auf die tangentialen.

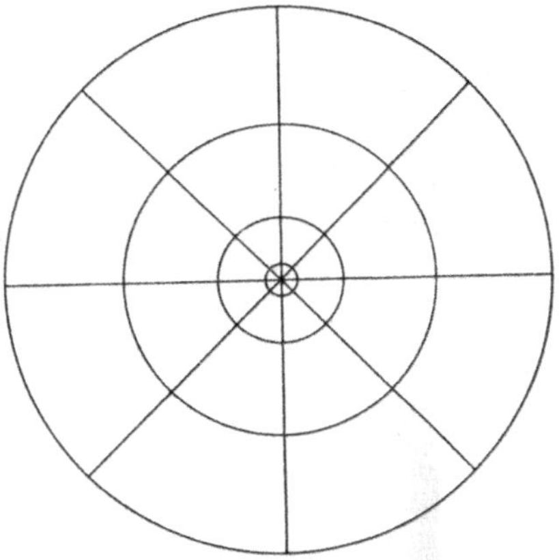

Abb. 135. Prüfobjekt für Astigmatismus.

Bei den üblichen Anastigmaten hingegen, die ein anastigmatisch geebnetes Bildfeld haben, sind meist Bildkrümmung und Astigmatismus für diejenige Hauptstrahlneigung ganz oder nahezu gehoben, die etwa dem Rande des benötigten Bildfeldes entspricht.

Für dazwischenliegende Hauptstrahlneigungen sind aber mehr oder weniger merkbare Restfehler der Bildkrümmung und des Astigmatismus vorhanden, die für die zugehörigen Bildteile ähnliche Erscheinungen hervorrufen können, wie sie in den Abb. 136—138 zu sehen sind. Eine ausgleichende Einstellung zwischen Mitte, Rand und den dazwischenliegenden Bildteilen gibt dann oft eine gleichmäßigere Schärfeverteilung über

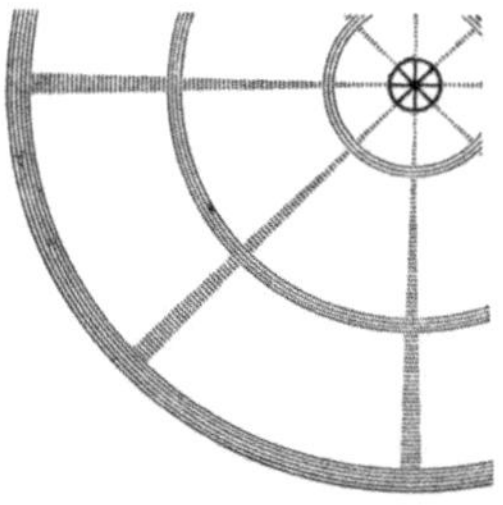

Abb. 136. Aussehen des astigmatischen Bildes bei Einstellung auf die Bildmitte.

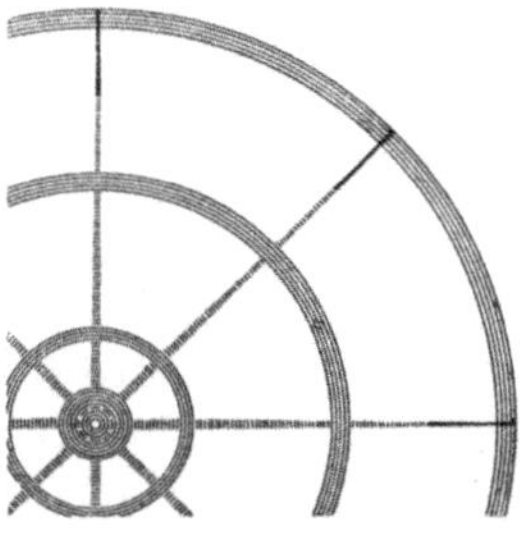

Abb. 137. Aussehen des astigmatischen Bildes bei Einstellung auf den Rand der sagittalen Bildschale.

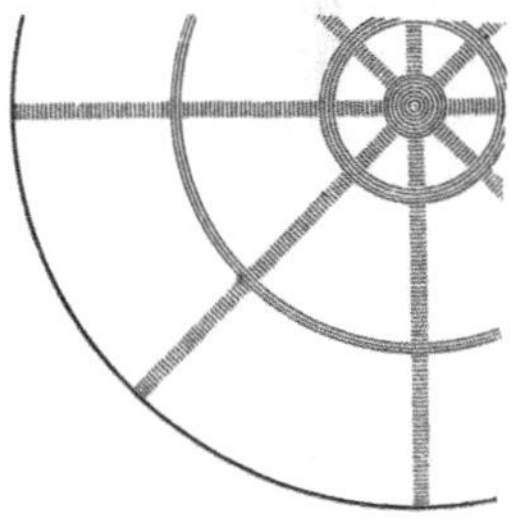

Abb. 138. Aussehen des astigmatischen Bildes bei Einstellung auf den Rand der tangentialen Bildschale.

das ganze Bildfeld hin. Die zur Zeit besten Anastigmate zeigen eine recht weitgehende Gleichmäßigkeit der Schärfe von der Mitte bis zum Rande des Bildes.

Wird auch im allgemeinen für photographische Linsenanordnungen anastigmatische Bildfeldebenung zu fordern sein, so gibt es natürlich immerhin Sonderfälle, wo dieses Verlangen nicht besteht. Sollen z. B. Teilstriche von Skalen, Spektrallinien usw. photographiert werden, so braucht mitunter der Astigmatismus nicht gehoben zu werden. Sind nämlich z. B. die Striche in der Dingebene peripher angeordnet, so werden sie scharf auf die tangentiale Bildschale abgebildet, die zu ebnen ist, wenn die Aufnahme z. B. auf einer ebenen Glasplatte erfolgt.

Es kommt aber auch vor, daß auf gekrümmten Flächen photographiert wird; dann ist die Korrektion so zu legen, daß sich die entsprechende Bildschale oder bei Anastigmasie beide mehr oder weniger zusammenliegenden Bildschalen der Fläche der lichtempfindlichen Schicht möglichst anschmiegen.

Die Erfahrung hat gelehrt, daß die anastigmatische Bildfeldebenung eine ziemlich sichere Gewähr für die scharfe Zeichnung der seitlichen Teile eines ebenen Bildfeldes gibt, und zwar auch bei photographischen Objektiven großer Lichtstärke. Für diese an sich nicht gerade zu erwartende Tatsache — die Bestimmung der Bildkrümmung und des Astigmatismus erfolgt ja unter der Annahme unendlich enger Strahlenbündel — gibt v. ROHR (GEIGER-SCHEEL: Handbuch der Physik **18**, 433) eine einleuchtende Erklärung, die hier etwas abgeändert folgt:

„Es bleibt aber die Frage bestehen, warum die neueren Aufnahmelinsen eine so gute Schärfe ihres ausgedehnten ebenen Bildfeldes zeigen, auch wenn nur die Korrektion für schiefe Elementarbündel herbeigeführt ist. Erst A. GULLSTRAND hat eine Antwort auf diese Frage gegeben, und zwar hat er auf die Bedeutung hingewiesen, die der Lichtverteilung im Bildfleck zukommt, so daß diese Kenntnis vielmehr zu gesicherten Schlüssen verhilft als die altgewohnte Kenntnis der bloßen Größe des Bildflecks. Besteht nämlich, wie er erkannt hat, in einem ziemlich großen Bildfleck eine Stelle mit einem sehr steilen Lichtgefälle, so wird sich doch noch eine erträglich scharfe Abbildung erreichen lassen. Als einleuchtendes Beispiel hat er auf eine Einzellinse von großem Öffnungsverhältnis hingewiesen, wie sie zu Beleuchtungszwecken verwandt wird. Trotz einem sehr hohen Betrage von Unterkorrektion kann man damit doch ziemlich deutliche Bilder eines scharf begrenzten Glühfadens entwerfen, wenn man den Auffangschirm ungefähr an den Ort des GAUSSischen Bildes bringt; auch die Kristallinse des Auges bei mittlerer Weite der Pupille liefert ein gutes Beispiel für die Bedeutung steilen Lichtgefälles bei der Wiedergabe feiner Einzellheiten durch stark unterkorrigierte Linsenverbindungen. In dieser Art auch wird von einer Aufnahmelinse mit anastigmatisch geebnetem Bildfeld ein steiles Lichtgefälle den Bildflecken in den Seitenteilen des Feldes verliehen, und auf diese Weise ist die erstaunliche Schärfe der Wiedergabe durch die neuzeitigen Aufnahmelinsen zu erklären, obwohl beim ersten Anscheine für schiefe Bündel die Erfüllung von solchen Bedingungen fehlt, die man beim geraden Bündel einer Untersuchung unterzieht."

e) Astigmatismus und Bildfeldwölbung in einigen Sonderfällen. Rechnet man die Planparallelplatte, deren Brechungszahl in bezug auf das umgebende Medium n und deren Dicke d sei, mit Hilfe der Gleichungen (1) und (2) durch, so ergibt sich, da ja $\frac{n_1'}{n_1} = \frac{n_2}{n_2'} = n$ ist, als sagittale Bildschnittweite $\mathfrak{f}_2' = \mathfrak{f}_1 - \frac{d}{n \cos i_1'}$ und als tangentiale Bildschnittweite $t_2' = t_1 - \frac{d \cos^2 i_1}{n \cos^3 i_1'}$. Der von einer Planplatte hervorgerufene Astigmatismus ist also

$$\varDelta = t_2' - \mathfrak{f}_2' = t_1 - \mathfrak{f}_1 + \frac{d}{n \cos i_1'}\left(1 - \frac{\cos^2 i_1}{\cos^2 i_1'}\right).$$

Wird die Planplatte zwischen Objektiv und Objekt gebracht, so ist, solange der Dingpunkt anastigmatisch ist, $\mathfrak{f}_1 = t_1$; $\varDelta$ ist dann unabhängig von der Lage des Dingpunktes, behält also auch seinen Wert, wenn der Dingpunkt im Unendlichen liegt. Trotzdem führt eine Planplatte auch erheblicher Dicke, einer photographischen Linse vorgeschaltet, in die Abbildung nur dann merklichen Astigmatismus ein, wenn der Aufnahmegegenstand nahe ist; liegt dieser nämlich weit entfernt oder im Unendlichen, so sind f_1 und t_1 und damit auch f_2' und t_2' unendlich und die endliche Differenz Δ kann vernachlässigt werden.

Auch zu der Korrektion der Bildfeldwölbungen und des Astigmatismus photographischer Objektive ist die geeignete Durchbiegung der das Objektiv bildenden Einzellinsen ein wirksames Hilfsmittel. Vorschaltlinsen, wie z. B. Proxare und Distare, sind ebenfalls so durchgebogen, daß die ursprüngliche astigmatische Korrektion des bloßen Objektivs durch die Hinzunahme der Vorschaltlinse möglichst wenig verschlechtert wird. Ein Beispiel für die Abhängigkeit des Astigmatismus und der Bildkrümmungen von der Gestalt der Linse gibt Tab. 7. In ihr sind für den unendlich fernen Dingpunkt, dessen Parallelstrahlenbündel mit der optischen Achse einen Winkel von 20° einschließt, wobei der Hauptstrahl 10 mm vor dem vorderen Linsenscheitel die Achse trifft, der Astigmatismus A und die beiden Bildkrümmungen K_s und K_t für verschiedene durch die beiden Krümmungsradien r_1 und r_2 kenntlich gemachten Linsenformen angegeben; dabei ist in allen Fällen als Brennweite der Linse 100 mm, als Dicke 10 mm und als Brechungszahl 1,5 angenommen.

Tabelle 7. Abhängigkeit des Astigmatismus und der Bildkrümmungen von der Linsenform.

r_1	r_2	A	K_s	K_t
− 100	−34,44	+0,94	−3,35	− 2,41
− 140	−37,72	−0,01	−3,88	− 3,89
− 200	−40,70	−0,77	−4,28	− 5,05
− 500	−45,76	−1,89	−4,89	− 6,78
−1000	−47,77	−2,27	−5,10	− 7,37
+1000	−52,46	−3,06	−5,53	− 8,59
+ 500	−55,19	−3,45	−5,77	− 9,22
+ 200	−65,56	−4,67	−6,43	−11,10

In Tab. 8 sind die Beträge der gleichen Bildfehler wie in Tab. 7 für die Linse mit $r_1 = -140$, $r_2 = -37{,}72$, $d = 10$, $n = 1{,}5$ für verschiedene Blendenlagen b zusammengestellt; b ist die Entfernung des Schnittpunktes des dingseitigen Hauptstrahles mit der Achse vom Scheitel der vorderen Linsenfläche.

Tabelle 8. Abhängigkeit des Astigmatismus und der Bildkrümmungen von der Blendenlage bei der im Text angegebenen Linse.

b	A	K_s	K_t
3	−3,33	−5.56	−8,89
5	−2,19	−4,98	−7,17
7	−1,21	−4,47	−5,68
8,5	−0,57	−4,14	−4,71
10	−0,01	−3,88	−3,89
12	+0,60	−3,58	−2,98
15	+1,22	−3,26	−2,04
20	+1,46	−3,16	−1,70
25	+0,69	−3,53	−2,84
27	+0,12	−3,82	−3,70
30	−1,04	−4,40	−5,44

Nachstehend ist noch für das auf S. 149 angegebene Tessar die zahlenmäßige Berechnung der beiden Bildkrümmungen und des Astigmatismus durchgeführt, und zwar für drei Hauptstrahlen unter Annahme eines unendlich fernen Dinges. Der Hauptstrahlkreuzungspunkt, d. h. die Blende, ist 2,3842 mm hinter den Scheitel der vierten Fläche gelegt. Die drei Hauptstrahlen bilden im Blendenraume mit der optischen Achse der Reihe nach die Winkel 19,6667°, 27,6000°, 34,0000°, zu denen z. B. im Dingraume in entsprechender Reihenfolge die Achsenneigungswinkel 17,2850°, 24,0945°, 29,4530°, gehören.

Zunächst folgt die „sphärische Durchrechnung“ der Hauptstrahlen mit Hilfe der Gleichungen (2) bis (11) auf S. 151—152, und zwar zuerst durch den vor der Blende liegenden Teil des Tessars.

$-r$	+ 19,074	+ 19,074	+ 19,074
$-d$	— 2,384	— 2,384	— 2,384
Fläche 4. c	+ 16,690	+ 16,690	+ 16,690
lg c	22246+1	22246+1	22246+1
lg sin u	52705−1	66586−1	74756−1
lg $1/r$	71956−2	71956−2	71956−2
lg sin i	46907−1	60788−1	68958−1
lg n/n'	79464−1	79464−1	79464−1
lg sin i'	26371−1	40252−1	48422−1
i	+ 17° 1268	+ 23° 9159	+ 29° 2950
i'	+ 10° 5755	+ 14° 6345	+ 17° 7548
$i - i'$	+ 6° 5513	+ 9° 2814	+ 11° 5402
u	— 19° 6667	— 27° 6000	— 34° 0000
$i - i' + u = u'$	— 13° 1154	— 18° 3186	— 22° 4598
lg r	28044+1	28044+1	28044+1
lg $(r \sin i')$	54415+0	68296+0	76466+0
lg sin u'	35586−1	49735−1	58211−1
lg $(s' - r)$	18829+1	18561+1	18255+1
$s' - r$	+ 15,4272	+ 15,3324	+ 15,2248
$+r$	— 19,074	— 19,074	— 19,074
s'	— 3,6468	— 3,7416	— 3,8492
$-d-r$	— 69,1428	— 69,1428	— 69,1428
Fläche 3. c	— 72,7896	— 72,884	— 72,992
lg c	86207+1	86263+1	86327+1
lg sin u	35586−1	49735−1	58211−1
lg $1/r$	16672−2	16672−2	16672−2
lg sin i	38465−1	52670−1	61210−1
lg n/n'	20536+0	20536+0	20536+0
lg sin i'	59001−1	73206−1	81746−1
i	+ 14° 0320	+ 19° 6505	+ 24° 1641
i'	+ 22° 8956	+ 32° 6555	+ 41° 0590
$i - i'$	— 8° 8636	— 13° 0050	— 16° 8949
u	— 13° 1154	— 18° 3186	— 22° 4598
$i - i' + u = u'$	— 21° 9790	— 31° 3236	— 39° 3547
lg r	83328+1	83328+1	83328+1
lg $(r \sin i')$	42329+1	56534+1	65074+1
lg sin u'	57318−1	71590−1	80218−1
lg $(s' - r)$	85011+1	84944+1	84856+1
$s' - r$	— 70,813	— 70,703	— 70,560
$+r$	+ 68,121	+ 68,121	+ 68,121
s'	— 2,692	— 2,582	— 2,439
$-d$	— 1,703	— 1,703	— 1,703
Fläche 2. s	— 4,395	— 4,285	— 4,142
$u = i$	— 21° 9790	— 31° 3236	— 39° 3547
lg sin i	57318−1	71590−1	80218−1
lg n/n'	79282−1	79282−1	79282−1
lg sin i'	36600−1	50872−1	59500−1
$i' = u'$	— 13° 4309	— 18° 8227	— 23° 1756
lg s	64296+0	63195+0	61721+0
lg tg u	60595−1	78431−1	91386−1
lg $(s \operatorname{tg} u)$	24891+0	41626+0	53107+0

(Fortsetzung.)

lg tg u'	24891+0 37804−1	41626+0 259−1	53107+0 63154−1
lg s'	87087+0	88367+0	89953+0
s' $-d-r$	— 7,4280 + 16,6896	— 7,6502 + 16,6896	— 7,9347 + 16,6896
Fläche 1.			
c	+ 9,2616	+ 9,0394	+ 8,7549
lg c lg sin u lg $1/r$	96668+0 36600−1 70432−2	95614+0 50872−1 70432−2	94226+0 59500−1 70432−2
lg sin i lg n/n'	03700−1 20718+0	16918−1 20718+0	24158−1 20718+0
lg sin i'	24418−1	37636−1	44876−1
i i'	+ 6° 2514 + 10° 1055	+ 8° 4898 + 13° 7616	+ 10° 0445 + 16° 3219
$i-i'$ u	— 3° 8541 — 13° 4309	— 5° 2718 — 18° 8227	— 6° 2774 — 23° 1756
$i-i'+u=u'$	— 17° 2850	— 24° 0945	— 29° 4530
lg r	29568+1	29568+1	29568+1
lg (r sin i') lg sin u'	53986+0 47294−1	67204+0 61092−1	74444+0 69171−1
lg ($s'-r$)	06692+1	06112+1	05273+1
$s'-r$ r	+ 11,666 — 19,755	+ 11,511 — 19,755	+ 11,291 — 19,755
s'	— 8,089	— 8,244	— 8,464

und nunmehr durch den hinter der Blende liegenden Objektivteil:

$-r$ $-d$	+ 81,745 — 2,044	+ 81,745 — 2,044	+ 81,745 — 2,044
Fläche 5.			
c	+ 79,701	+ 79,701	+ 79,701
lg c lg sin u lg $1/r$	90147+1 52705−1 08754−2	90147+1 66586−1 08754−2	90147+1 74756−1 08754−2
lg sin i lg n/n'	51606−1 81718−1	65487−1 81718−1	73657−1 81718−1
lg sin i'	33324−1	47205−1	55375−1
i i'	+ 19° 1559 + 12° 4388	+ 26° 8540 + 17° 2484	+ 33° 0392 + 20° 9705
$i-i'$ u	+ 6° 7171 — 19° 6667	+ 9° 6056 — 27° 6000	+ 12° 0687 — 34° 0000
$i-i'+u=u'$	— 12° 9496	— 17° 9944	— 21° 9313
lg r	91246+1	91246+1	91246+1
lg (r sin i') lg sin u'	24570+1 35043−1	38451+1 48985−1	46621+1 57228−1
lg ($s'-r$)	89527+1	89466+1	89393+1

(Fortsetzung.)

$s'-r$	+ 78,572	+ 78,462	+ 78,330
r	— 81,745	— 81,745	— 81,745
s'	— 3,173	— 3,283	— 3,415
$-d-r$	— 23,161	— 23,161	— 23,161
Fläche 6.			
c	— 26,334	— 26,444	— 26,576
$\lg c$	42052+1	42233+1	42449+1
$\lg \sin u$	35043−1	48985−1	57228−1
$\lg 1/r$	65484−2	65484−2	65484−2
$\lg \sin i$	42579−1	56702−1	65161−1
$\lg n/n'$	97564−1	97564−1	97564−1
$\lg \sin i'$	40143−1	54266−1	62725−1
i	+ 15° 4596	+ 21° 6537	+ 26° 6373
i'	+ 14° 5969	+ 20° 4180	+ 25° 0800
$i-i'$	+ 0° 8627	+ 1° 2357	+ 1° 5573
u	— 12° 9496	— 17° 9944	— 21° 9313
$i-i'+u=u'$	— 12° 0869	— 16° 7587	— 20° 3740
$\lg r$	34516+1	34516+1	34516+1
$\lg (r \sin i')$	74659+0	88782+0	97241+0
$\lg \sin u'$	32097−1	45991−1	54176−1
$\lg (s'-r)$	42562+1	42791+1	43065+1
$s'-r$	— 26,6453	— 26,7863	— 26,9556
r	+ 22,139	+ 22,139	+ 22,139
s'	— 4,5063	— 4,6473	— 4,8166
$-d-r$	+ 30,5182	+ 30,5182	+ 30,5182
Fläche 7.			
c	+ 26,0119	+ 25,8709	+ 25,7016
$\lg c$	41517+1	41281+1	40996+1
$\lg \sin u$	32097−1	45991−1	54176−1
$\lg 1/r$	47830−2	47830−2	47830−2
$\lg \sin i$	21444−1	35102−1	43002−1
$\lg n/n'$	20718+0	20718+0	20718+0
$\lg \sin i'$	42162−1	55820−1	63720−1
i	+ 9° 4302	+ 12° 9676	+ 15° 6146
i'	+ 15° 3081	+ 21° 1970	+ 25° 7031
$i-i'$	— 5° 8779	— 8° 2294	— 10° 0885
u	— 12° 0869	— 16° 7587	— 20° 3740
$i-i'+u=u'$	— 17° 9648	— 24° 9881	— 30° 4625
$\lg r$	52170+1	52170+1	52170+1
$\lg (r \sin i')$	94332+0	07990+1	15890+1
$\lg \sin u'$	48916−1	62576−1	70498−1
$\lg (s'-r)$	45416+1	45414+1	45392+1
$s'-r$	+ 28,455	+ 28,454	+ 28,439
r	— 33,243	— 33,243	— 33,243
s'	— 4,788	— 4,789	— 4,804

Hieran schließt sich die astigmatische Durchrechnung (die Hilfsausdrücke stehen aus satztechnischen Gründen auf S. 214—217):

Fläche 1.							
$\lg(n'\cos i' - n\cos i)/r$	49479−2	49834−2	50153−2	$\lg(n'\cos i' - n\cos i)/r$	49479−2	49834−2	50153−2
$\lg n'$	20718+0	20718+0	20718+0	$\lg(n'\cos^2 i')$	20200+0	19760+0	19376+0
$\lg f'$	71239+1	70884+1	70565+1	$\lg t'$	70721+1	69926+1	69223+1
f'	+ 51,569	+ 51,149	+ 50,775	t'	+ 50,958	+ 50,033	+ 49,230
$-\delta_{21}$	— 2,993	— 2,901	— 2,773	$-\delta_{21}$	— 2,993	— 2,901	— 2,773
Fläche 2.							
f	+ 48,576	+ 48,248	+ 48,002	t	+ 47,965	+ 47,132	+ 46,457
$\lg f$	68642+1	68348+1	68126+1	$\lg t$	68093+1	67332+1	66705+1
$\lg n$	20718+0	20718+0	20718+0	$\lg(n\cos^2 i)$	18310+0	15944+0	13410+0
$\lg(n/f)$	52076−2	52370−2	52592−2	$\lg[(n\cos^2 i)/t]$	50217−2	48612−2	46705−2
$\lg n'$	00000+0	00000+0	00000+0	$\lg(n'\cos^2 i')$	93446−1	86316−1	77662−1
$\lg f'$	47924+1	47630+1	47408+1	$\lg t'$	43229+1	37704+1	30957+1
f'	+ 30,147	+ 29,943	+ 29,791	t'	+ 27,058	+ 23,826	+ 20,397
$-\delta_{32}$	— 1,827	— 1,970	— 2,162	$-\delta_{32}$	— 1,827	— 1,970	— 2,162
Fläche 3.							
f	+ 28,320	+ 27,973	+ 27,629	t	+ 25,231	+ 21,856	+ 18,235
$\lg f$	45209+1	44674+1	44136+1	$\lg t$	40194+1	33957+1	26091+1
$\lg n$	00000+0	00000+0	00000+0	$\lg(n\cos^2 i)$	92872−1	85054−1	75478−1
$\lg(n/f)$	54791−2	55326−2	55864−2	$\lg[(n\cos^2 i)/t]$	52678−2	51097−2	49387−2
n/f	+ 0,0353108	+ 0,0357485	+ 0,0361942	$(n\cos^2 i)/t$	+ 0,0336338	+ 0,0324315	+ 0,0311793
$(n'\cos i' - n\cos i)/r$	— 0,0093288	— 0,0098240	— 0,0104217	$(n'\cos i' - n\cos i)/r$	— 0,0093288	— 0,0098240	— 0,0104217
$\frac{n}{f} + \left(\frac{n'\cos i' - n\cos i}{r}\right)$	+ 0,0259820	+ 0,0259245	+ 0,0257725	$(n\cos^2 i)/t + (n'\cos i' - n\cos i)/r$	0,0243050	+ 0,0226075	+ 0,0207576
$\lg\left[\frac{n}{f} + \left(\frac{n'\cos i' - n\cos i}{r}\right)\right]$	41467−2	41371−2	41115−2	$\lg[(n\cos^2 i)/t + (n'\cos i' - n\cos i)/r]$	38570−2	35425−2	31718−2
$\lg n'$	20536+0	20536+0	20536+0	$\lg n'\cos^2 i'$	17906+0	15324+0	12570+0
$\lg f'$	79069+1	79165+1	79421+1	$\lg t'$	79336+1	79899+1	80852+1
f'	+ 61,757	+ 61,894	+ 62,260	t'	+ 62,139	+ 62,949	+ 64,346
$-\delta 43$	— 1,077	— 1,139	— 1,208	$-\delta_{43}$	— 1,077	— 1,139	— 1,208
f	+ 60,680	+ 60,755	+ 61,052	t	+ 61,062	+ 61,810	+ 63,138

(Fortsetzung.)

Fläche 4.							
ſ	+ 60,680	+ 60,755	+ 61,052	t	+ 61,062	+ 61,810	+ 63,138
lg ſ lg n	78305+1 20536+0	78359+1 20536+0	78570+1 20536+0	lg t lg $(n \cos^2 i)$	78577+1 19048+0	79106+1 17672+0	80029+1 16298+0
(lg n/ſ)	42231−2	42177−2	41966−2	lg $[(n \cos^2 i)/t]$	40471−2	38566−2	36269−2
n/ſ $(n' \cos i' - n \cos i)/r$	+ 0,0264430 — 0,0325929	+ 0,0264100 — 0,0334692	+ 0,0262819 — 0,0343962	$(n \cos^2 i)/t$ $(n' \cos i' - n \cos i)/r$	+ 0,0253929 — 0,0325929	+ 0,0243029 — 0,0334692	+ 0,0230511 — 0,0343962
$\frac{n}{ſ} + \left(\frac{n' \cos i' - n \cos i}{r}\right)$	— 0,0061499	— 0,0070592	—0,0081143	$(n \cos^2 i)/t + (n' \cos i' - n \cos i)/r$	— 0,0072000	— 0,0091663	— 0,0113451
lg$\left[\frac{n}{S} + \left(\frac{n' \cos i' - n \cos i}{r}\right)\right]$ lg n'	78887−3 00000+0	84875−3 00000+0	90926−3 00000+0	lg $[(n \cos^2 i)/t + (n' \cos i' - n \cos i)/r]$ lg $(n' \cos^2 i')$	85733−3 96060−1	96220−3 92202−1	05481−3 88114−1
(lg ſ′)	21113+2	15125+2	09074+2	lg t'	10327+2	95982+1	82633+1
ſ′ $-\delta_{45}$	— 162,604 — 4,677	— 141,661 — 4,942	— 123,237 — 5,249	t' $-\delta_{45}$	— 126,844 — 4,677	— 91,164 — 4,942	— 67,040 — 5,249

Fläche 5.							
ſ	— 167,281	— 146,603	— 128,486	t	— 131,521	— 96,106	— 72,289
lg ſ lg n	22345+2 00000+0	16614+2 00000+0	10885+2 00000+0	lg t lg $(n \cos^2 i)$	11900+2 95052−1	98275+1 90088−1	85907+1 84678−1
lg(n/ſ)	77655−3	83386−3	89115−3	lg $[(n \cos^2 i)/t]$	83152−3	91813−3	98771−3
n/ſ $(n' \cos i' - n \cos i)/r$	— 0,0059779 — 0,0066430	— 0,0068212 — 0,0068842	— 0,0077830 — 0,0071473	$(n \cos^2 i)/t$ $(n' \cos i' - n \cos i)/r$	— 0,0067845 — 0,0066430	— 0,0082818 — 0,0068842	— 0,0097210 — 0,0071473
$\frac{n}{ſ} + \left(\frac{n' \cos i' - n \cos i}{r}\right)$	— 0,0126209	— 0,0137054	— 0,0149303	$(n \cos^2 i)/t + (n' \cos i' - n \cos i)/r$	— 0,0134275	— 0,0151660	— 0,0168683
lg$\left[\frac{n}{ſ} + \left(\frac{n' \cos i' - n \cos i}{r}\right)\right]$ lg n'	10109−2 18282+0	13689−2 18282+0	17407−2 18282+0	lg $[(n \cos^2 i)/t + (n' \cos i' - n \cos i)/r]$ lg $(n' \cos^2 i')$	12800−2 16218+0	18087−2 14284+0	22708−2 12330+0
lg ſ′	08173+2	04593+2	00875+2	lg t'	03418+2	96197+1	89622+1
ſ′ $-\delta_{56}$	— 120,706 — 1,075	— 111,156 — 1,129	— 102,035 — 1,193	t' $-\delta_{56}$	— 108,188 — 1,075	— 91,616 — 1,129	— 78,744 — 1,193
ſ	— 121,781	— 112,285	— 103,228	t	— 109,263	— 92,745	— 79,937

(Fortsetzung.)

Fläche 6.							
$\mathfrak{f}$	— 121,781	— 112,285	— 103,228	t	— 109,263	— 92,745	— 79,937
$\lg \mathfrak{f}$	08 558+2	05 032+2	01 380+2	$\lg t$	03 847+2	96 729+1	90 275+1
$\lg n$	18 282+0	18 282+0	18 282+0	$\lg (n \cos^2 i)$	15 080+0	11 926+0	08 536+0
$\lg (n/\mathfrak{f})$	09 724−2	13 250−2	16 902−2	$\lg [(n \cos^2 i)/t]$	11 233−2	15 197−2	18 261−2
$n/\mathfrak{f}$	— 0,0125094	— 0,0135675	— 0,0147577	$(n \cos^2 i)/t$	— 0,0129518	— 0,0141897	— 0,0152269
$(n' \cos i' - n \cos i)/r$	+ 0,0041113	+ 0,0042522	+ 0,0044112	$(n' \cos i' - n \cos i)/r$	+ 0,0041113	+ 0,0042522	+ 0,0044112
$\frac{n}{\mathfrak{f}} + \left(\frac{n' \cos i' - n \cos i}{r}\right)$	— 0,0083981	— 0,0093153	— 0,0103465	$\left.\begin{matrix}(n \cos^2 i)/t + \\ + (n' \cos i' - n \cos i)/r\end{matrix}\right\}$	— 0,0088405	— 0,0099375	— 0,0108157
$\lg\left[\frac{n}{\mathfrak{f}} + \left(\frac{n' \cos i' - n \cos i}{r}\right)\right]$	92 419−3	96 920−3	01 479−2	$\left.\begin{matrix}\lg [(n \cos^2 i)/t + \\ + (n' \cos i' - n \cos i)/r]\end{matrix}\right\}$	94 648−3	99 728−3	03 406−2
$\lg n'$	20 718+0	20 718+0	20 718+0	$\lg (n' \cos^2 i')$	17 868+0	15 082+0	12 116+0
$\lg \mathfrak{f}'$	28 299+2	23 798+2	19 239+2	$\lg t'$	23 220+2	15 354+2	08 710+2
$\mathfrak{f}'$	— 191,864	— 172,973	— 155,736	t'	— 170,688	— 142,410	— 122,208
$-\delta_{67}$	— 2,729	— 2,723	— 2,706	$-\delta_{67}$	— 2,729	— 2,723	— 2,706
Fläche 7.							
$\mathfrak{f}$	— 194,593	— 175,696	— 158,442	t	— 173,417	— 145,133	— 124,914
$\lg \mathfrak{f}$	28 912+2	24 476+2	19 987+2	$\lg t$	23 909+2	16 177+2	09 661+2
$\lg n$	20 718+0	20 718+0	20 718+0	$\lg (n \cos^2 i)$	19 536+0	18 474+0	17 452+0
$\lg (n/\mathfrak{f})$	91 806−3	96 242−3	00 731−2	$\lg [(n \cos^2 i)/t]$	95 627−3	02 297−2	07 791−2
$n/\mathfrak{f}$	— 0,0082806	— 0,0091710	— 0,0101698	$(n \cos^2 i)/t$	— 0,0090422	— 0,0105432	— 0,0119650
$(n' \cos i' - n \cos i)/r$	+ 0,0188013	+ 0,0191877	+ 0,0195773	$(n' \cos i' - n \cos i)/r$	+ 0,0188013	+ 0,0191877	+ 0,0195773
$\frac{n}{\mathfrak{f}} + \left(\frac{n' \cos i' - n \cos i}{r}\right)$	+ 0,0105207	+ 0,0100167	+ 0,0094075	$\left.\begin{matrix}(n \cos^2 i)/t + \\ + (n' \cos i' - n \cos i)/r\end{matrix}\right\}$	+ 0,0097591	+ 0,0086445	+ 0,0076123
$\lg\left[\frac{n}{\mathfrak{f}} + \left(\frac{n' \cos i' - n \cos i}{r}\right)\right]$	02 205−2	00 072−2	97 348−3	$\left.\begin{matrix}\lg [(n \cos^2 i)/t + \\ + (n' \cos i' - n \cos i)/r]\end{matrix}\right\}$	98 941−3	93 674−3	88 152−3
$\lg n'$	00 000+0	00 000+0	00 000+0	$\lg (n' \cos^2 i')$	96 862−1	93 916−1	90 950−1
$\lg \mathfrak{f}'$	97 795+1	99 928+1	02 652+2	$\lg t'$	97 921+1	00 242+2	02 798+2
$\lg \cos u_7'$	97 829−1	95 732−1	93 549−1	$\lg \cos u_7'$	97 829−1	95 732−1	93 549−1
$\lg (\mathfrak{f}' \cos u_7')$	95 624+1	95 660+1	96 201+1	$\lg (t' \cos u_7')$	95 750+1	95 974+1	96 347+1
$\mathfrak{f}' \cos u_7'$	+ 90,415	+ 90,490	+ 91,624	$t' \cos u_7'$	+ 90,678	+ 91,146	+ 91,933
$S_7 B$ (Pfeilhöhe)	— 0,036	— 0,073	— 0,114	$S_7 B$	— 0,036	— 0,073	— 0,114
$\mathfrak{f}' \cos u_7' - S_7 B$	+ 90,379	+ 90,417	+ 91,510	$t' \cos u_7' - S_7 B$	+ 90,642	+ 91,073	+ 91,819
K_s	— 0,879	— 0,841	+ 0,252	K_t	— 0,616	— 0,185	+ 0,561

Weiter folgt die Berechnung der nach den Ableitungen auf S. 156—157 für die eigentliche „astigmatische Durchrechnung“ benötigten Ausdrücke, und zwar zuerst für den Vorderteil des Objektivs:

Fläche 4.					
$\lg(n\cos i)$	$n'\cos i'$	φ		98030−1	1,57732
$\lg(n\cos^2 i)$	$n\cos i$	$\lg\sin\varphi$		96060−1	0,95565
	$n'\cos i' - n\cos i$	$\lg r$			0,62167
$\lg\cos i'$				99256−1	
	$\lg(n'\cos i' - n\cos i)$	$\lg(r\sin\varphi) = h$			79356−1
$\lg n'$				20536+0	
	$\lg 1/r$	$\lg\sin u$			71956−2
$\lg(n'\cos i')$				19792+0	
	$\lg(n'\cos i' - n\cos i)/r$	$\lg(h/\sin u)$	$h/\sin u$		51312−2
$\lg(n'\cos^2 i')$				19048−0	
		$\lg\sin u'$			
		$\lg(h/\sin u')$	$h/\sin u'$		
Fläche 3.					
$\lg\cos i$	$n'\cos i'$	φ	δ 43	98685−1	0,92122
$\lg n$	$n\cos i$	$\lg\sin\varphi$		20536+0	1,55671
$\lg(n\cos i)$	$n'\cos i' - n\cos i$	$\lg r$		19221+0	−0,63549
		$\lg(r\sin\varphi) = h$			
$\lg(n\cos^2 i)$	$\lg(n'\cos i' - n\cos i)$			17906+0	80311−1
		$\lg\sin u$			
	$\lg 1/r$				16672−2
		$\lg(h/\sin u)$	$h/\sin u$		
$\lg(n'\cos i')$	$\lg(n'\cos i' - n\cos i)/r$			96436−1	96983−3
$\lg(n'\cos^2 i')$				92872−1	
		$\lg\sin u'$			
		$\lg(h/\sin u')$	$h/\sin u'$		
Fläche 2.			δ 32		
$\lg(n\cos i)$		$\lg h$		96723−1	
$\lg(n\cos^2 i)$		$\lg\sin u$		93446−1	
		$\lg(h/\sin u)$	$h/\sin u$		
$\lg\cos i'$		$\lg\sin u'$		98796−1	
		$\lg(h/\sin u')$	$h/\sin u'$		
$\lg n'$				20718+0	
$\lg(n'\cos i')$				19514+0	
$\lg(n'\cos^2 i')$				18310+0	
Fläche 1.		φ			
$\lg\cos i$	$n'\cos i'$	$\lg\sin\varphi$	δ 21	99741−1	0,98448
	$n\cos i$	$\lg r$			1,60174
$\lg n$		$\lg(r\sin\varphi) = h$		20718+0	
	$n'\cos i' - n\cos i$	$\lg\sin u$			−0,61726
$\lg(n\cos i)$				20459+0	
	$\lg(n'\cos i' - n\cos i)$	$\lg(h/\sin u)$	$h/\sin u$		79047−1
$\lg(n\cos^2 i)$	$\lg 1/r$			20200+0	70432−2
$\lg(n'\cos i')$	$\lg(n'\cos i' - n\cos i)/r$			99321−1	49479−2
$\lg(n'\cos^2 i')$				98642−1	

2^0 5399		96101−1	1,55254	3^0 6841		94057−1	1,52817	4^0 7050	
64655−2		92202−1	0.91414	80791−2		88114−1	0,87210	91395−2	
28044+1			0,63840	28044+1			0,65607	28044+1	
		98568−1				97881−1			
92699−1			80509−1	08835+0			81695−1	19439+0	
		20536+0				20536+0			
52705−1			71956−2	66586−1			71956−2	74756−1	
		19104+0				18417+0			
39994+0	2,512		52465−2	42249+0	2,645		53651−2	44683+0	2,798
		17672+0				16298+0			
35586−1				49735−1				58211−1	
57113+0	3,725			59100+0	3,899			61228+0	4,095
0^0 9166	1,077	97394−1	0,84192	1^0 3319	1,139	96017−1	0,75403	1^0 7043	1,208
20404−2		20536+0	1,51114	36631−2		20536+0	1,46397	47336−2	
83328+1		17930+0	−0,66922	83328+1		16553+0	−0,70994	83328+1	
03732+0				19959+0				30664+0	
		15324+0	82557−1			12570+0	85122−1		
35586−1				49735−1				58211−1	
			16672−2				16672−2		
68146+0	4,802			70224+0	5,038			72453+0	5,303
		92527−1	99229−3			87739−1	01794−2		
57318−1		85054−1		71590−1		75478−1			
								80218−1	
46414+0	2,912			48369+0	3,046			50446+0	3,195
	1,827				1,970				2,162
24891+1		93158−1		41626+0		88831−1		53107+0	
57318−1		86316−1		71590−1		77662−1		80218−1	
67573+0	4,739			70036+0	5,016			72889+0	5,357
36600−1		97613−1		50872−1		96346−1		59500−1	
88291+0	7,637			90754+0	8,082			93607+0	8,631
		20718+0				20718+0			
		18331+0				17064+0			
		15944+0				13410+0			
7^0 1795				10^0 3329				13^0 1311	
09683−1	2,993	99521−1	0,97130	25374−1	2,901	99329−1	0,95970	35637−1	2,773
29568+1			1,59363	29568+1			1,58661	29568+1	
39251+0		20718+0		54942+0		20718+0		65205+0	
36600−1			−0,62233	50872−1			−0,62691	59500−1	
		20239+0				20047+0			
02651+1	10,630			04070+1	10,983			05705+1	11,404
		19760+0	79402−1			19376+0	79721−1		
			70432−2				70432−2		
		98735−1	49834−2			98214−1	50153−2		
		97470−1				96428−1			

und weiter für den hinter der Blende liegenden Teil des Tessars:

Fläche 5.					
$\lg (n \cos i)$	$n' \cos i'$	φ		97526−1	1,48766
$\lg (n \cos^2 i)$	$n \cos i$			95052−1	0,94463
		$\lg \sin \varphi$			
		$\lg r$			
	$n' \cos i' - n \cos i$				0,54303
		$\lg (r \sin \varphi) = h$			
$\lg \cos i'$	$\lg (n' \cos i' - n \cos i)$		$h_4/\sin u_4$	98968−1	73482−1
		$\lg \sin u$			
$\lg n'$	$\lg 1/r$			18282+0	08754−2
		$\lg (h/\sin u)$	$h/\sin u$		
$\lg (n' \cos i')$	$\lg (n' \cos i' - n \cos i)/r$		δ 45	17250+0	82236−3
$\lg (n' \cos^2 i')$		$\lg \sin u'$		16218+0	
		$\lg (h/\sin u')$	$h/\sin u'$		
Fläche 6.					
$\lg \cos i$	$n' \cos i'$	φ	δ 56	98399−1	1,55930
$\lg n$	$n \cos i$	$\lg \sin \varphi$		18282+0	1,46828
$\lg (n \cos i)$	$n' \cos i' - n \cos i$	$\lg r$		16681+0	0,09102
$\lg (n \cos^2 i)$	$\lg (n' \cos i' - n \cos i)$	$\lg (r \sin \varphi) = h$		15080+0	95914−2
	$\lg 1/r$	$\lg \sin u$			65484−2
$\lg \cos i'$				98575−1	
	$\lg (n' \cos i' - n \cos i)/r$	$\lg (h/\sin u)$	$h/\sin u$		61398−3
$\lg n'$				20718+0	
$\lg (n' \cos i')$		$\lg \sin u'$		19293+0	
$\lg (n' \cos^2 i')$		$\lg (h/\sin u')$	$h/\sin u'$	17868+0	
Fläche 7.					
$\lg \cos i$	$n' \cos i'$	φ	δ 67	99409−1	0,96452
$\lg n$	$n \cos i$	$\lg \sin \varphi$		20718+0	1,58954
$\lg (n \cos i)$	$n' \cos i' - n \cos i$	$\lg r$		20127+0	−0,62502
$\lg (n \cos^2 i)$	$\lg (n' \cos i' - n \cos i)$	$\lg (r \sin \varphi) = h$		19536+0	79589−1
	$\lg 1/r$	$\lg \sin u$			47830−2
$\lg (n' \cos i')$	$\lg (n' \cos i' - n \cos i)/r$	$\lg (h/\sin u)$	$h/\sin u$	98431−1	27419−2
$\lg (n' \cos^2 i')$				96862−1	
		$\lg \sin u'$			
		$\lg (h/\sin u')$	$h/\sin u'$		
		$\lg \cos u'$			
		$\lg\left(\frac{h}{\sin u'} \cdot \cos u'\right)$	$\frac{h}{\sin u'} \cdot \cos u'$		
			$s' - \frac{h}{\sin u'} \cdot \cos u' = S_7 B$ (Pfeilhöhe)		

0° 5108		95044−1	1,45490	0° 7460		92339−1	1,42253	0° 9608	
		90088−1	0,89216			84678−1	0,83828		
95012−3				11460−2				22449−2	
91246+1				91246+1				91246+1	
			0,56274				0,58425		
86258−1				02706+0				13695+0	
	2,512	98001−1	75031−1		2,645	97024−1	76660−1		2,798
52705−1				66586−1				74756−1	
		18282+0	08754−2			18282+0	08754−2		
33553+0	2,165			36120+0	2,297			38939+0	2,451
	4,677	16283+0	83785−3		4,942	15306+0	85414−3		5,249
35043−1		14284+0		48985−1		12330+0		57228−1	
51215+0	3,252			53721+0	3,445			56467+0	3,670
2° 5100	1,075	96822−1	1,51007	3° 6593	1,129	95127−1	1,45938	4° 7060	1,193
64141−2		18282+0	1,41593	80498−2		18282+0	1,36172	91404−2	
34516+1		15104+0	0,09414	34516+1		13409+0	0,09766	34516+1	
98657−1		11926+0	97377−2	15014+0		08536+0	98972−2	25920+0	
35043−1			65484−2	48985−1			65484−2	57228−1	
		97182−1				95699−1			
63614+0	4,327		62861−3	66029+0	4,574		64456−3	68692+0	4,863
		20718+0				20718+0			
32097−1		17900+0		45991−1		16417+0		54176−1	
66560+0	4,630	15082+0		69023+0	4,900	12116+0		71744+0	5,217
2° 6567	2,729	98878−1	0,93235	3° 7911	2,723	98367−1	0,90106	4° 7594	2,706
66606−2		20718+0	1,57021	82032−2		20718+0	1,55186	91893−2	
52170+1		19596+0	−0,63786	52170+1		19085+0	−0,65080	52170+1	
18776+0		18474+0	80472−1	34202+0		17452+0	81345−1	44063+0	
32097−1			47830−2	45991−1			47830−2	54176−1	
86679+0	7,359	96958−1	28 302−2	88211+0	7,623	95475−1	29175−2	89887+0	7,923
		93916−1				90950−1		70498−1	
48916−1				62576−1					
69860+0				71626+0				73565+0	
97829−1				95732−1				93549−1	
67689+0	4,752			67358+0	4,716			67114+0	4,690
	−0,036				−0,073				−0,114

Gemäß den Gleichungen (11) und (4) bzw. (5) folgen nachstehend noch die Gleichungen, die K_s bzw. K_t in ihrer Abhängigkeit von N geben, der Reihe nach für die drei dingseitigen Hauptstrahlneigungen unserer Durchrechnung, nämlich für 17,2850°:

$$K_s = \frac{95{,}040\,N + 104{,}190}{N + 0{,}01273} \cdot \cos 17{,}9648^0 - \left(91{,}30 + \frac{99{,}99}{N}\right)$$

und $$K_t = \frac{95{,}295\,N + 104{,}690}{N + 0{,}01820} \cdot \cos 17{,}9648^0 - \left(91{,}30 + \frac{99{,}99}{N}\right),$$

für 24,0945°:

$$K_s = \frac{99{,}855\,N + 109{,}563}{N + 0{,}01676} \cdot \cos 24{,}9883^0 - \left(91{,}33 + \frac{99{,}99}{N}\right)$$

und $$K_t = \frac{100{,}549\,N + 110{,}951}{N + 0{,}03178} \cdot \cos 24{,}9883^0 - \left(91{,}33 + \frac{99{,}99}{N}\right),$$

und schließlich für 29,4530°:

$$K_s = \frac{106{,}271\,N + 116{,}776}{N + 0{,}01145} \cdot \cos 30{,}4625^0 - \left(91{,}37 + \frac{99{,}99}{N}\right)$$

und $$K_t = \frac{106{,}630\,N + 118{,}569}{N + 0{,}04979} \cdot \cos 30{,}4625^0 - \left(91{,}37 + \frac{99{,}99}{N}\right).$$

Für den dingseitigen Hauptstrahlwinkel 24,0945° ist die Abhängigkeit des K_s und K_t von N in Abb. 139 auch anschaulich dargestellt.

17. Abbildung achsenferner Punkte durch weite Strahlenbündel. Es bleibt nun noch übrig, den allgemeinen Fall der Abbildung zu behandeln, bei dem überhaupt keine Sonderannahme, weder über die Lage des Dingpunktes noch über die Öffnung der abbildenden Strahlenbündel, gemacht wird. Wählt man also einen Dingpunkt in endlichem Abstand von der Achse und denkt sich von ihm aus ein Strahlenbündel endlicher Öffnung ausgehen, das auf die photographische ausgerichtete Linsenfolge trifft und diese durchsetzt, so läßt sich über alle zur Achse windschiefen Strahlen sofort sagen, daß sie sich im Dingraume, nach der Brechung an jeder einzelnen Fläche und schließlich im Bildraume zu der durch Dingpunkt und optische Achse bestimmten Meridianebene symmetrisch anordnen lassen. Die Strahlen im Meridianschnitt selbst werden hingegen gänzlich unsymmetrisch verlaufen. Die Untersuchung des Ganges der letztgenannten Strahlen kann mit den Formeln (2) bis (11) auf S. 151—152 erfolgen.

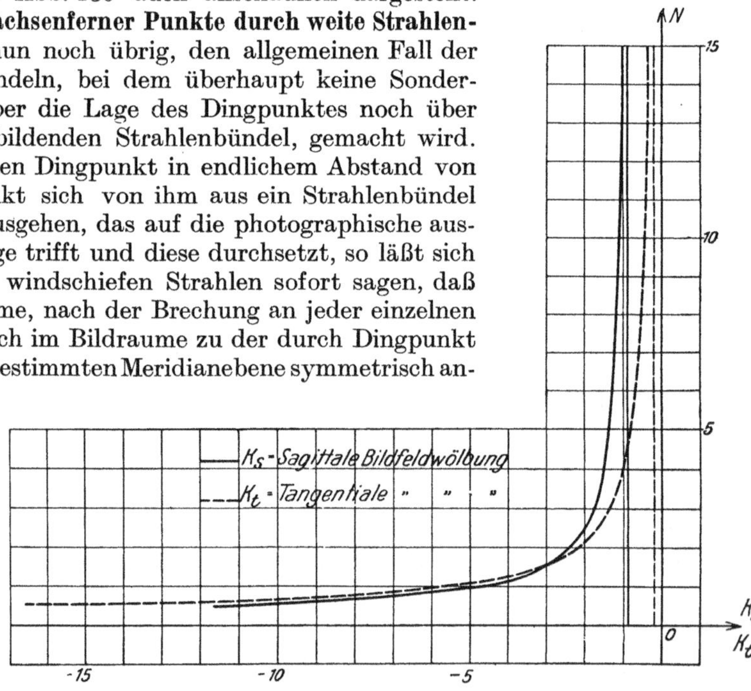

Abb. 139. Abhängigkeit der Bildkrümmungen K_s und K_t vom Reduktionsmaßstab N, und zwar für den mittleren Hauptstrahlneigungswinkel 24,0945° des Zahlenbeispiels im Text.

Wie man die sphärischen Längsabweichungen bildet, nämlich als Unterschiede zwischen der Schnittweite des Gaussischen Bildpunktes und den bildseitigen Schnittweiten der vom zugehörigen Achsendingpunkte kommenden Strahlen verschiedener Einfallshöhen, pflegt man ähnlich als Maß für die „meridionale Koma" die Entfernungen der Schnittpunkte der einzelnen Strahlen des endlichen meridionalen Büschels mit dem Hauptstrahle vom tangentialen Bildpunkt auf diesem Hauptstrahle zu benutzen.

Zur Bestimmung des Maßes der meridionalen Koma nehmen wir an, daß von einem endlich von der Achse entfernten Dingpunkt ein meridionales Strahlenbüschel endlicher Öffnung ausgeht und auf eine Folge von k ausgerichteten brechenden Kugelflächen trifft. Ist dann im Bildraume der Hauptstrahl durch die Schnittweite s'_{kh} sowie den Achsenneigungswinkel u'_{kh}, irgendein Strahl des Büschels durch die entsprechenden Werte s'_k und u'_k bestimmt, so sei der Schnittpunkt dieser beiden Strahlen C'_k und der von ihnen eingeschlossene Winkel Δ'_u. Ist weiter P'_t der tangentiale Bildpunkt des Dingpunktes, so ist die Entfernung $e = P'_t C'_k$ die meridionale Koma. Setzt man $\Delta s'_k = s'_k - s'_{kh}$, $a'_k = Q_k P'_k$, wobei

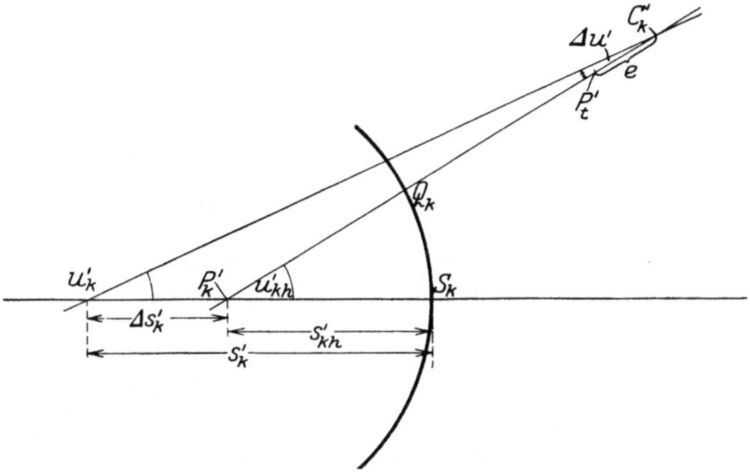

Abb. 140. Zur Bestimmung der meridionalen Koma e. $P_k' Q_k$ ist ein Hauptstrahl im Bildraume eines k-flächigen photographischen Objektivs, dessen Endfläche den Scheitel S_k hat. Der durch C_k' gehende Strahl mit dem Neigungswinkel u_k' gegen die Achse kommt von demselben Dingpunkt, zu dem auch P_t' als tangentialer Bildpunkt gehört.

der Schnitt des bildseitigen Hauptstrahles mit der Endfläche der Folge Q_k und der mit der Achse P'_k ist, und nennt die tangentiale Schnittweite $Q_k P'_t$, wie üblich, t'_k, so wird nach Abb. 140 die meridionale Koma $e = \Delta s'_k \frac{\sin u'_k}{\sin \Delta u'} - (t'_k - a'_k)$.

Als Zahlenbeispiel nehmen wir wieder das auf S. 149 gegebene Tessar, führen aber die Rechnung selbst hier nicht durch, sondern teilen nur die Ergebnisse mit, und zwar für den unendlich fernen Punkt des dingseitigen Hauptstrahles, der die Achse unter dem Winkel $24{,}0945^0$ schneidet (Durchrechnung s. S. 208ff.). Dabei sind außer dem Hauptstrahle sechs Strahlen des dingseitigen meridionalen Parallelenbüschels berücksichtigt, welche die Ebene der Eintrittspupille (achsensenkrechte Ebene im Schnittpunkte des Hauptstrahles mit der Achse) in Punkten treffen, die von der Achse der Reihe nach die Abstände 6,25 mm, 5,10 mm, 3,61 mm, — 3,61 mm, — 5,10 mm, — 6,25 mm (Einfallshöhen in der Eintrittspupille) haben. Die Schnittweite des tangentialen Bildpunktes wird aus $\log t_7'$ auf S. 213 100,56 mm; ebenfalls auf dem Hauptstrahle und von der letzten Fläche des Tessars aus gemessen findet man für die genannten sechs Strahlen in der richtigen Reihenfolge die Schnittweiten 100,72 mm,

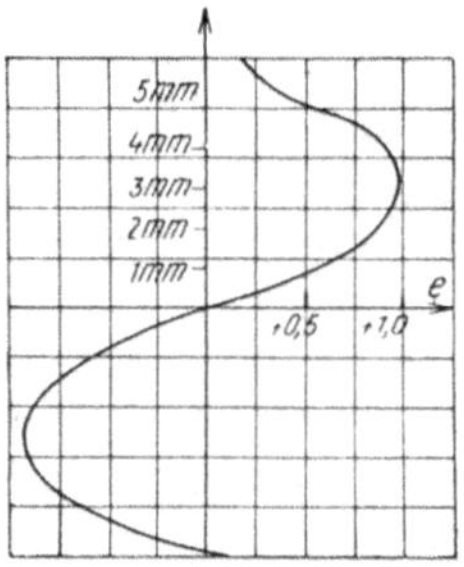

Abb. 141. Verlauf der meridionalen Koma e für das Zahlenbeispiel des Textes. Als Ordinaten sind die Einfallshöhen des Dingstrahlenbündels in der Eintrittspupille aufgetragen, als Abszissen die Koma e im fünffachen Maßstab der Ordinaten.

101,02 mm, 101,49 mm, 99,60 mm, 99,92 mm, 100,60 mm. Ihr Unterschied gegen die tangentiale Schnittweite 100,56 mm ist also die meridionale Koma e, die in Abb. 141 in ihrer Abhängigkeit von den Einfallshöhen in der Eintrittspupille anschaulich in einem geeigneten Maßstabe dargestellt ist.

Die Auskunft, die man aus der Bestimmung der meridionalen Koma über die Güte der Abbildung der seitlichen Teile des Bildfeldes erhält, ist selbstverständlich nicht sehr weitgehend; will man zuverlässiger unterrichtet sein, so bleibt nichts weiter übrig, als eine größere Zahl auch die Achse kreuzender Strahlen durchzurechnen. Die dabei zu verwendenden Formeln sind auf S. 153—154 zusammengestellt, für das SEIDELsche Gebiet kommen die Ausdrücke (5) und (6) auf S. 164 in Betracht.

Die Abb. 142—145 zeigen die stark vergrößert photographierten Schnitte achsensenkrechter Ebenen mit der Kaustik seitlich der Achse gelegener Punkte, die dabei durch Objektive verschiedener Bauart mittels weitgeöffneter Bündel abgebildet sind; die Schnitte

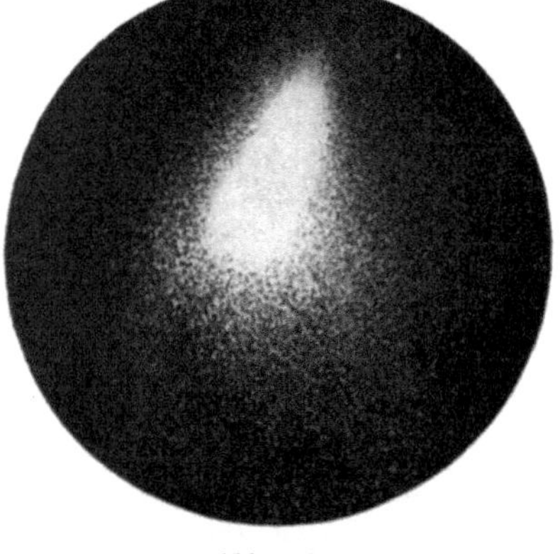

Abb. 142.

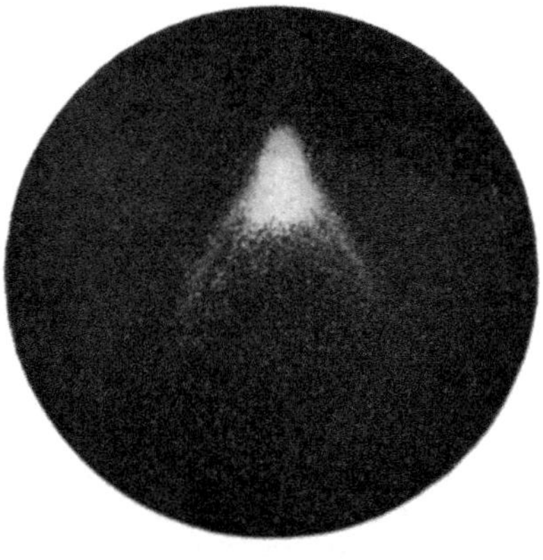

Abb. 143.

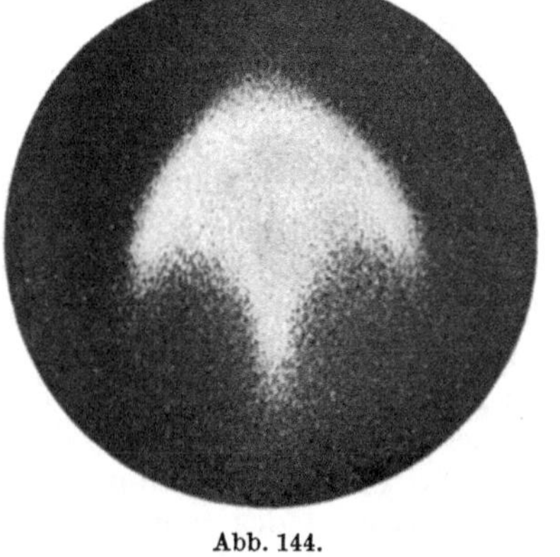

Abb. 144.

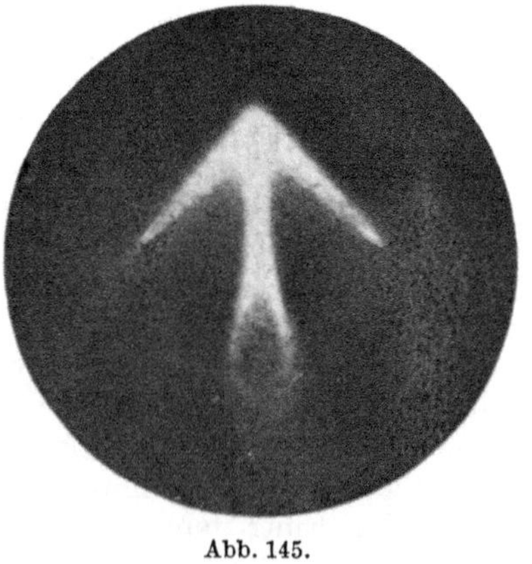

Abb. 145.

Abb. 142—145. Verschiedene typische Formen der Zerstreuungsfiguren in der achsensenkrechten Bildebene, wie sie statt der Bildpunkte bei der Abbildung seitlich der Achse gelegener Dingpunkte durch photographische Objektive vorzukommen pflegen.

liegen in der Nähe der besten bildseitigen Strahlenvereinigung. Aus diesen wenigen Beispielen ist zu ersehen, wie verschieden geartet die statt der Bildpunkte in Wirklichkeit vorhandenen Zerstreuungsfiguren in der Bildebene für verschiedene Objektivtypen sein können. Das kometenartige Aussehen der Zerstreuungsfigur in Abb. 142 macht es verständlich, daß man gewisse unsymmetrische Abbildungsfehler eines außerhalb der Achse gelegenen Bildpunktes unter dem Sammelnamen Koma zusammengefaßt hat.

Zum Zahlenbeispiele für die Durchrechnung windschiefer Strahlen nehmen wir das auf S. 149 gegebene Tessar, teilen aber hier nur Ergebnisse mit. Aus einem dingseitigen Parallelstrahlenbündel, das gegen die Achse unter einem Winkel

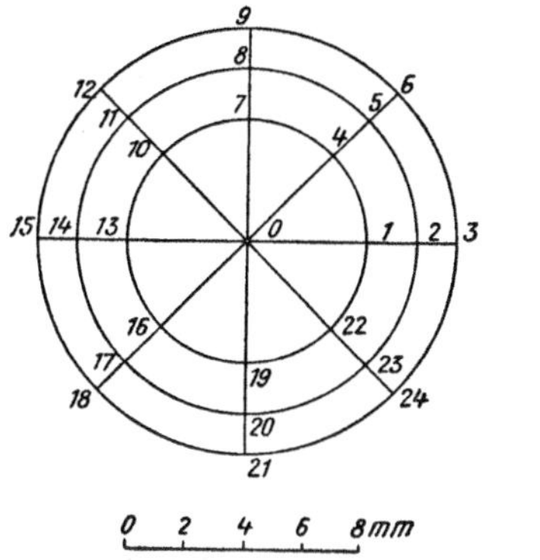

Abb. 146. Die drei Kreise sind die Durchschnittsfiguren dreier Parallelstrahlenzylinder mit der Ebene der Eintrittspupille des Hauptstrahles des Zahlenbeispiels im Text. *0* ist der Schnittpunkt der Achse des photographischen Objektivs und des Hauptstrahles, der selbst die Achse der drei Strahlenzylinder ist. Von jedem dieser drei Zylinder sind acht Strahlen durch ihre mit Zahlen bezeichneten Durchstoßungspunkte in der Eintrittspupillenebene kenntlich gemacht. Die zu *7, 8, 9, 19, 20, 21* gehörigen Strahlen liegen in der Meridianebene des Hauptstrahles, die zu *1, 2, 3, 13, 14, 15* gehörigen in der zu dieser senkrechten durch den Hauptstrahl gehenden Ebene, d. h. in seiner Sagittalebene, und die zu *4, 5, 6, 16, 17, 18* bzw. zu *10, 11, 12, 22, 23, 24* gehörigen in je einer der beiden den Winkelraum zwischen Meridianebene und Sagittalebene halbierenden Ebenen. Die vier gezeichneten Durchmesser sind also die Schnittgeraden der vier letztgenannten Ebenen mit der Ebene der Eintrittspupille. Die Größenverhältnisse sind durch den beigegebenen Maßstab feststellbar.

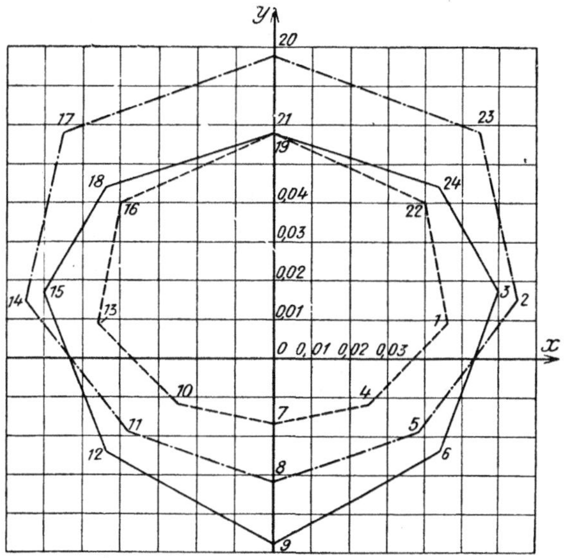

Abb. 147. Die Zahlen geben die Schnittpunkte der GAUSSischen Bildbrennebene des Objektivs und der Bildstrahlen, deren zugehörige Dingstrahlen in Abb. 146 durch entsprechende Zahlen festgelegt sind. Sämtliche Durchstoßungspunkte solcher Strahlen, die ursprünglich zu je einem Zylinder gehörten, sind durch gerade Linien verbunden, die für den kleinsten Zylinder gestrichelt, für den mittleren strichpunktiert und für den größten ausgezogen sind. Als Anfangspunkt des rechtwinkligen Koordinatenkreuzes ist der Durchstoßungspunkt des Hauptstrahles in der GAUSSischen Bildbrennebene gewählt, deren Schnitt mit der Meridianebene des Hauptstrahles als y-Achse. Die Maßstabseinheiten sind auf beiden Achsen gleich, und zwar bedeutet eine Karreeseite 0,01 mm.

von 17,2850⁰ geneigt ist, sind außer dem Hauptstrahle vierundzwanzig Strahlen ausgewählt, und zwar sind je acht davon auf einem Kreiszylinder angeordnet, dessen Achse der Hauptstrahl ist und der von der Ebene der Eintrittspupille des Hauptstrahles, d. h. von der achsensenkrechten Ebene im Schnitt der optischen Achse und des dingseitigen Hauptstrahles, in einem Kreis geschnitten wird. Der Radius dieses Kreises ist für die drei Zylinder 4,12 mm, 5,83 mm, 7,14 mm. Die Strahlen 7, 8, 9, 19, 20, 21 liegen in der durch Hauptstrahl und Achse bestimmten Meridianebene, die Strahlen 1, 2, 3, 13, 14, 15 in der zu dieser senkrechten und durch den Hauptstrahl gehenden Ebene; in den Winkelhalbierenden der genannten beiden Ebenen liegen die übrigen Strahlen 4, 5, 6, 16, 17, 18 bzw. 10, 11, 12, 22, 23, 24. Die Durchstoßungsfiguren der drei Strahlenzylinder in der Eintrittspupille des Hauptstrahles sind in Abb. 146 dargestellt. In der Abb. 147 bzw. Abb. 148 sind die Durchstoßungspunkte der jenen $1 + 24 = 25$ Dingstrahlen entsprechenden Bildstrahlen in der Gaussischen Brennebene bzw. in der durch den zugehörigen tangentialen Bildpunkt gehenden achsensenkrechten Ebene angegeben. Die den einzelnen Durchstoßungspunkten beigeschriebenen Ziffern sollen den zugehörigen Dingstrahl bezeichnen, dessen Durchstoßungspunkt in der Eintrittspupille durch dieselbe Ziffer kenntlich gemacht ist. Die Durchstoßungspunkte eines ursprünglichen Strahlenzylinders sind durch Linienzüge miteinander verbunden. Die beigeschriebenen Maßstäbe in den Abb. 146—148 legen die Größenverhältnisse fest. Die genauen Zahlenwerte für die Lage der einzelnen Durchstoßungspunkte finden sich in Tab. 9 für die Gaussische Brennebene und in Tab. 10 für die durch den tangentialen Bildpunkt gehende achsensenkrechte Ebene und sind bezogen auf ein rechtwinkliges Koordinatenkreuz x, y, dessen Anfang im Durchstoßungspunkt des Hauptstrahles mit der bezüglichen Ebene liegt und dessen y-Achse der Schnitt dieser Ebene mit der Meridianebene des Hauptstrahles ist.

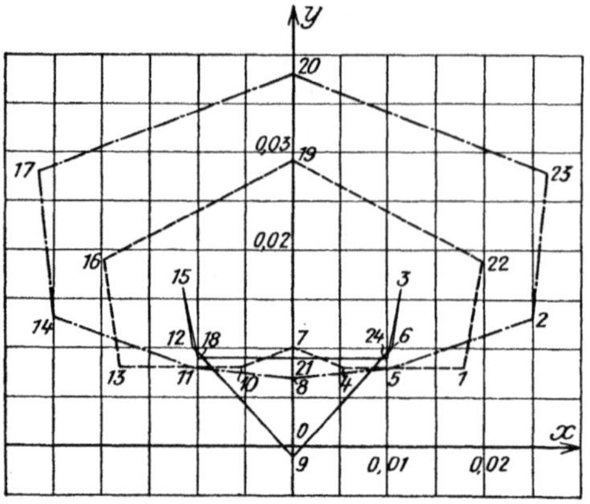

Abb. 148. Die Zahlen geben die Schnittpunkte der durch den tangentialen Bildbrennpunkt des Hauptstrahles gehenden achsensenkrechten Ebene und der Bildstrahlen, deren zugehörige Dingstrahlen in Abb. 146 durch entsprechende Zahlen festgelegt sind. Sämtliche Durchstoßungspunkte solcher Strahlen, die ursprünglich zu je einem Zylinder gehörten, sind durch gerade Linien verbunden, die für den kleinsten Zylinder gestrichelt, für den mittleren strichpunktiert und für den größten ausgezogen sind. Als Anfangspunkt *0* des rechtwinkligen Koordinatenkreuzes ist der Durchstoßungspunkt des Hauptstrahles in unserer achsensenkrechten Ebene gewählt, deren Schnitt mit der Meridianebene des Hauptstrahles als y-Achse. Die Maßstabseinheiten sind auf beiden Achsen gleich, und zwar bedeutet die Länge der Karreeseiten 0,005 mm.

Tabelle 9.

Punkt Nr.	x	y	Punkt Nr.	x	y	Punkt Nr.	x	y
1	+ 0,046	+ 0,009	9	0	— 0,048	17	— 0,055	+ 0,058
2	+ 0,065	+ 0,015	10	— 0,025	— 0,012	18	— 0,044	+ 0,044
3	+ 0,060	+ 0,017	11	— 0,038	— 0,019	19	0	+ 0,058
4	+ 0,025	— 0,012	12	— 0,044	— 0,024	20	0	+ 0,078
5	+ 0,038	— 0,019	13	— 0,046	+ 0,009	21	0	+ 0,058
6	+ 0,044	— 0,024	14	— 0,065	+ 0,015	22	+ 0,040	+ 0,040
7	0	— 0,017	15	— 0,060	+ 0,017	23	+ 0,055	+ 0,058
8	0	— 0,032	16	— 0,040	+ 0,040	24	+ 0,044	+ 0,044

Tabelle 10.

Punkt Nr.	x	y	Punkt Nr.	x	y	Punkt Nr.	x	y
1	+ 0,018	+ 0,008	9	0	— 0,001	17	— 0,0264	+ 0,028
2	+ 0,025	+ 0,013	10	— 0,0055	+ 0,008	18	— 0,010	+ 0,009
3	+ 0,0115	+ 0,016	11	— 0,0108	+ 0,008	19	0	+ 0,029
4	+ 0,0055	+ 0,008	12	— 0,0105	+ 0,010	20	0	+ 0,038
5	+ 0,0108	+ 0,008	13	— 0,018	+ 0,008	21	0	+ 0,009
6	+ 0,0105	+ 0,010	14	— 0,025	+ 0,013	22	+ 0,0198	+ 0,019
7	0	+ 0,010	15	— 0,0115	+ 0,016	23	+ 0,0264	+ 0,028
8	0	+ 0,007	16	— 0,0198	+ 0,019	24	+ 0,010	+ 0,009

C. Die Farbenfehler im Bilde.

18. Farbenabweichungen dioptrischer Folgen und optische Lage der Linsenstoffe. Einige Eigenschaften des Glases, die für dessen Verwendbarkeit zu photographischen Objektiven von Belang sind. Schon auf den S. 24—26 wurde darauf verwiesen, daß Licht verschiedener Wellenlänge bei der Brechung unter sonst gleichen Umständen, d. h. beim Auftreffen unter gleichem Einfallswinkel auf dieselbe Stelle einer zwei Medien trennenden Fläche sich verschieden verhält; der Grad der Brechung ist von der Art des Lichtes abhängig, die Brechungszahl also eine Funktion der Wellenlänge.

Soweit demnach Bilder durch dioptrische Anordnungen — und solche bilden in der Photographie die Regel — entworfen werden, ist im allgemeinen mit einer Komplikation des auf S. 129—222 besprochenen Abbildungsvorganges zu rechnen, wenigstens solange die abbildenden Strahlen Träger von Licht nicht nur einer Wellenlänge sind. Es werden, von diesen seltenen Ausnahmen abgesehen, also durch eine Linse oder durch das photographische Objektiv eine Mehrzahl von Bildern, ja unendlich viele, erzeugt, die vor, hinter und aufeinander liegen können.

Die weitgehendste Verringerung der Abbildungsfehler für Licht einer bestimmten Wellenlänge wird also nur dann zu einem einwandfreien Bild auf der lichtempfindlichen Schicht führen, wenn für die einzelnen farbigen Bilder bestimmte Grenzen hinsichtlich ihrer Lage und Größe eingehalten werden, so daß die Teilbilder insgesamt zu einem befriedigenden Bilde führen.

Um einen gewissen Überblick über die Mannigfaltigkeit der einzelnen Farbfehler, Farbenabweichungen oder chromatischen Aberrationen zu gewinnen, pflegt man diese in zwei Hauptgruppen zu scheiden, nämlich in die chromatischen Aberrationen innerhalb der Gaussischen Abbildung und in die Farbfehler, die bei Abbildungen durch Strahlenbündel, deren Strahlen nicht oder wenigstens nicht sämtlich im achsennahen Raume verlaufen, vorkommen.

Gibt ein photographisches Objektiv für zwei verschiedene Farben die gleiche Lage, Größe oder den gleichen Betrag eines Bildfehlers, so nennt man es für die beiden Farben hinsichtlich der Lage, Größe oder des Bildfehlers chromatisch korrigiert oder auch achromatisch. Diese Achromasie kann durch Benutzung geeigneter Glasarten für die einzelnen Linsen des Objektivs erreicht werden, und zwar sind Brechungszahl und Dispersion der einzelnen Glasarten, ihre sog. optische Lage, dafür maßgebend.

Neben Glas werden in Sonderfällen auch andere Stoffe, wie Quarz, Flußspat, Steinsalz usw., als Linsenmaterial verwandt.

Zur optischen Kennzeichnung der Glasarten benutzt man passende Linien des Spektrums, die durch künstliche Lichtquellen leicht herzustellen sind. So finden sich z. B. im neuesten Verzeichnis optischen Glases von Schott & Gen., Jena, die Brechungszahlen der Glasarten für eine größere Zahl von Spektrallinien. Da diese Spektrallinien häufig benutzt werden, mögen sie hier in Tab. 1 angegeben werden unter gleichzeitiger Hinzufügung der Elemente, in deren Spektrum sie vorkommen, und unter Hinzufügung der den Linien zugehörigen Wellenlängen.

Tabelle 1.

Farbe	Rot		Gelb		Grün	Blau			Violett
Zeichen	A' Mitte d. Doppell.	C	D Mitte d. Doppell.	d	e	F	g	G'	h Helle Linie
Element	K	H	Na	He	Hg	H	Hg	H	Hg
Wellenlänge in $\mu\mu$	768,5	656,3	589,3	587,6	546,1	486,1	435,9	434,1	404,7

Den Unterschied zwischen den Brechungszahlen zweier Wellenlängen nennt man partielle Dispersion (Farbenzerstreuung) oder Teildispersion, insbesondere den für die Wellenlängen der F- und C-Linie mittlere Dispersion, die also etwa durch $n_F - n_C$ zu bezeichnen wäre.

Bezieht man die partiellen Dispersionen auf die mittlere als Einheit, so nennt man die so entstehenden Werte relative partielle Dispersion oder relative Teildispersion.

Als mittlere Brechungszahl wählt man n_d, d. h. die Brechungszahl für die d-Linie.

Den Unterschied der mittleren Brechungszahl eines Stoffes und der Brechungszahl des Vakuums, auf die mittlere Dispersion des Stoffes bezogen, nennt man den reziproken Wert der relativen mittleren Dispersion oder auch reziproke Dispersion oder die ABBEsche Zahl ν; es ist also

$$\nu = \frac{n_d - 1}{n_F - n_C}.$$

Die Kenntnis der ABBEschen Zahl ν und der mittleren Brechungszahl n_d genügt im allgemeinen, um eine Glasart festzustellen. In den folgenden Tabellen 2 und 3

Tabelle 2. Brechungszahlen und Dispersionen[1] einiger Glasarten von SCHOTT & GEN.

Glasart		Mittlere Brechung n_d	ABBEsche Zahl ν	Mittlere Zerstreuung $C-F$	Brechungszahlen für C	Brechungszahlen für g
FK = Fluorkron	FK_3	1,46450	65,7	0,00706	1,46232	1,47317
PK = Phosphatkron	PK_1	1,50454	67,0	0,00752	1,50221	1,51373
BK = Borkron	BK_1	1,51009	63,4	0,00805	1,50762	1,51999
	BK_7	1,51633	64,0	0,00806	1,51385	1,52623
K = Kron	K_3	1,51823	59,0	0,00879	1,51554	1,52912
ZK = Zinkkron	ZK_1	1,53315	58,0	0,00918	1,53036	1,54457
BaK = Baritkron	BaK_1	1,57250	57,5	0,00996	1,56947	1,58488
SK = Schwerkron	SK_1	1,61025	56,5	0,01080	1,60698	1,62370
	SK_5	1,58913	61,2	0,00962	1,58619	1,60101
	SK_6	1,61375	56,3	0,01090	1,61045	1,62734
	SK_{10}	1,62280	56,9	0,01095	1,61949	1,63644
BaLF = Baritleichtflint	$BaLF_4$	1,57955	53,8	0,01076	1,57630	1,59302
	$BaLF_5$	1,54739	53,6	0,01021	1,54432	1,56019
SSK = Schwerstkron	SSK_2	1,62230	53,1	0,01171	1,61876	1,63695
LLF = Doppelleichtflint	LLF_1	1,54814	45,9	0,01195	1,54458	1,56329
	LLF_2	1,54072	47,2	0,01145	1,53729	1,55521
BaF = Baritflint	BaF_3	1,58267	46,5	0,01254	1,57892	1,59857
	BaF_4	1,60562	43,9	0,01379	1,60152	1,62318
	BaF_8	1,62360	47,0	0,01326	1,61966	1,64043
	BaF_9	1,63960	48,3	0,01339	1,63561	1,65654
	BaF_{10}	1,67020	47,3	0,01419	1,66596	1,68815
LF = Leichtflint	LF_3	1,58215	42,0	0,01385	1,57804	1,59982
	LF_5	1,58144	40,8	0,01425	1,57722	1,59964
	LF_7	1,57501	41,3	0,01392	1,57089	1,59280
F = Flint	F_2	1,62004	36,3	0,01706	1,61504	1,64206
	F_4	1,61659	36,6	0,01684	1,61164	1,63829
	F_8	1,59551	39,2	0,01519	1,59101	1,61497
BaSF = Baritschwerflint	$BaSF_1$	1,62606	39,1	0,01601	1,62134	1,64662
	$BaSF_2$	1,66459	35,7	0,01862	1,65913	1,68867
SF = Schwerflint	SF_2	1,64769	33,9	0,01912	1,64210	1,67249
	SF_5	1,67270	32,2	0,02087	1,66662	1,69983
KzF = Kurzflint	KzF_2	1,52944	51,8	0,01022	1,52634	1,54220

[1] Die Werte sind bis auf BaF_9 und BaF_{10} aus der Liste 2047, Jenaer Glas für die Optik, von SCHOTT & GEN. Optisches Glas wird z. B. auch hergestellt von PARRA-MANTOIS & CIE., Paris, CHANCE BROTHERS AND Co., LIMITED, Birmingham.

sind für eine Anzahl Schottscher Glasarten und für einige andere Stoffe, die bei der Herstellung photographischer Objektive gelegentlich verwandt werden mögen, wichtige Brechungszahlen und Dispersionen angegeben.

Die in der Tab. 2 stehenden Brechungszahlen usw. sind natürlich nur Durchschnittswerte und schwanken für die einzelnen Schmelzen einer bestimmten Glasart innerhalb gewisser Grenzen. Da es gerade bei den für photographische Objektive zu benutzenden Gläsern keine Seltenheit ist, daß die Brechungszahlen zweier Schmelzen der gleichen Glasart schon in die dritte Dezimale gehende Abweichungen voneinander haben, so ist es bei Einführung von neuen Schmelzen meist notwendig, die Konstruktionsdaten umzurechnen, um stets den bestmöglichen Korrektionszustand in den fertigen Objektiven zu haben.

Die Schwankungen der Brechungszahlen selbst innerhalb einer Schmelze sind bei manchen Glasarten nicht zu vernachlässigen. Für Objektive mit besonders hoher optischer Leistung und großem Linsendurchmesser, wie etwa für Reproduktions- und astrophotographische Objektive, sind der Berechnung stets die Brechungszahlen der zur Herstellung der einzelnen Linsen bestimmten Glasplatten zugrunde zu legen.

Werden die Objektive unter sehr verschiedenen physikalischen Bedingungen benutzt, kann es nötig sein, die dadurch hervorgerufenen Veränderungen in den optischen Konstanten zu berücksichtigen. Langbrennweitige Fliegerobjektive z. B., die bei + 30° C so gut benutzbar sein sollen wie bei — 50° C (und bei etwa normalem Luftdruck ebenso wie bei geringem Luftdruck großer Flughöhen), sind darauf zu untersuchen, ob durch die Änderung der Brechungszahlen und der Ausdehnung der zu ihren Linsen benutzten Glasarten eine Verlagerung oder gar Schädigung des Bildes herbeigeführt wird.

Unter der Annahme, daß die Objektivlinsen aus homogenem und isotropem Glas hergestellt und spannungsfrei gefaßt sind, und unter der weiteren Voraus-

Tabelle 3. Brechungszahlen[1] einiger durchsichtiger Stoffe.

Stoff	Wellenlängen in $\mu\mu$										
	768	656	589	546	486	436	405	394	340	274	214
Kanadabalsam		1,52748	1,53071	1,53402	1,53995	1,54714					
Cedernholzöl (C. Zeiss)		1,51192	1,51502	1,51765	1,52258						
Glyzerin		1,46928	1,47158	1,47352	1,47710	1,48131	1,48481				
Wasser, destilliert	1,32889	1,33119	1,33302	1,33451	1,33717	1,34026	1,34277				
Ammonium-Aluminium-Alaun		1,45686	1,45936	1,46133	1,46479						
Kalium-Aluminium-Alaun		1,45362	1,45603	1,45796	1,46133	1,46520					
Flußspat	1,43095	1,43250	1,43385	1,43497	1,43705	1,43950	1,44152	1,44231	1,44774	1,45976	1,48480
Quarz, geschmolzen		1,45666	1,45867	1,46038	1,46342			1,47086	1,47877	1,49634	1,53386
Quarz, kristallisiert (ordentlicher Strahl)		1,54187	1,54422	1,54615	1,54967	1,55383	1,55717	1,55846	1,56740	1,58750	1,63045
Sylvin		1,48713	1,49029	1,49305	1,49827	1,50462		1,51213	1,52720	1,56380	1,66182
Steinsalz	1,53666	1,54067	1,54431	1,54745	1,55338			1,56905	1,58618	1,62697	1,73220

[1] Die Werte sind zum größeren Teil im Meßlaboratorium von C. Zeiss gemessen, einige den Physikalisch-Chemischen Tabellen von Landolt-Börnstein, 5. Aufl. Berlin: Julius Springer 1923, entnommen.

setzung gleichmäßiger Durchwärmung oder Abkühlung der Objektivlinsen werden diese durch thermische Ausdehnung in geometrisch ähnliche Formen übergeführt, und zwar ist der Ähnlichkeitsfaktor ε für eine Linse gegeben durch $\varepsilon = 1 + \alpha t$, worin α der Ausdehnungskoeffizient[1] des Linsenstoffes und t die Temperatur, vom Ausgangszustand an gerechnet, ist. ε ist für jede einzelne Linse zu bestimmen und damit deren Radien und Dickenänderungen bei wechselnder Temperatur nach den Beziehungen:

$$r_t = r(1 + \alpha t) = \varepsilon \cdot r$$
$$d_t = d(1 + \alpha t) = \varepsilon \cdot d\,.$$

Die thermische Ausdehnung der Fassungsteile und Rohrstutzen hängt natürlich von dem benutzten Werkstoff (z. B. Messing, Aluminium, Eisen usw.) ab, und es ist wichtig, ebenfalls deren thermische Ausdehnung festzustellen, weil mit ihr sich die Abstände der Linsen voneinander ändern können. Es ist vorgeschlagen worden, eine störende Verlagerung des Bildes infolge Temperatureinflusses durch Benutzung verschiedener Metalle für die einzelnen Fassungsteile zu vermeiden oder auch durch Verwendung geeigneten Metalls für die Kammer auszugleichen.

Dort, wo es notwendig erscheint, ist ferner auch noch der Einfluß der Temperatur (und in seltenen Fällen auch des Druckes) auf die Brechung[2] des Glases zu untersuchen.

Eine wichtige Rolle kann die Durchlässigkeit der Glasarten spielen. Im allgemeinen wird man eine hohe Durchlässigkeit im sichtbaren Spektrum verlangen, eine zu große Durchlässigkeit im ultravioletten Gebiet hingegen für die richtige Helligkeitsverteilung im photographischen Bild eher als schädlich betrachten, benutzt man ja gerade deswegen Filter, um im Einklang mit der Empfindlichkeit der Emulsion lichtwertrichtige Bilder zu erhalten.

Die für photographische Objektive normalerweise benutzten Glasarten erfüllen die Forderung guter Durchlässigkeit im sichtbaren Gebiet des Spektrums. Für einige Schmelzen verschiedener Glasarten sind nachstehend in Tab. 4 u. 5 Durchlässigkeitszahlen für das violette und ultraviolette Gebiet angegeben[3].

Die Durchlässigkeit kann von Schmelze zu Schmelze ein und derselben Glasart merklich schwanken, so daß man also derartige Zahlen nicht ohne weiteres für beliebige Schmelzen der gleichen Glasart verwenden soll, wenigstens nicht, wenn man auf eine gewisse Genauigkeit rechnet.

Nicht nur die Auffindung einer Glasart erwünschter optischer Eigenschaften ist schwierig, sondern es hat eine lange Entwicklung dazu gehört, bis es gelungen ist, Glas in optisch befriedigender Qualität[4] herzustellen, d. h. Glas ohne Spannung und Schlieren. Mit dem Vorhandensein kleiner und nicht zahlreicher Gasbläschen in manchen optischen Glasarten, die aber für die Erreichung gewisser optischer Leistungen besonders wichtig sind, muß man sich auch heute noch abfinden, um so mehr als man nur eine solche Blasigkeit zuzulassen braucht, die weder die Güte noch die Helligkeit des Bildes beeinflußt, also nichts weiter als ein kleiner Schönheitsfehler ist.

Von der Haltbarkeit, insbesondere der Widerstandsfähigkeit gegen atmosphärische und chemische Einwirkungen hängt die Benutzbarkeit einer Glasart

[1] In der Liste 2047 von SCHOTT und GEN. findet sich für die einzelnen Glasarten α angegeben.
[2] PULFRICH, C.: Ann. Physik u. Chem. **45**, 609ff. (1892).
[3] SCHACHTSCHABEL, K.: Ann. Physik **81**, 929ff. (1926).
[4] ZSCHIMMER, E.: Dtsch. opt. Wschr. **1915/16**, 162ff. — ROHR, M. v.: Naturwiss. **1924**, 781—97; Dtsch. opt. Wschr. **1915/16**, 369, 382, 395, 404, 419, 431, 444, 470. — Z. Instrumentenkde **1928**, 166—78.

Tabelle 4. Durchlässigkeitsfaktoren[1] für 1 mm Glasdicke.

Wellenlängen in $\mu\mu$	Glasart										
	BK_1	BK_7	ZK_1	SK_1	$BaLF_5$	LLF_1	LLF_2	LF_3	LF_5	F_2	F_4
	Schmelznummer										
	16125	14053	16600	8369	16728	17425	8756	17115	18239	21100	14775
	Durchlässigkeitsfaktoren										
436	0,998	0,997	1,000	1,000	1,000	0,997	1,000	0,995	0,999	0,997	0,996
405	0,998	0,999	1,000	0,998	0,998	0,997	1,000	0,992	0,998	0,999	0,994
366	0,997	0,996	0,996	0,974	0,995	0,994	0,998	0,982	0,985	0,985	0,965
334	0,968	0,967	0,962	0,806	0,949	0,956	0,972	0,872	0,883	0,840	0,785
313	0,823	0,8382	0,8394	0,47	0,72	0,7160	0,8038	0,43	0,47	0,235	0,204
303	0,62	0,6705	0,6703	0,228	0,38	0,35	0,44	0,045	0,082	—	—
297	0,49	0,54	0,53	0,140	0,150	0,105	0,180	—	—	—	—
289	0,276	0,36	0,33	—	—	—	—	—	—	—	—
280	—	0,142	—	—	—	—	—	—	—	—	—

Tabelle 5. Durchlässigkeitsfaktoren[1] für 10 mm Glasdicke.

Wellenlängen in $\mu\mu$	Glasart										
	BK_1	BK_7	ZK_1	SK_1	$BaLF_5$	LLF_1	LLF_2	LF_3	LF_5	F_2	F_4
	Schmelznummer										
	16 125	14 053	16 600	83 69	16 728	17 425	8 756	17 115	18 239	21 100	14 775
	Durchlässigkeitsfaktoren										
436	0,98	0,97	1,00	1,00	1,00	0,97	1,000	0,96	0,99	0,97	0,96
405	0,98	0,99	1,00	0,98	0,98	0,97	1,00	0,92	0,98	0,99	0,94
366	0,97	0,92	0,96	0,77	0,89	0,95	0,98	0,83	0,86	0,86	0,70
334	0,72	0,71	0,68	0,12	0,59	0,64	0,75	0,26	0,29	0,17	0,09
313	0,14	0,171	0,174	—	—	0,035	0,113	—	—	—	—
303	—	0,018	0,018	—	—	—	—	—	—	—	—

fast ebenso ab wie von ihrer optischen Lage. Linsen aus Glasarten, die stark hygroskopisch sind, würden schon in unseren Breiten, besonders aber in den Tropen, durch den Beschlag mit feinen Tröpfchen einer alkalischen Flüssigkeit (gebildet aus dem Wasserdampf der Luft und Spuren gelösten Glases) an der Oberfläche zerstört werden und damit unbrauchbar sein.

Die Physikalisch-Technische Reichsanstalt in Berlin[2] unterscheidet fünf hydrolytische Klassen der Glasarten, und zwar gilt als Maßzahl die Verwitterungsalkalität, das ist die auf frischen Bruchflächen nach 7tägiger Verwitterung in der mit Wasserdampf bei 18° gesättigten Luft gebundene Menge Jodeosin in Milligramm auf den Quadratmeter.

Für Linsen allgemeiner Verwendbarkeit soll man nach den Erfahrungen des Verfassers nur Glasarten der Klassen 1 bis höchstens 3 verwenden. Für besondere Zwecke muß man sich natürlich auch mit stärker hygroskopischen Glasarten abfinden, wenn gewünschte optische Wirkungen anders nicht zu erreichen sind. Fleckenempfindliche Gläser hingegen werden ziemlich häufig als

[1] Der Durchlässigkeitsfaktor gibt an, welcher Bruchteil von der Einheit der auffallenden Strahlung infolge der stattfindenden Absorption durch eine Planparallelplatte aus dem betreffenden Glase und der angegebenen Dicke hindurchgelassen wird; die Spiegelungsverluste an den beiden Außenflächen der Platte sind dabei nicht berücksichtigt.

[2] Mylius, F.: Silikat-Z. **1913**, 2—5, 25—28, 45—48.

Linsenstoff benutzt, man muß dann die Linsen vor der Berührung mit Säuren, feuchten Fingern usw. hüten.

19. Die Bedeutung neuer Glasarten für die Bildfehlerbeseitigung im photographischen Objektiv. Die Einführung[1] der Jenaer optischen Gläser, die der Zusammenarbeit ERNST ABBES und O. SCHOTTS zu verdanken sind, leitete einen neuen Abschnitt im Bau der optischen Linsenanlagen ein. Im besonderen ist auch die Weiterentwicklung der photographischen Objektive durch die Möglichkeiten des neuen Glases aufs stärkste gefördert worden.

Die ersten wirklich bedeutungsvollen Erfolge auf unserem Gebiete waren P. RUDOLPHS[2] unsymmetrische Doppellinsen, die Anastigmate, die später Protare genannt worden sind. Ihnen ließ RUDOLPH den Ausbau der Einzellinse und des Satzes folgen.

Die PETZVALsche Forderung[3] für die Ebenung des Bildfeldes $\sum \frac{\varphi}{n} = 0$ steht mit der weiter unten abgeleiteten Achromasiebedingung für dünne Linsen[4]

$$\sum \frac{\varphi}{\nu} = 0$$

bei Benutzung von alten Glasarten zweifellos im Widerspruch. Denn für diese Glasarten gilt[5] die Näherung $\frac{\nu}{n} = 0{,}716\,\nu - 2{,}71$ (in einem rechtwinkligen Koordinatenkreuz mit den Werten ν und $\frac{\nu}{n}$ als Abszissen bzw. Ordinaten liegen die den alten Glasarten entsprechenden Punkte auf der durch diese Gleichung dargestellten Graden), so daß also $\sum \frac{\varphi}{n} = 0{,}716 \sum \varphi - 2{,}71 \sum \frac{\varphi}{\nu}$ oder bei Hebung der Farbenlängsabweichung $\sum \frac{\varphi}{n} = \frac{1}{2}\left(\frac{1}{r_t} - \frac{3}{r_s}\right) = 0{,}716 \sum \varphi$ wird. Anastigmatische Ebenung bedeutet aber $r_t = r_s = \infty$, was mit der letzten Gleichung nur vereinbar ist, wenn das optische System brechkraftlos ist. Obwohl diese Betrachtungen nur für dünne Linsen und für das SEIDELsche Abbildungsgebiet streng gelten, hat der oft ausgesprochene Satz, daß aus alten Glasarten keine achromatischen Linsenanlagen mit anastigmatischer Ebenung gebildet werden können, Bedeutung als heuristisches Prinzip gehabt.

Die neuen Glasarten, hochbrechendes Glas mit verhältnismäßig großem ν (z. B. Schwerkron) und niedrigbrechendes Glas mit verhältnismäßig kleinem ν (Kron mit hoher Dispersion) ordnen sich bei der oben angegebenen graphischen Darstellung in der Ebene des Koordinatenkreuzes auf je einer Seite der erwähnten Geraden an.

Einen Achromaten aus einem Paar alter Gläser nennt man Altachromat zum Unterschied von dem aus neuen Glasarten gebildeten Neuachromaten. Bei letzterem ist die PETZVAL-Bedingung erfüllt, wenn für beide Glasarten $\frac{\nu}{n}$ denselben Wert hat; denn aus der Achromasiebedingung $\frac{\varphi_1}{\nu_1} + \frac{\varphi_2}{\nu_2} = 0$ und $\frac{\nu_1}{n_1} = \frac{\nu_2}{n_2}$ folgt $\frac{\varphi_1}{n_1} + \frac{\varphi_2}{n_2} = 0$. Für die photographischen Objektive sind besonders die Glasarten mit hoher Brechung und geringer Zerstreuung von Bedeutung geworden. So sind z. B. die erwähnten Protare[6] dadurch gekennzeichnet, daß in dem einen Teil-

---

[1] Erste Veröffentlichung des Jenaer Glaskataloges im Juli 1886.

[2] ROHR, M. v.: Theorie und Geschichte des photographischen Objektivs, S. 355—381. Berlin: Julius Springer 1899.

[3] Vgl. S. 204. [4] Vgl. (8), S. 230.

[5] KÖNIG, A.: Geometrische Optik, in: Handbuch der Experimentalphysik 20, 2. T., 248. Leipzig: Akad. Verlagsgesellschaft 1929.

[6] Vgl. S. 283.

glied die Sammellinse eine höhere Brechungszahl hat als die mit ihr verkittete Zerstreuungslinse (neues Glaspaar) und in dem anderen Gliede die zerstreuende Linse aus einer stärker brechenden Glasart besteht als die angekittete Sammellinse (altes Glaspaar). Wenn man heute auch gewöhnt ist, aus nur alten Glasarten gut brauchbare Anastigmate zu bauen, so ist trotzdem das Vorhandensein von Glasarten mit den verschiedensten optischen Lagen von größter Bedeutung; es hilft dazu, daß sich die optische Leistung der photographischen Objektive steigern läßt, daß man günstige Linsenformen erhält, die Berechnung neuer Objektive erleichtert wird usw.

Über neuartige Gläser und die Aussicht auf weitere Fortschritte in der Erzeugung optischen Glases hat neuerdings E. BERGER[1] berichtet.

20. Chromatische Über- und Unterkorrektion. Berechnet man nach (3), S. 130, unter Voraussetzung des unendlich fernen Achsenpunktes als Ding die bildseitigen Schnittweiten s_0' der gleichschenkligen bikonvexen Linse, deren Mitteldicke 10 mm, deren Flächenradius 101,55 mm und deren Brennweite 100 mm ist, und die aus Glas BK_7 besteht, so erhält man für die durch ihre Linien kenntlich gemachten Farben folgende s_0':

	Lichtart						
	A'	C	d	e	F	G'	h
Schnittweite s_0' in mm	97,69	97,13	96,67	96,30	95,62	94,79	94,18

s_0' fällt demnach mit der Wellenlänge. Schon im achsennahen Raume sind also die Bildlagen verschieden. Die chromatischen Längsabweichungen unserer bikonvexen Linse sind nicht gehoben, und zwar nennt man sie unterkorrigiert.

Überhaupt werden alle Farbenabweichungen, die für die verschiedenen Farben den gleichsinnigen Gang wie bei der einfachen dünnen Sammellinse haben, als chromatische Unterkorrektionen bezeichnet, während Linsenfolgen mit entgegengesetztem Gange dieser Farbfehler chromatisch überkorrigiert heißen. Die chromatischen Längsaberrationen sind bei der dünnen Zerstreuungslinse z. B. überkorrigiert. Von dieser Eigenschaft, daß nämlich die Sammellinsen und die Zerstreuungslinsen geringer Dicke entgegengesetzte chromatische Abweichungen haben, macht man Gebrauch bei der Beseitigung oder wenigstens Minderung der Chromasie.

Zwar kann man schon bei einer einfachen Linse z. B. die Schnittweiten für zwei Farben gleich machen; die sich ergebenden Linsenformen sind aber für die Herstellung sowohl als auch für die sonstigen Bildfehler derartig ungünstig, daß einfache achromatische Linsen kaum benutzt werden. Fast ausnahmslos wird es vorgezogen, die Achromasie durch zwei oder auch mehr Linsen zu erzielen.

21. Farbenfehler dünner Linsen und Linsensysteme. Einen guten Einblick in die Korrektionsmöglichkeiten der Farbfehler erhält man häufig durch die Untersuchung dünner Linsen. Befinden sich z. B. zwei solche Linsen ohne merklichen Abstand voneinander in Luft und sind ihre Brechkräfte, d. h. die Kehrwerte ihrer Brennweiten

$$\varphi_1 = (n_1 - 1) \cdot m_1, \tag{1}$$

$$\varphi_2 = (n_2 - 1) \cdot m_2 \tag{2}$$

— darin sind n_1 und n_2 die Brechungszahlen und m_1 und m_2 die Differenzen der reziproken Krümmungsradien der brechenden Flächen der beiden Linsen —, so ist die Gesamtbrechkraft Φ der Linsen gleich der Summe ihrer Einzelbrechkräfte, also

$$\Phi = \varphi_1 + \varphi_2, \tag{3}$$

[1] BERGER, E.: Z. f. Instrumentenkde **1930**, 155—160.

n_1 und n_2 sind die Brechungszahlen für irgendeine bestimmte Wellenlänge. Die Brechkräfte für eine andere Wellenlänge, zu der die Brechungszahlen $n_1 + \Delta n_1$ bzw. $n_2 + \Delta n_2$ gehören, wären dann

$$\varphi_1 + \Delta\varphi_1 = (n_1 + \Delta n_1 - 1) \cdot m_1 \tag{4}$$

und

$$\varphi_2 + \Delta\varphi_2 = (n_2 + \Delta n_2 - 1) \cdot m_2 \tag{5}$$

für die Einzellinsen und demnach die Gesamtbrechkraft der Kombination aus beiden Einzellinsen:

$$\Phi + \Delta\Phi = \Phi + \Delta n_1 m_1 + \Delta n_2 m_2 . \tag{6}$$

Daraus folgt für k dünne, einander berührende Linsen in Luft als Variation der Gesamtbrechkraft $\Delta\Phi$ beim Übergang vom Licht der ersten zu Licht der zweiten Wellenlänge

$$\Delta\Phi = \sum_{q=1}^{k} \Delta n_k m_k \tag{7}$$

oder auch

$$\Delta\Phi = \sum_{q=1}^{k} \frac{\varphi_k}{\mu_k}, \tag{8}$$

wenn noch $\mu_k = \frac{n_k - 1}{\Delta n_k}$ gesetzt wird.

Verschwindet $\Delta\Phi$, so sind für beide Farben die Brechkräfte und also auch die Brennweiten und damit die Vergrößerungen gleich; die „chromatische Vergrößerungsdifferenz" ist gehoben. Da es sich um Linsen, bei denen die Dicke vernachlässigt werden darf, handelt, sind auch die Farbenlängsabweichungen beseitigt; diese beiden Bildfehler sind also bei Systemen aus dünnen, sich berührenden Linsen stets gleichzeitig gehoben. Deswegen sind sie es auch für alle möglichen Dinglagen; wenn also solche Linsenanordnungen überhaupt achromatisiert sind, so sind sie auch „stabil achromatisch". Auf die Reihenfolge der einzelnen dünnen sich berührenden Linsen kommt es übrigens nicht an.

Ist die Farbenabweichung der Brennweite des Systems aus k dünnen, sich berührenden Linsen nicht beseitigt, so läßt sich aus der Gleichung

$$\frac{1}{s_k' + \Delta s_k'} - \frac{1}{s_k'} = \Delta\Phi \tag{9}$$

die Farbenlängsabweichung $\Delta s_k'$ berechnen; s_k' ist dabei die Bildschnittweite für die Brechungszahlen $n_1, n_2 \cdots n_k$; $s_k' + \Delta s_k'$ die Bildschnittweite für die Brechungszahlen $n_1 + \Delta n_1, n_2 + \Delta n_2 \cdots n_k + \Delta n_k$.

Dürfen die Variationen der Brechungszahlen und der Schnittweiten als klein von erster Ordnung angesehen werden und macht man sie in diesem Falle durch das Symbol δ kenntlich, so erhält man für die Farbenlängsabweichung $\delta s_k'$ den einfachen Ausdruck

$$\delta s_k' = - s_k'^2 \cdot \delta\Phi . \tag{10}$$

Wie gut die Übereinstimmung der sich aus der Näherungsformel (10) ergebenden Werte mit den nach der Nullstrahlinvariante bestimmten Zahlen zu sein pflegt, zeigen die beiden folgenden Beispiele.

Die gleichschenklige Bikonvexlinse mit den Krümmungsradien 127,5 mm und der Mitteldicke 10 mm hat aus SF_2 bestehend für die d-Linie die Schnittweite $s_2' = 98{,}324$ mm; dazu gehören für die durch ihr Zeichen kenntlich gemachten Lichtarten die nachstehenden Farbenlängsabweichungen:

A' mm	C mm	e mm	F mm	G' mm	h mm	
+ 1,80	+ 0,86	– 0,67	– 1,99	– 3,67	– 4,96	nach der Nullstrahlrechnung
+ 1,67	+ 0,80	– 0,74	– 1,94	– 3,63	– 4,97	nach der Näherung (10)

Die aus BK_7 bestehende, ebenfalls gleichschenklige Bikonvexlinse mit den Krümmungsradien 101,55 mm und der Mitteldicke 10 mm hat für die d-Linie die Schnittweite $s_2' = 96{,}67$ mm und die folgenden Farbenlängsabweichungen:

A' mm	C mm	e mm	F mm	G' mm	h mm	
+ 1,02	+ 0,46	– 0,37	– 1,05	– 1,88	– 2,49	nach der Nullstrahlrechnung
+ 0,95	+ 0,44	– 0,35	– 1,01	– 1,81	– 2,41	nach der Näherung (10)

Bei einer Folge aus zwei dünnen einander berührenden Linsen gilt bei Hebung der chromatischen Längsabweichung oder auch der Vergrößerungsdifferenz nach (8):

$$\frac{\varphi_1}{\mu_1} + \frac{\varphi_2}{\mu_2} = 0\,, \tag{11}$$

so daß also die Abhängigkeit der Brechkräfte der Einzellinsen von der Brechkraft der Gesamtfolge ausgedrückt wird durch

$$\varphi_1 = \frac{\mu_1}{\mu_1 - \mu_2} \cdot \Phi \tag{12}$$

und

$$\varphi_2 = \frac{\mu_2}{\mu_2 - \mu_1} \cdot \Phi\,. \tag{13}$$

Die Brechkräfte der Einzellinsen müssen demnach bei Beseitigung der chromatischen Längsabweichung entgegengesetzt bezeichnet sein, solange μ_1 und μ_2 positiv sind.

22. Farbenfehler zweier dünner Linsen mit endlichem Abstand voneinander. Bei den unverkitteten photographischen Objektiven läßt sich häufig die Korrektionsmöglichkeit der Farbfehler nur übersehen, wenn man auch wieder die einzelnen Linsen als merklich dünn betrachtet, aber ihren gegenseitigen Luftabstand als endlich; gewissermaßen ein Musterbeispiel für einen solchen Fall ist das Teleobjektiv, dessen als dünn zu betrachtendes Positivglied durch einen erheblichen Luftraum von dem ebenfalls dünnen Negativglied getrennt ist.

Nennt man allgemein bei einer Linsenanordnung aus zwei dünnen Linsen mit endlichem Abstand voneinander die Brennweiten beider Linsen f_1 und f_2 und den genannten Abstand δ, so sind für diese Linsenfolge die Lage der Hauptpunkte H_{12} und H'_{12} und die Brennweite nach S. 141 zu bestimmen. Man findet so als Abstand des vorderen Hauptpunktes H_{12} von der vorderen Linse $\frac{\delta f_1}{f_1 + f_2 - \delta}$ und $\frac{-\delta f_2}{f_1 + f_2 - \delta}$ gibt die Entfernung des hinteren Hauptpunktes H'_{12} von der Hinterlinse; die Brennweite f_{12} der Kombination aus beiden Linsen wird $f_{12} = \frac{f_1 \cdot f_2}{f_1 + f_2 - \delta}$. Fiele also ein Hauptpunkt, etwa der vordere, für zwei Farben an die gleiche Stelle, so muß $\frac{f_1}{f_1 + f_2 - \delta}$ für diese beiden Farben den gleichen Wert besitzen, f_{12} würde dagegen im allgemeinen zwei verschiedene Werte haben. Nur wenn f_2 selbst für beide Farben achromatisiert ist, kann in dem angenommenen Falle f_{12} für beide Farben gleich sein. Geht man davon aus, daß der hintere Hauptpunkt frei von chromatischen Längsaberrationen sei, so kommt man durch entsprechende Überlegungen dazu, daß f_{12} für die beiden Farben nur dann gleich sein kann, wenn es auch f_1 ist. Also bloß wenn die beiden dünnen Einzellinsen für sich achromatisiert sind, wird die aus ihnen gebildete Kombination, bei der beide Linsen endlichen Abstand voneinander haben, für zwei Farben gleiche Hauptpunkte und gleiche Brennweiten und damit gleiche Brennpunkte haben. Es heißt dann die Linsenfolge vollständig achromatisiert, und es sind beide Fehler des GAUSSischen Bereiches, nämlich die chromatische Längsabweichung und die chromatische Vergrößerungsdifferenz beseitigt. Da aber in unserem Falle die vier Grundpunkte der GAUSSischen Abbildung für die beiden Farben der Korrektion zusammenliegen, so ist auch die Achromasie der Bildlage und -größe von der Gegenstandsentfernung unabhängig. Solche Linsenanordnungen, die für jede Dingweite vollständig achromatisiert sind, werden stabilachromatisch genannt.

23. Verschiedene Arten der Korrektion der chromatischen Abweichungen. Für die Linsenfolge $r_1 = 18{,}09$, $r_2 = -38{,}83$, $r_3 = -36{,}68$, $r_4 = 38{,}74$, $r_5 = -10{,}40$, $r_6 = -9{,}43$, $r_7 = -17{,}13$, $d_1 = 3{,}33$, $d_2 = 0{,}13$, $d_3 = 0{,}83$, $d_4 = 23{,}91$, $d_5 = 1{,}89$, $d_6 = 0{,}75$. $n_1 = n_3 = n_5 = n_7' = 1$

	C	D	F	G'
$n_2 =$	1,58947	1,59234	1,59918	1,60465
$n_4 =$	1,59265	1,59704	1,60794	1,61718
$n_6 =$	1,61912	1,62410	1,63662	1,64732
$n_7 =$	1,49675	1,49900	1,50424	1,50840

erhält man mittels Nullstrahlrechnung für die zu den Linien C, D, F und G' gehörenden Brechungszahlen folgende Schnittweiten der bildseitigen Brennpunkte: $s'_C = 49{,}79$, $s'_D = 49{,}65$, $s'_F = 49{,}50$ und $s'_{G'} = 49{,}61$. Für die durch D und G' gekennzeichneten Farben fallen also diese Brennpunkte fast zusammen. Das ist die für photographische Linsen übliche Korrektion der chromatischen Längsabweichung. Bei den photographischen Aufnahmen pflegt man ja meist auf der Mattscheibe scharf einzustellen, so daß also die Forderung besteht, daß die aus den für das Auge und für die lichtempfindliche Schicht wirksamsten Strahlen aufgebauten Bilder an der gleichen Stelle liegen; diese sog. photographische Korrektion, d. h. also die Zusammenlegung der Bilder für d oder auch D und G', gibt die Erfüllung jener Forderung.

Nebenbei sei hier bemerkt, daß optische Werkzeuge zur Entwerfung von Bildern, die durch das Auge betrachtet werden, in der Regel chromatisch für C und F korrigiert werden, also müßten z. B. auch die für Projektionen bestimmten Objektive diese „optische Korrektion" haben. Meist benutzt man aber ohne erheblichen Schaden für das Schirmbild auch zur Projektion gewöhnliche photographische Objektive.

In besonderen Fällen mögen neben der photographischen Korrektion auch andere Korrektionslagen für photographische Objektive gewählt werden. Bei ausschließlich für Astrophotographie bestimmten Objektiven, bei denen ja die Einstellung auf die unendlich entfernten Sterne ein für allemal die gleiche ist, wird eine Rücksichtnahme auf die Lage des für das Auge hellsten Bildes unnötig; vielmehr vereinigt man in diesem Fall häufig die Bilder aus den Farben der Linie F und h; mit dem bloßen Auge betrachtet, sehen solche „rein aktinisch" korrigierten Bilder farbig aus.

Als weiteres Beispiel einer besonderen chromatischen Korrektion geben wir die des neuerdings von CARL ZEISS nach Rechnung W. MERTÉs in Zusammenarbeit mit E. WANDERSLEB hergestellten Achromat-Quarzanastigmaten an. Dieser ist für Aufnahmen im ultravioletten Teil des Spektrums bestimmt; der Werkstoff seiner Linsen, Quarz und Steinsalz, verbürgt eine besonders hohe Durchlässigkeit; sogar Licht bis zu einer Wellenlänge von weniger als 200 $\mu\mu$

wird von dem Achromat-Quarzanastigmaten noch hindurchgelassen. Abb. 149 zeigt die Abhängigkeit der bildseitigen Nullstrahlschnittweiten für den unendlich fernen Achsenpunkt von den verschiedenen Farben des Spektrums. Man sieht, daß die chromatischen Längsabweichungen für einen großen Teil des ultravioletten und des sichtbaren Spektrums klein sind. In dem Bereich von 240 $\mu\mu$ bis 580 $\mu\mu$ z. B. weichen die genannten Schnittweiten um nicht mehr als $\pm\,^1/_2\,\%$ von dem Wert der mittleren Schnittweite dieses Spektralgebietes ab. Zum Vergleich ist die Kurve der chromatischen Längsabweichungen eines nur aus Quarzlinsen gebauten Objektivs, das ebenfalls von W. MERTÉ errechnet ist und als Quarzanastigmat von CARL ZEISS auf den Markt gebracht wird, gegeben. Eine chromatische Korrektion liegt natürlich in diesem Falle nicht vor.

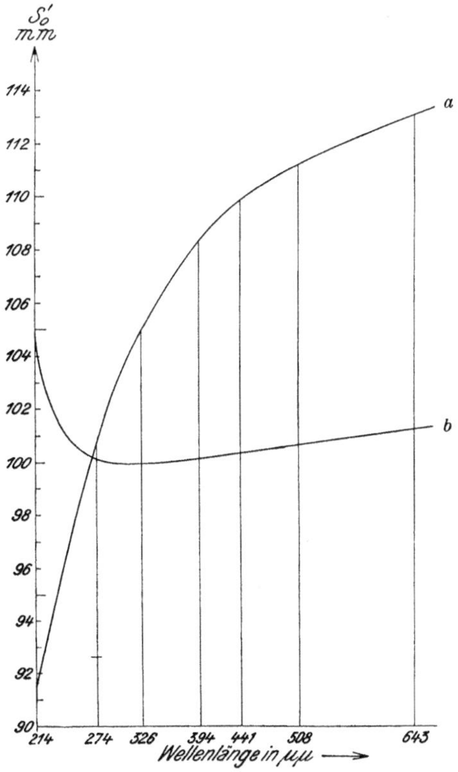

Abb. 149. Kurve b gibt die bildseitigen Nullstrahlschnittweiten des ZEISS-Achromat-Quarzanastigmaten $f = 12$ cm und Kurve a die des ZEISS-Quarzanastigmaten $f = 12$ cm im Spektralbereich von $\lambda = 214\ \mu\mu$ bis gegen 650 $\mu\mu$. Als Abszissen sind die Wellenlängen abgetragen und als Ordinaten die Nullstrahlschnittweiten.

Nebenbei sei vermerkt, daß die beiden eben genannten Objektive, die hauptsächlich für Photographie mit ultraviolettem Licht bestimmt sind, für das Öffnungsverhältnis 1 : 4,5 sphärisch korrigiert sind und ein Bildfeld von fast 40° scharf auszeichnen. Die Anwendungsgebiete dieser Objektive sind die Palimpsestphotographie, die forensische Photographie zur Aufdeckung von Schriftfälschungen, photographische Aufnahmen der bei Explosionen entstehenden Flammengase usw.[1].

Sind die chromatischen Längsabweichungen nicht gehoben, so liegt das schärfste Bild der visuellen Einstellung mehr oder weniger weit von dem schärfsten Bild der photographischen Aufnahme entfernt. Die Entfernung zwischen dem optisch und photographisch besten Bilde hat man sich gewöhnt mit dem wenig schönen Ausdruck „chemischer Fokus" zu bezeichnen. Nach einer Faustregel beträgt der chemische Fokus einer Monokellinse etwa 2 % ihrer Brennweite; dabei sind natürlich für die Empfindlichkeit der Emulsion, die Dispersion des Glases, aus dem die Linse besteht, und deren Form gewisse durchschnittliche Annahmen gemacht.

Aber wenn man bei der Aufnahme auch den chemischen Fokus berücksichtigt, wird dessen Vorhandensein keine wirklich gestochene Schärfe des Bildes zustande kommen lassen. Für manche Zwecke, z. B. für Bildnisaufnahmen, hat man die chromatischen Längsabweichungen absichtlich benutzt, um in der Aufnahme eine aufdringliche Schärfe zu vermeiden. Eine technische Verwirklichung hat dieser Gedanke in der GOERZ-Mollarlinse[2] ge-

[1] ZSCHOKKE W.: EDERS Jb. Phot. u. Reprod. **1913**, 112—17. — KÖGEL, P. R.: Die Palimpsestphotographie. Halle: W. Knapp 1920.

[2] Vgl. auch S. 350.

funden. Diese ist im wesentlichen eine planparallele Platte, gebildet aus einer plankonvexen Linse und einer entsprechenden plankonkaven Linse; die Brechungszahlen für eine bestimmte Wellenlänge, z. B. die des photographisch wirksamsten Lichtes, sind bei den die Mollarlinse bildenden Teillinsen gleich, dagegen ist die Dispersion der Teillinsen sehr verschieden; unsere chromatische Planplatte ist demnach für das photographisch wirksamste Licht afokal, nicht aber für das übrige Licht; vielmehr beruht gerade ihre Wirkung darauf, daß sie für die übrigen Farben eine mit diesen sich ändernde Brechkraft besitzt.

Bringt man vor dem in üblicher Weise chromatisch korrigierten photographischen Objektiv nach seiner Scharfeinstellung eine Mollarlinse an, so bleibt auch für die Aufnahme die richtige Einstellung erhalten, aber die erheblichen chromatischen Abweichungen für die verschiedenen Farben des Spektrums geben

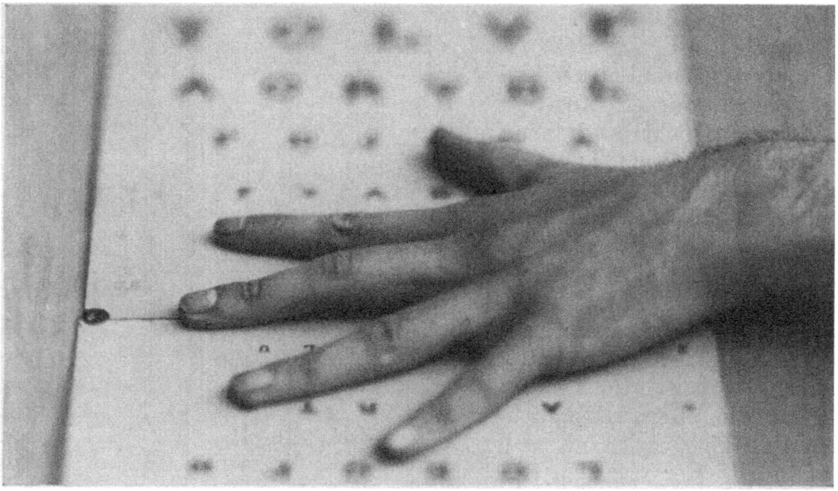

Abb. 150a. Aufnahme mit Hypar 1:4,5, $f = 42$ cm. In der Richtung des Mittelfingers, auf den eingestellt ist, liegt hohe Schärfe; die erheblich vor und hinter diesem gelegenen Buchstaben und Finger sind unscharf.

dem Bilde eine weiche Zeichnung und eine größere Tiefenerstreckung der Abbildung. Nach Angaben von GOERZ bilden die grünblauen Strahlen bei Benutzung einer Mollarlinse auf der lichtempfindlichen Schicht den Hintergrund, die violetten den Vordergrund scharf ab. Ein Beispiel für die Wirkung einer Mollarlinse zeigen Abb. 150a und 150b.

Bei Bildnisaufnahmen ist die geschilderte chromatische Wirkung der Mollarlinse auch noch insofern von Belang, als sie alle unangenehmen störenden Einzelheiten verwischt und die Retusche am Bilde mehr oder weniger überflüssig macht.

A. POLACK schlägt ein hyperchromatisches Objektiv vor, um auf ortho- oder panchromatischen Platten weiche Bilder zu erzeugen. Wie bei der Mollarlinse soll durch Farbenabweichungen dieses Ziel erreicht werden. Unter einem hyperchromatischen Objektiv versteht er ein Objektiv mit Berichtigung der sonstigen Bildfehler, bloß die Farbenfehler sind nicht nur nicht gehoben, sondern absichtlich vergrößert. Für das Zahlenbeispiel (Drillingslinse) des amerikanischen Patents Nr. 1629361/1923 $r_1 = 18{,}30$ mm, $r_2 = -111{,}72$ mm, $r_3 = -52{,}92$ mm, $r_4 = 17{,}19$ mm, $r_5 = 452{,}90$ mm, $r_6 = -57{,}26$ mm, $d_1 = 3{,}35$ mm, $d_2 = 1{,}00$ mm, $d_3 = 1{,}47$ mm, $d_4 = 7{,}16$ mm, $d_5 = 2{,}81$ mm

	n_C	n_d	n_F
L_1:	1,61396	1,61881	1,63100
L_2:	1,56966	1,57256	1,57949
L_3:	1,55571	1,55927	1,56803

gibt er als die Brennweiten des der C-, d- und F-Linie entsprechenden Lichtes $F_C = 101{,}85$ mm, $F_d = 100{,}00$ mm, $F_F = 95{,}54$ mm an, während er als die entsprechenden Werte einer Sammellinse aus Flintglas $F_C = 100{,}78$ mm, $F_d = 100{,}00$ mm, $F_F = 98{,}07$ mm mitteilt. Ein solches Objektiv, das stärkere Farbenabweichungen als eine einfache Sammellinse gleicher Brennweite aus Flintglas hat, nennt A. Polack hyperchromatisch.

Die sphärischen Längsaberrationen, die Abweichungen von der Sinusbedingung, die Bildkrümmungen und die Verzeichnung sind bei dem genannten

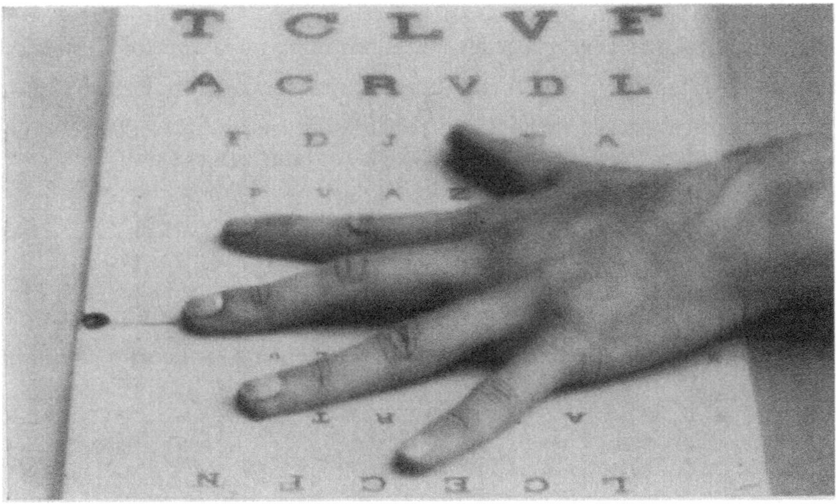

Abb. 150 b. Die gleiche Aufnahme wie die der Abb. 150 a, nur war dem Hypar noch eine Mollarlinie vorgeschaltet. Die in der Richtung des Mittelfingers liegenden Bildteile haben nicht die hohe Schärfe wie in der Abb. 150 a. Dafür sind die vor und hinter dem Mittelfinger gelegenen Buchstaben und Finger aber merklich schärfer als in Abb. 150 a.

Beispiel des amerikanischen Patents Nr. 1629361 einigermaßen korrigiert und für die einzelnen Farben C, d und F von ähnlicher Größenordnung.

24. Chromatische Längsabweichung und Vergrößerungsdifferenz beliebiger zentrierter Flächenfolgen. In Wirklichkeit hat man es natürlich meist mit endlichen Linsendicken zu tun. Die Durchrechnung der Linsenfolgen für die verschiedenen Farben läßt selbstverständlich auch in diesem Falle mit Hilfe von (7 b), S. 153, die chromatischen Längsabweichungen und ebenso die chromatischen Vergrößerungsdifferenzen genau bestimmen.

Durch geschickte Summierung lassen sich diese Farbfehler in verhältnismäßig übersichtlicher Weise ausdrücken, insbesondere, wenn die der Änderung der Wellenlänge entsprechenden Änderungen der Brechungszahlen, der Schnittweiten und Vergrößerungen als klein von erster Ordnung angenommen werden können. Nach einigen einfachen Rechnungen erhält man dann für eine aus k zentrierten Kugelflächen bestehende Folge:

$$n_1 \left(\frac{h_1}{s_1}\right)^2 d\,s_1 - n_k' \left(\frac{h_k}{s_k'}\right)^2 d\,s_k' = \sum_{q=1}^{k} h_q^2 Q_{qs} \left(\frac{d\,n_q'}{n_q'} - \frac{d\,n_q}{n_q}\right). \tag{14}$$

Darin ist n_q die Brechungszahl des Mittels vor der q-ten Fläche und n'_q die Brechungszahl des Mittels nach der q-ten Fläche, also auch $n'_q = n_{q+1}$; s_q und s'_q sind die Schnittweiten der paraxialen Abbildung und h_q deren Einfallshöhen. ds_q ergibt die Änderung der Schnittweite s_q mit der Änderung der Wellenlänge, ds'_k ist demnach direkt die chromatische Längsabweichung; Q_{qs}[1] ist wieder die Abkürzung für die Nullstrahlinvariante. Die Annahme, daß Schnittweiten- und Vergrößerungsvariationen klein von erster Ordnung sind, ist in vielen Fällen in der Praxis erlaubt; dort, wo der betrachtete Spektralbereich zu groß ist, kann die Gleichung (14) wenigstens als Näherung angesehen werden.

Ist das Ding, wie in der Regel, selbst frei von chromatischen Längsabweichungen, so ist $ds_1 = 0$ und das Verschwinden der Summe $\sum\limits_{q=1}^{k} h_q^2 Q_{qs} \left(\frac{dn'_q}{n'_q} - \frac{dn_q}{n_q}\right)$ ist dann die Bedingung für die Beseitigung der chromatischen Längsabweichung.

Die chromatische Vergrößerungsdifferenz mißt man zweckmäßig durch den Ausdruck $\frac{d\beta}{\beta}$, wobei β die Vergrößerung des Dinges durch paraxiale Abbildung für eine bestimmte Farbe ist und $d\beta$ die Änderung dieser Vergrößerung mit der Änderung der Farbe angibt. Es läßt sich dann zeigen, daß

$$\left.\begin{aligned} \frac{d\beta}{\beta} &= \frac{dn_1}{n_1} - \frac{dn'_k}{n'_k} + \frac{ds'_k}{s'_k} - \frac{ds_1}{s_1} + n_1 \left(\frac{h_1}{s_1}\right)^2 l_1\, ds_1 \\ &\quad - n'_k \left(\frac{h_k}{s'_k}\right)^2 l_k\, ds'_k - \sum_{q=1}^{k} l_q h_q^2 Q_{qs} \left(\frac{dn'_q}{n'_q} - \frac{dn_q}{n_q}\right) \end{aligned}\right\} \tag{15}$$

ist, worin die gleichen Größen wie in (14) vorkommen, bis auf die Abkürzung l_q, die durch

$$l_q = l_1 + \sum_{\nu=1}^{q-1} \frac{d_\nu}{n_{\nu+1} h_\nu h_{\nu+1}} \tag{16}$$

definiert ist; darin ist natürlich $d_\nu = s'_\nu - s_{\nu+1}$ die Mitteldicke oder der Abstand zweier aufeinanderfolgender Flächenscheitel, l_1 dagegen eine an sich willkürlich wählbare Größe, die bei Bildfehlerberechnungen oft zweckmäßig dem Ausdruck $\frac{\varepsilon_1 (s_1 - \varepsilon_1)}{s_1}$ gleichgesetzt wird, wobei ε_1 den Abstand der Eintrittspupille des Systems vom Scheitel der ersten brechenden Fläche bedeutet.

In den weitaus meisten Fällen befindet sich das photographische Objektiv in Luft, im Bild- und Dingraum sind also die Brechungszahlen gleich, oder es wird $\frac{dn_1}{n_1} - \frac{dn'_k}{n'_k} = 0$; ebenso kann in der Regel $ds_1 = 0$ gesetzt werden, was für Farbfreiheit des Objektes gilt. Dann vereinfacht sich (15) zu:

$$\frac{d\beta}{\beta} = \left[\frac{1}{s'_k} - n'_k \left(\frac{h_k}{s'_k}\right)^2 l_k\right] ds'_k - \sum_{q=1}^{k} l_q h_q^2 Q_{qs} \left(\frac{dn'_q}{n'_q} - \frac{dn_q}{n_q}\right). \tag{17}$$

Das gleichzeitige Verschwinden der beiden Summen in (14) und (17), also das Bestehen der Gleichungen:

$$\left.\begin{aligned} \sum_{q=1}^{k} h_q^2 Q_{qs} \left(\frac{dn'_q}{n'_q} - \frac{dn_q}{n_q}\right) &= 0 \\ \sum_{q=1}^{k} l_q h_q^2 Q_{qs} \left(\frac{dn'_q}{n'_q} - \frac{dn_q}{n_q}\right) &= 0 \end{aligned}\right\} \tag{18}$$

[1] Vgl. S. 165.

ist bei $n_1 = n'_k$ notwendige und hinreichende Bedingung, daß das farbfreie Ding der Lage und Größe nach innerhalb des GAUSSischen Bereichs farbfrei abgebildet wird, und zwar gilt dies Ergebnis exakt, solange die mit der Änderung der Wellenlänge verbundenen Änderungen der Brechungszahlen, Brennweiten und Schnittweiten als klein von erster Ordnung zu betrachten sind; dort, wo dies nicht gestattet ist, hat man in den Bedingungen (14), (15), (17) und (18) oft gute Näherungsausdrücke.

25. Sekundäres Spektrum. Sind die Farbenabweichungen für zwei bestimmte Farben beseitigt, so sind sie es für andere Farben des Spektrums im allgemeinen durchaus nicht, vielmehr bleiben chromatische Restfehler übrig, die man sekundäres Spektrum zu nennen pflegt. Innerhalb der Paraxialabbildung würde es also sekundäre Längsabweichungen und sekundäre Vergrößerungsdifferenzen geben.

Im Fall zweier dünner einander berührender Linsen z. B. hätte man demnach entsprechend (3) und (11) für die Beseitigung dieser beiden sekundären Farbfehler folgende Bedingungen:

$$\Phi = \varphi_1 + \varphi_2 \tag{19}$$

$$\frac{\varphi_1}{\mu_1} + \frac{\varphi_2}{\mu_2} = 0 \tag{20}$$

$$\frac{\varphi_1}{\bar{\mu}_1} + \frac{\varphi_2}{\bar{\mu}_2} = 0\,, \tag{21}$$

worin $\mu_k = \frac{n_k - 1}{\Delta n_k}$ und $\bar{\mu}_k = \frac{n_k - 1}{\Delta \bar{n}_k}$ ist und die Brechungszahlen für die drei verschiedenen Farben durch n_k, $n_k + \Delta n_k$ und $n_k + \Delta \bar{n}_k$ bezeichnet sind. Aus (20) und (21) folgt, sofern keine der beiden Linsen brechkraftlos ist,

$$\frac{\mu_1}{\bar{\mu}_1} = \frac{\mu_2}{\bar{\mu}_2} \quad \text{oder auch} \quad \frac{\Delta \bar{n}_1}{\Delta n_1} = \frac{\Delta \bar{n}_2}{\Delta n_2}\,; \tag{22}$$

es müssen also die beiden Dispersionen der einen Glasart den entsprechenden Dispersionen der anderen Glasart proportional sein, wenn eine Hebung der chromatischen Längsabweichungen und der Vergrößerungsdifferenz bei einer Folge aus zwei dünnen einander berührenden Linsen für drei Farben möglich sein soll. Ebenso kann man weiter schließen, daß die genannten beiden Farbfehler bei zwei dünnen, einander berührenden Linsen für sämtliche Farben eines bestimmten Spektralbereiches nur dann völlig beseitigt werden können, wenn die Spektra beider Glasarten streng geometrisch ähnlich sind.

In der verkitteten Flächenfolge $r_1 = 104$, $r_2 = -8{,}25$, $r_3 = -104$, $d_1 = 9$, $d_2 = 1$ sind die Brechungszahlen der Sammellinse[1] $n_C = 1{,}52532$, $n_D = 1{,}52790$, $n_F = 1{,}53404$, $n_{G'} = 1{,}53898$ und die der Zerstreuungslinse[2] $n_C = 1{,}52488$, $n_D = 1{,}52790$, $n_F = 1{,}53513$, $n_{G'} = 1{,}54104$; das Verhältnis der Teildispersionen der beiden Glasarten ist demnach für C bis D 1,171, für D bis F 1,177 und für F bis G' 1,196. Die beiden Dispersionsverhältnisse des Spektralbereiches C bis F sind fast gleich, und da die chromatischen Längsabweichungen für C und F gehoben sind — für diese beiden Farben sind nämlich die Bildschnittweiten $s'_C = s'_F = 96{,}85$ —, muß auch in dem genannten Spektralbereich das sekundäre Spektrum klein sein. In der Tat ist z. B. $s'_D = 96{,}84$. Das Verhältnis der beiden Dispersionen F bis G' weicht etwas mehr von den Dispersionsverhältnissen C bis D und D bis F der beiden Linsen ab; infolgedessen stimmt auch die Bildschnittweite $s''_{G'} = 96{,}96$ nicht ganz so gut mit den anderen überein.

[1] Glasart $BaLK_1$ in SCHOTTscher Bezeichnung (Baryt-Leicht-Kron).
[2] Glasart KzF_2 in SCHOTTscher Bezeichnung (Kurz-Flint).

Bei Korrektion z. B. der chromatischen Längsabweichungen einer beliebigen zentrierten Flächenfolge für zwei Farben, deren Brechungszahlen durch n_q und $n_q + dn_q$ bezeichnet sind, möge die gemeinsame bildseitige Schnittweite s_k' heißen und das sekundäre Spektrum für eine dritte Farbe, deren Brechungszahlen $n_q + d\bar{n}_q$ sind, durch $d\bar{s}_k' = \bar{s}_k' - s_k'$ bezeichnet werden. Dann wird nach (14), wenn der Achsenpunkt farbfrei und erstes und letztes Medium Luft, also $n_1 = n_k' = 1$

$$d\bar{s}_k' = -\left(\frac{s_k'}{h_k}\right)^2 \sum_{q=1}^{k} h_q^2 Q_{qs} \left(\frac{d\bar{n}_q'}{n_q'} - \frac{d\bar{n}_q}{n_q}\right). \tag{23}$$

Man pflegt $d\bar{n}_q$ die Teildispersion zum Unterschied von der Grunddispersion dn_q zu nennen. Setzt man $\mu_q = \frac{n_q - 1}{d n_q}$ und $\bar{\mu}_q = \frac{n_q - 1}{d\bar{n}_q} = \frac{\mu_q}{\vartheta_q}$ so ist $\vartheta_q = \frac{d\bar{n}_q}{d n_q}$ und wird relative Teildispersion genannt.

Damit ds_k' und $d\bar{s}_k'$ verschwinden, müssen gleichzeitig die beiden Gleichungen:

$$\left.\begin{aligned} &\sum_{q=1}^{k} h_q^2 Q_{qs} \left(\frac{d n_q'}{n_q'} - \frac{d n_q}{n_q}\right) = 0 \\ \text{und} \\ &\sum_{q=1}^{k} h_q^2 Q_{qs} \left(\frac{d \bar{n}_q'}{n_q'} - \frac{d \bar{n}_q}{n_q}\right) = 0 \end{aligned}\right\} \tag{24}$$

erfüllt sein. Die Beseitigung des sekundären Spektrums hängt also im wesentlichen von den Dispersionen der für die Linsen benutzten Glasarten ab. Schon oben ist im Falle zweier dünner einander berührender Linsen festgestellt worden, daß die Hebung des sekundären Spektrums für beide Glasarten den gleichen Wert ϑ erfordert. Auch bei Folgen aus beliebig vielen Linsen kann das sekundäre Spektrum beseitigt werden, wenn sämtliche Linsen die gleiche relative Teildispersion ϑ haben. Diese Forderung ist aber im allgemeinen nicht erfüllt. Es läßt sich z. B. zeigen[1], daß eine Linsenfolge aus alten Glasarten von einem greifbaren Ding niemals ein auffangbares Bild erzeugen kann — das ist aber gerade die in der Photographie notwendige Abbildung —, bei dem das sekundäre Spektrum verschwindet.

Mit den heute zur Verfügung stehenden Glasarten gelingt es übrigens bei vielen photographischen Objektivformen das sekundäre Spektrum zu beseitigen oder zu vermindern. Bei Reproduktionsobjektiven, die ja für Schwarzweiß- wie für Farbaufnahmen beste Schärfe haben sollen, wird in den Zerstreuungslinsen z. B. gern Kurzflint zur Verringerung des sekundären Spektrums benutzt. Man hat sich daran gewöhnt, solche Reproduktionsobjektive mit vermindertem sekundären Spektrum Apochromatobjektive zu nennen.

26. Die chromatischen Abweichungen der Strahlenbündel endlicher Öffnungen oder endlicher Neigungen, Unsere bisherigen Betrachtungen über Farbfehler beschränkten sich auf Abbildungen im fadenförmigen Raume um die Achse herum. Natürlich zeigen die Abbildungen endlich ausgedehnter Gegenstände durch dioptrische Flächenfolgen vermittels mehr oder weniger weit geöffneter Strahlenbündel mitunter Farbenabweichungen, die durch die GAUSSische Näherung nicht mehr genügend genau dargestellt werden, und zwar oft in einer solchen Größenordnung, daß die Untersuchung und etwaige Beseitigung derartiger Farbenfehler unbedingt notwendig sind.

---

[1] SCHWARZSCHILD, K.: Untersuchungen zur geometrischen Optik **3**, 14—16. Berlin: Weidmannsche Buchhandlung 1905.

Hingegen erübrigt es sich im allgemeinen, etwa für den SEIDELschen Bereich besondere Betrachtungen über die durch Farben hervorgerufenen Eigenschaften der Bilder anzustellen. Solange durch die SEIDELschen Entwicklungen der Abbildungsvorgang ausreichend dargestellt wird, sind in der Regel die durch die Variationen der Farben hervorgerufenen Änderungen der SEIDELschen Fehlerwerte hinlänglich klein, um vernachlässigt werden zu können, so daß also die SEIDELschen Ausdrücke für eine bestimmte, geeignet gewählte Farbe und die chromatischen Ausdrücke der GAUSSischen Dioptrik die Abbildung auch für mehrfarbiges Licht innerhalb der SEIDELschen Näherung befriedigend bestimmen.

Übrigens findet man auch bei der Untersuchung oder Berechnung der Farbfehler photographischer Objektive endlicher Öffnung und endlichen Bildfelds oft sein Auskommen mit den Fehlerausdrücken des GAUSSischen Raums.

In anderen Fällen dagegen bleibt, um die Abbildung vermittels weitgeöffneter und gegen die Achse endlich geneigter Strahlenbündel aus mehrfarbigem Licht genau kennenzulernen, nichts anderes übrig, als mit den früher angegebenen Rechenverfahren für eine Reihe wichtiger Farben die Durchrechnungen auszuführen und für diese Farben alle Bildfehler, wie sphärische Längsabweichungen, Koma, Verzeichnung, Astigmatismus usw., zu bestimmen. Die Differenz dieser Fehlerwerte für zwei bestimmte Farben gibt die chromatische Variation der betreffenden Fehlerwerte für den durch die beiden Farben eingeschlossenen Spektralbereich. Ist sie Null oder wenigstens sehr klein, so ist das Objektiv für den Bildfehler, für den die Differenz bestimmt ist, hinsichtlich der betreffenden beiden Farben achromatisiert. Die Fehlerdifferenzbeträge der anderen Farben des genannten Spektralbereiches würden als sekundäres Spektrum des chromatisch korrigierten Bildfehlers zu bezeichnen sein.

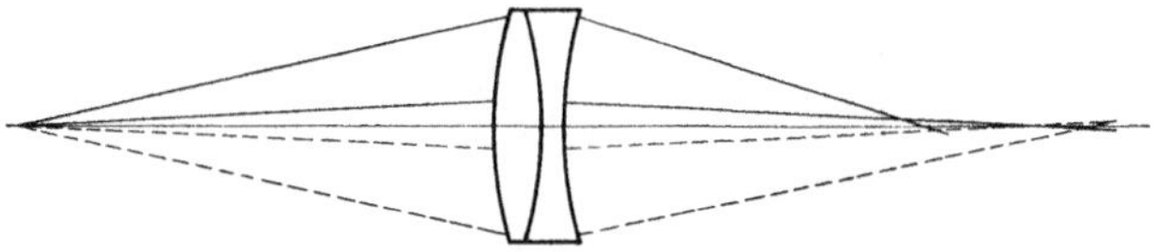

Abb. 151. Die von einem links auf der Achse liegenden Dingpunkt ausgehenden Strahlen, nämlich je ein Paraxialstrahl und ein Randstrahl langwelligen (ausgezogen gezeichnet) und kurzwelligen (gestrichelt gezeichnet) Lichtes durchschreiten die Flächenfolge. Die Paraxialstrahlen beider Farben vereinigen sich in einem Achsenpunkte, während die Randstrahlen verschiedene Schnittweiten haben.

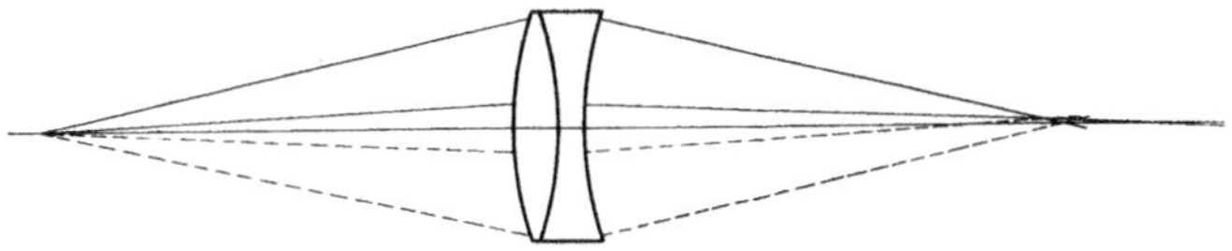

Abb. 152. Die von einem links auf der Achse liegenden Dingpunkt ausgehenden Strahlen, nämlich je ein Paraxial- und ein Randstrahl langwelligen (ausgezogen gezeichnet) und kurzwelligen (gestrichelt gezeichnet) Lichtes durchschreiten die Flächenfolge. Die Paraxialstrahlen beider Farben haben verschiedene Schnittweiten, während die Randstrahlen sich in einem Achsenpunkte vereinigen.

Für die Praxis genügt es fast immer, die Abhängigkeit der sphärischen Längsabweichungen und der Verzeichnung von der Farbe zu betrachten, d. h. also im wesentlichen den Einfluß der Farbe auf die Lage und Güte der Bildmitte und auf die Größe und Farbenreinheit des endlich ausgedehnten Bildes zu kennen. Wir begnügen uns daher auch hier mit der Besprechung dieser beiden Bildfehler.

27. Die chromatische Differenz der sphärischen Aberrationen (auch Abweichung von der GAUSS-Bedingung genannt). In den Abb. 151 und 152 sind gewissermaßen zwei Grenzfälle der Korrektion der chromatischen Differenz der sphärischen Aberrationen dargestellt. In dem einen sind die Paraxialschnittweiten der beiden Farben, für die achromatisiert werden soll, gleich, und es liegt der Schnittpunkt des Randstrahles mit der Achse für das langwellige Licht näher nach der Linse zu, der für das kurzwellige dagegen weiter fort.

Im zweiten Falle sind die Schnittpunkte der beiden Randstrahlen mit der Achse zusammengelegt, und es liegt der paraxiale Schnittpunkt des kurzwelligen Lichtes näher am Objektiv, während der paraxiale Bildpunkt des langwelligen Lichtes eine längere Schnittweite hat.

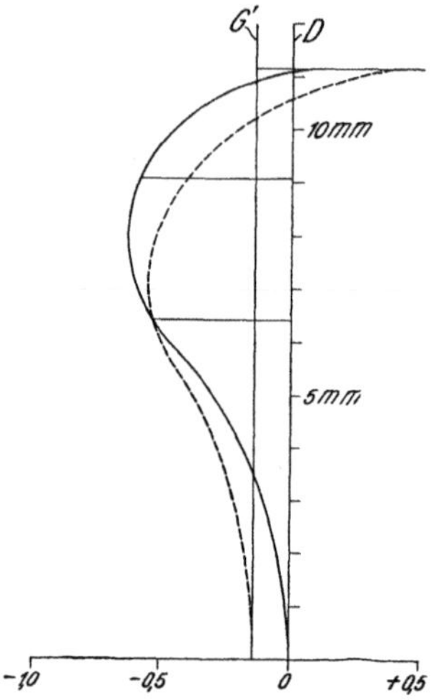

Abb. 153. Die Kurven geben die sphärischen Längsabweichungen des Dogmars 1 : 4,5, und zwar die ausgezogene Kurve für die *D*-Linie und die gestrichelte Kurve für die *G'*-Linie.

Ein anschauliches Bild des sphärochromatischen Zustandes eines photographischen Objektivs läßt sich in einfacher Weise dadurch gewinnen, daß man die sphärischen Längsabweichungen für beide Farben in ein und dasselbe Koordinatenkreuz nebeneinander einträgt und dabei die eine der Farben als Ausgang wählt, von dem ab die Abweichungen gerechnet werden. In der Abb. 153 sind so die Kurven der sphärischen Längsaberrationen des GOERZischen Dogmars 1 : 4,5 für das Licht der *D*- und *G'*-Linie eingetragen, wobei als Koordinatenanfangspunkt der GAUSSische Bildpunkt für die *D*-Linie gewählt ist. Ideal ist die Korrektion der chromatischen Differenz der sphärischen Aberration erreicht, wenn die Kurven der sphärischen Längsabweichungen für beide Farben zusammenfallen, und weiter ist das sekundäre Spektrum dieses Fehlers beseitigt, wenn die Kurven der sphärischen Längsaberrationen für alle Farben des ganzen wirksamen Spektralbereiches zusammen oder wenigstens nahezu zusammenfallen. Es gibt Objektivtypen, bei denen sich sphärochromatische Korrektion sehr weitgehend erzielen läßt; z. B. ist das RUDOLPHsche Planar für eine derartige Korrektion geeignet, das ja auch als eine modifizierte Form des GAUSS-Objektivs betrachtet werden kann, bei dem GAUSS bereits bewußt diesen Fehler beseitigt hat, oder das Euryplan von E. ARBEIT, der ebenfalls selbst auf die gute Sphäroachromasie seines Objektivs hingewiesen hat. Der dem letztgenannten Objektiv im äußeren Aufbau ähnliche Doppelplasmat von P. RUDOLPH zeigt gleichfalls ein günstiges Verhalten der sphärochromatischen Abweichungen. In Abb. 154 sind für den Doppelplasmat 1 : 4 die beiden Kurven der sphärischen Längsabweichungen des Lichtes der *D*- und *G'*-Linie eingezeichnet.

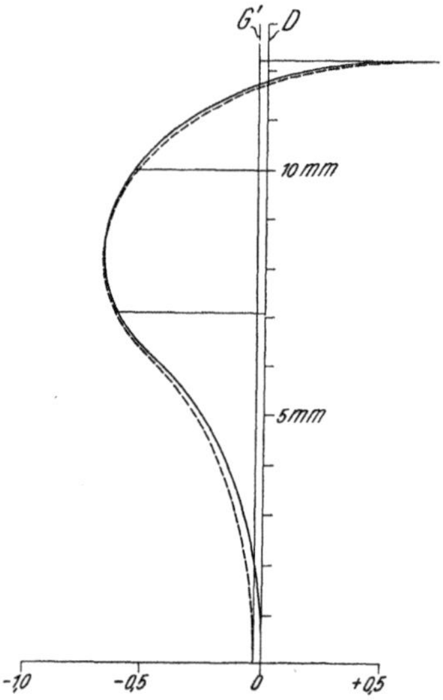

Abb. 154. Die Kurven geben die sphärischen Längsabweichungen des Doppelplasmaten 1 : 4, und zwar die ausgezogene Kurve für die *D*-Linie und die gestrichelte Kurve für die *G'*-Linie.

Der Vergleich der beiden Abb. 153 und 154 zeigt die Zonen der sphärischen Längsabweichungen des Dogmars für die *D*-Linie geringer als die des Doppelplasmaten; hingegen ist die sphärochromatische Korrektion des letzteren besser, nämlich nahezu ideal. Beide Bildfehler sind natürlich für die Schärfe in der Bildmitte maßgebend.

In den Fällen, in denen noch Reste der sphärochromatischen Aberrationen vorhanden sind, wird man bei photographischen Objektiven im allgemeinen chromatisch nicht so korrigieren, daß man die bildseitigen Achsenschnittpunkte des Null- oder Randstrahles für die beiden in Frage kommenden Farben zusammenfallen läßt (s. die Abb. 151 und 152), sondern lieber für einen Strahl mittlerer Einfallshöhe die bildseitigen Achsenbildpunkte der beiden Farben zusammenlegen, wie das beim Beispiel des Dogmars in Abb. 153 zu sehen ist.

Nach dem Vorgang v. ROHRS wird auch eine besondere Darstellung der sphärochromatischen Abweichungen benutzt, und zwar mittels der Isoplethenmethode. Die bildseitigen Schnittweiten eines Achsenbildpunktes sind ja Funktionen der zugehörigen Einfallshöhen h an der Vorderfläche des Objektivs und der Farben, die durch ihre Wellenlängen λ festzulegen sind. Bezeichnet man also bei Zugrundelegung einer Nullstrahlbrennweite von 100 mm für die D-Linie, die Bildschnittweite mit $s'_{\lambda h}$, so wird $d_{\lambda h} = s'_{\lambda h} - s'_{\lambda_D 0}$, λ_D ist dabei die Wellenlänge des Lichtes der D-Linie und λ die einer zweiten Farbe, im räumlichen rechtwinkligen Koordinatenkreuz durch eine Fläche dargestellt. Die durch $d_{\lambda h} =$ konst. bestimmten ebenen Schnitte aus dieser Fläche liegen parallel zur λ, h-Ebene. Projiziert man diese ebenen Schnittkurven, die sich für geeignet ausgewählte Werte von $d_{\lambda h}$ ergeben, in die λ, h-Ebene, so bekommt man eine Darstellung der sphärochromatischen Aberrationen, wie sie beispielsweise für ein PETZVAL-Porträtobjektiv $1:3{,}4$, $f = 100$ mm, in Abb. 155 zu sehen ist. Die den einzelnen Kurven beigeschriebenen Zahlen sind die zugehörigen $d_{\lambda h}$-Werte in μ, und zwar schreiten sie in unserem Bilde von $-200\,\mu$ bis $+100\,\mu$ in Zwischenräumen von $50\,\mu$ fort. Nach dem violetten Teil des Spektrums zu rücken die Kurven einander näher, die $d_{\lambda h}$ ändern sich hier also schneller oder die sphärochromatische Korrektion verschlechtert sich.

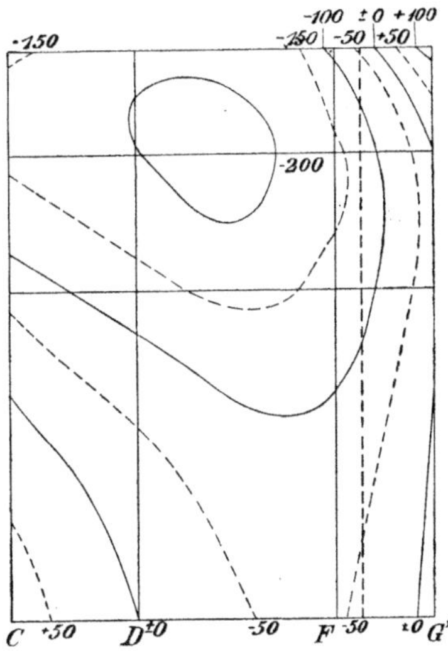

Abb. 155. Darstellung der chromatischen Differenzen der sphärischen Aberrationen nach M. v. ROHR für ein PETZVALsches Porträtobjektiv $1:3{,}4$ $f_{D,0} = 100$ mm. Die Abszissen ergeben die Wellenlängen, gekennzeichnet durch die FRAUNHOFERschen Linien C, D, F, G'. Die Ordinaten sind die vierfach vergrößerten Einfallshöhen. Isoplethendarstellung für die Schnittweitendifferenzen gegen $s'_{\lambda_D 0}$ in tausendstel Millimeter von 0,050 zu 0,050 mm fortschreitend.

Bei photographischen Objektiven kürzerer Brennweite wird sich die chromatische Differenz der sphärischen Aberrationen, wenn sie nicht gerade besonders groß ist, nur bei Objektiven mit erheblichem Öffnungsverhältnis bemerkbar machen. Objektive mit dem Öffnungsverhältnis $1:2$ oder gar $1:1{,}4$ — ein solches besitzt das ZEISS-Biotar für Kinoaufnahmen — sind deswegen auch sphärochromatisch recht gut zu korrigieren, wenn die Mitte des Bildfeldes scharf sein soll.

Bei Objektiven geringeren Öffnungsverhältnisses sind größere Ansprüche hinsichtlich der Sphäroachromasie bei den langbrennweitigen Objektiven für Reproduktionen zu stellen, die ja sowieso meist eine besonders hohe Bildschärfe verlangen, dann aber z. B. auch für Mehrfarbenaufnahmen gut zu verwenden sein müssen und deswegen auch chromatisch weitgehend zu korrigieren sind. Man findet die Reproduktionsobjektive oft als Apochromate bezeichnet. Obwohl sie das nicht immer in dem strengen Sinne ABBES sind, so ist doch neben geringen sphärochromatischen Aberrationen auch eine Verminderung des sekundären Spektrums für diese Objektive herbeizuführen und ferner für genügende Übereinstimmung der Größen der verschiedenfarbigen Bilder zu sorgen.

28. Die Farbenabweichungen in den Bildgrößen. Diese können z. B. bei Dreifarbenaufnahmen besonders störend wirken, da ja solche Fehler auch durch

Abblendung nicht zu beseitigen sind. Um die Farbenabweichungen der Bildgrößen zu bestimmen, stellt man einfach für die einzelnen Farben die Durchstoßungspunkte der Hauptstrahlen in der Bildebene fest.

Dabei ist natürlich als Bildebene im allgemeinen nicht die im etwa achromatisierten GAUSSischen Achsenbildpunkt zur Achse senkrechte Ebene zu nehmen, sondern möglichst eine solche achsensenkrechte Ebene, die für das ganze Bildfeld von der Mitte bis zum Rande die ausgeglichenste Schärfe ergibt. Ebenso kommt es weniger darauf an, die Bildgrößenunterschiede für etwa zwei Farben am Rande des Bildfeldes völlig genau zu beseitigen, als vielmehr dafür zu sorgen, daß im ganzen Bildfeld sich keine Farbkonturen störend bemerkbar machen, was man durch Beseitigung der Farbenabweichungen der Bildgrößen für einen mittleren Bildwinkel leichter erreichen wird.

Bei manchen farbigen Aufnahmen in der Reproduktionstechnik oder auch bei einigen Verfahren der Farbenkinematographie werden Farbfilterküvetten oder auch Prismensätze, die z. B. das weiße Bild in mehrere farbige Teilbilder zerlegen, benutzt. Bei derartigen Anordnungen ist daran zu denken, daß im divergenten oder konvergenten Strahlengange durch die Küvetten oder Prismen neben anderen Fehlern auch Farbenabweichungen der Bildgröße eingeführt werden, die Anlaß zu störenden Farbrändern im Bilde geben können

Bauarten der photographischen Objektive.

Von W. MERTÉ, Jena.

Mit 176 Abbildungen.

A. Einteilung der photographischen Objektive nach ihren Anwendungsgebieten.

Zu den wichtigen technischen Hilfsmitteln der Photographie gehören selbstverständlich die Linsenanlagen, die ein Bild auf die Mattscheibe oder auf die lichtempfindliche Schicht des Films oder der Platte zu entwerfen haben. Aus den vorhergehenden Abschnitten folgt, daß im allgemeinen die Bilder nicht völlig frei von Fehlern sein können, daß vielmehr für die einzelnen Arbeitsgebiete die Fehlergrößen so zu bemessen sind, daß die Bildgüte den jeweiligen Ansprüchen genügt.

Es sind so im Laufe der Entwicklung eine große Zahl der verschiedensten Linsenformen entstanden, die diese Forderungen mehr oder weniger vollkommen erfüllen. Aber nicht nur hierauf kommt es an, vielmehr ist es auch von Bedeutung, daß die Linsenformen sich gut ausführen lassen, daß Glasarten bequemer Herstellung und genügender Widerstandsfähigkeit gegen äußere, besonders atmosphärische Einflüsse verwendbar sind, daß der räumliche Aufbau der Linsenfolge keine zu großen Schwierigkeiten für die Anpassung an die jeweiligen Kammern bedingt, daß die Lichtverteilung in der Bildebene zweckentsprechend ist; überdies sind noch andere Gesichtspunkte für die Brauchbarkeit und den Wert der Lichtbildlinse von Belang.

Es ist daher nicht ganz einfach, die existierenden photographischen Linsen bei ihrer großen Mannigfaltigkeit etwa dem Range nach zu ordnen oder überhaupt nach einem einheitlichen Grundsatz in verschiedene Gruppen einzuteilen.

Es liegen ja Übersichten[1] über photographische Linsen vor, man braucht nur an die ROHRsche „Theorie und Geschichte des photographischen Objektivs" zu erinnern und etwa an die Zusammenstellung von Objektiven bei E. WANDERSLEB in einem größeren Aufsatz „Über die Verzeichnungsfehler photogra-

[1] ROHR, M. v.: Theorie und Geschichte des photographischen Objektivs. Berlin: Julius Springer 1899. — E. WANDERSLEB, Z. Instrumentenkde 1907, S. 33—37, 75—85. — GLEICHEN, A.: Die Optik in der Photographie, S. 70—78. Stuttgart: F. Enke 1911. — HARTING, H.: Photographische Optik, 2. Aufl. Berlin: Union Deutsche Verlagsgesellschaft 1924. — KÖNIG, A.: Geometrische Optik, S. 249 bis 261. Leipzig: Akad. Verlagsgesellschaft 1929. — Übersichten über in bestimmten Zeiträumen neu erschienene photographische Objektive stehen in den einzelnen Bänden des Jahrbuches von J. M. EDER. — Die einschlägige Patentliteratur der verschiedenen Länder und außerdem regelmäßige oder gelegentliche Berichte in zahlreichen Fachschriften sind weiter eine Quelle zur Unterrichtung über die verschiedenen Formen der photographischen Objektive. Von derartigen Fachzeitschriften seien hier genannt: Centr.-Z. Opt. u. Mech., Dtsch. opt. Wschr., Photogr. Ind., Kinotechn., Photogr. Korresp., Z. Instrkde, Science et Ind. Phot., Bull. de la Soc. Franç. de Phot., The Brit. Journ. of Phot., Almanac, The Phot. Journ., Journ. Scient. Instr., Transact. Opt. Soc. London, Journ. Opt. Soc. Amer.

phischer Objektive". M. v. ROHR hat nach dem damaligen Stand alles systematisch zusammengetragen, was nur über photographische Objektive bekanntgeworden war. Die Anordnung dabei erfolgte im wesentlichen nach dem Gesichtspunkte der zeitlichen Entwicklung. Eine solche umfassende Stoffsammlung muß Spezialwerken überlassen bleiben, zumal die Zahl der Objektivformen seit dem Erscheinen des ROHRschen Buches sich außerordentlich vermehrt hat. Hier kann nur eine Auswahl der verschiedenen Lichtbildlinsen gegeben werden, und zwar ist diese nach mehreren Gesichtspunkten getroffen, nämlich z. B. nach der optischen Leistung, der kommerziellen Bedeutung, der entwicklungsgeschichtlichen Wichtigkeit der Linsenanlagen. Es ist selbstverständlich, daß bei einer derartigen Auswahl der Beifall nicht aller Leser erwartet werden kann; der eine wird die Besprechung dieser oder jener Linsenform vermissen, der andere die Behandlung mancher Linsen in diesem Rahmen nicht für unbedingt nötig halten.

Auch für die Stoffanordnung bestehen verschiedene Möglichkeiten; neben der historischen Darstellung könnte z. B. die Beschreibung der Objektive nach deren Hauptanwendungsgebiet oder nach der Eigentümlichkeit ihres Baues sich gliedern. Es soll hier nach dem letzten Einteilungsprinzip vorwiegend verfahren werden, aber vorher noch eine kurze allgemeine Übersicht über die Hauptgruppen, die sich aus den Anwendungsmöglichkeiten ergeben, gebracht werden.

Es ist wohl fast überflüssig darauf hinzuweisen, daß die Grenzen zwischen den einzelnen Gruppen[1] mitunter fließend sind, d. h., daß ein und dasselbe Objektiv für mehr als eine dieser Gruppen beansprucht werden kann.

Die wesentlichsten Kennzeichen und Eigenschaften der Lichtbildlinsen sind ihre Lichtstärke, die Ausdehnung ihres scharfen verzeichnungsfreien Bildfeldes und die Güte der Schärfe. An der Spitze hinsichtlich der Lichtstärke stehen die

Kinoaufnahmeobjektive.

Bei ihnen findet man als zur Zeit[2] größtes Öffnungsverhältnis den Wert 1 : 1,4, den das neue ZEISS-Biotar[3] hat. Hohe Lichtstärke wird bei Kinoaufnahmen benötigt, weil ja durchweg nur kurze Belichtungszeiten möglich sind, selbst bei

[1] Diese lassen sich natürlich auch verschieden wählen. Folgende Einteilung der photographischen Objektive z. B. wird von C. W. FREDERICK in Journ. of the Opt. Soc. of Amer. **1920**, 236, gegeben:

Photographic Objectives.

Objectives	Aperture Ratio	Focal Lengths	Field Angle
Cinematograph	*F*/1,9, *F*/3,5, *F*/4,5	2, 4, 6″	7 1/2, 15, 20°
Portrait	*F*/4,5, *F*/5,6	6—12″	12—20°
Speed Ordinary	*F*/5,6, *F*/6,3	4—12″	25—30°
Ordinary	*F*/6,3, *F*/8	4—12″	25—35°
Process	*F*/8 Down	8—24″	27—30°
3-Color Process	Same, but achromatized for red, green and blue		
Wide Angle	*F*/8 Down	3— 6″	40—55°
Meniscus	*F*/14 Down	3— 6″	15—25°
Rapid Rectilinear . . .	*F*/8 Down	3— 8″	20—25°
Telephoto	*F*/8 Down	8—20″	10—20°
Airplane	*F*/4,5—*F*/10	10, 24, 48″	15—25°
Astro. Refractor . . .	*F*/6,3—*F*/32	24— 72″	5— 7°
Astro. Reflector . . .	*F*/4,5—*F*/10	36—100″	2— 5°

[2] Es sind hier und im ganzen Abschnitt überhaupt die dem Verfasser bis etwa gegen Ende 1928 bekannt gewordenen Objektive berücksichtigt.

[3] MERTÉ, W.: Kinotechn. **1928**, 452.

ungünstigen Beleuchtungsverhältnissen. Da im allgemeinen[1] nur kurzbrennweitige Objektive für Kinoaufnahmen benutzt werden, nämlich solche von 3—5 cm Brennweite für Normalfilmformat und etwa 1,5—2,5 cm Brennweite für Schmalfilme, ist trotz den großen Öffnungsverhältnissen, die Tiefenschärfe der Kinoaufnahmeobjektive meist völlig ausreichend. Aus der eben gemachten Angabe der hauptsächlich benutzten Brennweiten und Bildformate ergibt sich als durchschnittliche Beanspruchung ein Bildwinkel von etwa 30—50°. Da die Filmbilder bei der Projektion stark vergrößert werden, muß in der Regel möglichst gute Schärfe verlangt werden.

Bei

Porträtobjektiven

bevorzugt man aus naheliegenden Gründen ebenfalls verhältnismäßig große Lichtstärken. Anfangsöffnungsverhältnisse, die etwa zwischen 1 : 3 und 1 : 5 liegen, bilden die Regel. Die Ansprüche an den Bildwinkel sind nicht groß. Mehr als 40° wird man aus perspektivischen Gründen im allgemeinen nicht ausnutzen. Als Porträtobjektive hat C. P. Goerz Drillingslinsen in den Brennweiten 30 und 36 cm mit dem Öffnungsverhältnis 1 : 3,5 und in den Brennweiten 36 bis 60 cm mit dem Öffnungsverhältnis 1 : 4,5 hergestellt und z. B. in der Brennweite 30 cm für die Bildgröße 12×16 cm² und in der Brennweite 60 cm für die Bildgröße 30×40 cm² empfohlen. Ebenfalls mit Rücksicht auf die perspektivische Wirkung werden mit Vorliebe lange Brennweiten benutzt, meist solche, die größer als 25 cm sind. Damit hängt es zusammen, daß es nicht zweckmäßig ist, das Öffnungsverhältnis über die angegebene Grenze von 1 : 3 noch erheblich zu steigern; die geringe Tiefe des Bildes würde sonst stören.

Es gibt Lichtbildner, die scharfzeichnende Objektive für Bildnisaufnahmen ablehnen. Durch absichtlich mit gewissen Fehlern begabte Linsen sucht man den von diesen entworfenen Bildern künstlerische Weichheit und erhöhte Tiefenerstreckung zu geben. Ein solcher Weichzeichner ist z. B. das Nicola-Perscheid-Objektiv[2] von E. Busch, das sphärische und chromatische Fehler in bestimmtem Ausmaß hat.

Die der Zahl nach verbreitetsten Objektive sind wohl die sogenannten

Universalobjektive.

Mit ihnen kann man die meisten Gebiete der Photographie erfolgreich bearbeiten. Die besseren Handkammern werden in der Regel mit Universalobjektiven ausgerüstet. Die Öffnungsverhältnisse der Universalobjektive liegen ungefähr zwischen 1 : 3 und 1 : 7; bei Benutzbarkeit von Einzelgliedern solcher Objektive geht das Öffnungsverhältnis für das Glied oft um etwa die Hälfte der genannten Werte und mehr herunter.

Der Durchmesser eines von einem Universalobjektiv in der Brennebene bei voller Öffnung scharf ausgezeichneten Bildkreises ist heute ungefähr gleich der Objektivbrennweite, umfaßt also 50—60°.

Die Anforderungen an die Schärfe sind nicht unbeträchtlich, da auch nachträgliche Vergrößerungen der Aufnahme möglich sein müssen; die Anforderungen an die Lichtstärke der Universalobjektive wachsen immer mehr. Als „lichtstarke" Universalobjektive galten bis 1890 die Aplanate 1 : 8, dann bis etwa 1906 die Protare 1:7,2, Dagore 1:6,8, Tessare 1:6,3; seitdem waren ein Vierteljahrhundert das Tessar 1:4,5 und seine Varianten die erfolgreichsten lichtstarken

[1] Für besondere Aufnahmen werden natürlich auch ganz andere Brennweiten benutzt, so z. B. längere für Fernaufnahmen.

[2] DRP. 372059/1920. Wegen der Patentabkürzungen sehe man S. 255, Anm. 1.

Universalobjektive. Ganz neuerdings bekommen Universalobjektive, wenigstens die an Kleinbildkammern verwandten, erst dann die Bezeichnung „lichtstark", wenn sie mindestens die Öffnung 1:3,5 haben.

Eine besondere Gruppe innerhalb der Universalobjektive bilden die

Satzobjektive,

die meist aus zwei Teillinsen symmetrisch oder hemisymmetrisch zusammengesetzt sind. Ein Beispiel ist der ZEISSische Protarsatz[1]. Es gibt aber auch Objektive, deren Einzelteile nicht geometrisch ähnlich sind, trotzdem aber allein für sich benutzt werden dürfen. Als solche seien das GOERZische Dogmar[1] 1 : 4,5 genannt und der Polyplastsatz[1] von DR. STAEBLE & Co. (München).

Zu Aufnahmen, die einen besonders großen Bildwinkel erfordern, verwendet man

Weitwinkelobjektive.

Ihr Öffnungsverhältnis kann nur klein sein, es liegt wohl nie über 1 : 8. Das von ihnen ausgezeichnete Bildfeld umfaßt in der Regel bis zu 100°, bei dem GOERZischen Hypergon[2], das hinsichtlich des ausnutzbaren Bildwinkels an der Spitze steht, sogar 140°; neuerdings wird das Hypergon[2] von CARL ZEISS hergestellt.

An

Reproduktionsobjektive

stellt man betreffs Lichtstärke und Bildwinkel nicht erhebliche Forderungen, hingegen verlangt man innerhalb des ausgezeichneten Bildfeldes besonders gute Schärfe. Die Bildfehler der Reproduktionsobjektive sind also auf ganz außerordentlich kleine Beträge zu bringen, sodaß die Bilder sich durch hervorragende Schärfe und Klarheit auszeichnen. Meist verlangt man auch eine Verminderung des sekundären Spektrums und pflegt die Reproduktionsobjektive, allerdings etwas abweichend von ABBES Formulierung der Apochromasie, apochromatisch zu nennen. Es können also mit diesen Linsenfolgen auch Aufnahmen verschiedener Farben, wie sie z. B. für Dreifarbendrucke benötigt werden, in weitgehend gleicher Größe und Schärfe hergestellt werden.

Während die bisher aufgezählten Objektive meist für ferne Aufnahmegegenstände korrigiert zu werden pflegen, liegt das Korrektionsoptimum der Reproduktionsobjektive vorwiegend ungefähr bei der Abbildung in natürlicher Größe. Als Beispiele leistungsfähiger Reproduktionsobjektive seien das VOIGTLÄNDERsche Apochromat-Collinear[1] und das ZEISSische Apochromat-Tessar[1] erwähnt.

Die besonderen Forderungen, nicht nur an Ausdehnung des Bildfeldes, Größe des Öffnungsverhältnisses oder Güte der Abbildung, sondern auch an andere Eigenschaften der Objektive, z. B. an ihre Bauart, haben zur Entwicklung eigengearteter Objektivformen geführt. Hier wären z. B. die

Teleobjektive[3]

zu nennen, die das Verlangen, trotz großer Brennweite eine bequeme Kammergröße verwenden zu können, erfüllen. Durch ihren eigentümlichen Bau — von einer vorderen lichtsammelnden Linsengruppe ist durch beträchtlichen Luft-

---

[1] Näheres siehe in den Druckschriften der Herstellerfirmen.

[2] Vgl. auch S. 362—363, wo von photographischen Anordnungen mit einem dingseitigen Feld von 180° die Rede ist.

[3] ROHR, M. v.: Zur Geschichte und Theorie des photographischen Teleobjektivs Weimar: Verlag der Deutschen Photographenzeitung 1897.

raum eine hintere Linsengruppe lichtzerstreuender Wirkung getrennt — wird bewirkt, daß der hintere Hauptpunkt nach vorn verschoben wird, ja in der Regel vor das Objektiv zu liegen kommt, die Brennweite also länger als der Kammerauszug ist.

Betrachtet man die beiden Linsen- oder Linsengruppen des Teleobjektivs als dünn, und ist deren Abstand voneinander d, die Brennweite des Vorderglieds f_1 und die des Hinterglieds f_2, so liegt der vordere Hauptpunkt des Objektivs um

$$e = \left| \frac{d f_1}{f_1 + f_2 - d} \right|$$

und der hintere Hauptpunkt um $e' = \frac{d f_2}{f_1 + f_2 - d} - d$ vor dem Vorderglied.

Die wichtige „Gesamtlänge“ l, d. h. die Entfernung des Vordergliedes von der Brennebene des Teleobjektivs, berechnet sich dann zu

$$l = f - e' = f + d - \frac{d f_2}{f_1 + f_2 - d},$$

worin

$$f = \frac{f_1 \cdot f_2}{f_1 + f_2 - d}$$

die Brennweite des Teleobjektivs ist.

Die Auszugsverkürzung gegenüber der Brennweitenlänge muß natürlich mit gewissen Zugeständnissen hinsichtlich der Größe des Öffnungsverhältnisses und der Ausdehnung des Bildfeldes, mitunter auch der Bildgüte und anderer Eigenschaften, bezahlt werden, und zwar in der Regel so, daß, je stärker jene Verkürzung ist, um so größere Zugeständnisse gemacht werden müssen.

Die größten vorkommenden Öffnungsverhältnisse liegen zur Zeit etwa bei 1 : 3 bis 1 : 4, sind aber in der Regel kleiner; bei besonders starken Auszugsverkürzungen sind Öffnungsverhältnisse von 1 : 50 und noch geringere keine Seltenheiten.

Die Teleobjektive sind vorzugsweise für Fernaufnahmen bestimmt, da sie infolge ihrer langen Brennweite auch weit entfernte Gegenstände noch verhältnismäßig groß abbilden. Die lichtschwächeren Formen sind für Landschafts-, Architektur- und ähnliche Aufnahmen besonders geeignet, die lichtstärkeren hingegen für Freiwild-, Sport- und andere Augenblicksaufnahmen.

Es sind damit eine Reihe von photographischen Objektiven, eingeteilt nach Anwendungsgebieten, aufgezählt; natürlich ist diese Zusammenstellung nicht erschöpfend, und man könnte noch weitere Linsen nennen, etwa Vermessungsobjektive[1], die in erster Linie eine hervorragende Korrektion der Verzeichnung verlangen, Projektionsobjektive, deren chromatische Fehlerberichtigung am besten für das sichtbare Spektrum herbeigeführt wird, astrophotographische Objektive und Spiegel, Spektrographenobjektive usw.

B. Verschiedene Formen der photographischen Linsen und ihre optische Leistung.

Wir kommen nun dazu, einzelne Typen der photographischen Objektive zu besprechen. Wir werden dabei in der Regel auch Fehlerkurven angeben, machen aber ausdrücklich darauf aufmerksam, daß diese allein niemals bindende Schlüsse auf die optische Leistung des Objektivs zulassen. Entscheidend für die richtige Bewertung eines Objektivs

[1] Merté, W.: Über einige Zeiss-Objektive für Photogrammetrie. In „Ferienkurs in Photogrammetrie“, hrsg. von v. Gruber, S. 65—80. Stuttgart: K. Wittwer 1930.

bleibt stets dessen experimentelle Untersuchung; aber auch deren Ergebnisse sind nicht immer leicht in eindeutige Werturteile auszumünzen. Diese werden daher möglichst vermieden und gelegentlich nur dort abgegeben, wo der Verfasser auf Grund eigener Untersuchung und klarer Sachlage sich dazu berechtigt glaubt.

Die optischen Konstanten der Objektive, d. h. deren Krümmungsradien, Dicken, Luftabstände und Brechungszahlen, werden nach Möglichkeit und Zweckmäßigkeit mitgeteilt. Da es nicht gelang, von den verschiedenen optischen Werkstätten diese Werte für die tatsächlich hergestellten Objektive einigermaßen lückenlos zu erhalten, finden aus Billigkeitsgründen hier fast ausschließlich nur solche zahlenmäßigen Angaben über die Bauart der Objektive Aufnahme, die druckschriftlich veröffentlicht sind. Damit hängt es zusammen, daß auf dem Markt befindliche Objektive mitunter andere Eigenschaften haben als unsere Kurven erwarten lassen und weiter, daß die Konstruktionsangaben mancher Objektive fehlen, deren Nennung eigentlich erwünscht gewesen wäre.

Die Darstellung der sphärischen Aberrationen und der Abweichungen von der Sinusbedingung werden in ein gemeinsames Koordinatenkreuz eingetragen, ebenso die sagittale und die tangentiale Bildkrümmung. Dabei werden wir uns weitgehend nach dem Rohrschen Beispiel richten (vgl. Bemerkungen zu den Figurentafeln am Schluß der Rohrschen „Theorie und Geschichte des photographischen Objektivs").

Die Werte der Konstruktionsdaten in den Zusammenstellungen und die Bildfehlerbeträge gelten für die Brennweite $f = 100$ mm, und zwar immer für Licht der D- oder d-Linie, deren Brechungszahlen sich nur wenig von einander zu unterscheiden pflegen. Die Kurven sind graphisch interpoliert aus einigen, meist 3, errechneten Werten. Diese Rechnungswerte sind in den Kurven a, von denen die ausgezogenen die sphärischen Längsaberrationen und die gestrichelten die Abweichungen von der Sinusbedingung darstellen, und in den Kurven b, von denen die ausgezogenen die sagittale Bildkrümmung und die gestrichelten die tangentiale Bildkrümmung zeigen, durch Horizontallinien kenntlich gemacht, in den Kurven c, die den Verlauf der Verzeichnung angeben, hingegen durch Vertikallinien.

Das Objekt ist fast ausschließlich im Unendlichen vorausgesetzt; wo das nicht der Fall ist, wird ausdrücklich der Reduktionsfaktor N angegeben. Die Linsenachsenschnittzeichnungen entsprechen durchgängig vier Fünftel ihrer natürlichen Größe, wie sie sich aus den mitgeteilten Konstruktionswerten ergeben würde.

Die Bildfehlerbeträge der Kurven a, b, c sind ohne weiteres aus den Maßstäben auf der Abszissenachse und der Ordinatenachse zu erkennen. Bei den Kurven a und b geben die Zahlen auf der Abszissenachse die Abweichungen in Millimetern oder, da die Brennweite $f = 100$ mm ist, in Prozenten von f; die Zahlen auf der Ordinatenachse geben bei den Kurven a die Einfallshöhen in Millimetern, bei den Kurven b die Winkel der dingseitigen Hauptstrahlen gegen die Achse in Graden. Die Kurven c sind nach dem Vorgang von Wandersleb gezeichnet. Auf den Abszissen sind die dingseitigen Hauptstrahlwinkel in Graden eingetragen, auf den Ordinaten die Verzeichnungsbeträge in Prozenten der sog. idealen Bildhöhe.

Um bequeme Vergleichbarkeit der Kurven untereinander zu haben, ist der Maßstab der a- und b-Kurven überall der gleiche, bis auf einen Fall bei den a-Kurven (vgl. Abb. 156), wo aus Platzgründen vom normalen Maßstab abgewichen ist. Um besonders darauf aufmerksam zu machen, ist dieser Kurve abweichenden Maßstabs das Wort „Maßstab" beigedruckt. Die großen Unterschiede der Verzeichnungswerte, z. B. eines auf Verzeichnung besonders korrigierten Objektivs und einer Einzellinse oder eines Tele-Objektivs haben es rätlich erscheinen lassen, aus Platzgründen die Ordinaten aller Verzeichnungskurven nicht in einem einheitlichen, sondern in 3 verschiedenen Maßstäben, die im Verhältnis 1 : 10 : 100 stehen, darzustellen. Es ist also stets darauf zu achten, ob der kleinste, der mittlere oder der größte Maßstab bei der jeweiligen Verzeichnungskurve für die Ordinaten genommen ist.

In jedem Fall geben die Zahlen auf den Koordinatenachsen über die Fehlerbeträge genaue Auskunft; im übrigen sei wegen der verschiedenen Fehlerkurven auch auf die einschlägigen Ausführungen des Abschnittes über die Verwirklichung der geometrischen Abbildung verwiesen.

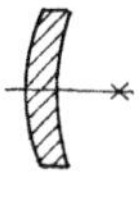

Die folgenden Linsen und ihre Fehlerkurven sind einer Sammlung des Photorechenbureaus im ZEISSwerk entnommen, die im Anschluß an das ROHRsche Buch angelegt worden ist, und können durch die weitherzige Erlaubnis der Firma CARL ZEISS hier veröffentlicht werden.

Die Angaben dieser Sammlung sind also die eigentliche Quelle der hier gegebenen Objektive; wo es möglich war, ist aber auch das der Sammlung zugrunde liegende Material wieder überprüft worden. Die Nennung der Errechner der Objektive ist nach dem Brauch derartiger Veröffentlichungen auch hier geschehen. Der Verfasser hofft, daß die diesbezüglichen Angaben in jedem Fall richtig sind, ist sich aber bewußt, daß in dieser mitunter nicht leicht zu entscheidenden Frage, deren Beantwortung zudem oft noch mangelhafte Angaben des Schrifttums erschweren, auch Irrtümer möglich sind. Dort, wo die richtige Nennung des Errechners nicht genügend gesichert erschien, hat der Verfasser sie zu seinem Bedauern überhaupt unterlassen müssen.

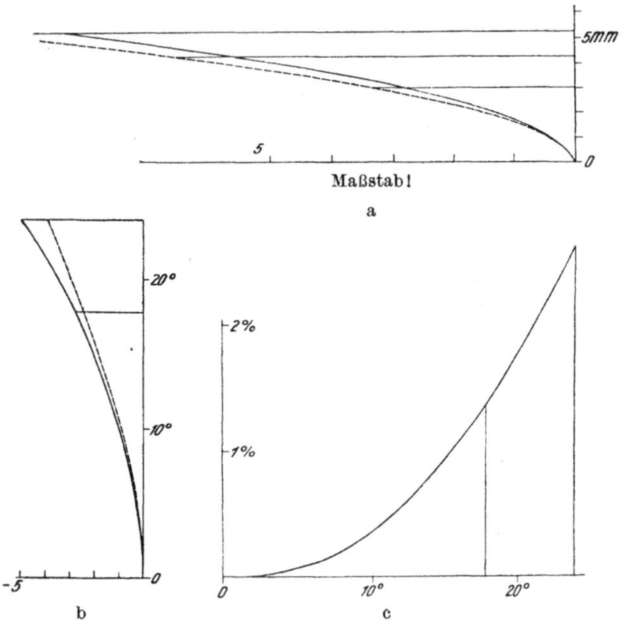

Abb. 156. EP. Nr. 271186/1926.

Das einfachste photographische Objektiv ist die aus einer einzigen Stoffart bestehende Sammellinse, die sog.

1. Monokellinse. Da bei einer solchen Linsenanlage nur ein Minimum von Korrektionsmitteln zur Verfügung steht, ist die Monokellinse mehr oder weniger mit sämtlichen Abbildungsfehlern behaftet. Deren Beträge sind im wesentlichen eine Funktion der Durchbiegung; natürlich hängen sie auch von der Dicke, der Lage einer etwaigen Blende und der Glasart, aus der die Linse besteht, ab.

Ein eigentlich scharfes Bild läßt sich mit einer Monokellinse nicht erzielen. Das kommt aber gewissen Arbeitsrichtungen in der Bildnisphotographie entgegen. Immer wieder sind solche Einzellinsen für Porträtaufnahmen mit künstlerischer Unschärfe vorgeschlagen worden. Dabei sind die Durchbiegungen des Monokels je nach Wunsch nach stärkerer oder geringerer Unschärfe zu wählen.

Die eigentümlichen Effekte[1] in den von einfachen Linsen entworfenen Bildern hat man gelegentlich auch für andere photographische Aufnahmen benutzt, z. B. für künstlerische Landschaftsaufnahmen. Man hat auch den Einzellinsen ein afokales Farbglas zugefügt, um die chromatischen Fehler abzuschwächen. Eine solche Anordnung, nämlich eine plankonvexe Linse mit vorgeschalteter Gelbscheibe, ist z. B. etwa 1920 unter dem Namen „Plasticca" von O. ZWIERZINA, Dresden, auf den Markt gebracht worden.

Auch als billige Handkammerobjektive werden Einzellinsen benutzt. Bei mäßigem Öffnungsverhältnis sind Menisken gewisser Durchbiegung besonders geeignet, die ja gegenüber den bikonvexen Formen den Vorzug haben, ein etwas größeres Feld mit erträglicher Schärfe auszuzeichnen. Zur Erläuterung diene das Ausführungsbeispiel der englischen Patentschrift Nr. 271186/1926. Die Konstruktionsdaten sind:

$r_1 = 15{,}0$ mm $\quad r_2 = 19{,}7$ mm $\quad d = 2{,}5$ mm $\quad b = 5{,}0$ mm $\quad n_d = 1{,}52441.$

Linsenquerschnitt und Fehlerkurven zeigt Abb. 156.

Der Unterschied der Einstellung mit dem Auge und der Lage bester photographischer Schärfe beträgt für einen fernen Gegenstand beim Monokel etwa 2% der Brennweite. Es richtet sich dieser Betrag des chemischen Fokus natürlich hauptsächlich nach der Dispersion des Glases, aus dem die Linse besteht, und nach der Empfindlichkeit der Emulsion. Für eine plankonvexe dünne Linse aus SCHOTT-Glas Nr. 3832 erhält man z. B. bei einem Radius $r_2 = -51{,}633$ mm einen Unterschied in der Bildlage für d und G' von $s'_{G'} - s'_d = -1{,}915$ mm, für eine solche Linse hingegen aus SCHOTT-Glas Nr. 102 wird bei einem Radius $r_2 = -64{,}769$ $s'_{G'} - s'_d = -3{,}76$ mm.

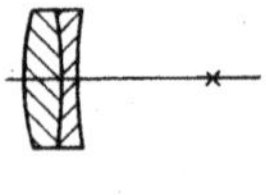

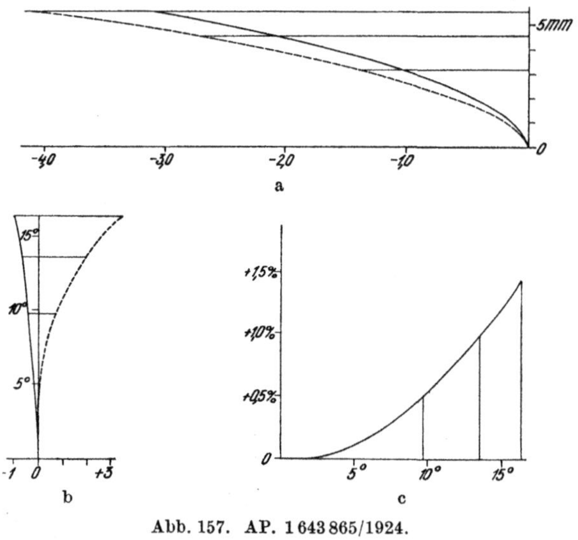

Abb. 157. AP. 1643865/1924.

2. Photographische Objektive aus zwei Glaslinsen. An die Monokellinse schließt sich als nächststehende Form die aus zwei Linsen entgegengesetzter Brechkraft verkittete Sammellinse an. Mit dieser Vermehrung der optischen Elemente kann man die Güte der Abbildung erhöhen. Durch geeignete Wahl der Krümmungsradien, Dicken und Glasarten läßt es sich z. B. ermöglichen, daß die sphärischen Längsaberrationen, die Abweichungen von der Sinusbedingung und die chromatischen Abweichungen korrigiert bzw. auf kleine Beträge gebracht werden; es sind das die Erfordernisse, die in der Regel an Fernrohrobjektive gestellt werden. Dort, wo erhebliche Lichtstärke, aber nur kleines Bildfeld benötigt wird, können also auch diese Anlagen photographisch benutzt werden, zumal wenn man die chromatische Korrektion für die D- und G'-Linie des Spektrums herbeiführt.

[1] EDER, J. M.: EDERS Jb. Phot. u. Reprod. **1894**, 84ff. — SORET, A.: Ebenda **1896**, 161ff.

Die Anordnung: $r_1 = 123{,}67$ mm, $r_2 = -81{,}13$ mm, $r_3 = -436{,}29$ mm, $d_1 = 10{,}0$ mm, $d_2 = 4{,}0$ mm, mit Schott-Glas Nr. 227 in der ersten und Schott-Glas Nr. 103 in der zweiten Linse hat eine Brennweite von 21 cm und deckt das normale Kinoformat bei ihrer vollen Öffnung 1 : 4,5 mit guter Schärfe. Ähnliche Linsenanlagen, allerdings mit viel größeren Brennweiten und meist mit geringeren Öffnungsverhältnissen, werden für astronomische Aufnahmen benutzt.

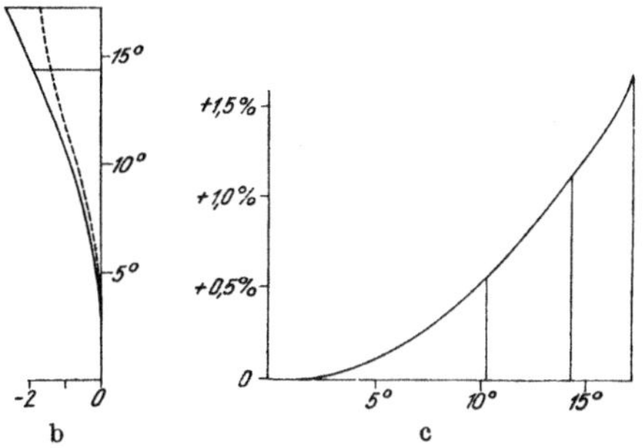

Abb. 157a. Um die Wirkung der Blendenlage zu zeigen, sind hier die *b*- und *c*-Kurven des Zahlenbeispiels der Abb. 157 für die Blendenlage b = 7,0 mm (statt 11,5 mm) dargestellt.

Die aus zwei einfachen Linsen zusammengesetzte Sammellinse wird auch gern an Handkammern verwandt, ist sie ja frei von chemischem Fokus, und können die wichtigeren Bildfehler auf kleinere Beträge gebracht werden als bei der zweckmäßig durchgebogenen Einzellinse. Als Beispiel geben wir hier zunächst die beiden ersten Ausführungsformen der Goerzischen amerikanischen Patentschrift Nr. 1643865/1924 (Erfinder ist F. Weidert):

1. $r_1 = 21$ mm, $r_2 = -35$ mm, $r_3 = 38{,}82$ mm; $d_1 = 3$ mm, $d_2 = 1{,}25$ mm, $b = 11{,}5$ mm. Das aus den Sendlinger Optischen Glaswerken, Berlin-Zehlendorf, stammende Glas ist für die Sammellinse gekennzeichnet durch $n_D = 1{,}5096$, $\nu = 63{,}4$ und für die Zerstreuungslinse durch $n_D = 1{,}5490$, $\nu = 47{,}1$. Das Objektiv ist nach Angabe der Patentschrift mit dem Öffnungsverhältnis 1 : 9 zu benutzen. Linsenachsenschnitt und Fehlerkurven zeigen Abb. 157 und 157a.

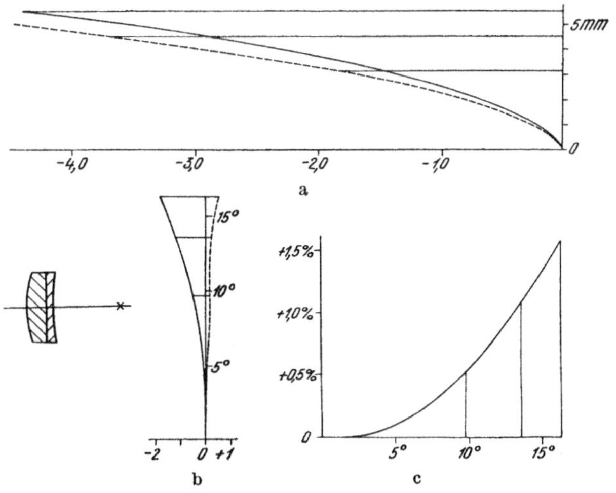

Abb. 158. AP. Nr. 1643865/1924.

2. $r_1 = 19{,}65$ mm, $r_2 = 270{,}00$ mm, $r_3 = 35{,}11$ mm; $d_1 = 3$ mm, $d_2 = 1{,}25$ mm, $b = 11$ mm. Das Glas ist für die Sammellinse gekennzeichnet durch $n_D = 1{,}5096$, $\nu = 63{,}4$ und für die Zerstreuungslinse durch $n_D = 1{,}6173$, $\nu = 36{,}5$. Das Objektiv ist nach Angabe der Patentschrift mit dem Öffnungsverhältnis 1 : 11 zu benutzen. Linsenachsenschnitt und Fehlerkurven zeigen Abb. 158 und 158a.

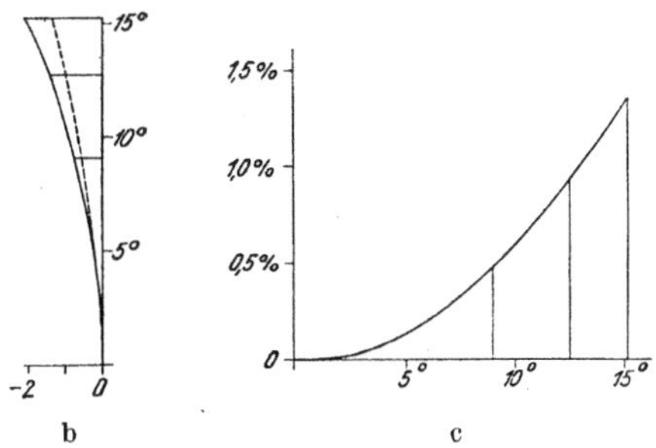

Abb. 158a. Um die Wirkung der Blendenlage zu zeigen, sind hier die *b*- und *c*-Kurven des Zahlenbeispiels der Abb. 158 für die Blendenlage b = 7,5 mm (statt 11 mm) dargestellt.

Das dritte Zahlenbeispiel der genannten Goerzischen Patentschrift gibt eine Lichtbildlinse, die ebenfalls aus einer sammelnden und zerstreuenden Linse aufgebaut ist, aber diese beiden sind durch einen Luftabstand voneinander getrennt. Die Zahlenwerte sind: $r_1 = 21{,}50$ mm, $r_2 = -41{,}67$ mm,

$r_3 = -38{,}61$ mm, $r_4 = 28{,}92$ mm; $d_1 = 3$ mm, $d_2 = 0{,}1$ mm, $d_3 = 1{,}15$ mm, $b = 13$ mm. Für das Glas der Sammellinse ist $n_D = 1{,}5904$, $\nu = 61{,}2$ und für das der Zerstreuungslinse $n_D = 1{,}5479$, $\nu = 45{,}9$ angegeben, für das Öffnungsverhältnis 1 : 9. Linsenachsenschnitt und Fehlerkurven zeigt Abb. 159.

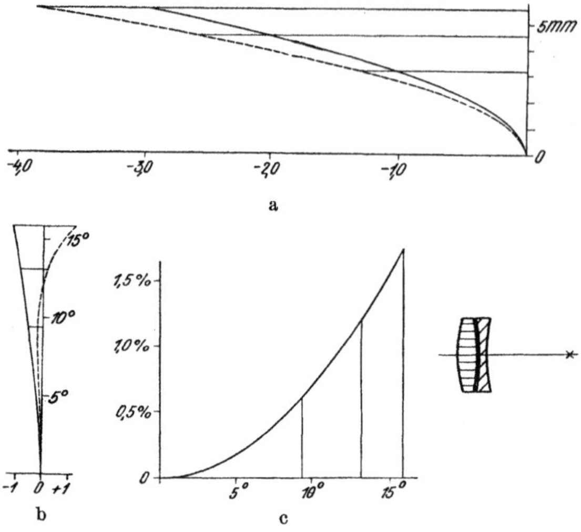

Abb. 159. AP. Nr. 1643865/1924.

Auch Fernrohrobjektive lassen sich selbstverständlich aus zwei durch Luft getrennten Linsen herstellen und sie sind im allgemeinen durch die Einfügung der Luftlinse den aus zwei miteinander verkitteten Linsen bestehenden Folgen in der optischen Leistung überlegen. Sie kommen aber wegen ihres kleinen Bildfeldes nur für Sonderzwecke der Photographie in Betracht.

Dagegen sind Objektive, ähnlich dem zweiten Ausführungsbeispiel des amerikanischen Patents Nr. 1643865 unter dem Namen „Frontar" neuerdings an einfachen Handkammern in großen Stückzahlen auf den Markt gekommen. Sie sind zwar nicht wie die Fernrohrformen weitgehend sphärisch korrigiert, dafür aber sind die Fehler schiefer Bündel so verringert, daß man ein verhältnismäßig ausgedehntes brauchbares Bildfeld erhält. An einigen weitverbreiteten wohlfeilen Handkammern der ZEISS-IKON, A.-G., Dresden, sind solche Frontare angebracht. Mit dem Öffnungsverhältnis 1 : 9 und z. B. einer Brennweite von 8 cm werden sie für das Format $4 \times 6{,}5$ cm² benutzt, in der Brennweite 11 cm mit der Öffnung 1 : 11 für das Format 6×9 cm².

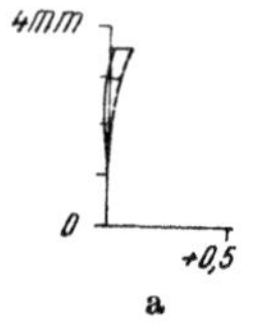

Es gibt allerdings auch zweilinsige Objektive, bei denen neben der Korrektion der Fehler für die Bildmitte anastigmatische Bildebenung vorhanden ist. Sind die beiden Linsen miteinander verkittet, so hat man, um wirklich leistungsfähige Formen zu erhalten, eine deformierte Fläche zu benutzen. Schon Anfang dieses Jahrhunderts sind derartige Formen im ZEISS-Werk von M. v. ROHR[1] und anschließend von E. WANDERSLEB auf Grund eines ABBEschen Patentes (DRP. 119915/1899) berechnet worden und in einigen Exemplaren, die von hoher Leistungsfähigkeit waren, hergestellt worden, ohne daß sie allerdings an die Öffentlichkeit gebracht wurden.

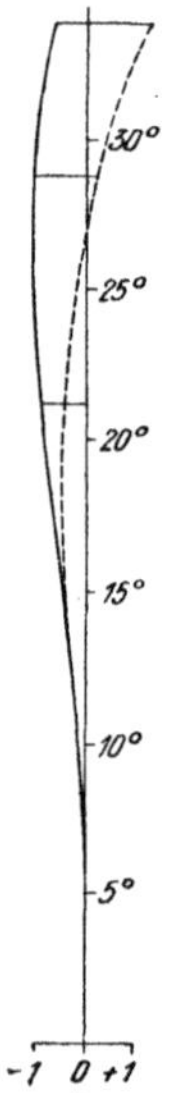

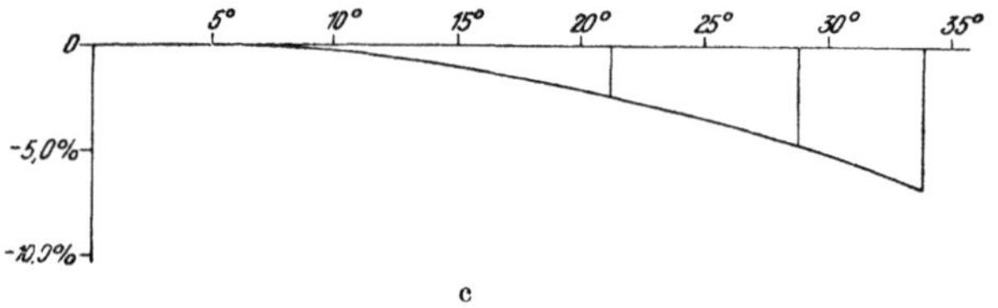

Abb. 160. DRP. Nr. 282015/1911. Linsenachsenschnitt geometrisch ähnlich dem der Hinterlinse des Doppelobjektivs in Abb. 247.

Später, im Jahre 1911, hat sich A. KNOBLOCH eine solche mit den

[1] ROHR, M. v.: Zur Geschichte der ZEISSischen Werkstätte bis zum Tode ERNST ABBES, S. 103—105. Jena 1930.

eben angedeuteten ZEISSischen Formen übereinstimmende Linsenanordnung durch das DRP. Nr. 282015 schützen lassen, dessen Ausführungsbeispiel hier folgt: $r_1 = -32{,}705$ mm, $r_2 = 36{,}353$ mm, $r_3 = -36{,}353$ mm als Scheitelradius der deformierten Fläche. $b = 2{,}092$ mm, $d_1 = 3{,}518$ mm, $d_2 = 7{,}847$ mm. Für die bikonkave Linse ist SCHOTT-Glas Nr. 3419 mit $n_D = 1{,}5154$ und $\nu = 54{,}6$ und für die bikonvexe Linse SCHOTT-Glas Nr. 1209 mit $n_D = 1{,}6112$ und $\nu = 57{,}2$ angegeben. Die Durchrechnung ergibt eine Nullstrahlbrennweite von 182,902 mm; die Brennweite des aus zwei solchen Einzellinsen symmetrisch zusammengesetzten Objektivs ist 106,09 mm. Die Deformation kann so gewählt werden, daß die Doppellinse z. B. für das Öffnungsverhältnis 1 : 7 sphärisch und astigmatisch gut korrigiert ist (vgl. Abb. 160 und 247).

Kommerzielle Bedeutung haben diese Linsen bisher nicht gewonnen, da ihre Herstellung in größeren Stückzahlen mit der für die photographische Abbildung erforderlichen Qualität auf technische Schwierigkeiten stößt.

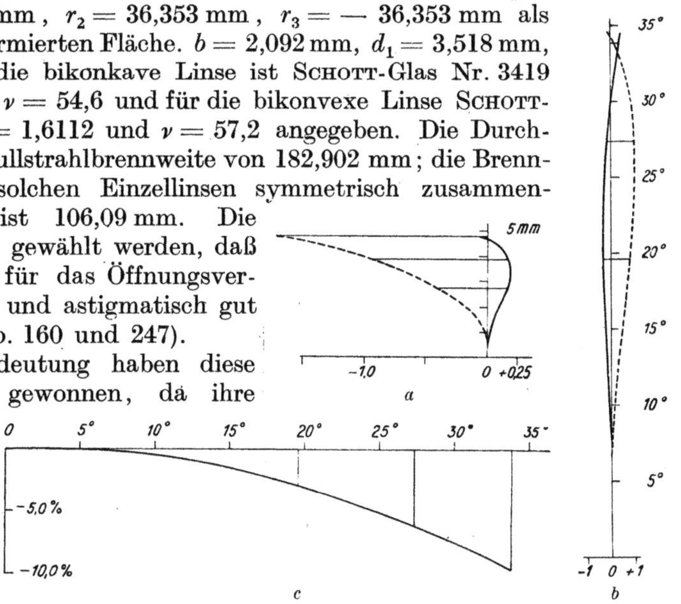

Abb. 161. ÖP. Nr. 8364/1901. Linsenachsenschnitt geometrisch ähnlich dem der Hinterlinse des Doppelobjektivs in Abb. 248.

Aus zwei unverkitteten Linsen kann man aber auch bei Benutzung von nur sphärischen Linsenflächen Objektive herstellen, deren Fehler sowohl für die Mitte wie auch für die seitlichen Teile des Bildfeldes korrigiert sind. So gibt es z. B. unter den GAUSS-Objektiven Formen, die mehr oder weniger kleine Beträge der sagittalen und tangentialen Bildkrümmung für ein Bildfeld von etwa 70° haben und gleichzeitig sphärisch korrigiert sind. Wir führen hier nachfolgend zwei Objektive dieser Bauart an.

a) Ausführungsbeispiel der österreichischen Patentschrift Nr. 8364/1901[1] (die Werte sind auf $f = 100$ mm reduziert): $r_1 = -10{,}64$ mm, $r_2 = -20{,}24$ mm, $r_3 = -182{,}4$ mm, $r_4 = -16{,}00$ mm. $b = 1{,}80$ mm, $d_1 = 2{,}93$ mm, $d_2 = 1{,}57$ mm, $d_3 = 2{,}73$ mm. Der zerstreuende Meniskus besteht aus SCHOTT-Glas Nr. 318 mit $n_D = 1{,}6031$ und der sammelnde Meniskus aus SCHOTT-Glas Nr. 802 mit $n_D = 1{,}4967$. Als Öffnungsverhältnis ist 1 : 11 genannt (vgl. Abb. 161).

b) Einzellinse des in der deutschen Patentanmeldung Nr. O 3951, Klasse 42^h vom 14. VI. 02 als Beispiel gegebenen symmetrischen Doppel-

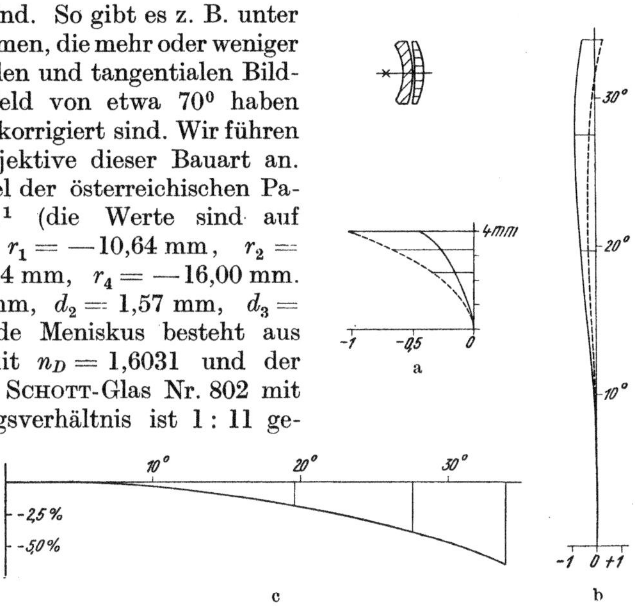

Abb. 162. Patentanmeldung Nr. O 3951, Klasse 42^h, 14. VI. 02.

[1] Als Inhaber nennt die Schrift: RATHENOWER OPTISCHE INDUSTRIE-ANSTALT vormals EMIL BUSCH A.-G. in Rathenow.

objektivs[1]. $r_1 = -8,85$ mm, $r_2 = -15,42$ mm, $r_3 = -31,51$ mm, $r_4 = -11,84$ mm. $b = 2,62$ mm, $d_1 = 1,54$ mm, $d_2 = 0,23$ mm, $d_3 = 1,54$ mm. Für den sammelnden Meniskus ist Glas mit $n_D = 1,611$ und $n_{G'} = 1,624$ verwandt und für den zerstreuenden Meniskus Glas mit $n_D = 1,613$ und $n_{G'} = 1,635$. Für das Doppelobjektiv wird das Öffnungsverhältnis 1 : 6,3 angegeben (vgl. Abb. 162).

Mit dem Begriff des photographischen Anastigmaten werden zunächst vom rein theoretischen Standpunkt die Eigenschaften anastigmatischer Bildebnung verknüpft, im engeren Sinne versteht man aber unter den Anastigmaten schlechthin auch solche photographischen Objektive, die neben der anastigmatischen Bildebenung eine Berichtigung der Fehler weit geöffneter Bündel, wie der sphärischen Längsaberrationen und anderer, sowie der Farbfehler aufweisen. Auch in diesem Sinne sind die Linsen von Knobloch und die erwähnten Gauss-Objektive Anastigmate.

Während beim Gauss-Objektiv sowohl die sammelnde wie auch die zerstreuende Linse Menisken sind, kommen bei Objektiven aus zwei Glaslinsen mit einem trennenden Luftraum auch noch andere Linsenformen vor, z. B. können die Radien beider Linsen jeweils ein entgegengesetztes Vorzeichen haben, sodaß also die Lichtbildlinse sich aus einer bikonkaven und einer bikonvexen Linse zusammensetzt. Diese Form haben die Einzellinsen vieler bekannter Doppelobjektive; wir nennen hier die Einzellinse der amerikanischen Patentschrift Nr. 1160148/1915[2] (Eastman Kodak Comp., Rochester), nicht weil sie besonders leistungsfähige Doppelobjektive ergibt, sondern weil die Korrektion der Einzellinse für die wichtigsten Fehler einigermaßen günstig ist. Die Zahlenwerte der Einzellinse des als Beispiel gegebenen symmetrischen Doppelobjektivs dieser amerikanischen Patentschrift sind für eine Brennweite von 100 mm: $r_1 = -20,45$ mm, $r_2 = 20,45$ mm, $r_3 = 37,42$ mm, $r_4 = -13,47$ mm. $b = 1,0$ mm, $d_1 = 0,60$ mm, $d_2 = 0,97$ mm, $d_3 = 1,20$ mm. Das Glas der bikonkaven Linse hat die Brechungszahlen $n_D = 1,5803$ und $n_{G'} = 1,5968$ und das der bikonvexen Linse die Brechungszahlen $n_D = 1,6105$ und $n_{G'} = 1,6242$.

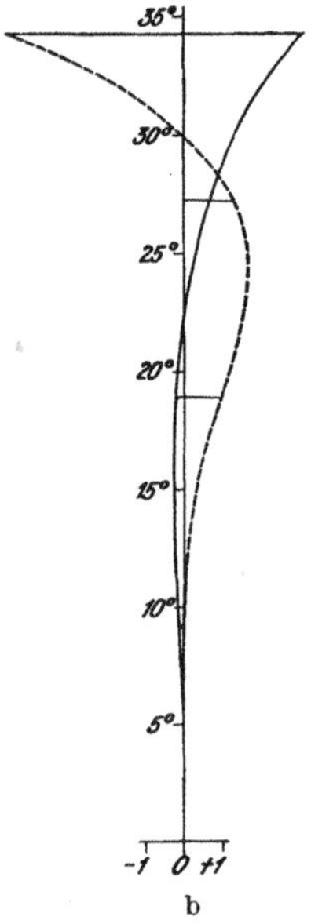

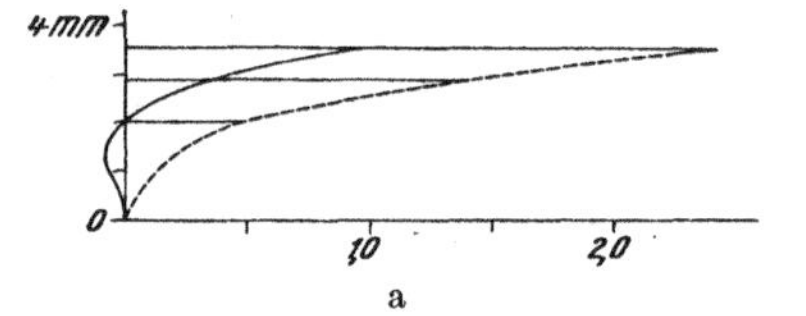

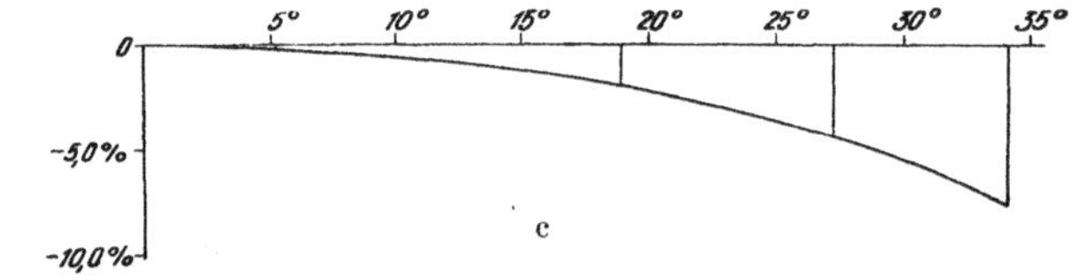

Abb. 163. AP. Nr. 1160148/1915. Linsenachsenschnitt geometrisch ähnlich dem der Hinterlinse des Doppelobjektivs in Abb. 249.

Auf die Zusammensetzung zweier derartiger Einzellinsen zu sog. photographischen Doppelobjektiven, gehen wir erst später ein. Diese Einzellinsen sind nämlich häufig zum Aufbau von Lichtbildlinsen mit Mittelblende verwandt worden, und zwar sind einige der besten photographischen Doppelobjektive von dieser Bauart.

3. Photographische Objektive aus drei oder mehr Glaslinsen mit Vorder- oder Hinterblende. In unserer systematischen Betrachtung photographischer Objektive,

[1] Anmelder ist: Optische Anstalt G. Rodenstock in München.
[2] Erfinder: Gilbert S. Dey und Max Zwillinger.

die von den einfacheren Formen zu immer leistungsfähigeren fortschreitet, würden wir nunmehr zu Systemen kommen, die aus drei Linsen bestehen. Es ist ja natürlich nicht nur die Zahl der Glaslinsen maßgebend für die Korrektionsmöglichkeiten, sondern mindestens auch ebenso die der Lufträume, die nichts anderes als ebenfalls Linsen, allerdings aus Luft, sind. Während man in der Regel aus naheliegenden Gründen den Glaslinsen nicht eine zu große Dicke gibt, steht bei den Luftlinsen einer großen Dicke nichts im Wege. Es sind deswegen auch photographische Objektive ausgearbeitet worden, bei denen die Luftlinsen erhebliche Dicken haben, und man hat daher oft in diesen Luftlinsen die Blenden angeordnet. Diese photographischen Objektive mit Mittelblende haben vor den bisher von uns besprochenen, die nur eine Vorder- oder Hinterblende zulassen, grundsätzliche Vorzüge und zeigen schon bei einfachem Bau hohe optische Leistung — es sei hier nur vorausgreifend an die Triplets erinnert. Wir führen aber zunächst die Besprechung der Linsen mit verhältnismäßig geringen Dicken weiter, wenn wir dabei auch Formen zu nennen haben, deren Aufwand an Glaslinsen oder auch an Glas- und Luftlinsen über den mancher erst später behandelter Objektive mit Mittelblende hinausgeht.

Zunächst sind die Anlagen aus drei miteinander verkitteten Glaslinsen zu nennen. Die verbreitetsten Formen dieser Linsen sind wohl die wie die Einzellinsen des GOERZischen Dagors oder die RUDOLPHsche Anastigmatsatzlinse gebauten. Abb. 164 gibt den schematischen Achsenschnitt des äußeren Aufbaues eines aus zwei solchen Einzellinsen symmetrisch zusammengesetzten Doppelobjektivs. Die ersten anastigmatischen Objektive dieser Form stammen von P. RUDOLPH und E. VON HÖEGH. Im folgenden sind die optischen Daten und Fehlerkurven für einige Ausführungsformen zusammengestellt.

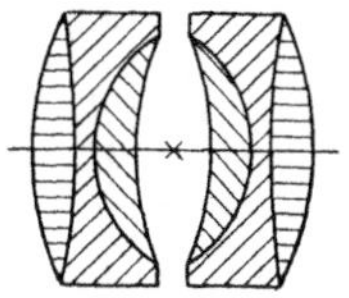

Abb. 164. Schematischer Linsenachsenschnitt des ZEISSischen Doppelamatars.

Objektivzusammenstellung 1[1]. Verkittete Objektive aus einem sammelnden Meniskus, einer bikonkaven und einer bikonvexen Linse.

	Krümmungsradien	Blendenentfernungen, und Dicken	Glasarten n_D	ν ca.	Errechner des Objektivs	Literaturnachweis	Patentinhaber oder Herstellerfirma
1	$r_1 = 11{,}7$ $r_2 = 4{,}7$ $r_3 = 12{,}9$ $r_4 = 10{,}9$	$b = 1{,}3$ $d_1 = 1{,}1$ $d_2 = 0{,}4$ $d_3 = 1{,}7$	$L_1 = 1{,}5150$ $L_2 = 1{,}5680$ $L_3 = 1{,}6131$	54,7 56,0 56,3	E. v. HÖEGH	DRP. Nr. 74437/1892	C. P. GOERZ, A.-G., Berlin
2	$r_1 = 12{,}9$ $r_2 = 5{,}0$ $r_3 = 19{,}6$ $r_4 = 12{,}7$	$b = 1{,}6$ $d_1 = 1{,}3$ $d_2 = 0{,}7$ $d_3 = 2{,}1$	$L_1 = 1{,}5117$ $L_2 = 1{,}5478$ $L_3 = 1{,}6125$	58,2 53,6 56,5	—	GLEICHEN, A.: Lehrbuch der geometrischen Optik, S. 429. Leipzig und Berlin: B. G. Teubner 1902	C. P. GOERZ, A.-G., Berlin
3	$r_1 = 15{,}4$ $r_2 = 5{,}9$ $r_3 = 37{,}9$ $r_4 = 14{,}6$	$b = 1{,}7$ $d_1 = 1{,}8$ $d_2 = 0{,}7$ $d_3 = 2{,}1$	$L_1 = 1{,}4967$ $L_2 = 1{,}5329$ $L_3 = 1{,}6128$	65,0 55,1 56,5	P. RUDOLPH	DRP. Nr. 196734/1906	CARL ZEISS, Jena

[1] Bei dieser und den folgenden Zusammenstellungen ist die Reihenfolge der Objektive in der Regel nach der Zeitfolge der Literaturnachweise gewählt. Es bedeuten die Abkürzungen: AP. = Amerikanisches Patent, DRP. = Deutsches Reichspatent, DRGM. = Deutsches Reichsgebrauchsmuster, EP. = Englisches Patent, FP. = Französisches Patent, ÖP. = Österreichisches Patent. Die hinter den Patentnummern stehenden Zahlen geben das Jahr der Anmeldung an.

Fortsetzung der Tabelle von S. 255.

	Krümmungsradien	Blendenentfernungen und Dicken	Glasarten		Errechner des Objektivs	Literaturnachweis	Patentinhaber oder Herstellerfirma
			n_D	ν			
4	$r_1 = 12{,}3$ $r_2 = 5{,}0$ $r_3 = 22{,}1$ $r_4 = 12{,}2$	$b = 1{,}5$ $d_1 = 1{,}3$ $d_2 = 0{,}6$ $d_3 = 1{,}8$	$L_1 = 1{,}5102$ $L_2 = 1{,}5477$ $L_3 = 1{,}6169$	64,1 53,3 53,8	W. ZSCHOKKE	EP. Nr. 13902/1908	C. P. GOERZ, A.-G., Berlin
5	$r_1 = 13{,}9$ $r_2 = 6{,}3$ $r_3 = 38{,}9$ $r_4 = 14{,}1$	$b = 1{,}8$ $d_1 = 2{,}0$ $d_2 = 0{,}8$ $d_3 = 2{,}1$	$L_1 = 1{,}4649$ $L_2 = 1{,}5164$ $L_3 = 1{,}6210$	65,6 54,1 57,1	W. ZSCHOKKE	EP. Nr. 13902/1908	C. P. GOERZ, A.-G., Berlin
6	$r_1 = 13{,}5$ $r_2 = 5{,}8$ $r_3 = 47{,}7$ $r_4 = 14{,}5$	$b = 1{,}7$ $d_1 = 1{,}8$ $d_2 = 0{,}7$ $d_3 = 2{,}3$	$L_1 = 1{,}4585$[1] $L_2 = 1{,}4900$ $L_3 = 1{,}6128$	67,9 56,2 58,6	P. RUDOLPH	DRP. Nr. 242170/1910 2. Beispiel	CARL ZEISS, Jena
7	$r_1 = 21{,}1$ $r_2 = 7{,}1$ $r_3 = 46{,}4$ $r_4 = 20{,}8$	$b = 1{,}6$ $d_1 = 4{,}5$ $d_2 = 2{,}5$ $d_3 = 1{,}9$	$L_1 = 1{,}4986$ $L_2 = 1{,}5199$ $L_3 = 1{,}6243$	65,4 54,5 56,7	W. MERTÉ	DRP. Nr. 386346/1920	CARL ZEISS, Jena
8	$r_1 = 13{,}3$ $r_2 = 5{,}7$ $r_3 = 16{,}1$ $r_4 = 11{,}1$	$b = 0{,}9$ $d_1 = 0{,}8$ $d_2 = 0{,}5$ $d_3 = 1{,}9$	$L_1 = 1{,}4634$ $L_2 = 1{,}5991$ $L_3 = 1{,}6584$	65,7 38,0 35,7	F. URBAN	DRP. Nr. 388636/1922	C. P. GOERZ, A.-G., Berlin

Zu dieser Zusammenstellung 1 gehören die nachfolgenden Fehlerkurven der Abb. 165—172. Durch zwei Ziffern, von denen die erste die laufende Nummer in der Zusammenstellung und die zweite die Nummer dieser Zusammenstellung selbst angibt, wird die Zugehörigkeit der genannten Kurven zu ihrem Zahlenbeispiel festgelegt. Ebenso wird bei den späteren Zusammenstellungen verfahren.

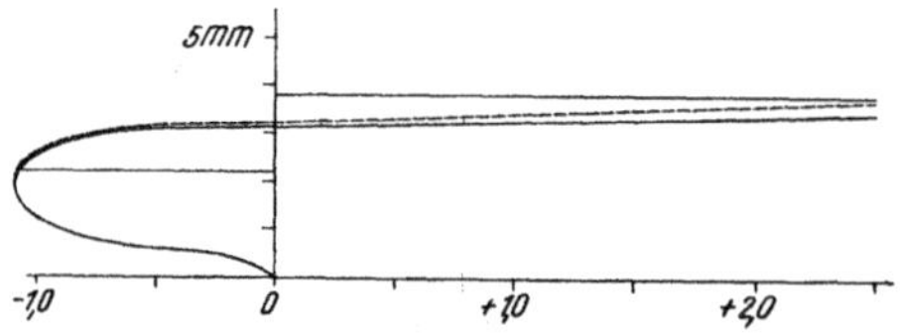

165a.

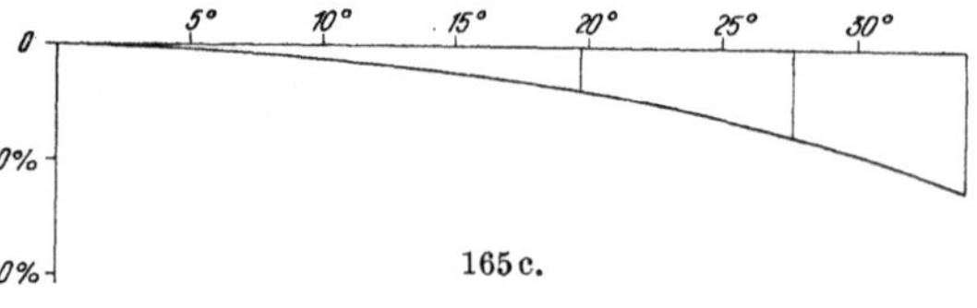

165c.

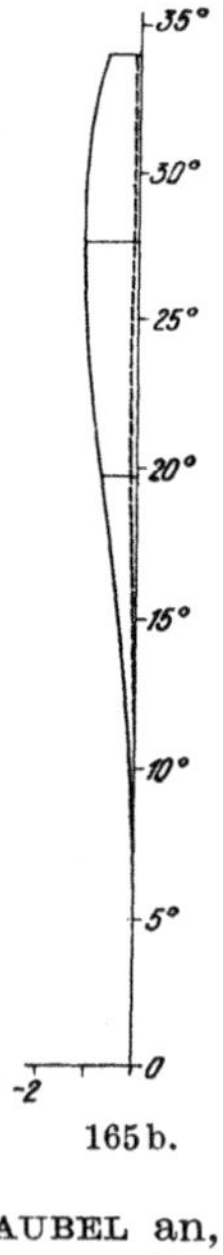

165b.

Abb. 165.

Nr. 1/1. DRP. Nr. 74437/1892. Linsenachsenschnitt geometrisch ähnlich dem der Hinterlinse des Doppelobjektivs in Abb. 250.

[1] Die Benutzung von Quarz in diesem Typus regte R. STRAUBEL an, dessen Namen daher auch das zugehörige AP. 1025766/1911, als Erfinder nennt.

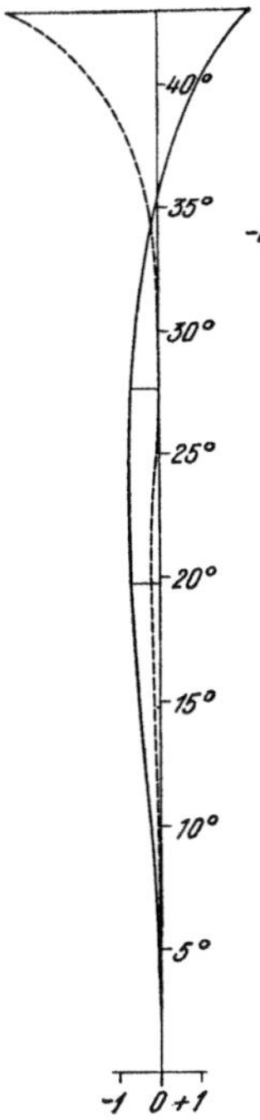

166 b.

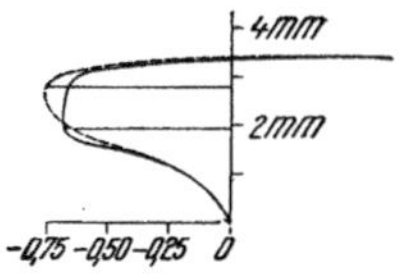

166 a.

Abb. 166.
Nr. 2/1 (vgl. A. GLEICHEN).
Linsenachsenschnitt geometrisch ähnlich dem der Hinterlinse des Doppelobjektivs in Abb. 251.

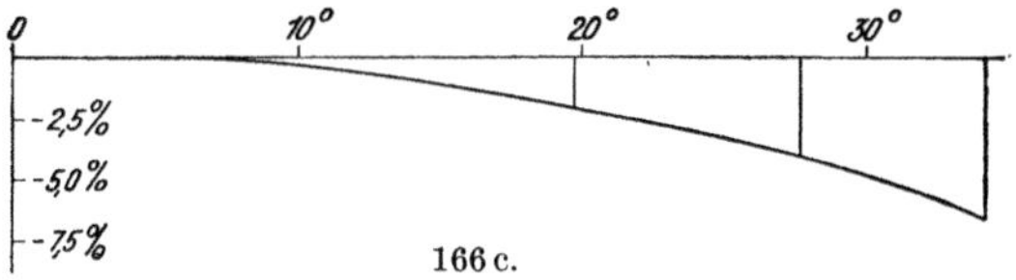

166 c.

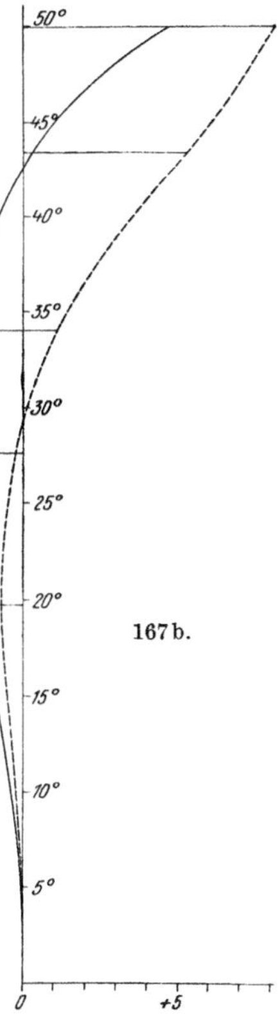

167 b.

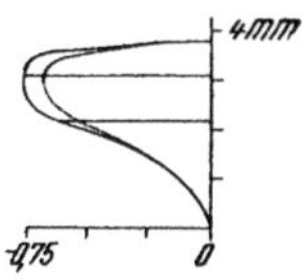

167 a.

Abb. 167. Nr. 3/1. DRP. Nr. 196 734/1906. Linsenachsenschnitt geometrisch ähnlich dem der Hinterlinse des Doppelobjektivs in Abb. 252.

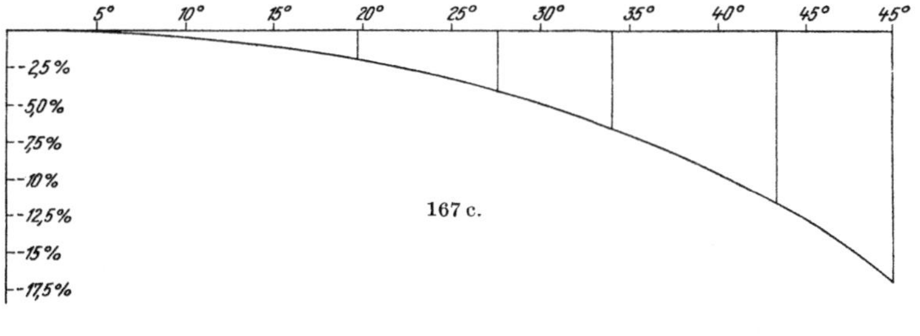

167 c.

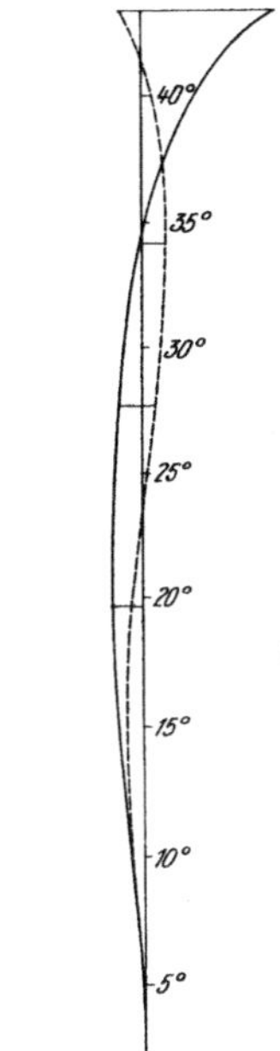

168 b.

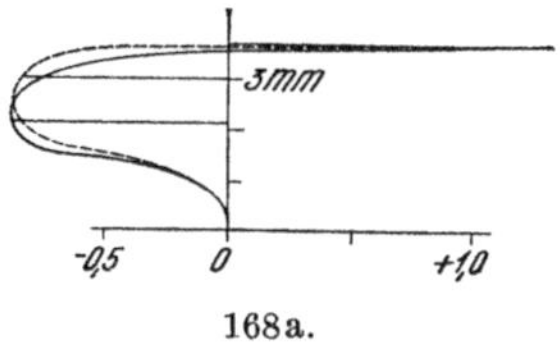

168 a.

Abb. 168. Nr. 4/1. EP. Nr. 13 902/1908. Linsenachsenschnitt geometrisch ähnlich dem der Hinterlinse des Doppelobjektivs in Abb. 253.

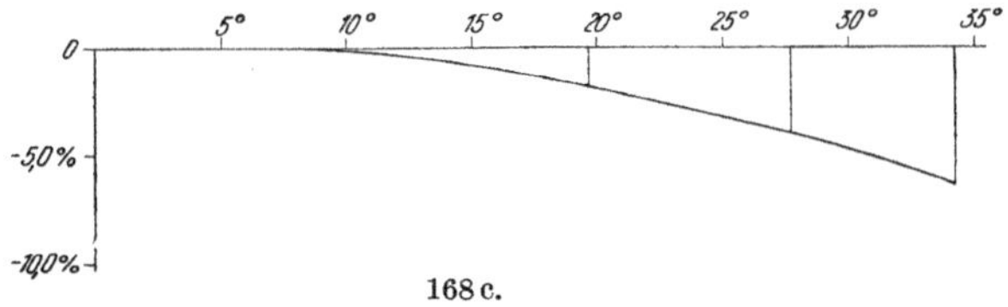

168 c.

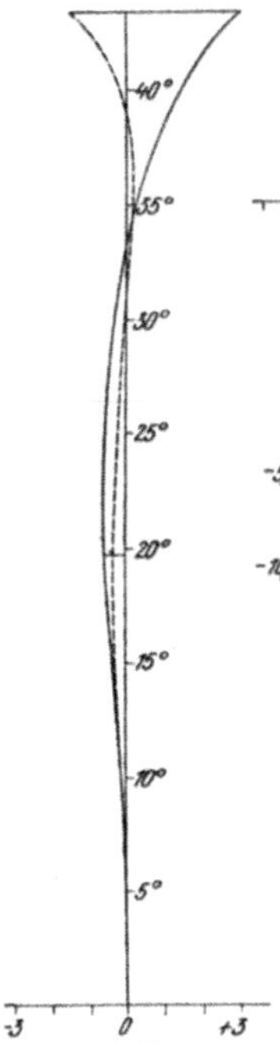

169 b.

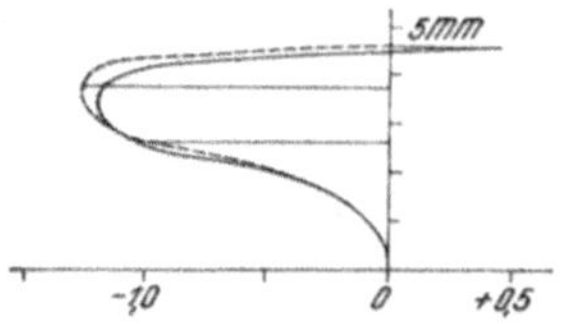

169 a.

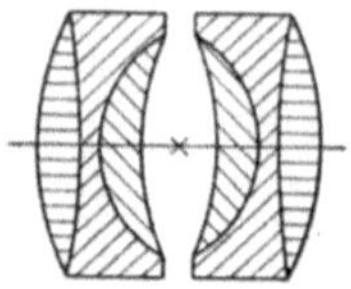

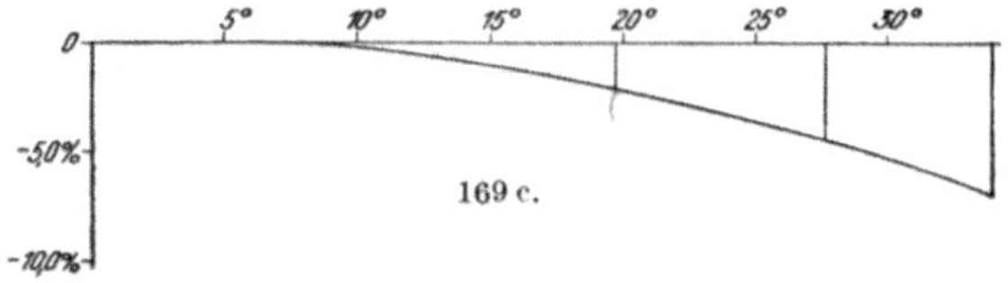

169 c.

Abb. 169. Nr. 5/1. EP. Nr. 13902/1908. Linsenachsenschnitt eines aus 2 Einzellinsen Nr. 5/1 symmetrisch zusammengesetzten Doppelobjektivs für dessen Brennweite $f = 100$ mm.

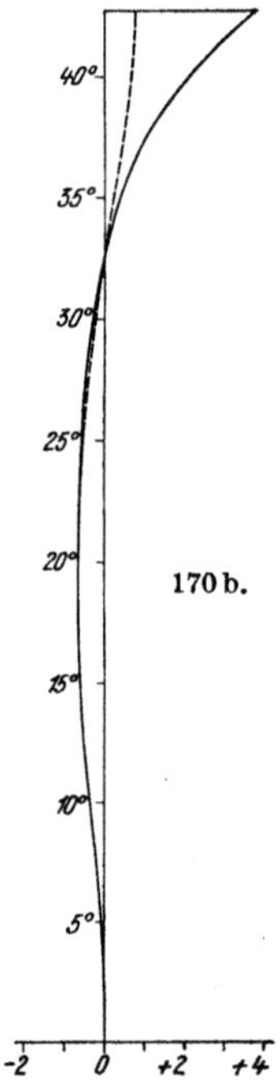

170 b.

Abb. 170. Nr. 6/1. DRP. Nr. 242170/1910. Linsenachsenschnitt eines aus 2 Einzellinsen Nr. 6/1 symmetrisch zusammengesetzten Doppelobjektivs für dessen Brennweite $f = 100$ mm.

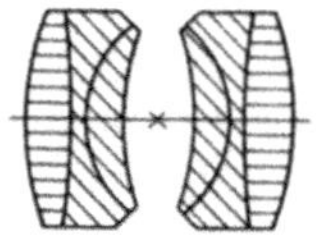

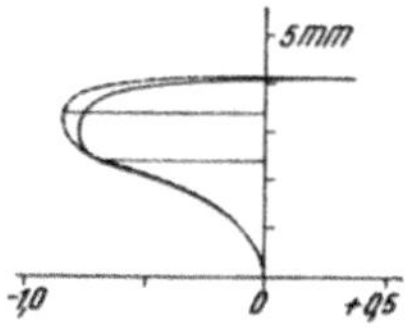

170 a.

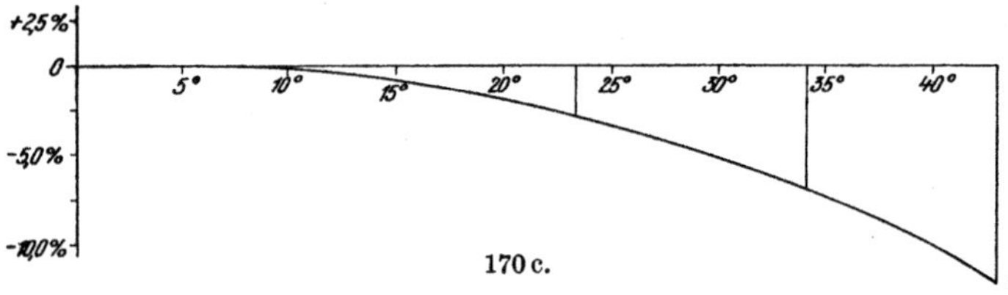

170 c.

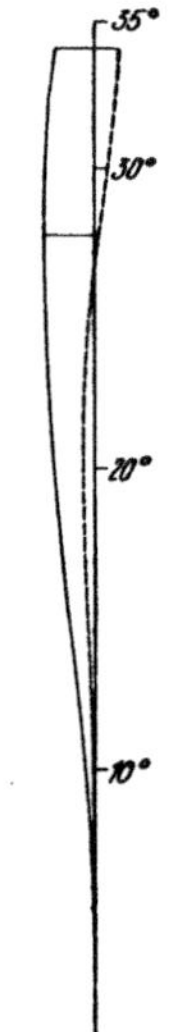

Abb. 171.
Nr. 7/1. DRP. Nr. 386346/1920. Linsenachsenschnitt geometrisch ähnlich dem der Hinterlinse des Doppelobjektivs in Abb. 254.

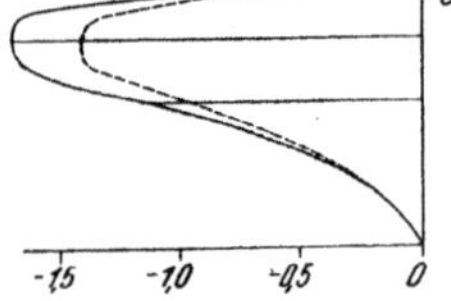

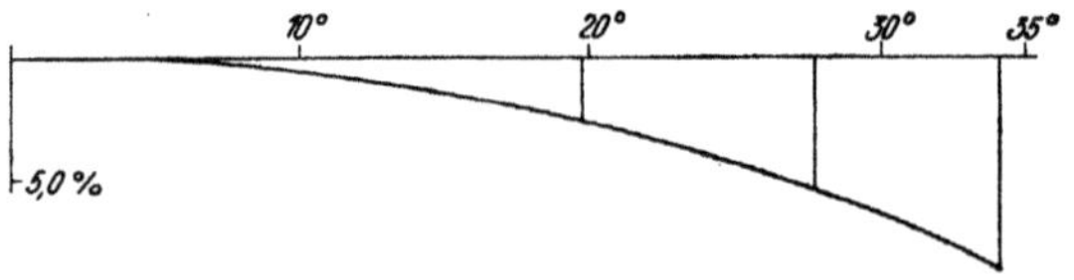

171 b. 171 a. 171 c.

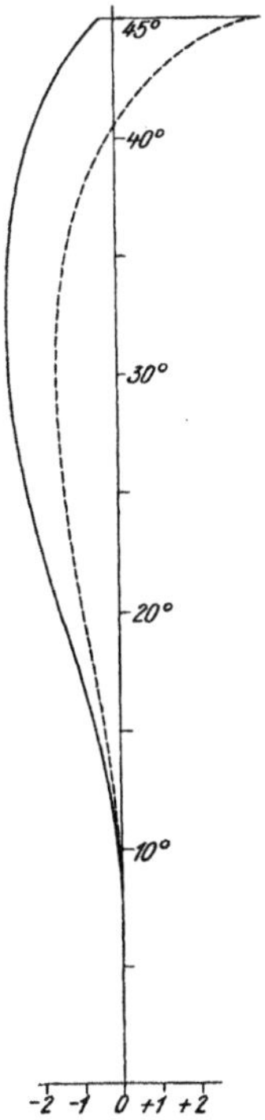

172 b.

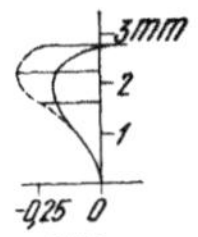

172 a.

Abb. 172. Nr. 8/1. DRP. Nr. 388636/1922. Linsenachsenschnitt geometrisch ähnlich dem der Hinterlinse des Doppelobjektivs in Abb. 255.

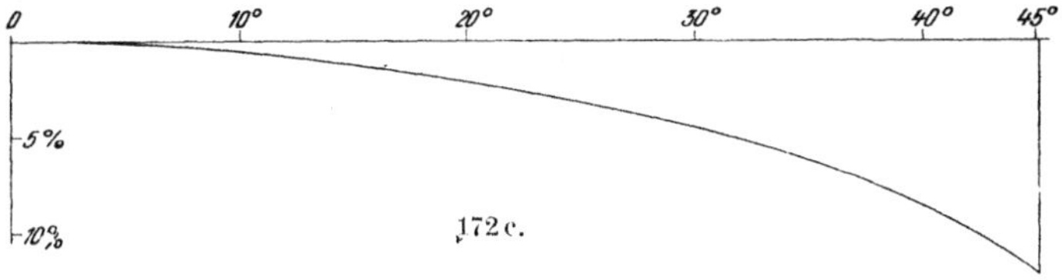

172 c.

Von den hier genannten Objektiven hat im Handel die wichtigste Rolle der GOERZische Doppelanastigmat „Dagor" gespielt, dessen Einzellinse in ihrer Ursprungsform unter dem Schutz des DRP. Nr. 74437 stand. Doppelobjektive[1] aus Einzellinsen dieser Bauart nehmen auch heute noch eine geachtete Stellung ein und werden von den verschiedensten Werkstätten auf den Markt gebracht. Seit dem Aufhören der Objektivfabrikation der Firma C. P. GOERZ stellt C. ZEISS langbrennweitige Dagore 1 : 6,8 und auch Weitwinkeldagore 1 : 9 her.

Während die Einzellinsen der Dagorform im allgemeinen etwa bis zu einem Öffnungsverhältnis 1 : 14 gute Bilder geben, kann dieses bei den Formen des DRP. Nr. 386346 (s. Nr. 7 der Zusammenstellung 1) auf etwa 1 : 9 gesteigert werden. Es folgen eine Reihe von Einzellinsen der verschiedensten Durchbiegungen und Zusammensetzungen. Die Korrektionskurven geben natürlich auch hier nur einen ungefähren Anhaltspunkt für die Qualität der Abbildung. Mit voller Öffnung zeichnen die Einzellinsen in der Regel meist längst nicht ein so großes Bildfeld aus, wie es etwa die astigmatischen Kurven erwarten lassen. Bei einer Hauptstrahlneigung von mehr als 20° gegen die Achse wird die Schärfe, wenn nicht abgeblendet wird, meist unbefriedigend. Auch die Verzeichnung ist bei größeren Hauptstrahlneigungen für viele Aufnahmen unerträglich. Bei Objektiven mit Vorder- oder Hinterblende ist ja dieser Bildfehler leider meist sehr beträchtlich; chromatische Vergrößerungsdifferenz stört bei Einzellinsen ebenfalls oft, wenn die Hauptstrahlneigungen gegen die Achse erheblich werden.

Objektivzusammenstellung 2[2]. **Einzelobjektive aus drei und mehr Glaslinsen verschiedener Durchbiegung und Anordnung.**

	Krümmungsradien	Blendenentfernungen, Dicken, Abstände	Glasarten		Errechner des Objektivs	Literaturnachweis	Patentinhaber oder Herstellerfirma
			n_D	ν			
1	$r_1 = 14{,}2$ $r_2 = 8{,}5$ $r_3 = 8{,}1$ $r_4 = 42{,}0$ $r_5 = 14{,}7$	$b = 1{,}9$ $d_1 = 1{,}2$ $l = 0{,}1$ $d_2 = 0{,}7$ $d_3 = 2{,}7$	$L_1 = 1{,}5399$ $L_2 = 1{,}5160$ $L_3 = 1{,}6101$	59,4 51,8 58,8	—	DRP. Nr. 107358/ 1899	C. P. GOERZ, A.-G., Berlin

[1] Über Doppelobjektive vgl. S. 298 und S. 319.
[2] Vgl. Anm. 1 auf S. 255.

(Fortsetzung der Zusammenstellung 2)

	Krümmungsradien	Blendenentfernungen, Dicken, Abstände	Glasarten		Errechner des Objektivs	Literaturnachweis	Patentinhaber oder Herstellerfirma
			n_D	ν			
2	r_1 = 14,5 r_2 = 29,1 r_3 = 10,6 r_4 = 9,8 r_5 = 14,9	b = 2,2 d_1 = 0,8 d_2 = 3,4 l = 0,3 d_3 = 1,3	L_1 = 1,5136 L_2 = 1,6098 L_3 = 1,5660	54,7 58,9 42,8	—	DRP. Nr. 107 358/ 1899	C. P. Goerz, A.-G., Berlin
3	r_1 = 13,4 r_2 = 5,5 r_3 = plan r_4 = 196,4 r_5 = 11,8	b = 0,9 d_1 = 1,3 d_2 = 0,6 l = 0,05 d_3 = 1,4	L_1 = 1,5063 L_2 = 1,5718 L_3 = 1,6112	62,0 51,0 55,8	—	DRP. Nr. 118 433/ 1899	Ernst Leitz, Wetzlar
4	r_1 = 13,4 r_2 = 9,1 r_3 = 8,2 r_4 = 53,4 r_5 = 12,1	b = 1,75 d_1 = 1,1 l = 0,3 d_2 = 0,6 d_3 = 1,7	L_1 = 1,6147 L_2 = 1,5561 L_3 = 1,6147	55,1 48,6 55,1	E. Arbeit	DRP. Nr. 135 742/ 1901	Gebr. Schulze, Potsdam
5	r_1 = 10,0 r_2 = 16,6 r_3 = 28,7 r_4 = 36,9 r_5 = 14,2	b = 1,0 d_1 = 1,5 l = 0,15 d_2 = 0,4 d_3 = 1,5	L_1 = 1,515 L_2 = 1,547 L_3 = 1,610	54,6 45,9 58,8	K. Martin	EP. Nr. 12 420/ 1902 1. Beispiel	K. Martin (Emil Busch), Rathenow
6	r_1 = 10,4 r_2 = 8,5 r_3 = 16,1 r_4 = 33,8 r_5 = 25,5 r_6 = 16,8	b = 1,2 d_1 = 1,5 d_2 = 0,4 l = 0,15 d_3 = 0,4 d_4 = 1,15	L_1 = 1,6098 L_2 = 1,5149 L_3 = 1,5825 L_4 = 1,6112	58,8 54,6 46,4 56,5	K. Martin	EP. Nr. 12 420/ 1902 2. Beispiel	K. Martin (Emil Busch), Rathenow
7	r_1 = 18,1 r_2 = 7,3 r_3 = 13,0 r_4 = 16,7	b = 2,6 d_1 = 0,5 d_2 = 2,25 d_3 = 2,25	L_1 = 1,5717 L_2 = 1,5385 L_3 = 1,6097	ca. 46,0 55,4 49,2	—	Gleichen, A.: Lehrbuch der geometrischen Optik, S. 493. Leipzig und Berlin: B. G. Teubner 1902	C. A. Steinheil Söhne, München
8	r_1 = 14,1 r_2 = 5,6 r_3 = 16,0 r_4 = plan r_5 = 13,1	b = 1,8 d_1 = 1,3 d_2 = 0,8 d_3 = 1,0 d_4 = 1,0	L_1 = 1,525 L_2 = 1,568 L_3 = 1,609 L_4 = 1,621	ca. 60,2 43,0 56,0 36,0	—	Fällt unter DRP. Nr. 168 977/1902	Oskar Simon, Dresden
9	r_1 = 5,8 r_2 = 15,6 r_3 = 12,1 r_4 = 18,9 r_5 = 7,1	b = 1,75 d_1 = 0,4 d_2 = 0,5 l = 0,02 d_3 = 0,6	L_1 = 1,5585 L_2 = 1,4974 L_3 = 1,6148	45,3 65,2 55,1	—	ÖP. Nr. 12 094/ 1902	C. Reichert u. F. Kollmorgen, Wien
10	r_1 = 14,5 r_2 = 8,4 r_3 = 16,1 r_4 = 6,0 r_5 = 15,2	b = 1,45 d_1 = 0,7 d_2 = 0,9 d_3 = 2,9 d_4 = 0,7	L_1 = 1,5254 L_2 = 1,5069 L_3 = 1,6041 L_4 = 1,6240	ca. 60,1 61,0 49,2 35,6	O. G. Heimstädt	DRP. Nr. 153 525/ 1902	C. Reichert, Wien

(Fortsetzung der Zusammenstellung 2)

	Krümmungsradien	Blendenentfernungen, Dicken, Abstände	Glasarten		Errechner des Objektivs	Literaturnachweis	Patentinhaber oder Herstellerfirma
			n_D	ν			
11	$r_1 =$ 14,7 $r_2 =$ 5,9 $r_3 =$ 8,8 $r_4 =$ 21,8 $r_5 =$ 15,5	b = 1,3 d_1 = 1,3 d_2 = 0,6 d_3 = 1,0 d_4 = 1,6	L_1 = 1,4974 L_2 = 1,5162 L_3 = 1,4974 L_4 = 1,6120	ca. 65,2 54,7 65,2 56,3	O. G. Heimstädt	DRP. Nr. 153525/ 1902	C. Reichert, Wien
12	$r_1 =$ 11,7 $r_2 =$ 4,9 $r_3 =$ 16,7 $r_4 =$ 7,2 $r_5 =$ 12,6	b = 1,25 d_1 = 0,7 d_2 = 0,4 d_3 = 0,4 d_4 = 1,7	L_1 = 1,5012 L_2 = 1,5160 L_3 = 1,6235 L_4 = 1,6041	ca. 66,0 54,7 36,3 49,2	O. G. Heimstädt	DRP. Nr. 153525/ 1902	C. Reichert, Wien
13	$r_1 =$ 108,3 $r_2 =$ 108,3 $r_3 =$ 11,8 $r_4 =$ 6,9 $r_5 =$ 13,8	b = 0,4 d_1 = 1,2 l = 1,5 d_2 = 3,5 d_3 = 2,9	L_1 = 1,6120 L_2 = 1,5789 L_3 = 1,5826	ca. 56,4 53,9 41,3	O. G. Heimstädt	DRP. Nr. 189255/ 1904	C. Reichert, Wien
14	$r_1 =$ 13,5 $r_2 =$ 6,9 $r_3 =$ 5,5 $r_4 =$ 22,6 $r_5 =$ 15,0	b = 2,2 d_1 = 1,0 d_2 = 1,2 d_3 = 0,5 d_4 = 1,8	L_1 = 1,62 L_2 = 1,50 L_3 = 1,55 L_4 = 1,61	— — — —	F. Urban	DRP. Nr. 171369/ 1904	C. P. Goerz, A.-G., Berlin
15	$r_1 =$ 15,0 $r_2 =$ 36,4 $r_3 =$ 6,9 $r_4 =$ 15,6	b = 1,4 d_1 = 0,8 d_2 = 2,0 d_3 = 2,2	L_1 = 1,4967 L_2 = 1,6128 L_3 = 1,6570	65,0 49,4 36,3	P. Rudolph	DRP. Nr. 196734a/ 1906	Carl Zeiss, Jena
16	$r_1 =$ 12,4 $r_2 =$ 18,8 $r_3 =$ 14,2 $r_4 =$ 108,3 $r_5 =$ 108,3	b = 2,7 d_1 = 1,2 d_2 = 3,9 l = 0,1 d_3 = 2,1	L_1 = 1,5826 L_2 = 1,5681 L_3 = 1,5559	41,5 49,2 48,6	—	ÖP. Nr. 33776/ 1907	C. Reichert, Wien
17	$r_1 =$ 13,6 $r_2 =$ 42,7 $r_3 =$ 11,3 $r_4 =$ 6,7 $r_5 =$ 14,8	b = 1,9 d_1 = 0,5 d_2 = 1,8 d_3 = 1,45 d_4 = 1,0	L_1 = 1,4983 L_2 = 1,6235 L_3 = 1,5844 L_4 = 1,6221	65,3 53,3 53,0 39,6	P. Rudolph	Fällt unter DRP. Nr. 228677/ 1909	Carl Zeiss, Jena
18	$r_1 =$ 13,0 $r_2 =$ 52,7 $r_3 =$ 6,5 $r_4 =$ 13,7	b = 1,8 d_1 = 0,65 d_2 = 2,6 d_3 = 0,9	L_1 = 1,4585 L_2 = 1,5817 L_3 = 1,6227	67,9 53,6 39,6	P. Rudolph	DRP. Nr. 242170/ 1910	Carl Zeiss, Jena
19	$r_1 =$ 11,7 $r_2 =$ 8,0 $r_3 =$ 7,2 $r_4 =$ 16,9 $r_5 =$ 10,6	b = 1,5 d_1 = 1,0 l = 0,2 d_2 = 0,7 d_3 = 1,4	L_1 = 1,5718 L_2 = 1,5408 L_3 = 1,5803	50,4 47,3 53,8	E. Arbeit	DRP. Nr. 250781/ 1911	Jos. Schneider & Co., Kreuznach
20	$r_1 =$ 13,5 $r_2 =$ 45,3 $r_3 =$ 10.0 $r_4 =$ 7,3 $r_5 =$ 14,6	b = 2,5 d_1 = 0,5 d_2 = 2,5 d_3 = 1,2 d_4 = 0,6	L_1 = 1,4933 L_2 = 1,6093 L_3 = 1,5173 L_4 = 1,5801	69,9 59,0 58,4 41,9	J. Stuart und J. W. Hasselkus	EP. Nr. 29636/ 1913	J. Stuart und J. W. Hasselkus (Ross Ltd.), London

(Fortsetzung der Zusammenstellung 2)

	Krümmungsradien	Blendenentfernungen, Dicken, Abstände	Glasarten n_D	Glasarten ν	Errechner des Objektixs	Literaturnachweis	Patentinhaber oder Herstellerfirma
21	$r_1 =$ 18,5 $r_2 =$ 11,1 $r_3 =$ 23,7 $r_4 =$ 18,4	b = 1,3 d_1 = 0,4 d_2 = 2,8 d_3 = 2,7	L_1 = 1,5353 L_2 = 1,4760 L_3 = 1,6202	51,6 65,9 56,9	—	DRP. Nr. 321069/ 1915	G. Rodenstock, München
22	$r_1 =$ 20,2 $r_2 =$ 14,1 $r_3 =$ 11,3 $r_4 =$ *83,9 $r_5 =$ 16,1	b = 1,4 d_1 = 1,8 l = 0,8 d_2 = 1,5 d_3 = 3,3	L_1 = 1,6053 L_2 = 1,5398 L_3 = 1,6207	59,3 47,3 56,9	P. Rudolph	DRP. Nr. 310615/ 1918	Dr. P. Rudolph Lengenfeld i. V.
	* r_4 ist in der Patentschrift mit 84,6 angegeben.						
23	$r_1 =$ 17,4 $r_2 =$ 12,9 $r_3 =$ 10,3 $r_4 =$ 87,0 $r_5 =$ 14,0	b = — d_1 = 1,3 l = 0,5 d_2 = 1,5 d_3 = 2,1	L_1 = 1,5899 L_2 = 1,5286 L_3 = 1,5899	60,8 51,6 60,8	P. Rudolph	Fällt unter DRP. Nr. 310615/ 1918	Dr. P. Rudolph, Lengenfeld i. V.
24	$r_1 =$ 15,7 $r_2 =$ 30,4 $r_3 =$ 11,8 $r_4 =$ 10,6 $r_5 =$ 14,4	b = 1,05 d_1 = 0,9 d_2 = 1,8 l = 0,3 d_3 = 2,2	L_1 = 1,5286 L_2 = 1,6207 L_3 = 1,6245	51,6 56,9 35,8	P. Rudolph	DRP. Nr. 322506/ 1918	Dr. P. Rudolph, Lengenfeld i. V.
25	$r_1 =$ 17,6 $r_2 =$ 34,1 $r_3 =$ 14,1 $r_4 =$ 12,6 $r_5 =$ 18,7	b = 1,2 d_1 = 1,2 d_2 = 3,5 l = 0,6 d_3 = 3,8	L_1 = 1,4637 L_2 = 1,6098 L_3 = 1,6315	65,6 58,8 35,7	P. Rudolph	DRP. Nr. 322506/ 1918	Dr. P. Rudolph, Lengenfeld i. V.
26	$r_1 =$ 15,0 $r_2 =$ 9,0 $r_3 =$ 8,4 $r_4 =$ 63,3 $r_5 =$ 14,4	b = 1,8 d_1 = 1,2 l = 0,3 d_2 = 0,7 d_3 = 3,0	L_1 = 1,5122 L_2 = 1,5232 L_3 = 1,6214	64,0 51,3 58,1	—	DRP. Nr. 378894/ 1920	C. P. Goerz, A.-G., Berlin

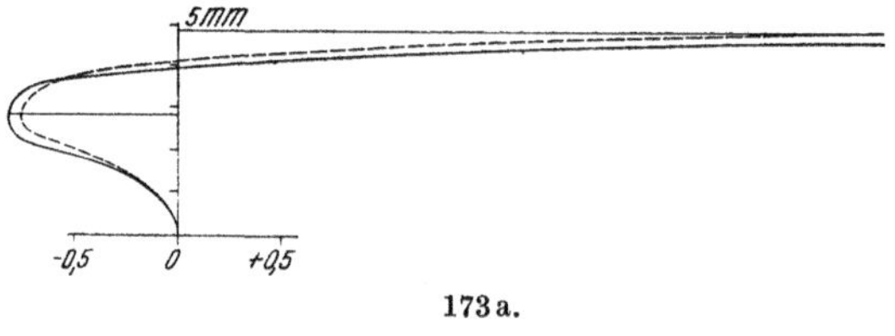

173a.

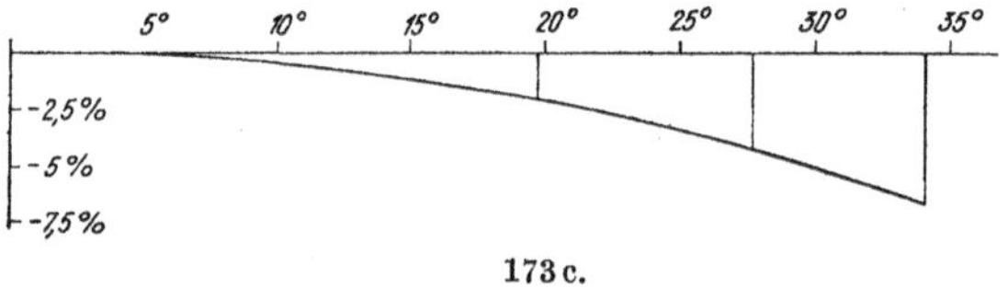

173c.

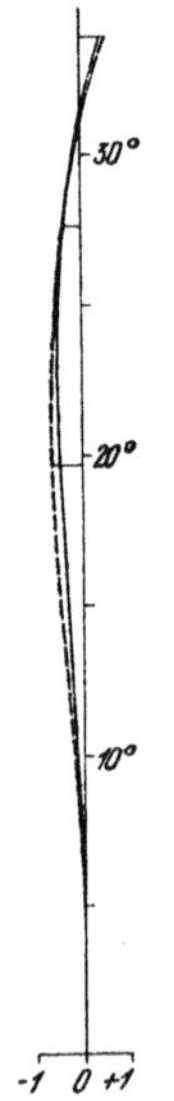

173b.

Abb. 173. Nr. 1/2. DRP. Nr. 107358/1899. Linsenachsenschnitt geometrisch ähnlich dem der Hinterlinse des Doppelobjektivs in Abb. 256.

Abb. 174. Nr. 2/2. DRP. Nr. 107358/1899. Linsenachsenschnitt geometrisch ähnlich dem der Hinterlinse des Doppelobjektivs in Abb. 257.

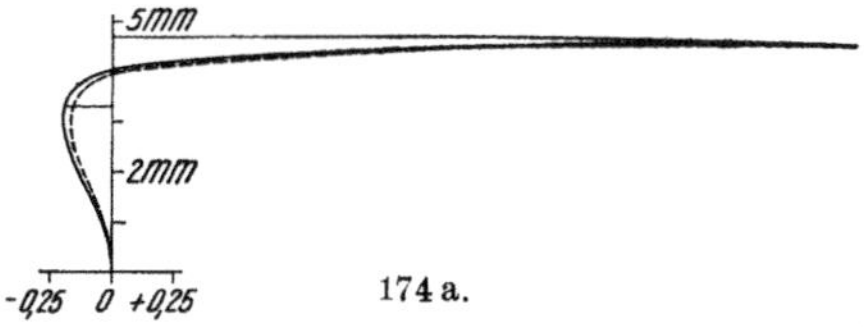

174 a.

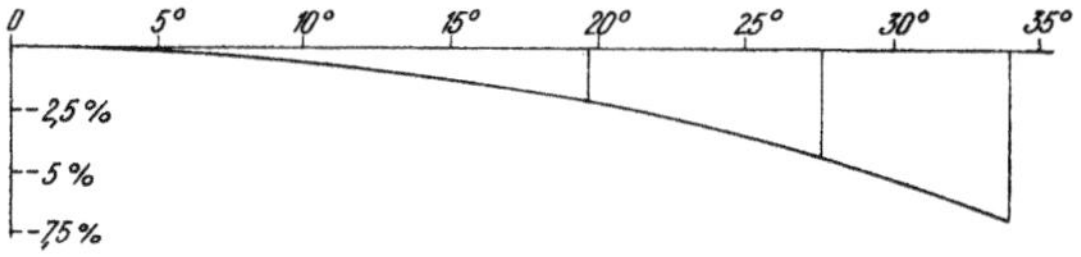

174 c

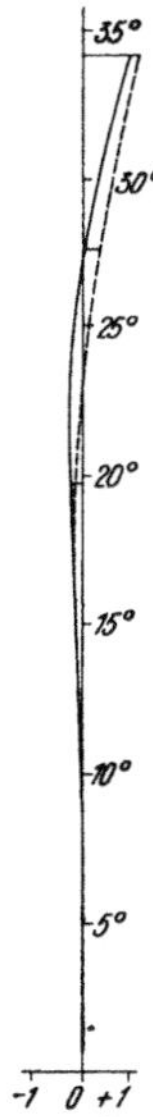

174 b.

Abb. 175. Nr. 3/2. DRP. Nr. 118433/1899. Linsenachsenschnitt geometrisch ähnlich dem der Hinterlinse des Doppelobjektivs in Abb. 258.

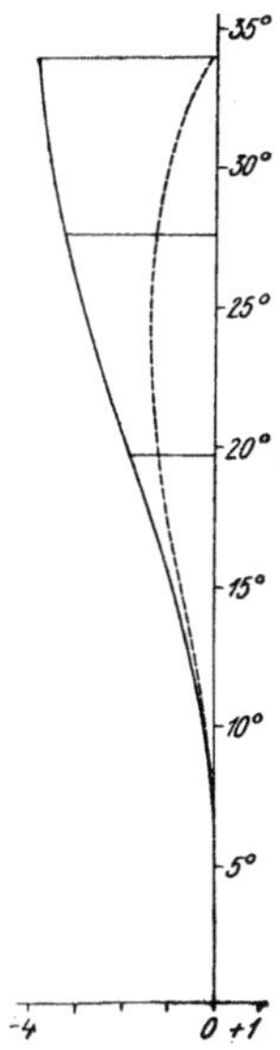

175 b.

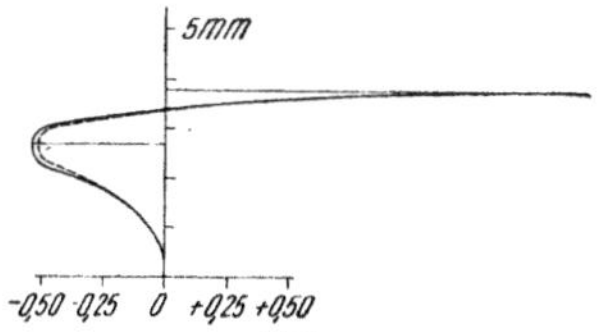

175 a.

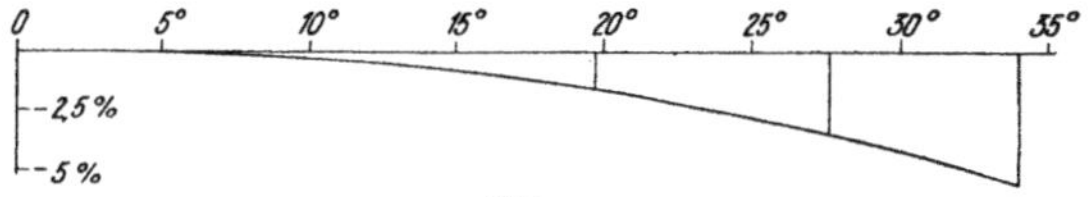

175 c.

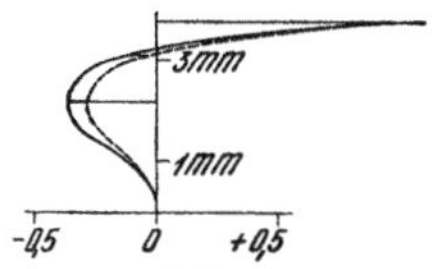

176 a.

Abb. 176. Nr. 4/2. DRP. Nr. 135742/1901. Linsenachsenschnitt geometrisch ähnlich dem der Hinterlinse des Doppelobjektivs in Abb. 259.

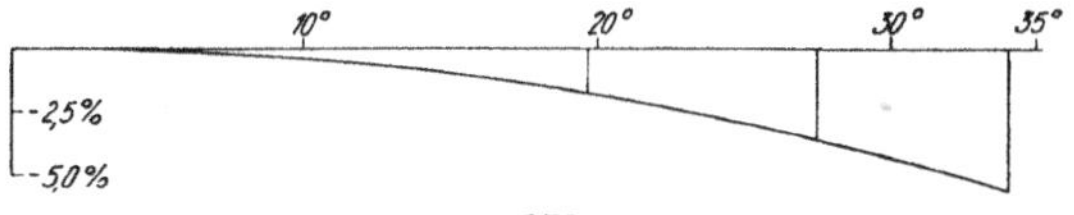

176 c.

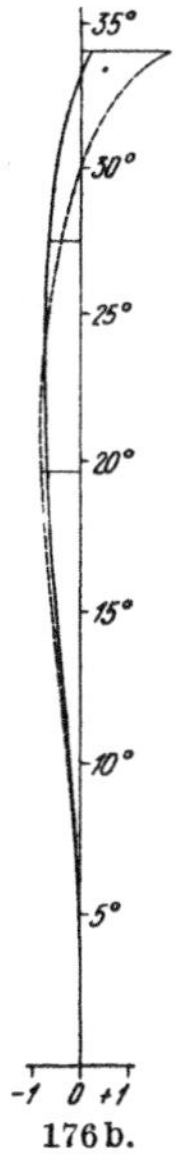

176 b.

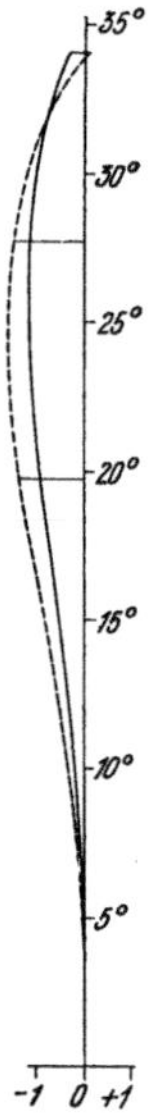

177 b.

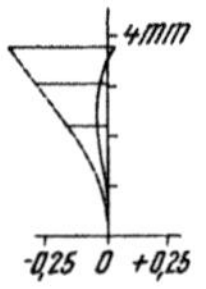

177 a.

Abb. 177. Nr. 5/2. EP. Nr. 12420/1902. Linsenachsenschnitt geometrisch ähnlich dem der Hinterlinse des Doppelobjektivs in Abb. 260.

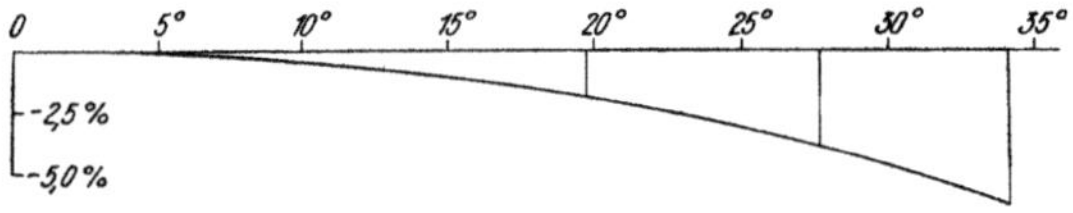

177 c.

Abb. 178. Nr. 6/2. EP. Nr. 12420/1902. Linsenachsenschnitt geometrisch ähnlich dem der Hinterlinse des Doppelobjektivs in Abb. 261.

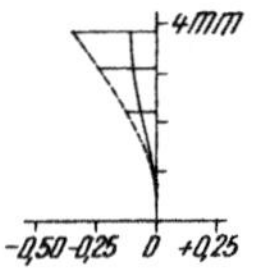

178 a.

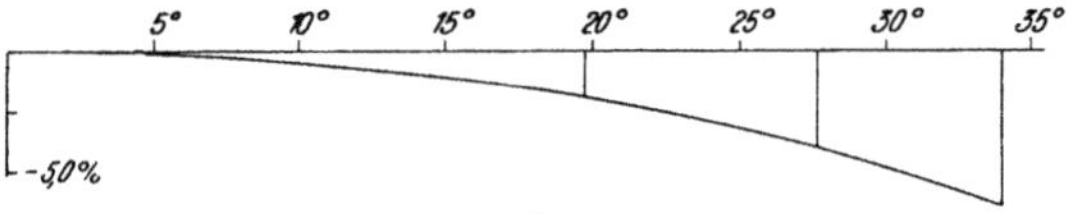

178 c.

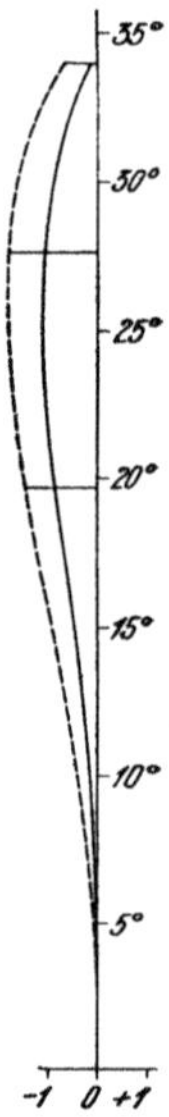

178 b.

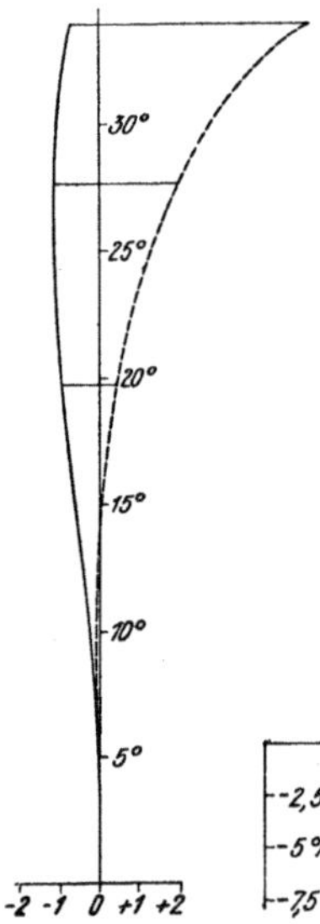

179 b.

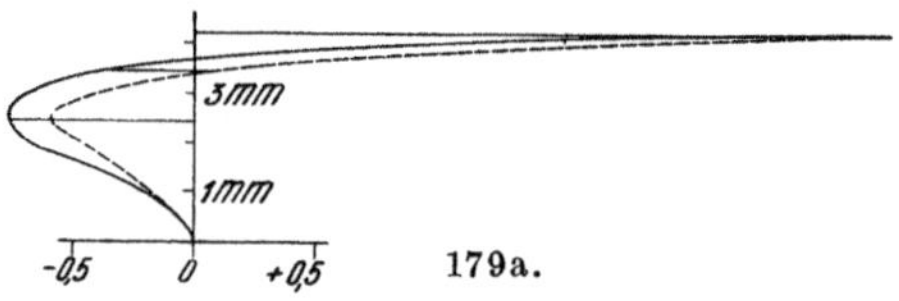

179 a.

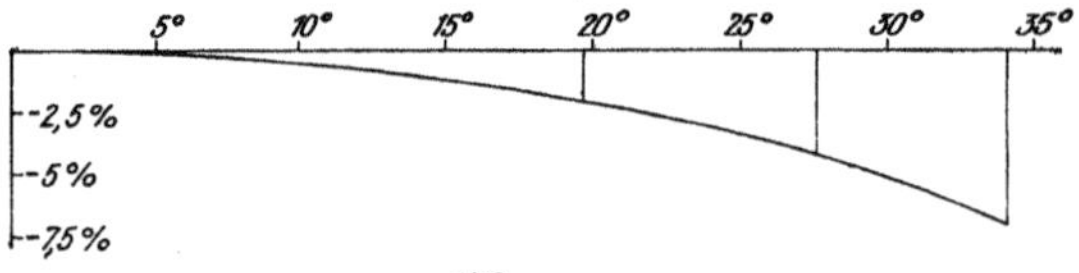

179 c.

Abb. 179. Nr. 7/2. Vgl. A. GLEICHEN. Linsenachsenschnitt geometrisch ähnlich dem der Hinterlinse des Doppelobjektivs in Abb. 262.

Abb. 180. Nr. 8/2. Vgl. DRP. Nr. 168977/1902. Linsenachsenschnitt geometrisch ähnlich dem der Hinterlinse des Doppelobjektivs in Abb. 263.

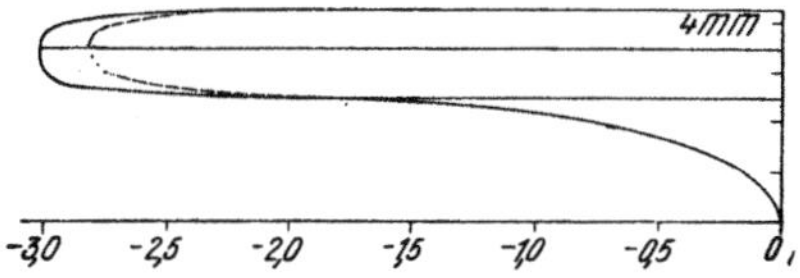

180 a.

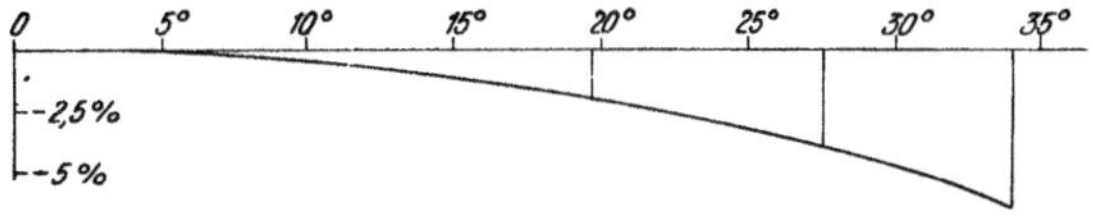

180 c.

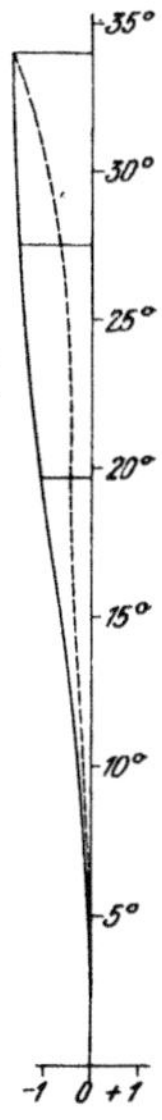

180 b.

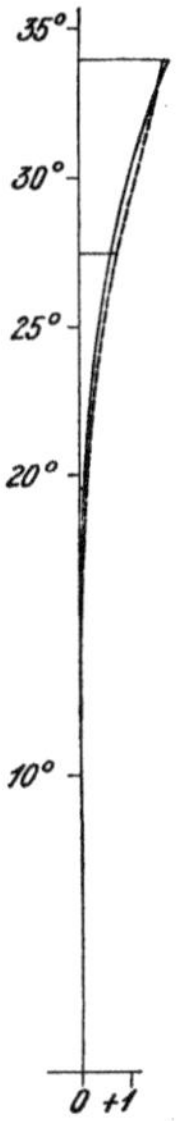

181 b.

Abb. 181.
Nr. 9/2. ÖP. Nr. 12094/1902. Linsenachsenschnitt geometrisch ähnlich dem der Hinterlinse des Doppelobjektivs in Abb. 264.

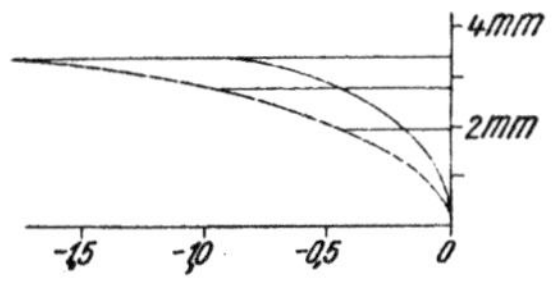

181 a.

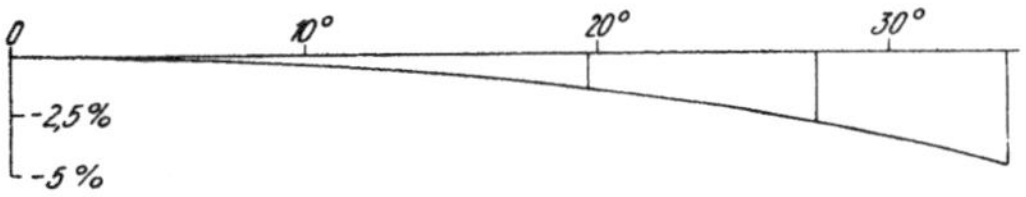

181 c.

Abb. 182. Nr. 10/2. DRP. Nr. 153525/1902. Linsenachsenschnitt geometrisch ähnlich dem der Hinterlinse des Doppelobjektivs in Abb. 265.

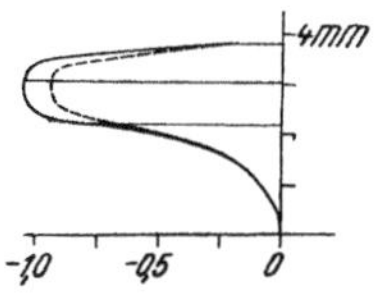

182 a.

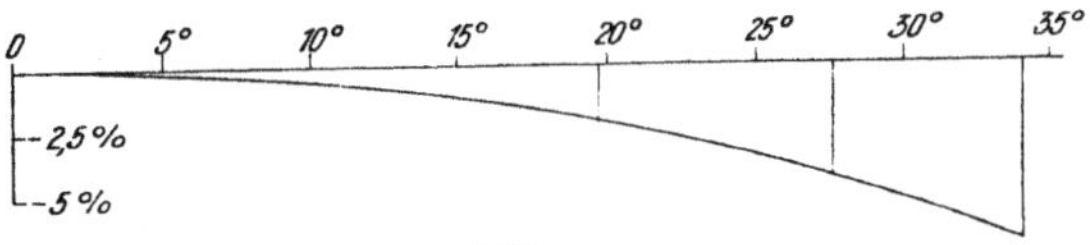

182 c.

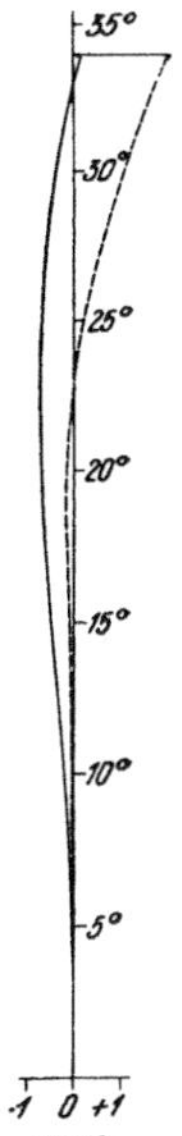

182 b.

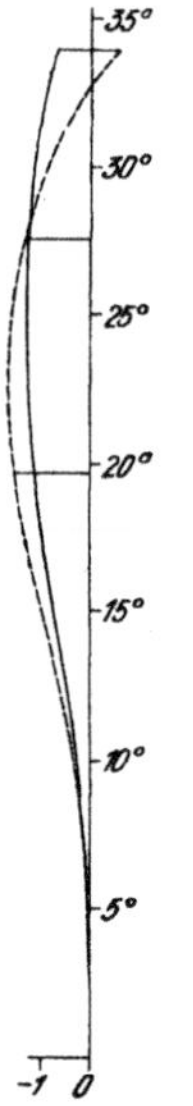

183 b.

Abb. 183. Nr. 11/2, DRP. Nr. 153525/1902. Linsenachsenschnitt geometrisch ähnlich dem der Hinterlinse des Doppelobjektivs in Abb. 266.

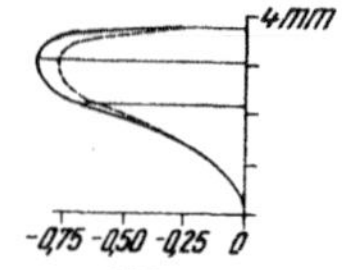

183 a.

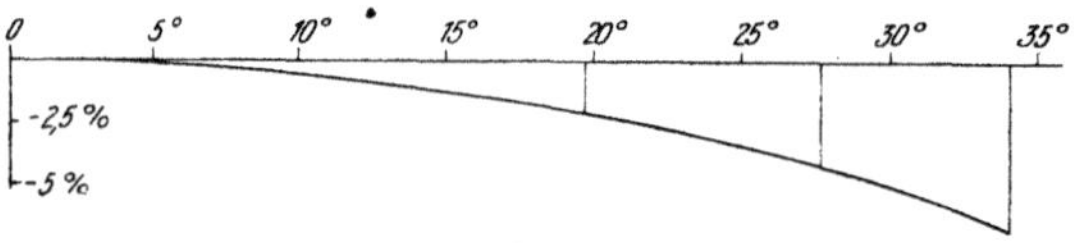

183 c.

Abb. 184. Nr. 12/2. DRP. Nr. 153525/1902. Linsenachsenschnitt geometrisch ähnlich dem der Hinterlinse des Doppelobjektivs in Abb. 267.

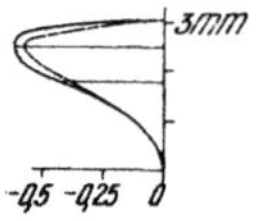

184 a.

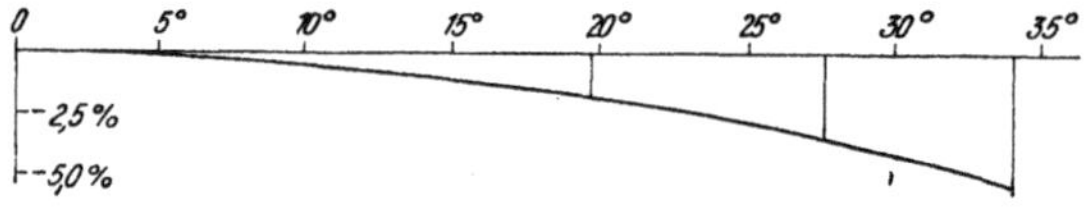

184 c.

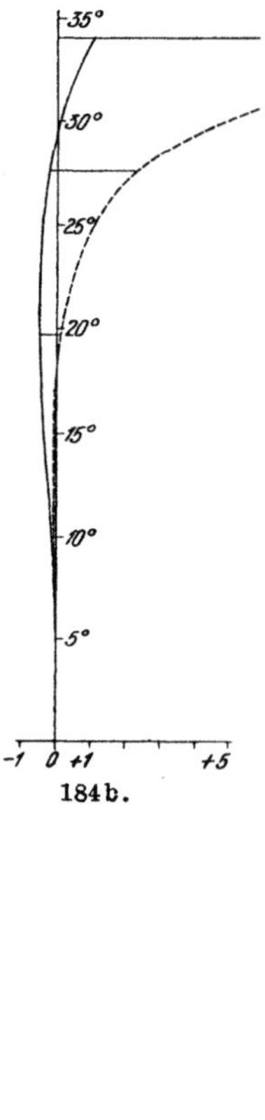

184 b.

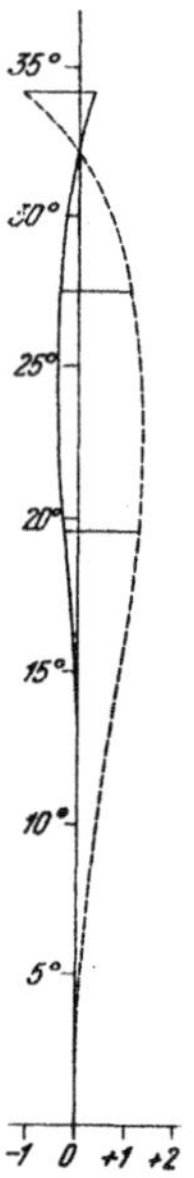

185 b.

Abb. 185.
Nr. 13/2. DRP. Nr. 189255/1904.

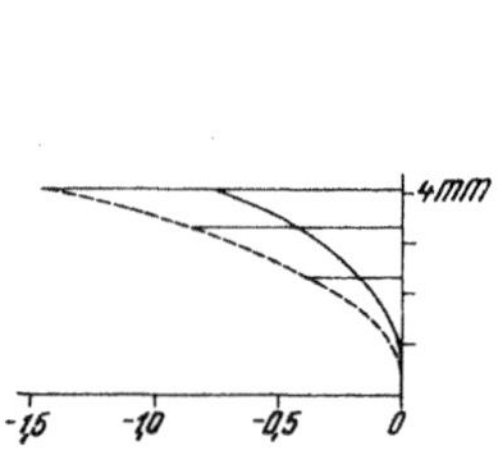

185 a.

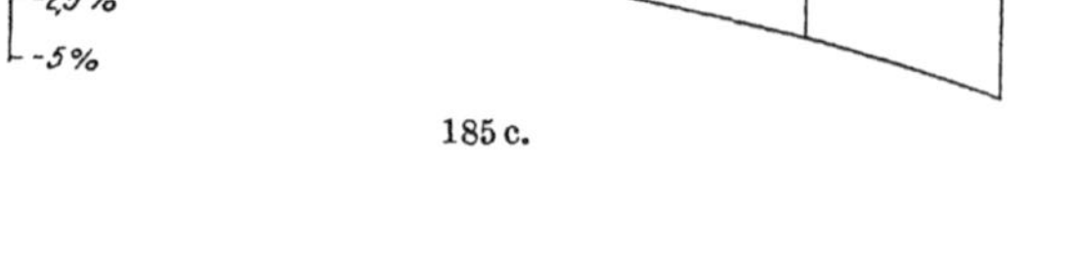

185 c.

Abb. 186. Nr. 14/2. DRP. Nr. 171369/1904.

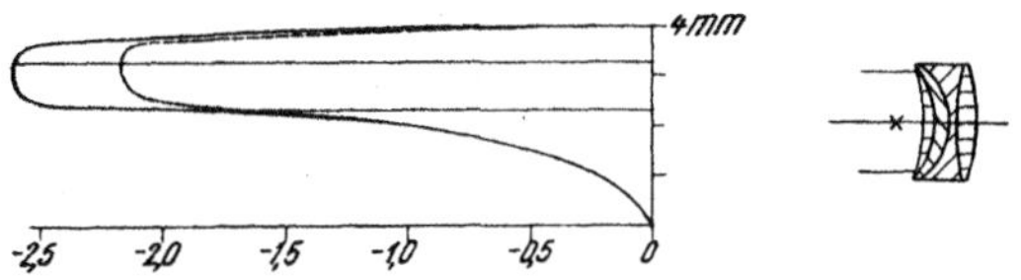

186 a.

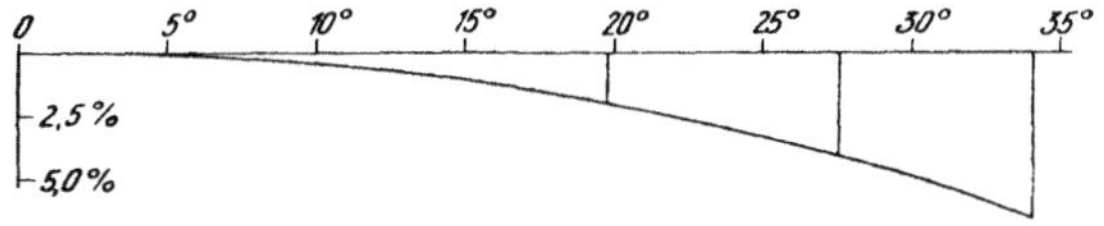

186 c.

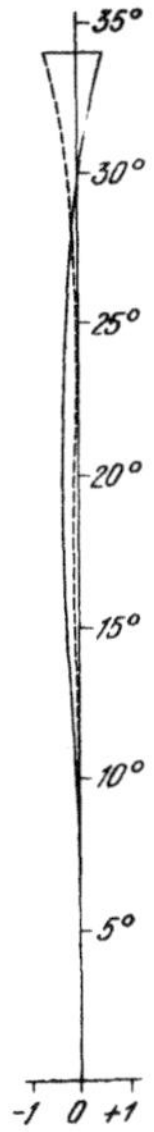

186 b.

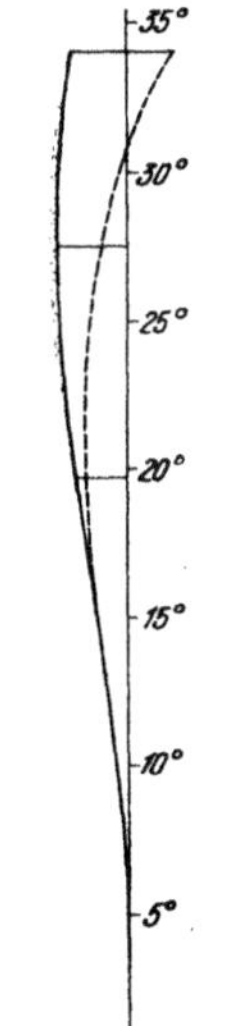

187 b.

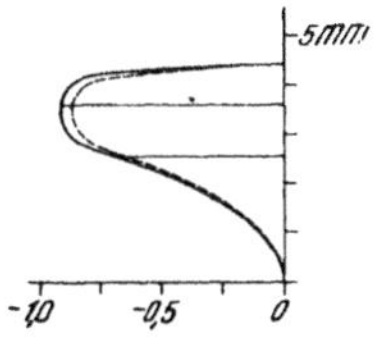

187 a.

Abb. 187. Nr. 15/2. DRP. Nr. 196734a/1906. Linsenachsenschnitt geometrisch ähnlich dem der Hinterlinse des Doppelobjektivs in Abb. 268.

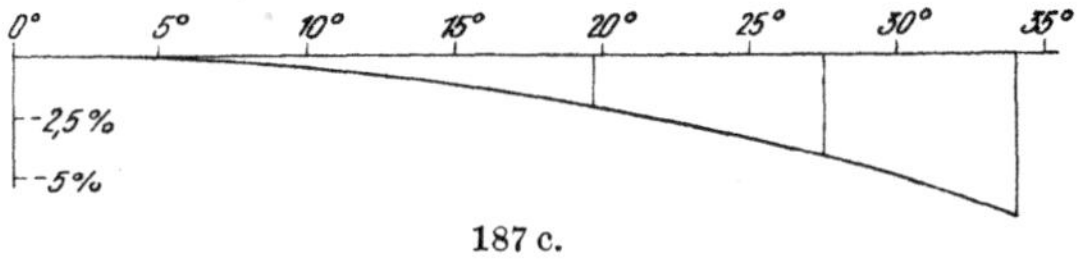

187 c.

Abb. 188. Nr. 16/2. ÖP. Nr. 33776/1907. Linsenachsenschnitt geometrisch ähnlich dem der Hinterlinse des Doppelobjektivs in Abb. 269.

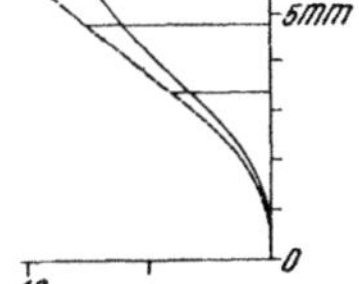

188 a.

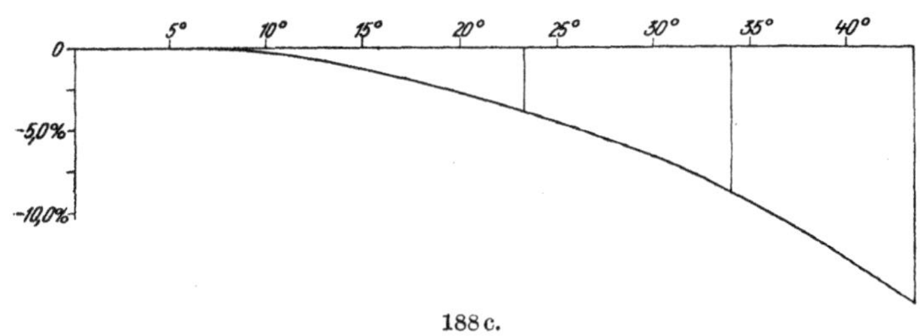

188 c.

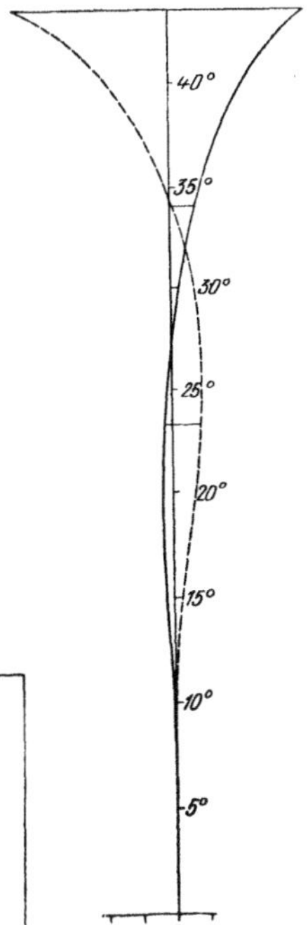

188 b.

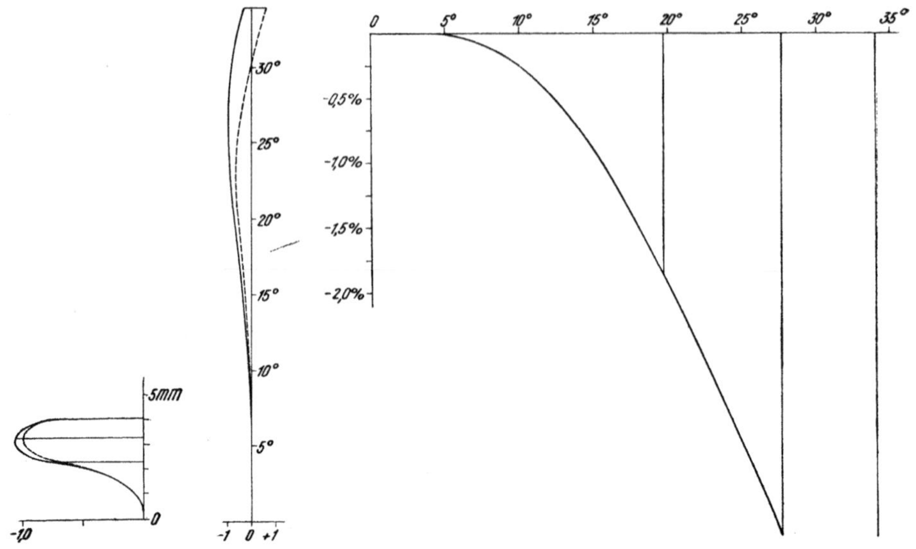

189a. 189b. 189c.

Abb. 189. Nr. 17/2. DRP. Nr. 228677/1909. Linsenachsenschnitt geometrisch ähnlich dem der Hinterlinse des Doppelobjektivs in Abb. 270.

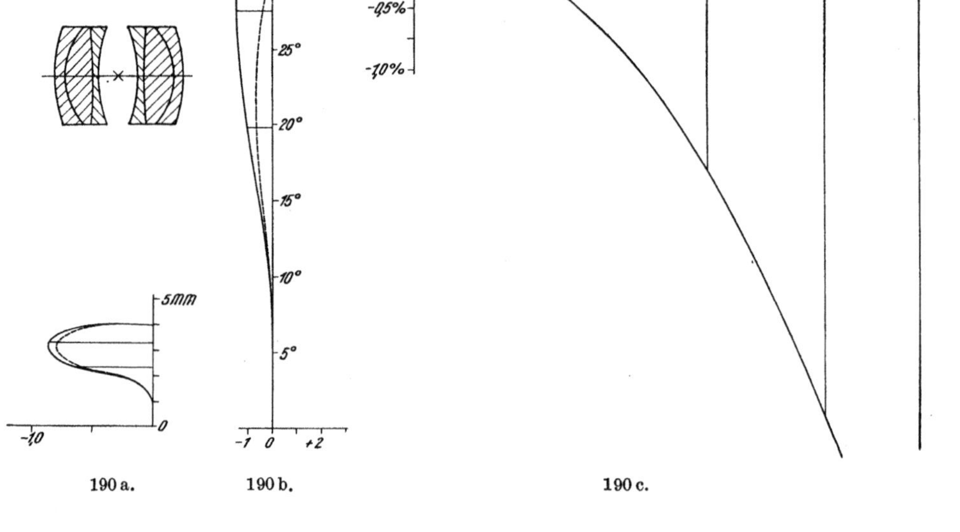

190a. 190b. 190c.

Abb. 190. Nr. 18/2. DRP. Nr. 242170/1910. Linsenachsenschnitt eines aus 2 Einzellinsen Nr. 18/2 symmetrisch zusammengesetzten Doppelobjektivs für dessen Brennweite $f = 100$ mm.

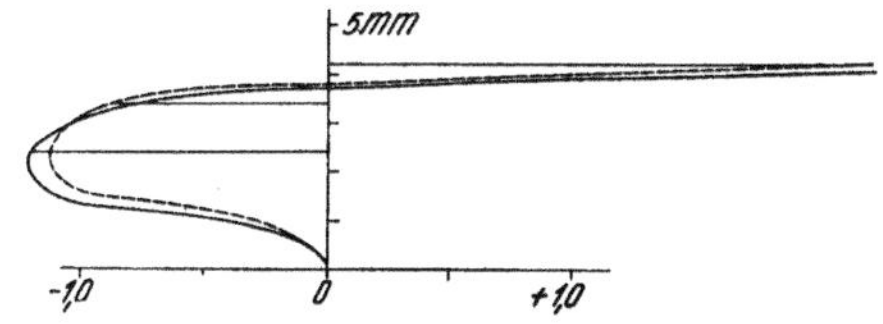

191 a.

Abb. 191. Nr. 19/2. DRP. Nr. 250781/1911. Linsenachsenschnitt geometrisch ähnlich dem der Hinterlinse des Doppelobjektivs in Abb. 271.

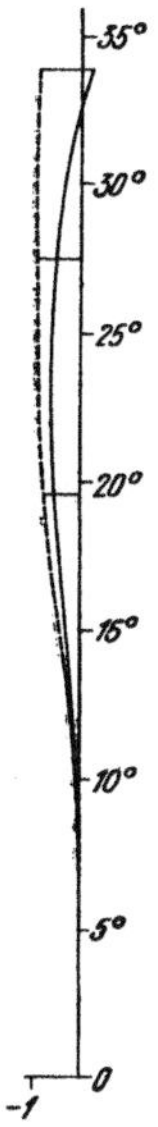

191 b.

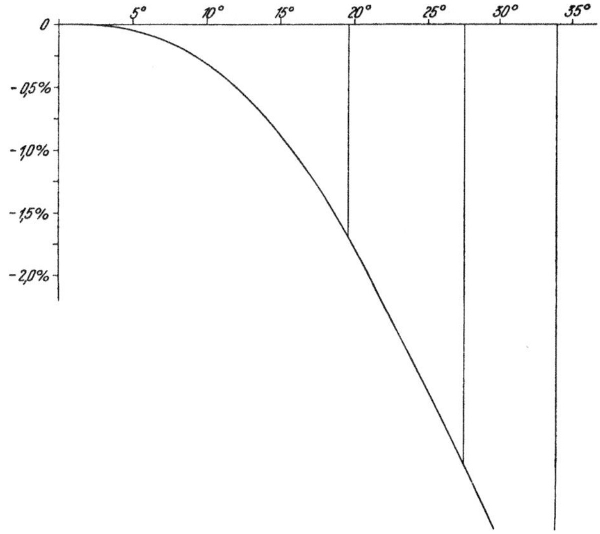

191 c.

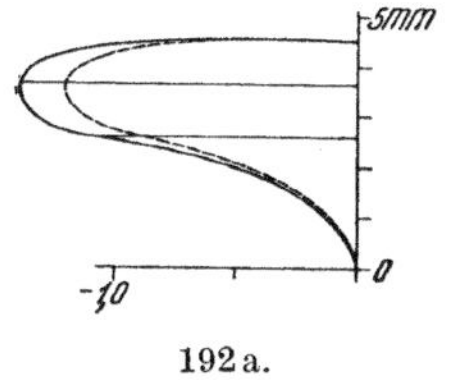

192 a.

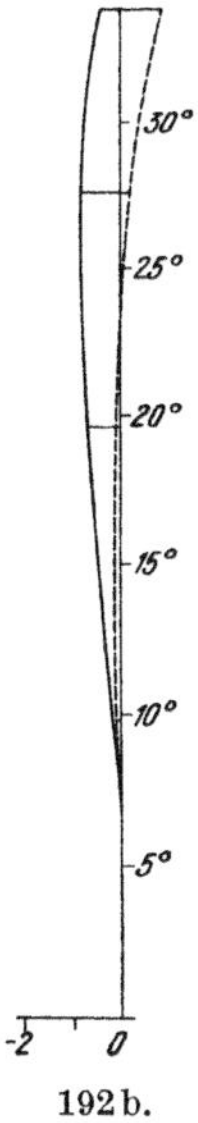

192 b.

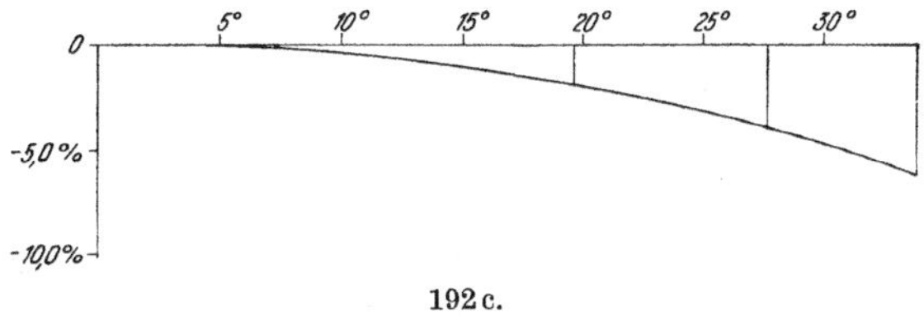

192 c.

Abb. 192. Nr. 20/2. EP. Nr. 29636/1913. Linsenachsenschnitt geometrisch ähnlich dem der Hinterlinse des Doppelobjektivs in Abb. 272.

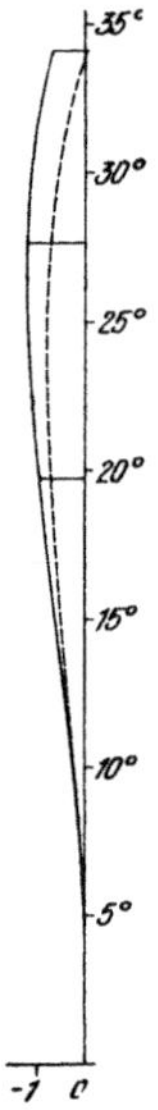

193 b.

Abb. 193. Nr. 21/2.
DRP. Nr. 321069/1915.
Linsenachsenschnitt geometrisch ähnlich dem der Hinterlinse des Doppelobjektivs in Abb. 273.

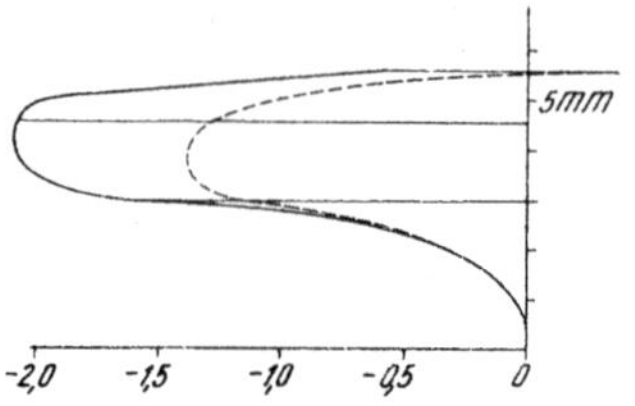

193 a.

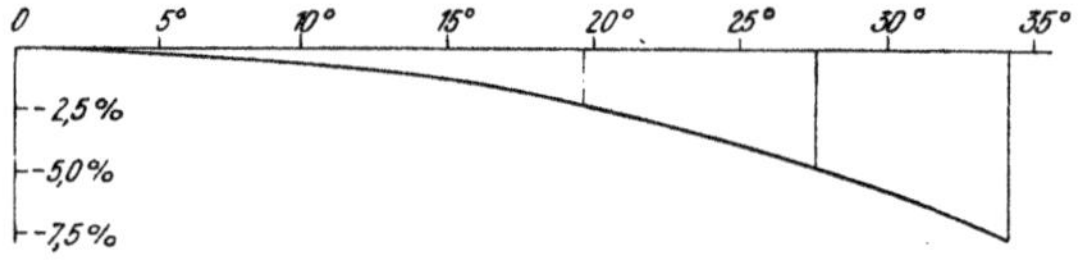

193 c.

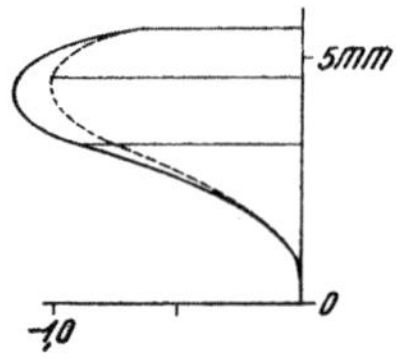

194 a.

Abb. 194. Nr. 22/2.
DRP. Nr. 310615/1918.
Linsenachsenschnitt geometrisch ähnlich dem der Hinterlinse des Doppelobjektivs in Abb. 274.

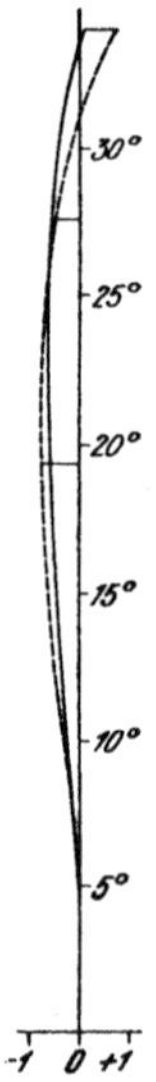

194 b.

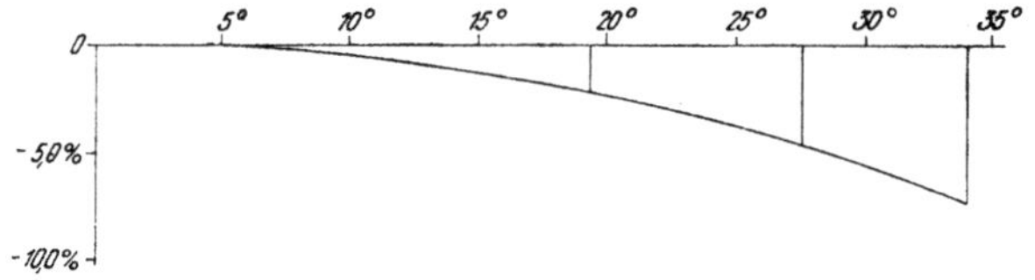

194 c.

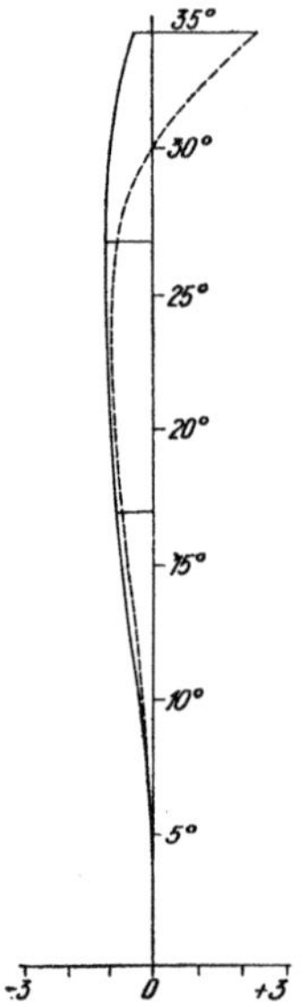

195 b.

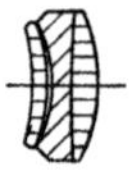

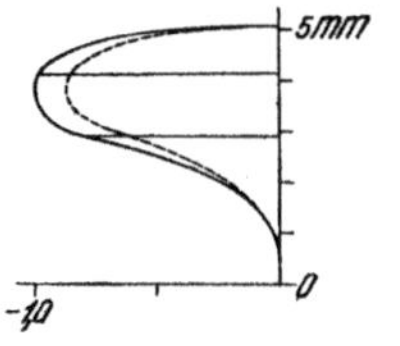

Abb. 195. Nr. 23/2.
Vgl. DRP.
Nr. 310615/1918.

195 a.

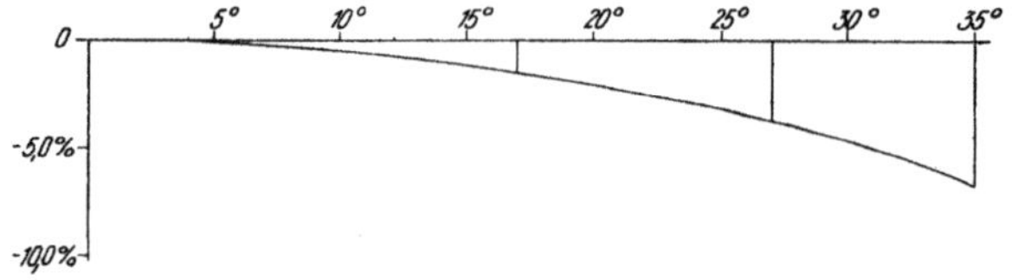

195 c.

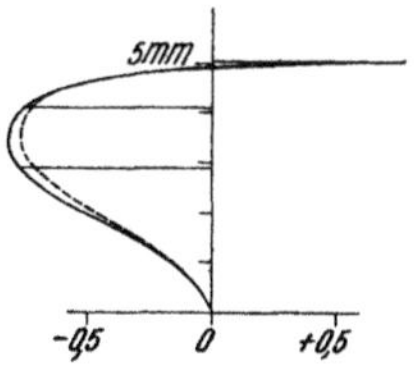

196 a.

Abb. 196. Nr. 24/2. DRP. Nr. 322506/1918. Linsenachsenschnitt geometrisch ähnlich dem der Hinterlinse des Doppelobjektivs in Abb. 275.

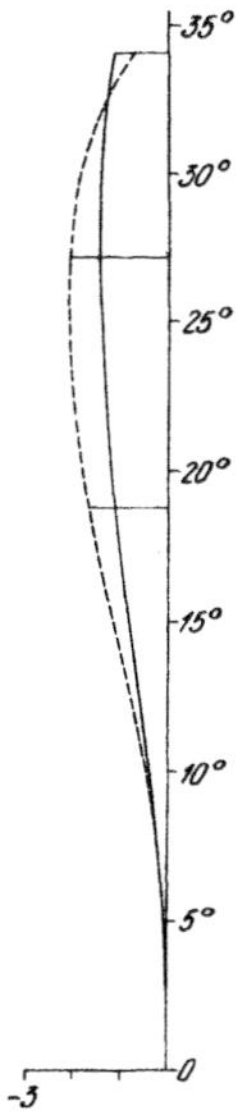

196 b

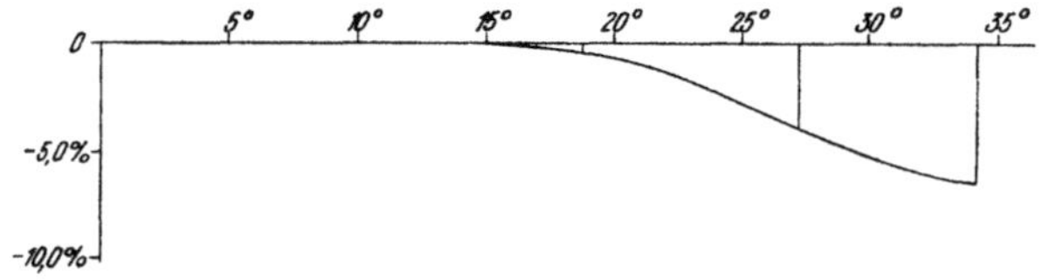

196 c.

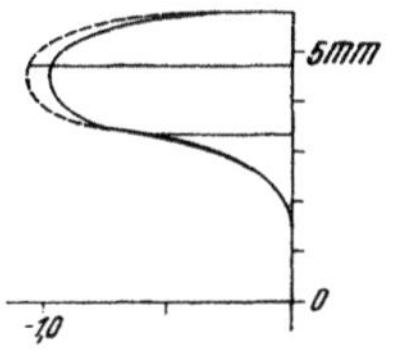

197 a.

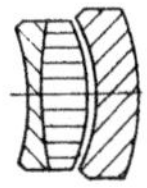

Abb. 197. Nr. 25/2. DRP. Nr. 322506/1918.

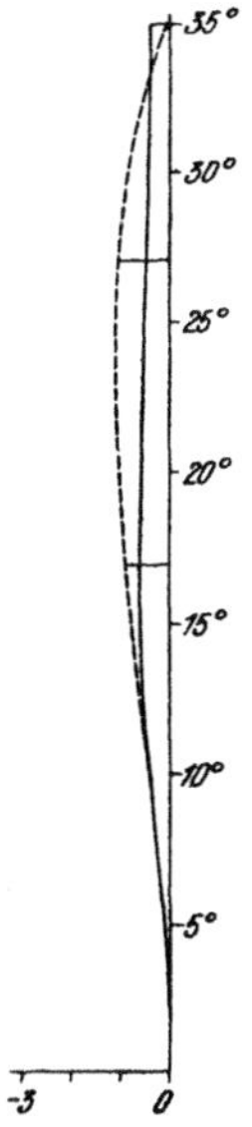

197 b.

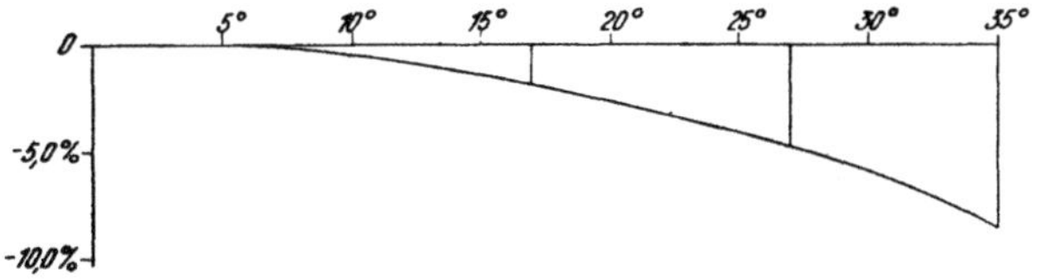

197 c.

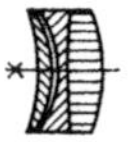

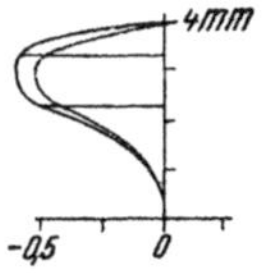

198 a.

Abb. 198. Nr. 26/2. DRP. Nr. 378894/1920. Fehlerkurven des Doppelobjektivs in Abb. 276.

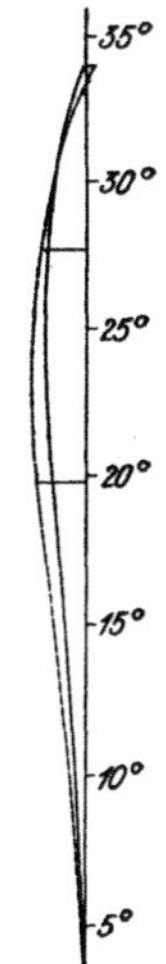

198 b.

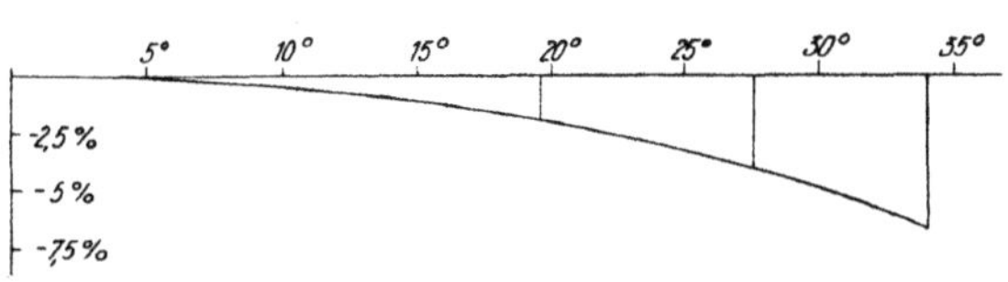

198 c.

Die in der voranstehenden Zusammenstellung genannten Einzellinsen werden überwiegend als Glieder symmetrischer oder hemisymmetrischer Doppelobjektive benutzt. Über diese wird auf S. 298ff. noch einiges gesagt.

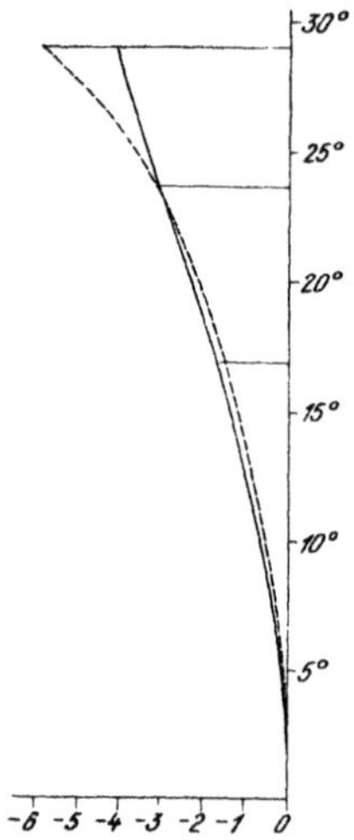

4. Objektive mit Mittelblende aus drei Glaslinsen, von denen zwei miteinander verkittet sind. Das einfachste Objektiv mit Mittelblende[1], dessen optische Leistung sich schon der eines Anastigmaten in der üblich gewordenen Bedeutung nähert, das also für Mitte und Rand des Bildfeldes und für die Farben Fehlerberichtigung hat, ist wohl die sog. ALDIS-Lens. Aus dem Linsenachsenschnitt der Abb. 199 ersieht man den sehr einfachen Bau dieses Objektivs.

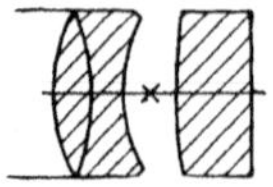

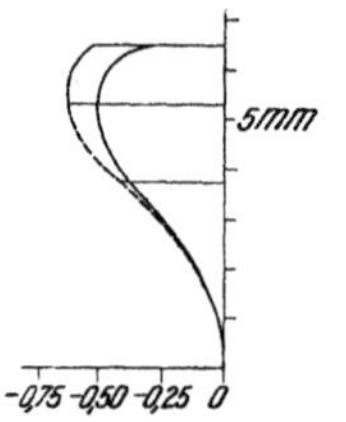

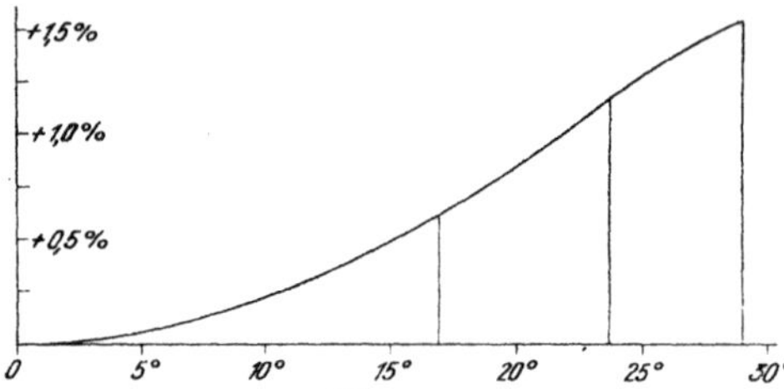

199 b. 199 a. 199 c.

Abb. 199. AP. Nr. 682017/1901.

Das Ausführungsbeispiel des AP. 682017/1901 von H. L. ALDIS hat folgende Zahlenwerte für eine Brennweite von 100 mm:

			n_D	n_s'
$r_1 =$ 13,8 mm	$d_1 = 3{,}1$ mm			
$r_2 =$ 17,8 ,,	$d_2 = 2{,}5$,,	L_1:	1,5366	1,5508
$r_3 =$ 13,0 ,,	$b_1 + b_2 = 4{,}3$,,	L_2:	1,5738	1,5920
$r_4 =$ 49,4 ,,	$d_4 = 6{,}0$,,	L_3:	1,6041*	1,6199
$r_5 =$ 1027,0 ,,				

* Der Wert 1,6014 der Patentschrift ist wohl falsch.

Die Fehlerkurven dieses Objektivs sind in Abb. 199 dargestellt.

Für eine weitere Linsenanlage nach dem ALDIS-Lens-Typus sind in Abb. 200 die Fehlerkurven gezeichnet. Die dazugehörigen Konstruktionswerte der Brennweite 100 mm sind:

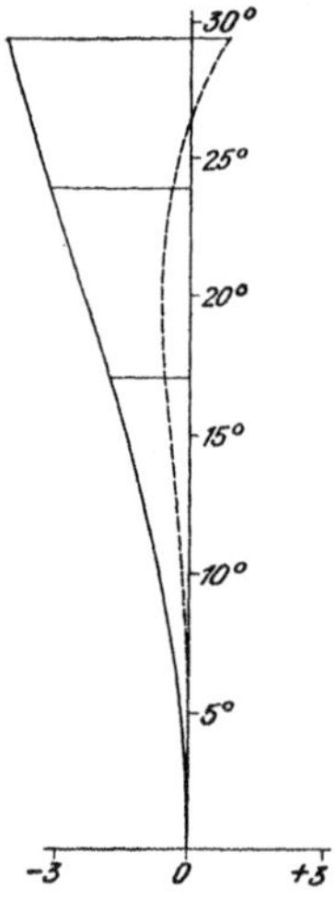

			n_D	ν
$r_1 =$ 16,2 mm	$d_1 = 4{,}6$ mm	L_1:	1,58055	46,0
$r_2 =$ 17,0 ,,	$d_2 = 1{,}1$,,			
$r_3 =$ 16,2 ,,	$b_1 + b_2 = 6{,}2$,,	L_2:	1,62559	38,9
$r_4 =$ 179,0 ,,	$d_4 = 1{,}9$,,			
$r_5 =$ 69,8 ,,		L_3:	1,58055	46,0

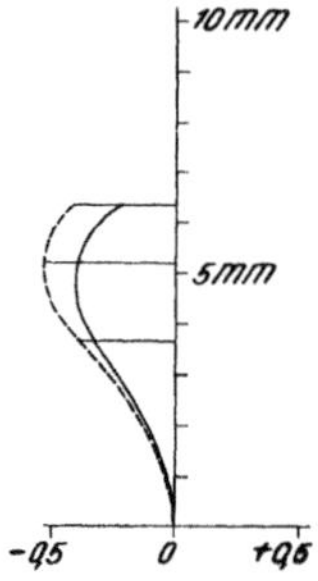

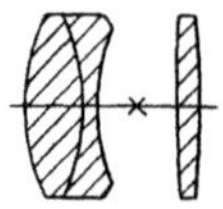

Abb. 200. Eine weitere ALDIS-Lens.

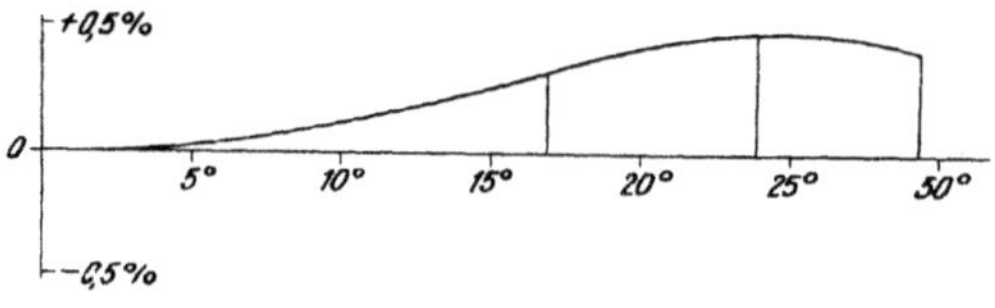

200 b. 200 a. 200 c.

[1] Alle Objektive mit Mittel- oder Innenblende werden gelegentlich auch Doppelobjektive genannt; der Sprachgebrauch ist nicht feststehend.

Von gleicher Einfachheit ist die L. C. Bishop in der französischen Patentschrift Nr. 523517/1920 geschützte Linsenform. Aus den beigegebenen Fehlerkurven geht hervor, daß diese Linse kein Anastigmat ist. Für Bildnisaufnahmen, für die sie der Erfinder speziell bestimmt, mag sie wohl brauchbar sein.

Die Zahlenwerte des Patentbeispiels, auf die Brennweite 100 mm zurückgeführt, sind:

			n_D	ν
$r_1 =$ 60,9 mm	$d_1 =$ 1,8 mm	L_1 :	1,5170	54,3
$r_2 =$ 86,8 „	$b_1 =$ 11,5 „			
$r_3 = -$ 300 „	$b_2 =$ 28,8 „	L :	1,6260	36,6
$r_4 =$ 96 „	$d_2 =$ 1,8 „			
$r_5 = -$ 52,9 „	$d_3 =$ 2,7 „	L :	1,5170	54,3

Im äußeren Aufbau ähnlich ist das Pantagonal von G. Rodenstock, das mit kleiner Blende für ein Bildfeld von etwa 120° brauchbar ist. Damit nähert sich die Ausdehnung seines Bildfeldes der des Hypergon. Im Gegensatz zu diesem ist es chromatisch korrigiert und auch seine sphärischen Abweichungen sind kleiner, so daß es schon mit seiner größten Blende $^1/_{18}$ für Aufnahmen zu be-

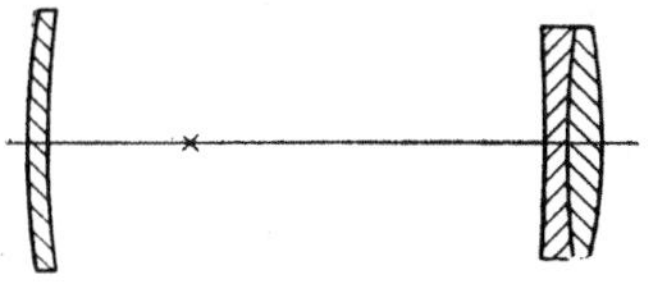

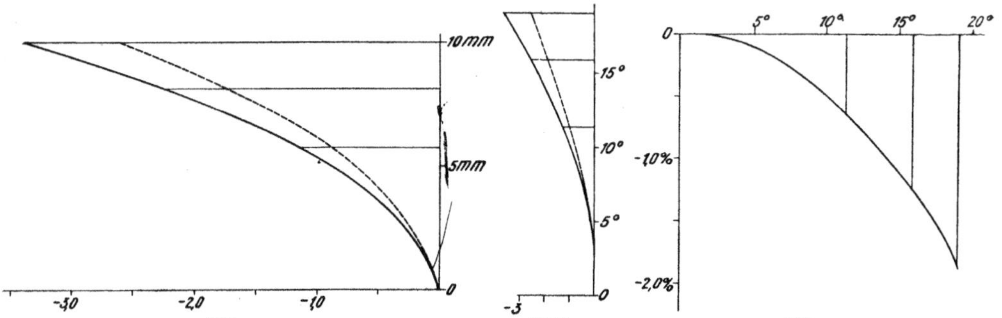

201 a. 201 b. 201 c.

Abb. 201. FP. Nr. 523517/1920.

nutzen ist, wenn auch dabei nicht das genannte Bildfeld in seiner ganzen Ausdehnung scharf wird. Um bei Ausnutzung des Bildwinkels von etwa 120° die Lichtabnahme nach dem Rande auszugleichen, wird nicht eine Sternblende wie beim Hypergon[1], bei dem die Fehlerberichtigung enger schiefer Bündel übrigens unvergleichlich besser ist als beim Pantagonal, sondern ein Kompensator (Enixantos) von G. Rodenstock empfohlen. Zu dem folgenden Zahlenbeispiel[2]:

		n_D
$r_1 =$ 23,15 mm	$d_1 =$ 3,71 mm	L_1: 1,61420
$r_2 =$ 28,63 „	$b_1 = b_2 =$ 1,85 „	L_2: 1,54930
$r_3 = -$ 18,59 „	$d_2 =$ 1,00 „	L_3: 1,61420
$r_4 =$ 51,60 „	$d_3 =$ 2,47 „	
$r_5 = -$ 19,97 „		

gehören die Abb. 202, in denen sein Linsenachsenschnitt und seine Fehlerkurven dargestellt sind. Wie man sieht, ist die Verzeichnung recht gut korrigiert (vgl. auch DRP. Nr. 167224/1903).

[1] Vgl. S. 299 dieses Bandes.
[2] Z. Instrumentenkde **1907**, 178.

5. Doppelobjektive aus drei unverkitteten Glaslinsen, von denen die beiden äußeren sammeln, während die dritte (innere) zerstreut. An Zahl der Glaslinsen den letztgenannten Objektiven gleich, aber eine Luftlinse mehr enthaltend, sind die von HARALD DENNIS TAYLOR zuerst ausgearbeiteten Drillingslinsen, die sog: COOKEschen Linsen, einer so weitgehenden Fehlerberichtigung fähig gewesen, daß die modernen Formen dieses Objektivtypus auch heute noch zu den besten Anastigmaten für bestimmte Arbeitsgebiete gehören.

Der Bau — zwei einfache sammelnde Linsen schließen eine einfache Zerstreuungslinse, von dieser durch Luft getrennt, ein — ist trotz der hohen optischen Leistung dieser Objektive bemerkenswert einfach, so daß auch eine bequeme und wohlfeile Herstellung möglich ist.

Für die verschiedensten Gebiete der Photographie sind derartige Drillingslinsen oder Triplets ausgearbeitet worden, z. B. als Universalobjektive, als lichtstarke Kinoaufnahme- und Projektionsobjektive, als langbrennweitige Bildnislinsen, ferner als Fliegeraufnahmeobjektive, als astrophotographische Objektive, gelegentlich auch als Reproduktionsobjektive. Für Weitwinkelaufnahmen ist dieser Objektivtypus aber nach unserer bisherigen Kenntnis nicht geeignet, da sich der brauchbare Bildwinkel auch bei kleinen Anfangsöffnungen wenig über den bei Universalobjektiven üblichen Bildwinkel hinaus steigern läßt.

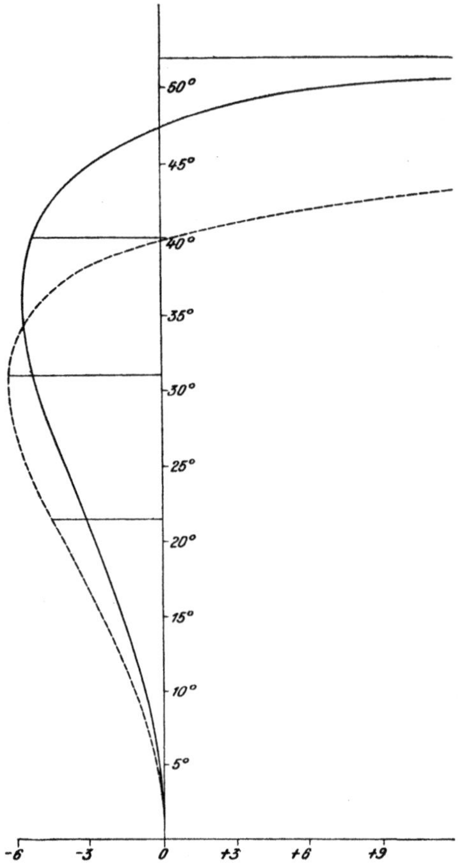

202 b.

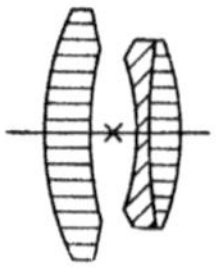

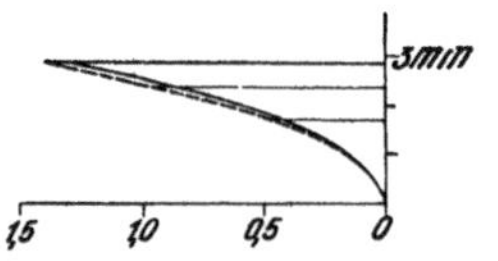

202 a.

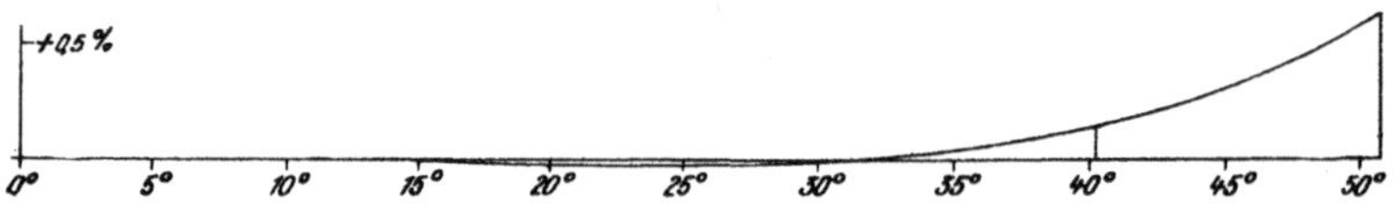

202 c.

Abb. 202. Pantagonal (DRP. Nr. 167224/1903).

Die von H. DENNIS TAYLOR gerechneten Drillingslinsen sind von der englischen Firma TAYLOR, TAYLOR & HOBSON hergestellt worden; aber auch zahlreiche optische Werke des In- und Auslandes fabrizieren Triplets nach eigenen

Rechnungen. Seit den 90er Jahren des vorigen Jahrhunderts sind bis in die letzte Zeit immer wieder neue Formen dieses Typus bekanntgeworden.

Nachfolgend sind eine Reihe verschiedener Drillingslinsen angegeben:

Objektivzusammenstellung 3. Unverkittete Drillingslinsen[1].

	Krümmungs-radien	Dicken, Blendenentfernungen, Abstände	Glasarten n_D	Glasarten ν	Errechner des Objektivs	Literaturnachweis	Patentinhaber oder Herstellerfirma
1	$r_1 =$ 26,4 $r_2 =$ 150,7 $r_3 =$ 29,8 $r_4 =$ 24,2 $r_5 =$ 150,7 $r_6 =$ 26,4	$d_1 =$ 5,9 $l =$ 10,9[2] $d_2 =$ 0,2 $b_1 =$ 3,1 $b_2 =$ 9,4 $d_3 =$ 5,9	$L_1 = 1{,}5108$ $L_2 = 1{,}6042$ $L_3 = 1{,}5108$	61,9 38,0 61,9	H. D. TAYLOR	DRP. Nr. 81825/ 1894	TAYLOR, TAYLOR & HOBSON, Ltd., Leicester
2	$r_1 =$ 14,6 $r_2 =$ 101,3 $r_3 =$ 55,9 $r_4 =$ 13,3 $r_5 =$ 1012,0 $r_6 =$ 69,8	$d_1 =$ 3,0 $l =$ 0,4 $d_2 =$ 0,5 $b_1 =$ 1,4 $b_2 =$ 7,6 $d_3 =$ 1,8	$L_1 = 1{,}6114$ $L_2 = 1{,}5482$ $L_3 = 1{,}6114$	56,3 45,7 56,3	H. D. TAYLOR	DRP. Nr. 86757/ 1895	TAYLOR, TAYLOR & HOBSON, Ltd., Leicester
3	$r_1 =$ 19,4 $r_2 =$ 128,3 $r_3 =$ 57,8 $r_4 =$ 18,2 $r_5 =$ 311,3 $r_6 =$ 66,4	$d_1 =$ 4,3 $l =$ 1,6 $d_2 =$ 0,9 $b_1 =$ 2,0 $b_2 =$ 10,9 $d_3 =$ 3,0	$L_1 = 1{,}6110$ $L_2 = 1{,}5754$ $L_3 = 1{,}6110$	56,3 41,7 56,3	H. D. TAYLOR	DRP. Nr. 86757/ 1895	TAYLOR, TAYLOR & HOBSON, Ltd., Leicester
4	$r_1 =$ 36,0 $r_2 =$ 400,0 $r_3 =$ 30,0 $r_4 =$ 31,0 $r_5 =$ 170,0 $r_6 =$ 37,0	$d_1 =$ 2,5 $b_1 =$ 13,6 $b_2 =$ 1,7 $d_2 =$ 0,5 $l =$ 10,2 $d_3 =$ 3,3	$L_1 = 1{,}5726$ $L_2 = 1{,}6232$ $L_3 = 1{,}5726$	57,5 35,9 57,5	H. D. TAYLOR	Monthly Notices May 1904	—
	Die Daten sind den Angaben in Monthly Notices May 1904 angepaßt.						
5	$r_1 =$ 16,9 $r_2 =$ 127,2 $r_3 =$ 63,4 $r_4 =$ 15,7 $r_5 =$ 316,0 $r_6 =$ 52,7	$d_1 =$ 3,2 $l =$ 0,3 $d_2 =$ 0,5 $b_1 =$ 1,5 $b_2 =$ 6,6 $d_3 =$ 2,8	$L_1 = 1{,}6053$ $L_2 = 1{,}5379$ $L_3 = 1{,}6053$	59,3 47,2 59,3	H. D. TAYLOR	EP. Nr. 7661/ 1906	TAYLOR, TAYLOR & HOBSON, Ltd., Leicester
6	$r_1 =$ 33,4 $r_2 =$ 322,0 $r_3 =$ 43,4 $r_4 =$ 43,4 $r_5 =$ plan $r_6 =$ 35,8	$d_1 =$ 1,9 $l =$ 8,5 $d_2 =$ 0,9 $b_1 =$ 1,8 $b_2 =$ 7,5 $d_3 =$ 1,9	$L_1 = 1{,}5289$ $L_2 = 1{,}6045$ $L_3 = 1{,}6141$	58,9 38,3 58,3	H. C. BECK	EP. Nr. 3399/ 1911	H. C. BECK, London
7	$r_1 =$ 31,7 $r_2 =$ plan $r_3 =$ 40,0 $r_4 =$ 38,5 $r_5 =$ 462,0 $r_6 =$ 31,0	$d_1 =$ 2,9 $b_1 =$ 7,5 $b_2 =$ 3,3 $d_2 =$ 2,9 $l =$ 6,1 $d_3 =$ 2,9	$L_1 = 1{,}612$ $L_2 = 1{,}618$ $L_3 = 1{,}612$	58,3 37,7 58,3	C. BECK und H. C. BECK	Amer. Pat. Nr. 1035408/ 1911	C. BECK und H. C. BECK, London

[1] Siehe Anm. [1] auf S. 255.
[2] In der Patentschrift steht (wohl irrtümlich) 10,0.

(Fortsetzung von Zusammenstellung 3.)

	Krümmungs-radien	Dicken, Blendenent-fernungen Abstände	Glasarten		Errechner des Objektivs	Literaturnachweis	Patentinhaber oder Herstellerfirma
			n_D	ν			
8	$r_1 =$ 16,8	$d_1 =$ 3,5	$L_1 = 1{,}6113$	59,1	E. WANDERSLEB	DRP. Nr. 287089/1913	CARL ZEISS, Jena
	$r_2 =$ 116,9	$l =$ 1,0	$L_2 = 1{,}5488$	45,8			
	$r_3 =$ 56,3	$d_2 =$ 0,5	$L_3 = 1{,}6113$	59,1			
	$r_4 =$ 15,4	$b_1 =$ 1,6					
	$r_5 =$ plan	$b_2 =$ 8,7					
	$r_6 =$ 61,3	$d_3 =$ 2,1					
9	$r_1 =$ 26,7	$d_1 =$ 5,0	$L_1 = 1{,}5368$	51,2	A. KERBER	Z. Instrumentenkde **1916**, 269—78	—
	$r_2 =$ 184,8	$l =$ 9,0	$L_2 = 1{,}6245$	35,8			
	$r_3 =$ 36,8	$d_2 =$ 1,5	$L_3 = 1{,}4933$	70,0			
	$r_4 =$ 22,3	$b_1 =$ 4,9					
	$r_5 =$ 122,1	$b_2 =$ 10,0					
	$r_6 =$ 26,9	$d_3 =$ 5,0					
10	$r_1 =$ 41,6	$d_1 =$ 6,0	$L_1 = 1{,}613$	58,5	H. W. LEE	EP. Nr. 155640/1919	TAYLOR, TAYLOR & HOBSON, Ltd., Leicester
	$r_2 =$ 464,0	$l =$ 13,0	$L_2 = 1{,}621$	36,2			
	$r_3 =$ 42,7	$d_2 =$ 1,0	$L_3 = 1{,}613$	58,5			
	$r_4 =$ 36,0	$b_1 =$ 4,0					
	$r_5 =$ 181,4	$b_2 =$ 8,1					
	$r_6 =$ 35,5	$d_3 =$ 6,0					
11	$r_1 =$ 40,1	$d_1 =$ 6,0	$L_1 = 1{,}613$	58,5	H. W. LEE	EP. Nr. 155640/1919	TAYLOR, TAYLOR & HOBSON, Ltd., Leicester
	$r_2 =$ 537,0	$l =$ 10,0	$L_2 = 1{,}621$	36,2			
	$r_3 =$ 47,0	$d_2 =$ 1,0	$L_3 = 1{,}613$	58,5			
	$r_4 =$ 40,0	$b_1 =$ 4,0					
	$r_5 =$ 234,5	$b_2 =$ 6,8					
	$r_6 =$ 37,9	$d_3 =$ 6,0					
12	$r_1 =$ 38,6	$d_1 =$ 1,8	$L_1 = 1{,}5149$	58,0	A. WARMISHAM	EP. Nr. 157037/1920	TAYLOR, TAYLOR & HOBSON, Ltd., Leicester
	$r_2 =$ 137,4	$b_1 =$ 5,0	$L_2 = 1{,}5534$	46,1			
	$r_3 =$ 17,0	$b_2 =$ 2,5	$L_3 = 1{,}6100$	59,0			
	$r_4 =$ 40,4	$d_2 =$ 0,7					
	$r_5 =$ 71,7	$l =$ 1,1					
	$r_6 =$ 17,7	$d_3 =$ 2,9					
13	$r_1 =$ 32,4	$d_1 =$ 3,4	$L_1 = 1{,}5690$	[1] 43,8	—	DRGM. Nr. 773487/1921	C. P. GOERZ, A.-G., Berlin
	$r_2 =$ 301,4	$b_1 =$ 9,0	$L_2 = 1{,}6364$	26,2			
	$r_3 =$ 37,8	$b_2 =$ 1,7	$L_3 = 1{,}5690$	43,8			
	$r_4 =$ 37,8	$d_2 =$ 1,1					
	$r_5 =$ 301,4	$l =$ 10,7					
	$r_6 =$ 32,4	$d_3 =$ 3,4					
14	$r_1 =$ 29,6	$d_1 =$ 1,9	$L_1 = 1{,}5697$	[1] 43,5	—	DRGM. Nr. 773487/1921	C. P. GOERZ, A.-G., Berlin
	$r_2 =$ 1446,2	$b_1 =$ 4,0	$L_2 = 1{,}5980$	29,3			
	$r_3 =$ 39,9	$b_2 =$ 1,4	$L_3 = 1{,}5697$	43,5			
	$r_4 =$ 39,9	$d_2 =$ 0,9					
	$r_5 =$ 1446,2	$l =$ 5,4					
	$r_6 =$ 29,6	$d_3 =$ 1,0					
15	$r_1 =$ 27,8	$d_1 =$ 4,4	$L_1 = 1{,}6106$	58,5	A. TAYLOR und H. D. TAYLOR	EP. Nr. 210705/1923	A. TAYLOR und H. D. TAYLOR, York
	$r_2 =$ 125,7	$l =$ 5,2	$L_2 = 1{,}6041$	38,0			
	$r_3 =$ 45,9	$d_2 =$ 1,0	$L_3 = 1{,}6106$	56,0			
	$r_4 =$ 27,9	$b_1 =$ 10,0					
	$r_5 =$ 314,4	$b_2 =$ 3,9					
	$r_6 =$ 39,1	$d_3 =$ 3,3					

[1] Die hier angegebenen Werte sind die Quotienten $\frac{n_D - 1}{n_{G'} - n_D}$, nicht die sonst üblichen ν-Werte.

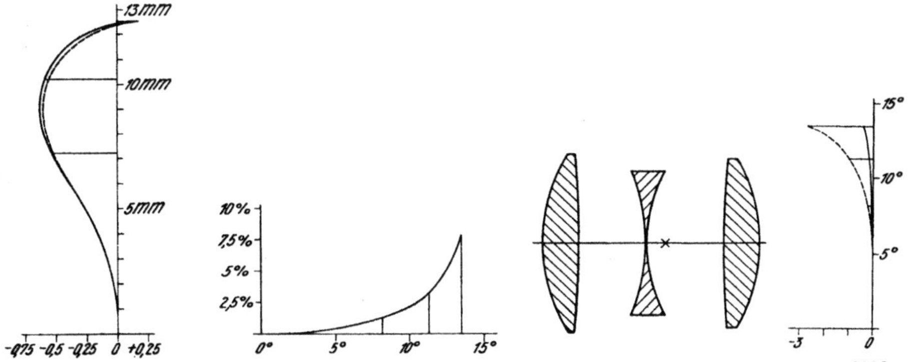

203 a. 203 c. 203 b.

Abb. 203. Nr. 1/3. DRP. Nr. 81825/1894.

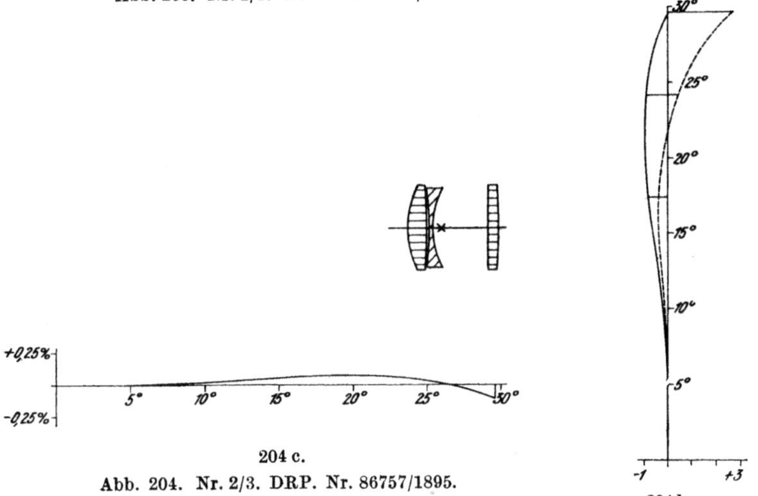

204 a. 204 c. 204 b.

Abb. 204. Nr. 2/3. DRP. Nr. 86757/1895.

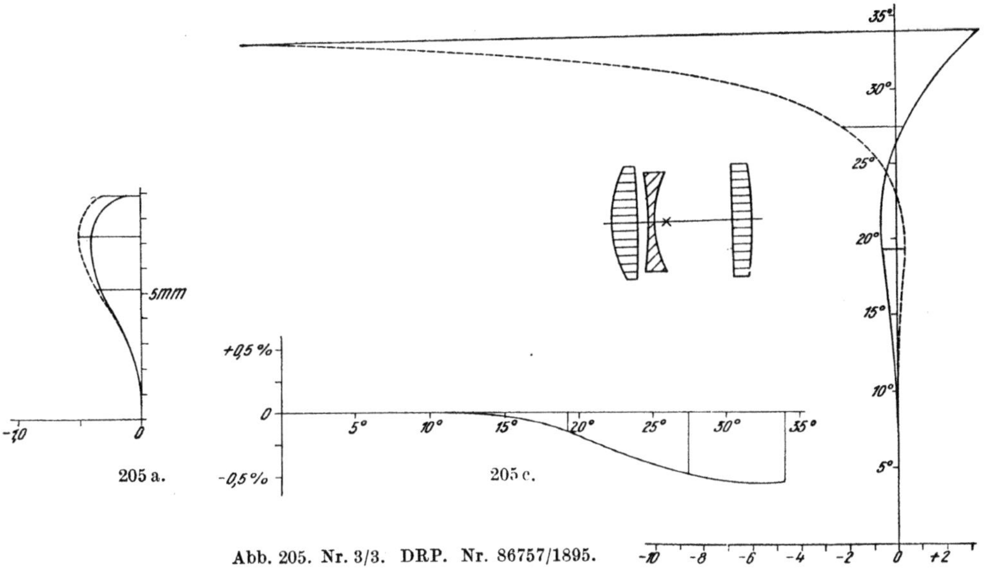

205 a. 205 c.

Abb. 205. Nr. 3/3. DRP. Nr. 86757/1895.

205 b.

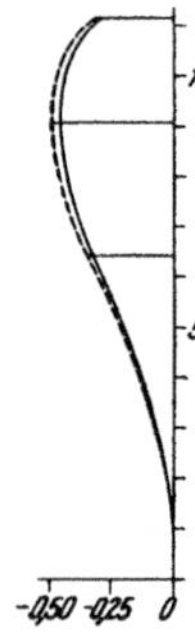

206 a.

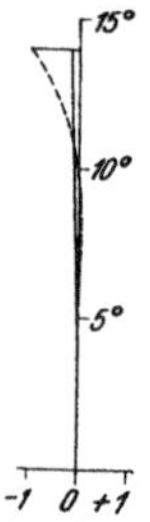

206 b.

Abb. 206. Nr. 4/3. Vgl. Monthly Notices May 1904.

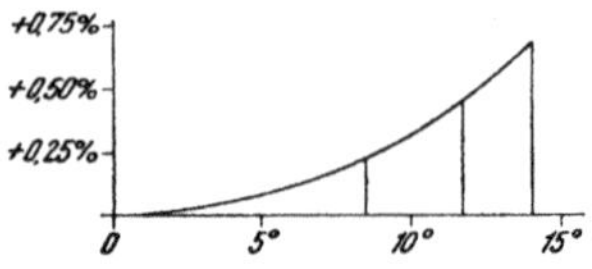

206 c.

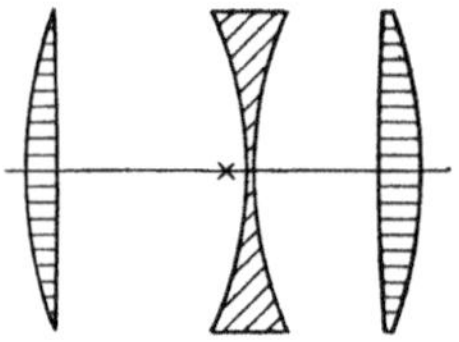

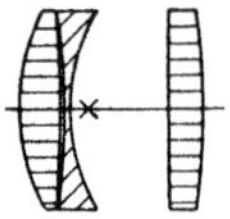

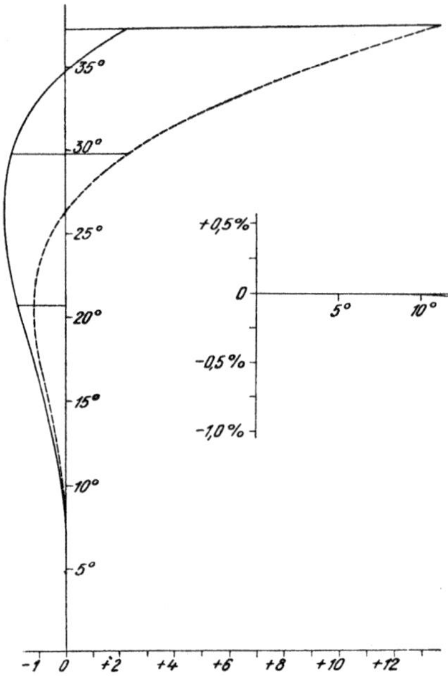

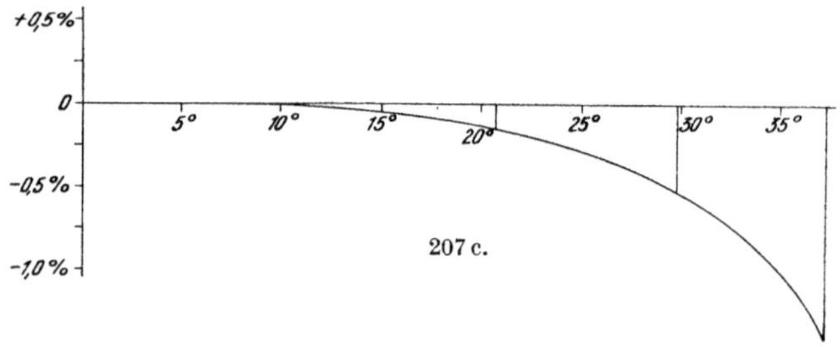

207 c.

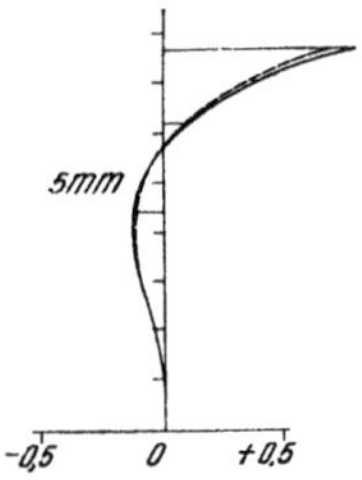

207 a.

207 b.

Abb. 207. Nr. 5/3. EP. Nr. 7661/1906.

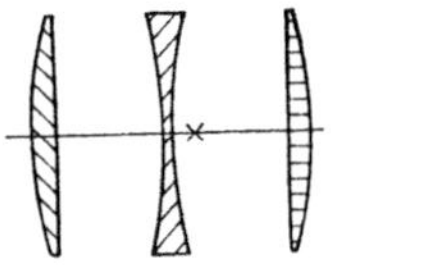

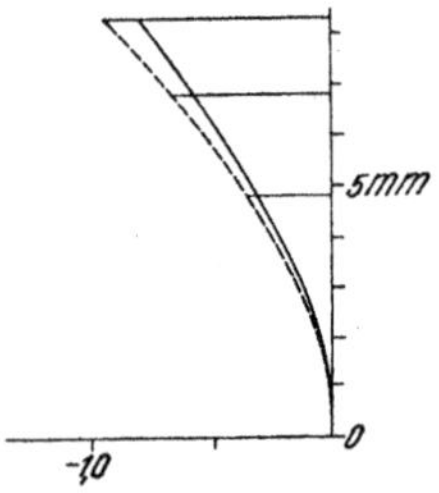

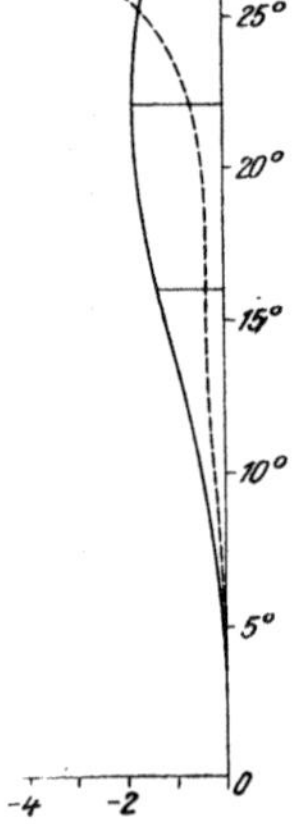

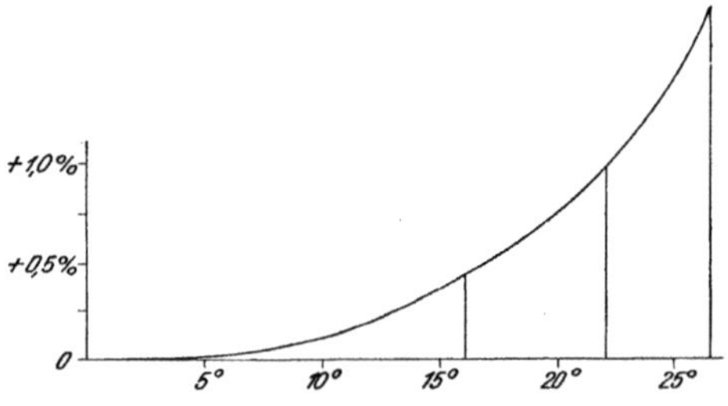

208 a. 208 b. 208 c.

Abb. 208. Nr. 6/3. EP. Nr. 3399/1911.

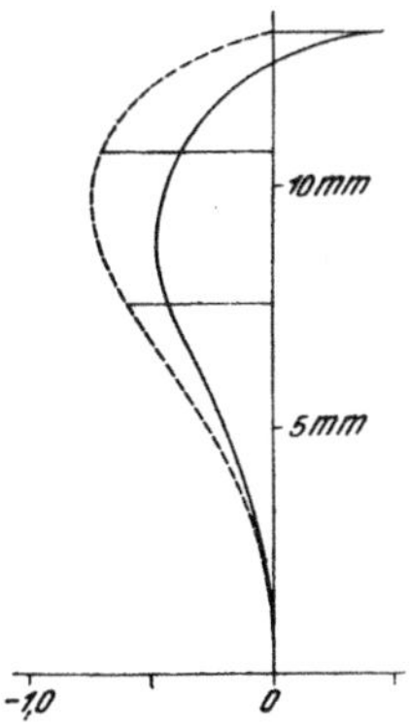

209a.

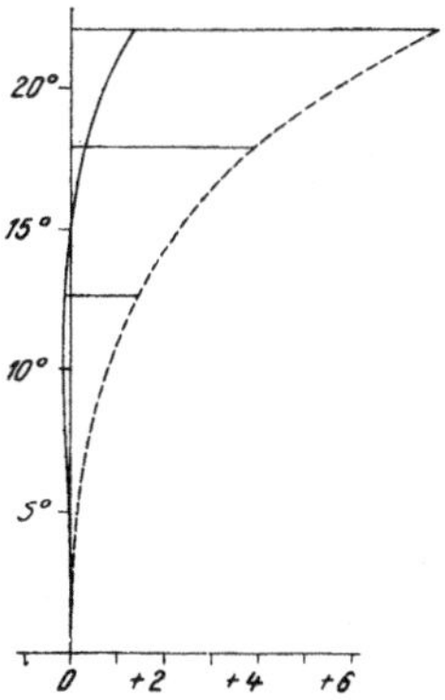

209b.

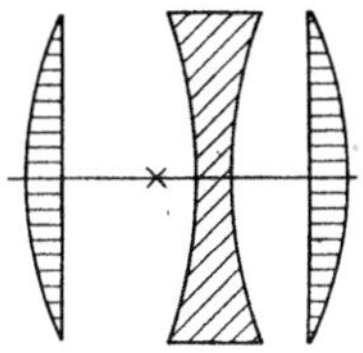

Abb. 209. Nr. 7/3.
AP. Nr. 1035408/1911.

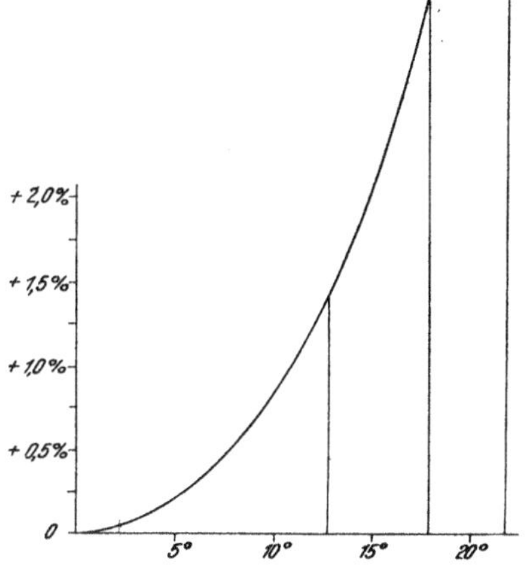

209c.

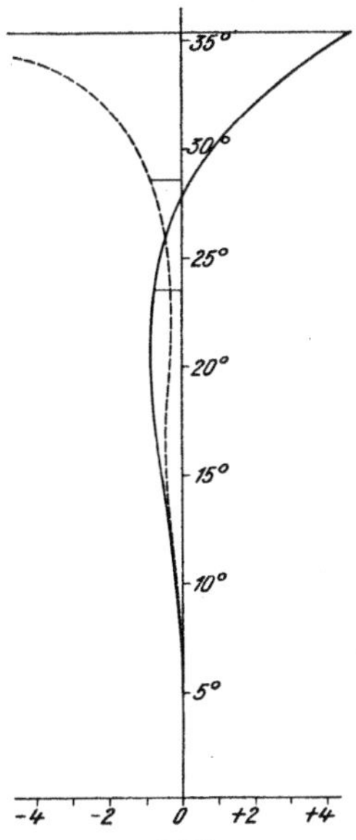

210b.

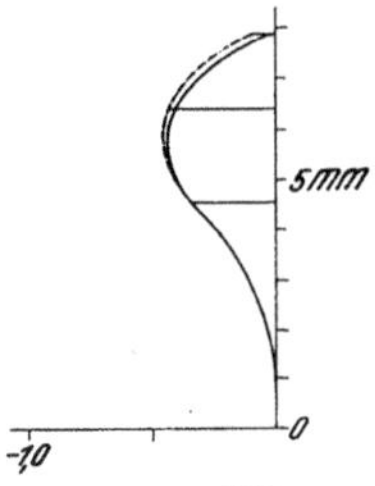

210a.

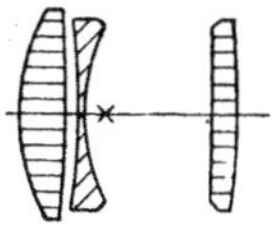

Abb. 210.
Nr. 8/3. DRP. Nr. 287089/1913.

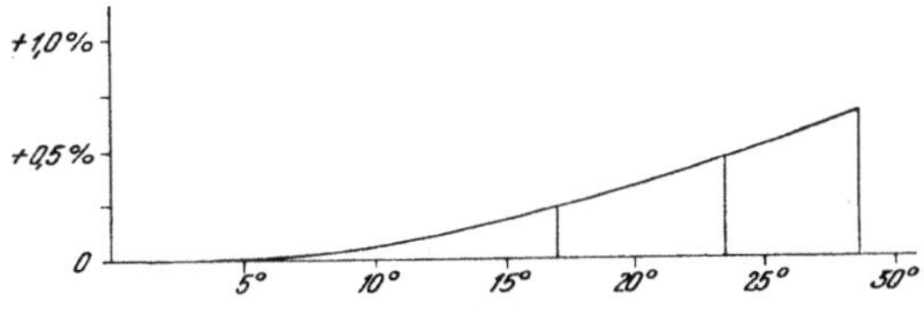

210c.

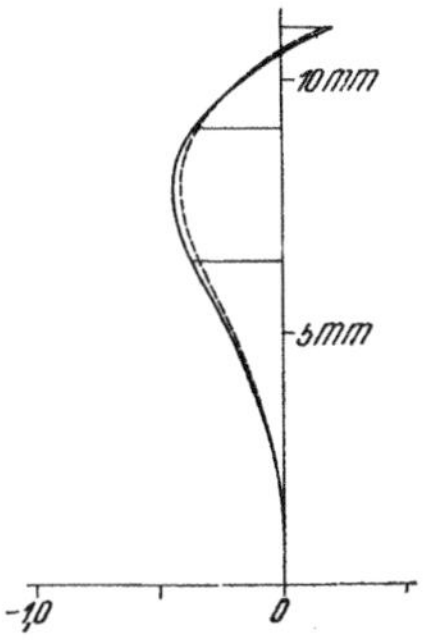

211a.

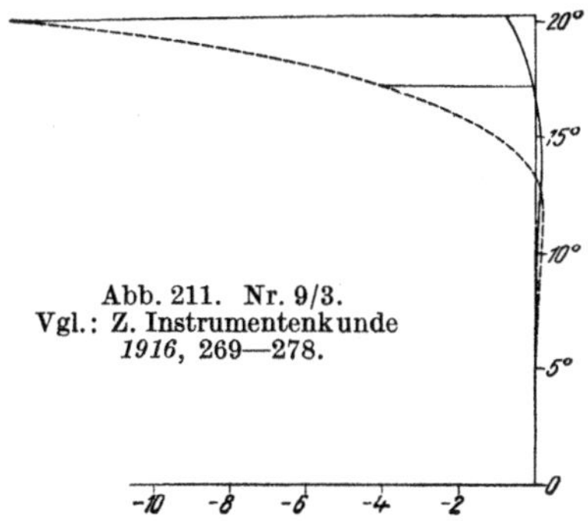

211b.

Abb. 211. Nr. 9/3.
Vgl.: Z. Instrumentenkunde
1916, 269—278.

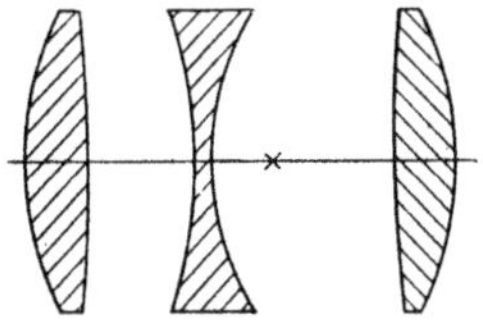

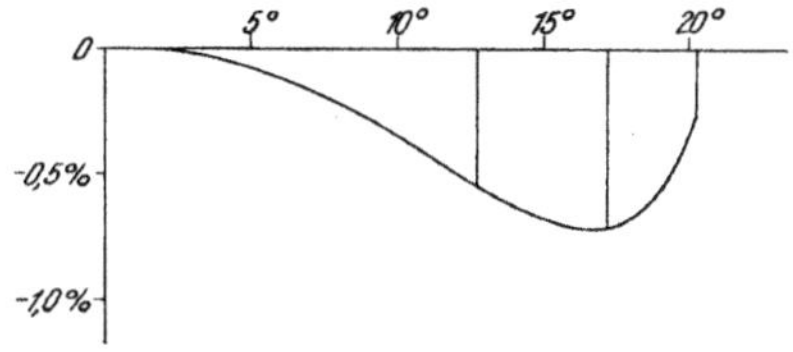

211c.

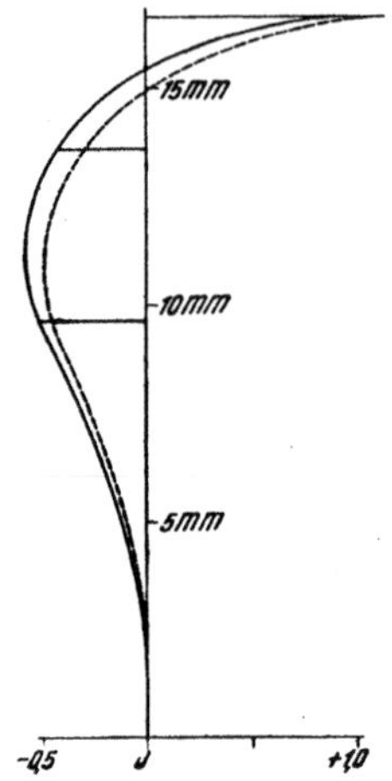

212 a.

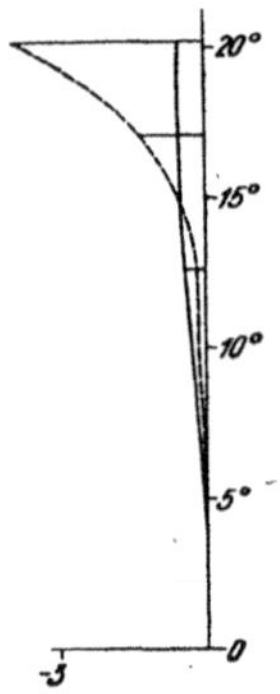

212 b.

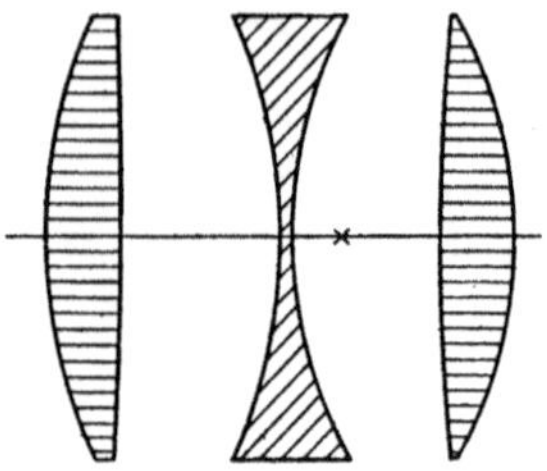

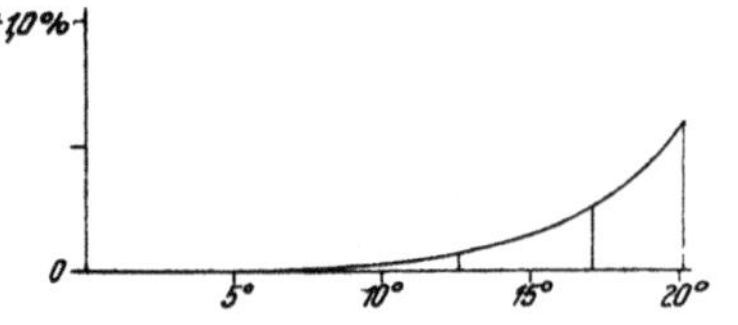

212 c.

Abb. 212.
Nr. 10/3. EP. Nr. 155640/1919.

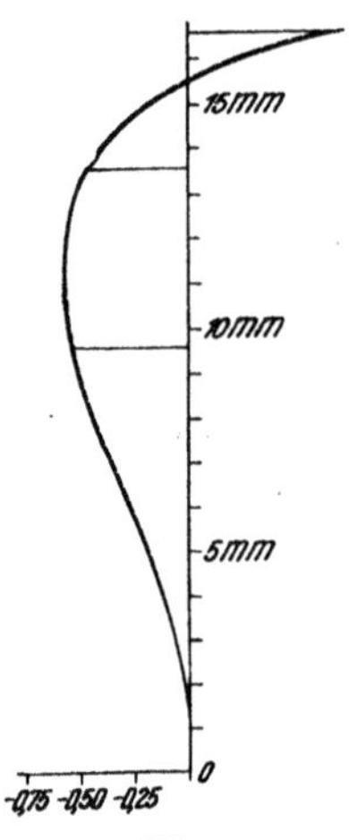

213 a.

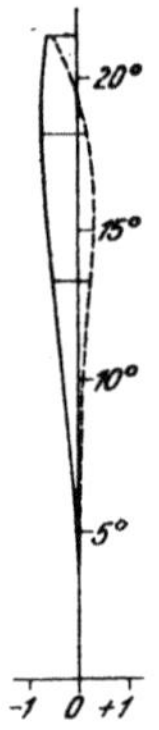

213 b.

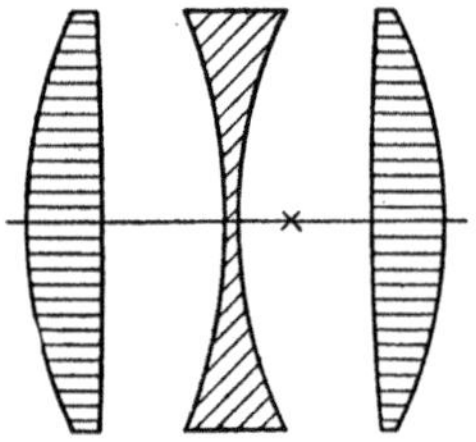

Abb. 213. Nr. 11/3.
EP. Nr. 155640/1919.

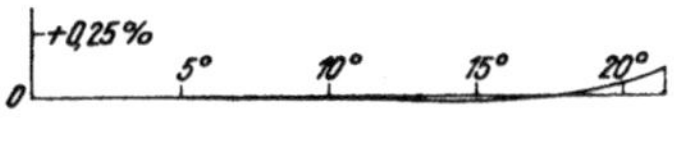

213 c.

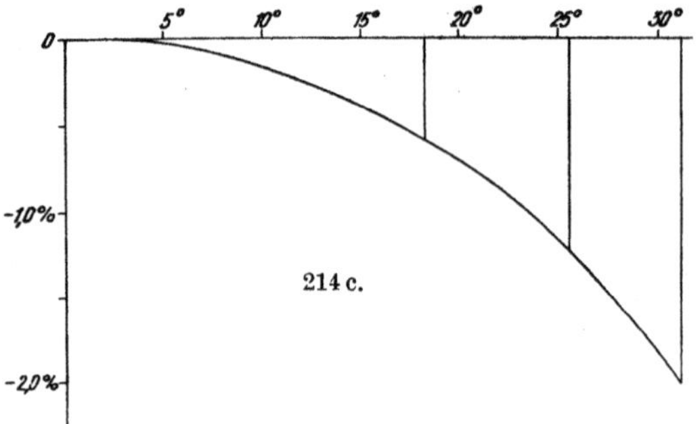

214 c.

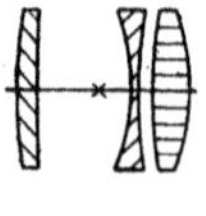

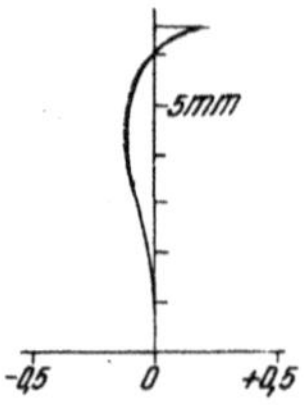

214 a.

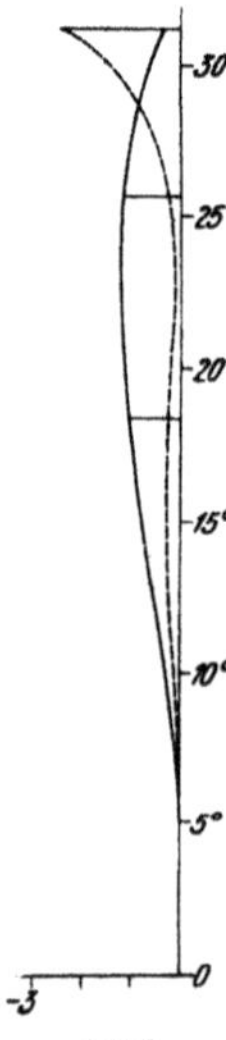

214 b.

Abb. 214.
Nr. 12/3. EP. Nr. 157037/1920.

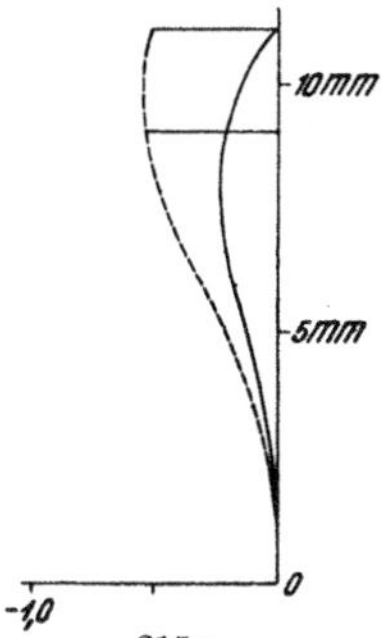

215 a.

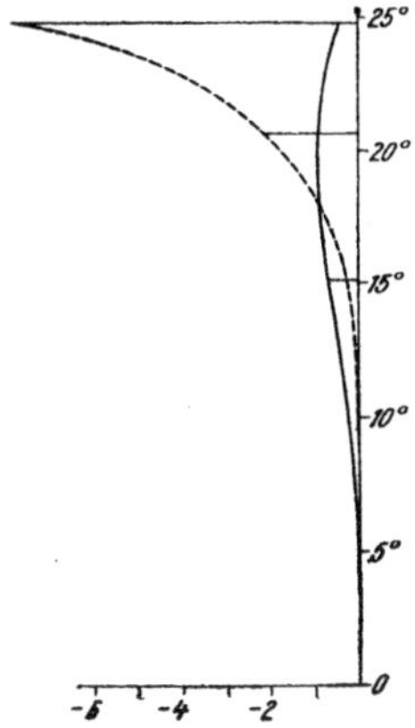

215 b.

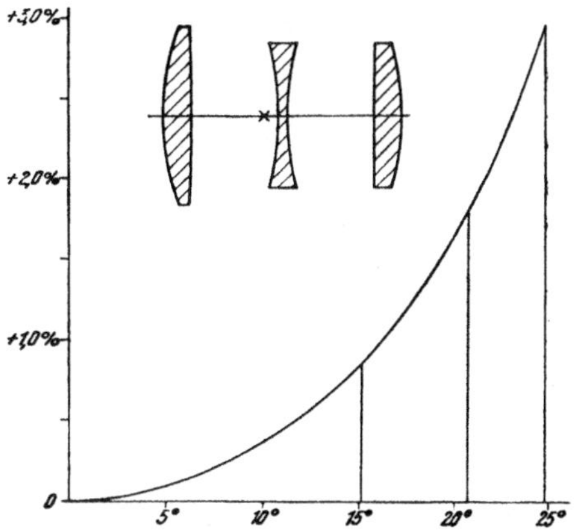

215 c.

Abb. 215. Nr. 13/3. DRGM. Nr. 773487/1921.

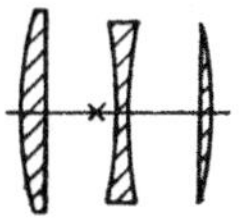

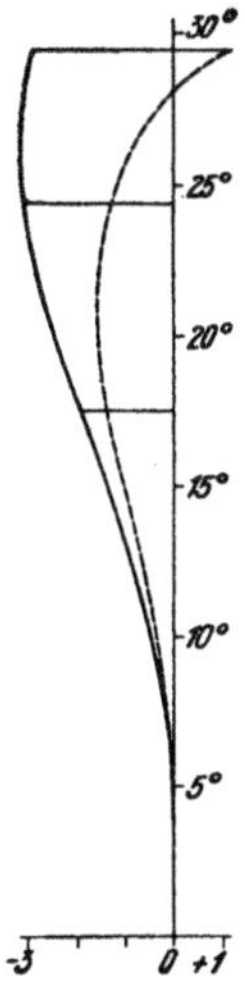

216 b.

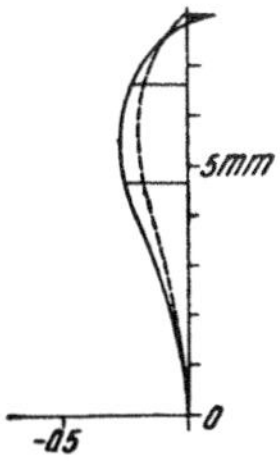

216 a.

Abb. 216. Nr. 14/3. DRGM. Nr. 773487/1921.

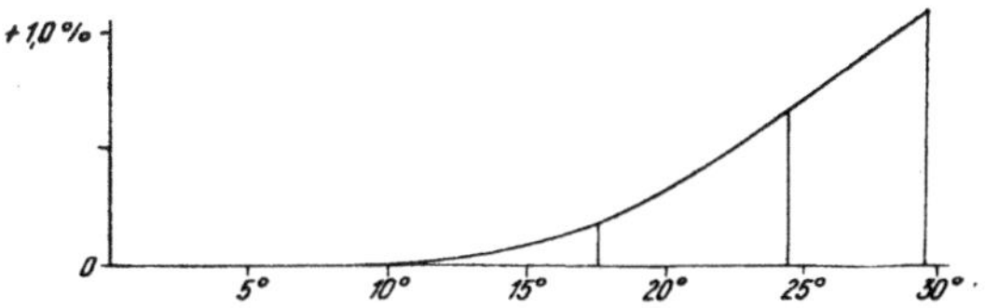

216 c.

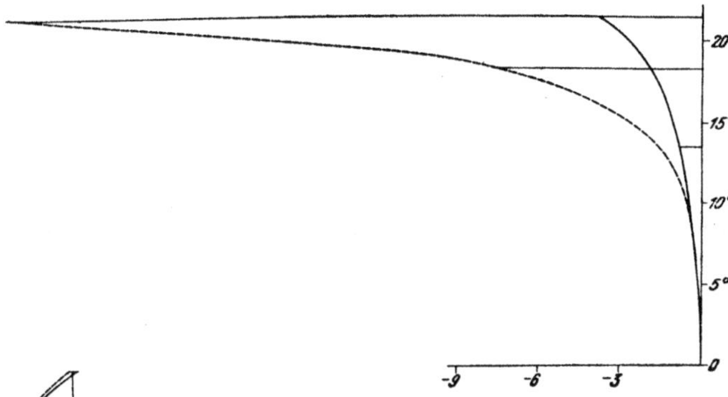

217 b.

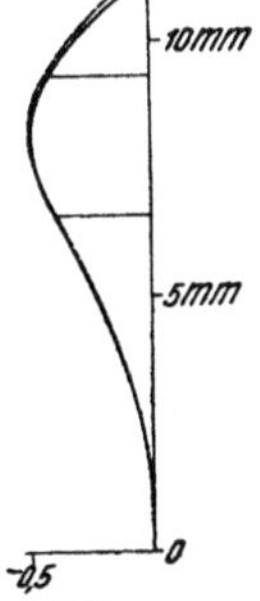

217 a.

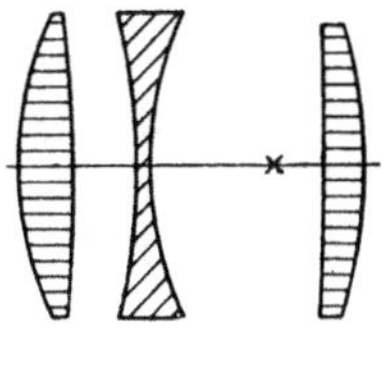

Abb. 217. Nr. 15/3. EP. Nr. 210705/1923.

217 c.

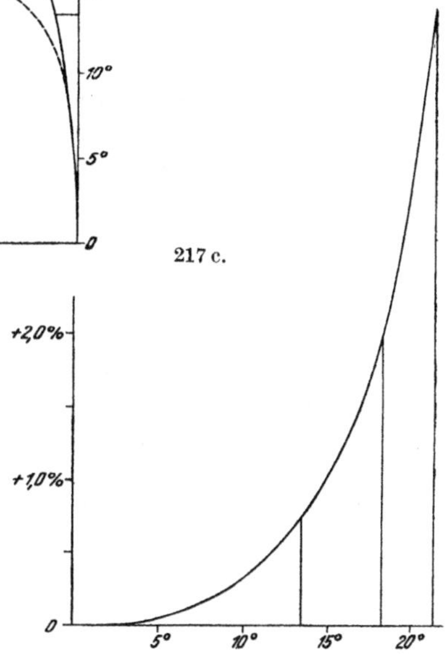

Neben Drillingslinsen für allgemeinere Zwecke werden von Taylor, Taylor & Hobson solche Objektive auch für Sondergebiete der Photographie geführt. Es seien z. B. für Reproduktionen die Cooke-Anastigmat Serie V B Process mit dem Anfangsöffnungsverhältnis von 1 : 8 und kleiner genannt und für kinematographische Aufnahme und Projektion solche mit Öffnungsverhältnissen bis etwa 1 : 3,1.

Von H. Boegehold und A. König sind im Zeißwerk mehrere Drillingslinsen mit weitgehender Fehlerberichtigung für Astrophotographie berechnet worden. Einige dieser Formen haben W. Merté und E. Wandersleb weiter entwickelt zu langbrennweitigen Fliegerobjektiven, die bei Anfangsöffnungsverhältnissen von 1:4,8 bis 1:7 ein mäßig großes Bildfeld mit hoher Schärfe auszeichnen.

Den Nachteil der Drillingslinsen gegenüber Satzobjektiven, daß sie nämlich nur eine einzige Brennweite zur Verfügung stellen, da Teilglieder der Drillingslinse nicht für sich allein zur Erzeugung eines photographischen Bildes brauchbar sind, hat man schon frühzeitig auszugleichen gesucht. M. v. Rohr und W. Merté schreiben darüber[1]: „Im Januar 1899 erschien eine Abänderung der Cookeschen Linse, durch die sie einige Eigenschaften eines Satzobjektivs erhielt. Die Hinterlinse konnte nämlich durch eine andere ersetzt werden, die eine andere Brennweite hatte und der Farbenhebung wegen aus einer anderen Glasart bestand, so daß sich dadurch eine Drillingslinse anderer Brennweite ergab.“

Auch die heute, z. B. am Tessar, verhältnismäßig häufig benutzte „Einstellfrontlinse“ ist schon um 1900[2] für die Drillingslinse vorgeschlagen worden. Die eben genannten Verfasser teilen an der gleichen Stelle mit: „Die letzte Änderung, die W. Taylor an dieser Anlage vorgenommen hat, besteht in einer Einrichtung, die die beiden vorderen Linsen um einen kleinen (positiven oder negativen) Betrag zu trennen gestattet. Man ändert dabei die Schnittweite ziemlich stark und ist dadurch in den Stand gesetzt, bei gleicher Entfernung der Mattscheibe von der Objektivfassung doch auf verschiedene Dingweiten einzustellen.“

Von den zahlreichen Drillingslinsen der verschiedenen Werkstätten werden hier noch beispielsweise einige aufgezählt: Der Glaukar-Anastigmat von E. Busch mit Anfangsöffnungsverhältnissen 1 : 3,1 bis 1 : 6,3, das Hypar mit größten Öffnungsverhältnissen von etwa 1 : 3 bis 1 : 4,5 und das Tenaxiar von C. P. Goerz 1 : 6,8; das Trianar von E. Krauss, Paris, mit Anfangsöffnungsverhältnissen von 1 : 3, 1 : 4,5 und 1 : 6,3; das Trioplan von H. Meyer & Co., Görlitz, mit größten Öffnungsverhältnissen 1 : 3 bis 1 : 6,3; das Anticomar 1 : 3 von Plaubel & Co., das Eurygon 1 : 4,5 und das Trinar mit größten Öffnungsverhältnissen 1 : 2,5 bis 1 : 6,3 von G. Rodenstock; das Kinoplan von Jos. Schneider & Co. mit den Anfangsöffnungsverhältnissen 1 : 3 und 1 : 3,5; das Cassar von C. A. Steinheil Söhne, München, mit den größten Öffnungsverhältnissen von 1 : 2,5 bis 1 : 4,8; das Helomar 1 : 3,5 und das Voigtar 1 : 6,3 von Voigtländer & Sohn, A.-G.; das Triotar von C. Zeiss mit den größten Öffnungsverhältnissen 1:2.9, 1 : 3,5 und 1 : 6,3.

Die eben genannten Drillingslinsen werden je nach Bemessung der Brennweite und des Öffnungsverhältnisses für Kinoaufnahmen, Projektionen, Bildnisphotographie oder universelle Zwecke benutzt.

6. Doppelobjektive aus drei durch Luft voneinander getrennten, aus einfachen und verkitteten Glaslinsen bestehenden Gliedern, von denen die beiden äußeren sammeln, während das dritte (innere) zerstreut. Wir wenden uns nun der

[1] Czapski-Eppenstein: Grundzüge der Theorie der optischen Instrumente, S. 456. Leipzig: J. A. Barth 1924.

[2] W. Taylor in EP. Nr. 6029/1900.

Besprechung von Anastigmaten zu, die man sich aus der Drillingslinse abgeleitet denken kann, wenn auch die Wege der optischen Konstrukteure in Wirklichkeit oft nicht von dieser Linsenform ausgegangen sind. Es sind das die photographischen Objektive, die ebenfalls aus drei Gliedern bestehen, von denen zwei sammelnde ein zerstreuendes von ihnen durch Luft getrenntes Glied einschließen, bei denen aber eines oder mehrere dieser Glieder zur weiteren Vervollkommnung der optischen Leistung aus zwei oder mehr verkitteten Linsen zusammengesetzt sind.

Zuerst ist hier der von P. RUDOLPH im Frühjahr 1902 angegebene Typus des Tessars zu nennen. Die außerordentlich große Bedeutung, die diese Linsenform in den letzten Jahrzehnten bekommen hat, läßt es erwünscht erscheinen, auf die Entwicklung und den Ausbau des Tessars im Zeißwerk hier etwas ausführlicher einzugehen.

Der Tessartyp enthält vier Linsen, zwei äußere sammelnde und zwei innere zerstreuende; eine von diesen ist von der benachbarten Sammellinse durch eine zerstreuende Luftlinse getrennt, die vor allem für die sphärische Korrektion wichtig ist; die andere Zerstreuungslinse ist von der benachbarten Sammellinse durch eine sammelnde Kittfläche getrennt, die vor allem für die Beseitigung der Fehler schiefer Bündel wirksam ist. Diese Darstellung, die den Ausführungen des DRP. 142294/1902, folgt, weist den Weg, den P. RUDOLPH zum Tessartyp gegangen ist, nicht, wie man zunächst annehmen könnte, von der TAYLORschen Drillingslinse aus, sondern über zwei vorangehende RUDOLPHsche Typen, den alten vierlinsigen RUDOLPHschen Anastigmaten (vgl. Abb. 218), in späteren Abwandlungen Protar genannt, und das Unar (vgl. Abb. 219). Beim Protar waren beide wichtigen Korrektionsmittel, das zerstreuende wie das sammelnde, Kittflächen; beim Unar waren es beides Luftlinsen; beim Tessar ist vom Protar die sammelnde Kittfläche, vom Unar die zerstreuende Luftlinse festgehalten worden.

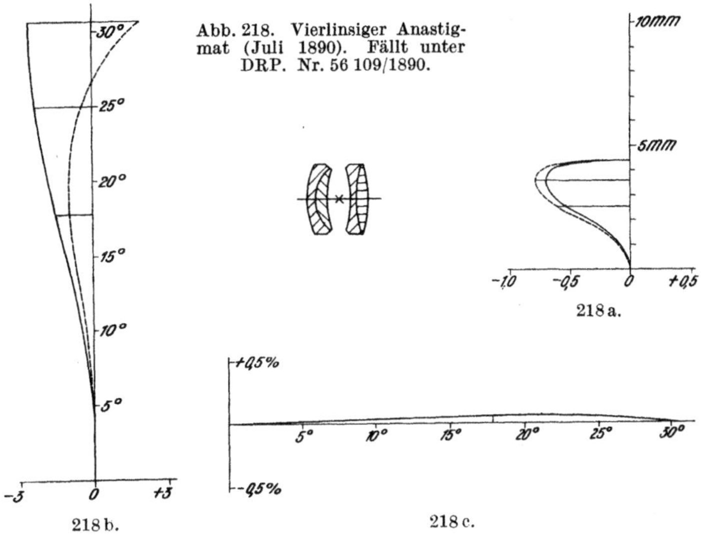

Abb. 218. Vierlinsiger Anastigmat (Juli 1890). Fällt unter DRP. Nr. 56 109/1890.

218 a. 218 b. 218 c.

Das Ausführungsbeispiel des Grundpatents des Tessars hat P. RUDOLPH, wie Abb. 220 zeigt, etwa für eine Öffnung 1 : 5,6 sphärisch und auf Sinusbedingung korrigiert, während die anastigmatische Bildebnung und Verzeichnungsfreiheit noch nicht in dem Maße wie bei den damaligen Protaren erreicht war. Dieses Patentbeispiel wurde nicht fabriziert, sondern zwei andere Formen, die P. RUDOLPH sogleich aus dem Typ herausarbeitete, das Tessar 1 : 6,3 als hervorragendes Universalobjektiv mittlerer Lichtstärke (vgl. Abb. 221) und ein Reproduktionsobjektiv mit der Anfangsöffnung 1 : 10 bis 1 : 15, das „Apochromattessar" genannt wurde.

Die weitere Entwicklung der Tessarform für die verschiedenen Anwendungsgebiete, vor allem in der Richtung großer Lichtstärke, als Universalobjektiv, für Astrophotographie, für Porträtphotographie, für Kinoaufnahmen, für Episkopprojektion, späterhin für Fliegerkammern u. a. m. beruht bis etwa 1915 im wesentlichen auf den Arbeiten von E. WANDERSLEB, und zwar entstand 1904 ein Astrotessar 1 : 5, 1905 das Universaltessar[1] 1 : 4,5, 1906 das Tessar 1 : 3,5 mit einem Bildfeld von etwa 35—40° für Kinoaufnahmen und Sonderzwecke, insbesondere späterhin für die ersten Fliegerkammern, 1908 auch ein verhältnismäßig weitwinkliges Tessar mit einem Öffnungsverhältnis 1 : 9 und einem Bildfeld von etwa 80°. Als eigentliches Weitwinkelobjektiv ist hingegen das Tessar ebensowenig wie die TAYLORsche Drillingslinse ausgebildet worden, weil für diese Ausbildung der Typus nicht günstig liegt; aber es mag hier die weitgetriebene Verzeichnungsfreiheit der Tessare 1 : 4,5 und 1 : 6,3 für deren ansehnliches Gesichtsfeld von 55—60° erwähnt werden (vgl. Abb. 221c und 222c), die insbesondere das Tessar 1 : 4,5 befähigt hat, eine Reihe von Jahren hindurch das führende lichtstarke Objektiv für photogrammetrische Arbeiten zu sein, bis es auf diesem Spezialgebiet durch die von W. MERTÉ ausgearbeiteten ZEISSischen Orthometare 1 : 4,5 abgelöst wurde, bei denen die Verzeichnungsfreiheit durch besondere, dem Tessartyp nicht zugängliche Mittel in einem noch höheren, für andere Arbeiten aber nicht interessierenden Grad erreicht ist (s. Abb. 292c).

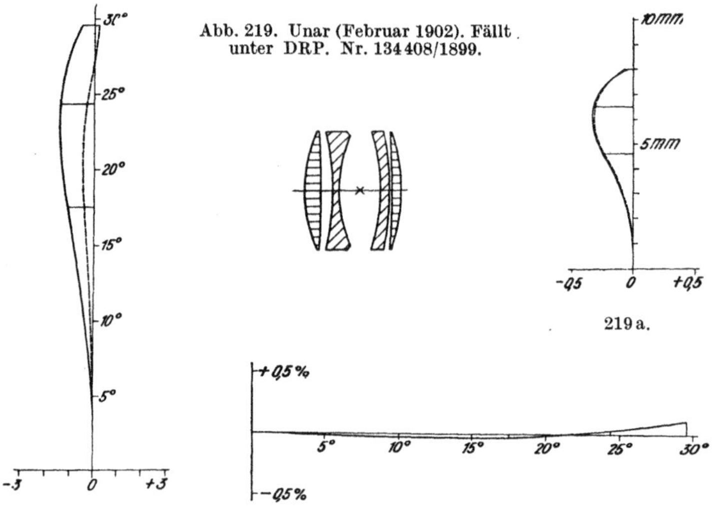

Abb. 219. Unar (Februar 1902). Fällt unter DRP. Nr. 134408/1899.

219a. 219b. 219c.

Daneben lief von 1905 an die Ausarbeitung von wichtigen Änderungen innerhalb der Tessare 1 : 6,3 und 1 : 4,5. Da diese Formen, ebenso wie die meisten der vorstehend genannten, zum großen Teil weit innerhalb der Laufdauer des Grundpatents entstanden, fehlte die Veranlassung, neue Schutzrechte für sie auszuarbeiten, und so unterblieb bei der Mehrzahl auch ihre druckschriftliche Veröffentlichung und deshalb hier (vgl. S. 248) die Angabe ihrer Daten und Fehlerkurven. Um so notwendiger erschien es dem Verfasser, hier ausdrücklich auf diese wichtigen Arbeiten von E. WANDERSLEB hinzuweisen.

Seit etwa 1915 beruht die Entwicklung des Tessartyps im Zeißwerk im wesentlichen auf Arbeiten W. MERTÉs und hat zu weiteren Formen für die verschiedensten Arbeitsgebiete geführt; es seien hier z. B. die langbrennweitigen Fliegertessare 1 : 5, die im Kriege entstanden und letzthin weiter vervollkommnet wurden, neue Varianten des Tessars 1 : 4,5 und Sondertessare für die Benutzung an bestimmten Instrumenten genannt, ferner sei auf die neuen Apochromattessare und die Objektive Nr. 7, 8, 12 und 13 in der Zusammenstellung 4 verwiesen.

In den letzten Jahren gewann das neue Tessar 1 : 3,5 mit dem großen Gesichtsfeld bis etwa 55° (vgl. Abb. 231) ein weites Anwendungsgebiet an den

[1] WANDERSLEB, E.: Das neue Tessar 1 : 4,5. Photogr. Korresp. 1907, 119ff.

Kleinbildkammern, da Objektive kurzer Brennweiten auch bei der Öffnung 1 : 3,5 noch eine häufig genügende Schärfentiefe haben.

Für Schmalfilmkinokammern wird neuerdings das Tessar 2,7, eine Form mit verkittetem Vorderglied (vgl. Abb. 232), verwandt.

Bei den Vorzügen des Tessars konnte es nicht ausbleiben, daß auch andere optische Fabriken nach Ablauf des Grundpatentes Objektive mit diesem Aufbau, zum Teil nach selbsterrechneten Abwandlungen, zum Teil in engster Anlehnung an die ZEISSischen Tessare, unter den verschiedensten Namen auf den Markt brachten.

Objektivzusammenstellung 4[1]. Objektive aus einer einfachen und einer verkitteten Sammellinse, die eine einfache Zerstreuungslinse, von dieser durch Luft getrennt, einschließen.

	Krümmungsradien	Dicken, Abstände, Blendenentfernungen	Glasarten		Errechner des Objektivs	Literaturnachweis	Patentinhaber oder Herstellerfirma
			n_D	ν			
1	$r_1 =$ 21,5 $r_2 =$ plan $r_3 =$ 74,2 $r_4 =$ 20,8 $r_5 =$ 111,3 $r_6 =$ 25,2 $r_7 =$ 36,7	$d_1 =$ 3,3 $l =$ 1,9 $d_2 =$ 1,1 $b_1 =$ 3,0 $b_2 =$ 3,0 $d_3 =$ 1,1 $d_4 =$ 3,0	$L_1 = 1{,}6113$ $L_2 = 1{,}6046$ $L_3 = 1{,}5211$ $L_4 = 1{,}6113$	58,4 43,9 51,8 56,2	P. RUDOLPH	DRP. Nr. 142294/ 1902	CARL ZEISS, Jena
2	$r_1 =$ 20,1 $r_2 =$ plan $r_3 =$ 66,0 $r_4 =$ 18,8 $r_5 =$ 81,1 $r_6 =$ 20,3 $r_7 =$ 33,6	$d_1 =$ 3,1 $l =$ 1,7 $d_2 =$ 1,0 $b_1 =$ 2,4 $b_2 =$ 1,9 $d_3 =$ 1,0 $d_4 =$ 3,1	$L_1 = 1{,}6116$ $L_2 = 1{,}5831$ $L_3 = 1{,}5234$ $L_4 = 1{,}6073$	58,6 46,2 51,2 56,7	P. RUDOLPH	Z. Instrumentenkde **1907**, 79	CARL ZEISS, Jena
3	$r_1 =$ 26,3 $r_2 =$ plan $r_3 =$ 58,1 $r_4 =$ 23,9 $r_5 =$ 146,7 $r_6 =$ 22,3 $r_7 =$ 36,3	$d_1 =$ 3,7 $l =$ 4,0 $d_2 =$ 1,7 $b_1 =$ 3,7 $b_2 =$ 1,6 $d_3 =$ 1,7 $d_4 =$ 4,6	$L_1 = 1{,}6134$ $L_2 = 1{,}5739$ $L_3 = 1{,}5300$ $L_4 = 1{,}6145$	58,5 41,4 51,1 54,6	E. WANDERSLEB	Z. Instrumentenkde **1907**, 78[2]	CARL ZEISS, Jena
4	$r_1 =$ 28,6 $r_2 =$ plan $r_3 =$ 57,3 $r_4 =$ 25,2 $r_5 =$ plan $r_6 =$ 26,6 $r_7 =$ 40,1	$d_1 =$ 4,0 $l =$ 8,6 $d_2 =$ 1,7 $b_1 =$ 5,7 $b_2 =$ 4,0 $d_3 =$ 2,9 $d_4 =$ 5,2	$L_1 = 1{,}6134$ $L_2 = 1{,}6129$ $L_3 = 1{,}5328$ $L_4 = 1{,}6145$	58,5 36,9 51,6 54,6	E. WANDERSLEB	Z. Instrumentenkde **1907**, 78[2]	CARL ZEISS, Jena

[1] Vgl. Anm. 1 auf S. 255.

[2] In diesem Aufsatz sind für die Formen 3) und 4) unserer Zusammenstellung 4 P. RUDOLPH und E. WANDERSLEB gemeinsam genannt, und zwar — nach Mitteilung des Verfassers des Aufsatzes, E. WANDERSLEB, selbst — ersterer, weil er den Typ des Tessars angegeben hat, letzterer, weil er diese lichtstärkeren Tessare 1 : 4,5 und 1 : 3,5 geplant und ausgearbeitet hat (s. auch Photogr. Korresp. **1907**, 119).

Die Darstellung der Entwicklung des Tessars im Zeißwerk bis etwa 1915 auf S. 283/84 stützt sich auf druckschriftliche Veröffentlichungen, Unterlagen im Zeißwerk und Mitteilungen von E. WANDERSLEB.

(Fortsetzung von Zusammenstellung 4.)

	Krümmungsradien	Dicken, Abstände, Blendenentfernungen	Glasarten n_D	Glasarten ν	Errechner des Objektivs	Literaturnachweis	Patentinhaber oder Herstellerfirma
5	$r_1 = 23{,}9$ $r_2 = 25{,}5$ $r_3 =$ plan $r_4 = 42{,}8$ $r_5 = 24{,}5$ $r_6 = 155{,}2$ $r_7 = 34{,}5$	$d_1 = 3{,}1$ $d_2 = 1{,}0$ $l = 2{,}1$ $d_3 = 0{,}7$ $b_1 = 1{,}5$ $b_2 = 4{,}0$ $d_4 = 2{,}8$	$L_1 = 1{,}6156$ $L_2 = 1{,}5501$ $L_3 = 1{,}5501$ $L_4 = 1{,}6156$	56,3 45,8 45,8 56,3	H. FOCKE	DRP. Nr. 291916/ 1914	VOIGTLÄNDER & SOHN, A.-G., Braunschweig
6	$r_1 = 33{,}4$ $r_2 = 44{,}1$ $r_3 = 102{,}8$ $r_4 = 38{,}0$ $r_5 = 38{,}6$ $r_6 = 155{,}4$ $r_7 = 33{,}1$	$d_1 = 6{,}4$ $d_2 = 6{,}6$ $l = 2{,}6$ $d_3 = 1{,}6$ $b_1 = 2{,}0$ $b_2 = 3{,}7$ $d_4 = 2{,}9$	$L_1 = 1{,}6129$ $L_2 = 1{,}5127$ $L_3 = 1{,}6202$ $L_4 = 1{,}6167$	56,4 57,2 36,2 54,1	H. L. ALDIS	E. P. Nr. 13119/ 1914	ALDIS BROTHERS, Birmingham
7	$r_1 = 20{,}1$ $r_2 =$ plan $r_3 = 53{,}7$ $r_4 = 18{,}9$ $r_5 = 1136{,}8$ $r_6 = 13{,}3$ $r_7 = 33{,}7$	$d_1 = 3{,}2$ $l = 3{,}0$ $d_2 = 0{,}8$ $b_1 = 3{,}0$ $b_2 = 0{,}5$ $d_3 = 0{,}8$ $d_4 = 5{,}7$	$L_1 = 1{,}5323$ $L_2 = 1{,}5660$ $L_3 = 1{,}5321$ $L_4 = 1{,}5783$	58,3 42,9 51,3 54,0	W. MERTÉ	DRP. Nr. 349938/ 1917	CARL ZEISS, Jena
8	$r_1 = 21{,}6$ $r_2 =$ plan $r_3 = 57{,}9$ $r_4 = 20{,}4$ $r_5 = 257{,}2$ $r_6 = 17{,}0$ $r_7 = 36{,}2$	$d_1 = 3{,}5$ $l = 3{,}1$ $d_2 = 1{,}4$ $b_1 = 3{,}2$ $b_2 = 0{,}2$ $d_3 = 1{,}0$ $d_4 = 5{,}8$	$L_1 = 1{,}5323$ $L_2 = 1{,}5739$ $L_3 = 1{,}5328$ $L_4 = 1{,}6176$	58,3 42,6 51,6 54,6	W. MERTÉ	DRP.[1] Nr. 350335/ 1917	CARL ZEISS, Jena
9	$r_1 = 25{,}9$ $r_2 = 253{,}0$ $r_3 = 60{,}6$ $r_4 = 23{,}6$ $r_5 = 144{,}0$ $r_6 = 24{,}9$ $r_7 = 39{,}4$	$d_1 = 4{,}1$ $l = 2{,}9$ $d_2 = 1{,}7$ $b_1 = 4{,}6$ $b_2 = 3{,}3$ $d_3 = 1{,}7$ $d_4 = 5{,}1$	$L_1 = 1{,}6088$ $L_2 = 1{,}5602$ $L_3 = 1{,}5602$ $L_4 = 1{,}6165$	56,5 45,3 45,3 55,0	W. F. BIELICKE	Amer. Pat. Nr. 1558073/ 1922	BAUSCH & LOMB, Rochester
10	$r_1 = 22{,}1$ $r_2 = 1904{,}0$ $r_3 = 90{,}0$ $r_4 = 20{,}1$ $r_5 = 182{,}0$ $r_6 = 23{,}0$ $r_7 = 94{,}7$	$d_1 = 4{,}0$ $l = 2{,}2$ $d_2 = 1{,}5$ $b_1 = 6{,}0$ $b_2 = 4{,}0$ $d_3 = 4{,}0$ $d_4 = 1{,}0$	$L_1 = 1{,}6129$ $L_2 = 1{,}5472$ $L_3 = 1{,}6129$ $L_4 = 1{,}5202$	58,3 45,8 58,3 51,3	H. W. LEE	EP. Nr. 209371/ 1923	H. W. LEE (KAPELLA LTD.), Leicester
11	$r_1 = 15{,}2$ $r_2 = 402{,}5$ $r_3 = 68{,}5$ $r_4 = 13{,}7$ $r_5 = 349{,}0$ $r_6 = 9{,}9$ $r_7 = 74{,}8$	$d_1 = 1{,}6$ $l = 0{,}6$ $d_2 = 0{,}8$ $b_1 = 4{,}8$ $b_2 = 2{,}7$ $d_3 = 2{,}1$ $d_4 = 0{,}8$	$L_1 = 1{,}6098$ $L_2 = 1{,}5524$ $L_3 = 1{,}5744$ $L_4 = 1{,}5237$	55,8 49,2 57,7 52,2	H. W. LEE	EP. Nr. 209371/ 1923	H. W. LEE (KAPELLA LTD.), Leicester

[1] Erfinder dieses Patentes sind W. MERTÉ und E. WANDERSLEB.

(Fortsetzung von Zusammenstellung 4.)

	Krümmungs-radien	Dicken, Abstände, Blendenent-fernungen	Glasarten		Errechner des Objektivs	Literaturnachweis	Patentinhaber oder Herstellerfirma
			n_D	ν			
12	$r_1 =$ 32,1 $r_2 =$ plan $r_3 =$ 71,1 $r_4 =$ 28,8 $r_5 =$ plan $r_6 =$ 28,5 $r_7 =$ 47,2	$d_1 =$ 4,6 $l =$ 5,4 $d_2 =$ 3,7 $b_1 =$ 4,4 $b_2 =$ 2,3 $d_3 =$ 1,5 $d_4 =$ 8,0	$L_1 = 1{,}6072$ $L_2 = 1{,}5760$ $L_3 = 1{,}5265$ $L_4 = 1{,}6238$	59,5 41,3 51,4 56,9	W. Merté	DRP. Nr. 463739/1926	Carl Zeiss, Jena[1]
13	$r_1 =$ 41,6 $r_2 =$ 66,1 $r_3 =$ 378,0 $r_4 =$ 53,8 $r_5 =$ 38,0 $r_6 =$ 152,5 $r_7 =$ 47,1	$d_1 =$ 8,8 $d_2 =$ 2,8 $b_1 =$ 2,5 $b_2 =$ 5,6 $d_3 =$ 5,8 $l =$ 12,0 $d_4 =$ 6,9	$L_1 = 1{,}6218$ $L_2 = 1{,}5255$ $L_3 = 1{,}6256$ $L_4 = 1{,}6218$	56,8 52,8 35,7 56,8	W. Merté	Amer. Pat. Nr. 1826362/1929 (Deutsche Priorität 1928)	Carl Zeiss, Jena

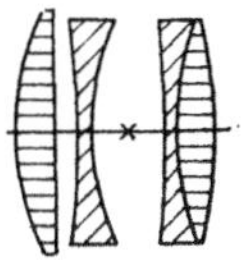

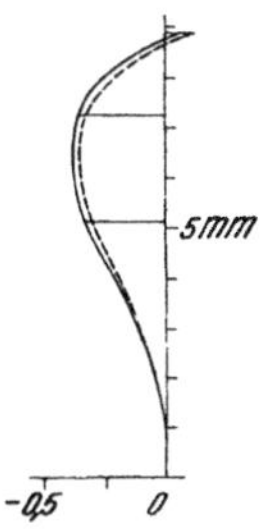

220a.

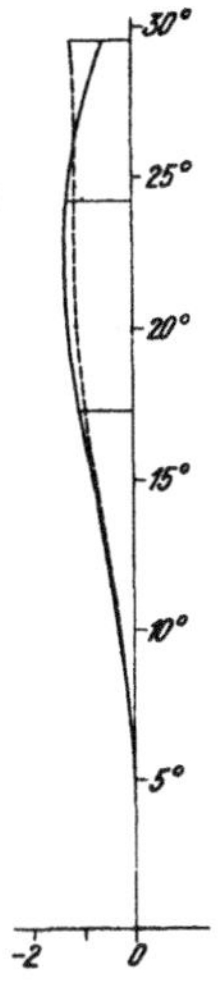

220b.

Abb. 220. Nr. 1/4. DRP. Nr. 142294/1902.

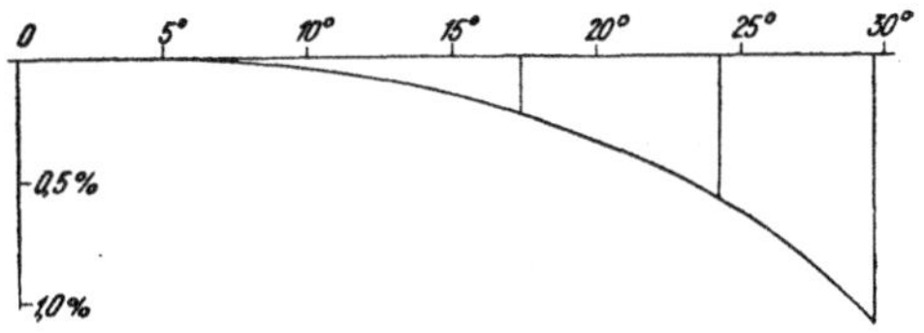

220c.

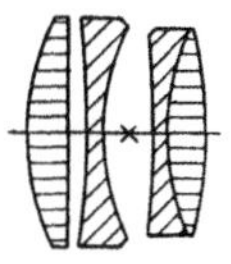

Abb. 221. Nr. 2/4. Vgl.: Z. Instrumentenkunde *1907*, 79.

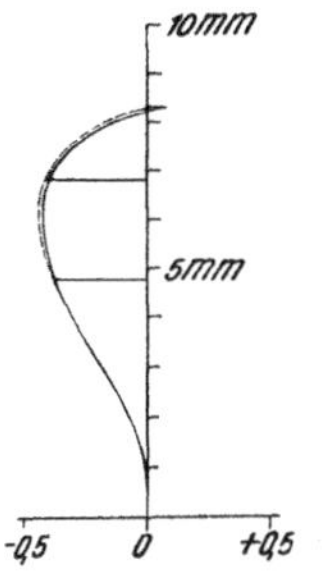

221a.

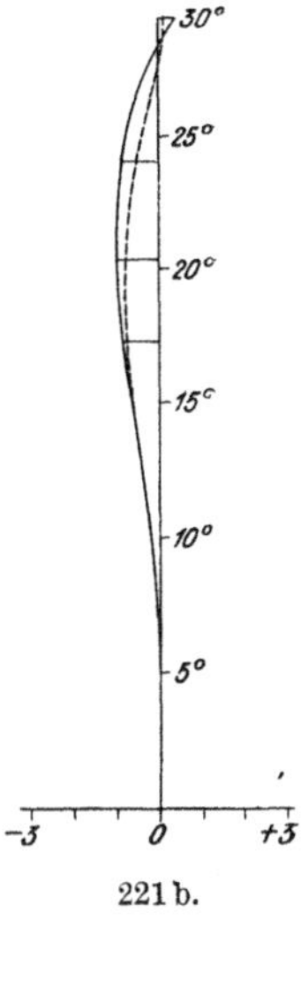

221b.

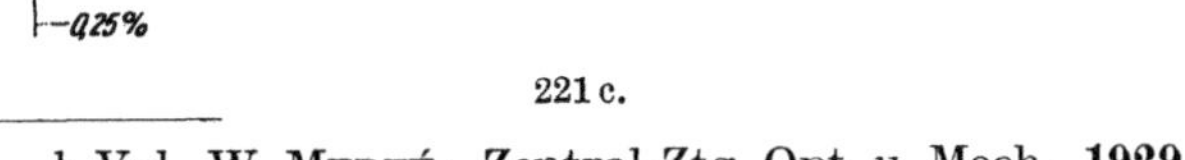

221c.

[1] Vgl. W. Merté: Zentral-Ztg. Opt. u. Mech. **1929**, 38ff.

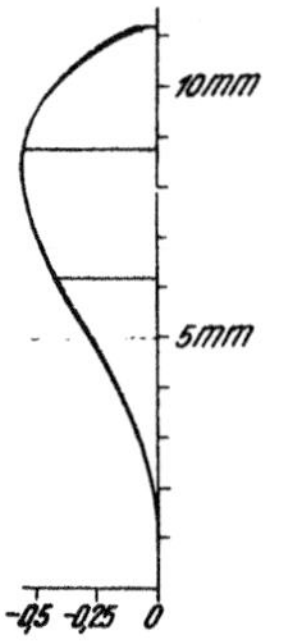

222 a.

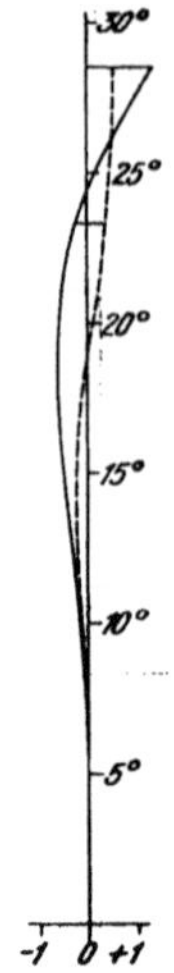

222 b.

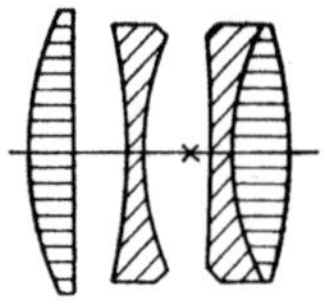

Abb. 222. Nr. 3/4. Vgl.: Z. Instrumentenkunde *1907*, 78.

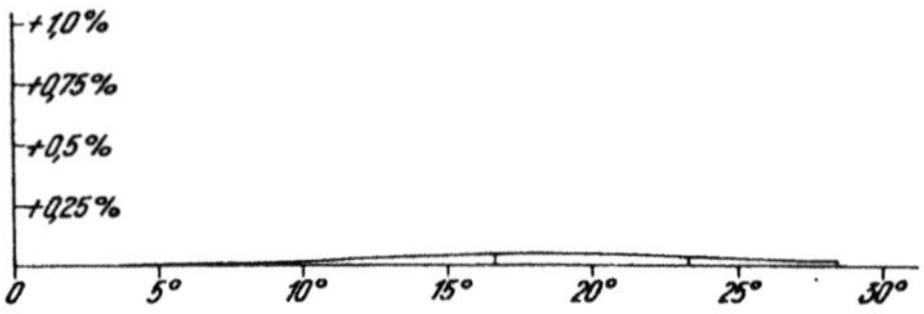

222 c.

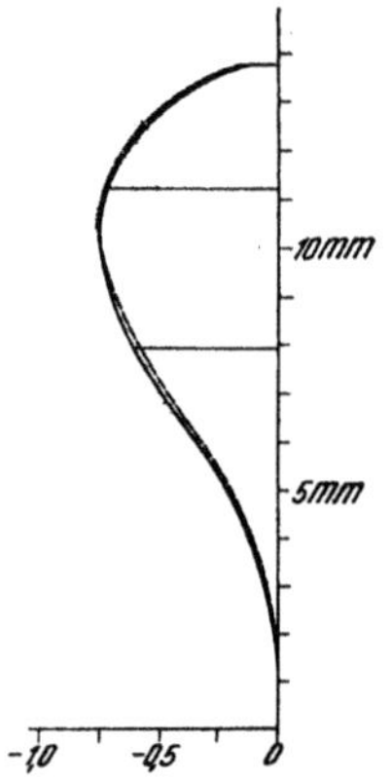

223 a.

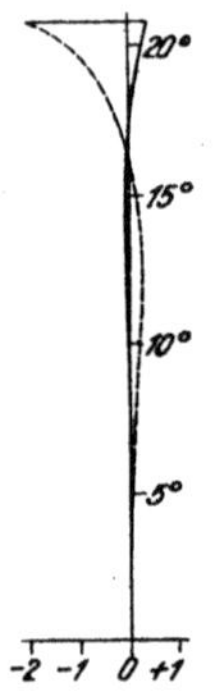

223 b.

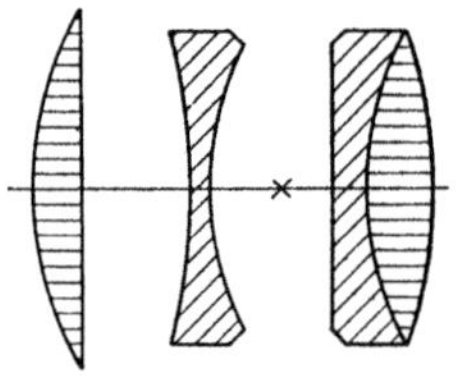

Abb. 223. Nr. 4/4. Vgl.: Z. Instrumentenkunde *1907*, 78.

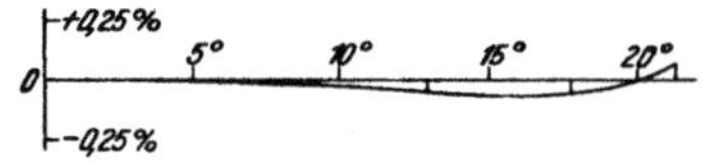

223 c.

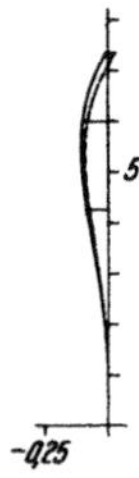

224 a.

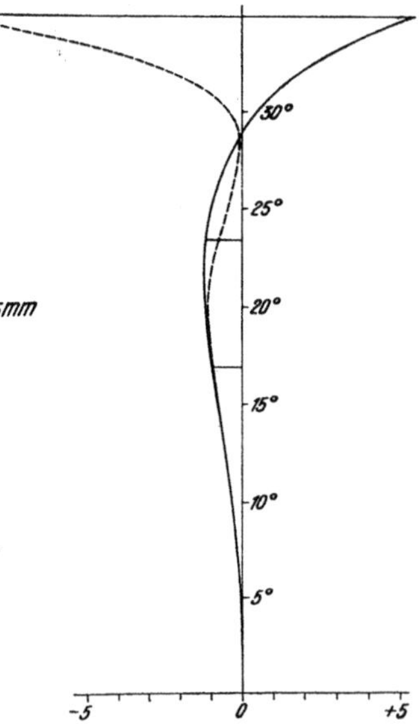

224 b.

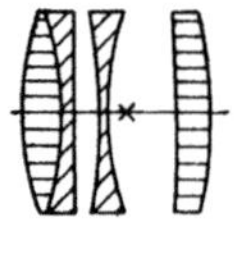

Abb. 224. Nr. 5/4. DRP. Nr. 291916/1914.

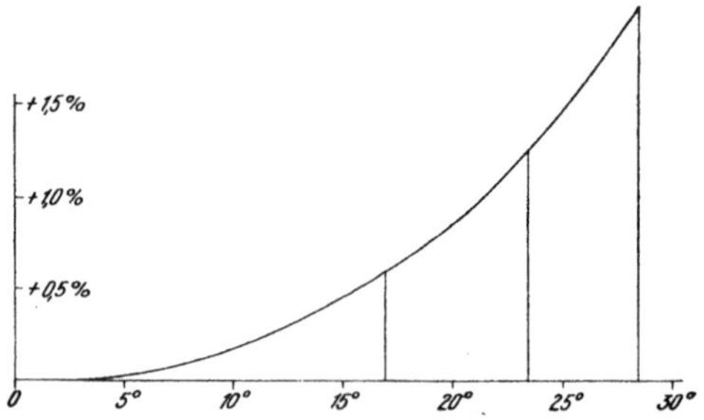

224 c.

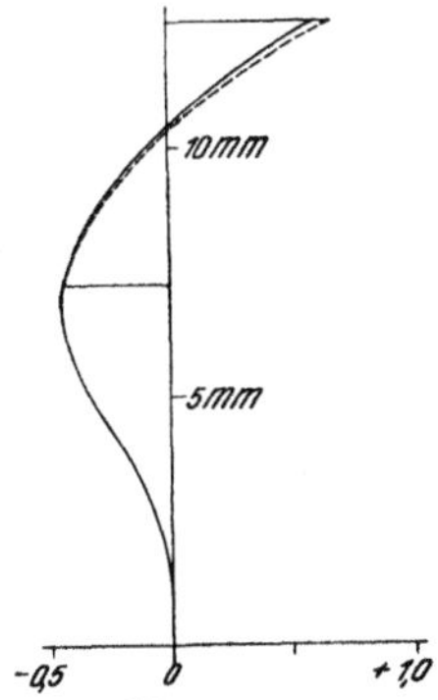

225 a.

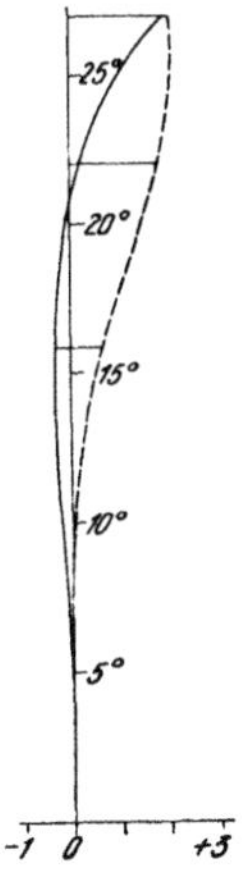

225 b.

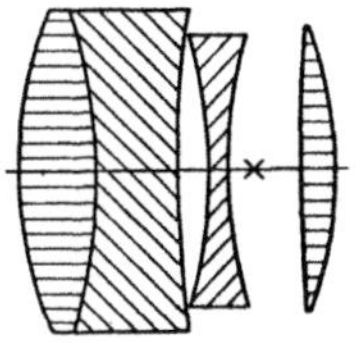

Abb. 225. Nr. 6/4. E. P. Nr. 13119/1914.

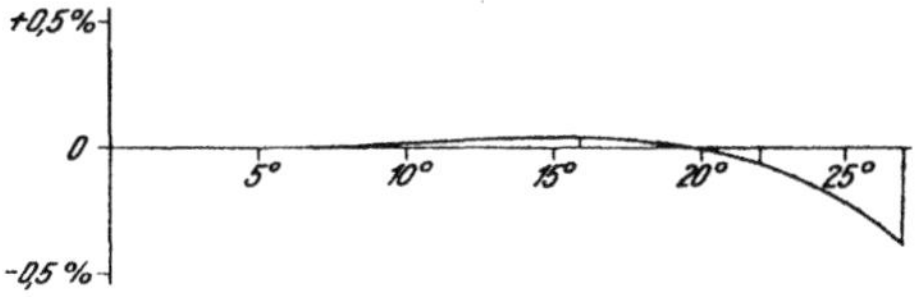

225 c.

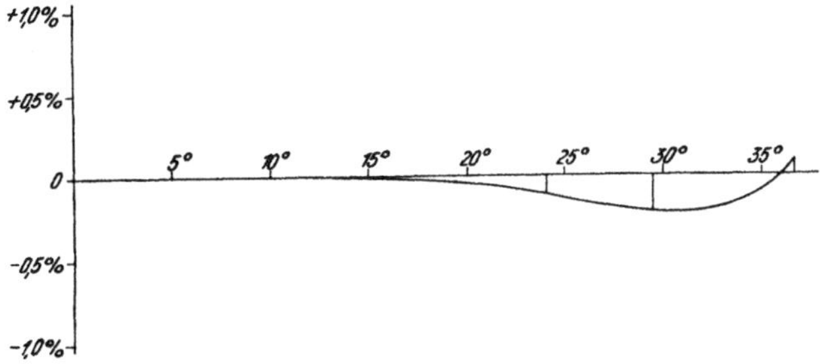

226 c.

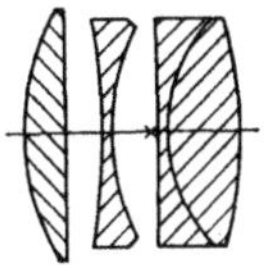

Abb. 226.
Nr. 7/4. DRP. Nr. 349938/1917.

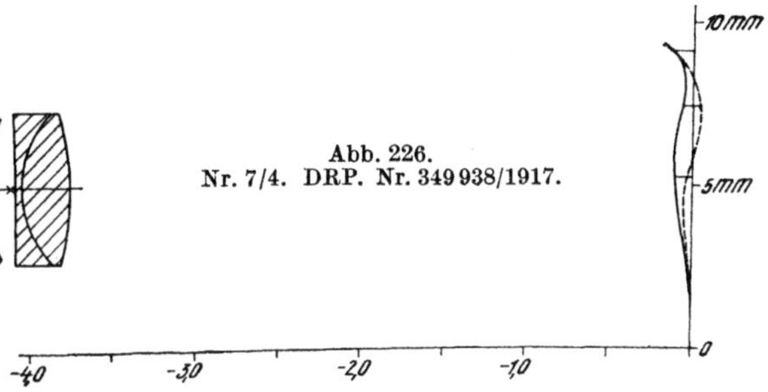

226 a.

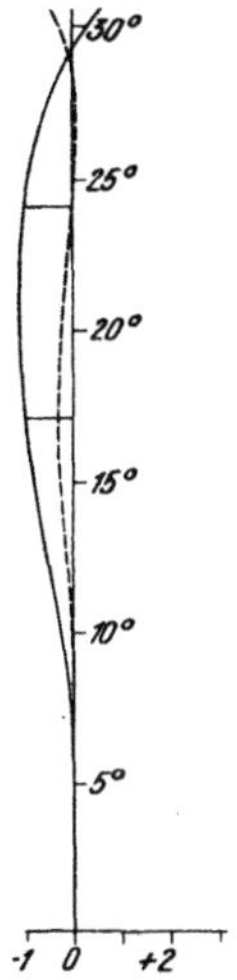

226 b.

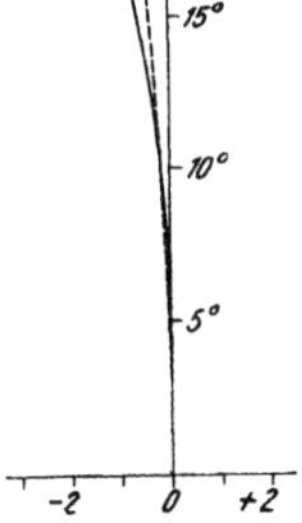

227 b.

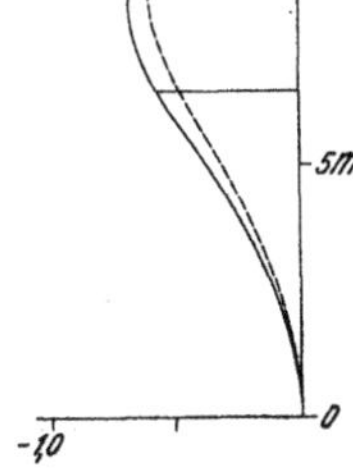

227 a.

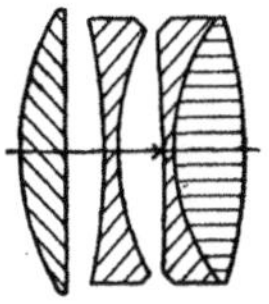

Abb. 227. Nr. 8/4. DRP. Nr. 350335/1917.

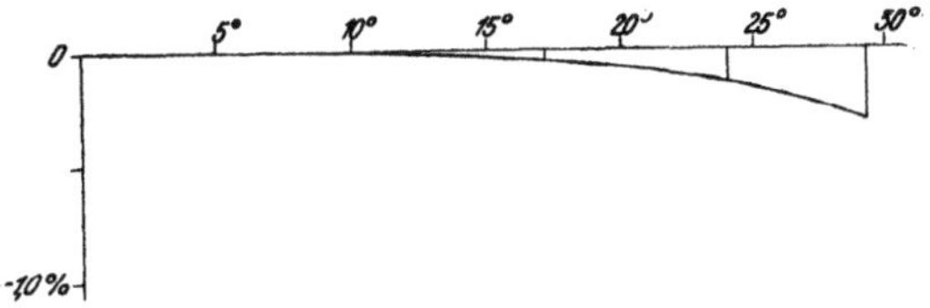

227 c.

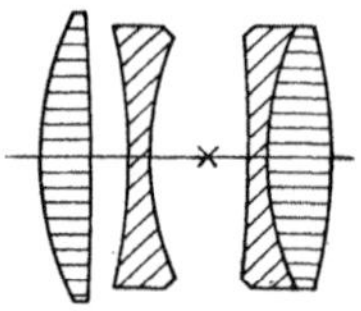

Abb. 228. Nr. 9/4. AP. Nr. 1558073/1922.

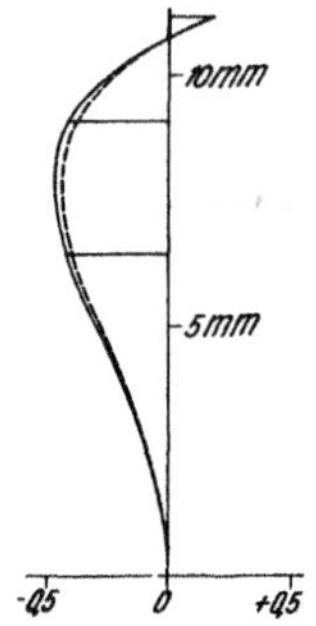

228a.

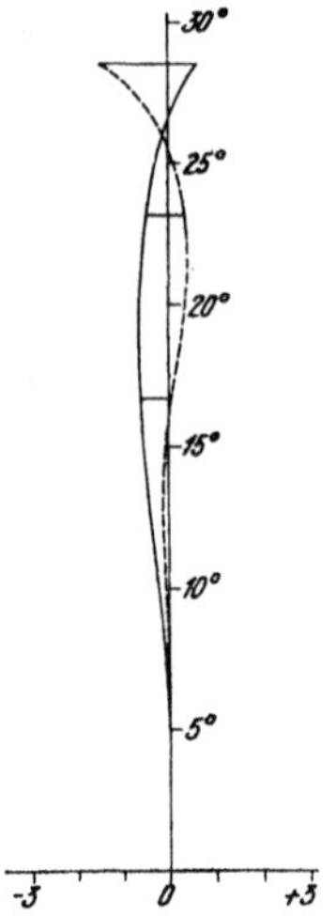

228b.

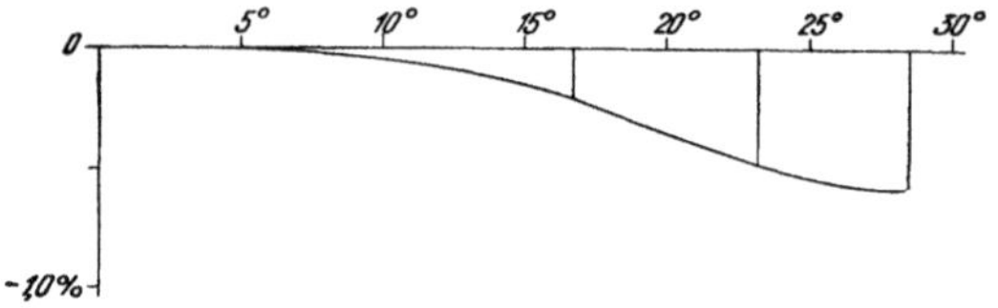

228c.

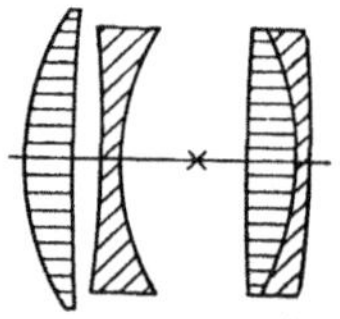

Abb. 229.
Nr. 10/4. EP. Nr. 209371/1923.

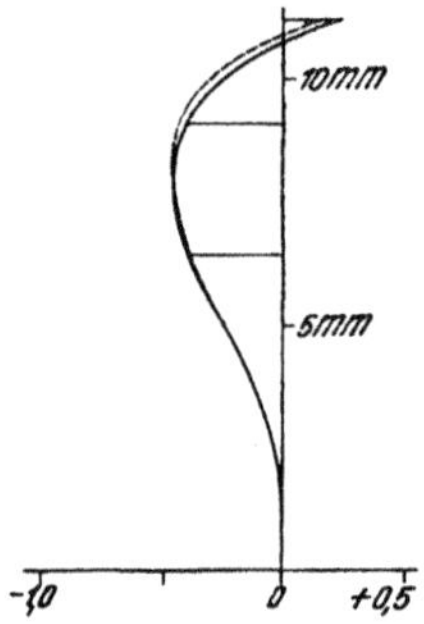

229a.

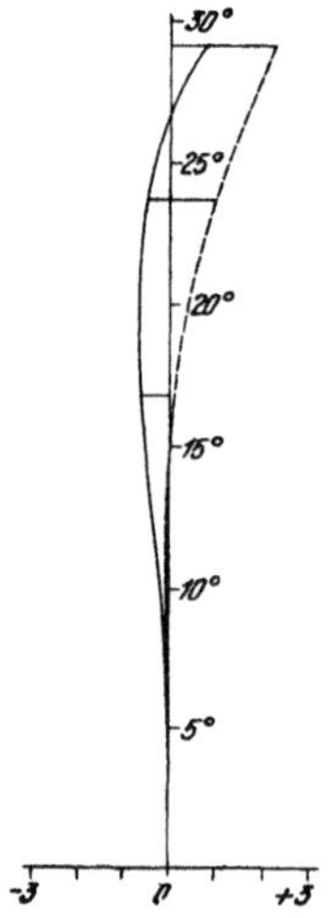

229b.

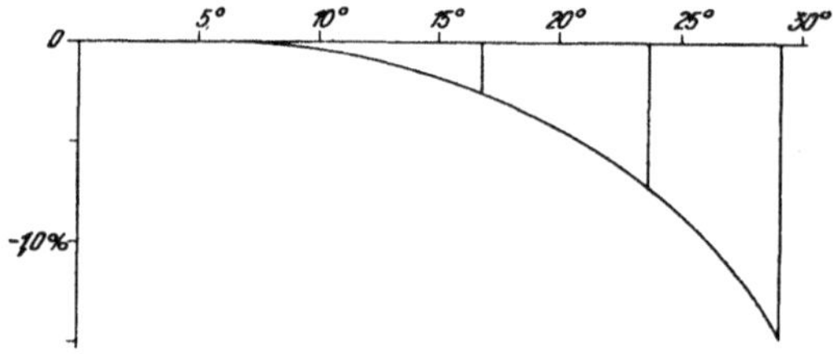

229c.

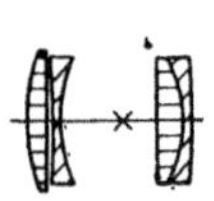

Abb. 230.
Nr. 11/4. EP. Nr. 209371/1923.

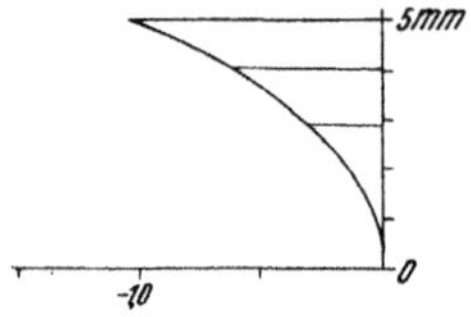

230a (Beide a-Kurven fallen zusammen.)

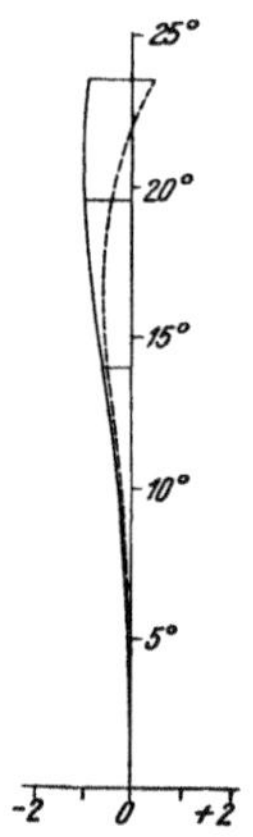

230b.

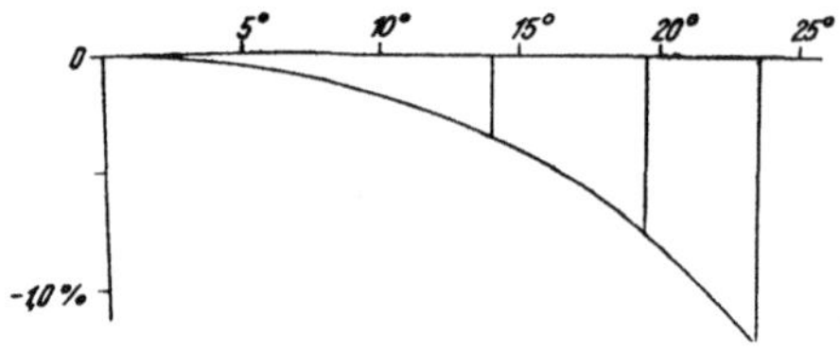

230c.

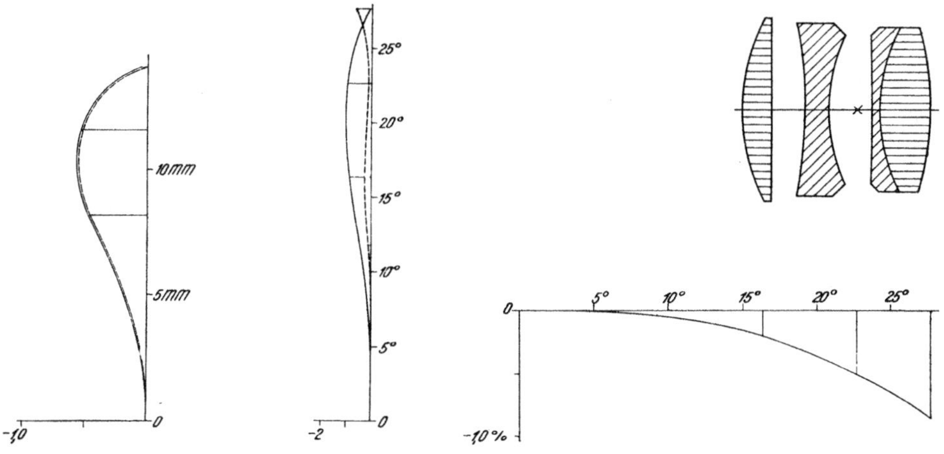

231a. 231b. 231c.

Abb. 231. Nr. 12/4. DRP. Nr. 463739/1926.

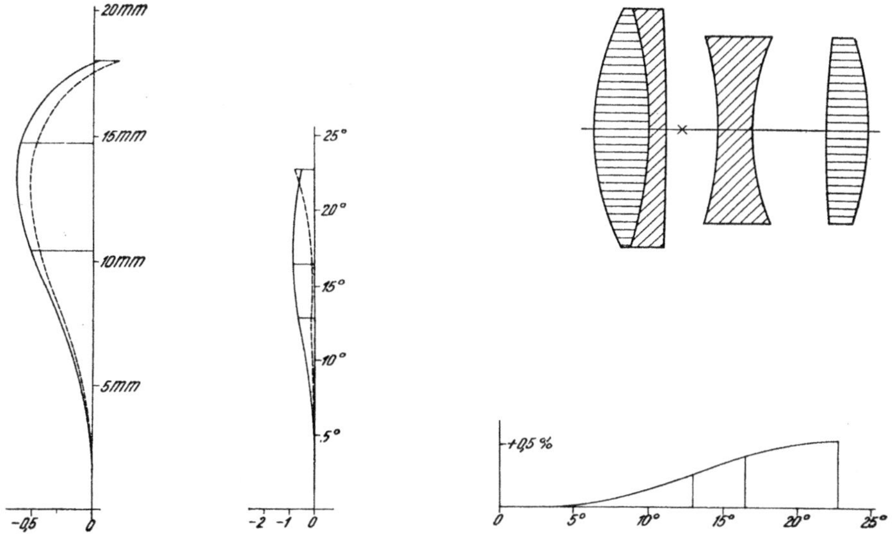

232a. 232b. 232c.

Abb. 232. Nr. 13/4. AP. Nr. 1826362/1929.

Hinsichtlich des Aufwandes an optischen Mitteln steht der Tessartyp der TAYLORschen Drillingslinse nahe. Aber auch die komplizierteren, aus der Drillingslinse ableitbaren Objektive erreichen oder übertreffen bei gerechter Würdigung aller in Betracht kommenden Umstände nach dem derzeitigen Stand die universelle Leistung des Tessars nicht, nur für besondere Zwecke bieten einige dieser Formen Vorzüge. Es folgt nachstehend eine Zusammenstellung solcher Objektive.

Objektivzusammenstellung 5[1]. Weitere aus der Grundform der TAYLORschen Drillingslinse ableitbare Objektive, deren Glieder teils aus einfachen, teils aus verkitteten Glaslinsen bestehen.

	Krümmungsradien	Dicken, Abstände, Blendenentfernungen	Glasarten n_D	Glasarten ν	Errechner des Objektivs	Literaturnachweis	Patentinhaber oder Herstellerfirma
1	$r_1 =$ 29,4 $r_2 =$ 116,1 $r_3 =$ 46,4 $r_4 =$ 13,7 $r_5 =$ 23,9 $r_6 =$ 142,7 $r_7 =$ 55,7	$d_1 =$ 6,4 $l =$ 5,0 $d_2 =$ 0,7 $d_3 =$ 3,3 $b_1 =$ 2,8 $b_2 =$ 14,3 $d_4 =$ 3,5	$L_1 = 1{,}5751$ $L_2 = 1{,}5482$ $L_3 = 1{,}6114$ $L_4 = 1{,}5751$	57,1 45,7 56,3 57,1	H. D. TAYLOR	DRP. Nr. 86757/ 1895	H. D. TAYLOR, York
2	$r_1 =$ 41,0 $r_2 =$ 25,8 $r_3 =$ 583,8 $r_4 =$ 44,8 $r_5 =$ 44,8 $r_6 =$ 583,8 $r_7 =$ 25,8 $r_8 =$ 41,0	$d_1 =$ 1,6 $d_2 =$ 3,6 $l =$ 8,1 $d_3 =$ 1,6 $b_1 =$ 3,0 $b_2 =$ 5,1 $d_4 =$ 3,6 $d_5 =$ 1,6	$L_1 = 1{,}5638$ $L_2 = 1{,}6080$ $L_3 = 1{,}5638$ $L_4 = 1{,}6080$ $L_5 = 1{,}5638$	42,8 56,7 42,8 56,7 42,8	H. HARTING	DRP. Nr. 124934/ 1900	VOIGTLÄNDER & SOHN, A.-G., Braunschweig
3	$r_1 =$ 40,4 $r_2 =$ 18,5 $r_3 =$ 123,4 $r_4 =$ 38,5 $r_5 =$ 31,0 $r_6 =$ 67,6 $r_7 =$ 19,2 $r_8 =$ 39,5	$d_1 =$ 1,6 $d_2 =$ 4,8 $l =$ 11,2 $d_3 =$ 0,6 $b_1 =$ 2,4 $b_2 =$ 3,4 $d_4 =$ 4,8 $d_5 =$ 0,6	$L_1 = 1{,}5499$ $L_2 = 1{,}6129$ $L_3 = 1{,}5364$ $L_4 = 1{,}6129$ $L_5 = 1{,}5707$	ca. 45,9 56,4 51,0 58,0 41,3	H. HARTING	DRP. Nr. 143889/ 1902	VOIGTLÄNDER & SOHN, A.-G., Braunschweig
4	$r_1 =$ 35,0 $r_2 =$ 20,8 $r_3 =$ plan $r_4 =$ 36,7 $r_5 =$ 28,3 $r_6 =$ 266,1 $r_7 =$ 19,2 $r_8 =$ 30,2	$d_1 =$ 0,7 $d_2 =$ 4,2 $l =$ 5,8 $d_3 =$ 0,4 $b_1 =$ 2,4 $b_2 =$ 0,8 $d_4 =$ 0,4 $d_5 =$ 6,7	$L_1 = 1{,}5489$ $L_2 = 1{,}6134$ $L_3 = 1{,}5502$ $L_4 = 1{,}5378$ $L_5 = 1{,}6134$	43,1 56,4 45,1 51,2 56,4	H. HARTING	DRP. Nr. 154910/ 1903	VOIGTLÄNDER & SOHN, A.-G., Braunschweig
5	$r_1 =$ 25,8 $r_2 =$ 66,7 $r_3 =$ 166,6 $r_4 =$ 41,7 $r_5 =$ 25,9 $r_6 =$ 65,3 $r_7 =$ 27,2 $r_8 =$ 28,0	$d_1 =$ 4,2 $d_2 =$ 0,4 $l =$ 2,2 $d_3 =$ 0,4 $b_1 =$ 3,0 $b_2 =$ 2,3 $d_4 =$ 0,4 $d_5 =$ 3,3	$L_1 = 1{,}6133$ $L_2 = 1{,}5698$ $L_3 = 1{,}6061$ $L_4 = 1{,}5378$ $L_5 = 1{,}6133$	56,4 51,2 43,8 51,5 56,4	H. HARTING	DRP. Nr. 154911/ 1903	VOIGTLÄNDER & SOHN, A.-G., Braunschweig
6	$r_1 =$ 23,6 $r_2 =$ plan $r_3 =$ 64,2 $r_4 =$ 22,7 $r_5 =$ 232,0 $r_6 =$ 17,6 $r_7 =$ 31,8 $r_8 =$ 39,5	$d_1 =$ 3,7 $l =$ 3,9 $d_2 =$ 1,2 $b_1 =$ 3,7 $b_2 =$ 1,2 $d_3 =$ 1,8 $d_4 =$ 1,9 $d_5 =$ 3,7	$L_1 = 1{,}5725$ $L_2 = 1{,}5784$ $L_3 = 1{,}5199$ $L_4 = 1{,}5394$ $L_5 = 1{,}6120$	57,5 41,7 54,5 59,7 56,5	J. STUART und J. W. HASSELKUS	EP. Nr. 29637/ 1913	J. STUART und J. W. HASSELKUS (ROSS, LTD.), London

[1] Vgl. Anm. 1 auf S. 255.

(Fortsetzung der Objektivzusammenstellung 5.)

	Krümmungs-radien	Dicken, Abstände, Blendenent-fernungen	Glasarten n_D	Glasarten ν	Errechner des Objektivs	Literaturnachweis	Patentinhaber oder Herstellerfirma
				ca.			
7	$r_1 = 42,2$	$d_1 = 7,8$	$L_1 = 1,6109$	56,5	L. B. BOOTH	EP.	L. B. BOOTH,
	$r_2 = 47,3$	$d_2 = 1,6$	$L_2 = 1,5485$	45,9		Nr. 151 506/	Cambridge
	$r_3 = 1506,0$	$b_1 = 4,8$	$L_3 = 1,5485$	45,9		1919	
	$r_4 = 43,8$	$b_2 = 3,5$	$L_4 = 1,5485$	45,9			
	$r_5 = 38,0$	$d_3 = 1,6$	$L_5 = 1,6109$	56,5			
	$r_6 = 837,0$	$l = 8,5$					
	$r_7 = 39,1$	$d_4 = 1,6$					
	$r_8 = 39,1$	$d_5 = 7,8$					
8	$r_1 = 24,3$	$d_1 = 2,0$	$L_1 = 1,6103$	58,9	—	DRP.	VOIGTLÄNDER
	$r_2 = 21,5$	$d_2 = 1,0$	$L_2 = 1,5284$	51,9		Nr. 342 937/	& SOHN,
	$r_3 = 99,2$	$b_1 = 1,8$	$L_3 = 1,5284$	51,9		1921	A.-G.,
	$r_4 = 26,0$	$b_2 = 0,8$	$L_4 = 1,5284$	51,9			Braun-
	$r_5 = 26,0$	$d_3 = 1,0$	$L_5 = 1,6103$	58,9			schweig
	$r_6 = 99,2$	$l = 2,6$					
	$r_7 = 21,5$	$d_4 = 1,0$					
	$r_8 = 24,3$	$d_5 = 2,0$					
9	$r_1 = 39,6$	$d_1 = 13,0$	$L_1 = 1,6139$	56,4	—	DRP.	C. A. STEIN-
	$r_2 = 42,9$	$d_2 = 2,2$	$L_2 = 1,549$	46,1		Nr. 396 823/	HEIL SÖHNE,
	$r_3 = 713,0$	$b_1 = 2,8$	$L_3 = 1,626$	39,2		1923	München
	$r_4 = 49,2$	$b_2 = 3,7$	$L_4 = 1,599$	57,2			
	$r_5 = 37,3$	$d_3 = 2,0$	$L_5 = 1,547$	62,8			
	$r_6 = 102,5$	$l = 8,9$					
	$r_7 = 87,8$	$d_4 = 4,7$					
	$r_8 = 40,8$	$d_5 = 3,2$					
10	$r_1 = 45,0$	$d_1 = 6,0$	$L_1 = 1,6214$	56,9	R. RICHTER	DRP.	C. P. GOERZ,
	$r_2 =$ plan	$d_2 = 2,0$	$L_2 = 1,5232$	51,1		Nr. 425 146/	A.-G., Berlin
	$r_3 = 30,0$	$d_3 = 7,0$	$L_3 = 1,6214$	56,9		1925	
	$r_4 = 362,4$	$b_1 = 3,5$	$L_4 = 1,6130$	36,9			
	$r_5 = 70,0$	$b_2 = 4,5$	$L_5 = 1,6214$	56,9			
	$r_6 = 38,5$	$d_4 = 2,5$					
	$r_7 = 125,0$	$l = 10,3$					
	$r_8 = 52,3$	$d_5 = 6,0$					
11	$r_1 = 33,0$	$d_1 = 4,7$	$L_1 = 1,6134$	58,5	W. MERTÉ	DRP[1].	CARL ZEISS,
	$r_2 =$ plan	$l = 5,4$	$L_2 = 1,5739$	41,4		Nr. 451 194/	Jena
	$r_3 = 72,9$	$d_2 = 3,9$	$L_3 = 1,5398$	47,3		1925	
	$r_4 = 30,0$	$b_1 = 4,6$	$L_4 = 1,6423$	48,0			
	$r_5 =$ plan	$b_2 = 2,0$	$L_5 = 1,6489$	33,8			
	$r_6 = 31,9$	$d_3 = 1,55$					
	$r_7 = 27,6$	$d_4 = 7,8$					
	$r_8 = 49,2$	$d_5 = 0,9$					
12	$r_1 = 38,2$	$d_1 = 8,5$	$L_1 = 1,6238$	56,9	W. MERTÉ	DRP.	CARL ZEISS,
	$r_2 = 68,9$	$d_2 = 0,6$	$L_2 = 1,5475$	45,9		Nr. 451 194/	Jena
	$r_3 = 1369,7$	$l = {}^*6,4$	$L_3 = 1,5829$	40,5		1925	
	$r_4 = 60,6$	$d_3 = 6,5$	$L_4 = 1,6424$	48,0			
	$r_5 = 28,6$	$b_1 = 5,5$	$L_5 = 1,5399$	47,4			
	$r_6 =$ plan	$b_2 = 1,8$	$L_6 = 1,6221$	53,2			
	$r_7 = 61,7$	$d_4 = 2,7$					
	$r_8 = 23,6$	$d_5 = 0,7$					
	$r_9 = 45,1$	$d_6 = 9,8$					

* In der Patentschrift ist l mit 6,87 angegeben.

[1] Erfinder dieses Patentes sind W. MERTÉ und E. WANDERSLEB.

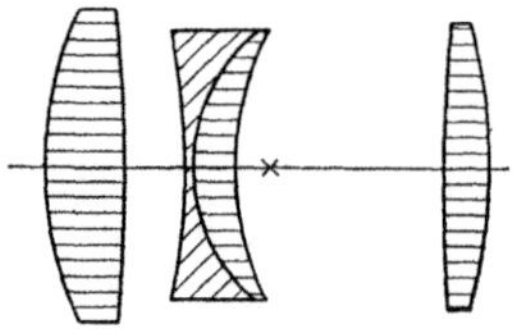

Abb. 233.
Nr. 1/5. DRP. Nr. 86757/1895.

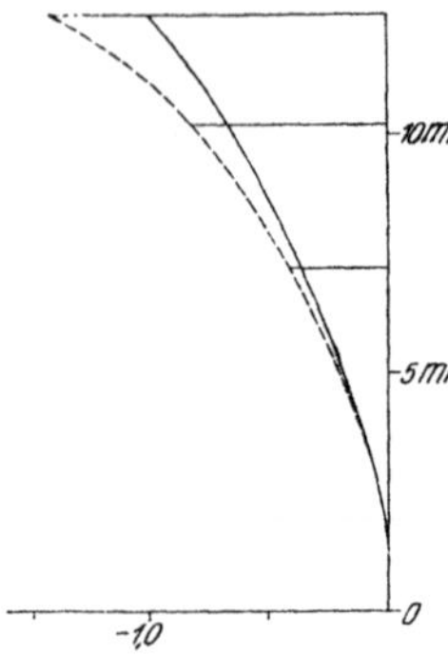

233 a.

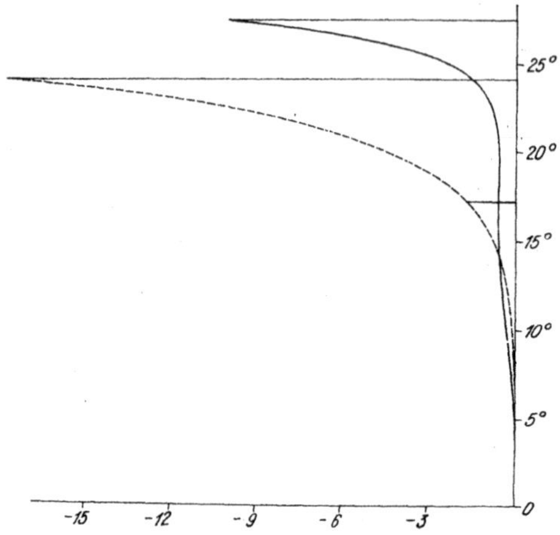

233 b.

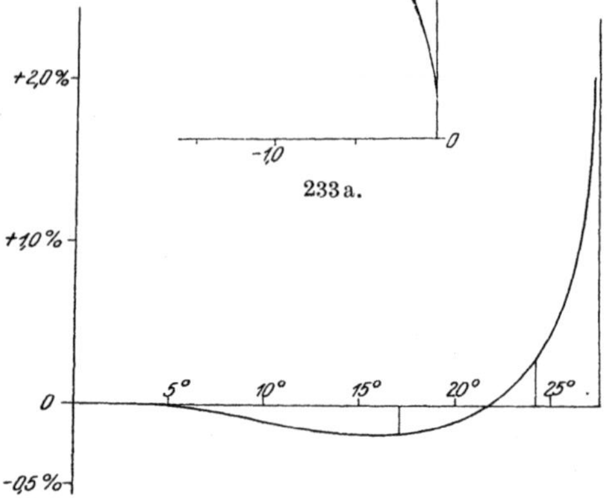

233 c.

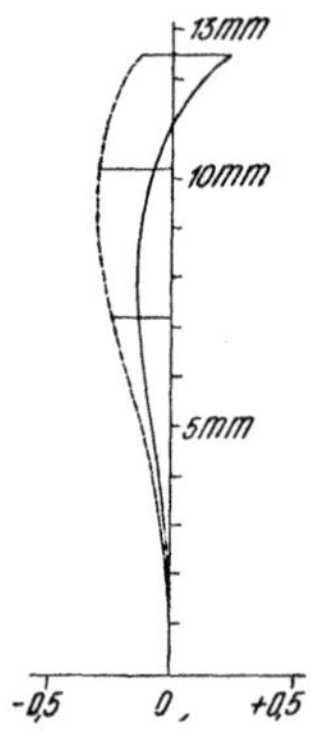

234 a.

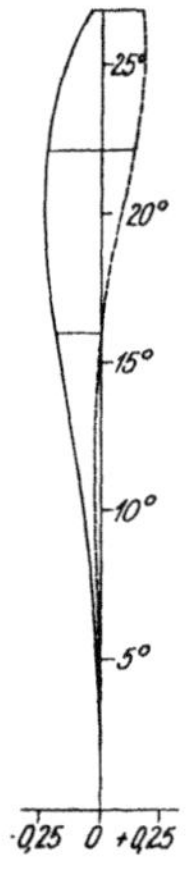

234 b.

Abb. 234. Nr. 2/5.
DRP. Nr. 124934/1900.

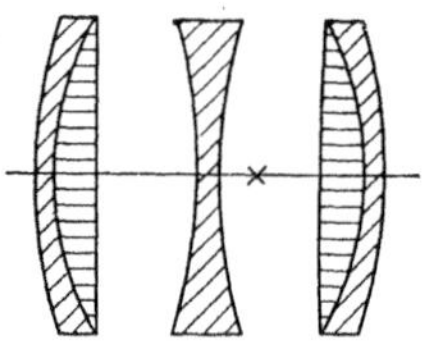

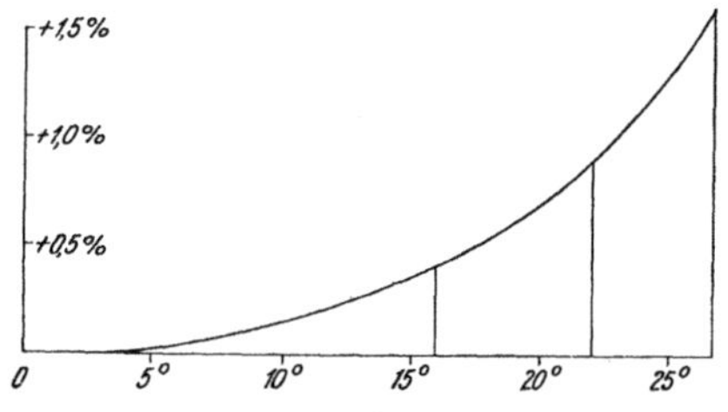

234 c.

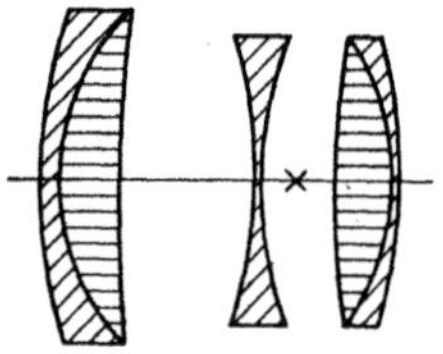

Abb. 235.
Nr. 3/5. DRP. Nr. 143889/1902.

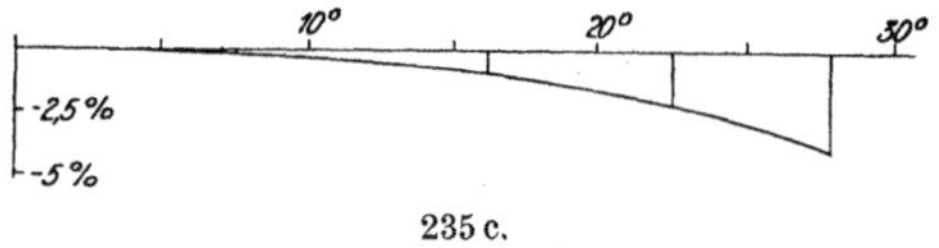

235 c.

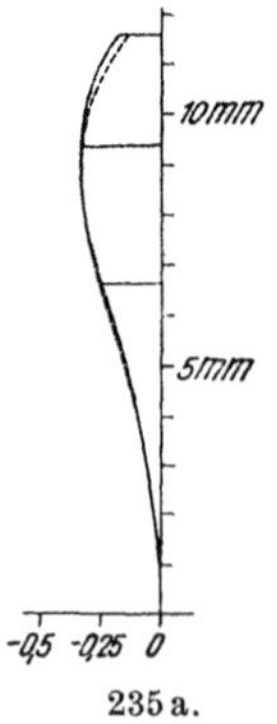

235 a.

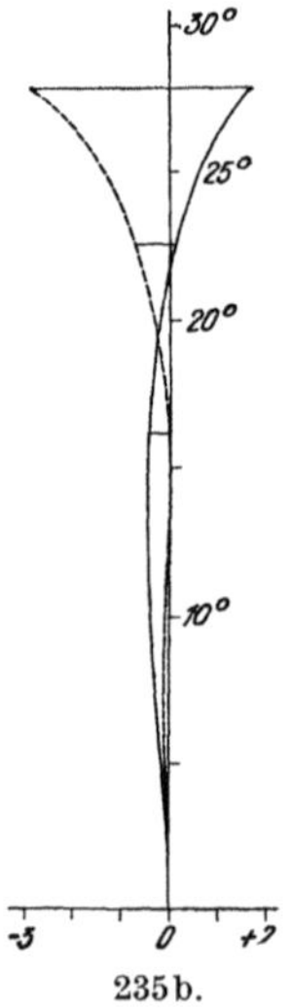

235 b.

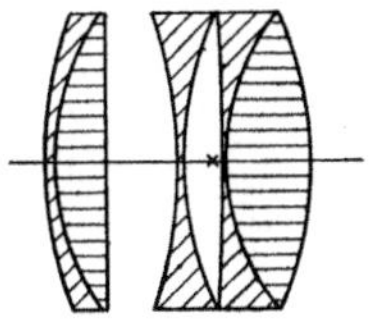

Abb. 236. Nr. 4/5. DRP. Nr. 154910/1903.

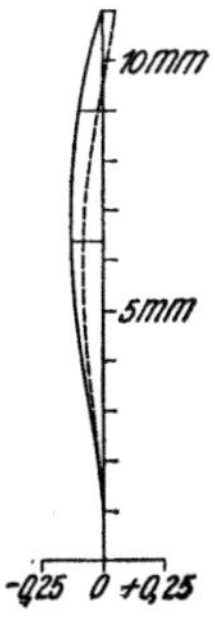

236 a.

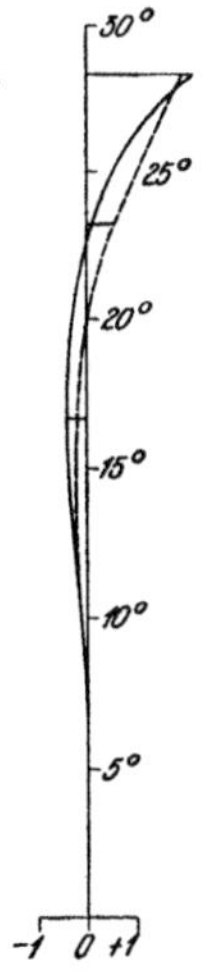

236 b.

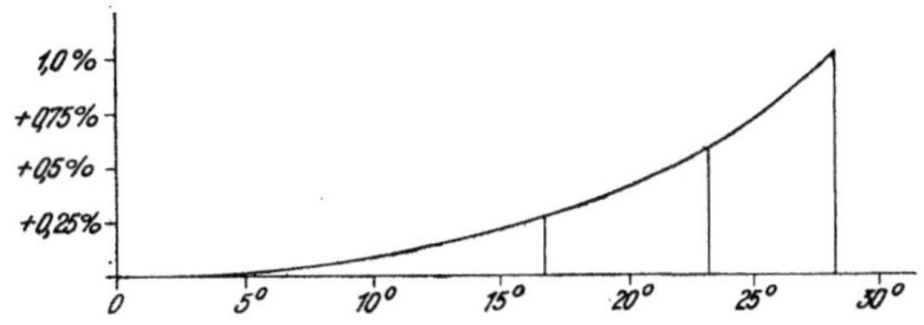

236 c.

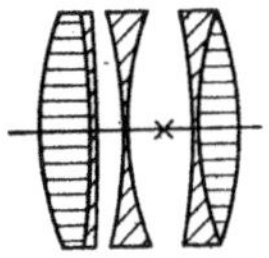

Abb. 237. Nr. 5/5. DRP. Nr. 154911/1903.

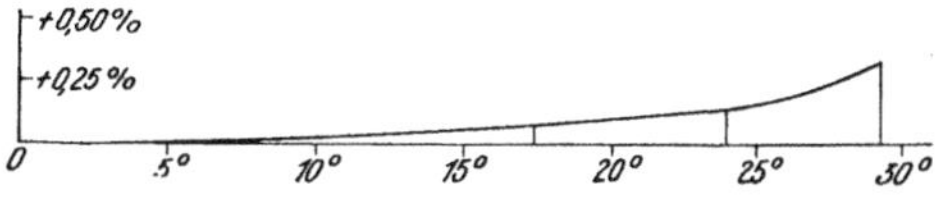

237 c.

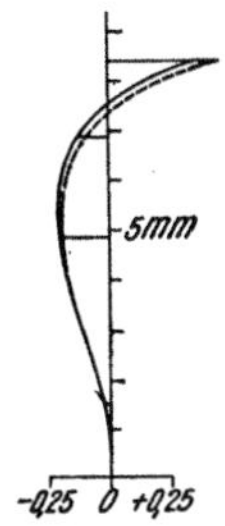

237 a.

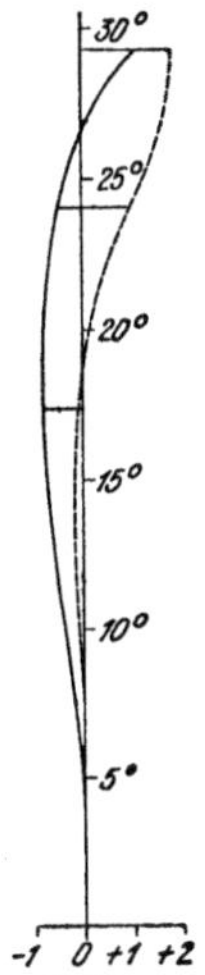

237 b.

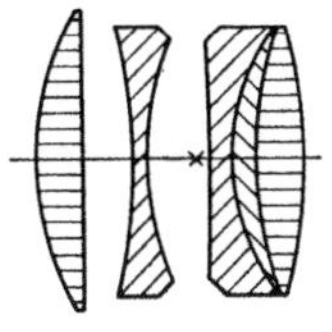

Abb. 238. Nr. 6/5. EP. Nr. 29637/1913.

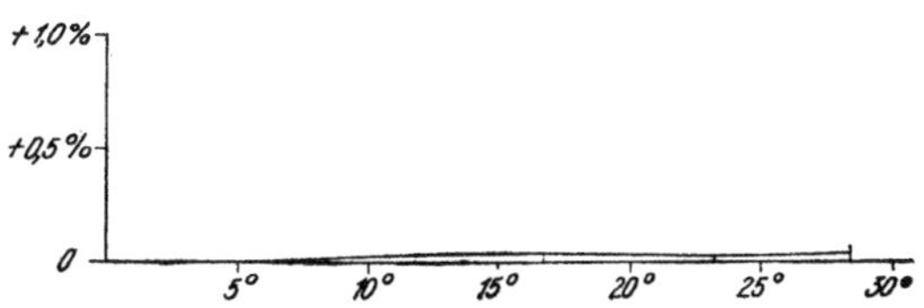

238 c.

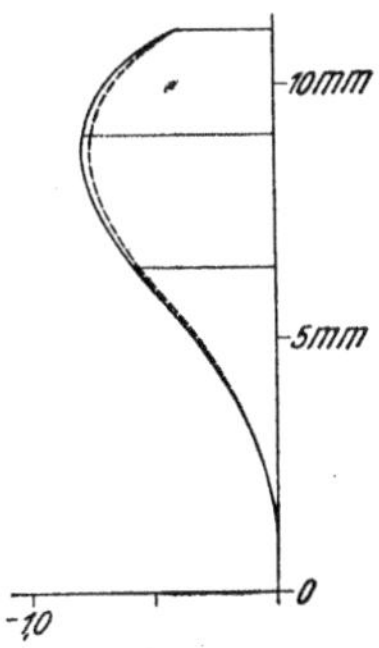

238 a.

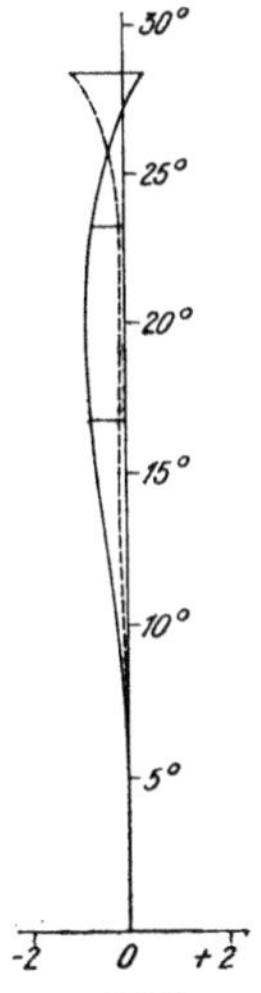

238 b.

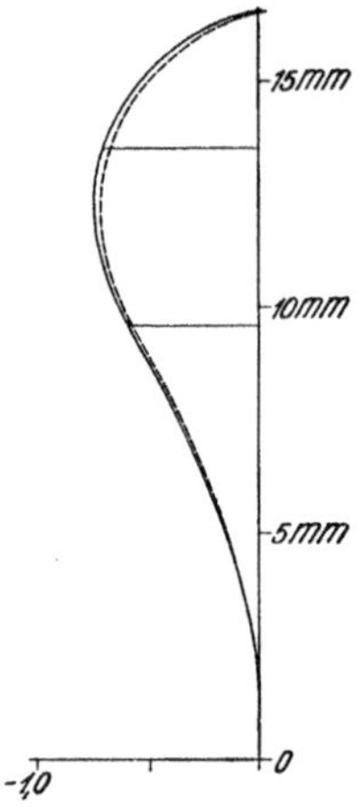

239 a.

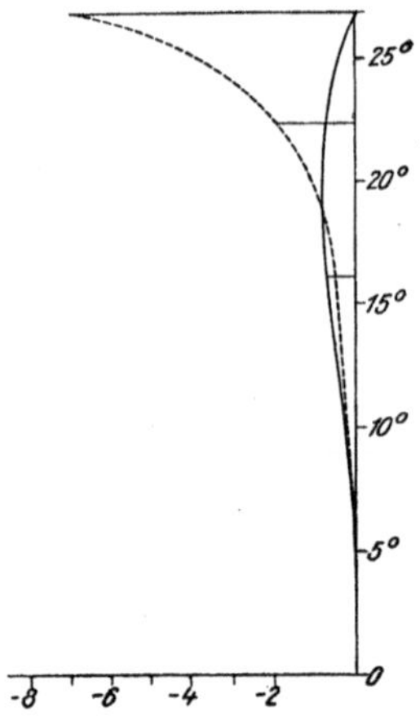

239 b.

Abb. 239.
Nr. 7/5. EP.
Nr. 151506/1919.

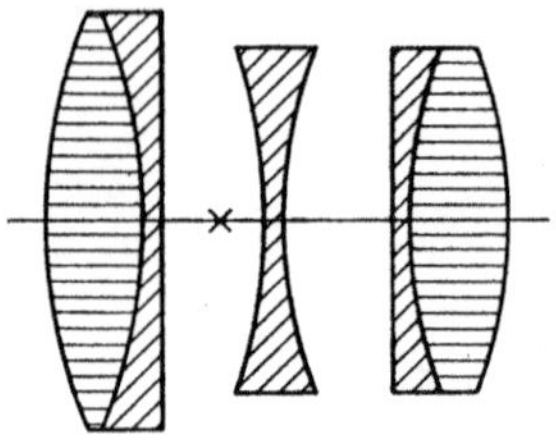

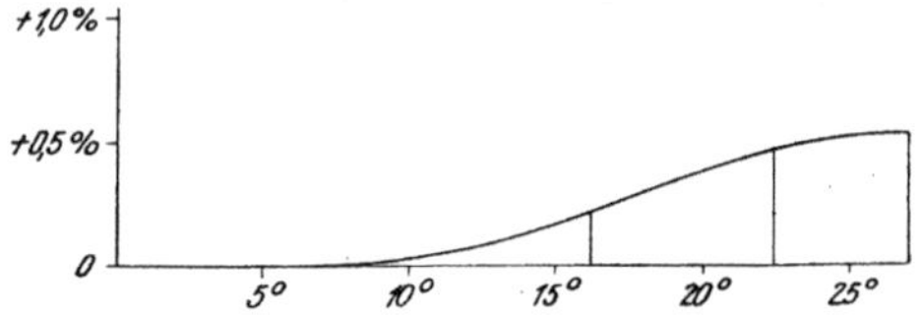

239 c.

Abb. 240. Nr. 8/5. DRP.
Nr. 342937/1921.
Abbildungsmaßstab $N = 1$.

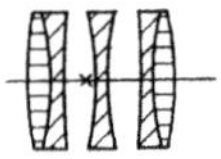

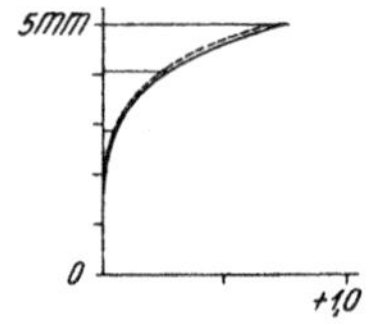

240 a.

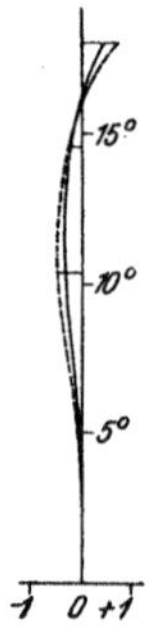

240 b.

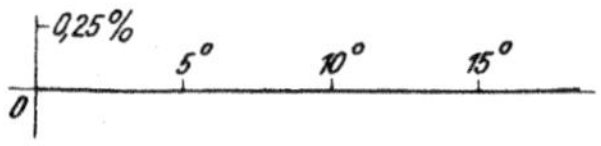

240 c.

Abb. 241.
Nr. 9/5. DRP. Nr. 396823/1923.

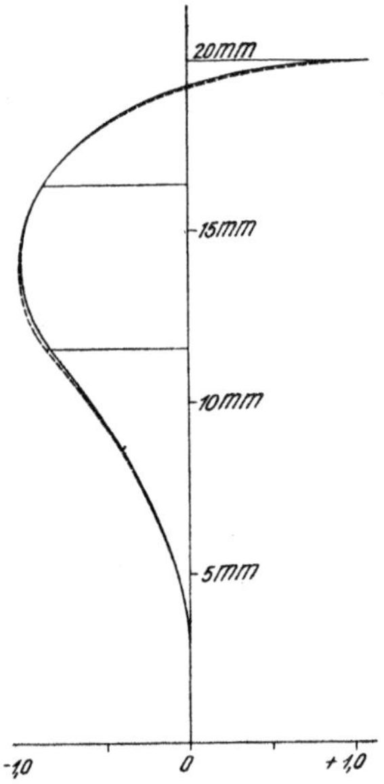

241 a.

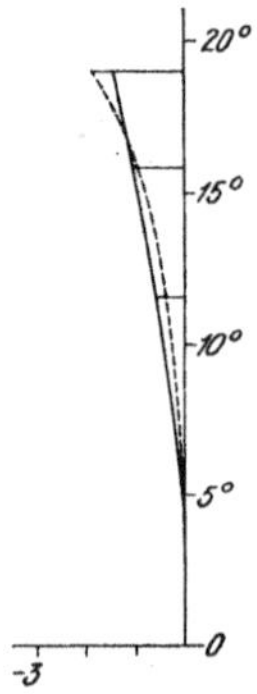

241 b.

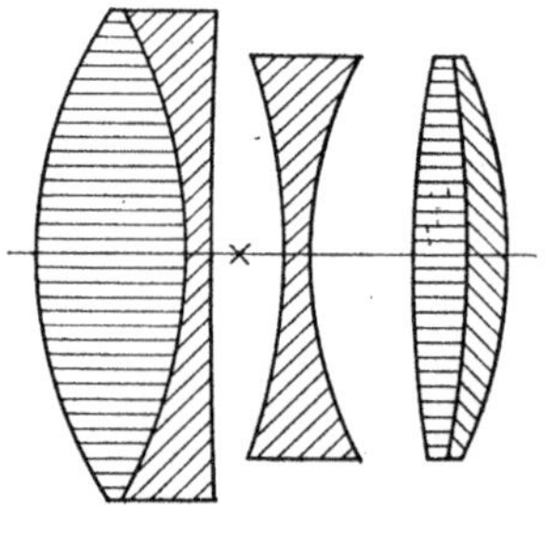

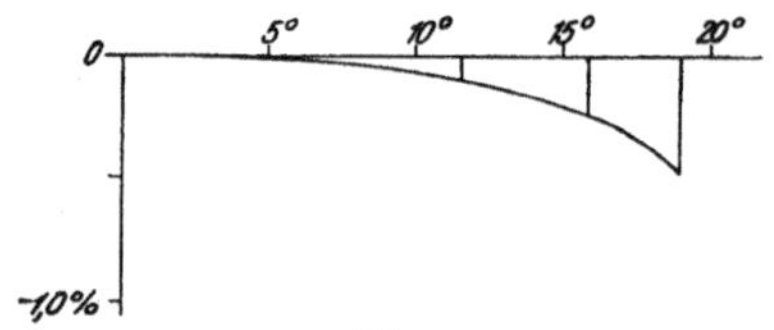

241 c.

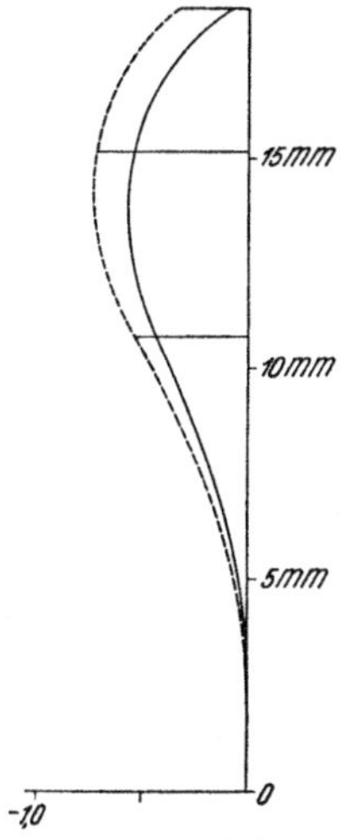

242 a.

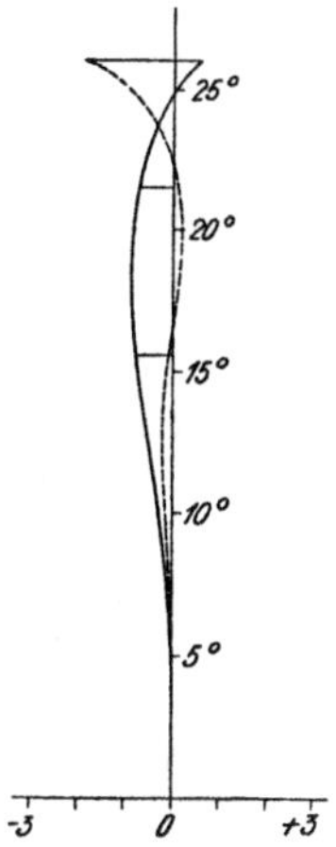

242 b.

Abb. 242.
Nr. 10/5.
DRP. Nr. 425146/
1925.

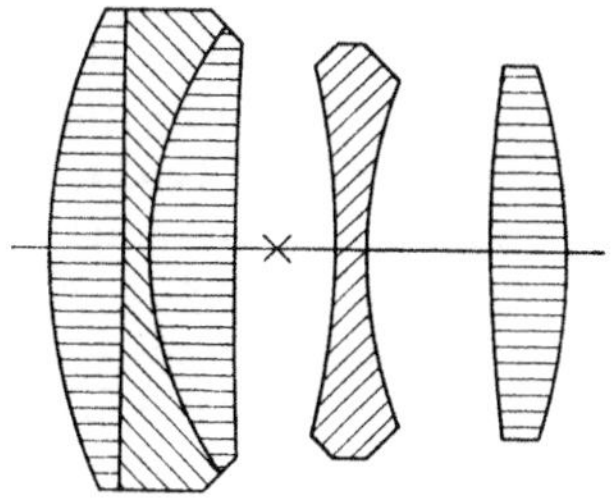

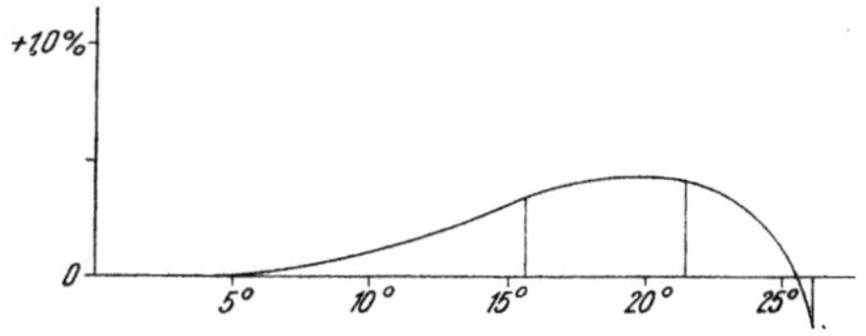

242 c.

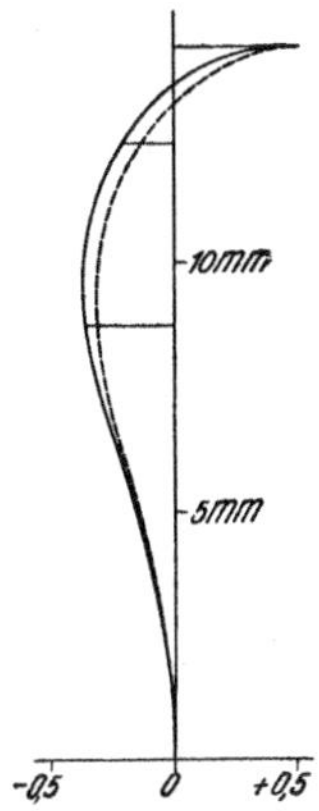

243 a.

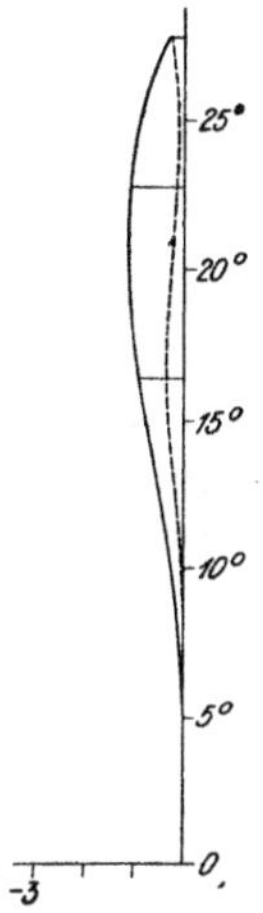

243 b.

Abb. 243.
Nr. 11/5.
DRP. Nr. 451194/
1925.

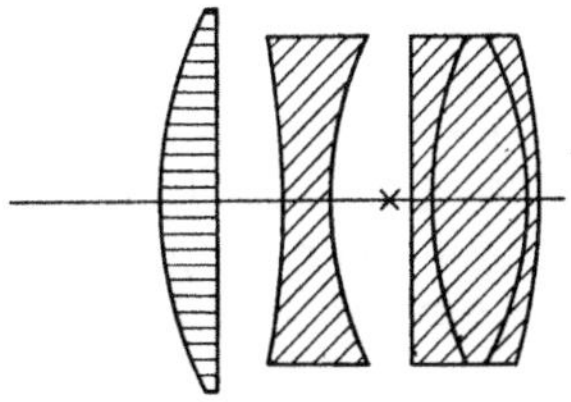

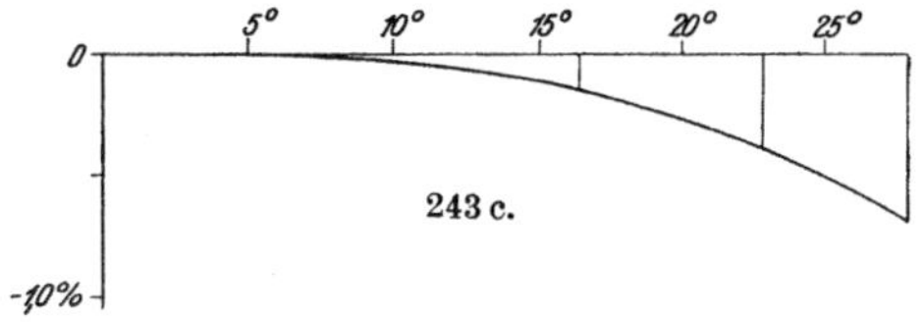

243 c.

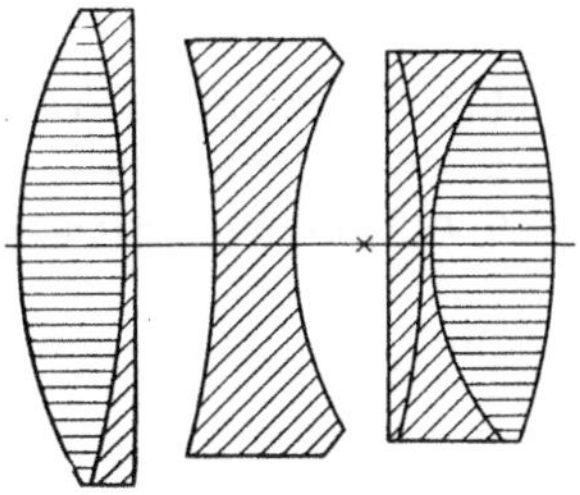

Abb. 244.
Nr. 12/5.
DRP. Nr. 451194/
1925.

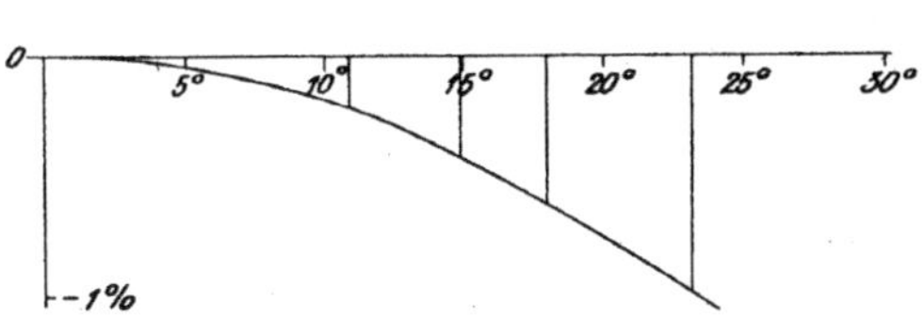

244 c.

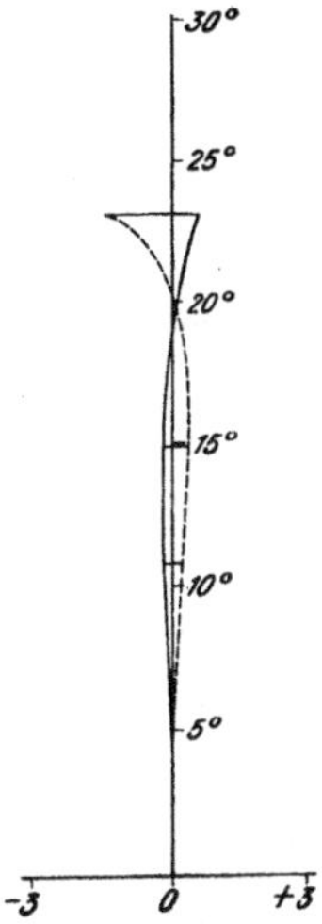

244 b.

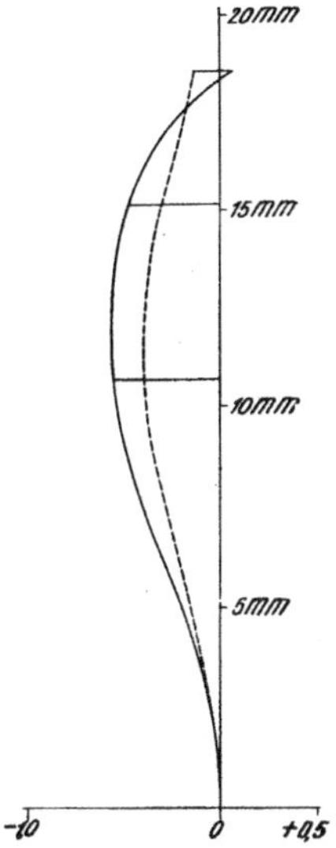

244 a.

Von den hier zusammengestellten Linsenanlagen sind die von H. HARTING angegebenen und von seinen Nachfolgern weiter ausgebauten Objektive wohl bis her am bekanntesten geworden. Gemeinsam ist diesen durch die vier deutschen Patente Nr. 124934, 143889, 154910 und 154911 (s. Nr. 2—5 der Zusammenstellung 5) geschützten Formen der äußere Aufbau der Drillingslinse mit je einer sammelnden Kittfläche in den beiden äußeren Sammellinsen.

Schon seit Anfang des Jahrhunderts werden von der VOIGTLÄNDER & SOHN-A.-G. derartige Objektive mit Erfolg hergestellt. Sie sind unter Namen wie Heliar, Dynar und Oxyn (letzteres ein seit längerem nicht mehr fabriziertes Reproduktionsobjektiv) in den Handel gekommen.

Besonders beliebt sind die Heliare geworden, die noch heute, nachdem sie im Laufe der Entwicklung natürlich weiter verbessert worden sind[1], je nach Größe des nutzbaren Bildfeldes, des Anfangsöffnungsverhältnisses und der Brennweite zu den besten Universal-, Kino- und Porträtobjektiven[2] gerechnet werden können.

Die von ROSS LTD., London, hergestellte Xpress-Lens 1 : 4,5 fällt unter den Schutzanspruch des englischen Patents 29637/1913 (s. Nr. 6 der Zusammenstellung 5); sie unterscheidet sich in ihrem äußeren Aufbau vom ZEISSsischen Tessar dadurch, daß der verkittete Teil bei der Xpress-Lens aus drei Linsen besteht, während es beim Tessar nur deren zwei sind.

Die in der Zusammenstellung 5 an letzter Stelle stehende Linsenanlage ist die Grundform des ganz neuerdings von C. ZEISS herausgebrachten Biotessars 1 : 2,8. Dieses hat innerhalb seines brauchbaren Bildfeldes von reichlich 40° eine noch ausgeglichenere Schärfe als das Tessar mit der ihm nächststehenden Öffnung 1 : 2,7.

7. Doppelobjektive, die aus photographisch benutzbaren Gliedern zusammengesetzt sind. Satzobjektive. Neben der Vervollkommnung der photographischen Objektive durch mehr oder weniger zweckmäßige Häufung der optischen Mittel, d. h. der Mehrung der Linsenzahl ohne sonstige Bindung, ist die optische Leistung auch durch Zusammensetzung zweier Linsenanlagen, die selbst bereits brauchbare photographische Objektive sind, erhöht worden.

Solche aus zwei Einzellinsen zusammengesetzte Objektive haben in der Regel z. B. ein wesentlich größeres Öffnungsverhältnis und eine bessere Berichtigung der Verzeichnung als eine der beiden Einzellinsen. Die häufiger benutzten Möglichkeiten der Vereinigung zweier Einzellinsen sind etwa folgende:

a) die zur Blende symmetrische Gegenüberstellung zweier gleicher Einzellinsen — man erhält so die sog. symmetrischen Doppelobjektive[3] —,

b) die Zusammenstellung zweier geometrisch ähnlicher Einzellinsen verschiedener Brennweiten, wobei die Anordnung der Einzellinsen zur Blende dem Ähnlichkeitsverhältnis entspricht — diese Objektive werden hemisymmetrisch genannt — und

c) die Zusammenfassung zweier im Bau einander nicht geometrisch ähnlicher Lichtbildlinsen zu einem Doppelobjektiv.

---

[1] RICHTER, R.: Photogr. Ind. **1921**, 460—461.

[2] Leider liegt keine Veröffentlichung mit den Konstruktionsdaten eines modernen Heliars vor, so daß Zahlenangaben nur für die ältesten Formen im Text erscheinen. Gelegentliche Untersuchungen moderner Heliare berechtigen aber den Verfasser zu dem ausgesprochenen Urteil.

[3] Eine allgemeine Untersuchung solcher Anlagen innerhalb des SEIDELschen Gebietes steht in der Theorie der optischen Instrumente, S. 331—336, hrsg. von M. v. ROHR. Berlin: Julius Springer 1904.

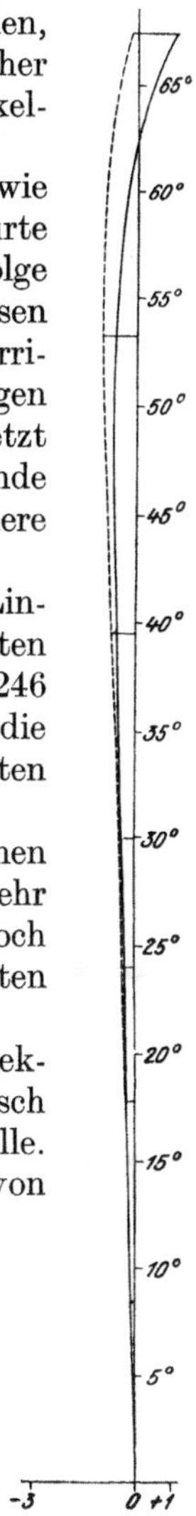

Symmetrische Objektive[1] sind schon frühzeitig angegeben worden, z. B. etwa 1865 von A. STEINHEIL die Zusammenstellung zweier einfacher Menisken zu einem symmetrischen Objektiv, das besonders für Weitwinkelaufnahmen bestimmt war.

Ebenfalls aus zwei einfachen Menisken zusammengesetzt ist, wie Abb. 245 zeigt, der von C. P. GOERZ Anfang des Jahrhunderts eingeführte Hypergondoppelanastigmat, der von E. v. HÖEGH[2] angegeben ist. Infolge seines ungewöhnlich großen Bildfeldes von ungefähr 140°, innerhalb dessen die Fehler enger schiefer Bündel und die Verzeichnung weitgehend korrigiert sind, wird das Hypergon, obwohl seine sphärischen Längsabweichungen und Farbenfehler natürlich erheblich sind, für manche Zwecke auch jetzt noch benötigt. Die bei einem solch weitwinkligen Objektiv nach dem Rande des Bildfeldes stark abnehmende Helligkeit wird durch eine besondere Blendeneinrichtung[3] ausgeglichen.

Von symmetrischen Objektiven, deren Hälften aus zwei verkitteten Linsen bestehen, erwähnen wir aus geschichtlichen Gründen den Aplanaten von A. STEINHEIL, dessen schematischer Linsenachsenschnitt aus Abb. 246 zu ersehen ist. Dieser Linsentypus wurde in verschiedenen Formen für die einzelnen Gebiete der Photographie ausgearbeitet und ist seit der zweiten Hälfte der 60er Jahre außerordentlich viel benutzt worden.

Durch das Aufkommen der Anastigmate sind die Aplanate, von denen auch noch andere Formen als die STEINHEILschen angegeben wurden, mehr und mehr zurückgedrängt worden und werden heute höchstens nur noch dort gelegentlich verwandt, wo die Leistung eines Aplanaten ausreicht.

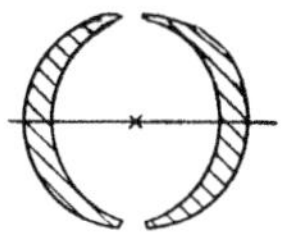

Hingegen spielen die photographischen Doppelobjektive, die aus anastigmatischen Einzellinsen symmetrisch zusammengesetzt sind, auch heute eine wichtige Rolle. Es folgt hier eine Zusammenstellung der Fehlerkurven von

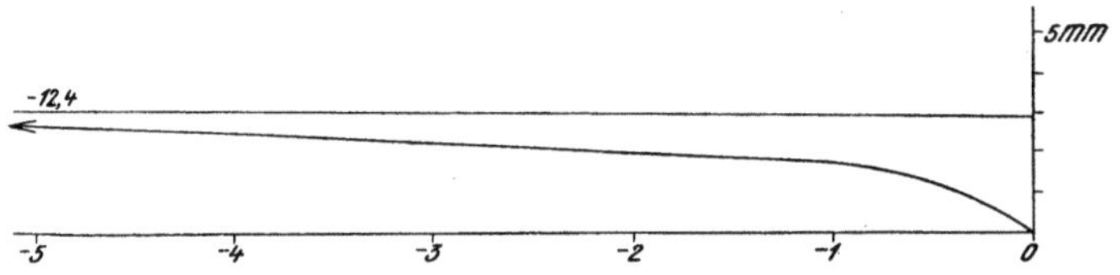

245 a. (Beide a-Kurven fallen zusammen.)

245 b.

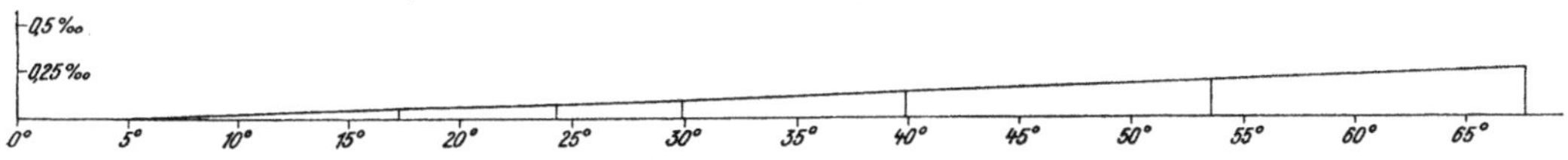

245 c.

Abb. 245. Hypergon. DRP. Nr. 126500/1900.

symmetrischen Doppelobjektiven, von deren Einzellinsen schon weiter vorn[4] die Fehlerkurven und Konstruktionsdaten angegeben sind.

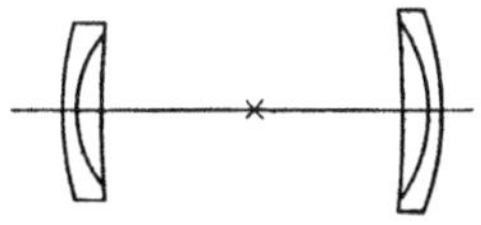

Abb. 246. Schematischer Linsenachsenschnitt eines Aplanaten nach A. STEINHEIL.

[1] ROHR, M. v.: Central-Ztg. Opt. u. Mech. **1921**, 277 bis 279, 294—296, 312—314, 327—330.

[2] DRP. Nr. 126500/1900.

[3] CLES, H. v.: Der Gebrauch der Blende in der Photographie, 2. Aufl., S. 9—10. Halle: W. Knapp 1925. [4] Vgl. S. 252ff.

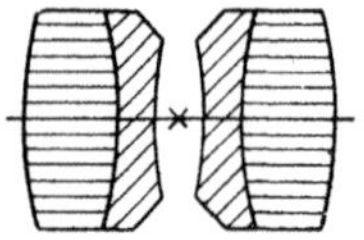

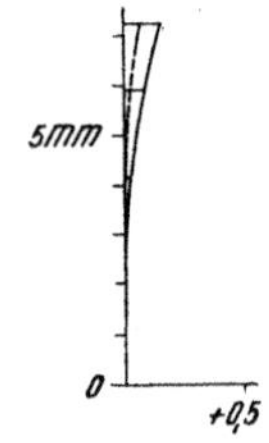

247 a.

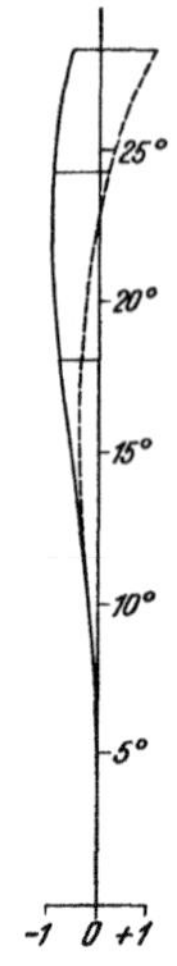

247 b.

Abb. 247. Fehlerkurven und Linsenachsenschnitt des symmetrischen Doppelobjektivs aus zwei gleichen Einzellinsen, deren Fehlerkurven in Abb. 160 dargestellt sind. DRP. Nr. 282015/1911.

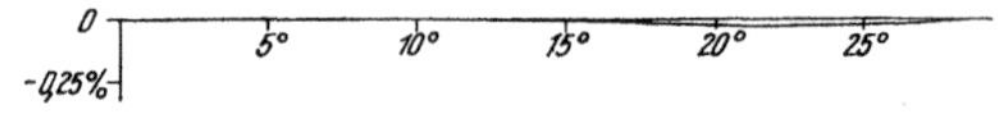

247 c.

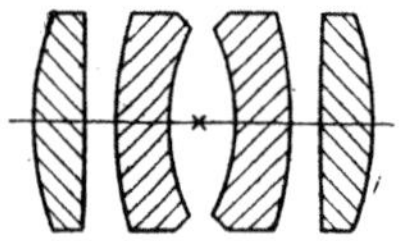

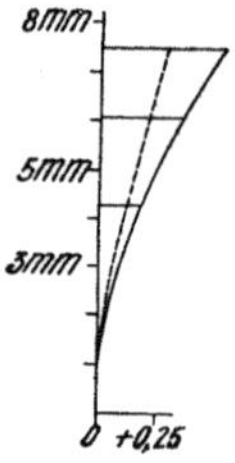

248 a.

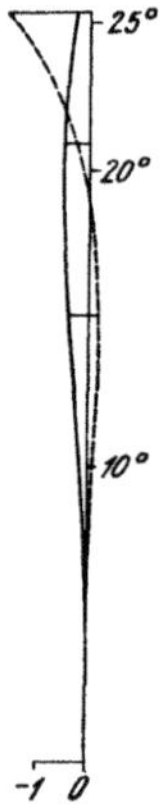

248 b.

Abb. 248. Fehlerkurven und Linsenachsenschnitt des symmetrischen Doppelobjektivs aus zwei gleichen Einzellinsen, deren Fehlerkurven in Abb. 161 dargestellt sind. ÖP. Nr. 8364/1901.

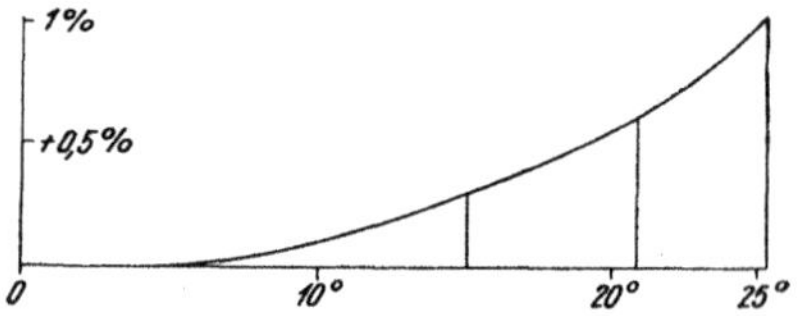

248 c.

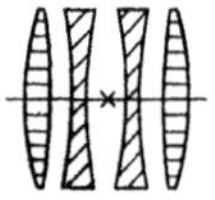

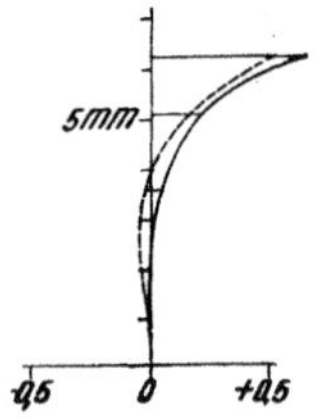

249 a.

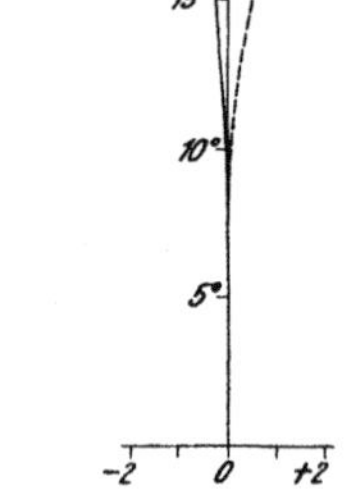

249 b.

Abb. 249. Fehlerkurven und Linsenachsenschnitt des symmetrischen Doppelobjektivs aus zwei gleichen Einzellinsen, deren Fehlerkurven in Abb. 163 dargestellt sind. AP. Nr. 1160148/1915.

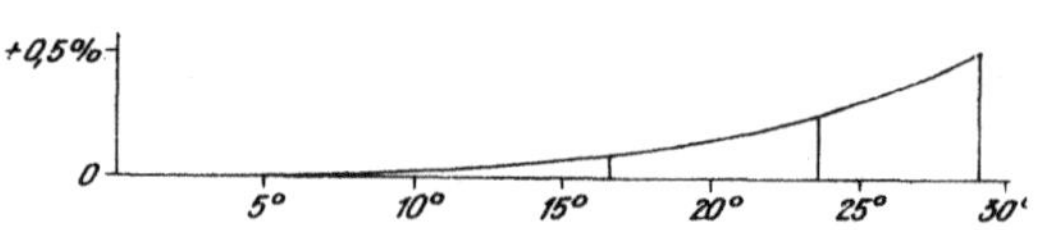

249 c.

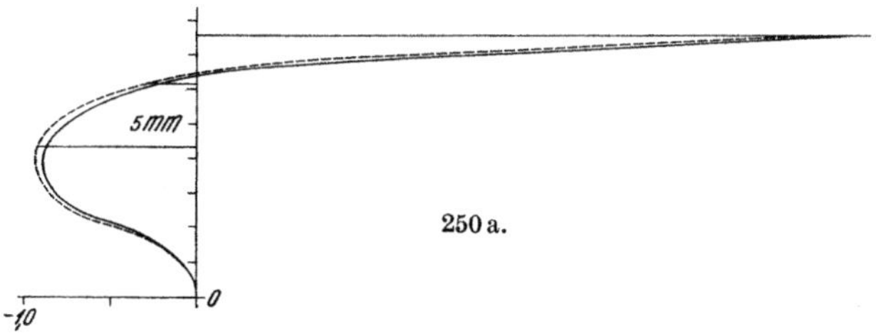

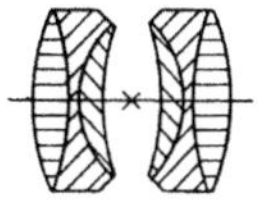

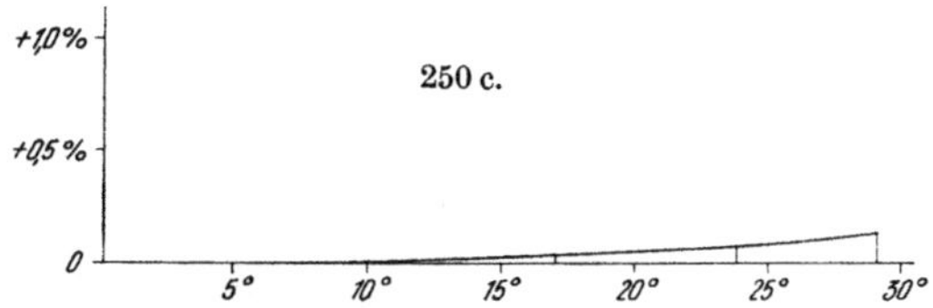

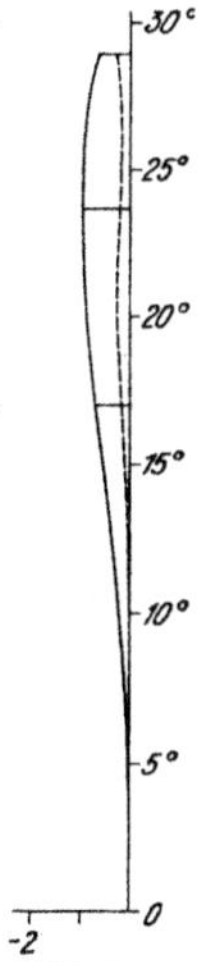

250 b.

Abb. 250. Fehlerkurven und Linsenachsenschnitt des symmetrischen Doppelobjektivs aus zwei gleichen Einzellinsen, deren Fehlerkurven in Abb. 165 dargestellt sind. DRP. Nr. 74437/1892.

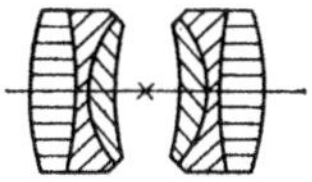

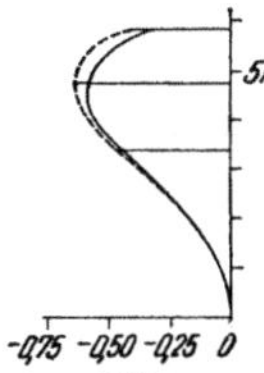

251 a.

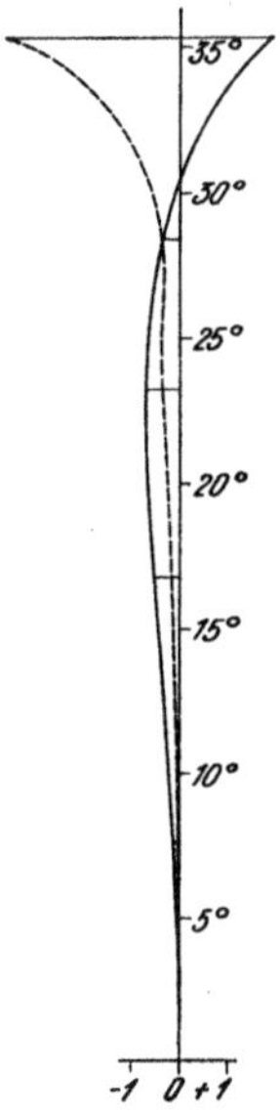

251 b.

Abb. 251. Fehlerkurven und Linsenachsenschnitt des symmetrischen Doppelobjektivs aus zwei gleichen Einzellinsen, deren Fehlerkurven in Abb. 166 dargestellt sind. Vgl. A. Gleichen.

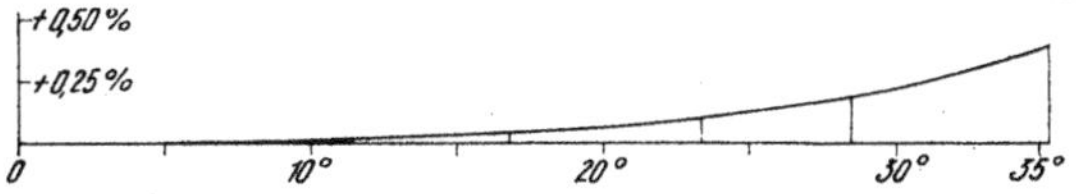

251 c.

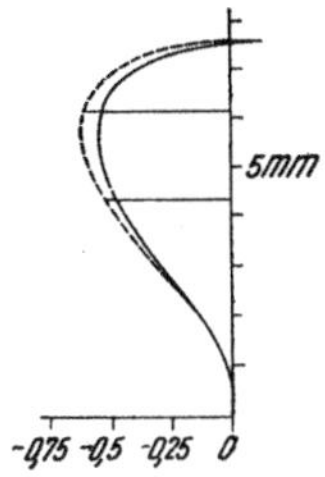

252 a.

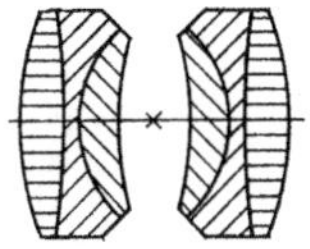

Abb. 252. Fehlerkurven und Linsenachsenschnitt des symmetrischen Doppelobjektivs aus zwei gleichen Einzellinsen, deren Fehlerkurven in Abb. 167 dargestellt sind. DRP. Nr. 196734/1906.

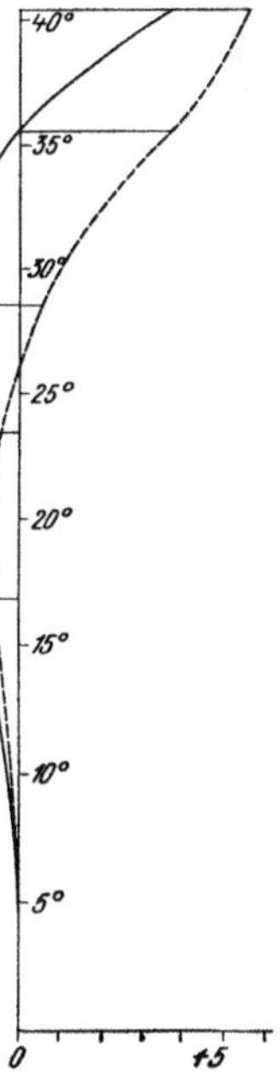

252 b.

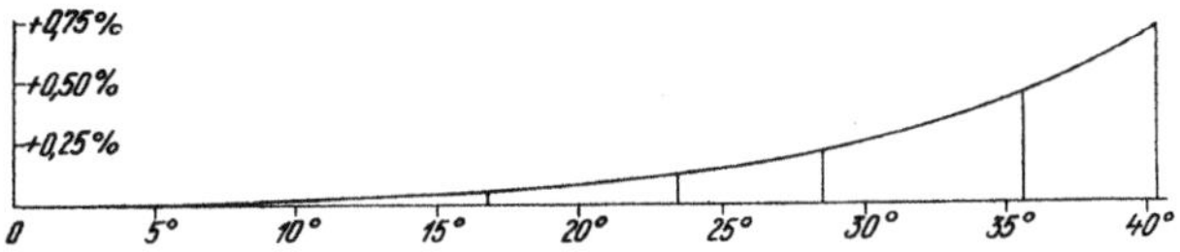

252 c.

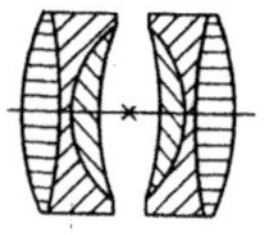

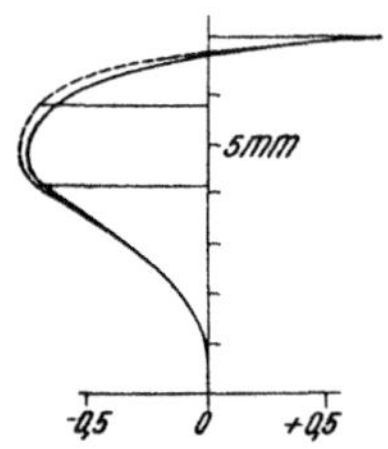

253 a.

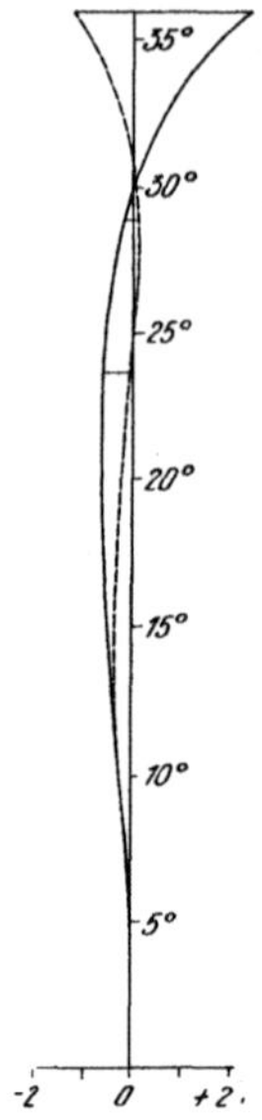

253 b.

Abb. 253. Fehlerkurven und Linsenachsenschnitt des symmetrischen Doppelobjektivs aus zwei gleichen Einzellinsen, deren Fehlerkurven in Abb. 168 dargestellt sind. EP. Nr. 13902/1908.

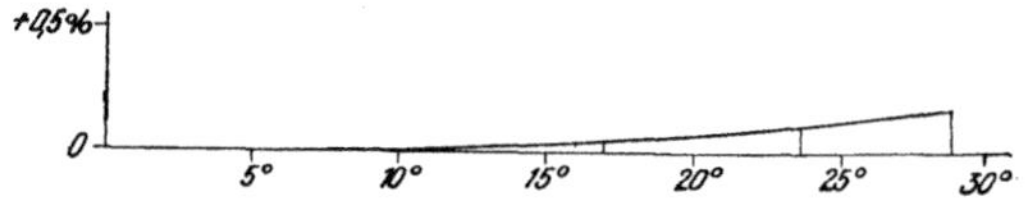

253 c.

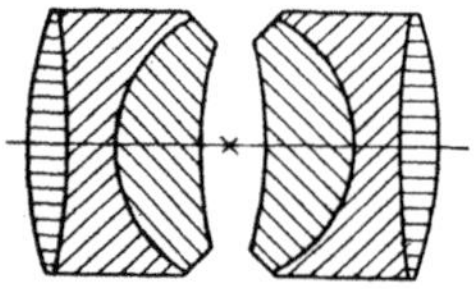

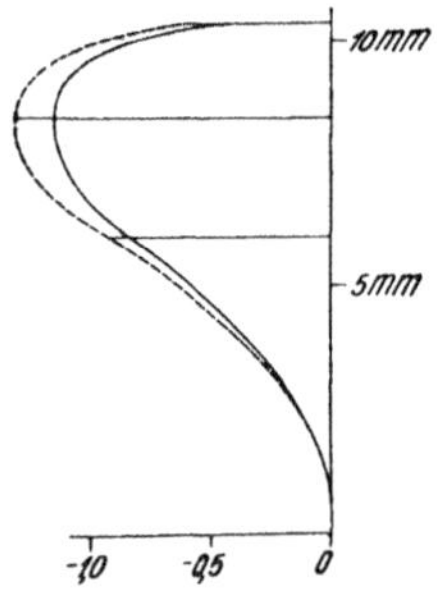

254 a.

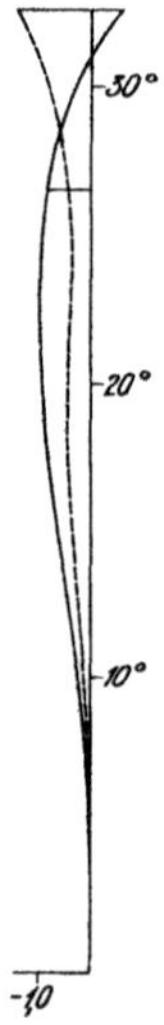

254 b.

Abb. 254. Fehlerkurven und Linsenachsenschnitt des symmetrischen Doppelobjektivs aus zwei gleichen Einzellinsen, deren Fehlerkurven in Abb. 171 dargestellt sind. DRP. Nr. 386346/1920.

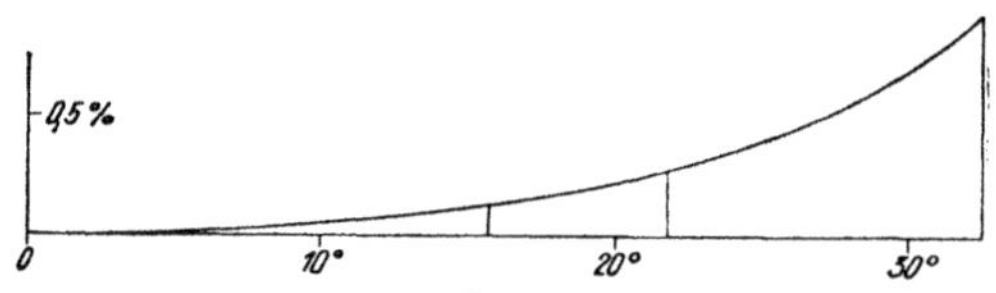

254 c.

Abb. 255. Fehlerkurven und Linsenachsenschnitt des symmetrischen Doppelobjektivs aus zwei gleichen Einzellinsen, deren Fehlerkurven in Abb. 172 dargestellt sind. DRP. Nr. 388636/1922.

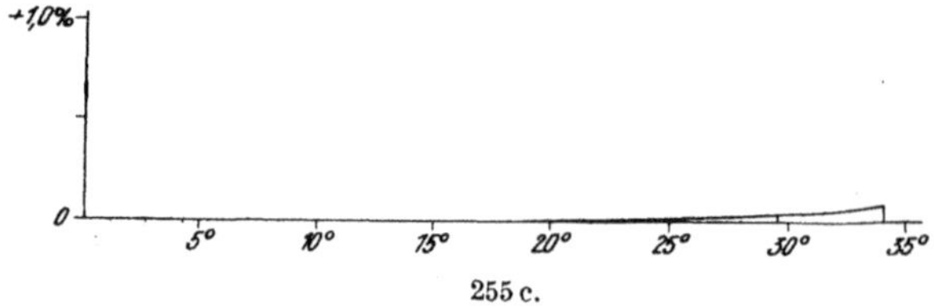

255 c.

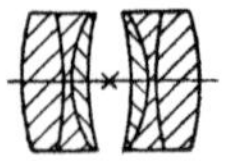

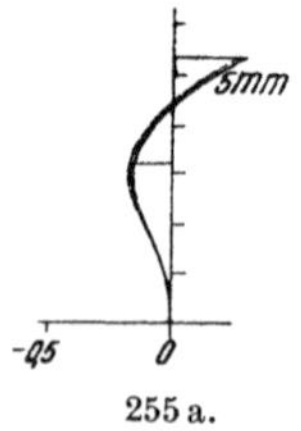

255 a.

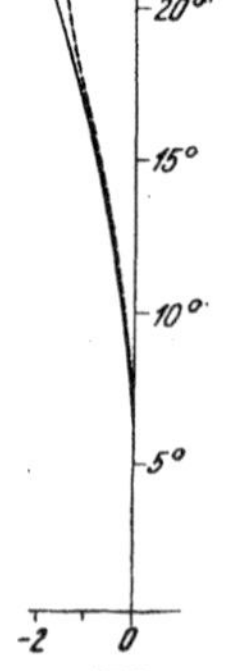

255 b.

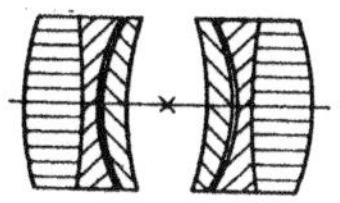

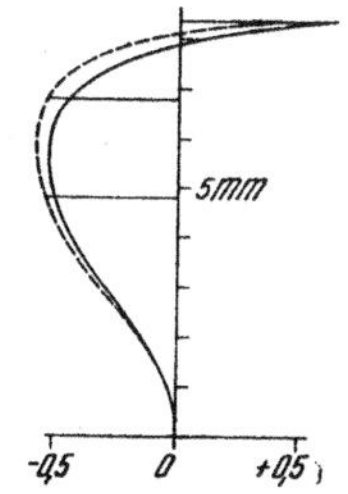

256a.

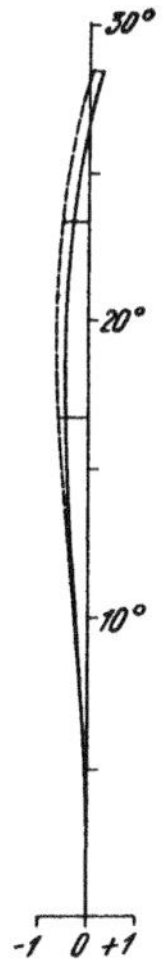

256b.

Abb. 256. Fehlerkurven und Linsenachsenschnitt des symmetrischen Doppelobjektivs aus zwei gleichen Einzellinsen, deren Fehlerkurven in Abb. 173 dargestellt sind. DRP. Nr. 107358/1899.

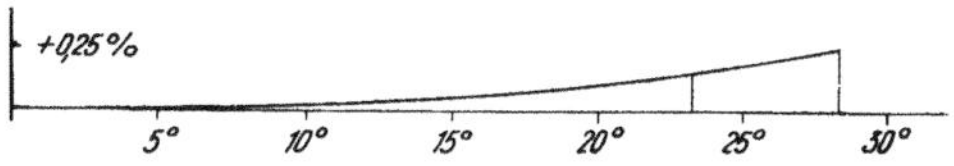

256c.

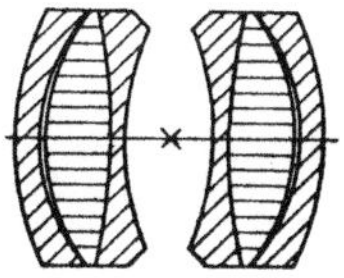

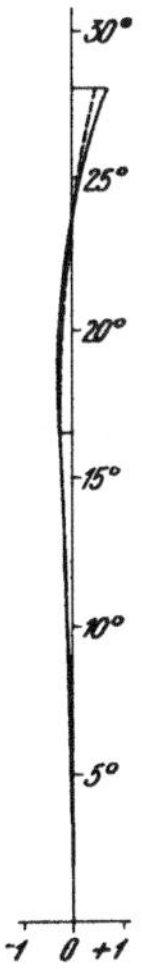

257b.

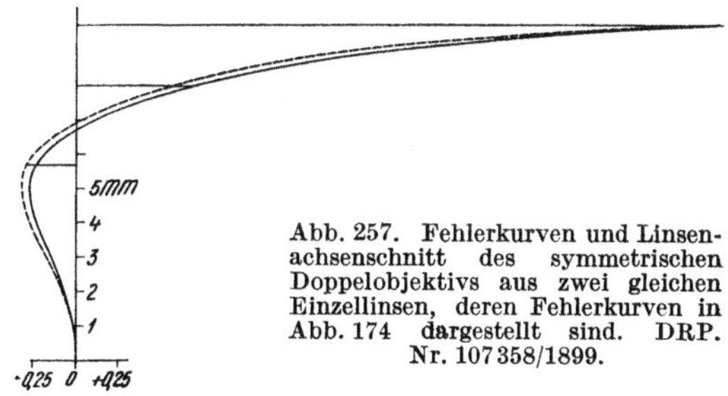

257a.

Abb. 257. Fehlerkurven und Linsenachsenschnitt des symmetrischen Doppelobjektivs aus zwei gleichen Einzellinsen, deren Fehlerkurven in Abb. 174 dargestellt sind. DRP. Nr. 107358/1899.

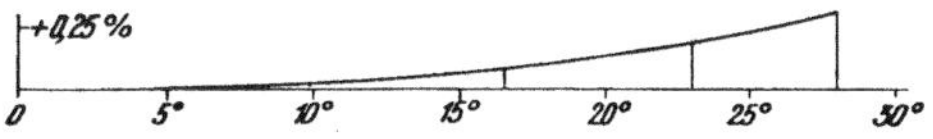

257 c.

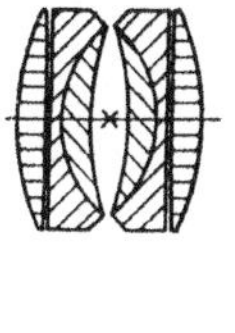

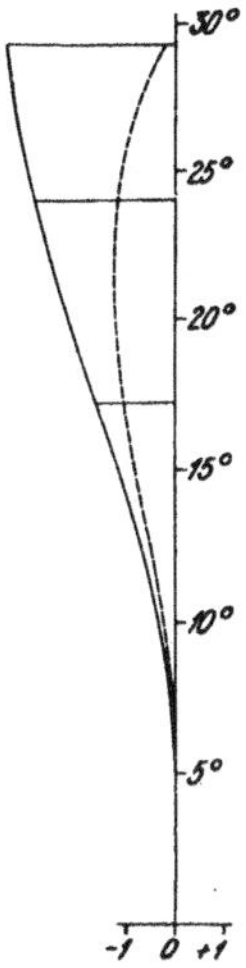

258b.

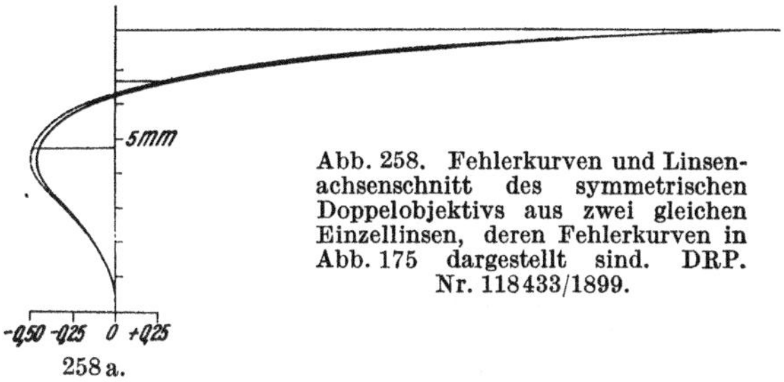

258a.

Abb. 258. Fehlerkurven und Linsenachsenschnitt des symmetrischen Doppelobjektivs aus zwei gleichen Einzellinsen, deren Fehlerkurven in Abb. 175 dargestellt sind. DRP. Nr. 118433/1899.

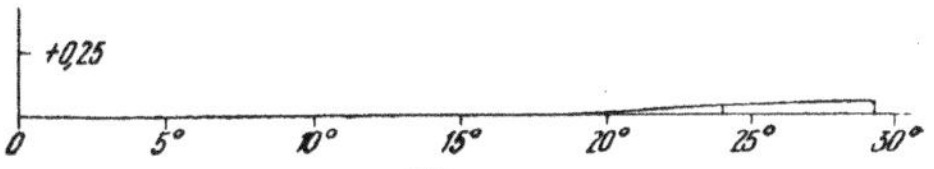

258c.

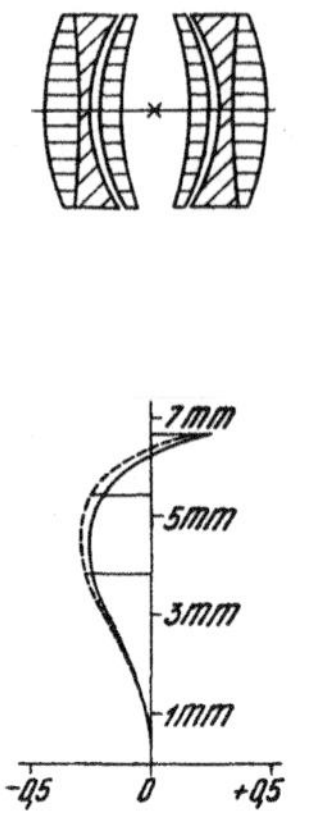

259 a.

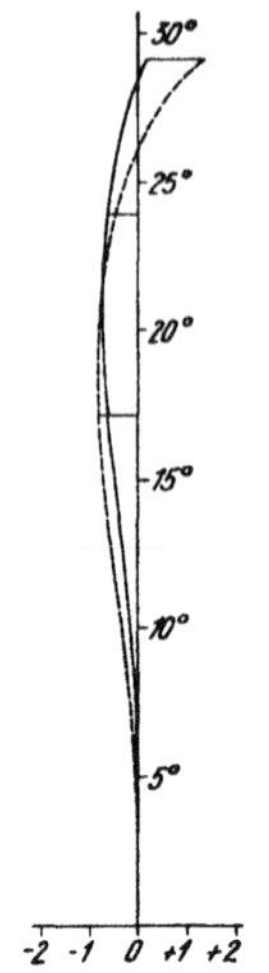

259 b.

Abb. 259. Fehlerkurven und Linsenachsenschnitt des symmetrischen Doppelobjektivs aus zwei gleichen Einzellinsen, deren Fehlerkurven in Abb. 176 dargestellt sind. DRP. Nr. 135742/1901.

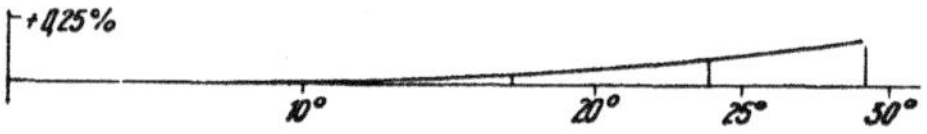

259 c.

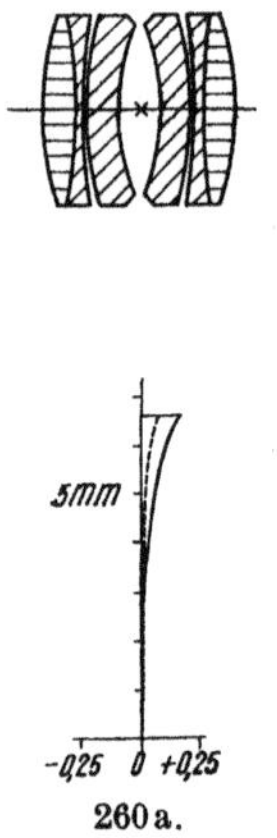

260 a.

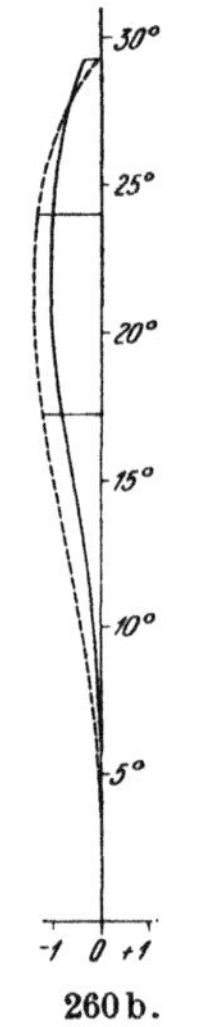

260 b.

Abb. 260. Fehlerkurven und Linsenachsenschnitt des symmetrischen Doppelobjektivs aus zwei gleichen Einzellinsen, deren Fehlerkurven in Abb. 177 dargestellt sind. EP. Nr. 12420/1902.

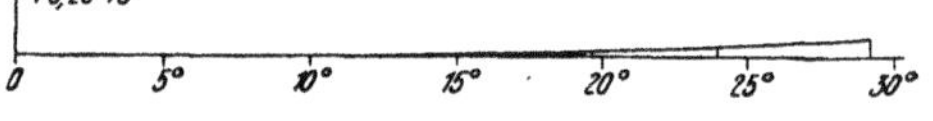

260 c.

Abb. 261. Fehlerkurven und Linsenachsenschnitt des symmetrischen Doppelobjektivs aus zwei gleichen Einzellinsen, deren Fehlerkurven in Abb. 178 darsind. EP. Nr. 12420/1902.

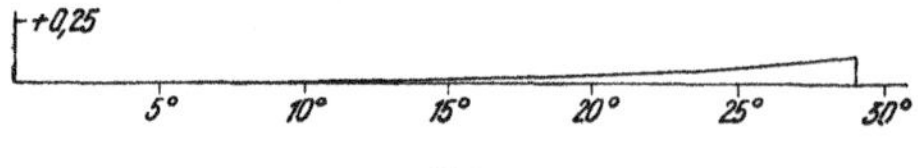

261 c.

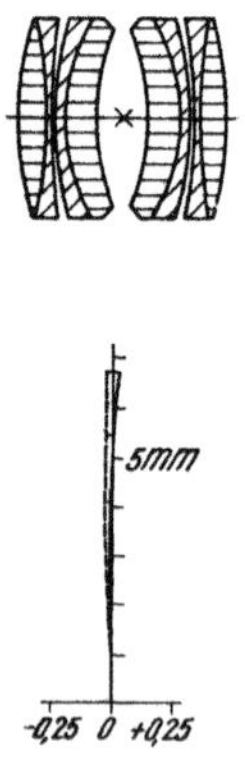

261 a.

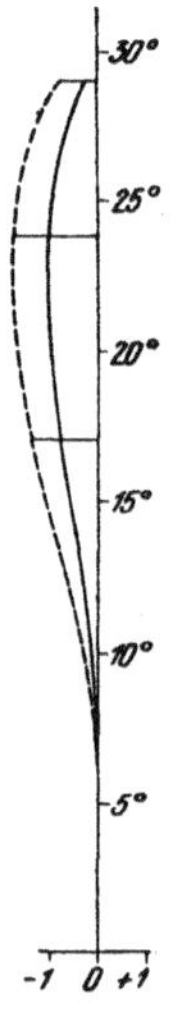

261 b.

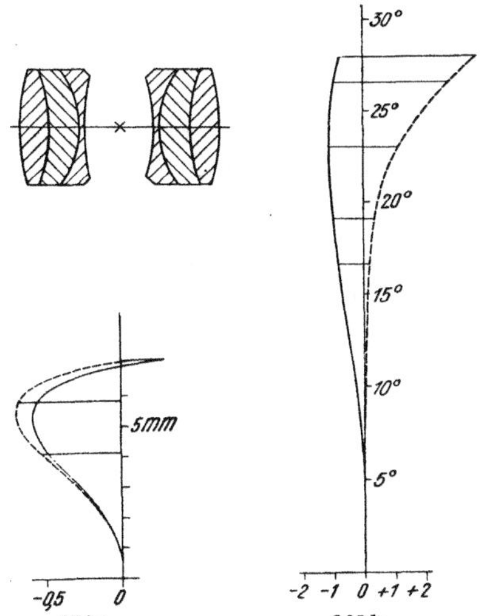

262 a. 262 b.

Abb. 262. Fehlerkurven und Linsenachsenschnitt des symmetrischen Doppelobjektivs aus zwei gleichen Einzellinsen, deren Fehlerkurven in Abb. 179 dargestellt sind. Vgl. A. GLEICHEN.

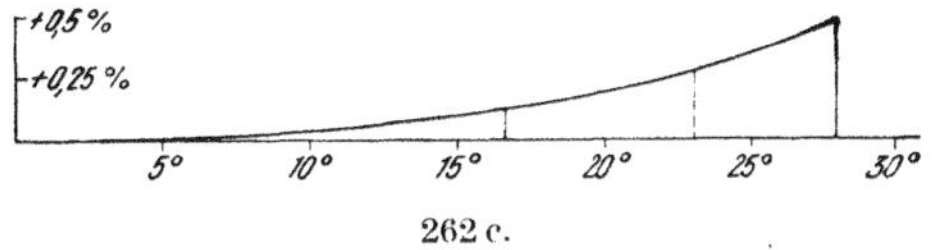

262 c.

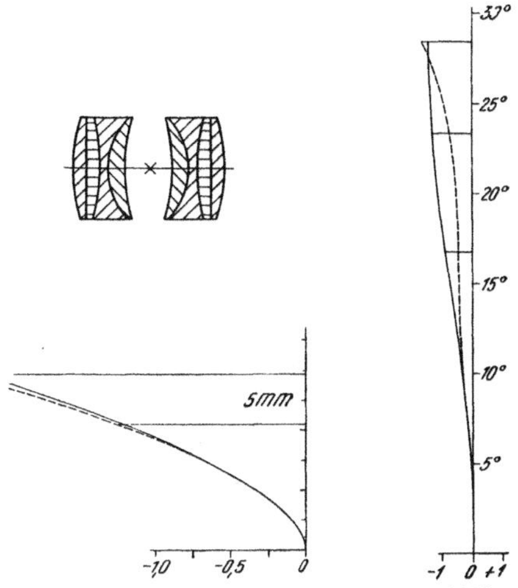

Abb. 263. Fehlerkurven und Linsenachsenschnitt des symmetrischen Doppelobjektivs aus zwei gleichen Einzellinsen, deren Fehlerkurven in Abb. 180 dargestellt sind. DRP. Nr. 168977/1902.

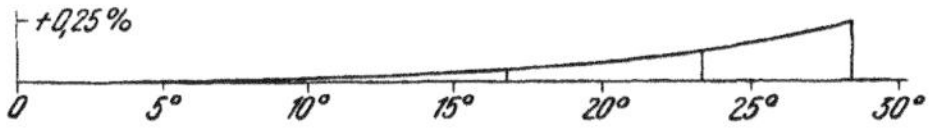

263 c. 263 a. 263 b.

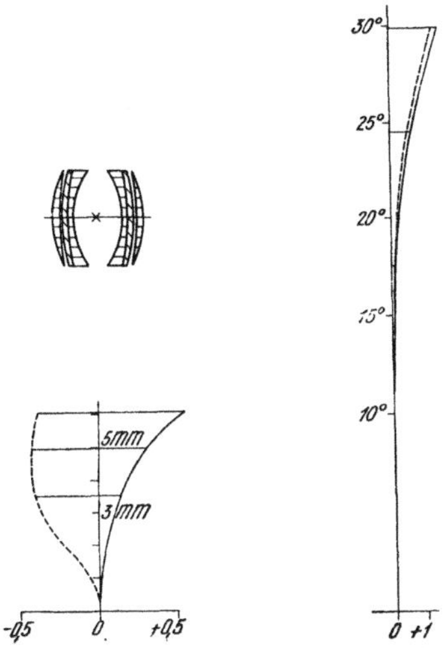

264 a. 264 b.

Abb. 264. Fehlerkurven und Linsenachsenschnitt des symmetrischen Doppelobjektivs aus zwei gleichen Einzellinsen, deren Fehlerkurven in Abb. 181 dargestellt sind. ÖP. Nr. 12094/1902.

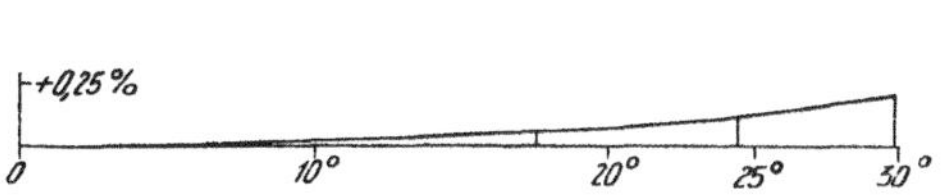

264 c.

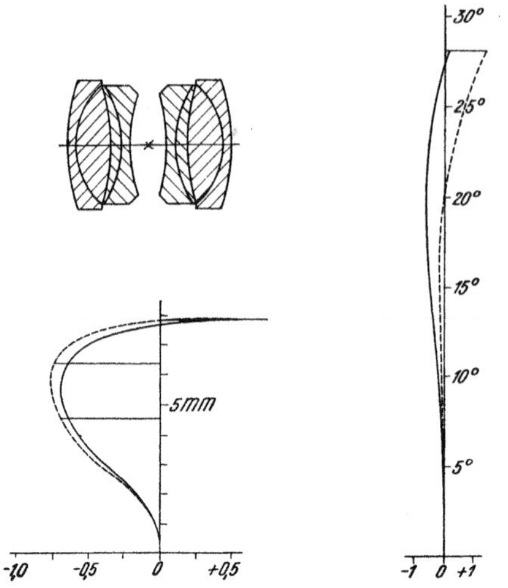

265 a. 265 b.

Abb. 265. Fehlerkurven und Linsenachsenschnitt des symmetrischen Doppelobjektivs aus zwei gleichen Einzellinsen, deren Fehlerkurven in Abb. 182 dargestellt sind. DRP. Nr. 153525/1902.

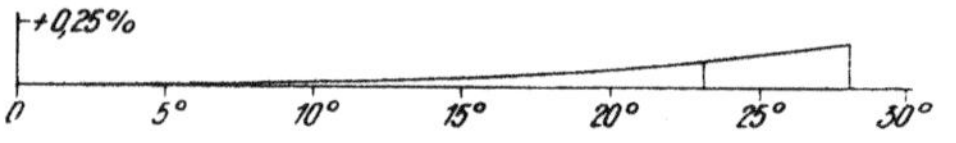

265 c.

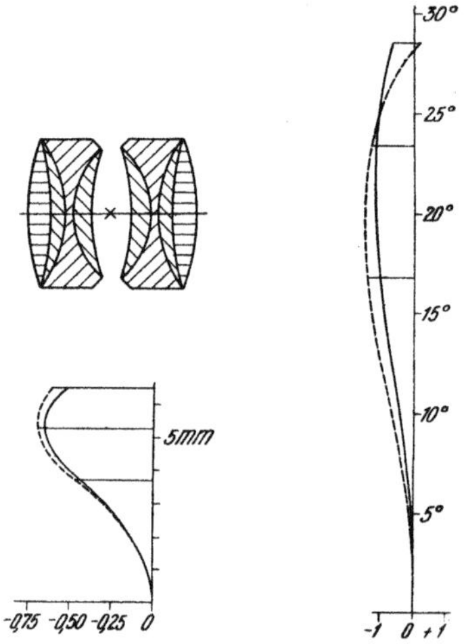

266 a. 266 b.

Abb. 266. Fehlerkurven und Linsenachsenschnitt des symmetrischen Doppelobjektivs aus zwei gleichen Einzellinsen, deren Fehlerkurven in Abb. 183 dargestellt sind. DRP. Nr. 153525/1902.

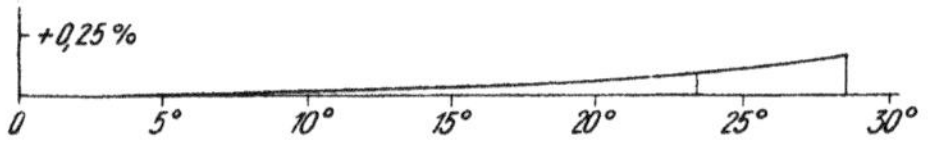

266 c.

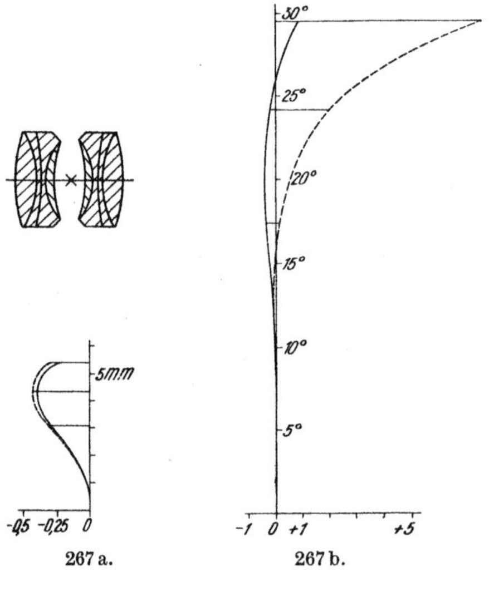

267 a. 267 b.

Abb. 267. Fehlerkurven und Linsenachsenschnitt des symmetrischen Doppelobjektivs aus zwei gleichen Einzellinsen, deren Fehlerkurven in Abb. 184 dargestellt sind. DRP. Nr. 153525/1902.

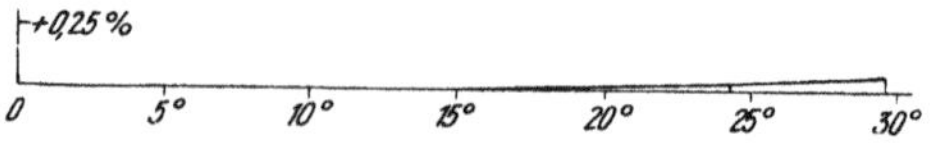

267 c.

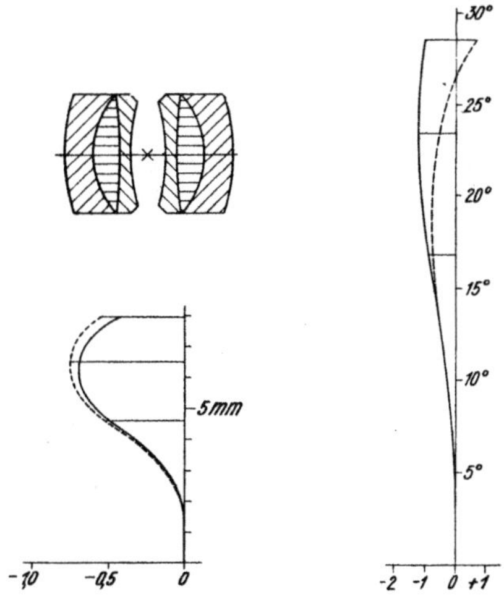

268 a. 268 b.

Abb. 268. Fehlerkurven und Linsenachsenschnitt des symmetrischen Doppelobjektivs aus zwei gleichen Einzellinsen, deren Fehlerkurven in Abb. 187 dargestellt sind. DRP. Nr. 196734a/1906.

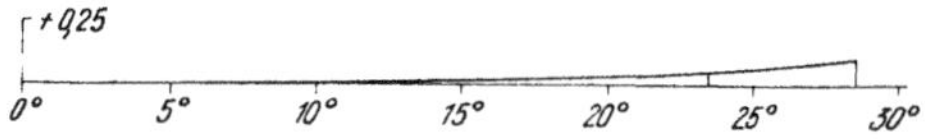

268 c.

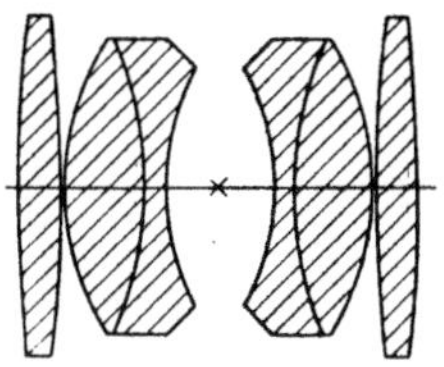

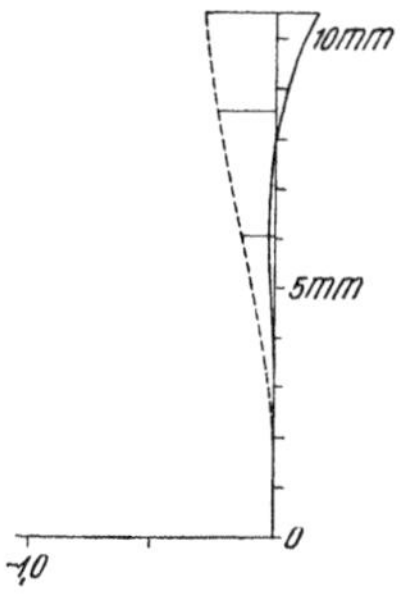

269 a.

Abb. 269. Fehlerkurven und Linsenachsenschnitt des symmetrischen Doppelobjektivs aus zwei gleichen Einzellinsen, deren Fehlerkurven in Abb. 188 dargestellt sind. ÖP. Nr. 33776/1907.

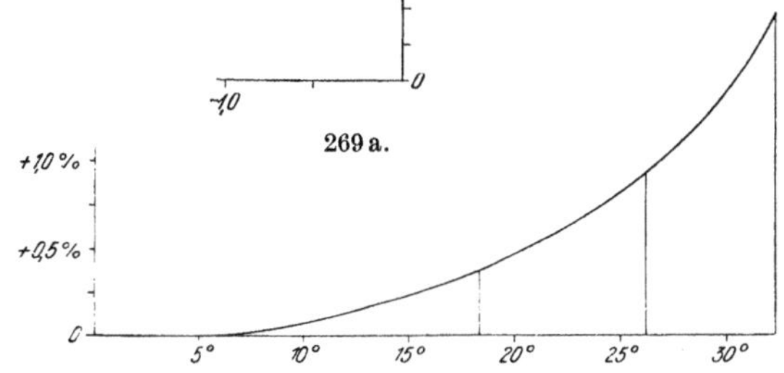

269 c.

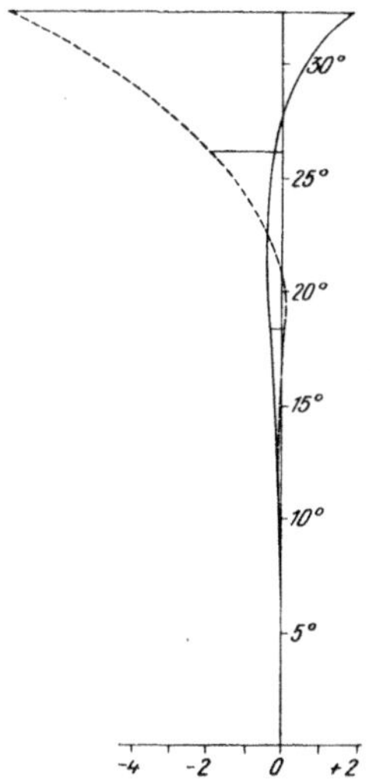

269 b.

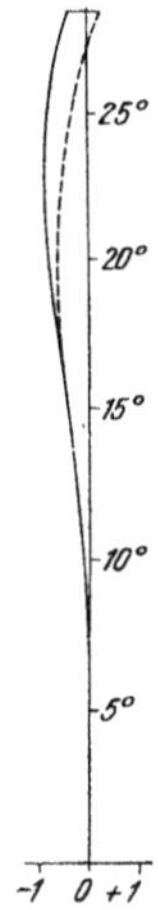

270 b.

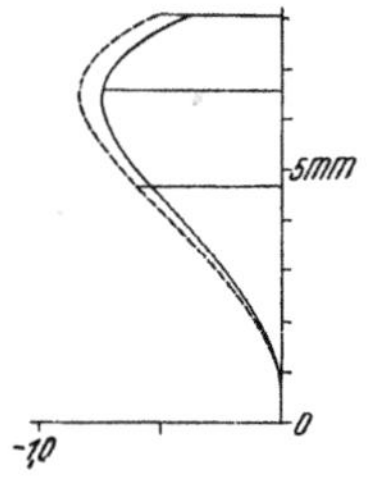

270 a.

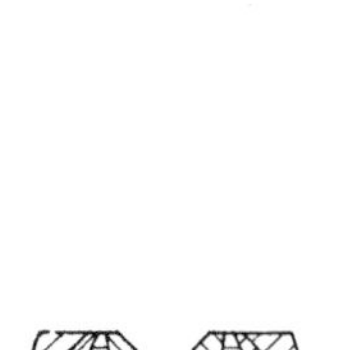

Abb. 270. Fehlerkurven und Linsenachsenschnitt des symmetrischen Doppelobjektivs aus zwei gleichen Einzellinsen, deren Fehlerkurven in Abb. 189 dargestellt sind. DRP. Nr. 228677/1909.

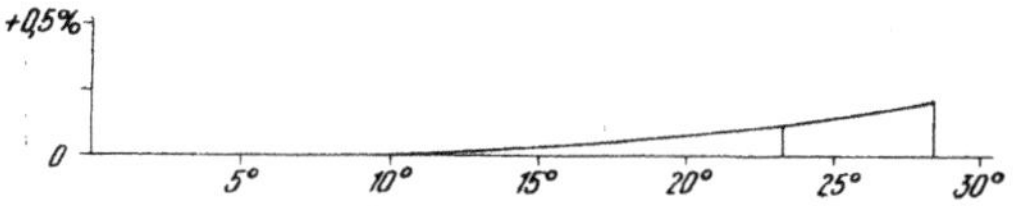

270 c.

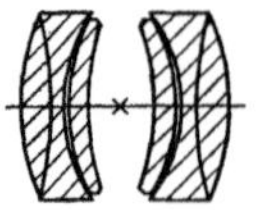

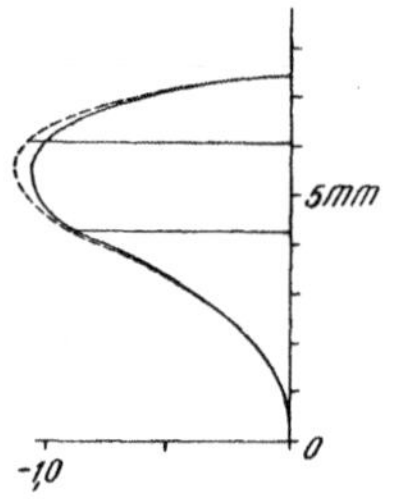

271 a.

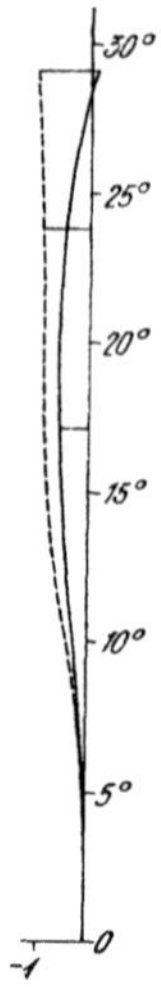

271 b.

Abb. 271. Fehlerkurven und Linsenachsenschnitt des symmetrischen Doppelobjektivs aus zwei gleichen Einzellinsen, deren Fehlerkurven in Abb. 191 dargestellt sind. DRP. Nr. 250781/1911.

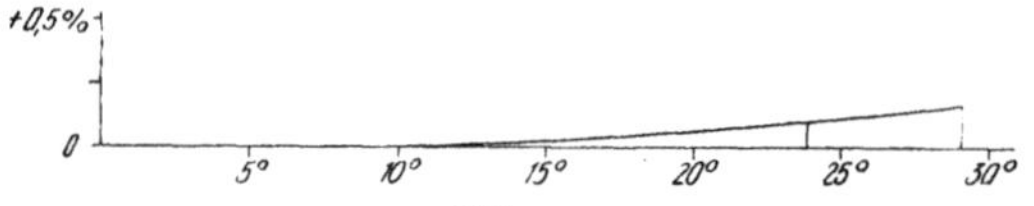

271 c.

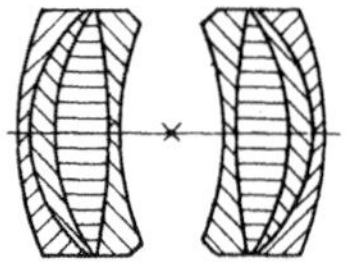

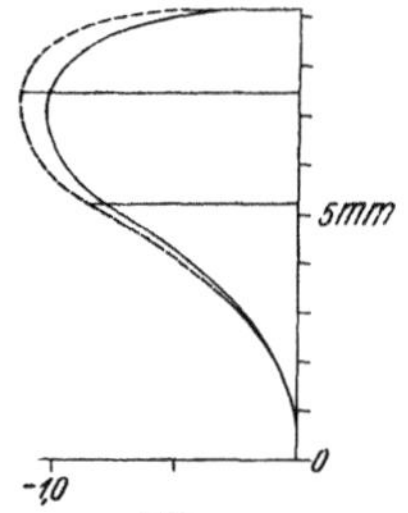

272 a.

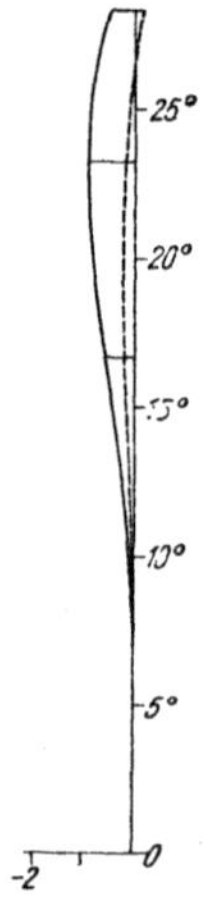

272 b.

Abb. 272. Fehlerkurven und Linsenachsenschnitt des symmetrischen Doppelobjektivs aus zwei gleichen Einzellinsen, deren Fehlerkurven in Abb. 192 dargestellt sind. EP. Nr. 29636/1913.

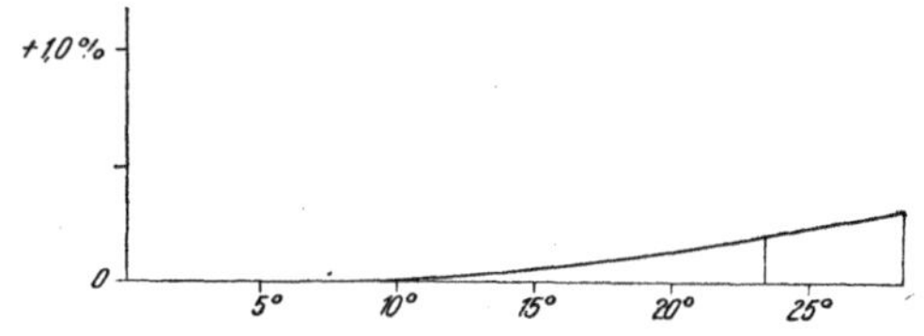

272 c.

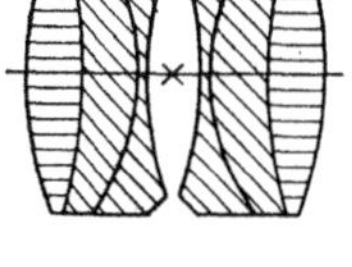

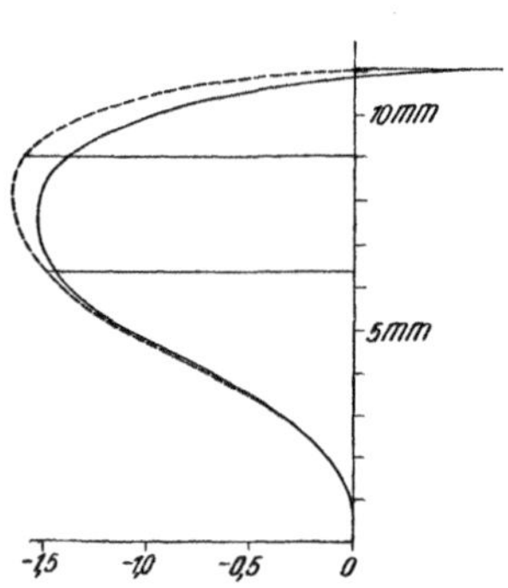

273 a.

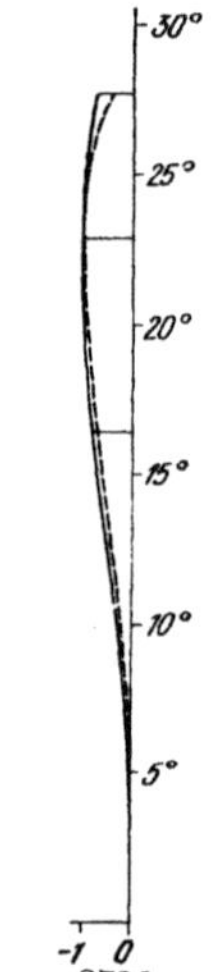

273 b.

Abb. 273. Fehlerkurven und Linsenachsenschnitt des symmetrischen Doppelobjektivs aus zwei gleichen Einzellinsen, deren Fehlerkurven in Abb. 193 dargestellt sind. DRP. Nr. 321069/1915.

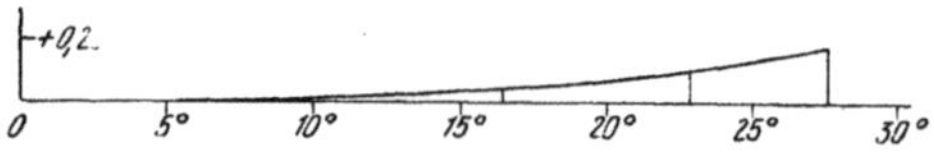

273 c.

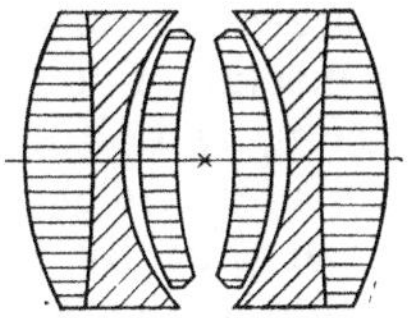

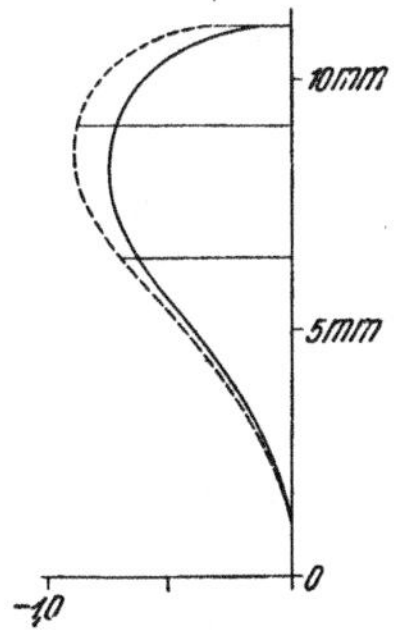

274 a.

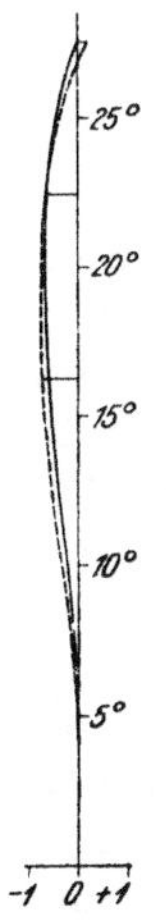

274 b.

Abb. 274. Fehlerkurven und Linsenachsenschnitt des symmetrischen Doppelobjektivs aus zwei gleichen Einzellinsen, deren Fehlerkurven in Abb. 194 dargestellt sind. DRP. Nr. 310615/1918.

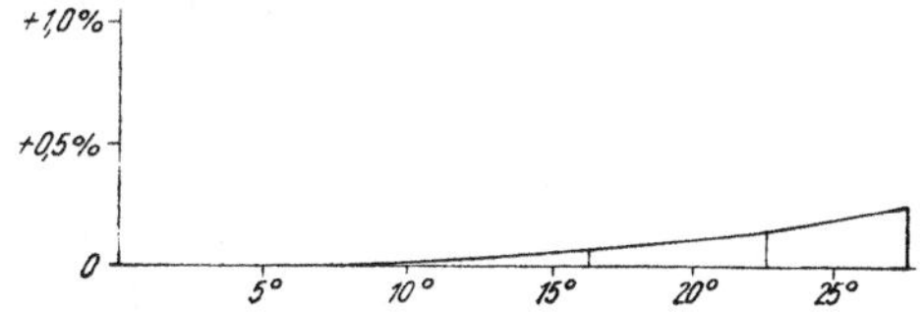

274 c.

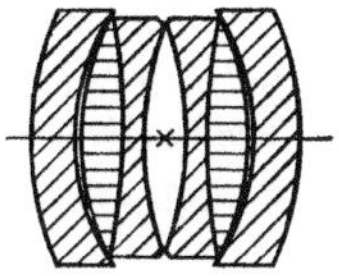

Abb. 275. Fehlerkurven und Linsenachsenschnitt des symmetrischen Doppelobjektivs aus zwei gleichen Einzellinsen, deren Fehlerkurven in Abb. 196 dargestellt sind. DRP. Nr. 322506/1918.

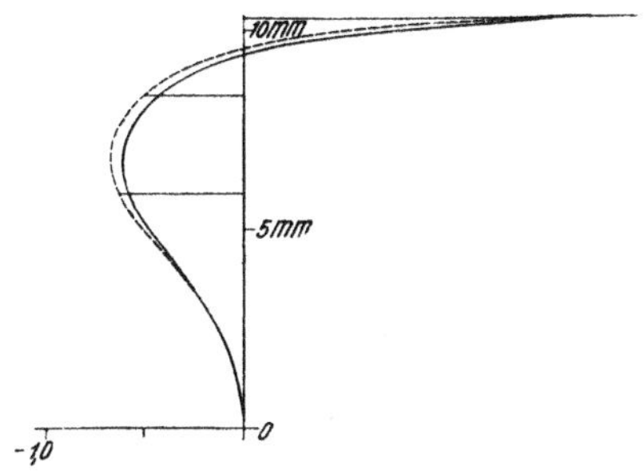

275 a.

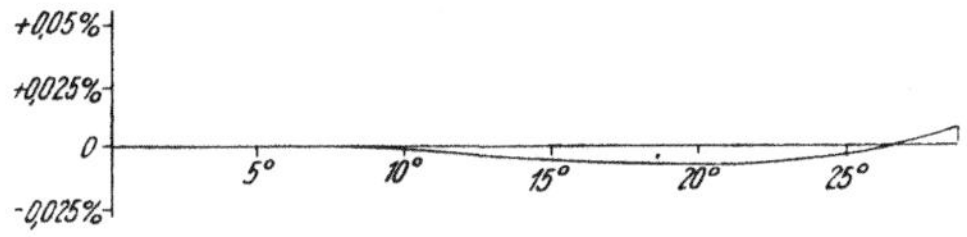

275 c.

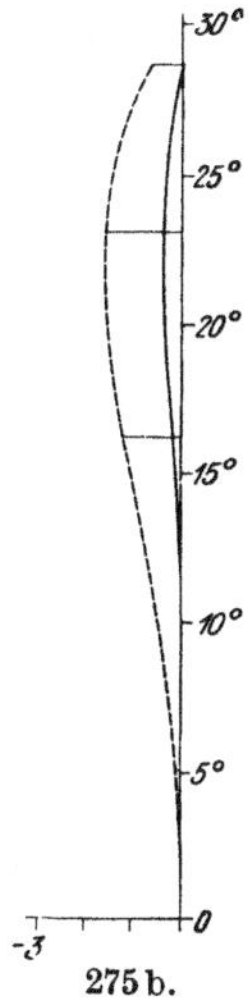

275 b.

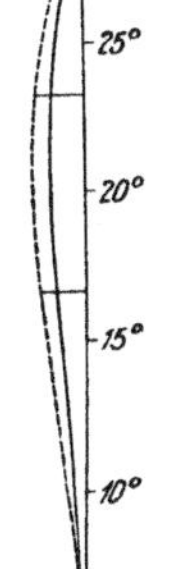

276 b.

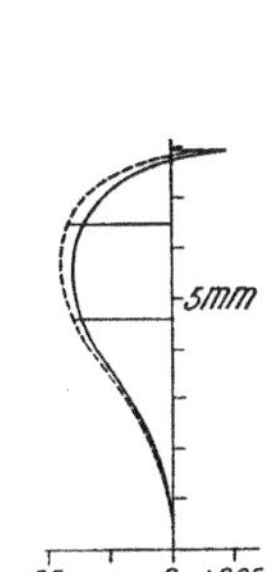

276 a.

Abb. 276. Fehlerkurven des symmetrischen Doppelobjektivs aus zwei gleichen Einzellinsen, deren Fehlerkurven und Linsenachsenschnitt in Abb. 198 dargestellt sind. DRP. Nr. 378894/1920.

276 c.

Beim Vergleich[1] stellt man leicht die Überlegenheit des Doppelobjektivs über das Einzelglied fest: die sphärischen Längsaberrationen sind für ein größeres Öffnungsverhältnis verbessert, die Verzeichnung ist günstiger und auch die Fehler schiefer, enger Bündel sind kleiner.

Im übrigen sind die Einzellinsen infolge chromatischer Vergrößerungsdifferenz, Verzeichnung, Koma usw. in der Regel längst nicht bis zu den Hauptstrahlenneigungswinkeln brauchbar, bei denen die Fehlerabweichungen enger Bündel noch gering sind.

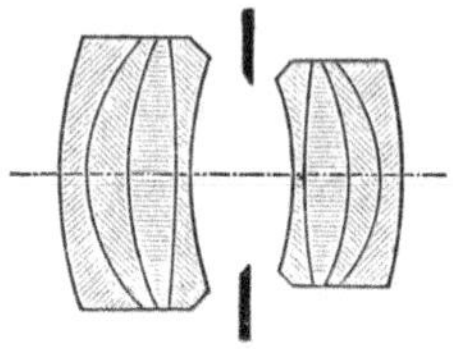

Abb. 277. Schematischer Linsenachsenschnitt eines hemisymmetrischen Doppelprotars.

Während streng symmetrische Objektive gewissermaßen zwei Objektive verschiedener Brennweite für die Aufnahme zur Verfügung stellen — die Brennweite der Einzellinse ist nicht ganz doppelt so lang wie die des Doppelobjektivs —, ist bei hemisymmetrisch zusammengesetzten Doppelobjektiven die Zahl der verwendbaren Brennweiten natürlich auf drei gesteigert. Diese Mehrzahl von Brennweiten erlaubt für die verschiedenen Aufnahmen eine günstige Auswahl der perspektivischen Verhältnisse, der Größe der Einzelheiten im Bilde, der Bildausschnitte usw.

Viel benutzt werden z. B. die Protarsätze von C. ZEISS, die aus zwei oder mehr verschiedenen Protarlinsen (s. Abb. 277) gebildet werden. Die Einzellinsen haben dabei 1 : 12,5 als größtes Öffnungsverhältnis, das Doppelobjektiv 1 : 7 und weniger; ein streng symmetrisch, d. h. aus zwei gleichen Protarlinsen zusammengesetztes Doppelobjektiv hat dagegen als größtes Öffnungsverhältnis 1 : 6,3.

Einige gängige Protarsätze sind nachstehend zusammengestellt:

Protarlinsen 1/12,5 mit den Brennweiten in cm				ergeben Doppelobjektive mit den Brennweiten in cm					und den bezüglichen Öffnungsverhältnissen				
29	22	18		14,5	13	11,5			1/7	1/7,7	1/7		
35	29	22		18,5	15,5	14,5			1/7	1/7,7	1/7		
48[2]	41	35	29	26	23,5	22	20	18,5	1/7	1/7,7	1/7	1/7,7	1/7

Weiter seien Plasmatsätze von H. MEYER & Co., genannt, deren Einzellinsen[3] das große Öffnungsverhältnis 1/8 haben.

Plasmatlinsen 1/8 mit den Brennweiten in cm			ergeben Doppelobjektive mit den Brennweiten in cm			und den bezüglichen Öffnungsverhältnissen		
27	22	15	14,5	12,5	11	1/4,4	1/5,5	1/4,8
32	27	22	18	16,5	15	1/4,5	1/4,8	1/4,4
35	30	25	19,5	18	16,5	1/4,3	1/4,8	1/4,3
50	40	32	27	25	22	1/4,4	1/5	1/4,5

Die strenge Symmetrie der Glieder eines Doppelobjektivs oder auch ihre geometrische Ähnlichkeit legt dem Errechner solcher Objektive gewisse Beschränkungen auf, die bei der Ausführung völlig unsymmetrischer Objektive wegfallen. Oft aber genügen auch geringe Abweichungen von der Symmetrie

[1] Die eben gegebenen Fehlerkurven beziehen sich auf die Brennweite 100 mm des Doppelobjektivs.

[2] Das Doppelobjektiv aus den Einzellinsen der Brennweiten 48 cm und 29 cm ist außer acht gelassen.

[3] Wegen Aufbau einer Plasmatlinse vgl. Zusammenstellung 2, Nr. 22 und 23, auf S. 262 und Linsenachsenschnitt in Abb. 195 auf S. 270.

oder der geometrischen Ähnlichkeit, um die optische Leistung eines Doppelobjektivs zu steigern, allerdings in der Regel mehr oder weniger auf Kosten der Güte der Gliedlinsen. In der folgenden Zusammenstellung 6 finden sich zunächst streng symmetrische Doppelobjektive und ein hemisymmetrisches (Nr. 5) und schließlich in der Zusammenstellung 7 unsymmetrische Objektive, die man sich aber aus symmetrischen oder hemisymmetrischen abgeleitet denken kann.

Objektivzusammenstellung 6.
Symmetrische und hemisymmetrische Doppelobjektive[1].

	Krümmungsradien	Dicken, Abstände, Blendenentfernungen	Glasarten n_D	Glasarten ν	Errechner des Objektivs	Literaturnachweis	Patentinhaber oder Herstellerfirma
1	$r_1 = 24,4$ $r_2 = 53,9$ $r_3 = 36,6$ $r_4 = 29,6$ $r_5 = 29,6$ $r_6 = 36,6$ $r_7 = 53,9$ $r_8 = 24,4$	$d_1 = 2,0$ $l_1 = 0,7$ $d_2 = 0,9$ $b_1 = 2,5$ $b_2 = 2,5$ $d_3 = 0,9$ $l_2 = 0,7$ $d_4 = 2,0$	$L_1 = 1,6112$ $L_2 = 1,5356$ $L_3 = 1,5356$ $L_4 = 1,6112$	58,6 51,5 50,8 58,6	—[2]	DRP. Nr. 109283/ 1898	C. P. GOERZ, A.-G., Berlin
2	$r_1 = 32,1$ $r_2 = 14,4$ $r_3 = 20,0$ $r_4 = 85,6$ $r_5 = 85,6$ $r_6 = 20,0$ $r_7 = 14,4$ $r_8 = 32,1$	$d_1 = 1,2$ $l_1 = 7,3$ $d_2 = 2,5$ $b_1 = 7,9$ $b_2 = 7,9$ $d_3 = 2,5$ $l_2 = 7,3$ $d_4 = 1,2$	$L_1 = 1,6030$ $L_2 = 1,6112$ $L_3 = 1,6112$ $L_4 = 1,6030$	ca. 38,3 57,2 57,2 38,3	R. STEINHEIL	DRP. Nr. 133957/ 1901	Dr. R. STEINHEIL, München
3	$r_1 = 28,1$ $r_2 = 93,5$ $r_3 = 30,3$ $r_4 = 20,0$ $r_5 = 20,0$ $r_6 = 30,3$ $r_7 = 93,5$ $r_8 = 28,1$	$d_1 = 3,6$ $l_1 = 1,3$ $d_2 = 3,6$ $b_1 = 3,0$ $b_2 = 3,0$ $d_3 = 3,6$ $l_2 = 1,3$ $d_4 = 3,6$	$L_1 = 1,527$ $L_2 = 1,610$ $L_3 = 1,610$ $L_4 = 1,527$	59,8 35,0 35,0 59,8	—	DRGM. Nr. 262201/ 1905	G. RODENSTOCK, München
4	$r_1 = 27,1$ $r_2 = 33,6$ $r_3 = 12,4$ $r_4 = 27,0$ $r_5 = 27,0$ $r_6 = 12,4$ $r_7 = 33,6$ $r_8 = 27,1$	$d_1 = 2,0$ $d_2 = 5,1$ $d_3 = 0,6$ $b_1 = 0,9$ $b_2 = 0,9$ $d_4 = 0,6$ $d_5 = 5,1$ $d_6 = 2,0$	$L_1 = 1,6129$ $L_2 = 1,5152$ $L_3 = 1,5434$ $L_4 = 1,5434$ $L_5 = 1,5152$ $L_6 = 1,6129$	56,3 54,2 49,9 49,9 54,2 56,3	H. HARTING	GLEICHEN, A.: Leitfaden der praktischen Optik, S. 203/04. Leipzig: S. Hirzel 1906	VOIGTLÄNDER & SOHN, A.-G., Braunschweig
5	$r_1 = 22,6$ $r_2 = 98,0$ $r_3 = 28,6$ $r_4 = 15,5$ $r_5 = 17,2$ $r_6 = 31,6$ $r_7 = 108,4$ $r_8 = 24,9$	$d_1 = 3,3$ $l_1 = 3,4$ $d_2 = 1,6$ $b_1 = 3,4$ $b_2 = 3,8$ $d_3 = 1,8$ $l_2 = 3,8$ $d_4 = 3,6$	$L_1 = 1,6107$ $L_2 = 1,6352$ $L_3 = 1,6352$ $L_4 = 1,6107$	ca. 55,8 35,4 35,4 55,8	P. RUDOLPH	DRP. Nr. 420825/ 1924	Dr. PAUL RUDOLPH, Großbiesnitz b. Görlitz

[1] Vgl. Anm. 1 auf S. 255. [2] Vermutlich v. HÖEGH.

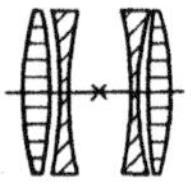

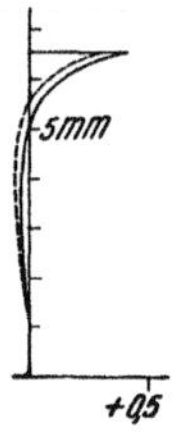

278 a.

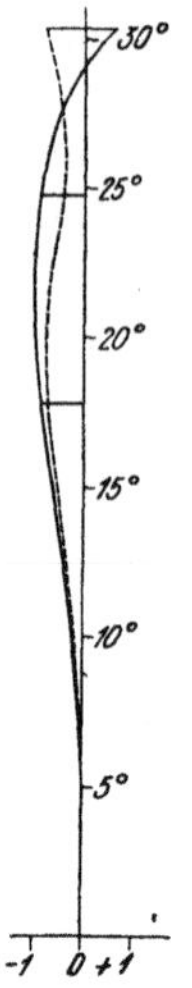

278 b.

Abb. 278. Nr. 1/6. DRP. 109283/1898.

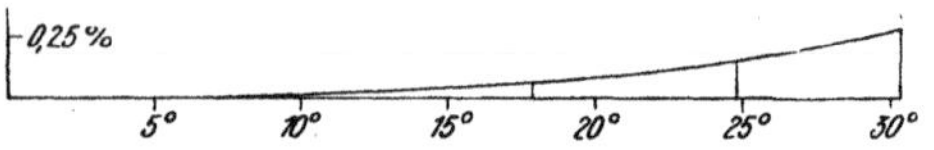

278 c.

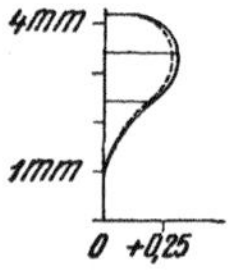

279 a

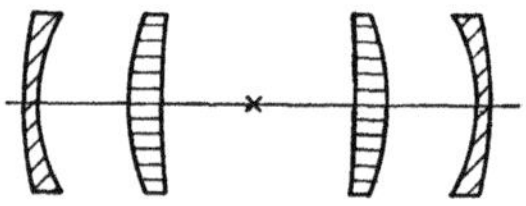

Abb. 279. Nr. 2/6. DRP. Nr. 133957/1901.

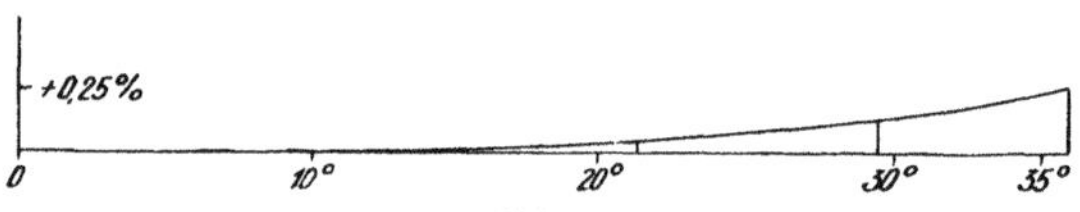

279 c.

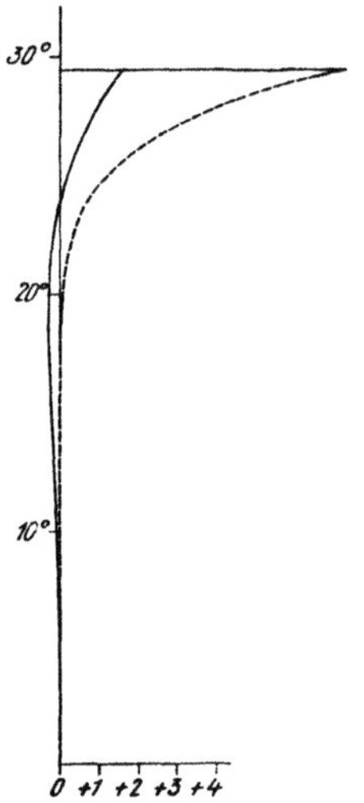

279 b.

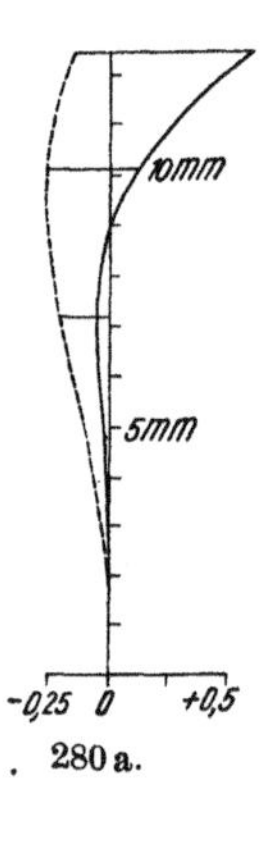

280 a.

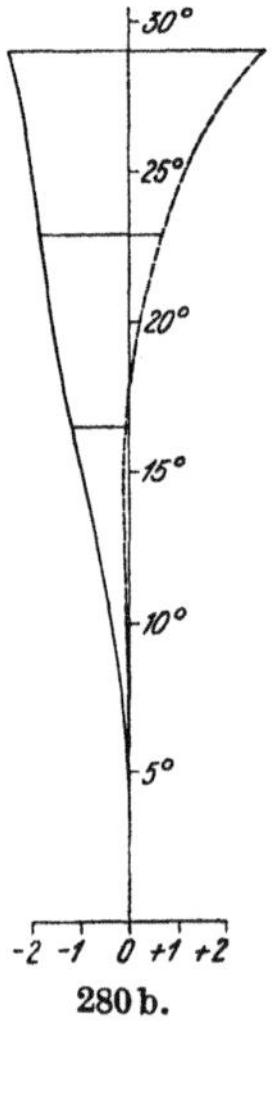

280 b.

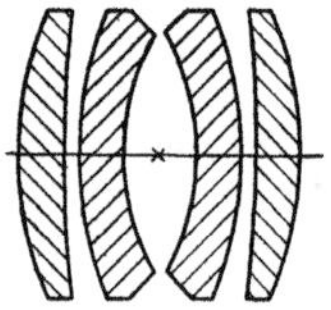

Abb. 280. Nr. 3/6. DRGM. Nr. 262201/1905.

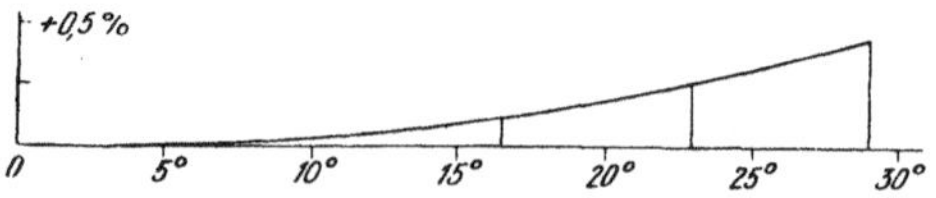

280 c.

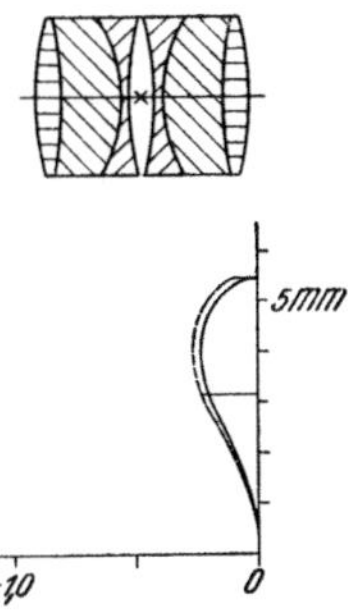

281 a.

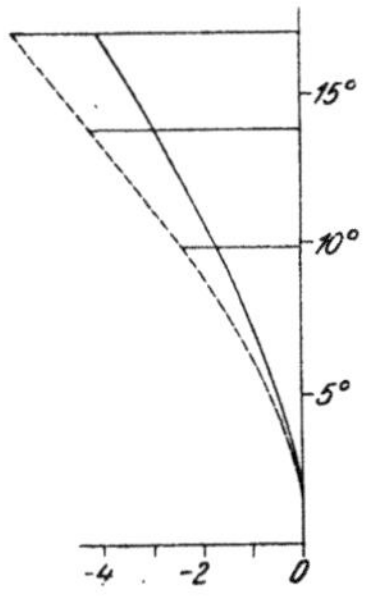

281 b.

Abb. 281. Nr. 4/6.
Vgl. A. GLEICHEN: Leitfaden der praktischen Optik, S. 203—204. Leipzig: S. Hirzel 1906.

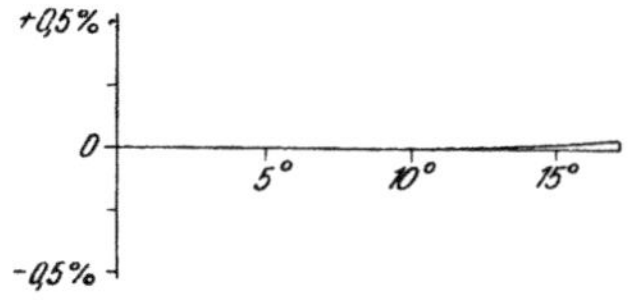

281 c.

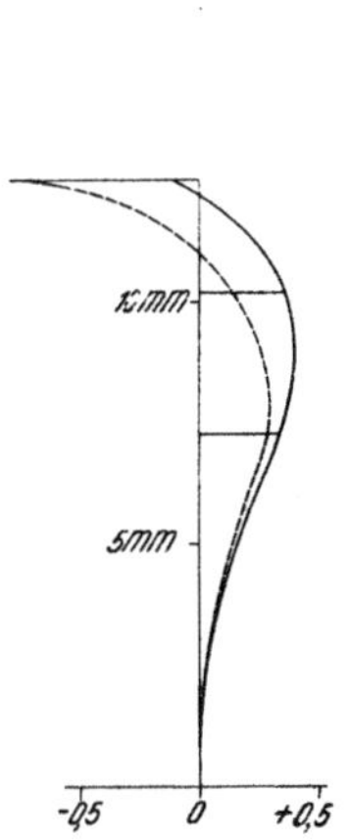

282 a.

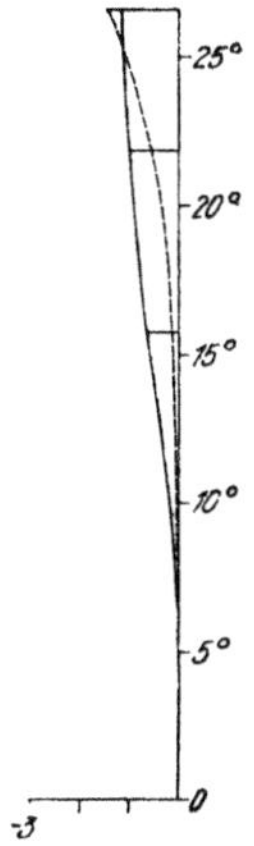

282 b.

Abb. 282. Nr. 5/6.
DRP. Nr. 420825/1924.

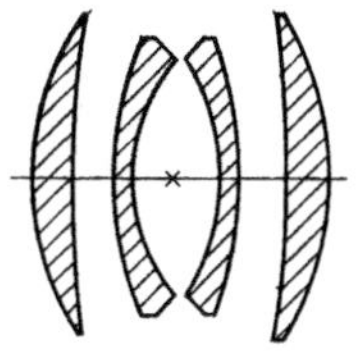

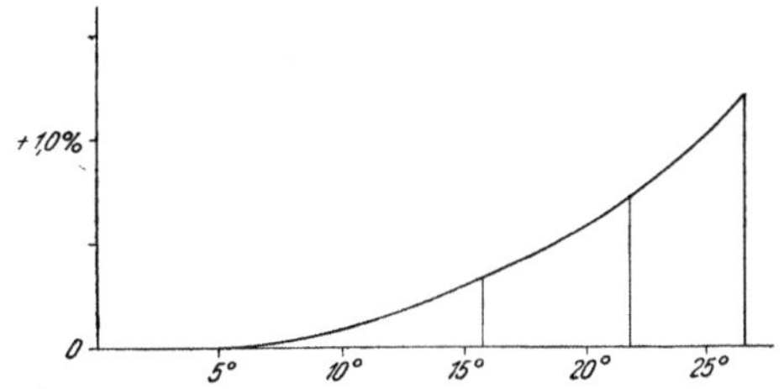

282 c.

Objektivzusammenstellung 7.

Doppelobjektive mit gestörter Symmetrie[1].

	Krümmungsradien	Dicken, Abstände, Blendenentfernungen	Glasarten n_D	Glasarten ν	Errechner des Objektivs	Literaturnachweis	Patentinhaber oder Herstellerfirma
1	$r_1 = 21,4$	$d_1 = 2,5$	$L_1 = 1,6058$	43,8	H. D. TAYLOR	EP. Nr. 24391/1905	H.D. TAYLOR, York
	$r_2 = 70,7$	$l_1 = 1,1$	$L_2 = 1,6224$	39,7			
	$r_3 = 38,5$	$d_2 = 0,3$	$L_3 = 1,5420$	46,8			
	$r_4 = 32,8$	$b_1 = 1,34$	$L_4 = 1,5902$	61,2			
	$r_5 = 32,1$	$b_2 = 1,34$					
	$r_6 = 34,2$	$d_3 = 0,3$					
	$r_7 = 58,8$	$l_2 = 0,9$					
	$r_8 = 21,7$	$d_4 = 2,5$					

[1] Vgl. Anm. 1 auf S. 255.

(Fortsetzung von Zusammenstellung 7.)

	Krümmungs-radien	Dicken, Abstände, Blendenent-fernungen	Glasarten n_D	Glasarten ν	Errechner des Objektivs	Literaturnachweis	Patentinhaber oder Herstellerfirma
2	$r_1 =$ 43,5 $r_2 =$ 70,4 $r_3 =$ 55,9 $r_4 =$ 163,9 $r_5 =$ 41,7 $r_6 =$ 41,7 $r_7 =$ 78,1 $r_8 =$ 34,4	$d_1 = 5,2$ $l_1 = 1,6$ $d_2 = 2,1$ $b_1 = 5,0$ $b_2 = 7,0$ $d_3 = 1,8$ $l_2 = 3,6$ $d_4 = 5,7$	$L_1 = 1,6141$ $L_2 = 1,6051$ $L_3 = 1,5513$ $L_4 = 1,6141$	56,5 38,1 45,3 56,5	W. ZSCHOKKE	DRP. Nr. 202083/1907	C. P. GOERZ, A.-G., Berlin
3	$r_1 =$ 27,7 $r_2 =$ 103,1 $r_3 =$ 53,9 $r_4 =$ 37,7 $r_5 =$ 63,3 $r_6 =$ 35,1 $r_7 =$ 53,2 $r_8 =$ 35,7	$d_1 = 4,2$ $l_1 = 1,8$ $d_2 = 1,6$ $b_1 = 2,7$ $b_2 = 2,7$ $d_3 = 1,6$ $l_2 = 1,8$ $d_4 = 3,6$	$L_1 = 1,6141$ $L_2 = 1,5689$ $L_3 = 1,5482$ $L_4 = 1,6141$	56,3 42,6 46,1 56,3	W. ZSCHOKKE	DRP. Nr. 258495/1912	C. P. GOERZ, A.-G., Berlin
4	$r_1 =$ 23,2 $r_2 =$ 46,7 $r_3 =$ 29,5 $r_4 =$ 37,6 $r_5 =$ 37,6 $r_6 =$ 29,5 $r_7 =$ 41,0 $r_8 =$ 19,2	$d_1 = 2,4$ $l_1 = 1,4$ $d_2 = 0,9$ $b_1 = 2,0$ $b_2 = 2,0$ $d_3 = 0,9$ $l_2 = 1,4$ $d_4 = 2,4$	$L_1 = 1,6166$ $L_2 = 1,6166$ $L_3 = 1,6166$ $L_4 = 1,5175$	36,5 36,5 36,5 58,4	M. ZWILLINGER	Amer. Pat. Nr. 1236895/1916	CROWN OPTICAL COMPANY, Rochester
5	$r_1 =$ 27,4 $r_2 =$ 76,8 $r_3 =$ 40,5 $r_4 =$ 40,5 $r_5 =$ 40,5 $r_6 =$ 40,5 $r_7 =$ 66,4 $r_8 =$ 25,3	$d_1 = 2,8$ $l_1 = 1,6$ $d_2 = 1,2$ $b_1 = 1,8$ $b_2 = 1,8$ $d_3 = 1,2$ $l_2 = 1,6$ $d_4 = 2,8$	$L_1 = 1,6315$ $L_2 = 1,6053$ $L_3 = 1,6053$ $L_4 = 1,6315$	ca. 53,1 43,9 43,9 53,1	C. W. FREDERICK und F. E. ROSS	Amer. Pat. Nr. 1306958/1916	EASTMAN KODAK COMPANY, Rochester
6	$r_1 =$ 29,8 $r_2 =$ 81,5 $r_3 =$ 42,8 $r_4 =$ 44,6 $r_5 =$ 50,4 $r_6 =$ 43,3 $r_7 =$ 81,5 $r_8 =$ 29,8	$d_1 = 4,5$ $l_1 = 2,0$ $d_2 = 1,0$ $b_1 = 1,8$ $b_2 = 1,8$ $d_3 = 1,0$ $l_2 = 1,9$ $d_4 = 4,5$	$L_1 = 1,6116$ $L_2 = 1,5682$ $L_3 = 1,5502$ $L_4 = 1,6116$	56,4 43,4 45,8 56,4	A. WARMISHAM	FP. Nr. 489140/1918	TAYLOR, TAYLOR & HOBSON, LTD., Leicester
7	$r_1 =$ 33,5 $r_2 =$ 401,0 $r_3 =$ 40,8 $r_4 =$ 103,3 $r_5 =$ 1417,0 $r_6 =$ 36,4 $r_7 =$ 131,7 $r_8 =$ 33,0	$d_1 = 2,5$ $b_1 = 4,0$ $b_2 = 6,7$ $d_2 = 0,9$ $l_1 = 1,4$ $d_3 = 0,9$ $l_2 = 8,9$ $d_4 = 2,6$	$L_1 = 1,6116$ $L_2 = 1,6206$ $L_3 = 1,6206$ $L_4 = 1,6116$	56,4 36,2 36,2 56,4	A. WARMISHAM	FP. Nr. 489140/1918	TAYLOR, TAYLOR & HOBSON, LTD., Leicester

(Fortsetzung von Zusammenstellung 7.)

	Krümmungsradien	Dicken, Abstände, Blendenentfernungen	Glasarten n_D	Glasarten ν	Errechner des Objektivs	Literaturnachweis	Patentinhaber oder Herstellerfirma
				ca.			
8	$r_1 = 30{,}6$	$d_1 = 3{,}4$	$L_1 = 1{,}6098$	58,8	—	DRP.	G. Rodenstock,
	$r_2 = 83{,}5$	$l_1 = 2{,}7$	$L_2 = 1{,}5473$	45,9		Nr. 368405/	München
	$r_3 = 42{,}2$	$d_2 = 0{,}8$	$L_3 = 1{,}5473$	45,9		1921	
	$r_4 = 49{,}5$	$b_1 = 2{,}75$	$L_4 = 1{,}6098$	58,8			
	$r_5 = 49{,}5$	$b_2 = 2{,}75$					
	$r_6 = 42{,}2$	$d_3 = 0{,}8$					
	$r_7 = 94{,}8$	$l_2 = 2{,}7$					
	$r_8 = 29{,}3$	$d_4 = 3{,}4$					
				ca.			
9	$r_1 = 33{,}5$	$d_1 = 6{,}7$	$L_1 = 1{,}6119$	59,5	P. Rudolph	DRP.	Dr.
	$r_2 = 263{,}0$	$l_1 = 2{,}2$	$L_2 = 1{,}5163$	64,0		Nr. 420223/	P. Rudolph,
	$r_3 = 34{,}8$	$d_2 = 4{,}6$	$L_3 = 1{,}5710$	50,4		1924	Groß-
	$r_4 = 87{,}0$	$d_3 = 0{,}9$	$L_4 = 1{,}5710$	50,4			biesnitz
	$r_5 = 20{,}9$	$b_1 = 4{,}6$	$L_5 = 1{,}5163$	64,0			b. Görlitz
	$r_6 = 26{,}1$	$b_2 = 5{,}7$	$L_6 = 1{,}6119$	59,5			
	$r_7 = 108{,}7$	$d_4 = 2{,}7$					
	$r_8 = 43{,}5$	$d_5 = 4{,}1$					
	$r_9 = 328{,}8$	$l_2 = 2{,}7$					
	$r_{10} = 41{,}8$	$d_6 = 8{,}4$					
10	$r_1 = 25{,}9$	$d_1 = 5{,}1$	$L_1 = 1{,}6109$	55,8	W. Merté	EP.	Carl Zeiss,
	$r_2 = 96{,}1$	$d_2 = 2{,}3$	$L_2 = 1{,}5399$	47,4		Nr. 278338/	Jena
	$r_3 = 18{,}4$	$l_1 = 0{,}8$	$L_3 = 1{,}5606$	61,1		1926	
	$r_4 = 23{,}8$	$d_3 = 3{,}5$	$L_4 = 1{,}5606$	61,1			
	$r_5 = 35{,}5$	$b_1 = 2{,}9$	$L_5 = 1{,}5399$	47,4			
	$r_6 = 33{,}1$	$b_2 = 2{,}8$	$L_6 = 1{,}6109$	55,8			
	$r_7 = 22{,}7$	$d_4 = 4{,}0$					
	$r_8 = 18{,}1$	$l_2 = 1{,}6$					
	$r_9 = 77{,}4$	$d_5 = 1{,}9$					
	$r_{10} = 25{,}4$	$d_6 = 5{,}6$					

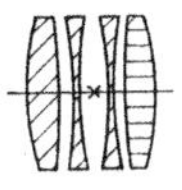

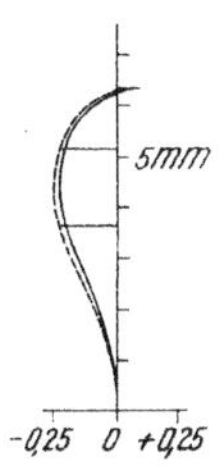

283 a.

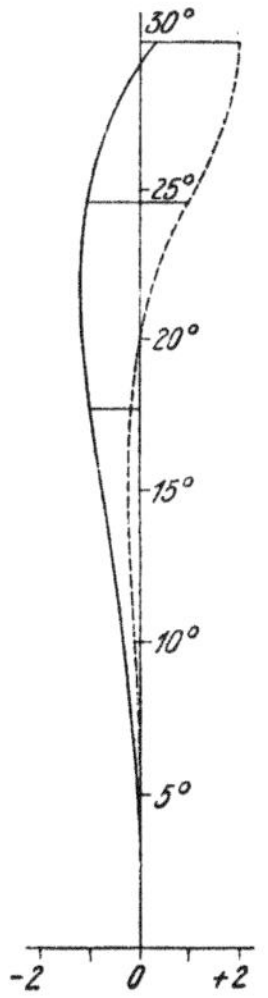

283 b.

Abb. 283. Nr. 1/7. EP. Nr. 24391/1905.

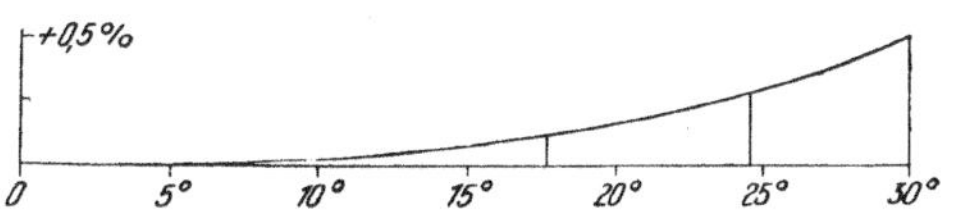

283 c.

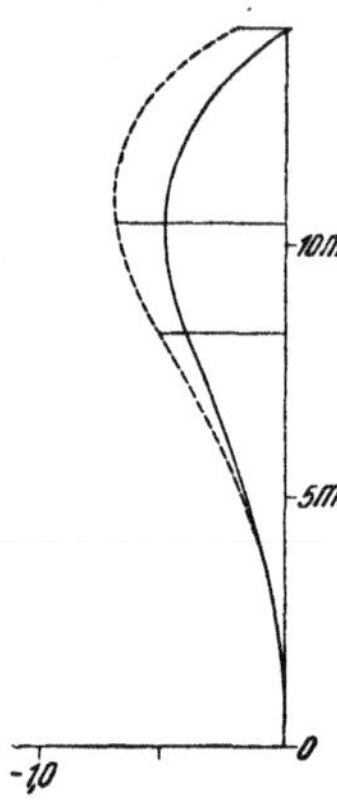

284 a.

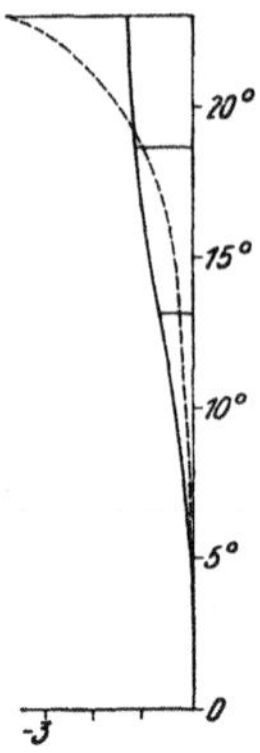

284 b.

Abb. 284. Nr. 2/7. DRP. Nr. 202083/1907.

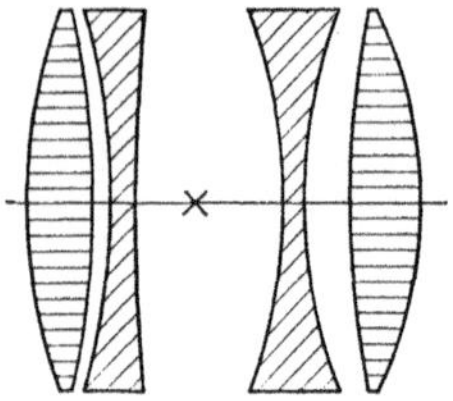

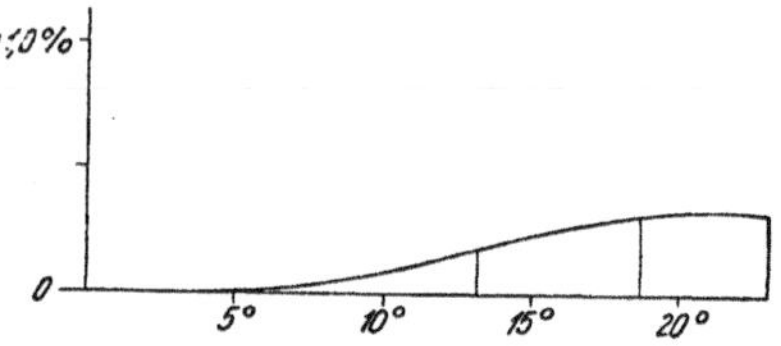

284 c.

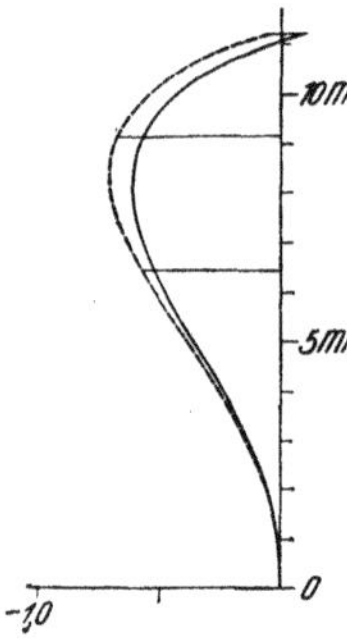

285 a.

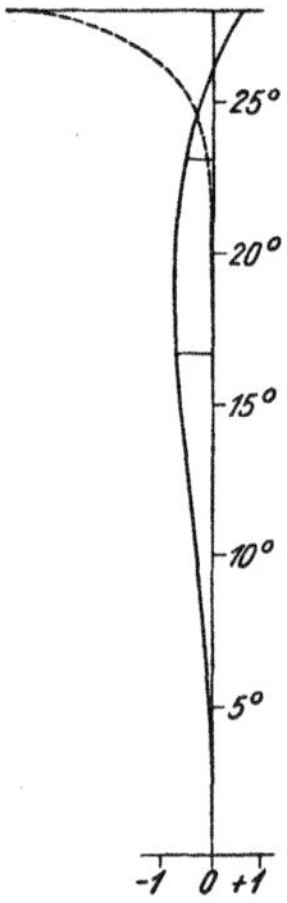

285 b.

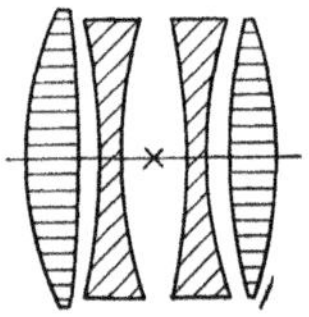

Abb. 285. Nr. 3/7. DRP. Nr. 258495/1912.

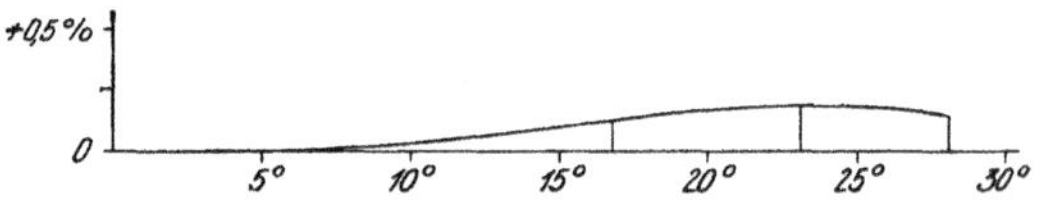

285 c.

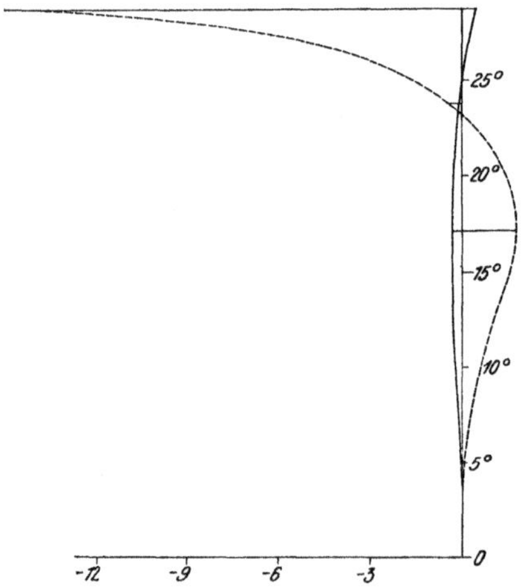

286 b.

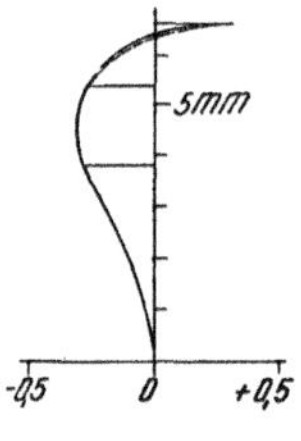

286 a.

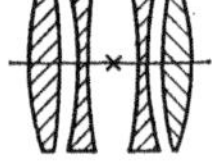

Abb. 286. Nr. 4/7. AP. Nr. 1236895/1916.

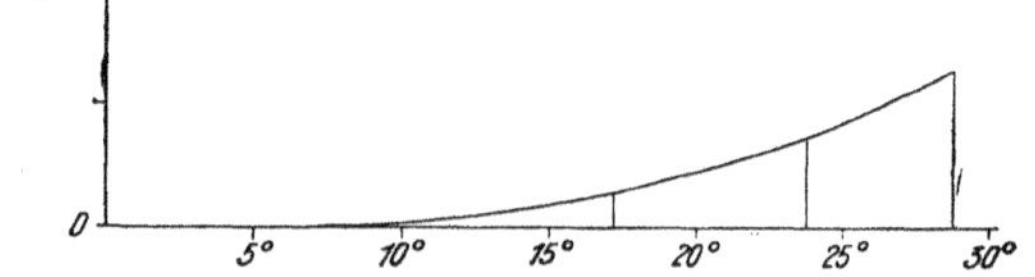

286 c.

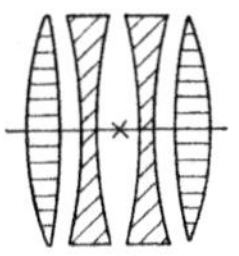

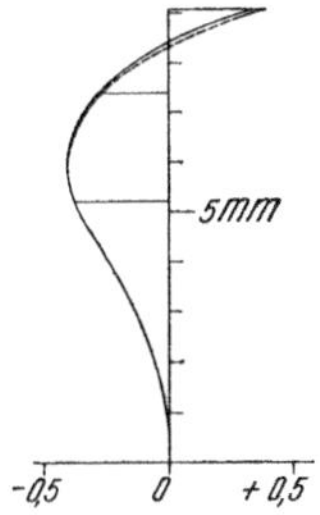

287 a.

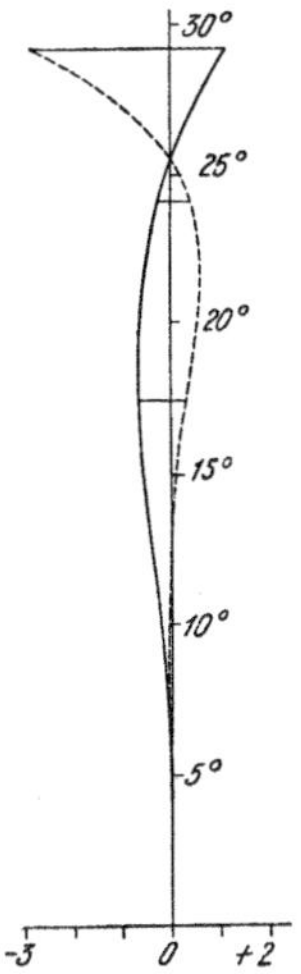

287 b.

Abb. 287. Nr. 5/7. AP. Nr. 1306958/1916.

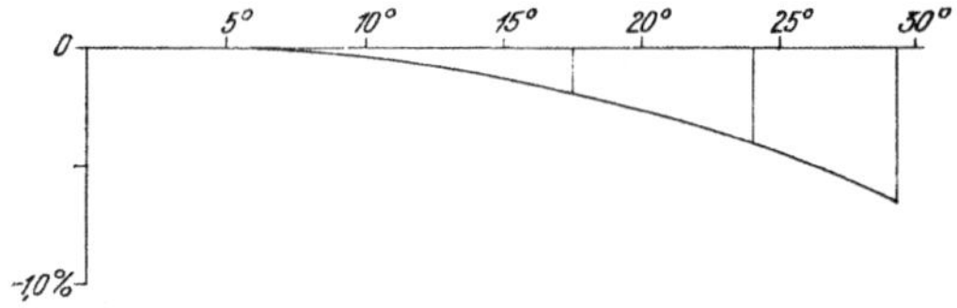

287 c.

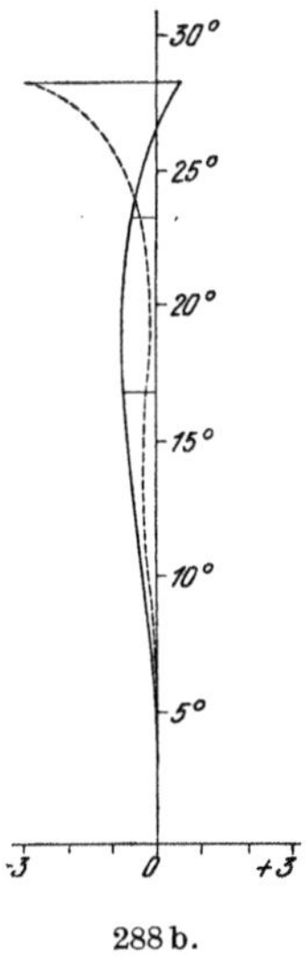

288 b.

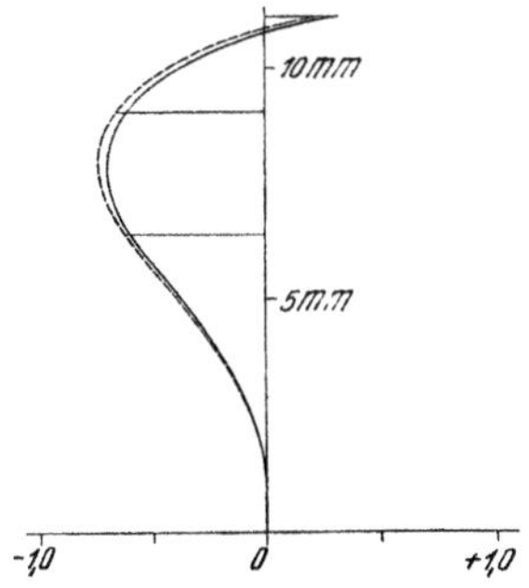

288 a.

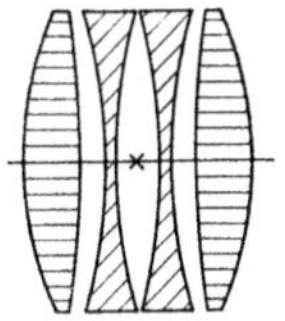

Abb. 288. Nr. 6/7. FP. Nr. 489140/1918.

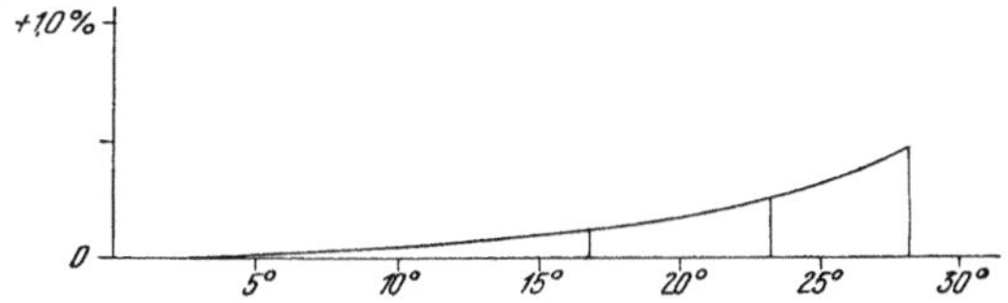

288 c.

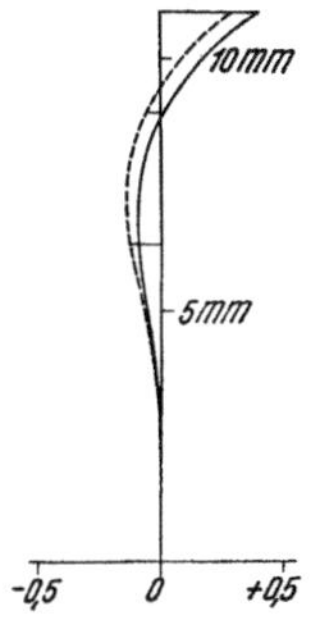

289 a.

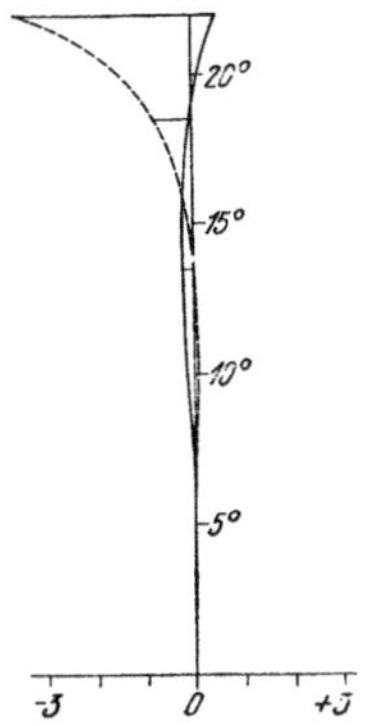

289 b.

Abb. 289.
Nr. 7/7.
FP. Nr. 489140/
1918.

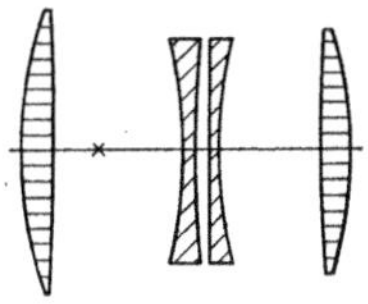

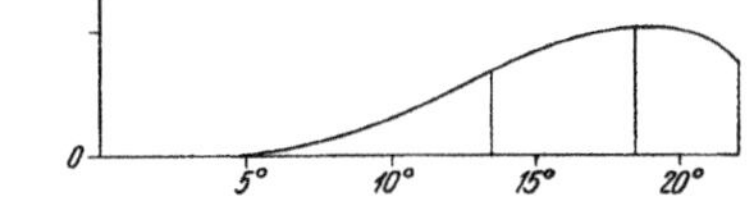

289 c.

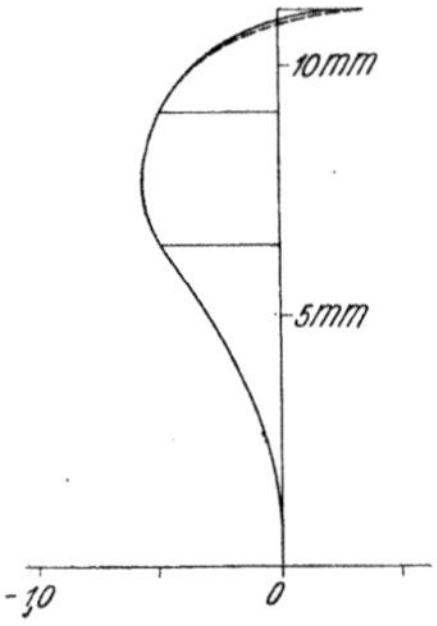

290 a.

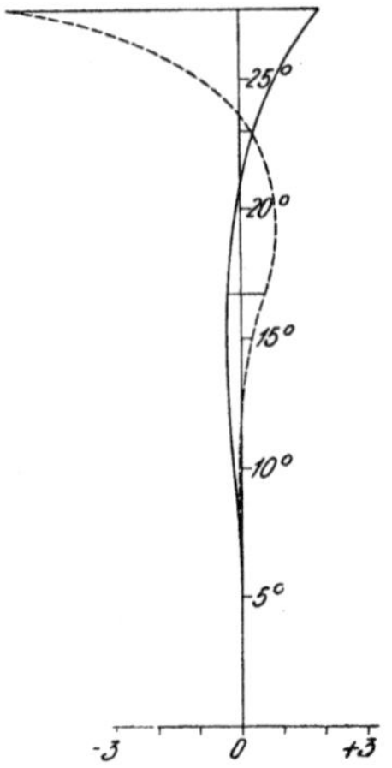

290 b.

Abb. 290. Nr. 8/7.
DRP. Nr. 368405/1921.

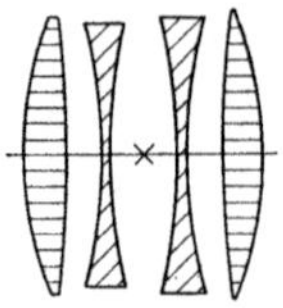

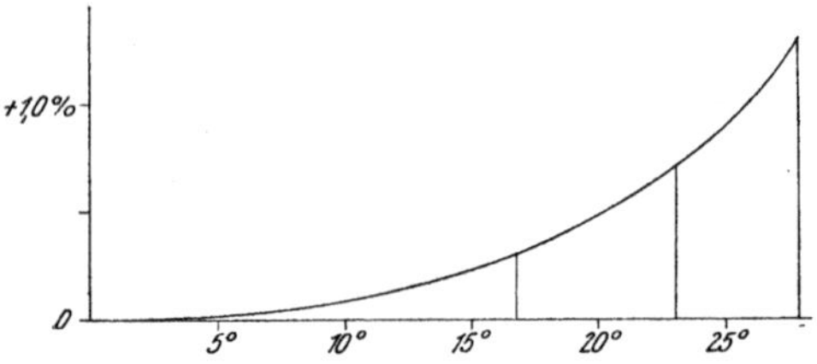

290 c.

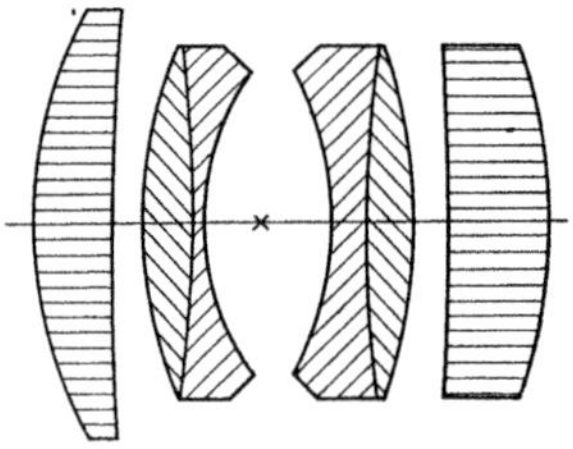

Abb. 291. Nr. 9/7.
DRP. Nr. 420223/
1924.

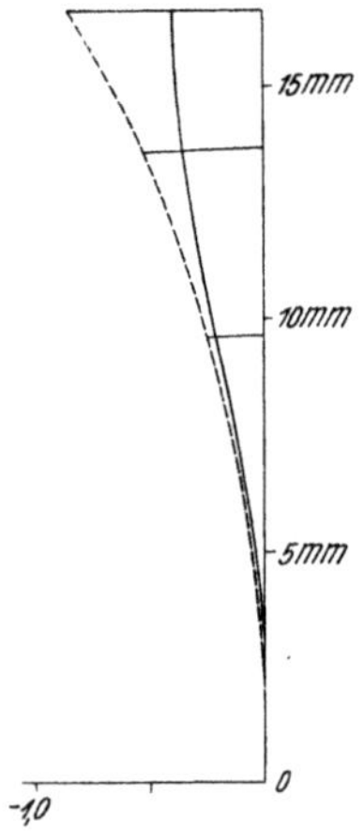

291 a.

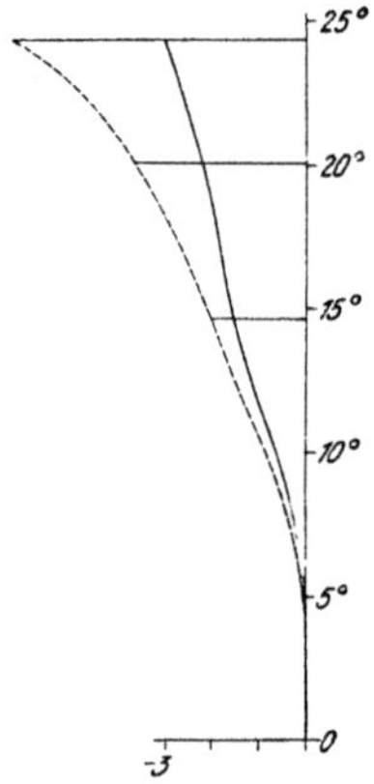

291 b.

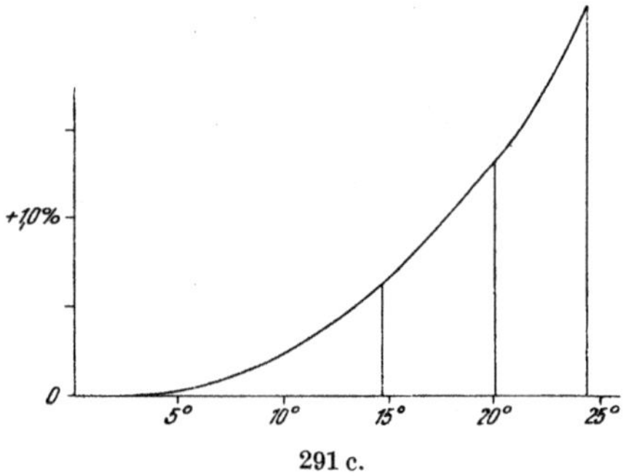

291 c.

Abb. 292. Nr. 10/7. EP. Nr. 278338/
1926.

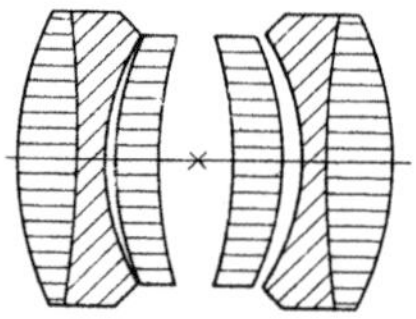

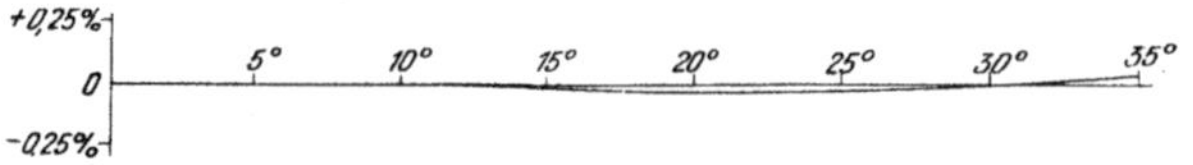

292 c.

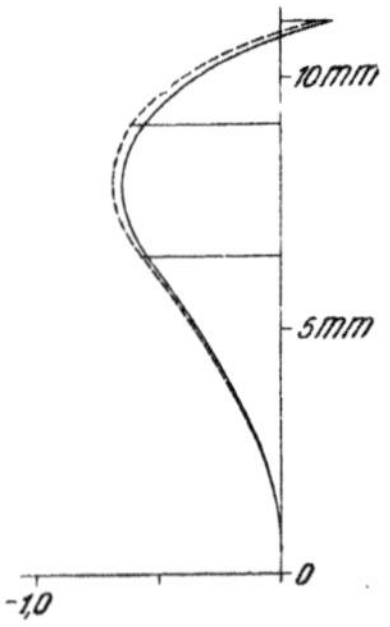

292 a.

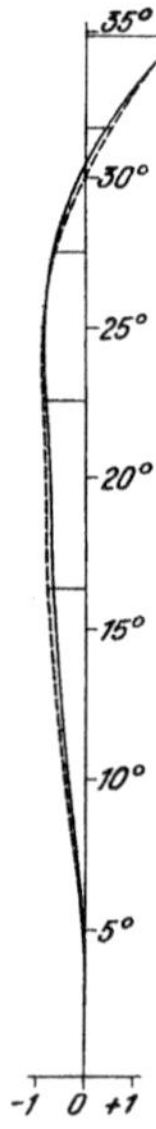

292 b.

Das gemeinsame Merkmal aller dieser Objektive ist die Benutzbarkeit einzelner Gliedlinsen des Doppelobjektivs. Schon bei den ersten Doppelanastigmaten E. v. Höeghs und P. Rudolphs, die unabhängig voneinander zu sehr ähnlichen Formen gelangt waren, lassen sich die hier vorliegenden beiden Möglichkeiten der Korrektion feststellen:

Man kann bei sonst gleichen optischen Mitteln entweder das Hauptgewicht auf eine gute Korrektion der Einzellinse legen oder auf eine besonders hohe Leistungsfähigkeit des Doppelobjektivs aus sein. Bei der Ursprungsform seines Doppelanastigmaten hatte E. v. Höegh den letzten Weg gewählt, und damit großen Erfolg; ist doch sein von C. P. Goerz hergestellter Doppelanastigmat unter dem Namen Dagor zu einem der bekanntesten photographischen Objektive geworden; es ist aus unseren Zusammenstellungen zu ersehen, daß eine größere Zahl von Objektiven nach dieser von v. Höegh und Rudolph zuerst angegebenen Form ausgearbeitet worden sind. Überwiegend ist bei diesen, ebenso wie bei den ca. 1906 bis 1920 von C. Zeiss hergestellten und dem Dagor leistungsgleichen Doppelamataren 1 : 6,8, die Qualität des Doppelobjektivs in den Vordergrund gestellt worden; die Einzellinse hingegen des Dagors oder des Doppelamatars kann zur Verfeinerung der Schärfe eine leichte Abblendung gut vertragen.

Gemeinsam ist diesen symmetrisch oder hemisymmetrisch aus Einzellinsen der Zusammenstellung 1 (vgl. S. 255—256) gebildeten Objektiven der wichtige Vorzug, daß sie nur vier an Luft grenzende Flächen haben, also sowohl verhältnismäßig geringe Lichtverluste durch Spiegelung als auch besonders brillante Bilder geben, in denen sich Reflexlicht nur wenig bemerkbar macht.

Die Brechungszahlen für die drei Linsen des Einzelgliedes steigen von der Blende aus an, so daß der sammelnde Meniskus die niedrigste, die hintere bikonvexe Linse die größte und die von beiden eingeschlossene bikonkave Linse eine mittlere Brechungszahl haben.

Man kann sich die Fehlerberichtigung etwa so denken, daß die beiden Außenflächen derartige Krümmungen erhalten, daß anastigmatische Korrektion sich herbeiführen läßt, ohne daß die sphärische Korrektion, die hauptsächlich durch die zerstreuende Kittfläche zwischen Meniskus und bikonkaver Linse zu bewirken ist, unmöglich gemacht wird. Die sammelnde Kittfläche zwischen bikonkaver und bikonvexer Linse wird vorwiegend noch für die anastigmatische Bildfeldebenung gebraucht, Blendenlage und Linsendicken sind ebenfalls besonders für die Hebung der Fehler in den gegen die Achse geneigten Strahlenbündeln von Gewicht. Natürlich hat man für letztere Größen nur einen verhältnismäßig engen Spielraum, da einerseits die Linsen nicht zu dünn sein dürfen, andererseits aber auch nicht zu dick, damit das Objektiv nicht unerträglich lang wird; ebenso ist man bei der Wahl der Brechungszahlen etwa auf die Werte 1,45 bis etwa 1,65 angewiesen, wobei natürlich nur solche Glasarten[1] gewählt werden können, deren Dispersionen eine Hebung der Farbfehler zulassen.

Der brauchbare Bildwinkel der aus zwei verkitteten Einzellinsen[2] gebildeten Doppelobjektive ist auch bei den lichtstärksten Formen ohne Schwierigkeit auf über 60^0 zu bringen, aber die Lichtstärke selbst bleibt verhältnismäßig bescheiden. Sie ist ohne Zugeständnisse an die Schärfe kaum über 1 : 6,8 oder allerhöchstens noch auf 1 : 6,3 gesteigert worden mit Ausnahme der in Zusammen-

---

[1] R. Straubel hat z. B. in dem Ausführungsbeispiel Abb. 2 des Amer. Pat. Nr. 1025766/1911 geschmolzenen Quarz für den sammelnden Meniskus angegeben.

[2] Nach Art der Linsen in Zusammenstellung 1.

stellung 1 unter Nr. 7 genannten Linse, die, symmetrisch zum Doppelobjektiv zusammengesetzt, bei einem Öffnungsverhältnis von 1 : 4,8 ein Bildfeld über 60° scharf auszeichnet. Dieser Erfolg wird ermöglicht durch die Benutzung verhältnismäßig langer Außenradien der Einzellinse, wobei aber für die Herbeiführung anastigmatischer Bildfeldebenung sich größere Dicken des Meniskus und auch der bikonkaven Linse notwendig machen. Das Doppelobjektiv wird also ziemlich lang, so daß es an Handkammern, bei denen man auf gedrängten Bau sieht, oft nicht anzubringen ist. Aus den angegebenen Gründen kommt diese Form als lichtstarkes Universalobjektiv — bei einem solchen soll in der Regel der Durchmesser des scharfen Bildfeldes in der Brennebene gleich der Brennweite sein — weniger in Frage, zumal ein Bildwinkel von 60° demnach nicht benötigt wird.

Beim Zurückgehen im Öffnungsverhältnis lassen sich aber Doppelobjektive der erörterten Bauart als Weitwinkel ausbilden. So deckt das Dagor 1 : 9 z. B. ein Bildfeld von etwa 100° und wird zu den besten Weitwinkeln gezählt.

In der Zusammenstellung 2 (vgl. S. 259—262) sind anastigmatische Linsen angeführt, die ebenfalls aus drei miteinander verkitteten Linsen bestehen, nämlich die Nummern 7, 15, 18, 21; auch die Einzellinsen des symmetrischen Doppelobjektivs Nr. 4 in Zusammenstellung 6 (vgl. S. 311) gehören hierher. Die Korrektionsmittel sind die gleichen wie beim Dagortypus: die Außenform der Einzellinse ist wieder die eines dicken Meniskus, der vermittels einer zerstreuenden und einer sammelnden Kittfläche in drei Linsen aufgeteilt ist. Durch die verschiedene Reihenfolge der höher und nieder brechenden Glasarten und der genannten beiden Kittflächen sind verschiedene Formen der drei den Anastigmaten bildenden Linsen möglich. Die Objektive dieser Bauart unterscheiden sich in ihren besten Formen nicht erheblich von der Leistung etwa des Dagors; so sind die Einzellinsen des symmetrischen Doppelamatars von C. Zeiss eine Zeitlang nach dem Linsenschema der Objektive 15 oder 18 der Zusammenstellung 2, also bikonkave Linse, bikonvexe Linse und zerstreuender Meniskus gebaut worden.

Die Glieder der ebenfalls symmetrischen Orthostigmate von C. A. Steinheil und der Kollineare von Voigtländer & Sohn, A.-G., zeigen den Aufbau z. B. der Einzellinse Nr. 7 der Zusammenstellung 2, d. h. einer bikonkaven Linse folgt ein sammelnder Meniskus und diesem eine bikonvexe Linse; die Orthostigmate und die Kollineare sind als Universalobjektive, Weitwinkel und Reproduktionsobjektive ausgebildet worden.

Die Häufung der Korrektionsmittel in den verkitteten Anastigmatlinsen bringt gegenüber der Einzellinse, z. B. des Dagors, keine prinzipiellen Fortschritte, d. h. also bei gleichem Öffnungsverhältnis und gleicher Bildgüte ist auch die Ausdehnung der Bildfelder ungefähr die gleiche wie beim Dagor. Natürlich ist z. B. durch die Einführung einer vierten Glaslinse noch eine gewisse Verfeinerung der Korrektion möglich, so daß z. B. bei der Protarlinse (s. Abb. 277) schon bei 1 : 12,5 eine recht gute Schärfe erzielt wird; bei den aus Protarlinsen symmetrisch oder hemisymmetrisch zusammengesetzten Doppelprotaren mit Anfangsöffnungsverhältnissen von 1 : 6,3 bis 1 : 7,7 befriedigt die Bildgüte schon ohne Abblendung hohe Anforderungen.

Die Gauss-Linsen lassen sich auch zu Doppelobjektiven zusammensetzen. Wie die Einzellinse des Dagors kann auch das Gauss-Objektiv als ein dicker Meniskus aufgefaßt werden, der durch eine sammelnde und zerstreuende Fläche in drei Linsen, nämlich zwei Glaslinsen entgegengesetzter Wirkung und eine von diesen eingeschlossene Luftlinse, so zerlegt ist, daß die zerstreuende Glaslinse an der Blende liegt und sämtliche brechende Flächen dieser ihre hohle Seite zukehren. Die aus GAUSS-Linsen gebildeten Doppelobjektive haben acht Glas und Luft trennende Flächen und neigen dadurch zu etwas stärkerer Belegung der Bilder mit reflektiertem Licht. Die Ausdehnung der Bildfelder steht nicht hinter der aus verkitteten Gliedlinsen zusammengestellter Doppelobjektive zurück. Das Öffnungsverhältnis kann auf ziemlich große Werte gebracht werden, da auch für große Öffnungen sphärische Korrektion mit recht kleinen Zonen möglich ist. Von Doppelobjektiven aus zwei GAUSS-Linsen seien hier als Beispiele die Omnare von E. BUSCH, die nicht ganz symmetrischen Aristostigmate von H. MEYER & Co. mit Öffnungsverhältnissen von 1 : 4 bis 1 : 6,8 für universelle Zwecke, mit dem Öffnungsverhältnis 1 : 9 für Weitwinkelaufnahmen, die Homocentric-Lens von ROSS LDT. und schließlich die Planare von C. ZEISS genannt. Die beiden zerstreuenden Menisken der Planare sind durch eine hauptsächlich auf die Farben wirkende Kittfläche in zwei miteinander verkittete Linsen aufgeteilt; die Planare bestehen also im ganzen aus sechs Glaslinsen. Die heute noch hergestellten Planare werden für Mikrophotographie und Reproduktion benutzt.

Die aus einer sammelnden und einer zerstreuenden Glaslinse, die einen Luftraum zwischen sich haben, gebildeten Objektive lassen sich nach der Reihenfolge der beiden Glaslinsen und nach deren Durchbiegungen übersichtlich gruppieren. Wenn man für die Durchbiegungen Linsen gleich und ungleich bezeichneter Krümmungsradien unterscheidet und die Linsen mit einer Planfläche zu den Menisken, also zu den Linsen gleichbezeichneter Radien, rechnet, so gibt es im ganzen acht Möglichkeiten äußeren Aufbaues. Bei den vorhin besprochenen GAUSS-Objektiven sind also beide Linsen Menisken und die zerstreuende Linse liegt hinter der Blende vor der sammelnden Linse. Die gleichen Formen haben die Linsen des Einzelgliedes des symmetrischen Objektivs Nr. 2 in der Zusammenstellung 6 (vgl. S. 312), aber eine andere Reihenfolge.

Eine recht wichtige Rolle spielen auch die Doppelobjektive, deren Einzellinsen aus einer bikonkaven und einer bikonvexen Linse gebildet werden. Die Ursprungsform der modernen nach diesem Typus gebauten Linsen kann wohl E. v. HÖEGH zugeschrieben werden. Die von C. P. GOERZ zunächst symmetrisch gebauten Doppelobjektive nach dieser v. HÖEGHschen Erfindung — es sei hier an die bekannten Objektive Celor und Syntor erinnert (nach DRP. 109283, Nr. 1 der Zusammenstellung 6) — sind später durch die stark unsymmetrischen Dogmare (Errechner W. ZSCHOKKE) abgelöst worden. Als Universalobjektive wurden sie mit den Öffnungsverhältnissen 1 : 4,5, 1 : 5,5 und 1 : 6,3 hergestellt, kurz vor dem Aufhören der GOERZischen Objektivfabrikation ist auch noch ein Dogmar 1 : 3,5 auf den Markt gekommen.

Das Reflexlicht liegt bei den aus einer bikonkaven und einer bikonvexen Linse unverkittet gebauten Objektiven oder bei aus zwei solchen Objektiven zusammengesetzten Doppelobjektiven, die übrigens bemerkenswert kurz sein können, in der Regel wesentlich günstiger als bei den aus GAUSS-Linsen zusammengesetzten Doppelobjektiven. Die Bildfehlerberichtigung ist sehr weit zu treiben, so daß das Dogmar 1 : 4,5 bzw. 1 : 6,3 zu den besten Universalobjektiven gehört hat und nahe an die Leistung des Tessars 1 : 4,5 bzw. 1 : 6,3 herankommt. Unterschiede gegen letzteres liegen in der größeren Zahl der Glas und Luft trennenden Flächen, womit natürlich die Nachteile größeren Lichtverlustes, vermehrten Reflexlichtes usw. verknüpft sind; auch ist das vom Dogmar scharf ausgezeichnete Bildfeld etwas kleiner als das des Tessars. Die Einzellinsen des Dogmars lassen sich bei stärkerer Abblendung hingegen gut benutzen, die des Tessars nicht.

Die von TAYLOR, TAYLOR & HOBSON gebaute COOKE-Aviar-Lens 1 : 4,5 (Nr. 6 der Zusammenstellung 7) zeigt ebenfalls vorzügliche, dem Dogmar 1 : 4,5 ebenbürtige Bildqualität. Der hier besprochene Doppelobjektivtypus wird übrigens auch häufig für billige Objektive benutzt, da die Linsenformen einer preiswerten Herstellung günstig sind und die Benutzbarkeit der Einzellinsen, wenn auch mit stärkerer Abblendung, die Verwendungsmöglichkeit des Objektivs erhöht.

Ähnlich wie bei den gänzlich verkitteten anastigmatischen Einzellinsen mit nur sphärischen Flächen, die zur Erreichung des Korrektionszieles aus mindestens drei Einzellinsen bestehen müssen, ist bei den aus unverkitteten Glaslinsen gebildeten Anastigmatlinsen, deren Glaslinsenzahl mindestens zwei sein muß, durch Aufteilung der Einzellinsen vermittels Kittflächen in weitere Linsen die optische Leistung zu steigern versucht worden. Ein Beispiel für eine Aufteilung der Glaslinsen hatten wir schon oben im Planar kennengelernt, und als weiteres erwähnen wir die von E. ARBEIT (Objektivzusammenstellung 2, Nr. 4 und Nr. 19) und in neuerer Zeit auch von P. RUDOLPH (Zusammenstellung 2, Nr. 22 und Nr. 23) bearbeitete Form: sammelnder Meniskus, Luftlinse, zerstreuender Meniskus. Dabei ist letzterer durch eine sammelnde Kittfläche in eine bikonkave und eine bikonvexe Linse aufgeteilt. Das Doppelobjektiv aus zwei derartigen Einzellinsen hat acht glaslufttrennende Flächen und verhält sich hinsichtlich der Merklichkeit von Reflexlicht nicht ganz so günstig wie das Dogmar mit der gleichen Zahl freistehender Flächen. Sonst ist die Leistung dieser Objektive groß, so daß sie bei Öffnungsverhältnissen von etwa 1 : 4 immer noch Bildfelder von 60° scharf auszeichnen. Allerdings nähern sich bei dem genannten Öffnungsverhältnis die sphärischen Zonen wenigstens der dem Verfasser bekannten Formen schon etwa 1 % der Brennweite; hingegen ist die sphärochromatische Korrektion bei diesem Typ weitzutreiben. Die der geringen Sphärochromasie von P. RUDOLPH zugeschriebene Erhöhung der Tiefe der Abbildung ist bei sorgfältiger Versuchsanordnung[1] nicht nachzuweisen, übrigens auch aus theoretischen Gründen unwahrscheinlich.

Neuerdings hat W. MERTÉ ein unsymmetrisches Objektiv dieser Bauart (Nr. 10 der Zusammenstellung 7) angegeben, das bei einem Öffnungsverhältnis 1 : 4,5 ein Bildfeld von über 60° scharf auszeichnet. Da die Verzeichnung dieses Objektivs ungewöhnlich weitgehend beseitigt ist (sie ist bei den Objektiven der Fabrikation rechnerisch noch besser als bei dem Ausführungsbeispiel der Abb. 292), können mit ihm, das von C. ZEISS als Orthometar 1 : 4,5 in den Handel gebracht wird, Aufnahmen für die feinsten Vermessungsarbeiten gemacht werden. Zum Schluß dieses Abschnittes erwähnen wir hier noch zwei besondere Formen des Satzobjektivs: zunächst den Polyplastsatz von STAEBLE, München. Dieser besteht aus einer Hinterlinse, die entweder für sich allein verwendet werden kann oder mit einer geeigneten Vorderlinse zum Doppelobjektiv zu machen ist. Es können im ganzen vier Vorderlinsen mit der Hinterlinse kombiniert werden, so daß mit dieser ein voller Polyplastsatz fünf Brennweiten zur Verfügung stellt. Die Hauptkombination — in der nachfolgenden Zusammenstellung ist sie durch II bezeichnet — erreicht Öffnungsverhältnisse von 1 : 5,9; der Linsenachsenschnitt ist in der Abb. 293 zu sehen.

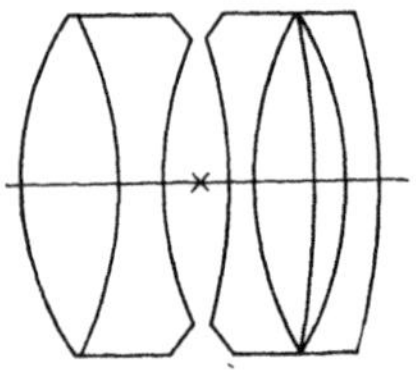

Abb. 293. Schematischer Linsenachsenschnitt eines Doppelobjektivs des Polyplastsatzes von STAEBLE.

[1] Vgl. auch W. MERTÉ: Central-Ztg. Opt. u. Mech. **1924**, 64.

Komb. I.		Komb. II		Komb. III		Komb. IV		Komb. V	
(Weitwinkel)		(Universalobjektiv)		(für Landschaft, Porträt usw.)					
Brennweite in cm	Öffnungsverhältnis	Brennweite in cm	Öffnungsverhältnis	Brennweite in cm	Öffnungsverhältnis	Brennweite in cm	Öffnungsverhältnis	Brennweite in cm	Öffnungsverhältnis
8	1/9	10,5	1/5,9	13	1/7,7	15	1/9	17	1/12,5
10,5	1/9	13,5	1/5,9	16,5	1/7,7	19,5	1/9	22	1/12,5
12,5	1/9	16,5	1/6,3	20,5	1/7,7	23,5	1/9	27	1/12,5
15	1/9	19,5	1/6,3	24	1/7,7	28	1/9	32	1/12,5
20	1/9	26	1/6,8	32	1/8	37,5	1/9,5	43	1/12,5

Eine andere Form des photographischen Satzobjektivs wird in DRP. Nr. 472234/1926, von F. W. GEHRKE vorgeschlagen. Die Variierung der Brennweite durch Austausch von Gliedlinsen soll ohne Einfluß auf den Kammerauszug sein, so daß also z. B. der einfache Balgenauszug einer Rollfilmkammer für verschieden lange Objektivbrennweiten unverändert bleibt. Als geeignetes Objektiv wird dabei die Drillingslinse gewählt. In Abb. 294 ist eine solche schematisch gezeichnet, in Abb. 295 sind die beiden vor der Blende liegenden Linsen, nämlich die vordere Sammellinse und die Zerstreuungslinse der Abb. 294 ersetzt durch ein Glied mit ziemlich starker „Telewirkung", so daß die Äquivalentbrennweite des Gesamtobjektivs verlängert wird, der Auszug aber, d. h. die Entfernung von der Blendenebene bis zur Objektivbrennebene, ungeändert bleibt. Die Durchrechnung der der Patentschrift beigegebenen Zahlenbeispiele zeigt, daß die Fehlerberichtigung nicht weit geht. Bei einigermaßen erheblicher Vergrößerung der Ursprungsbrennweite werden die Ansprüche an Bildschärfe und Verzeichnungsfreiheit eines in der geschilderten Weise geänderten Objektivs nicht groß sein dürfen. Übrigens hat schon 1908/09 E. WANDERSLEB ganz analog versucht, Tessare mit austauschbarem Frontglied zu schaffen, um bei gleichem Kammerauszug verschiedene Brennweiten zu erhalten, was insbesondere bei Rollfilmkammern wertvoll wäre. Diese Arbeiten sind aber nicht fabrikatorisch ausgewertet worden, da die erreichbare Bildqualität bei vertretbarem Aufwand von Mitteln, Ausmaßen und Gewichten zu bescheiden bleibt, um angesichts der schon damals üblichen und vollends heute sehr bequemen und vollkommenen, nachträglichen Vergrößerung der normalbrennweitigen Handkammeraufnahmen sinnvoll zu bleiben.

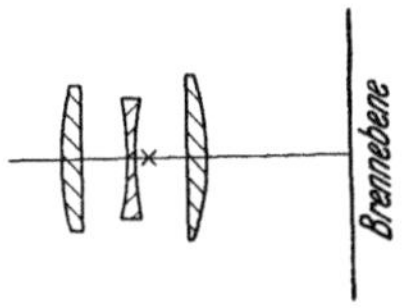

Abb. 294. Schematischer Linsenachsenschnitt einer Drillingslinse.

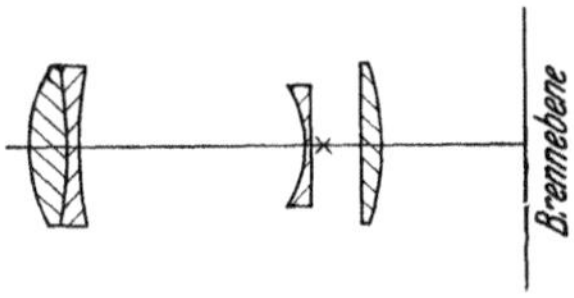

Abb. 295. Die vor der Blende liegenden beiden Linsen des Objektivs der Abb. 294 sind durch eine Linsenfolge ersetzt, so daß der Auszug (Entfernung der Blende von der Brennebene) der gleiche ist wie bei der ursprünglichen Drillingslinse, die Brennweite aber verlängert ist.

8. Objektive größten Öffnungsverhältnisses. Bei der Unempfindlichkeit der photographischen Schichten, die in den ersten Zeiten der Photographie benutzt wurden, war die Steigerung der Lichtstärke der photographischen Objektive ein besonders wichtiges Ziel. Schon recht frühzeitig, nämlich im Jahre 1840, wurde in dieser Richtung von J. PETZVAL mit seinem bekannten Porträtobjektiv ein großer Schritt nach vorwärts getan.

Trotz dem für damalige Verhältnisse gewaltigen Öffnungsverhältnis von 1 : 3,4 deckte dieses Objektiv ein mäßig ausgedehntes Bildfeld mit ausgezeichneter Schärfe. Nicht nur aus historischen Gründen, sondern weil PETZVAL-Objektive auch heute noch in der Bildnisphotographie, Projektion, Astrophotographie usw. benutzt werden, geben wir hier die Zahlen für ein aus der VOIGT-

LÄNDERschen Werkstätte stammendes, wahrscheinlich Anfang der 50er Jahre hergestelltes PETZVAL-Objektiv[1]: $r_1 = 55{,}9$ mm, $r_2 = -43{,}7$ mm, $r_3 = 460{,}4$ mm, $r_4 = 110{,}6$ mm, $r_5 = 38{,}9$ mm, $r_6 = 48{,}0$ mm, $r_7 = -157{,}8$ mm; $d_1 = 4{,}7$ mm, $d_2 = 0{,}8$ mm, $b_1 = 21{,}0$ mm, $b_2 = 12{,}6$ mm, $d_3 = 1{,}5$ mm, $l = 3{,}3$ mm, $d_4 = 3{,}6$ mm. Die Brechungszahlen der Linse 1 und 4 sind für die d-Linie 1,517, die der beiden Zerstreuungslinsen 1,575. Linsenachsenschnitt und Bildfehlerkurven sind in der Abb. 296 zu sehen. Wie bei PETZVAL-Porträtobjektiven üblich, sind auch hier die sphärischen Längsabweichungen und die Abweichungen von der Erfüllung der Sinusbedingung bemerkenswert klein, ihre maximalen Werte übersteigen trotz großer Öffnung 1,5 bzw. 1 ‰ der Brennweite nicht; der Astigmatismus ist für eine Hauptstrahlneigung zwischen 8^0 und 9^0 beseitigt und auch noch bei einer Neigung von 15^0 gegen die Achse gering, während die Bildfeldkrümmung schon etwa 2 % der Brennweite ausmacht.

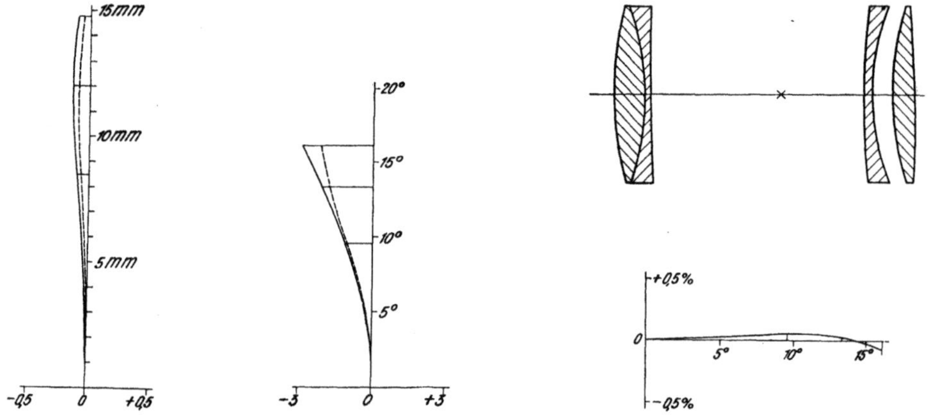

296 a. 296 b. 296 c.

Abb. 296. Linsenachsenschnitt und Fehlerkurven des im Text angegebenen PETZVAL-Objektivs.

Die Abkürzung der Belichtungszeit wurde aber im Laufe der Entwicklung doch hauptsächlich durch die Einführung hochempfindlicher Schichten erreicht, so daß Objektive des Öffnungsverhältnisses 1 : 4,5 heute schon als recht lichtstarke Universalobjektive zu gelten haben, die bei einigermaßen günstigen Beleuchtungsverhältnissen die kürzesten Augenblicksaufnahmen erlauben, die die gängigen Momentverschlüsse zulassen.

Die Aufnahmekinematographie, die Augenblicksaufnahmen von höchstens $^1/_{30}$ Sekunde Belichtungszeit, bei Tonfilmen sind es nur $^1/_{48}$ Sekunde, auch unter ungünstigen Lichtverhältnissen verlangt, hat aber trotz hoher Lichtempfindlichkeit des neuzeitlichen Kinofilmes den Wunsch nach besonders lichtstarken Objektiven erweckt, zumal ja die Brennweiten, die für Kinoaufnahmen benutzt werden, in der Regel verhältnismäßig klein sind, so daß also auch die Tiefenschärfe der Objektive mit großem Öffnungsverhältnis häufig genug ausreicht.

Man hat daher in letzter Zeit Objektive gebaut, deren Öffnungsverhältnisse nicht weit von dem Wert 1 entfernt sind. Diese großen Öffnungsverhältnisse verlangen eine besonders gute Fehlerberichtigung gerade auch der weitgeöffneten Bündel und, da auch das Bildfeld immerhin ganz ansehnlich sein muß — man wird im Durchschnitt für die Auszeichnung des Normalkino-

[1] ROHR, M. v.: Z. Instrumentenkde **1901**, 49—52.

formates, dessen Diagonale etwa 30 mm ist, eine Brennweite von 40—50 mm benutzen —, ist die verlangte optische Leistung dieser photographischen Objektive zur Zeit nur mit verhältnismäßig kompliziert gebauten Objektiven zu erreichen.

Damit hängt es zusammen, daß mit recht verschiedenen Objektivformen die so gestellte Abbildungsaufgabe zu verwirklichen versucht worden ist. Besonders drei an früherer Stelle erwähnte Typen sind als Ausgang benutzt worden, nämlich das PETZVAL-Objektiv, die TAYLORsche Drillingslinse und die GAUSS-Linse.

Als Beispiel nennen wir hier zunächst je einen besonders leistungsfähigen Vertreter dieser drei Gruppen, nämlich das von M. v. ROHR errechnete Biotar[1] 1 : 1,8, das aus einer Modifikation des PETZVAL-Objektivs unter Hinzufügung der bildfeldebnenden SMYTHschen Zusatzlinse besteht, das von L. BERTELE[2] gefundene Ernostar 1 : 1,8, das sich aus einer modifizierten TAYLORschen Drillingslinse mit einer vorgeschalteten Sammellinse aufbaut, und das von W. MERTÉ[3] angegebene Biotar 1 : 1,4, das man sich aus einem GAUSS-Doppelobjektiv abgeleitet denken kann. Die Unterlagen für den Aufbau und die Fehlerkurven dieser drei Objektive finden sich in der nachfolgenden Zusammenstellung 8.

Die Objektive der ungewöhnlich großen Öffnungsverhältnisse sind nur in gewissen Sonderfällen in längeren Brennweiten erfolgreich zu verwenden. Die dann sehr geringe Tiefe macht sie im allgemeinen für universelleren Gebrauch, etwa an Handkammern, wenig geeignet. Für Sternaufnahmen hingegen können sie gute Dienste leisten, weil hierbei die Forderung einer gewissen Tiefenschärfe nicht vorliegt. Gelegentlich mag man große Brennweiten auch für Aufnahmen aus Flugzeugen mit Vorteil verwenden, wo ja ebenfalls die Tiefe eine geringe Rolle zu spielen pflegt.

Die verhältnismäßig großen Linsendurchmesser der Objektive mit besonders großer Öffnung erfordern natürlich beträchtliche Linsendicken, so daß durch die sich bemerkbar machende Lichtabsorption der Länge der Brennweiten eine Grenze nach oben gesetzt wird, bei der der Lichtgewinn durch Steigerung des Öffnungsverhältnisses infolge Absorption wieder verlorengehen kann; selbstverständlich kommt es dabei auch auf die Empfindlichkeit der benutzten photographischen Schicht in den verschiedenen Gebieten des Spektrums an. Das Licht des sichtbaren Gebietes wird von den meisten optischen Glasarten, aus denen Objektivlinsen gefertigt werden, gut hindurchgelassen; erst für die kurzwelligen Lichtarten pflegt die Absorption beträchtliche Werte anzunehmen.

Weitere Anwendungsgebiete der Objektive besonders großer Öffnungen sind Aufnahmen bei Nacht und im Theater, Projektion, Mikrophotographie, Farbenaufnahmen, besonders Farbenkinematographie.

So ist z. B. das Kodakolorverfahren[4] für Schmalfilmfarbenkinematographie auf die ausschließliche Benutzung des Öffnungsverhältnisses etwa 1 : 2 zugeschnitten.

---

[1] ROHR, M. v.: Z. Instrumentenkde **1911**, 265—270. Der Name Biotar wurde seinerzeit für das vor 20 Jahren von v. ROHR ausgearbeitete System geschaffen und, da das Objektiv wegen der Schwierigkeit der Anpassung an Kinokammern keine Verbreitung fand, für das neue, ganz anders gebaute Objektiv von MERTÉ übernommen.

[2] BERTELE, L.: Central-Ztg. Opt. u. Mech. **1925**, 301—303.

[3] Vgl. Fußnote 3, S. 244 dieses Bandes.

[4] BUSCH, L.: Kinotechn. **1928**, 592—594.

Nachstehend sind die Konstruktionsdaten und Fehlerkurven für eine Reihe lichtstärkster Objektive zusammengestellt:

Objektivzusammenstellung 8.

Photographische Objektive besonders großen Öffnungsverhältnisses[1].

	Krümmungs-radien	Dicken, Abstände, Blenden-entfernungen	Glasarten n_D	Glasarten ν	Errechner des Objektivs	Literaturnachweis	Patentinhaber oder Herstellerfirma
1	$r_1 = 63{,}1$	$d_1 = 12{,}9$	$L_1 = 1{,}5158$	64,0	M. v. ROHR	Z. Instru-mentenkde **1911,** 265—70	CARL ZEISS, Jena
	$r_2 = 132{,}0$	$l_1 = 2{,}9$	$L_2 = 1{,}7154$	29,5			
	$r_3 = 93{,}8$	$d_2 = 3{,}7$	$L_3 = 1{,}7154$	29,5			
	$r_4 = 371{,}4$	$b_1 = 23{,}2$	$L_4 = 1{,}5158$	64,0			
	$r_5 = 58{,}8$	$b_2 = 4{,}0$	$L_5 = 1{,}5163$	64,0			
	$r_6 = 42{,}4$	$d_3 = 3{,}7$					
	$r_7 = 75{,}7$	$l_2 = 6{,}6$					
	$r_8 = 176{,}5$	$d_4 = 12{,}9$					
	$r_9 = 27{,}2$	$l_3 = 52{,}1$					
	$r_{10} = 1103{,}0$	$d_5 = 1{,}9$					
2	$r_1 = 38{,}5$	$d_1 = 2{,}0$	$L_1 = 1{,}6041$	38,0	H. D. TAYLOR	EP. Nr. 3799/ 1912	H. D. TAYLOR, York
	$r_2 = 308{,}1$	$l_1 = 6{,}6$	$L_2 = 1{,}5902$	61,3			
	$r_3 = 252{,}3$	$d_2 = 8{,}1$	$L_3 = 1{,}5902$	61,3			
	$r_4 = 55{,}9$	$l_2 = 0{,}04$	$L_4 = 1{,}5902$	61 3			
	$r_5 = 2396{,}4$	$d_3 = 7{,}1$	$L_5 = 1{,}5902$	61,3			
	$r_6 = 91{,}9$	$b_1 = 1{,}15$	$L_6 = 1{,}6131$	36,9			
	$r_7 = 91{,}9$	$b_2 = 1{,}15$					
	$r_8 = 2396{,}4$	$d_4 = 7{,}1$					
	$r_9 = 55{,}9$	$l_3 = 0{,}04$					
	$r_{10} = 252{,}3$	$d_5 = 8{,}1$					
	$r_{11} = 194{,}2$	$l_4 = 4{,}8$					
	$r_{12} = 36{,}0$	$d_6 = 2{,}3$					
3	$r_1 = 57{,}1$	$d_1 = 10{,}8$	$L_1 = 1{,}5160$	63,8	W. H. REPP	Amer. Pat. Nr. 1415002/ 1920	PROJEKTION OPTICS COMPANY, Rochester
	$r_2 = 57{,}1$	$d_2 = 4{,}5$	$L_2 = 1{,}6182$	36,4			
	$r_3 =$ plan	$b_1 = 14{,}0$	$L_3 = 1{,}6182$	36,4			
	$r_4 = 57{,}1$	$b_2 = 14{,}1$	$L_4 = 1{,}5160$	63,8			
	$r_5 = 38{,}3$	$d_3 = 3{,}1$					
	$r_6 = 57{,}1$	$l = 5{,}6$					
	$r_7 =$ plan	$d_4 = 6{,}1$					
4	$r_1 = 48{,}0$	$d_1 = 13{,}3$	$L_1 = 1{,}6102$	ca. 58,8	L. BERTELE	DRP. Nr. 401274/ 1922	ERNEMANN-WERKE, A.-G., Dresden
	$r_2 = 70{,}4$	$d_2 = 1{,}7$	$L_2 = 1{,}6728$	32,0			
	$r_3 =$ plan	$l_1 = 0{,}5$	$L_3 = 1{,}6043$	49,4			
	$r_4 = 40{,}8$	$d_3 = 13{,}3$	$L_4 = 1{,}5933$	60,8			
	$r_5 = 38{,}3$	$d_4 = 1{,}5$	$L_5 = 1{,}6728$	32,0			
	$r_6 = 75{,}3$	$b_1 = 4{,}1$	$L_6 = 1{,}6225$	53,2			
	$r_7 = 199{,}6$	$b_2 = 2{,}1$					
	$r_8 = 24{,}0$	$d_5 = 1{,}0$					
	$r_9 = 68{,}8$	$l_2 = 28{,}3$					
	$r_{10} = 90{,}8$	$d_6 = 8{,}3$					
5	$r_1 = 49{,}5$	$d_1 = 9{,}8$	$L_1 = 1{,}6216$	ca. 56,9	F. URBAN	Amer. Pat. Nr. 1474743/ 1922	C. P. GOERZ, A.-G., Berlin
	$r_2 = 355{,}7$	$l_1 = 11{,}0$	$L_2 = 1{,}6504$	33,9			
	$r_3 = 78{,}8$	$d_2 = 3{,}0$	$L_3 = 1{,}6504$	33,9			
	$r_4 = 133{,}2$	$b_1 = 2{,}0$	$L_4 = 1{,}6230$	56,9			
	$r_5 = 93{,}8$	$b_2 = 13{,}4$					
	$r_6 = 42{,}2$	$d_3 = 3{,}4$					
	$r_7 = 69{,}2$	$l_2 = 7{,}0$					
	$r_8 = 76{,}5$	$d_4 = 11{,}2$					

[1] Vgl. Anm. 1 auf S. 255.

(Fortsetzung von Zusammenstellung 8.)

	Krümmungsradien	Dicken, Abstände, Blendenentfernungen	Glasarten n_D	Glasarten ν	Errechner des Objektivs	Literaturnachweis	Patentinhaber oder Herstellerfirma
6	r_1 = 73,5	d_1 = 17,1	L_1 = 1,621	ca. 56,9	P. Rudolph	Amer. Pat.	Dr.
	r_2 = 245,0	l_1 = 9,8	L_2 = 1,540	47,3		Nr. 1 565 205/	P. Rudolph,
	r_3 = 56,4	d_2 = 2,4	L_3 = 1,621	56,9		1922	Klein-
	r_4 = 85,8	d_3 = 7,4	L_4 = 1,621	56,9			biesnitz
	r_5 = 184,0	b_1 = 1,2	L_5 = 1,540	47,3			b. Görlitz
	r_6 = 184,0	b_2 = 1,2	L_6 = 1,621	56,9			
	r_7 = 85,8	d_4 = 7,4					
	r_8 = 56,4	d_5 = 2,4					
	r_9 = 245,0	l_2 = 9,8					
	r_{10} = 73,5	d_6 = 17,1					
7	r_1 = 59,0	d_1 = 15,3	L_1 = 1,6218	ca. 56,9	P. Rudolph	DRP.	Dr.
	r_2 = 76,4	d_2 = 4,4	L_2 = 1,5463	45,9		Nr. 401 630/	P. Rudolph,
	r_3 = 655,0	l_1 = 8,7	L_3 = 1,6260	35,6		1922	Groß-
	r_4 = 54,6	d_3 = 4,4	L_4 = 1,6260	35,6			biesnitz
	r_5 = 163,7	b_1 = 1,1	L_5 = 1,5463	45,9			b. Görlitz
	r_6 = 144,5	b_2 = 1,0	L_6 = 1,6218	56,9			
	r_7 = 48,2	d_4 = 3,9					
	r_8 = 577,9	l_2 = 7,7					
	r_9 = 67,4	d_5 = 3,9					
	r_{10} = 52,2	d_6 = 13,5					
8	r_1 = 46,7	d_1 = 10,0		ca.	L. Bertele	EP.	Ernemann-
	r_2 = plan	l_1 = 0,0	L_1 = 1,5467	62,8		Nr. 193 376/	Werke,
	r_3 = 48,3	d_2 = 10,0	L_2 = 1,5904	61,2		1922	A.-G.,
	r_4 = 125,0	d_3 = 1,7	L_3 = 1,6728	32,0			Dresden
	r_5 = 204,5	b_1 = 7,4	L_4 = 1,6315	35,7			
	r_6 = 125,0	b_2 = 1,0	L_5 = 1,6235	39,1			
	r_7 = 21,7	d_4 = 6,7	L_6 = 1,6225	53,2			
	r_8 = 24,0	d_5 = 1,7					
	r_9 = 67,3	l_2 = 28,3					
	r_{10} = 94,8	d_6 = 7,5					
9	r_1 = 47,9	d_1 = 9,5	L_1 = 1,5902	61,0	W. Merté	DRP.	Carl Zeiss,
	r_2 = plan	b_1 = 7,8	L_2 = 1,6489	33,8		Nr. 404 805/	Jena
	r_3 = 69,7	b_2 = 4,9	L_3 = 1,5178	63,7		1923	
	r_4 = 47,9	d_2 = 3,4	L_4 = 1,6220	53,1			
	r_5 = plan	l_1 = 5,5	L_5 = 1,6082	58,9			
	r_6 = 114,1	d_3 = 4,0					
	r_7 = 159,1	l_2 = 0,04					
	r_8 = 24,1	d_4 = 20,0					
	r_9 = 59,8	d_5 = 1,8					
10	r_1 = 68,5	d_1 = 9,1			L. Bertele	DRP.	Ernemann-
	r_2 = 585,9	l_1 = 0,0	L_1 = 1,6127	58,6		Nr. 436 260/	Werke,
	r_3 = 45,7	d_2 = 16,2	L_2 = 1,5638	60,7		1924	A.-G.,
	r_4 = 142,9	d_3 = 7,1	L_3 = 1,6477	33,9			Dresden
	r_5 = 52,1	d_4 = 0,9	L_4 = 1,6261	39,1			
	r_6 = 82,0	b_1 = 4,1	L_5 = 1,6727	32,2			
	r_7 = 285,7	b_2 = 2,4	L_6 = 1,6223	53,1			
	r_8 = 32,4	d_5 = 0,9					
	r_9 = 83,8	l_2 = 14,3					
	r_{10} = 72,9	d_6 = 5,7					

(Fortsetzung von Zusammenstellung 8.)

	Krümmungsradien	Dicken, Abstände Blendenentfernungen	Glasarten n_D	Glasarten ν	Errechner des Objektivs	Literaturnachweis	Patentinhaber oder Herstellerfirma
11	r_1 = 56,0 r_2 = 1500,0 r_3 = 55,0 r_4 = 80,0 r_5 = 373,0 r_6 = 48,0 r_7 = 194,0 r_8 = 194,0	d_1 = 9,0 l_1 = 17,0 d_2 = 2,5 b_1 = 6,0 b_2 = 6,0 d_3 = 7,0 l_2 = 1,5 d_4 = 5,0	L_1 = 1,6096 L_2 = 1,6733 L_3 = 1,6096 L_4 = 1,6096	58,8 32,0 58,8 58,8	W. F. BIELICKE	Amer. Pat. Nr. 1540752/1924	BAUSCH & LOMB, OPT. COMP., Rochester
12	r_1 = 51,0 r_2 = 441,0 r_3 = 35,3 r_4 = 47,6 r_5 = 254,8 r_6 = 28,3 r_7 = 107,8 r_8 = 60,3	d_1 = 8,8 l_1 = 0,0 d_2 = 7,8 b_1 = 7,45 b_2 = 0,95 d_3 = 2,0 l_2 = 29,4 d_4 = 4,9	L_1 = 1,5638 L_2 = 1,5638 L_3 = 1,6477 L_4 = 1,5638	ca. 60,7 60,7 33,9 60,7	L. BERTELE	EP. Nr. 237212/1925	ERNEMANN-WERKE, A.-G., Dresden
13	r_1 = 32,7 r_2 = 96,5 r_3 = 38,5 r_4 = 38,1 r_5 = 128,3 r_6 = 228,6 r_7 = 22,9 r_8 = 98,3 r_9 = 111,2	d_1 = 5,1 l_1 = 0,1 d_2 = 9,6 d_3 = 0,8 l_2 = 1,8 d_4 = 1,9 b_1 = 13,2 b_2 = 0,9 d_5 = 5,3	L_1 = 1,5900 L_2 = 1,6128 L_3 = 1,5900 L_4 = 1,6485 L_5 = 1,6060	61,0 55,6 61,0 33,8 49,2	L. BERTELE	EP. Nr. 237861/1925	ERNEMANN-WERKE, A.-G., Dresden
14	r_1 = 83,6 r_2 = 321,0 r_3 = 44,8 r_4 = 1150,0 r_5 = 28,3 r_6 = 38,5 r_7 = 50,5 r_8 = 53,2 r_9 = 106,0 r_{10} = 120,0	d_1 = 10,8 l_1 = 1,7 d_2 = 15,6 d_3 = 5,1 b_1 = 8,9 b_2 = 10,0 d_4 = 5,1 d_5 = 21,2 l_2 = 1,0 d_6 = 13,9	L_1 = 1,6424 L_2 = 1,6231 L_3 = 1,5757 L_4 = 1,6727 L_5 = 1,6424 L_6 = 1,6424	48,0 56,9 41,2 32,2 48,0 48,0	W. MERTÉ	DRP. Nr. 485798/1927	CARL ZEISS, Jena
15	r_1 = 86,2 r_2 = 331,0 r_3 = 46,3 r_4 = 1188,8 r_5 = 29,2 r_6 = 39,8 r_7 = 52,1 r_8 = 55,0 r_9 = 109,7 r_{10} = 68,2 r_{11} = 124,1	d_1 = 11,1 l_1 = 1,7 d_2 = 16,1 d_3 = 2,2 b_1 = 9,1 b_2 = 10,5 d_4 = 5,2 d_5 = 22,2 l_2 = 11,7 d_6 = 11,6 d_7 = 2,7	L_1 = 1,6424 L_2 = 1,6238 L_3 = 1,5693 L_4 = 1,6458 L_5 = 1,6424 L_6 = 1,6424 L_7 = 1,6729	48,0 53,0 42,5 34,0 48,0 48,0 32,2	W. MERTÉ	DRP. Nr. 485798/1927	CARL ZEISS, Jena

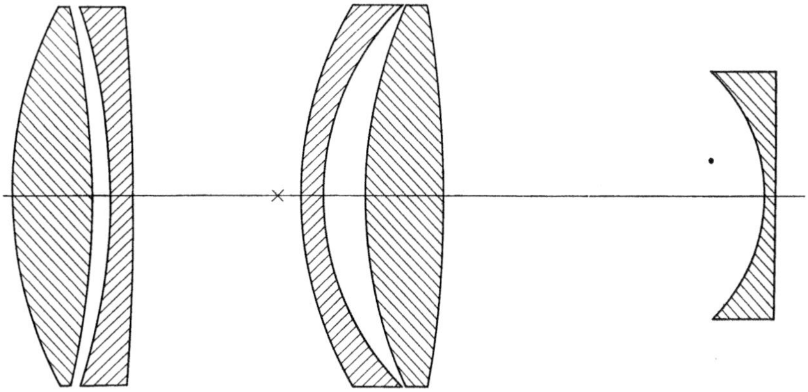

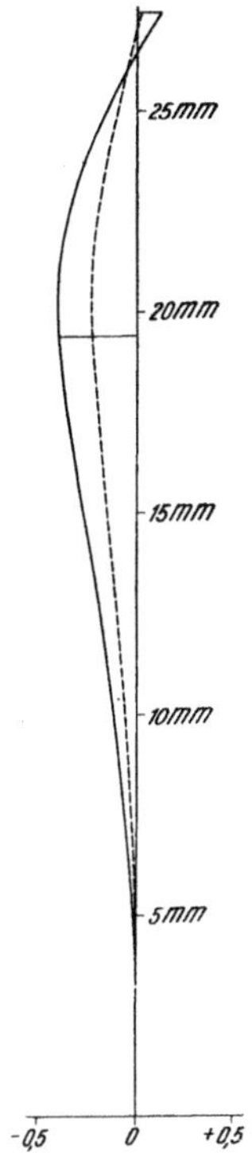

297 a.

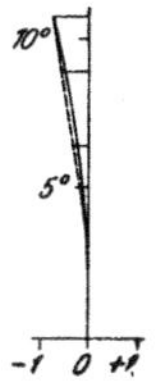

297 b.

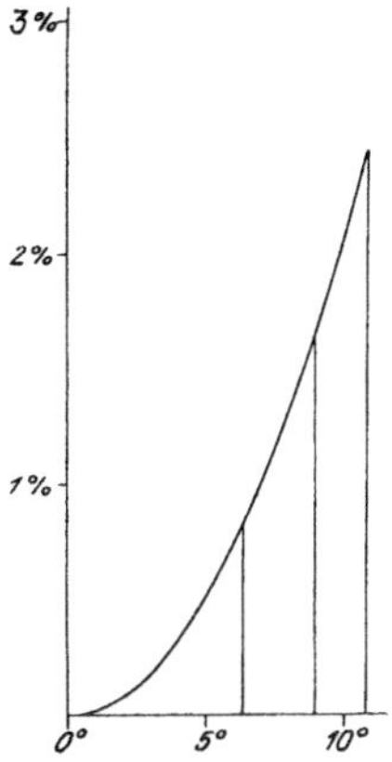

297 c.

Abb. 297. Nr. 1/8.
Vgl. Z. Instrumentenkde
1911, 265—70.

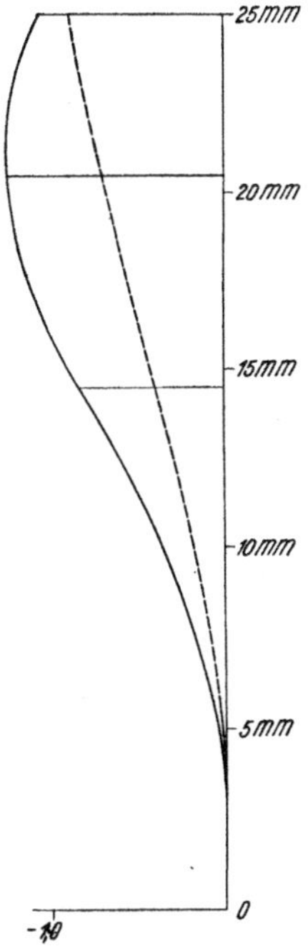

298 a.

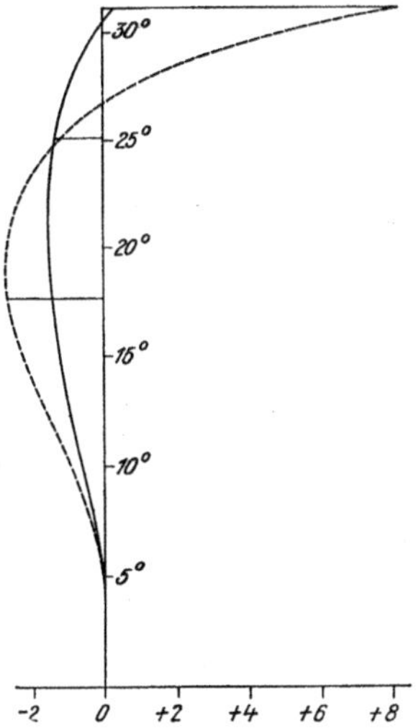

298 b.

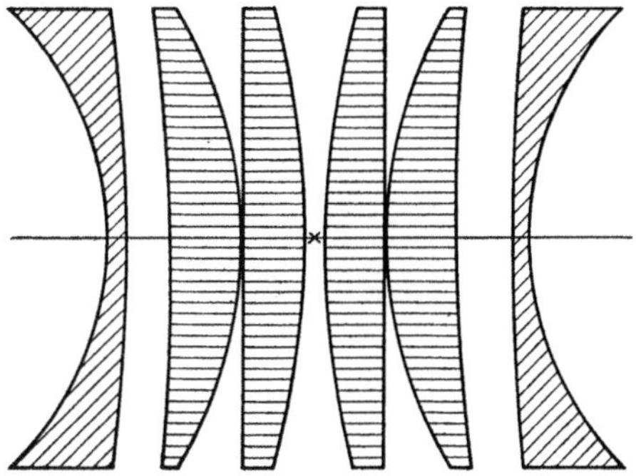

Abb. 298. Nr. 2/8. EP. Nr. 3799/1912.

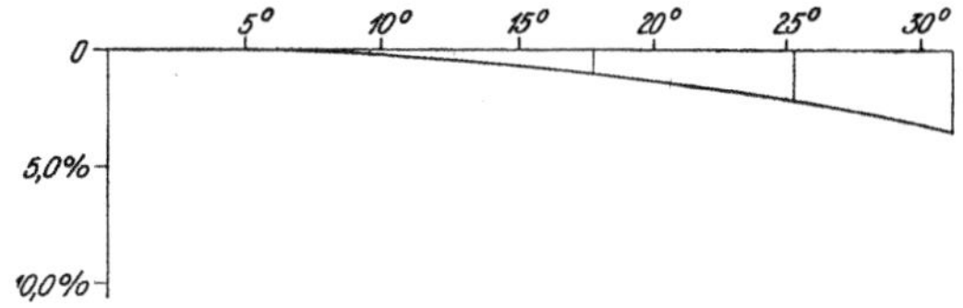

298 c.

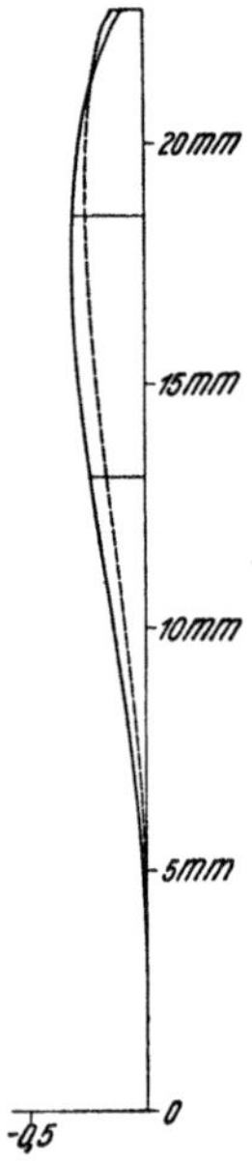

299 a.

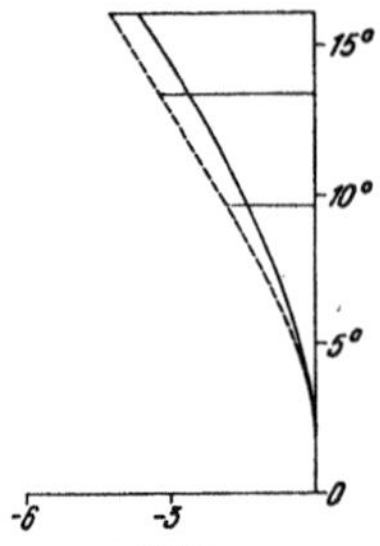

299 b.

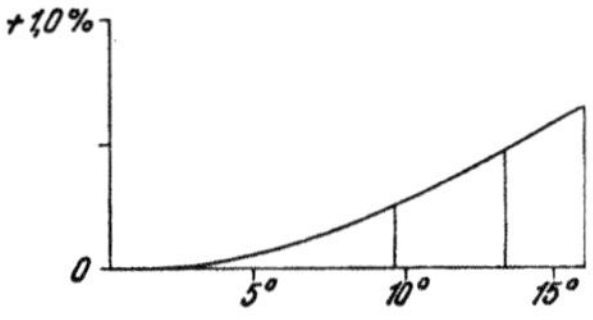

299 c.

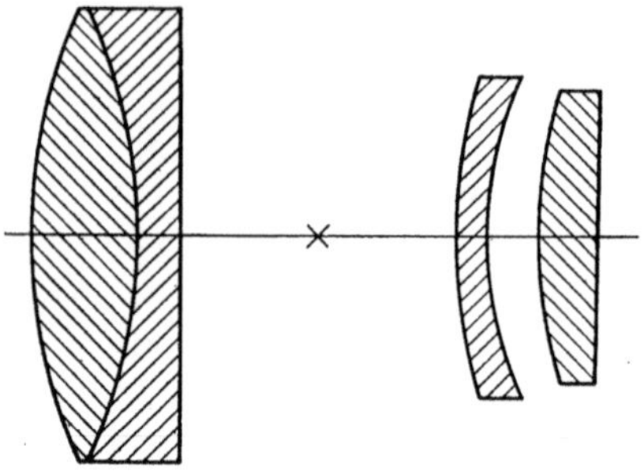

Abb. 299. Nr. 3/8. AP. Nr. 1415002/ 1920.

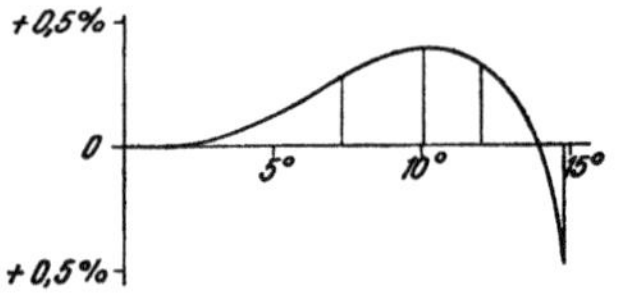

300 c.

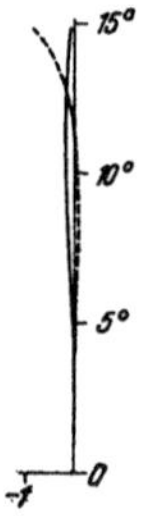

300 b.

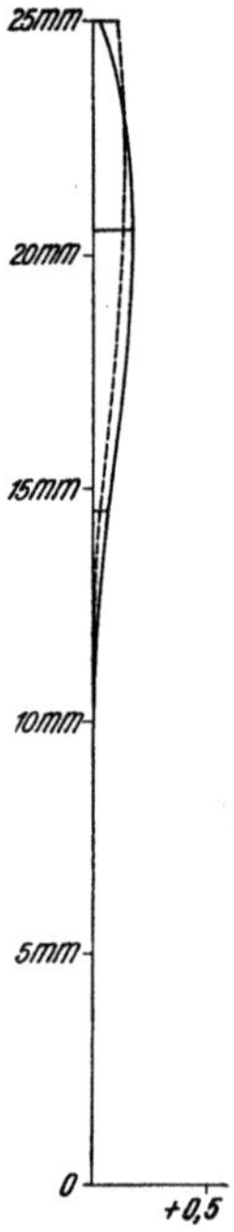

300 a.

Abb. 300. Nr. 4/8. DRP. Nr. 401274/ 1922.

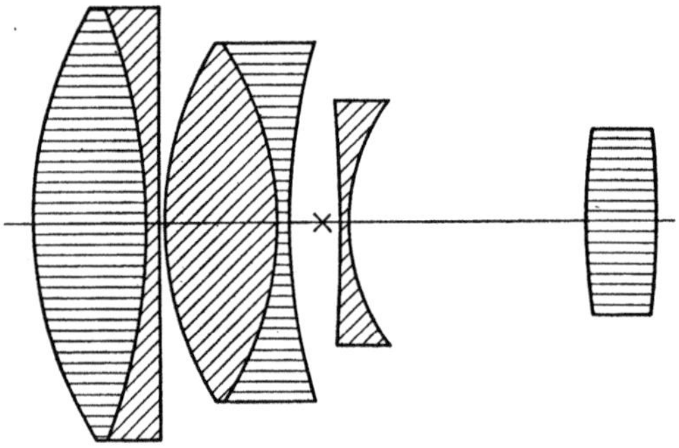

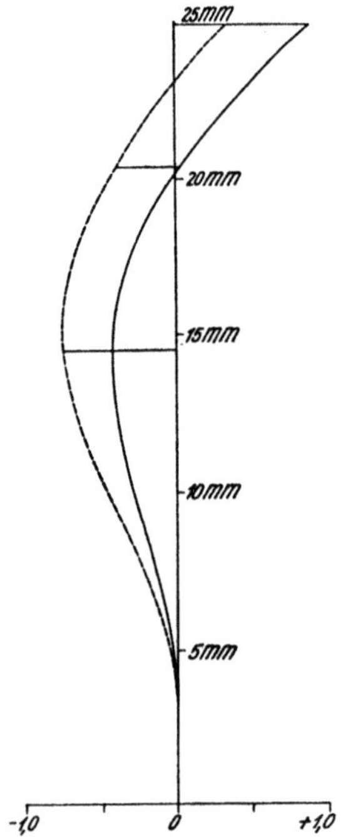

301 a.

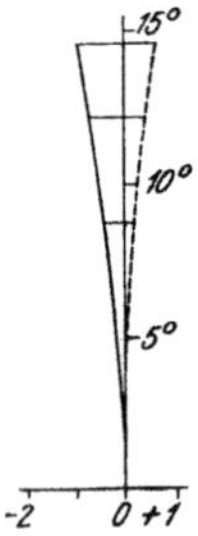

301 b.

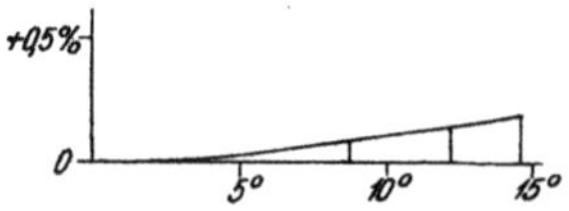

301 c.

Abb. 301. Nr. 5/8. AP. Nr. 1474743/1922.

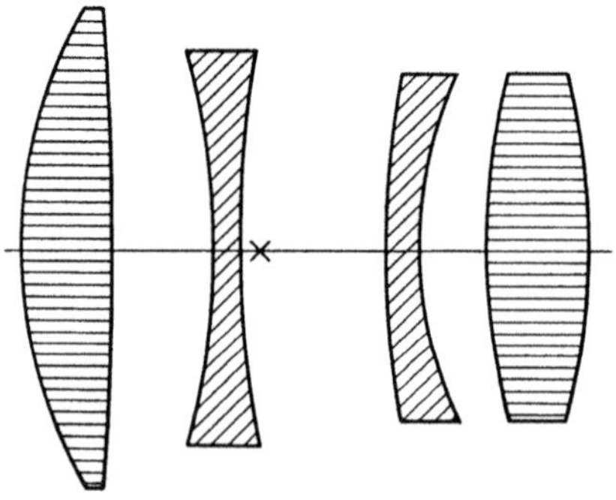

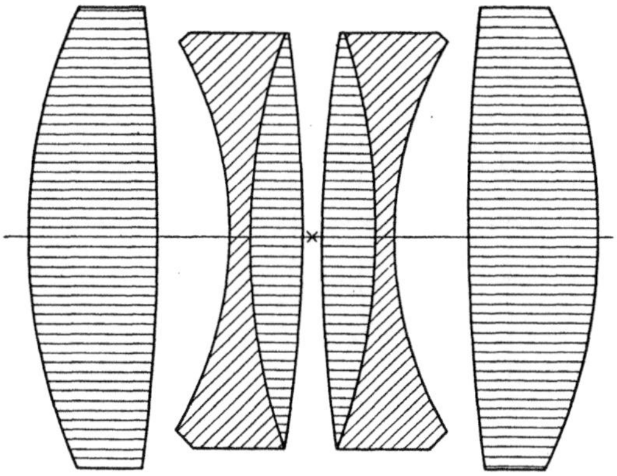

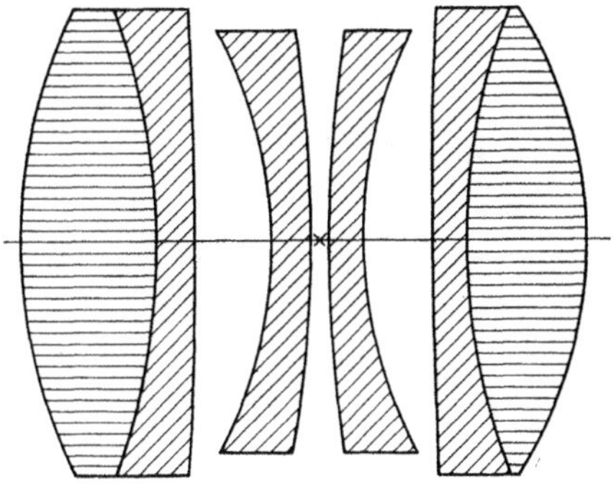

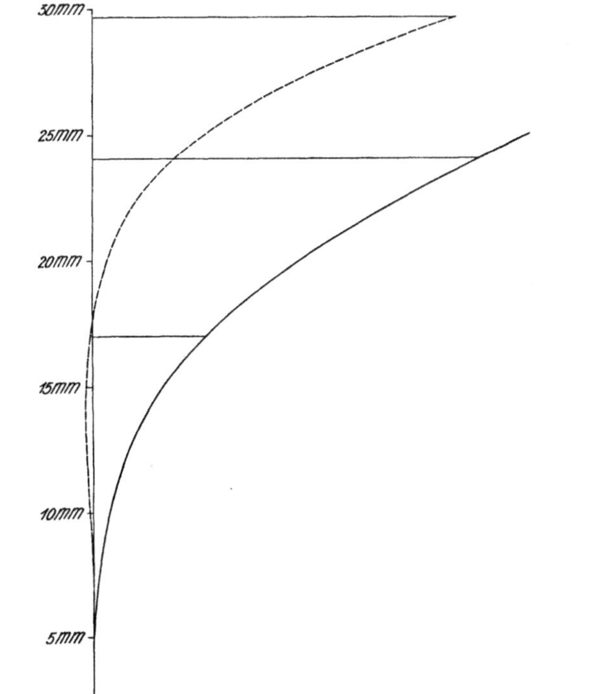

302a.

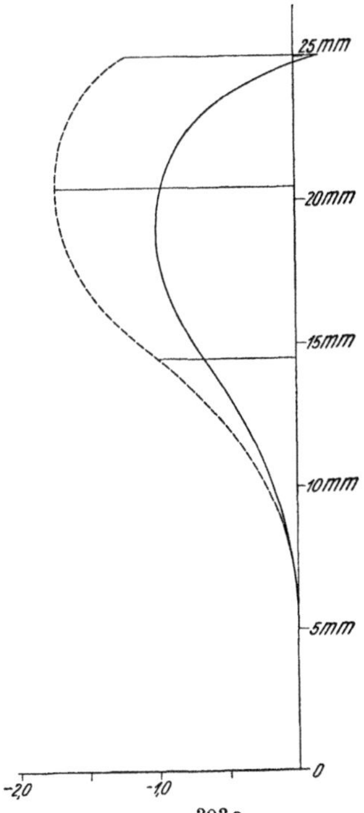

303a.

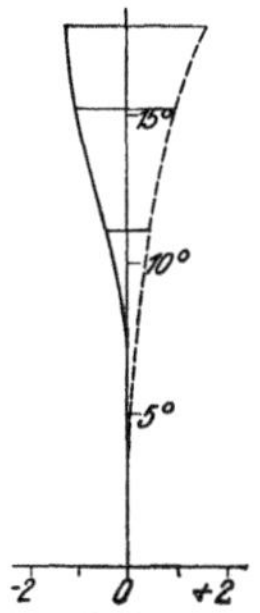

303b.

Abb. 303. Nr. 7/8. DRP. Nr. 401 630/1922.

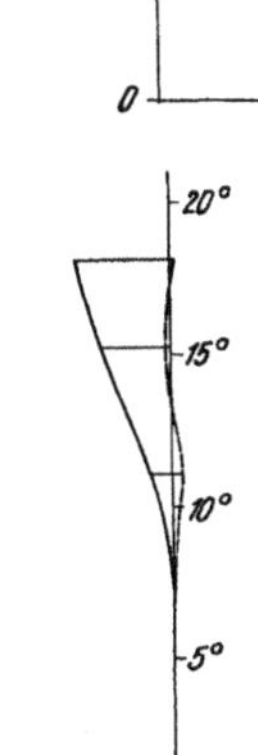

302b.

Abb. 302. Nr. 6/8. AP. Nr. 1 565 205/1922.

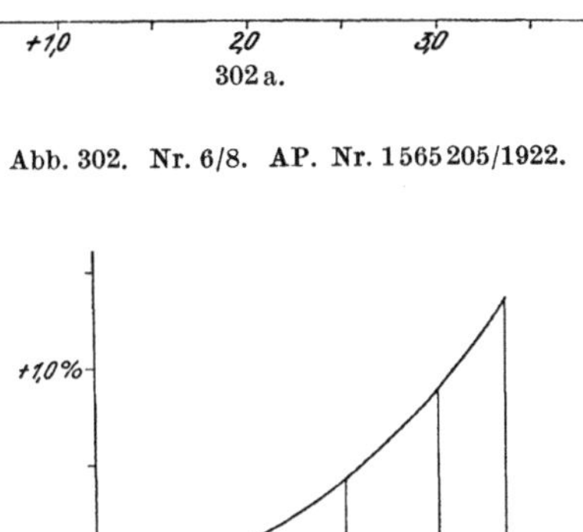

302c.

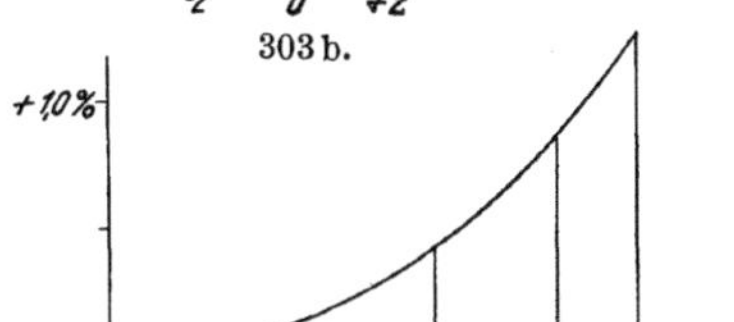

303c.

Abb. 304.
Nr. 8/8. EP. Nr. 193376/1922.

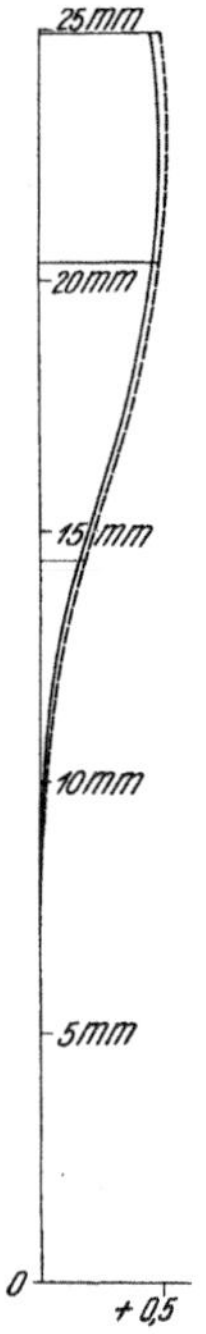

304 a.

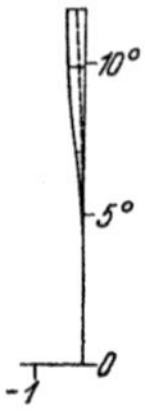

304 b.

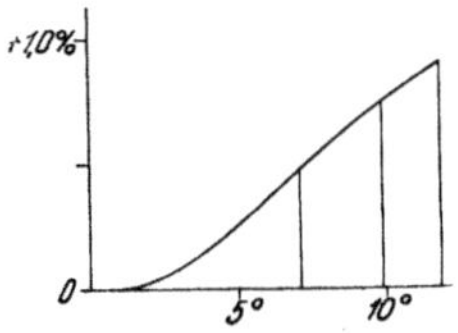

304 c.

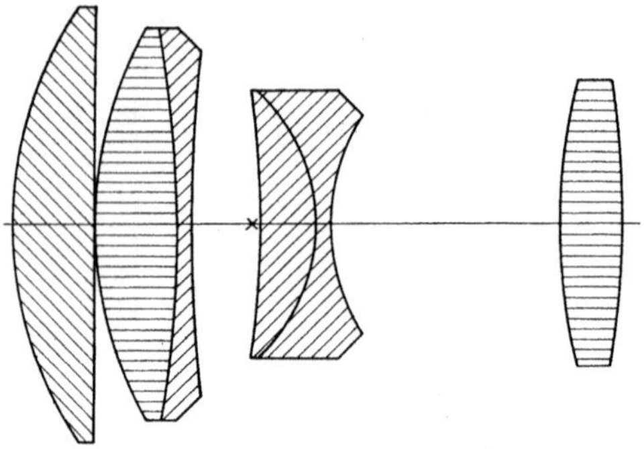

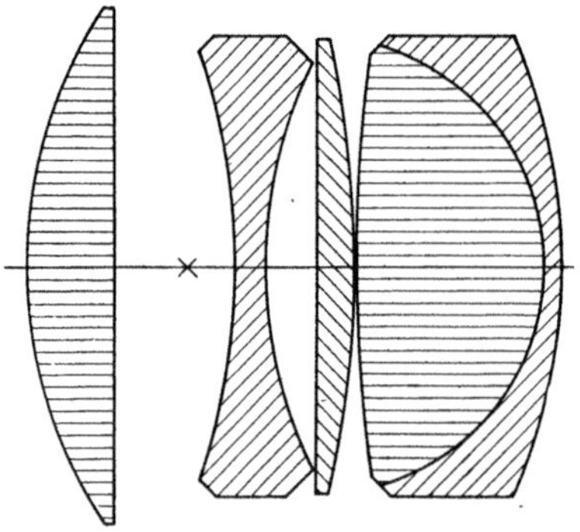

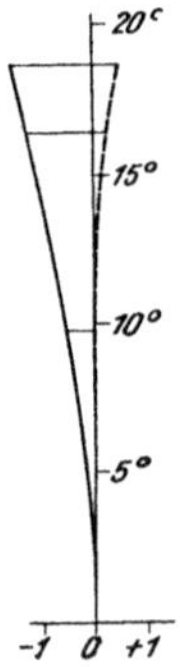

305 b.

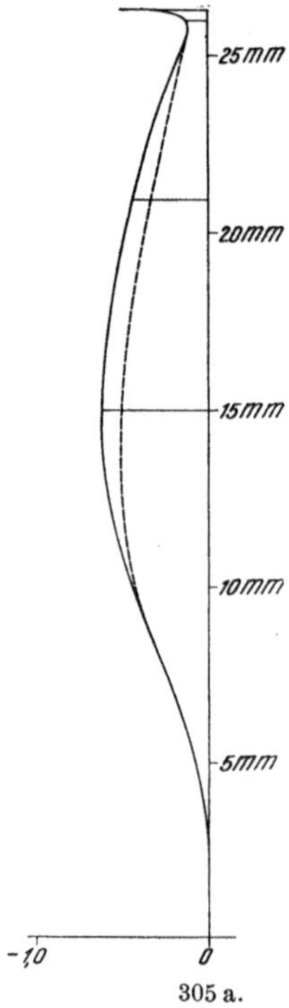

305 a.

Abb. 305.
Nr. 9/8.
DRP. Nr. 404805/
1923.

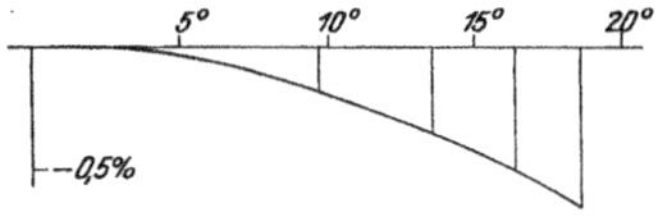

305 c.

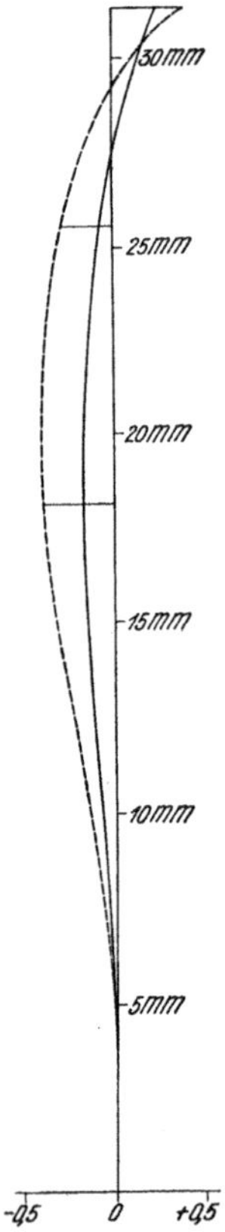

306 a.

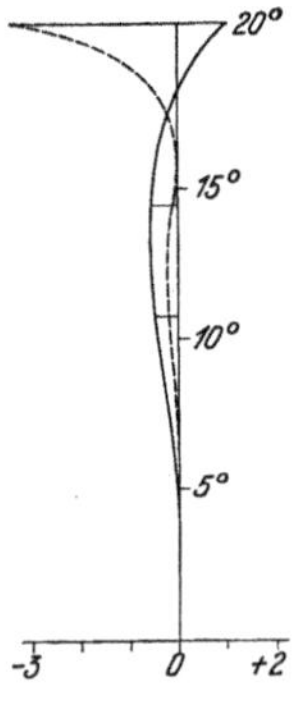

306 b.

Abb. 306.
Nr. 10/8.
DRP. Nr. 436260/
1924.

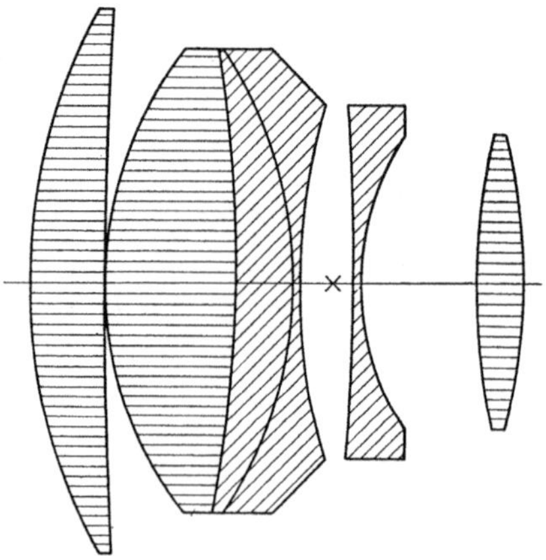

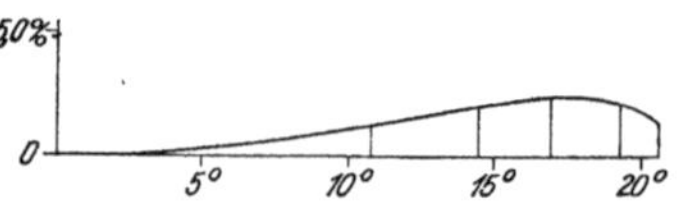

306 c.

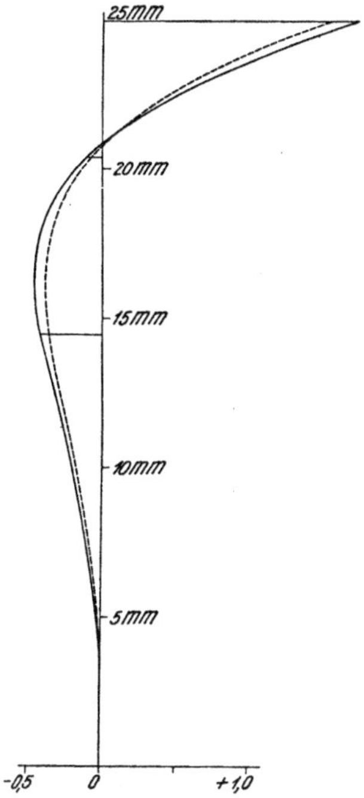

307 a.

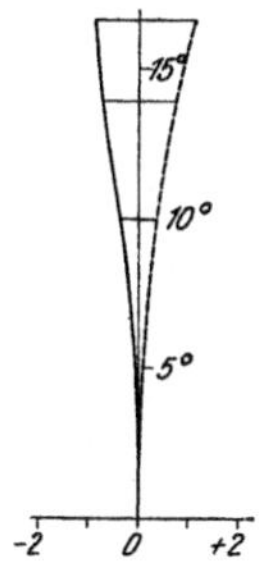

307 b.

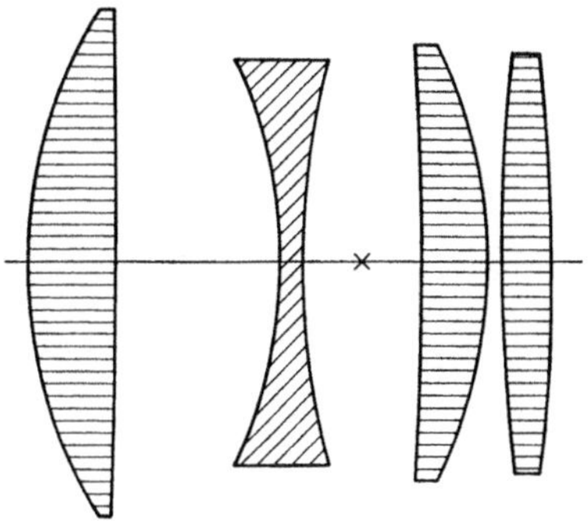

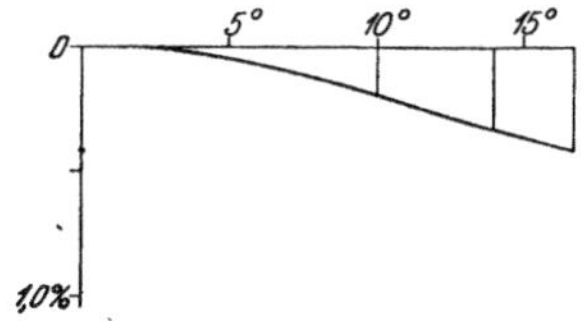

307 c.

Abb. 307. Nr. 11/8. AP. Nr. 1540752/ 1924.

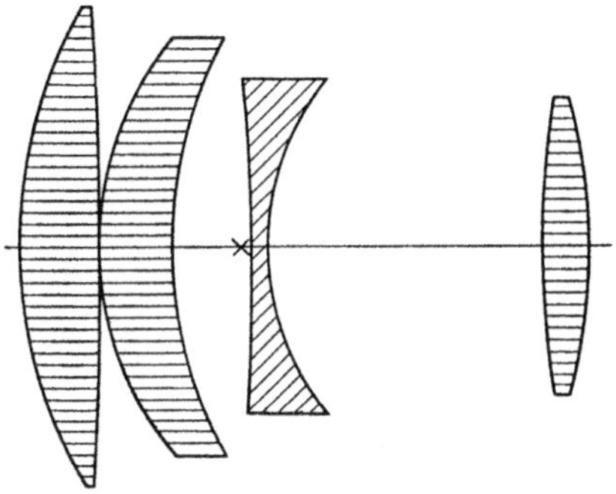

Abb. 308. Nr. 12/8. EP. Nr. 237212/ 1925.

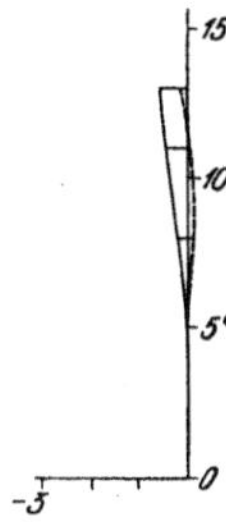

308 b.

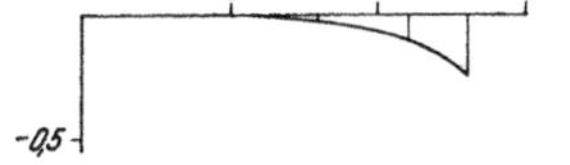

308 c.

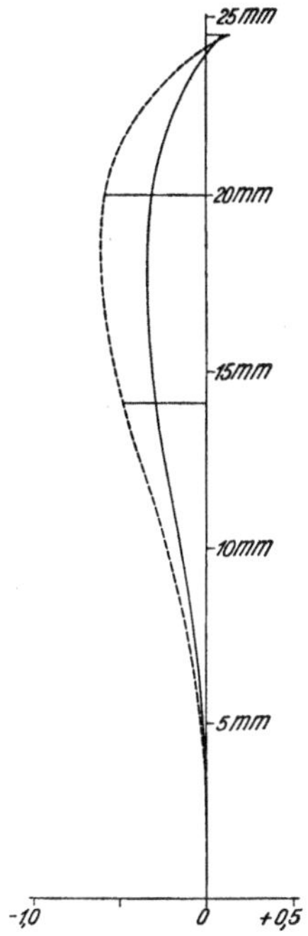

308 a.

Abb. 309. Nr. 13/8. EP. Nr. 237861/1925.

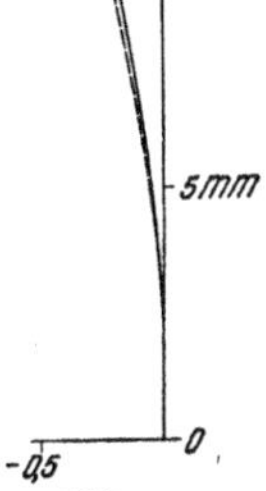

309 a.

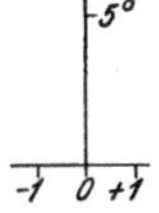

309 b.

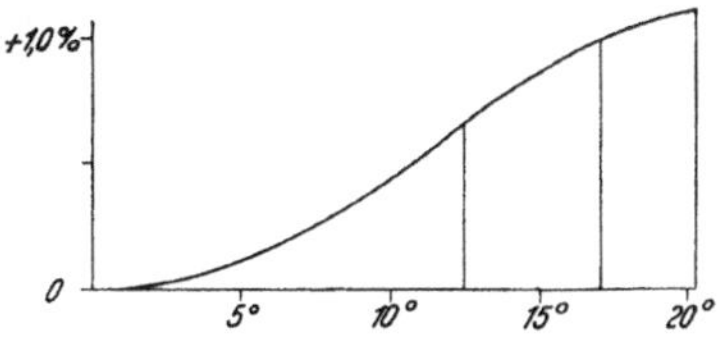

309 c.

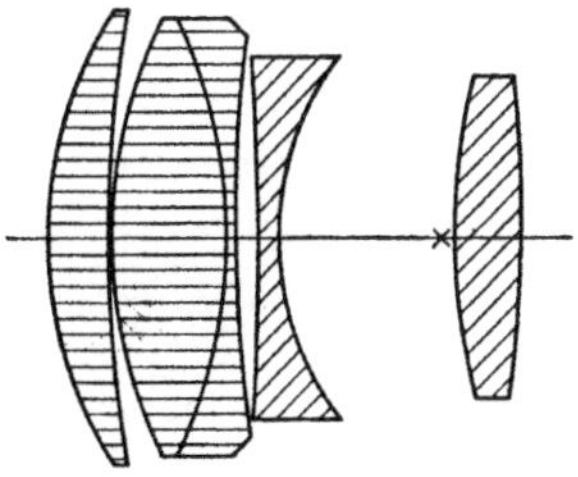

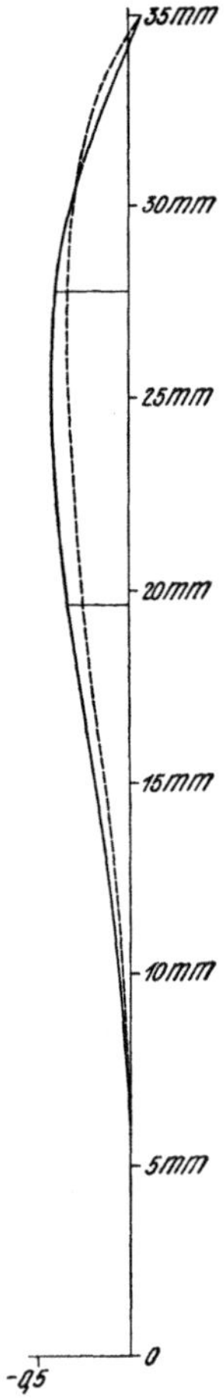

310 a.

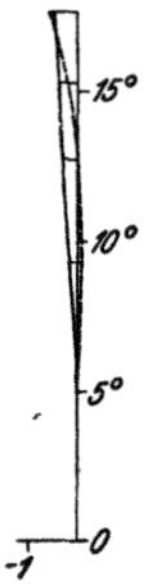

310 b.

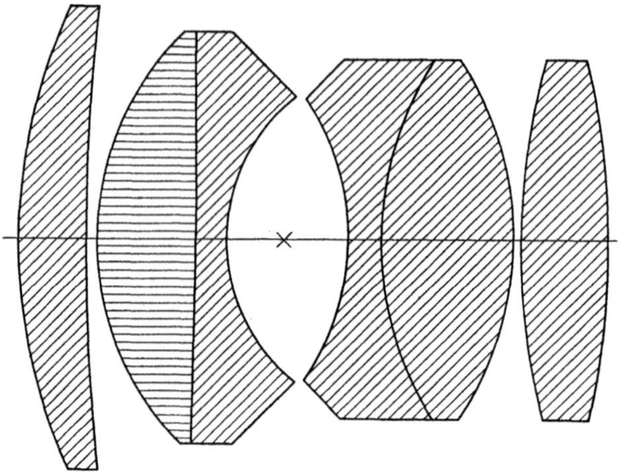

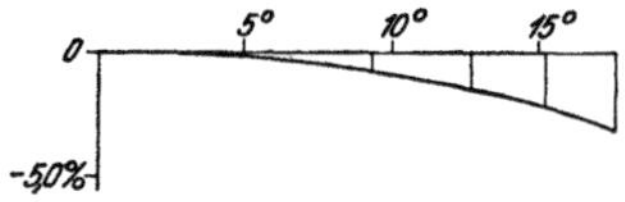

310 c.

Abb. 310.
Nr. 14/8. DRP. Nr. 485798/1927.

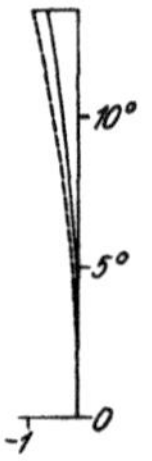

311 b.

Abb. 311.
Nr. 15/8. DRP. Nr. 485798/1927.

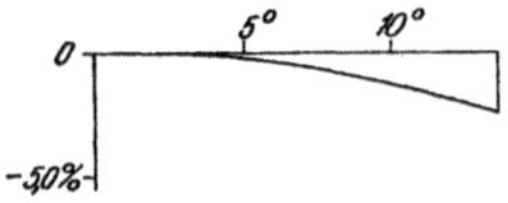

311 c.

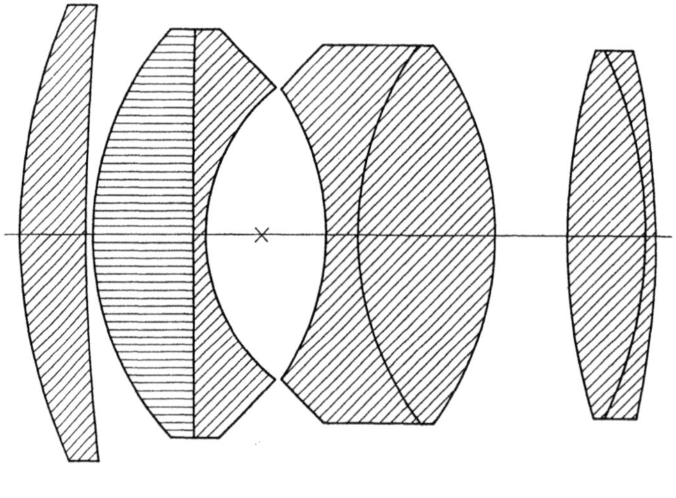

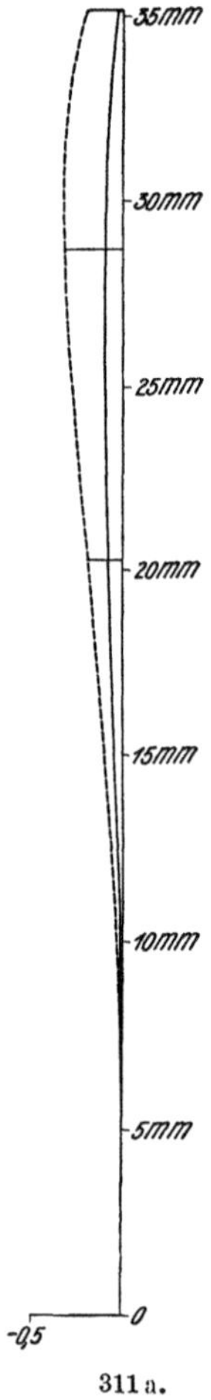

311 a.

Die Objektive mit Öffnungsverhältnissen von 1:2 und größer haben in der Mehrzahl mindestens acht Glas-Luft trennende Flächen, wenigstens wenn ihr Bildfeld nicht unbeträchtlich ist. Das unter Nr. 3 der Zusammenstellung 8 angeführte Objektiv hat allerdings nur sechs derartige Flächen, sein brauchbares Bildfeld ist dafür auch klein. Es kann als eine Art PETZVAL-Objektiv angesprochen werden. Dieses hat man übrigens noch dadurch vereinfacht, daß auch das Hinterglied verkittet ist und damit die Zahl der an Luft grenzenden Flächen nur vier beträgt. Bei ihnen lassen sich die sphärischen Längsaberrationen und die Abweichungen von der Sinusbedingung ganz ausgezeichnet korrigieren, während die Bildfeldkrümmung erheblich bleibt. Sie zeichnen daher ein kleines Bildfeld mit bester und brillanter Schärfe aus und werden in erster Linie als langbrennweitige Kinoprojektionsobjektive benutzt. Um das normale Kinoformat scharf projizieren zu können, braucht man Brennweiten, die länger als 100 mm sind. Derartige Objektive, deren Öffnungsverhältnisse etwa von 1 : 1,5 bis 1 : 2,0 gehen, stellen z. B. E. BUSCH, A.-G. und C. ZEISS her.

Bei einigen der im Handel befindlichen Objektive mit Öffnungsverhältnissen über 1 : 2, die als Aufnahmeobjektive mit großem Bildfeld ausgegeben werden, findet man nur die Mitte scharf mit erheblichem Abfall der Schärfe nach dem Rande zu oder überhaupt keine gute Schärfe innerhalb des ganzen Bildfeldes. Mitunter wird dabei aus der Not eine Tugend gemacht und den Objektiven künstlerische Unschärfe nachgerühmt.

Es gibt aber auch unter den lichtstärksten Objektiven Formen, die das ganze Bildfeld mit schöner Schärfe von der Mitte bis zum Rande decken und dabei etwa 40 mm Brennweite für das Format 18×24 mm^2 brauchen. Als Beispiel verdient zuerst das Biotar 1 : 1,4 wegen seiner hohen Schärfe genannt zu werden, das von C. ZEISS ähnlich der Form des Objektivs Nr. 14 in Zusammenstellung 8 hergestellt wird. Es ist für Kinoaufnahmen bestimmt in den Brennweiten 20—70 mm, in längeren Brennweiten gelegentlich auch für Fliegeraufnahmen usw.

Das Ernostar 1 : 1,8, das nach Aufgehen der ERNEMANN-WERKE in die ZEISS-IKON-A.-G. von C. ZEISS nach Linsenschema Nr. 10 der Zusammenstellung 8 angefertigt wird, hat ebenfalls eine sehr gute Schärfe; die Ausdehnung seines Bildfeldes ist fast gleich der des Biotars 1:1,4. Das Ernostar 1 : 1,8 wird in längeren Brennweiten auch für Handkammern benutzt.

Von weiteren Kinoaufnahmeobjektiven höchster Lichtstärke mögen hier noch aufgezählt werden: Tachar und Pantachar mit Öffnungsverhältnissen bis 1 : 1,8 der ASTRO-G. m. b. H., Berlin, Kinoobjektive der J. H. DALLMEYER LTD., London, mit relativen Öffnungen bis 1 : 1,5 für Schmalfilm, mit solchen bis 1 : 1,9 für Normalfilm, Ultrastigmat 1 : 1,9 der GUNDLACH-OPTICAL Co., Manhattan, Kodakanastigmat 1 : 1,9 der EASTMAN KODAK Co., Rochester, Kinoplasmat 1 : 1,5 von H. MEYER & Co., Görlitz, Xenon 1 : 2 von J. SCHNEIDER & Co., Kreuznach, COOKE-Kinic Lens 1 : 1,5 und COOKE-Kinic 1 : 1,8 von TAYLOR, TAYLOR & HOBSON, Leicester, Cine-Velostigmat 1 : 1,5 der WOLLENSAK OPTICAL Co., Rochester.

9. Teleobjektive. Schon an früherer Stelle (vgl. S. 246—247) haben wir das Notwendigste über den Bau der Teleobjektive mitgeteilt. Hier soll eine Reihe Ausführungsformen dieser Objektivart gegeben werden.

Dabei sei auch auf den Aufsatz von H. W. LEE: „The development of the telephotographic objective“[1] verwiesen, in dem sich ein guter Überblick über die wichtigsten Bauarten von Teleobjektiven der verschiedenen Zeiträume findet bei gleichzeitiger Angabe der Kurven der sphärischen Längsaberrationen, der Abweichungen von der Sinusbedingung, der sagittalen und der tangentialen Bildkrümmung und der Verzeichnung für eine größere Zahl von Teleobjektiven.

---

[1] Proceed. of the opt. Conv. **1926 II**, 869—877.

Wir erinnern daran, daß die Teleobjektive zweckmäßig in zwei Gruppen eingeteilt werden können; einmal hat man die sog. zusammengesetzten Teleobjektive, bei denen das sammelnde Vorderglied wie auch das zerstreuende Hinterglied für sich allein möglichst gut korrigiert sind, und dann die eigentlichen Teleobjektive im engeren Sinne, bei denen die beiden Komponenten nicht für sich allein korrigiert sind, sondern die Bildfehler des Vorder- und Hintergliedes so abgestimmt sind, daß das gesamte Objektiv möglichst geringe Bildfehler hat.

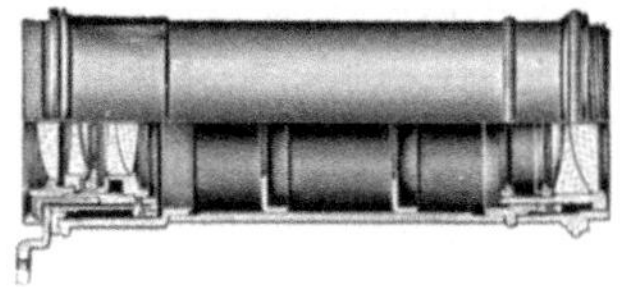

Abb. 312. Zusammengesetztes Teleobjektiv. Das Objektiv ist in Einstellungsfassung mit der die Scharfeinstellung und auch eine Veränderung der Brennweite bewirkt werden kann.

Auf die zusammengesetzten Teleobjektive hier näher einzugehen, erübrigt sich, da als Sammelglied in der Regel die üblichen photographischen Objektive gewählt werden, also z. B. Tessare, Heliare. Dogmare usw. Das Negativglied wird dann meist, um wenigstens eine chromatische Korrektion zu haben, aus mindestens zwei miteinander verkitteten Linsen gebildet, wobei darauf Rücksicht genommen wird, daß die Fehler für Strahlenbündel geringerer Neigung gegen die Achse einigermaßen beseitigt sind.

Für den Gebrauch ist es notwendig, wenn lichtstarke Objektive als Vorderteile benutzt werden, diese nicht unwesentlich abzublenden, so daß die Lichtstärke des zusammengesetzten Objektivs recht gering ausfällt, zumal die durch das Negativglied eingeführte Vergrößerung meist erheblich ist; zehnfache Vergrößerungen z. B. sind durchaus möglich. Natürlich lassen sich mit derartigen Objektiven nur Zeitaufnahmen machen.

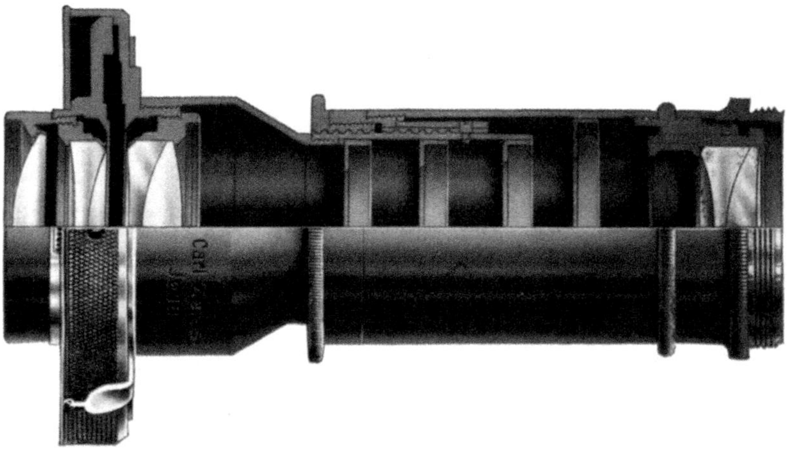

Abb. 313. Zusammengesetztes Teleobjektiv. Das photographische Objektiv ist im Verschluß gefaßt. Scharfeinstellung und Veränderung der Brennweite wird durch Veränderung der Tubuslänge bewirkt.

Der Abstand zwischen dem Vorderglied, d. h. dem normalen photographischen Objektiv, und der Zerstreuungslinse ist meist veränderlich, sei es, daß das photographische Objektiv in einer Einstellfassung sich befindet oder daß der Teletubus, das Verbindungsrohr von Vorder- und Hinterteil, eine Einrichtung zur Veränderung des Abstandes hat. Die Brennweite des zusammengesetzten Objektivs und damit auch die durch das Negativglied eingeführte Vergrößerung verändert sich selbstverständlich je nach der Wahl jenes Abstandes. Abb. 312 zeigt ein zusammengesetztes Teleobjektiv, bei dem das normale photographische Objektiv in einer Einstellfassung ist, und Abb. 313 ein weiteres Teleobjektiv, bei dem der Abstand zwischen dem in Verschluß gefaßten photographischen

Objektiv und dem Hintergliede durch eine Einstellvorrichtung am Tubus verändert werden kann.

Im Zusammenhang mit dem zur Verfügung stehenden Kammerauszug können also durch die Einstellvorrichtung die Bilder scharf auf der Mattscheibe oder der lichtempfindlichen Schicht aufgefangen und gegebenenfalls Brennweiten, d. h. Bildgrößen, in den gewünschten Abmessungen erhalten werden.

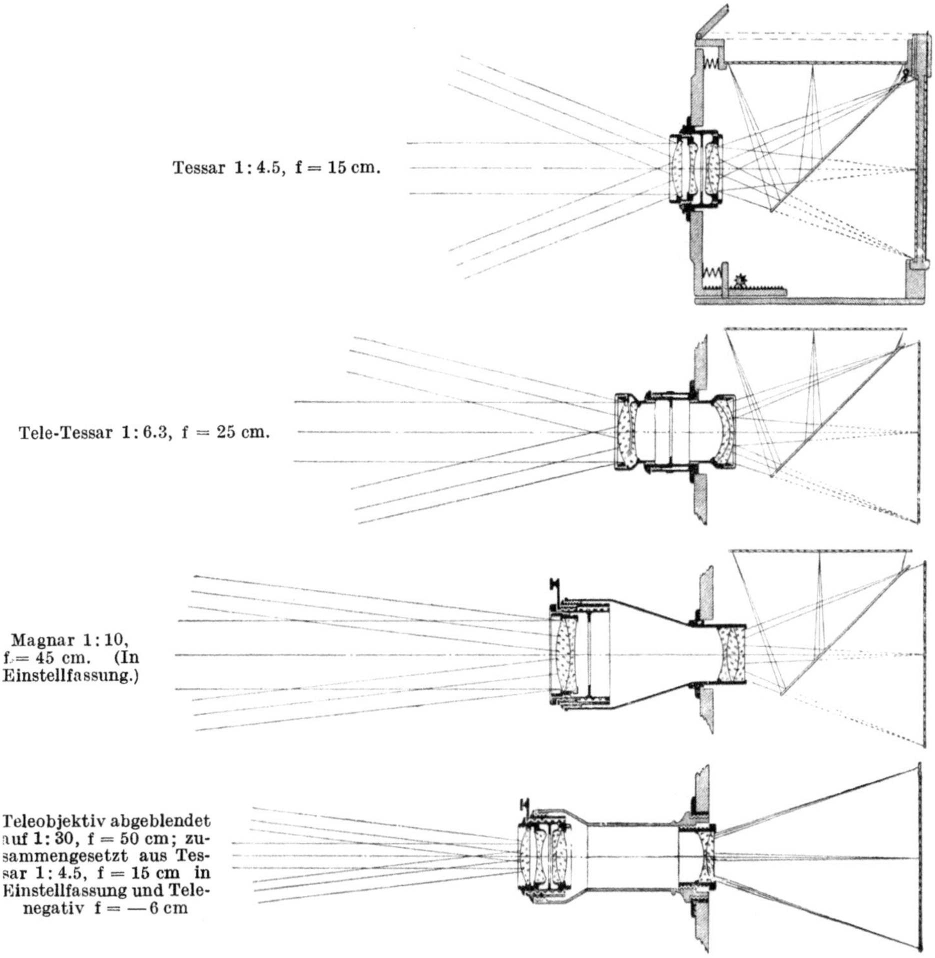

Abb. 314. Gewöhnliches photographisches Objektiv und verschiedene Teleobjektive an Handkammer 9 × 12 cm², eingestellt auf die Ferne. Hochformat; skizzierte Plattenhöhe also 12 cm (ca. 1/5 nat. Größe). Kammerauszug durchweg 15 cm, Brennweiten aber 15—50 cm.

Bei den eigentlichen Teleobjektiven wird das durch das sammelnde Vorderglied entworfene Bild ebenfalls vermittels einer zerstreuenden Linse vergrößert; diese steht aber in einem bestimmten Abstand vom Vorderglied entfernt; die Brennweite des Gesamtobjektivs ist demnach zunächst unveränderlich fest.

Es kommen allerdings auch nichtzusammengesetzte Teleobjektive vor, bei denen zwecks Einstellung auf verschiedene Gegenstandsweiten der Abstand zwischen den beiden Teillinsen verändert wird; natürlich sind dabei im allgemeinen die Brennweitenänderungen nicht sehr erheblich.

Bei den eigentlichen Teleobjektiven pflegt man die Vergrößerung und die Auszugsverkürzung weniger weit zu treiben als bei den zusammengesetzten

Teleobjektiven, die daher nur für ganz ausgesprochene Fernaufnahmen verwandt zu werden pflegen. Je geringer die Auszugsverkürzung ist, desto mehr kann man die optische Leistung des Teleobjektivs der der gewöhnlichen photographischen Objektive nähern, d. h. also zu desto größeren Lichtstärken und Bildfeldern kann man gelangen; auch die kissenförmige Verzeichnung der Teleobjektive läßt sich dann natürlich vermindern.

Aus Abb. 314 sind für ein gewöhnliches photographisches Objektiv und einige übliche Teleobjektive, die sämtlich einer Handkammer 9×12 cm² angepaßt und auf die Ferne eingestellt sind, die Öffnungen und Neigungen der abbildenden Strahlenbündel zu ersehen; die Auszüge sind für sämtliche Objektive, gemessen

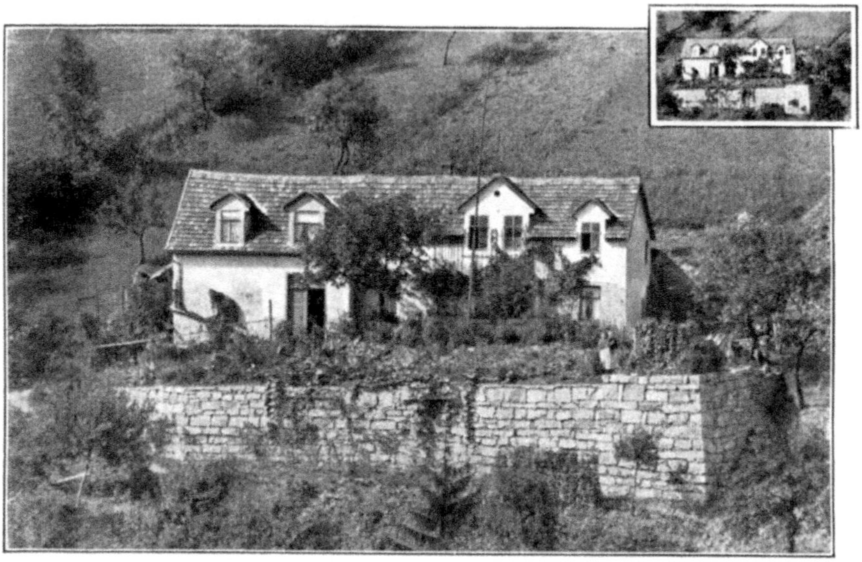

Abb. 315. Aufnahme mit Tessar f = 15 cm in Verbindung mit einem Telenegativ f = − 6 cm. Rechts oben die Bildgröße, die man mit dem Tessar allein erhalten würde.

von der Anlage am Objektivbrett bis zur Brennebene, die gleichen, obwohl die Brennweiten zwischen 15 und 50 cm liegen.

Bei Benutzung von Teleobjektiven, besonders bei solchen mit veränderlichem Abstand zwischen Vorder- und Hinterglied, ist natürlich, um die richtige Belichtungszeit zu erhalten, auf die jeweilige Größe der Brennweite und des Öffnungsverhältnisses zu achten; Anhaltspunkte hierfür werden meistens in den Druckschriften der Werkstätten, die Teleobjektive herstellen, zu finden sein.

In Abb. 315 ist das Bild in der rechten oberen Ecke ein Ausschnitt aus einer Aufnahme, die mit einem gewöhnlichen photographischen Objektive mit der Brennweite 15 cm gemacht wurde; das große Bild ist mit dem gleichen Objektiv, aber ergänzt durch ein Telenegativ von — 6 cm Brennweite, vom gleichen Standpunkte aus, mit etwa vierfacher Vergrößerung aufgenommen worden.

Nachstehend folgt eine Zusammenstellung einer Reihe von eigentlichen Teleobjektiven mit ihren Bildfehlerkurven. Die schon an anderer Stelle gemachte Bemerkung, daß die Kurven nur einen Anhalt für die Bildschärfe geben können, gilt bei Teleobjektiven in erhöhtem Maße; besonders die Fehlerkurven enger schiefer Bündel haben hier nur einen gewissen problematischen Wert. Die c-Kurven sind sämtlich im kleinsten Maßstab (vgl. S. 249) dargestellt, weil die Verzeichnungsfehler der Teleobjektive verhältnismäßig groß sind.

Objektivzusammenstellung 9. Teleobjektive[1].

	Krümmungsradien	Dicken, Blendenentfernungen, Abstände, Schnittweite, Gesamtlänge	Glasarten n_D	Glasarten ν	Errechner des Objektivs	Literaturnachweis	Patentinhaber oder Herstellerfirma
1	$r_1 = 12,4$ $r_2 = 65,5$ $r_3 = 21,0$ $r_4 = 8,1$ $r_5 = 200,0$ $r_6 = 11,8$	$d_1 = 1,6$ $d_2 = 0,6$ $b_1 = 7,6$ $b_2 = 7,6$ $d_3 = 0,8$ $d_4 = 2,0$ s'[2] $= 62,2$ L[2] $= 82,4$	$L_1 = 1,6136$ $L_2 = 1,6136$ $L_3 = 1,5300$ $L_4 = 1,5100$	ca. 55,1 37,0 58,0 54,7	K. MARTIN[3]	FP. Nr. 357071/1905	EMIL BUSCH, A.-G., Rathenow
2	$r_1 = 9,2$ $r_2 = 18,2$ $r_3 = 16,1$ $r_4 = 6,3$ $r_5 = 18,2$ $r_6 = 10,9$	$d_1 = 2,5$ $d_2 = 0,3$ $b_1 = 5,25$ $b_2 = 5,25$ $d_3 = 0,6$ $d_4 = 1,4$ $s' = 55,5$ $L = 70,8$	$L_1 = 1,6140$ $L_2 = 1,6140$ $L_3 = 1,5900$ $L_4 = 1,5510$	55,1 37,0 61,2 45,9	K. MARTIN[3]	EP. Nr. 15732/1905	EMIL BUSCH, A.-G., Rathenow
3	$r_1 = 15,7$ $r_2 = 14,3$ $r_3 = 114,0$ $r_4 = 7,7$ $r_5 = 11,1$ $r_6 = 11,1$ $r_7 = 77,2$	$d_1 = 2,1$ $d_2 = 0,9$ $b_1 = 0,3$ $b_2 = 21,1$ $d_3 = 0,5$ $d_4 = 1,6$ $d_5 = 0,9$ $s' = 26,5$ $L = 53,9$	$L_1 = 1,5913$ $L_2 = 1,6235$ $L_3 = 1,6211$ $L_4 = 1,6197$ $L_5 = 1,6211$	60,9 39,1 57,1 36,4 57,1	E. WANDERSLEB	DRP. Nr. 227112/1908	CARL ZEISS, Jena
4	$r_1 = 20,0$ $r_2 = 13,6$ $r_3 = 34,0$ $r_4 = 89,7$ $r_5 = 20,7$ $r_6 = 11,3$ $r_7 = 33,6$	$d_1 = 1,4$ $d_2 = 4,3$ $d_3 = 1,1$ $b_1 = 8,0$ $b_2 = 7,7$ $d_4 = 1,1$ $d_5 = 4,0$ $s' = 52,0$ $L = 79,6$	$L_1 = 1,6121$ $L_2 = 1,5738$ $L_3 = 1,5806$ $L_4 = 1,6123$ $L_5 = 1,5202$	37,1 57,2 40,7 56,4 51,3	W. BIELICKE	DRP. Nr. 263873/1912	ROSS LTD., London
5	$r_1 = 22,8$ $r_2 = 23,7$ $r_3 = 76,8$ $r_4 = 20,9$ $r_5 = 11,9$ $r_6 = 63,8$ $r_7 = 35,9$	$d_1 = 4,2$ $d_2 = 3,7$ $b_1 = 9,2$ $b_2 = 9,2$ $d_3 = 0,8$ $d_4 = 1,7$ $d_5 = 1,7$ $s' = 50,7$ $L = 81,2$	$L_1 = 1,6114$ $L_2 = 1,6174$ $L_3 = 1,6114$ $L_4 = 1,5152$ $L_5 = 1,6174$	57,2 36,4 57,2 56,8 36,4	C. F. LAN-DAVIS	EP. Nr. 1185/1914	J. H. DALLMEYER, LTD., Willesden, N. W.

[1] Vgl. Anm. 1 auf S. 255.

[2] s' = bildseitige Schnittweite des Teleobjektivs, L = Gesamtlänge, das ist die Entfernung vom Scheitel der Frontlinse bis zur bildseitigen Brennebene.

[3] Nach A. GLEICHEN: Theorie der modernen optischen Instrumente, S. 288. Stuttgart: F. Enke 1911.

(Fortsetzung von Objektivzusammenstellung 9.)

	Krümmungsradien	Dicken, Blendenentfernungen, Abstände, Schnittweite, Gesamtlänge	Glasarten		Errechner des Objektivs	Literaturnachweis	Patentinhaber oder Herstellerfirma
			n_D	ν			
6	r_1 = 18,1 r_2 = 42,7 r_3 = 40,4 r_4 = 38,9 r_5 = 10,8 r_6 = plan r_7 = 16,6	d_1 = 3,3 l = 0,1 d_2 = 0,8 b_1 = 11,6 b_2 = 11,6 d_3 = 0,8 d_4 = 3,3 s'[1] = 50,5 L[1] = 82,0	L_1 = 1,6053 L_2 = 1,6117 L_3 = 1,5732 L_4 = 1,5738	59,3 37,4 51,9 41,4	L. B. BOOTH	Amer. Pat. Nr. 1156743/1915	L. B. BOOTH, Cambridge
7	r_1 = 21,2 r_2 = 12,5 r_3 = 77,6 r_4 = 32,5 r_5 = 18,8 r_6 = 27,4 r_7 = 72,2	d_1 = 0,9 d_2 = 2,8 b_1 = 5,5 b_2 = 11,5 d_3 = 0,7 l = 1,4 d_4 = 1,4 s' = 59,2 L = 83,4	L_1 = 1,6481 L_2 = 1,6126 L_3 = 1,6066 L_4 = 1,6481	33,8 58,6 43,7 33,8	W. F. BIELICKE	Amer. Pat. Nr. 1202021/1916	BAUSCH & LOMB, OPT. COMP., Rochester
8	r_1 = 33,0 r_2 = 21,9 r_3 = 68,9 r_4 = 70,0 r_5 = 57,9 r_6 = 51,9 r_7 = 17,7	d_1 = 3,2 d_2 = 1,2 b_1 = 10,35 b_2 = 10,35 d_3 = 1,6 l = 0,1 d_4 = 1,3 s' = 50,9 L = 79,0	L_1 = 1,5220 L_2 = 1,6442 L_3 = 1,6442 L_4 = 1,5220	64,0 35,7 35,7 64,0	—	DRGM. Nr. 779501/1918	C. P. GOERZ, A.-G., Berlin
9	r_1 = 14,3 r_2 = 24,1 r_3 = 65,0 r_4 = 9,3 r_5 = 21,8 r_6 = 7,3 r_7 = 18,6	d_1 = 2,7 d_2 = 0,5 b_1 = 9,3 b_2 = 9,3 d_3 = 0,5 d_4 = 1,8 d_5 = 0,5 s' = 40,3 L = 64,9	L_1 = 1,573 L_2 = 1,652 L_3 = 1,611 L_4 = 1,55 L_5 = 1,611	57,5 33,4 59,0 45,7 59,0	H. W. LEE	EP. Nr. 132067/1918	TAYLOR, TAYLOR & HOBSON, LTD., Leicester
10	r_1 = 18,1 r_2 = 38,8 r_3 = 36,7 r_4 = 38,7 r_5 = 10,4 r_6 = 9,4 r_7 = 17,1	d_1 = 3,3 l = 0,1 d_2 = 0,8 b_1 = 5,7 b_2 = 18,3 d_3 = 1,9 d_4 = 0,8 s' = 49,6 L = 80,5	L_1 = 1,5923 L_2 = 1,5970 L_3 = 1,6241 L_4 = 1,4990	61,0 39,1 35,7 66,6	W. MERTÉ	DRP. Nr. 347838/1919	CARL ZEISS, Jena
11	r_1 = 17,6 r_2 = 35,8 r_3 = 44,7 r_4 = 11,1 r_5 = plan r_6 = 17,1	d_1 = 3,9 d_2 = 1,0 b_1 = 10,6 b_2 = 10,6 d_3 = 0,5 d_4 = 1,6 s' = 51,1 L = 79,3	L_1 = 1,573 L_2 = 1,621 L_3 = 1,573 L_4 = 1,576	57,3 36,1 57,3 41,0	H. W. LEE	EP. Nr. 144932/1919	TAYLOR, TAYLOR & HOBSON, LTD., Leicester

[1] s' = bildseitige Schnittweite des Teleobjektivs, L = Gesamtlänge, das ist die Entfernung vom Scheitel der Frontlinse bis zur bildseitigen Brennebene.

(Fortsetzung von Objektivzusammenstellung 9.)

	Krümmungsradien	Dicken, Blendenentfernungen, Abstände, Schnittweite, Gesamtlänge	Glasarten n_D	Glasarten ν	Errechner des Objektivs	Literaturnachweis	Patentinhaber oder Herstellerfirma
12	$r_1 = 18{,}3$ $r_2 = 39{,}4$ $r_3 = 42{,}1$ $r_4 = 10{,}8$ $r_5 =$ plan $r_6 = 16{,}6$	$d_1 = 3{,}5$ $d_2 = 1{,}0$ $b_1 = 11{,}6$ $b_2 = 11{,}6$ $d_3 = 0{,}8$ $d_4 = 3{,}3$ s'[1] $= 49{,}8$ L[1] $= 81{,}6$	$L_1 = 1{,}6100$ $L_2 = 1{,}6498$ $L_3 = 1{,}5753$ $L_4 = 1{,}5734$	53,3 33,6 57,1 44,1	L. B. Booth	Amer. Pat. Nr. 1480929/1920	L. B. Booth, Cambridge
13	$r_1 = 19{,}0$ $r_2 = 45{,}0$ $r_3 = 43{,}4$ $r_4 = 10{,}6$ $r_5 = 10{,}3$ $r_6 = 17{,}6$	$d_1 = 3{,}9$ $d_2 = 0{,}6$ $b_1 = 2{,}5$ $b_2 = 21{,}0$ $d_3 = 2{,}0$ $d_4 = 1{,}2$ $s' = 50{,}0$ $L = 81{,}2$	$L_1 = 1{,}5913$ $L_2 = 1{,}6042$ $L_3 = 1{,}6238$ $L_4 = 1{,}4979$	61,0 37,9 35,7 65,3	W. Merté	DRP. Nr. 359716/1921	Carl Zeiss, Jena
14	$r_1 = 18{,}8$ $r_2 = 69{,}1$ $r_3 = 14{,}2$ $r_4 = 16{,}6$ $r_5 = 251{,}0$ $r_6 = 62{,}7$ $r_7 = 12{,}6$ $r_8 = 13{,}2$	$d_1 = 1{,}6$ $d_2 = 0{,}9$ $l = 0{,}6$ $d_3 = 1{,}9$ $b_1 = 9{,}4$ $b_2 = 9{,}4$ $d_4 = 1{,}3$ $d_5 = 0{,}9$ $s' = 41{,}1$ $L = 67{,}1$	$L_1 = 1{,}6237$ $L_2 = 1{,}6235$ $L_3 = 1{,}6237$ $L_4 = 1{,}6235$ $L_5 = 1{,}6237$	ca. 56,9 39,1 56,9 39,1 56,9	P. Rudolph	DRP. Nr. 398431/1922	Dr. P. Rudolph, Kleinbiesnitz b. Görlitz
15	$r_1 = 17{,}3$ $r_2 = 23{,}1$ $r_3 = 50{,}9$ $r_4 = 15{,}3$ $r_5 = 13{,}4$ $r_6 = 7{,}7$ $r_7 = 22{,}0$	$d_1 = 4{,}9$ $d_2 = 1{,}0$ $b_1 = 7{,}8$ $b_2 = 7{,}8$ $d_3 = 0{,}7$ $d_4 = 4{,}6$ $d_5 = 1{,}0$ $s' = 47{,}5$ $L = 75{,}3$	$L_1 = 1{,}6125$ $L_2 = 1{,}6133$ $L_3 = 1{,}6125$ $L_4 = 1{,}5225$ $L_5 = 1{,}6125$	58,3 37,0 58,3 51,0 58,3	J. W. Hasselkus und G. Richmond	EP. Nr. 188621/1922	Ross Ltd., London
16	$r_1 = 17{,}0$ $r_2 = 45{,}4$ $r_3 = 57{,}0$ $r_4 = 10{,}8$ $r_5 = 32{,}0$ $r_6 = 19{,}4$	$d_1 = 4{,}5$ $d_2 = 1{,}3$ $b_1 = 10{,}6$ $b_2 = 10{,}6$ $d_3 = 1{,}0$ $d_4 = 2{,}0$ $s' = 50{,}2$ $L = 80{,}2$	$L_1 = 1{,}5162$ $L_2 = 1{,}6204$ $L_3 = 1{,}5162$ $L_4 = 1{,}6489$	64,0 36,3 64,0 33,8	R. Richter	DRP. Nr. 437246/1924	C. P. Goerz, A.-G., Berlin

[1] s' = bildseitige Schnittweite des Teleobjektivs, L = Gesamtlänge, das ist die Entfernung vom Scheitel der Frontlinse bis zur bildseitigen Brennebene.

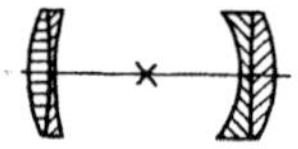

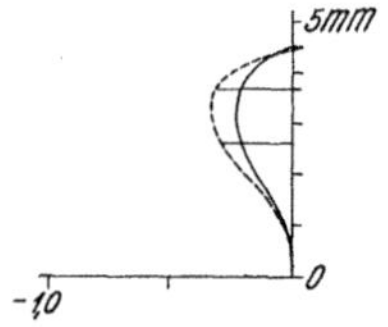

316 a.

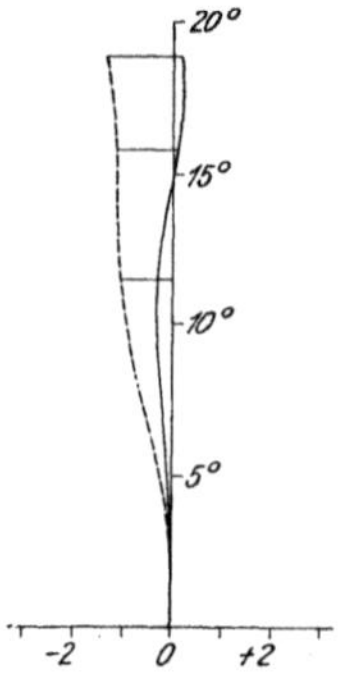

316 b.

Abb. 316. Nr. 1/9. FP. Nr. 357 071/1905.

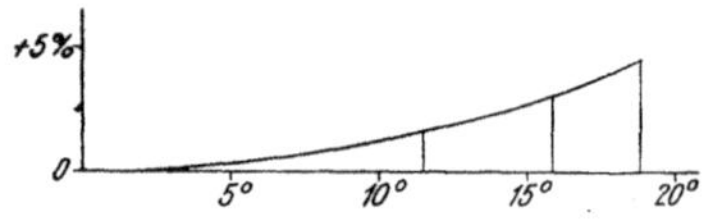

316 c.

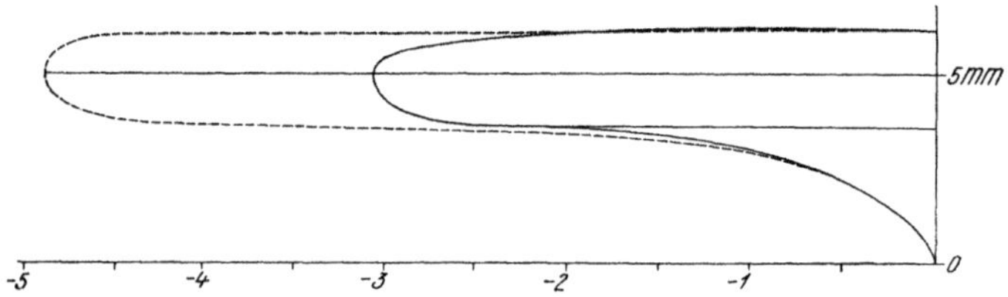

317 a.

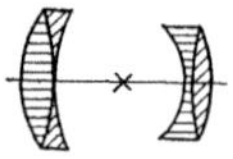

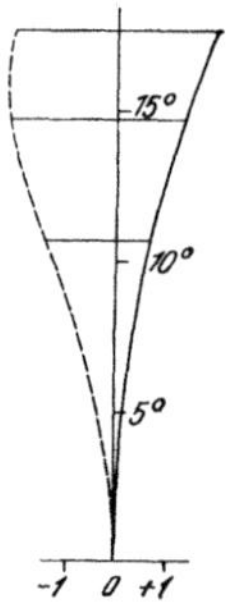

317 b.

Abb. 317.
Nr. 2/9. EP. Nr. 15 732/1905.

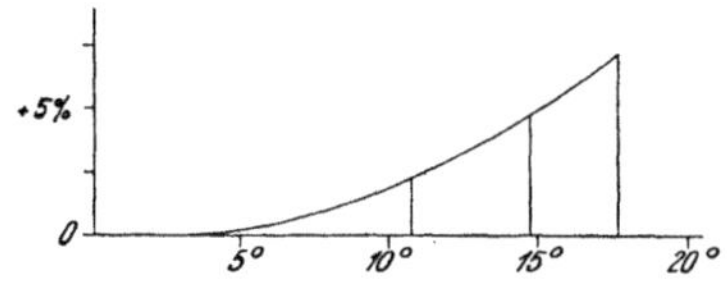

317 c.

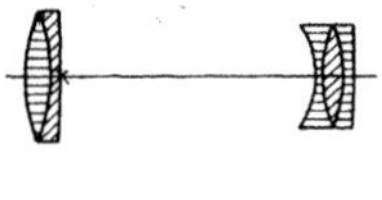

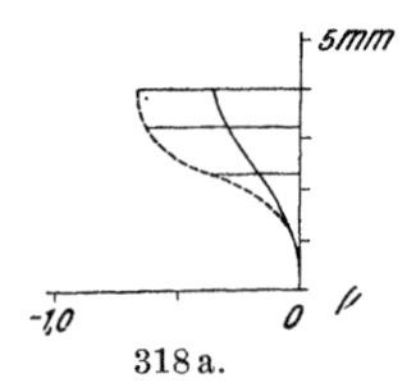

318 a.

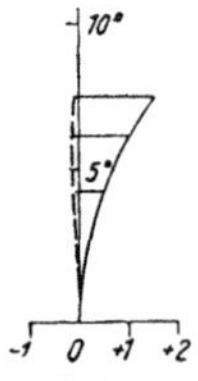

318 b.

Abb. 318.
Nr. 3/9. DRP. Nr. 227 112/
1908.

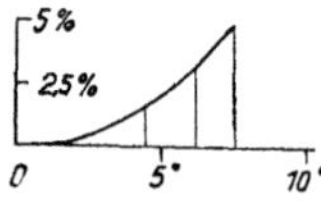

318 c.

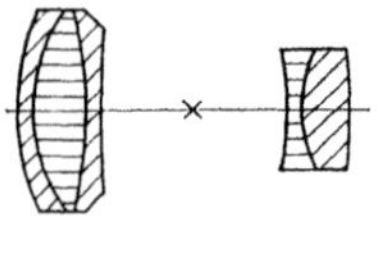

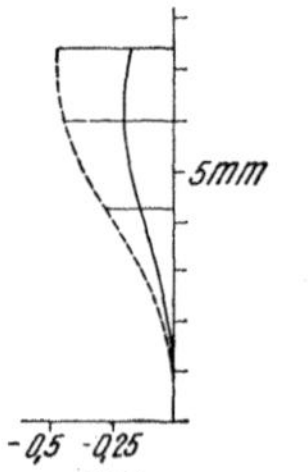

319 a.

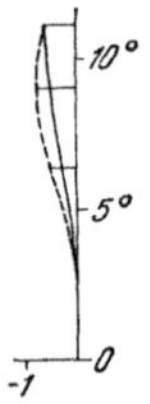

319 b.

Abb. 319.
Nr. 4/9. DRP. Nr. 263 873/
1912.

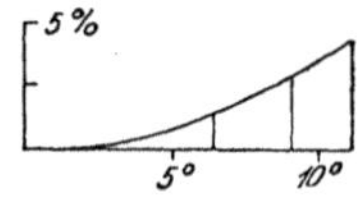

319 c.

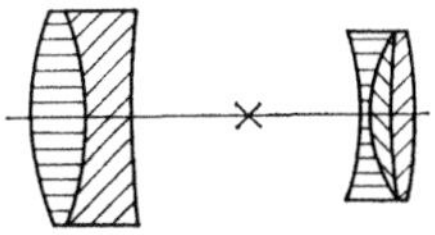

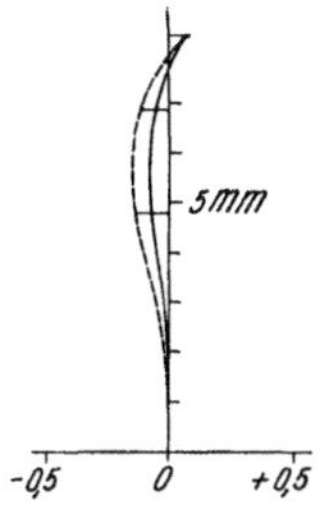

320 a.

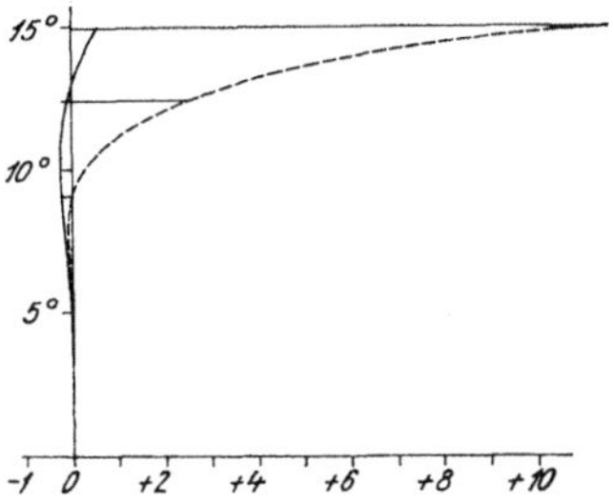

320 b.

Abb. 320.
Nr. 5/9. EP. Nr. 1185/1914.

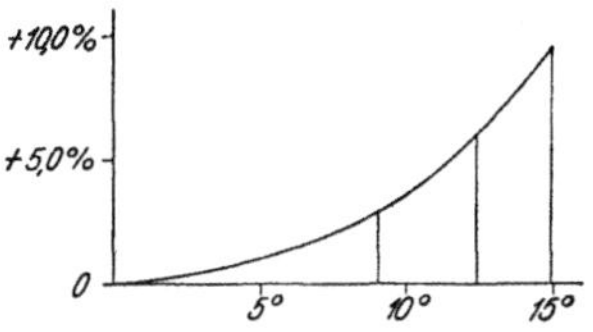

320 c.

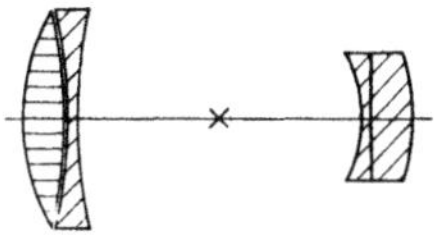

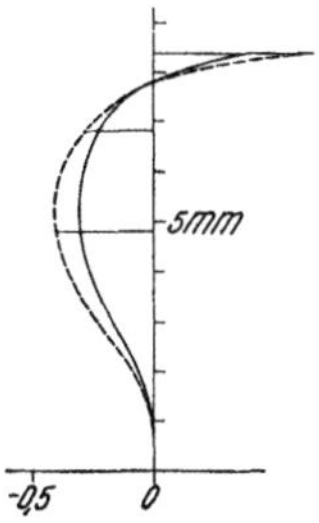

321 a.

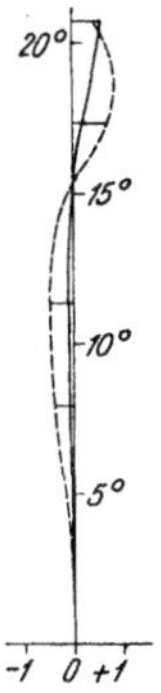

321 b.

Abb. 321.
Nr. 6/9. AP. Nr. 1156743/1915.

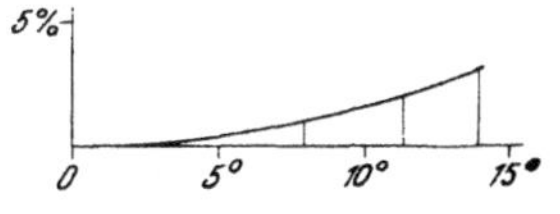

321 c.

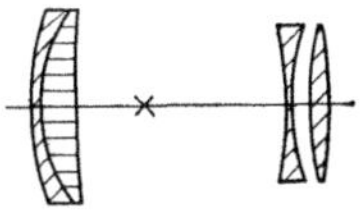

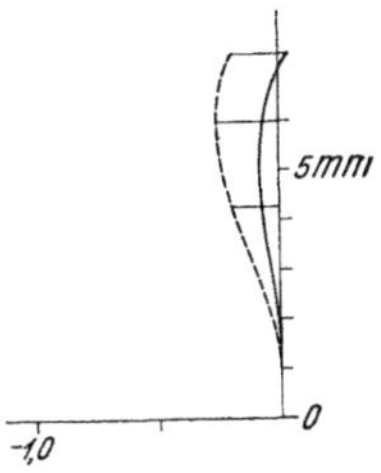

322 a.

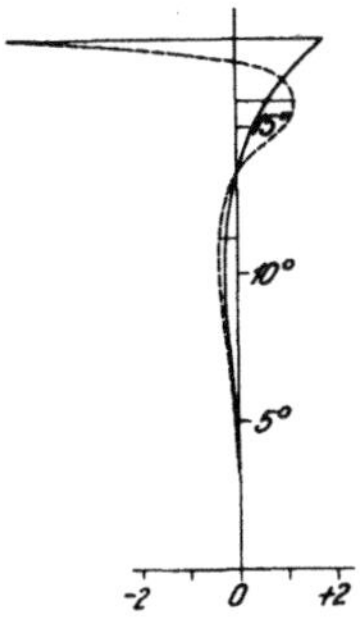

322 b.

Abb. 322.
Nr. 7/9. AP. Nr. 1202021/1916.

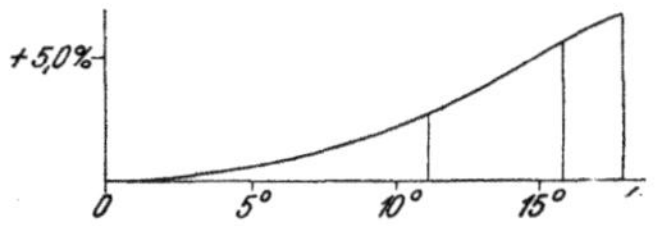

322 c.

Abb. 323.
Nr. 8/9. DRGM. Nr. 779501/1918.

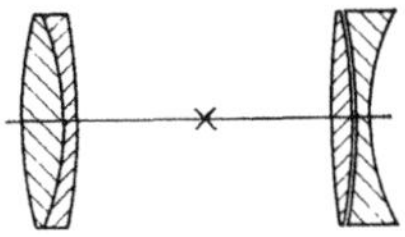

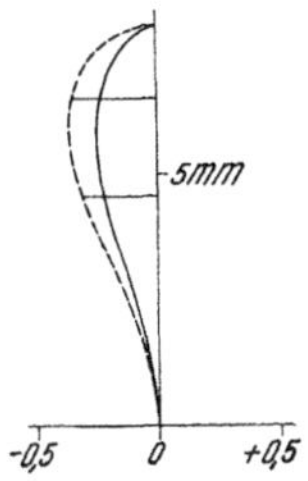

323 a.

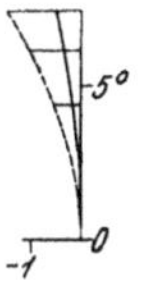

323 b.

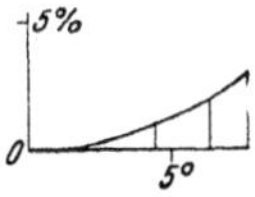

323 c.

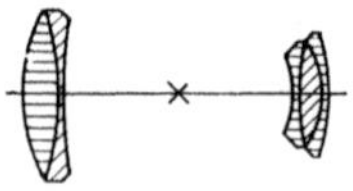

Abb. 324.
Nr. 9/9. EP. Nr. 132067/1918.

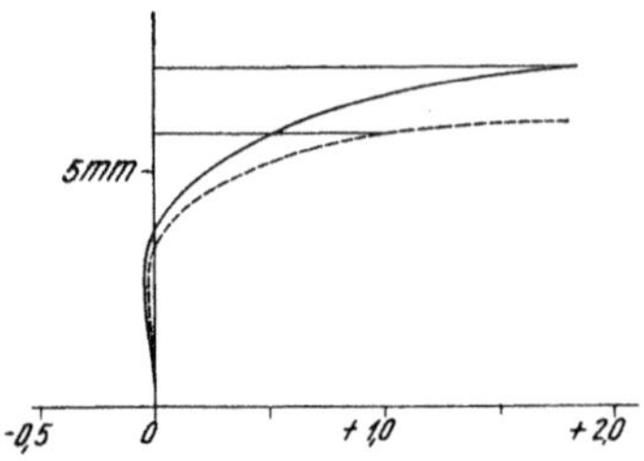

324 a.

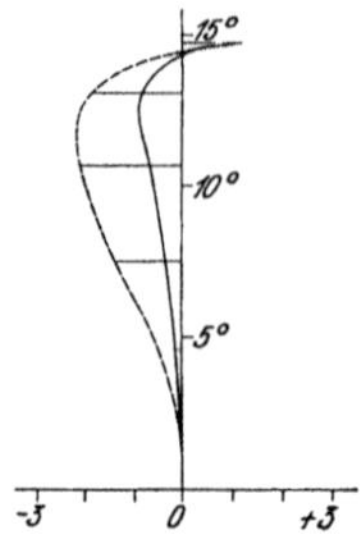

324 b.

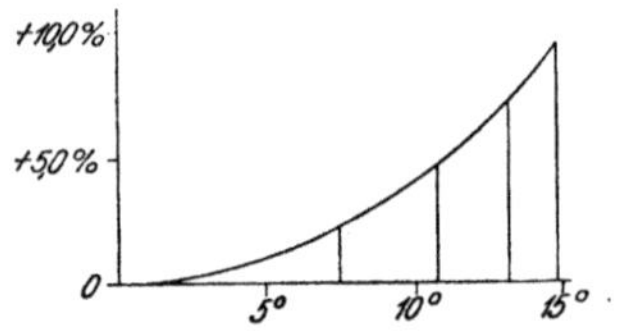

324 c.

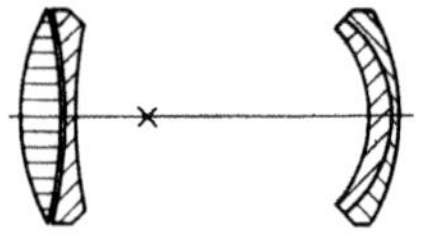

Abb. 325.
Nr. 10/9. DRP. Nr. 347838/1919.

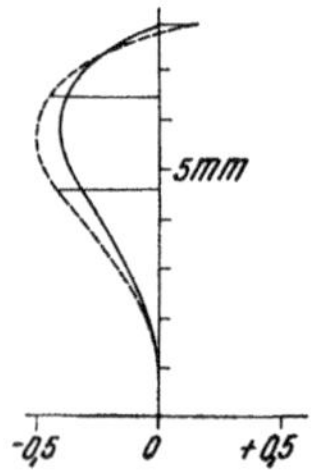

325 a.

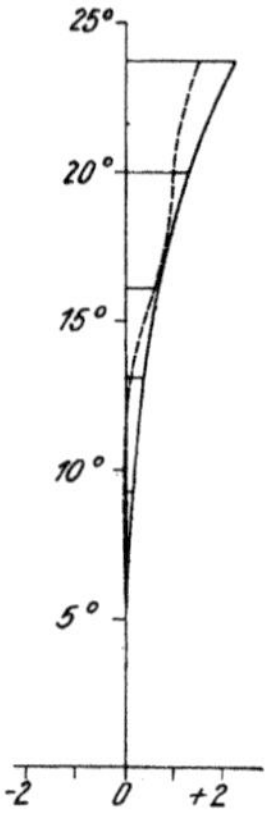

325 b.

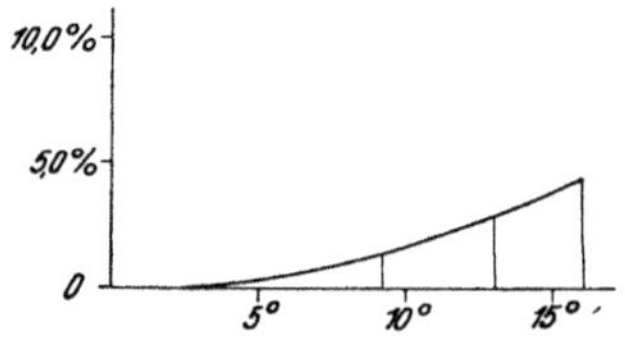

325 c.

Abb. 326. Nr. 11/9.
EP. Nr. 144932/1919.

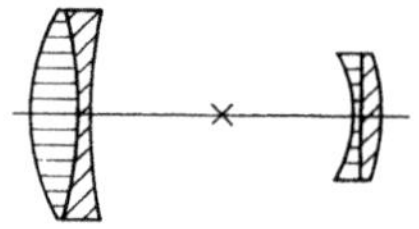

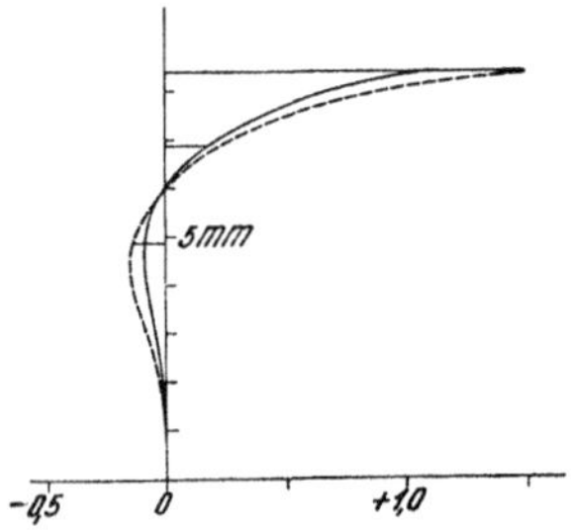

326 a.

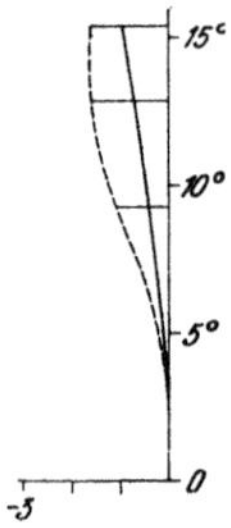

326 b.

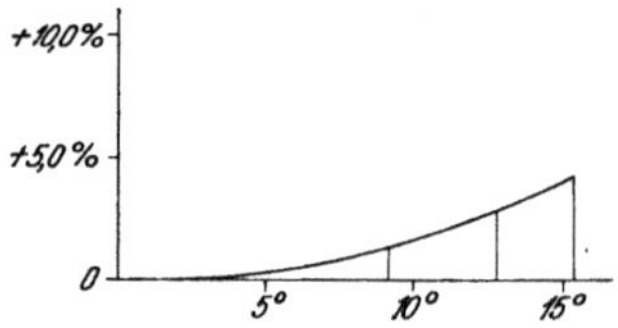

326 c.

Abb. 327. Nr. 12/9.
AP. Nr. 1480929/1920.

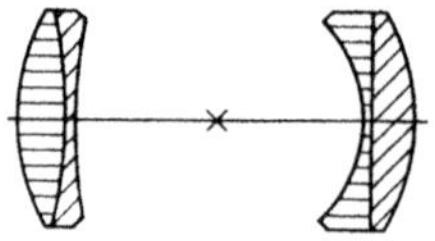

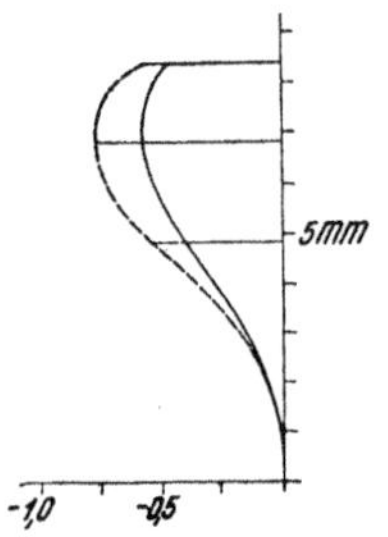

327 a.

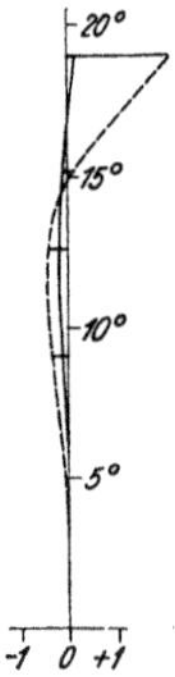

327 b.

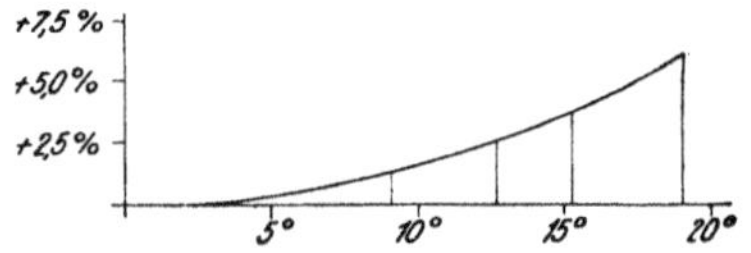

327 c.

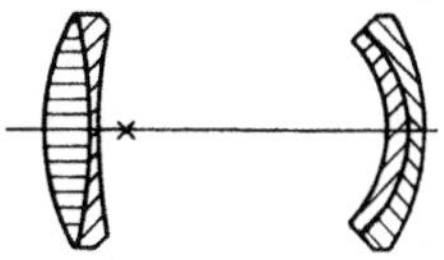

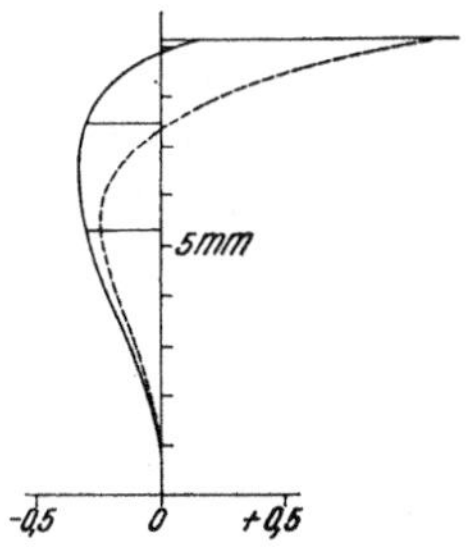

328 a.

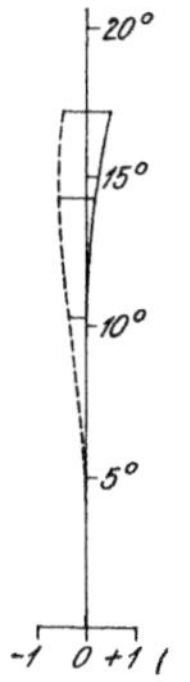

328 b.

Abb. 328.
Nr. 13/9. DRP. Nr. 359716/1921.

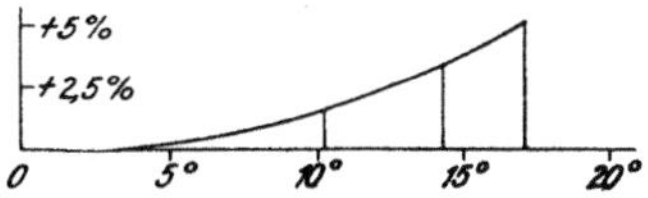

328 c.

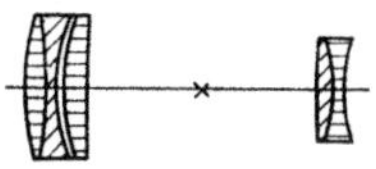

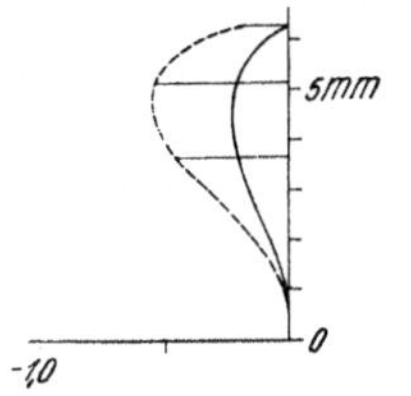

329 a.

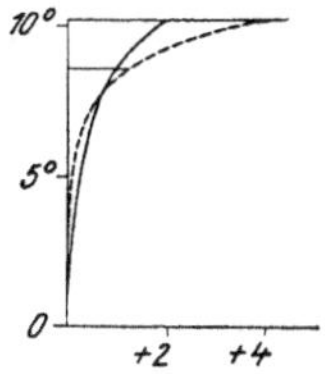

329 b.

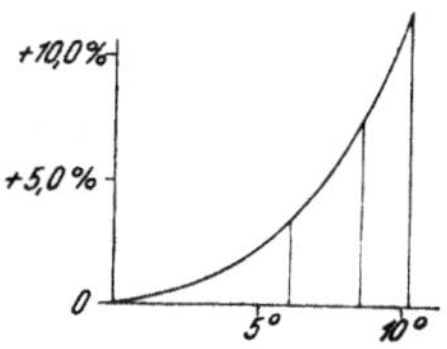

329 c.

Abb. 329. Nr. 14/9. DRP. Nr. 398431/1922.

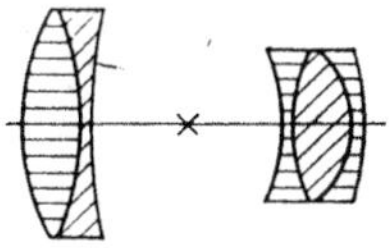

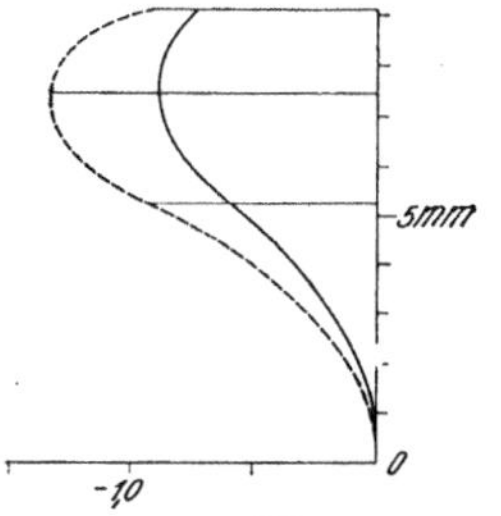

330 a.

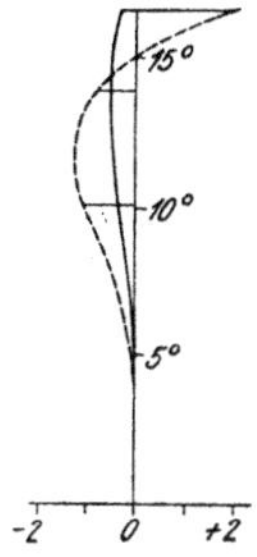

330 b.

Abb. 330.
Nr. 15/9. EP. Nr. 188621/1922.

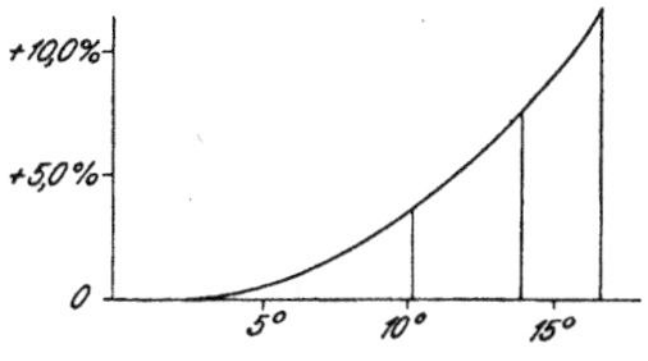

330 c.

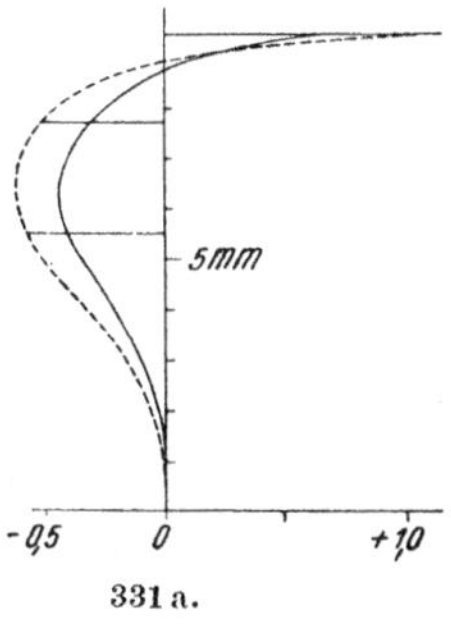

331 a.

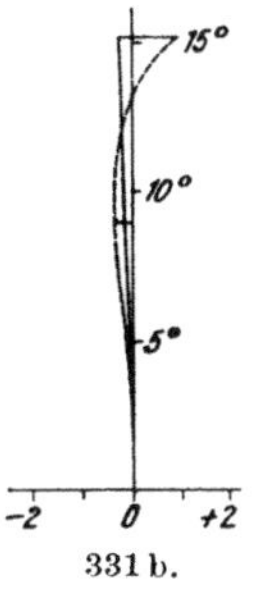

331 b.

Abb. 331.
Nr. 16/9.
DRP.Nr.437246/
1924.

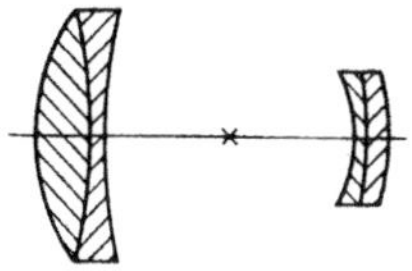

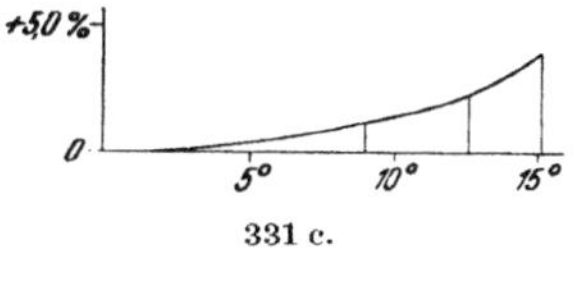

331 c.

Das Bistelar mit Anfangsöffnungsverhältnis bis 1 : 7 von E. BUSCH (im äußeren Aufbau den Linsen der Nr. 1 und 2 der Zusammenstellung 9 entsprechend) und das Magnar[1] von C. ZEISS 1 : 10 (ähnlich Nr. 3 der Zusammenstellung 9) zeigten zuerst den Fortschritt gegenüber den zusammengesetzten Teleobjektiven. Bei ihrem immerhin nicht ganz kleinen Öffnungsverhältnis ist das scharf ausgezeichnete Bildfeld nicht unerheblich. Das Magnar ist mit 45 cm Brennweite für das Format 9×12 cm^2 zu benutzen, beim Bistelar wird für das gleiche Format 27 cm Brennweite empfohlen. Die Bildschnittweite (Entfernung vom letzten Linsenscheitel bis zur Brennebene) ist beim Magnar nur etwa ein Viertel, beim Bistelar etwa die Hälfte der Brennweite. Mit dieser starken Schnittweitenverkürzung nimmt das Magnar auch heute noch unter den nicht zusammengesetzten Teleobjektiven eine Sonderstellung ein.

Die modernen Teleobjektive haben meist eine ähnliche Schnittweitenverkürzung wie das Bistelar, übertreffen dieses aber in der Lichtstärke. Dabei ist auch die Schärfe der besten neuzeitlichen Teleobjektive so gut, daß sie innerhalb ihres natürlich kleineren Bildfeldes an die Leistungen guter Anastigmate herankommt. Sie werden deswegen wie diese gern an Handkammern benutzt, und zwar in Brennweitenlängen von etwa 20—40 cm bei Anfangsöffnungsverhältnissen von vorzugsweise etwa 1 : 5 bis etwa 1 : 7. Nur für Sonderzwecke, wo das Gewicht des Objektivs und die geringe Tiefe nicht stören, ist man in der Lichtstärke noch weiter gegangen.

So werden z. B. wesentlich lichtstärkere Teleobjektive bei Kinoaufnahmen verwandt. Da die Kino-Teleobjektive nur ein kleines Bildfeld auszuzeichnen haben — die für das normale Kinoformat empfohlenen Brennweiten liegen etwa zwischen 10 und 20 cm, — können sie trotz Steigerung der Lichtstärke eine besonders feine Schärfe, etwa die eines Fernrohrobjektivs, das ja nur für noch kleinere Bildfelder brauchbar ist, erhalten.

Die im folgenden genannten Teleobjektive mit den kleineren Anfangsöffnungsverhältnissen sind in erster Linie Handkammerobjektive, die mit den größeren hingegen außerdem oder ausschließlich Kinoaufnahmeobjektive: Telephotoanastigmat Dallon 1 : 3,5 bis 1 : 7,7 (Bau wie Nr. 6 der Zusammenstellung 9) von J. H. DALLMEYER LTD., London; Teleros 1 : 5,5 und Telecentric-Lens 1 : 6,8 (Bau wie Nr. 4 der Zusammenstellung 9) von ROSS LTD., London; COOKE-Telephotoanastigmat Series VIII B 1 : 3,5 und Series VIII 1 : 5,6 von TAYLOR, TAYLOR & HOBSON LTD., Leicester; Tele-Tessar 1 : 6,3 (Bau wie Nr. 10 der Zusammenstellung 9) von C. ZEISS, Jena.

---

[1] Vgl. auch EP. Nr. 4523/1906.

Optische Zusätze für photographische Objektive.

Von W. MERTÉ, Jena.

Mit 24 Abbildungen.

1. Zerstreuende Zusatzlinsen. Die zusammengesetzten Teleobjektive sind nicht die einzigen Kombinationen aus einem gewöhnlichen photographischen Objektiv und einer Zusatzlinse, die besondere optische Wirkungen zu erzielen gestatten.

So hat man dem gewöhnlichen photographischen Objektiv eine Negativlinse in dessen unmittelbarer Nähe beigefügt, und zwar der bequemeren Handhabung wegen vorzugsweise vor dem Objektiv. Eine solche zerstreuende Vorschaltlinse verlängert die Brennweite des photographischen Objektivs.

Die besten Universalobjektive, wie z. B. das Tessar, sind unsymmetrisch gebaut, und es ist nicht oder kaum möglich, mit einzelnen Teilen dieser Objektive Aufnahmen zu machen. Durch den Gebrauch von Vorschaltlinsen erhalten derartige Objektive aber die Verwendbarkeit eines Objektivsatzes.

Damit die Bildschärfe des photographischen Objektivs durch die Vorschaltlinse keinen Schaden leidet, müßte diese frei von allen störenden Fehlern sein; trotzdem werden ganz überwiegend einfache Linsen[1] benutzt, da diese billig, bequem und hinsichtlich der Vignettierung günstig sind. Solche Linsen müssen in das Bild selbstverständlich Farbfehler einführen. Um diese zu verringern, ist das Objektiv beim Gebrauch einfacher Vorschaltlinsen mehr oder weniger abzublenden, so daß hierdurch auch die Fehler weitgeöffneter Bündel weniger bemerkbar sind.

Hingegen ist, da meist ein ansehnliches Bildfeld einigermaßen scharf auszuzeichnen ist, der Astigmatismus der Vorschaltlinsen möglichst zu beseitigen. Deshalb wandte E. WANDERSLEB die Überlegungen, die zur Berechnung der astigmatischen Brillengläser unter Annahme des Augendrehpunktes als Hauptstrahlkreuzungspunkt enger Bündel führten, auf die Vorsatzlinsen für photographische Objektive an und kam so zu den brennweitenverlängernden Formen, die das ZEISS-Werk seit 1914 als Distarlinsen führt: Als Hauptstrahlkreuzungspunkt kommt die Mitte der Eintrittspupille des photographischen Objektivs in Betracht. Die Wirkung der verschiedenen Durchbiegungen einer vorgeschalteten Negativlinse auf die Abweichungen im achsenparallelen Strahlenbündel, auf die Erfüllung der Sinusbedingung und auf die Strahlenvereinigung in den geneigten engen Bündeln kann aus den nachfolgenden Fehlerkurven ersehen werden. Dabei ist angenommen, daß vor ein Tessar[2] 1 : 4,5 mit der Brennweite $f = 15$ cm eine zerstreuende Linse der Brechkraft — 3 Dioptrien so geschaltet ist, daß der innere Scheitel der Negativlinse 2 mm vom vordersten Linsenscheitel des Tessars entfernt ist. Die Brennweite der Kombination ist

[1] Die zerstreuenden Vorschaltlinsen z. B. des DRP. Nr. 343087/1920 (C. P. GOERZ) bestehen hingegen aus einem sammelnden und einem zerstreuenden voneinander durch Luft getrennten Meniskus.

[2] Vgl. Achsenschnittschema in Abb. 222.

dann etwa 25 cm. Die Form der Vorschaltlinse ist der Reihe nach bikonkav, plankonkav und dann in verschiedenem Grade konvexkonkav. Bei allen fünf Linsen ist als Brechungszahl für die D-Linie des Spektrums 1,52 zugrunde gelegt und als Mitteldicke 0,9 mm. Die Radien der Linsen sind $r_1 = -347$ mm und $r_2 = 347$ mm, $r_1 = \infty$ und $r_2 = 173$ mm, $r_1 = 400$ mm und $r_2 = 121$ mm (periskopische Durchbiegung), $r_1 = 83{,}02$ mm und $r_2 = 55{,}98$ mm (Ostwaltsche Durchbiegung) und schließlich $r_1 = 28{,}9$ mm und $r_2 = 24{,}54$ mm (Wol-

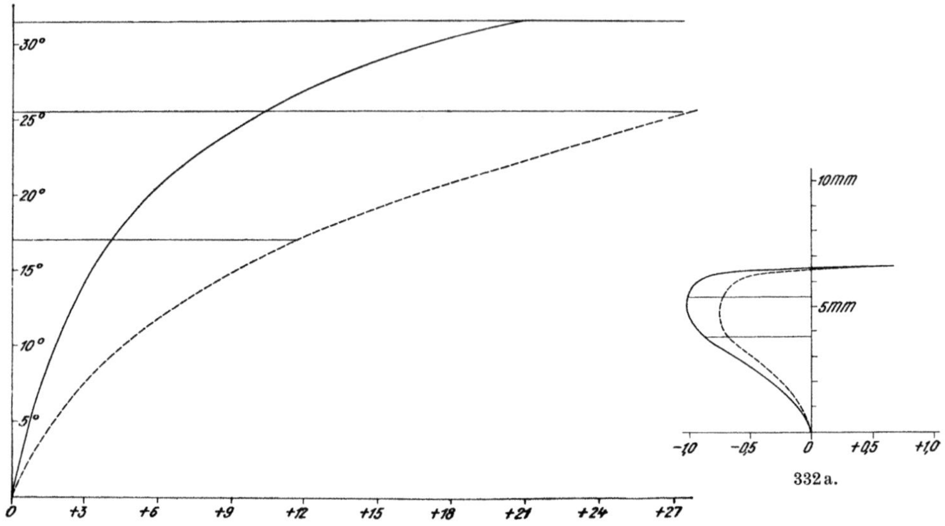

332a.

332b.

Abb. 332. a-Kurven[1] und b-Kurven[1] der Kombination: Tessar 1 : 4.5, $f = 15$ cm und bikonkave Vorschaltlinse — 3 Dioptrien (vgl. Text).

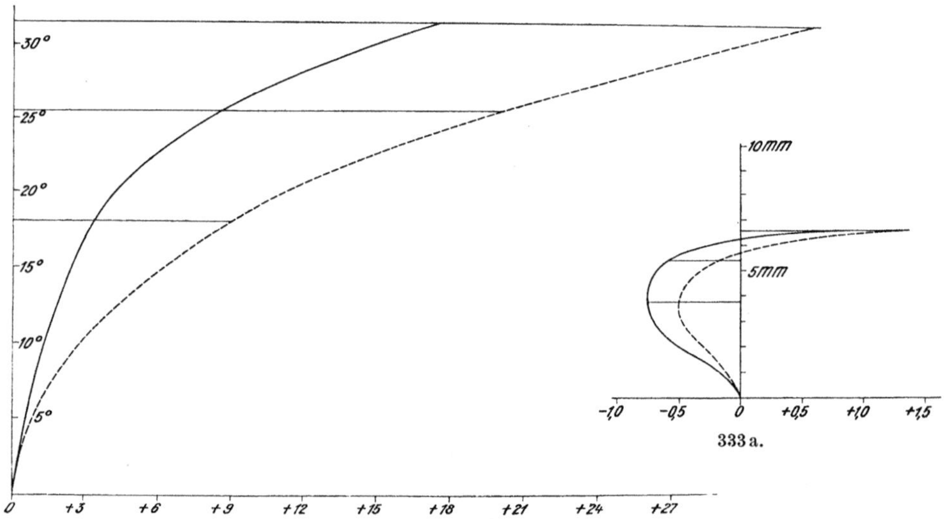

333a.

333b.

Abb. 333. a-Kurven[1] und b-Kurven[1] der Kombination: Tessar 1 : 4.5, $f = 15$ cm und plankonkave Vorschaltlinse — 3 Dioptrien (vgl. Text).

[1] Vgl. die Definition der a- und b-Kurven, S. 248.

Abb. 334. a-Kurven[1] nnd b-Kurven[1] der Kombination: Tessar 1 : 4.5, f = 15 cm und periskopische Vorschaltlinse —3 Dioptrien (vgl. Text).

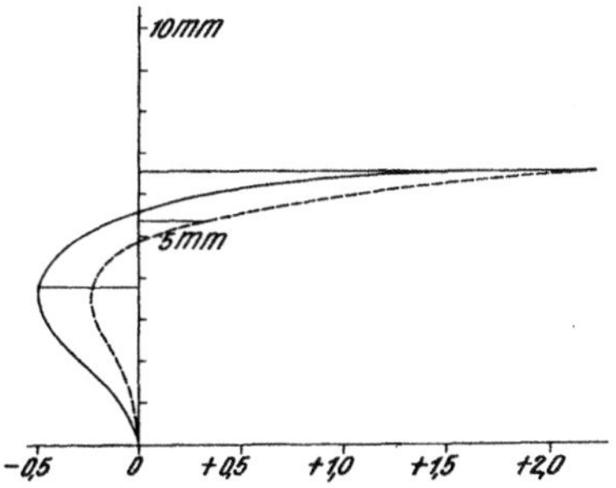

334 a.

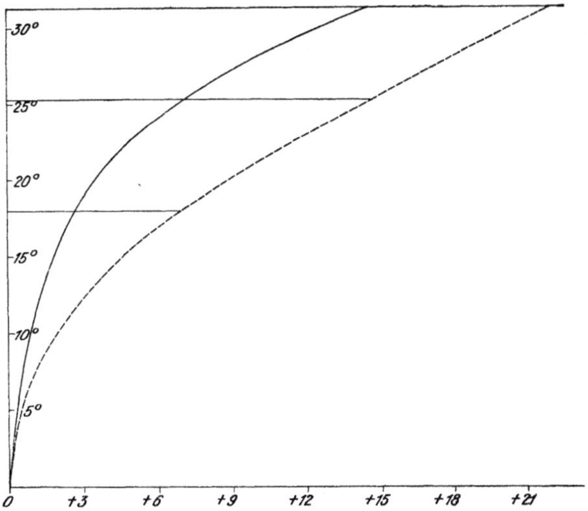

334 b.

Abb. 335. a-Kurven[1] und b-Kurven[1] der Kombination: Tessar 1 : 4.5, f = 15 cm und OSTWALTsche Vorschaltlinse —3 Dioptrien (vgl. Text).

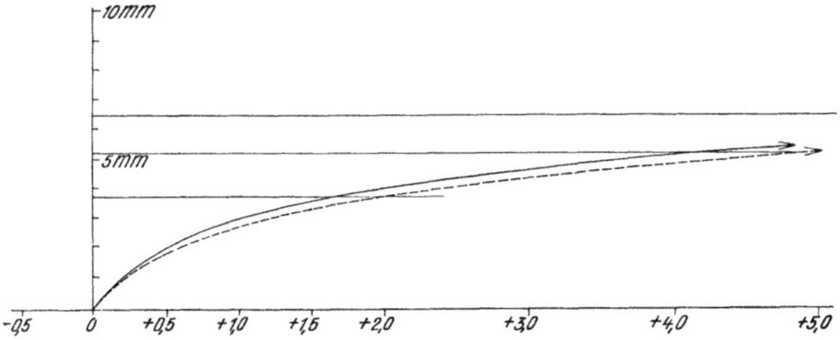

335 a.

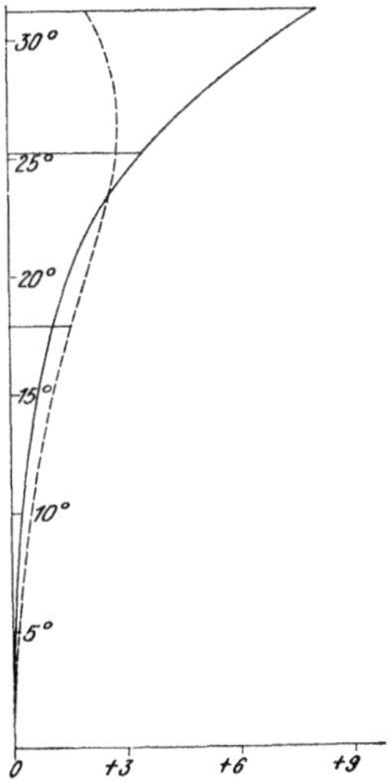

335 b.

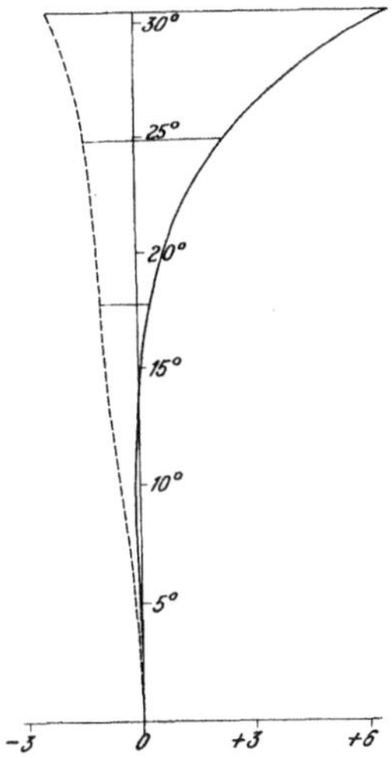

336 b.

Abb. 336. a-Kurven[1] und b-Kurven[1] der Kombination: Tessar 1 : 4.5, f = 15 cm und WOLLASTONsche Vorschaltlinse —3 Dioptrien (vgl. Text).

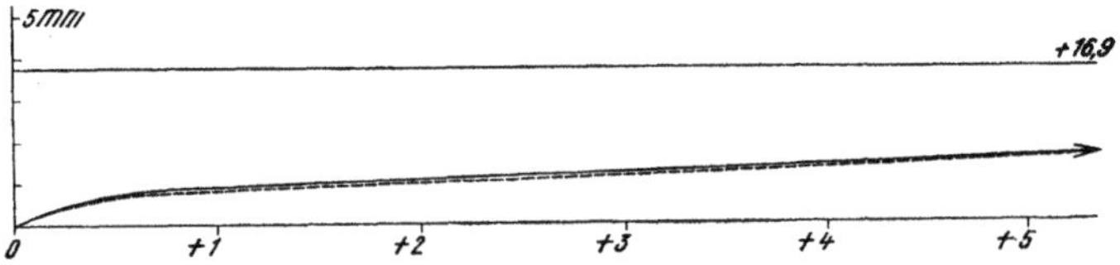

336 a.

[1] Vgl. die Definition der a- und b-Kurven S. 248.

LASTONsche Durchbiegung). Die Fehlerkurven in den Abbildungen 332—336 sind für die Brennweite 100 mm der Kombination gezeichnet.

Im Gegensatz zu den ZEISSischen Distaren[1] zeigten die Vorschaltlinsen zur Verlängerung der Brennweite früher allgemein und zeigen heute noch sehr vielfach ziemlich flache Krümmungen ihrer Außenflächen. Solche brennweitenverlängernden Vorschaltlinsen werden z. B. von der Voigtländer & Sohn A.-G., Braunschweig, als Focare, der Unger & Hoffmann A.-G., Dresden, als Vera-Linsen, der Firma J. Schneider & Co., Kreuznach, als Isco-Linsen und von anderen Firmen auf den Markt gebracht.

Bei der LUMIÈRE- oder AGFA-Farbrasterplatte für farbige Aufnahmen befindet sich bekanntlich die lichtempfindliche Schicht entgegen dem sonstigen Brauch auf der Rückseite der Platte. Um das photographische Bild, nachdem ohne Filter auf der Mattscheibe scharf eingestellt ist, für die Aufnahme in die richtige Lage zu bringen, hat C. ZEISS nach Vorschlag von E. WANDERSLEB seinen Ducarfiltern[2] eine schwache negative Brechkraft gegeben; die hierdurch hervorgerufene Brennweitenverlängerung muß natürlich sehr klein sein.

2. Im wesentlichen brechkraftlose Zusatzsysteme. An dieser Stelle sind auch die Vorschaltlinsen zu erwähnen, bei denen man überhaupt nicht auf eine Brennweitenverlängerung aus ist, sondern nur bestimmte Eigenschaften des Bildes durch Hinzufügung einer Zusatzlinse zu erzielen wünscht. So bringt man im wesentlichen afokale Linsen am Objektiv an, um dessen Bildern eine gewisse künstlerische Weichheit zu geben. Bei den einfachen Glaslinsen, deren Grenzflächen konzentrische oder nahezu konzentrische Kugelflächen[3] sind, sollen hauptsächlich die sphärischen Abweichungen die gewünschte Wirkung herbeiführen.

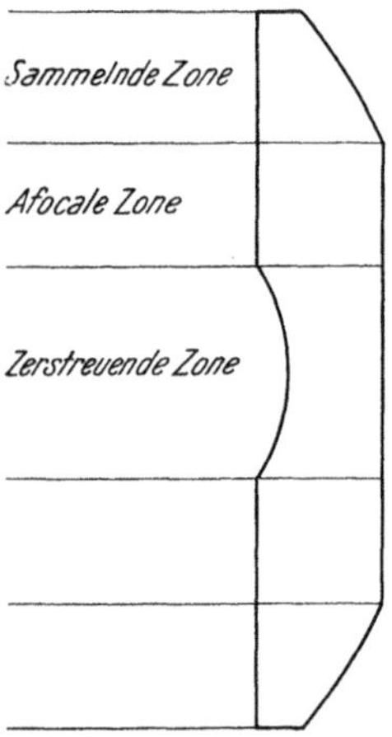

Abb. 337. Vorschaltlinsen mit 3 Zonen, von denen die äußere schwach sammelt, die mittlere brechkraftlos ist und die innere schwach streut. Aus Deutlichkeitsgründen sind die Krümmungen übertrieben gezeichnet.

Bei den aus zwei verkitteten Linsen gebildeten chromatischen Planplatten oder wenigstens Planplatten ähnlichen Linsen, den Mollarlinsen[4] von C. P. GOERZ, wird künstlerische Unschärfe mit gleichzeitiger Vergrößerung der Tiefenerstreckung des noch als abgebildet zu bezeichnenden Raumes durch Farbenfehler erreicht.

F. WEIDERT[5], der Erfinder der Mollarlinsen, gibt in einem Aufsatz „Optische Hilfsmittel zur Erzielung künstlerischer Weichheit und Tiefenwirkung im Bilde, insbesondere die GOERZ-Mollarlinsen" eine gute Übersicht über die bekannten Hilfsmittel zur Erzielung weicher Bilder.

Das Hereinspielen von physiologischen und psychologischen Momenten, die nicht leicht genau erfaßbar sind, erschwert natürlich eine allgemeingültige Bewertung der künstlerischen Qualität eines Bildes. Auch ist die Erzielung einer bestimmten Bildwirkung abhängig

[1] DRP. Nr. 308124/1914. Nach der Ausarbeitung dieses Patentes zeigte sich, daß G. MENGEL, Dresden, eine tiefgekrümmte, zwischen der OSTWALTschen und der WOLLASTONschen Form liegende zerstreuende Vorsatzlinse versuchsweise hatte ausführen lassen; deswegen nennt diesen Amer. Pat. 1169731/1915, als Erfinder.

[2] DRP. Nr. 202925/1907.

[3] DESER, H.: Photogr. Korresp. **1914**, 107—111. Dort wird ein Meniskus mit folgenden Werten angegeben: $r_1 = 22{,}5$ mm, $r_2 = 21{,}49$ mm, $d = 3$ mm, $n_D = 1{,}51$ mm.

[4] DRP. Nr. 364003/1920; vgl. auch RICHTER, R.: Z. Instrumentenkde **1924**, 310—315.

[5] Dtsch. Photogr.-Ztg. **1923**, 29ff.; s. auch EDER: Jb. Photogr. u. Reprod. **30**, T. 1, 215—219 (1921—1927).

von den Eigenschaften des Aufnahmegegenstandes, so daß sich sofort das Verlangen nach einer Reihe von Zusatzlinsen erhebt, die die Weichheit der Zeichnung in verschiedenen Abstufungen gewährleisten.

Andere Zusatzsysteme sollen nur künstlerisch weiche Bilder geben ohne Erhöhung der Tiefenwirkung. Oft benutzt werden Vorsatzsysteme, die der regelmäßigen Abbildung ihre Schärfe durch Beugungsgitter usw. nehmen[1].

Weiter empfiehlt DRP. Nr. 425002/1925 (Erfinder: L. L. LUXENBERG) nicht voll auspolierte Planplatten; durch das amerikanische Patent Nr. 1370885/1919 (Erfinder: C. W. FREDERICK und R. S. HOPKINS) wird eine Glasplatte geschützt, in die Linien, Rillen usw. eingearbeitet sind, um die gestochene Schärfe des gut korrigierten photographischen Objektivs zu beseitigen.

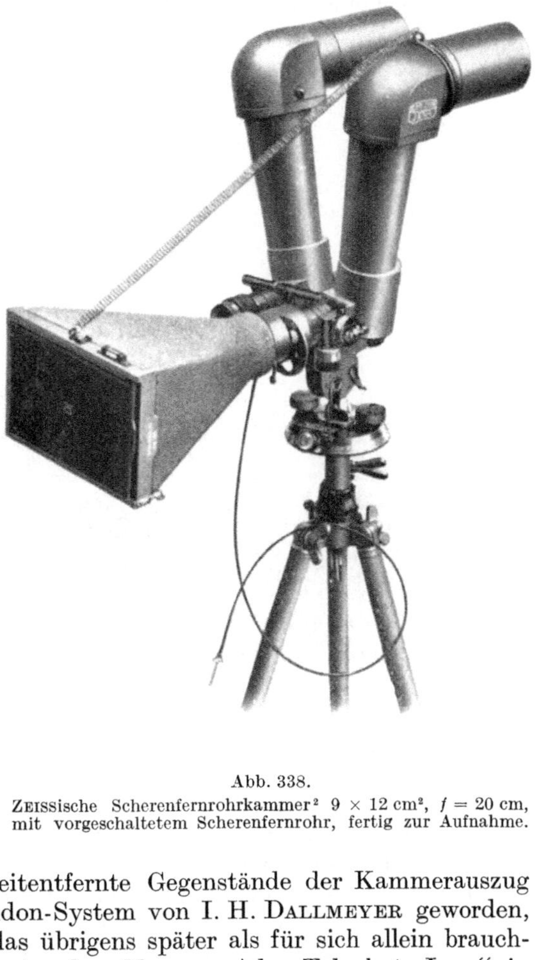

Abb. 338.
ZEISSische Scherenfernrohrkammer[2] 9 × 12 cm², $f = 20$ cm, mit vorgeschaltetem Scherenfernrohr, fertig zur Aufnahme.

Eine ähnliche Anordnung schlägt das DRP. Nr. 416246/1923 (Erfinder: W. MERTÉ) vor; hierbei sollen aber nicht nur weiche Bilder, sondern auch solche mit größerer Tiefenerstreckung erzielt werden. In diesem Falle besteht das in unmittelbarer Nachbarschaft des Objektivs anzubringende Zusatzsystem aus zwei oder mehr konzentrischen Ringen von schwach gekrümmten Kugelflächen (siehe Abb. 337), so daß zwei oder mehr Einstellebenen scharf auf die lichtempfindliche Schicht abgebildet werden.

Ebenfalls afokal sind die Vorschaltfernrohre. Es sind dies gewöhnliche Fernrohre oder auch solche, die für die photographischen Zwecke besonders errechnet werden und, vor das Objektiv gebracht, die Bilder nach dem Maße der Fernrohrvergrößerung vergrößern, ohne daß sich für weitentfernte Gegenstände der Kammerauszug ändert. Bekannter ist z. B. das Adon-System von I. H. DALLMEYER geworden, eine Art holländsches Fernrohr (das übrigens später als für sich allein brauchbares Teleobjektiv ausgearbeitet unter dem Namen „Adon-Telephoto-Lens" in den Handel kam).

Hinter U-Boot-Sehrohre, Scherenfernrohre u. a. hat man geeignete photographische Kammern geschaltet und mit derartigen Anordnungen militärisch wertvolle Aufnahmen erzielt. In Abb. 338 ist eine solche Kammer an einem Scherenfernrohr angepaßt. Die Abb. 339 und 340 zeigen Bilder, die ohne und mit Scherenfernrohr von dem gleichen Standpunkt aus aufgenommen worden sind. Die

[1] DAVID, L.: Photographisches Praktikum, 6. Aufl., S. 45—60. Halle: W. Knapp 1929.
[2] Ausgearbeitet von E. WANDERSLEB.

Brennweite des Kammerobjektivs ist bei dem gewählten Beispiel 20 cm, die Brennweite der Kombination 2 m, da das Fernrohr zehnfach vergrößert. Durch geeignete Drehungen des Fernrohrs über seinem Teilkreis lassen sich Rundblickaufnahmen, wie sie Abb. 339 zeigt, aber vergrößert, bequem herstellen. Daß man auch Mikroskope der photographischen Aufnahmelinse vorschaltet, sei hier nur ergänzend erwähnt; denn an anderer Stelle dieses Handbuches[1] werden die mikrophotographischen Einrichtungen, also vermutlich auch die Kombination von Mikroskop und photographischem Objektiv, behandelt.

3. Lichtfilter. Zu den brechkraftlosen Zusätzen zu photographischen Objektiven gehören auch die Lichtfilter. Sie werden vor, innerhalb oder auch hinter

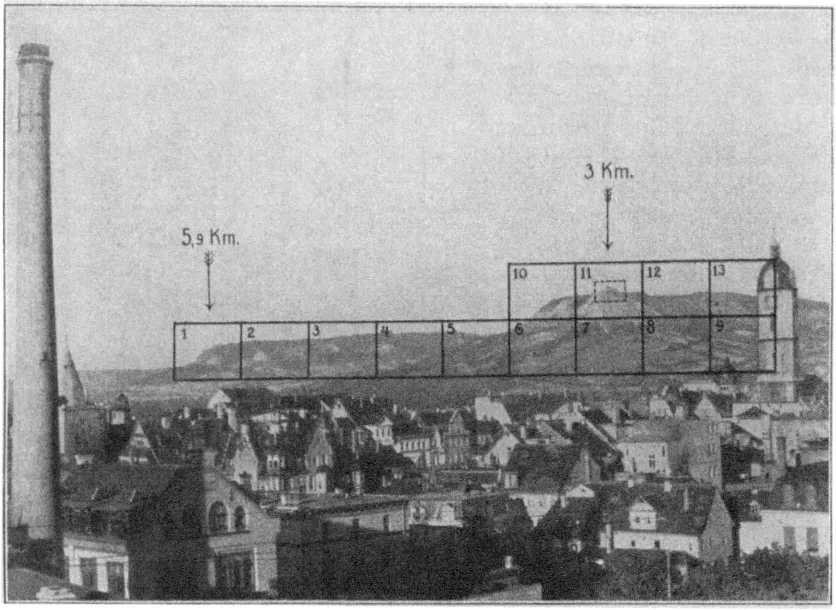

Abb. 339. Übersichtsaufnahme mit der ZEISSischen Scherenfernrohrkammer 9 × 12 cm², $f = 20$ cm, ohne Scherenfernrohr. Die 13 eingezeichneten Bildfelder entsprechen (unter Berücksichtigung der für die bequeme Zusammensetzung eines Panoramas erwünschten Überdeckungen) je einer Aufnahme der genannten Scherenfernrohrkammer mit vorgeschaltetem, 10fach vergrößerndem Scherenfernrohr.

dem Objektiv angebracht. Wenn sie in der Nähe des Objektivs liegen, müssen ihre Glasflächen, durch die das Licht hindurchgeht, etwa von der gleichen Güte sein, wie die der Flächen der Objektivlinsen ist, damit das Bild einwandfrei bleibt. Liegt das Filter unmittelbar vor diesem, so sind die Anforderungen an die Qualität seiner Flächen weniger groß. Bei allen Filtern, die eine merkliche Dicke haben, ist daran zu denken, daß sie im divergenten oder konvergenten Strahlengang infolge ihrer optischen Wirkung die Eigenschaften des Bildes ungünstig beeinflussen können.

Die in der Photographie benutzten Filter kann man nach dem physikalischen Zustand ihres Werkstoffes in zwei Gruppen teilen, nämlich in Flüssigkeitsfilter und in Trockenfilter. Erstere bestehen meist aus Glasträgen[2] mit plan-

---

[1] 6. Bd. II. Teil, der zur Zeit noch nicht erschienen ist.

[2] Verschiedene Arten der Küvetten werden z. B. von F. WEIGERT beschrieben in: Optische Methoden der Chemie, S. 46—51. Leipzig: Akadem. Verlagsgesellschaft 1927.

parallelen Grenzwänden (s. Abb. 341), in denen die farbige Flüssigkeit sich befindet. Die Trockenfilter sind entweder planparallele Platten aus Farbglas oder bestehen aus einer gefärbten organischen Substanz, am häufigsten aus Gelatine, und

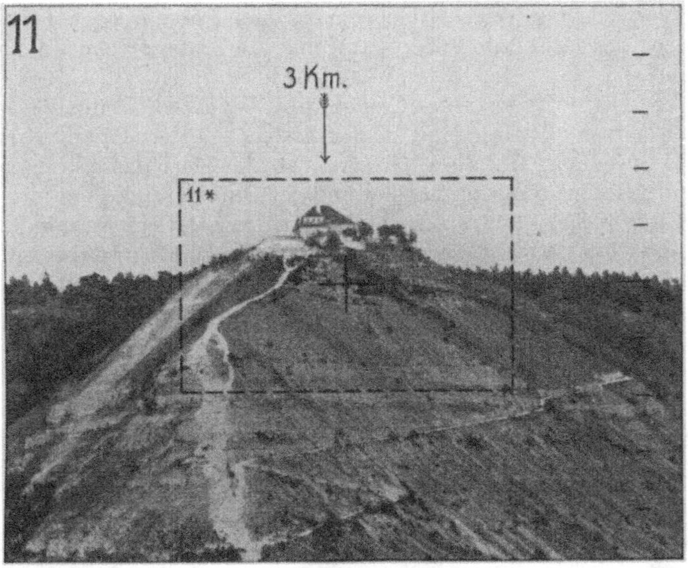

Abb. 340. Fernaufnahme mit der Zeissischen Scherenfernrohrkammer 9 × 12 cm, $f = 20$ cm; bei vorgeschaltetem 10fachen Scherenfernrohr. Die Aufnahme erfaßt etwa das Feld 11 der Übersichtsaufnahme in Abb. 339; dafür sind die Einzelheiten hier 10mal so groß.

zwar wird diese entweder als dünne Folie benutzt oder sie ist wegen ihrer leichten Verletzlichkeit zwischen zwei planparallele Glasplatten gebracht, die durch Kanadabalsam miteinander verkittet sind.

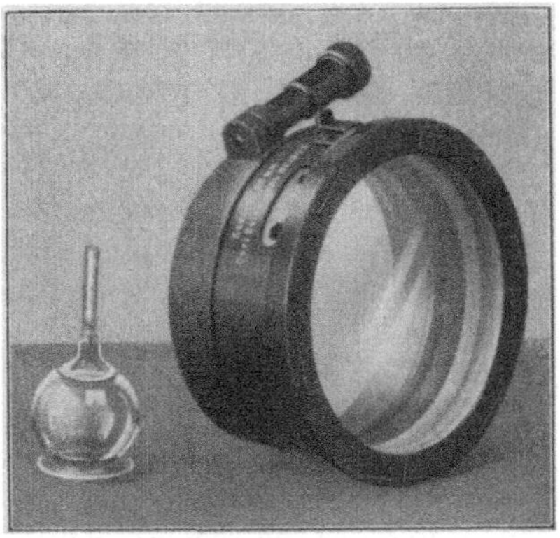

Abb. 341. Küvette für Flüssigkeitsfilter.

Die reinen Glasfilter haben vor den Gelatinefiltern die größere Haltbarkeit voraus; letztere können nämlich im Laufe der Zeit ausbleichen oder es kann ihre Schicht rissig werden.

Die optische Wirkung der Lichtfilter beruht auf ihrer Durchlässigkeit für die Lichtarten der verschiedenen Spektralgebiete. Man kann sie also kennzeichnen durch eine Kurve in einem rechtwinkligen Koordinatenkreuz, dessen Abszissen die Lichtarten durch die Wellenlängen festlegen und dessen Ordinaten die zugehörige Durchlässigkeit oder auch Absorption angeben. Die Flüssigkeit- und Gelatinefilter haben vor den Filtern aus Farbgläsern den Vorzug, daß ihre Durchlässigkeit bzw. Absorption sich mannigfaltiger und auch genauer dosiert herstellen läßt. Ein Farbglas bestimmter Art kann nämlich von Schmelze zu Schmelze merkliche Abweichungen voneinander haben.

Einige spektrophotometrische Absorptionskurven von Gelatinefiltern (Wratten Light Filters der Eastman Kodak Co.) zeigen die Abb. 342, 343 und 344[1]. Das Filter (Aesculine), dessen Absorptionskurve Abb. 342 darstellt, ist im ganzen sichtbaren Gebiet farblos und unterdrückt nur die ultraviolette Strahlung; die Filter, die zu den beiden anderen Abbildungen gehören, sind Gelbfilter. Das erstere (K_1 genannt) ist sehr hell und verlängert die Belichtungszeit bei Benutzung von panchromatischen Platten oder Filmen etwa auf das eineinhalbfache, bei Verwendung von orthochromatischen Platten oder Filmen auf das dreifache; bei dem zweiten Filter (K_2) sind die entsprechenden Faktoren ungefähr 3 und 6.

Für eine ganze Reihe von Stoffen gibt WEIGERT[2] ähnliche Absorptionskurven nach WOOD. Weiter sind in der Liste 4213 der Jenaer Farbgläser von SCHOTT & GEN., Jena, für diese Gläser auch die Durchlässigkeitskurven angegeben; die tabellarische Zusammenstellung der Durchlässigkeitszahlen der Jenaer Farbgläser auf S. 355—357 stammt ebenfalls aus der genannten Druckschrift.

Ihrer optischen Wirkung nach lassen sich die photographischen Filter vielleicht einteilen a) in Selektionsfilter, die ein bestimmtes ausgewähltes Gebiet des Spektrums hindurchlassen. Hierzu kann man z. B. die Filter für photographische Dreifarbenaufnahmen zählen. Für diese würde nach A. HÜBL[3] ein Normalfilter das Spektrum ungefähr bei den Wellenlängen 580 $\mu\mu$ und 495 $\mu\mu$

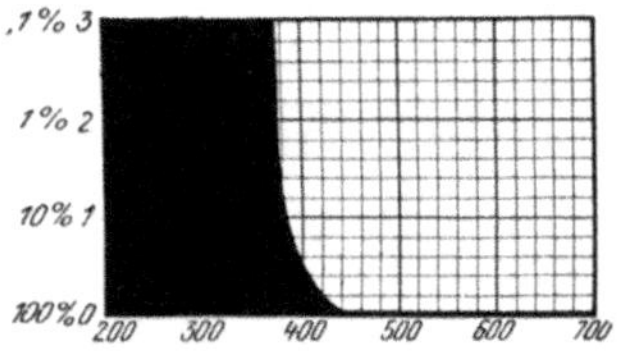

Abb. 342. WRATTEN-Light-Filter. Nr. 2. Aesculine.

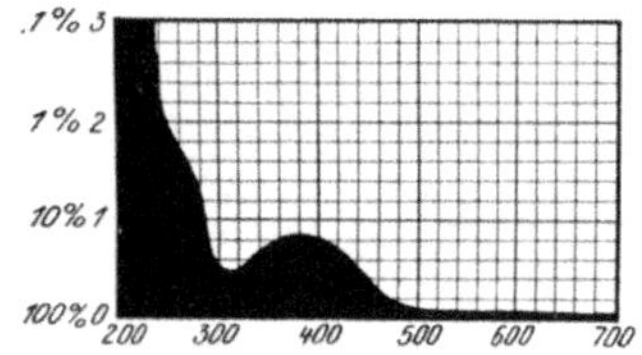

Abb. 343. WRATTEN-Light-Filter. Nr. 6. K_1.

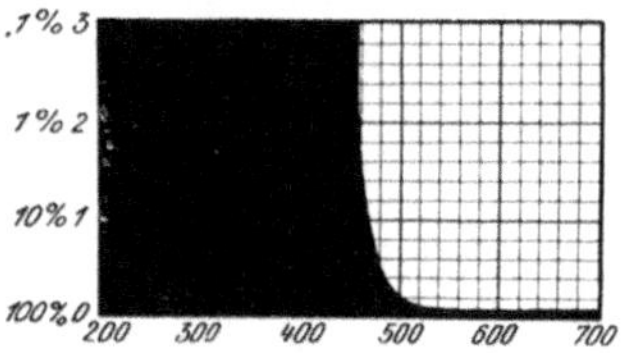

Abb. 344. WRATTEN-Light-Filter. Nr. 8. K_2.

zu teilen haben, während das Licht der unterhalb der G'-Linie gelegenen Wellenlängen, also das violette und ultraviolette Licht, auszulöschen ist, da es die Körperfarben nicht beeinflußt.

Auch das Silberfilter[4], das z. B. in der Ultraviolettphotographie oft benutzt wird, ist ein solches Selektionsfilter; ebenso gehören die meisten Kontrastfilter hierher, die bei der Photographie farbiger Gegenstände eine Farbe besonders deutlich hervorheben können. Kontrastfilter werden z. B. beim Photographieren gefärbter mikroskopischer Präparate verwandt. Die farbigen Stellen des Präparates werden im photographischen Bilde schwarz wiedergegeben, wenn das Kontrastfilter gerade die betreffende Farbe nicht hindurchgehen läßt.

Weiter kann man b) von Kompensationsfiltern sprechen, die nicht nur Licht eines bestimmten Spektralbereichs hindurchgehen lassen, sondern für einen großen Teil des Spektrums allerdings in verschiedenem Maße durchlässig sind, z. B. für das ganze sichtbare Gebiet. Durch ein derartiges Filter soll entsprechend der Farbenempfindlichkeit der photographischen Platte das Licht für die einzelnen Farben mehr oder weniger gedämpft werden, z. B. so, daß die Helligkeitsabstufung des schwarz-weißen Bildes der des farbigen Objektes, so wie das Auge es sieht, möglichst gut entspricht. Die für Landschaftsphotographie benutzten

---

[1] Entnommen der Broschüre WRATTEN: Light Filters, 10. Aufl. Rochester: Eastman Kodak Co. 1929.

[2] a. a. O. S. 52 und 55.

[3] HÜBL, A.: Die Lichtfilter, S. 78. Halle a. S.: W. Knapp 1921.

[4] ZSCHOKKE, W.: Ein neues Quarzobjektiv. Eders Jb. Phot. u. Reprod. **1913**, 112ff.

Glasart	Bemerkungen	Reflexionsfaktor[1] R_d	Dickeneinheit e in mm	Durchlässigkeitszahlen D für:														Wellen in $\mu\mu$
				281	302	312	334	366	405	436	480	509	546	578	644	700	775	ultraviolette u. sichtbare
				850	*950*	*1050*	*1150*	*1300*	*1450*	*1600*	*1800*	*2000*	*2200*	*2400*	*2600*	*2800*	*3000*	ultrarote
UG 1	Dunkles Violettglas, für Ultraviolett und äußerstes Rot durchlässig	0,911	1,0	—	0,17	0,37	0,69	0,85	0,08	—	—	—	—	—	—	0,01	0,34	
				0,22	*0,11*	*0,07*	*0,05*	*0,04*	*0,04*	*0,03*	*0,04*	*0,04*	*0,06*	*0,11*	*0,15*	*0,19*	*0,17*	
UG 2	Wie UG 1 mit verminderter Violettdurchlässigkeit	0,912	1,0	—	0,08	0,47	0,79	0,87	0,03	—	—	—	—	—	—	0,12	0,30	
				0,19	*0,12*	*0,09*	*0,07*	*0,06*	*0,06*	*0,06*	*0,06*	*0,06*	*0,08*	*0,11*	*0,17*	*0,22*	*0,19*	
BG 1	Blauglas mit Durchlässigkeit für Ultraviolett u. äußerstes Rot	0,915	1,0	0,04	0,40	0,64	0,93	0,97	0,97	0,86	0,44	0,14	0,04	0,05	0,01	0,51	0,94	
				0,97	*0,93*	*0,86*	*0,76*	*0,58*	*0,45*	*0,40*	*0,44*	*0,50*	*0,59*	*0,69*	*0,74*	*0,75*	*0,55*	
BG 2	Ähnlich BG 1 mit hoher Wärmefestigkeit	0,925	1,0	—	0,02	0,13	0,41	0,76	0,74	0,52	0,06	0,02	0,02	—	—	0,32	0,84	
				0,83	*0,74*	*0,61*	*0,50*	*0,41*	*0,38*	*0,37*	*0,38*	*0,41*	*0,46*	*0,51*	*0,53*	*0,48*	*0,35*	
BG 3	Ähnlich BG 1 mit gesteigerter Ultraviolettdurchlässigkeit	0,921	1,0	0,14	0,68	0,82	0,93	0,96	0,91	0,66	0,15	0,01	—	—	—	0,06	0,90	
				0,98	*0,94*	*0,81*	*0,64*	*0,39*	*0,27*	*0,19*	*0,20*	*0,28*	*0,37*	*0,47*	*0,56*	*0,55*	*0,49*	
BG 4	Blauglas ohne Ultrarotdurchlässigkeit	0,921	1,0	—	—	—	0,04	0,74	0,88	0,87	0,53	0,16	0,01	0,01	—	0,07	0,13	
				0,12	*0,11*	*0,12*	*0,13*	*0,12*	*0,11*	*0,14*	*0,21*	*0,31*	*0,45*	*0,59*	*0,63*	*0,45*	*0,40*	
BG 5	Dunkles Blauglas ohne Rotdurchlässigkeit	0,917	1,0	—	—	—	—	0,08	0,39	0,50	0,41	0,22	0,08	0,05	0,02	0,13	0,13	
				0,10	*0,12*	*0,15*	*0,19*	*0,24*	*0,29*	*0,34*	*0,42*	*0,49*	*0,59*	*0,68*	*0,69*	*0,55*	*0,37*	
BG 6	Ähnlich BG 5	0,916	1,0	—	—	—	—	0,07	0,37	0,46	0,34	0,13	0,03	0,01	0,01	0,13	0,14	
				0,10	*0,12*	*0,15*	*0,18*	*0,23*	*0,27*	*0,31*	*0,38*	*0,46*	*0,55*	*0,66*	*0,69*	*0,53*	*0,36*	
BG 7	Blau wie Kupfersulfatlösung	0,917	1,0	—	—	—	0,02	0,26	0,51	0,70	0,79	0,73	0,50	0,26	0,03	—	—	
				0,01	*0,02*	*0,04*	*0,08*	*0,15*	*0,24*	*0,35*	*0,48*	*0,58*	*0,66*	*0,74*	*0,77*	*0,73*	*0,56*	
BG 8	Helles Blauglas von ähnlicher Farbe wie BG 7	0,913	1,0	—	—	—	0,23	0,75	0,94	0,98	0,97	0,96	0,91	0,84	0,57	0,42	0,34	
				0,32	*0,36*	*0,44*	*0,51*	*0,60*	*0,68*	*0,75*	*0,82*	*0,86*	*0,90*	*0,89*	*0,87*	*0,77*	*0,56*	
BG 9	Helles Blaugrün mit starker Ultrarotabsorption	0,914	1,0	—	—	0,01	0,21	0,67	0,90	0,94	0,96	0,96	0,95	0,93	0,86	0,74	0,56	
				0,46	*0,38*	*0,34*	*0,33*	*0,36*	*0,42*	*0,49*	*0,56*	*0,59*	*0,62*	*0,64*	*0,65*	*0,51*	*0,50*	
BG 10	Ähnlich BG 9 mit gesteigerter Wärmefestigkeit	0,916	1,0	—	—	—	0,14	0,64	0,85	0,93	0,95	0,96	0,94	0,88	0,75	0,62	0,42	
				0,31	*0,25*	*0,24*	*0,26*	*0,31*	*0,39*	*0,47*	*0,53*	*0,55*	*0,56*	*0,58*	*0,55*	*0,47*	*0,46*	
BG 11	Leicht bläuliches Glas mit Didymbandenabsorption	0,913	1,0	—	—	0,38	0,82	0,95	0,97	0,96	0,93	0,95	0,99	0,70	1,00	0,99	0,90	
				0,92	*0,98*	*0,99*	*0,99*	*0,98*	*0,97*	*0,96*	*0,97*	*0,97*	*0,96*	*0,93*	*0,87*	*0,76*	*0,54*	
VG 1	Gelbgrünes Glas	0,905	1,0	—	—	—	—	—	—	0,02	0,47	0,75	0,77	0,56	0,12	0,06	0,04	
				0,05	*0,09*	*0,13*	*0,18*	*0,27*	*0,37*	*0,47*	*0,57*	*0,65*	*0,71*	*0,76*	*0,77*	*0,69*	*0,55*	

[1] Vgl. S. 29. $D \cdot R_d$ gibt die Durchlässigkeit bei Reflexionsverlust an zwei Oberflächen.

1. Fortsetzung.

Glasart	Bemerkungen	Reflexionsfaktor[1] R_d	Dickeneinheit *e* in mm	Durchlässigkeitszahlen *D* für:														
				281	302	312	334	366	405	436	480	509	546	578	644	700	775	ultraviolette u. sichtbare } Wellen in $\mu\mu$
				850	*950*	*1050*	*1150*	*1300*	*1450*	*1600*	*1800*	*2000*	*2200*	*2400*	*2600*	*2800*	*3000*	ultrarote } Wellen in $\mu\mu$
VG 2	Ähnlich VG 1	0,905	1,0	—	—	—	—	—	—	0,03	0,39	0,66	0,65	0,46	0,15	0,09	0,07	
				0,06	*0,09*	*0,13*	*0,18*	*0,27*	*0,37*	*0,47*	*0,57*	*0,65*	*0,71*	*0,75*	*0,76*	*0,70*	*0,54*	
VG 3	Grünes Glas mit Bandenabsorption	0,907	1,0	—	—	—	0,01	0,37	0,33	0,06	0,02	0,64	0,20	0,65	—	0,85	0,59	
				0,32	*0,36*	*0,22*	*0,20*	*0,39*	*0,34*	*0,22*	*0,38*	*0,47*	*0,40*	*0,30*	*0,29*	*0,27*	*0,12*	
GG 1	Farbloses Glas mit Absorption für das kurzwellige Ultraviolett	0,912	1,0	—	0,02	0,13	0,47	0,86	0,98	0,99	1,00	1,00	1,00	1,00	1,00	1,00	1,00	
				1,00	*1,00*	*1,00*	*1,00*	*1,00*	*1,00*	*1,00*	*1,00*	*1,00*	*0,99*	*0,96*	*0,91*	*0,70*	*0,50*	
GG 2	Farbloses Glas mit Ultraviolettabsorption	0,916	1,0	—	—	—	—	0,64	0,97	0,99	1,00	1,00	1,00	1,00	1,00	1,00	1,00	
				1,00	*1,00*	*1,00*	*1,00*	*1,00*	*1,00*	*1,00*	*1,00*	*0,99*	*0,99*	*0,98*	*0,94*	*0,84*	*0,70*	
GG 3	Fast farbloses hellgelbes Glas	0,913	1,0	—	0,03	0,05	0,09	0,16	0,21	0,85	0,99	1,00	1,00	1,00	1,00	1,00	0,99	
				0,98	*0,98*	*0,97*	*0,97*	*0,97*	*0,98*	*0,98*	*0,98*	*0,98*	*0,97*	*0,96*	*0,92*	*0,81*	*0,62*	
GG 4	Fast farbloses grünlichgelbes Glas mit starker Ultraviolettabsorption	0,913	1,0	—	—	—	0,03	0,01	0,40	0,67	0,92	0,95	0,97	0,96	0,94	0,96	0,99	
				0,99	*0,99*	*0,99*	*0,99*	*0,99*	*0,99*	*0,99*	*0,99*	*0,99*	*0,99*	*0,98*	*0,94*	*0,85*	*0,64*	
GG 5	Hellgelbes Glas	0,913	1,0	—	0,01	0,02	0,03	0,09	0,14	0,40	0,99	1,00	1,00	1,00	1,00	1,00	0,99	
				0 99	*0,98*	*0,98*	*0,98*	*0,97*	*0,97*	*0,98*	*0,98*	*0,98*	*0,98*	*0,97*	*0,93*	*0,80*	*0,62*	
GG 6	Mittleres Gelbglas mit allmählich verlaufender Absorption	0,913	1,0	—	0,02	0,05	0,11	0,14	0,21	0,36	0,73	0,98	1,00	1,00	1,00	0,99	0,98	
				0,97	*0,96*	*0,95*	*0,95*	*0,95*	*0,96*	*0,96*	*0,97*	*0,97*	*0,95*	*0,94*	*0,91*	*0,82*	*0,62*	
GG 7	Mittleres Gelbglas mit steiler Absorption	0,913	1,0	—	—	0,01	0,04	0,05	0,12	0,16	0,65	0,99	0,99	1,00	1,00	1,00	0,99	
				0,99	*0,98*	*0,98*	*0,97*	*0,96*	*0,96*	*0,97*	*0,98*	*0,98*	*0,97*	*0,95*	*0,93*	*0,81*	*0,65*	
GG 8	Helles grünlich gelbes Glas	0,916	1,0	—	—	—	—	—	0,05	0,26	0,75	0,88	0,99	0,99	0,92	0,92	0,98	
				0,98	*0,99*	*1,00*	*1,00*	*1,00*	*1,00*	*1,00*	*0,99*	*0,99*	*0,99*	*0,96*	*0,92*	*0,81*	*0,68*	
GG 9	Ähnlich wie GG 8, etwas dunkler	0,913	1,0	—	0,01	0,01	—	—	0,01	0,14	0,78	0,88	0,93	0,92	0,89	0,91	0,95	
				0,98	*0,99*	*0,99*	*0,99*	*0,99*	*0,99*	*0,99*	*0,99*	*0,99*	*0,98*	*0,97*	*0,93*	*0,83*	*0,69*	
GG 10	Dunkleres GG 9	0,916	1,0	—	—	—	—	—	—	0,09	0,59	0,85	0,97	0,95	0,83	0,86	0,96	
				0,99	*0,99*	*0,99*	*1,00*	*1,00*	*0,99*	*0,99*	*0,99*	*0,99*	*0,97*	*0,94*	*0,87*	*0,67*	*0,44*	
GG 11	Dunkles Gelb für Kontrastfilter	0,913	1,0	—	—	—	—	—	—	0,01	0,24	0,97	0,99	0,99	0,99	0,99	0,98	
				0,97	*0,96*	*0,96*	*0,96*	*0,96*	*0,96*	*0,96*	*0,97*	*0,97*	*0,97*	*0,95*	*0,91*	*0,82*	*0,66*	

[1] Vgl. S. 29. $D \cdot R_d$ gibt die Durchlässigkeit bei Reflexionsverlust an zwei Oberflächen.

2. Fortsetzung.

Glasart	Bemerkungen	Reflexionsfaktor[1] R_d	Dickeneinheit	Durchlässigkeitszahlen D für: 281	302	312	334	366	405	436	480	509	546	578	644	700	775	ultraviolette u. sichtbare Wellen in $\mu\mu$
			e in mm	*850*	*950*	*1050*	*1150*	*1300*	*1450*	*1600*	*1800*	*2000*	*2200*	*2400*	*2600*	*2800*	*3000*	ultrarote Wellen in $\mu\mu$
GG 12	Gelb durchsichtiges, stark grüngelb fluoreszierendes Glas	0,919	1,0	—	—	—	0,03	0,74	0,53	0,71	0,90	0,96	0,99	1,00	1,00	1,00	1,00	
				1,00	*1,00*	*1,00*	*1,00*	*1,00*	*1,00*	*0,99*	*0,99*	*0,99*	*0,99*	*0,98*	*0,95*	*0,80*	*0,67*	
OG 1	Gelbliches Orange	0,913	1,0	—	—	—	—	—	—	—	—	0,01	0,96	0,99	1,00	1,00	0,99	
				0,99	*0,98*	*0,98*	*0,98*	*0,98*	*0,98*	*0,98*	*0,98*	*0,98*	*0,97*	*0,96*	*0,92*	*0,80*	*0,62*	
OG 2	Reines Orange	0,913	1,0	—	—	—	—	—	—	—	—	—	0,05	0,86	1,00	1,00	0,99	
				0,99	*0,98*	*0,98*	*0,98*	*0,98*	*0,98*	*0,98*	*0,98*	*0,98*	*0,98*	*0,95*	*0,92*	*0,80*	*0,63*	
OG 3	Rötliches Orange	0,913	1,0	—	—	—	—	—	—	—	—	—	—	0,48	1,00	1,00	0,99	
				0,99	*0,98*	*0,98*	*0,98*	*0,98*	*0,98*	*0,98*	*0,98*	*0,99*	*0,99*	*0,97*	*0,93*	*0,80*	*0,63*	
RG 1	Helles Rot	0,913	1,0	—	—	—	—	—	—	—	—	—	—	—	0,96	0,98	0,98	
				0,98	*0,98*	*0,98*	*0,98*	*0,98*	*0,98*	*0,98*	*0,98*	*0,98*	*0,98*	*0,96*	*0,92*	*0,81*	*0,65*	
RG 2	Reines Rot	0,913	1,0	—	—	—	—	—	—	—	—	—	—	—	0,92	0,98	0,98	
				0,98	*0,98*	*0,98*	*0,98*	*0,98*	*0,98*	*0,98*	*0,98*	*0,98*	*0,97*	*0,95*	*0,92*	*0,81*	*0,65*	
RG 3	Dunkleres Rot mit verlaufender Absorption	0,921	1,0	—	—	—	—	—	—	—	—	—	—	—	0,54	0,70	0,81	
				0,88	*0,92*	*0,94*	*0,95*	*0,97*	*0,97*	*0,98*	*0,98*	*0,98*	*0,97*	*0,94*	*0,87*	*0,73*	*0,56*	
RG 4	Ähnlich RG 3	0,913	1,0	—	—	—	—	—	—	—	—	0,02	0,05	0,10	0,55	0,73	0,82	
				0,87	*0,91*	*0,93*	*0,94*	*0,96*	*0,97*	*0,98*	*0,98*	*0,99*	*0,99*	*0,97*	*0,94*	*0,82*	*0,67*	
RG 5	Dunkles Rot	0,913	1,0	—	—	—	—	—	—	—	—	—	—	—	0,02	0,96	0,98	
				0,98	*0,98*	*0,98*	*0,99*	*0,99*	*0,99*	*0,99*	*0,99*	*0,99*	*0,98*	*0,97*	*0,92*	*0,79*	*0,58*	
NG 1	Sehr dunkles Neutralglas	0,914	0,1	—	—	—	—	**0,21**	**0,29**	**0,32**	**0,36**	**0,36**	**0,36**	**0,36**	**0,37**	0,45	**0,50**	
				0,49	*0,48*	*0,50*	*0,54*	*0,59*	*0,63*	*0,67*	*0,71*	*0,73*	*0,76*	*0,78*	*0,78*	*0.76*	*0,72*	
NG 2	Etwas heller als NG 1 mit großer Wärmefestigkeit	0,927	0,1	**0,04**	**0,17**	**0,23**	**0,39**	**0,46**	**0,55**	**0,58**	**0,57**	**0,58**	**0,61**	**0,60**	**0,64**	**0,77**	**0,80**	
				0,80	0,81	0,85	0,85	0,86	0,88	0,89	0,90	0,91	0,92	0,93	0,93	0,89	0,87	
NG 3	Dunkles Neutralglas	0,917	1,0	—	—	—	—	—	0,04	0,07	0,09	0,10	0,11	0,12	0,14	0,18	0,24	
				0,24	*0,24*	*0,25*	*0,29*	*0,34*	*0,40*	*0,47*	*0,52*	*0,54*	*0,56*	*0,58*	*0,56*	*0,32*	*0,26*	
NG 4	Mittleres Neutralglas	0,919	1,0	—	—	—	—	0,02	0,17	0,21	0,28	0,30	0,29	0,31	0,36	0,42	0,42	
				0,42	*0,41*	*0,41*	*0,44*	*0,50*	*0,55*	*0,59*	*0,63*	*0,66*	*0,68*	*0,67*	*0,62*	*0,47*	*0,23*	
NG 5	Helles Neutralglas	0,919	1,0	—	—	—	—	0,29	0,54	0,59	0,63	0,65	0,66	0,68	0,70	0,70	0,65	
				0,61	*0,59*	*0,59*	*0,61*	*0,65*	*0,70*	*0,73*	*0,76*	*0,78*	*0,78*	*0,76*	*0,69*	*0,58*	*0,40*	

[1] Vgl. S. 29. $D \cdot R_d$ gibt die Durchlässigkeit bei Reflexionsverlust an zwei Oberflächen.

Gelbscheiben sind Ausgleichsfilter. Sie lassen meist die roten bis grünen Strahlen gut durch, dämpfen jedoch die blauen und violetten, weil die photographischen Platten, auch die orthochromatischen, für diese kurzwelligen Strahlen viel empfindlicher sind als etwa das menschliche Auge. Auch die Filter für Farbrasterplatten gehören zur Gruppe der Ausgleichsfilter; sie sind so zu bestimmen, daß die Platte mit dem Filter graue Töne farblos wiedergibt; dann werden alle Körperfarben richtig wiedergegeben.

Eine dritte Gruppe von Filtern, die die Beleuchtung in bestimmter Weise durch Absorption gewisser Lichtarten beeinflussen, z. B. Filter für das Dunkelkammerlicht, dem die auf die Platte wirkenden Strahlen genommen werden müssen, werden c) Sperr- oder Schutzfilter genannt; sie sind natürlich keine Zusätze zu dem photographischen Objektiv und sollen hier nur der Vollständigkeit halber erwähnt werden.

Es sind für die jeweiligen Aufnahmezwecke die verschiedensten Filter[1] ausgebildet worden — natürlich müssen sie immer in Beziehung zur Empfindlichkeit der benutzten Platten stehen, mag es sich nun um panchromatische, orthochromatische oder sonstwelche lichtempfindliche Schichten handeln. Die Arbeit des Forschers führt da zu immer wieder neuen Forderungen. Eine gute Anleitung zur Herstellung derartiger Filter für die mannigfaltigsten, besonders wissenschaftlichen Zwecke steht bei F. WEIGERT[2], wo sich auch weitere einschlägige Literaturhinweise und Angaben von Bezugsstellen für Farbstoffe, Glasarten, Filter usw. finden.

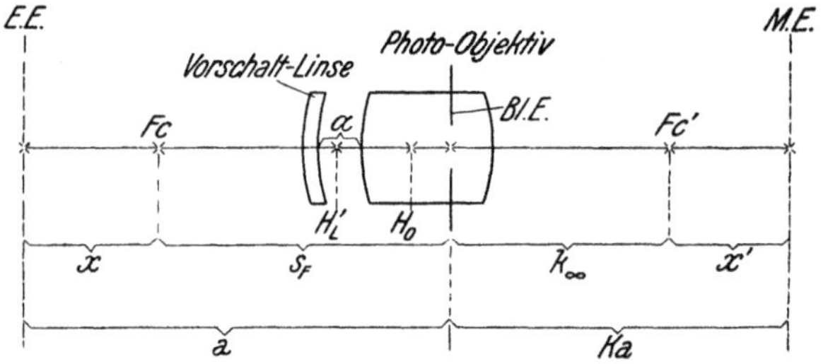

Abb. 345. Schema der Kombination: Vorschaltlinse + Photoobjektiv. Bezeichnungen s. Text.

4. Sammelnde Zusatzlinsen. Vorschaltlinsen mit sammelnder Brechkraft werden für Nahaufnahmen benutzt, wenn der Kammerauszug zur Scharfeinstellung nicht ausreicht, oder auch, um durch die Verkürzung der Brennweite bei vorgegebenem Kammerformat einen größeren Ausschnitt aus dem Dingraum zu erfassen, also gewissermaßen weitwinkligere Aufnahmen zu ermöglichen.

Auch bei den einfachen Sammellinsen sind je nach Absicht und Zweck Linsen verschiedenster Form vorgeschlagen worden, aber hier geben ebenfalls im Durchschnitt die günstigsten Resultate die nach dem Rechnungsprinzip der Distare bestimmten, d. h. also diejenigen Linsen, deren Bildfehler enger schiefer Bündel unter Annahme der Eintrittspupille des Objektivs als Hauptstrahlenkreuzungspunkt gehoben sind. Es gibt ja dann zwei optimale Formen (nach OSTWALT bzw. WOLLASTON genannt), von denen — möge es sich nun um Brennweitenverlängerung oder -verkürzung handeln — die schwächer durchgebogenen (OSTWALTschen) wegen der bei diesen geringeren Fehler endlich geöffneter Bündel als die geeigneteren Vorschaltlinsen betrachtet werden können.

Während bei den Distaren meist eine nicht unbedeutende Abblendung zur Erhaltung genügender Bildschärfe nötig ist, so daß die Lichtstärke einer Zusammenstellung mit Distar verhältnismäßig gering ausfällt, da ja auch die Objektivbrennweite vergrößert wird, kann man bei den sammelnden Vorschalt-

[1] Z. B. auch solche, deren Durchlässigkeit über die optisch wirksame Öffnung des Filters hin variiert, wie sie bei Aufnahmen mit hellem Himmel und dunklem Vordergrund erwünscht sein können.

[2] a. a. O. S. 45ff.

linsen, z. B. den von E. WANDERSLEB ausgearbeiteten ZEISSischen Proxaren, manchmal mit geringer oder überhaupt ohne Abblendung auskommen, so daß unter Umständen das mit einem Proxar versehene Objektiv eine größere Lichtstärke besitzt als das ohne Vorsatzlinse.

Unter Benutzung der Formeln 26a—30a S. 142 kann man sich die Änderung der Brennweite, des Öffnungsverhältnisses, des Kammerauszugs usw., die durch Vorschalten einer Linse hervorgerufen wird, ohne Schwierigkeit berechnen. In Abb. 345 ist.

H'_L = der dem Objektiv zugekehrte Hauptpunkt der Vorschaltlinse,
H_0 = der der Vorschaltlinse zugekehrte Hauptpunkt des Objektivs,
α = der Abstand zwischen hinterem Linsenscheitel der Vorschaltlinse und vorderem Linsenscheitel des Objektivs,
a = der Dingabstand, gerechnet von der Blendenebene $Bl\,E$,
f = die Brennweite der Kombination: Vorschaltlinse + Objektiv,
s_F = der Abstand des dingseitigen Brennpunktes F_C der Kombination von der Blendenebene $Bl\,E$,
K_a = der Kammerauszug, gerechnet von der Blendenebene $Bl\,E$ ab,
k_∞ = der Abstand des bildseitigen Brennpunktes F'_C der Kombination von der Blendenebene $Bl\,E$,
x = die Entfernung der Dingebene EE vom dingseitigen Brennpunkt F_C,
x' = die Entfernung der zu EE gehörigen Bildebene ME vom bildseitigen Brennpunkt F'_C.

Ist ferner f_L die Brennweite der Vorschaltlinse, f_0 die Brennweite des photographischen Objektivs und d der Abstand der einander zugekehrten Hauptpunkte H'_L und H_0, so ist z. B. $f = \frac{f_L \cdot f_O}{f_L + f_O - d}$ oder die Brennweite des photographischen Objektivs wird um $v = \frac{f_L}{f_L + f_O - d}$ vergrößert bzw. verkleinert; das Öffnungsverhältnis des Objektivs — es sei $\frac{1}{\lambda}$ — wird dann $\frac{1}{v \cdot \lambda}$ oder die Belichtungszeit T wird durch Hinzufügung der Zusatzlinse um $\frac{1}{v^2}$ verlängert bzw. verkürzt. Weiter ist $x \cdot x' = f^2$ oder $x' = \frac{f^2}{a - s_F}$, es wird also für die Entfernung a der Kammerauszug $K_a = k_\infty + \frac{f^2}{a - s_F}$.

Für den Gebrauch ist die Benutzung von Täfelchen, die die Beträge der Brennweite f, die Brennweitenvergrößerung v, die Belichtungszeit T, das Öffnungsverhältnis und den Kammerauszug K_a für die Dingentfernung a angeben, bequem. Als Beispiel ist ein solches Täfelchen für das Tessar $f = 10{,}5$ cm nachstehend abgedruckt. Die Brennweiten der Vorschaltlinse sind dabei in Dioptrien gemessen; es bedeutet also Proxar 2 eine Vorschaltlinse der Brennweite 500 mm und Distar 4 eine Vorschaltlinse der Brennweite — 250 mm. Die berechneten Öffnungsverhältnisse sind soweit abgerundet, daß sie üblichen Werten der englischen, jetzt internationalen, Blendenteilung entsprechen. Bei den Öffnungsverhältnissen, die oberhalb des dick ausgezogenen Linienzugs stehen, erhält man weiche Schärfe, die gelegentlich für künstlerische Bildnisaufnahmen geeignet ist; die zwischen dem dicken und dem gestrichelten Linienzug stehenden Öffnungsverhältnisse sind bei Porträt- und Gruppenaufnahmen unbedenklich verwendbar, und die unterhalb des gestrichelten Linienzugs angegebenen Öffnungsverhältnisse bei Aufnahmen, die gute Schärfe durchaus verlangen.

Abb. 346 zeigt, welche Mannigfaltigkeit von Bildausschnitten auf ein Format von ein und demselben Aufnahmepunkt aus bei Benutzung von Proxaren und Distaren zu erhalten sind.

		+ Proxar 2	+ Proxar 1,5	+ Proxar 1	+ Proxar 0,5	Tessar $f = 10,5$ cm	+ Distar 1	+ Distar 1,5	+ Distar 2	+ Distar 2,5	+ Distar 3	+ Distar 3,5	+ Distar 4
f (cm)		9	9,4	9,9	10,3	**10,5**	11,7	12,5	13,1	14	14,9	16	18,9
v		0,85	0,9	0,95	0,97	1	1,1	1,2	1,2	1,3	1,4	1,5	1,6
T		0,7	0,8	0,9	0,95	1	1,25	1,4	1,5	1,75	2	2,5	2,5
Relat. Apert. (approx.)		3,5	3,5	3,5	3,5	**3,5**	4	4	4	4	4	4	4
		4	4	4	4	4	4	5,6	5,6	5,6	5,6	5,6	5,6
		4,5	4,5	4,5	4,5	**4,5**	5,6	5,6	5,6	5,6	5,6	5,6	8
		5,6	5,6	5,6	5,6	**5,6**	5,6	8	8	8	8	8	8
		8	8	8	8	8	8	11	11	11	11	11	11
		11	11	11	11	**11**	11	16	16	16	16	16	16
		16	16	16	16	**16**	16	22	22	22	42	22	22
		22	22	22	22	**22**	22	32	32	32	32	32	32
a ∞ m	Ka. (cm)	8,4	8,8	9,2	9,8	**10,5**	11,5	12,3	13	14	15	16	17,3
a 2 ,,	Ka. (cm)	9	9,3	9,8	10,3	**11**	12	13	14	15	16	17,5	18,9
a 1 ,,	Ka. (cm)	9,3	9,7	10,3	11	**11,5**	13	14	15	16	17,5	19	24,2
a 0,5 ,,	Ka. (cm)	10,5	11	11,5	12,5	**13**	15	16,5	18	19,5	21,5	24	26
a 0,3 ,,	Ka. (cm)	12,5	13	14	15	**16**	19	20	20,5	26,5			

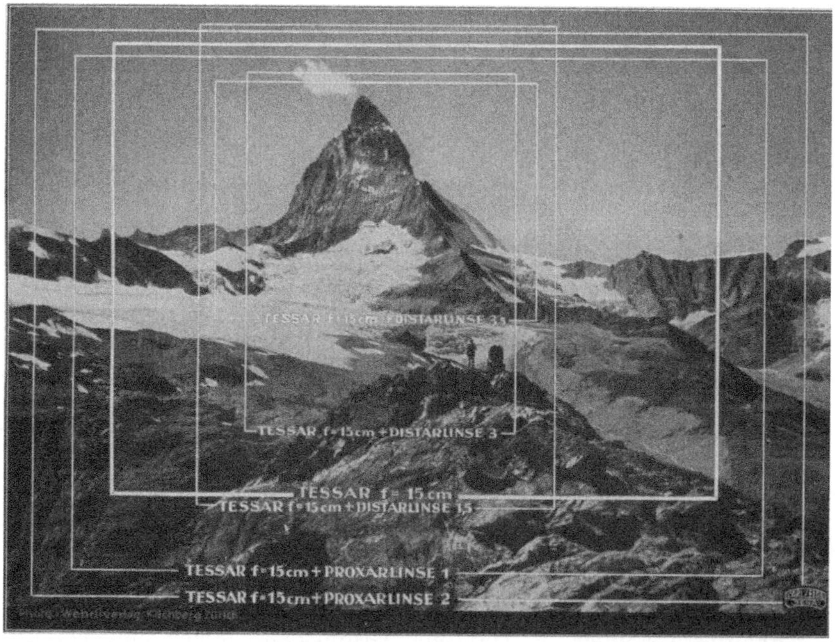

Abb. 346. Die 6 eingezeichneten Geländeausschnitte werden von einem Standpunkt aus auf der 9 × 12-qcm-Platte erfaßt bei Benutzung eines Tessars der Brennweite 15 cm allein oder in Kombination mit einer Proxar- bzw. Distarlinse. Jedem Geländeausschnitt ist die entsprechende Linsenkombination beigeschrieben.

5. Einige weitere optische Zusätze zu photographischen Objektiven. Es sei hier schließlich daran erinnert, daß es noch eine ganze Reihe anderer Zusätze zu photographischen Objektiven gibt, um bestimmte optische Wirkungen zu erzielen. Wir nennen Planparallelplatten, Spiegel oder Prismen, um z. B. eine passende Lage des Bildes oder Objektes zu erhalten, Glasplatten, an die sich der Film mit der lichtempfindlichen Schicht gut eben anlegen soll — die dem Objektiv zugekehrte Fläche einer solchen Platte erhält mitunter eine Krümmung, um die durch die Platte eingeführte Verzeichnung zu beseitigen —, ana-

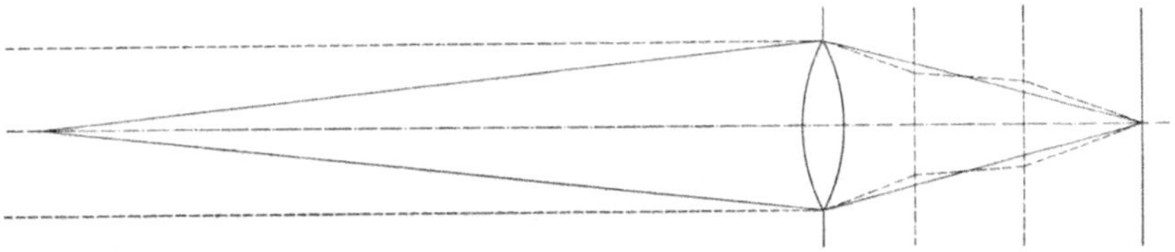

Abb. 347. Durch Einschaltung einer Planparallelplatte (gestrichelt gezeichnet) passender Dicke kann für den unendlich fernen Achsenpunkt (die von dort kommenden Strahlen sind gestrichelt gezeichnet) der gleiche Auszug benutzt werden wie für einen endlich entfernten Achsenpunkt (die von dort kommenden Strahlen sind ausgezogen) ohne Einschaltung der Platte.

morphotische Prismensätze[1], um etwa die Maßstäbe in verschiedenen Richtungen um die Achse verschieden zu gestalten, Einrichtungen, um mit polarisiertem Lichte[2] photographieren zu können (Nicol, Glasscheibe) usw.

Von den eben aufgezählten Anordnungen werden nachfolgend einige Beispiele im Bilde gezeigt.

Abb. 347 gibt schematisch die Anordnung einer Kammer mit festem Auszug, hinter deren Objektiv eine Planparallelplatte geschaltet werden kann. Der feste Kammerauszug ist für nahe Objekte gewählt; für Fernaufnahmen wird dann eine Planparallelplatte geeigneter Dicke zwischen Objektiv und Bildschicht gebracht.

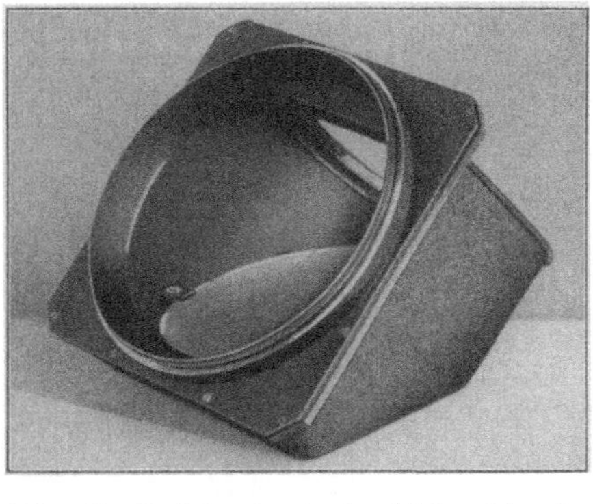

Abb. 348. Umkehrspiegel. Im Gehäuse ist unten ein Teil des elliptisch ausgeschnittenen Planspiegels zu sehen.

In Abb. 348 und 11 (S. 28) sind ein Umkehrspiegel bzw. Prisma dargestellt, wie sie die Reproduktionstechnik benutzt, um die für manche Druckverfahren notwendige Seitenverkehrung des Bildes zu erhalten.

Hierher gehören auch die verschiedenen Objektivzusätze, die bei vielen Anordnungen für Farbenphotographie[3] oder für Projektion farbiger Bilder vorgeschlagen sind. Um wenigstens ein Beispiel zu geben, zitieren wir hier die Beschreibung[4] des schematischen Strahlenganges (s. Abb. 349) im Aufnahmeapparat für ein Zweifarbenverfahren für Kinematographie der E. Busch A.-G.; im übrigen muß auf das einschlägige Schrifttum, besonders auf die Patentliteratur verwiesen werden.

„Vor den Objektiven *a* und *b* ist ein prismatischer Körper *c* angeordnet, der aus zwei Teilen zusammengekittet ist. Eine der die Kittfuge *d* bildenden Flächen

[1] DRP. Nr. 99722/1897, Beispiel 3.
[2] Eder: Jb. Photogr. u. Reprod. **1895**, 406—408.
[3] Wall, E. J.: The History of Three-Color Photography, s. besonders Chapter V. Boston: Amer. Photogr. Publishing Company 1925.
[4] Rolle, Joh.: Kinotechn. **1926**, 386—389. (Nach einem Bericht von K. Martin.)

ist halbdurchsichtig verspiegelt, so daß die von vorn einfallenden Strahlen nur zum Teil in das Objektiv a reflektiert werden. Der Rest der Strahlen geht durch die spiegelnde Fläche hindurch und gelangt in das Objektiv b. Zwischen dem Prisma und den Objektiven sind die farbigen Lichtfilter l_1 und l_2 (grün bzw. rot) angebracht.

Beide Objektive müssen naturgemäß gleich weit von dem abzubildenden Gegenstand oder, was auf dasselbe hinausläuft, gleich weit von dem Mittelpunkt der spiegelnden Fläche d entfernt sein. Hierdurch ist die eigenartige Stellung der Objektive bedingt, von denen das eine wesentlich näher an den Film e, f, herangerückt ist als das andere. Um diesen Unterschied der Brennweiten auszugleichen, ohne daß das Bild auf der einen Filmhälfte größer wird als auf der anderen, ist der Glasweg g zwischen Objektiv und Film eingefügt.

Mit Hilfe dieser Vorrichtung, die an eine gewöhnliche, mit dem Filmkanal waagerecht gestellte Aufnahmekammer angebaut werden kann, erhält man übereinander ein von räumlicher und zeitlicher Paral-

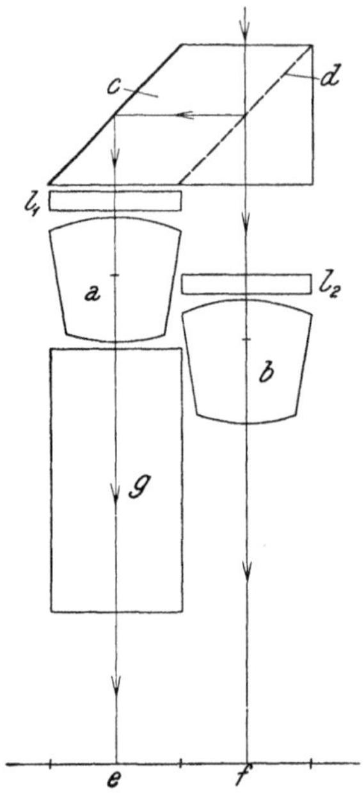

Abb. 349. Verlauf des Achsenstrahles im Schema eines Aufnahmegerätes der E. Busch A.-G. für ein kinematographisches Zweifarbenverfahren. Näheres s. Text.

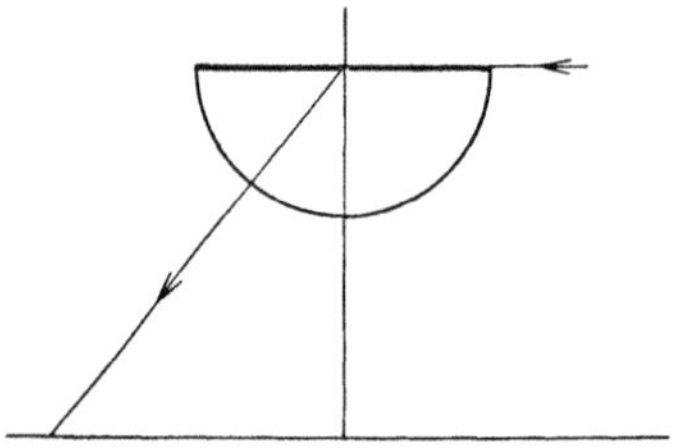

Abb. 350. Der streifend zur Ebene einer Halbkugel einfallende Strahl geht durch die Blende im Kugelmittelpunkt und wird dort gebrochen. Durch eine derartige Anordnung kann ein dingseitiges Feld von 180° auf Platte oder Film projiziert werden.

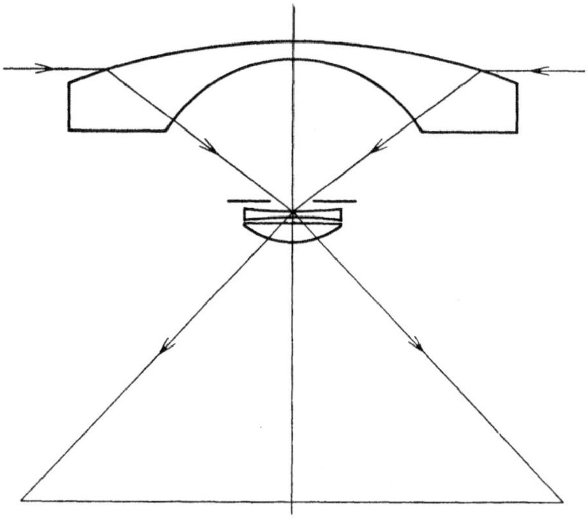

Abb. 351. Ein senkrecht zur gemeinsamen optischen Achse eines Meniskus und eines photographischen Objektivs einfallender Strahl wird in die Eintrittspupille des photographischen Objektivs unter einem solchen Winkel gegen die Achse gebrochen, für den das Objektiv noch eine Abbildung ergibt. Auf diese Weise ist die Abbildung eines Feldes von 180° möglich, die nach dem Rande zu natürlich stark zunehmende Verzeichnung hat und nachträglich zweckmäßigerweise entzerrt wird.

laxe freies Paar zugeordneter Grün- und Rotbilder, die bei richtiger Wahl der Optik auch in den Größenverhältnissen völlig miteinander übereinstimmen."

Weiter sei an die Zusätze zum Aufnahme- oder Wiedergabeobjektiv in der Kinematographie mit optischem Ausgleich der Bildwanderung[1] erinnert. Diese Zusätze, z. B. Linsen, Spiegel oder Prismen oder Kombinationen von ihnen, wer-

[1] MERTÉ, W.: Die Naturwissenschaften, S. 435—442. 1919. — JOACHIM, H.: Die kinematographische Projektion, S. 230—240. Halle a. S.: W. Knapp 1928.

den geeignet bewegt, so daß die gleichförmige Bewegung des Filmes optisch aufgehoben wird.

Von R. Hill[1] ist eine Vorsatzlinse vorgeschlagen worden, mit deren Hilfe sich ein Ausschnitt von 180° aus dem Dingraum auf die Platte bringen läßt. Ausgehend von der zu diesem Zweck von W. N. Bond[2] angegebenen halbkugelien Plankonvexlinse, deren Wirkungsweise aus Abb. 350 zu ersehen ist, verbessert er diese Anordnung durch Vorschaltung eines negativen Meniskus vor eine photographische Linse. In Abb. 351 ist eine Ausführung[3] schematisch dargestellt.

Die optischen Konstanten einer chromatisch unkorrigierten Anordnung, die aber bei Benutzung eines geeigneten Filters (Wratten-F-Gelatine) gut brauchbar sein soll, sind die folgenden: $r_1 = 8{,}25$ cm, $r_2 = 1{,}90$ cm, $d_1 = 0{,}15$ cm; für diesen Vorschaltmeniskus wird als Glas Chances Barit-Leichtkron ($n_d = 1{,}5407$) angegeben. $r_3 = -6{,}35$ cm, $r_4 = 6{,}35$ cm, $d_2 = 0{,}08$ cm, $r_5 = \infty$, $r_6 = -1{,}00$ cm, $d_3 = 0{,}25$ cm; Abstand zwischen Meniskus und Bikonkavlinse 1,95 cm, zwischen letzterer und Plankonvexlinse 0,05 cm; Abstand der Blende von der bikonkaven Linse 0,13 cm.

Der unter 90° gegen die Achse einfallende Strahl wird durch den Meniskus so gebrochen, daß er unter einer solchen Neigung gegen die Achse des photographischen Objektivs (am besten eines Weitwinkels) einfällt, für die dieses noch eine Abbildung ergibt. Es ist klar, daß eine derartige Aufnahme eines Feldes von 180° auf eine endlich ausgedehnte Platte eine nach dem Rande zu immer stärker zunehmende Verzeichnung hat. Betrachtungen über Art und Größe der Verzeichnung finden sich ebenfalls an den angegebenen Literaturstellen. Eine solche Anordnung ist hauptsächlich für Forschungszwecke geeignet, etwa für Wolkenaufnahmen, aber auch für Innenaufnahmen von Gebäuden usw. Um diese richtig auswerten zu können, ist natürlich die Verzeichnung zu berücksichtigen.

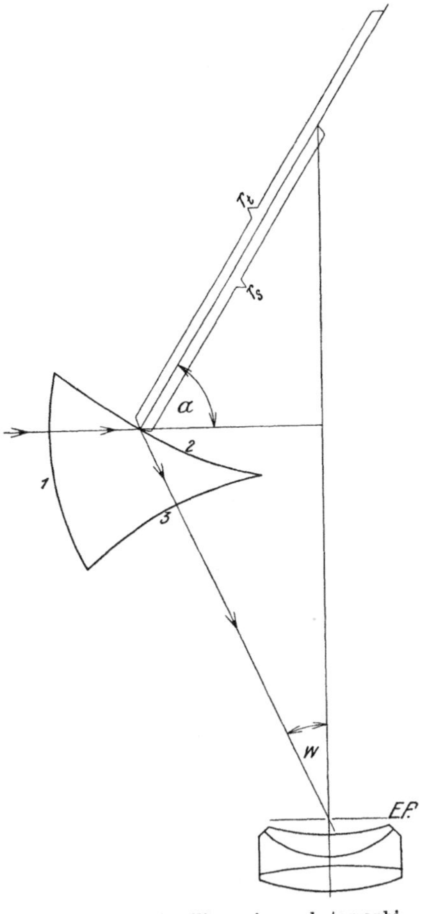

Abb. 352. Ringspiegellinse, einem photographischen Objektiv vorgeschaltet. Der von links einfallende Lichtstrahl durchsetzt Fläche 1 senkrecht, trifft auf die Spiegelfläche 2 und wird von dort in die Eintrittspupille EP eines photographischen Objektivs, mit dessen Achse den Winkel w bildend, gespiegelt, wobei auch Fläche 3 senkrecht durchsetzt wird. r_s und r_t sind die Krümmungsradien des Spiegelflächenpunktes, in dem unser Strahl gespiegelt wird; dieser bildet mit der zugehörigen Spiegelflächennormalen den Winkel α.

Um einen ringförmigen Ausschnitt von 360° aus der Landschaft oder überhaupt aus dem Dingraum aufzunehmen, kann eine Ringspiegellinse[4] dem Objektiv vorgesetzt werden. In Abb. 352 ist schematisch der Meridianschnitt einer derartigen Einrichtung dargestellt. Von links fällt ein Hauptstrahl in senkrechter Richtung

[1] Hill, R.: Proc. Opt. Conv. **1926 II**, 878—883.
[2] Bond, W. N.: Phil. Mag. **44**, 999—1001 (1922).
[3] Wiedemann, K.: Dtsch. opt. Wschr. **1926**, 207.
[4] Vgl. z. B. EP. 9328/1909 (H. L. Aldis und A. C. W. Aldis).

zur Drehungsachse auf den Glasring, durchsetzt Fläche 1 senkrecht, trifft auf die spiegelnde Fläche 2 und geht senkrecht durch Fläche 3, um dann in die Eintrittspupille (E.-P.) eines photographischen Objektivs, mit der Achse einen Winkel w bildend, einzutreten.

Der sagittale und tangentiale Krümmungsradius der Spiegelfläche 2 im Auffallpunkt wird zweckmäßig so bestimmt, daß der Astigmatismus für den beschriebenen Hauptstrahl beseitigt ist.

Richtet man z. B. bei einer Landschaftsaufnahme die optische Achse senkrecht nach oben, so erhält man eine Aufnahme der Umgebung des ganzen Horizontes, ein sog. Panorama[1]. Natürlich zeigt dieses Ringbild auf der ebenen photographischen Platte Verzeichnung. Nachstehend folgen die Zahlen für ein Ausführungsbeispiel der geschilderten Anordnung: $r_1 = 60{,}01$ mm, $r_3 = 76{,}14$ mm,

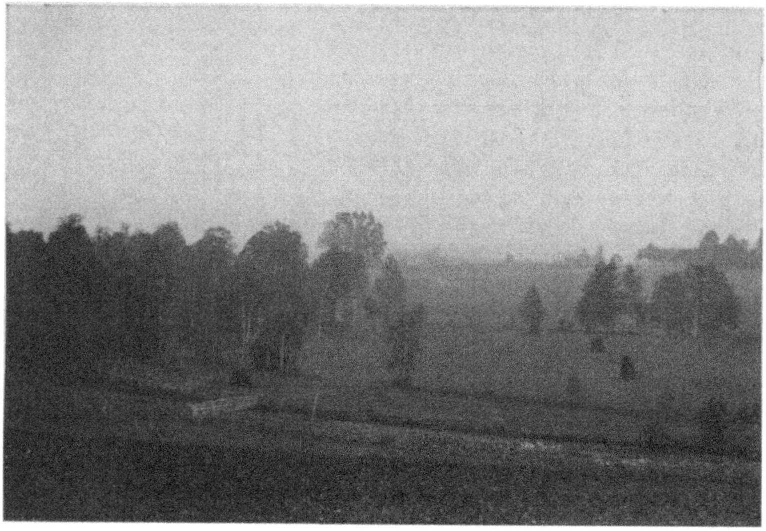

Abb. 353. Aufnahme nach E. v. ANGERER mit ultraviolettem Licht. Die etwa 13 km entfernten Berge des Hintergrundes sind nicht sichtbar.

sagittaler Krümmungsradius der Spiegelfläche $r_s = 74{,}45$ mm, tangentialer Krümmungsradius $r_t = 257{,}87$, Brechungszahl des Glasringes 1,51, $\alpha = 57{,}5^0$, $w = 25^0$. Der Glasweg des Strahles von Fläche 1 zu Fläche 2 ist 20 mm, also der Abstand des Einfallspunktes auf Fläche 2 von der Achse 40,00 mm und die Entfernung der Mitte der Eintrittspupille E. P. vom Krümmungsmittelpunkt der Fläche 1 = 85,78 mm. Der unendlich ferne Dingpunkt des gezeichneten Strahles hat die sagittale bzw. tangentiale Bildschnittweite $s_3' = t_3' = -76{,}09$ mm, wird also anastigmatisch abgebildet.

Als ein optischer Zusatz zum photographischen Objektiv kann schließlich auch die Luft betrachtet werden, die zwischen Objektiv und Aufnahmegegenstand liegt. Der Zustand der Luft zwischen den einzelnen Linsen innerhalb des Objektivs und zwischen diesem und dem Bilde ist in der Regel wegen ihrer geringen Schichtdicke für das Bild völlig wirkungslos, nicht aber die Luft, die das Licht von weit entfernten Gegenständen herkommend auf seinem Weg zum photographischen Objektiv durchläuft.

[1] Wegen anderer Arten der Panoramaphotographie vgl. F. STOLZE: Die Panoramenapparate. Halle a. S.: W. Knapp 1909.

Dabei wechselt der Einfluß dieses Luftraumes auf den Aufbau des Bildes in weiten Grenzen mit den jeweilig herrschenden Beleuchtungsverhältnissen und

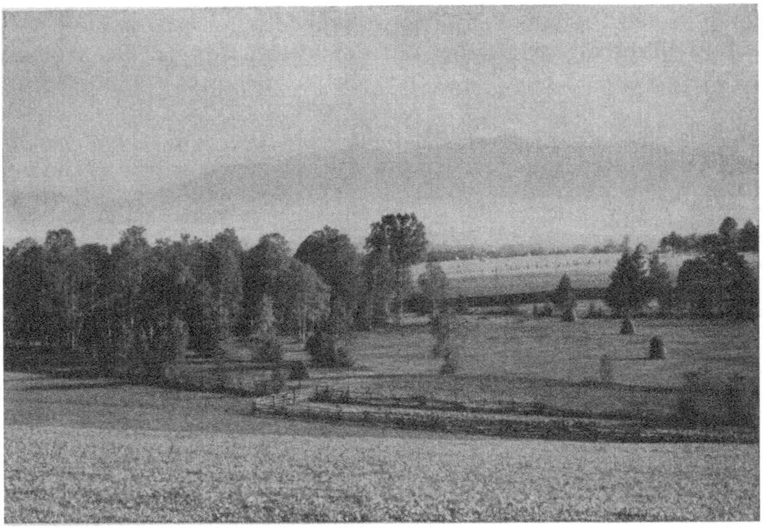

Abb. 354. Aufnahme nach E. v. ANGERER mit „sichtbarem" Licht. Die etwa 13 km entfernten Berge des Hintergrundes sind erkennbar, auch die nähere Ferne ist klarer wiedergegeben als in Abb. 353.

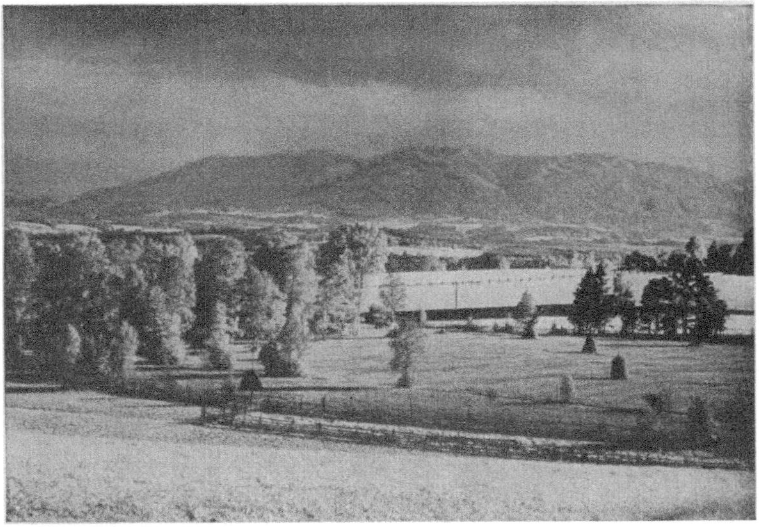

Abb. 355. Aufnahme nach E. v. ANGERER mit ultrarotem Licht; gegenüber den Aufnahmen der Abb. 353 und 354 war allerdings die Sicht ein wenig besser. Hier sind die 13 km entfernten Berge am besten wiedergegeben.

dem Zustand der Luft, wie er durch Gehalt an Wasserdampf-, Staubteilchen usw., durch Witterungseinflüsse jeder Art, durch Gleichmäßigkeit oder Ungleichmäßigkeit (Luftschlieren) und anderes bestimmt wird. Diese wechselnden

Eigenschaften der Luft, die ihre Sicht[1] bedingen, ist von größtem Einfluß auf das Gelingen von Fernaufnahmen. Unter ungünstigen Verhältnissen führen Fernaufnahmen selbst bei Benutzung der besten Objektive zu Mißerfolgen. Durch geeignete Rotfilter und Platten entsprechender Empfindlichkeit (s. Abb. 353—355) kann man in jedem Falle die Ferne[2] klarer und detailreicher erhalten. Eine Faustregel läßt die Trübung umgekehrt mit der vierten Potenz der Wellenlänge des Lichtes zunehmen.

---

[1] Angaben von Messungen der Durchlässigkeit der Atmosphäre, des Trübungsgrades und der Sicht der Luft stehen bei KÖNIG, A.: Geometrische Optik, S. 135—137. Leipzig: Akad. Verlagsgesellschaft 1929. — Insbesondere sei auch verwiesen auf GOLDBERG, E.: Der Aufbau des photographischen Bildes, 2. Aufl. Halle a. S.: W. Knapp 1925.

[2] ANGERER, E. v.: Naturwiss. **1930**, 361—364. Die Abb. 353—355 sind dieser Arbeit entnommen.

Die Prüfung der photographischen Objektive.

Von R. Richter, Jena.

Mit 38 Abbildungen.

1. Die Brennweitenmessung mit Hilfe der Kardinalpunkte. Die Brennpunkte, Hauptpunkte und negativen Hauptpunkte sind die Kardinalpunkte des Objektivs, aus deren gegenseitigen Abständen sich die Brennweite f ergibt, wie Abb. 356 zeigt. Die Kardinalpunkte lassen sich infolge ihrer markanten Eigenschaften leicht auffinden und eignen sich daher zur Ermittlung der Brennweite des Objektivs. Dabei genügt die Bestimmung zweier Kardinalpunkte im Objektraum oder zweier im Bildraum.

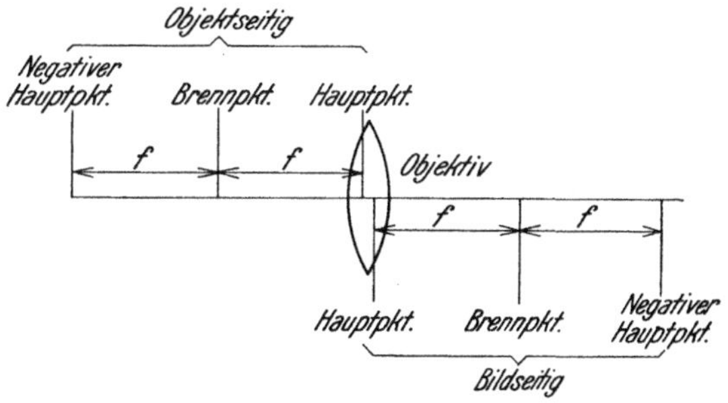

Abb. 356. Die Kardinalpunkte eines Objektivs.

Die Eigenschaften des Objektraums und des Bildraums eines symmetrischen Objektivs gleichen einander, dagegen unterscheidet sich die Schärfe der Abbildung im objektseitigen Brennpunkt eines unsymmetrischen Objektivs zumeist erheblich von der Schärfe im bildseitigen Brennpunkt. Daher soll die Messung der Brennweite an den bildseitigen Kardinalpunkten vorgenommen werden, um genauere Ergebnisse zu erhalten.

Die Brennpunkte sind die Bildorte unendlich ferner auf der optischen Achse des Objektivs gelegener Objekte; sie werden ohne weiteres dadurch gefunden, daß man das Bild eines fernen Gegenstandes auf einer Mattscheibe auffängt und scharf einstellt.

Hat diese Einstellung häufig zu geschehen, so ist es ratsam, an Stelle eines fernen Objekts, das durch Dunst, Nebel oder Luftschlieren getrübt erscheinen kann, ein Kollimatorfernrohr zu benutzen. Das Kollimatorfernrohr besteht aus einer mit scharfen Figuren versehenen Testplatte, die im Brennpunkt eines langbrennweitigen Fernrohrobjektivs angebracht ist, so daß sie beim Beobachten durch das Fernrohrobjektiv hindurch scheinbar in unendlicher Entfernung liegt und das unendlich ferne Objekt ersetzt. Der Durchmesser des Fernrohrobjektivs soll größer sein, als die Durchmesser der photographischen Objektive, welche untersucht werden.

Die Bestimmung des Brennpunktes läßt sich auch mit umgekehrtem Lichtstrahlengang vornehmen. Die Mattscheibe wird durch eine mit Figuren versehene Testplatte ersetzt und mittels eines großen Fernrohrs durch das photographische Objektiv hindurch beobachtet. Das Fernrohr ist auf eine unendliche Entfernung scharf eingestellt und enthält ein Fadenkreuz. Die Testplatte wird nun so lange verschoben, bis sie gleichzeitig mit dem Fadenkreuz im Fernrohr scharf erscheint; sie befindet sich alsdann im Brennpunkt des photographischen Objektivs.

Die **Hauptpunkte** des Objektivs zeichnen sich dadurch aus, daß ein Lichtstrahl, der mit geringer Neigung zur optischen Achse durch den objektseitigen Hauptpunkt läuft, in der gleichen Richtung auch durch den bildseitigen Hauptpunkt geht, wie Abb. 357 es veranschaulicht. Hierauf gründet sich das folgende Verfahren zur Bestimmung des Hauptpunktes, das von MOËSSARD[1] beschrieben worden ist.

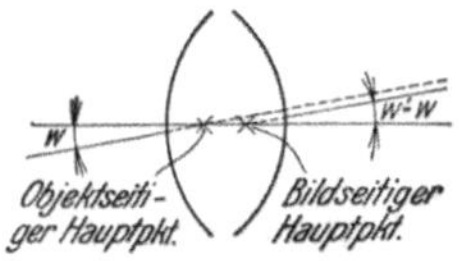

Abb. 357. Die Hauptpunkte eines Objektivs.

Das photographische Objektiv wird in eine Fassung geschraubt, in der es in Richtung seiner optischen Achse verschoben werden kann (Abb. 358). Die Fassung hängt in zwei Zapfen, um deren Achse sie senkrecht zur optischen Achse des Objektivs gedreht werden kann. Parallel zu dieser Drehachse ist eine verschiebbare Mattscheibe aufgestellt.

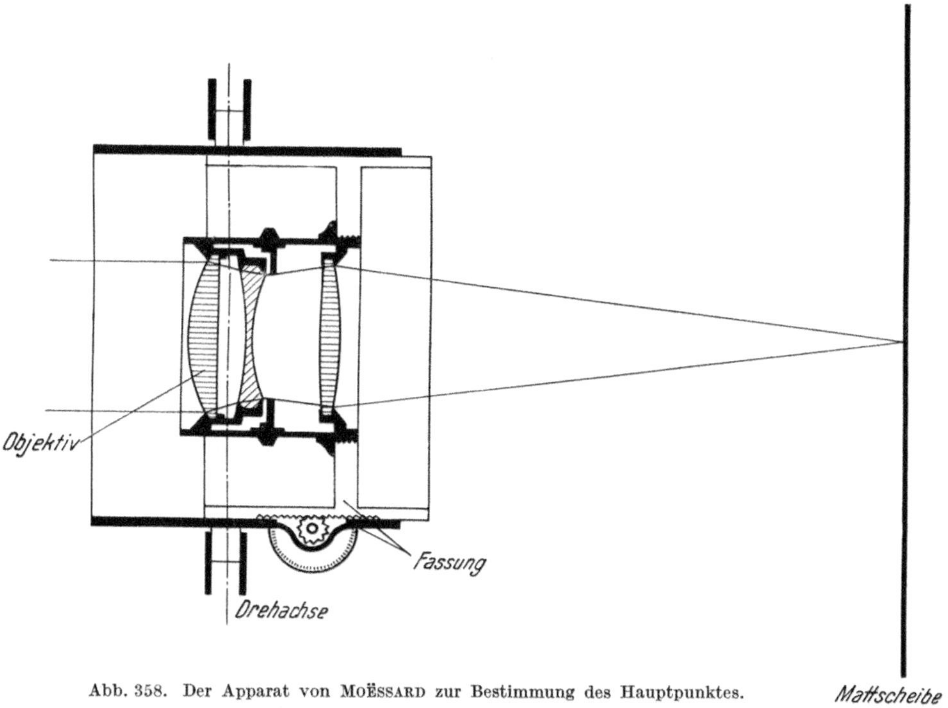

Abb. 358. Der Apparat von MOËSSARD zur Bestimmung des Hauptpunktes.

Wird das Objektiv auf ein weit entferntes Objekt gerichtet, die Mattscheibe scharf auf das Objekt eingestellt und die das Objektiv tragende Fassung ein wenig hin und her gedreht, so wird sich das Bild auf der Mattscheibe zunächst etwas bewegen. Wird das Objektiv in der Fassung verschoben, wobei die Mattscheibe nachfolgt, um das Bild scharf zu behalten, so gelangt es schließlich in eine Lage, in der die Drehung keine Bewegung des Mattscheibenbildes mehr hervorruft. Der bildseitige Hauptpunkt des Objektivs fällt dann mit der Drehachse zusammen und, da der bildseitige Brennpunkt in der Mattscheibenebene liegt, ist der Abstand zwischen Drehachse und Mattscheibe gleich der Brennweite des photographischen Objektivs.

[1] MOËSSARD, P.: Bull. Soc. Franc. Photogr. **5**, 124 (1889). — Ein Auszug daraus bei PIZZIGHELLI, G.: Photogr. Korresp. **26**, 541 (1889).

Das photographische Objektiv wird bei diesem Verfahren mit einem Strahlengange benutzt, für den photographische Objektive berechnet zu werden pflegen, so daß die Fehler der Brennweitenmessung, die auf der mangelhaften Korrektion des Objektivs beruhen, auf das mindeste beschränkt sind.

Die Hauptpunkte haben eine weitere charakteristische Eigenschaft; die durch dieselben gehenden achsensenkrechten Ebenen werden in natürlicher Größe aufrechtstehend ineinander abgebildet. Doch da die Hauptpunkte in der Regel im Innern des Objektivs liegen, so daß weder Testobjekt noch Mattscheibe in ihnen aufgestellt werden kann, so pflegt man diese Eigenschaft zur Auffindung der Hauptpunkte nicht zu benutzen, obwohl die Möglichkeit dazu besteht.

Befindet sich das Objekt O in geringerer Entfernung, so gibt es, wie ANDERSON[1] bemerkte, ebenfalls einen Punkt N, um den man das Objektiv drehen kann, ohne daß das Bild O' sich bewegt. Der Drehpunkt N ist so zu wählen, daß die beiden Hauptpunkte Bewegungen ausführen, die, vom Objekt O bzw. vom Bild O' aus gesehen, gleiche Winkelgröße haben. Dann ist $NO' : NO = \beta$, dem Abbildungsmaßstab, der sich so ermitteln läßt.

Die beiden achsensenkrechten Ebenen, welche durch die negativen Hauptpunkte gehen, werden ebenfalls in natürlicher Größe ineinander abgebildet, jedoch so, daß das Bild auf dem Kopfe steht. Da die negativen Hauptpunkte weit außerhalb des Objektivs liegen, ist es in einfacher Weise möglich, die Abbildung in natürlicher Größe wirklich vorzunehmen und die Lage der Punkte dadurch zu bestimmen.

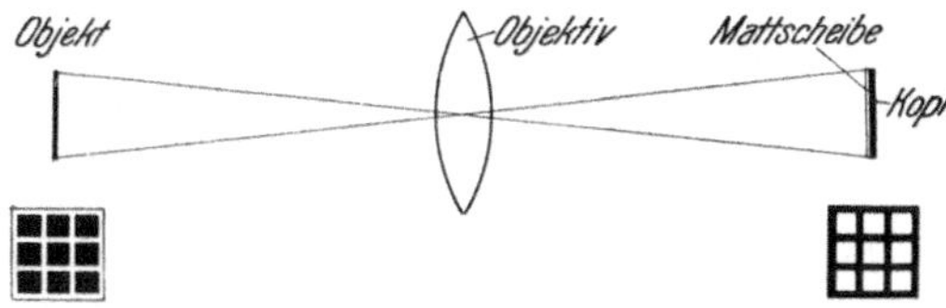

Abb. 359.
Anordnung zur Bestimmung der negativen Hauptpunkte.

Zu diesem Zweck wird von einer Strichzeichnung ein kräftiges Negativ angefertigt und als Objekt benutzt. Nach diesem Negativ wird auf einer zweiten photographischen Platte eine Kontaktkopie hergestellt, die dadurch genau die gleiche Größe wie das Objekt selbst erhält. Die Mattscheibe, auf der das vom Objektiv entworfene Bild des Objekts aufgefangen werden soll, wird mit der Kopie bedeckt, und zwar so, daß die matte Seite der Mattscheibe von der Emulsion der Kopie berührt wird.

Um die negativen Hauptpunkte aufzufinden, werden Objekt und Mattscheibe in ihrer Stellung zum Objektiv solange verändert, bis das optische Bild des Objekts auf der Mattscheibe genau die gleiche Größe hat, wie das durch Kontaktkopie hergestellte photographische Bild (Abb. 359). Die beiden Bilder müssen einander decken; ist das erreicht, so gehen Objektebene und Mattscheibenebene durch die negativen Hauptpunkte.

Das Objekt wird danach entfernt und durch ein in sehr großer Entfernung liegendes ersetzt. Die Verschiebung der Mattscheibe, die nötig ist, um auch das ferne Objekt scharf zu erhalten, ist gleich der Brennweite des Objektivs; die Wirkung der Glasdicke der Mattscheibe fällt dabei heraus.

In allen Fällen, in denen durchscheinende Objekte, sog. Testplatten, an Stelle der natürlichen Objekte verwendet werden, ist es nötig, für eine richtige Beleuchtung der Testplatte Sorge zu tragen. Die Beleuchtung muß so sein, daß das Licht von jedem Punkt der Testplatte, soweit dieselbe durchsichtig ist, auf jeden Punkt der Objektivöffnung fällt, da das Objektiv anderenfalls mit einer zu geringen Öffnung benutzt und die Prüfung oder Messung gefälscht werden würde. Dieser Gefahr wird am einfachsten und sichersten dadurch

---

[1] ANDERSON, A.: Phil. Mag. **33**, 157 (1917).

begegnet, daß zwischen Lichtquelle und Testplatte eine stark zerstreuende Mattscheibe oder besser noch eine Milchglasscheibe geschaltet wird.

Zur Steigerung der Helligkeit kann man an Stelle der Milchglasscheibe einen Kondensor anbringen, der die Lichtquelle in der Öffnung des Objektivs abbildet, hat dann aber das eingangs Gesagte zu beachten, daß nämlich das Bild der Lichtquelle die Objektivöffnung ausfüllt. Die Lichtquelle muß daher eine flächenhafte Ausdehnung haben.

Bei der scharfen Einstellung der Mattscheibe sind ähnliche Überlegungen am Platze, da hier die Gefahr besteht, daß das Auge des Beobachters nicht sämtliche Strahlen auffängt, die notwendig sind, um die Schärfe des Bildes zu beurteilen. Ist die Mattscheibe stark zerstreuend, so wird ein Bruchteil von jedem Strahl eines Strahlenkegels, dessen Spitze den Bildpunkt bildet, durch die Zerstreuung an der Mattscheibe in das Auge gelangen, so daß sämtliche Zonen des Objektivs bei der Entstehung des Bildes auf der Netzhaut des Beobachters mitwirken und der Prüfung unterzogen werden. Der Nachteil dieser Mattscheibe liegt in ihrem groben Korn, durch das die Einzelheiten im Bilde vergröbert werden.

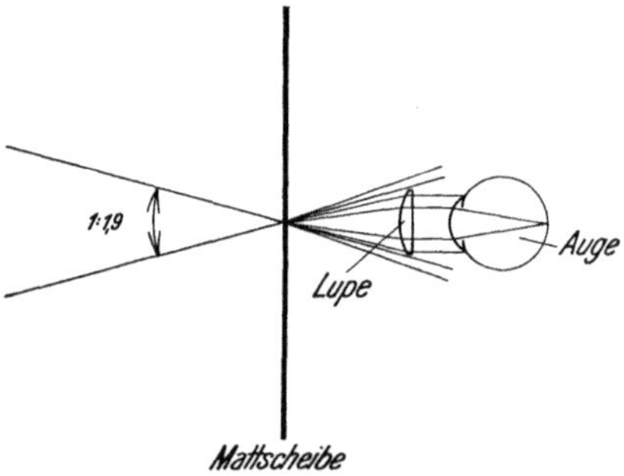

Abb. 360. Die Wirkung einer feinkörnigen Mattscheibe. (2/5 nat. Größe.)

Bei der Objektivprüfung pflegt man feinkörnige Mattscheiben zu verwenden, die das Licht aber auch weniger zerstreuen, als gröbere Mattscheiben. In Abb. 360 ist die Wirkung einer feinkörnigen Mattscheibe, die auf das von einem Objektiv mit dem Öffnungsverhältnis 1 : 1,9 erzeugte Bild scharf eingestellt ist, wiedergegeben. Jeder Lichtstrahl des vom Objektiv kommenden Lichtkegels wird an der Mattscheibe in einen Lichtkegel verwandelt, dessen Kegelwinkel von der Stärke der Zerstreuung abhängt. In der Abb. 360 sind zwei Randstrahlen und die von ihnen ausgehenden Streukegel dargestellt. Man erkennt, daß das Auge der Mattscheibe sehr nahe gebracht werden muß, um Strahlen von beiden Streukegeln gleichzeitig zu empfangen. Um diese Annäherung des Auges zu ermöglichen, muß eine Lupe vor dasselbe gesetzt werden; in Abb. 360 ist eine zehnfach vergrößernde Lupe vorgesehen.

Hat das zu prüfende Objektiv eine sehr kurze Brennweite, so wirkt auch das feinste Korn der Mattscheibe störend, so daß man es vorzieht, das Bild auf einer mit feinen Linien versehenen Klarglasplatte zu betrachten. Die in Abb. 360 gezeichneten Streukegel verschwinden dann vollständig und es wird nötig, die Vergrößerung der Beobachtungslupe noch wesentlich zu steigern, um sämtliche Lichtstrahlen im Auge des Beobachters zu sammeln; man wird zweckmäßig zu einem Mikroskop greifen. Hierüber vergleiche man einen Aufsatz von F. Hauser[1].

2. Die Brennweitenmessung aus Bildwinkel und Bildgröße. Ein Lichtstrahl, der im Objektraum mit einem Neigungswinkel w gegen die optische Achse des Objektivs verläuft, durchstößt die Brennebene im Bildraum in einem Punkte, dessen Entfernung von der optischen Achse gleich l' ist. Zwischen der Brennweite f und den beiden genannten Stücken besteht die Beziehung $l' = f \operatorname{tg} w$, falls das Objektiv verzeichnungsfrei ist, so daß sich f aus der Messung von w und l' bestimmen läßt. Der Objektpunkt muß sich bei dieser Messung in sehr

[1] Hauser, F.: Central-Ztg. Opt. u. Mech. **46**, 96 (1925).

großer Entfernung vom Objektiv befinden, damit sämtliche Strahlen, die von ihm in die Objektivöffnung dringen, die gleiche Neigung w haben. w wird der halbe Bildwinkel genannt.

Zwei geeignete ferne Objektpunkte, etwa zwei Turmspitzen, werden ausgewählt und der Winkel $2w$ (Abb. 361), unter dem ihr gegenseitiger Abstand vom Standort der Kamera aus erscheint, wird mittels eines Theodoliten gemessen. Die scharf eingestellte Kamera wird auf die beiden Objektpunkte gerichtet, so daß die optische Achse des Objektivs den Winkel $2w$ etwa halbiert; in dieser Stellung wird die photographische Platte exponiert. Die Bilder der beiden Objektpunkte erscheinen auf der entwickelten Platte und ihr gegenseitiger Abstand $2\,l'$ wird auf einem Längenkomparator oder auf einer Teilmaschine gemessen. Dann ist die Brennweite des photographischen Objektivs $f = l' : \operatorname{tg} w$.

Will man sich von der Benutzung ferner natürlicher Objekte frei machen, so kann man dieselben wiederum durch zwei Kollimatorfernrohre (vgl. S. 367) ersetzen oder man wendet das Verfahren mit umgekehrtem Strahlengange an.

Für die visuelle Beobachtung mit umgekehrtem Strahlengang wird eine Glasplatte vom Format der photographischen Platte mit feinen Strichmarken versehen und der Abstand l' der Striche von dem ebenfalls markierten Mittelpunkt der Glasplatte wird auf einem Längenkomparator ausgemessen. Es ist zweckmäßig, die Glasplatte außerdem mit einer zweiten Strichreihe zu versehen, die senkrecht zur ersten läuft, um die Brennweitenmessung in zwei zueinander senkrechten Meridianen vornehmen zu können.

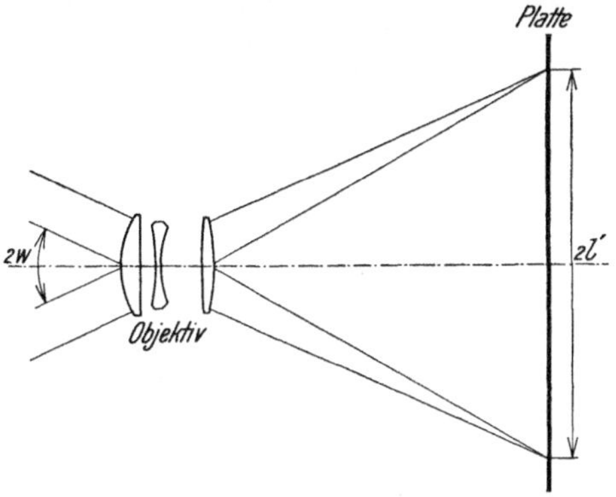

Abb. 361. Anordnung zur Brennweitenmessung aus Bildwinkel $2w$ und Bildgröße $2l'$.

Die Strichplatte wird in den Brennpunkt des photographischen Objektivs gesetzt und mittels eines Spektrometerfernrohrs durch das photographische Objektiv hindurch beobachtet. Die Winkel w, unter denen die Markenabstände l' im Spektrometerfernrohr erscheinen, werden am Teilkreis des Spektrometers abgelesen. Wiederum ist dann $f = l' : \operatorname{tg} w$.

Im allgemeinen erhält man mit dieser visuellen Methode ebenso wie mit der photographischen Methode verschiedene f-Werte aus der Formel $f = l' : \operatorname{tg} w$, je nach der Größe des halben Bildwinkels w. Die Abhängigkeit des f-Werts von w ist eine Folge der Verzeichnung des photographischen Objektivs und die Messung der Brennweite ist daher, wenn man sie mit verschiedenen Bildwinkeln ausführt, zugleich eine Prüfung des Objektivs auf Verzeichnung.

Etwas weniger genau, aber für viele Zwecke ausreichend ist das Verfahren, wenn sich die beiden Objektpunkte in einem nur mäßig großen Abstand befinden, wie beispielsweise die auf S. 376 beschriebene Probetafel. Ist $2\,l$ der gegenseitige Abstand der Objektpunkte, s der Abstand der Probetafel vom objektseitigen Hauptpunkt des Objektivs und $2l'$ wieder der gegenseitige Abstand der Bildpunkte, so ist die Brennweite des Objektivs $f = \frac{l's}{l + l'}$. Der halbe Bildwinkel w ist aus $\operatorname{tg} w = \frac{l}{s}$ zu berechnen. Die Genauigkeit dieses Verfahrens ist aus zwei Gründen vermindert; erstens ist die Winkelmessung mit Theodolit oder Spektrometer unübertrefflich und zweitens ist die Lage des Hauptpunktes zumeist nur angenähert bekannt; er wird schätzungsweise in der Objektivmitte angenommen werden.

3. Die Brennweitenmessung mit dem ABBEschen Focometer. Nach E. ABBE[1] bestimmt man die Brennweite f eines Objektivs aus den Abbildungsmaßstäben β_1 und β_2, in denen zwei Skalen 1 und 2, die sich im gegenseitigen Abstand a befinden, abgebildet werden (Abb. 362). Werden die Abstände der Skalen vom Brennpunkt des Objektivs mit $\mathfrak{x}_1$ und $\mathfrak{x}_2$ bezeichnet, so ist innerhalb des achsennahen Gebietes, in dem die GAUSSischen Abbildungsbeziehungen ihre Gültigkeit haben, $\mathfrak{x}_1 = f : \beta_1$ und $\mathfrak{x}_2 = f : \beta_2$. Da ferner $\mathfrak{x}_2 - \mathfrak{x}_1 = a$ ist, so ergibt sich schließlich $f = a : \left(\frac{1}{\beta_2} - \frac{1}{\beta_1}\right)$.

Um diskutierbare Messungsergebnisse zu erhalten, obwohl die Messung nicht im achsennahen Gebiet stattfinden kann, werden aus den weitgeöffneten Lichtstrahlenbündeln, die von den Skalenstrichen in das Objektiv hineingelangen, schmälere Bündel herausgeblendet, deren Hauptstrahlen das Objektiv parallel zu dessen Achse verlassen. Dies wird dadurch erreicht, daß man ein mit einem Fadenkreuz versehenes Mikroskop parallel zur optischen Achse des zu untersuchenden Systems richtet und auf die Skalenstriche scharf einstellt. Das Mikroskopobjektiv ist in Abb. 362 in zweimal zwei verschiedenen Stellungen dargestellt, die zu einer Einzelmessung gehören. Die Einzelmessung wird in einer bestimmten Zone h des photographischen Objektivs ausgeführt, d. h. der von den Skalen herkommende und schließlich durch das Fadenkreuz des Mikroskops gehende Hauptstrahl schneidet das Objektiv in der Entfernung h von dessen optischer Achse.

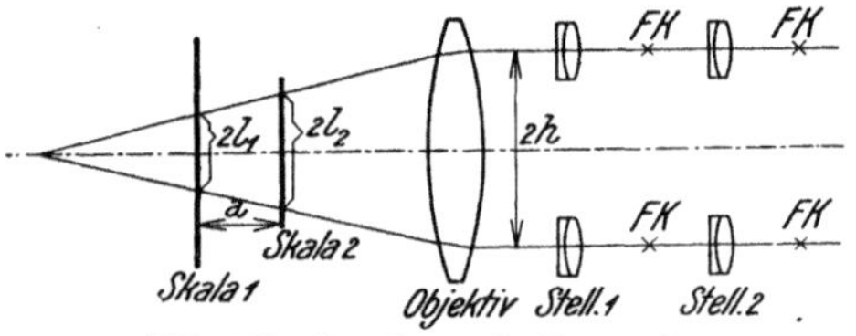

Abb. 362. Das ABBEsche Focometer.

Das Mikroskop wird zunächst scharf auf Skala 1 eingestellt, wobei Skala 2 zur Seite geschlagen wird, und danach parallel mit sich um den Betrag $2\,h$ über die Mitte des photographischen Objektivs hinweg verschoben. Dadurch gelangt ein zweiter Skalenstrich in das Fadenkreuz des Mikroskops, der von dem ersten den Abstand $2\,l_1$ hat. Das gleiche wird mit scharfer Einstellung auf Skala 2 vorgenommen; man erhält dadurch $2\,l_2$. Es ist nun $\frac{1}{\beta_1} = \frac{l_1}{h}$ und $\frac{1}{\beta_2} = \frac{l_2}{h}$; also $f = \frac{a\,h}{l_2 - l_1}$.

Die f-Werte, die aus den Messungen in verschiedenen Objektivzonen h ermittelt werden, weichen voneinander ab, doch wird durch die von E. ABBE angegebene eindeutige Art des Meßverfahrens erreicht, daß der f-Wert eine bestimmte Funktion des h-Wertes wird, so daß man auf die zum Werte $h = o$ gehörende GAUSSische Brennweite f extrapolieren kann. Die zu größeren h gehörenden f haben jedoch keine physikalische Bedeutung und es wäre nicht richtig, sie als „Brennweiten“ der betreffenden Zonen aufzufassen.

Bei der Ausbildung der mechanischen Teile des Focometers hat E. ABBE es vorgezogen, das Mikroskop fest zu montieren und das zu prüfende optische System auf einem Schlitten meßbar zu verschieben, um den Einfluß von Fehlern in der Führung der bewegten Teile auf die Meßgenauigkeit zu verringern.

Die ABBEsche Formel für den f-Wert ist zur allgemeinen Verwendung auch bei vollkommen unkorrigierten Linsen gedacht. Berücksichtigt man jedoch, daß der Berechner des photographischen Objektivs bestrebt war, die Strahlenvereinigung im Brennpunkt des Objektivs möglichst einwandfrei zu machen und zur Beseitigung der Koma die Sinusbedingung zu erfüllen, also $h : \sin u = f$, der GAUSSischen Brennweite, zu machen, so kann man diese Tatsache benutzen, um die ABBEsche Formel so abzuändern, daß die f-Werte, die sich aus der

[1] CZAPSKI, S.: Z. Instrumentenkde **12**, 185 (1892).

neuen Formel ergeben, eine bessere Konstanz über die Objektivöffnung hin haben.

Stellt man das photographische Objektiv so auf den Apparat, daß es seine Vorderlinse dem Mikroskop zukehrt, so kommen die beiden Hauptstrahlen der Abb. 362 aus dem Brennpunkt des Objektivs. Ihre Neigung gegen die optische Achse ist u. Es ist $\sin^2 u = \frac{(l_2 - l_1)^2}{a^2 + (l_2 - l_1)^2}$, also $\frac{h^2}{\sin^2 u} = \frac{a^2 h^2}{(l_2 - l_1)^2} + h^2$. so daß die Formel lautet

$$f = \sqrt{\frac{a^2 h^2}{(l_2 - l_1)^2} + h^2} \quad \text{oder} \quad f = \sqrt{\frac{a^2}{\left(\frac{1}{\beta_2} - \frac{1}{\beta_1}\right)^2} + h^2}.$$

4. Die Messung der wirksamen Öffnung. Die Kamera wird auf ein weit entferntes Objekt scharf eingestellt, so daß die Mattscheibe im Brennpunkt des photographischen Objektivs steht. Dann wird die Mattscheibe entfernt und durch eine dünne Metallplatte, in deren Mitte sich eine kleine kreisrunde Öffnung befindet, ersetzt. Wird die Öffnung dieser Lochblende durch eine dicht dahinter aufgestellte Lichtquelle erleuchtet und wird vorn auf die Öffnung des Objektivs eine Mattscheibe gelegt, so erscheint im verdunkelten Raum auf der Mattscheibe ein Lichtkreis, der gleich der wirksamen Öffnung des Objektivs ist (Abb. 363).

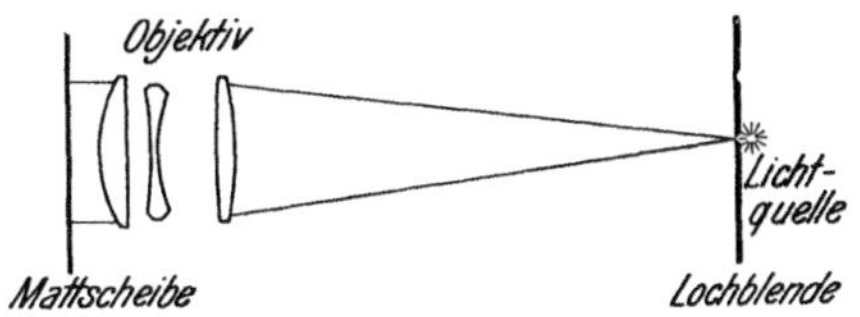

Abb. 363. Anordnung zur Messung der wirksamen Öffnung nach STEINHEIL.

Das Verfahren rührt von STEINHEIL her; BELITSKI änderte es dadurch ab, daß er eine lichtempfindliche Platte an Stelle der Mattscheibe verwendete, um den Lichtkreis photographisch festzuhalten.

H. KESSLER[1] legt einen Glasmaßstab auf das Objektiv und blickt durch die im Brennpunkt des Objektivs befindliche Lochblende nach dem Glasmaßstab hin. Der sichtbar werdende Teil des Glasmaßstabes ist gleich dem Durchmesser der wirksamen Öffnung des Objektivs.

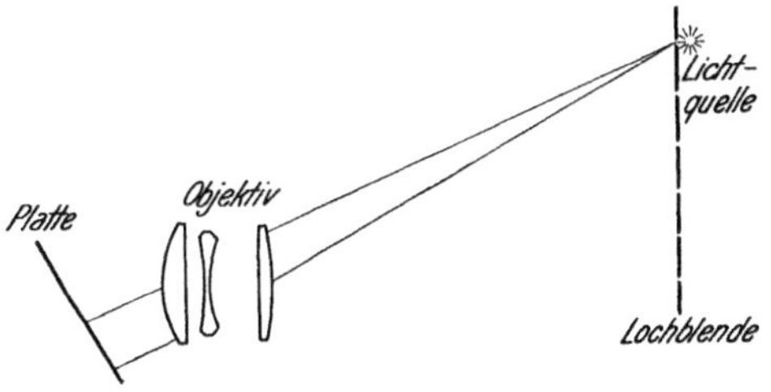

Abb. 364. Anordnung zum Lochblendenverfahren nach ZSCHOKKE.

Der Fehler der Messung ist ein Bruchteil des Durchmessers der Lochblende.

W. ZSCHOKKE[2] hat das Lochblendenverfahren auf die Messung des Querschnitts der zur optischen Achse des Objektivs geneigt einfallenden Lichtstrahlenbündel ausgedehnt. Zu dem Zweck erhält die Lochblende mehrere feine Öffnungen, deren Abstände von der im Brennpunkt des Objektivs befindlichen Öffnung so bemessen sind, daß sie halben Bildwinkeln von 5^0, 10^0, 15^0, 20^0 usw. entsprechen. Die Öffnungen werden der Reihe nach von hinten beleuchtet und die von ihnen herkommenden Lichtstrahlenbündel werden, nachdem sie das Objektiv durchsetzt haben, auf einer photographischen Platte aufgefangen, die jedesmal so ausgerichtet wird, daß die Lichtstrahlen senkrecht auf sie auftreffen (Abb. 364). Der Querschnitt des vom Objektiv hindurchgelassenen Strahlenbündels markiert sich auf der Platte und läßt sich danach ausmessen.

---

[1] KESSLER, H.: Handbuch der Physik, hrsg. von GEIGER und SCHEEL, 18, 823.

[2] ZSCHOKKE, W.: Photogr. Rundschau 233 (1910); Central-Ztg. Opt. u. Mech. 49, 159 (1928).

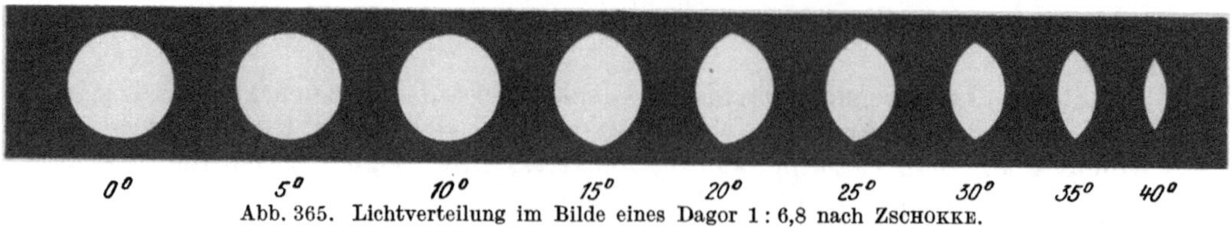

Abb. 365. Lichtverteilung im Bilde eines Dagor 1 : 6,8 nach ZSCHOKKE.

Abb. 365 ist der genannten Veröffentlichung W. ZSCHOKKES entnommen und stellt die wirksamen Querschnitte der in ein Dagor 1 : 6,8 einfallenden Lichtstrahlenbündel dar.

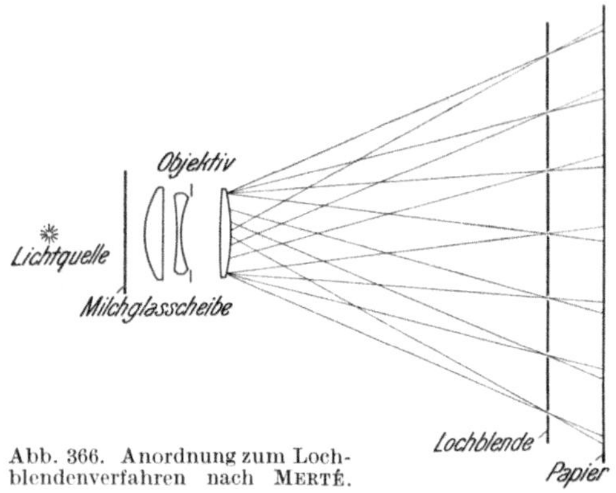

Abb. 366. Anordnung zum Lochblendenverfahren nach MERTÉ.

W. MERTÉ[1] hat ein anderes Lochblendenverfahren angegeben, mittels dessen der Querschnitt der Lichtkegel in einer achsensenkrechten Ebene des Bildraums festgestellt wird (Abb. 366). Eine Lichtquelle strahlt durch eine Milchglasscheibe hindurch in das photographische Objektiv hinein. In der Brennebene des Objektivs befindet sich die Lochblende mit mehreren feinen Öffnungen und hinter derselben in einigem Abstand eine Kassette mit einem Blatt lichtempfindlichen Papiers. Aus der gesamten in das Objektiv einfallenden Strahlenmenge werden nur einige Strahlenkegel durch die Lochblende hindurchgelassen. Diese Strahlenkegel fallen auf das photographische Papier, wo ihr Querschnitt sichtbar wird.

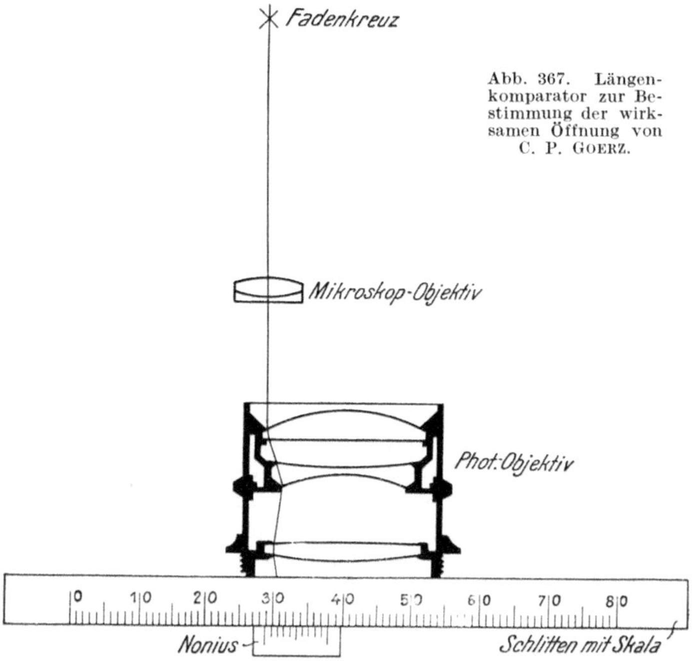

Abb. 367. Längenkomparator zur Bestimmung der wirksamen Öffnung von C. P. GOERZ.

Schließlich kann die wirksame Öffnung auf einem Längenkomparator ausgemessen werden. Das Objektiv wird mit der Vorderlinse nach oben auf den Schlitten eines Längenkomparators gesetzt und von unten durch Hineinspiegeln des Himmels beleuchtet. Im Mikroskop des Komparators werden verschiedene Blenden- und Linsenränder sichtbar, von denen einer den kleinsten scheinbaren Durchmesser hat. Auf diesen Rand wird das Fadenkreuz des Mikro-

[1] MERTÉ, W.: Central-Ztg. Opt. u. Mech. **49**, 93, 103 (1928).

skops scharf eingestellt und die Stellung des Schlittens am Maßstab des Komparators abgelesen (Abb. 367). Sodann wird der Schlitten mit dem Objektiv verschoben bis der diametral gegenüberliegende Teil des Randes durch die Mitte des Fadenkreuzes geht, und die Schlittenstellung wieder abgelesen. Die Verschiebung des Schlittens aus der ersten in die zweite Stellung ist gleich der wirksamen Öffnung des Objektivs. Die allgemein üblichen Längenkomparatoren haben eine für diesen Zweck unnötig feine Teilung. Abb. 367 zeigt ein Instrument, das von C. P. Goerz gebraucht wurde, und dessen Genauigkeit den besonderen Verhältnissen angepaßt ist.

5. Die Bestimmung der Lichtdurchlässigkeit. Die Lichtdurchlässigkeit eines photographischen Objektivs hängt von der Zahl der an Luft grenzenden Linsenflächen ab, von denen jede etwa 6% des einfallenden Lichts zurückwirft, und von der Durchlässigkeit des Glases für die photographisch wirksamen Lichtstrahlen.

Um die Lichtdurchlässigkeit eines Objektivs zu messen, hat A. Odencrants[1] folgende Anordnung angegeben und zu Messungen benutzt. Im Brennpunkt des photographischen Objektivs wird eine sehr kleine Lichtquelle aufgestellt (Abb. 368). Der Strahlenkegel, der von ihr ausgeht und die wirksame Öffnung des Objektivs ausfüllt, wird durch eine Blende genau begrenzt, bevor er in das Objektiv gelangt. Diese Blende dient dazu, späterhin — nach Entfernung des Objektivs — den gleichen Lichtkegel wiederherstellen zu können. Das Licht tritt aus dem Objektiv als Parallelstrahlenbündel heraus und fällt auf eine Opalglasscheibe, die als sekundäre Lichtquelle einen von einem Sensitometerkeil bedeckten Streifen einer photographischen Platte belichtet.

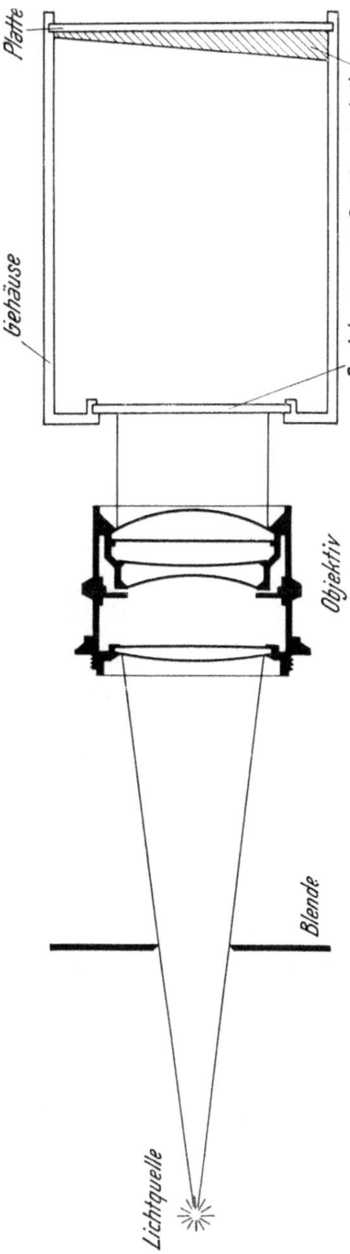

Abb. 368. Apparat zur Messung der Lichtdurchlässigkeit eines Objektivs nach Odencrants.

Danach wird das Objektiv entfernt und das Gehäuse, das die Opalglasscheibe und die lichtempfindliche Platte trägt, wird der Lichtquelle so weit genähert, bis der Lichtkegel auf der Opalglasscheibe einen Kreis von gleichem Durchmesser erleuchtet, wie vordem mit zwischengeschaltetem Objektiv. Sodann wird ein zweiter Streifen der gleichen Platte unter dem Sensitometerkeil exponiert.

G. W. Moffitt[2] benutzte eine kleine ebene Fläche als Lichtquelle und belichtete eine photographische Platte einmal direkt und danach durch das

[1] Odencrants, A.: Sc. Ind. Photogr. (1926). — Referate in Photogr. Ind. 1251 (1926) und in Kinotechn. **9**, 17 (1927).

[2] Moffitt, G. W.: J. opt. Soc. Amer. **4**, 83 (1920).

Objektiv hindurch, bis die Schwärzung in beiden Fällen die gleiche war. Aus den geometrischen Verhältnissen der Anordnung und den Belichtungszeiten läßt sich die Durchlässigkeit berechnen.

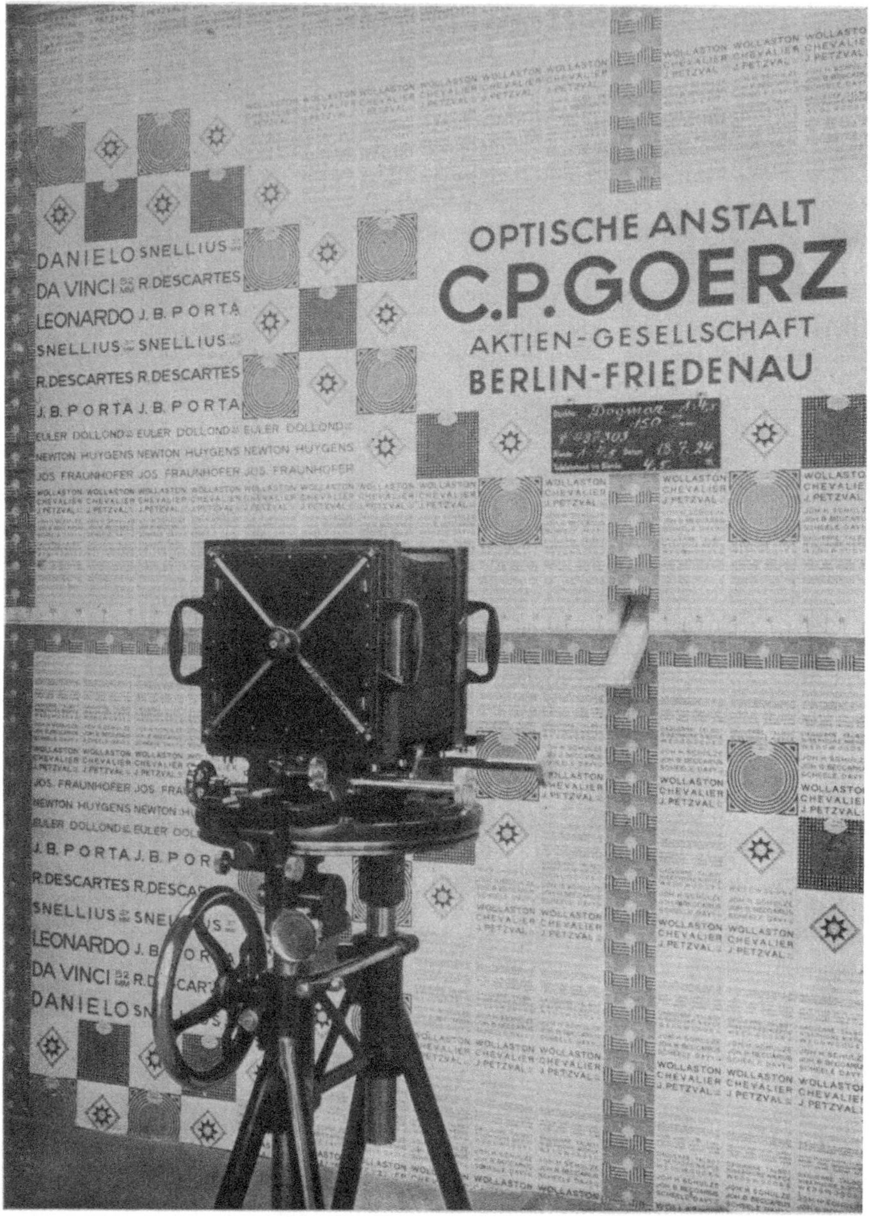

Abb. 369. Probetafel und Kamera von C. P. GOERZ.

6. Die Objektivprüfung mit Probetafel und Kamera. Eine aus Probetafel und Kamera bestehende Einrichtung zur Prüfung der Bildschärfe photographischer Objektive und zur Bestimmung der Größe ihrer Bildfehler ist in Abb. 369 wiedergegeben, die einem Objektivkatalog aus dem Jahre 1924 entnommen ist.

Die Probetafel besteht aus einer festen ebenen Wand, die in einer Breite von 4,5 m und in einer Höhe von 3,5 m mit feineren und gröberen Schriftproben und mit verschiedenen gedruckten Strich- und Kreisfiguren beklebt ist.

Durch die Mitte der Probetafel geht in Kamerahöhe ein 15 cm breiter horizontaler Streifen, der mit horizontalen und vertikalen Strichen verschiedener Stärke und mit einer Dezimeterteilung bedeckt ist. Die Striche dienen zur Bestimmung der sagittalen und tangentialen astigmatischen Bildflächen, während sich aus der Dezimeterteilung, die Brennweite, der Bildwinkel und die Verzeichnung berechnen lassen, wenn der Tafelabstand bekannt ist (vgl. S. 371).

In der Tafelmitte ist eine um 45° geneigte Zunge[1] angebracht, die zur Hälfte vor und zur Hälfte hinter der Tafelebene liegt und ihrer Länge nach mit einer Zentimeterteilung versehen ist, deren Nullpunkt in die Tafelebene fällt. Mit Hilfe dieser Zunge läßt sich aus der Probeaufnahme ersehen, ob die beste visuelle Kameraeinstellung mit der besten photographischen Einstellung zusammenfällt, oder ob das Objektiv eine Fokusdifferenz hat.

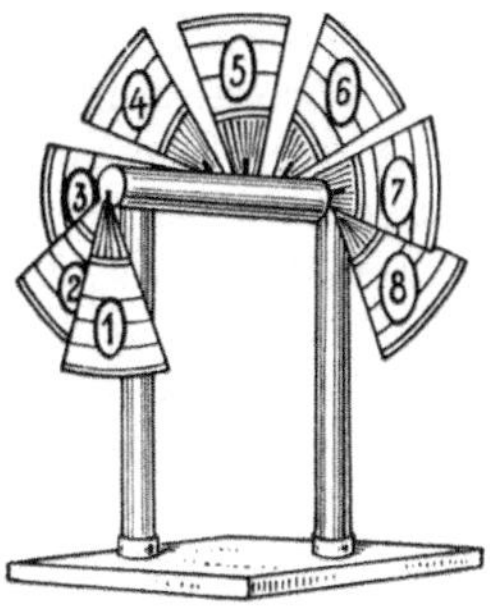

Abb. 370. CLAUDETscher Focusmesser.

Im oberen Teil der Probetafel ist eine Schiefertafel aufgehängt, auf welcher der Name und die übrigen Bezeichnungen des zu prüfenden Objektivs nebst Blendenöffnung und Tafelabstand mit Kreide vermerkt werden, so daß eine versehentliche Vertauschung von Probeaufnahmen ausgeschlossen wird.

Die Kamera ist sorgfältig aus Metall ausgeführt und so justiert, daß die Plattenebene parallel zur Anlagefläche der Objektive verläuft. Die Plattenebene läßt sich durch Grob- und Feinbewegung verstellen und die Einstellung kann mit Skala und Nonius auf 0,1 mm genau abgelesen werden.

Das Stativ der Kamera trägt an seinen Füßen Rollen, die in ausgerichteten Schienen laufen, so daß die Entfernung zwischen Objektiv und Probetafel mühelos verändert werden kann.

Die geeignete Beleuchtung der Probetafel ist natürliches Licht, das von oben und von den Seiten her auf die Tafel fallen soll, nicht aber senkrecht von vorn, da die Druckerschwärze der Probetafel das Licht etwas reflektiert. Künstliche Beleuchtung in einem nach außen abgedunkelten Raum hat dem Tageslicht gegenüber zwar den Vorteil, daß sich die richtige Belichtungszeit mit größerer Sicherheit angeben läßt, nachdem sie einmal ausprobiert ist, aber es ist schwierig, eine größere Probetafel gleichmäßig und dabei reflexfrei mit Lampen zu erhellen.

Die Kassettendifferenz, das ist die Differenz zwischen der Plattenebene und der Mattscheibenebene, wird am besten dadurch vermieden, daß die Rückwand der Plattenkassette abnehmbar gemacht wird, damit Platte und Mattscheibe in der gleichen Kassette verwendet werden können.

Große Platten und Mattscheiben biegen sich leicht durch, wenn auf ihre Mitte ein Druck ausgeübt wird; ferner kommt es vor, daß eine Platte an sich gekrümmt ist und merklich von der Ebene abweicht. Aus diesen Gründen werden die Platten nicht größer gewählt, als nötig; zur Untersuchung der Focus-

[1] Diese Zunge ist ein vereinfachter CLAUDETscher Focusmesser (Abb. 370). Vgl. A. F. J. CLAUDET,: Phil. Mag. 1, 478 (1851).

differenz und der Blendendifferenz — allgemein gesagt der Mittenschärfe — genügt also das kleinste Format.

Zur Beurteilung der Probeaufnahmen genügt die Betrachtung durch eine vier-, höchstens sechsfach vergrößernde Lupe. Bei der Mattscheibenbeobachtung liegen die Verhältnisse etwas anders; man hat darauf zu achten, daß das Auge von sämtlichen Punkten der Objektivöffnung her Lichtstrahlen empfängt und wird daher zuweilen zu einer stärkeren Lupe greifen, wie auf S. 370 auseinandergesetzt wurde. A. KÖHLER[1] benutzt bei mikrophotographischen Arbeiten eine „pendelnde Mattscheibe"; die Mattscheibe wird schnell in ihrer Ebene hin und her geschoben, so daß das störende Korn derselben verschwindet.

Zu der beschriebenen Prüfungseinrichtung gehört eine größere Sammlung von Zwischenringen, deren äußere Gewinde in das Kameragewinde passen, während die inneren Gewinde zu den verschiedenen vorkommenden Objektiven passend abgestuft sind.

Vor der Anfertigung der Probeaufnahme wird die beste visuelle Einstellung der Mattscheibe durch Beobachten des Mattscheibenbildes mit der Lupe aufgesucht. Die Einstellung läßt sich an der Millimeterskala am Laufboden der Kamera auf 0,1 mm genau ablesen, so daß der Mittelwert aus mehreren Einstellungen gebildet werden kann. In dieser Mittelstellung wird der Kassettenrahmen festgeklemmt und eine photographische Aufnahme gemacht.

Beim Betrachten der Aufnahme durch die Lupe sieht man zunächst, ob der Nullstrich der Zunge die größte Schärfe aufweist oder ob die Schärfe verlagert ist. Im letzten Falle ist die Aufnahme mit anderer Einstellung zu wiederholen, bis die größte Bildschärfe auf der Aufnahme erreicht ist. Die Differenz zwischen dieser Einstellung und der anfangs ermittelten Mattscheibeneinstellung ist die Focusdifferenz des Objektivs; ihre Ermittlung wird erleichtert, wenn man die Tatsache benutzt, daß eine Schärfenverlagerung im Bildraum sich zu der entsprechenden Schärfenverlagerung im Objektraum wie das Quadrat des Abbildungsmaßstabes verhält.

Es ist zum mindesten überflüssig, eine positive Kopie der Probeaufnahme anzufertigen, da die Feinheiten der Aufnahme allenfalls dabei verlorengehen; die Bildschärfe wird direkt am Negativ geprüft. Dagegen wird man die in der günstigsten Stellung gemachte Aufnahme zuweilen durch mehrere um einige Zehntel Millimeter extrafocale Aufnahmen ergänzen, um die Gestalt der scharfen Bildflächen genauer bestimmen zu können.

Zuweilen zeigen die vier Ecken der Aufnahme keine miteinander übereinstimmende Schärfe, sondern eine Unsymmetrie. Die Ursache dieser Erscheinung liegt zumeist darin, daß die Linsen des Objektivs nicht genügend genau zueinander oder zur Anlagefläche des Objektivs ausgerichtet sind. Dabei ist vorausgesetzt, daß die Prüfeinrichtung selbst gut justiert ist. Um auch dies praktisch nachzuprüfen, empfiehlt es sich, den Kameraring, der das Objektiv trägt, um seine Achse zu drehen. Liegt die Ursache im Objektiv selbst, so wandert die Erscheinung mit der Drehung mit.

Auch die Mitte des Bildes kann eine Unsymmetrie der Schärfe aufweisen, indem die horizontalen und vertikalen Striche der Probetafel mit verschiedener Schärfe abgebildet werden. Der Grund ist zumeist in einer Inhomogenität des Glases oder in Spannungen desselben zu suchen, die sich, wie auf S. 388 und 389 beschrieben, feststellen lassen.

---

[1] KÖHLER, A.: Handbuch der biologischen Arbeitsmethoden, hrsg. von ABDERHALDEN, Abt. II, T. 2, 1710 (1927).

Die horizontalen Striche auf dem horizontalen Streifen der Probetafel streben radial von der Probetafelmitte fort, während die vertikalen Striche tangential verlaufen. Radiale und tangentiale Linien werden bei größeren Bildwinkeln mit verschiedener Schärfe abgebildet, sobald das Objektiv astigmatische Fehler hat. An einem Lichtstrahlenbündel, das von einem seitlich gelegenen Objektpunkt herkommt, unterscheidet man einen Sagittalschnitt und einen Tangentialschnitt; letzterer geht durch den Hauptstrahl des Bündels und die optische Achse des Objektivs, während ersterer senkrecht dazu durch den Hauptstrahl des Strahlenbündels geht. Die Strahlen des Sagittalschnitts haben keinen Einfluß auf die Schärfe der Bilder, welche von den tangentialen Linien der Probetafel entworfen werden, während die Strahlen des Tangentialschnitts

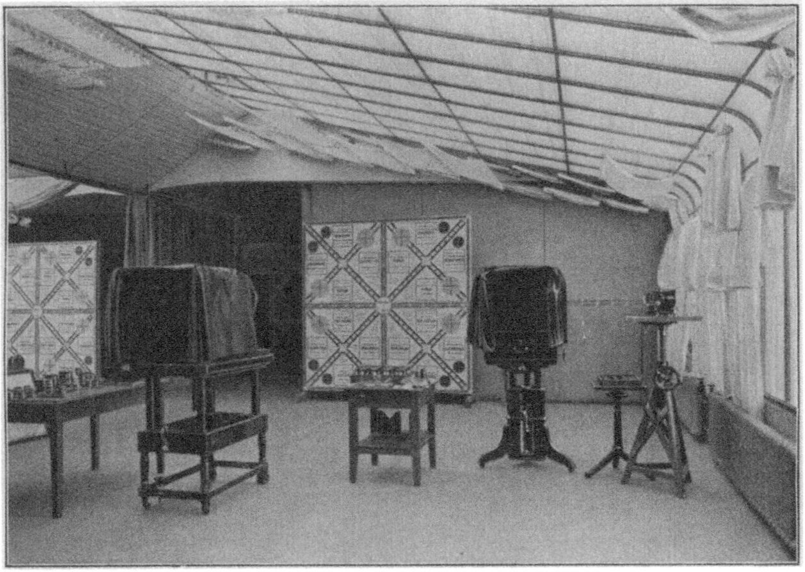

Abb. 371. Probetafeln und Kameras im Atelier von Carl Zeiss.

ohne Einfluß auf die Schärfe der Abbildung radialer Linien sind. Man kann daher die Bilder der radialen Linien so betrachten, als wären sie nur von Strahlen des Sagittalschnitts erzeugt, und die Bilder der tangentialen Linien, als rührten sie lediglich von den Strahlen des Tangentialschnitts her, und hat damit ein einfaches Verfahren, um die beiden astigmatischen Bildflächen zu bestimmen.

Die vermutlich älteste Probetafel, deren Figuren so ausgedacht waren, daß sie die einzelnen Bildfehler deutlich zeigen, wie wir sie also jetzt zu benutzen pflegen, hat Carl Zeiss in Jena zu Beginn der 90er Jahre aufgestellt; Abb. 371 zeigt ein Atelier mit Probetafeln im Zeiss-Werk. Abb. 372 ist die Reproduktion einer mit einem Petzvalschen Porträtobjektiv $1:4{,}5$ $f = 21$ cm gemachten Probeaufnahme. Die Aufnahme ist mit voller Öffnung gemacht, im Format $9 \times 12\,\text{cm}^2$, und hier in natürlicher Größe wiedergegeben.

Eine gute Reproduktion einer Probetafel hat auch W. Zschokke[1] veröffentlicht und über die Benutzung derselben berichtet.

[1] Zschokke, W.: Eders Jb. Photogr. u. Reprod. **20**, 70 (1906).

E. v. HÖEGH[1] hat die Probetafel durch eine von hinten erleuchtete kleine Testplatte ersetzt, die auf einer horizontalen Querschiene über das gesamte zu untersuchende Bildfeld hin verschoben werden kann. An Stelle einer Kamera benutzte E. v. HÖEGH eine optische Bank, auf deren Längsschiene sich das Objektiv befindet, während eine kleine Mattscheibe verschiebbar auf einer

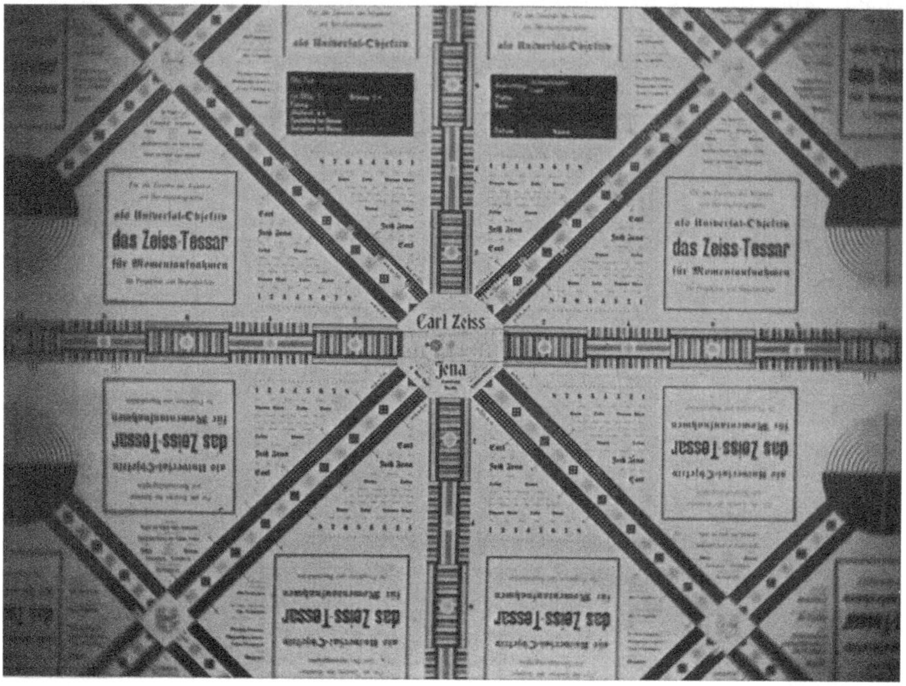

Abb. 372. Probeaufnahme mit einem PETZVALschen Porträtobjektiv 1 : 4,5, $f = 21$ cm.

Querschiene angebracht ist. Die Beobachtungen mit diesem Gerät werden visuell ausgeführt.

7. Die Objektivprüfung durch Isolierung der Lichtstrahlen. J. HARTMANN[2] hat ein Verfahren angegeben und ausgearbeitet, um die Richtung der Lichtstrahlen im Bildraum zu bestimmen und dadurch die Bildfehler zu ermitteln. Ein weit entfernter Lichtpunkt sendet einfarbiges Licht nach dem zu prüfenden Objektiv hin. Vor dem Objektiv ist eine mit kleinen kreisrunden Öffnungen versehene Metallblende angebracht, die aus der Gesamtheit der ankommenden Lichtstrahlen einige schmale Strahlenbündel herausblendet und isoliert in das Objektiv einfallen läßt. Diese Strahlenbündel laufen getrennt voneinander, bis sie am Orte des optischen Bildes der Lichtquelle zusammenkommen, und trennen sich danach wieder. Werden ihnen nacheinander zwei photographische Platten exponiert — die eine vor und die andere hinter dem Bildort — so zeichnen sich die Durchstoßungspunkte der schmalen Strahlenbündel mit den Plattenebenen als kleine schwarze Scheiben in die Platte ein. Aus der Lage der Durchstoßungspunkte und der Stellung der Platten zum Objektiv läßt sich danach der Strahlenverlauf mit großer Genauigkeit berechnen.

[1] KLEMM, H.: Dtsch. Photographenztg **22**, 3 (1898).
[2] HARTMANN, J.: Z. Instrumentenkde **24**, 1, 33, 97 (1904).

Als Lichtquelle dient eine Quecksilberlampe, deren Licht durch Filter einfarbig gemacht wird. J. HARTMANN[1] hat für die verschiedenen Wellenlängen des Quecksilberlichtes folgende Filter angegeben:

579 $\mu\mu$ = Chrysoidin + Eosin,
546 $\mu\mu$ = Neptungrün S + Chrysoidin,
492 $\mu\mu$ = Guineagrün B + Chininfilter,
436 $\mu\mu$ = Kobaltglas + Äskulinfilter,
405 $\mu\mu$ = Methylviolett + Chininsulfat,
365 $\mu\mu$ = Methylviolett + Nitrosodimethylanilin.

CARL ZEISS[2] in Jena stellt drei Monochromatfilter aus haltbaren Farbgläsern her, die für die Wellenlängen 579, 546 und 436 $\mu\mu$ des Quecksilberlichtes geeignet sind.

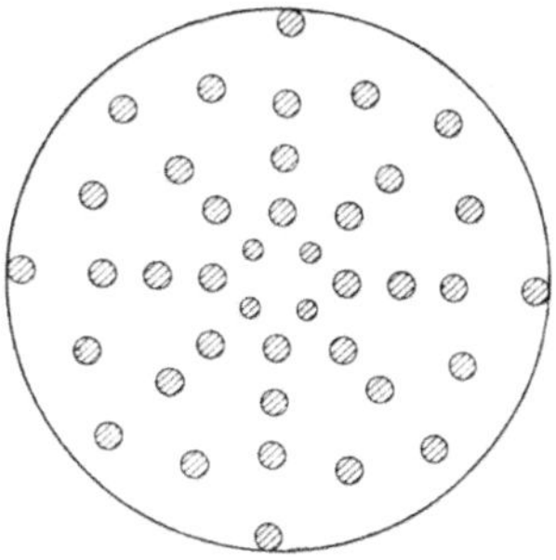

Abb. 373. Die HARTMANNsche Blende.

Die HARTMANNsche Blende ist in Abb. 373 dargestellt. Ihre Öffnungen liegen symmetrisch zum Blendenmittelpunkt und haben einen Durchmesser, der gleich $\frac{1}{200}$ bis $\frac{1}{400}$ der Brennweite des zu untersuchenden Objektives ist. Unter diesen Verhältnissen werden die ausgeblendeten Lichtstrahlenbündel so schmal wie möglich; denn mit einer weiteren Verkleinerung der Blendenöffnungen verstärkt sich ihre lichtbeugende Wirkung und die Strahlenbündel werden wiederum verbreitert.

Bei der Untersuchung der Abbildung auf der optischen Achse haben Lichtquelle, Objektiv und Platten, die in Abb. 374 dargestellte Lage zueinander; die Lichtquelle liegt auf der optischen Achse des Objektivs. Die Entfernungen der beiden Plattenebenen vom Objektivscheitel seien s_1 und s_2 und der Brennpunkt des Objektivs liege etwa in der Mitte zwischen den Plattenebenen. Zwei Lichtstrahlenbündel, die durch zwei Öffnungen herausgeblendet werden, welche einander diametral gegenüber liegen und gleichen Abstand von der Blendmitte haben, schneiden die optische Achse in der Entfernung s. Der gegenseitige Abstand ihrer Durchstoßungspunkte mit den Plattenebenen 1 und 2 seien e_1 bzw. e_2. Die Entfernungen s_1 und s_2 werden an einer Skala abgelesen und die Entfernungen e_1 und e_2 werden aus den Photogrammen (Abb. 375) auf einem Längenkomparator oder auf einer Teilmaschine bestimmt. Dann läßt sich s aus s_1, s_2, e_1 und e_2 berechnen;

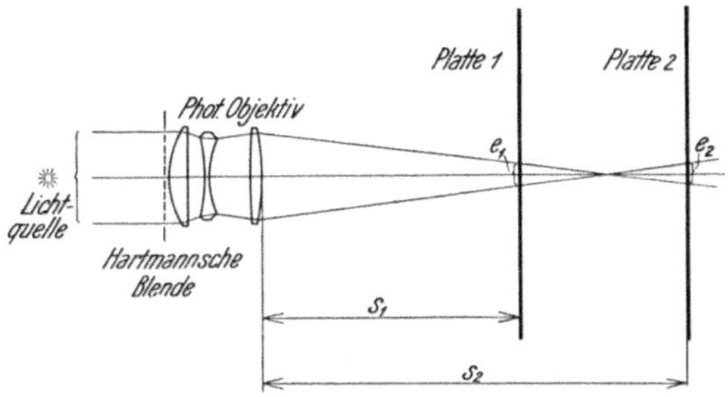

Abb. 374. Anordnung nach HARTMANN zur Prüfung der Abbildung eines Achsenpunktes.

$$s = s_1 + \frac{e_1}{e_1 + e_2}(s_2 - s_1)\,, \quad \text{oder} \quad s = \frac{s_1 + s_2}{2} + \frac{e_1 - e_2}{e_1 + e_2} \cdot \frac{s_2 - s_1}{2}\,.$$

Zur Untersuchung der Abbildung seitlich der optischen Achse gelegener Punkte wird die Lichtquelle so aufgestellt, wie es in Abb. 376 dargestellt ist; die Entfernung der Lichtquelle bildet mit der optischen Achse des Objektivs einen Winkel, den sog. halben Bildwinkel. Die Aufnahmen in verschiedenen halben

[1] HARTMANN, J.: Z. Photogr. 1, 259 (1903).
[2] ZEISS, CARL: Druckschrift Meß 545.

Bildwinkeln, den Bildwinkel 0⁰ eingeschlossen, werden auf den gleichen photographischen Platten gemacht, wie es die Abb. 377 und 378 zeigen, und werden auf einem Koordinatenmeßapparat ausgemessen.

Für die bequeme Anwendung des Verfahrens hat J. Hartmann ein eigens zur Prüfung photographischer Objektive dienendes vollständiges Gerät angegeben, das in Hartmanns obengenannter Abhandlung ausführlich beschrieben ist und im Astrophysikalischen Laboratorium in Potsdam, in der Physikalisch-Technischen Reichsanstalt in Charlottenburg und in der Graphischen Lehr- und Versuchsanstalt in Wien im Gebrauch ist. Einige mit dem Wiener Instrument gemachte Prüfungen hat K. W. F. Kohlrausch[1] veröffentlicht.

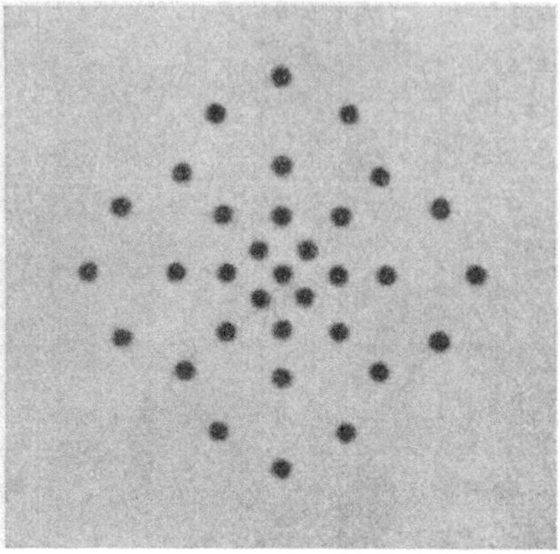

Abb. 375. Photogramm der Durchstoßungspunkte von Strahlen eines Achsenpunktes nach Hartmann.

Diese Hartmannsche optische Bank ist in Abb. 379 wiedergegeben und aus der Abbildung ohne weiteres verständlich. Mit Hilfe der Bank läßt sich die Hartmannsche photograhische Objektivprüfung mit einem als fernes Objekt dienenden Kollimatorfernrohr ausführen, ferner eine visuelle Untersuchung des Objektivs mit umgekehrtem Strahlengang, wobei das Kollimatorfernrohr als Beobachtungsfernrohr benutzt wird, und schließlich eine Brennweitenmessung aus Bildwinkel und Bildgröße, wie auf S. 370 beschrieben.

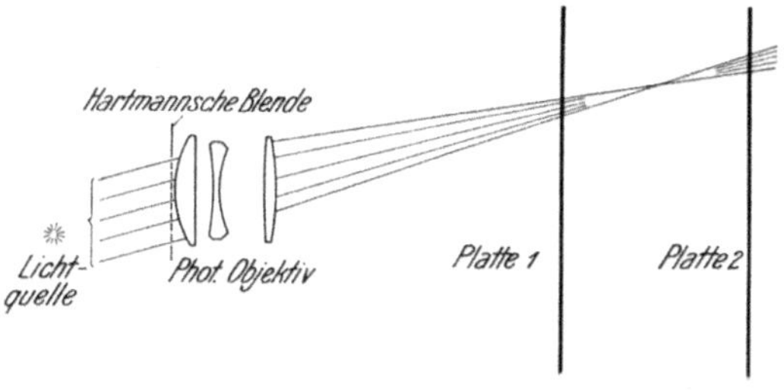

Abb. 376. Anordnung nach Hartmann zur Prüfung der Abbildung eines seitlichen Punktes.

Die Genauigkeit der Messungen läßt sich steigern, indem die Löcher der Hartmannschen Blende durch zwei feine Öffnungen ersetzt werden, deren Durchmesser etwa $\frac{1}{100}$ der Objektivbrennweite ist, und deren gegenseitiger Abstand ein Vielfaches davon beträgt. Der Schwerpunkt der beiden Öffnungen habe den Abstand h von der optischen Achse des zu untersuchenden Objektivs. Der leuchtende Objektpunkt liege wieder in sehr großer Entfernung auf der optischen Achse. Die beiden vom Objektpunkt her durch die Öffnungen tretenden schmalen Lichtstrahlenbündel sind in Abb. 380 durch ausgezogene Linien angedeutet; der Lichtstrahl, der durch den Schwerpunkt gehen würde, ist punktiert eingezeichnet. In der Einstellebene, die durch die nähere Umgebung des Objektivbrennpunktes gehen muß, erzeugen die beiden hindurchgelassenen Strahlen ein System von Interferenzstreifen, die sich symmetrisch um einen mittleren Streifen anordnen. Der mittlere Streifen liegt nun dort, wo der punktiert gezeichnete zur Zone h gehörende Lichtstrahl die Einstellebene

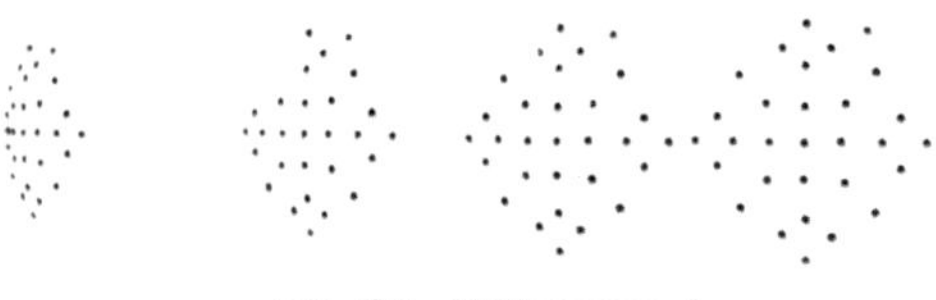

Abb. 377. Photogramm 1.

[1] Kohlrausch, K. W. F.: Photogr. Korresp. **57**, 45 (1920).

durchstoßen würde, so daß dieser Durchstoßungspunkt aus der Lage des Interferenzstreifens gefunden wird. Die Methode ist von CHALMERS[1], COTTON[2] und insbesondere von Y. VÄISÄLÄ[3] benutzt worden.

Während J. HARTMANN die Genauigkeit der Abstandsmessung zweier Durch-

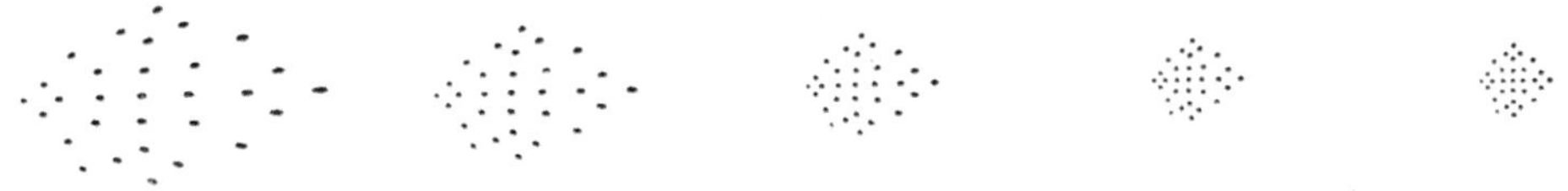

Abb. 378. Photogramm 2 der Durchstoßungspunkte der Strahlen seitlicher Punkte, nach HARTMANN.

stoßungspunkte mit 0,008—0,003 mm angegeben hat, erreichte Y. VÄISÄLÄ eine Einstellgenauigkeit auf den mittleren Interferenzstreifen von 0,0003 mm.

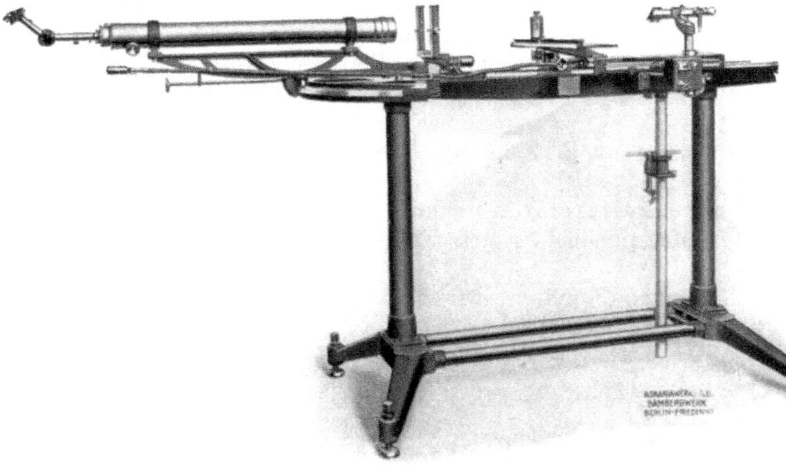

Abb. 379. HARTMANNsche Bank zur Objektivprüfung.

J. C. GARDNER und A. H. BENNETT[4] haben gefunden, daß die Interferenzstreifen auch dann noch auftreten, wenn sich die Ebene, auf der die Lichtstrahlen aufgefangen werden, weit außerhalb des Brennpunktes befindet; die Lichtscheibchen des HARTMANNschen Verfahrens müssen einander lediglich etwas berühren, damit die Interferenzerscheinung eintritt. Auf diese Weise lassen sich die Vorteile des HARTMANNschen Verfahrens, die darin bestehen, daß die Strahlen sämtlicher Objektivzonen mit einer[5] oder zwei Aufnahmen gefunden werden, mit der Genauigkeit der Interferenzmethode verbinden. Abb. 381 zeigt eine Extrafokalaufnahme, die mit einer HARTMANNschen Blende gemacht ist, in natürlicher Größe, und Abb. 382 zeigt die gleiche Aufnahme stark vergrößert, so daß die

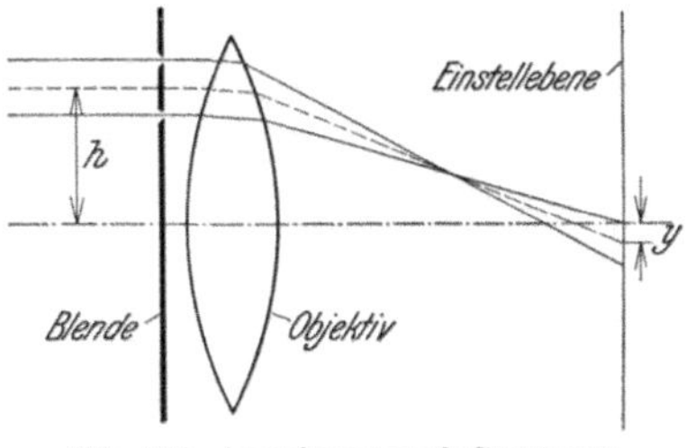

Abb. 380. Anordnung nach CHALMERS.

[1] CHALMERS: Proc. opt. Conv. 2, 156 (1912).
[2] COTTON: Physica 1, 274 (1921).
[3] VÄISÄLÄ Y.: Ann. Univ. Fenn. Abo. (1922) und (1924).
[4] GARDNER, J. C. u. A. H. BENNETT: J. opt. Soc. Amer. 11, 441 (1925). Übersetzung in: Z. Instrumentenkde 47, 197 (1927).
[5] Wird die HARTMANNsche Blende hinter dem Objektiv angebracht, so genügt eine Aufnahme.

Interferenzstreifen deutlich sichtbar sind. Die Aufnahme ist unter folgenden Bedingungen gemacht:

Durchmesser der Blendenöffnungen	1,0 mm
Gegenseitiger Abstand der Mittelpunkte der Öffnungen .	2,961 mm
Abstand der HARTMANNschen Blende vom Brennpunkt	519,5 mm
Abstand zwischen Blende und photographischer Platte .	711,8 mm

8. Die Objektivprüfung mittels streifender Abbildung. Die Untersuchung der Bildflächen eines Objektivs durch mehrere in verschiedenen Einstellebenen gemachte Aufnahmen kann man nach einem Vorschlag von G. KNIGHT[1] dadurch vereinfachen, daß man die photographische Platte neigt, so daß die Bildflächen, wie sie auch geformt sein mögen, in einer Schnittlinie, die sie mit der geneigten Plattenebene bilden, scharf abgebildet werden, was zu ihrer Untersuchung zumeist genügt. Über das Arbeiten mit einer solchen Einrichtung hat W. ZSCHOKKE[2] geschrieben; er arbeitete mit einer Kassettenneigung von 15°.

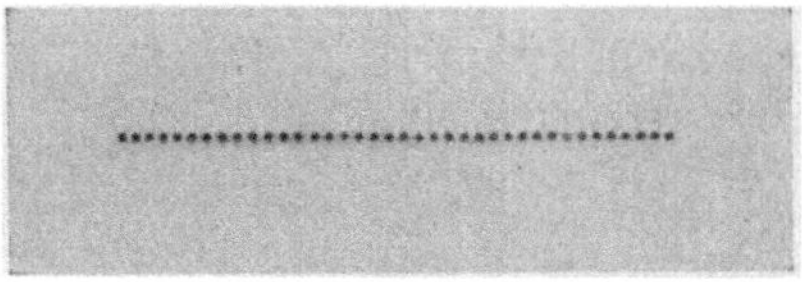

Abb. 381.
Photogramm von GARDNER und BENNET.

Die Prüfung mit streifender Abbildung rührt von A. WETTHAUER[3] her. Sie findet in einer Meridianebene statt, was bei schwacher Kassettenneigung nicht der Fall ist.

Beim WETTHAUERschen Verfahren vertritt ein Kollimatorfernrohr mit einer in seinem Brennpunkt befindlichen Testplatte die Stelle des fernen Objekts. Das zu prüfende Objektiv wird mittels eines passenden Zwischenringes in eine mit Balgenauszug versehene Kamera geschraubt, deren Kassette sehr stark (etwa 80°) gegen die Brennebene des Objektivs geneigt ist; sie wird so eingestellt, daß die Brennebene etwa durch die Mitte der photographischen Platte geht. Die Platte erstreckt sich in horizontaler Richtung senkrecht zur optischen Achse so weit, wie die Größe des Bildwinkels es erfordert; in der Querrichtung ist sie schmäler, sie braucht nicht viel breiter zu sein, als sich die Aberrationen der Bildpunkte erstrecken.

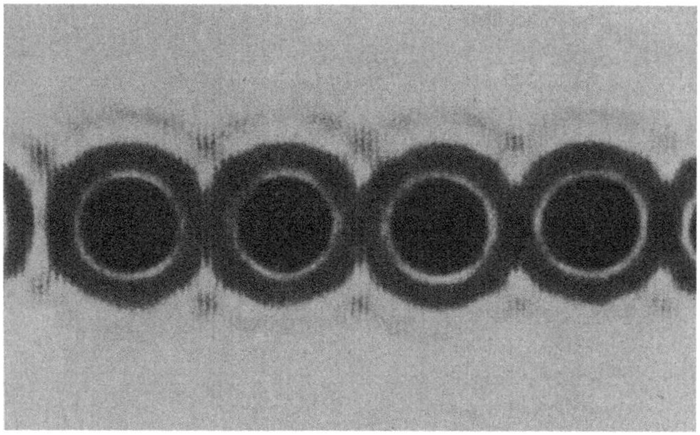

Abb. 382. Dasselbe vergrößert.

Das Kollimatorfernrohr ist auf einer eisernen Schiene horizontal befestigt. Die Kamera sitzt auf der gleichen Schiene, doch so, daß sie um eine vertikale Achse gedreht werden kann, um sie in verschiedenen Bildwinkeln meßbar einzustellen. In Abb. 383 ist die WETTHAUERsche Anordnung schematisch dargestellt.

[1] CLAUDET, A.: Phil. Mag. **35**, 374 (1849).
[2] ZSCHOKKE, W.: Photogr. Korresp. **33**, 477 (1896); **36**, 131 (1899).
[3] WETTHAUER, A.: Z. Instrumentenkde **41**, 148 (1921).

Die Testplatte wird von einer Quecksilberlampe beleuchtet, deren Licht durch verschiedene Filter (vgl. S. 381) monochromatisch gemacht werden kann. Das Aussehen der Testplatte ist aus Abb. 384 zu ersehen; der Doppelspalt steht

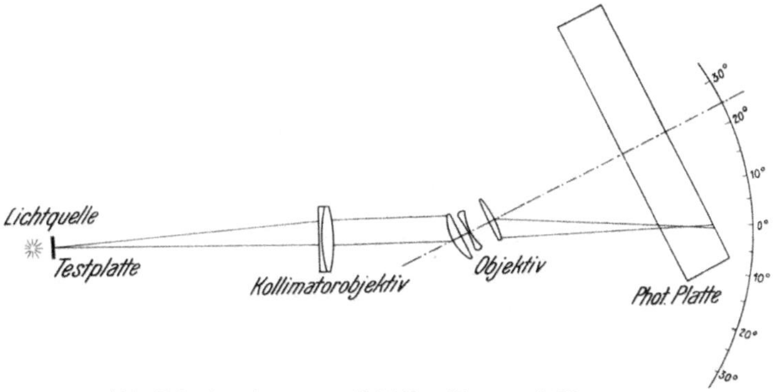

Abb. 383. Anordnung zur Objektivprüfung nach WETTHAUER.

vertikal im Apparat, die kurzen zahlreichen Spalte liegen horizontal. Sie dienen dem gleichen Zweck wie die vertikalen und horizontalen Striche auf der Probetafel (vgl. S. 376 und 379), nämlich der Bestimmung der tangentialen und sagittalen Bildflächen. Eine photographische Aufnahme zur Ermittlung der beiden Bildflächen ist in Abb. 385 reproduziert; jede der einander ähnlich sehenden kleinen Figuren auf dieser Aufnahme ist ein unter verschiedenem Bildwinkel aufgenommenes Bild der Testplatte.

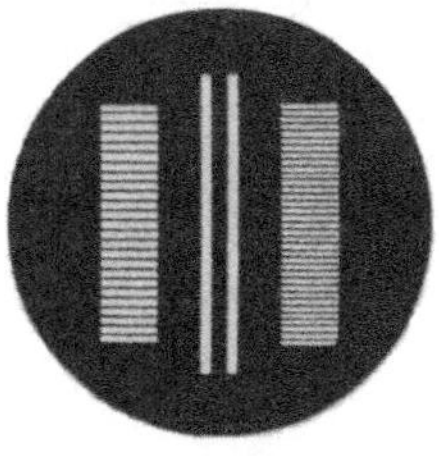

Abb. 384. Testplatte von WETTHAUER.

Um die Platte auszuwerten, wird ein Raster (Abb. 386) von parallelen geraden Linien, die 1 mm Abstand voneinander haben, auf die Platte gelegt und so ausgerichtet, daß die Linien die symmetrisch zur Bildmitte liegenden Aufnahmen der Testplatte an der gleichen Stelle schneiden. Der Plattenneigung von 80^0 entsprechend sind die Ergebnisse der Ausmessung mit $\sin 80^0 = 0{,}985$ zu multiplizieren, falls die Aberrationen erheblich sind.

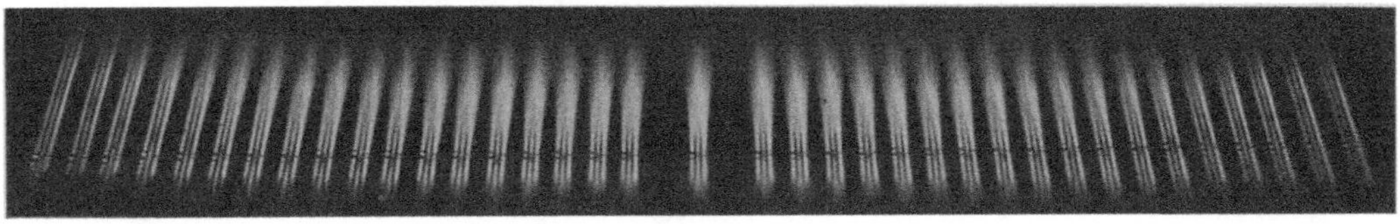

Abb. 385. Photogramm von WETTHAUER.

Zur Bestimmung der sphärischen Aberration in der Bildmitte werden Ringblenden (Abb. 387) vor das Objektiv gesetzt, durch die jedesmal eine bestimmte

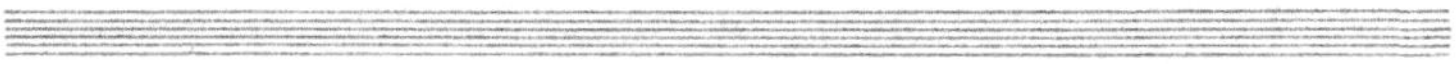

Abb. 386. Raster von WETTHAUER zur Auswertung des Photogramms.

ringförmige Zone des Objektivs freigegeben wird. Mit einer jeden der Ringblenden wird eine photographische Aufnahme gemacht; die Kamera bleibt auf 0^0 eingestellt, die Platte wird vor jeder neuen Aufnahme um etwa 1 mm verschoben, so daß sämtliche Aufnahmen nebeneinander liegen und meßbar verglichen werden können.

Die Ringblenden entsprechen den Öffnungen der HARTMANNschen Blende (S. 381), und sollen nach Angabe von A. WETTHAUER eine Zonenbreite von $^1/_{100}$ bis $^1/_{125}$ der Brennweite des photographischen Objektivs freigeben. Eine photographische Aufnahme der Testplatte, die mit Ringblenden gemacht ist, zeigt Abb. 388. Die Durchmesser der Ringblenden sind über den Teilaufnahmen angegeben, die eine Hälfte der Teilaufnahmen ist mit blauem Quecksilberlicht ($\lambda = 436\ \mu\mu$), die andere mit grünem Quecksilberlicht ($\lambda = 546\ \mu\mu$) gemacht.

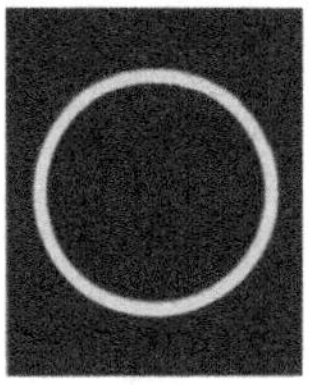

Abb. 387. Ringblende von WETTHAUER.

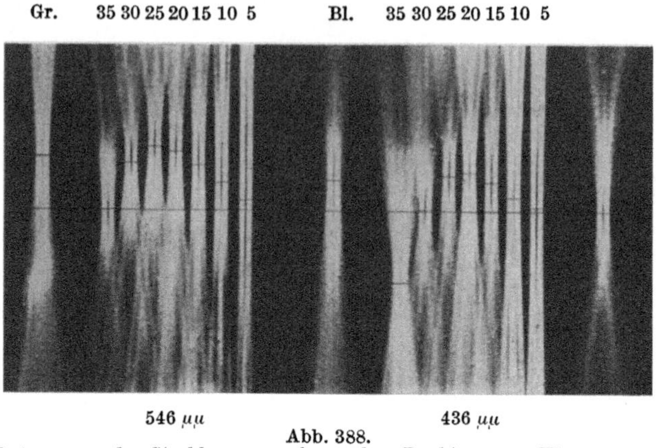

Abb. 388. Photogramm der Strahlen von achsennahen Punkten, von WETTHAUER.

Die mit voller Öffnung ohne Ringblenden gemachten Teilaufnahmen sind mit Bl. (blau) und Gr. (grün) bezeichnet.

9. Die Objektivprüfung durch Interferenz der Wellenfläche mit einer Bezugswellenfläche. F. TWYMAN[1] hat ein Verfahren ausgebildet, um die Wellenfläche

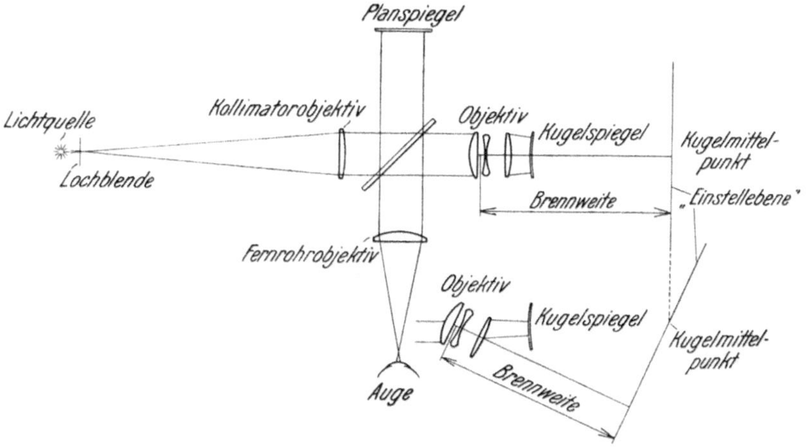

Abb. 389. Anordnung zur Interferenzmethode von TWYMAN.

eines Strahlenkegels, der aus dem zu prüfenden photographischen Objektiv herauskommt, mit einer Bezugswellenfläche zur Interferenz zu bringen, so daß sich auf der Wellenfläche Interferenzstreifen bilden, die mit dem Auge beobachtet werden können.

Der Lichtbogen einer durch Lichtfilter monochromatisch gemachten Quecksilberlampe (vgl. S. 381) erleuchtet die kleine kreisrunde Öffnung einer Blende Abb. 389). Vom Mittelpunkt der Öffnung fallen Strahlen auf das Kollimator-

[1] TWYMAN, F.: Phil. Mag. **35**, 49 (1918). — Z. Photogr. **22**, 131 (1923).

objektiv und werden durch dasselbe parallel zueinander gemacht. Diese Strahlen sind zwar nicht kohärent, können aber wie kohärente Strahlen behandelt werden, da sie untereinander nicht zur Interferenz gelangen; wir sprechen daher von ihrer Wellenfläche, als wenn sie von einem selbstleuchtenden Punkt ausgingen. Die Strahlen treffen auf eine um 45⁰ geneigte halbdurchlässig versilberte planparallele Glasplatte, durch die ein Teil des Lichts hindurchgeht, während der andere Teil zurückgeworfen wird.

Der zurückgeworfene Teil trifft auf einen Planspiegel, wird von diesem wiederum zurückgeworfen und trifft, nachdem er die Glasplatte noch einmal durchsetzt hat, auf ein Fernrohrobjektiv, das die Strahlen in seinem Brennpunkt vereinigt. Dort befindet sich das Auge des Beobachters, der durch das Fernrohrobjektiv hindurch deutlich sieht, wie der Planspiegel mit dem zurückgeworfenen Licht leuchtet. Er sieht dort die leuchtende Bezugswellenfläche, die daselbst eine Ebene ist, falls die Teile des Apparates ohne Fehler sind.

Der andere Teil des Lichts geht durch die Glasplatte hindurch, in das zu prüfende photographische Objektiv hinein und konvergiert hinter demselben nach dessen Brennpunkt. Bevor die Strahlen sich im Brennpunkt vereinigen

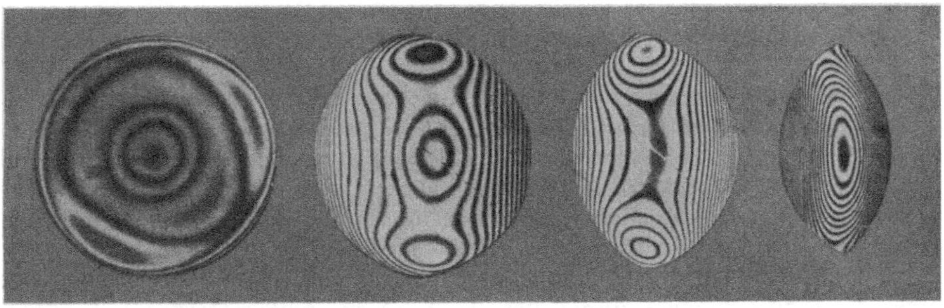

Abb. 390. Photogramm nach der Interferenzmethode von TWYMAN.

können, treffen sie auf einen konvexen Kugelspiegel, dessen Mittelpunkt mit dem Brennpunkt des Objektivs zusammenfällt, und werden von demselben so zurückgeworfen, daß sie in der gleichen Richtung zurückkehren. Sie verlassen daher das Objektiv wieder als Bündel von Parallelstrahlen, werden an der Glasplatte zurückgeworfen und gelangen schließlich ebenfalls in den Brennpunkt des Fernrohrobjektivs und in das Auge des Beobachters. Der Beobachter sieht, wenn er den Planspiegel verdeckt, an dessen Stelle die lichterfüllte Objektivöffnung oder die leuchtende Wellenfläche des aus dem Objektiv kommenden Strahlenkegels.

Ist das photographische Objektiv vollkommen fehlerlos, so ist auch diese Wellenfläche eine Ebene und interferiert mit der Bezugswellenfläche zu einer gleichmäßig leuchtenden Fläche, deren Helligkeit von der Phase abhängt, mit der die beiden Wellenzüge zusammentreffen. Die Phase läßt sich durch Nähern und Entfernen des Planspiegels verändern.

Hat das photographische Objektiv sphärische Fehler, so weicht die Wellenfläche von der Ebene ab und das Gesichtsfeld wird von hellen und dunklen Streifen durchzogen (Abb. 390), aus denen auf die Gestalt der Wellenfläche geschlossen werden kann. Denn die Interferenzstreifen zeigen die Abweichungen der Wellenfläche von der Bezugswellenfläche in der gleichen Weise an, wie die Höhenschichtlinien einer Landkarte die Abweichungen des Geländes vom Niveau des Meeresspiegels, nur nicht mit der gleichen Eindeutigkeit. Während die Höhenschichtlinien durch ihre Bezifferung ergeben, ob das Gelände steigt oder fällt, ist die Richtung der Abweichung der Wellenfläche nicht ohne weiteres ersichtlich; man kann sich jedoch auch hierüber Klarheit verschaffen, indem man die Streifen durch Änderung der Phase der Bezugswellenfläche wandern läßt.

Die Helligkeit der Erscheinung hängt von der Öffnung der Kreisblende ab, die als Aperturblende wirkt. Die Schärfe der Interferenzstreifen hängt ebenfalls von der Blendenöffnung und von dem Gangunterschied zwischen den beiden Wellenflächen ab; Öffnung und Gangunterschied sollen möglichst klein sein, damit die Interferenzstreifen scharf werden. Aus diesem Grund wird die Aperturblende nicht größer gemacht, als die Helligkeit es erfordert, und die Gangunterschiede werden bei den verschiedenen zur Prüfung gelangenden Objektiven durch verschiedene Kugelspiegel nach Möglichkeit ausgeglichen.

Die Verschiebung des Kugelmittelpunkts in Richtung der optischen Achse des Objektivs hat die gleiche Wirkung wie die Änderung der Einstellebene bei den anderen Prüfverfahren; wir können daher die Ebene senkrecht zur optischen Achse durch den Kugelmittelpunkt als „Einstellebene“ auffassen.

Zur Untersuchung der schiefen Strahlenkegel wird das Objektiv um seinen bildseitigen Hauptpunkt gedreht (Abb. 389) und auf einem Schlitten soweit verschoben, daß die „Einstellebene“ wieder durch den Mittelpunkt des Kugelspiegels geht.

Bei der Beurteilung der Güte des Objektivs ist zu beachten, daß der Lichtkegel das Objektiv zweimal durchsetzt, so daß die Abweichungen der Wellenfläche sich verdoppeln.

Der TWYMANsche Apparat beruht auf dem MICHELSONschen Interferometer. Der zweite Planspiegel des letzteren ist durch Objektiv und Kugelspiegel ersetzt, die zusammen wie ein Planspiegel wirken. Ferner ist die Rolle der Gesichtsfeldblende und der Aperturblende dadurch, daß das Okular des Beobachtungsfernrohrs fehlt, vertauscht.

10. Die Prüfung auf Schlieren und Spannung. Die Schlieren im Glase eines Objektivs können durch das TÖPLERsche Schlierenverfahren[1] sichtbar

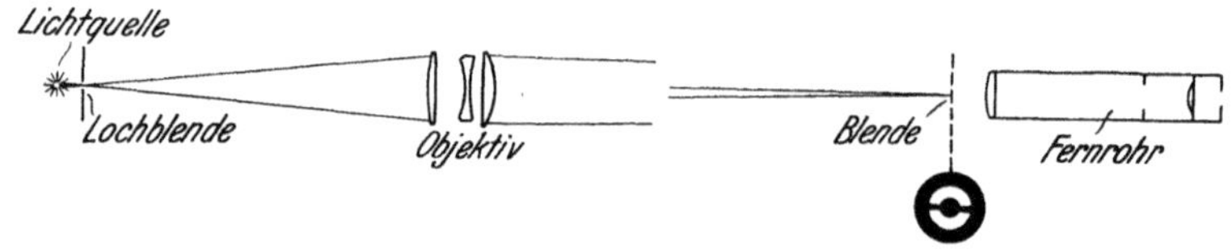

Abb. 391. Anordnung zur TÖPLERschen Schlierenmethode.

gemacht werden. Dicht vor dem Brennpunkt des Objektivs wird eine erleuchtete Lochblende aufgestellt und durch das Objektiv in einer Entfernung von mehreren Metern abgebildet (Abb. 391). Das Bild wird von einem kleinen kreisrunden Schirm,

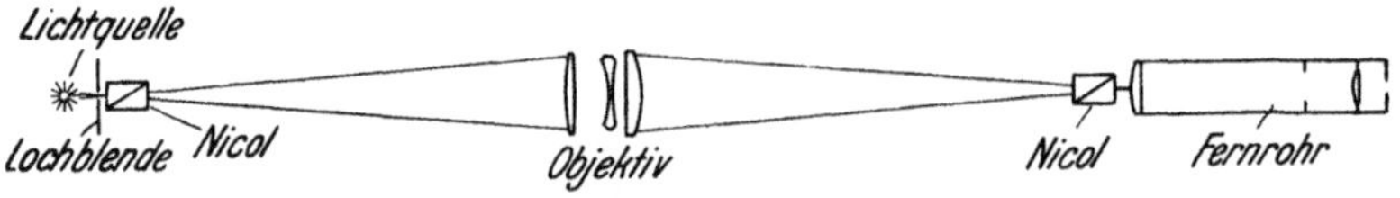

Abb. 392. Anordnung zur Prüfung auf Spannung.

der selbst die Größe des Bildes hat, aufgefangen. Wird hinter dem Schirm ein Fernrohr angebracht und auf das photographische Objektiv eingestellt, so sieht man durch dasselbe diejenigen Teile des Objektivs, die einwandfrei sind, dunkel, da alles regelmäßig verlaufende Licht vom Schirm abgefangen wird, jede fehler-

[1] TÖPLER, A.: Beobachtungen nach einer neuen optischen Methode. Bonn 1864.

halte Stelle, wie Bläschen, Kratzer und Schlieren leuchtet jedoch auf, da sie die Lichtstrahlen ablenkt und am Schirm vorbei in das Fernrohr wirft.

Die Schlierenmethode wendet man unbewußt an, wenn man ein Objektiv auf Unreinheiten hin betrachtet und dazu gegen einen dunkeln Hintergrund richtet, jedoch so, daß eben noch eine Spur des Fensterlichtes zum Auge gelangt.

Zur Untersuchung des Glases der Objektivlinsen auf Spannung wird eine Anordnung benutzt, die der TÖPLERschen ähnlich ist (Abb. 392). Hinter der Lochblende wird ein Nikol in den Strahlengang geschaltet, durch den das Licht polarisiert wird, bevor es in das Objektiv gelangt. An Stelle des Schirmes wird ein zweiter Nikol angebracht, durch den das polarisierte Licht ausgelöscht wird, falls die Polarisationsebene des ersten Nikol senkrecht zu der des zweiten steht. Durch das Beobachtungsfernrohr hindurch sieht man daher das Objektiv ver-

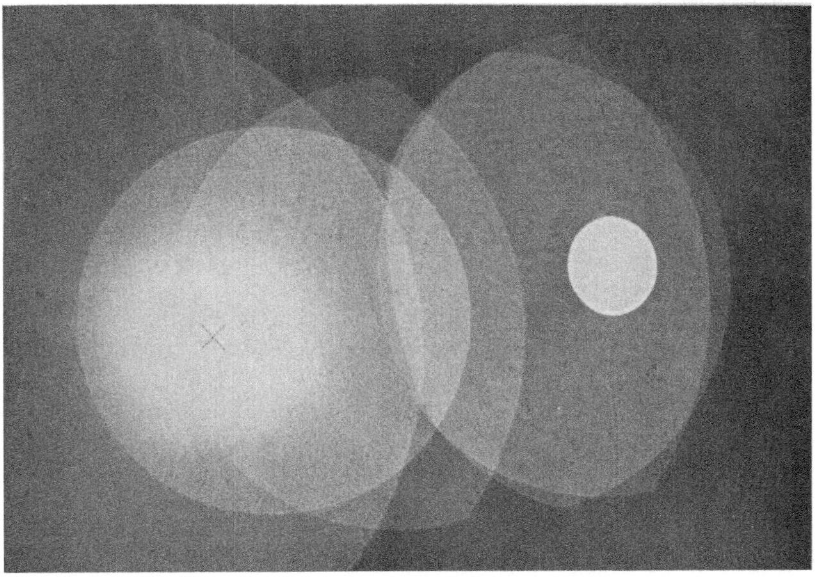

Abb. 393. Photogramm von Spiegelbildern von SCHÜTTAUF.

dunkelt. Es empfiehlt sich, die Lochblende im negativen Hauptpunkt aufzustellen, damit der Strahlengang symmetrisch und die Neigungswinkel, mit denen die Lichtstrahlen die Nikols durchsetzen, möglichst klein werden.

Enthält das Glas Spannungen, durch die der Polarisationszustand des Lichtes geändert wird, so wird die Objektivöffnung teilweise aufgehellt und zeigt Spannungsfiguren. Über die Wirkung der Spannung auf die Güte der optischen Abbildung wird man jedoch nur auf Grund großer Erfahrung etwas aussagen können, da selbst ausgeprägte Spannungsfiguren oft durchaus unschädlich sind, namentlich wenn die Figur eine regelmäßige ist. Sehr starke Spannungen wirken sich in chromatischen Erscheinungen aus, da sie auf die Drehung der Polarisationsebene des aus verschiedenen Farben zusammengesetzten Lichtes in verschiedener Stärke wirken.

11. Die Untersuchung der Spiegelbilder. Die Spiegelbilder, die durch zweimalige Reflexion an den gegen Luft grenzenden Flächen der Objektivlinsen entstehen, sind nicht vermeidbar, zu vermeiden ist jedoch, daß sie in die Brennebene des Objektivs selbst fallen; ein gutes Objektiv wird diesen Fehler nicht haben. Auch in diesem ungünstigen Falle ist die Helligkeit der Spiegelbilder nur gleich dem 300ten Teil der Helligkeit des eigentlichen Bildes; sie ist desto geringer, je weiter entfernt von der Brennebene die Spiegelbilder entstehen.

Um die Spiegelbilder nachzuweisen, richtet man die Kamera gegen einen dunklen Hintergrund, auf dem sich als einziges leuchtendes Objekt eine kleine Lampe befindet. Das Bild der Lampe soll seitlich vom Brennpunkt auf die photographische Platte fallen, damit die Spiegelbilder voneinander getrennt erscheinen. Die Lichtkegel des gespiegelten Lichtes, welche ihre Basis im Objektiv, und ihre Spitze im Spiegelbild haben, durchdringen die photographische Platte in mehr oder weniger großen Kreisen, die teilweise durch die Linsenfassungen beschnitten sind. Eine derartige von R. SCHÜTTAUF[1] gemachte Aufnahme zeigt (Abb. 393); das Kreuz in der Abbildung gibt die Stelle an, in der die kleine Lichtquelle abgebildet wurde, die aber der allzulangen Expositionszeit wegen vielfach überbelichtet ist.

---

[1] ROHR, M. v.: Theorie und Geschichte des photographischen Objektivs, S. 77. 1899.

Namenverzeichnis.

Das Zeichen † steht für Abbildung oder Abbildungen.

Die Seitenzahl mit der Anmerkungsziffer — etwa 30[1] — bedeutet zunächst den Ort der Anmerkung für eine Quellenangabe; um aber den Nachschlagenden sofort die Quellen erkennen zu lassen, ist in dem nachfolgenden Verzeichnis eine solche Auszeichnung — also beispielsweise 255[2] für die Angabe in 2/1 auf S. 255 oder 260[1] für die Angabe in 7/2 auf S. 260 — auch da verwandt, wo die Quelle ohne Anmerkung im laufenden Text aufgeführt wurde. Die entsprechenden Ziffern [2] und [1] sind dann eben erdichtete.

Mit Err. ist ein Name aus der drittletzten, mit Herst. ein solcher aus der letzten Spalte einer der verschiedenen Zusammenstellungen von Objektivbauarten entnommen. — Hinter den Zahlen für die Einzellinsen mit Vorderblende folgen, wo nötig, in eckigen Klammern Verweisungen auf die Rechenergebnisse für die zu einem ganzsymmetrischen Doppelobjektiv zusammengestellten Linsenpaare.

Weicht die Schreibung des Namens oder Vornamens von der im Text gebrauchten ab, so erschien die hier aufgenommene dem Herausgeber als die richtigere.

Sachverzeichnis.

Druck von C. G. Röder A.-G., Leipzig

Handbuch der wissenschaftlichen und angewandten Photographie

Herausgegeben von

Alfred Hay†, weitergeführt von **M. von Rohr**

Übersicht des Gesamtwerkes:

2. Band: **Die photographische Kamera und ihr Zubehör.** Bearbeitet von **Karl Pritschow.** Mit 437 Abbildungen. IX, 590 Seiten. 1931. RM 66.—; gebunden RM 69.—

3. Band: **Photochemie und photographische Chemikalienkunde.** Bearbeitet von **A. Coehn, G. Jung, J. Daimer.** Mit 68 Abbildungen. VII, 296 Seiten. 1929. RM 28.—; gebunden RM 30.80

4. Band: **Erzeugung und Prüfung lichtempfindlicher Schichten. Lichtquellen.** Bearbeitet von **M. Andresen, F. Formstecher, W. Heyne, R. Jahr, H. Lux, A. Trumm.** Mit 126 Abbildungen. VII, 344 Seiten. 1930. RM 36.—; gebunden RM 39.—

5. Band: **Der photographische Negativ- und Positivprozeß und ihre theoretischen Grundlagen.** Bearbeitet von **W. Meidinger.** Das latente Bild. Die Entwicklung. Verstärkung. Abschwächung. Tonung. Detail- und Helligkeitswiedergabe. Sensibilisierung. Die Chromatverfahren. In Vorbereitung

6. Band: **Wissenschaftliche Anwendungen der Photographie.** Erster Teil: Stereophotographie. Astrophotographie. Das Projektionswesen. Bearbeitet von **L. E. W. van Albada, W. E. Bernheimer, Ch. R. Davidson, F. P. Liesegang.** Mit 265 Abbildungen im Text und auf 2 Tafeln. VIII, 289 Seiten. 1931. RM 34.—; gebunden RM 36.80
Zweiter Teil: Mikrophotographie. Bearbeitet von **T. Péterfi.** In Vorbereitung

7. Band: **Photogrammetrie und Luftbildwesen.** Bearbeitet von **R. Hugershoff.** Mit 271 Abbildungen. VII, 264 Seiten. 1930. RM 28.—; gebunden RM 30.80

8. Band: **Farbenphotographie.** Bearbeitet von **L. Grebe, A. Hübl, E. J. Wall**†. Mit 131 Abbildungen und 8 Tafeln. IX, 248 Seiten. 1929. RM 24.—; gebunden RM 26.80

Jeder Band ist einzeln käuflich

Verlag von Julius Springer / Wien

GPSR Compliance

The European Union's (EU) General Product Safety Regulation (GPSR) is a set of rules that requires consumer products to be safe and our obligations to ensure this.

If you have any concerns about our products, you can contact us on ProductSafety@springernature.com

In case Publisher is established outside the EU, the EU authorized representative is:

Springer Nature Customer Service Center GmbH
Europaplatz 3
69115 Heidelberg, Germany

Batch number: 10816188

Printed by Printforce, the Netherlands